규　토
라이트
N　제

CONTENTS

오리엔테이션

개념, 유형, 기출을 한 권으로 Compact하게

규토 라이트 N제는 기출문제와 개념 간의 격차를 최소화하고 1등급으로 도약하기 위한 탄탄한 base를 만들어 주기위해 기획한 교재입니다. 학생들이 처음 개념을 학습한 뒤 막상 기출문제를 풀면 그 방대한 양과 난이도에 압도당하기 쉽습니다. 이를 최소화하기 위해 4단계로 구성하였고 책에 적혀 있는 규토 라이트 N제 100% 공부법으로 꾸준히 학습하다보면 역으로 기출문제를 압도하실 수 있습니다.

Gyu To Math (규토 수학)에서 첫 글자를 따서 총 4단계로 구성하였습니다.

1. Guide step (개념 익히기편)

교과 개념, 실전 개념, 예제, 개념 확인문제, '규토의 Tip'을 모두 담았습니다.
단순히 문제만 푸는 것이 아니라 개념도 함께 복습하실 수 있습니다.
교과서에 직접적인 서술이 없더라도 수능에서 자주 출제되는 포인트들을 녹여내려고 노력하였습니다.

2. Training – 1 step (필수 유형편)

기출문제를 풀기 전의 Warming up 단계로 수능에서 자주 출제되는 유형들을 분석하여
수능최적화 자작으로 구성하였습니다.
기초적인 문제뿐만 아니라 학생들이 어렵게 느낄 수 있는 문제들도 다수 수록하였습니다.
단시간 내에 최신 빈출 테마들을 Compact하게 정리하실 수 있습니다.

3. Training – 2 step (기출 적용편)

사관, 교육청, 수능, 평가원에서 3~4점 문제를 선별하여 구성하였습니다.
필수 유형편에서 배운 내용을 바탕으로 실제 기출문제를 풀어보면서 사고력과 논리력을 증진시킬 수 있습니다.
실제 기출 적용연습을 위하여 유형 순이 아니라 전반적으로 난이도 순으로 배열했습니다.

4. Master step (심화 문제편)

사관, 교육청, 수능, 평가원에서 난이도 있는 문제를 선별하여 준킬러 자작문제와 함께 구성하였습니다.
과하게 어려운 킬러문제는 최대한 지양하였고 킬러 또는 준킬러 문제 중에서도
1등급을 목표로 하는 학생이 반드시 정복해야 하는 문제들로 구성하였습니다.

교과서 개념유제부터 어려운 기출 4점까지 모두 수록

단순히 유형서가 아니라 생기초부터 점점 살을 붙여가며 기출킬러까지 다루는 올인원 교재입니다.
즉, 교과서 개념유제부터 수능에서 킬러로 출제된 문제까지 모두 수록하였습니다.
규토 라이트 N제 수1의 경우 총 904제이고
문제집의 취지에 맞게 중 ~ 중상 난이도 문제들이 제일 많이 분포되어 있습니다.

규토 라이트 N제의 추천 대상

1. 개념강의와 병행할 교재를 찾는 학생
2. 개념을 끝내고 본격적으로 기출문제를 들어가기 전인 학생
3. 해당 과목을 compact하게 정리하고 싶은 학생
4. 무엇을 해야 할지 갈피를 못 잡는 3~4등급 학생
5. 기출문제가 너무 어렵게 느껴지는 학생
6. 아무리 공부해도 수학성적이 잘 오르지 않는 학생

정지영 / 울산대학교 의학과

안녕하세요, 검토자 정지영입니다. 올해에는 이른 겨울에 규토를 만나게 됐네요. 아직 입시도 끝나지 않아, 새 시작의 열기가 아직까지는 오지 않은 것 같습니다.

규토 라이트 수1은 결코 라이트하지 않습니다. 가벼운 마음으로 풀고 넘길 교재가 아니라 여러 차례 시간들여 풀어볼만한 완성도 높고 구성이 훌륭한 문제집이라고 생각합니다. 수능 수학 공부가 문항을 "어떤" 방법을 쓰고, "왜" 그런 방법을 쓰는지 익히는 과정이라면, 규토 라이트에는 "어떻게"와 "왜"가 모두 담겨 있습니다. 천천히 집중해서 풀어보면서 둘 중 모자란 것을 채워가기에 충분한 퀄리티를 갖추었으며, 난이도 역시 어떤 학생에게도 만만치는 않게끔 잘 구성되었습니다. 한 권으로도 수1을 완성할 수 있는 좋은 교재라고 생각합니다.

수능은, 단연코 아주 중요한 일들 중 하나입니다. 하지만 수능도, 그 자체가 목표인 것이 아니라 여러분의 목표를 위한 하나의 수단일 뿐임을 기억하면 좋겠습니다. 목표보다 중요한 수단은 없듯이, 힘든 시간이겠지만 여러분의 목표를 지킬 수 있으면 좋겠습니다. 과정과 시간에 너무 매몰되지 않고 여러분의 꿈으로 나아가실 수 있기를, 그리고 그 과정에 규토가 도움이 될 수 있기를 바라겠습니다.

윤승하 / 울산대학교 의예과

작년에 이어 올해도 규토 라이트 N제 검토를 맡게 되었습니다. 규토 라이트 N제의 가장 큰 장점은 문제편과 해설편 곳곳에 있는 Tip이라고 생각합니다. 개념부터 처음 공부하는 학생들은 시행착오를 겪어가며 실력을 쌓아올릴 수밖에 없습니다. 문제를 계속 풀고, 틀리고 실수해야만 자신이 약한 부분을 알게 되고, 문제를 조금 더 쉽게 풀 수 있는 요령 등을 익힐 수밖에 없기 때문입니다. 규토 라이트 N제는 학생들이 자주 놓치고 실수하는 부분, 더 쉽고 간단하게 풀 수 있는 방법, 헷갈리는 개념들을 tip을 통해 알려줌으로써 이러한 시행착오를 줄여준다고 생각합니다. 또한 기본적인 문제부터 시작해 고난도 문제까지 다루기 때문에, 해당과목을 처음 시작하지만 목표 등급이 높은 학생들에게 적합한 교재라고 생각합니다.

문지유 / 울산대학교 의학과

안녕하세요. 규토 라이트 N제 검토진 문지유입니다. 규토 라이트 N제는 N제임에도 개념이 탄탄하고 실전용 Tip이 많이 들어있어 아주 유용하게 쓰실 수 있는 문제집이라 생각합니다. 해가 바뀔 때마다 개정 되는 문제들을 보며 고심 끝에 세상에 나오는 문제집이라는 것을 실감합니다. 수험생 여러분이 여러 번 풀어보며 자신의 약점을 채워나갈 수 있을 것이라 생각합니다. 모두 파이팅, 응원합니다!

조윤환 / 대성여자고등학교 교사

규토 라이트 N제는 개념 설명 + 기출 문제 + 자작 N제로 구성되어 있어 세 마리 토끼를 한 번에 잡을 수 있는 독학서입니다. 특히 수능 대비에 알맞은 컴팩트한 볼륨의 Guide step(개념 익히기편)에서 수능에 자주 출제되는 중요한 개념을 빠르게 훑고 문제 풀이로 넘어갈 수 있습니다. Guide step에서는 실전에서 사용할 수 있는 유용한 테크닉과 학생들이 개념을 공부하면서 궁금할 수 있는 포인트까지 따로 자세하게 설명해주어서 교과서나 시중 개념서에서 해결할 수 없는 의문점까지 해결할 수 있습니다.

기출문제에 추가로 자작 문제가 포함되어 있어서 기출문제가 부족한 삼각함수의 그래프, 삼각함수의 활용 단원에서 트렌디한 평가원 스타일의 문제를 다양하게 풀어볼 수 있다는 것은 규토 라이트 N제 만의 큰 장점이라고 생각합니다.

저자의 TIP이 문제집과 해설집 곳곳에서 여러분들을 도와줄 것입니다. 규토 시리즈 특유의 유쾌한 해설이 무척 상세해서 규토 라이트 N제로 공부하다 보면 친절한 과외선생님이 옆에서 설명해주는 듯한 느낌을 받을 수 있을 것입니다. 특히 책 안에 나와 있는 규토 시리즈의 100% 공부법을 참고하면 수학 공부 방법에 고민이 많은 학생들에게 큰 도움이 될 것이라고 생각합니다.

박도현 / 성균관대학교 수학과

안녕하세요~ 규토 N제 시리즈 검토자 박도현입니다. 규토 N제 시리즈의 검토가 벌써 5년차에 들어가고 있습니다. 저를 믿어주시고 검토를 맡겨주신 저자 유성민 선생님께 감사를 표합니다. ㅎㅎ

올해 개정판은 최신 기출 트랜드에 따라 문제 배치가 크게 바뀌었습니다. 특히 Master Step에는 라이트 N제의 전작 고득점 N제의 우수한 자작 문제들이 추가되었습니다. Guide Step, Training 1step과 2step에서 배운 문제 풀이 스킬들을 가지고 Master Step을 도전하시면 한 단계 더 도약하실 수 있습니다.

규토 라이트 N제가 수학 영역 고득점으로의 길을 만들어줄 것입니다. 끝까지 포기하지 마시고, 올해 수험생 여러분 모두 건승을 기원합니다!

3등급에서 수능 미적분 원점수 96점(백분위 99%)으로, 규토 라이트 N제 추천사

안녕하세요. 규토의 도움으로 현역 수능 3등급에서 6, 9, 수능 전부 다 1등급으로 성적을 올리게 되어서 추천사를 적게 되었습니다. 저는 고3 수능 때 수학 과목에서 평소보다 좋지 않은 성적을 얻게 되었습니다. 그래서 이번 수능 수학 공부를 시작할 때 현역 당시 평소보다 부진한 성적을 얻게 된 원인을 분석하고 그 점을 보완하는 것을 우선으로 했습니다. 공부량이 원인이라기에는 그 당시에도 수학 공부에 대부분의 시간을 투자했었고 그럼에도 성적이 쉽사리 오르지 않았던 것이었습니다. 그래서 저는 공부하는 방법 자체가 잘못되었던 것이라고 생각했습니다.

저는 2,3점짜리 문제나 쉬운 4점은 항상 다 맞고 준킬러~킬러 4점짜리만 틀려서 심화 문제만 못 푼다는 자만한 생각을 갖고 심화 문제를 푸는 데만 집중했었습니다. 하지만 이런 방식으로 공부를 해도 심화 문제는 전혀 풀릴 기미가 안 보였고 결국 매번 답지에 의존하게 되었습니다. 다시 수능을 준비할 때는 이런 공부 방식이 시간 낭비에 불과하다는 것을 깨닫고 개념을 다시 제대로 익혀서 수학 개념에 빈틈을 없애야겠다고 생각했습니다.

개념서로 규토 라이트 N 제를 고르게 된 이유는 규토 고난도 N 제를 먼저 접해봤는데 문제의 질도 좋고 무엇보다 풀이가 자세하게 써져 있어서 혼자 개념을 익힐 때 도움이 될 것 같다고 생각했기 때문입니다. 저는 평소에 다른 시중의 개념서를 풀 때 풀이가 자세하지 않아서 불편함을 느낀 적이 많았습니다. 풀이에서 이런 식이 어떤 과정에서 도출되었고 왜 이 식이 필요한지에 대한 설명이 일절 없이 바로 식만 나열하는 풀이에서는 별 도움을 느끼지 못했습니다. 하지만 규토 라이트의 풀이는 단계별로 정리가 잘 되어있어서 가독성도 좋았고 이 식이 도출된 과정을 세세히 설명해 줘서 혼자서 공부하는데 정말 편했습니다. 또한 여러 풀이 방법도 써져있고 팁 박스에 필요로 하는 기본 개념이 친절하게 설명되어 있어서 다양한 방법으로 정확하게 사고하는 능력을 기르는 데 도움 되었습니다.

문제집의 구성도 정말 훌륭하다고 생각했습니다. 1스텝에서 기본 개념을 제대로 익히고 2스텝에서 응용하는 방식을 익히고 그 모든 것을 종합해야 풀 수 있는 마스터 스텝 단계로 넘어가는 구성이 완벽하다고 생각했습니다. 이 구성이 완벽하다고 생각하는 이유는 제대로 단계별로 학습하면 마스터 스텝 문제를 푸는 방법이 눈에 보이기 시작하기 때문입니다. 현역 당시에 심화 문제를 못 풀었던 이유는 1,2 스텝을 건너뛰고 무작정 마스터 스텝 문제에 손을 대려고 했기 때문입니다. 하지만 이번에는 스텝을 단계별로 익히고 내가 학습한 내용들을 이용해서 문제를 풀려고 노력했기 때문에 심화 문제들을 풀어나갈 수 있었습니다.

수학 문제는 사용되는 개념은 다 똑같고 그 개념을 풀어내는 방식에 따라 난이도가 달라진다고 생각합니다. 그래서 문제를 보고 이 문제가 어떤 개념을 필요로 하는지 분석하면 익힌 개념들로 충분히 풀 수 있을 것이기에 스스로 생각해서 문제를 분석하는 힘을 기르는 것이 수학 공부에서 가장 중요한 부분이라 생각합니다. 이 과정에서 규토 라이트는 정말 큰 도움이 될 것입니다. 제가 규토 라이트를 1년 내내 열심히 복습한 결과 도저히 안 풀리던 심화 문제들도 풀린다는 느낌을 확실히 받았기 때문입니다. 아마도 1,2 스텝 학습 후 마스터 스텝을 푸는데 어려움을 겪는 경우가 많을 것이라 생각합니다. 저도 마스터 스텝을 처음 풀 때는 계속 답지를 보고 싶다는 생각을 했습니다. 하지만 최대한 규토에서 배운 개념을 사용해서 혼자 힘으로 풀이를 도출해나가는 과정을 생각해 내면 문제 풀이의 실마리를 찾아나가게 될 것이고 심화 문제를 풀어나갈 수 있게 될 것입니다. 이 책은 배운 개념을 응용하기에 좋은 구성을 가졌기에 다른 개념서들로 공부하는 것보다 효율적으로 이 과정을 체화하는 데 도움 될 것이라고 생각합니다.

처음에 수학 공부하는 법의 갈피를 못 잡아서 책의 서두에 있는 100% 공부법을 정독하고 그것의 80% 정도 비슷하게 했습니다. 이 책은 정말 친절하게 공부법도 세세히 써져있기 때문에 제대로 활용하겠다는 의지만 있다면 수학 성적을 무조건 올릴 수 있을 것이라고 장담합니다. 저는 현역 시절 수학 때문에 목표보다 아주 이하의 대학을 갔습니다. 하지만 규토 라이트로 제대로 수학 공부를 시작한 후 이번에는 수학 덕분에 목표 대학을 노릴 수 있게 되었습니다. 여러분들도 규토 라이트를 이용해서 수학이라는 과목이 나의 적이 아닌 무기가 될 수 있기를 바라겠습니다.

정시로 인서울 의대 합격 후기, 규토 라이트 N제 추천사 (윤종원)

안녕하세요. 저는 규토의 도움으로 이번에 인서울 의대에 정시로 합격하게 된 학생입니다. 저는 총 세 번의 수능을 치르면서 규토 라이트 N제의 효과를 몸소 느끼게 되어서 이번 추천서를 작성하게 되었습니다.

우선 저는 22, 23, 24, 총 세 차례의 수능을 겪은 삼수생입니다. 첫 수능에서는 간신히 2등급 컷트라인을 맞췄고, 두 번째 수능에서는 1등급 컷 점수를, 마지막 수능에는 원점수 96점을 받으며 성공적으로 입시를 마칠 수 있었습니다. 제가 이렇게 성적을 향상한 데에는 규토 라이트 N 제가 정말 큰 도움을 주었습니다.

제가 고등학교 3학년일 때, 저는 오르지 않는 수학 성적을 두고 정말 많이 고민했는데요, 사실 그때는 제가 정확히 어느 부분이 부족한지, 또 어느 부분을 잘하는지 잘 알지도 못했습니다. 그저 최고난도 문항(킬러문항)이 풀리지 않으니 그저 어려운 문제만 끊임없이 반복해서 풀었었죠. 그렇게 실망스러운 22 수능 성적을 받고, 재수를 결심한 이후로는 아예 개념부터 다지기로 생각했고, 그때 제가 개념을 다질 때 도움을 받은 책이 규토 라이트 N제였습니다.

이 책은 정말 낮은 난도의 문제부터, 최고난도라고 해도 손색이 없을 정도의 문제들까지 다양하게 수록이 되어있습니다. 특히 규토님이 직접 만드신 문제들이 정말 높은 퀄리티를 보여주며 문제를 풀수록 감탄하게 만들죠. 문제에 대한 평가는 여러분이 직접 풀면서 몸으로, 손으로 느끼는 것이 가장 정확하니 말을 아끼지만, 여타 시중의 다른 문제집들과 비교했을 때 절대 뒤지지 않는, 오히려 압도하는 품질을 보여준다는 것만은 명백합니다.

하지만, 문제의 퀄리티가 아무리 좋다 하더라도 본인이 체화하지 못한다면 소용이 없을겁니다. 그러나 규토 라이트 N제는 그럴 걱정이 없습니다. 문제집보다 훨씬 두꺼운 해설지를 보시면 아시겠지만, 마치 과외선생님이 옆에서 하시는 말씀을 그대로 옮겨적은 것만 같은 해설지는 문제의 해설보다도 학생의 이해를 최우선으로 두고 작성되었습니다. 헷갈릴 만한 포인트들은 옆에 다른 문제들을 이용해서 추가로 설명을 해준다거나 하는 식으로 구성된 해설은 마치 수준이 높은 과외선생님이 옆에 있다는 착각마저 들게 합니다.

그렇다 보니 이 규토 라이트N제를 완벽하게 습득하기 위해서는 답지를 어떻게 이용하는지가 굉장히 중요합니다. 규토의 100% 공부법을 읽어보시면 아시겠지만, 문제를 맞히더라도 내가 어떻게 맞추었는지 그 풀이법을 나 자신이 인지하고 있는 것이 굉장히 중요합니다. 내가 푼 방법에 논리적 비약이 있지는 않았는지, 내가 정확한 방법으로 푼 건지 끊임없이 점검해야 하죠. 이럴 때 답지가 정말 유용하게 사용됩니다. 정확하고 세심한 풀이를 통해, 빠뜨린 부분은 없는지, 넘겨짚은 부분은 없는지 끊임없이 옆에서 점검해 줍니다. 위에서 서술한 바와 같이, 과외를 받는 기분이 들 정도로요.

그렇다면 여기서 궁금한 점이 생기실 겁니다. 과연 규토 라이트 N제는 나에게 맞는 문제집일까? 너무 어렵지는 않을까? 혹은 너무 쉽지는 않을까? 위 질문에 대한 답은, 여러분의 실력에 따라 달라지게 됩니다. 냉정히 말해서 규토 라이트 N제는 이름과는 다르게 라이트하기만 한 문제집은 아닙니다. 아무것도 모르는 상태에서, 즉 기초가 다져지지 않은 상태에서 하기에는 쉽지 않죠. 하지만, 개념을 한 번이라도 봤다면 얼마든지 도전할 수 있는 난이도입니다. 문제집의 구조상 난이도별로 파트가 나누어지기도 하고, 답지와 함께 풀면 조금 어렵더라도 이해하기에 어렵지는 않을 겁니다. 그렇다면 최상위수험생들에게는 필요가 없는 문제집일까요? 그렇지도 않습니다. 최상위수험생이더라도 틀리는 문제가 있다면 어딘가 불안정한 부분이 있다는 뜻입니다. 규토 라이트N제는 흔들리는 기초를 단단하게 굳힐 수 있는 교재입니다. 혹시라도 내가 불안한 부분은 없는지, 나의 약점은 없는지 등을 알 수 있는, 그러한 교재입니다. 내가 지금껏 쌓아온 기초에 불안한 부분은 없는지, 내가 안다고 생각했던 부분에 허점은 없는지 점검할 때에도 규토 라이트 N제는 최고의 파트너가 되어줄겁니다.

내가 가야 할 길이 멀게만 느껴질 때, 내가 지금 하고 있는 방법이 옳은 방법인지 알 수 없을 때, 규토 라이트 N제는 여러분의 곁에서 충실히 길잡이 역할을 해줄겁니다. 그렇게 규토와 함께, 문제 하나하나를 곱씹으며 나아가다 보면 그 길의 끝에는 여러분이 목표하고 있던 수학 성적이 여러분을 기다리고 있을 것입니다.

규토와 함께하게 된 여러분을 진심으로 응원하며, 이만 글을 줄이겠습니다. 감사합니다.

규토 라이트 N제와 함께 1년 내내 수학 모의고사 1등급!! (김준한)

–4등급부터 시작해서 현재 수학 백분위 99%까지 달성 후기–

안녕하세요~ 저는 작년 고1 때는 모의고사 성적이 3,4등급에 머물러 있다가 올해 규토 라이트 N제 수1,2로 공부하면서 2022년에 시행된 고2 6,9,11월 모의고사에서 모두 1등급을 쟁취하게 되어 추천사를 작성하게 되었습니다. 제가 이 책을 처음 접했을 때 책의 구성도 물론 좋았지만 가장 눈에 들어온 것은 공부법이었습니다. 성적대가 낮은 학생들이 공부해도 큰 효과를 볼 수 있는 책이지만 평소에 수학 공부법에 회의감을 가지고 있는 학생들도 공부하면 더 큰 효과를 볼 수 있을 거라고 생각합니다!

고등학교 1학년 때의 저는 수학을 아주 잘하지도 못 하지도 않는 학생이었습니다. 단지 다다익선이라는 말처럼 시중에 나와 있는 문제집을 다 풀어 보며 성적이 잘 나오겠지하며 기대하는 학생에 불과했습니다. 그랬던 성적이 3등급이었고 저는 심각한 고민에 빠졌습니다. 그러던 도중에 한 커뮤니티 사이트에서 '규토 라이트 N제' 후기를 보았습니다. 후기를 읽어보며 나도 저런 드라마틱한 성장을 이뤄낼 수 것 같다는 느낌을 받았고 그 중심인 '100% 공부법'을 알게 되어 바로 책을 구입하게 되었습니다.

규토 라이트 N제를 보면서 구성이 참 놀라웠습니다. 현 교육과정에 따른 개념이 모두 수록되어 있을 뿐만 아니라 규토님 특유의 테크니컬한 팁들이 다 들어 있어서 자작문제 (t1)에 적용하여 체화를 시키고 이에 따라 배운 것들을 기출문제 (t2)에 또 적용할 수 있어 개념–기출의 괴리감을 최소화 시켜준다는 장점이 있습니다. 그리고 규토 라이트 N제의 고난도 문제의 집합이라고 할 수 있는 마스터 스텝 (mt) 인데 저는 개인적으로 푸는 데 너무 재밌었습니다. 저는 문제를 풀면서 규토쌤이 괜히 문제 배치를 마지막에 하신 게 아니구나라는 것을 느꼈습니다. 이 문제들은 약간 방금 전에 언급한 t1,t2 문제들을 믹스 시킨 문제, 즉 기본 예제 들의 집합이라고 느꼈습니다. 마스터 스텝 문제까지 책의 공부법으로 완전히 흡수시켜야 비로소 책의 취지에 맞게 안정적인 1등급에 도달한다고 느끼게 되었습니다.

이제 공부법에 대해 얘기해보려 합니다. 사실 제가 제일 강조하고 싶은 부분입니다!! 제 성적향상의 근원이기도 합니다. ㅎ 올해 3월달... 저의 수학 성경책을 받은 날이었죠. 저는 책과 물아일체가 되겠다는 마음가짐으로 임했습니다. 규토 선생님께서 강조하시는 수학 공부법이 처음에는 어색했지만 계속 적용해보니까 수능 수학에 가장 이상적이고 적합한 방법이라는 것을 깨달았습니다. 제가 세 번의 모의고사에서 1등급을 받은 그 공부법! 100% 공부법의 핵심은 "누군가에게 설명할 수 있다"입니다. 사실 혹자께서는 문제를 잘 푸는 거랑 어떤 차이냐고 물으실 수 있는데 사실은 엄청난 차이가 있다고 생각합니다. 문제를 완벽하게 설명하려면 풀이를 써 내려갈 때 개념 간의 논리를 정확하게 이해하고 남을 이해시킨다는 마음으로 문제를 정확히 자기것으로 만들어야 합니다. 저는 이 과정이 정말 힘들었습니다. 하지만, 계속 거듭하고 묵묵히 하다보니 가속도가 붙더라고요! 내년에 공부하실 2024 규토 수험생 분들도 이 부분을 강조하며 공부하시면 충분히 좋은 결과 있으실 거라고 믿습니다!!

마지막으로 규토 선생님! 제 수학 성적을 눈부시게 끌어올려 주셔서 감사합니다! ㅎㅎ

수능 수학의 시작과 마무리, 규토 라이트 N제 (오세욱)

―규토 N제 수1,수2,미적분 풀커리(라이트~고득점)로 수능 미적분 백분위 98% 달성 후기―

저는 현역 때 운 좋게 대학입시에 성공해 인서울 대학에 합격했지만 수능에 미련이 남아있는 학생 중 한명이었습니다. 수학을 잘한다고 생각했고 자부심을 가지고 있었지만 막상 수능에서는 3등급 백분위 78을 받았습니다. 수능 시험장에서 문제를 풀면서 '나는 개념을 놓치고 있고 조건을 해석할 줄 모르는구나'를 깨달았습니다.

그렇게 대학에 진학했다는 생각으로 놀며 2020년을 보냈고 2021년이 되자 이대로 끝내면 후회가 남을 것 같다는 생각에 다시 한번 입시 속으로 뛰어들었습니다. 대학을 병행하며 진행하고 싶었기에 과외나 학원을 다니기에는 시간이 촉박하다고 판단하여 구매하게 된 책이 바로 과외식 해설을 담은 '규토 라이트 N제'입니다.

규토 라이트 N제를 만나게 되면서 앞에 적힌 공부방법에 따라 개념 부분과 개념형 유제부터 자세히 읽고 풀어보며 사소하지만 실전 문제풀이에 도움이 되는 팁을 얻었습니다. 또한 함께 실린 자작문제와 기출문제에 개념을 적용해 풀며 답안지와 내 풀이의 차이점을 비교하였고 잘못되게 풀이한 부분이 있다면 다시 한번 적어보며 틀린문제는 풀이의 길을 외울 정도로 반복해서 풀었습니다. 솔직히 이러한 과정이 빠르고 쉽다 한다면 거짓말입니다. 처음 시작할 때는 막막할 정도로 문제가 벽으로 느껴졌고 모르면 아직도 모르는게 많다는 것에 화가 나기도 했습니다. 하지만 한 문제, 한 단원 넘어갈 때마다 확실하게 개념이 탄탄해지고 새로운 문제를 만나도 개념을 중심으로 풀이가 진행되는 경우가 많아 자신감과 재미를 느끼게 되었습니다. 이렇게 수1, 수2부터 미적분까지 3권을 모두 마무리하고 반복하여 풀이하다 보니 평가원 시험에서 고정적으로 1등급을 받게 되었습니다.

규토 라이트 N제는 이름과 달리 절대 '라이트' 하지만은 않습니다. 선택과목 체재에서 규토 라이트 N제는 시작이며 마무리인 단계입니다. 기출을 이미 많이 접해본 N수나 고3분들 중 컴팩트하고 완전하게 개념과 기출을 정리하고 싶은 분들부터 수능 수학을 처음으로 공부해 개념을 탄탄하게 쌓고 싶은 분들까지 규토 라이트 N제를 자신 있게 추천드립니다.

[중요] 만약 책을 구매하게 된다면, 규토 선생님의 방법으로 공부하세요.

추신) 여담으로 타 문제집(쎈)과 규토 라이트N제를 비교하는 글이 많아 두 문제집 모두 풀어본 입장에서 남긴다면 해설의 자세함, 친절도, 수능 수학을 할 때 필요한 문제의 질, 개념의 자세함 모두 규토 라이트 N제가 좋다고 생각합니다. 그리고 N제라는 이름 때문에 그런지 몰라도 두 책의 목적은 완전하게 다른데 비교하는 경우가 많은 것 같습니다. 이 책은 자세한 개념부터 심화문제(30번)까지 모두 다룹니다. 과장없이 미적분2022평가원문제 모두 이 책에 있는 문제를 규토 선생님의 방식으로 다뤘다면 모두 맞출 수 있었다고 생각합니다.

나는 수능에서 처음으로 수학 1등급을 받았다. (이나현)

안녕하세요! 9월 백분위 89에서 수능 백분위 96으로 오르는 데 있어 규토 라이트의 도움을 크게 받아 작성하게 되었습니다. 핵심은 규토라이트를 통해 개념과 기출의 중요성을 깨닫게 되었다는 점입니다. 규토라이트는 1-4등급 모두에게 좋은 책이지만, 저는 특히 2-3등급에 머무르는 학생들에게 추천하고 싶습니다.

백분위 89에서 1등급은 드라마틱한 성적 변화가 아니라고 생각하실 수도 있습니다. 하지만 저는 고등학교와 재수 생활을 통틀어 평가원 모의고사에서 1등급은 맞아본 적도 없고 2등급 후반 ~ 3등급 초반을 진동했습니다. 저는 수학을 일주일에 적어도 40시간 이상 투자했고, 유명한 강의와 문제집을 다양하게 접해봤음에도 1등급을 맞지 못하는 원인을 파악하지 못했었는데요. 9월부터 규토 라이트로 두 달동안 공부하며 제 약점을 파악했고 결국 수능에서 처음으로 1등급을 맞았습니다. 규토 라이트를 처음 접하게 된 건 9월 모의고사에서 2등급을 간신히 걸친 후였는데요. 저는 1등급을 맞게 된 원인이 크게 두 가지라고 생각합니다.

첫 번째로 규토 라이트의 구성입니다. 기출과 N제 그리고 ebs까지 적절하게 섞인 구성이 너무 좋았습니다. 또한 가이드 스텝을 스킵하지 마시고 꼭 정독하시는 것을 추천드립니다. 규토님의 농축된 팁까지 얻어갈 수 있습니다. 마스터 스텝에서도 배워갈 점이 많으니 겁먹지 말고 몇 번이고 풀어보시는 것을 추천드립니다. 저는 규토 라이트를 접하기 전까진 왜 수학에서 개념과 기출을 강조하는지 이해가 가지 않았습니다. 기출은 지겹기만 했고 개념은 다 아는 것만 같았습니다. 하지만 규토 라이트를 통해 제대로 된 기출 학습과 약점훈련을 할 수 있었습니다.

두 번째는 규토님입니다. 일단 규토님은 등급에 따라 커리큘럼과 학습법을 알려주시는데 이대로만 하면 100점도 가능하다고 생각합니다. 가장 도움되었던 학습법은 복습입니다. 뻔한 것 같지만, 알면서도 꺼려지는 게 복습입니다. 그리고 틀린 문제를 생각 없이 계속 푸는 것이 아니라, 제대로 된 복습 가이드를 정해주셔서 이대로만 하면 된다는 점이 좋았습니다. 저는 비록 9월 중순부터 시작해서 전체적으로는 3회독밖에 못했지만... 설명할 수 있을 때까지 계속 풀고 또 풀었습니다. 또한 이메일로 직접 질문을 받아주시는데요, 질문하는 문제에 따라서 가끔 제게 필요한 보충문제나 영상 덕분에 빠르게 이해할 수 있었습니다. 그리고 똑같은 문제를 계속 틀리거나, 사설 모의고사에서 안 좋은 점수를 받는 등 막막할 때가 많았는데요, 그 때마다 실질적인 말씀을 많이 해주셨습니다. 'theme 안의 문제들은 서로 다른 문제들이지만 이 문제들이 똑같게 느껴질 때 비로소 이해한 것' 이라는 말이 아직도 기억에 남네요. 전 이 말을 듣고 깨달음이 크게 왔고 그 뒤로 수학에 대한 감을 제대로 잡았던 것 같아서 써봅니다. 이외에, 6월 9월 보충프린트도 너무 감사했습니다.

저는 비록 9월 중순부터 규토 라이트를 시작했지만 재수 초기로 돌아간다면 규토 라이트로 시작해서 규토 고득점으로 끝내지 않았을까 싶습니다. 제대로 된 기출 학습을 원하시는 분들은 규토 라이트하세요 !!

9월 수학 3등급에서 수능 수학 1등급으로! (노유정)

규토 라이트 수1, 수2로 학습하여 짧은 기간 동안 9월 3 –〉 수능 1의 성적향상을 이루었습니다. 저는 8월에 수시 지원 계획이 바뀌며 급하게 수능 준비를 하게 되었습니다. 수능은 100일 정도 밖에 남지 않았는데 개념은 거의 다 까먹었고, 원래 수학을 못하는 학생이었기 때문에 (1,2 학년 학평은 대부분 3등급) 수학이 가장 걱정되는 과목이었습니다. 그래서 짧은 기간 동안 개념 숙지와 문제 풀이를 할 수 있는 교재를 찾다가 규토 라이트를 접하게 되었습니다.

개념 인강을 들으면서 해당되는 단원의 문제를 하루에 약 60문제 정도 풀어서 10월 말 정도에 규토 1회독을 끝냈습니다. 그 후에는 시간이 부족해서 1회독 후 틀린 문제와 기출 위주로만 반복적으로 보았습니다.

규토라이트는 효율적인 학습을 가능하게 하는 책입니다. 기존의 기출 문제집을 풀 때는 난이도별로 구분이 되어있지 않아 제 수준에 맞지 않는 문제를 풀면서 시간을 낭비했던 적이 많습니다. 그러나 규토 라이트를 통해 공부할 때는 개념 숙지에서 고난도 문제 풀이로 넘어가는 과정이 효율적이었습니다. 특히, 지나치게 어려운 문제도 쉬운 문제도 없기 때문에 실력 향상에 큰 도움이 되었습니다. 가이드에 적혀있는 대로 충분히 고민을 하고, 안 풀릴 경우에는 다음 날 다시 풀거나 2회독 때 풀기로 표시를 해두었습니다. 마스터 스텝을 제외하고는 이렇게 하면 대부분 해결할 수 있었던 것 같습니다.

이러한 교재 특성 때문에 수학을 잘 못하는 학생이었음에도 원하는 성적을 얻을 수 있었습니다. 제 사례와 같이 급하게 수능 준비를 하거나, 스스로 수학머리가 없다고 생각하는 수험생들에게 규토를 추천해주고 싶습니다.

[수2 공부법] 수포자에서 수능 수학 백분위 92%!

규토 라이트 n제 수2 리뷰를 할 수 있어서 정말 영광입니다. 먼저 전 나형 수포자였습니다. 현역시절 맨 앞장에 4문제 정도 풀고 운이 좋으면 7~8번까지도 풀리더라구요. 그리고 주관식 앞에 쉬운 2문제 정도 풀고 다 찍었습니다. 항상 6~7등급 찍은게 몇 개 맞으면 5등급까지 갔습니다. 생각해보면 수학을 제대로 공부해본 적이 없었고 주위에서 수학은 절대 단기간에 할 수 없다. 그냥 그 시간에 영어나 탐구를 더하라는 말에 현역시절 수학을 제대로 집중해서 문제를 푼 적이 없었습니다. 현역시절 제가 받은 성적은 6등급 타과목도 잘치지 못한 탓에 재수를 결정했고 불현듯 수학공부를 해봐야겠다는 생각을 했습니다. 어쩌면 내 일생에 단 한 번뿐인데 수학공부 한 번 해보자라고 마음먹었습니다. 다른 과목보다 수2가 문제였습니다. 확통이나 수1에 비해 분명히 해야 할 부분이 저에게 많았기 때문이었습니다. 2월에 본격적으로 수2과목을 빠르게 개념정리를 했습니다. 수2만은 전년도와 교육과정이 크게 바뀌지 않은 탓에 빠르게 개념인강과 교과서로 정독했습니다. 아주 쉬운 기초부터 시작한 셈이죠. 교과서와 개념인강을 3회독정도 해보니 아주 쉬운 유형들은 풀 수 있게 되었습니다. (이를테면 함수의 극한에서 그래프를 주고 좌극한과 우극한의 합차 유형이나 간단한 미분 적분 계산문제 함수의 극한꼴 정적분의 활용 중 속도 가속도문제등) 교과서 유제에도 그리고 평가원 기출에도 매번 나오는 유형들은 교과서만으로도 풀 수 있었습니다. 하지만 처음 보는 낯선 유형과 함수의 추론등 기초가 부족한 저에게 이런 문제들은 거대한 벽과 다름없었습니다. 과연 1년 안에 내가 이런 문제를 극복가능한 것일까..교과서와 개념인강만으로는 해결할 수 없었습니다. 충분히 고민한 뒤에 제가 내린 결론은 문제의 양을 늘려야한다는 것이었습니다. 소위 수포자는 당연하게도 수학경험치가 현저히 낮습니다. 특히 함수 나오고 그래프 나오면 정말 무너지기 쉽죠. 그렇다고 1년도 안 남은 시점에서 중학수학과 고1수학을 체계적으로 본다는 것은 너무 어려운 일입니다. 1년안에 승부를 봐야하는 제 입장에선 현명한 선택이 아니었습니다. 그러다 우연히 커뮤니티에서 규토라이트n제를 알게 됐고 많은 리뷰와 블로그 내용을 꼼꼼히 보고 선택하기로 결정했습니다. 제가 규토 라이트 수2 n제를 택했던 근본적 이유는 충분한 문제양과 더불어 제 기본기를 탄탄하게 보완시켜줄 문제들이 다수 실려있었기 때문입니다.

개념익히기와 〈1 step〉 필수유형편에서 기초적인 문제와 더불어 조금 심화된 문제까지 정말 질 좋은 문제들을 많이 풀었습니다. 양과 질을 동시에 확보한 셈이죠. 수능은 이차함수나 일차함수등 중학수학을 대놓고 물어보진 않습니다. 문제에서 가볍게 쓰이는 정도이죠. 수2를 공부하시면 많은 다항함수를 접하시게 될텐데 라이트n제 필수유형편으로 충분히 커버됩니다.

다음으로는 제가 가장 애정했던 〈2 step〉 기출적용편입니다. 시중에는 정말 많은 기출문제집이 있지만 규토n제 수2만이 갖는 특별함은 바로 최신경향을 반영한 교육청 사관학교 평가원 기출들만으로 공부할 수 있다는 점입니다. 일부 기출문제집은 최근 트렌드에 맞지않는 문제들도 있고 또한 교육과정이 변했음에도 이전 교육과정의 문제들도 있는 반면 라이트n제 수2는 규토님의 꼼꼼한 안목으로 꼭 필요한 기출만을 선별했고 따로 다른 기출을 살 필요없이 실린 문제들만 잘 소화해도 기출을 잘 풀었다는 느낌을 받을 수 있을 겁니다. 저도 성적향상에 가장 도움이 됐던 step이었습니다. 하지만 이 단계부턴 문제가 어렵습니다. 특히나 수포자나 수학이 약하시분들은 정말 힘들 수 있습니다. 하지만 저는 포기하지 않고 끝까지 풀었습니다. 심지어 위에 빈칸에 체크가 7개가 되는 문제도 있었습니다. 시간차를 두고 보고 또봤습니다. 서두에서 규토님께서 제시한 수학 학습법에 의거해 복습날짜도 정확히 지키며 공부했습니다. 수학이 어려운 학생부터 조금 부족한 학생까지 〈2 step〉만큼은 꼭 공을 들여서라도 여러 번 회독하셨으면 좋겠습니다. 수능은 어찌 보면 기출의 진화라고 할 만큼 기출에서 크게 벗어나지 않습니다. 꼭 여러 번 회독하셔서 시험장에서 비슷한 유형은 빠른 시간 안에 처리하실 수 있을 만큼 두고두고 보셨으면 좋겠습니다. 〈2 step〉를 잘소화했더니 6월과 9월을 응시했을때 어?! 이거 규토라이트 n제 수2에서 풀었던 느낌을 다수문제에서 받았습니다. (다항함수에서의 실근의 개수 정적분의 넓이 미분계수의 정의등 단골로 나오는 유형이있습니다.) 역시나 기출의 반복이었습니다. 규토라이트 n제 수2를 통해 최신 트렌드 경향에 맞는 유형을 여러 문제를 통해 접하다 보니 정말 신기하게 풀렸고 어렵지 않게 풀 수 있었습니다. 규토 라이트n제는 해설이 정말 좋습니다. 제가 기본기가 부족했던 시기에도 규토해설만큼은 이해될 만큼 자세히 해설되어있고 현장에서 사용할 수 있을만큼 완벽한 해설지라고 생각합니다. 제 풀이와 규토님 풀이를 비교해보면서 좀 더 현실적인 풀이를 찾는 과정에서 제 실력도 많이 향상되었습니다.

마지막 마스터 스텝은 굉장한 난이도의 기출과 규토님의 자작문제들이 실려있습니다. 제가 굉장히 고생한 스텝이었고 실제로 수능 전날까지 정말 안되는 문제들도 몇 개 있었습니다. 1등급을 원하시는 분들은 꼭 넘어야할 산이라고 생각합니다. 1등급이 목표가 아니더라도 마스터 스텝에 문제는 꼭 풀어보실만한 가치가 있습니다. 문제가 풀리지 않더라도 그 속에서 수학적 사고력이 향상되는 경우가 있고 저도 올해 수능 20번을 맞출만큼 실력이 올라온 것도 마스터스텝 문제를 여러 번 심도 있게 고민해본 결과가 아닐까 싶습니다. 시간이 조금만 남았더라면 30번도 풀 수 있을 만큼 제 수학실력이 많이 올라와 있었습니다. 라이트 n제 수2를 구매하시는 분들은 1문제도 거르지 마시고 완벽하게 다 풀어보는 것을 목표로 삼고 공부하시면 좋은 성과가 꼭 나올거라 생각합니다.

끝으로 저는 수포자였지만 결국 이번 수능에서 2등급을 쟁취하였고 목표한 대학에 붙을 점수가 나온 것 같습니다. ㅎㅎㅎ 수학이 힘드신 문과생분들! 수학에서 가장 중요한 것은 제가 생각하기에 정확한 개념과 많은 문제양을 풀어 수학에 대한 자신감을 키우는 것 이라고 생각합니다. 특히나 수2는 절대적인 양 확보가 정말 중요합니다. 하지만 교과서와 쉬운 개념서로는 한계가 있고 다른 기출문제집을 보자니 너무 두껍고 양이 많습니다. 라이트n제 수2 각유형별로 기본부터 심화까지 한 권으로서 문제풀이의 시작과 마무리를 다할 수 있는 교재라고 자부합니다. 올해만 하더라도 규토라이트 n제 수2교재로 다항함수 특히 3차함수 개형 그리기만도 수백번이 넘었던 것 같습니다. 시중 문제집과 컨텐츠가 난무하는 시기에 규토 라이트n제를 우연히 알게 되고 끝까지 믿고 풀었던 것에 감사하며 수포자도 노력하면 할 수 있다는 말씀드립니다. 규토 라이트n제 수2 강추합니다!! 끝으로 규토님께도 감사드립니다 :)

수학에 자신이 없었지만 수능 수학 100점! (김은주)

저는 유독 수학에 자신이 없었던, 2등급만 나오면 대박이라고 여겼던 학생이었습니다. 그랬던 제가 규토 라이트 N제를 공부하고 수능에서 100점을 받을 수 있었습니다.

코로나 19와 개인적인 사정으로 인해 학원에 다닐 수 없었던 저는 시중에 출판된 여러 문제집을 비교하며 독학에 적합한 교재를 찾는 중에 규토 라이트를 고르게 되었습니다.

많은 장점 중 제가 꼽은 이 책의 가장 큰 장점은 바로, "이 책을 공부하는 방법(?)"이 마치 과외를 받는 기분이 들도록 수험생의 입장을 고려해서 세세하게 서술되어있기 때문이었습니다.

규토 N제를 만나기 전의 저는 나쁜 습관이 가득한 학생이었고, 그것이 제 성적을 갉아먹는 요인이었습니다. (찍어서 우연히 맞은 문제, 알고 보니 풀이 과정에서 오류가 있었는데 답만 맞은 문제도 그저 답이 맞으면 동그라미표시를 하고 다시 보지 않았고, 조금 복잡하거나 어려워보이는 문제는 지레 겁을 먹고 풀기를 꺼리는 등) 그래서인지 처음 책을 접했을 때는 문제를 풀고 풀이과정을 해설지와 일일이 대조해보고 백지에 다시 풀이과정을 써보느라 한 문제를 푸는데도 시간이 오래 걸렸고, 생각보다 쉽게 풀리지 않는 문제들이 많아서 충격을 받기도 했습니다. 그럴 때마다 앞부분에 실려있는, 과거 이 책으로 공부했던 다른 분들의 후기를 읽으며 잘 하고 있는거라고 스스로를 다독였습니다. 그러다보니 뒤로 갈수록 문제가 조금씩 풀리기 시작했고, 처음 풀어서 완벽히 맞는 문제가 나오면 (책 앞부분에 선생님께서 언급하신) 희열을 느끼기도 했습니다. 그렇게 1회독을 하고 나니 다른 모의고사를 볼 때에도 규토를 풀며 체계적으로 훈련했던 감각들이 되살아나서 예전이라면 손도 못 대었을 문제도 풀 수 있게 되었습니다.

책 제목인 라이트와 다르게, 문제들이 분명 쉽지만은 않은 것은 사실입니다. 그렇지만 시간이 오래 걸리더라도 책에 실린 방법대로 끈질기게 물고 늘어지고 스스로에게 엄격해진다면 분명 이 책이 끝날 시점에는 실력 향상이 있을거라고 자신합니다.

늘 고민을 안겨주는 과목이었던 수학을 하면 되는 과목으로 생각할 수 있도록 좋은 책 집필해주신 규토선생님께 진심으로 감사드리고 내년 수능을 준비하시는 분들에게도 이 책을 추천합니다. (규토 고득점 N제도 추천합니다.!)

참고로 모든 추천사는 라이트 N제 구매 인증과 성적표 인증 후 수록하였습니다.
자세한 인증내역은 네이버 카페 (규토의 가능세계)에서 확인하실 수 있습니다.

1 충분한 시간을 갖고 푼다. 자신이 가지고 있는 사고의 벽을 깬다고 생각하면서 머리에 쥐가 날 정도로 사고해본다.

2 문제를 풀고 나서 바로 다음 문제로 넘어가지 말고 백지에 논리적 흐름을 느끼면서 다시 풀어본다.

자기풀이가 논리적으로 맞는지 체계화를 해본다. (1번 문제를 풀고 바로 2번 문제로 넘어가지 말고 1번 문제를 정리해본 후 넘어가라는 의미)
☆ **굉장히 중요합니다!**

3 각 Step이 끝나면 해설지를 본다. **해설지를 보고나서** 내가 생각하지 못했던 풀이들과 skill을 모조리 흡수한다.

해설지를 보지 않고 해설지에 적힌 풀이를 체화시킨다는 느낌으로 백지에 논리적 흐름을 느끼면서 다시 풀어본다.
☆ **굉장히 중요합니다!**

4 추천 학습 순서

① 전 범위를 학습한 학생 또는 총정리 목적으로 푸는 학생

    Guide step → Training -1step → Training - 2step → Master step

② 전 범위를 학습하지 못한 학생 또는 등급대가 낮은 학생

    Guide step → Training - 1step → Training - 2step → (책 전체 한 바퀴 돌고 난 뒤) → Master step

    (Master step은 단원 통합형 문제도 수록되어 있기 때문에 위와 같이 학습하시는 것을 추천 드립니다.)

③ 찐노베 학생 (목표 : 우선 큰 틀을 잡고 세부적으로 들어가기)

    Guide step → Training - 1step (각 theme당 3문제씩) → Training - 2step (3점) → (책 전체 한 바퀴 돌고 난 뒤)
    → Training - 1step (나머지 문제) → Training - 2step (4점) → (책 전체 한 바퀴 돌고 난 뒤)
    → Master step (하루에 조금씩 진도 나가면서 나머지 파트 복습)

5 **6~7일 후에 다시 푼다.** (자세한 방법은 「수능 수학영역에 대한 고찰」 을 참고)

☆ 굉장히 중요합니다!

〈수능 수학영역에 대한 고찰 中 made by 규토〉 블로그에서 전문 확인 가능합니다.

학원에서 강의 할 때나 과외를 할 때 첫 시간에 꼭 설명하는 것이 있습니다. 바로 수학 공부법입니다.

저도 이렇게 했었고 제 학생들도 성적 향상이 되는 것을 보아왔습니다.

문제를 풀고 채점할 때 X 와 O 로 나눌 수 있습니다. 가끔씩 세모를 치는 학생들도 있는데 세모를 친다는 것은 자기 자신에 대한 관대한 행위입니다.

수학은 자신에게 엄격할수록 수학 성적이 는다고 생각합니다. **정말 확실히 알고 누구에게 설명할 수 있는 정도일 때 O 를 합니다.**

만약 문제 ㄱ ㄴ ㄷ 중에서 ㄱ이 반드시 맞는데 ㄱ이 들어간 것이 한 개만 있다고 해서 그 문제의 답을 체크하고 맞다고 하면 절대로 안 됩니다.

X 유형은 크게 4가지로 분류할 수 있습니다.

1. 계산 실수
2. 이게 뭐지 ?
3. 완전 모르겠다.
4. 스스로 엄밀히 진단했을 때 "다시 풀어봐야겠다"고 느낀 문제

1번의 경우는 흔히 하는 계산 실수입니다. 항상 하던 실수를 반복하기 쉽기 때문에 계산 실수라도 과감히 X표를 칩니다. 저 같은 경우에도 2X3 을 매일 5라고 써서 실수를 많이 했었는데 이제는 항상 2X3만 나오면 실수 하지 말아야지 라는 생각을 하게 됩니다. 2번의 경우가 중요할 수 있습니다. 자기가 분명히 맞다고 생각하는 풀이가 답이 아닐 경우 거기에는 논리의 비약과 오류가 있을 수 있습니다. 그것들을 조언이나 풀이를 통해 교정합니다. 물론 과감히 X표를 칩니다.

3번의 경우는 X표를 치고 충분한 고민과 생각 끝에 답이 나오지 않으면 풀이나 조언을 통해 해결합니다.

마지막 4번의 경우는 비록 맞았지만 논리 없이 찍어서 맞았거나 스스로 엄밀히 진단했을 때 다시 풀어 봐야할 것 같은 문항을 의미합니다. 역시나 과감히 X표를 칩니다.

여기서 중요합니다!!!!

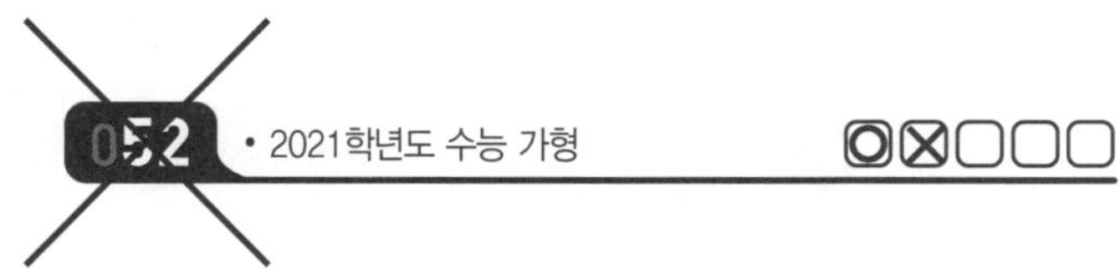

틀린 문제는 6~7일 뒤에 다시 봅니다. 다시 봤을 때 맞았다면 문제 오른쪽 위에 있는 네모 BOX칸에 O를 칩니다.

(단, 연속 동그라미가 많이 되어있는 문제라면 기간을 늘려 2주 ~ 3주 후에 다시 봐도 됩니다.)

그렇게 왼쪽 끝부터 연속해서 O가 4개 될 때까지 풀면 그 문제는 다시 안 봐도 됩니다. 만약 다시 봤을 때 못 풀면 X를 칩니다. 연속해서 O가 4개 될 때까지 이므로 X이후에서부터 다시 연속해서 4개 될 때까지 풀면 됩니다. (이걸 학생들한테 가르쳐줬더니 O를 할 때 아래에 날짜를 써놓고 푸는 아이도 있었습니다.)

처음에는 30분 걸리던 문제가 10분으로 10분이 5분으로 5분이 3분 안에 논리적으로 설명 할 수 있을 정도의 수준으로 바뀔 것입니다. 이렇게 계속하다보면 자신도 모르는 사이에 강해질 것입니다. 이 훈련의 핵심은 틀린 문제를 완전히 자기 것으로 만드는데 있습니다.

대부분 학생들은 틀린 문제를 또 다시 틀리는 경우가 다반사입니다. 그러면 아무것도 늘지 않기 때문에 틀린 문제를 완벽히 정복하는 것만이 질적인 성적향상으로 가는 지름길이라고 생각합니다. 책을 고를 때도 조금 밖에 틀리지 않는 교재는 자신에게 맞지 않다고 생각합니다.

이 훈련의 전제조건은 문제에는 절대로 아무런 힌트나 풀이나 답을 적지 않는 것입니다.

문제를 다시 풀 때 항상 새 문제처럼 느껴지는 것이 훨씬 더 도움이 됩니다. 사람 심리상 ㄱㄴㄷ의 문제를 풀 때 ㄱ에 빨간 동그라미가 되어있으면 다시 풀어도 ㄱ에 동그라미를 칠 수 밖에 없습니다. 이 방법을 실천하기란 정말 어렵지만 했을 때의 효과는 보장합니다.

6 마지막 화룡점정은 누구에게 직접 설명해주는 것이다! 정확한 논리 구조로 알려줄 때 진정한 자기 것이 된다!

설명을 계속 강조하는 이유는 누구에게 설명해주기 위해서는 풀이가 머릿속에 체계적이고 논리적으로 그려지는 단계에 왔을 때 비로소 가능하기 때문이다.

(개인 여건상 설명하기 힘든 경우는 백지에 자신의 사고를 정리하는 연습으로 대체해도 됩니다.)

솔직히 이렇게 하는 사람은 1% 정도겠지만 만약 한다고 하면 난 그 사람을 지지한다.

그냥 풀고 넘어가는 것은 딱히 도움이 안 된다. 이건 Fact 다!

이렇게 하면 실력이 안 늘래야 안 늘 수가 없다!

★ 필 독 ★

아래 계획표에는 일주일 혹은 하루에 대단원 한 개씩이라고 되어있지만
이는 학생에 따라서는 매우 큰 부담감으로 작용할 수 있습니다.

도리어 '빨리 풀어야한다'는 압박감에 정작 가장 중요한 100% 공부법을
제대로 이행하지 못하는 부작용이 생길 수 있습니다.

따라서 대단원이 부담되시면 대단원을 쪼개서
중단원을 기준으로 하셔도 됩니다.

저는 큰 틀을 제시한 것이고 각자의 상황에 맞게
조금씩 변화를 주시면 됩니다.

건투를 빌겠습니다.

화이팅입니다~!

선택 ① 개념강의 + 개념부교재(워크북) + 규토 라이트 N제 병행 (1~2등급 학생)

선택 ② 개념강의 + 개념부교재(워크북) + 규토 라이트 N제 병행 (3등급 학생)

선택 ③ 개념강의 + 규토 라이트 N제 병행 (찐노베 학생)
　　　 (개념부교재까지 보는 것은 학습에 부담을 줄 수 있기　때문에 라이트 N제로 단권화 / 100%공부법에 적힌 찐노베추천 순서대로 학습 개념부교재를 추가할 수는 있으나 만약 추가한다면 학습에 부담을 주지 않는 선에서 계산연습용으로 쉬운 문제집 선택 권장)

선택 ④ 개념강좌 완강 후 규토 라이트 N제 (1~2등급 학생)

선택 ⑤ 개념강좌 완강 후 규토 라이트 N제 (3등급 학생)

선택 ⑥ 개념강좌 완강 후 규토 라이트 N제 (찐노베 학생)

선택 ⑦ 수1+수2 병행 (①~⑥을 참고하여 개별 맞춤 진행)

선택 ⑧ 수1+수2+선택과목 병행 (①~⑥을 참고하여 개별 맞춤 진행)

선택 ① 개념강의 + 개념부교재(워크북) + 규토 라이트 N제 병행 (1~2등급 학생)

전체 1회독 기준 4주 완성 커리큘럼

월	화	수	목	금	토	일
* 1단원 개념강의 수강 (수강 후 10분이 지나기 전에 복습) * 개념부교재	* 1단원 개념강의 수강 (수강 후 10분이 지나기 전에 복습) * 개념부교재	* 1단원 개념강의 수강 (수강 후 10분이 지나기 전에 복습) * 개념부교재	* 1단원에 수록된 규토 라이트 N제 (Guide step ~ Training – 2step)	* 1단원에 수록된 규토 라이트 N제 (Guide step ~ Training – 2step)	* 1단원에 수록된 규토 라이트 N제 (Guide step ~ Training – 2step)	* 새로운 문제 금지 * 복습의 날 (일주일동안 했던 것 복습 및 누적 복습) * 동그라미 커리큘럼 이행하기 (전주, 전전주 틀린 문제 다시 풀기)
* 2단원 개념강의 수강 (수강 후 10분이 지나기 전에 복습) * 개념부교재	* 2단원 개념강의 수강 (수강 후 10분이 지나기 전에 복습) * 개념부교재	* 2단원 개념강의 수강 (수강 후 10분이 지나기 전에 복습) * 개념부교재	* 2단원에 수록된 규토 라이트 N제 (Guide step ~ Training – 2step)	* 2단원에 수록된 규토 라이트 N제 (Guide step ~ Training – 2step)	* 2단원에 수록된 규토 라이트 N제 (Guide step ~ Training – 2step)	* 새로운 문제 금지 * 복습의 날 (일주일동안 했던 것 복습 및 누적 복습) * 동그라미 커리큘럼 이행하기 (전주, 전전주 틀린 문제 다시 풀기)
* 3단원 개념강의 수강 (수강 후 10분이 지나기 전에 복습) * 개념부교재	* 3단원 개념강의 수강 (수강 후 10분이 지나기 전에 복습) * 개념부교재	* 3단원 개념강의 수강 (수강 후 10분이 지나기 전에 복습) * 개념부교재	* 3단원에 수록된 규토 라이트 N제 (Guide step ~ Training – 2step)	* 3단원에 수록된 규토 라이트 N제 (Guide step ~ Training – 2step)	* 3단원에 수록된 규토 라이트 N제 (Guide step ~ Training – 2step)	* 새로운 문제 금지 * 복습의 날 (일주일동안 했던 것 복습 및 누적 복습) * 동그라미 커리큘럼 이행하기 (전주, 전전주 틀린 문제 다시 풀기)
* 1단원 Guide step 복습 *1단원 Guide step ~Training – 2step 틀린 문제 다시보기 * 1단원에 수록된 규토 라이트 N제 (Master step)	* 1단원 Guide step 복습 *1단원 Guide step ~Training – 2step 틀린 문제 다시보기 * 1단원에 수록된 규토 라이트 N제 (Master step)	* 2단원 Guide step 복습 *2단원 Guide step ~Training – 2step 틀린 문제 다시보기 * 2단원에 수록된 규토 라이트 N제 (Master step)	* 2단원 Guide step 복습 *2단원 Guide step ~Training – 2step 틀린 문제 다시보기 * 2단원에 수록된 규토 라이트 N제 (Master step)	* 3단원 Guide step 복습 *3단원 Guide step ~Training – 2step 틀린 문제 다시보기 * 3단원에 수록된 규토 라이트 N제 (Master step)	* 3단원 Guide step 복습 *3단원 Guide step ~Training – 2step 틀린 문제 다시보기 * 3단원에 수록된 규토 라이트 N제 (Master step)	* 새로운 문제 금지 * 복습의 날 (일주일동안 했던 것 복습 및 누적 복습) * 동그라미 커리큘럼 이행하기 (전주, 전전주 틀린 문제 다시 풀기)

* 추후에 계속 틀린 문제 복습해야 함 (동그라미 커리큘럼, 최대한 책에 적힌 100%공부법으로 학습할 것!) / 개념도 반드시 누적 복습할 것
* 각 Step이 끝날 때마다 해설보기 (해설지로 공부한다고 생각)
   ex) Training – 1step 문제 풀고 → 해설보기 → Training – 2step 문제 풀고 → 해설보기
* 실전개념강좌는 도구정리 느낌으로 라이트 N제 체화 후 볼 것 (라이트 N제에도 저자가 쓰는 실전개념 모두 수록 / 해설지에도 수록)
* 복습량이 많아 일요일로 벅차다면 다른 요일에 학습량 일부를 복습에 투자해도 된다.

선택 ② 개념강의 + 개념부교재(워크북) + 규토 라이트 N제 병행 (3등급 학생)

전체 1회독 기준 5주 완성 커리큘럼

월	화	수	목	금	토	일
* 1단원에 수록된 규토 라이트 N제 (Guide step) 정독 후 해당 중단원 개념강의 수강 (수강 후 10분이 지나기 전에 복습) * 개념부교재	* 1단원에 수록된 규토 라이트 N제 (Guide step) 정독 후 해당 중단원 개념강의 수강 (수강 후 10분이 지나기 전에 복습) * 개념부교재	* 1단원에 수록된 규토 라이트 N제 (Guide step) 정독 후 해당 중단원 개념강의 수강 (수강 후 10분이 지나기 전에 복습) * 개념부교재	* 1단원에 수록된 규토 라이트 N제 (Guide step ~ Training – 2step)	* 1단원에 수록된 규토 라이트 N제 (Guide step ~ Training – 2step)	* 1단원에 수록된 규토 라이트 N제 (Guide step ~ Training – 2step)	* 새로운 문제 금지 * 복습의 날 (일주일동안 했던 것 복습 및 누적 복습) * 동그라미 커리큘럼 이행하기 (전주, 전전주 틀린 문제 다시 풀기)
* 2단원에 수록된 규토 라이트 N제 (Guide step) 정독 후 해당 중단원 개념강의 수강 (수강 후 10분이 지나기 전에 복습) * 개념부교재	* 2단원에 수록된 규토 라이트 N제 (Guide step) 정독 후 해당 중단원 개념강의 수강 (수강 후 10분이 지나기 전에 복습) * 개념부교재	* 2단원에 수록된 규토 라이트 N제 (Guide step) 정독 후 해당 중단원 개념강의 수강 (수강 후 10분이 지나기 전에 복습) * 개념부교재	* 2단원에 수록된 규토 라이트 N제 (Guide step ~ Training – 2step)	* 2단원에 수록된 규토 라이트 N제 (Guide step ~ Training – 2step)	* 2단원에 수록된 규토 라이트 N제 (Guide step ~ Training – 2step)	* 새로운 문제 금지 * 복습의 날 (일주일동안 했던 것 복습 및 누적 복습) * 동그라미 커리큘럼 이행하기 (전주, 전전주 틀린 문제 다시 풀기)
* 3단원에 수록된 규토 라이트 N제 (Guide step) 정독 후 해당 중단원 개념강의 수강 (수강 후 10분이 지나기 전에 복습) * 개념부교재	* 3단원에 수록된 규토 라이트 N제 (Guide step) 정독 후 해당 중단원 개념강의 수강 (수강 후 10분이 지나기 전에 복습) * 개념부교재	* 3단원에 수록된 규토 라이트 N제 (Guide step) 정독 후 해당 중단원 개념강의 수강 (수강 후 10분이 지나기 전에 복습) * 개념부교재	* 3단원에 수록된 규토 라이트 N제 (Guide step ~ Training – 2step)	* 3단원에 수록된 규토 라이트 N제 (Guide step ~ Training – 2step)	* 3단원에 수록된 규토 라이트 N제 (Guide step ~ Training – 2step)	* 새로운 문제 금지 * 복습의 날 (일주일동안 했던 것 복습 및 누적 복습) * 동그라미 커리큘럼 이행하기 (전주, 전전주 틀린 문제 다시 풀기)
* 1단원 Guide step 복습 *1단원 Guide step ~Training – 2step 틀린 문제 다시보기 * 1단원에 수록된 규토 라이트 N제 (Master step)	* 1단원 Guide step 복습 *1단원 Guide step ~Training – 2step 틀린 문제 다시보기 * 1단원에 수록된 규토 라이트 N제 (Master step)	* 1단원 Guide step 복습 *1단원 Guide step ~Training – 2step 틀린 문제 다시보기 * 1단원에 수록된 규토 라이트 N제 (Master step)	* 2단원 Guide step 복습 *2단원 Guide step ~Training – 2step 틀린 문제 다시보기 * 2단원에 수록된 규토 라이트 N제 (Master step)	* 2단원 Guide step 복습 *2단원 Guide step ~Training – 2step 틀린 문제 다시보기 * 2단원에 수록된 규토 라이트 N제 (Master step)	* 2단원 Guide step 복습 *2단원 Guide step ~Training – 2step 틀린 문제 다시보기 * 2단원에 수록된 규토 라이트 N제 (Master step)	* 새로운 문제 금지 * 복습의 날 (일주일동안 했던 것 복습 및 누적 복습) * 동그라미 커리큘럼 이행하기 (전주, 전전주 틀린 문제 다시 풀기)
* 3단원 Guide step 복습 *3단원 Guide step ~Training – 2step 틀린 문제 다시보기 * 3단원에 수록된 규토 라이트 N제 (Master step)	* 3단원 Guide step 복습 *3단원 Guide step ~Training – 2step 틀린 문제 다시보기 * 3단원에 수록된 규토 라이트 N제 (Master step)	* 3단원 Guide step 복습 *3단원 Guide step ~Training – 2step 틀린 문제 다시보기 * 3단원에 수록된 규토 라이트 N제 (Master step)	보충	보충	보충	* 새로운 문제 금지 * 복습의 날 (일주일동안 했던 것 복습 및 누적 복습) * 동그라미 커리큘럼 이행하기 (전주, 전전주 틀린 문제 다시 풀기)

* 추후에 계속 틀린 문제 복습해야 함 (동그라미 커리큘럼, 최대한 책에 적힌 100%공부법으로 학습할 것!) / 개념도 반드시 누적 복습할 것
* 각 Step이 끝날 때마다 해설보기 (해설지로 공부한다고 생각)
  ex) Training – 1step 문제 풀고 → 해설보기 → Training – 2step 문제 풀고 → 해설보기
* 실전개념강좌는 도구정리 느낌으로 라이트 N제 체화 후 볼 것 (라이트 N제에도 저자가 쓰는 실전개념 모두 수록 / 해설지에도 수록)
* 복습량이 많아 일요일로 벅차다면 다른 요일에 학습량 일부를 복습에 투자해도 된다.

선택 ③ 개념강의 + 규토 라이트 N제 병행 (찐노베 학생)

training-2step까지 1회독 기준 5주 완성 커리큘럼 (Master step은 추후 학습)

월	화	수	목	금	토	일
* 1단원에 수록된 규토 라이트 N제 (Guide step) 정독 후 해당 중단원 개념강의 수강 (수강 후 10분이 지나기 전에 복습)	* 1단원에 수록된 규토 라이트 N제 (Guide step) 정독 후 해당 중단원 개념강의 수강 (수강 후 10분이 지나기 전에 복습)	* 1단원에 수록된 규토 라이트 N제 (Guide step) 정독 후 해당 중단원 개념강의 수강 (수강 후 10분이 지나기 전에 복습)	* 1단원에 수록된 규토 라이트 N제 (Guide step ~ Training - 2step) t1 theme당 3문제씩 t2 3점	* 1단원에 수록된 규토 라이트 N제 (Guide step ~ Training - 2step) t1 theme당 3문제씩 t2 3점	* 1단원에 수록된 규토 라이트 N제 (Guide step ~ Training - 2step) t1 theme당 3문제씩 t2 3점	* 새로운 문제 금지 * 복습의 날 (일주일동안 했던 것 복습 및 누적 복습) * 동그라미 커리큘럼 이행하기 (전주, 전전주 틀린 문제 다시 풀기)
* 2단원에 수록된 규토 라이트 N제 (Guide step) 정독 후 해당 중단원 개념강의 수강 (수강 후 10분이 지나기 전에 복습)	* 2단원에 수록된 규토 라이트 N제 (Guide step) 정독 후 해당 중단원 개념강의 수강 (수강 후 10분이 지나기 전에 복습)	* 2단원에 수록된 규토 라이트 N제 (Guide step) 정독 후 해당 중단원 개념강의 수강 (수강 후 10분이 지나기 전에 복습)	* 2단원에 수록된 규토 라이트 N제 (Guide step ~ Training - 2step) t1 theme당 3문제씩 t2 3점	* 2단원에 수록된 규토 라이트 N제 (Guide step ~ Training - 2step) t1 theme당 3문제씩 t2 3점	* 2단원에 수록된 규토 라이트 N제 (Guide step ~ Training - 2step) t1 theme당 3문제씩 t2 3점	* 새로운 문제 금지 * 복습의 날 (일주일동안 했던 것 복습 및 누적 복습) * 동그라미 커리큘럼 이행하기 (전주, 전전주 틀린 문제 다시 풀기)
* 3단원에 수록된 규토 라이트 N제 (Guide step) 정독 후 해당 중단원 개념강의 수강 (수강 후 10분이 지나기 전에 복습)	* 3단원에 수록된 규토 라이트 N제 (Guide step) 정독 후 해당 중단원 개념강의 수강 (수강 후 10분이 지나기 전에 복습)	* 3단원에 수록된 규토 라이트 N제 (Guide step) 정독 후 해당 중단원 개념강의 수강 (수강 후 10분이 지나기 전에 복습)	* 3단원에 수록된 규토 라이트 N제 (Guide step ~ Training - 2step) t1 theme당 3문제씩 t2 3점	* 3단원에 수록된 규토 라이트 N제 (Guide step ~ Training - 2step) t1 theme당 3문제씩 t2 3점	* 3단원에 수록된 규토 라이트 N제 (Guide step ~ Training - 2step) t1 theme당 3문제씩 t2 3점	* 새로운 문제 금지 * 복습의 날 (일주일동안 했던 것 복습 및 누적 복습) * 동그라미 커리큘럼 이행하기 (전주, 전전주 틀린 문제 다시 풀기)
* 1단원에 수록된 규토 라이트 N제 (Guide step ~ Training - 2step) t1 남은 문제 t2 4점	* 1단원에 수록된 규토 라이트 N제 (Guide step ~ Training - 2step) t1 남은 문제 t2 4점	* 1단원에 수록된 규토 라이트 N제 (Guide step ~ Training - 2step) t1 남은 문제 t2 4점	* 1단원에 수록된 규토 라이트 N제 (Guide step ~ Training - 2step) t1 남은 문제 t2 4점	* 2단원에 수록된 규토 라이트 N제 (Guide step ~ Training - 2step) t1 남은 문제 t2 4점	* 2단원에 수록된 규토 라이트 N제 (Guide step ~ Training - 2step) t1 남은 문제 t2 4점	* 새로운 문제 금지 * 복습의 날 (일주일동안 했던 것 복습 및 누적 복습) * 동그라미 커리큘럼 이행하기 (전주, 전전주 틀린 문제 다시 풀기)
* 2단원에 수록된 규토 라이트 N제 (Guide step ~ Training - 2step) t1 남은 문제 t2 4점	* 2단원에 수록된 규토 라이트 N제 (Guide step ~ Training - 2step) t1 남은 문제 t2 4점	* 3단원에 수록된 규토 라이트 N제 (Guide step ~ Training - 2step) t1 남은 문제 t2 4점	* 3단원에 수록된 규토 라이트 N제 (Guide step ~ Training - 2step) t1 남은 문제 t2 4점	* 3단원에 수록된 규토 라이트 N제 (Guide step ~ Training - 2step) t1 남은 문제 t2 4점	* 3단원에 수록된 규토 라이트 N제 (Guide step ~ Training - 2step) t1 남은 문제 t2 4점	* 새로운 문제 금지 * 복습의 날 (일주일동안 했던 것 복습 및 누적 복습) * 동그라미 커리큘럼 이행하기 (전주, 전전주 틀린 문제 다시 풀기)

* 100% 공부법에 적힌 찐노베 추천순서대로 학습할 것 / 개념부교재까지 보는 것은 부담이 될 수 있기 때문에 라이트 N제로 단권화하도록 하자.
  개념부교재를 추가할 수는 있으나 만약 추가한다면 학습에 부담을 주지 않는 선에서 계산연습용으로 쉬운 문제집 선택 권장
* 추후에 계속 틀린 문제 복습해야 함 (동그라미 커리큘럼, 최대한 책에 적힌 100%공부법으로 학습할 것!) / 개념도 반드시 누적 복습할 것
* 각 Step이 끝날 때마다 해설보기 (해설지로 공부한다고 생각)
  ex) Training - 1step 문제 풀고 → 해설보기 → Training - 2step 문제 풀고 → 해설보기
* 실전개념강좌는 도구정리 느낌으로 라이트 N제 체화 후 볼 것 (라이트 N제에도 저자가 쓰는 실전개념 모두 수록 / 해설지에도 수록)
* 복습량이 많아 일요일로 벅차다면 다른 요일에 학습량 일부를 복습에 투자해도 된다.

선택 ④ 개념강좌 완강 후 규토 라이트 N제 (1~2등급 학생)

전체 1회독 기준 2주 완성 커리큘럼

월	화	수	목	금	토	일
* 1단원에 수록된 규토 라이트 N제 (Guide step ~ Training – 2step)	* 1단원에 수록된 규토 라이트 N제 (Guide step ~ Training – 2step)	* 2단원에 수록된 규토 라이트 N제 (Guide step ~ Training – 2step)	* 2단원에 수록된 규토 라이트 N제 (Guide step ~ Training – 2step)	* 3단원에 수록된 규토 라이트 N제 (Guide step ~ Training – 2step)	* 3단원에 수록된 규토 라이트 N제 (Guide step ~ Training – 2step)	* 새로운 문제 금지 * 복습의 날 (일주일동안 했던 것 복습 및 누적 복습) * 동그라미 커리큘럼 이행하기 (전주, 전전주 틀린 문제 다시 풀기)
* 1단원 Guide step 복습 *1단원 Guide step ~Training – 2step 틀린 문제 다시보기 * 1단원에 수록된 규토 라이트 N제 (Master step)	* 1단원 Guide step 복습 *1단원 Guide step ~Training – 2step 틀린 문제 다시보기 * 1단원에 수록된 규토 라이트 N제 (Master step)	* 2단원 Guide step 복습 *2단원 Guide step ~Training – 2step 틀린 문제 다시보기 * 2단원에 수록된 규토 라이트 N제 (Master step)	* 2단원 Guide step 복습 *2단원 Guide step ~Training – 2step 틀린 문제 다시보기 * 2단원에 수록된 규토 라이트 N제 (Master step)	* 3단원 Guide step 복습 *3단원 Guide step ~Training – 2step 틀린 문제 다시보기 * 3단원에 수록된 규토 라이트 N제 (Master step)	* 3단원 Guide step 복습 *3단원 Guide step ~Training – 2step 틀린 문제 다시보기 * 3단원에 수록된 규토 라이트 N제 (Master step)	* 새로운 문제 금지 * 복습의 날 (일주일동안 했던 것 복습 및 누적 복습) * 동그라미 커리큘럼 이행하기 (전주, 전전주 틀린 문제 다시 풀기)

* 추후에 계속 틀린 문제 복습해야 함 (동그라미 커리큘럼, 최대한 책에 적힌 100%공부법으로 학습할 것!) / 개념도 반드시 누적 복습할 것
* 각 Step이 끝날 때마다 해설보기 (해설지로 공부한다고 생각)
  ex) Training – 1step 문제 풀고 → 해설보기 → Training – 2step 문제 풀고 → 해설보기
* 실전개념강좌는 도구정리 느낌으로 라이트 N제 체화 후 볼 것 (라이트 N제에도 저자가 쓰는 실전개념 모두 수록 / 해설지에도 수록)
* 복습량이 많아 일요일로 벅차다면 다른 요일에 학습량 일부를 복습에 투자해도 된다.

선택 ⑤ 개념강좌 완강 후 규토 라이트 N제 (3등급 학생)

전체 1회독 기준 3주 완성 커리큘럼

월	화	수	목	금	토	일
* 1단원에 수록된 규토 라이트 N제 (Guide step ~ Training – 2step)	* 1단원에 수록된 규토 라이트 N제 (Guide step ~ Training – 2step)	* 1단원에 수록된 규토 라이트 N제 (Guide step ~ Training – 2step)	* 2단원에 수록된 규토 라이트 N제 (Guide step ~ Training – 2step)	* 2단원에 수록된 규토 라이트 N제 (Guide step ~ Training – 2step)	* 2단원에 수록된 규토 라이트 N제 (Guide step ~ Training – 2step)	* 새로운 문제 금지 * 복습의 날 (일주일동안 했던 것 복습 및 누적 복습) * 동그라미 커리큘럼 이행하기 (전주, 전전주 틀린 문제 다시 풀기)
* 3단원에 수록된 규토 라이트 N제 (Guide step ~ Training – 2step)	* 3단원에 수록된 규토 라이트 N제 (Guide step ~ Training – 2step)	* 3단원에 수록된 규토 라이트 N제 (Guide step ~ Training – 2step)	* 1단원 Guide step 복습 *1단원 Guide step ~Training – 2step 틀린 문제 다시보기 * 1단원에 수록된 규토 라이트 N제 (Master step)	* 1단원 Guide step 복습 *1단원 Guide step ~Training – 2step 틀린 문제 다시보기 * 1단원에 수록된 규토 라이트 N제 (Master step)	* 1단원 Guide step 복습 *1단원 Guide step ~Training – 2step 틀린 문제 다시보기 * 1단원에 수록된 규토 라이트 N제 (Master step)	* 새로운 문제 금지 * 복습의 날 (일주일동안 했던 것 복습 및 누적 복습) * 동그라미 커리큘럼 이행하기 (전주, 전전주 틀린 문제 다시 풀기)
* 2단원 Guide step 복습 *2단원 Guide step ~Training – 2step 틀린 문제 다시보기 * 2단원에 수록된 규토 라이트 N제 (Master step)	* 2단원 Guide step 복습 *2단원 Guide step ~Training – 2step 틀린 문제 다시보기 * 2단원에 수록된 규토 라이트 N제 (Master step)	* 2단원 Guide step 복습 *2단원 Guide step ~Training – 2step 틀린 문제 다시보기 * 2단원에 수록된 규토 라이트 N제 (Master step)	* 3단원 Guide step 복습 *3단원 Guide step ~Training – 2step 틀린 문제 다시보기 * 3단원에 수록된 규토 라이트 N제 (Master step)	* 3단원 Guide step 복습 *3단원 Guide step ~Training – 2step 틀린 문제 다시보기 * 3단원에 수록된 규토 라이트 N제 (Master step)	* 3단원 Guide step 복습 *3단원 Guide step ~Training – 2step 틀린 문제 다시보기 * 3단원에 수록된 규토 라이트 N제 (Master step)	* 새로운 문제 금지 * 복습의 날 (일주일동안 했던 것 복습 및 누적 복습) * 동그라미 커리큘럼 이행하기 (전주, 전전주 틀린 문제 다시 풀기)

* 추후에 계속 틀린 문제 복습해야함 (동그라미 커리큘럼, 최대한 책에 적힌 100%공부법으로 학습할 것!) / 개념도 반드시 누적 복습할 것
* 각 Step이 끝날 때마다 해설보기 (해설지로 공부한다고 생각)
  ex) Training - 1step 문제 풀고 → 해설보기 → Training - 2step 문제 풀고 → 해설보기
* 실전개념강좌는 도구정리 느낌으로 라이트 N제 체화 후 볼 것 (라이트 N제에도 저자가 쓰는 실전개념 모두 수록 / 해설지에도 수록)
* 복습량이 많아 일요일로 벅차다면 다른 요일에 학습량 일부를 복습에 투자해도 된다.

선택 ⑥ 개념강좌 완강 후 규토 라이트 N제 (찐노베 학생)

training-2step까지 1회독 기준 4주 완성 커리큘럼 (Master step은 추후 학습)

월	화	수	목	금	토	일
* 1단원에 수록된 규토 라이트 N제 (Guide step ~ Training - 2step) t1 theme당 3문제씩 t2 3점	* 1단원에 수록된 규토 라이트 N제 (Guide step ~ Training - 2step) t1 theme당 3문제씩 t2 3점	* 1단원에 수록된 규토 라이트 N제 (Guide step ~ Training - 2step) t1 theme당 3문제씩 t2 3점	* 2단원에 수록된 규토 라이트 N제 (Guide step ~ Training - 2step) t1 theme당 3문제씩 t2 3점	* 2단원에 수록된 규토 라이트 N제 (Guide step ~ Training - 2step) t1 theme당 3문제씩 t2 3점	* 2단원에 수록된 규토 라이트 N제 (Guide step ~ Training - 2step) t1 theme당 3문제씩 t2 3점	* 새로운 문제 금지 * 복습의 날 (일주일동안 했던 것 복습 및 누적 복습) * 동그라미 커리큘럼 이행하기 (전주, 전전주 틀린 문제 다시 풀기)
* 3단원에 수록된 규토 라이트 N제 (Guide step ~ Training - 2step) t1 theme당 3문제씩 t2 3점	* 3단원에 수록된 규토 라이트 N제 (Guide step ~ Training - 2step) t1 theme당 3문제씩 t2 3점	* 3단원에 수록된 규토 라이트 N제 (Guide step ~ Training - 2step) t1 theme당 3문제씩 t2 3점	* 1단원에 수록된 규토 라이트 N제 (Guide step ~ Training - 2step) t1 남은 문제 t2 4점	* 1단원에 수록된 규토 라이트 N제 (Guide step ~ Training - 2step) t1 남은 문제 t2 4점	* 1단원에 수록된 규토 라이트 N제 (Guide step ~ Training - 2step) t1 남은 문제 t2 4점	* 새로운 문제 금지 * 복습의 날 (일주일동안 했던 것 복습 및 누적 복습) * 동그라미 커리큘럼 이행하기 (전주, 전전주 틀린 문제 다시 풀기)
* 1단원에 수록된 규토 라이트 N제 (Guide step ~ Training - 2step) t1 남은 문제 t2 4점	* 2단원에 수록된 규토 라이트 N제 (Guide step ~ Training - 2step) t1 남은 문제 t2 4점	* 2단원에 수록된 규토 라이트 N제 (Guide step ~ Training - 2step) t1 남은 문제 t2 4점	* 2단원에 수록된 규토 라이트 N제 (Guide step ~ Training - 2step) t1 남은 문제 t2 4점	* 2단원에 수록된 규토 라이트 N제 (Guide step ~ Training - 2step) t1 남은 문제 t2 4점	* 3단원에 수록된 규토 라이트 N제 (Guide step ~ Training - 2step) t1 남은 문제 t2 4점	* 새로운 문제 금지 * 복습의 날 (일주일동안 했던 것 복습 및 누적 복습) * 동그라미 커리큘럼 이행하기 (전주, 전전주 틀린 문제 다시 풀기)
* 3단원에 수록된 규토 라이트 N제 (Guide step ~ Training - 2step) t1 남은 문제 t2 4점	* 3단원에 수록된 규토 라이트 N제 (Guide step ~ Training - 2step) t1 남은 문제 t2 4점	* 3단원에 수록된 규토 라이트 N제 (Guide step ~ Training - 2step) t1 남은 문제 t2 4점	보충	보충	보충	* 새로운 문제 금지 * 복습의 날 (일주일동안 했던 것 복습 및 누적 복습) * 동그라미 커리큘럼 이행하기 (전주, 전전주 틀린 문제 다시 풀기)

* 100% 공부법에 적힌 찐노베 추천순서대로 학습할 것
* 추후에 계속 틀린 문제 복습해야 함 (동그라미 커리큘럼, 최대한 책에 적힌 100%공부법으로 학습할 것!) / 개념도 반드시 누적 복습할 것
* 각 Step이 끝날 때마다 해설보기 (해설지로 공부한다고 생각)
  ex) Training - 1step 문제 풀고 → 해설보기 → Training - 2step 문제 풀고 → 해설보기
* 실전개념강좌는 도구정리 느낌으로 라이트 N제 체화 후 볼 것 (라이트 N제에도 저자가 쓰는 실전개념 모두 수록 / 해설지에도 수록)
* 복습량이 많아 일요일로 벅차다면 다른 요일에 학습량 일부를 복습에 투자해도 된다.

선택 ⑦ 수1+수2 병행 (①~⑥을 참고하여 개별 맞춤 진행)

월화수(수1) 목금토(수2) 일(복습)

월	화	수	목	금	토	일
수1	수1	수1	수2	수2	수2	* 새로운 문제 금지 * 복습의 날 (일주일동안 했던 것 복습 및 누적 복습) * 동그라미 커리큘럼 이행하기 (전주, 전전주 틀린 문제 다시 풀기)

* ①~⑥를 참고하여 각자의 상황에 맞춰 진행 / 기존 6일 분량을 3일 분량으로 줄여서 일주일 진행
* 추후에 계속 틀린 문제 복습해야함 (동그라미 커리큘럼, 최대한 책에 적힌 100%공부법으로 학습할 것!) / 개념도 반드시 누적 복습할 것
* 각 Step이 끝날 때마다 해설보기 (해설지로 공부한다고 생각)
  ex) Training - 1step 문제 풀고 → 해설보기 → Training - 2step 문제 풀고 → 해설보기
* 실전개념강좌는 도구정리 느낌으로 라이트 N제 체화 후 볼 것 (라이트 N제에도 저자가 쓰는 실전개념 모두 수록 / 해설지에도 수록)
* 복습량이 많아 일요일로 벅차다면 다른 요일에 학습량 일부를 복습에 투자해도 된다.

선택 ⑧ 수1+수2+선택과목 병행 (①~⑥을 참고하여 개별 맞춤 진행)

월화수(수1) 목금토(수2) 일(복습) 월~토(꾸준히 조금씩 선택과목)

월	화	수	목	금	토	일
수1 + 선택과목	수1 + 선택과목	수1 + 선택과목	수2 + 선택과목	수2 + 선택과목	수2 + 선택과목	* 새로운 문제 금지 * 복습의 날 (일주일동안 했던 것 복습 및 누적 복습) * 동그라미 커리큘럼 이행하기 (전주, 전전주 틀린 문제 다시 풀기)

* ①~⑥를 참고하여 각자의 상황에 맞춰 진행 / 기존 6일 분량을 3일 분량으로 줄여서 일주일 진행
* 추후에 계속 틀린 문제 복습해야함 (동그라미 커리큘럼, 최대한 책에 적힌 100%공부법으로 학습할 것!) / 개념도 반드시 누적 복습할 것
* 각 Step이 끝날 때마다 해설보기 (해설지로 공부한다고 생각)
  ex) Training - 1step 문제 풀고 → 해설보기 → Training - 2step 문제 풀고 → 해설보기
* 실전개념강좌는 도구정리 느낌으로 라이트 N제 체화 후 볼 것 (라이트 N제에도 저자가 쓰는 실전개념 모두 수록 / 해설지에도 수록)
* 복습량이 많아 일요일로 벅차다면 다른 요일에 학습량 일부를 복습에 투자해도 된다.

학습법 가이드

1. 무조건 책에 적혀있는 100%공부법으로 학습한다.

그냥 문제만 풀면 딱히 도움 안 된다. 이건 Fact다.

보통 학생들은 주워 담을 생각만 하지 정작 빠져나가고 있는 것은 생각하지 않는다. 진짜다.
근데 혹시 그거 아나? 빠져나가는 것이 훨씬 더 많다는 것을....
규토 라이트 N제를 푸는 자랑스러운 학생으로서 **절대 해서는 안 될 짓**이다.
100% 공부법으로 학습하면 아주 효율적으로 3~4회독 할 수 있다.

제발 책에다 풀지 말고 노트에 풀도록 하자. (답, 풀이, 힌트 금지 / 틀린 이유를 쓰려면 별도의 노트를 만들어라.)
(단, Guide step에 답을 제외한 필기는 가능)
팁을 주자면 문제는 노트에 풀고 답은 포스트잇에다 적어 놓으면 나중에 채점하기 편하다.
가끔 문제 질문할 때 책에 풀려 있는 거 보면 마음이 아프다; ; ;
(속으로 하..ㅠㅠ 이분은 과연 100%공부법을 지키시는 중일까? 읽어는 봤을까?...하는 생각에 근심걱정 한가득하게 된다.)

다시 풀 때 항상 새 문제처럼 느껴지는 것이 훨씬 더 도움 되기 때문이니 반드시 지키도록 하자.

즉, 오로지 책에 표시되는 것은 아래와 같이 문제번호에 OX와 box표에 OX뿐이다.

ex)
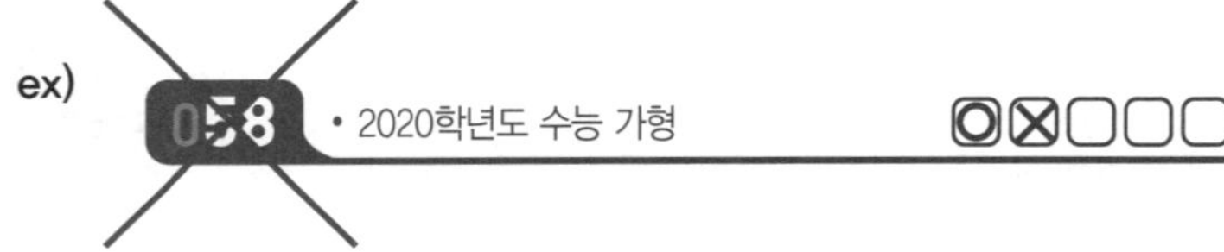

100% 공부법 2번을 잘 지키도록 하자. 문제를 풀고 나서 바로 다음 문제로 넘어가지 말고
백지에 깔끔하게 다시 풀어본다. 어떤 개념이 쓰였고 여기서 왜 이런 생각을 해야 하는 것인지
A에서 B로 갈 때 어떤 논리적 근거가 있는지 등등 생각하면서 다시 풀도록 하자.
반드시 백지에 다시 풀면서 자신의 풀이가 논리적으로 맞는지 체계화를 해본다.

동그라미 커리큘럼은 틀린 문제만 하는 것이 원칙이지만 1달 정도 지난 뒤에 전체를 다시 풀어준다.
분명히 맞았던 것도 틀리는 경우가 생길 것이다.
이때 틀린 문제들은 마찬가지로 동그라미 커리큘럼으로 처리하도록 하자.

2. 규토 라이트 N제 추천 계획표를 기본 틀로 하여 자신에게 맞는 계획표를 짠다.

계획이 있어야 체계적이고 효율적으로 학습할 수 있다.

3. 각 스텝이 끝난 후 해설지를 본다. (100%공부법에도 명시되어 있음)

ex) Training – 1step 문제 풀기 → 해설지 보기 → Training – 2step 문제 풀기 → 해설지 보기

4. 가져야할 마인드

① Training – 1step은 "문제를 풀어야지"라는 생각보다는 **"공부한다."**는 생각을 갖도록 하자.
진정한 실전 적용연습은 Training –2step부터라고 생각하자.
(더욱이 실전연습에 적합하도록 Training –2step부터는 유형별이 아니라 난이도순으로 배치하였다.)
즉, Training – 1step에 있는 문항들을 학습한 후 **도전!** 이라는 마음가짐으로 Training –2step에 임하도록 하자.

만약 Training – 1step에서 특정한 유형을 전부 못 풀었다면?
Training – 1step을 끝내고 해설지를 볼 때, 그 특정 유형에서 제일 첫 번째 문제에 대한 해설을 보고 확실히 이해한 뒤 같은 유형에서 그 다음에 수록된 문제를 도전해본다. (이 경우 풀릴 가능성이 높다.)

② Training – 1step이 Training – 2step 보다 반드시 쉬운 것은 아니다. 단원마다 난이도가 다르기도 하고
쉬운문제도 있고 어려운 문제도 있으니 틀리는 문제가 많다고 괴로워할 필요 전~혀 없다.
문제를 보자마자 어떻게 해야겠다는 기본값이 있는데 특히 노베 학생의 경우에는 이러한 기본값이
전무하기 때문에 당연히 어려울 수밖에 없다. 처음부터 잘하는 사람은 아무도 없다.
어차피 나중에 100% 공부법으로 계속 공부하다보면 다 아무것도 아니게 되니 걱정하지 않아도 된다.
즉, 동그라미 커리큘럼을 통해 계속 주기적으로 반복하여 자기 것으로 만들면 그만이다.

5. 고민하는 시간에 대한 가이드라인

Training – 1step : 10~15분 / T1은 공부용이므로 해설지를 본다는 것에 너무 부담을 갖지 말도록 하자.
Training – 2step : 15~20분
Master step : 20~30분
(치열하게 고민해야 질적 성장이 가능하다.)

6. 약점 노트 만들기

수능 당일 1교시가 끝나면 대략 15~20분 정도 시간이 난다. 이때 볼 약점 노트를 만들자. 수학공식, 자신이 매번 실수하는 유형들, 조건을 보고 떠올려야 하는 발상들, 자신만의 약점 등을 노트에 정리해보자. 자기가 직접 만들었기 때문에 5분 안에 충분히 다 볼 수 있고 수능만이 아니라 모의고사 응시 10분 전에 자신이 직접 만든 약점 노트를 보고 시험에 응시하도록 하자.

7. 해설보기 (feat.실전개념)

모든 문항은 해설을 봐야 한다. 가이드 스텝에 모든 것을 설명하지 않고 문제를 통해 배울 수 있도록 해설지에 실전개념을 설명해 놓은 것도 있다. 상담을 하다 보면 정말 많은 학생들이 질문하는 것 중에 하나가 바로 실전개념강의이다. 남들은 다 실전개념강의를 듣고 있는데 자기만 뒤처져 있다고 느껴져 걱정된다는 글이 대다수이다. 수학은 단계라는 것이 있다. 자기는 A단계인데 남들 한다고 C단계부터 학습하면 나중에 실전에서 무너질 확률이 매우 높다. 안타깝게도 14년동안 수능판에 있으면서 이러한 케이스를 너무도 많이 보아왔다. 라이트 N제에도 저자가 실전에서 사용하는 실전개념이 모두 수록되어있다. 저자가 아는 것을 모두 나열한 것이 아니라 정말 실전에서 사용하는 것들만 수록하였다. 그렇니 너무 걱정하지 말도록 하자. 다만 보통 실전개념 강의와 달리 Theme별로 실전개념을 다루기보다는 쌩기초부터 점점 살을 붙여가며 기출킬러까지 다루는 올인원 성격의 교재라는 점에서 차이가 있다. 따라서 해설지를 최대한 꼼꼼히 보고 자신의 풀이와 다르면 다~ 흡수하여 자기 것으로 만들도록 하자. 개인적으로 실전개념강의는 필수유형과 기출이 어느 정도 되어 있는 상태에서 보는 것이 좋다. 그래야 더 많은 것이 보이기 때문이다. 실전개념강의를 듣고 싶다면 라이트 N제를 체화한 후에 도구 정리 느낌으로 보는 것을 추천한다. 그리고 킬러문제가 안 풀리는 이유는 실전개념이 부족하기보다는 문제해결력이 부족하기 때문이다.

8. 만약 라이트 수1 수2를 병행한다면?

라이트 수1 수2를 병행한다면 라이트 수1 지수함수와 로그함수 가이드스텝 (평행이동, 대칭이동, 절댓값 함수 그리기)부터 먼저 학습하고 수2를 들어가도록 하자.

9. 규토 라이트 N제 무료개념강의 활용하기

규토의 가능세계(규토 N제 네이버 질문카페)에서 수1,수2,미적분의 경우 전 범위 개념강의를 무료로 들을 수 있다. 단순히 개념설명뿐만 아니라 t1~t2 대표유형도 풀어주기 때문에 초반 접근이 쉬워질 수 있어 노베학생들의 경우 무료개념강의를 적극 활용하도록 하자.

10. 진심 및 최종목표

제가 괜히 라이트 N제를 씹어먹으라고 한 게 아닙니다. 그냥 단순히 1회독? 2회독? 그 정도로는 턱도 없습니다. 제가 분명히 단언합니다. 얼마 지나면 다 까먹을 거예요. 기억도 안 날 겁니다. 진짜입니다. 실제로 변별력 있는 문제들은 온갖 요소들이 복합적으로 결합되어 출제됩니다. 이런 문제들을 현장에서 타파하기 위해서는 배운 내용들이 확실하게 체화되어 있어야 합니다. 그래야 비로소 실전에서 배운 것이 발휘됩니다. 그냥 단순히 강의 좀 듣고 문제 몇 번 풀고 해설지 몇 번 읽어 본다고 해서 체화되는 게 아니거든요. 정말 치열하게 고민해 보고 진짜 보고 또 보고 또 보고 해야 합니다. 그러면 결국 됩니다. 이건 진짜입니다. 라이트 N제로 공부하시는 분들은 반드시! 학습법 가이드를 기초로 학습하시길 바랍니다. 처음에는 정말 힘들 거예요. 제가 괜히 1% 지지자라고 쓴 게 아닙니다. 하지만 효과는 보장합니다. 원래 질적 성장에는 당연히 고통이 수반되거든요. 당연한 고통이니 즐기시기 바랍니다. 반복하면 반복할수록 속도는 빨라질 겁니다. 틀리면 될 때까지 반복하면 되는 겁니다. 그리고 모든 문제가 손쉽게 풀리면 그게 무슨 도움이 되겠습니까? 오직 틀린 문제만이 당신을 강하게 만들어 줄겁니다.

기준은 "라이트 N제에 있는 모든 문제를 설명할 수 있다"입니다. 이외에 그 어떤 것도 기준이 될 수 없습니다.

요약 : 치열하게 고민하고! 반복해서 체화하자! 라이트 N제에 있는 모든 문제를 누구에게 설명할 수 있을 때까지!

유일하게 부족한 것은 노력뿐!

맺음말

지금으로부터 21년 전 중학교 2학년이었던 규토는 "버킷리스트"라는 것을 작성하게 됩니다.
많은 항목들이 있었지만 그 중에서 가장 기억에 남는 것은 바로 저 만의 책을 만드는 것이었습니다.
그로부터 12년 후 규토 수학 고득점 N제를 발간하게 됩니다.
첫 책을 받았을 때의 감동... 아직도 잊을 수가 없네요..ㅠㅠ

벌써 8년이라는 세월이 흘렀네요.

규토 수학 고득점 n제 2017 ⇒ 규토 수학 고득점 n제 2019 ⇒ 규토 수학 고득점 n제 2020 (가/나)
⇒ 규토 수학 라이트 N제 2021 (수1/ 수2) + 고득점 N제 2021 (가/나)
⇒ 규토 라이트 N제 2022 (수1/수2/확통/미적), 고득점 N제 2022 (수1+수2/미적)
⇒ 규토 라이트 N제 2023 (수1/수2/확통/미적/기하), 고득점 N제 2023 (수1+수2/미적)
⇒ 규토 라이트 N제 2024 (수1/수2/확통/미적/기하), 고득점 N제 2024 (수1+수2/미적)
⇒ 규토 라이트 N제 2025 (수1/수2/확통/미적/기하)

올해 나오게 될 규토 라이트 N제 2026 (수1/수2/확통/미적)까지 아주 감개무량하네요. ㅎㅎ

규토 라이트 N제는 16년간 수능판에 있으면서 쌓아왔던 저자의 데이터를 바탕으로 기출문제와 개념 간의 격차를 최소화하고
고정 1등급으로 도약하기 위한 탄탄한 base를 만들어 주기 위해 기획한 교재입니다.
규토 라이트 N제로 더 많은 학생들과 만날 수 있게 되어 진심으로 기쁩니다.
규토 라이트 N제로 폭풍 성장한 여러분들이 벌써부터 눈에 아른거리는 군요. ㅎㅎ

계속해서 발전해 나가는 규토 N제가 되겠습니다! 내년 개정판은 더 더욱 좋아지겠죠?-_-;;
2021년부터 네이버 카페 (규토의 가능세계)를 통해 질문을 받고 있습니다~
https://cafe.naver.com/gyutomath

많은 가입부탁드립니다 :D

질문뿐만 아니라 각종 자료도 업로드하면서 차츰차츰 업그레이드 해나가겠습니다~ㅎㅎ
(수1,수2,미적분의 경우 전 범위무료 개념강의도 들으실 수 있습니다.)

규토 N제를 푸시는 모든 분들께 감사의 인사를 전하면서 저는 해설로 찾아뵐게요~ :D

참고로
① 네이버 블로그 (규토의 특별한 수학) 이웃추가
② 오르비에서 (닉네임 : 규토) 팔로우
③ 네이버 카페 (규토의 가능세계) 가입
하시면 규토 N제에 대한 최신 소식(정오표 or 보충자료 등)을 누구보다 빠르게 받아 보실 수 있습니다~

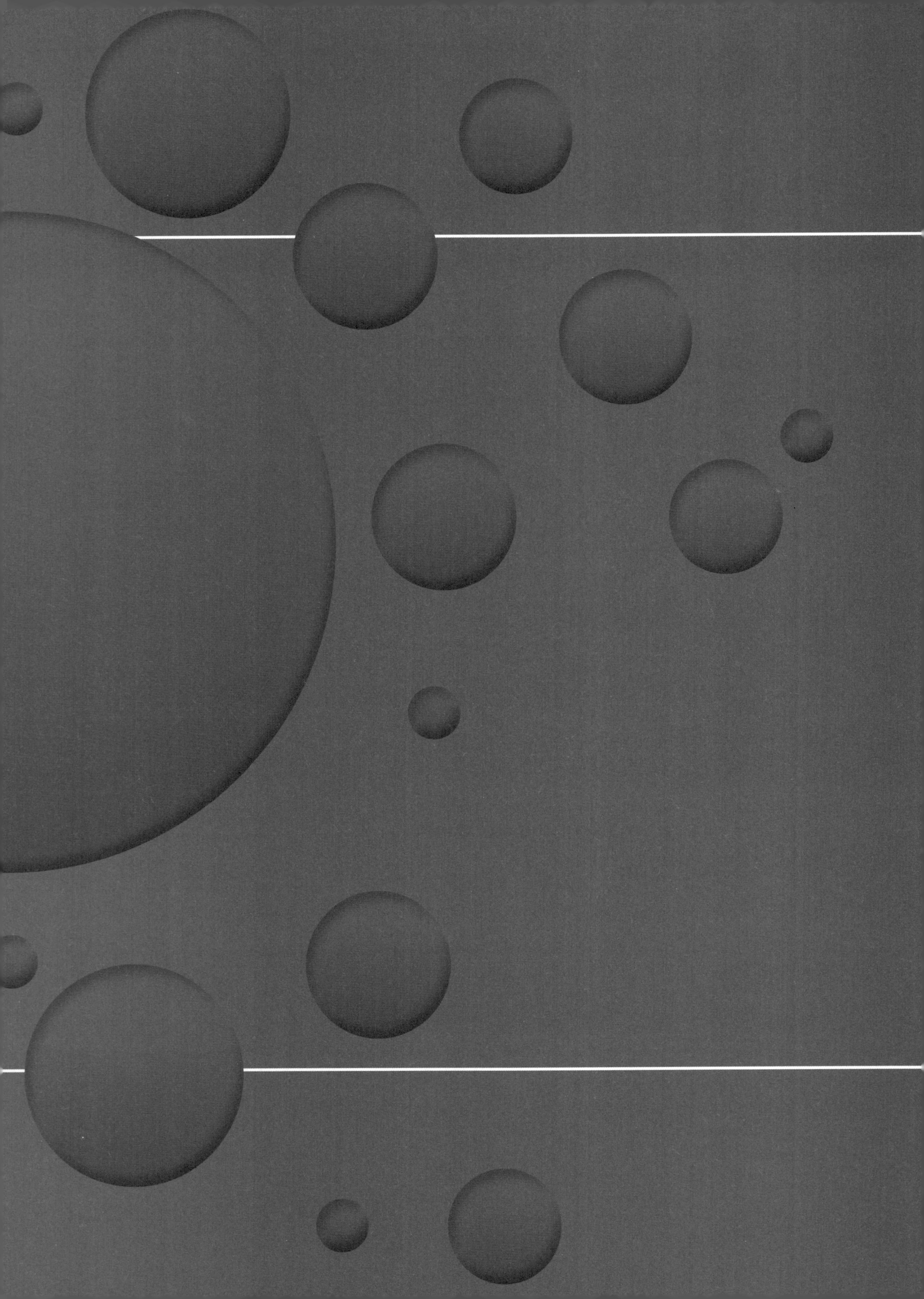

규토 라이트 N제

지수함수와 로그함수

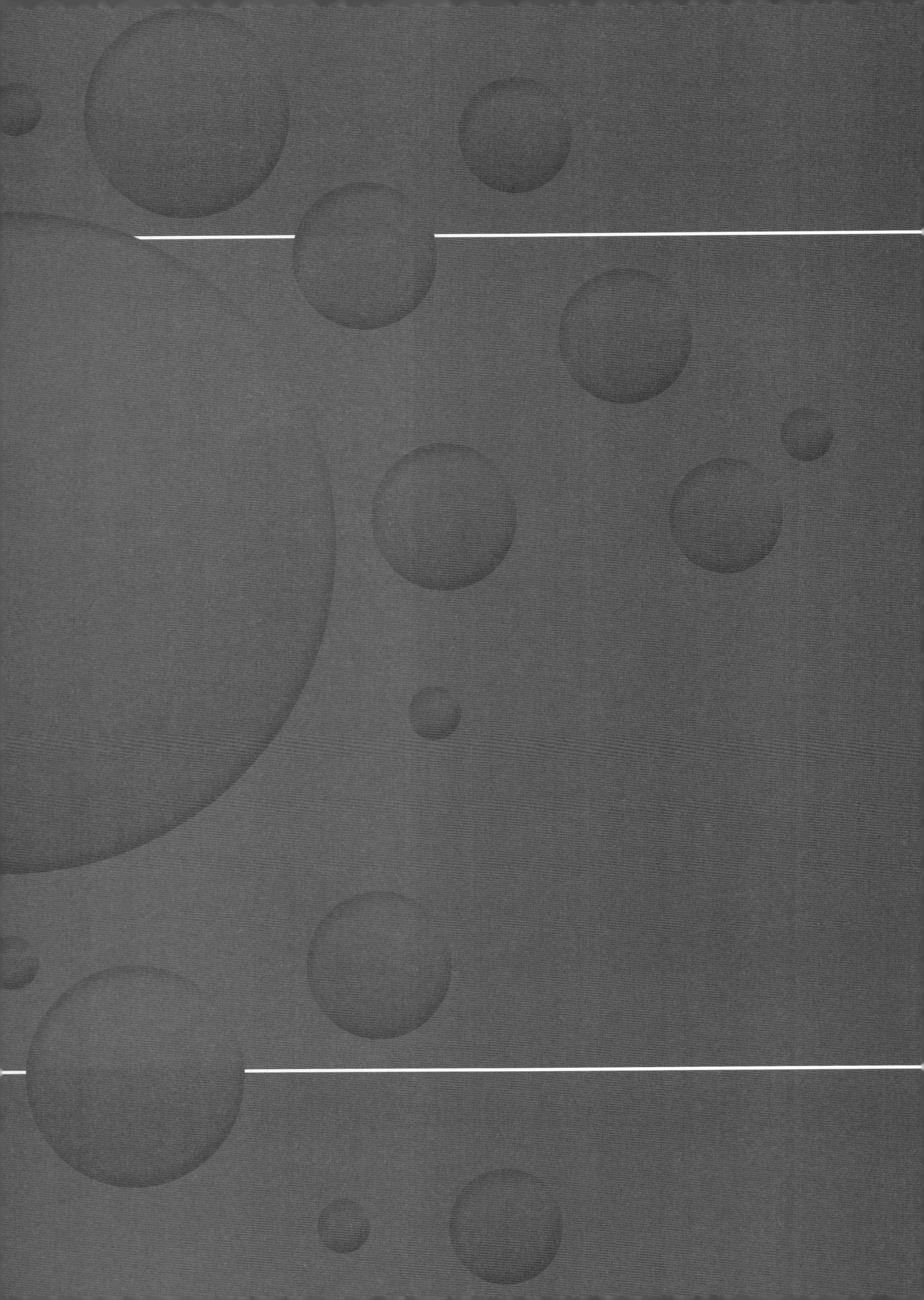

Guide step

개념 익히기편

1. 지수

01 거듭제곱과 거듭제곱근

성취 기준 – 거듭제곱과 거듭제곱근의 뜻을 알고, 그 성질을 이해한다.

개념 파악하기 | (1) 거듭제곱과 거듭제곱근이란 무엇일까?

거듭제곱

실수 a를 n번 곱한 것을 a의 n제곱이라 하고, 기호로 a^n과 같이 나타낸다.
또 a, a^2, a^3, $\cdots$, a^n, $\cdots$을 통틀어 a의 거듭제곱이라 하고,
a^n에서 a를 거듭제곱의 밑, n을 거듭제곱의 지수라 한다.

중학교에서 배운 내용 복습

a, b가 실수이고 m, n이 자연수일 때

① $a^m a^n = a^{m+n}$

② $\left(a^m\right)^n = a^{mn}$

③ $(ab)^n = a^n b^n$

④ $\left(\dfrac{a}{b}\right)^n = \dfrac{a^n}{b^n}$ (단, $b \neq 0$)

⑤ $a^m \div a^n = \begin{cases} a^{m-n} & (m > n) \\ 1 & (m = n) \text{ (단, } a \neq 0) \\ \dfrac{1}{a^{n-m}} & (m < n) \end{cases}$

> **Tip** ②번에서 $\left(a^m\right)^n \neq a^{m^n}$ 임을 유의하자.
>
> **ex** $\left(a^2\right)^3 = a^6$, $a^{2^3} = a^8 \Rightarrow \left(a^2\right)^3 \neq a^{2^3}$

개념 확인문제 1

a, b가 0이 아닌 실수일 때, 다음 식을 간단히 하시오.

(1) $\left(a^2 b^3\right)^4 \times a^3$

(2) $a^3 b^5 \div ab^2$

(3) $\left(\dfrac{a}{b}\right)^2 \times \left(\dfrac{b^2}{a}\right)^3$

거듭제곱근

제곱하여 실수 a가 되는 수, 즉 $x^2 = a$를 만족시키는 수 x를 a의 제곱근이라고 하고,
세제곱하여 실수 a가 되는 수, 즉 $x^3 = a$를 만족시키는 수 x를 a의 세제곱근이라고 한다.

일반적으로 n이 2 이상의 정수일 때, n제곱하여 실수 a가 되는 수,
즉 방정식 $x^n = a$를 만족시키는 x를 a의 n제곱근이라 한다.

또한 a의 제곱근, a의 세제곱근, $\cdots$, a의 n제곱근, $\cdots$을 통틀어 a의 거듭제곱근이라 한다.

Tip 1 '방정식 $x^n = a$를 만족시키는 x를 a의 n제곱근' 이라는 문장 전체를 암기하는 것을 추천한다.

Tip 2 방정식 $x^n = a$의 해 개수는 복소수의 범위에서 n개다.

ex $x^3 = 1$을 만족시키는 x는 $x = 1$, $x = \dfrac{-1 + \sqrt{3}\,i}{2}$, $x = \dfrac{-1 - \sqrt{3}\,i}{2}$ 이다.

이처럼 실수 a의 n제곱근은 복소수의 범위에서 n개가 존재한다.

예제 1

-27의 세제곱근을 모두 구하시오.

풀이

-27의 세제곱근을 x라 하면 방정식 $x^3 = -27 \implies x^3 + 27 = 0 \implies (x+3)(x^2 - 3x + 9) = 0$이므로

$x = -3$, $x = \dfrac{3 \pm 3\sqrt{3}\,i}{2}$ 이다.

Tip 1 a의 n제곱근을 x라고 하면 $x^n = a$임을 이용하여 x의 값을 구한다.
즉, 먼저 x에 대한 방정식을 세우고 난 뒤 방정식을 푸는 형태로 접근한다.

Tip 2 -27의 세제곱근 중 실수인 것은? 이라고 물어보지 않았기 때문에 실수뿐만 아니라 복소수도 따져줘야 한다.

개념 확인문제 2 다음 거듭제곱근을 모두 구하시오.

(1) -8의 세제곱근

(2) 16의 네제곱근

실수인 거듭제곱근

실수 a의 n제곱근 중에서 실수인 것을 구해보자.

n이 2 이상의 정수일 때, 실수 a의 n제곱근 중에서 실수인 것은 방정식 $x^n = a$의
실근이므로 함수 $y = x^n$의 그래프와 직선 $y = a$의 교점의 x좌표와 같다.

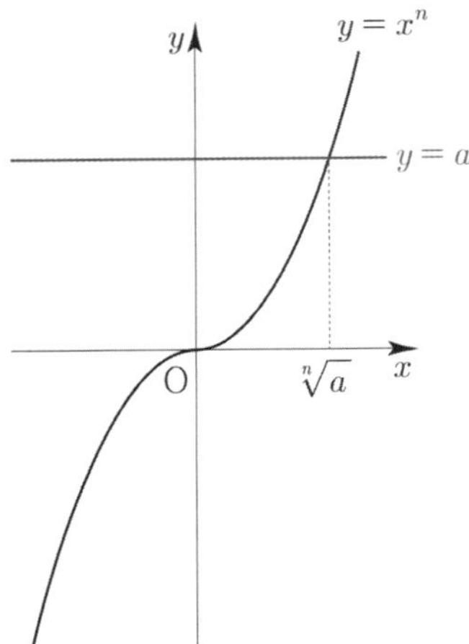

① n이 홀수일 때

임의의 실수 x에 대하여 $(-x)^n = -x^n$이므로 함수 $y = x^n$의 그래프는
오른쪽 그림과 같이 원점에 대하여 대칭이다. (기함수)
이때 이 그래프와 직선 $y = a$의 교점은 실수 a의 값에 관계없이 항상 한 개다.
따라서 a의 n제곱근 중에서 실수인 것은 오직 하나 존재하고,
이것을 기호로 $\sqrt[n]{a}$와 같이 나타낸다.

② n이 짝수일 때

임의의 실수 x에 대하여 $(-x)^n = x^n$이므로 함수 $y = x^n$의 그래프는
오른쪽 그림과 같이 y축에 대하여 대칭이다. (우함수)
함수 $y = x^n$와 직선 $y = a$의 교점은 실수 a의 값에 따라 달라진다.

(i) $a > 0$이면 교점은 두 개이고, 두 교점의 x좌표는 각각 양수와 음수이다.
　　따라서 a의 n제곱근 중에서 양의 실수인 것을 $\sqrt[n]{a}$, 음의 실수인 것을 $-\sqrt[n]{a}$로 나타낸다.

(ii) $a = 0$이면 교점은 한 개이고, 교점의 x좌표는 0이다.
　　따라서 0의 n제곱근은 0 하나뿐이고, $\sqrt[n]{0} = 0$이다.

(iii) $a < 0$이면 교점이 존재하지 않는다.
　　따라서 a의 n제곱근 중에서 실수인 것은 없다.

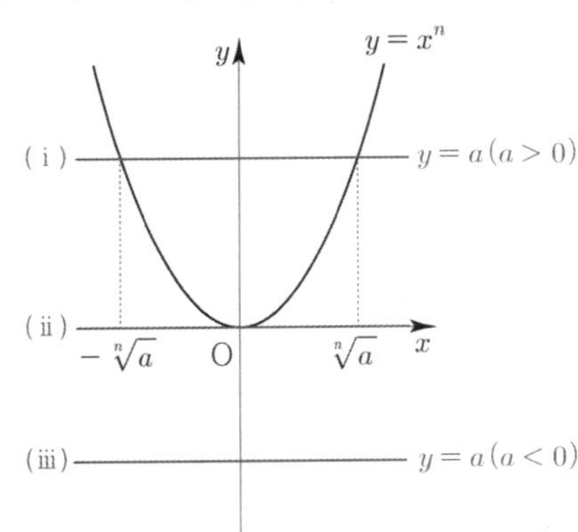

실수 a의 n제곱근 중 실수인 것

a가 실수이고 n이 2 이상의 정수일 때

	$a > 0$	$a = 0$	$a < 0$
n이 홀수	$\sqrt[n]{a}$	0	$\sqrt[n]{a}$
n이 짝수	$\sqrt[n]{a}$, $-\sqrt[n]{a}$	0	없다

Tip 1 $\sqrt[n]{a}$ 는 n제곱근 a라 읽는다.

Tip 2 $\sqrt[2]{a}$ 는 간단히 $\sqrt{a}$로 나타낸다.

Tip 3 a의 n제곱근과 n제곱근 a를 헷갈리지 않도록 유의하자. (★완벽히 이해하고 넘어갈 것!★)

　　ex1 4의 제곱근 : $x^2 = 4 \Rightarrow x = 2 \text{ or } x = -2$　　　　**ex2** 제곱근 4 : $\sqrt{4} = 2$

개념 확인문제 **3** 다음의 값을 구하시오.

(1) $\sqrt[3]{-27}$ 　　　　　　　　(2) $\sqrt[4]{16}$ 　　　　　　　　(3) $-\sqrt[5]{32}$

개념 파악하기 (2) 거듭제곱근에는 어떤 성질이 있을까?

거듭제곱근의 성질

$a>0$이고 n이 2 이상의 정수일 때, $\sqrt[n]{a}$는 n제곱하면 a가 되는 양수이므로 $\left(\sqrt[n]{a}\right)^n = a$이다.

이를 바탕으로 지수법칙을 이용하여 거듭제곱근의 성질을 알아보자.

$a>0$, $b>0$이고 n이 2 이상의 정수일 때, $\left(\sqrt[n]{a}\,\sqrt[n]{b}\right)^n = \left(\sqrt[n]{a}\right)^n\left(\sqrt[n]{b}\right)^n = ab$이다.

이때 $a>0$, $b>0$이므로 $\sqrt[n]{a}>0$, $\sqrt[n]{b}>0$이고 $\sqrt[n]{a}\,\sqrt[n]{b}>0$이다.

따라서 $\sqrt[n]{a}\,\sqrt[n]{b}$는 ab의 양의 n제곱근이므로 $\sqrt[n]{a}\,\sqrt[n]{b} = \sqrt[n]{ab}$ 이다.

거듭제곱근의 성질 요약

$a>0$, $b>0$이고 m, n이 2 이상의 정수일 때

① $\sqrt[n]{a}\,\sqrt[n]{b} = \sqrt[n]{ab}$

② $\dfrac{\sqrt[n]{a}}{\sqrt[n]{b}} = \sqrt[n]{\dfrac{a}{b}}$

③ $\left(\sqrt[n]{a}\right)^m = \sqrt[n]{a^m}$

④ $\sqrt[m]{\sqrt[n]{a}} = \sqrt[mn]{a}$

Tip 1 $\quad \sqrt[m]{\sqrt[n]{a}} = \sqrt[mn]{a} = \sqrt[n]{\sqrt[m]{a}}$

Tip 2 나중에 근호를 지수로 바꾼 후 지수법칙으로 가볍게 처리할 수 있으므로 너무 어려워하지 않아도 된다.

Tip 3 거듭제곱근의 성질은 $a>0$, $b>0$일 때만 성립한다는 것에 유의하자.

예를 들어 다음과 같은 경우에는 거듭제곱근의 성질이 성립하지 않는다.

ex1 $\sqrt{-2}\,\sqrt{-3} = \sqrt{2}\,i\sqrt{3}\,i = -\sqrt{6}$, $\sqrt{(-2)\times(-3)} = \sqrt{6}$ 이므로 $\sqrt{-2}\,\sqrt{-3} \neq \sqrt{(-2)\times(-3)}$

ex2 $\dfrac{\sqrt{2}}{\sqrt{-8}} = \dfrac{\sqrt{2}}{\sqrt{8}\,i} = -\dfrac{1}{2}i$, $\sqrt{\dfrac{2}{-8}} = \sqrt{\dfrac{1}{-4}} = \dfrac{1}{2}i$ 이므로 $\dfrac{\sqrt{2}}{\sqrt{-8}} \neq \sqrt{\dfrac{2}{-8}}$

ex3 $\sqrt{(-2)^6} = \sqrt{64} = 8$, $\left(\sqrt{-2}\right)^6 = \left(\sqrt{2}\,i\right)^6 = -8$ 이므로 $\sqrt{(-2)^6} \neq \left(\sqrt{-2}\right)^6$

ex4 $\sqrt{\sqrt[3]{-64}} = \sqrt{-4} = 2i$ 이지만 $\sqrt[6]{-64}$ 는 정의할 수 없다.

Q. $(2i)^6 = -64$ 이니 $\sqrt[6]{-64}$ 는 전자와 마찬가지로 $2i$로 표현할 수 있는 것이 아닐까?

고1 수학에서 "i의 정의는 $i^2 = -1$이 되는 수이고, 제곱하여 -1이 된다는 뜻에서 i를 $\sqrt{-1}$로 나타낼 수 있다." 라고 배웠다. 바로 앞페이지에서 실수인 거듭제곱근에 대한 정의를 학습하였고, a의 n제곱근 중 실수인 것을 n제곱근 a로 나타낸다고 학습하였다. 즉, a의 n제곱근은 방정식의 근 전체이고 n제곱근 a는 방정식의 근 중 실근을 나타낸 것이다. (앞페이지 tip3 참고)

즉, $n=2$일 때는 제곱근 -1은 i의 정의에 따라 $\sqrt{-1} = i$라고 쓸 수 있지만 6제곱근 -1은 정의할 수 없다. 물론 $\sqrt{-4}$ 는 실수가 아니지만 특별히 $n=2$일 때, i의 정의에 따라 $\sqrt{-4}$를 $2i$로 표현했다고 받아들이면 된다. 이렇게 헷갈리는 이유는 단순히 방정식의 근으로 변환하여 생각했기 때문인데 위에서 설명했듯이 방정식의 근(a의 n제곱근)으로 보면 안되고, n제곱근 a로 봐야 한다. 다른 관점에서 살펴보면 방정식 $x^6 = -64$는 서로 다른 6개의 허근을 갖고, 그 중에 한 허근이 $2i$라고 볼 수 있다. 만약 $\sqrt[6]{-64} = 2i$이라면 다른 5개의 허근들은 고려하지 않게 되어 모순에 빠진다. 즉, $\sqrt[6]{-64}$ 는 정의할 수 없다.

cf $a<0$, $b<0$일 때, $\sqrt{a}\,\sqrt{b} = -\sqrt{ab}$ $\qquad\qquad a>0$, $b<0$일 때, $\dfrac{\sqrt{a}}{\sqrt{b}} = -\sqrt{\dfrac{a}{b}}$

$\sqrt[n]{a^n}$

① n이 홀수일 때 $\Rightarrow \sqrt[n]{a^n} = a$

② n이 짝수일 때 $\Rightarrow \sqrt[n]{a^n} = |a|$

Tip $\sqrt[4]{(-2)^4}$ 를 예로 들면 $\sqrt[4]{(-2)^4} = \sqrt[4]{16} = 2$가 된다. $\left(\sqrt[4]{(-2)^4} \neq -2\right)$

이해가 잘되지 않는다면 앞에서 배운 실수인 거듭제곱근의 정의를 떠올려보자.

$\sqrt[4]{(-2)^4}$ 라는 것은 함수 $y = x^4$의 그래프와 직선 $y = (-2)^4 = 16$의 교점의 x좌표 중 양수와 같으므로

$\sqrt[4]{(-2)^4} = 2$임이 자명하다. 이때 $\sqrt[4]{(-2)^4} = 2 = |-2|$이므로 n이 짝수인 경우 $\sqrt[n]{a^n} = |a|$이 된다.

예제 2

다음 식을 간단히 하시오.

(1) $\sqrt[5]{8} \times \sqrt[5]{4}$ (2) $\dfrac{\sqrt[3]{81}}{\sqrt[3]{3}}$ (3) $\left(\sqrt[3]{2}\right)^6$ (4) $\sqrt[3]{\sqrt[5]{7^{15}}}$

풀이

(1) $\sqrt[5]{8} \times \sqrt[5]{4} = \sqrt[5]{8 \times 4} = \sqrt[5]{32} = \sqrt[5]{2^5} = 2$

(2) $\dfrac{\sqrt[3]{81}}{\sqrt[3]{3}} = \sqrt[3]{\dfrac{81}{3}} = \sqrt[3]{27} = \sqrt[3]{3^3} = 3$

(3) $\left(\sqrt[3]{2}\right)^6 = \sqrt[3]{2^6} = \sqrt[3]{(2^2)^3} = 4$

(4) $\sqrt[3]{\sqrt[5]{7^{15}}} = \sqrt[15]{7^{15}} = 7$

개념 확인문제 4   다음 식을 간단히 하시오.

(1) $\sqrt[3]{9} \times \sqrt[3]{3}$ (2) $\dfrac{\sqrt[4]{48}}{\sqrt[4]{3}}$

(3) $\left(\sqrt[10]{32}\right)^4$ (4) $\sqrt[3]{\sqrt[4]{25^6}}$

지수함수와 로그함수

지수의 확장과 지수법칙

성취 기준 – 지수가 유리수, 실수까지 확장될 수 있음을 이해한다.
– 지수법칙을 이해하고, 이를 이용하여 식을 간단히 나타낼 수 있다.

개념 파악하기 (3) 지수를 정수까지 확장하여도 지수법칙이 성립할까?

0 또는 음의 정수인 지수

지금까지는 지수가 양의 정수일 때만 다루었는데, 이제 지수가 0 또는 음의 정수일 때로 지수의 범위를 확장해보자.

$a \neq 0$이고 m, n이 양의 정수일 때,
지수법칙 $a^m a^n = a^{m+n}$ ⋯ ㉠ 이 성립한다.

$m = 0$일 때에도 ㉠이 성립한다고 하면
$a^0 a^n = a^{0+n} = a^n$ 이므로 $a^0 = 1$이다.

또, $m = -n\,(n$은 양의 정수)일 때에도 ㉠이 성립한다고 하면
$a^{-n} a^n = a^{-n+n} = a^0 = 1$ 이므로 $a^{-n} = \dfrac{1}{a^n}$이다.

0 또는 음의 정수인 지수 요약

$a \neq 0$이고 n이 양의 정수일 때

① $a^0 = 1$　　　　　　　　　　　② $a^{-n} = \dfrac{1}{a^n}$

> **Tip**　n은 양의 정수일 때 $0^n = 0$이지만 0^0, 0^{-n}은 정의하지 않는다.

개념 확인문제 5　다음의 값을 구하시오.

(1) $(-2)^0$　　　　　　　　(2) 3^{-3}　　　　　　　　(3) $(-4)^{-2}$

지수가 정수일 때의 지수법칙

지수가 0 또는 음의 정수일 때에도 지수법칙이 성립하는지 알아보자.

$a \neq 0$이고 m, n이 음의 정수일 때, $m = -p$, $n = -q$ (p, q는 양의 정수)로 놓으면

$$a^m a^n = a^{-p} a^{-q} = \frac{1}{a^p} \times \frac{1}{a^q} = \frac{1}{a^{p+q}} = a^{-(p+q)} = a^{(-p)+(-q)} = a^{m+n}$$

$$\left(a^m\right)^n = \left(a^{-p}\right)^{-q} = \left(\frac{1}{a^p}\right)^{-q} = \frac{1}{\left(\frac{1}{a^p}\right)^q} = \frac{1}{\frac{1}{a^{pq}}} = a^{pq} = a^{(-p)(-q)} = a^{mn}$$

이다. 즉, $a^m a^n = a^{m+n}$, $\left(a^m\right)^n = a^{mn}$이 성립한다.
이 지수법칙은 지수가 0일 때에도 성립한다.

지수가 정수일 때의 지수법칙 요약

$a \neq 0$, $b \neq 0$이고 m, n이 정수일 때

① $a^m a^n = a^{m+n}$

② $a^m \div a^n = a^{m-n}$

③ $\left(a^m\right)^n = a^{mn}$

④ $(ab)^n = a^n b^n$

Tip 1 ②번은 m, n의 대소에 관계없이 성립한다.

Tip 2 지수, 로그 단원은 계산을 정확히 하는 것에 초점을 두고 공부하면 된다.

예제 3

다음 식을 간단히 하시오.

(1) $2^2 \times 2^{-3}$ 　　　(2) $3^3 \div 3^{-2}$ 　　　(3) $\left(2^{-2}\right)^3$ 　　　(4) $\left(2^2 \times 5^{-1}\right)^{-2}$

풀이

(1) $2^2 \times 2^{-3} = 2^{2-3} = 2^{-1} = \dfrac{1}{2}$ 　　　(2) $3^3 \div 3^{-2} = 3^3 \times 3^2 = 3^5 = 243$

(3) $\left(2^{-2}\right)^3 = 2^{-6} = \dfrac{1}{64}$ 　　　(4) $\left(2^2 \times 5^{-1}\right)^{-2} = 2^{-4} \times 5^2 = \dfrac{25}{16}$

개념 확인문제 **6** 다음 값을 구하시오.

(1) $5^{-1} \times 5^3$ 　　　(2) $a^3 \div \left(a^{-2}\right)^3$ 　　　(3) $\left(a^{-2} b^{-1} c\right)^{-3}$

개념 파악하기 (4) 지수를 유리수까지 확장하여도 지수법칙이 성립할까?

유리수인 지수

지수가 유리수일 때로 지수의 범위를 확장해 보자.

$a > 0$이고 m, n이 정수일 때,

지수법칙 $(a^m)^n = a^{mn}$이 성립한다.

지수가 유리수일 때에도 이 지수법칙이 성립한다고 하면

$m, n\,(n \geq 2)$이 정수일 때,

$$\left(a^{\frac{m}{n}}\right)^n = a^{\frac{m}{n} \times n} = a^m \text{이다.}$$

그런데 $a > 0$이므로 $a^{\frac{m}{n}} > 0$이다.

즉, $a^{\frac{m}{n}}$은 a^m의 양의 n제곱근이므로 $a^{\frac{m}{n}} = \sqrt[n]{a^m}$이 성립한다.

유리수인 지수의 요약

$a > 0$이고 $m,\ n(n \geq 2)$이 정수일 때

① $a^{\frac{m}{n}} = \sqrt[n]{a^m}$
② $a^{\frac{1}{n}} = \sqrt[n]{a}$

> **Tip** $a < 0$일 때에는 $a^{\frac{m}{n}} = \sqrt[n]{a^m}$가 성립하지 않는다.
>
> **ex** $a = -2$, $m = 6$, $n = 2$이면 $(-2)^{\frac{6}{2}} = (-2)^3 = -8$이지만 $\sqrt{(-2)^6} = \sqrt{64} = 8$이다.
>
> 즉, $(-2)^{\frac{6}{2}} \neq \sqrt{(-2)^6}$이다. 따라서 지수가 유리수일 때는 $a > 0$인 조건에 유의해야 한다.

개념 확인문제 7 다음 식에서 근호를 사용한 것은 지수를 사용하여 나타내고, 지수를 사용한 것은 근호를 사용하여 나타내시오. (단, $a > 0$)

(1) $\sqrt[3]{a^2}$

(2) $a^{\frac{3}{5}}$

(3) $\sqrt[7]{a^{-2}}$

지수가 유리수일 때의 지수법칙

지수가 유리수일 때에도 지수법칙이 성립하는지 알아보자.

$a > 0$이고, r, s가 유리수일 때, $r = \dfrac{m}{n}$, $s = \dfrac{p}{q}$ (m, n, p, q는 정수, $n \geq 2$, $q \geq 2$)로 놓으면

$$a^r a^s = a^{\frac{m}{n}} a^{\frac{p}{q}} = a^{\frac{mq}{nq}} a^{\frac{np}{nq}} = \sqrt[nq]{a^{mq}} \sqrt[nq]{a^{np}} = \sqrt[nq]{a^{mq} a^{np}} = \sqrt[nq]{a^{mq+np}} = a^{\frac{mq+np}{nq}} = a^{\frac{m}{n}+\frac{p}{q}} = a^{r+s}$$

$$(a^r)^s = \left(a^{\frac{m}{n}}\right)^{\frac{p}{q}} = \left(\sqrt[n]{a^m}\right)^{\frac{p}{q}} = \sqrt[q]{\left(\sqrt[n]{a^m}\right)^p} = \sqrt[q]{\sqrt[n]{(a^m)^p}} = \sqrt[nq]{a^{mp}} = a^{\frac{mp}{nq}} = a^{\frac{m}{n}\times\frac{p}{q}} = a^{rs}$$

이다. 즉, $a^r a^s = a^{r+s}$, $(a^r)^s = a^{rs}$이 성립한다.

지수가 유리수일 때의 지수법칙 요약

$a > 0$, $b > 0$이고 r, s이 유리수일 때

① $a^r a^s = a^{r+s}$

② $a^r \div a^s = a^{r-s}$

③ $(a^r)^s = a^{rs}$

④ $(ab)^r = a^r b^r$

예제 4

다음 식을 간단히 하시오. (단, $x > 0$, $y > 0$)

(1) $2^{\frac{1}{3}} \times 2^{\frac{2}{3}}$

(2) $\left(x^{-\frac{1}{3}} y\right)^3$

(3) $\left\{(-3)^4\right\}^{\frac{3}{4}}$

풀이

(1) $2^{\frac{1}{3}} \times 2^{\frac{2}{3}} = 2^{\frac{1+2}{3}} = 2^1 = 2$

(2) $\left(x^{-\frac{1}{3}} y\right)^3 = \left(x^{-\frac{1}{3}}\right)^3 y^3 = x^{-1} y^3$

(3) $\left\{(-3)^4\right\}^{\frac{3}{4}} = (81)^{\frac{3}{4}} = \left(3^4\right)^{\frac{3}{4}} = 3^{4 \times \frac{3}{4}} = 27$

Tip (3)번에서 $(-3)^{4 \times \frac{3}{4}} = (-3)^3 = -27$로 쓰기 쉬운데

$a > 0$이고 r, s이 유리수일 때 $(a^r)^s = a^{rs}$가 성립함으로 위와 같이 계산할 수 없음에 유의하자.

즉, 지수가 유리수일 때의 지수법칙은 밑이 양수일 때만 사용할 수 있음에 유의해야 하고 밑이 음수인 경우는 계산 순서에 따라 계산하도록 하자.

개념 확인문제 8 다음 식을 간단히 하시오. (단, $x > 0$, $y > 0$)

(1) $3^{\frac{1}{2}} \times 3^{\frac{7}{2}}$

(2) $\left(x^{-1} \div y^{\frac{1}{2}}\right)^4$

개념 파악하기 (5) 지수를 실수까지 확장하여도 지수법칙이 성립할까?

실수인 지수

지수가 실수일 때로 지수의 범위를 확장해보자.

지수가 무리수일 때, 예를 들어 $2^{\sqrt{2}}$ 은 어떻게 정의할 수 있는지 알아보자.

$\sqrt{2} = 1.41421356\cdots$ 이므로 $1,\ 1.4,\ 1.41,\ 1.414,\ 1.4142,\ \cdots$ 과 같이

$\sqrt{2}$ 에 한없이 가까워지는 유리수를 지수로 갖는 수

$2^1,\ 2^{1.4},\ 2^{1.41},\ 2^{1.414},\ 2^{1.4142},\ \cdots$ 은 어떤 일정한 수에 한없이 가까워진다는 것이 알려져 있다.

이때 이 일정한 수를 $2^{\sqrt{2}}$ 으로 정의한다.

이와 같은 방법으로 x 가 임의의 무리수일 때 2^x 를 정의할 수 있다.

같은 방법으로 $a > 0$ 이고, x 가 임의의 실수일 때 a^x 를 정의할 수 있다.

지수가 실수일 때의 지수법칙 요약

$a > 0,\ b > 0$ 이고 $x,\ y$ 이 실수일 때

① $a^x a^y = a^{x+y}$

② $a^x \div a^y = a^{x-y}$

③ $(a^x)^y = a^{xy}$

④ $(ab)^x = a^x b^x$

Tip 지수가 실수일 때는 직관적으로 받아들이면 되고 깊게 생각하지 않아도 된다.

예제 5

다음 식을 간단히 하시오. (단, $x > 0,\ y > 0$)

(1) $\left(2^{\sqrt{2}}\right)^{3\sqrt{2}}$

(2) $\left(2^{\frac{1}{\sqrt{3}}} \times \sqrt{2}\right)^2$

(3) $\left(x^{\frac{1}{\sqrt{6}}} \div y^{\sqrt{2}}\right)^{\sqrt{6}}$

풀이

(1) $\left(2^{\sqrt{2}}\right)^{3\sqrt{2}} = 2^{\sqrt{2} \times 3\sqrt{2}} = 2^6 = 64$

(2) $\left(2^{\frac{1}{\sqrt{3}}} \times \sqrt{2}\right)^2 = 2^{\frac{2}{\sqrt{3}}} \times 2 = 2^{\frac{2}{\sqrt{3}}+1} = 2^{\frac{2+\sqrt{3}}{\sqrt{3}}} = 2^{\frac{3+2\sqrt{3}}{3}}$

(3) $\left(x^{\frac{1}{\sqrt{6}}} \div y^{\sqrt{2}}\right)^{\sqrt{6}} = \left(x^{\frac{1}{\sqrt{6}}} \times y^{-\sqrt{2}}\right)^{\sqrt{6}} = x \times y^{-\sqrt{12}} = x \times y^{-2\sqrt{3}}$

개념 확인문제 9 다음 식을 간단히 하시오.

(1) $5^{-\sqrt{2}} \times 5^{\sqrt{18}}$

(2) $8^{\sqrt{2}} \times \left(\dfrac{1}{2}\right)^{\sqrt{8}}$

(3) $\left(2^2 \times 3^{\sqrt{3}}\right)^{\sqrt{3}} \times \left(4^{-\frac{\sqrt{3}}{6}} \div 3^{\frac{1}{3}}\right)^6$

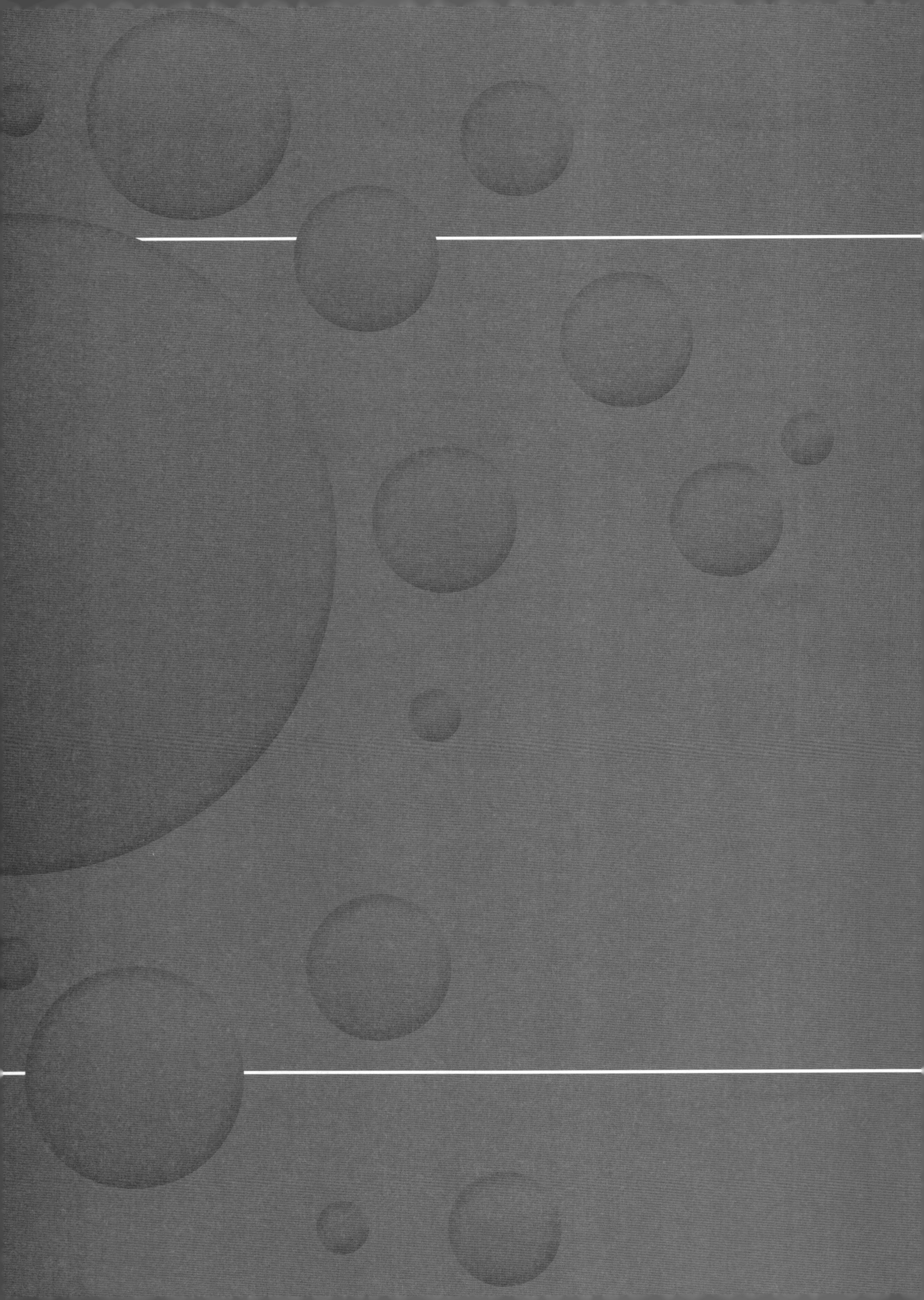

지수함수와 로그함수

Training - 1 step

필수 유형편

1. 지수

001 ⬜⬜⬜⬜⬜

항상 옳은 것만을 〈보기〉에서 있는 대로 고르시오.

〈보기〉

ㄱ. -81 의 제곱근은 존재하지 않는다.
ㄴ. $\sqrt[3]{(-8)^3}$ 의 세제곱근 중 실수인 것은 -2 이다.
ㄷ. -2 의 세제곱근 중 허수인 것은 1 개다.
ㄹ. $(-2)^4$ 의 네제곱근은 ± 2 이다.
ㅁ. n 이 홀수일 때, -5 의 n 제곱근 중에서 실수인 것은 $\sqrt[n]{-5}$ 이다.
ㅂ. n 이 짝수일 때, -2 의 n 제곱근 중 실수인 것은 두 개다.

---

002 ⬜⬜⬜⬜⬜

실수 a 와 자연수 $n\,(n \geq 2)$ 에 대하여 a 의 n 제곱근 중에서 실수인 것의 개수를 $f_n(a)$ 이라 할 때,
$f_4(3)+f_5(-2\sqrt{2})+f_6(2\sqrt{2})+f_7(1)+f_8(-3)$ 의 값을 구하시오.

003 ⬜⬜⬜⬜⬜

실수 $x,\ y$ 에 대하여 x 는 -3 의 세제곱근이고 $\sqrt{3}$ 은 y 의 네제곱근일 때, $\dfrac{x^9}{y}$ 의 값을 구하시오.

004 ⬜⬜⬜⬜⬜

$\sqrt[3]{(-3)^3}+\sqrt[4]{(-4)^4}+\sqrt[5]{(-5)^5}+\sqrt[6]{(-6)^6}$ 의 값을 구하시오.

005 ⬜⬜⬜⬜⬜

자연수 n 이 $2 \leq n \leq 10$ 일 때,
$n^2-12n+32$ 의 n 제곱근 중에 음의 실수가 존재하도록 하는 모든 n 의 값의 합을 구하시오.

006 ⬜⬜⬜⬜⬜

512 의 여섯제곱근 중 실수인 것을 $a,\ b\,(a > b)$ 라 하고, -512 의 세제곱근 중 실수인 것을 c 라 할 때, $(a-b)^2-c$ 의 값을 구하시오.

007 ⬜⬜⬜⬜⬜

실수 a 의 다섯제곱근 중 실수인 것과 27 의 여섯제곱근 중 음의 실수인 것이 서로 같고, 9 의 세제곱근 중 실수인 것과 양의 실수 b 의 제곱근 중 양의 실수인 것이 서로 같다. $-a \times b = 3^k$ 일 때, $30k$ 의 값을 구하시오.

Theme 2 — 지수법칙을 이용한 식 계산

0008 ☐☐☐☐☐

$\sqrt[3]{2} \times 32^{\frac{1}{3}}$ 의 값을 구하시오.

0009 ☐☐☐☐☐

양의 실수 p에 대하여 $p^2 = 9^{\frac{1}{3}}$일 때,
$p^5 \div \sqrt[3]{9}$ 의 값을 구하시오.

0010 ☐☐☐☐☐

$(\sqrt{5}-1)^3 \times \left(\dfrac{1}{\sqrt{5}+1}\right)^{-3}$ 의 값을 구하시오.

0011 ☐☐☐☐☐

$\sqrt[4]{3} + \sqrt[4]{48} = 3^k$ 일 때, $20k$ 의 값을 구하시오.

0012 ☐☐☐☐☐

x에 대한 이차방정식 $x^2 - \sqrt[3]{243}\,x + a = 0$의 두 근이
$\sqrt[3]{9}$ 과 b일 때, ab 의 값을 구하시오.

Theme 3 — 곱셈공식을 이용한 식 계산

0013 ☐☐☐☐☐

두 유리수 a, b에 대하여
$\left(3^{\frac{4}{3}} - 3^{-\frac{1}{3}}\right)^3 = a - b \times \left(3^{\frac{4}{3}} - 3^{-\frac{1}{3}}\right)$ 일 때,
ab의 값을 구하시오. (단, $3^{\frac{4}{3}} - 3^{-\frac{1}{3}}$ 은 무리수이다.)

0014 ☐☐☐☐☐

$(x+y)^{-1} = \dfrac{1}{3}$, $x^{-1} + y^{-1} = -1$를 만족시키는
두 실수 x, y에 대하여 $x^3 + y^3$의 값을 구하시오.

0015 ☐☐☐☐☐

$x = \sqrt[3]{3} + \sqrt[3]{\dfrac{1}{3}}$ 일 때, $x^3 - 3x - \dfrac{1}{3}$ 의 값을 구하시오.

0016 ☐☐☐☐☐

$\sqrt{x} + \dfrac{1}{\sqrt{x}} = 2$ 일 때, $\dfrac{x^{\frac{3}{2}} + x^{-\frac{3}{2}} + 2}{x + x^{-1}}$ 의 값을
구하시오. (단, $x > 0$)

017 ⬜⬜⬜⬜⬜

$2^x = 5^y = \left(\dfrac{1}{100}\right)^z$ 일 때, $\dfrac{1}{x} + \dfrac{1}{y} + \dfrac{1}{2z}$ 의 값을 구하시오.

(단, $x, \ y, \ z \neq 0$)

018 ⬜⬜⬜⬜⬜

실수 $a, \ b$에 대하여 $108^a = 27$, $4^b = 9$ 일 때,

$\dfrac{3}{a} - \dfrac{2}{b}$의 값을 구하시오.

019 ⬜⬜⬜⬜⬜

$xyz \neq 0$ 인 세 실수 $x, \ y, \ z$에 대하여

$2^x = 5^y = 10^z$, $(x-2)(y-2) = 4$ 일 때,

3^z의 값을 구하시오.

020 ⬜⬜⬜⬜⬜

두 실수 $x, \ y$에 대하여 $3^x = 5$, $15^y = 4$ 일 때,

3^{xy+x+y}의 값을 구하시오.

021 ⬜⬜⬜⬜⬜

100 이하의 자연수 n 에 대하여 $\sqrt[6]{25}$ 이 어떤

자연수의 n 제곱근이 되도록 하는 n 의 개수를 구하시오.

022 ⬜⬜⬜⬜⬜

세 양수 $a, \ b, \ c$ 에 대하여 $a^5 = 2$, $b^3 = 3$, $c^6 = 5$ 일 때,

$(abc)^n$ 이 자연수가 되도록 하는 자연수 n 의 최솟값을

구하시오.

023 ⬜⬜⬜⬜⬜

두 자연수 $a, \ b$ 에 대하여

$\sqrt{\dfrac{2^a \times 3^b}{2}}$ 이 자연수, $\sqrt[3]{\dfrac{7^b}{2^{a+1}}}$ 이 유리수일 때,

$a+b$의 최솟값을 구하시오.

024 ⬜⬜⬜⬜⬜

함수 $f(x) = \left(x^2 \times \sqrt[3]{\dfrac{1}{x^2}}\right)^{\frac{1}{2}}$ $(x > 1)$에 대하여

$n > 1$인 자연수 n 에 대하여 $(f \circ f)(n)$의 값이

자연수일 때, $(f \circ f)(n)$의 최솟값을 구하시오.

Training – 2 step

기출 적용편

1. 지수

$\sqrt[3]{24} \times 3^{\frac{2}{3}}$ 의 값은? [2점]

① 6   ② 7   ③ 8

④ 9   ⑤ 10

$\left(2^{\sqrt{3}} \times 4\right)^{\sqrt{3}-2}$ 의 값은? [2점]

① $\dfrac{1}{4}$ ② $\dfrac{1}{2}$ ③ 1

④ 2   ⑤ 4

$\left(\dfrac{2^{\sqrt{3}}}{2}\right)^{\sqrt{3}+1}$ 의 값은? [2점]

① $\dfrac{1}{16}$ ② $\dfrac{1}{4}$ ③ 1

④ 4   ⑤ 16

$\left(\dfrac{4}{2^{\sqrt{2}}}\right)^{2+\sqrt{2}}$ 의 값은? [2점]

① $\dfrac{1}{4}$ ② $\dfrac{1}{2}$ ③ 1

④ 2   ⑤ 4

$a = \sqrt{2}$, $b^3 = \sqrt{3}$ 일 때, $(ab)^2$ 의 값은?
(단, b 는 실수이다.) [3점]

① $2 \cdot 3^{\frac{1}{3}}$ ② $2 \cdot 3^{\frac{2}{3}}$ ③ $2^{\frac{1}{2}} \cdot 3^{\frac{1}{3}}$

④ $3 \cdot 2^{\frac{1}{3}}$ ⑤ $3 \cdot 2^{\frac{2}{3}}$

$\left(\sqrt{2\sqrt[3]{4}}\right)^3$ 보다 큰 자연수 중 가장 작은 것은? [3점]

① 4   ② 6   ③ 8

④ 10   ⑤ 12

10 이하의 자연수 a 에 대하여 $\left(a^{\frac{2}{3}}\right)^{\frac{1}{2}}$ 의 값이 자연수가 되도록 하는 모든 a 의 값의 합은? [3점]

① 5   ② 7   ③ 9

④ 11   ⑤ 13

2 이상의 두 자연수 a, n 에 대하여 $\left(\sqrt[n]{a}\right)^3$ 의 값이 자연수가 되도록 하는 n 의 최댓값을 $f(a)$ 라 하자. $f(4)+f(27)$ 의 값은? [4점]

① 13   ② 14   ③ 15

④ 16   ⑤ 17

033 2023년 고3 7월 교육청 공통 ☐☐☐☐☐

2 이상의 자연수 n에 대하여 x에 대한 방정식
$$(x^n-8)(x^{2n}-8)=0$$
의 모든 실근의 곱이 -4일 때, n의 값은? [4점]

① 2　　　　② 3　　　　③ 4

④ 5　　　　⑤ 6

034 2019년 고2 9월 교육청 가형 ☐☐☐☐☐

모든 실수 x에 대하여 $\sqrt[3]{-x^2+2ax-6a}$ 가 음수가
되도록 하는 모든 자연수 a의 값의 합을 구하시오. [3점]

035 2011학년도 고3 9월 평가원 나형 ☐☐☐☐☐

$1 \leq m \leq 3$, $1 \leq n \leq 8$인 두 자연수 m, n에 대하여
$\sqrt[3]{n^m}$ 이 자연수가 되도록 하는 순서쌍 $(m,\ n)$의
개수는? [3점]

① 6　　　　② 8　　　　③ 10

④ 12　　　　⑤ 14

036 2022학년도 사관학교 공통 ☐☐☐☐☐

$\sqrt[m]{64} \times \sqrt[n]{81}$ 의 값이 자연수가 되도록 하는 2 이상의 자연수
m, n의 모든 순서쌍 $(m,\ n)$의 개수는? [3점]

① 2　　　　② 4　　　　③ 6

④ 8　　　　⑤ 10

037 2022년 고3 7월 교육청 공통 ☐☐☐☐☐

$n \geq 2$인 자연수 n에 대하여 $2n^2-9n$의 n제곱근 중에서
실수인 것의 개수를 $f(n)$이라 할 때,
$f(3)+f(4)+f(5)+f(6)$의 값을 구하시오. [3점]

038 2019년 고2 9월 교육청 나형 ☐☐☐☐☐

2 이상의 자연수 n에 대하여
넓이가 $\sqrt[n]{64}$ 인 정사각형의 한 변의 길이를 $f(n)$이라
할 때, $f(4) \times f(12)$의 값을 구하시오. [4점]

 2019년 고2 6월 교육청 가형 ☐☐☐☐☐

양수 a와 두 실수 x, y가

$15^x = 8$, $a^y = 2$, $\dfrac{3}{x} + \dfrac{1}{y} = 2$를 만족시킬 때,

a의 값은? [4점]

① $\dfrac{1}{15}$ ② $\dfrac{2}{15}$ ③ $\dfrac{1}{5}$

④ $\dfrac{4}{15}$ ⑤ $\dfrac{1}{3}$

040 2019년 고2 6월 교육청 가형 ☐☐☐☐☐

두 집합 $A = \{5,\ 6\}$, $B = \{-3,\ -2,\ 2,\ 3,\ 4\}$가 있다.
집합 $C = \{x \mid x^a = b,\ x$는 실수, $a \in A,\ b \in B\}$에 대하여
$n(C)$의 값을 구하시오. [4점]

041 2020년 고3 4월 교육청 가형 ☐☐☐☐☐

2 이상의 자연수 n에 대하여 $(n-5)$의 n제곱근 중 실수인

것의 개수를 $f(n)$이라 할 때, $\displaystyle\sum_{n=2}^{10} f(n)$의 값은? [4점]

① 8 ② 9 ③ 10

④ 11 ⑤ 12

042 2020년 고3 4월 교육청 나형 ☐☐☐☐☐

1이 아닌 세 양수 a, b, c와 1이 아닌 두 자연수 m, n이
다음 조건을 만족시킨다.

> (가) $\sqrt[3]{a}$는 b의 m제곱근이다.
> (나) $\sqrt{b}$는 c의 n제곱근이다.
> (다) c는 a^{12}의 네제곱근이다.

모든 순서쌍 $(m,\ n)$의 개수는? [4점]

① 4 ② 7 ③ 10

④ 13 ⑤ 16

043 2024년 고3 5월 교육청 공통 ☐☐☐☐☐

집합 $U = \{x \mid -5 \le x \le 5,\ x$는 정수$\}$의 공집합이 아닌
부분집합 X에 대하여 두 집합 A, B를

$$A = \{a \mid a$는 x의 실수인 네제곱근, $x \in X\},$$
$$B = \{b \mid b$는 x의 실수인 세제곱근, $x \in X\}$$

라 하자. $n(A) = 9$, $n(B) = 7$이 되도록 하는 집합 X의 모든
원소의 합의 최댓값을 구하시오. [3점]

044 2025학년도 사관학교 공통 ⬜⬜⬜⬜⬜

2 이상의 자연수 n에 대하여 $-(n-k)^2+8$의 n제곱근 중 실수인 것의 개수를 $f(n)$이라 하자.

$$f(3)+f(4)+f(5)+f(6)+f(7)=7$$

를 만족시키는 모든 자연수 k의 값의 합은? [4점]

① 14 ② 15 ③ 16

④ 17 ⑤ 18

045 2023학년도 고3 9월 평가원 공통 ⬜⬜⬜⬜⬜

함수 $f(x)=-(x-2)^2+k$에 대하여
다음 조건을 만족시키는 자연수 n의 개수가 2일 때,
상수 k의 값은? [4점]

> $\sqrt{3}^{f(n)}$의 네제곱근 중 실수인 것을 모두 곱한 값이 -9이다.

① 8 ② 9 ③ 10

④ 11 ⑤ 12

046 2022학년도 고3 6월 평가원 공통 ⬜⬜⬜⬜⬜

다음 조건을 만족시키는 최고차항의 계수가 1인 이차함수 $f(x)$가 존재하도록 하는 모든 자연수 n의 값의 합을 구하시오. [4점]

> (가) x에 대한 방정식 $(x^n-64)f(x)=0$은 서로 다른 두 실근을 갖고, 각각의 실근은 중근이다.
>
> (나) 함수 $f(x)$의 최솟값은 음의 정수이다.

실수 전체의 집합의 부분집합 A, B, C를

$$A = \{-7,\ -3,\ -2,\ 2,\ 3,\ 7\}$$
$$B = \left\{ \sqrt{a^2} \mid a \in A \right\}$$
$$C = \left\{ x \mid x = \sqrt[b]{a},\ a \in A,\ b \in B,\ x \text{는 실수} \right\}$$

라 할 때, $n(C)$의 값을 구하시오.

자연수 m에 대하여 집합 A_m을

$$A_m = \left\{ (a,\ b) \mid 2^a = \frac{m}{b},\ a,\ b \text{는 자연수} \right\} \text{ 라 할 때,}$$

〈보기〉에서 옳은 것만을 있는 대로 고른 것은? [4점]

> ───〈보기〉───
> ㄱ. $A_4 = \{(1,\ 2),\ (2,\ 1)\}$
> ㄴ. 자연수 k에 대하여 $m = 2^k$이면 $n(A_m) = k$ 이다.
> ㄷ. $n(A_m) = 1$이 되도록 하는 두 자리 자연수 m의 개수는 23이다.

① ㄱ   ② ㄱ, ㄴ   ③ ㄱ, ㄷ

④ ㄴ, ㄷ   ⑤ ㄱ, ㄴ, ㄷ

두 집합 $A = \{3,\ 4\}$, $B = \{-9,\ -3,\ 3,\ 9\}$에 대하여

집합 X를

$$X = \{x \mid x^a = b,\ a \in A,\ b \in B,\ x \text{는 실수}\}$$

라 할 때,

〈보기〉에서 옳은 것만을 있는 대로 고른 것은? [4점]

> ───〈보기〉───
> ㄱ. $\sqrt[3]{-9} \in X$
> ㄴ. 집합 X의 원소의 개수는 8이다.
> ㄷ. 집합 X의 원소 중 양수인 모든 원소의 곱은 $\sqrt[4]{3^7}$ 이다.

① ㄱ   ② ㄱ, ㄴ   ③ ㄱ, ㄷ

④ ㄴ, ㄷ   ⑤ ㄱ, ㄴ, ㄷ

자연수 n에 대하여 방정식

$$|x^3 - 3nx^2 + 2n^2 x| = \frac{125}{n}|x - n|$$

의 서로 다른 실근의 합을 a_n이라 하자.

2 이상의 자연수 m에 대하여 $\displaystyle\sum_{n=1}^{m} \left\{ (-1)^n \times \frac{a_n}{n} \right\}$의 m제곱근

중 실수인 것의 개수를 b_m이라 할 때, $\displaystyle\sum_{m=2}^{20} b_m$의 값을

구하시오.

규토 라이트 N제

지수함수와 로그함수

Guide step

개념 익히기편

2. 로그

01 로그의 뜻과 성질

성취 기준 – 로그의 뜻을 알고, 그 성질을 이해한다.

개념 파악하기 (1) 로그란 무엇일까?

로그의 뜻

$3^x = 3$, $3^x = 9$, $3^x = 27$, $\cdots$을 만족시키는 x의 값은 각각 1, 2, 3, $\cdots$으로 하나씩만 존재함을 알 수 있다.

하지만 $3^x = 4$을 만족시키는 x의 값은 쉽게 알 수 없다.

이제부터 $a^x = N$을 만족시키는 실수 x를 알아보자.

$a > 0$, $a \neq 1$, $N > 0$일 때, 등식 $a^x = N$을 만족시키는 실수 x는 오직 하나 존재함이 알려져 있다.

이 실수 x를 기호로 $\log_a N$ 과 같이 나타내고, a를 밑으로 하는 N의 로그라 한다.

이때 N을 $\log_a N$의 진수라 한다.

로그의 정의

$a > 0$, $a \neq 1$, $N > 0$ 일 때,

$a^x = N \iff x = \log_a N$

Tip 1 밑 조건 $(a > 0,\ a \neq 1)$과 진수 조건 $(N > 0)$을 기억하도록 하자.

Tip 2 $\langle \log_a N$에서 $a \neq 1$인 조건이 필요한 이유는 무엇일까?$\rangle$
만약 $a = 1$이라면 $1^2 = 1$, $1^3 = 1$인데 이것을 로그로 표현하면
$\log_1 1 = 2$, $\log_1 1 = 3$이 되어 밑이 1인 로그의 값이 하나로 정해지지 않기 때문이다.

예제 1

다음 등식에서 $a^x = N$ 꼴로 나타낸 것은 로그를 사용하여 나타내고, 로그를 사용하여 나타낸 것은 $a^x = N$ 꼴로 나타내시오.

(1) $2^3 = 8$

(2) $\log_{27} 3 = \dfrac{1}{3}$

풀이

(1) $2^3 = 8 \iff \log_2 8 = 3$

(2) $\log_{27} 3 = \dfrac{1}{3} \iff 27^{\frac{1}{3}} = 3$

개념 확인문제 1 다음 등식에서 $a^x = N$ 꼴로 나타낸 것은 로그를 사용하여 나타내고, 로그를 사용하여 나타낸 것은 $a^x = N$ 꼴로 나타내시오.

(1) $5^2 = 25$

(2) $2^{-3} = \dfrac{1}{8}$

(3) $\log_3 81 = 4$

예제 2

$\log_2 32$의 값을 구하시오.

풀이

$\log_2 32 = x$라 하면 $2^x = 32$이고 $2^5 = 32$이므로 $x = 5$이다. 따라서 $\log_2 32 = 5$이다.

개념 확인문제 2 다음 값을 구하시오.

(1) $\log_3 \sqrt{3}$

(2) $\log_5 \dfrac{1}{125}$

(3) $\log_{\frac{1}{2}} 4$

로그의 성질

로그의 정의와 지수법칙을 이용하여 로그의 성질을 알아보자.

$a > 0$, $a \neq 1$일 때, $a^0 = 1$, $a^1 = a$이므로 로그의 정의에 따라
$\log_a 1 = 0$, $\log_a a = 1$ 이다.

또한 $a > 0$, $a \neq 1$, $M > 0$, $N > 0$ 일 때,
$\log_a M = m$, $\log_a N = n$으로 놓으면
$a^m = M$, $a^n = N$이므로 지수법칙과 로그의 정의에 따라 다음이 성립함을 알 수 있다.

(1) $MN = a^m a^n = a^{m+n} \Rightarrow \log_a MN = m + n = \log_a M + \log_a N$

(2) $\dfrac{M}{N} = \dfrac{a^m}{a^n} = a^{m-n} \Rightarrow \log_a \dfrac{M}{N} = m - n = \log_a M - \log_a N$

(3) $M^k = \left(a^m\right)^k = a^{mk} \Rightarrow \log_a M^k = mk = k\log_a M$(단, k는 실수)

로그의 성질 요약

$a > 0$, $a \neq 1$, $M > 0$, $N > 0$ 일 때

① $\log_a 1 = 0$, $\log_a a = 1$ ② $\log_a MN = \log_a M + \log_a N$

③ $\log_a \dfrac{M}{N} = \log_a M - \log_a N$ ④ $\log_a M^k = k\log_a M$ (단, k는 실수)

Tip 1 진수의 곱셈은 로그의 덧셈이고 진수의 나눗셈은 로그의 뺄셈이다.
지수의 성질과 로그의 성질을 혼동하지 않도록 유의하자.

Tip 2 ④번에서 만약 $M < 0$이더라도 k가 짝수이면 M^k는 양수이므로 진수조건을 만족시킨다.
그렇기 때문에 $M < 0$이고 k가 짝수이면 $\log_a M^k = k\log_a |M|$이 된다.

ex $\log_2 (-2)^2 = \log_2 2^2 = 2\log_2 2 = 2 = 2\log_2 |-2|$
나중에 로그함수에서 $y = \log_2 x^2 \, (x \neq 0)$의 그래프를 그릴 때 $y = 2\log_2 x \ (x \neq 0)$가 아니라
$y = 2\log_2 |x| \, (x \neq 0)$로 변환해서 그려야 한다.

예제 3

다음 식을 간단히 하시오.

(1) $\log_2 24$ (2) $\log_2 \dfrac{1}{7}$ (3) $\log_2 5 - 2\log_2 \sqrt{10}$

풀이

(1) $\log_2 24 = \log_2 8 + \log_2 3 = 3\log_2 2 + \log_2 3 = 3 + \log_2 3$

(2) $\log_2 \dfrac{1}{7} = \log_2 1 - \log_2 7 = 0 - \log_2 7 = -\log_2 7$

$\left(\log_2 \dfrac{1}{7} = \log_2 7^{-1} = -\log_2 7 \right)$

(3) $\log_2 5 - 2\log_2 \sqrt{10} = \log_2 5 - \log_2 \left(\sqrt{10}\right)^2 = \log_2 5 - \log_2 10 = \log_2 \dfrac{1}{2} = \log_2 2^{-1} = -1$

개념 확인문제 3 다음 식을 간단히 하시오.

(1) $\log_3 \sqrt{27}$

(2) $\log_5 \dfrac{1}{\sqrt{5}}$

(3) $\log_{15} 3 + \log_{15} 5$

(4) $\log_2 96 - \log_2 6$

(5) $\log_3 \dfrac{9}{2} + \log_3 \dfrac{1}{\sqrt{5}} + \dfrac{1}{2}\log_3 20$

로그의 밑의 변환

$a > 0$, $a \neq 1$, $b > 0$일 때, $\log_a b$를 1이 아닌 양수 c를 밑으로 하는 로그로 바꾸어 나타내는 방법을 알아보자.

$\log_a b = x$, $\log_c a = y$로 놓으면 로그의 정의에 따라

$a^x = b$, $c^y = a$이므로 지수의 성질을 따라 $b = a^x = \left(c^y\right)^x = c^{xy}$이다.

즉, 로그의 정의에 따라 $xy = \log_c b$ 이므로

$\log_a b \times \log_c a = \log_c b \ \cdots \ \bigcirc$

이다. 그런데 $a \neq 1$일 때, $\log_c a \neq 0$이므로 $\bigcirc$의 양변을 $\log_c a$로 나누면 다음이 성립한다.

$$\log_a b = \frac{\log_c b}{\log_c a}$$

로그의 밑의 변환 요약

$a > 0$, $a \neq 1$, $b > 0$, $b \neq 1$, $c > 0$, $c \neq 1$일 때

① $\log_a b = \dfrac{\log_c b}{\log_c a}$ ② $\log_a b = \dfrac{1}{\log_b a}$

예제 4

$\log_4 32$의 값을 구하시오.

풀이

로그의 밑을 변환하여 계산하면

$$\log_4 32 = \frac{\log_2 32}{\log_2 4} = \frac{\log_2 2^5}{\log_2 2^2} = \frac{5\log_2 2}{2\log_2 2} = \frac{5}{2}$$

Tip 반드시 밑이 2인 로그로 변환해야 하는 것은 아니다. 1이 아닌 상수 c에 대하여

$$\log_4 32 = \frac{\log_c 32}{\log_c 4} = \frac{\log_c 2^5}{\log_c 2^2} = \frac{5\log_c 2}{2\log_c 2} = \frac{5}{2}$$

개념 확인문제 4 다음 값을 구하시오.

(1) $\log_{25} 125$

(2) $\log_9 \dfrac{1}{27}$

예제 5

$\log_{10}2=a$, $\log_{10}3=b$일 때, $\log_{5}48$를 a, b로 나타내시오.

풀이

$\log_{5}48$를 10을 밑으로 하는 로그로 변환하여 나타내면

$$\log_{5}48=\frac{\log_{10}48}{\log_{10}5}$$

$\log_{10}48=\log_{10}(2^4\times3)=4\log_{10}2+\log_{10}3=4a+b$이고

$\log_{10}5=\log_{10}\dfrac{10}{2}=\log_{10}10-\log_{10}2=1-a$이므로

$$\log_{5}48=\frac{4a+b}{1-a} \text{ 이다.}$$

개념 확인문제 5 $\log_{10}2=a$, $\log_{10}3=b$일 때, 다음 값을 a, b로 나타내시오.

(1) $\log_{10}18$

(2) $\log_{8}9$

(3) $\log_{5}\sqrt{6}$

로그의 밑의 변환의 활용

1이 아닌 양수 $a,\ b,\ c$에 대하여 로그의 정의와 로그의 밑의 변환 공식을 이용하여
다음과 같은 공식을 유도할 수 있다.

(1) $a^{\log_a b} = b$

$a^{\log_a b} = x$라 하고 양변에 b를 밑으로 하는 로그를 취하면

$\log_b a^{\log_a b} = \log_b x,\ \log_a b \times \log_b a = \log_b x$

$\log_a b \times \log_b a = 1$이므로 $\log_b x = 1$

따라서 $x = b$, 즉 $a^{\log_a b} = b$

(2) $\log_{a^m} b^n = \dfrac{n}{m} \log_a b$

$\log_{a^m} b^n = \dfrac{\log_a b^n}{\log_a a^m} = \dfrac{n \log_a b}{m \log_a a} = \dfrac{n}{m} \log_a b$

(3) $a^{\log_b c} = c^{\log_b a}$

$a^{\log_b c} = x$ 라고 하면 $\log_b c = \log_a x\ \cdots\ \bigcirc$

$\log_b c = \dfrac{1}{\log_c b},\ \log_a x = \dfrac{\log_c x}{\log_c a}\ \cdots\ \bigcirc\!\!\!\bigcirc$

$\bigcirc$, $\bigcirc\!\!\!\bigcirc$에서 $\dfrac{1}{\log_c b} = \dfrac{\log_c x}{\log_c a}$이므로

$\log_c x = \dfrac{\log_c a}{\log_c b} = \log_b a$이고, 로그의 정의에 따라 $x = c^{\log_b a}$

따라서 $a^{\log_b c} = c^{\log_b a}$

로그의 밑의 변환의 활용 요약

$a > 0,\ a \neq 1,\ b > 0$일 때

① $\log_a b \cdot \log_b a = 1$ (단, $b \neq 1$)　　　② $\log_{a^m} b^n = \dfrac{n}{m} \log_a b$ (단, $m \neq 0$)

③ $a^{\log_a b} = b$　　　④ $a^{\log_c b} = b^{\log_c a}$ (단, $c > 0,\ c \neq 1$)

예제 6

다음 값을 구하시오.

(1) $\log_8 128$

(2) $4^{\log_2 5} + \log_2 6 \cdot \log_6 16$

풀이

(1) $\log_8 128 = \log_{2^3} 2^7 = \dfrac{7}{3}$

(2) $4^{\log_2 5} + \log_2 6 \cdot \log_6 16 = 5^{\log_2 4} + \dfrac{\log_{10} 6}{\log_{10} 2} \cdot \dfrac{4\log_{10} 2}{\log_{10} 6} = 5^2 + 4 = 29$

개념 확인문제 6 다음 값을 구하시오.

(1) $\log_2 36 \cdot \log_6 4$

(2) $\log_8 27 + \log_2 \dfrac{2\sqrt{2}}{3}$

(3) $9^{2\log_{\sqrt{3}} 2 + \log_9 4 + \log_{\frac{1}{3}} 2}$

02 상용로그

성취 기준 – 상용로그를 이해하고, 이를 활용할 수 있다.

개념 파악하기 (3) 상용로그란 무엇일까?

상용로그의 뜻

$\log_{10}2$, $\log_{10}3$와 같이 밑이 10인 로그를 **상용로그**라 하고,
양수 N의 상용로그 $\log_{10}N$은 보통 10을 생략하여
기호로 $\log N$ 과 같이 나타낸다.
예를 들어 $\log_{10}2$는 간단히 $\log 2$로 나타낸다.

10의 거듭제곱 꼴로 나타낸 수의 상용로그의 값은 로그의 성질을 이용하여 쉽게 구할 수 있다.

예제 7

다음 상용로그의 값을 구하시오.

(1) $\log 100$

(2) $\log 0.001$

풀이

(1) $\log 100 = \log_{10}10^2 = 2$

(2) $\log 0.001 = \log_{10}\dfrac{1}{1000} = \log_{10}10^{-3} = -3$

개념 확인문제 7 다음 상용로그의 값을 구하시오.

(1) $\log 10000$

(2) $\log \dfrac{1}{100}$

(3) $\log 10\sqrt{10}$

상용로그의 값

상용로그의 값은 상용로그표를 이용하여 구할 수 있다.
상용로그표는 0.01의 간격으로 1.00부터 9.99까지의 수에 대한 상용로그의 값을 반올림하여
소수점 아래 넷째 자리까지 나타낸 것이다.

상용로그표에서 상용로그의 값을 구해보자.

예를 들어 아래 상용로그표에서 $\log 3.21$의 값을 구하려면 3.2의 가로줄과
1의 세로줄이 만나는 곳에 있는 .5065를 찾으면 된다.
따라서 $\log 3.21 = 0.5065$이다.

수	0	1	2	3
1.0	.0000	.0043	.0086	.0128
1.1	.0414	.0453	.0492	.0531
⋮	⋮	⋮	⋮	⋮
3.1	.4914	.4928	.4942	.4955
3.2	.5051	.5065	.5079	.5092

Tip 상용로그표에 있는 상용로그의 값은 반올림하여 구한 것이지만 편의상 등호를 사용하여 나타낸다.

예제 8

상용로그표에서 구한 $\log 3.11 = 0.4928$를 이용하여 $\log 311$의 값을 구하시오.

풀이

$$\log 311 = \log(10^2 \times 3.11) = \log 10^2 + \log 3.11 = 2 + \log 3.11 = 2.4928$$

개념 확인문제 8 상용로그표에서 구한 $\log 1.13 = 0.0531$를 이용하여 다음 값을 구하시오.

(1) $\log 1130$

(2) $\log 0.113$

Training – 1 step

필수 유형편

2. 로그

Theme 1 — 로그의 정의

001

양수 a에 대하여 $\log_2 \dfrac{8}{a} = b$일 때, $a \cdot 2^b$의 값을 구하시오.

002

$x = \log_2 (2 + \sqrt{3})$일 때, $4^x + \dfrac{1}{4^x}$의 값을 구하시오.

003

1이 아닌 양수 a에 대하여 $\log_a 7 = 3$, $\log_7 8 = b$일 때, a^b의 값을 구하시오.

004

$\log_a (2a + 15) = 2$를 만족시키는 1이 아닌 양의 실수 a의 값을 구하시오.

005

두 양수 a, b에 대하여 $\log_3 (\log_2 a) = 2$, $\log_5 (\log_2 b) = 0$일 때, $\dfrac{a}{b}$의 값을 구하시오.

Theme 2 — 로그의 밑과 진수의 조건

006

$\log_{(x-4)} (-x^2 + 11x - 24)$가 정의되도록 하는 모든 정수 x의 값의 합을 구하시오.

007

모든 실수 x에 대하여 $\log_{|a-1|} (x^2 + 2ax + a + 12)$이 정의되도록 하는 정수 a의 개수를 구하시오.

Theme 3 로그의 성질

008 ☐☐☐☐☐

$\log_3 \sqrt[5]{162} + \dfrac{1}{5}\log_3 \dfrac{3}{2}$ 의 값을 구하시오.

009 ☐☐☐☐☐

$\log_7(8+\sqrt{15})+\log_7(8-\sqrt{15})$ 의 값을 구하시오.

010 ☐☐☐☐☐

$\log_2(\sqrt[3]{15}+1)+\log_2(\sqrt[3]{225}-\sqrt[3]{15}+1)$ 의 값을 구하시오.

011 ☐☐☐☐☐

$\log_3 \sqrt[3]{\dfrac{8}{3}} + \log_3 \sqrt[3]{9^k} - \log_3 2$ 이 자연수가 되도록 하는

10 이하의 모든 자연수 k의 값의 합을 구하시오.

Theme 4 로그의 밑의 변환

012 ☐☐☐☐☐

$a=9^{21}$일 때, $\dfrac{1}{\log_a 27}$ 의 값을 구하시오.

013 ☐☐☐☐☐

$\log_3 a \times \log_3 b = 2$이고 $\log_a 3 + \log_b 3 = 5$일 때,

$\log_{\sqrt{3}} ab$의 값을 구하시오.

014 ☐☐☐☐☐

1이 아닌 세 양수 a, b, c에 대하여

$\log_a c = \dfrac{1}{2}$, $\log_b c = \dfrac{1}{7}$일 때, $\dfrac{1}{\log_{ab} c}$ 의 값을 구하시오.

015 ☐☐☐☐☐

실수 a에 대하여 $3^{\log_9 2}=8^a$일 때, $60a$의 값을 구하시오.

016 ☐☐☐☐☐

1보다 큰 세 실수 a, b, c에 대하여

$\log_a c : \log_b c = 3 : 1$일 때,

$\dfrac{20}{\log_a b + \log_b a}$의 값을 구하시오.

017 ☐☐☐☐☐

두 실수 a, b에 대하여 $2^{a+b} = 5$, $3^{a-b} = 8$일 때,

$3^{a^2 - b^2}$의 값을 구하시오.

018 ☐☐☐☐☐

1보다 큰 세 실수 a, b, c가 $\log_a b = \log_b \sqrt{c} = \log_c \sqrt[4]{a}$

를 만족시킬 때, $\dfrac{1}{\log_{abc} c}$의 값을 구하시오.

019 ☐☐☐☐☐

1보다 크고 10보다 작은 세 자연수 a, b, c에 대하여

$2\log_c b = \log_a b$, $\quad 3\log_b c = \log_a c$일 때,

$a + b - c$의 값을 구하시오.

020 ☐☐☐☐☐

좌표평면 위의 두 점 $(0, 0)$, $(\log_2 9, k)$를 지나는 직선이

직선 $(\log_4 3)x + (\log_9 8)y - 1 = 0$에 수직일 때, $3^{\frac{k}{2}}$의 값을

구하시오. (단, k는 상수이다.)

021 ☐☐☐☐☐

좌표평면 위에 서로 다른 세 점
$A(0, -\log_2 9)$, $B(2a, \log_2 7)$, $C(-\log_2 3, a)$를 꼭짓점으로
하는 삼각형 ABC가 있다. 삼각형 ABC의 무게중심의
좌표가 $(b, \log_8 7)$일 때, 2^{a+b}의 값을 구하시오.

022 ☐☐☐☐☐

1이 아닌 세 양수 a, b, c가 다음 조건을 만족시킨다.

> (가) $\sqrt{a}$는 b의 세제곱근이다.
> (나) c는 a^3의 네제곱근이다.

$9\log_{bc} ab$의 값을 구하시오.

Theme 5 상용로그

023 ☐☐☐☐☐

$\log \sqrt[3]{5000}$ 의 값을 구하시오.
(단, $\log 2 = 0.301$으로 계산한다.)

024 ☐☐☐☐☐

두 자연수 a, b에 대하여 $\log a + \log b = 2 + \log 4$를
만족시키는 모든 순서쌍 (a, b)의 개수를 구하시오.

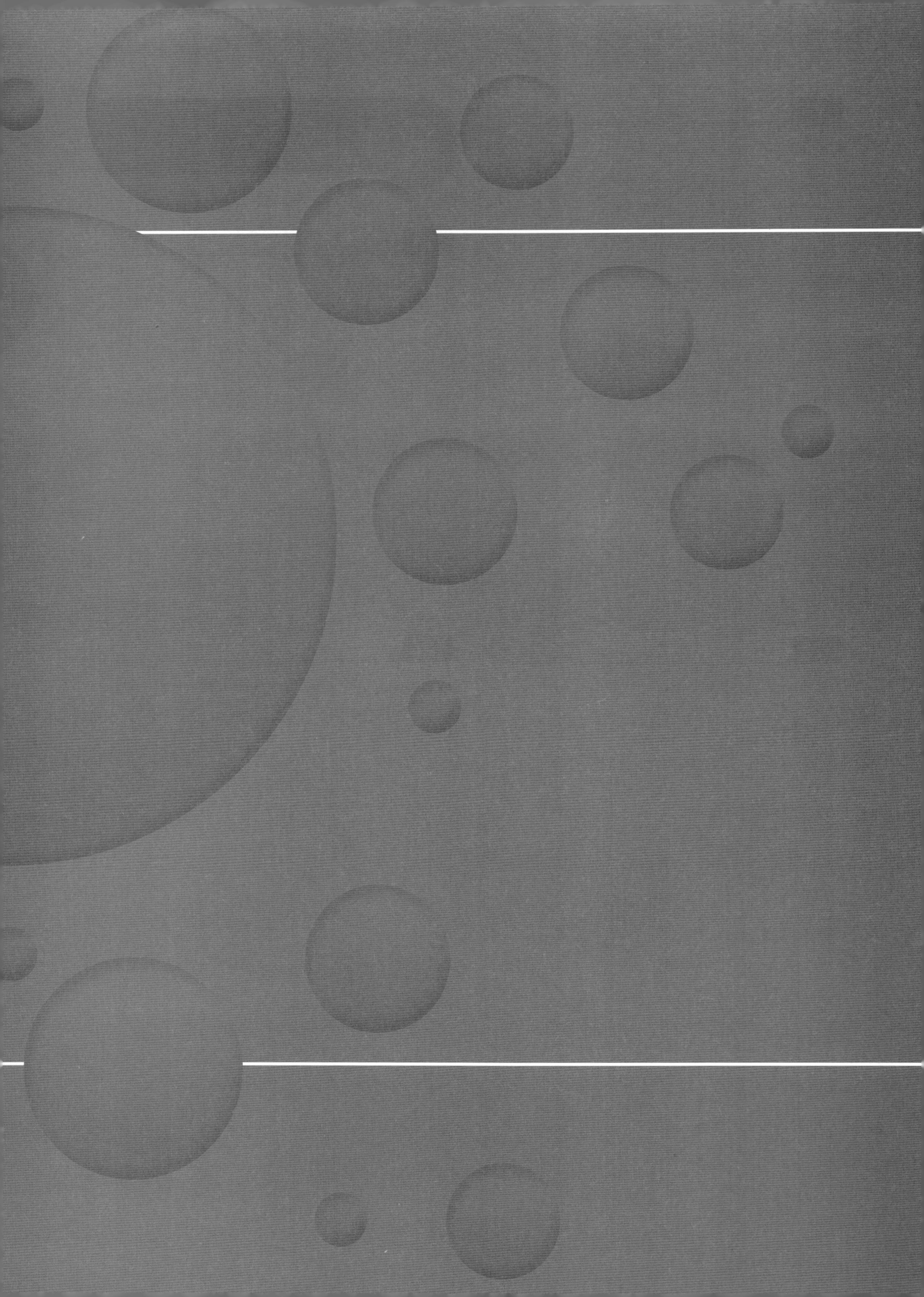

Training – 2 step
기출 적용편

2. 로그

다음은 상용로그표의 일부이다.

수	$\cdots$	4	5	6	$\cdots$
$\vdots$		$\vdots$	$\vdots$	$\vdots$	
5.9	$\cdots$	.7738	.7745	.7752	$\cdots$
6.0	$\cdots$	.7810	.7818	.7825	$\cdots$
6.1	$\cdots$	.7882	.7889	.7896	$\cdots$

이 표를 이용하여 구한 $\log\sqrt{6.04}$의 값은? [3점]

① 0.3905　　② 0.7810　　③ 1.3905

④ 1.7810　　⑤ 2.3905

두 실수 $a=2\log\dfrac{1}{\sqrt{10}}+\log_2 20,\ b=\log 2$에 대하여

$a\times b$의 값은? [3점]

① 1　　② 2　　③ 3

④ 4　　⑤ 5

좌표평면 위의 두 점 $(1,\log_2 5),\ (2,\log_2 10)$을 지나는
직선의 기울기는? [3점]

① 1　　② 2　　③ 3

④ 4　　⑤ 5

두 실수 $x,\ y$가 $2^x=3^y=24$를 만족시킬 때,
$(x-3)(y-1)$의 값은? [3점]

① 1　　② 2　　③ 3

④ 4　　⑤ 5

$\dfrac{1}{\log_4 18}+\dfrac{2}{\log_9 18}$의 값은? [3점]

① 1　　② 2　　③ 3

④ 4　　⑤ 5

이차방정식 $x^2-18x+6=0$의 두 근을 $\alpha,\ \beta$라 할 때,
$\log_2(\alpha+\beta)-2\log_2\alpha\beta$의 값은? [3점]

① -5　　② -4　　③ -3

④ -2　　⑤ -1

$a>2$인 상수 a에 대하여 두 수 $\log_2 a,\ \log_a 8$의 합과 곱이
각각 4, k일 때, $a+k$의 값은? [3점]

① 11　　② 12　　③ 13

④ 14　　⑤ 15

두 실수 $a,\ b$가 $ab=\log_3 5,\ b-a=\log_2 5$를 만족시킬 때,
$\dfrac{1}{a}-\dfrac{1}{b}$의 값은? [3점]

① $\log_5 2$　　② $\log_3 2$　　③ $\log_3 5$

④ $\log_2 3$　　⑤ $\log_2 5$

033 2016년 고2 10월 교육청 나형

1이 아닌 두 양수 a, b에 대하여 $\dfrac{\log_a b}{2a} = \dfrac{18\log_b a}{b} = \dfrac{3}{4}$

이 성립할 때, ab의 값을 구하시오. [3점]

034 2024학년도 고3 9월 평가원 공통

두 실수 a, b가

$$3a + 2b = \log_3 32, \quad ab = \log_9 2$$

를 만족시킬 때, $\dfrac{1}{3a} + \dfrac{1}{2b}$의 값은? [3점]

① $\dfrac{5}{12}$ ② $\dfrac{5}{6}$ ③ $\dfrac{5}{4}$

④ $\dfrac{5}{3}$ ⑤ $\dfrac{25}{12}$

035 2010년 고3 3월 교육청 나형

세 양수 a, b, c에 대하여

$$\begin{cases} \log_2 ab + \log_2 bc = 5 \\ \log_2 bc + \log_2 ca = 8 \\ \log_2 ca + \log_2 ab = 7 \end{cases}$$

이 성립할 때, $a + b + c$의 값을 구하시오. [3점]

036 2011년 고3 3월 교육청 나형

1보다 큰 세 실수 a, b, c에 대하여
$\log_a 2 = \log_b 5 = \log_c 10 = \log_{abc} x$가 성립할 때,
실수 x의 값은? [3점]

① $\dfrac{1}{10}$ ② $\sqrt{10}$ ③ 10

④ $10\sqrt{10}$ ⑤ 100

037 2007학년도 고3 6월 평가원 나형

자연수 n에 대하여 $f(n) = 2^n - \log_2 n$이라 할 때,
〈보기〉에서 옳은 것만을 있는 대로 고른 것은? [3점]

〈보기〉

ㄱ. $f(2) = 3$
ㄴ. $f(8) = -f(\log_2 8)$
ㄷ. $f(2^n) + n = \{f(2^{n-1}) + n - 1\}^2$

① ㄱ ② ㄴ ③ ㄱ, ㄴ

④ ㄱ, ㄷ ⑤ ㄴ, ㄷ

038 2019년 고2 6월 교육청 가형

$\log_{(a+3)}(-a^2 + 3a + 28)$이 정의되도록 하는 모든 정수
a의 개수를 구하시오. [3점]

1보다 큰 두 실수 a, b에 대하여

$$\log_{27}a = \log_3 \sqrt{b}$$

일 때, $20\log_b \sqrt{a}$의 값을 구하시오. [3점]

두 양수 a, b에 대하여 좌표평면 위의 두 점 $(2, \log_4 a)$, $(3, \log_2 b)$를 지나는 직선이 원점을 지날 때, $\log_a b$의 값은? (단, $a \neq 1$) [3점]

① $\dfrac{1}{4}$ ② $\dfrac{1}{2}$ ③ $\dfrac{3}{4}$

④ 1 ⑤ $\dfrac{5}{4}$

1보다 큰 세 실수 a, b, c가

$$\log_a b = \frac{\log_b c}{2} = \frac{\log_c a}{4}$$

를 만족시킬 때, $\log_a b + \log_b c + \log_c a$의 값은? [3점]

① $\dfrac{7}{2}$ ② 4 ③ $\dfrac{9}{2}$

④ 5 ⑤ $\dfrac{11}{2}$

그림과 같은 5개의 칸에 5개의 수 $\log_a 2$, $\log_a 4$, $\log_a 8$, $\log_a 32$, $\log_a 128$을 한 칸에 하나씩 적는다. 가로로 나열된 3개의 칸에 적힌 세 수의 합과 세로로 나열된 3개의 칸에 적힌 세 수의 합이 15로 서로 같을 때, a의 값은? [3점]

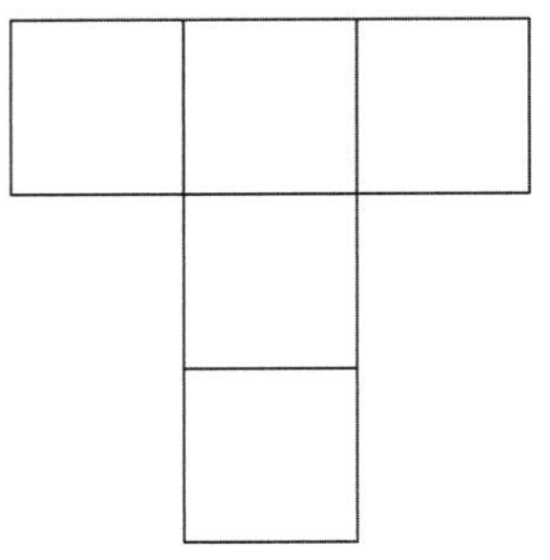

① $2^{\frac{1}{3}}$ ② $2^{\frac{2}{3}}$ ③ 2

④ $2^{\frac{4}{3}}$ ⑤ $2^{\frac{5}{3}}$

좌표평면 위에 두 점 $A(4, \log_3 a)$, $B\left(\log_2 2\sqrt{2}, \log_3 \dfrac{3}{2}\right)$이 있다. 선분 AB를 $3 : 1$로 외분하는 점이 직선 $y = 4x$ 위에 있을 때, 양수 a의 값은? [4점]

① $\dfrac{3}{8}$ ② $\dfrac{7}{16}$ ③ $\dfrac{1}{2}$

④ $\dfrac{9}{16}$ ⑤ $\dfrac{5}{8}$

044 2019년 고2 6월 교육청 나형 

두 양수 a, b $(b \neq 1)$가 다음 조건을 만족시킬 때,
$a^2 + b^2$의 값은? [4점]

> (가) $(\log_2 a)(\log_b 3) = 0$
> (나) $\log_2 a + \log_b 3 = 2$

① 3   ② 4   ③ 5

④ 6   ⑤ 7

045 2019학년도 수능 나형

2 이상의 자연수 n에 대하여 $5\log_n 2$의 값이 자연수가
되도록 하는 모든 n의 값의 합은? [4점]

① 34   ② 38   ③ 42

④ 46   ⑤ 50

046 2018학년도 수능 나형 

1보다 큰 두 실수 a, b에 대하여 $\log_{\sqrt{3}} a = \log_9 ab$
가 성립할 때, $\log_a b$의 값은? [4점]

① 1   ② 2   ③ 3

④ 4   ⑤ 5

047 2019년 고2 9월 교육청 나형 

2 이상의 자연수 n에 대하여 $\log_n 4 \times \log_2 9$의 값이
자연수가 되도록 하는 모든 n의 값의 합은? [4점]

① 93   ② 94   ③ 95

④ 96   ⑤ 97

048 2019년 고2 6월 교육청 나형

자연수 n에 대하여 $2^{\frac{1}{n}} = a$, $2^{\frac{1}{n+1}} = b$라 하자.

$\left\{ \dfrac{3^{\log_2 ab}}{3^{(\log_2 a)(\log_2 b)}} \right\}^5$ 이 자연수가 되도록 하는 모든 n의 값의

합은? [4점]

① 14   ② 15   ③ 16

④ 17   ⑤ 18

049 2022학년도 수능예비시행 

$\dfrac{1}{2} < \log a < \dfrac{11}{2}$인 양수 a에 대하여 $\dfrac{1}{3} + \log \sqrt{a}$의 값이

자연수가 되도록 하는 모든 a의 값의 곱은? [4점]

① 10^{10} ② 10^{11} ③ 10^{12}

④ 10^{13} ⑤ 10^{14}

050 2024학년도 수능 공통

수직선 위의 두 점 $P(\log_5 3)$, $Q(\log_5 12)$에 대하여 선분 PQ를 $m : (1-m)$으로 내분하는 점의 좌표가 1일 때, 4^m의 값은? (단, m은 $0 < m < 1$인 상수이다.) [4점]

① $\dfrac{7}{6}$ ② $\dfrac{4}{3}$ ③ $\dfrac{3}{2}$

④ $\dfrac{5}{3}$ ⑤ $\dfrac{11}{6}$

051 2020학년도 고3 9월 평가원 나형

네 양수 a, b, c, k가 다음 조건을 만족시킬 때, k^2의 값을 구하시오. [4점]

(가) $3^a = 5^b = k^c$
(나) $\log c = \log(2ab) - \log(2a+b)$

052 2020학년도 사관학교 나형

두 양수 a, $b\,(a > b)$에 대하여 $9^a = 2^{\frac{1}{b}}$, $(a+b)^2 = \log_3 64$일 때, $\dfrac{a-b}{a+b}$의 값은? [4점]

① $\dfrac{\sqrt{6}}{6}$ ② $\dfrac{\sqrt{3}}{3}$ ③ $\dfrac{\sqrt{2}}{2}$

④ $\dfrac{\sqrt{6}}{3}$ ⑤ $\dfrac{\sqrt{30}}{6}$

053 2018년 고3 4월 교육청 나형

2 이상의 세 실수 a, b, c가 다음 조건을 만족시킨다.

(가) $\sqrt[3]{a}$는 ab의 네제곱근이다.
(나) $\log_a bc + \log_b ac = 4$

$a = \left(\dfrac{b}{c}\right)^k$이 되도록 하는 실수 k의 값은? [4점]

① 6 ② $\dfrac{13}{2}$ ③ 7

④ $\dfrac{15}{2}$ ⑤ 8

054 2020학년도 수능 나형

자연수 n의 양의 약수의 개수를 $f(n)$이라 하고, 36의 모든 양의 약수를 a_1, a_2, a_3, $\cdots$, a_9라 하자.

$$\sum_{k=1}^{9} \left\{ (-1)^{f(a_k)} \times \log a_k \right\}$$의 값은? [4점]

① $\log 2 + \log 3$ ② $2\log 2 + \log 3$ ③ $\log 2 + 2\log 3$

④ $2\log 2 + 2\log 3$ ⑤ $3\log 2 + 2\log 3$

055 2021학년도 수능 가형

$\log_4 2n^2 - \dfrac{1}{2}\log_2 \sqrt{n}$의 값이 40 이하의 자연수가 되도록 하는 자연수 n의 개수를 구하시오. [4점]

Master step

심화 문제편

2. 로그

두 양의 실수 a, b에 대하여 두 집합 A, B가

$$A=\left\{-1,\ \log_3\frac{a}{b}\right\},\quad B=\left\{3,\ \log_3 a,\ \log_{\frac{1}{3}}\sqrt[3]{b^2}\right\}$$

이고 $A-B=\{2\}$일 때,

$4(\log_3 a)(\log_3 b)$의 값을 구하시오.

자연수 n에 대하여 $4\log_{64}\left(\dfrac{3}{4n+16}\right)$의 값이 정수가 되도록

하는 1000 이하의 모든 n의 값의 합을 구하시오. [4점]

$\log_2(-x^2+ax+4)$의 값이 자연수가 되도록 하는

실수 x의 개수가 6일 때, 모든 자연수 a의 값의 곱을

구하시오. [4점]

100 이하의 자연수 전체의 집합을 S라 할 때,

$n\in S$에 대하여 집합

$$\{k\mid k\in S \text{이고 } \log_2 n-\log_2 k \text{는 정수}\}$$

의 원소의 개수를 $f(n)$이라 하자.

예를 들어, $f(10)=5$이고 $f(99)=1$이다.

이때, $f(n)=1$인 n의 개수를 구하시오. [4점]

060 ○○○○○

수열 $\{a_n\}$의 일반항은

$$a_n = \sqrt{2}\left(1 - \frac{1}{n+2}\right)$$

이다. $\displaystyle\sum_{k=1}^{m}\log_2 a_k$의 값이 자연수가 되도록 하는 100 이하의 모든 자연수 m의 값의 합을 구하시오.

061 ○○○○○

모든 실수 x에 대하여 $\log_{(a-2)^2}(ax^2+2ax+n)$ (n은 자연수) 이 정의되도록 하는 정수 a를 작은 수부터 크기순으로 나열하면 a_1, a_2, $\cdots$, $a_{f(n)}$ ($f(n)$은 자연수)이다. $\displaystyle\sum_{n=1}^{8}\left(f(n)\sum_{k=1}^{f(n)}a_k\right)$의 값을 구하시오.

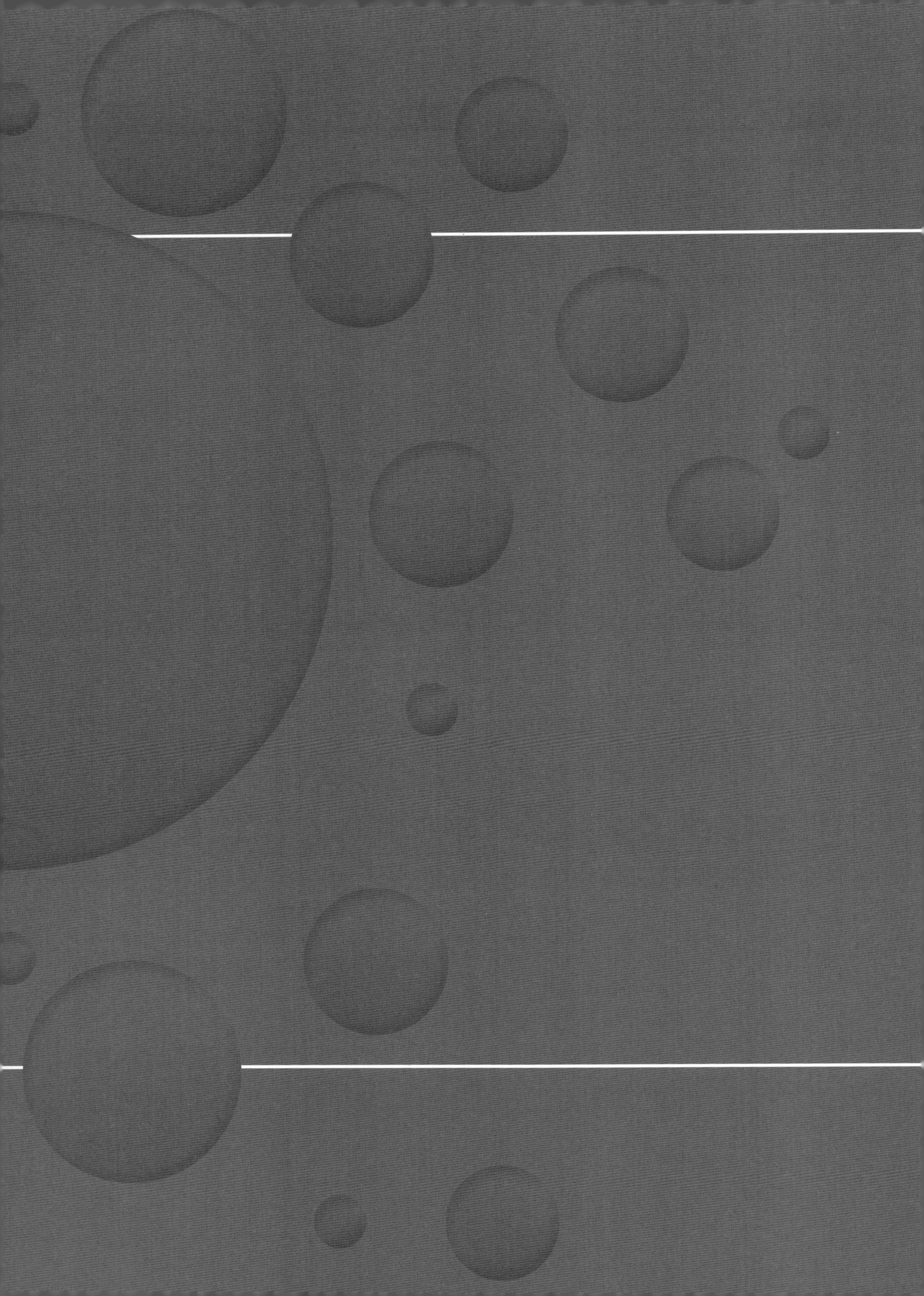

규토 라이트 N제

지수함수와 로그함수

Guide step

개념 익히기편

3. 지수함수와 로그함수

01 함수 그리기 기초

성취 기준 – 평행이동과 대칭이동의 의미를 이해하고 이를 이용하여 함수의 그래프를 그릴 수 있다.
– 절댓값 함수의 그래프를 그릴 수 있다.

개념 파악하기 (1) 평행이동한 점의 좌표와 도형의 방정식은 어떻게 구할까?

점의 평행이동

좌표평면 위의 점 $P(x,\ y)$를 x축의 방향으로 a만큼, y축의 방향으로 b만큼
이동한 점을 $P'(x',\ y')$이라 하면 $x'=x+a,\ y'=y+b$
이므로 P'의 좌표는 $(x+a,\ y+b)$이다.

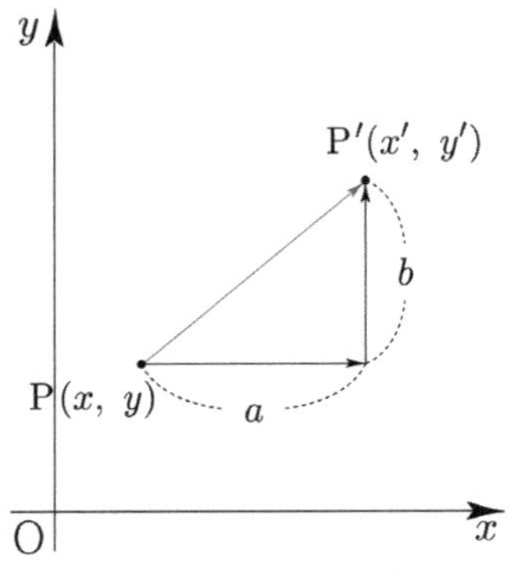

ex 점 $(3,\ 1)$을 x축의 방향으로 -1만큼, y축의 방향으로 2만큼 평행이동한
좌표는 점 $(3-1,\ 1+2)$, 즉 점 $(2,\ 3)$이다.

도형의 평행이동

방정식 $y=2x+4$은 직선을 나타내고, 방정식 $x^2+y^2=1$은 원을 나타낸다. 이들을 각각
$2x-y+4=0,\ x^2+y^2-1=0$으로 나타낼 수 있는 것처럼 방정식 $f(x,\ y)=0$은 좌표평면 위의 도형을 나타낸다.

좌표평면 위의 방정식 $f(x,\ y)=0$이 나타내는 도형 F를 x축의 방향으로 a만큼, y축의 방향으로 b만큼
평행이동한 도형 F'의 방정식을 구하여 보자.

[1단계] 점의 좌표 나타내기
도형 F 위의 점 $P(x,\ y)$를 x축의 방향으로 a만큼, y축의 방향으로 b만큼 평행이동한 점을 $P'(x',\ y')$이라 하자.

[2단계] 두 점 사이의 관계식 구하기
점 P'의 좌표를 $x,\ y$를 이용하여 나타내면 $x'=x+a,\ y'=y+b$이므로
$x=x'-a,\ y=y'-b$이다.

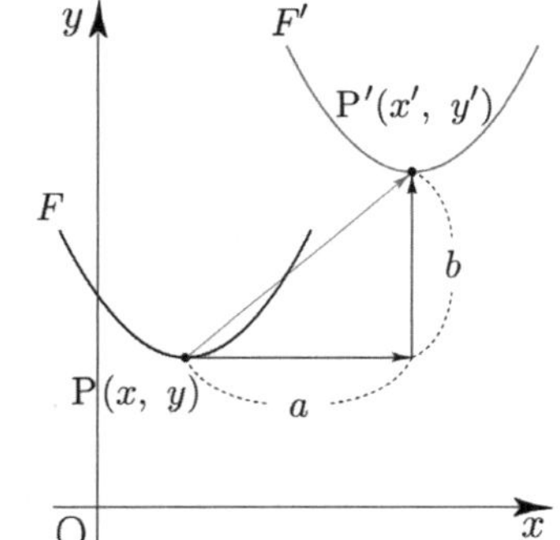

[3단계] 도형의 방정식에 대입하기
$f(x,\ y)=0$에 $x=x'-a,\ y=y'-b$를 대입하면 $f(x'-a,\ y'-b)=0$이다.
따라서 점 $P'(x',\ y')$은 방정식 $f(x-a,\ y-b)=0$이 나타내는 도형 위의 점이므로
이 방정식이 도형 F'의 방정식이다.

ex 방정식 $y=2x$이 나타내는 도형을 x축의 방향으로 3만큼, y축으로 -2만큼 평행이동한 도형의 방정식은
$y+2=2(x-3)$, 즉 $y=2x-8$이다.

Tip $f(x'-a,\ y'-b)=0$이 $f(x-a,\ y-b)=0$로 변한 것에 대해 다소 낯설게 느낄 수도 있는데
이는 도형의 방정식을 나타낼 때 일반적으로 문자 $x,\ y$를 사용하기 때문에 $x',\ y'$를 각각 $x,\ y$로
바꾸어 쓴 것일 뿐이다.

좌표축과 원점에 대한 대칭이동

좌표평면 위의 점 P를 한 직선 또는 한 점에 대하여 대칭인 점으로 옮기는 것을 각각 그 직선 또는 그 점에 대한 대칭이동이라 한다.

좌표평면 위의 점 $P(x, y)$를

① x축에 대하여 대칭이동한 점은 $Q(x, -y)$이다.
② y축에 대하여 대칭이동한 점은 $R(-x, y)$이다.
③ 원점에 대하여 대칭이동한 점은 $S(-x, -y)$이다.

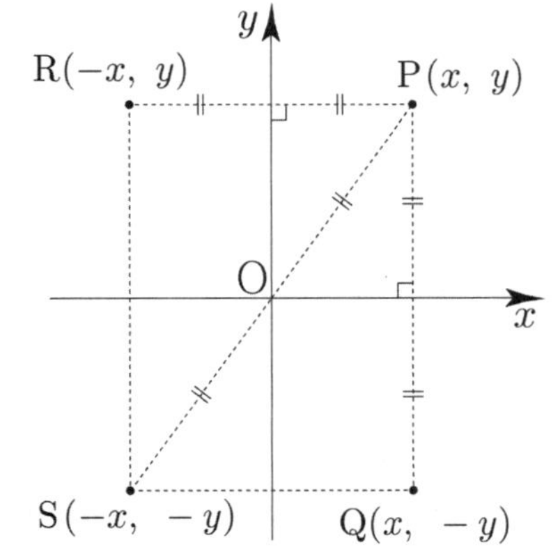

ex 점 $(-1, 2)$를 x축, y축, 원점에 대하여 대칭이동한 점의 좌표는
순서대로 점 $(-1, -2)$, $(1, 2)$, $(1, -2)$이다.

직선 $y = x$에 대한 대칭이동

좌표평면 위의 점 $P(x, y)$를 직선 $y = x$에 대하여 대칭이동한 점 $P'(x', y')$의 좌표를 구하여 보자.

[1단계] 두 직선의 수직 조건 이용하기

직선 PP′은 직선 $y = x$와 서로 수직이므로 $\dfrac{y' - y}{x' - x} \times 1 = -1$ (기울기 곱 $= -1$)에서

$x' + y' = x + y$ … ㉠

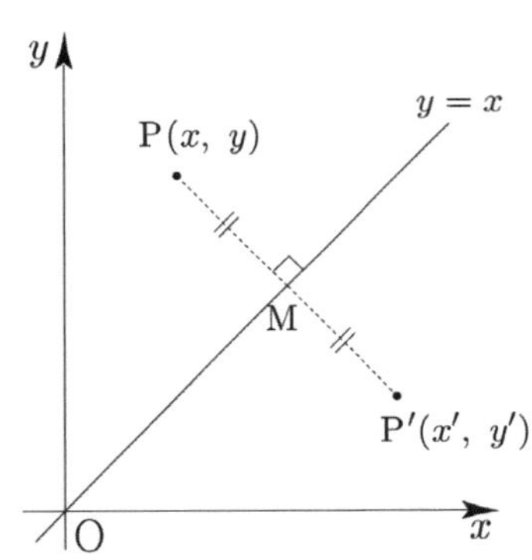

[2단계] 선분의 중점이 직선 $y = x$ 위에 있음을 이용하기

선분 PP′의 중점 M의 좌표는 $\left(\dfrac{x + x'}{2}, \dfrac{y + y'}{2} \right)$이고, 이 점은

직선 $y = x$ 위에 있으므로 $\dfrac{x + x'}{2} = \dfrac{y + y'}{2}$에서 $x' - y' = -x + y$ … ㉡

[3단계] 연립방정식 풀기

두 방정식 ㉠, ㉡을 연립하여 풀면 $x' = y$, $y' = x$이므로
점 $P(x, y)$를 직선 $y = x$에 대하여 대칭이동한 점 P'의 좌표는 (y, x)이다.

ex 점 $(3, 1)$을 직선 $y = x$에 대하여 대칭이동한 점의 좌표는 점 $(1, 3)$이다.

Tip　위와 같은 논리로 직선 $y = ax + b$에 대한 대칭이동 역시 구할 수 있다. (수직 조건 + 중점)

도형의 대칭이동

좌표평면 위의 방정식 $f(x,\ y)=0$이 나타내는 도형 F를 직선 $x=a$에 대하여 대칭이동한 도형 F'의
도형의 방정식을 구하여 보자.

[1단계] 점의 좌표 나타내기
도형 F 위의 점 $\mathrm{P}(x,\ y)$를 직선 $x=a$에 대하여 대칭이동한 점을 $\mathrm{P}'(x',\ y')$이라 하자.

[2단계] 두 점 사이의 관계식 구하기
점 P'의 좌표를 $x,\ y$를 이용하여 나타내면 $\dfrac{x'+x}{2}=a$, $y'=y$이므로

$x=2a-x'$, $y=y'$이다.

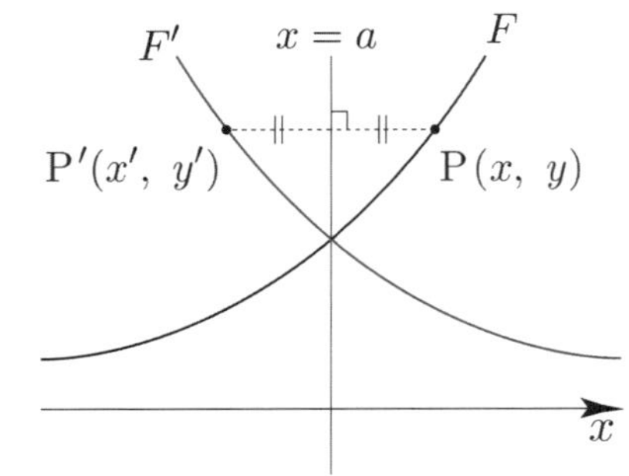

[3단계] 도형의 방정식에 대입하기
$f(x,\ y)=0$에 $x=2a-x'$, $y=y'$을 대입하면 $f(2a-x',\ y')=0$이다.
따라서 점 $\mathrm{P}'(x',\ y')$은 방정식 $f(2a-x,\ y)=0$이 나타내는 도형 위의 점이므로
이 방정식이 도형 F'의 방정식이다.

같은 방법으로 방정식 $f(x,\ y)=0$이 나타내는 도형을 직선 $y=a$, 점 $(a,\ b)$, 직선 $y=x$에 대하여 대칭이동한
도형의 방정식은 각각 다음과 같다.

$f(x,\ 2a-y)=0,\ f(2a-x,\ 2b-y)=0,\ f(y,\ x)=0$

ex 방정식 $y=3x$이 나타내는 도형을 직선 $x=1$에 대하여 대칭이동한 도형의 방정식은
$y=3(2-x)$, 즉 $y=-3x+6$이다.

Tip x축은 $y=0$과 같으므로 x축에 대하여 대칭이동한 도형의 방정식은 $f(x,\ -y)=0$이고,
y축은 $x=0$과 같으므로 y축에 대하여 대칭이동한 도형의 방정식은 $f(-x,\ y)=0$이고,
원점은 점 $(0,\ 0)$과 같으므로 원점에 대하여 대칭이동한 도형의 방정식은 $f(-x,\ -y)=0$이다.

평행이동과 대칭이동 총정리

실전 문제에서는 $f(x,\ y)=0$와 같은 형태보다는 $y=f(x)$와 같은 형태가 빈번하게 출제되므로
$y=f(x)$의 형태로 기억하는 편이 좋다. 반드시 기억해야 할 평행이동과 대칭이동을 총정리하면 다음과 같다.

① x축의 방향으로 a만큼 평행이동 : $x \to x-a$

$$y=f(x) \implies y=f(x-a)$$

② y축의 방향으로 a만큼 평행이동 : $y \to y-a$

$$y=f(x) \implies y-a=f(x) \implies y=f(x)+a$$

③ $x=a$에 대하여 대칭이동 : $x \to 2a-x$

$$y=f(x) \implies y=f(2a-x)$$

④ $y=a$에 대하여 대칭이동 : $y \to 2a-y$

$$y=f(x) \implies 2a-y=f(x) \implies y=2a-f(x)$$

ex $x=0$ (y축)에 대하여 대칭이동 : $x \to -x$

$$y=f(x) \implies y=f(-x)$$

ex $y=0$ (x축)에 대하여 대칭이동 : $y \to -y$

$$y=f(x) \implies -y=f(x) \implies y=-f(x)$$

⑤ 점 $(a,\ b)$에 대하여 대칭이동 : $x \to 2a-x,\ y \to 2b-y$

$$y=f(x) \implies 2b-y=f(2a-x)$$

⑥ $y=x$에 대하여 대칭이동 : $x \to y,\ y \to x$

$$y=f(x) \implies x=f(y)$$

ex 점 $(0,\ 0)$ (원점)에 대하여 대칭이동
$$: x \to -x,\ y \to -y$$

$$y=f(x) \implies -y=f(-x) \implies y=-f(-x)$$

Tip 1 완벽히 암기가 되어 있어야 한다. 평행이동과 대칭이동을 완벽히 숙지했다면
지수함수와 로그함수를 아주 손쉽게 그릴 수 있다.

Tip 2 $x \to X$라는 것은 x에 X를 대입한다는 의미이다. 예를 들어 $x \to -x$ 라는 것은 x 앞에
$-$를 붙여준다고 기억하는 것이 아니라 x에 $-x$를 대입한다고 기억하자. (★중요★)

Tip 3 ②번에서 $y-a=f(x)$보다는 $y=f(x)+a$와 같은 형태를 더 많이 쓴다.
④번에서 x축에 대하여 대칭이동시 $-y=f(x)$보다는 $y=-f(x)$와 같은 형태를 더 많이 쓴다.
즉, $2a-y=f(x)$보다는 $y=2a-f(x)$와 같은 형태를 더 많이 쓴다.

 다음 방정식이 나타내는 도형을 x축의 방향으로 -2만큼, y축의 방향으로 3만큼 평행이동한 도형의 방정식을 구하시오.

(1) $y = -2x^2$

(2) $y = 2x + 3$

(3) $x^2 + (y-1)^2 = 2$

 직선 $2x - y + 1 = 0$을 원점에 대하여 대칭이동한 후, x축의 방향으로 2만큼 평행이동하였더니 원 $(x-4)^2 + (y-a)^2 = 1$의 넓이를 이등분하였다. 상수 a의 값을 구하시오.

  (4) 절댓값 함수의 그래프는 어떻게 그릴 수 있을까?

절댓값 함수 그리기 (기본 유형편)

① $y = f(|x|)$

$$\begin{cases} y = f(x) & (x \geq 0) \\ y = f(-x) & (x < 0) \end{cases}$$

방법 : x가 양수인 부분을 y축 대칭

ex $y = |x| + 1$

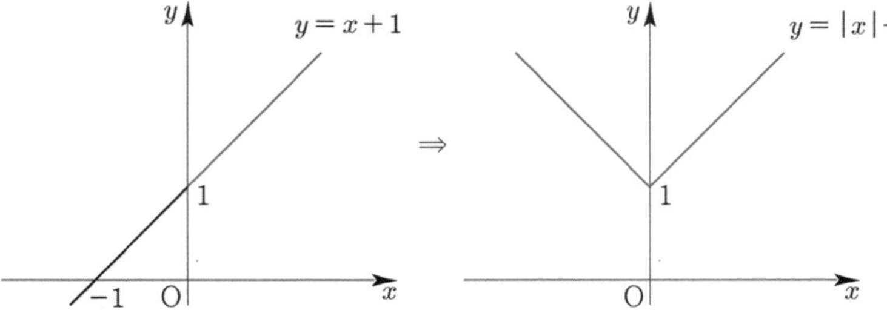

② $|y| = f(x)$

$$\begin{cases} y = f(x) & (y \geq 0) \\ y = -f(x) & (y < 0) \end{cases}$$

방법 : y가 양수인 부분을 x축 대칭

ex $|y| = x + 1$

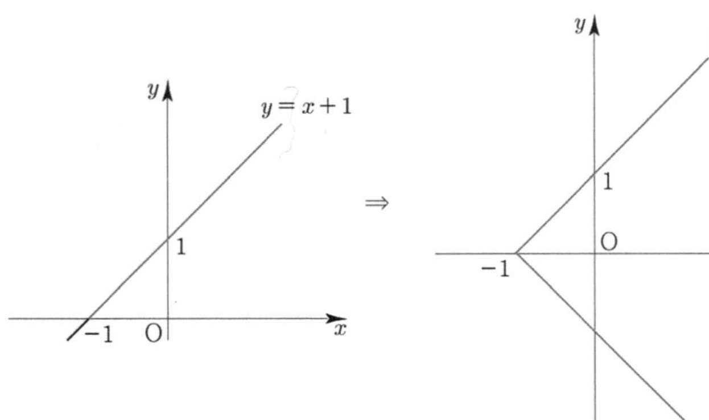

③ $y = |f(x)|$

$$\begin{cases} y = f(x) & (f(x) \geq 0) \\ y = -f(x) & (f(x) < 0) \end{cases}$$

방법 : $f(x)$가 음수인 부분을 x축 위로 접어올림

ex $y = |x^2 - 1|$

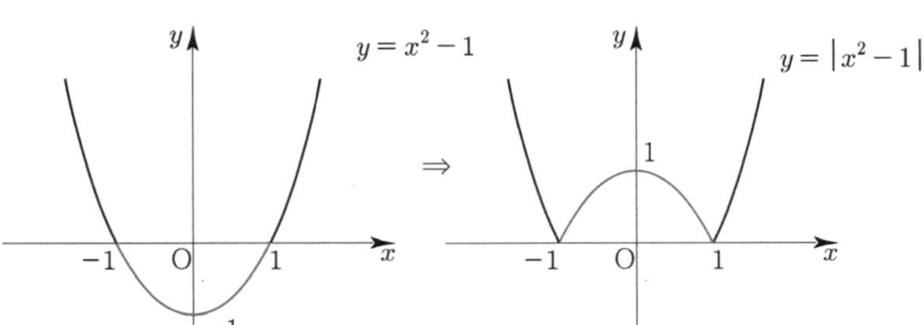

절댓값 함수 그리기 (실전 적용편)

① 무엇을 기본함수로 둘까?
② 배운 것을 바탕으로 순서를 설계하자!

ex $y = |x - 1|$

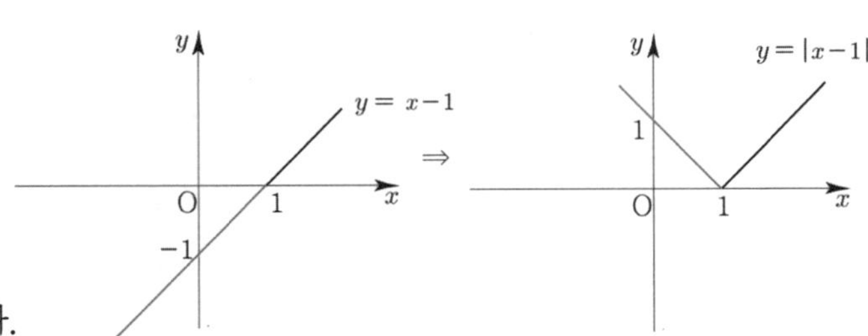

　① $y = x - 1$를 기본함수로 두자.
　② $y = |f(x)|$를 적용시키면 $y = |x - 1|$이 된다.

다르게도 풀어보자.
　① $y = x$를 기본함수로 두자.
　② $x \rightarrow |x|$ (x가 양수인 부분을 y축 대칭) 하면 $y = |x|$이 된다.
　③ $x \rightarrow x - 1$ (x축 방향으로 1만큼 평행이동) 하면 $y = |x - 1|$이 된다.

(1) $y = |x| - 1$

(2) $y = ||x| - 1|$

(3) $|y - 1| = x - 1$

(4) $y = x^2 + |x| + 1$

절댓값 함수 그리기 (case분류 유형)

모든 절댓값 함수는 절댓값 안에 있는 식이 양수인지 음수인지에 따라 case분류하면 다 풀 수 있다.

(1) 범위가 2개인 경우

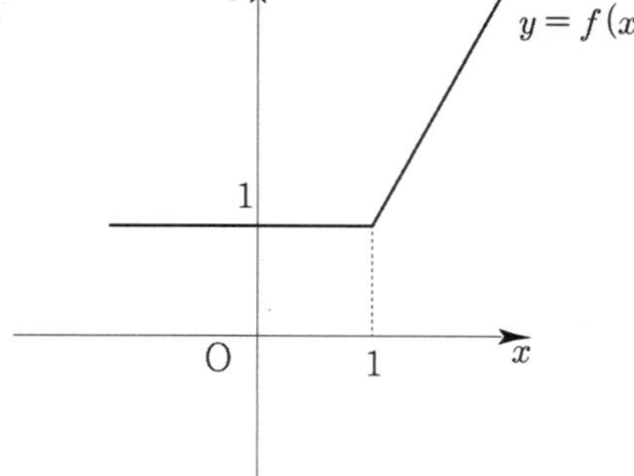

ex $f(x) = |x-1| + x$

① 절댓값이 걸려있는 식은 $x-1$ 뿐이므로
$x-1 \geq 0$인지 $x-1 < 0$인지에 따라 case분류할 수 있다.

② $f(x) = \begin{cases} 2x-1 & (x \geq 1) \\ 1 & (x < 1) \end{cases}$

Tip $x \geq 1$ 일 때 $x-1$은 양수이므로 그냥 나온다. 따라서 $y = x-1+x = 2x-1$이다.
$x < 1$ 일 때 $x-1$은 음수이므로 마이너스가 붙어서 나온다. 따라서 $y = -(x-1)+x = 1$이다.
$x = 1$ 일 때 등호는 $x \leq 1$이든지 $x \geq 1$이든지 상관없다.

(2) 범위가 3개 이상인 경우

ex $f(x) = |x| - |x-1|$

① 절댓값이 걸려있는 식은 x, $x-1$ 이므로
$x \leq 0$인지 $0 < x \leq 1$인지 $1 < x$에 따라 case분류할 수 있다.

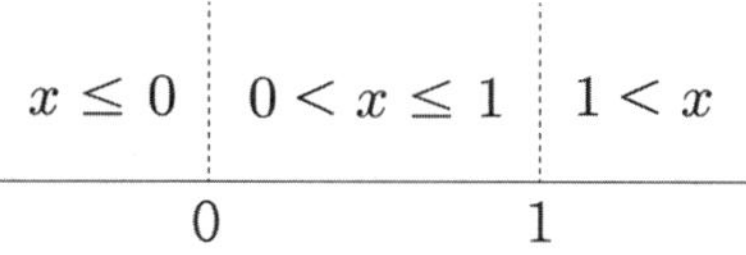

$x \leq 0$	$0 < x \leq 1$	$1 < x$
	0 1	

Tip 절댓값을 포함하는 식에서 절댓값이 0이 되는 x값이 0, 1 이므로 수직선을 그리고
$x = 0$, 1에서 칸막이를 치면 범위가 3가지로 구분됨을 쉽게 알 수 있다.

② $f(x) = \begin{cases} 1 & (x > 1) \\ 2x-1 & (0 < x \leq 1) \\ -1 & (x \leq 0) \end{cases}$

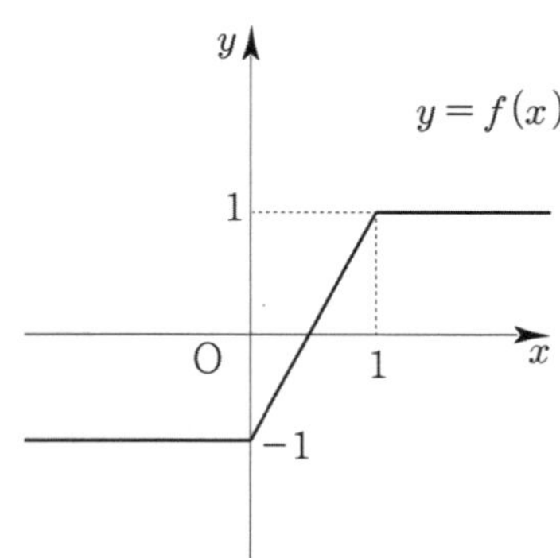

<hr>

개념 확인문제 4   다음 그래프를 그리시오.

(1) $y = |x| + x$

(2) $y = |x| + |x-1|$

02 지수함수의 뜻과 그래프

성취 기준 – 지수함수의 뜻을 안다.
  – 지수함수의 그래프를 그릴 수 있고, 그 성질을 이해한다.

개념 파악하기　**(5) 지수함수란 무엇일까?**

지수함수의 뜻

$a > 0$ 이고 $a \neq 1$ 이면 x 가 임의의 실수일 때, a^x 의 값은 하나로 정해지므로 $y = a^x$ 은 x 에 대한 함수라 할 수 있다.
실수 전체의 집합을 정의역으로 하는 함수 $y = a^x (a > 0,\ a \neq 1)$ 을 a 을 밑으로 하는 **지수함수**라 한다.

> **Tip**　지수함수 $y = a^x$ 에서 $a = 1$ 이면 $y = 1$(상수함수)가 되므로 지수함수는 $a \neq 1 (a > 0)$ 인 경우만 생각한다.

개념 확인문제　**5**　다음 중에서 지수함수인 것을 모두 찾으시오.

(1) $y = x^4$　　　　(2) $y = \left(\dfrac{1}{2}\right)^x$　　　　(3) $y = 2^{-2x}$　　　　(4) $y = x^{-1}$

개념 파악하기　**(6) 지수함수의 그래프는 어떻게 그릴까?**

지수함수의 그래프

지수함수 $y = 2^x$ 의 그래프를 그려보자. 실수 x 의 여러 가지 값에 대응하는 y 의 값을 표로 나타내면 다음과 같다.

x	$\cdots$	-3	-2	-1	0	1	2	3	$\cdots$
y	$\cdots$	$\dfrac{1}{8}$	$\dfrac{1}{4}$	$\dfrac{1}{2}$	1	2	4	8	$\cdots$

$x,\ y$ 의 값의 순서쌍 $(x,\ y)$ 를 좌표로 하는 점을 좌표평면 위에 나타내고,
이를 매끄러운 곡선으로 연결하면 오른쪽 그림과 같이 함수 $y = 2^x$ 의 그래프를 얻는다.

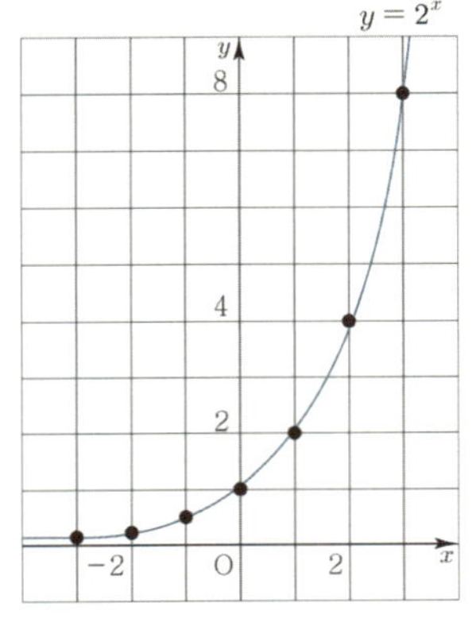

이 함수의 그래프에서 다음을 알 수 있다.

① 지수함수 $y = 2^x$ 의 정의역은 실수 전체의 집합이고,
　치역은 양의 실수 전체의 집합이다.
② 지수함수 $y = 2^x$ 에서 x 의 값이 증가하면 y 의 값도 증가한다.
③ 지수함수 $y = 2^x$ 의 그래프는 점 $(0, 1)$ 을 지나고, x 의 값이 한없이 작아지면
　y 의 값은 0에 한없이 가까워지므로 x 축을 점근선으로 갖는다.

> **Tip**　그래프가 어떤 직선에 한없이 가까워질 때, 이 직선을 그 그래프의 점근선이라고 한다.

지수함수의 성질

지수함수 $y = a^x \ (a > 0, \ a \neq 1)$의 그래프는 밑 a의 범위에 따라 case분류할 수 있다.

① $a > 1$일 때

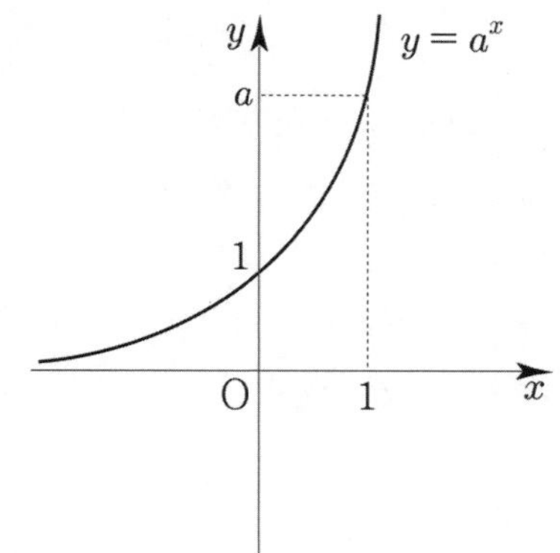

② $0 < a < 1$일 때

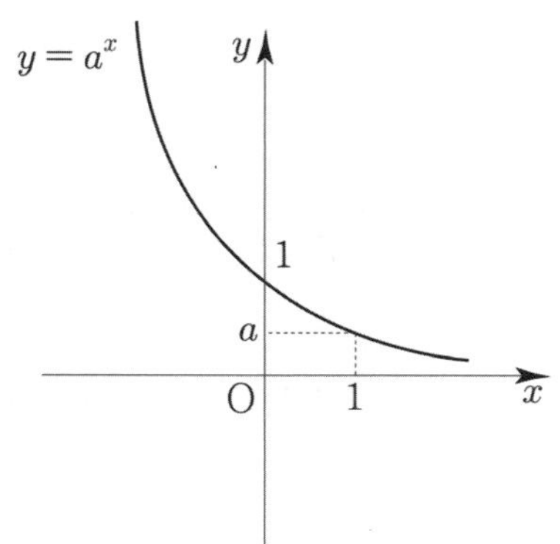

위의 그래프에서 지수함수 $y = a^x \ (a > 0, \ a \neq 1)$은 $a > 1$일 때 x의 값이 증가하면
y의 값도 증가하고, $0 < a < 1$일 때 x의 값이 증가하면 y의 값은 감소함을 알 수 있다.

지수함수 $y = a^x \ (a > 0, \ a \neq 1)$의 성질

① 정의역은 실수 전체의 집합이고, 치역은 양의 실수 전체의 집합이다.
② $a > 1$일 때, x값이 증가하면, y의 값도 증가한다. (증가함수)
　　$0 < a < 1$일 때, x값이 증가하면, y값은 감소한다. (감소함수)
③ 그래프는 점 $(0, \ 1)$을 지난다.
④ $y = 0 \ (x$축$)$을 점근선으로 갖는다.

개념 확인문제　6　다음 지수함수의 그래프를 같은 좌표축에 그리시오.

(1) $y = 2^x, \ y = 3^x$

(2) $y = \left(\dfrac{1}{2}\right)^x, \ y = \left(\dfrac{1}{3}\right)^x$

지수함수의 그래프의 평행이동

함수 $y=f(x-m)+n$ 의 그래프는 함수 $y=f(x)$의 그래프를 x축의 방향으로 m만큼,
y축의 방향으로 n만큼 평행이동한 것이다.
지수함수 $y=a^x$ $(a>0,\ a\neq1)$의 그래프를 x축의 방향으로 m만큼, y축의 방향으로 n만큼 이동한 그래프를
나타내는 식은 $y=a^{x-m}+n$ 이다. 이때 점근선은 직선 $y=n$이다.

> **Tip 1** $y=a^x$ $(a>0,\ a\neq1)$의 점근선 $y=0$는 x축 방향으로의 평행이동에는 영향을 받지 않고
> y축 방향으로의 평행이동에만 영향을 받으므로 직선 $y=0$을 y축의 방향으로 n만큼 평행이동한
> 직선 $y=n$이 $y=a^{x-m}+n$ 의 점근선이 된다.

> **Tip 2** $y=3\times2^x$의 그래프는 $y=2^x$ 의 그래프를 x축 방향으로 $-\log_2 3$만큼 평행이동시켜서
> 얻을 수 있다. $\Rightarrow$ $y=3\times2^x=2^{\log_2 3}\times2^x=2^{x+\log_2 3}$

지수함수의 그래프의 대칭이동

$y=a^x$ $(a>0,\ a\neq1)$의 그래프를 대칭이동하면 다음과 같다.

① y축에 대하여 대칭이동 : $y=a^{-x}=\left(\dfrac{1}{a}\right)^x$

② x축에 대하여 대칭이동 : $y=-a^x$

③ 원점에 대하여 대칭이동 : $y=-a^{-x}=-\left(\dfrac{1}{a}\right)^x$

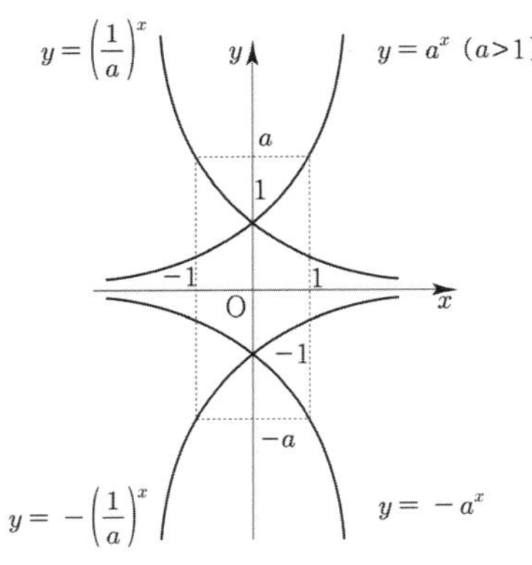

> **Tip** $y=a^x$ $(a>0,\ a\neq1)$을 기본함수로 설정하고 평행이동, 대칭이동, 절댓값함수 그리기를 이용하여
> 여러 가지 함수의 그래프를 그릴 수 있다.

예제 1

함수 $y=3^{x-1}+1$의 그래프를 그리고, 점근선의 방정식을 구하시오.

> **풀이**
>
> 함수 $y=3^{x-1}+1$의 그래프는 함수 $y=3^x$의 그래프를
> x축의 방향으로 1만큼, y축의 방향으로 1만큼 평행이동한 것이다.
> 따라서 함수 $y=3^{x-1}+1$의 그래프는 오른쪽 그림과 같고,
> 점근선의 방정식은 $y=1$이다.
>
> 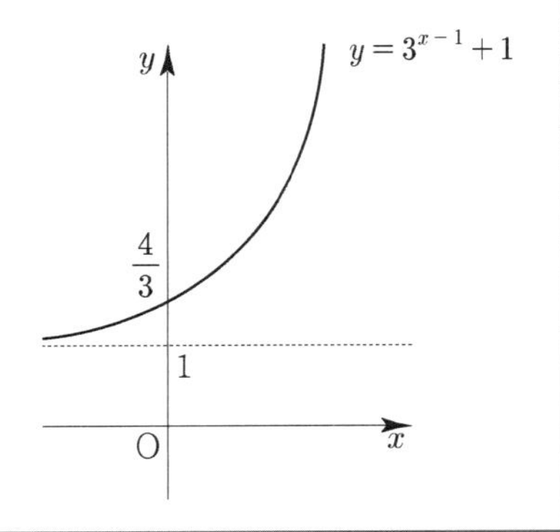
>

개념 확인문제 7 다음 함수의 그래프를 그리고, 만약 점근선이 존재한다면 점근선의 방정식을 구하시오.

(1) $y = 2^{x+1} - 3$

(2) $y = -3^{-x+1}$

(3) $y = |2^x - 1|$

(4) $y = 2^{|x|}$

(5) $y = \left(\dfrac{1}{2}\right)^{|x-1|} + 1$

정의역이 $\{x \mid -1 \leq x \leq 0\}$인 함수 $y = \left(\dfrac{1}{2}\right)^x + 1$의 최댓값과 최솟값을 구하시오.

풀이

함수 $y = \left(\dfrac{1}{2}\right)^x + 1$의 그래프를 그린 후 정의역 범위를 바탕으로 판단한다.

$x = -1$ 일 때 최댓값 $\left(\dfrac{1}{2}\right)^{-1} + 1 = (2^{-1})^{-1} + 1 = 2^1 + 1 = 3$

$x = 0$ 일 때 최솟값 $\left(\dfrac{1}{2}\right)^{0} + 1 = 1 + 1 = 2$

따라서 최댓값은 3이고 최솟값은 2이다.

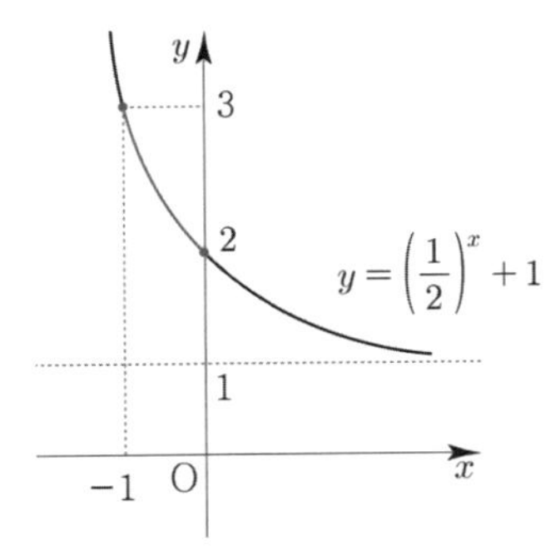

Tip 무조건 그래프다! 그래프를 그린 후 판단하자!

개념 확인문제 8 다음 함수의 최댓값과 최솟값을 구하시오.

(1) 정의역이 $\{x \mid 2 \leq x \leq 3\}$인 함수 $y = 2^x - 1$

(2) 정의역이 $\{x \mid -1 \leq x \leq 1\}$인 함수 $y = -2^{x+1} + 5$

03 로그함수의 뜻과 그래프

지수함수와 로그함수

성취 기준 – 로그함수의 뜻을 안다.
　　　　 – 로그함수의 그래프를 그릴 수 있고, 그 성질을 이해한다.

개념 파악하기 **(7) 로그함수란 무엇일까?**

로그함수의 뜻과 그래프

지수함수 $y = a^x (a > 0,\ a \neq 1)$은 실수 전체의 집합에서 양의 실수 전체의 집합으로의 일대일대응이다. 따라서 역함수가 존재한다.

로그의 정의로부터 $y = a^x \Leftrightarrow x = \log_a y$이므로 $x = \log_a y$에서 x와 y를 서로 바꾸면 지수함수 $y = a^x$의 역함수 $y = \log_a x (a > 0,\ a \neq 1)$를 얻는다. 이 함수를 a를 밑으로 하는 **로그함수**라 한다.

Tip 1 원래 함수의 정의역이 역함수의 치역이 되고, 원래 함수의 치역이 역함수의 정의역이 된다. 즉, $y = \log_a x (a > 0,\ a \neq 1)$의 정의역은 양의 실수 전체의 집합이고, 치역은 실수 전체의 집합이다.

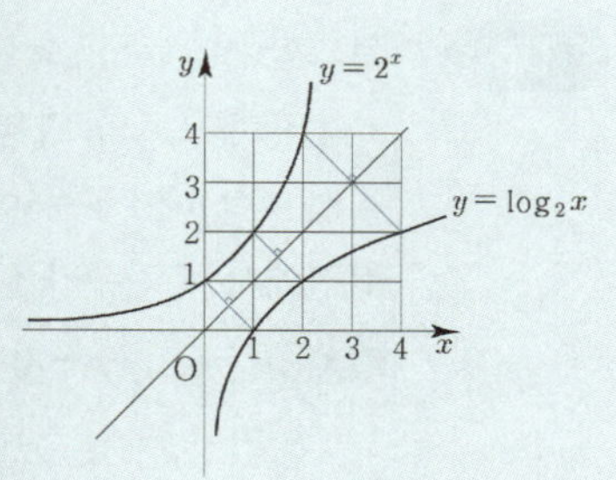

Tip 2 지수함수 $y = a^x$의 그래프와 그 역함수 $y = \log_a x$의 그래프는 직선 $y = x$에 대하여 대칭이다.
대칭성은 출제자 입장에서 매우 매력적인 소재이다.
ex $y = 2^x$와 $y = \log_2 x$는 직선 $y = x$에 대하여 대칭이다.

로그함수의 성질

로그함수 $y = \log_a x (a > 0,\ a \neq 1)$의 그래프는 그 역함수인 지수함수 $y = a^x$의 그래프와 직선 $y = x$에 대하여 대칭이므로 a의 범위에 따라 case분류할 수 있다.

① $a > 1$일 때

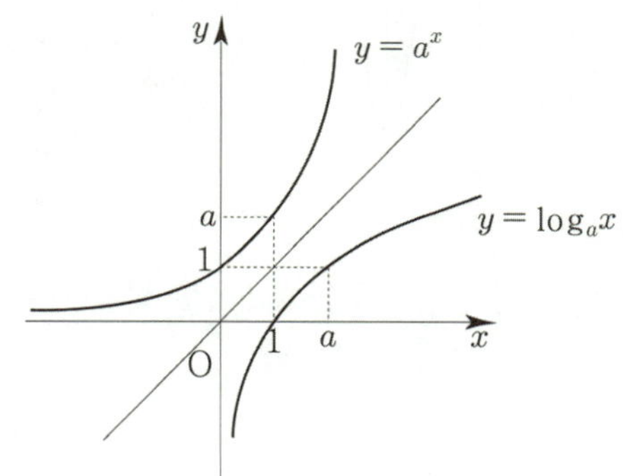

② $0 < a < 1$일 때

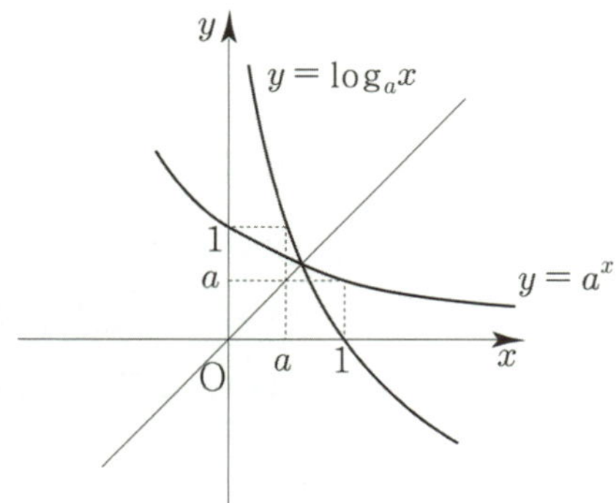

로그함수 $y = \log_a x\ (a > 0,\ a \neq 1)$의 성질

① 정의역은 양의 실수 전체의 집합이고, 치역은 실수 전체의 집합이다.
② $a > 1$일 때, x값이 증가하면, y의 값도 증가한다. (증가함수)
　　$0 < a < 1$일 때, x값이 증가하면, y값은 감소한다. (감소함수)
③ 그래프는 점 $(1,\ 0)$을 지난다.
④ $x = 0 (y$축$)$을 **점근선**으로 갖는다.

　다음 로그함수의 그래프를 같은 좌표축에 그리시오.

(1) $y=\log_2 x,\ y=\log_3 x$　　　　　　　　(2) $y=\log_{\frac{1}{2}} x,\ y=\log_{\frac{1}{3}} x$

로그함수의 그래프의 평행이동

함수 $y=f(x-m)+n$ 의 그래프는 함수 $y=f(x)$ 의 그래프를 x축의 방향으로 m만큼, y축의 방향으로 n만큼 평행이동한 것이다.

로그함수 $y=\log_a x\,(a>0,\ a\neq 1)$의 그래프를 x축의 방향으로 m만큼, y축의 방향으로 n만큼 이동한 그래프를 나타내는 식은 $y=\log_a(x-m)+n$이다. 이때 점근선은 직선 $x=m$이다.

> **Tip**　로그함수 $y=\log_a x\,(a>0,\ a\neq 1)$의 점근선 $x=0$는 y축 방향으로의 평행이동에는 영향을 받지 않고
> x축 방향으로의 평행이동에만 영향을 받으므로 직선 $x=0$을 x축의 방향으로 m만큼 평행이동한
> 직선 $x=m$이 $y=\log_a(x-m)+n$의 점근선이 된다.
> 실전에서는 진수가 0이 되도록 하는 x값을 a라 했을 때, $x=a$가 점근선이 된다.
> > **ex**　$y=\log_2(x-3)+1$의 점근선은 $x=3$이 된다.

로그함수의 그래프의 대칭이동

$y=\log_a x\,(a>0,\ a\neq 1)$의 그래프를 대칭이동하면 다음과 같다.

① y축에 대하여 대칭이동 : $y=\log_a(-x)$

② x축에 대하여 대칭이동 : $y=-\log_a x$

③ 원점에 대하여 대칭이동 : $y=-\log_a(-x)$

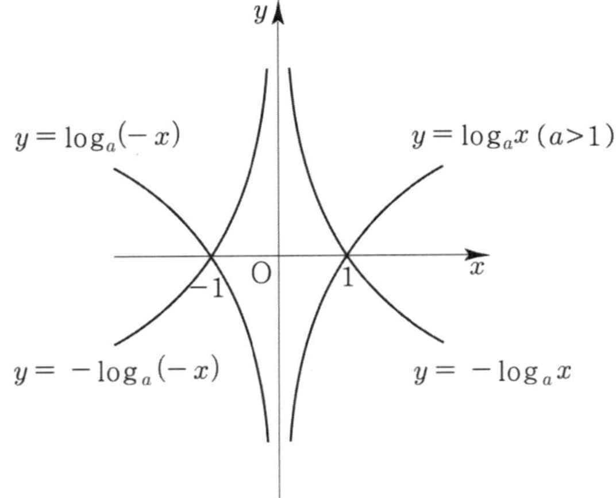

> **Tip**　$y=\log_a x\,(a>0,\ a\neq 1)$을 기본함수로 설정하고 평행이동, 대칭이동, 절댓값함수 그리기를 이용하여
> 여러 가지 함수의 그래프를 그릴 수 있다.

예제 3

함수 $y = -\log_2(x-2)$의 그래프를 그리고, 점근선의 방정식을 구하시오.

풀이

함수 $y = -\log_2(x-2)$의 그래프는 함수 $y = \log_2 x$의 그래프를

x축의 방향으로 2만큼 평행이동한 후 x축에 대하여 대칭이동한 것이다.

$$y = \log_2 x \ \Rightarrow \ y = \log_2(x-2) \ \Rightarrow \ y = -\log_2(x-2)$$

따라서 함수 $y = -\log_2(x-2)$의 그래프는 오른쪽 그림과 같고,
점근선의 방정식은 $x = 2$이다.

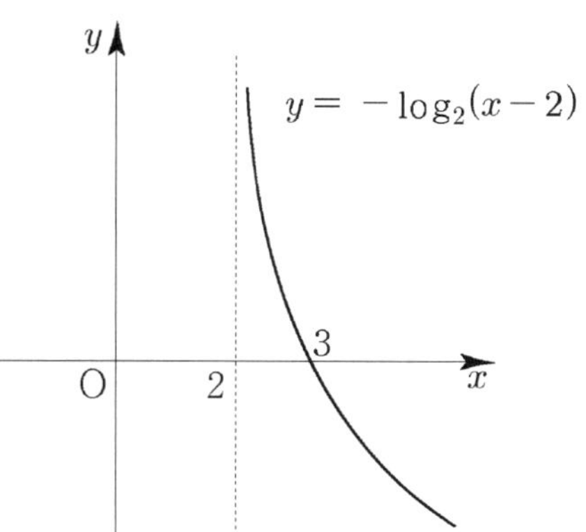

개념 확인문제 10 다음 함수의 그래프를 그리고, 만약 점근선이 존재한다면 점근선의 방정식을 구하시오.

(1) $y = \log_3(x+1) - 2$

(2) $y = -\log_2(-x)$

(3) $y = \log_{\frac{1}{2}}(-x-1)$

(4) $y = \log_2|x|$

(5) $y = |\log_2(x+1)|$

정의역이 $\{x\mid 1 \le x \le 3\}$인 함수 $y = \log_{\frac{1}{2}}(x+1)$의 최댓값과 최솟값을 구하시오.

풀이

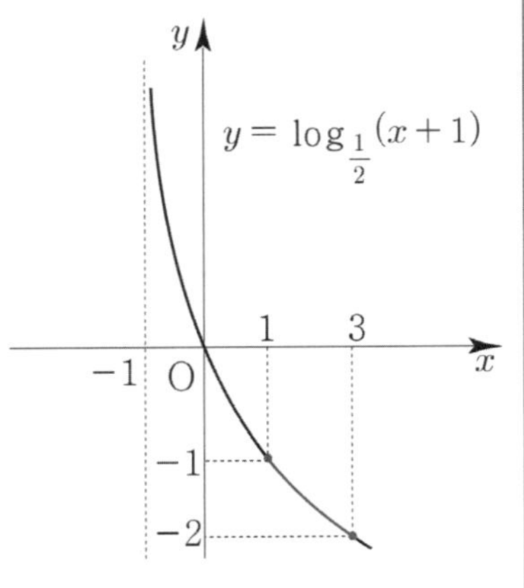

함수 $y = \log_{\frac{1}{2}}(x+1)$의 그래프를 그린 후 정의역 범위를 바탕으로 판단한다.

$x = 1$ 일 때 최댓값 $\log_{\frac{1}{2}}(1+1) = -\log_2 2 = -1$

$x = 3$ 일 때 최솟값 $\log_{\frac{1}{2}}(3+1) = -\log_2 2^2 = -2$

따라서 최댓값은 -1이고 최솟값은 -2이다.

Tip 무조건 그래프다! 그래프를 그린 후 판단하자!

개념 확인문제 11 다음 함수의 최댓값과 최솟값을 구하시오.

(1) 정의역이 $\{x\mid 3 \le x \le 17\}$인 함수 $y = \log_2(x-1)$

(2) 정의역이 $\{x\mid 0 \le x \le 6\}$인 함수 $y = \log_{\frac{1}{3}}(x+3)$

Training – 1 step
필수 유형편

3. 지수함수와 로그함수

001 ⬜⬜⬜⬜⬜

두 실수 a, b에 대하여 좌표평면에서 함수 $y = a \times 2^{x-1}$의 그래프가 두 점 $(2, 8)$, $(b, 64)$을 지날 때, $a+b$의 값을 구하시오.

002 ⬜⬜⬜⬜⬜

함수 $f(x) = 3^{ax+b}$에서 $f(1) = 9$, $f(3) = 27$ 일 때, $f(a+3b)$의 값을 구하시오. (단, a, b는 상수이다.)

003 ⬜⬜⬜⬜⬜

함수 $y = \left(\dfrac{1}{3}\right)^x$의 그래프 위의 한 점 A의 y좌표가 9이다. 이 그래프 위의 한 점 B 에 대하여 직선 AB와 y축과의 교점을 C 라 할 때, $2\overline{AC} = \overline{CB}$이다. 점 B 의 y좌표를 구하시오.

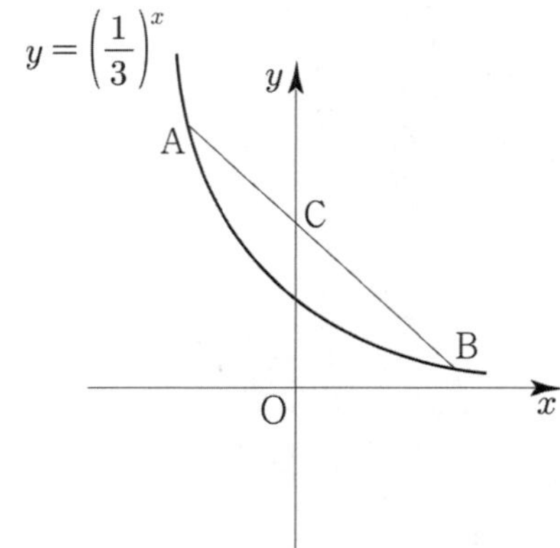

004 ⬜⬜⬜⬜⬜

함수 $y = f(x)$ 의 그래프가 다음 그림과 같을 때,

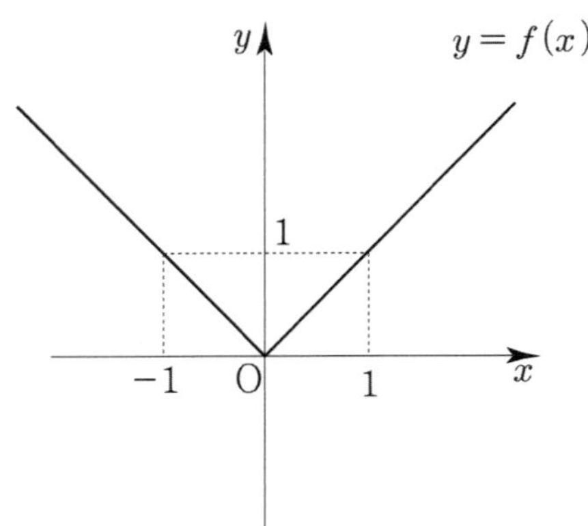

다음 〈보기〉 중 함수 $g(x) = 2^{-f(x)}$ 의 그래프에 관한 설명으로 옳은 것만을 있는 대로 고르시오

〈보기〉

ㄱ. 함수 $y = g(x)$ 의 그래프는 y축에 대하여 대칭이다.
ㄴ. 모든 실수 x 에 대하여 $g(x) \le g(0)$이다.
ㄷ. x축을 점근선으로 갖는다.
ㄹ. 치역은 $\{y \mid 0 < y \le 1\}$이다.
ㅁ. $0 < x < 1$ 일 때, x값이 증가하면 y 의 값은 증가한다.
ㅂ. $g(x_1) = g(x_2)$ 이면 $x_1 = x_2$이다.
ㅅ. 임의의 양수 k 에 대하여 방정식 $g(x) = \dfrac{1}{k+1}$은 항상 서로 다른 2 개의 실근을 갖는다.

Theme 2 지수함수의 그래프의 평행이동과 대칭이동

005 ☐☐☐☐☐

함수 $y=5^{-x}$ 의 그래프를 x축의 방향으로 2만큼, y축의 방향으로 3만큼 평행이동 한 후 y축에 대하여 대칭이동한 그래프의 식이 $y=5^{ax+b}+c$ 일 때, $a+b+c$ 의 값은?

006 ☐☐☐☐☐

함수 $y=3^{3x}$ 의 그래프를 x축의 방향으로 m만큼, y축의 방향으로 n만큼 평행이동시켰더니 함수 $y=27\times3^{3x}+5$ 의 그래프가 되었다. $m+n$ 의 값을 구하시오.

007 ☐☐☐☐☐

좌표평면에서 지수함수 $y=a^x$ 의 그래프를 y축에 대하여 대칭이동시킨 후, x축의 방향으로 5만큼, y축의 방향으로 4만큼 평행이동시킨 그래프가 점 $(3,\ 8)$ 를 지난다. 양수 a의 값을 구하시오.

008 ☐☐☐☐☐

다음 〈보기〉 중 함수 $f(x)=3^{2x-1}+1$ 의 그래프에 관한 설명으로 옳은 것만을 있는 대로 고르시오.

─── 〈보기〉 ───

ㄱ. 치역은 $\{y \mid y \geq 0\}$ 이다.
ㄴ. $x_1 < x_2$ 이면 $f(x_1) > f(x_2)$ 이다.
ㄷ. $y=9^x$ 의 그래프를 x축의 방향으로 1만큼, y축의 방향으로 1만큼 평행이동한 것이다.
ㄹ. $x_1 \neq x_2$ 이면 $f(x_1) \neq f(x_2)$ 이다.
ㅁ. $y=1$ 을 점근선으로 갖는다.

009 ☐☐☐☐☐

지수함수 $y=2^{2x+a}+b$의 그래프를 원점에 대하여 대칭이동시킨 함수 $y=f(x)$의 그래프가 그림과 같다. 함수 $y=f(x)$의 그래프가 점 $(-1,\ -9)$ 를 지날 때, $a+b$의 값을 구하시오. (단, $a,\ b$는 상수이다.)

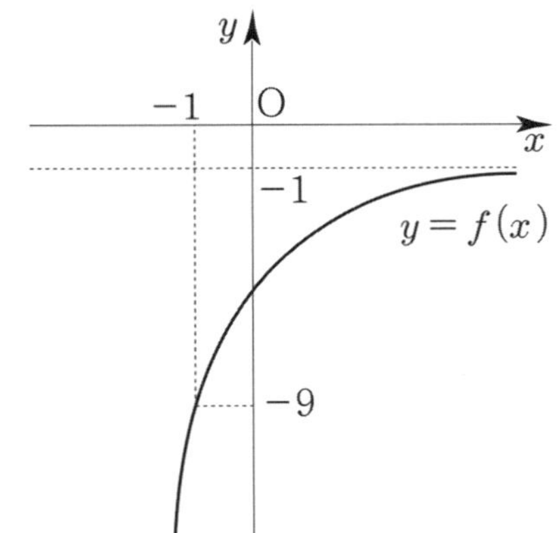

010 ☐☐☐☐☐

두 함수 $y=\left(\dfrac{1}{3}\right)^x$, $y=27\left(\dfrac{1}{3}\right)^x$ 의 그래프와 두 직선 $y=1$, $y=3$ 으로 둘러싸인 부분의 넓이를 구하시오.

011

닫힌구간 $[-3, -1]$에서 함수 $f(x) = \left(\dfrac{1}{2}\right)^x - 4$의 최댓값을 M, 최솟값을 m이라 할 때, $M+m$의 값을 구하시오.

012

$0 < a < 1$인 실수 a에 대하여 함수 $f(x) = a^x$은 닫힌구간 $[-3, 2]$에서 최솟값 $\dfrac{1}{4}$, 최댓값 M 을 갖는다.

$\dfrac{M}{a}$의 값을 구하시오.

013

닫힌구간 $[-2, 1]$에서 함수 $f(x) = \left(\dfrac{4}{a}\right)^{x+1}$의 최댓값이 4가 되도록 하는 모든 양수 a의 값의 곱을 구하시오.

014

$-3 \leq x \leq 2$ 에서 함수 $y = 3^{x^2 - 2x - 4}$의 최댓값과 최솟값의 곱을 구하시오.

015

함수 $f(x) = 3^{x^2} \times \left(\dfrac{1}{9}\right)^{x-2}$ 의 최솟값을 구하시오.

016

두 곡선 $y = 3^{x+m}$, $y = 3^{-x}$이 y축과 만나는 점을 각각 A, B라 하자. $\overline{AB} = 26$일 때, m의 값을 구하시오.

017

곡선 $y = a^{-x}$ 위의 서로 다른 두 점 $A(k, a^{-k})$, $B(k+2, a^{-k-2})$에 대하여 선분 AB가 한 변의 길이가 2인 정사각형의 대각선이다.

$k = \log_a 5 - 2\log_a 3 - \log_a 2$일 때, $40a$의 값을 구하시오. (단, a는 $a > 1$인 상수이다.)

018 ⬡⬡⬡⬡⬡

두 곡선 $y=3^x$, $y=-9^{x-1}$이 y축과 평행한 직선과
만나는 서로 다른 두 점을 각각 A, B라 하자.
$\overline{OA}=\overline{OB}$일 때, 삼각형 AOB의 넓이를 구하시오.
(단, O는 원점이다.)

019 ⬡⬡⬡⬡⬡

두 곡선 $y=3^x$, $y=-3^x+6$가 y축과 만나는 서로
다른 두 점을 각각 A, B라 하고, 두 곡선의 교점을 C라
할 때, 삼각형 ABC의 넓이를 구하시오.

020 ⬡⬡⬡⬡⬡

두 곡선 $y=\left(\dfrac{1}{2}\right)^x$, $y=\left(\dfrac{1}{4}\right)^x$가 $y=2$와 만나는 서로
다른 두 점을 각각 A, B라 하고, $y=8$과 만나는 서로
다른 두 점을 각각 C, D라 할 때, 사각형 ABDC의
넓이를 구하시오.

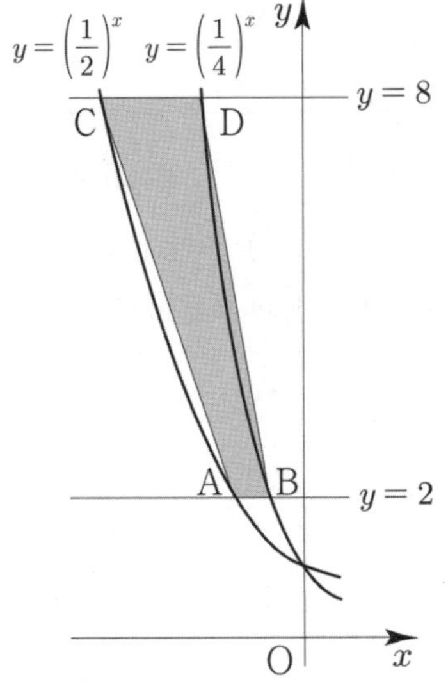

021 ⬡⬡⬡⬡⬡

함수 $y=\log_3(x-2)+3$의 그래프가 점 $(a,\ 5)$를 지날 때,
a의 값을 구하시오.

022 ⬡⬡⬡⬡⬡

좌표평면에서 두 곡선 $y=\log_3 x$, $y=\log_9 x$가 직선
$x=81$과 만나는 점을 각각 A, B라 하자.
두 점 A, B 사이의 거리를 구하시오.

023 ⬡⬡⬡⬡⬡

함수 $f(x)=2^{x+a}+b$의 역함수를 $g(x)$라 하자.
함수 $y=g(x)$의 그래프는 점 $(7,\ 1)$를 지나고 점근선이
직선 $x=3$일 때, $a+b$의 값을 구하시오.
(단, a, b는 상수이다.)

024 ⬡⬡⬡⬡⬡

$0<a<1$인 상수 a에 대하여 함수 $y=\log_a x$이 x축,
직선 $y=-2$와 만나는 점을 각각 A, B라 하고, 점 B
에서 x축과 y축에 내린 수선의 발을 각각 C, D라 하자.
사각형 ACBD의 넓이가 17일 때, $\dfrac{1}{a}$의 값을 구하시오.

025

함수 $f(x)=\log_2(ax+b)$의 역함수를 $g(x)$라 하자.
함수 $y=g(x)$의 그래프는 점 $(4,\ 2)$를 지나고 점근선이
직선 $y=-6$일 때, $a+b$의 값을 구하시오.
(단, $a\neq 0$이고, $a,\ b$는 상수이다.)

026

함수 $y=\log_2(-x)$의 그래프 위의 점 A와
점 B$(4,\ 0)$에 대하여 선분 AB를 $2:1$로 내분하는 점을
C라 하자. 점 C가 y축 위에 있을 때, 점 C의 y좌표를
구하시오.

027

그림과 같이 두 점 B, C가 x축 위에 있고, 점 D가
함수 $y=\log_3 x$의 그래프 위의 점이고, 한 변의 길이가
2인 정사각형 ABCD가 있다.
선분 AB가 함수 $y=\log_3 x$의 그래프와 만나는 점을 E라
하고, 함수 $y=\log_3 x$와 x축이 만나는 점을 F라 할 때,
삼각형 BEF의 넓이는 k이다. 3^k의 값을 구하시오.
(단, 점 C의 x좌표가 점 B의 x좌표보다 크다.)

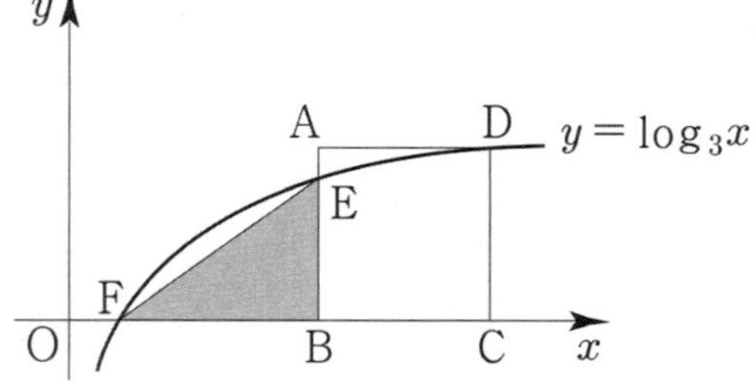

Theme 6 — 로그함수의 그래프의 평행이동과 대칭이동

028

함수 $y=\log_3(x-2)+3$의 그래프를 x축의 방향으로
a만큼, y축의 방향으로 b만큼 평행이동하면 함수
$y=\log_3(3x-27)$의 그래프와 일치할 때,
$a+b$의 값을 구하시오. (단, $a,\ b$는 상수이다.)

029

함수 $y=\log_{\frac{1}{2}}x$의 그래프를 x축의 방향으로 a만큼,
y축의 방향으로 b만큼 평행이동시킨 그래프가 두 점
$(3,\ b-2),\ (7,\ 5)$를 지날 때, $a+b$의 값을 구하시오.
(단, $a,\ b$는 상수이다.)

030

함수 $f(x)=\log_5(2a-x)+b$의 그래프의 점근선이
직선 $x=-a^2-1$이고, $f(-7)=5$이다.
$a+b$의 값을 구하시오. (단, $a,\ b$는 상수이다.)

031

함수 $y = \log_2\left(1 - \dfrac{x}{16}\right)$ 의 그래프는 함수 $y = \log_2(-x)$ 를 x축의 방향으로 m만큼, y축의 방향으로 n만큼 평행이동시켜 구할 수도 있고, 함수 $y = \log_2 x$를 $x = a$에 대하여 대칭시키고 y축의 방향으로 n만큼 평행이동시켜 구할 수 있다. $m - n - a$의 값을 구하시오. (단, m, n, a는 상수이다.)

032

함수 $y = \log_2 4x$의 그래프를 평행이동 또는 대칭이동하여 겹쳐지는 함수의 그래프만을 〈보기〉에서 있는 대로 고르시오.

〈보기〉

ㄱ. $y = \log_2 x + 5$

ㄴ. $y = -2\log_2 x + 5$

ㄷ. $y = \log_{\frac{1}{2}} 4x - 1$

ㄹ. $y = -\log_2 5x + 3$

ㅁ. $y = \log_4 x^2$

ㅂ. $y = \log_2 \dfrac{4}{x}$

Theme 7 로그함수의 최대, 최소

033

정의역이 $\{x \mid 1 \le x \le 4\}$인 함수 $y = 2 + \log_5(x^2 - 4x + 5)$의 최댓값을 M, 최솟값을 m이라 할 때, $M + m$의 값을 구하시오.

034

정의역이 $\left\{x \mid -\dfrac{3}{2} \le x \le 2\right\}$인 함수 $y = \log_{\frac{1}{2}}(x + a) + 3$의 최솟값이 1일 때, 최댓값을 구하시오.

035

두 함수 $f(x) = 10 - x^2$, $g(x) = \log_{\frac{1}{3}} x$에 대하여 정의역이 $\left\{x \mid \dfrac{1}{3} \le x \le 9\right\}$인 함수 $h(x) = (f \circ g)(x)$의 최댓값과 최솟값의 합을 구하시오.

036

정의역이 $\{x \mid 1 \le x \le 27\}$인 함수 $f(x) = (\log_3 x)\left(\log_{\frac{1}{3}} x\right) + 2\log_3 x + 5$의 최댓값을 M, 최솟값을 m이라 할 때, $M + m$의 값을 구하시오.

037

정의역이 $\left\{x \mid \dfrac{1}{16} \le x \le 4\right\}$ 인 함수

$f(x) = (\log_2 4x)\left(\log_2 \dfrac{2}{x^2}\right)$ 의 최댓값을 M,

최솟값을 m 이라 할 때, $8M - m$ 의 값을 구하시오.

038

정의역이 $\{x \mid -1 \le x \le 1\}$ 인 함수 $y = a^{x^2 - 2|x| + 3}$ 의

최댓값이 $\dfrac{1}{9}$, 최솟값이 m 일 때, $81(a+m)$ 의 값을

구하시오. (단, $0 < a < 1$)

Theme 8 — 로그함수의 그래프

039

곡선 $y = 2^x + 6$ 의 점근선과 곡선 $y = \log_3 x + 2$ 의

교점의 x 좌표를 구하시오.

040

그림과 같이 두 곡선 $y = \log_3 x$, $\log_{\frac{1}{3}} x$ 가 만나는 점을

A라 하고, 직선 $x = k \ (k > 1)$ 이 두 곡선과 만나는 점을
각각 B, C라 하자. 삼각형 ACB의 무게중심의 좌표가

$\left(\dfrac{19}{3}, \ 0\right)$ 일 때, 삼각형 ABC의 넓이를 구하시오.

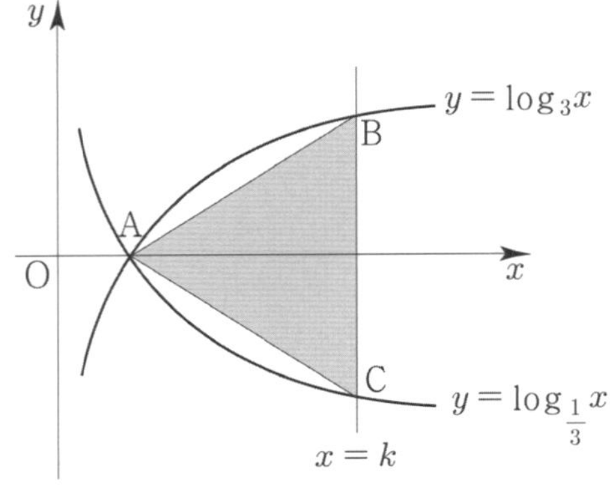

041

그림과 같이 3 이상의 자연수 n에 대하여 두 곡선

$y = \log_2 x$, $y = \log_n x$ 가 직선 $y = 1$ 과 만나는 점을 각각

A, B라 하고, 두 곡선 $y = \log_2 x$, $y = \log_n x$ 가 직선 $y = 2$ 와

만나는 점을 각각 C, D라 하자. 사다리꼴 ABDC의 넓이가

33 이하가 되도록 하는 모든 자연수 n의 값의 합을

구하시오.

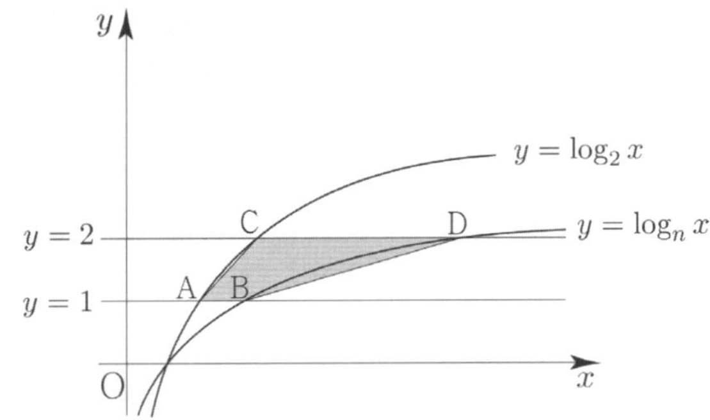

042

좌표평면 위의 두 점 $A\left(0, \dfrac{5}{2}\right)$과 $B(a, 0)\,(a>1)$
를 지나는 직선이 두 곡선 $y=\log_2 x$, $y=\log_4 x$와
만나는 점을 각각 C, D라 하자. $\overline{AC}=\overline{CD}$일 때,
상수 a의 값을 구하시오.

043

그림과 같이 제 1사분면에서 직선 $y=3x-6$가
두 곡선 $y=\log_3 x$, $y=\log_3(27x-27)$와 만나는 점을
각각 A, B라 하고, 직선 $y=3x-12$이 두 곡선
$y=\log_3 x$, $y=\log_3(27x-27)$와 만나는 점을 각각
C, D라 하자. 두 선분 AB, CD와 두 곡선
$y=\log_3 x$, $y=\log_3(27x-27)$로 둘러싸인 부분의
넓이를 구하시오.

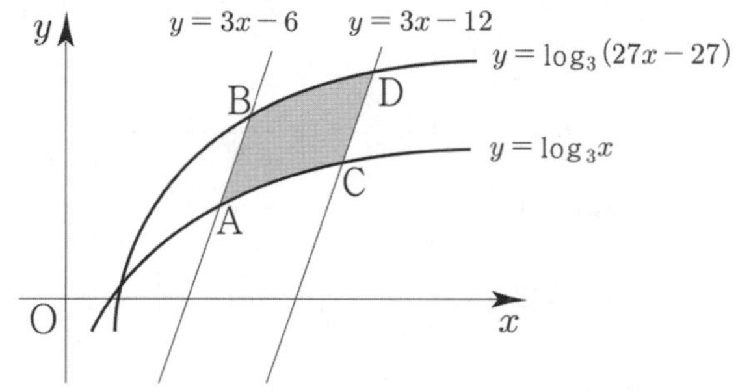

044

함수 $f(x)=\left|\log_{\frac{1}{3}}(-x+3)+1\right|$에 대한 설명 중
〈보기〉에서 옳은 것만을 있는 대로 고른 것은?

───── 〈보기〉 ─────

ㄱ. $f(0)=0$
ㄴ. $x_1<x_2<3$이면 $f(x_1)<f(x_2)$이다.
ㄷ. 임의의 양수 k에 대하여 방정식 $f(x)=k$는
　　항상 서로 다른 2개의 실근을 갖는다.

① ㄱ　　　　② ㄱ, ㄴ　　　　③ ㄱ, ㄷ

④ ㄴ, ㄷ　　　⑤ ㄱ, ㄴ, ㄷ

045

함수 $f(x)=\log_2(x-1)^2$에 대한 설명 중 〈보기〉에서
옳은 것만을 있는 대로 고른 것은?

───── 〈보기〉 ─────

ㄱ. $f(-1)=f(2)+f(3)$
ㄴ. $x_1\ne x_2$이면 $f(x_1)\ne f(x_2)$이다.
ㄷ. $x>1$인 임의의 실수 x에 대하여
　　$f(x)<\log_2(x-1)^3$이다.

① ㄱ　　　　② ㄱ, ㄴ　　　　③ ㄱ, ㄷ

④ ㄴ, ㄷ　　　⑤ ㄱ, ㄴ, ㄷ

그림과 같이 직선 $y = 3x + k$가 두 함수 $y = \log_2(x-4)$, $y = \log_2 8(x-5)$의 그래프와 제1사분면에서 각각 한 점에서 만나며 그 두 점을 각각 A, B라 하자. 점 A를 지나고 직선 $y = 3x + k$에 수직인 직선이 y축과 만나는 점을 C라 할 때, 삼각형 ABC의 넓이가 20이다. 상수 k의 값은? (단, $k < -21$)

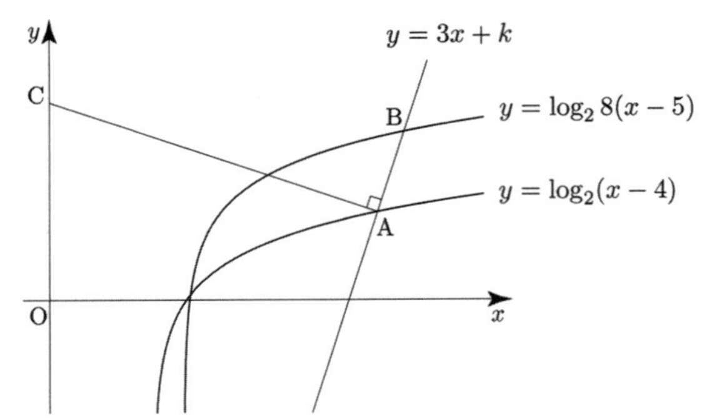

① -30 ② -31 ③ -32

④ -33 ⑤ -34

Theme 9 함수를 이용한 대소비교

047

세 수 $A = \sqrt{3}$, $B = \sqrt[3]{9}$, $C = \sqrt[5]{27}$ 의 대소 관계를 구하시오

048

$a = 2$, $b = \sqrt[3]{4}$ 일 때, 세 실수 a, b, a^b의 대소 관계를 구하시오.

049

$1 < a < b$인 두 실수 a, b에 대하여 〈보기〉에서 옳은 것만을 있는 대로 고르시오.

〈보기〉

ㄱ. $\log_b a < \log_a b$

ㄴ. $\log_{\frac{1}{a}}\left(\dfrac{a+b}{2}\right) < \log_{\frac{1}{b}}\left(\dfrac{a+b}{2}\right)$

ㄷ. $\dfrac{\log a}{a} < \dfrac{\log b}{b}$

050

다음 등식을 만족시키는 세 양수 A, B, C 의 대소 관계를 구하시오.

$$-\left(\frac{1}{3}\right)^A = \log_{\frac{1}{2}} A$$

$$-\left(\frac{1}{3}\right)^B = \log_{\frac{1}{3}} B$$

$$-\left(\frac{1}{2}\right)^C = \log_{\frac{1}{3}} C$$

Theme 10 지수함수와 로그함수의 그래프

51

그림과 같이 두 곡선 $y=2^{x+2}-3$, $y=\log_2(x+1)-1$이 y축과 만나는 점을 각각 A, B라 하자. 점 A를 지나고 x축에 평행한 직선이 곡선 $y=\log_2(x+1)-1$과 만나는 점을 C, 점 B를 지나고 x축에 평행한 직선이 곡선 $y=2^{x+2}-3$과 만나는 점을 D라 할 때, 사각형 ADBC의 넓이를 구하시오.

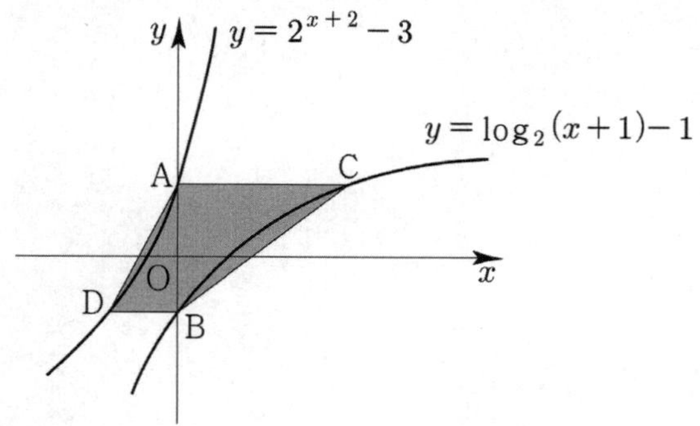

52

그림과 같이 곡선 $y=2\log_2 x$ 위의 한 점 A를 지나고 x축에 평행한 직선이 곡선 $y=2^{x-a}$과 만나는 점을 B라 하자. 점 B를 지나고 y축에 평행한 직선이 곡선 $y=2\log_2 x$과 만나는 점을 C라 하자. $\overline{AB}=\overline{BC}=2$ 일 때, 상수 a의 값을 구하시오.

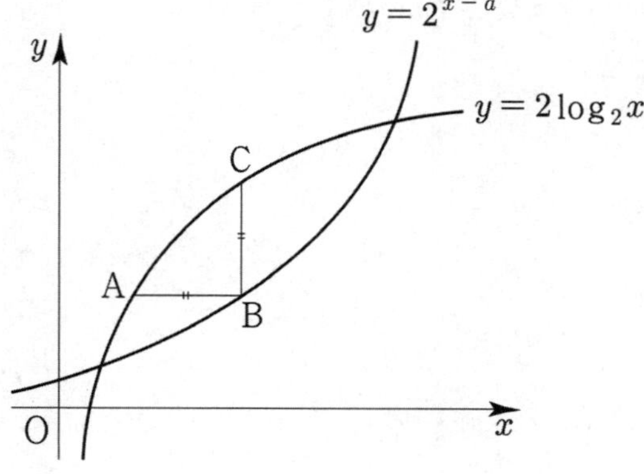

53

그림과 같이 $a>1$인 상수 a에 대하여 두 곡선 $y=3^{x-a}-1$, $y=a\log_3(x-a+1)$ 이 서로 다른 두 점 A, B에서 만난다. 두 점 A, B 중에서 x축 위에 있지 않은 점을 B라 할 때, 점 B를 지나고 x축에 평행한 직선이 y축과 만나는 점을 C라 하자. 삼각형 OAB의 넓이가 $4a$일 때, 사각형 OABC의 넓이를 구하시오. (단, O는 원점이다.)

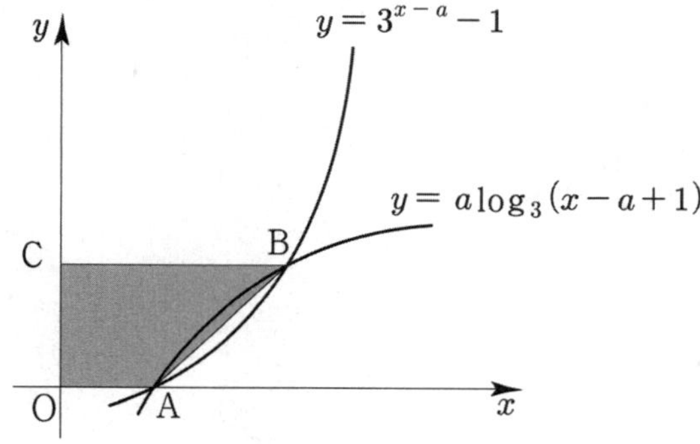

Training – 2 step

기출 적용편

3. 지수함수와 로그함수

 2021학년도 고3 6월 평가원 나형

닫힌구간 $[-1, 3]$에서 함수 $f(x) = 2^{|x|}$의 최댓값과 최솟값의 합은? [3점]

① 5   ② 7   ③ 9

④ 11   ⑤ 13

055 2020년 고3 4월 교육청 가형

함수 $f(x) = 2^{x+p} + q$의 그래프의 점근선이 직선 $y = -4$이고 $f(0) = 0$일 때, $f(4)$의 값을 구하시오.
(단, p와 q는 상수이다.) [3점]

056 2021학년도 고3 6월 평가원 가형

함수 $f(x) = 2\log_{\frac{1}{2}}(x+k)$가 닫힌구간 $[0, 12]$에서 최댓값 -4, 최솟값 m을 갖는다. $k+m$의 값은?
(단, k는 상수이다.) [3점]

① -1 ② -2 ③ -3

④ -4 ⑤ -5

057 2019학년도 수능 가형

함수 $y = 2^x + 2$의 그래프를 x축의 방향으로 m만큼 평행이동한 그래프가 함수 $y = \log_2 8x$의 그래프를 x축의 방향으로 2만큼 평행이동한 그래프와 직선 $y = x$에 대하여 대칭일 때, 상수 m의 값은? [3점]

① 1   ② 2   ③ 3

④ 4   ⑤ 5

058 2008학년도 고3 9월 평가원 나형

다음은 1이 아닌 세 양수 a, b, c에 대하여 세 함수 $y = \log_a x$, $y = \log_b x$, $y = c^x$의 그래프를 나타낸 것이다. 세 양수 a, b, c의 대소 관계를 옳게 나타낸 것은? [3점]

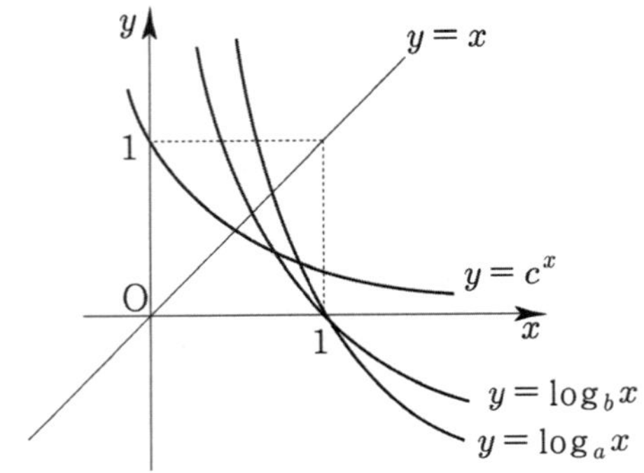

① $a > b > c$ ② $a > c > b$ ③ $b > a > c$

④ $b > c > a$ ⑤ $c > b > a$

059 2008학년도 수능 나형

함수 $f(x) = 2^x$의 그래프를 x축의 방향으로 m만큼, y축의 방향으로 n만큼 평행이동시키면서 함수 $y = g(x)$의 그래프가 되고, 이 평행이동에 의하여 점 $A(1, f(1))$이 점 $A'(3, g(3))$으로 이동된다. 함수 $y = g(x)$의 그래프가 점 $(0, 1)$을 지날 때, $m+n$의 값은? [3점]

① $\dfrac{11}{4}$ ② 3   ③ $\dfrac{13}{4}$

④ $\dfrac{7}{2}$ ⑤ $\dfrac{15}{4}$

060 2019학년도 고3 9월 평가원 가형

함수 $f(x) = -2^{4-3x} + k$의 그래프가 제 2사분면을 지나지 않도록 하는 자연수 k의 최댓값은? [3점]

① 10   ② 12   ③ 14

④ 16   ⑤ 18

061 2019년 고3 3월 교육청 가형

닫힌구간 $[2, 3]$에서 함수 $f(x) = \left(\dfrac{1}{3}\right)^{2x-a}$의

최댓값은 27, 최솟값은 m이다. $a \times m$의 값을 구하시오. (단, a는 상수이다.) [3점]

062 2020년 고3 3월 교육청 나형

두 곡선 $y = \log_2 x$, $y = \log_a x\,(0 < a < 1)$이 x축 위의 점 A에서 만난다. 직선 $x = 4$가 곡선 $y = \log_2 x$와 만나는 점 B, 곡선 $y = \log_a x$와 만나는 점을 C라 하자.

삼각형 ABC의 넓이가 $\dfrac{9}{2}$일 때, 상수 a의 값은? [3점]

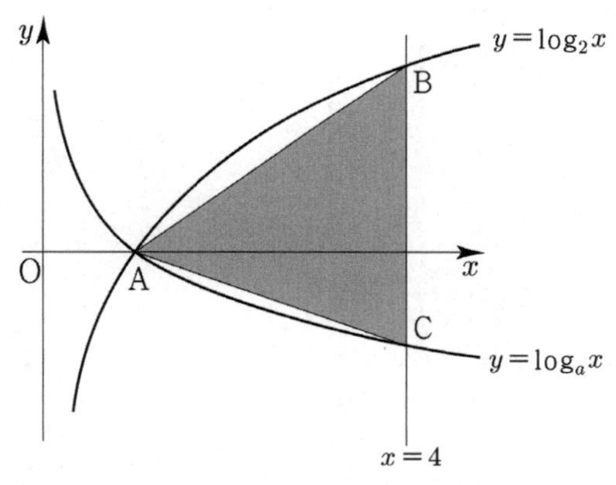

① $\dfrac{1}{16}$
② $\dfrac{1}{8}$
③ $\dfrac{3}{16}$

④ $\dfrac{1}{4}$
⑤ $\dfrac{5}{16}$

063 2020년 고3 10월 교육청 나형

실수 t에 대하여 직선 $x = t$가 곡선 $y = 3^{2-x} + 8$과 만나는 점을 A, x축과 만나는 점을 B라 하자. 직선 $x = t+1$이 x축과 만나는 점을 C, 곡선 $y = 3^{x-1}$과 만나는 점을 D라 하자. 사각형 ABCD가 직사각형일 때, 이 사각형의 넓이는? [3점]

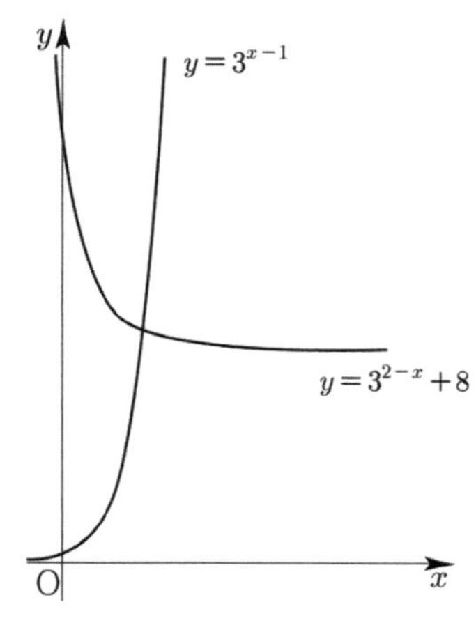

① 9
② 10
③ 11

④ 12
⑤ 13

064 2014학년도 수능예비시행 B형

곡선 $y = -2^x$을 y축의 방향으로 m만큼 평행이동시킨 곡선을 $y = f(x)$라 하자. 곡선 $y = f(x)$가 x축과 만나는 점을 A라 할 때, 다음 물음에 답하시오. (단, $m > 2$이다.)

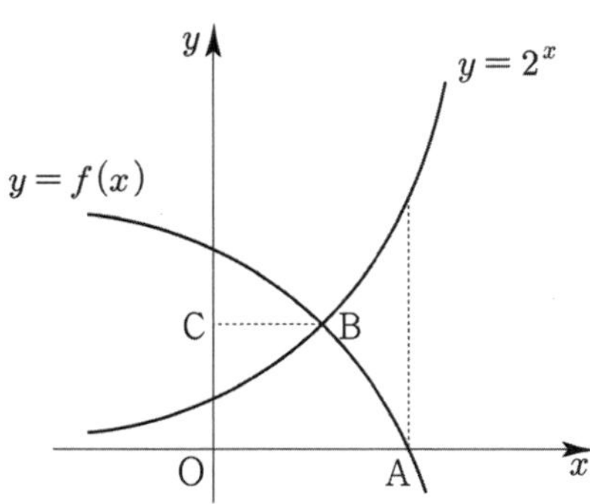

곡선 $y = 2^x$이 곡선 $y = f(x)$와 만나는 점을 B, 점 B에서 y축에 내린 수선의 발을 C라 하자. $\overline{OA} = 2\overline{BC}$일 때, m의 값은? (단, O는 원점이다.) [3점]

① $2\sqrt{2}$
② 4
③ $4\sqrt{2}$

④ 8
⑤ $8\sqrt{2}$

그림과 같이 두 곡선 $y=2^x$, $y=2^{x-2}$과 직선 $y=k$의 교점을 각각 P_k, Q_k라 하고, 삼각형 OP_kQ_k의 넓이를 A_k라 하자. $A_1+A_4+A_7+A_{10}$의 값을 구하시오. (단, k는 자연수이고, O는 원점이다.) [3점]

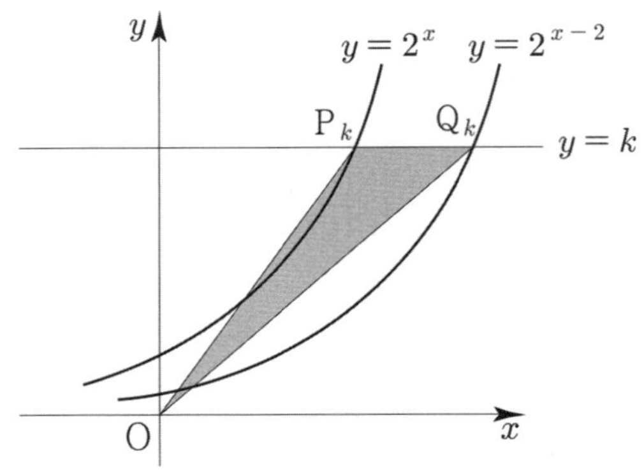

그림과 같이 함수 $y=8^x$의 그래프가 두 직선 $y=a$, $y=b$와 만나는 점을 각각 A, B라 하고, 함수 $y=4^x$의 그래프가 두 직선 $y=a$, $y=b$와 만나는 점을 각각 C, D라 하자. 점 B에서 직선 $y=a$에 내린 수선의 발을 E, 점 C에서 직선 $y=b$에 내린 수선의 발을 F라 하자. 삼각형 AEB의 넓이가 20일 때, 삼각형 CDF의 넓이는? (단, $a>b>1$이다.) [3점]

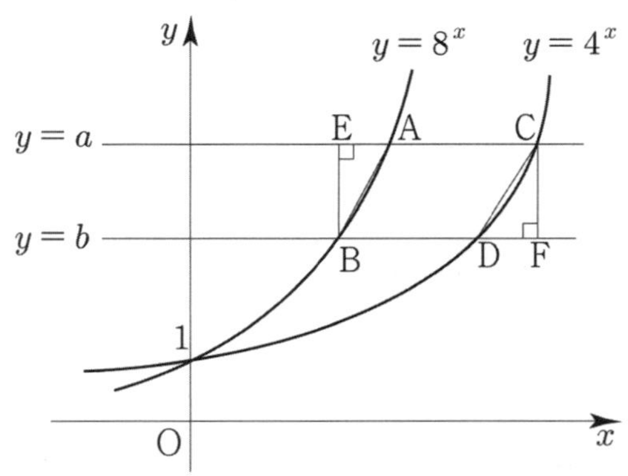

① 26　　② 28　　③ 30

④ 32　　⑤ 34

1보다 큰 양수 a에 대하여 두 곡선 $y=a^{-x-2}$과 $y=\log_a(x-2)$가 직선 $y=1$과 만나는 두 점을 각각 A, B라 하자. $\overline{AB}=8$일 때, a의 값은? [3점]

① 2　　② 4　　③ 6

④ 8　　⑤ 10

그림과 같이 직선 $y=mx+2\,(m>0)$이 곡선 $y=\dfrac{1}{3}\left(\dfrac{1}{2}\right)^{x-1}$과 만나는 점을 A, 직선 $y=mx+2$가 x축, y축과 만나는 점을 각각 B, C라 하자. $\overline{AB}:\overline{AC}=2:1$일 때, 상수 m의 값은? [3점]

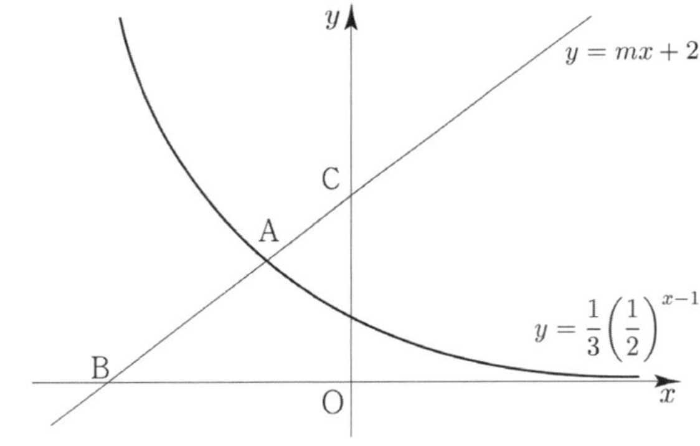

① $\dfrac{7}{12}$　　② $\dfrac{5}{8}$　　③ $\dfrac{2}{3}$

④ $\dfrac{17}{24}$　　⑤ $\dfrac{3}{4}$

069 2016학년도 고3 9월 평가원 A형

그림과 같이 두 함수 $y=\log_2 x$, $y=\log_2(x-2)$의 그래프가 x축과 만나는 점을 각각 A, B라 하자. 직선 $x=k(k>3)$이 두 함수 $y=\log_2 x$, $y=\log_2(x-2)$의 그래프와 만나는 점을 각각 P, Q라 하고, x축과 만나는 점을 R라 하자. 점 Q가 선분 PR의 중점일 때, 사각형 ABQP의 넓이는? [3점]

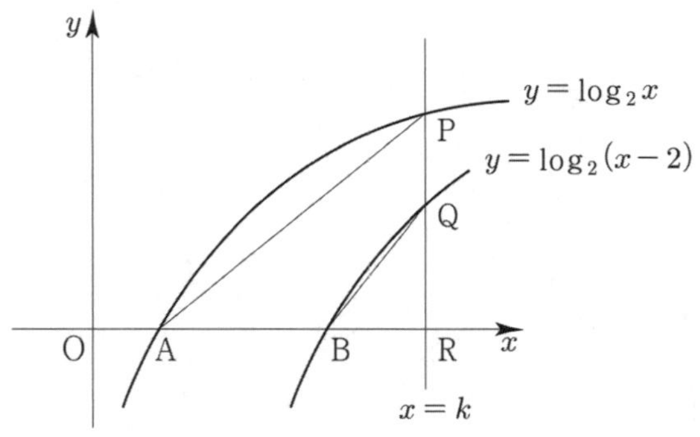

① $\dfrac{3}{2}$ ② 2 ③ $\dfrac{5}{2}$

④ 3 ⑤ $\dfrac{7}{2}$

070 2011학년도 고3 6월 평가원 나형

곡선 $y=2^x-1$ 위의 점 A(2, 3)을 지나고 기울기가 -1인 직선이 곡선 $y=\log_2(x+1)$과 만나는 점을 B라 하자. 두 점 A, B에서 x축에 내린 수선의 발을 각각 C, D라 할 때, 사각형 ACDB의 넓이는? [3점]

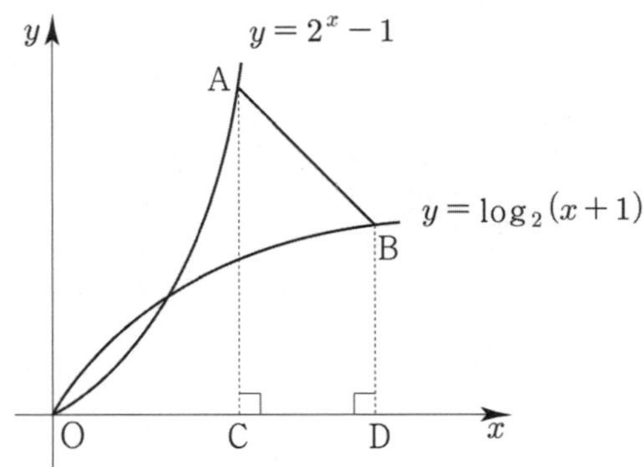

① $\dfrac{5}{2}$ ② $\dfrac{11}{4}$ ③ 3

④ $\dfrac{13}{4}$ ⑤ $\dfrac{7}{2}$

071 2019년 고2 9월 교육청 가형

상수 $a(a>1)$에 대하여 함수 $y=|a^x-a|$의 그래프가 x축, y축과 만나는 점을 각각 A, B, 직선 $y=a$와 만나는 점을 C라 하고, 점 C에서 x축에 내린 수선의 발을 H라 하자. $\overline{AH}=1$일 때, 선분 BC의 길이는? [3점]

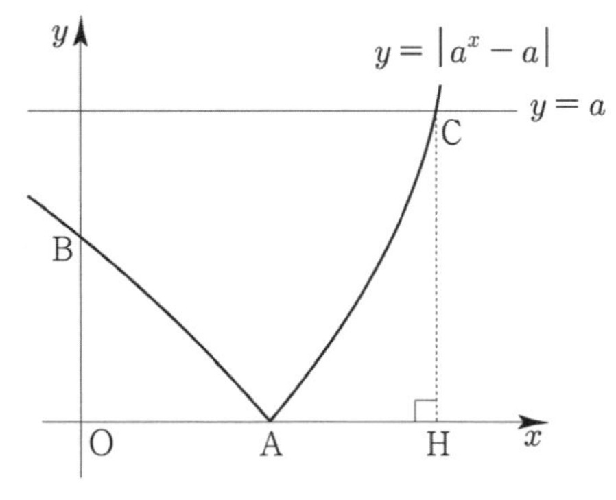

① 2 ② $\sqrt{5}$ ③ $\sqrt{6}$

④ $\sqrt{7}$ ⑤ $2\sqrt{2}$

072 2017학년도 사관학교 가형

그림과 같이 곡선 $y=|\log_a x|$가 직선 $y=1$과 만나는 점을 각각 A, B라 하고 x축과 만나는 점을 C라 하자. 두 직선 AC, BC가 서로 수직이 되도록 하는 모든 양수 a의 값의 합은? (단, $a\neq 1$) [3점]

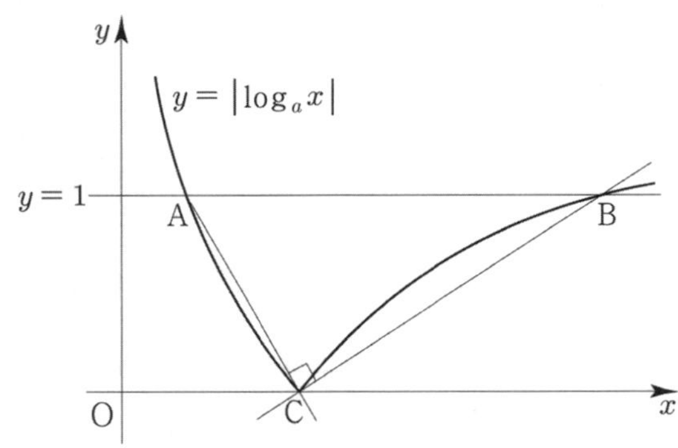

① 2 ② $\dfrac{5}{2}$ ③ 3

④ $\dfrac{7}{2}$ ⑤ 4

곡선 $y = \log_3 9x$ 위의 점 $A(a, b)$를 지나고 x축에 평행한 직선이 곡선 $y = \log_3 x$와 만나는 점을 B, 점 B를 지나고 y축에 평행한 직선이 곡선 $y = \log_3 9x$와 만나는 점을 C 라 하자. $\overline{AB} = \overline{BC}$일 때, $a + 3^b$의 값은? (단, a, b는 상수 이다.) [3점]

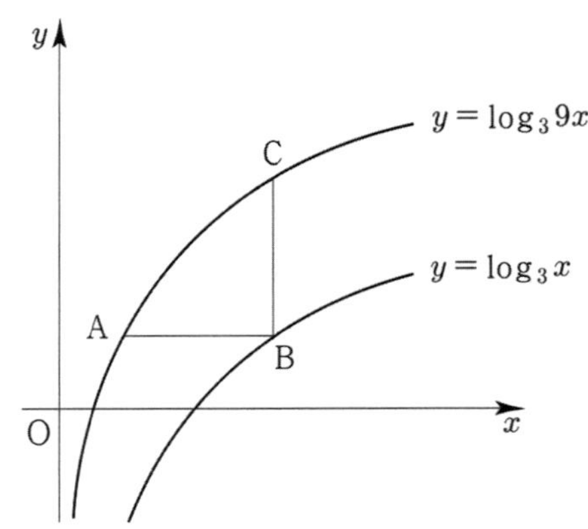

① $\dfrac{1}{2}$ ② 1 ③ $\dfrac{3}{2}$

④ 2 ⑤ $\dfrac{5}{2}$

두 함수 $f(x) = 2^x + 1$, $g(x) = 2^{x+1}$의 그래프가 점 P에서 만난다. 서로 다른 두 실수 a, b에 대하여 두 점 $A(a, f(a))$, $B(b, g(b))$의 중점이 P일 때, 선분 AB의 길이는? [3점]

① $2\sqrt{2}$ ② $2\sqrt{3}$ ③ 4

④ $2\sqrt{5}$ ⑤ $2\sqrt{6}$

함수 $f(x) = \log_2 kx$에 대하여 곡선 $y = f(x)$와 직선 $y = x$가 두 점 A, B에서 만나고 $\overline{OA} = \overline{AB}$이다. 함수 $f(x)$의 역함수를 $g(x)$라 할 때, $g(5)$의 값을 구하시오. (단, k는 0이 아닌 상수이고, O는 원점이다.) [3점]

2보다 큰 상수 k에 대하여 두 곡선 $y = |\log_2(-x+k)|$, $y = |\log_2 x|$가 만나는 세 점 P, Q, R의 x좌표를 각각 x_1, x_2, x_3이라 하자. $x_3 - x_1 = 2\sqrt{3}$일 때, $x_1 + x_3$의 값은? (단, $x_1 < x_2 < x_3$) [3점]

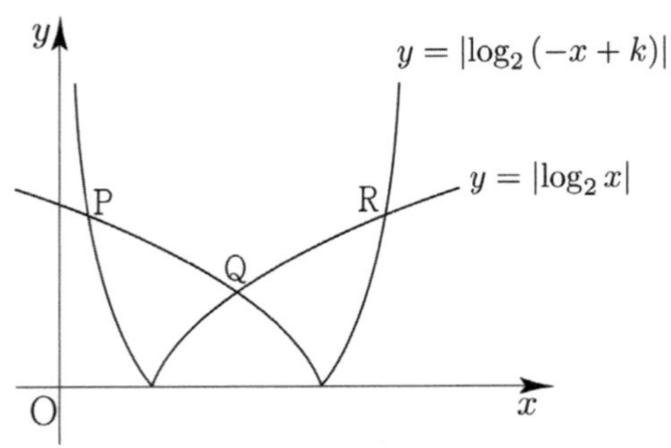

① $\dfrac{7}{2}$ ② $\dfrac{15}{4}$ ③ 4

④ $\dfrac{17}{4}$ ⑤ $\dfrac{9}{2}$

상수 $a(a > 2)$에 대하여 함수 $y = \log_2(x - a)$의 그래프의 점근선이 두 곡선 $y = \log_2 \dfrac{x}{4}$, $y = \log_{\frac{1}{2}} x$와 만나는 점을 각각 A, B라 하자. $\overline{AB} = 4$일 때, a의 값은? [3점]

① 4 ② 6 ③ 8

④ 10 ⑤ 12

078 2020년 고3 3월 교육청 가형

함수 $y=\log_3|2x|$의 그래프와 함수 $y=\log_3(x+3)$의
그래프가 만나는 서로 다른 두 점을 각각 A, B라 하자.
점 A를 지나고 직선 AB와 수직인 직선이 y축과 만나는
점을 C라 할 때, 삼각형 ABC의 넓이는? (단, 점 A의
x좌표는 점 B의 x좌표보다 작다.) [4점]

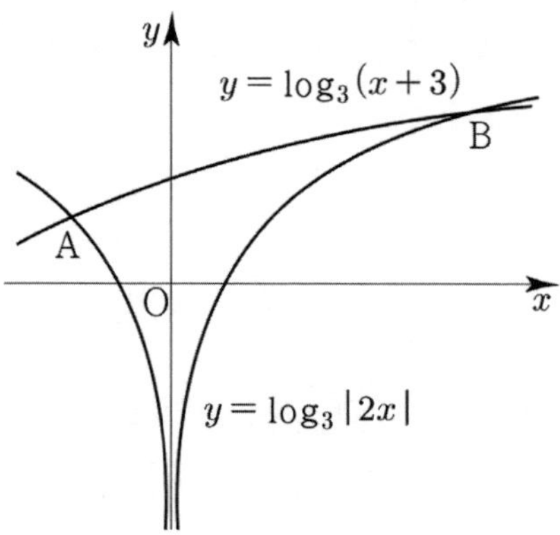

① $\dfrac{13}{2}$ 　　② 7 　　③ $\dfrac{15}{2}$

④ 8 　　⑤ $\dfrac{17}{2}$

079 2022년 고3 4월 교육청 공통

그림과 같이 두 곡선 $y=2^{-x+a}$, $y=2^x-1$이 만나는 점을
A, 곡선 $y=2^{-x+a}$이 y축과 만나는 점을 B라 하자.
점 A에서 y축에 내린 수선의 발을 H라 할 때,
$\overline{OB}=3\times\overline{OH}$이다. 상수 a의 값은?
(단, O는 원점이다.) [4점]

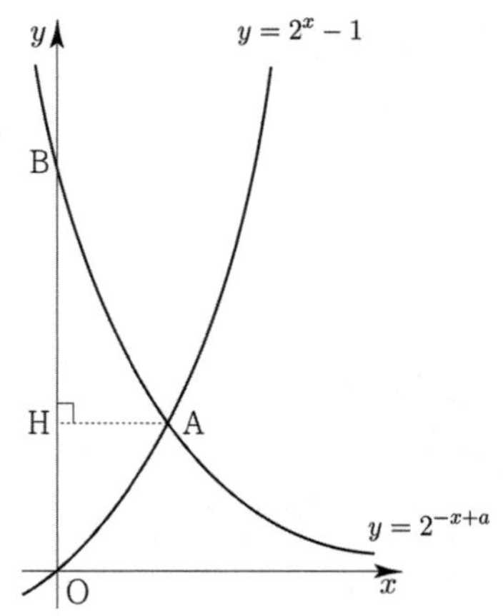

① 2 　　② $\log_2 5$ 　　③ $\log_2 6$

④ $\log_2 7$ 　　⑤ 3

080 2023학년도 사관학교 공통

곡선 $y=|\log_2(-x)|$를 y축에 대하여 대칭이동한 후 x축의
방향으로 k만큼 평행이동한 곡선을 $y=f(x)$라 하자.
곡선 $y=f(x)$와 곡선 $y=|\log_2(-x+8)|$이 세 점에서
만나고 세 교점의 x좌표의 합이 18일 때, k의 값은? [4점]

① 1 　　② 2 　　③ 3

④ 4 　　⑤ 5

081 2021학년도 고3 9월 평가원 나형

곡선 $y=2^{ax+b}$과 직선 $y=x$가 서로 다른 두 점 A, B
에서 만날 때, 두 점 A, B에서 x축에 내린 수선의 발을
각각 C, D라 하자.
$\overline{AB}=6\sqrt{2}$이고 사각형 ACDB의 넓이가 30일 때,
$a+b$의 값은? (단, a, b는 상수이다.) [4점]

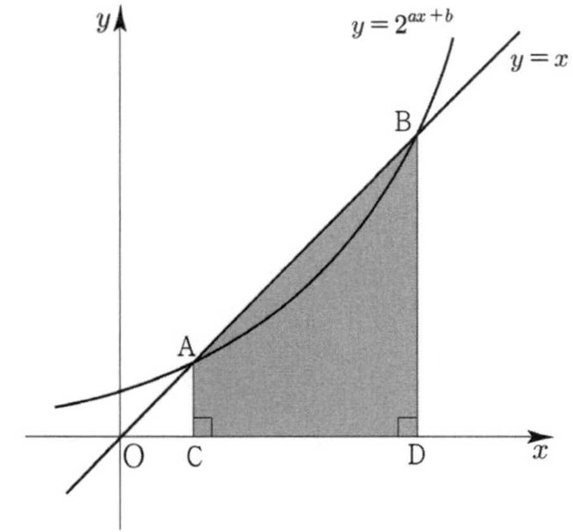

① $\dfrac{1}{6}$ 　　② $\dfrac{1}{3}$ 　　③ $\dfrac{1}{2}$

④ $\dfrac{2}{3}$ 　　⑤ $\dfrac{5}{6}$

그림과 같이 곡선 $y = 1 - 2^{-x}$ 위의 제1사분면에 있는 점 A를 지나고 y축에 평행한 직선이 곡선 $y = 2^x$과 만나는 점을 B라 하자. 점 A를 지나고 x축에 평행한 직선이 곡선 $y = 2^x$과 만나는 점을 C, 점 C를 지나고 y축에 평행한 직선이 곡선 $y = 1 - 2^{-x}$과 만나는 점을 D라 하자. $\overline{AB} = 2\overline{CD}$ 일 때, 사각형 ABCD의 넓이는? [4점]

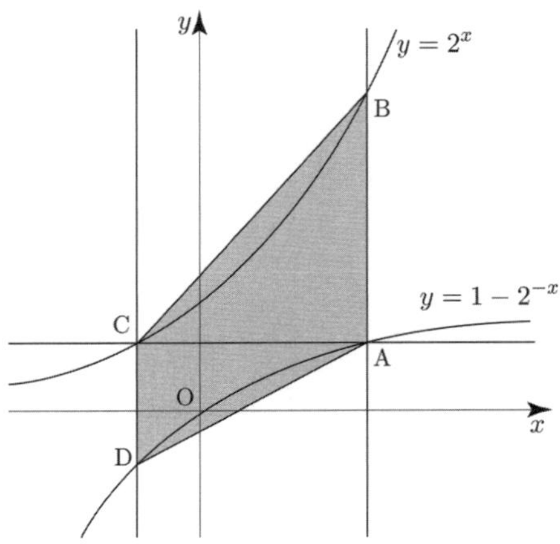

① $\dfrac{5}{2}\log_2 3 - \dfrac{5}{4}$ ② $3\log_2 3 - \dfrac{3}{2}$ ③ $\dfrac{7}{2}\log_2 3 - \dfrac{7}{4}$

④ $4\log_2 3 - 2$ ⑤ $\dfrac{9}{2}\log_2 3 - \dfrac{9}{4}$

$a > 1$인 실수 a에 대하여 두 곡선

$y = -\log_2(-x)$, $y = \log_2(x + 2a)$가 만나는 두 점을 A, B라 하자. 선분 AB의 중점이 직선 $4x + 3y + 5 = 0$ 위에 있을 때, 선분 AB의 길이는? [4점]

① $\dfrac{3}{2}$ ② $\dfrac{7}{4}$ ③ 2

④ $\dfrac{9}{4}$ ⑤ $\dfrac{5}{2}$

그림과 같이 두 상수 a, k에 대하여 직선 $x = k$가 두 곡선 $y = 2^{x-1} + 1$, $y = \log_2(x - a)$와 만나는 점을 각각 A, B라 하고, 점 B를 지나고 기울기가 -1인 직선이 곡선 $y = 2^{x-1} + 1$과 만나는 점을 C라 하자. $\overline{AB} = 8$, $\overline{BC} = 2\sqrt{2}$ 일 때, 곡선 $y = \log_2(x - a)$가 x축과 만나는 점 D에 대하여 사각형 ACDB의 넓이는? (단, $0 < a < k$) [4점]

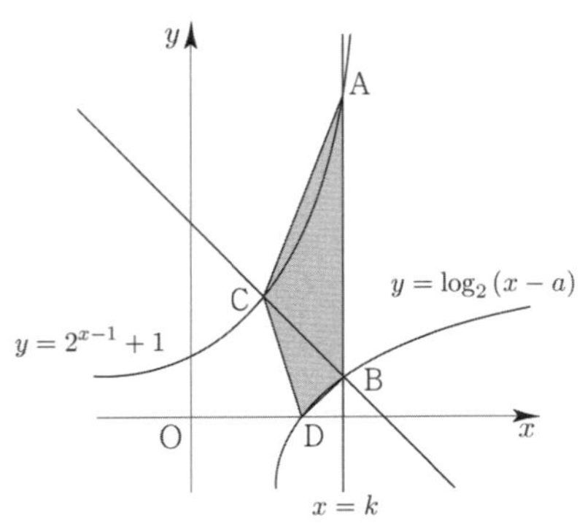

① 14 ② 13 ③ 12

④ 11 ⑤ 10

기울기가 $\dfrac{1}{2}$인 직선 l이 곡선 $y = \log_2 2x$와 서로 다른 두 점에서 만날 때, 만나는 두 점 중 x좌표가 큰 점을 A라 하고, 직선 l이 곡선 $y = \log_2 4x$와 만나는 두 점 중 x좌표가 큰 점을 B라 하자. $\overline{AB} = 2\sqrt{5}$ 일 때, 점 A에서 x축에 내린 수선의 발 C에 대하여 삼각형 ACB의 넓이는? [4점]

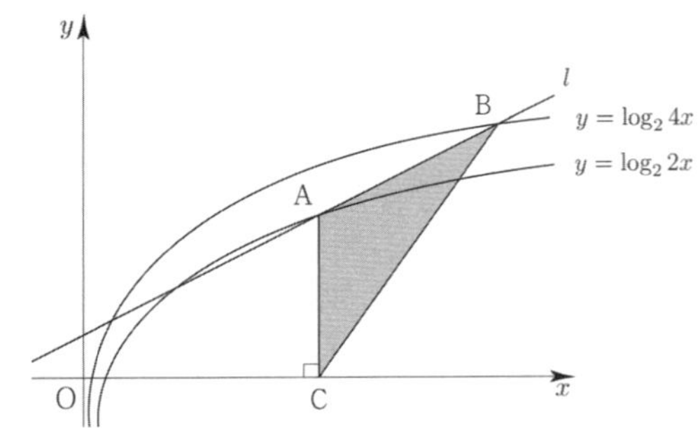

① 5 ② $\dfrac{21}{4}$ ③ $\dfrac{11}{2}$

④ $\dfrac{23}{4}$ ⑤ 6

086 2013년 고3 3월 교육청 A형 ⬜⬜⬜⬜⬜

그림과 같이 기울기가 1인 직선 l이 곡선 $y=\log_2 x$와
서로 다른 두 점 $A(a,\ \log_2 a)$, $B(b,\ \log_2 b)$에서
만난다. 직선 l과 두 직선 $x=b$, $y=\log_2 a$로 둘러싸인
부분의 넓이가 2일 때, $a+b$의 값은?
(단, $0<a<b$이다.) [4점]

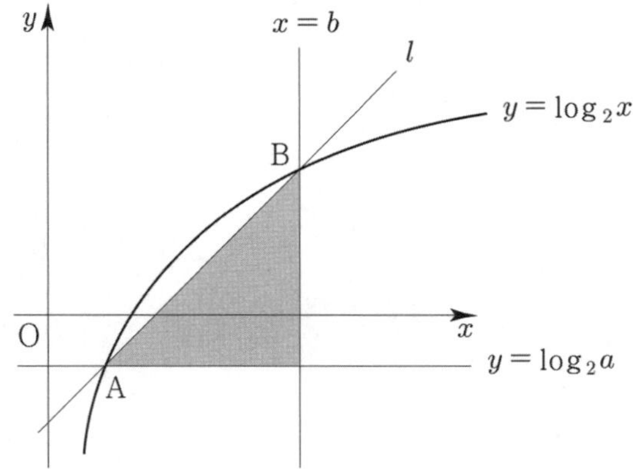

① 2   ② $\dfrac{7}{3}$ ③ $\dfrac{8}{3}$

④ 3   ⑤ $\dfrac{10}{3}$

087 2007학년도 수능 나형 ⬜⬜⬜⬜⬜

함수 $y=k\cdot 3^x\,(0<k<1)$의 그래프가 두 함수
$y=3^{-x}$, $y=-4\cdot 3^x+8$의 그래프와 만나는 점을
각각 P, Q라 하자. 점 P와 점 Q의 x좌표의 비가
$1:2$일 때, $35k$의 값을 구하시오. [4점]

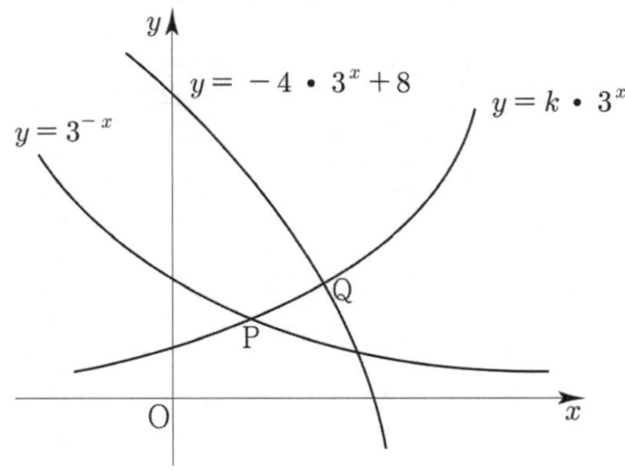

088 2009년 고3 5월 교육청 나형 ⬜⬜⬜⬜⬜

함수 $f(x)=2^{-x+a}+1$에 대하여 함수 $g(x)$가 임의의
실수 x에 대하여 $g(f(x))=x$를 만족한다. $g(9)=-2$
일 때, $g(17)$의 값은? (단, a는 상수이다.) [4점]

① -1 ② -2 ③ -3

④ -4 ⑤ -5

089 2016학년도 고3 6월 평가원 A형 ⬜⬜⬜⬜⬜

함수 $y=\log_3 x$의 그래프를 x축의 방향으로 a만큼,
y축의 방향으로 2만큼 평행이동한 그래프를 나타내는
함수를 $y=f(x)$라 하자. 함수 $f(x)$의 역함수가
$f^{-1}(x)=3^{x-2}+4$일 때, 상수 a의 값은? [4점]

① 1   ② 2   ③ 3

④ 4   ⑤ 5

곡선 $y=\log_3(5x-3)$ 위의 서로 다른 두 점 A, B가 다음 조건을 만족시킨다.

> (가) 세 점 O, A, B는 한 직선 위에 있다.
> (나) $\overline{OA}:\overline{OB}=1:2$

직선 AB의 기울기가 $\dfrac{q}{p}$일 때, $p+q$의 값을 구하시오.

(단, O는 원점이고, p와 q는 서로소인 자연수이다.) [4점]

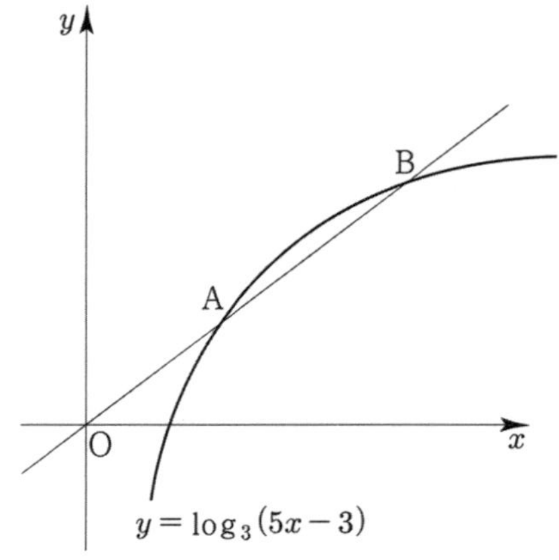

그림과 같이 직선 $y=2$가 두 곡선 $y=\log_2 4x$, $y=\log_2 x$와 만나는 점을 각각 A, B라 하고, 직선 $y=k\,(k>2)$가 두 곡선 $y=\log_2 4x$, $y=\log_2 x$와 만나는 점을 각각 C, D라 하자. 점 B를 지나고 y축과 평행한 직선이 직선 CD와 만나는 점을 E라 하면 점 E는 선분 CD를 $1:2$로 내분한다. 사각형 ABDC의 넓이를 S라 할 때, $12S$의 값을 구하시오. [4점]

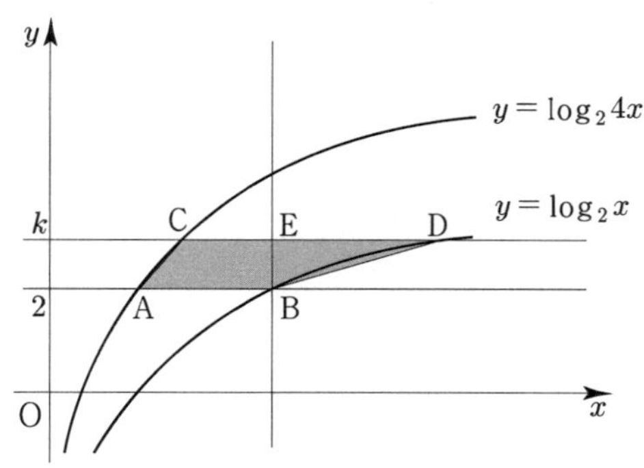

점 A$(4,\,0)$을 지나고 y축에 평행한 직선이 곡선 $y=\log_2 x$와 만나는 점을 B라 하고, 점 B를 지나고 기울기가 -1인 직선이 곡선 $y=2^{x+1}+1$과 만나는 점을 C라 할 때, 삼각형 ABC의 넓이는? [4점]

① 3   ② $\dfrac{7}{2}$ ③ 4

④ $\dfrac{9}{2}$ ⑤ 5

곡선 $y=\log_{\sqrt{2}}(x-a)$와 직선 $y=\dfrac{1}{2}x$가 만나는 점 중 한 점을 A라 하고, 점 A를 지나고 기울기가 -1인 직선이 곡선 $y=(\sqrt{2})^x+a$와 만나는 점을 B라 하자. 삼각형 OAB의 넓이가 6일 때, 상수 a의 값은? (단, $0<a<4$이고, O는 원점이다.) [4점]

① $\dfrac{1}{2}$ ② 1   ③ $\dfrac{3}{2}$

④ 2   ⑤ $\dfrac{5}{2}$

094 2009학년도 수능 나형

$0<a<\dfrac{1}{2}$인 상수 a에 대하여 직선 $y=x$가 곡선 $y=\log_a x$와 만나는 점을 $(p,\ p)$, 직선 $y=x$가 곡선 $y=\log_{2a} x$와 만나는 점을 $(q,\ q)$라 하자. 〈보기〉에서 옳은 것만을 있는 대로 고른 것은? [4점]

──── 〈보기〉 ────

ㄱ. $p=\dfrac{1}{2}$이면 $a=\dfrac{1}{4}$이다.

ㄴ. $p<q$

ㄷ. $a^{p+q}=\dfrac{pq}{2^q}$

① ㄱ   ② ㄱ, ㄴ   ③ ㄱ, ㄷ

④ ㄴ, ㄷ   ⑤ ㄱ, ㄴ, ㄷ

095 2007년 고3 3월 교육청 가형

그림은 함수 $f(x)=2^x-1$의 그래프와 직선 $y=x$이다. 곡선 $y=f(x)$ 위의 임의로 두 점을 잡아 그 두 점의 x좌표를 각각 $a,\ b\,(0<a<b)$라 할 때, 〈보기〉에서 항상 옳은 것을 모두 고른 것은? [4점]

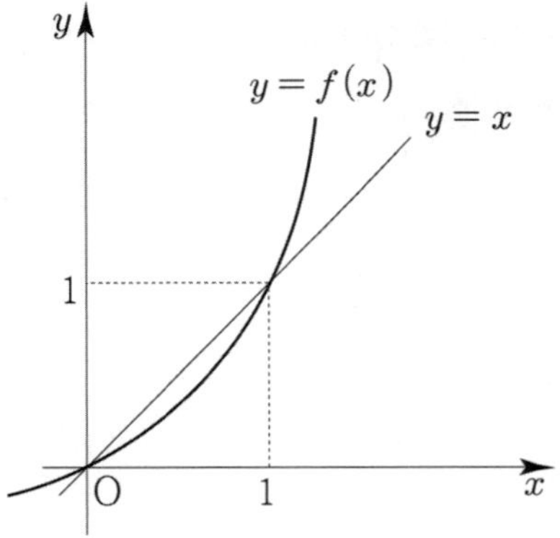

──── 〈보기〉 ────

ㄱ. $0<a<1$이면 $f(a)<a$ 이다.

ㄴ. $b-a<2^b-2^a$

ㄷ. $b(2^a-1)<a(2^b-1)$

① ㄱ   ② ㄱ, ㄴ   ③ ㄱ, ㄷ

④ ㄴ, ㄷ   ⑤ ㄱ, ㄴ, ㄷ

096 2005년 고3 4월 교육청 가형

두 함수 $y=x$와 $y=\log_2 x$의 그래프를 이용하여 〈보기〉에서 옳은 것을 모두 고른 것은? [4점]

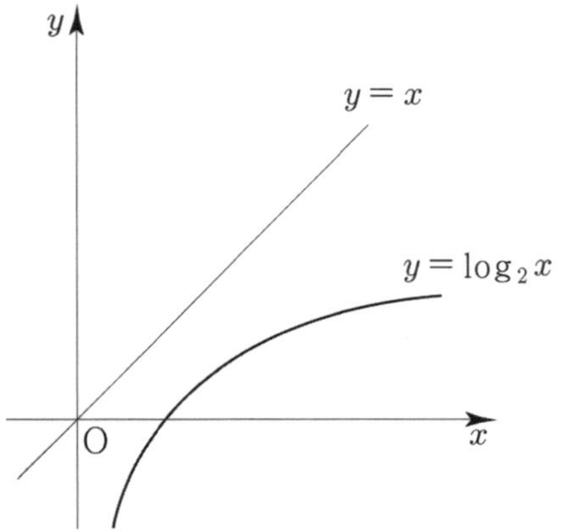

──── 〈보기〉 ────

ㄱ. $\dfrac{\log_2 x}{x}<1$

ㄴ. $\dfrac{\log_2 x}{x-1}<1\ (x\neq1)$

ㄷ. $\dfrac{\log_2 (x+1)}{x}<1\ (x\neq0)$

① ㄱ   ② ㄴ   ③ ㄱ, ㄷ

④ ㄴ, ㄷ   ⑤ ㄱ, ㄴ, ㄷ

두 곡선 $y=2^x$, $y=\log_3 x$와 직선 $y=-x+5$가 만나는 점을 각각 $A(a_1,\ a_2)$, $B(b_1,\ b_2)$라 할 때, 옳은 것만을 〈보기〉에서 있는 대로 고른 것은? [4점]

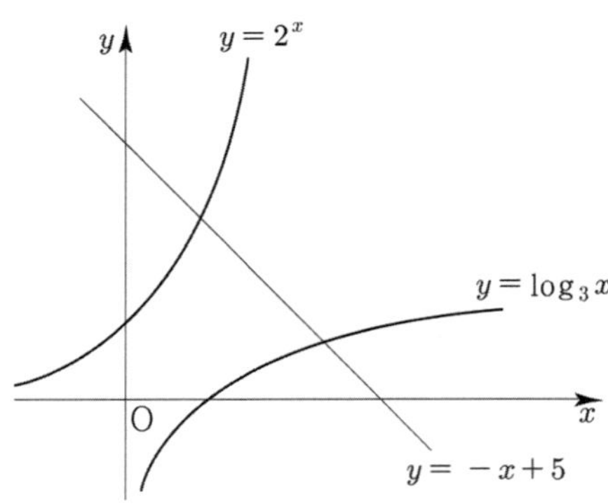

〈보기〉

ㄱ. $a_1 > b_2$
ㄴ. $a_1 + a_2 = b_1 + b_2$
ㄷ. $\dfrac{a_1}{a_2} < \dfrac{b_2}{b_1}$

① ㄱ
② ㄷ
③ ㄱ, ㄴ
④ ㄴ, ㄷ
⑤ ㄱ, ㄴ, ㄷ

그림과 같이 곡선 $y=2^{x-1}+1$ 위의 점 A와 곡선 $y=\log_2(x+1)$ 위의 두 점 B, C에 대하여 두 점 A와 B는 직선 $y=x$에 대하여 대칭이고, 직선 AC는 x축과 평행하다. 삼각형 ABC의 무게중심의 좌표가 $(p,\ q)$일 때, $p+q$의 값은? [4점]

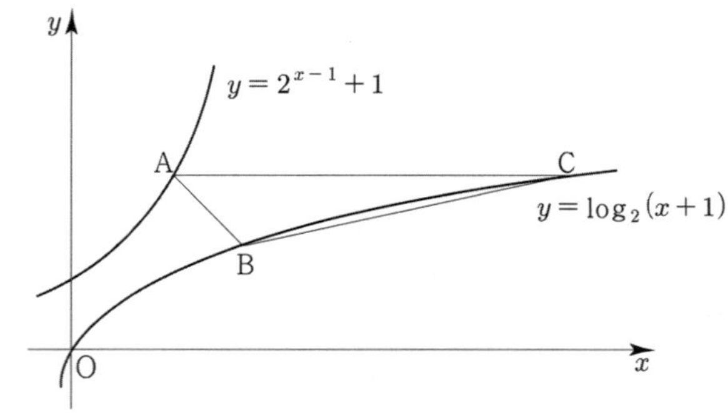

① $\dfrac{16}{3}$
② $\dfrac{17}{3}$
③ 6
④ $\dfrac{19}{3}$
⑤ $\dfrac{20}{3}$

$n \geq 2$인 자연수 n에 대하여 두 곡선

$$y=\log_n x, \quad y=-\log_n(x+3)+1$$

이 만나는 점의 x좌표가 1보다 크고 2보다 작도록 하는 모든 n의 값의 합은? [4점]

① 30
② 35
③ 40
④ 45
⑤ 50

두 곡선 $y=16^x$, $y=2^x$과 한 점 $A(64,\ 2^{64})$이 있다. 점 A를 지나며 x축과 평행한 직선이 곡선 $y=16^x$과 만나는 점을 P_1이라 하고, 점 P_1을 지나며 y축과 평행한 직선이 곡선 $y=2^x$과 만나는 점을 Q_1이라 하자. 점 Q_1을 지나며 x축과 평행한 직선이 곡선 $y=16^x$과 만나는 점을 P_2라 하고, 점 P_2를 지나며 y축과 평행한 직선이 곡선 $y=2^x$과 만나는 점을 Q_2라 하자. 이와 같은 과정을 계속하여 n번째 얻은 두 점을 각각 P_n, Q_n이라 하고 점 Q_n의 x좌표를 x_n이라 할 때, $x_n < \dfrac{1}{k}$을 만족시키는 n의 최솟값이 6이 되도록 하는 자연수 k의 개수는? [4점]

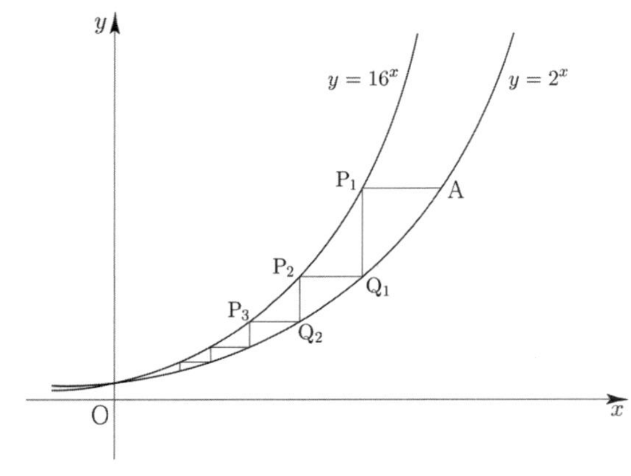

① 48
② 51
③ 54
④ 57
⑤ 60

101

직선 $y = 2x + k$가 두 함수

$$y = \left(\frac{2}{3}\right)^{x+3} + 1, \quad y = \left(\frac{2}{3}\right)^{x+1} + \frac{8}{3}$$

의 그래프와 만나는 점을 각각 P, Q라 하자.
$\overline{PQ} = \sqrt{5}$일 때, 상수 k의 값은? [4점]

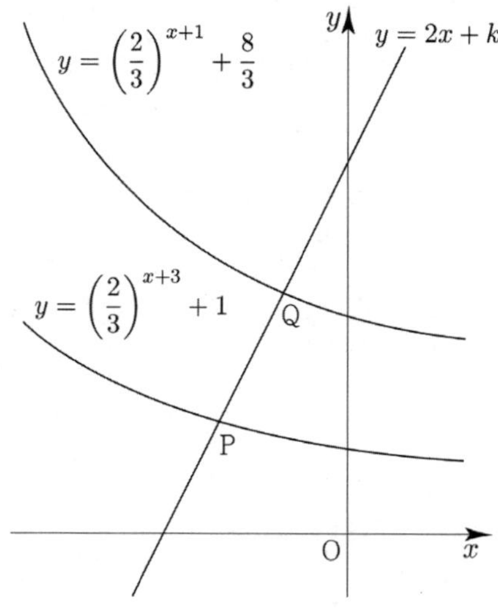

① $\dfrac{31}{6}$　　② $\dfrac{16}{3}$　　③ $\dfrac{11}{2}$

④ $\dfrac{17}{3}$　　⑤ $\dfrac{35}{6}$

102

$\dfrac{1}{4} < a < 1$인 실수 a에 대하여 직선 $y = 1$이 두 곡선

$y = \log_a x$, $y = \log_{4a} x$와 만나는 점을 각각 A, B라 하고,

직선 $y = -1$이 두 곡선 $y = \log_a x$, $y = \log_{4a} x$와 만나는

점을 각각 C, D라 하자. 〈보기〉에서 옳은 것만을 있는

대로 고른 것은? [4점]

―――〈보기〉―――

ㄱ. 선분 AB를 $1 : 4$로 외분하는 점의 좌표는 $(0, 1)$이다.

ㄴ. 사각형 ABCD가 직사각형이면 $a = \dfrac{1}{2}$이다.

ㄷ. $\overline{AB} < \overline{CD}$이면 $\dfrac{1}{2} < a < 1$이다.

① ㄱ　　② ㄷ　　③ ㄱ, ㄴ

④ ㄴ, ㄷ　　⑤ ㄱ, ㄴ, ㄷ

103

함수 $y = \log_2 4x$의 그래프 위의 두 점 A, B와 함수
$y = \log_2 x$의 그래프 위의 점 C에 대하여, 선분 AC가
y축에 평행하고 삼각형 ABC가 정삼각형일 때, 점 B의
좌표는 (p, q)이다. $p^2 \times 2^q$의 값은? [4점]

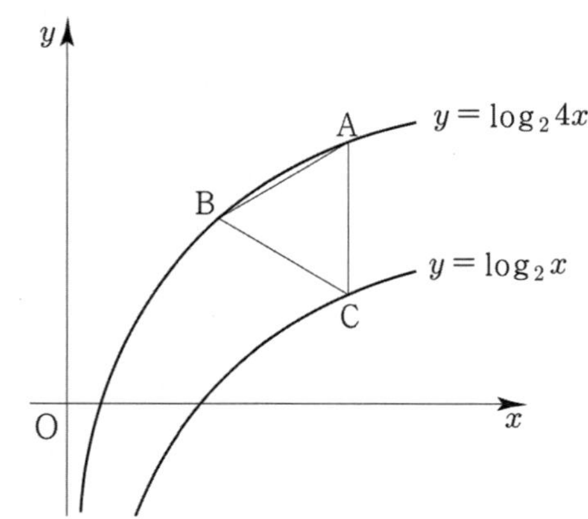

① $6\sqrt{3}$　　② $9\sqrt{3}$　　③ $12\sqrt{3}$

④ $15\sqrt{3}$　　⑤ $18\sqrt{3}$

자연수 n에 대하여 곡선 $y = 2^x$ 위의 두 점 A_n, B_n이 다음 조건을 만족시킨다.

(가) 직선 $A_n B_n$의 기울기는 3이다.

(나) $\overline{A_n B_n} = n \times \sqrt{10}$

중심이 직선 $y = x$ 위에 있고 두 점 A_n, B_n을 지나는 원이 곡선 $y = \log_2 x$와 만나는 두 점의 x좌표 중 큰 값을 x_n이라 하자. $x_1 + x_2 + x_3$의 값은? [4점]

① $\dfrac{150}{7}$　　② $\dfrac{155}{7}$　　③ $\dfrac{160}{7}$

④ $\dfrac{165}{7}$　　⑤ $\dfrac{170}{7}$

곡선 $y = \left(\dfrac{1}{5}\right)^{x-3}$ 과 직선 $y = x$가 만나는 점의 x좌표를 k라 하자. 실수 전체의 집합에서 정의된 함수 $f(x)$가 다음 조건을 만족시킨다.

$x > k$인 모든 실수 x에 대하여

$f(x) = \left(\dfrac{1}{5}\right)^{x-3}$ 이고 $f(f(x)) = 3x$이다.

$f\left(\dfrac{1}{k^3 \times 5^{3k}}\right)$의 값을 구하시오. [4점]

규토 라이트 N제
지수함수와 로그함수

Master step

심화 문제편

3. 지수함수와 로그함수

$a > 1$인 실수 a에 대하여 곡선 $y = \log_a x$와

원 $C : \left(x - \dfrac{5}{4}\right)^2 + y^2 = \dfrac{13}{16}$의 두 교점을 P, Q라 하자.

선분 PQ가 원 C의 지름일 때, a의 값은? [4점]

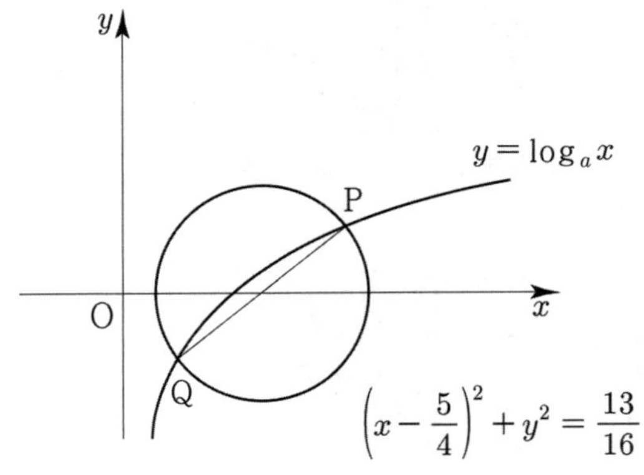

① 3 　② $\dfrac{7}{2}$ 　③ 4

④ $\dfrac{9}{2}$ 　⑤ 5

두 상수 a, $b\,(1 < a < b)$에 대하여 좌표평면 위의

두 점 $(a, \log_2 a)$, $(b, \log_2 b)$를 지나는 직선의 y절편과

두 점 $(a, \log_4 a)$, $(b, \log_4 b)$를 지나는 직선의 y절편이 같다.

함수 $f(x) = a^{bx} + b^{ax}$에 대하여 $f(1) = 40$일 때,

$f(2)$의 값은? [4점]

① 760 　② 800 　③ 840

④ 880 　⑤ 920

자연수 n에 대하여 함수 $f(x)$를

$$f(x) = \begin{cases} \left| 3^{x+2} - n \right| & (x < 0) \\[2mm] \left| \log_2(x+4) - n \right| & (x \geq 0) \end{cases}$$

이라 하자. 실수 t에 대하여 x에 대한 방정식 $f(x) = t$의

서로 다른 실근의 개수를 $g(t)$라 할 때, 함수 $g(t)$의

최댓값이 4가 되도록 하는 모든 자연수 n의 값의 합을

구하시오. [4점]

그림과 같이 1보다 큰 두 상수 a, b에 대하여 A$(1, 0)$을

지나고 y축에 평행한 직선이 곡선 $y = a^x$과 만나는 점을

B라 하고, 점 C$(0, 1)$에 대하여 점 B를 지나고 직선

AC와 평행한 직선이 곡선 $y = \log_b x$와 만나는 점을

D라 하자. $\overline{\text{AC}} \perp \overline{\text{AD}}$이고, 사각형 ADBC의 넓이가

6일 때, $a \times b$의 값은? [4점]

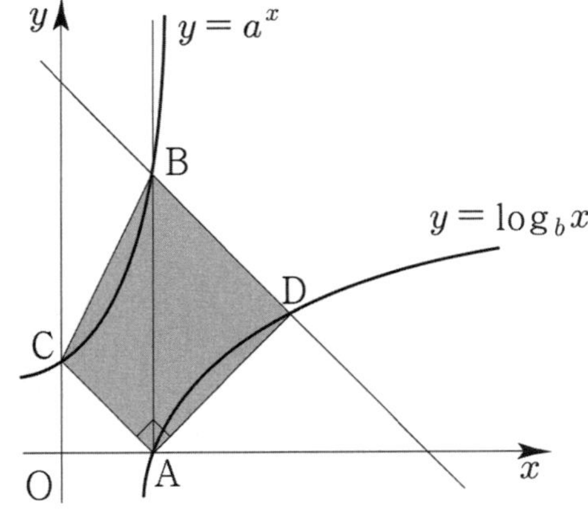

① $4\sqrt{2}$ 　② $4\sqrt{3}$ 　③ 8

④ $4\sqrt{5}$ 　⑤ $4\sqrt{6}$

110 2023년 고3 7월 교육청 공통

그림과 같이 곡선 $y = 2^{x-m} + n\ (m > 0,\ n > 0)$과
직선 $y = 3x$가 서로 다른 두 점 A, B에서 만날 때,
점 B를 지나며 직선 $y = 3x$에 수직인 직선이 y축과
만나는 점을 C라 하자. 직선 CA가 x축과 만나는 점을 D라
하면 점 D는 선분 CA를 $5 : 3$으로 외분하는 점이다.
삼각형 ABC의 넓이가 20일 때, $m + n$의 값을 구하시오.
(단, 점 A의 x좌표는 점 B의 x좌표보다 작다.) [4점]

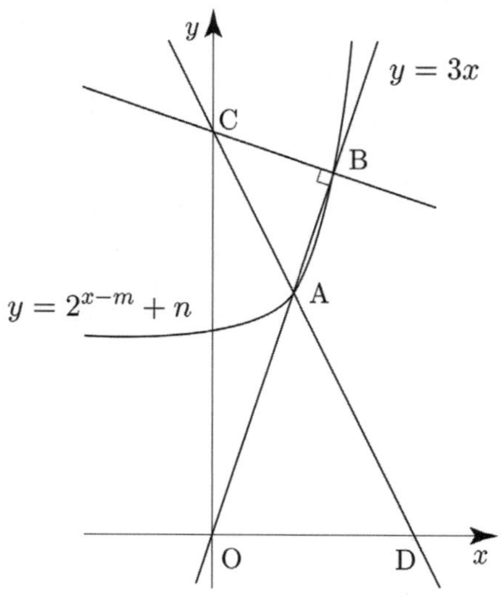

111 2021학년도 고3 6월 평가원 나형

두 곡선 $y = 2^x$과 $y = -2x^2 + 2$가 만나는 두 점을
$(x_1,\ y_1),\ (x_2,\ y_2)$라 하자. $x_1 < x_2$일 때,
〈보기〉에서 옳은 것만을 있는 대로 고른 것은? [4점]

〈보기〉

ㄱ. $x_2 > \dfrac{1}{2}$

ㄴ. $y_2 - y_1 < x_2 - x_1$

ㄷ. $\dfrac{\sqrt{2}}{2} < y_1 y_2 < 1$

① ㄱ
② ㄱ, ㄴ
③ ㄱ, ㄷ
④ ㄴ, ㄷ
⑤ ㄱ, ㄴ, ㄷ

112 2023학년도 고3 9월 평가원 공통

그림과 같이 곡선 $y = 2^x$ 위에 두 점 $P(a,\ 2^a)$, $Q(b,\ 2^b)$이
있다. 직선 PQ의 기울기를 m이라 할 때, 점 P를 지나며
기울기가 $-m$인 직선이 x축, y축과 만나는 점을 각각
A, B라 하고, 점 Q를 지나며 기울기가 $-m$인 직선이
x축과 만나는 점을 C라 하자.
$$\overline{AB} = 4\overline{PB}, \quad \overline{CQ} = 3\overline{AB}$$
일 때, $90 \times (a+b)$의 값을 구하시오. (단, $0 < a < b$) [4점]

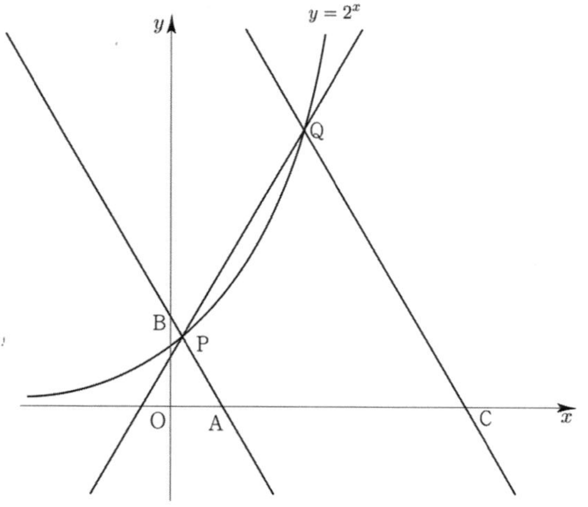

113 2022학년도 고3 9월 평가원 공통

$a > 1$인 실수 a에 대하여 직선 $y = -x + 4$가 두 곡선
$$y = a^{x-1}, \quad y = \log_a(x-1)$$
과 만나는 점을 각각 A, B라 하고, 곡선 $y = a^{x-1}$이 y축과
만나는 점을 C라 하자. $\overline{AB} = 2\sqrt{2}$일 때, 삼각형 ABC의
넓이는 S이다. $50 \times S$의 값을 구하시오. [4점]

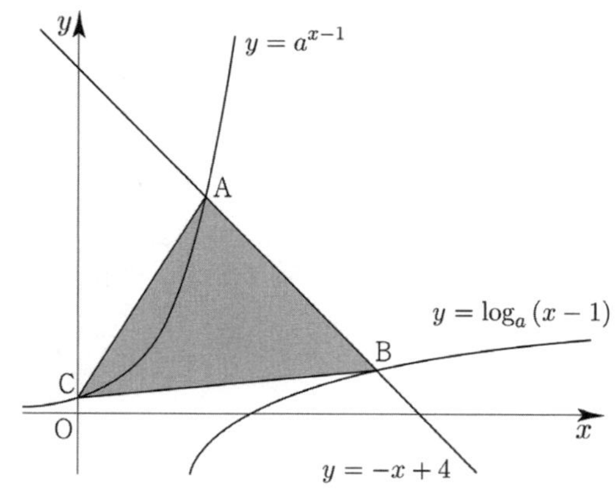

함수

$$f(x) = \begin{cases} 2^x & (x < 3) \\ \left(\dfrac{1}{4}\right)^{x+a} - \left(\dfrac{1}{4}\right)^{3+a} + 8 & (x \geq 3) \end{cases}$$

에 대하여 곡선 $y = f(x)$ 위의 점 중에서 y좌표가 정수인 점의 개수가 23일 때, 정수 a의 값은? [4점]

① -7　　　② -6　　　③ -5

④ -4　　　⑤ -3

두 자연수 a, b에 대하여 함수

$$f(x) = \begin{cases} 2^{x+a} + b & (x \leq -8) \\ -3^{x-3} + 8 & (x > -8) \end{cases}$$

이 다음 조건을 만족시킬 때, $a+b$의 값은? [4점]

> 집합 $\{f(x) \mid x \leq k\}$의 원소 중 정수인 것의 개수가 2가 되도록 하는 모든 실수 k의 값의 범위는 $3 \leq k < 4$이다.

① 11　　　② 13　　　③ 15

④ 17　　　⑤ 19

실수 t에 대하여 두 곡선 $y = t - \log_2 x$와 $y = 2^{x-t}$이 만나는 점의 x좌표를 $f(t)$라 하자.

〈보기〉의 각 명제에 대하여 다음 규칙에 따라 A, B, C의 값을 정할 때, $A + B + C$의 값을 구하시오.

(단, $A + B + C \neq 0$) [4점]

> - 명제 ㄱ이 참이면 $A = 100$, 거짓이면 $A = 0$이다.
> - 명제 ㄴ이 참이면 $B = 10$,　거짓이면 $B = 0$이다.
> - 명제 ㄷ이 참이면 $C = 1$,　　거짓이면 $C = 0$이다.

> ───── 〈보기〉 ─────
> ㄱ. $f(1) = 1$이고 $f(2) = 2$이다.
> ㄴ. 실수 t의 값이 증가하면 $f(t)$의 값도 증가한다.
> ㄷ. 모든 양의 실수 t에 대하여 $f(t) \geq t$이다.

양수 a에 대하여 $x \geq -1$에서 정의된 함수 $f(x)$는

$$f(x) = \begin{cases} -x^2 + 6x & (-1 \leq x < 6) \\ a\log_4(x-5) & (x \geq 6) \end{cases}$$

이다. $t \geq 0$인 실수 t에 대하여 닫힌구간 $[t-1, \ t+1]$에서의 $f(x)$의 최댓값을 $g(t)$라 하자. 구간 $[0, \ \infty)$에서 함수 $g(t)$의 최솟값이 5가 되도록 하는 양수 a의 최솟값을 구하시오. [4점]

118 2024년 고3 3월 교육청 공통

$a > 2$인 실수 a에 대하여 기울기가 -1인 직선이 두 곡선

$$y = a^x + 2, \quad y = \log_a x + 2$$

와 만나는 점을 각각 A, B라 하자. 선분 AB를 지름으로 하는 원의 중심의 y좌표가 $\dfrac{19}{2}$이고 넓이가 $\dfrac{121}{2}\pi$일 때, a^2의 값을 구하시오. [4점]

120 2024년 고3 7월 교육청 공통

$m \le -10$인 상수 m에 대하여 함수 $f(x)$는

$$f(x) = \begin{cases} |5\log_2(4-x) + m| & (x \le 0) \\ 5\log_2 x + m & (x > 0) \end{cases}$$

이다. 실수 $t\,(t > 0)$에 대하여 x에 대한 방정식 $f(x) = t$의 모든 실근의 합을 $g(t)$라 하자. 함수 $g(t)$가 다음 조건을 만족시킬 때, $f(m)$의 값을 구하시오. [4점]

> $t \ge a$인 모든 실수 t에 대하여 $g(t) = g(a)$가 되도록 하는 양수 a의 최솟값은 2이다.

119 2024년 고3 5월 교육청 공통

두 상수 $a,\ b\,(b > 0)$에 대하여 함수 $f(x)$를

$$f(x) = \begin{cases} 2^{x+3} + b & (x \le a) \\ 2^{-x+5} + 3b & (x > a) \end{cases}$$

라 하자. 다음 조건을 만족시키는 실수 k의 최댓값이 $4b + 8$일 때, $a + b$의 값은? (단, $k > b$) [4점]

> $b < t < k$인 모든 실수 t에 대하여 함수 $y = f(x)$의 그래프와 직선 $y = t$의 교점의 개수는 1이다.

① 9   ② 10   ③ 11

④ 12   ⑤ 13

121 2024년 고3 10월 교육청 공통

두 자연수 $a,\ b$에 대하여 함수 $f(x)$는

$$f(x) = \begin{cases} \dfrac{4}{x-3} + a & (x < 2) \\ |5\log_2 x - b| & (x \ge 2) \end{cases}$$

이다. 실수 t에 대하여 x에 대한 방정식 $f(x) = t$의 서로 다른 실근의 개수를 $g(t)$라 하자. 함수 $g(t)$가 다음 조건을 만족시킬 때, $a + b$의 최솟값을 구하시오. [4점]

> (가) 함수 $g(t)$의 치역은 $\{0,\ 1,\ 2\}$이다.
> (나) $g(t) = 2$인 자연수 t의 개수는 6이다.

Guide step
개념 익히기편

4. 지수함수와 로그함수의 활용

01 지수함수와 로그함수의 활용

성취 기준 – 지수함수와 로그함수를 활용하여 문제를 해결할 수 있다.

개념 파악하기 **(1) 지수함수를 활용하여 문제를 어떻게 해결할까?**

지수에 미지수를 포함하는 방정식

지수함수 $y = a^x (a > 0, \ a \neq 1)$은 실수 전체의 집합에서 양의 실수 전체의 집합으로의 일대일대응이므로 다음이 성립한다.

$a > 0, \ a \neq 1$일 때, $a^{x_1} = a^{x_2} \Leftrightarrow x_1 = x_2$

지수방정식의 기본유형

① $a^{f(x)} = b \Leftrightarrow f(x) = \log_a b$

  ex $2^x = 3 \Leftrightarrow x = \log_2 3$

② $a^{f(x)} = a^{g(x)} \Leftrightarrow f(x) = g(x)$

  ex $2^{2x+1} = 2^x \Leftrightarrow 2x + 1 = x$

③ $a^x = t$로 치환 (치환하면 범위조심! $t > 0$을 조심해야 하고, t에서 x로 다시 변환해줘야 함을 기억하자.)

  ex $2^{2x} - 2^x = 0$
  $2^x = t$로 치환하면 $t > 0, \ t^2 - t = 0 \Rightarrow t = 1 \Rightarrow 2^x = 1 \Rightarrow x = 0$

개념 확인문제 **1** 다음 방정식을 푸시오.

(1) $2^{-x+2} = \sqrt{2}$

(2) $4^x = 8^{2x-4}$

(3) $9^x - 2 \times 3^x = 0$

지수에 미지수를 포함하는 부등식

지수함수 $y = a^x (a > 0,\ a \neq 1)$의 그래프의 성질에 의하여 다음이 성립한다.

① $a > 1$일 때, $a^{x_1} < a^{x_2} \Leftrightarrow x_1 < x_2$

② $0 < a < 1$일 때, $a^{x_1} < a^{x_2} \Leftrightarrow x_1 > x_2$

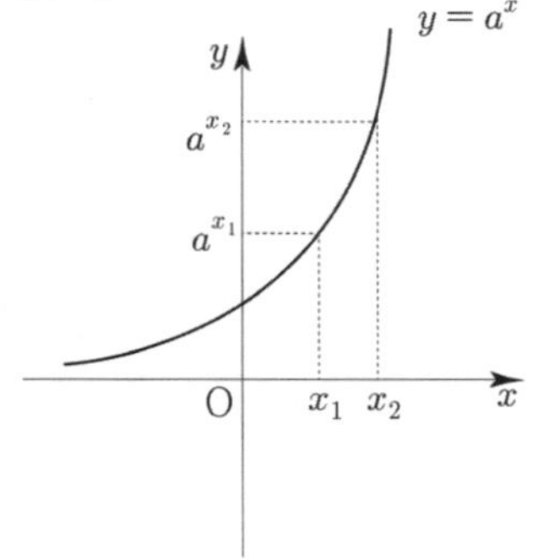
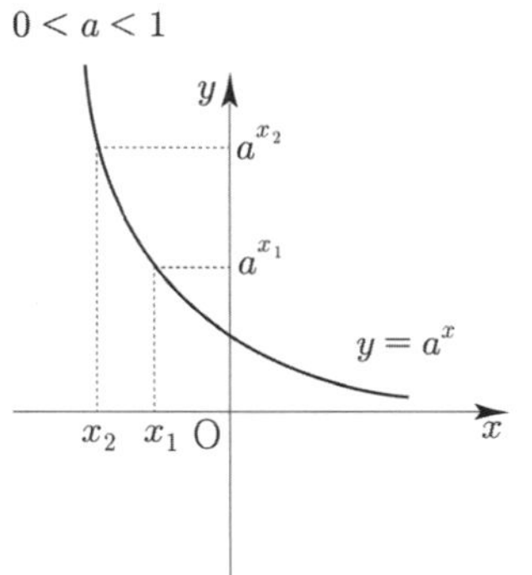

> **Tip** 그래프를 그려서 판단해보면 쉽게 파악할 수 있다.
> a의 범위에 따라 부등호의 방향이 바뀐다는 것에 주의해야 한다.

지수부등식의 기본유형

① $a > 1$일 때, $a^{f(x)} < a^{g(x)} \Leftrightarrow f(x) < g(x)$

ex $2^x < 2^3 \Leftrightarrow x < 3$

② $0 < a < 1$일 때, $a^{f(x)} < a^{g(x)} \Leftrightarrow f(x) > g(x)$

ex $\left(\dfrac{1}{2}\right)^x < \left(\dfrac{1}{2}\right)^3 \Leftrightarrow x > 3$

> **Tip** ②번의 경우 부등호 방향이 달라지기 때문에 조심해야 한다. ①번으로 변환시켜 계산하면 실수를 줄일 수 있다.
> 즉, $\dfrac{1}{2} = 2^{-1}$로 변환하면 $(2^{-1})^x < (2^{-1})^3 \Rightarrow 2^{-x} < 2^{-3} \Rightarrow -x < -3 \Rightarrow x > 3$

③ $a^x = t$로 치환 (치환하면 범위조심! $t > 0$을 조심해야 하고, t에서 x로 다시 변환해줘야 함을 기억하자.)

ex $3^{2x} - 2 \times 3^x - 3 < 0$

$3^x = t$로 치환하면 $t > 0,\ t^2 - 2t - 3 < 0 \Rightarrow t > 0,\ -1 < t < 3 \Rightarrow 0 < t < 3 \Rightarrow 0 < 3^x < 3$

$0 < 3^x$는 실수 전체에서 성립하고 $3^x < 3 \Rightarrow x < 1$이므로 $x < 1$ 이다.

> **Tip** $a < x < b$의 부등식의 해는 $a < x$와 $x < b$의 교집합이다.

개념 확인문제 2 다음 부등식을 푸시오.

(1) $3^{2x} \leq 27^{-x+5}$

(2) $\left(\dfrac{1}{5}\right)^{2x} \geq \left(\dfrac{1}{25}\right)^{3x+4}$

로그의 진수에 미지수를 포함하는 방정식

로그함수 $y = \log_a x \ (a > 0, \ a \neq 1)$은 양의 실수 전체의 집합에서 실수 전체의 집합으로의 일대일대응이므로 다음이 성립한다.

$a > 0, \ a \neq 1$이고 $x > 0, \ x_1 > 0, \ x_2 > 0$일 때

$\log_a x = b \Leftrightarrow x = a^b$

$\log_a x_1 = \log_a x_2 \Leftrightarrow x_1 = x_2$

로그방정식의 기본유형

① $\log_a f(x) = b \Leftrightarrow f(x) = a^b, \ f(x) > 0$

ex $\log_2 (x+1) = 3 \Leftrightarrow x+1 = 2^3 \Rightarrow x = 7$

Tip 3을 밑이 2인 로그로 변환하여 구할 수도 있다.

ex $\log_2 (x+1) = \log_2 8 \Rightarrow x+1 = 8 \Rightarrow x = 7$

② $\log_a f(x) = \log_a g(x) \Leftrightarrow f(x) = g(x), \ f(x) > 0, \ g(x) > 0$

ex $\log_2 (x+1) = \log_2 (x^2 - 1) \Leftrightarrow x+1 = x^2 - 1 \Rightarrow x^2 - x - 2 = 0$

$$\Rightarrow (x-2)(x+1) = 0 \Rightarrow x = 2 \text{ or } x = -1$$

진수 조건을 고려하면 $x+1 > 0, \ x^2 - 1 > 0 \Rightarrow x > 1$이므로 $x = 2$ 이다.

③ $\log_a x = t$로 치환 (t에서 x로 다시 변환해줘야 함을 기억하자.)

ex $(\log_2 x)^2 - 4\log_2 x = 0$

$\log_2 x = t$로 치환하면 $t^2 - 4t = 0 \Rightarrow t = 0 \text{ or } t = 4 \Rightarrow \log_2 x = 0 \text{ or } \log_2 x = 4 \Rightarrow x = 1 \text{ or } x = 16$

개념 확인문제   3   다음 방정식을 푸시오.

(1) $\log_2 (2x - 2) = 3$

(2) $\log_3 (x+2) + \log_3 x = 1$

(3) $\log_2 (x^2 - x + 2) = \log_2 2x^2$

로그의 진수에 미지수를 포함하는 부등식

로그함수 $y = \log_a x \, (a > 0, \ a \neq 1)$의 그래프의 성질에 의하여 다음이 성립한다.

① $a > 1$일 때, $\log_a x_1 < \log_a x_2 \Leftrightarrow x_1 < x_2 \ (x_1 > 0, \ x_2 > 0)$

② $0 < a < 1$일 때, $\log_a x_1 < \log_a x_2 \Leftrightarrow x_1 > x_2 \ (x_1 > 0, \ x_2 > 0)$

> **Tip** 그래프를 그려서 판단해보면 쉽게 파악할 수 있다.
> a의 범위에 따라 부등호의 방향이 바뀐다는 것에 주의해야 한다.

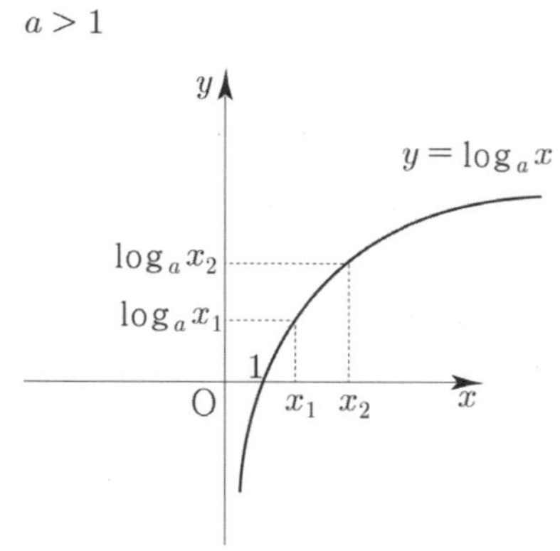

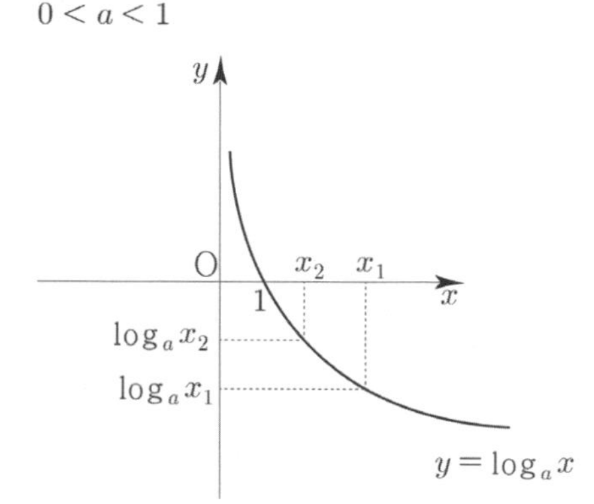

로그부등식의 기본유형

① $a > 1$일 때, $\log_a f(x) < \log_a g(x) \Leftrightarrow f(x) < g(x) \ (f(x) > 0, \ g(x) > 0)$

> **ex** $\log_3(x-1) < \log_3 2x \Leftrightarrow x-1 < 2x$, 진수조건 : $x-1 > 0, \ 2x > 0$
> $-1 < x, \ x > 1, \ x > 0$을 동시에 만족해야하므로 $x > 1$ 이다.

② $0 < a < 1$일 때, $\log_a f(x) < \log_a g(x) \Leftrightarrow f(x) > g(x) \ (f(x) > 0, \ g(x) > 0)$

> **ex** $\log_{\frac{1}{2}}(x-2) < \log_{\frac{1}{2}}(4-x) \Leftrightarrow x-2 > 4-x$, 진수조건 : $x-2 > 0, \ 4-x > 0$
> $x > 3, \ x > 2, \ 4 > x$을 동시에 만족해야하므로 $3 < x < 4$이다.

> **Tip** ②번의 경우 부등호방향이 달라지기 때문에 조심해야 한다.
> ①번으로 변환시켜 계산하면 실수를 줄일 수 있다.
> 즉, $\log_{\frac{1}{2}} x = -\log_2 x$로 변환하면 $-\log_2(x-2) < -\log_2(4-x) \Rightarrow \log_2(x-2) > \log_2(4-x)$

③ $\log_a x = t$로 치환 (진수조건 조심! t에서 x로 다시 변환해줘야 함을 기억하자.)

ex $(\log_2 x)^2 + 3\log_2 x - 4 > 0$

$\log_2 x = t$로 치환하면 $t^2 + 3t - 4 > 0 \Rightarrow (t+4)(t-1) > 0 \Rightarrow t < -4 \text{ or } t > 1$

$\log_2 x < -4 \Rightarrow \log_2 x < \log_2 \dfrac{1}{16} \Rightarrow x < \dfrac{1}{16},\ x > 0(\text{진수조건}) \Rightarrow 0 < x < \dfrac{1}{16}$

$\log_2 x > 1 \Rightarrow \log_2 x > \log_2 2 \Rightarrow x > 2,\ x > 0(\text{진수조건}) \Rightarrow x > 2$

따라서 $0 < x < \dfrac{1}{16}\ \text{ or } \ x > 2$이다.

Tip 1 로그부등식을 풀 때는 로그의 정의에 의하여 반드시 진수조건 혹은 밑조건에 유의해야 한다.
$\log_a x\ (a > 0,\ a \neq 1,\ x > 0)$ 문제를 풀기 전에 진수조건과 밑조건을 미리 써두는 것이 좋다.

Tip 2 진수조건을 고려할 때도 예를 들어 $\log_{\sqrt{2}}(x-2)$에서 진수조건을 $x - 2 > 0$로 봐야지 진수조건을
$\log_{\sqrt{2}}(x-2) = 2\log_2(x-2) = \log_2(x-2)^2$이므로 $(x-2)^2 > 0$로 보지 않도록 조심해야 한다.

개념 확인문제 4 다음 부등식을 푸시오.

(1) $\log_4 x \leq 2$

(2) $\log_{\frac{1}{2}} 2 < \log_{\frac{1}{2}}(x-3)$

(3) $\log_4(x-2) \leq \log_2(x-4)$

Training – 1 step
필수 유형편

4. 지수함수와 로그함수의 활용

001

지수방정식 $\dfrac{8^x}{2}=4^{2x+1}$을 만족시키는 x의 값을 구하시오.

002

방정식 $3^{\frac{1}{9}x-2}=27$의 해를 구하시오.

003

방정식 $4^x-6\times 2^x-16=0$을 만족시키는 실수 x의 값을 구하시오.

004

방정식 $3^x+3^{3-x}=12$의 모든 실근의 합을 구하시오.

005

방정식 $4^x-2^{x+2}+3=0$의 두 근을 α, β라 할 때, $8^\alpha+8^\beta$의 값을 구하시오.

Theme **2** 지수부등식

006

부등식 $\left(\dfrac{1}{3}\right)^{x-6}\geq 9$를 만족시키는 모든 자연수 x의 값의 합을 구하시오.

007

부등식 $\left(\dfrac{1}{2}\right)^{x^2+4}<4^{-x^2}$의 해가 $\alpha<x<\beta$일 때, $\beta-\alpha$의 값을 구하시오.

008

부등식 $4^x-5\times 2^{x+2}+64\leq 0$을 만족시키는 모든 자연수 x의 값의 합을 구하시오.

009

부등식 $\dfrac{1}{9^x}-\dfrac{4}{3^{x-1}}+27\leq 0$의 해가 $\alpha\leq x\leq\beta$일 때, $\beta-\alpha$의 값을 구하시오.

010 ☐☐☐☐☐

모든 실수 x에 대하여 부등식 $-4^x - 2^{x+1} + 5 < n$이 성립하도록 하는 20 이하의 모든 자연수 n의 개수를 구하시오.

011 ☐☐☐☐☐

모든 실수 x에 대하여 부등식 $25^x - k \times 5^x + 25 \geq 0$이 성립하도록 하는 실수 k의 범위를 구하시오.

012 ☐☐☐☐☐

$0 \leq x \leq 1$인 모든 실수 x에 대하여 부등식 $9^x - 6 \times 3^x \geq 9^k - 10 \times 3^k$이 항상 성립하도록 하는 실수 k의 최댓값 M, 최솟값 m이라 할 때, $M+m$의 값을 구하시오.

Theme 3 로그방정식

013 ☐☐☐☐☐

방정식 $\log_3(x-2) = \log_9 36$ 의 해를 구하시오.

014 ☐☐☐☐☐

방정식 $\log_3(5-x) + \log_3(5+x) = 2$을 만족시키는 모든 실수 x의 곱을 구하시오.

015 ☐☐☐☐☐

방정식 $\log_2(\log_3 x) = 2$를 만족시키는 x의 값을 구하시오.

016 ☐☐☐☐☐

방정식 $\log_4(12x-3) = \log_2(2x+1)$를 만족시키는 실수 x의 값을 구하시오.

017

방정식 $(\log_3 x)^2 - 3\log_3 x + 2 = 0$의 두 근을 α, β라 할 때, $\alpha + \beta$의 값을 구하시오.

018

이차방정식 $x^2 - 6x + 2 = 0$의 두 근이 $\log a$, $\log b$일 때, $\log_a b + \log_b a$의 값을 구하시오.

019

방정식 $(\log_3 x)^2 - 2\log_3 x - 2 = 0$ 의 두 근을 α, β라 할 때, $(\log_\alpha 3)^2 + (\log_\beta 3)^2$ 의 값을 구하시오.

020

부등식 $\log_3 x \leq \log_3 (x+10) - 1$를 만족시키는 모든 정수 x의 값의 합을 구하시오.

021

부등식 $\log_{\frac{1}{3}} (x^2 - 2x - 3) \geq \log_{\frac{1}{3}} (2x+2)$를 만족시키는 모든 정수 x의 값의 합을 구하시오.

022

부등식 $\log_2 x \leq \log_4 (13x + 30)$을 만족시키는 정수 x의 최솟값과 최댓값의 합을 구하시오.

023

부등식 $\log_{\frac{1}{3}} (x+1) + \log_{\frac{1}{3}} (x+5) \geq \log_{\frac{1}{3}} 12$ 를 만족시키는 정수 x의 개수를 구하시오.

024 ☐☐☐☐☐

부등식 $\log_2(\log_3 x) \leq 1$을 만족시키는 자연수 x의 개수를 구하시오.

Theme 5 실생활 활용

026 ☐☐☐☐☐

어느 상품의 수요량이 D, 공급량이 S일 때의 판매가격을 P라 하면 관계식

$$\log_2 P = C + \log_3 D - \log_9 S \text{(단, } C \text{는 상수)}$$

가 성립한다고 한다. 이 상품의 수요량이 27배로 증가되고 공급량이 9배로 증가하면 판매가격은 k배로 증가한다. k의 값을 구하시오.

025 ☐☐☐☐☐

부등식 $4\log_3 |x| < 4 - \log_{\frac{1}{3}} x^2$를 만족시키는 정수 x의 개수를 구하시오.

027 ☐☐☐☐☐

최대 충전 용량이 $Q_0 \ (Q_0 > 0)$인 어떤 배터리를 완전히 방전시킨 후 t시간 동안 충전한 배터리의 충전 용량을 $Q(t)$라 할 때, 다음 식이 성립한다고 한다.

$$Q(t) = Q_0\left(1 - 2^{-\frac{t}{a}}\right) \text{(단, } a \text{는 양의 상수이다.)}$$

$\dfrac{Q(4)}{Q(2)} = \dfrac{3}{2}$일 때, $a^2 \times \dfrac{Q(6)}{Q(2)}$의 값을 구하시오.

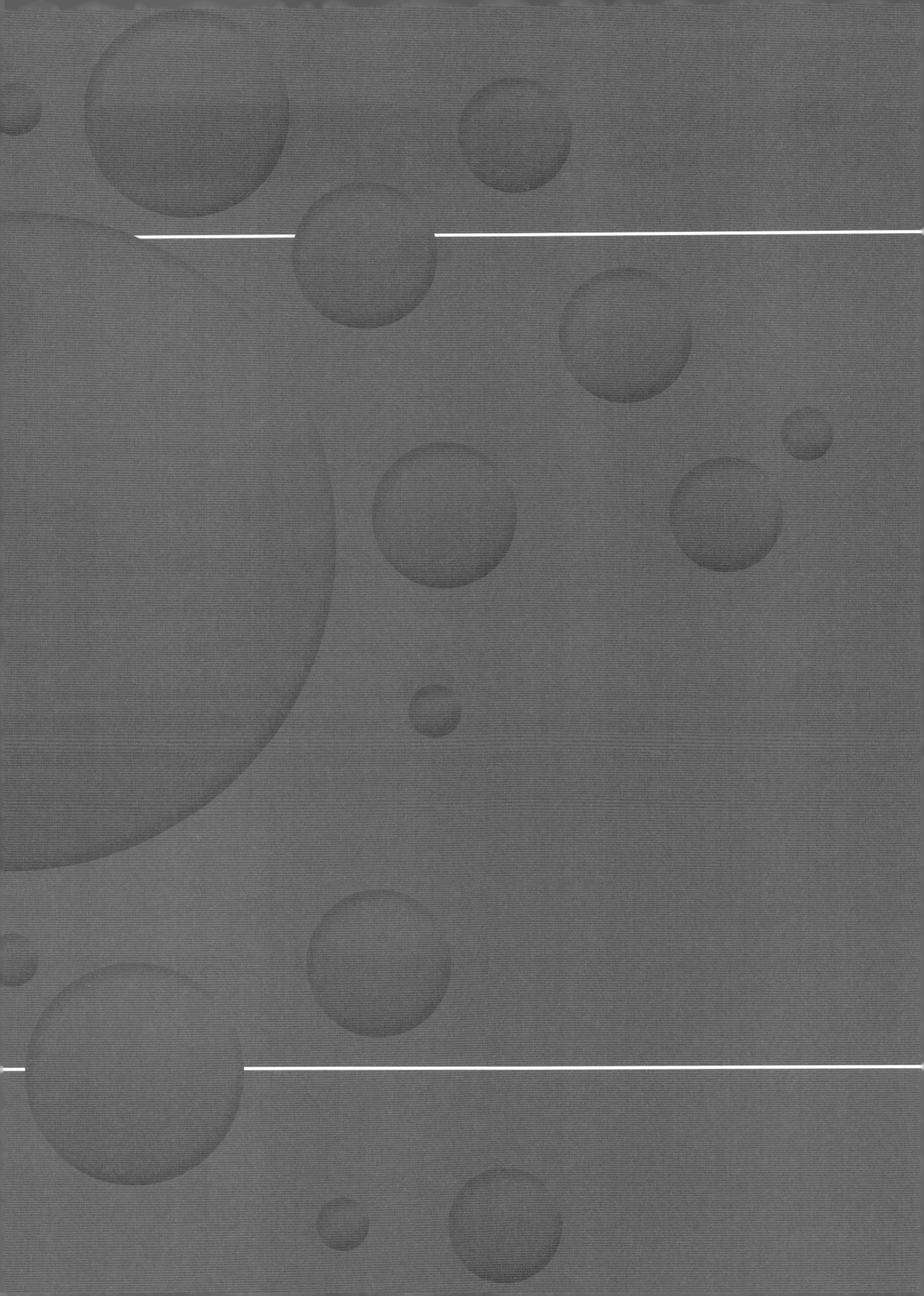

Training - 2 step

기출 적용편

4. 지수함수와 로그함수의 활용

028 2025학년도 수능 공통 ⬜⬜⬜⬜⬜

방정식 $\log_2(x-3)=\log_4(3x-5)$를 만족시키는 실수 x의 값을 구하시오. [3점]

029 2021년 고3 7월 교육청 공통 ⬜⬜⬜⬜⬜

부등식 $5^{2x-7} \leq \left(\dfrac{1}{5}\right)^{x-2}$ 을 만족시키는 자연수 x의 개수는? [3점]

① 1   ② 2   ③ 3

④ 4   ⑤ 5

030 2019학년도 고3 6월 평가원 가형 ⬜⬜⬜⬜⬜

부등식 $\dfrac{27}{9^x} \geq 3^{x-9}$을 만족시키는 모든 자연수 x의 개수는? [3점]

① 1   ② 2   ③ 3

④ 4   ⑤ 5

031 2025학년도 고3 9월 평가원 공통 ⬜⬜⬜⬜⬜

방정식 $\log_3(x+2)-\log_{\frac{1}{3}}(x-4)=3$을 만족시키는 실수 x의 값을 구하시오. [3점]

032 2019학년도 고3 9월 평가원 가형 ⬜⬜⬜⬜⬜

방정식 $2\log_4(5x+1)=1$의 실근을 α라 할 때, $\log_5\dfrac{1}{\alpha}$의 값을 구하시오. [3점]

033 2024학년도 고3 6월 평가원 공통 ⬜⬜⬜⬜⬜

부등식 $2^{x-6} \leq \left(\dfrac{1}{4}\right)^x$을 만족시키는 모든 자연수 x의 값의 합을 구하시오. [3점]

034 2024학년도 고3 9월 평가원 공통 ⬜⬜⬜⬜⬜

방정식 $\log_2(x-1)=\log_4(13+2x)$를 만족시키는 실수 x의 값을 구하시오. [3점]

035 2024학년도 수능 공통 ⬜⬜⬜⬜⬜

방정식 $3^{x-8}=\left(\dfrac{1}{27}\right)^x$을 만족시키는 실수 x의 값을 구하시오. [3점]

036 2023학년도 고3 9월 평가원 공통 ⬜⬜⬜⬜⬜

방정식 $\log_3(x-4)=\log_9(x+2)$를 만족시키는 실수 x의 값을 구하시오. [3점]

037 2023학년도 수능 공통 ⬜⬜⬜⬜⬜

방정식 $\log_2(3x+2)=2+\log_2(x-2)$를 만족시키는 실수 x의 값을 구하시오. [3점]

038 2021학년도 고3 9월 평가원 가형 ⬜⬜⬜⬜⬜

방정식 $\log_2 x = 1 + \log_4(2x-3)$을 만족시키는
모든 실수 x의 값의 곱을 구하시오. [3점]

039 2020년 고3 10월 교육청 가형 ⬜⬜⬜⬜⬜

부등식 $\log_2(x^2-7x) - \log_2(x+5) \le 1$을
만족시키는 모든 정수 x의 값의 합은? [3점]

① 22　　　　② 24　　　　③ 26

④ 28　　　　⑤ 30

040 2020년 고3 3월 교육청 나형 ⬜⬜⬜⬜⬜

$10 \le x < 1000$인 실수 x에 대하여
$\log x^3 - \log \dfrac{1}{x^2}$의 값이 자연수가 되도록 하는
모든 x의 개수를 구하시오. [3점]

041 2019년 고2 6월 교육청 나형 ⬜⬜⬜⬜⬜

방정식 $\left(\log_2 \dfrac{x}{2}\right)(\log_2 4x) = 4$의 서로 다른 두 실근
α, β에 대하여 $64\alpha\beta$의 값을 구하시오. [4점]

042 2018학년도 고3 6월 평가원 가형 ⬜⬜⬜⬜⬜

부등식 $2\log_2 |x-1| \le 1 - \log_2 \dfrac{1}{2}$을 만족시키는 모든
정수 x의 개수는? [3점]

① 2　　　　② 4　　　　③ 6

④ 8　　　　⑤ 10

043 2014학년도 고3 9월 평가원 A형 ⬜⬜⬜⬜⬜

방정식 $(\log_3 x)^2 - 6\log_3 \sqrt{x} + 2 = 0$의 서로 다른 두
실근을 α, β라 할 때, $\alpha\beta$의 값을 구하시오. [3점]

044 2008학년도 고3 9월 평가원 나형 ⬜⬜⬜⬜⬜

x에 관한 방정식 $a^{2x} - a^x = 2$ $(a > 0,\ a \ne 1)$의 해가
$\dfrac{1}{7}$이 되도록 하는 상수 a의 값을 구하시오. [3점]

045 2021년 고3 3월 교육청 공통 ⬜⬜⬜⬜⬜

모든 실수 x에 대하여 이차부등식
$3x^2 - 2(\log_2 n)x + \log_2 n > 0$이 성립하도록 하는 자연수 n의
개수를 구하시오. [3점]

046 2014년 고3 4월 교육청 B형 ⬜⬜⬜⬜⬜

x에 대한 부등식 $2^{2x+1} - (2n+1)2^x + n \le 0$을
만족시키는 모든 정수 x의 개수가 7일 때, 자연수 n의
최댓값을 구하시오. [3점]

047 2017학년도 고3 6월 평가원 가형 ⬜⬜⬜⬜⬜

부등식 $\log_3(x-1) + \log_3(4x-7) \le 3$을 만족시키는
정수 x의 개수는? [3점]

① 1　　　　② 2　　　　③ 3

④ 4　　　　⑤ 5

x에 대한 로그부등식 $\log_5(x-1) \le \log_5\left(\dfrac{1}{2}x+k\right)$를 만족시키는 모든 정수 x의 개수가 3일 때, 자연수 k의 값은? [3점]

① 1   ② 2   ③ 3

④ 4   ⑤ 5

x에 대한 방정식 $4^x - k \times 2^{x+1} + 16 = 0$이 오직 하나의 실근 α를 가질 때, $k+\alpha$의 값은? (단, k의 상수이다.) [3점]

① 3   ② 4   ③ 5

④ 6   ⑤ 7

부등식 $|a - \log_2 x| \le 1$을 만족시키는 x의 최댓값과 최솟값의 차가 18일 때, 2^a의 값은? [3점]

① 10   ② 12   ③ 14

④ 16   ⑤ 18

연립부등식

$$\begin{cases} 2^{x+3} > 4 \\ 2\log(x+3) < \log(5x+15) \end{cases}$$

를 만족시키는 정수 x의 개수는? [3점]

① 2   ② 4   ③ 6

④ 8   ⑤ 10

부등식 $(\log_3 x)(\log_3 3x) \le 20$을 만족시키는 자연수 x의 최댓값을 구하시오. [3점]

이차함수 $y=f(x)$의 그래프와 직선 $y=x-1$이 그림과 같을 때, 부등식 $\log_3 f(x) + \log_{\frac{1}{3}}(x-1) \le 0$을 만족시키는 모든 자연수 x의 값의 합을 구하시오. (단, $f(0)=f(7)=0$, $f(4)=3$) [3점]

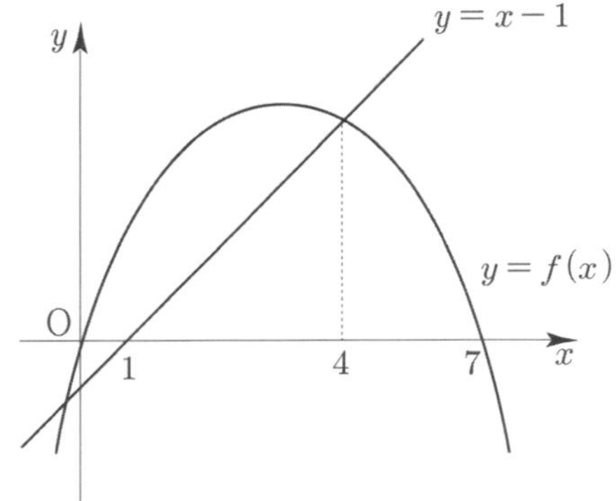

054 2021학년도 사관학교 가형 ☐☐☐☐☐

x에 대한 연립부등식

$$\begin{cases} \left(\dfrac{1}{2}\right)^{1-x} > \left(\dfrac{1}{16}\right)^{x-1} \\ \log_2 4x < \log_2 (x+k) \end{cases}$$

의 해가 존재하지 않도록 하는 양수 k의 최댓값은? [3점]

① 3   ② 4   ③ 5

④ 6   ⑤ 7

055 2016학년도 고3 6월 평가원 A형 ☐☐☐☐☐

일차함수 $y=f(x)$의 그래프가 그림과 같고 $f(-5)=0$
이다. 부등식 $2^{f(x)} \leq 8$의 해가 $x \leq -4$일 때,
$f(0)$의 값을 구하시오. [4점]

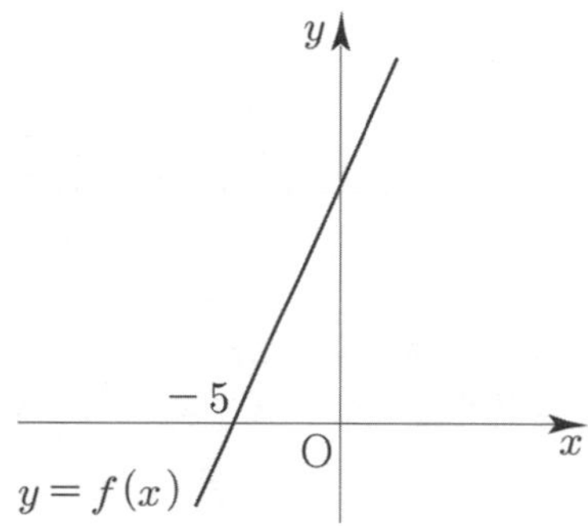

056 2015년 고3 4월 교육청 A형 ☐☐☐☐☐

지수부등식 $(2^x - 32)\left(\dfrac{1}{3^x} - 27\right) > 0$을 만족시키는

모든 정수 x의 개수는? [4점]

① 7   ② 8   ③ 9

④ 10   ⑤ 11

057 2014학년도 고3 6월 평가원 A형 ☐☐☐☐☐

방정식 $x^{\log_2 x} = 8x^2$의 두 실근을 α, β라 할 때,
$\alpha\beta$의 값을 구하시오. [4점]

058 2007학년도 수능 나형 ☐☐☐☐☐

정수 n에 대하여 두 집합 $A(n)$, $B(n)$이

$A(n) = \{ x \mid \log_2 x \leq n \}$, $B(n) = \{ x \mid \log_4 x \leq n \}$

일 때, 〈보기〉에서 옳은 것을 모두 고른 것은? [4점]

〈보기〉

ㄱ. $A(1) = \{ x \mid 0 < x \leq 1 \}$
ㄴ. $A(4) = B(2)$
ㄷ. $A(n) \subset B(n)$일 때, $B(-n) \subset A(-n)$이다.

① ㄱ   ② ㄴ   ③ ㄷ

④ ㄱ, ㄷ   ⑤ ㄴ, ㄷ

직선 $x=k$가 두 곡선 $y=\log_2 x$, $y=-\log_2(8-x)$와 만나는 점을 각각 A, B라 하자. $\overline{AB}=2$가 되도록 하는 모든 실수 k의 값의 곱은? (단, $0<k<8$) [4점]

① $\dfrac{1}{2}$　　② 1　　③ $\dfrac{3}{2}$

④ 2　　⑤ $\dfrac{5}{2}$

질량 $a(\text{g})$의 활성탄 A를 염료 B의 농도가 $c(\%)$인 용액에 충분히 오래 담가 놓을 때 활성탄 A에 흡착되는 염료 B의 질량 $b(\text{g})$는 다음 식을 만족시킨다고 한다.

$$\log\frac{b}{a}=-1+k\log c\ (\text{단, } k\text{는 상수이다.})$$

10g의 활성탄 A를 염료 B의 농도가 8%인 용액에 충분히 오래 담가 놓을 때 활성탄 A에 흡착되는 염료 B의 질량은 4g이다. 20g의 활성탄 A를 염료 B의 농도가 27%인 용액에 충분히 오래 담가 놓을 때 활성탄 A에 흡착되는 염료 B의 질량(g)은? (단, 각 용액의 양은 충분하다.) [4점]

① 10　　② 12　　③ 14

④ 16　　⑤ 18

통신이론에서 신호의 주파수 대역폭이 $B\,(\text{Hz})$이고 신호잡음전력비가 x일 때, 전송할 수 있는 신호의 최대 전송 속도 $C\,(\text{bps})$는 다음과 같이 계산된다고 한다.

$$C=B\times\log_2(1+x)$$

신호의 주파수 대역폭이 일정할 때, 신호잡음전력비를 a에서 $33a$로 높였더니 신호의 최대 전송 속도가 2배가 되었다. 양수 a의 값을 구하시오. (단, 신호잡음전력비는 잡음전력에 대한 신호전력의 비이다.) [4점]

두 집합

$$A=\left\{x\mid x^2-5x+4\le 0\right\},$$
$$B=\left\{x\mid (\log_2 x)^2-2k\log_2 x+k^2-1\le 0\right\}$$

에 대하여 $A\cap B\ne\varnothing$을 만족시키는 정수 k의 개수는? [4점]

① 5　　② 6　　③ 7

④ 8　　⑤ 9

063  2021학년도 고3 9월 평가원 나형　○○○○○

$\angle A = 90^\circ$ 이고 $\overline{AB} = 2\log_2 x$, $\overline{AC} = \log_4 \dfrac{16}{x}$ 인

삼각형 ABC의 넓이를 $S(x)$라 하자. $S(x)$가 $x = a$에서

최댓값 M을 가질 때, $a + M$의 값은? (단, $1 < x < 16$) [4점]

① 6　　　　② 7　　　　③ 8

④ 9　　　　⑤ 10

---

064  2019년 고2 6월 교육청 가형　○○○○○

함수 $f(x) = \begin{cases} -3x + 6 & (x < 3) \\ 3x - 12 & (x \geq 3) \end{cases}$ 의 그래프가 그림과

같다.

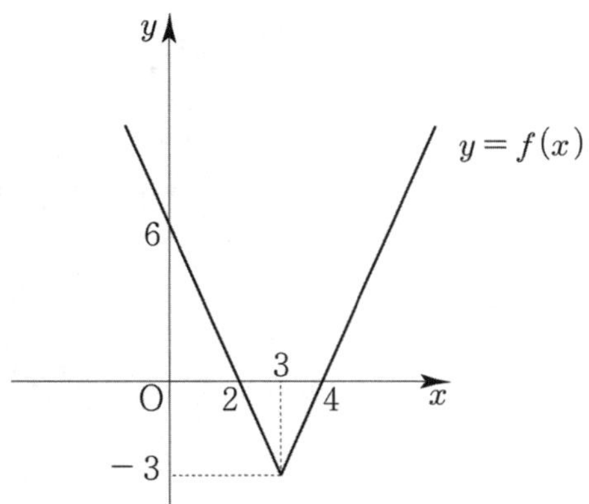

부등식 $2^{f(x)} \leq 4^x$을 만족시키는 x의 최댓값과 최솟값을

각각 M, m이라 할 때, $M + m = \dfrac{q}{p}$ 이다. $p + q$의 값을

구하시오. (단, p와 q는 서로소인 자연수이다.) [4점]

규토 라이트 N제

지수함수와 로그함수

Master step

심화 문제편

4. 지수함수와 로그함수의 활용

x에 대한 방정식 $4^x - a \times 2^{x+1} + a^2 - a - 6 = 0$이 서로
다른 두 실근을 갖도록 하는 상수 a의 값의 범위는? [3점]

① $a > -6$　　　　② $-6 < a < -2$

③ $a > 0$　　　　④ $-2 < a < 3$

⑤ $a > 3$

지수방정식 $5^{2x} - 5^{x+1} + k = 0$이 서로 다른 두 개의 양의
실근을 갖도록 하는 정수 k의 개수는? [3점]

① 1　　　　② 2　　　　③ 3

④ 4　　　　⑤ 5

임의의 실수 x에 대하여 부등식 $2^{x+1} - 2^{\frac{x+4}{2}} + a \geq 0$이
성립하도록 하는 실수 a의 최솟값은? [4점]

① 1　　　　② 2　　　　③ 3

④ 4　　　　⑤ 5

x에 대한 로그방정식
$(\log x + \log 2)(\log x + \log 4) = -(\log k)^2$이 서로 다른
두 실근을 갖도록 하는 양수 k의 값의 범위가 $\alpha < k < \beta$
일 때, $10(\alpha^2 + \beta^2)$의 값을 구하시오. [4점]

069   2019학년도 수능 가형

이차함수 $y=f(x)$의 그래프와 일차함수 $y=g(x)$의 그래프가 그림과 같을 때, 부등식 $\left(\dfrac{1}{2}\right)^{f(x)g(x)} \geq \left(\dfrac{1}{8}\right)^{g(x)}$ 을 만족시키는 모든 자연수 x의 값의 합은? [4점]

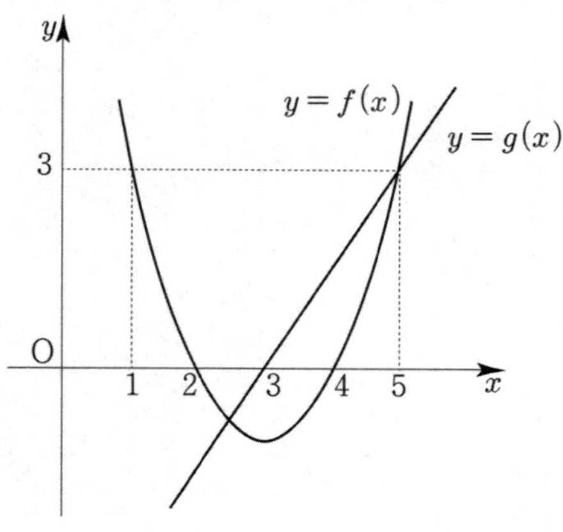

① 7   ② 9   ③ 11

④ 13   ⑤ 15

070

실수 k에 대하여 방정식 $\left| 2^{-|x-1|} - \dfrac{1}{2} \right| = k$ 의 서로 다른 실근의 개수를 $f(k)$라 할 때, $f(0)+f(2^{-2})+f(2^{-1})+f(1)$의 값을 구하시오.

071

두 함수 $y=f(x)$, $y=g(x)$의 그래프가 그림과 같을 때, 부등식 $\log_{f(x)} g(x) \geq 1$을 만족시키는 8 이하의 모든 자연수 x의 값의 합을 구하시오.

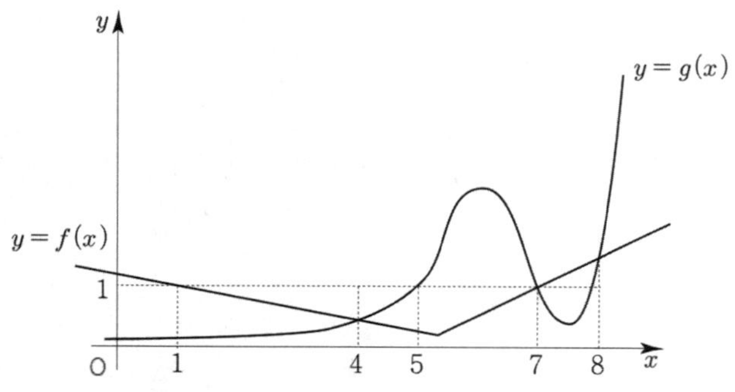

072   2025학년도 고3 6월 평가원 공통

다음 조건을 만족시키는 모든 자연수 k의 값의 합은? [4점]

> $\log_2 \sqrt{-n^2+10n+75} - \log_4 (75-kn)$ 의 값이 양수가 되도록 하는 자연수 n의 개수가 12이다.

① 6   ② 7   ③ 8

④ 9   ⑤ 10

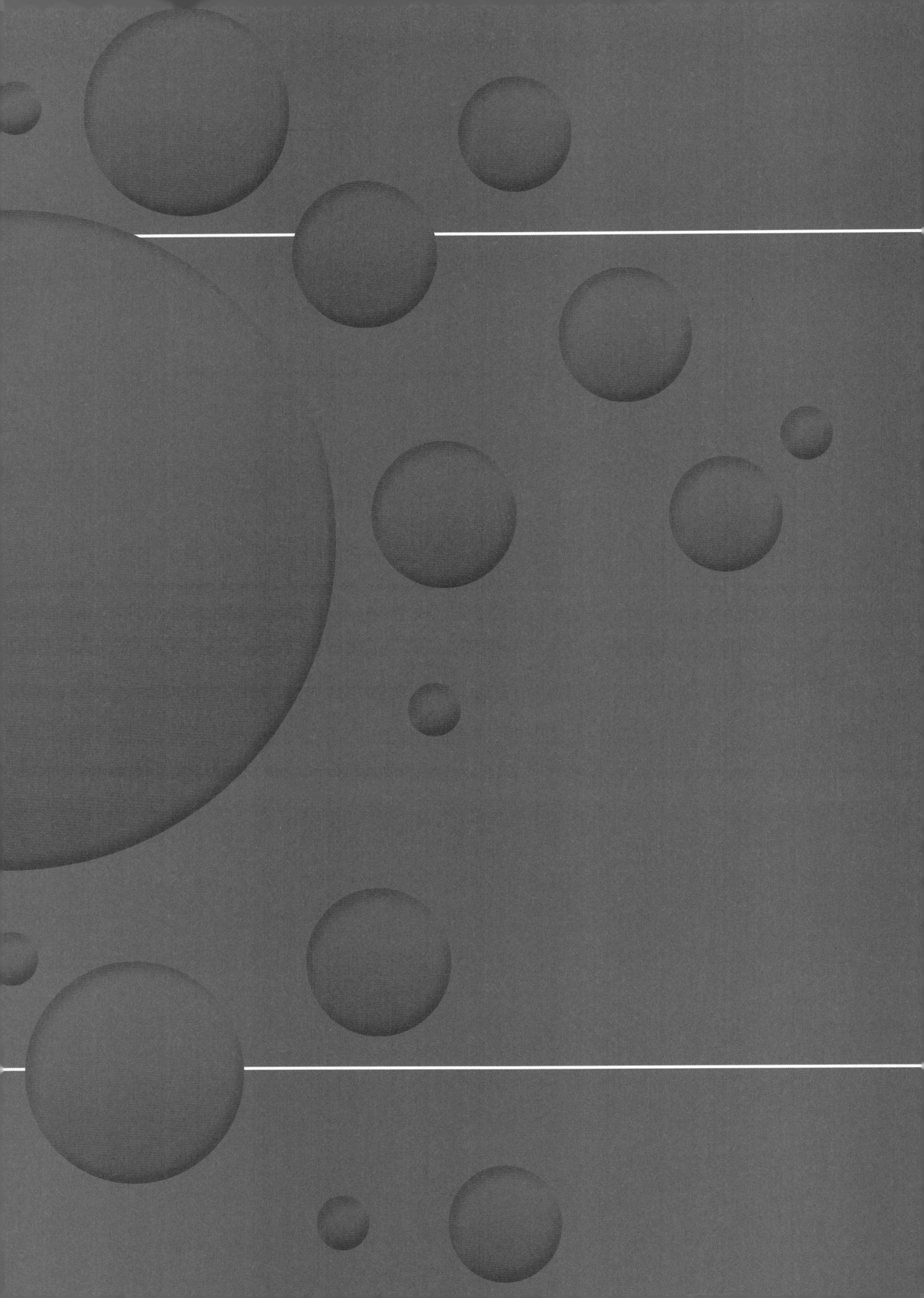

규토 라이트 N제
삼각함수

규토 라이트 N제

삼각함수

Guide step

개념 익히기편

1. 삼각함수

01 일반각과 호도법

성취 기준 – 일반각과 호도법의 뜻을 안다.

개념 파악하기 **(1) 일반각이란 무엇일까?**

시초선과 동경

오른쪽 그림에서 $\angle$XOP 의 크기는 반직선 OP가 고정된 반직선
OX의 위치에서 점 O를 중심으로 회전한 양이다.
이 때 반직선 OX 를 **시초선**, 반직선 OP를 동경이라 한다.

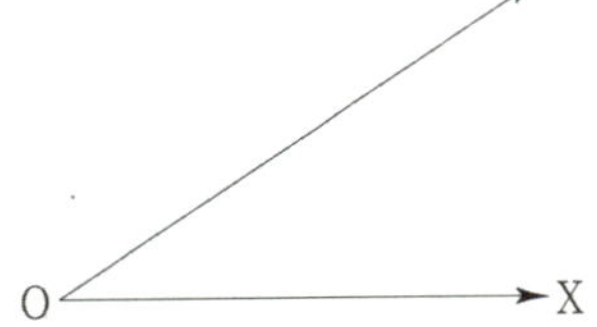

> **Tip** 시초선은 출발의 기준이 되는 선, 동경은 움직이는 선이라는 뜻이다.

동경 OP가 점 O를 중심으로 회전할 때, 시계반대방향을 양의 방향이라 하고,
시계방향을 음의 방향이라 한다.
또한 동경 OP가 양의 방향으로 회전하여 생기는 각의 크기는
양의 부호 +를 붙여 나타내고, 음의 방향으로 회전하여 생기는
각의 크기는 음의 부호 −를 붙여 나타낸다.

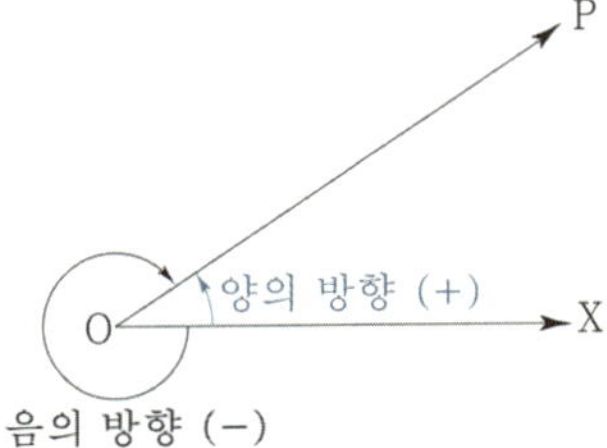

> **Tip** 일반적으로 양의 부호 +는 생략한다.

$-30\,^\circ$ 는 시계방향으로 $30\,^\circ$ 만큼 회전했음을 의미한다. 방향을 조심하자!
$-30\,^\circ$ 가 나타내는 시초선 OX와 동경 OP를 그리면 오른쪽 그림과 같다.

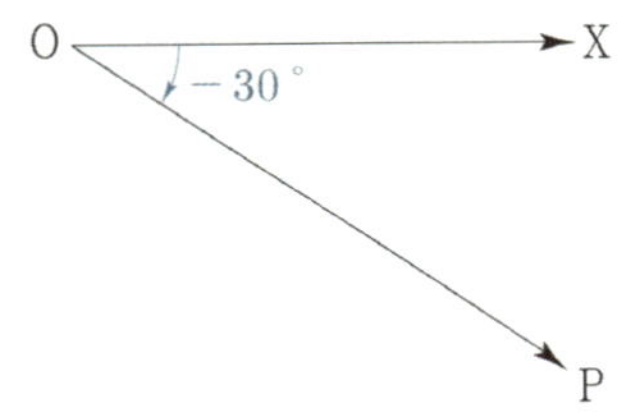

개념 확인문제 **1** 크기가 다음과 같은 각을 나타내는 시초선 OX와 동경 OP를 그리시오.

(1) $80\,^\circ$

(2) $100\,^\circ$

(3) $-200\,^\circ$

일반각

시초선 OX는 고정되어 있으므로 ∠XOP의 크기가 정해지면 동경 OP의 위치는 하나로 정해진다.
그러나 동경 OP가 양의 방향 또는 음의 방향으로 한 바퀴 이상 회전할 수 있으므로
동경 OP의 위치가 정해지더라도 ∠XOP의 크기는 하나로 정해지지 않는다.

예를 들어 시초선 OX와 $45°$를 이루는 위치에 있는 동경 OP가 나타내는 각의 크기는
다음 그림과 같이 여러 가지로 표현할 수 있다.

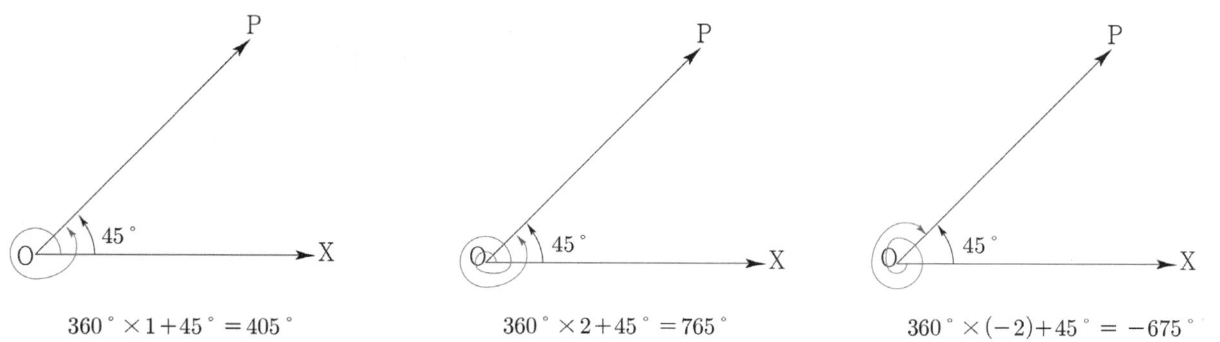

$$360° \times 1 + 45° = 405°$$

$$360° \times 2 + 45° = 765°$$

$$360° \times (-2) + 45° = -675°$$

일반적으로 시초선 OX와 동경 OP가 나타내는 ∠XOP의 크기 중에서 하나를 $\alpha°$라 할 때,
동경 OP가 나타내는 각의 크기는 다음과 같은 꼴로 나타낼 수 있다.

$$360° \times n + \alpha° \quad (단, n은 정수)$$

이것을 동경 OP가 나타내는 일반각이라 한다.

> **Tip 1** 보통 $\alpha°$는 $0° \leq \alpha° < 360°$인 것을 택한다.

> **Tip 2** 동경의 위치가 같더라도 회전의 방향이나 회전수에 따라 각의 크기가 다를 수 있다.

개념 확인문제 2 다음 각의 동경이 나타내는 일반각을 $360° \times n + \alpha°$ 꼴로 나타내시오.
(단, n은 정수이고 $0° \leq \alpha° < 360°$)

(1) $60°$

(2) $440°$

(3) $-100°$

사분면의 각

좌표평면 위의 원점 O에서 x축의 양의 방향을 시초선으로 잡았을 때,
동경 OP가 제 1사분면, 제 2사분면, 제 3사분면, 제 4사분면에 있으면
동경 OP가 나타내는 각을 각각 제 1사분면의 각, 제 2사분면의 각,
제 3사분면의 각, 제 4사분면의 각이라 한다.

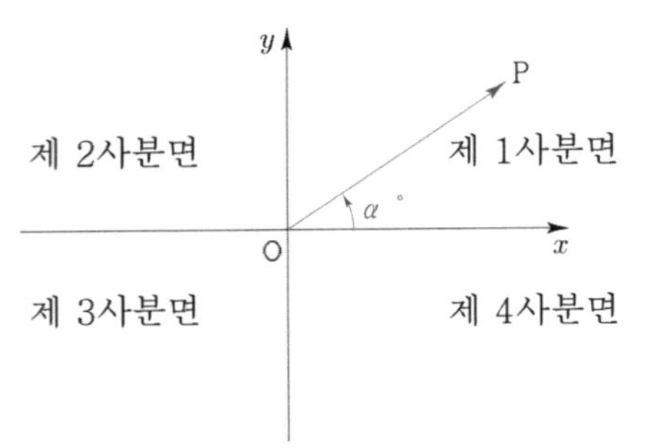

Tip $0°$, $90°$, $180°$, $270°$ 와 같이 동경이 좌표축 위에 있으면 어느 사분면의 각도 아니다.

개념 확인문제 3 크기가 다음과 같은 각은 제 몇 사분면의 각인지 구하시오.

(1) $310°$

(2) $800°$

(3) $-240°$

개념 파악하기 │ (2) 호도법이란 무엇일까?

호도법

지금까지는 각의 크기를 나타낼 때, $30°$, $60°$, $-120°$ 와 같이 도($°$)를 단위로 하는 육십분법을 사용하였다. 이제 각의 크기를 나타내는 새로운 단위를 알아보자.

오른쪽 그림과 같이 반지름의 길이가 r인 원 O에서 호 AB의 길이가 r인 부채꼴 OAB의 중심각의 크기를 $\alpha°$ 라고 하면 호의 길이는 중심각의 크기에 정비례하므로 다음이 성립함을 알 수 있다.

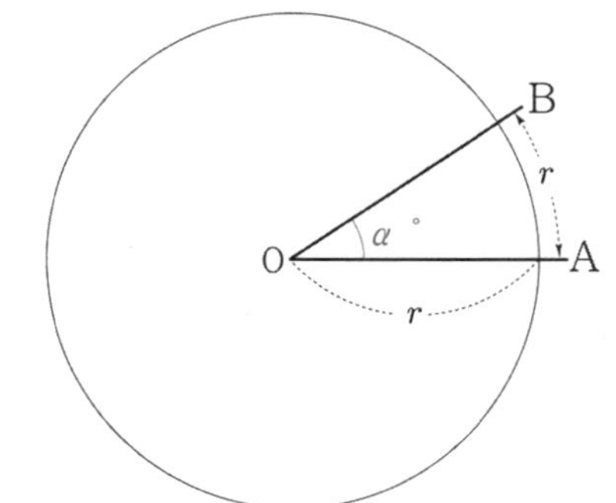

$$\widehat{AB} : 원의\ 둘레 = \alpha° : 360° \Rightarrow r : 2\pi r = \alpha° : 360°$$

$$\Rightarrow \alpha° = \frac{180°}{\pi}$$

여기서 반지름의 길이가 호의 길이와 같은 부채꼴의 중심각의 크기 $\alpha°$ 는 반지름의 길이에 관계없이 항상 일정하다.

이 일정한 각의 크기 $\dfrac{180°}{\pi}$ 를 1 라디안이라 하고,

이것을 단위로 각의 크기를 나타내는 방법을 호도법이라 한다.

호도법과 육십분법 사이의 관계

1 라디안 $= \dfrac{180°}{\pi}$, $1° = \dfrac{\pi}{180}$ 라디안 (1 라디안 $=$ 약 $57°$)

Tip 1	$180° = \pi$ 라고 기억하는 편이 좋다.
Tip 2	각의 크기를 호도법으로 나타낼 때는 단위인 '라디안'은 생략하고 1, $\dfrac{\pi}{3}$ 와 같이 실수처럼 쓴다.
Tip 3	호도법은 '호의 길이로 각도를 나타내는 방법'의 줄임말로 생각하면 좋다.

개념 확인문제 │ 4 │ 육십분법($°$)은 호도법으로 나타내고, 호도법은 육십분법($°$)으로 나타내시오.

(1) $45°$ (2) $\dfrac{2}{3}\pi$ (3) $-75°$

부채꼴의 호의 길이와 넓이

호도법을 이용하여 부채꼴의 호의 길이와 넓이를 구해보자.

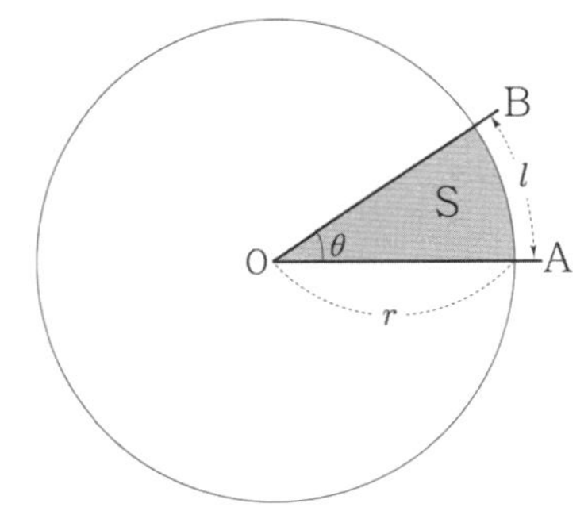

오른쪽 그림과 같이 반지름의 길이가 r, 중심각의 크기가 θ (라디안)인
부채꼴 OAB에서 호 AB의 길이를 l, 부채꼴 OAB의 넓이를 S라 하면
호의 길이는 중심각의 크기에 비례하므로

$$l \, : \, 2\pi r = \theta \, : \, 2\pi \implies l = r\theta$$

부채꼴의 넓이도 중심각의 크기에 비례하므로

$$S \, : \, \pi r^2 \, = \, \theta \, : \, 2\pi \implies S = \frac{1}{2}r^2\theta = \frac{1}{2}r \times r\theta = \frac{1}{2}rl$$

부채꼴의 호의 길이와 넓이 요약

반지름의 길이가 r, 중심각의 크기가 θ 인 부채꼴의 호의 길이를 l, 넓이를 S라 하면

$$l = r\theta, \ \ S = \frac{1}{2}r^2\theta = \frac{1}{2}rl$$

Tip 1 중심각의 크기 θ 의 단위는 라디안임에 유의한다. 즉, 중심각이 $60\,^\circ$ 이면 $\theta = \dfrac{\pi}{3}$ 라고 써야 한다.

Tip 2 〈왜 호도법을 사용할까?〉
지금까지 육십분법을 쓰면서 딱히 불편한 적도 없었고 $30\,^\circ$, $45\,^\circ$, $60\,^\circ$ 와 같이 직관적이고 쉬운데 왜 굳이 호도법을 사용할까?
중학교 때 배운 삼각비는 직각삼각형의 빗변, 밑변, 높이의 비로 정의하였지만 고등학교에서는 이를 확장하여 삼각함수를 다룬다. 일반적으로 함수의 정의역은 실수이기 때문에 sin, cos, tan를 함수로 만들려면 각을 실수로 표현해야 한다. 즉, 이를 위해 도입한 것이 바로 호도법이다.
지난 tip에서 언급했듯이 각의 크기를 호도법으로 나타낼 때는 단위인 라디안을 생략하고 실수처럼 사용한다는 것이 핵심이다.
보통 단위라는 것도 연산과 동일하게 곱하거나 나누거나 하는 형태로 약속해서 표현된다.

ex 속력 $= \dfrac{거리}{시간} \ (m/s)$, 넓이 $=$ 가로의 길이 $\times$ 세로의 길이 (m^2)

θ (라디안) $= \dfrac{l}{r} = \dfrac{길이}{길이}$ 이므로 단위가 약분되어 순수한 비율, 즉 실수로 표현된다는 것을 알 수 있다. 이렇게 순수한 실수가 되었기에 함수의 정의역으로 쓰기 알맞다. 이때 "$45\,^\circ$ 는 실수가 아닌가요?"라는 의문이 있을 수 있다. 45는 실수이지만 $^\circ$ 를 붙여서 $45\,^\circ$ 라고 쓰는 순간 이정도 45° 의 각을 나타내는 표현법에 불과하다. 물론 육십분법을 이용하여 함수를 그릴 수는 있지만 순수한 실수가 아니기 때문에 다른 그래프들과 같은 좌표평면에서 비교하여 해석할 수 없다. 따라서 실수가 정의역인 삼각함수를 만들기 위해서 호도법이라는 것을 도입한 것이다.

개념 확인문제 5 다음을 구하시오.

(1) 반지름의 길이가 4, 중심각의 크기가 $\dfrac{\pi}{4}$ 인 부채꼴의 호의 길이와 넓이를 구하시오.

(2) 반지름의 길이가 12, 호의 길이가 10인 부채꼴의 중심각의 크기와 넓이를 구하시오.

02 삼각함수

성취 기준 – 삼각함수의 뜻을 안다.

개념 파악하기 ▶ (3) 삼각함수란 무엇일까?

삼각함수의 뜻

중학교에서는 $0°$에서 $90°$까지의 각의 삼각비를 배웠으나, 이제 삼각비의 정의를 확장하여 일반각에 대한 함수로 정의해 보자. 오른쪽 그림과 같이 좌표평면의 원점 O에서 x축의 양의 방향으로 놓인 반직선을 시초선으로 잡을 때, 동경 OP가 나타내는 한 각의 크기를 θ라고 하자. 중심이 원점 O이고 반지름의 길이가 r인 원과 동경 OP의 교점을 $P(x, y)$라고 하면

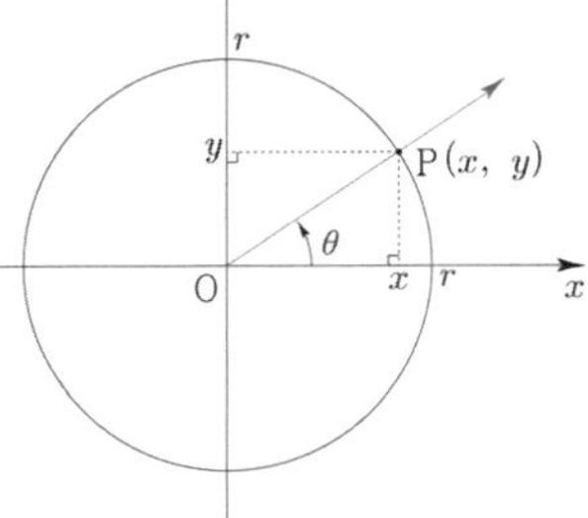

$\dfrac{y}{r}$, $\dfrac{x}{r}$, $\dfrac{y}{x}$ $(x \neq 0)$의 값은 r의 값에 관계없이 θ의 값에 따라 각각 하나로 정해진다.

따라서 $\theta \to \dfrac{y}{r}$, $\theta \to \dfrac{x}{r}$, $\theta \to \dfrac{y}{x}$ $(x \neq 0)$와 같은 대응은 각각 θ의 함수이다.

> **Tip** 〈중학교에서 배운 내용 복습 : 함수의 정의〉
> 두 변수 x, y에 대하여 x의 값이 정해짐에 따라 y의 값이 하나로 정해지는 대응 관계가
> 성립할 때, y를 x의 함수라고 한다.

이들을 각각 θ의 사인함수, 코사인함수, 탄젠트함수라 하고, 다음과 같이 나타낸다.

$$\sin\theta = \frac{y}{r}, \quad \cos\theta = \frac{x}{r}, \quad \tan\theta = \frac{y}{x} \ (x \neq 0)$$

이 함수들을 통틀어 θ에 대한 삼각함수라 한다.

삼각함수의 정의

동경 OP가 나타내는 각의 크기를 θ라고 할 때, $\sin\theta = \dfrac{y}{r}$, $\cos\theta = \dfrac{x}{r}$, $\tan\theta = \dfrac{y}{x}$ $(x \neq 0)$

> **Tip 1** 일반각에 대한 삼각함수는 중학교에서 배운 삼각비의 확장이지만 직각삼각형의 변의 길이비가 아닌
> 함수로 다룬다는 점에서 차이가 있다. 다시 말해 중학교에서 배운 삼각비는 닮은 직각삼각형의 예각에
> 대한 두 변의 길이의 비이고, 삼각함수는 삼각비를 일반각의 경우로 확장하여 정의한 것으로 일반각
> 에서 실수로의 함수이다. 여기서 일반각을 호도법으로 나타내고, 단위를 생략하면 삼각함수는 실수에서
> 실수로의 함수가 된다.

> **Tip 2** 원점을 중심으로 하고 반지름의 길이가 1인 원을 단위원이라고 한다.
> 단위원일 때는 $\sin\theta = y$, $\cos\theta = x$, $\tan\theta = \dfrac{y}{x}$ $(x \neq 0)$ 가 됨을 기억
> 하자.
> 즉, x좌표가 $\cos$이 되고 y좌표가 $\sin$이 된다.

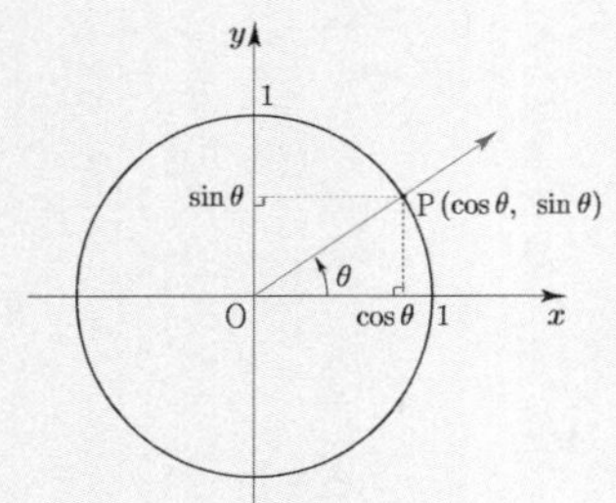

원점 O와 점 P$(3, -4)$를 지나는 동경 OP가 나타내는 각을 θ라 할 때, $\sin\theta$, $\cos\theta$, $\tan\theta$의 값을 구하시오.

풀이

$\overline{\text{OP}} = \sqrt{3^2+(-4)^2} = 5$ 이므로 $r = 5$

삼각함수의 정의에 의해

$$\sin\theta = \frac{y}{r} = -\frac{4}{5},\quad \cos\theta = \frac{x}{r} = \frac{3}{5},\quad \tan\theta = -\frac{4}{3}$$ 이다.

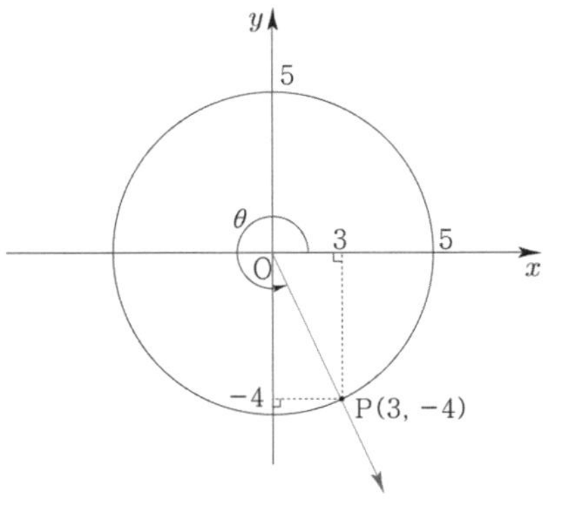

Tip 정의로 접근하는 것이 가장 깔끔하다.

$\theta = \dfrac{2}{3}\pi$ 일 때, $\sin\theta$, $\cos\theta$, $\tan\theta$의 값을 구하시오.

풀이

$\theta = \dfrac{2}{3}\pi$ 를 나타내는 동경과 단위원의 교점을 P라 하자.

정의를 사용하기 위해서 P의 좌표만 구해주면 된다.

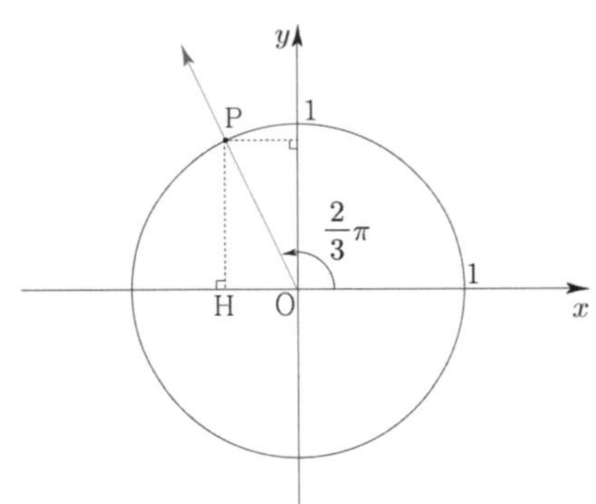

$\angle \text{POH} = \dfrac{\pi}{3}$ 이므로 삼각형 POH에서 삼각비를 사용하면

$$\cos\frac{\pi}{3} = \frac{\overline{\text{OH}}}{\overline{\text{OP}}},\quad \sin\frac{\pi}{3} = \frac{\overline{\text{PH}}}{\overline{\text{OP}}}$$

단위원이므로 $\overline{\text{OP}} = 1$ 이고

$$\overline{\text{OH}} = \overline{\text{OP}}\cos\frac{\pi}{3} = \frac{1}{2},\quad \overline{\text{PH}} = \overline{\text{OP}}\sin\frac{\pi}{3} = \frac{\sqrt{3}}{2}$$ 이다.

따라서 P$\left(-\dfrac{1}{2}, \dfrac{\sqrt{3}}{2}\right)$ 이므로 삼각함수의 정의에 의해서 $\cos\dfrac{2}{3}\pi = -\dfrac{1}{2}$, $\sin\dfrac{2}{3}\pi = \dfrac{\sqrt{3}}{2}$, $\tan\dfrac{2}{3}\pi = -\sqrt{3}$ 이다.

Tip 〈한 변을 $\cos$, $\sin$, $\tan$로 나타내기〉
빠르게 문제를 풀기 위해서 아래와 같은 등식을 기억해두자.

$$\overline{\text{AB}} = \overline{\text{AC}}\cos\theta,\quad \overline{\text{BC}} = \overline{\text{AC}}\sin\theta,\quad \overline{\text{BC}} = \overline{\text{AB}}\tan\theta$$

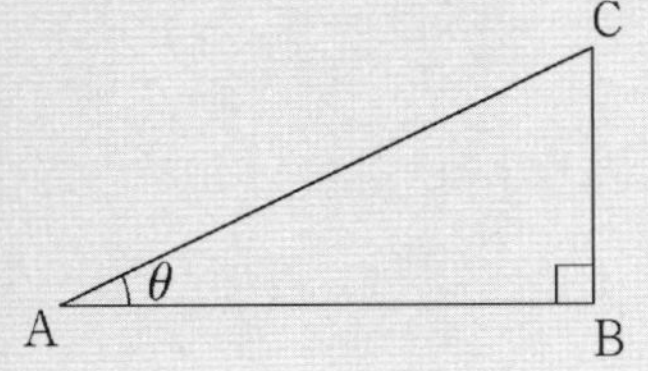

(1) 원점 O와 점 $P(-12, 5)$를 지나는 동경 OP가 나타내는 각을 θ라 할 때, $\sin\theta$, $\cos\theta$, $\tan\theta$의 값을 구하시오.

(2) $\theta = -\dfrac{3}{4}\pi$ 일 때, $\sin\theta$, $\cos\theta$, $\tan\theta$의 값을 구하시오.

삼각함수의 값의 부호

삼각함수의 부호는 동경이 놓여 있는 사분면의 x좌표, y좌표의 부호에 의하여 결정된다. (r은 항상 양수이므로 부호에 영향을 미치지 않는다.)

따라서 각 사분면에서 삼각함수의 값의 부호가 + 인 것을 나타내면 오른쪽 그림과 같다.

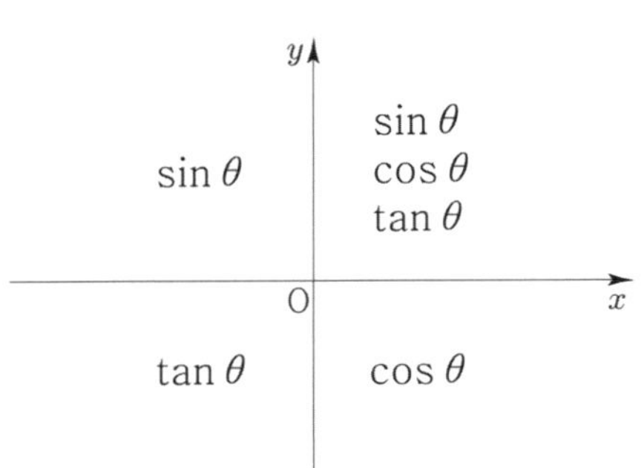

Tip　1사분면, 2사분면, 3사분면, 4사분면 순서대로 양수가 되는 삼각함수는 all , sin, tan, cos 이므로 올싸탄코라고 외우는 편이 좋다.
(외우는 방법 : 철수와 영희는 기뻐서 서로 얼싸안고 춤을 추었다.)

ex　$\dfrac{2}{3}\pi$는 제 2사분면의 각이므로 $\sin\dfrac{2}{3}\pi > 0$, $\cos\dfrac{2}{3}\pi < 0$, $\tan\dfrac{2}{3}\pi < 0$

(1) $\sin\dfrac{12}{5}\pi$ 의 값의 부호와 $\tan(-240°)$의 값의 부호를 각각 구하시오.

(2) $\cos\theta < 0$, $\tan\theta > 0$를 만족시키는 각 θ는 제 몇 사분면의 각인지 구하시오.

개념 파악하기 (4) 삼각함수 사이에는 어떤 관계가 있을까?

삼각함수 사이의 관계

오른쪽 그림과 같이 각 θ를 나타내는 동경과 단위원의 교점을 $P(x,\ y)$라 하면

삼각함수의 정의에 의해 $\sin\theta = \dfrac{y}{1} = y$, $\cos\theta = \dfrac{x}{1} = x$이고,

$\tan\theta = \dfrac{y}{x}\ (x \neq 0)$이므로 $\tan\theta = \dfrac{y}{x} = \dfrac{\sin\theta}{\cos\theta}$이다.

한편, $P(x,\ y)$는 단위원 위의 점이므로 $x^2 + y^2 = 1$이다.

따라서 $\cos^2\theta + \sin^2\theta = 1$이다.

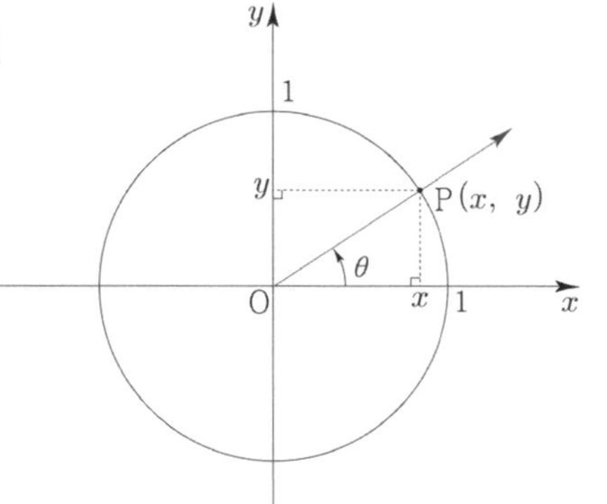

삼각함수 사이의 관계 요약

$$\tan\theta = \dfrac{\sin\theta}{\cos\theta}, \quad \cos^2\theta + \sin^2\theta = 1$$

Tip $\sin(\theta^2)$와 혼동하지 않기 위해 $(\sin\theta)^2 = \sin^2\theta$으로 쓴다.

예제 3

각 θ가 제 3사분면의 각이고 $\cos\theta = -\dfrac{4}{5}$일 때, $\sin\theta$, $\tan\theta$의 값을 구하시오.

풀이

풀이1) $\cos^2\theta + \sin^2\theta = 1$를 이용하면 $\sin^2\theta = \dfrac{9}{25} \Rightarrow \sin\theta = -\dfrac{3}{5}$ (제 3사분면의 각이므로 $\sin\theta < 0$)

$\tan\theta = \dfrac{\sin\theta}{\cos\theta} = \dfrac{-\dfrac{3}{5}}{-\dfrac{4}{5}} = \dfrac{3}{4}$이다.

Tip   삼각함수 사이의 관계를 이용하면 크기가 θ인 각에 대하여 $\sin\theta$, $\cos\theta$, $\tan\theta$ 중 하나의 값이 주어졌을 때, 나머지 값들도 구할 수 있다. 이때 각 사분면에서의 삼각함수의 값의 부호에 유의하여 삼각함수의 값을 결정한다.

풀이2) core 해석법 (실전용) : core(핵심=삼각비)는 변하지 않고 부호만 따지면 되기 때문에 이렇게 이름을 지었다.

① 부호를 지우고 $\cos = \dfrac{4}{5}$라는 것을 바탕으로 직각삼각형을 그리고,

중학교 때 배웠던 삼각비를 떠올린다.

$\cos$으로 빗변과 밑변을 알 수 있고, 높이는 피타고라스의 정리로 구해준다.

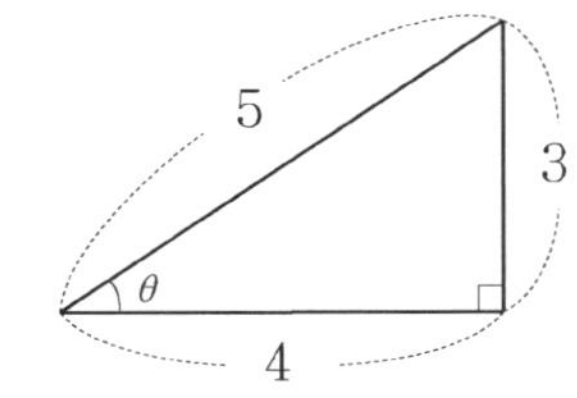

$\sin = \dfrac{높이}{빗변}$, $\cos = \dfrac{밑변}{빗변}$, $\tan = \dfrac{높이}{밑변}$, $\sin = \dfrac{3}{5}$, $\tan = \dfrac{3}{4}$

Tip   삼각비에서의 높이는 구하고자 하는 각과 인접하지 않는 변을 말한다.

② 올싸탄코를 생각하며 부호를 결정해준다. 3사분면이므로 $\sin\theta < 0$, $\tan\theta > 0 \Rightarrow \sin\theta = -\dfrac{3}{5}$, $\tan\theta = \dfrac{3}{4}$

$\sin\theta + \cos\theta = \dfrac{1}{2}$일 때, $\sin\theta\cos\theta$의 값을 구하시오.

풀이

$\sin\theta + \cos\theta = \dfrac{1}{2}$의 양변을 제곱하면

$(\sin\theta + \cos\theta)^2 = \sin^2\theta + 2\sin\theta\cos\theta + \cos^2\theta = 1 + 2\sin\theta\cos\theta = \dfrac{1}{4}\,(\because\ \sin^2\theta + \cos^2\theta = 1)$

따라서 $\sin\theta\cos\theta = -\dfrac{3}{8}$이다.

Tip '제곱해야 한다'는 생각이 제일 중요하다.

반드시 알아야 하는 곱셈공식

① $(x+y)^2 = x^2 + 2xy + y^2$, $(x-y)^2 = x^2 - 2xy + y^2$, $(x+y)(x-y) = x^2 - y^2$

② $(x+y)^3 = x^3 + y^3 + 3xy(x+y)$, $(x-y)^3 = x^3 - y^3 - 3xy(x-y)$

③ $(x+y+z)^2 = x^2 + y^2 + z^2 + 2(xy + yz + xz)$

Tip 괄호를 풀어서 기억하지 말고 위와 같은 형태로 기억하는 것이 좋다.

④ $x^3 + y^3 = (x+y)(x^2 - xy + y^2)$, $x^3 - y^3 = (x-y)(x^2 + xy + y^2)$

Tip 1 ④에서 색칠된 부호가 서로 같다.

Tip 2 $y=1$인 형태를 기억하자. $x^3 + 1 = (x+1)(x^2 - x + 1)$, $x^3 - 1 = (x-1)(x^2 + x + 1)$

Tip 3 $x^2 + x + 1 = 0$의 판별식은 $D < 0$이므로 $y = x^2 + x + 1$의 그래프를 그리면 x축과 만나지 않고 붕 뜨는 그래프가 나온다. 즉, 모든 실수 x에 대하여 $x^2 + x + 1 > 0$이다.
$x^2 - x + 1$도 같은 논리로 모든 실수 x에 대하여 $x^2 - x + 1 > 0$이다.
정말 잘 나오니 기억하자.

개념 확인문제 8

(1) 각 θ가 제 2사분면의 각이고 $\sin\theta = \dfrac{1}{3}$일 때, $\cos\theta$, $\tan\theta$의 값을 각각 구하시오.

(2) $0 < \theta < \dfrac{\pi}{2}$이고 $\sin\theta - \cos\theta = \dfrac{1}{2}$일 때, $\sin\theta\cos\theta$, $\sin^3\theta - \cos^3\theta$의 값을 각각 구하시오.

개념 파악하기 | (5) 두 동경의 위치 사이에는 어떤 관계가 있을까?

두 동경의 위치 관계

두 동경 OP, OQ가 나타내는 각의 크기를 각각 α, β 라 할 때. 두 동경의 위치 관계에 대하여 다음이 성립한다.

$\alpha = 360° \times n_1 + \alpha_1$, $\beta = 360° \times n_2 + \beta_1$ $(0° \leq \alpha_1 < 360°,\ 0° \leq \beta_1 < 360°)$

(단, n_1, n_2는 정수)

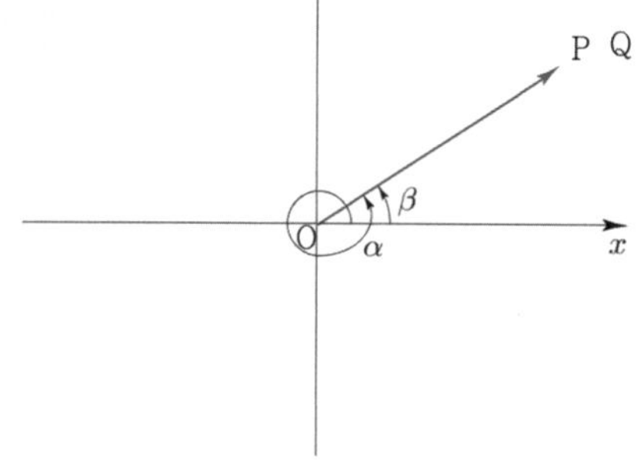

① 두 동경이 일치한다.

$\Rightarrow \alpha - \beta = 360° \times n$(단, n은 정수)

$\alpha_1 = \beta_1$ 이므로 $\alpha - \beta = 360° \times (n_1 - n_2)$이다.

$n_1 - n_2$은 정수이므로 n으로 표현할 수 있다.

> **Tip** 식을 외우려고 하지 말고 그림을 통해 기억하도록 하자. 두 동경의 위치 관계 파트는 시간이 없거나 처음 수1을 공부하는 경우 우선순위상 나중에 다뤄도 되니 너무 부담 갖지 말도록 하자.

② 두 동경이 일직선 위에 있고 방향이 반대이다. (원점대칭)

$\Rightarrow \alpha - \beta = 360° \times n + 180°$ (단, n은 정수)

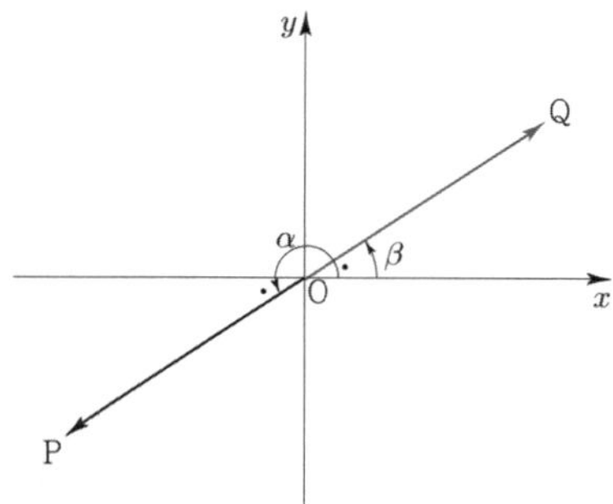

$\alpha_1 = \beta_1 + 180°$ 이므로 $\alpha - \beta = 360° \times (n_1 - n_2) + 180°$

$n_1 - n_2$은 정수이므로 n으로 표현할 수 있다.

③ 두 동경이 x 축에 대하여 대칭이다.

$\Rightarrow \alpha + \beta = 360° \times n$ (단, n은 정수)

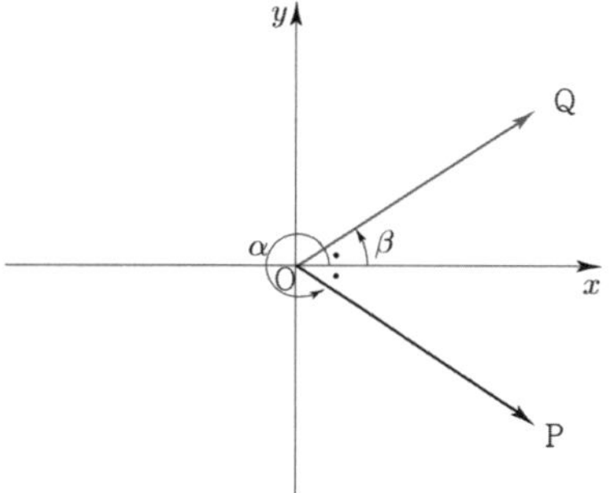

$\alpha_1 + \beta_1 = 360°$ 이므로 $\alpha + \beta = 360° \times (n_1 + n_2) + 360°$

$\qquad\qquad\qquad\qquad\qquad = 360°(n_1 + n_2 + 1)$

$n_1 + n_2 + 1$은 정수이므로 n으로 표현할 수 있다.

④ 두 동경이 y 축에 대하여 대칭이다.

$\Rightarrow \alpha + \beta = 360° \times n + 180°$ (단, n은 정수)

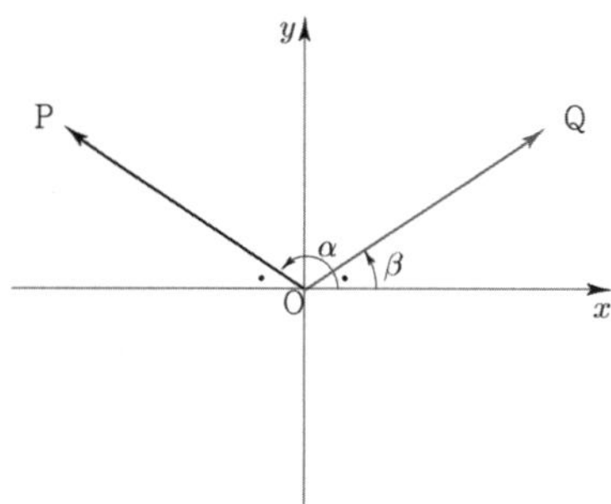

$\alpha_1 + \beta_1 = 180°$ 이므로 $\alpha + \beta = 360° \times (n_1 + n_2) + 180°$

$n_1 + n_2$은 정수이므로 n으로 표현할 수 있다.

⑤ 두 동경이 직선 $y = x$ 에 대하여 대칭이다.

$\Rightarrow \alpha + \beta = 360° \times n + 90°$ (단, n은 정수)

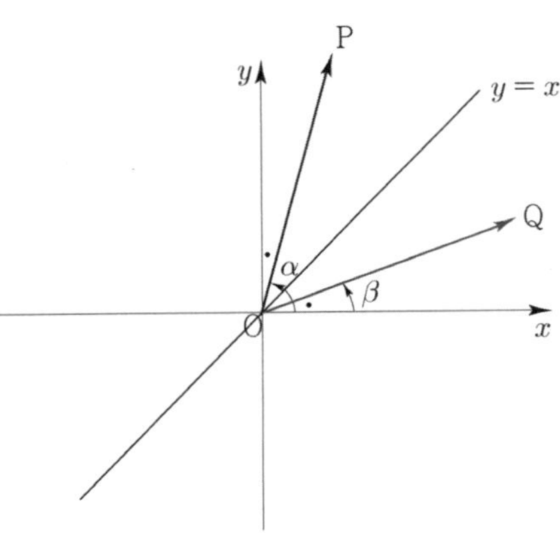

$\alpha_1 + \beta_1 = 90°$ 이므로 $\alpha + \beta = 360° \times (n_1 + n_2) + 90°$

$n_1 + n_2$은 정수이므로 n으로 표현할 수 있다.

⑥ 두 동경이 직선 $y = -x$ 에 대하여 대칭이다.

$\Rightarrow \alpha + \beta = 360° \times n + 270°$ (단, n은 정수)

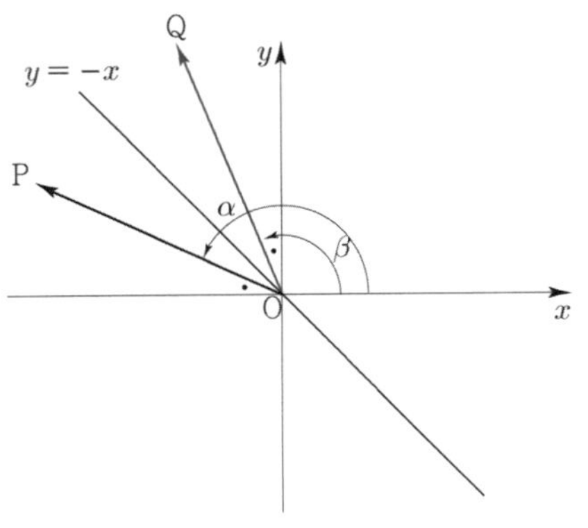

$\alpha_1 + \beta_1 = 270°$ 이므로 $\alpha + \beta = 360° \times (n_1 + n_2) + 270°$

$n_1 + n_2$은 정수이므로 n으로 표현할 수 있다.

Training - 1 step
필수 유형편

1. 삼각함수

001

다음 중 각을 나타내는 동경이 존재하는 사분면이 나머지 넷과 다른 것은?

① $300°$　　② $-50°$　　③ $\dfrac{7}{4}\pi$

④ $-380°$　　⑤ $\dfrac{8}{3}\pi$

002

다음 중 각을 나타낸 동경이 제 2 사분면에 있는 것은?

① $-750°$　　② $245°$　　③ $1000°$

④ $-\dfrac{5}{4}\pi$　　⑤ $\dfrac{10}{3}\pi$

003

θ 가 제 1 사분면의 각일 때, 각 $\dfrac{\theta}{2}$ 를 나타내는 동경이 존재할 수 있는 사분면을 모두 구하시오.

004

각 θ 를 나타내는 동경과 각 4θ 를 나타내는 동경이 일직선 위에 있고 방향이 반대일 때, 각 θ 의 크기를 구하시오. (단, $0° < \theta < 90°$)

005

각 θ 를 나타내는 동경과 각 8θ 를 나타내는 동경이 일치할 때, 모든 각 θ 의 크기의 합을 구하시오. (단, $0 < \theta < \pi$)

006

각 θ 를 나타내는 동경과 각 2θ 를 나타내는 동경이 직선 $y = -x$ 에 대하여 대칭일 때, 각 θ 의 크기를 구하시오. (단, $\pi < \theta < \dfrac{3}{2}\pi$)

007

각 θ 를 나타내는 동경과 각 8θ 를 나타내는 동경이 x축에 대하여 대칭일 때, 각 θ 의 크기를 모두 구하시오. (단, $90° < \theta < 180°$)

<table><tr><td>Theme
3</td><td>**부채꼴의 호의 길이와 넓이**</td></tr></table>

---

008 ☐☐☐☐☐

호의 길이가 5π이고 넓이가 10π인 부채꼴의 반지름의 길이를 구하시오.

---

009 ☐☐☐☐☐

중심각의 크기가 $\dfrac{3}{5}$이고 둘레의 길이가 26인 부채꼴의 넓이를 구하시오.

---

010 ☐☐☐☐☐

둘레의 길이가 10인 부채꼴 중에서 넓이의 최댓값은 M이다. $16M$의 값을 구하시오.

---

011 ☐☐☐☐☐

반지름의 길이가 r이고 중심각의 크기가 2인 부채꼴의 둘레의 길이를 a, 부채꼴의 넓이를 b라 하자. $a=b$일 때, r의 값을 구하시오.

012 ☐☐☐☐☐

그림과 같이 중심이 O이고 반지름의 길이가 6인 부채꼴 OAB에서 호 AB의 길이는 π이다. $\angle \mathrm{AOB} = a\pi$이고 삼각형 OAB의 넓이는 b일 때, $\dfrac{b}{a}$의 값을 구하시오.

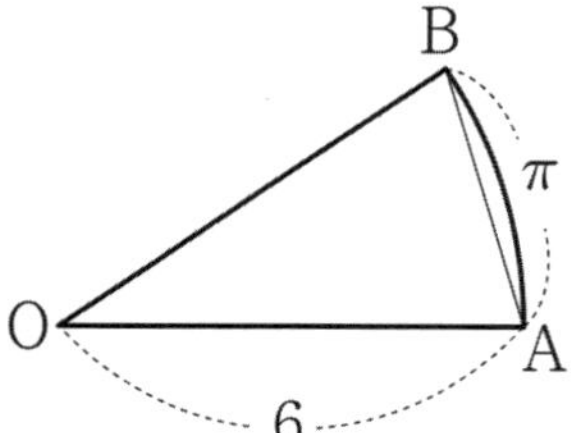

---

013 ☐☐☐☐☐

중심이 O이고 반지름의 길이가 12인 원 위에 점 A가 있다. 반직선 OA를 시초선으로 했을 때, 두 각 $\dfrac{\pi}{6}$, $-\dfrac{13}{4}\pi$가 나타내는 동경이 이 원과 만나는 점을 각각 P, Q라 하자. 선분 PQ를 포함하는 부채꼴 OPQ의 넓이가 $k\pi$일 때, k의 값을 구하시오.

---

014 ☐☐☐☐☐

그림과 같이 중심이 O이고 호 AB의 길이가 3π, 넓이가 18π인 부채꼴 OAB가 있다. 점 A에서 선분 OB에 내린 수선의 발을 C, 점 O을 중심으로 하고 반지름이 선분 OC인 원이 선분 OA와 만나는 점을 D라 할 때, 호 CD와 두 선분 AD, AC로 둘러싸인 부분의 넓이는 $a-b\pi$이다. $a+b$의 값을 구하시오. (단, a, b는 자연수이다.)

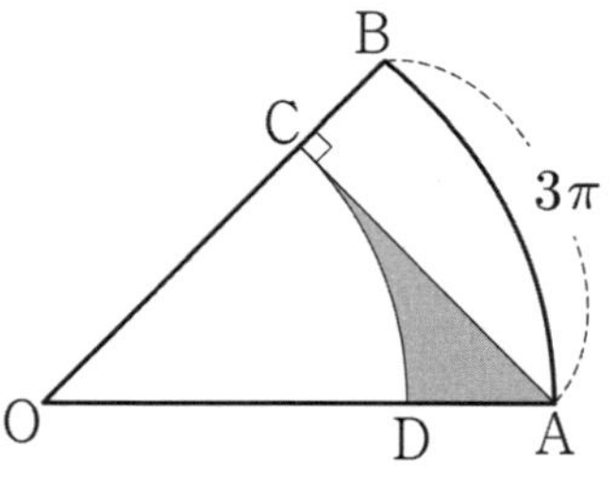

015

그림과 같이 한 변의 길이가 4인 정사각형 ABCD에서
점 B를 중심으로 하는 부채꼴 BCA의 호 CA와 점 C를
중심으로 하는 부채꼴 CDB의 호 DB를 그릴 때,
두 호 CA, DB가 만나는 점을 E라 하자.
두 호 EA, ED와 선분 AD로 둘러싸인 부분의 넓이는
$a - b\pi - \sqrt{c}$ 이다. $a + bc$의 값을 구하시오.
(단, a, b, c는 유리수이다.)

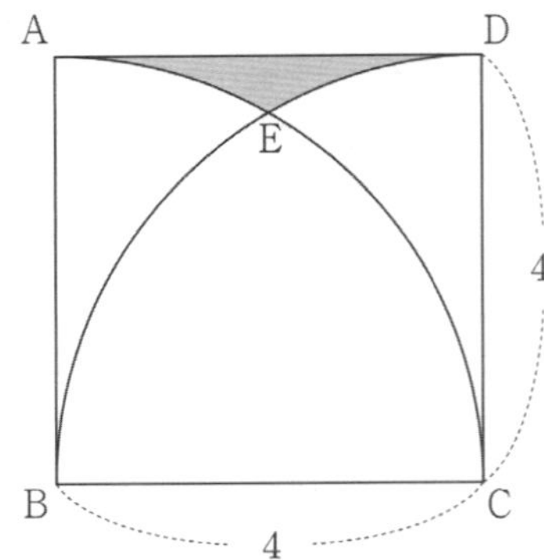

좌표평면 위의 점 $P(1, 3)$에 대하여 동경 OP가 나타내는
각의 크기를 θ라 할 때, $10\sin\theta\cos\theta$의 값을 구하시오.

$\sin\theta = \dfrac{12}{13}$이고 $\cos\theta + \sin\theta \times \tan\theta < 0$일 때,
$\tan\theta$의 값은?

① $-\dfrac{13}{5}$ ② $-\dfrac{12}{5}$ ③ $-\dfrac{12}{13}$

④ $\dfrac{12}{5}$ ⑤ $\dfrac{13}{5}$

θ가 제 3사분면의 각이고 $\tan\theta = 2\sqrt{2}$일 때,
$\cos\theta$의 값은?

① $-\dfrac{2\sqrt{2}}{3}$ ② $-\dfrac{2}{3}$ ③ $-\dfrac{1}{3}$

④ $\dfrac{1}{3}$ ⑤ $\dfrac{2\sqrt{2}}{3}$

원점 O와 점 $P(-3, 4)$을 지나는 동경 OP가 나타내는
각의 크기를 θ라 할 때, $10\sin\theta + 5\cos\theta - 6\tan\theta$의 값을
구하시오.

직선 $y = -3x$ 위의 점 $P(a, b)$에 대하여 원점 O와
점 P를 지나는 동경 OP가 나타내는 각의 크기를 θ라
할 때, $-10\sin\theta\cos\theta$의 값을 구하시오. (단, $a > 0$)

좌표평면 위에 중심이 원점이고 반지름의 길이가 1인 원이
있다. 각 θ를 나타내는 동경과 원의 교점을 $A(a, b)$라
할 때, $\sin\theta = \dfrac{2\sqrt{2}}{3}$ 이다. a의 값은? (단, $ab < 0$)

① -1 ② $-\dfrac{2\sqrt{2}}{3}$ ③ $-\dfrac{1}{3}$

④ $\dfrac{1}{3}$ ⑤ $\dfrac{2\sqrt{2}}{3}$

022 ⬡⬡⬡⬡⬡

좌표평면에서 직선 $y=-2x-8$과 x축 및 y축이 만나는 점을 각각 A, B라 하고, 선분 AB를 $3:1$로 내분하는 점을 P라 하자. 동경 OP가 나타내는 각의 크기를 θ라 할 때, $\sin\theta-\cos\theta$의 값은? (단, $0<\theta<2\pi$이고, O는 원점이다.)

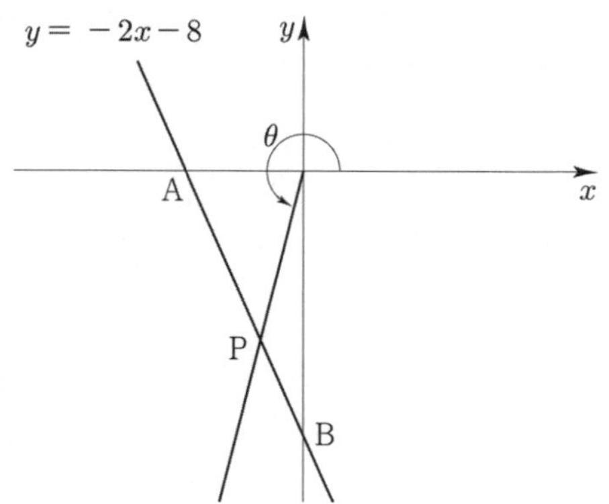

① $-\dfrac{7}{\sqrt{37}}$ ② $-\dfrac{5}{\sqrt{37}}$ ③ $-\dfrac{3}{\sqrt{37}}$

④ $\dfrac{5}{\sqrt{37}}$ ⑤ $\dfrac{7}{\sqrt{37}}$

023 ⬡⬡⬡⬡⬡

그림과 같이 점 $(-1,\ -3)$을 중심으로 하고 반지름의 길이가 $\sqrt{5}$인 원 C와 원점 O를 지나는 직선 l이 있다. 원 C와 직선 l이 제 4사분면 위의 점 P에 접할 때, 동경 OP가 나타내는 각의 크기를 θ라 하자. $\cos\theta-\sin\theta$의 값은?

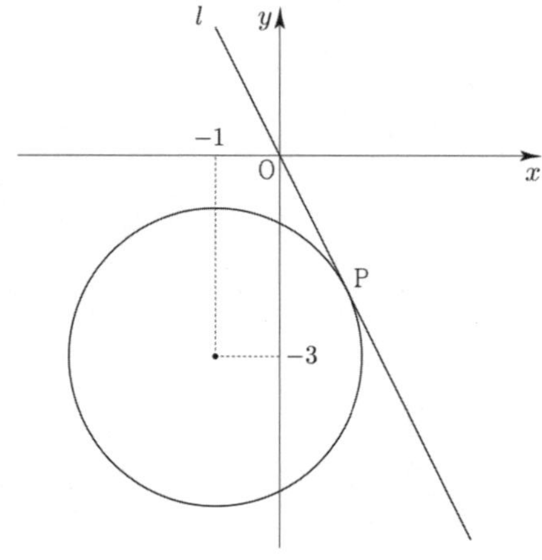

① $\dfrac{\sqrt{5}}{5}$ ② $\dfrac{2\sqrt{5}}{5}$ ③ $\dfrac{3\sqrt{5}}{5}$

④ $-\dfrac{\sqrt{5}}{5}$ ⑤ $-\dfrac{3\sqrt{5}}{5}$

Theme 5   삼각함수 사이의 관계

024 ⬡⬡⬡⬡⬡

$\dfrac{3}{2}\pi<\theta<2\pi$에서 $\dfrac{1-\sin\theta}{\cos\theta}+\dfrac{\cos\theta}{1-\sin\theta}=6$일 때, $\sin\theta$의 값은?

① $-\dfrac{2\sqrt{2}}{3}$ ② $-\dfrac{2}{3}$ ③ $-\dfrac{1}{3}$

④ $\dfrac{1}{3}$ ⑤ $\dfrac{2\sqrt{2}}{3}$

025 ⬡⬡⬡⬡⬡

각 θ가 제 2사분면의 각이고 $\cos\theta=-\dfrac{3}{5}$일 때, $10\sqrt[3]{\sin^3\theta}+3\sqrt{\tan^2\theta}$의 값을 구하시오.

026 ⬡⬡⬡⬡⬡

$\sin\theta\cos\theta=\dfrac{1}{4}$일 때, $\sin^3\theta+\cos^3\theta$의 값은?

(단, $\pi<\theta<\dfrac{3}{2}\pi$)

① $-\dfrac{5\sqrt{6}}{8}$ ② $-\dfrac{\sqrt{6}}{2}$ ③ $-\dfrac{3\sqrt{6}}{8}$

④ $-\dfrac{\sqrt{6}}{4}$ ⑤ $-\dfrac{\sqrt{6}}{8}$

027

이차방정식 $2x^2 - x - a = 0$ 의 두 근이 $\sin\theta$, $\cos\theta$ 일 때,

$a\left(\dfrac{\sin\theta - 3}{\cos\theta} + \dfrac{\cos\theta - 3}{\sin\theta} + 4\right)$ 의 값을 구하시오.

(단, a는 상수이다.)

$\sqrt{\tan\theta}\,\sqrt{\cos\theta} = -\sqrt{\sin\theta}$ 이고 $|\tan\theta| = 2$일 때,

$\dfrac{\tan\theta}{\cos\theta - \sin\theta}$ 의 값은?

① $-2\sqrt{5}$ 　　② $-\dfrac{2\sqrt{5}}{3}$ 　　③ $-\dfrac{\sqrt{5}}{3}$

④ $\dfrac{\sqrt{5}}{3}$ 　　⑤ $\dfrac{2\sqrt{5}}{3}$

$\log_2 \sin\theta + \log_2 \cos\theta = -3$일 때,

$\log_2(\sin\theta + \cos\theta) = \dfrac{1}{2}(-4 + \log_2 a)$를 만족시키는

a의 값을 구하시오.

어떤 실수 θ에 대하여 두 등식

$3\sin\theta + a\cos\theta = \dfrac{7}{3}$, $a\sin\theta - 3\cos\theta = -\dfrac{5\sqrt{2}}{3}$ 을

동시에 만족시키는 상수 a가 존재할 때,

a^2의 값을 구하시오.

Training – 2 step
기출 적용편

1. 삼각함수

031   2017년 고3 3월 교육청 가형

그림과 같이 길이가 12인 선분 AB를 지름으로 하는 반원이 있다. 반원 위에서 호 BC의 길이가 4π인 점 C를 잡고 점 C에서 선분 AB에 내린 수선의 발을 H라 하자. $\overline{CH}^2$의 값을 구하시오. [3점]

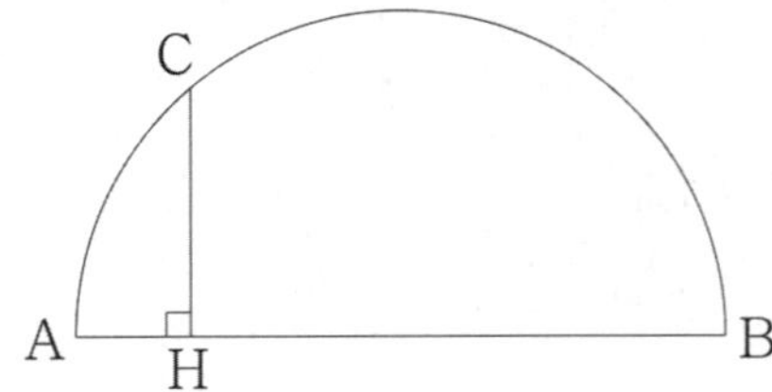

032   2019년 고2 6월 교육청 나형

$\cos\theta = -\dfrac{1}{3}$일 때, $\tan\theta - \sin\theta$의 값은?

(단, $\pi < \theta < \dfrac{3}{2}\pi$) [3점]

① $\dfrac{5\sqrt{2}}{3}$ ② $2\sqrt{2}$ ③ $\dfrac{7\sqrt{2}}{3}$

④ $\dfrac{8\sqrt{2}}{3}$ ⑤ $3\sqrt{2}$

033   2019년 고2 6월 교육청 나형

$\sin\theta - \cos\theta = \dfrac{1}{2}$일 때, $8\sin\theta\cos\theta$의 값을 구하시오. [3점]

034   2019년 고2 11월 교육청 가형

좌표평면 위의 점 P에 대하여 동경 OP가 나타내는 각의 크기 중 하나를 $\theta\left(\dfrac{\pi}{2} < \theta < \pi\right)$라 하자.

각의 크기 6θ를 나타내는 동경이 동경 OP와 일치할 때, θ의 값은? (단, O는 원점이고, x축의 양의 방향을 시초선으로 한다.) [3점]

① $\dfrac{3}{5}\pi$ ② $\dfrac{2}{3}\pi$ ③ $\dfrac{11}{15}\pi$

④ $\dfrac{4}{5}\pi$ ⑤ $\dfrac{13}{15}\pi$

035   2019년 고2 6월 교육청 가형

그림과 같이 반지름의 길이가 4이고 중심각의 크기가 $\dfrac{\pi}{6}$인 부채꼴 OAB가 있다. 선분 OA 위의 점 P에 대하여 선분 PA를 지름으로 하고 선분 OB에 접하는 반원을 C라 할 때, 부채꼴 OAB의 넓이를 S_1, 반원 C의 넓이를 S_2라 하자. $S_1 - S_2$의 값은? [4점]

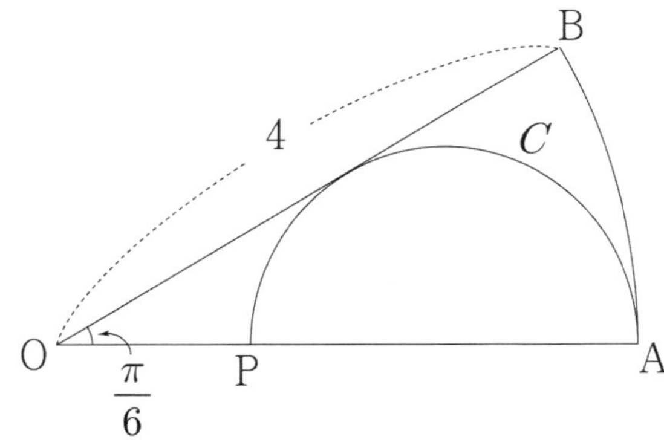

① $\dfrac{\pi}{9}$ ② $\dfrac{2}{9}\pi$ ③ $\dfrac{\pi}{3}$

④ $\dfrac{4}{9}\pi$ ⑤ $\dfrac{5}{9}\pi$

036 2024학년도 고3 9월 평가원 공통 ☐☐☐☐☐

$\dfrac{3}{2}\pi < \theta < 2\pi$인 θ에 대하여 $\cos\theta = \dfrac{\sqrt{6}}{3}$일 때, $\tan\theta$의 값은? [3점]

① $-\sqrt{2}$ 　　② $-\dfrac{\sqrt{2}}{2}$ 　　③ 0

④ $\dfrac{\sqrt{2}}{2}$ 　　⑤ $\sqrt{2}$

037 2020년 고3 7월 교육청 나형 ☐☐☐☐☐

$\sin\theta + \cos\theta = \dfrac{1}{2}$일 때, $\dfrac{1+\tan\theta}{\sin\theta}$의 값은? [3점]

① $-\dfrac{7}{3}$ 　　② $-\dfrac{4}{3}$ 　　③ $-\dfrac{1}{3}$

④ $\dfrac{2}{3}$ 　　⑤ $\dfrac{5}{3}$

038 2022학년도 수능예비시행 ☐☐☐☐☐

$\dfrac{\pi}{2} < \theta < \pi$인 θ에 대하여 $\sin\theta\cos\theta = -\dfrac{12}{25}$일 때, $\sin\theta - \cos\theta$의 값은? [3점]

① $\dfrac{4}{5}$ 　　② 1 　　③ $\dfrac{6}{5}$

④ $\dfrac{7}{5}$ 　　⑤ $\dfrac{8}{5}$

039 2023학년도 사관학교 공통 ☐☐☐☐☐

이차방정식 $5x^2 - x + a = 0$의 두 근이 $\sin\theta$, $\cos\theta$일 때, 상수 a의 값은? [3점]

① $-\dfrac{12}{5}$ 　　② -2 　　③ $-\dfrac{8}{5}$

④ $-\dfrac{6}{5}$ 　　⑤ $-\dfrac{4}{5}$

040 2020년 고3 4월 교육청 가형 ☐☐☐☐☐

$\pi < \theta < 2\pi$인 θ에 대하여

$\dfrac{\sin\theta\cos\theta}{1-\cos\theta} + \dfrac{1-\cos\theta}{\tan\theta} = 1$일 때, $\cos\theta$의 값은? [3점]

① $-\dfrac{2\sqrt{5}}{5}$ 　　② $-\dfrac{\sqrt{5}}{5}$ 　　③ $\dfrac{1}{5}$

④ $\dfrac{\sqrt{5}}{5}$ 　　⑤ $\dfrac{2\sqrt{5}}{5}$

041 2022학년도 고3 9월 평가원 공통 ☐☐☐☐☐

$\dfrac{\pi}{2} < \theta < \pi$인 θ에 대하여

$\dfrac{\sin\theta}{1-\sin\theta} - \dfrac{\sin\theta}{1+\sin\theta} = 4$일 때, $\cos\theta$의 값은? [3점]

① $-\dfrac{\sqrt{3}}{3}$ 　　② $-\dfrac{1}{3}$ 　　③ 0

④ $\dfrac{1}{3}$ 　　⑤ $\dfrac{\sqrt{3}}{3}$

$\pi < \theta < \dfrac{3}{2}\pi$ 인 θ에 대하여 $\tan\theta - \dfrac{6}{\tan\theta} = 1$일 때, $\sin\theta + \cos\theta$의 값은? [3점]

① $-\dfrac{2\sqrt{10}}{5}$ ② $-\dfrac{\sqrt{10}}{5}$ ③ 0

④ $\dfrac{\sqrt{10}}{5}$ ⑤ $\dfrac{2\sqrt{10}}{5}$

그림과 같이 길이가 12인 선분 AB를 지름으로 하는 반원의 호 AB 위에 점 C가 있다. 호 CB의 길이가 2π일 때, 두 선분 AB, AC와 호 CB로 둘러싸인 부분의 넓이는? [4점]

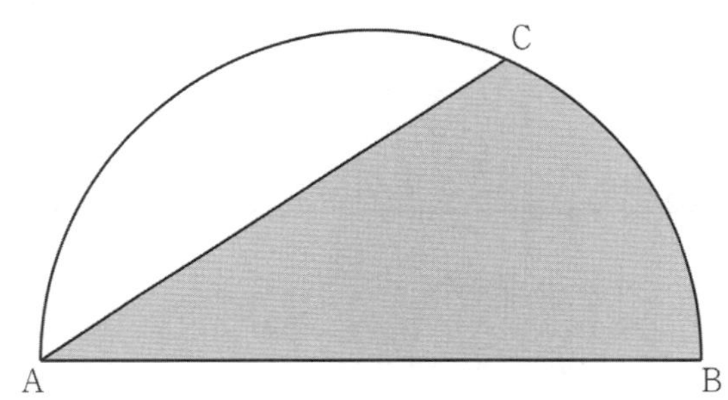

① $5\pi + 9\sqrt{3}$ ② $5\pi + 10\sqrt{3}$ ③ $6\pi + 9\sqrt{3}$

④ $6\pi + 10\sqrt{3}$ ⑤ $7\pi + 9\sqrt{3}$

그림과 같이 좌표평면에서 직선 $y = 2$가 두 원 $x^2 + y^2 = 5$, $x^2 + y^2 = 9$와 제 2사분면에서 만나는 점을 각각 A, B라 하자. 점 C(3, 0)에 대하여 $\angle COA = \alpha$, $\angle COB = \beta$라 할 때, $\sin\alpha \times \cos\beta$의 값은?

(단, O는 원점이고, $\dfrac{\pi}{2} < \alpha < \beta < \pi$) [4점]

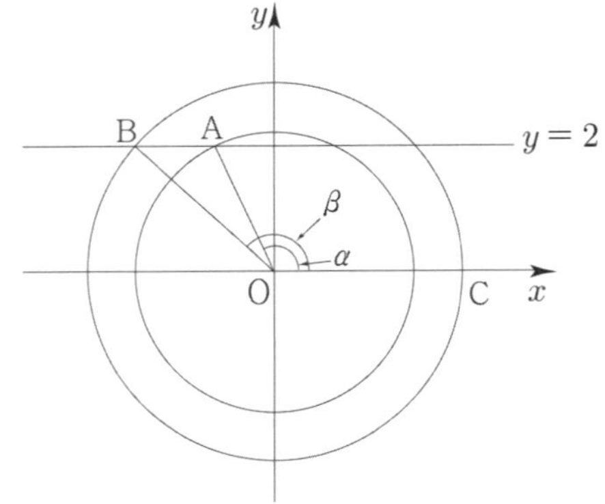

① $\dfrac{1}{3}$ ② $\dfrac{1}{12}$ ③ $-\dfrac{1}{6}$

④ $-\dfrac{5}{12}$ ⑤ $-\dfrac{2}{3}$

좌표평면에서 제 1사분면에 점 P가 있다. 점 P를 직선 $y = x$에 대하여 대칭이동한 점을 Q라 하고, 점 Q를 원점에 대하여 대칭이동한 점을 R라 할 때, 세 동경 OP, OQ, OR가 나타내는 각을 각각 α, β, γ라 하자. $\sin\alpha = \dfrac{1}{3}$일 때, $9(\sin^2\beta + \tan^2\gamma)$의 값을 구하시오.

(단, O는 원점이고, 시초선은 x축의 양의 방향이다.) [4점]

Master step
심화 문제편

1. 삼각함수

046

점 $A(-4, a)$ 에서 x축에 내린 수선의 발을 점 C 라
할 때, 삼각형 OAC에 내접하는 원 S의 반지름의
길이는 1이다. 서로 다른 세 점 A, O, B가 일직선
위에 있고 $\overline{OA} = \overline{OB}$ 이다. 동경 OB가 나타내는 각의
크기를 θ 라 할 때, $\tan\theta$의 값은?
(단, $a > 0$ 이고 O 는 원점이다.)

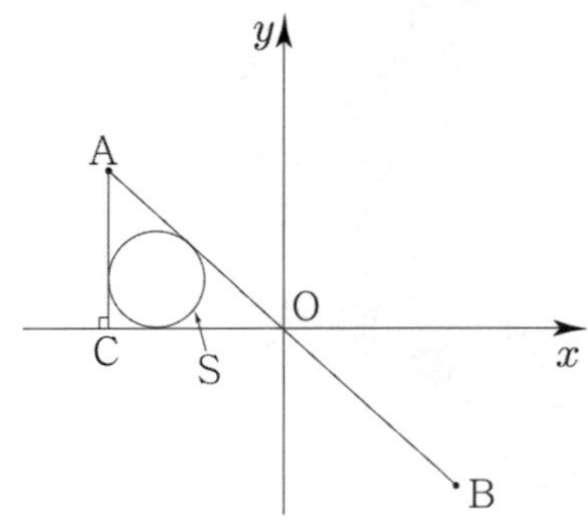

① $\dfrac{3}{4}$ ② $\dfrac{4}{3}$ ③ $-\dfrac{4}{3}$

④ $-\dfrac{3}{4}$ ⑤ $\dfrac{3}{5}$

047

좌표평면 위에 중심이 원점이고 반지름의 길이가 5인
원이 있다. 각 α 를 나타내는 동경과 원의 교점을 $A(a, b)$ 라
할 때, 각 $-\beta$ 를 나타내는 동경과 원의 교점은 $B(-b, a)$
이다. $\sin\alpha = \dfrac{4}{5}$ 일 때, $5\sin\beta$ 의 값은? (단, $a < 0, b > 0$)

① -3 ② 3 ③ -4

④ 4 ⑤ 2

중심이 원점 O인 원 S_1 위에 $\angle AOB = 60°$ 를 만족시키는
두 점 $A(a, b)$, $B(b, a)$ 가 있다.
선분 OA, OB와 호 AB에 내접하는 원을 S_2 라 할 때,
원 S_2 가 호 AB에 접하는 점을 C 라 하자. 점 C 에서의
접선이 x 축과 만나는 점을 D 라 하고, 점 C 에서의 접선과
직선 OB의 교점을 E 라 하자. $\overline{BE} = 2\sqrt{6} - 3\sqrt{2}$ 일 때,
$\overline{OD}$ 의 값은? (단, $0 < a < b$ 이다.)

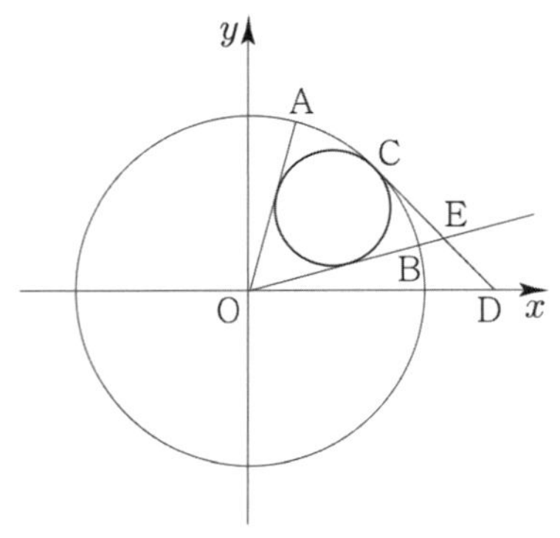

① 2 ② 3 ③ 4

④ 5 ⑤ 6

049

단위원 위의 점 $P(x, y)$ 에 대하여 동경 OP가
x축의 양의 방향과 이루는 각의 크기가 θ 이고
$\dfrac{y}{x} + \dfrac{x}{y} = -\dfrac{5}{2}$ 일 때, $\sin\theta - 2\cos\theta$ 의 값은?
(단, $x < 0, y > 0, x + y > 0$, O는 원점이다.)

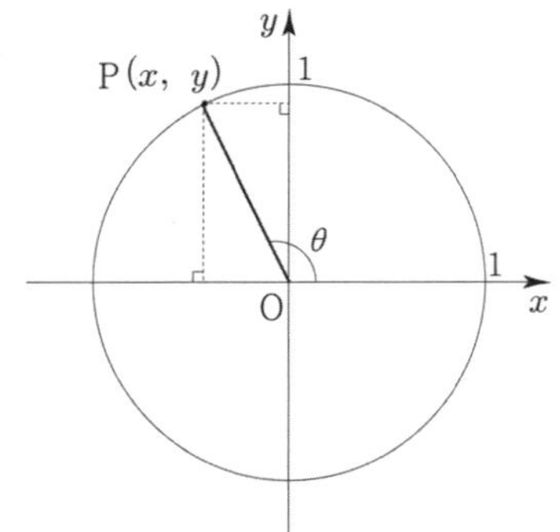

① $\dfrac{\sqrt{5}}{5}$ ② $\dfrac{2\sqrt{5}}{5}$ ③ $\dfrac{3\sqrt{5}}{5}$

④ $\dfrac{4\sqrt{5}}{5}$ ⑤ $\sqrt{5}$

050

$\overline{OP}=10$인 점 $P(a,\ b)$ (단, $a>0,\ b<0$)에 대하여
점 $A(0,\ -5)$를 지나고 x축에 평행한 직선과 선분 OP가
만나서 생기는 교점을 B라 할 때, $\overline{OB}:\overline{BP}=5:3$ 이다.
점 O와 점 B를 지나는 동경 OB가 나타내는 각의 크기를
θ라 하고 삼각형 ABP의 넓이를 m 이라 할 때,
$24\tan\theta+8m$의 값은? (단, O 는 원점이다.)

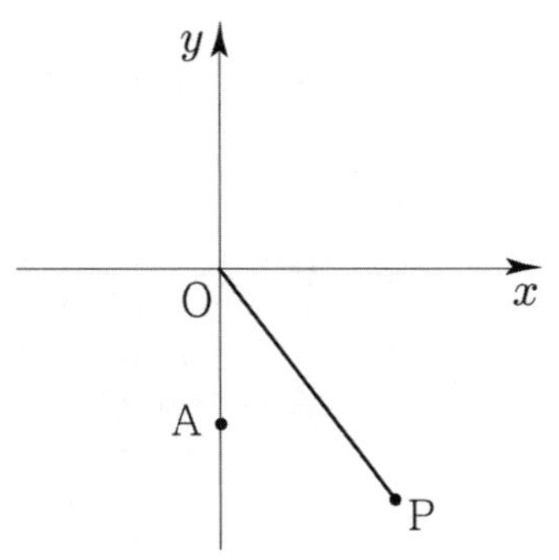

① 13   ② 14   ③ 15

④ 16   ⑤ 17

051

중심이 점 B 이고 선분 AD가 지름인 반원 S_1과
중심이 점 O 인 원 S_2가 다음 조건을 만족시킨다.

> (가) 세 점 B, D, C 는 같은 직선 위에 있다.
> (나) 원 S_2은 점 B, C 를 지나고,
>   반원 S_1은 점 O 를 지난다.
> (다) $\overline{AD}=4$, $\angle OAD=15°$

선분 AD, AO와 호 OD로 둘러싸인 영역의 넓이를 a 라
하고 $\overline{CD}=b$ 라 할 때, $6a+3b=p\sqrt{3}+q\pi$ 이다.
$p+q$ 의 값은? (단, $p,\ q$ 는 자연수이다.)

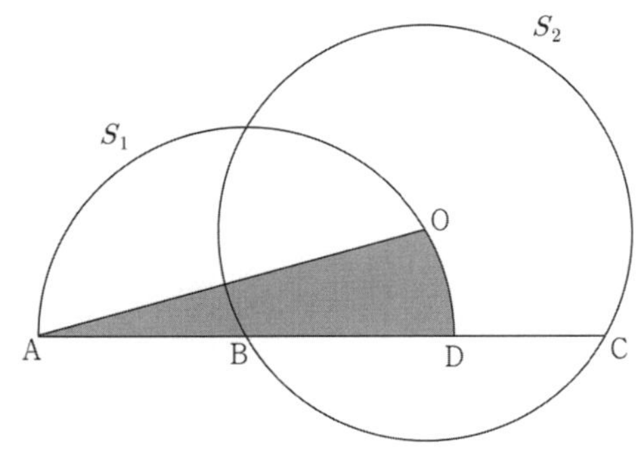

① 2   ② 4   ③ 6

④ 8   ⑤ 10

그림과 같이 두 점 O, O′을 각각 중심으로 하고 반지름의 길이가 3인 두 원 O, $O′$이 한 평면 위에 있다. 두 원 O, $O′$이 만나는 점을 각각 A, B라 할 때, $\angle \mathrm{AOB} = \dfrac{5}{6}\pi$이다.

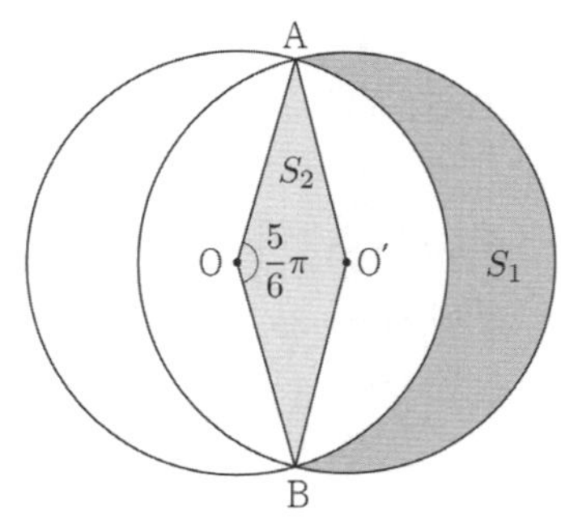

원 O의 외부와 원 $O′$의 내부의 공통부분의 넓이를 S_1, 마름모 AOBO′의 넓이를 S_2라 할 때, $S_1 - S_2$의 값은? [4점]

① $\dfrac{5}{4}\pi$ ② $\dfrac{4}{3}\pi$ ③ $\dfrac{17}{12}\pi$

④ $\dfrac{3}{2}\pi$ ⑤ $\dfrac{19}{12}\pi$

그림과 같이 상수 $a\,(a>0)$에 대하여 중심의 좌표가 A$(2,\ 2a)$인 원 C_1이 y축에 접한다. 원 C_1 위를 움직이는 점 P에 대하여 동경 OP가 x축의 양의 방향과 이루는 각의 크기를 θ_1이라 할 때, $\cos\theta_1$이 최대가 되도록 하는 점 P의 y좌표는 a이다. 중심이 원점이고 원 C_1에 접하는 원 중 반지름의 길이가 2보다 큰 원을 C_2라 하자.

각 $-\theta_2\left(\pi < \theta_2 < \dfrac{3}{2}\pi\right)$를 나타내는 동경과 원 C_2의 교점의 x좌표가 $-a$일 때, $\tan\theta_2 + \sin\theta_2\cos\theta_2 = \dfrac{p}{q}\sqrt{11}$이다. $p+q$의 값을 구하시오. (단, p와 q는 서로소인 자연수이다.)

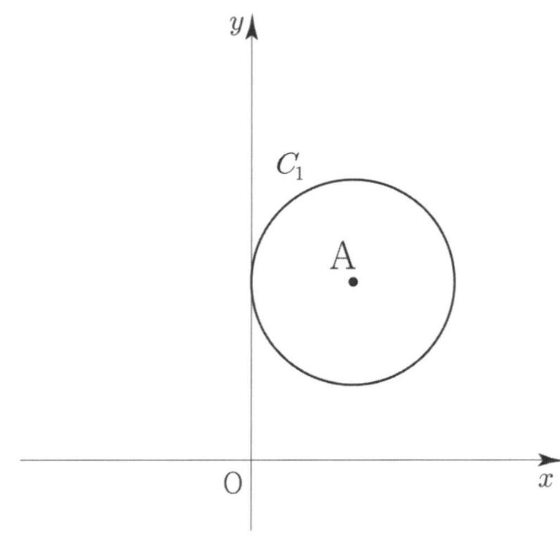

규토 라이트 N제

삼각함수

Guide step
개념 익히기편

2. 삼각함수의 그래프

01 삼각함수의 그래프

성취 기준 – 사인함수, 코사인함수, 탄젠트함수의 그래프를 그릴 수 있다.

개념 파악하기 | **(1) 함수 $y = \sin x$ 의 그래프는 어떻게 그릴까?**

함수 $y = \sin x$의 그래프

오른쪽 그림과 같이 좌표평면 위에서 크기가 θ인 각을
나타내는 동경과 반지름의 길이가 1인 원 O의 교점을
$\mathrm{P}(x, \ y)$라고 하면 삼각함수의 정의에 의해서

$$\sin\theta = \frac{y}{1} = y \text{ 이다.}$$

즉, θ의 값이 변할 때, $\sin\theta$의 값은 점 P의 y좌표로 정해진다.
θ의 값을 가로축에, 그에 대응하는 $\sin\theta$의 값을 세로축에 나타내면
다음 그림과 같은 함수 $y = \sin\theta$의 그래프를 얻는다.

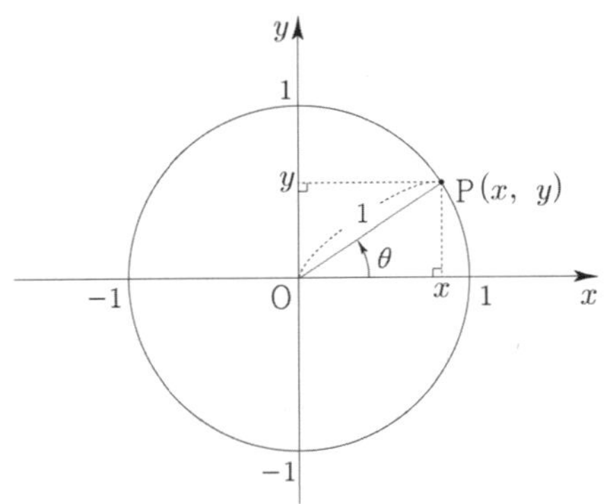

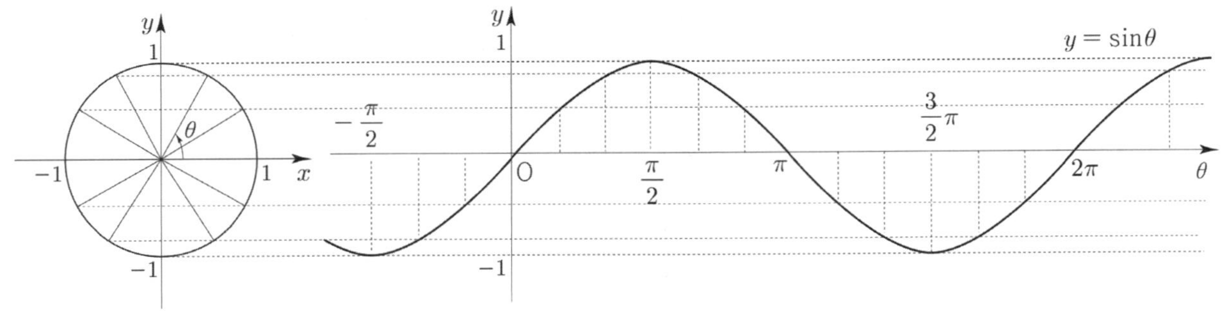

위의 함수 $y = \sin\theta$의 그래프에서 다음을 알 수 있다.

① 함수 $y = \sin\theta$의 정의역은 실수 전체의 집합이고, 치역은 $\{y \mid -1 \leq y \leq 1\}$이다.
② 함수 $y = \sin\theta$의 그래프는 원점에 대하여 대칭이므로 $\sin(-\theta) = -\sin\theta$가 성립한다. (즉, 기함수이다.)
③ 함수 $y = \sin\theta$의 그래프는 2π 간격으로 그 모양이 반복되므로 임의의 실수 θ에 대하여
  $\sin(\theta + 2n\pi) = \sin\theta (n$은 정수)가 성립한다.

함수의 정의역의 원소는 보통 x로 나타내므로 이제부터 θ를 x로 바꾸어 함수 $y = \sin\theta$를 $y = \sin x$로 나타내기로 하자.
함수 f에서 정의역에 속하는 모든 x에 대하여 $f(x+p) = f(x)$를 만족시키는 0이 아닌 상수 p가 존재할 때,
함수 f를 **주기함수**라 하고 p의 값 중에서 최소인 양수를 함수 f의 **주기**라 한다.

$\sin(x + 2\pi) = \sin x, \ \sin(x + 4\pi) = \sin x, \ \sin(x + 6\pi) = \sin x, \ \cdots$ 이므로
$\sin(x + p) = \sin x$를 만족시키는 최소인 양수 p는 2π이다.

따라서 함수 $y = \sin x$는 주기가 2π인 주기함수이다.

함수 $y = \sin x$의 그래프의 성질

① 정의역은 실수 전체의 집합이고, 치역은 $\{y \mid -1 \leq y \leq 1\}$이다.
② 그래프는 원점에 대하여 대칭이다. 즉, $\sin(-x) = -\sin x$이다. (즉, 기함수이다.)
③ 주기가 2π인 주기함수이다. 즉, $\sin(x + 2n\pi) = \sin x \,(n$은 정수)이다.

함수 $y = a\sin(bx + c) + d$

함수 $y = a\sin(bx + c) + d$에 대하여 최댓값, 최솟값, 주기는 다음과 같다.

최댓값 : $|a| + d$,   최솟값 : $-|a| + d$,   주기 : $\dfrac{2\pi}{|b|}$

ex1 $y = \sin 2x$

최댓값 : 1,   최솟값 : -1,   주기 : $\dfrac{2\pi}{2} = \pi$

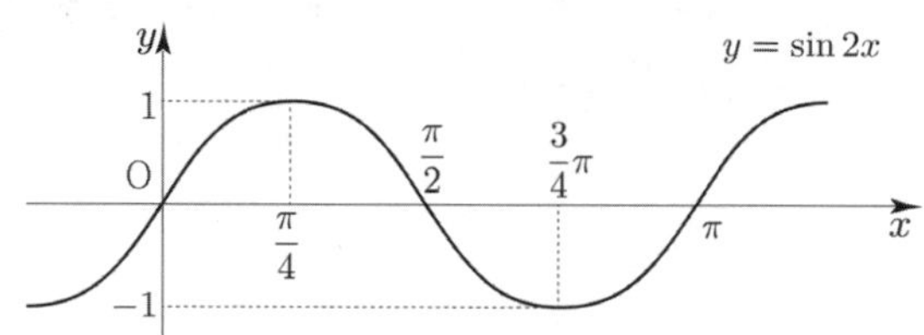

ex2 $y = 2\sin 2x$

최댓값 : 2,   최솟값 : -2,   주기 : $\dfrac{2\pi}{2} = \pi$

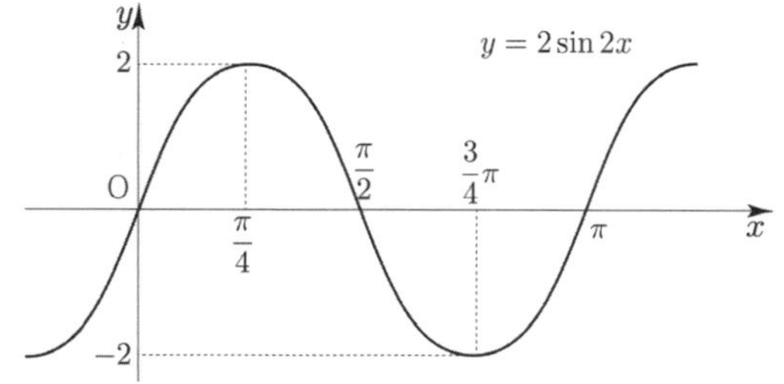

ex3 $y = -2\sin 2x$

최댓값 : 2,   최솟값 : -2,   주기 : $\dfrac{2\pi}{2} = \pi$

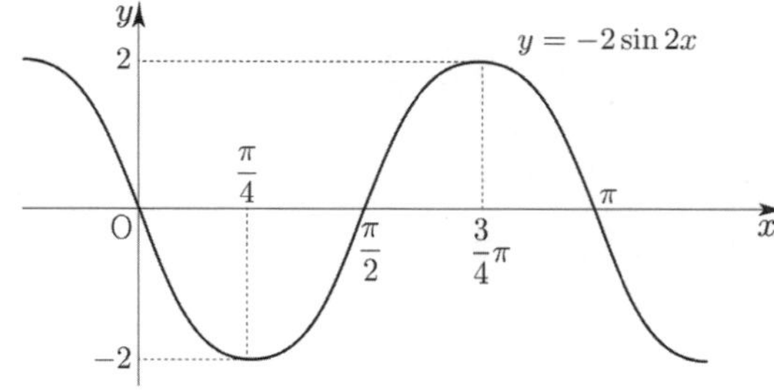

ex4 $y = 2\sin\left(2x - \dfrac{\pi}{2}\right) = 2\sin\left(2\left(x - \dfrac{\pi}{4}\right)\right)$

최댓값 : 2,   최솟값 : -2,   주기 : $\dfrac{2\pi}{2} = \pi$

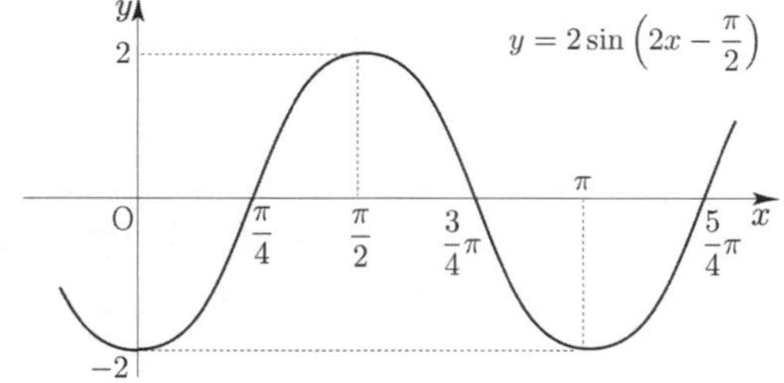

ex5 $y = 2\sin\left(2x - \dfrac{\pi}{2}\right) + 1$

최댓값 : 3,   최솟값 : -1,   주기 : $\dfrac{2\pi}{2} = \pi$

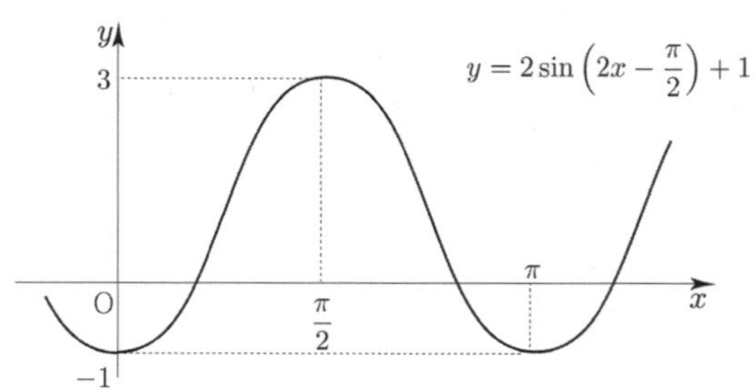

Tip 1 $y = a\sin(bx+c)+d = a\sin\!\left(b\!\left(x+\dfrac{c}{b}\right)\right)+d$ 에서 a는 확대 또는 축소($a<0$이면 x축에 대하여 대칭이동)를 담당하고 b는 주기($b<0$이면 y축에 대하여 대칭이동), c는 x축 방향의 평행이동, d는 y축 방향의 평행이동을 담당한다.

Tip 2   만약 $b<0$이면 헷갈릴 수 있으니 기함수의 성질에 의하여 $-$를 앞으로 빼고 그래프를 판단하는 것이 좋다. $b<0$인 것보다 $a<0$인 것이 더 익숙하기 때문에 실수를 줄일 수 있다.

    ex $\sin(-2x) = -\sin 2x$

Tip 3   만약 $a<0$라면 최댓값은 $-a+d$이다. 관성적으로 $a+d$라고 접근하지 않도록 유의하자.

Tip 4 x가 범위로 주어진 경우에는 $\sin(bx+c)$의 최댓값과 최솟값이 달라질 수 있으니 유의하자.

    ex $0 \le x \le \dfrac{\pi}{6}$에서 $2\sin x +1$의 최댓값을 구하시오.

$0 \le x \le \dfrac{\pi}{6}$에서 $0 \le \sin x \le \dfrac{1}{2}$이므로 $2\sin x +1$의 최댓값은 2이다. 즉, 위에 나와 있는 공식에 대입하여 관성적으로 최댓값을 $a+d=2+1=3$로 판단하지 않도록 유의하자.

예제 1

$y = \sin 4x$의 주기와 치역을 구하고, 그 그래프를 그리시오.

풀이

주기는 $\dfrac{2\pi}{4} = \dfrac{\pi}{2}$이고 치역은 $\{y \mid -1 \le y \le 1\}$이다.

주기만 조심하면 다른 부분은 고1 때 배운 평행이동과 대칭이동으로 처리해 주면 된다. 따라서 함수 $y = \sin 4x$의 그래프는 다음과 같다.

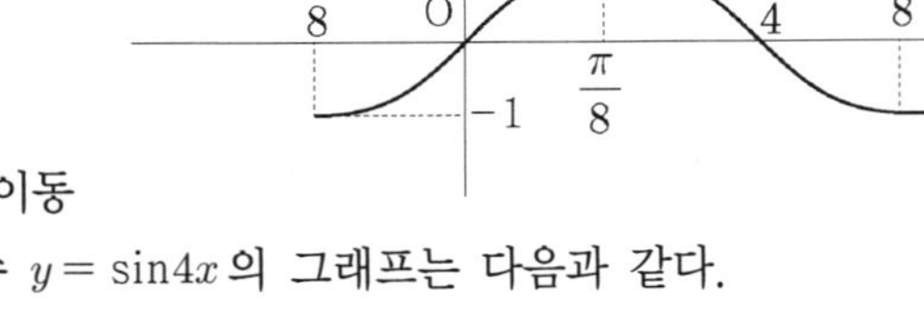

Tip $y = \sin\!\left(2x - \dfrac{\pi}{4}\right)$의 그래프를 그리려면?

$$y = \sin\!\left(2x - \frac{\pi}{4}\right) = \sin\!\left(2\!\left(x - \frac{\pi}{8}\right)\right)$$

1단계) $y = \sin 2x$의 그래프를 그린다.

2단계) $x \to x - \dfrac{\pi}{8}$이므로 x축의 방향으로 $\dfrac{\pi}{8}$만큼 평행이동한다.

개념 확인문제   1   다음 함수의 주기와 치역을 구하고, 그 그래프를 그리시오.

(1) $y = -\sin x + 1$ (2) $y = 2\sin 2x$ (3) $y = \sin\!\left(x - \dfrac{\pi}{2}\right)$

개념 파악하기 **(2) 함수 $y = \cos x$ 의 그래프는 어떻게 그릴까?**

함수 $y = \cos x$의 그래프

오른쪽 그림과 같이 좌표평면 위에서 크기가 θ인 각을
나타내는 동경과 반지름의 길이가 1인 원 O의 교점을
P$(x, \ y)$라고 하면 삼각함수의 정의에 의해서
$\cos\theta = \dfrac{x}{1} = x$이다.

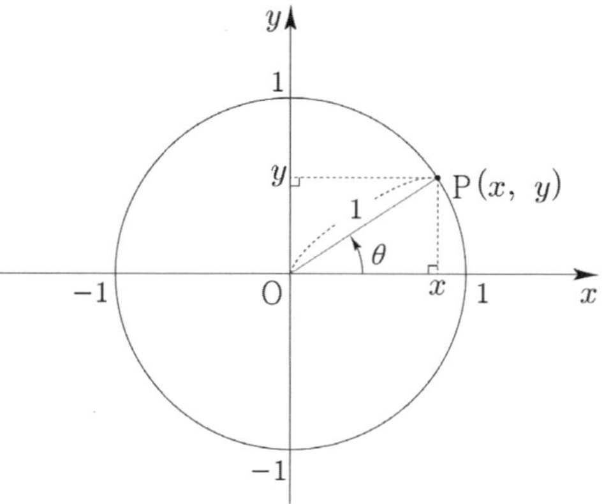

즉, θ의 값이 변할 때, $\cos\theta$의 값은 점 P의 x좌표로 정해진다.
θ의 값을 가로축에, 그에 대응하는 $\cos\theta$의 값을 세로축에 나타내면
다음 그림과 같은 함수 $y = \cos\theta$의 그래프를 얻는다.

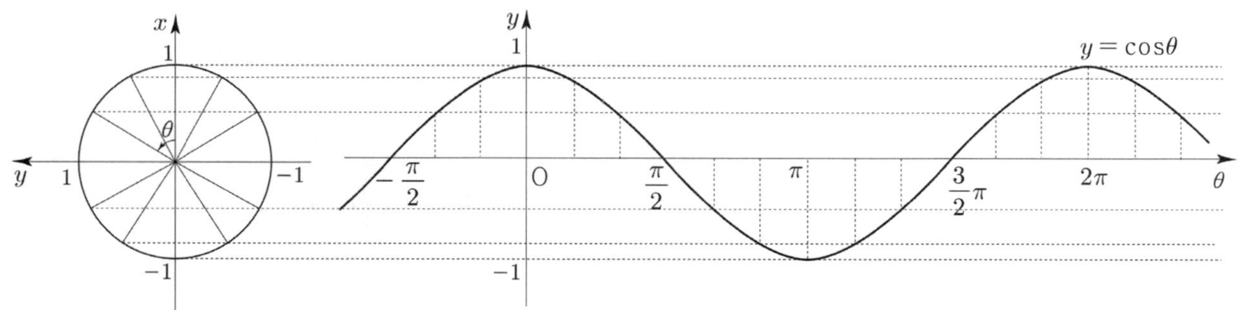

위의 함수 $y = \cos\theta$의 그래프에서 다음을 알 수 있다.

① 함수 $y = \cos\theta$의 정의역은 실수 전체의 집합이고, 치역은 $\{y \mid -1 \leq y \leq 1\}$이다.
② 함수 $y = \cos\theta$의 그래프는 y축에 대하여 대칭이므로 $\cos(-\theta) = \cos\theta$가 성립한다. (즉, 우함수이다.)
③ 함수 $y = \cos\theta$의 그래프는 2π 간격으로 그 모양이 반복되므로 임의의 실수 θ에 대하여
　$\cos(\theta + 2n\pi) = \cos\theta\,(n$은 정수$)$가 성립한다.
　따라서 함수 $y = \cos\theta$는 주기가 2π인 주기함수이다.

　함수의 정의역의 원소는 보통 x로 나타내므로 이제부터 θ를 x로 바꾸어 함수 $y = \cos\theta$를
　$y = \cos x$로 나타내기로 하자.

함수 $y = \cos x$의 그래프의 성질

① 정의역은 실수 전체의 집합이고, 치역은 $\{y \mid -1 \leq y \leq 1\}$이다.
② 그래프는 y축에 대하여 대칭이다. 즉, $\cos(-x) = \cos x$이다. (즉, 우함수이다.)
③ 주기가 2π인 주기함수이다. 즉, $\cos(x + 2n\pi) = \cos x\,(n$은 정수$)$이다.

함수 $y = a\cos(bx+c)+d$

함수 $y = a\cos(bx+c)+d$ 에 대하여 최댓값, 최솟값, 주기는 다음과 같다.

최댓값 : $|a|+d$, 최솟값 : $-|a|+d$, 주기 : $\dfrac{2\pi}{|b|}$

ex1 $y = \cos 2x$

최댓값 : 1, 최솟값 : -1, 주기 : $\dfrac{2\pi}{2}=\pi$

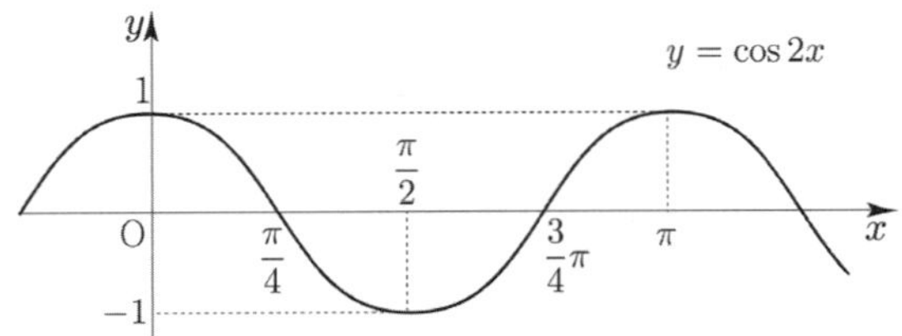

ex2 $y = 2\cos 2x$

최댓값 : 2, 최솟값 : -2, 주기 : $\dfrac{2\pi}{2}=\pi$

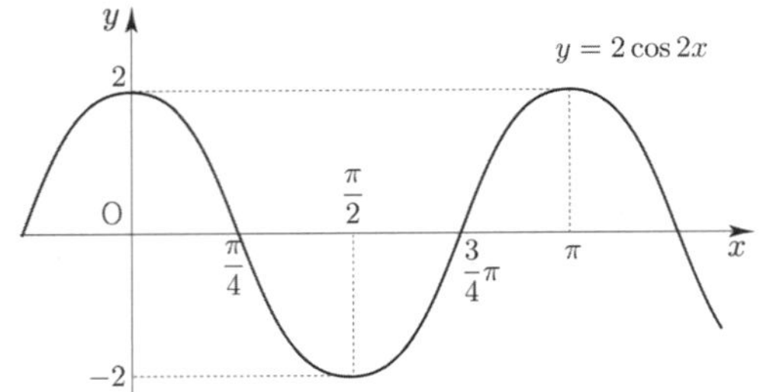

ex3 $y = -2\cos 2x$

최댓값 : 2, 최솟값 : -2, 주기 : $\dfrac{2\pi}{2}=\pi$

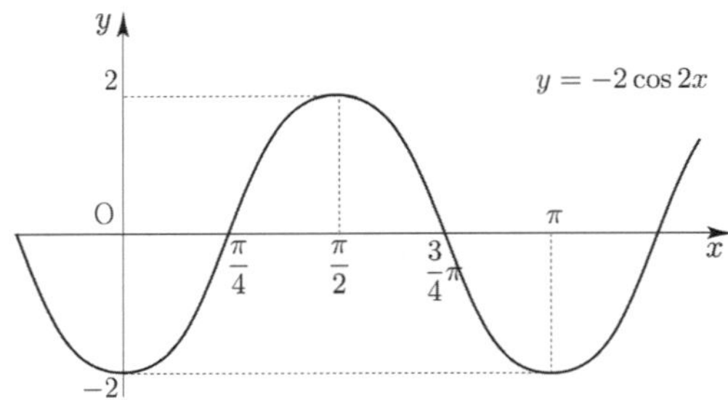

ex4 $y = 2\cos\left(2x - \dfrac{\pi}{2}\right) = 2\cos\left(2\left(x - \dfrac{\pi}{4}\right)\right)$

최댓값 : 2, 최솟값 : -2, 주기 : $\dfrac{2\pi}{2}=\pi$

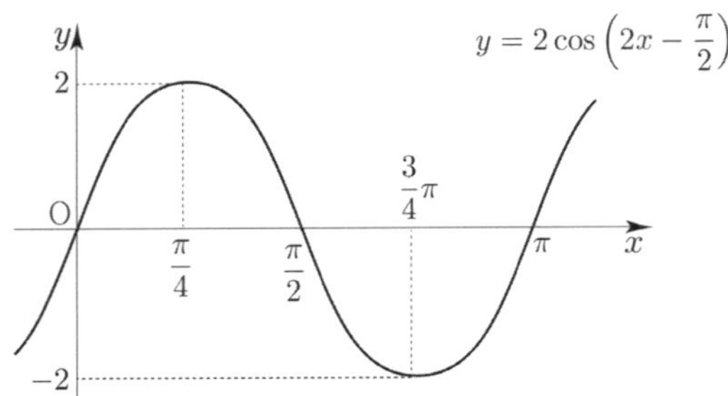

ex5 $y = 2\cos\left(2x - \dfrac{\pi}{2}\right) - 2$

최댓값 : 0, 최솟값 : -4, 주기 : $\dfrac{2\pi}{2}=\pi$

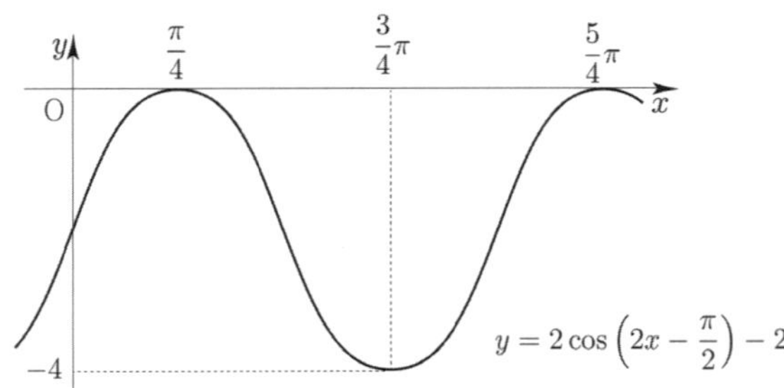

예제 2

$y = -\cos 4x$의 주기와 치역을 구하고, 그 그래프를 그리시오.

풀이

주기는 $\dfrac{2\pi}{4} = \dfrac{\pi}{2}$이고 치역은 $\{y \mid -1 \le y \le 1\}$이다.

$y = f(x) \Rightarrow y = -f(x)$ 이므로 $y = \cos 4x$를 그린 후 x축에 대칭시켜 주면 된다.

따라서 함수 $y = -\cos 4x$ 의 그래프는 다음과 같다.

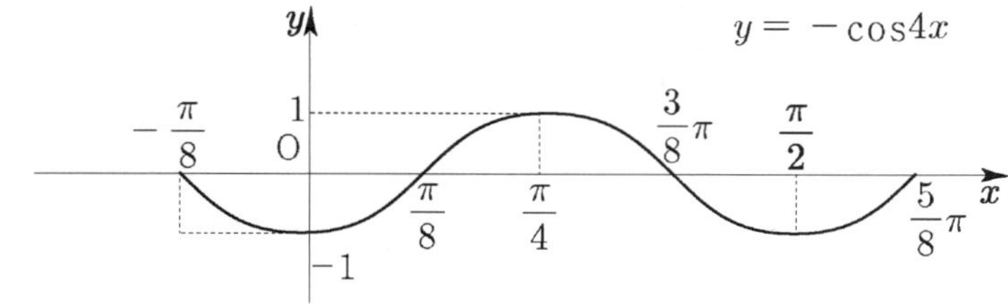

개념 확인문제 2 다음 함수의 주기와 치역을 구하고, 그 그래프를 그리시오.

(1) $y = \cos 2x$

(2) $y = -\cos(-x)$

(3) $y = \cos(2x - \pi)$

함수 $y = \tan x$의 그래프

오른쪽 그림과 같이 좌표평면 위에서 크기가 θ인 각을
나타내는 동경과 반지름의 길이가 1인 원 O의 교점을
$P(x,\ y)$라고 하고, 점 $A(1,\ 0)$에서 원 O의 접선과
동경 OP의 교점을 $T(1,\ t)$라고 하면 삼각함수의 정의에 의해서
$$\tan\theta = \frac{y}{x} = \frac{t}{1} = t \ (x \neq 0)$$이다.

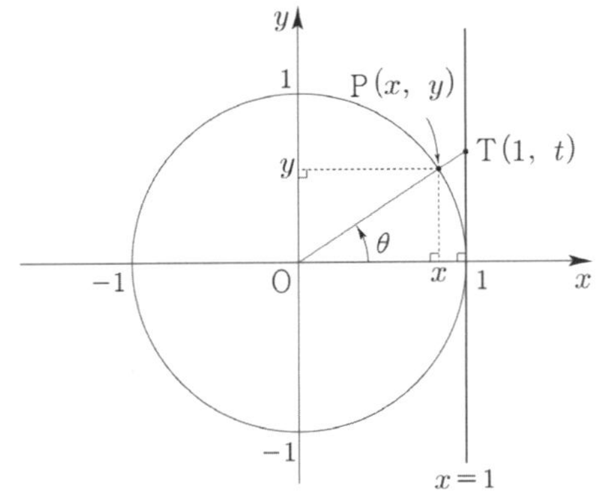

즉, θ의 값이 변할 때, $\tan\theta$의 값은 점 T의 y좌표로 정해진다.
θ의 값을 가로축에, 그에 대응하는 $\tan\theta$의 값을 세로축에 나타내면
다음 그림과 같은 함수 $y = \tan\theta$의 그래프를 얻는다.

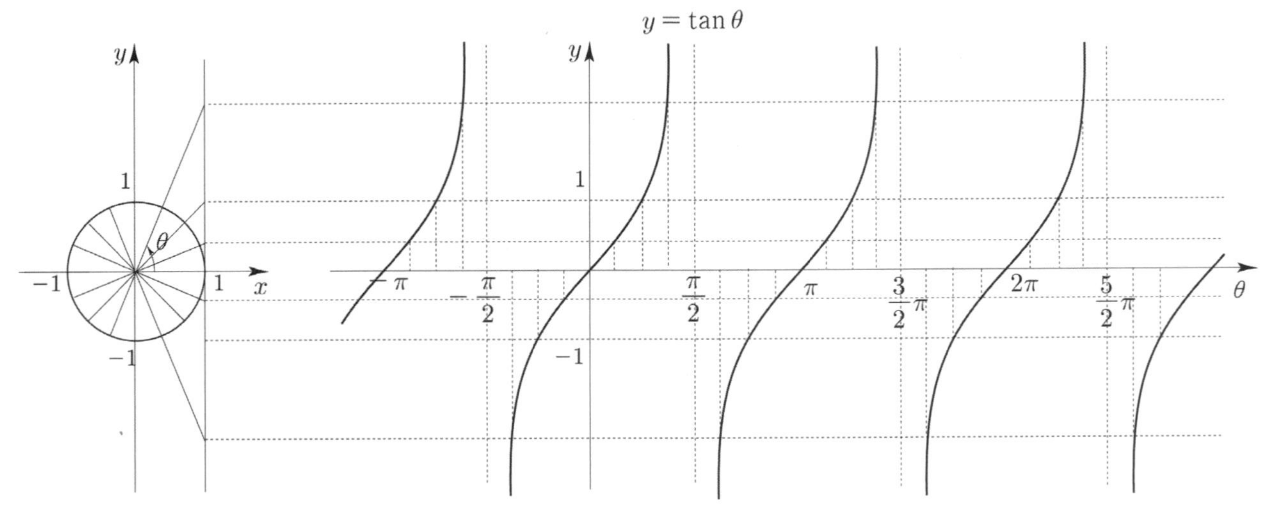

위의 함수 $y = \tan\theta$의 그래프에서 다음을 알 수 있다.

① 함수 $y = \tan\theta$의 정의역은 $n\pi + \dfrac{\pi}{2}\,(n$은 정수$)$를 제외한 실수 전체의 집합이고,
   치역은 실수 전체의 집합이다.

② 임의의 정수 n에 대하여 직선 $\theta = n\pi + \dfrac{\pi}{2}$는 함수 $y = \tan\theta$의 그래프의 점근선이다.

③ 함수 $y = \tan\theta$의 그래프는 원점에 대하여 대칭이므로 $\tan(-\theta) = -\tan\theta$가 성립한다. (즉, 기함수이다.)

④ 함수 $y = \tan\theta$의 그래프는 π 간격으로 그 모양이 반복되므로 임의의 실수 θ에 대하여
   $\tan(\theta + n\pi) = \tan\theta\,(n$은 정수$)$가 성립한다.
   따라서 함수 $y = \tan\theta$는 주기가 π인 주기함수이다.

   함수의 정의역의 원소는 보통 x로 나타내므로 이제부터 θ를 x로 바꾸어 함수 $y = \tan\theta$를
   $y = \tan x$로 나타내기로 하자.

함수 $y=\tan x$의 성질

① 정의역은 $n\pi+\dfrac{\pi}{2}$ (n은 정수)를 제외한 실수 전체의 집합이고,

   치역은 실수 전체의 집합이다.

② 그래프의 점근선은 직선 $x=n\pi+\dfrac{\pi}{2}$ (n은 정수)이다.

③ 그래프는 원점에 대하여 대칭이다. 즉, $\tan(-x)=-\tan x$가 성립한다. (즉, 기함수이다.)

④ 주기가 π인 주기함수이다. 즉, $\tan(x+n\pi)=\tan x$ (n은 정수)이다.

> **Tip** $x>0$인 첫 번째 점근선 $x=\dfrac{\pi}{2}$는 주기의 반임을 기억하자.

함수 $y=a\tan(bx+c)+d$

함수 $y=a\tan(bx+c)+d$에 대하여 최댓값, 최솟값, 주기는 다음과 같다.

최댓값 : 없음, 최솟값 : 없음, 주기 : $\dfrac{\pi}{|b|}$

예제 3

$y=\tan 2x$의 주기와 점근선을 구하고, 그 그래프를 그리시오.

풀이

주기는 $\dfrac{\pi}{2}$이고 첫 번째 양수인 점근선은 주기 $\dfrac{\pi}{2}$의 반이므로 $x=\dfrac{\pi}{4}$이다.

일반화를 하면 점근선은 $x=\dfrac{\pi}{2}n+\dfrac{\pi}{4}$ (n은 정수)이다. 따라서 함수 $y=\tan 2x$의 그래프는 다음과 같다.

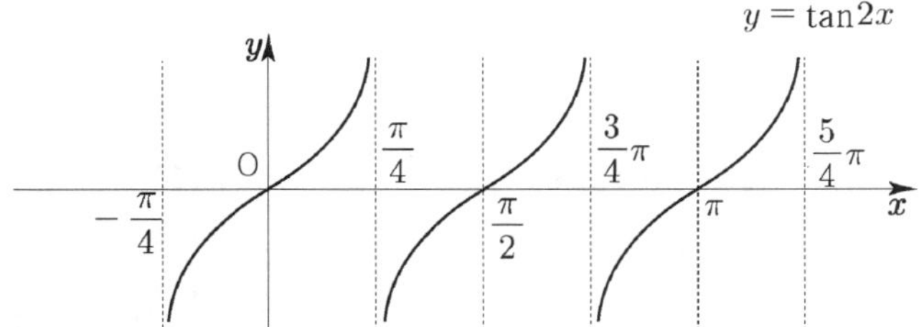

개념 확인문제 3 다음 함수의 주기와 점근선을 구하고, 그 그래프를 그리시오.

(1) $y=-\tan x$

(2) $y=\tan\left(2x-\dfrac{\pi}{2}\right)$

$\pi + x$의 삼각함수

다음 그림에서 두 함수 $y = \sin x$, $y = \cos x$의 그래프를 x축의 방향으로 $-\pi$만큼 평행이동하면 각각 $y = -\sin x$, $y = -\cos x$의 그래프와 일치함을 알 수 있다.

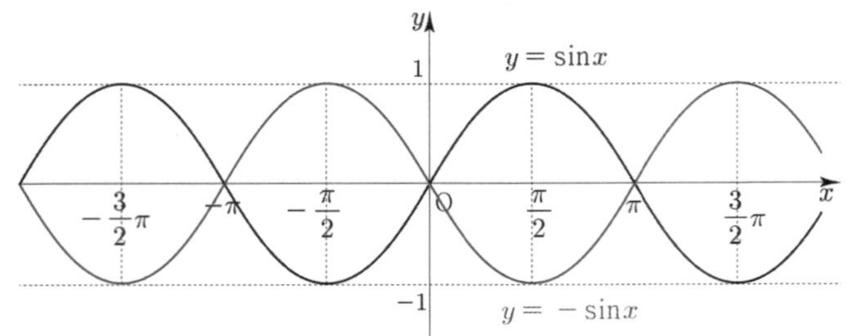

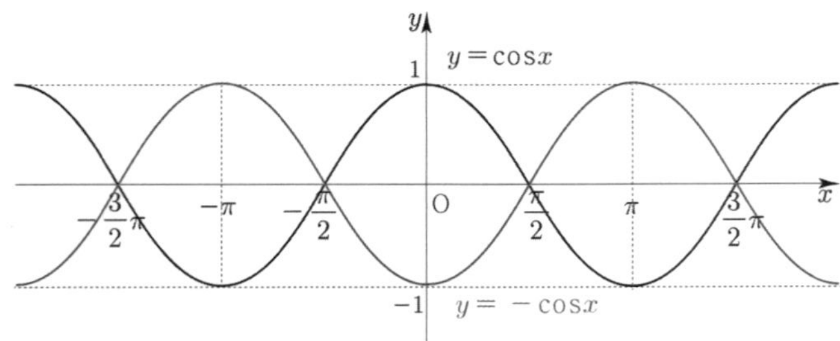

따라서 임의의 실수 x에 대하여 $\sin(\pi + x) = -\sin x$, $\cos(\pi + x) = -\cos x$이다.

한편 함수 $y = \tan x$는 주기가 π이므로 임의의 실수 x에 대하여 $\tan(\pi + x) = \tan x$이다.

> **Tip** 함수 $y = f(x)$의 그래프를 x축의 방향으로 a만큼, y축의 방향으로 b만큼 평행이동하면 $y = f(x-a) + b$이다.

$\pi + x$의 삼각함수 요약

① $\sin(\pi + x) = -\sin x$

② $\cos(\pi + x) = -\cos x$

③ $\tan(\pi + x) = \tan x$

> **Tip** x 대신 $-x$를 대입하면
> ① $\sin(\pi - x) = -\sin(-x) = \sin x$
> ② $\cos(\pi - x) = -\cos(-x) = -\cos x$
> ③ $\tan(\pi - x) = \tan(-x) = -\tan x$

$\dfrac{\pi}{2}+x$의 삼각함수

다음 그림에서 함수 $y=\cos x$의 그래프를 x축의 방향으로 $\dfrac{\pi}{2}$만큼

평행이동하면 함수 $y=\sin x$의 그래프와 일치함을 알 수 있다.

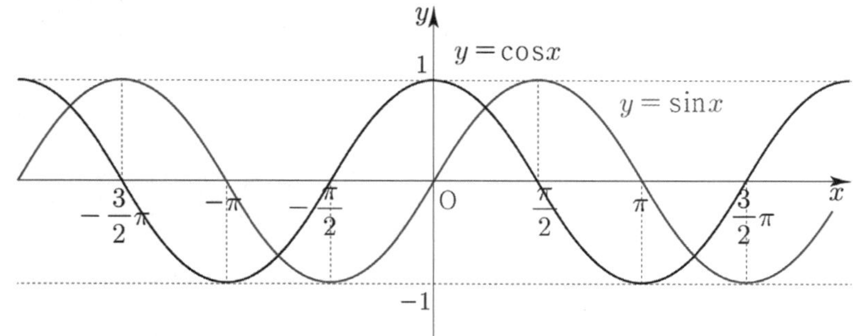

따라서 임의의 실수 x에 대하여 $\cos\left(x-\dfrac{\pi}{2}\right)=\sin x$ ⋯ ㉠

이다. ㉠의 양변에 x대신 $\dfrac{\pi}{2}+x$를 대입하면

$$\cos x=\sin\left(\dfrac{\pi}{2}+x\right)\ \cdots\ \text{㉡}$$

이고, ㉡의 양변에 x대신 $\dfrac{\pi}{2}+x$를 대입하면

$$\cos\left(\dfrac{\pi}{2}+x\right)=\sin(\pi+x)=-\sin x\ \cdots\ \text{㉢}$$

이다. 한편 $\tan x=\dfrac{\sin x}{\cos x}$이므로 ㉡, ㉢에서 다음이 성립함을 알 수 있다.

$$\tan\left(\dfrac{\pi}{2}+x\right)=\dfrac{\sin\left(\dfrac{\pi}{2}+x\right)}{\cos\left(\dfrac{\pi}{2}+x\right)}=\dfrac{\cos x}{-\sin x}=-\dfrac{1}{\tan x}$$

$\dfrac{\pi}{2}+x$의 삼각함수 요약

① $\sin\left(\dfrac{\pi}{2}+x\right)=\cos x$

② $\cos\left(\dfrac{\pi}{2}+x\right)=-\sin x$

③ $\tan\left(\dfrac{\pi}{2}+x\right)=-\dfrac{1}{\tan x}$

Tip x대신 $-x$를 대입하면

① $\sin\left(\dfrac{\pi}{2}-x\right)=\cos(-x)=\cos x$

② $\cos\left(\dfrac{\pi}{2}-x\right)=-\sin(-x)=\sin x$

③ $\tan\left(\dfrac{\pi}{2}-x\right)=-\dfrac{1}{\tan(-x)}=\dfrac{1}{\tan x}$

삼각함수의 각바꾸기

이전까지 삼각함수의 성질에 대해 배웠다. 이제 이를 적용하여 실전에서 각을 바꾸는 방법에 대해 알아보자.
실전에서 빠르게 각을 바꾸기 위하여 아래와 같은 규칙들을 기억하도록 하자.

① $\dfrac{n}{2}\pi \pm \theta$ (n은 짝수) 꼴

1단계) 함수는 바뀌지 않는다.

$$\sin\left(\dfrac{n}{2}\pi \pm \theta\right) \Rightarrow \sin\theta, \ \cos\left(\dfrac{n}{2}\pi \pm \theta\right) \Rightarrow \cos\theta, \ \tan\left(\dfrac{n}{2}\pi \pm \theta\right) \Rightarrow \tan\theta$$

2단계) $\dfrac{n}{2}\pi \pm \theta$ 가 제 몇 사분면에 위치하는지 파악한다. (단, θ 는 무조건 예각으로 본다.)

> **Tip** θ가 어떤 각이든지 공식이 성립함을 앞에서 삼각함수의 그래프로 증명하였다.
> 이와 별개로 암기하기 쉽도록 θ가 모두 양수인 예각으로 간주하여 접근하는 메커니즘을 서술한 것이다.

3단계) 올싸탄코를 사용하여 삼각함수 앞에 부호를 결정해준다.

ex1 $\sin(\pi+\theta)$	ex2 $\sin(\pi-\theta)$
1단계) $\dfrac{2}{2}\pi = \pi$이므로 $n=2$은 짝수이다. $\Rightarrow \sin\theta$	1단계) $\dfrac{2}{2}\pi = \pi$이므로 $n=2$은 짝수이다. $\Rightarrow \sin\theta$
2단계) θ 는 예각이므로 $\pi+\theta$는 제 3사분면에 위치한다.	2단계) θ 는 예각이므로 $\pi-\theta$는 제 2사분면에 위치한다.
3단계) $\sin$입장에서 $-$ 이므로 $-\sin\theta$ 이다.	3단계) $\sin$입장에서 $+$이므로 $\sin\theta$ 이다.
따라서 $\sin(\pi+\theta)= -\sin\theta$이다.	따라서 $\sin(\pi-\theta)= \sin\theta$이다.

② $\dfrac{n}{2}\pi \pm \theta$ (n은 홀수) 꼴

1단계) 함수가 바뀐다.

$$\sin\left(\dfrac{n}{2}\pi \pm \theta\right) \Rightarrow \cos\theta, \ \cos\left(\dfrac{n}{2}\pi \pm \theta\right) \Rightarrow \sin\theta, \ \tan\left(\dfrac{n}{2}\pi \pm \theta\right) \Rightarrow \dfrac{1}{\tan\theta}$$

2단계) $\dfrac{n}{2}\pi \pm \theta$ 가 제 몇 사분면에 위치하는지 파악한다. (단, θ 는 무조건 예각으로 본다.)

3단계) 올싸탄코를 사용하여 삼각함수 앞에 부호를 결정해준다. (단, 바뀌기 전의 함수를 기준으로 부호를 결정한다.)

ex1 $\cos\left(\dfrac{\pi}{2}+\theta\right)$	ex2 $\cos\left(\dfrac{3}{2}\pi+\theta\right)$
1단계) $\dfrac{1}{2}\pi = \dfrac{\pi}{2}$이므로 $n=1$은 홀수이다. $\Rightarrow \sin\theta$	1단계) $\dfrac{3}{2}\pi$이므로 $n=3$은 홀수이다. $\Rightarrow \sin\theta$
2단계) θ 는 예각이므로 $\dfrac{\pi}{2}+\theta$는 제 2사분면에 위치한다.	2단계) θ 는 예각이므로 $\dfrac{3}{2}\pi+\theta$는 제 4사분면에 위치한다.
3단계) **바뀌기 전** $\cos$입장에서 $-$ 이므로 $-\sin\theta$이다.	3단계) **바뀌기 전** $\cos$입장에서 $+$이므로 $\sin\theta$이다.
따라서 $\cos\left(\dfrac{\pi}{2}+\theta\right)= -\sin\theta$이다.	따라서 $\cos\left(\dfrac{3}{2}\pi+\theta\right)= \sin\theta$이다.

③ $-\theta$ 꼴

사인함수는 기함수, 코사인함수는 우함수, 탄젠트함수는 기함수이므로

$$\sin(-\theta) = -\sin\theta, \ \cos(-\theta) = \cos\theta, \ \tan(-\theta) = -\tan\theta$$

ex1 $\cos\left(-\dfrac{\pi}{3}\right)$	**ex2** $-\sin\left(-\dfrac{\pi}{6}\right)$
$\cos\left(-\dfrac{\pi}{3}\right)=\cos\dfrac{\pi}{3}=\dfrac{1}{2}$	$-\sin\left(-\dfrac{\pi}{6}\right)=-\left(-\sin\dfrac{\pi}{6}\right)=\sin\dfrac{\pi}{6}=\dfrac{1}{2}$

④ **주기$\times n \pm \theta$ 꼴 (주기제거법 or 주기추가법)**

$\sin$, $\cos$의 주기는 2π, $\tan$의 주기가 π인 것을 고려하면 주기$\times n$ 을 더하거나 빼도 상관없다.

$$\sin(2\pi n \pm \theta)=\sin(\pm\theta), \ \cos(2\pi n \pm \theta)=\cos(\pm\theta), \ \tan(\pi n \pm \theta)=\tan(\pm\theta)$$

ex1 $\cos(-690°)$	**ex2** $\sin\left(2\pi+\dfrac{\pi}{6}\right)$
$\cos(-690°)=\cos(360°\times2-690°)$ $\qquad\quad =\cos30°=\dfrac{\sqrt{3}}{2}$	$\sin\left(2\pi+\dfrac{\pi}{6}\right)=\sin\dfrac{\pi}{6}=\dfrac{1}{2}$ 물론 ① $\dfrac{n}{2}\pi\pm\theta$ (n은 짝수) 꼴로 처리해도 되지만 주기$\times n$을 빼주는 것이 더 편하다.

⑤ $\alpha+\beta=\pi$ 이면 $\sin\alpha=\sin\beta$

ex1 $\sin120°$	**ex2** $\sin210°$
$\sin120°=\sin60°=\dfrac{\sqrt{3}}{2}$	$\sin210°=\sin(-30°)=-\dfrac{1}{2}$

$\dfrac{n}{2}\pi\pm\theta$ 꼴로 처리해도 되지만 $\sin$의 경우 합이 π이면 똑같다는 사실을 기억하면 더 쉽고 빠르게 구할 수 있다.

$\cos$도 이와 비슷한 규칙이 있지만 $\dfrac{n}{2}\pi\pm\theta$ 꼴로 처리하는 것을 추천한다.

다음 삼각함수의 값을 구하시오.

(1) $\sin\left(-\dfrac{4}{3}\pi\right)$ (2) $\cos 120°$ (3) $\tan\dfrac{5}{4}\pi$

풀이

(1) 풀이1) $\sin\left(-\dfrac{4}{3}\pi\right)=-\sin\left(\dfrac{4}{3}\pi\right)\ (\because \sin(-x)=-\sin x)$

$\qquad -\sin\left(\dfrac{4}{3}\pi\right)=-\sin\left(-\dfrac{\pi}{3}\right)\ (\because \alpha+\beta=\pi \Rightarrow \sin\alpha=\sin\beta)$

$\qquad -\sin\left(-\dfrac{\pi}{3}\right)=\sin\dfrac{\pi}{3}=\dfrac{\sqrt{3}}{2}\ (\because \sin(-x)=-\sin x)$

$\quad$ 풀이2) $\sin\left(-\dfrac{4}{3}\pi\right)=-\sin\left(\dfrac{4}{3}\pi\right)\ (\because \sin(-x)=-\sin x)$

$\qquad -\sin\left(\dfrac{4}{3}\pi\right)=-\sin\left(\pi+\dfrac{\pi}{3}\right)$

$\qquad \sin\left(\pi+\dfrac{\pi}{3}\right)$를 구하기 위해서 $\dfrac{n}{2}\pi\pm\theta\,(n$은 짝수) 꼴을 활용하면

$\qquad$ 1단계) $\dfrac{2}{2}\pi=\pi$이므로 $n=2$은 짝수이다. $\Rightarrow \sin\dfrac{\pi}{3}$

$\qquad$ 2단계) $\pi+\dfrac{\pi}{3}$는 제 3사분면에 위치한다.

$\qquad$ 3단계) $\sin$입장에서 $-$이므로 $-\sin\dfrac{\pi}{3}$이다.

$\qquad \sin\left(\pi+\dfrac{\pi}{3}\right)=-\sin\dfrac{\pi}{3}$이므로 $-\sin\left(\pi+\dfrac{\pi}{3}\right)=-\left(-\sin\dfrac{\pi}{3}\right)=\sin\dfrac{\pi}{3}=\dfrac{\sqrt{3}}{2}$

(2) $\cos 120°=\cos\left(\dfrac{\pi}{2}+\dfrac{\pi}{6}\right)$

$\qquad \dfrac{n}{2}\pi\pm\theta\,(n$은 홀수) 꼴을 활용하면 1단계) $\dfrac{1}{2}\pi=\dfrac{\pi}{2}$이므로 $n=1$은 홀수이다. $\Rightarrow \sin\dfrac{\pi}{6}$

$\qquad\qquad$ 2단계) $\dfrac{\pi}{2}+\dfrac{\pi}{6}$는 제 2사분면에 위치한다.

$\qquad\qquad$ 3단계) **바뀌기 전** $\cos$입장에서 $-$이므로 $-\sin\dfrac{\pi}{6}=-\dfrac{1}{2}$이다.

> **Tip** $\cos 120°=\cos\dfrac{2}{3}\pi=-\dfrac{1}{2}$, $\sin 120°=\sin\dfrac{2}{3}\pi=\dfrac{\sqrt{3}}{2}$은 정말 잘 나오니 기억해두는 편이 좋다.

(3) $\tan\dfrac{5}{4}\pi=\tan\left(\pi+\dfrac{\pi}{4}\right)=\tan\dfrac{\pi}{4}=1\,(\because 주기제거법)$

개념 확인문제 **4** 다음 삼각함수의 값을 구하시오.

(1) $\cos\left(\dfrac{5}{4}\pi\right)$ (2) $\sin 240°$ (3) $\tan\left(-\dfrac{5}{6}\pi\right)$

개념 파악하기 (6) 삼각함수가 포함된 방정식과 부등식은 어떻게 풀까?

삼각함수가 포함된 방정식과 부등식

방정식 $\sin x = \dfrac{1}{2}$, 부등식 $\cos x < \dfrac{\sqrt{3}}{2}$ 과 같이 삼각함수를 포함하는 방정식과

부등식은 삼각함수의 그래프를 이용하여 풀 수 있다.

Tip　삼각함수의 대칭성과 주기성을 적극 활용한다.

치환을 이용하는 방정식과 부등식

$\cos\left(2x + \dfrac{\pi}{3}\right) = \dfrac{1}{2}$ $(0 < x < \pi)$ 와 같은 방정식이나 $\cos\left(2x + \dfrac{\pi}{3}\right) \leq \dfrac{1}{2}$ $(0 < x < \pi)$ 와 같은 부등식을 풀 때,

$2x + \dfrac{\pi}{3} = t$ 로 **치환**해서 구한다.

치환하면 범위조심! $\left(0 < x < \pi \ \Rightarrow \ \dfrac{\pi}{3} < t < 2\pi + \dfrac{\pi}{3}\right)$

치환한 뒤 기본 꼴로 고쳐서 구하는 것이 훨씬 쉽다.

Tip　t 로 치환했으면 반드시 답을 x 로 변환해줘야 한다.

예제 5

방정식 $\sin x = \dfrac{\sqrt{3}}{2}$ 을 푸시오. (단, $0 \leq x < \pi$)

풀이

방정식 $\sin x = \dfrac{\sqrt{3}}{2}$ 의 해는 함수 $y = \sin x$ $(0 \leq x < \pi)$ 의 그래프와 $y = \dfrac{\sqrt{3}}{2}$ 의 교점의 x좌표와 같다.

$0 < x < \dfrac{\pi}{2}$ 범위에서 $\sin x = \dfrac{\sqrt{3}}{2}$ 을 만족시키는 $x = \dfrac{\pi}{3}$ 이다.

대칭성을 활용해서 a 를 구하면 편하다.

즉, 두 점 $\left(\dfrac{\pi}{3}, \dfrac{\sqrt{3}}{2}\right)$, $\left(a, \dfrac{\sqrt{3}}{2}\right)$ 의 중점이 $\left(\dfrac{\pi}{2}, \dfrac{\sqrt{3}}{2}\right)$

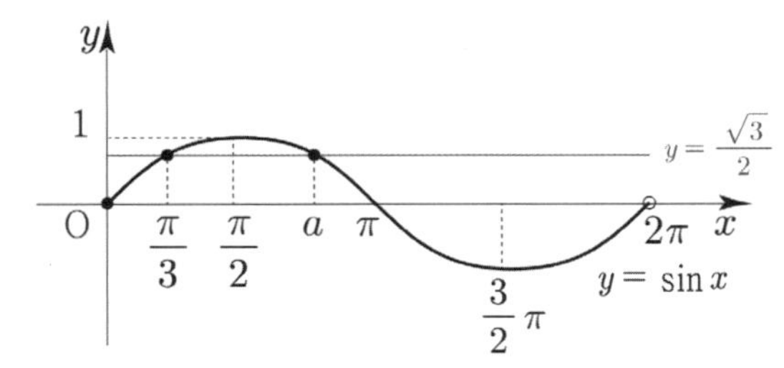

이므로 $\dfrac{\dfrac{\pi}{3} + a}{2} = \dfrac{\pi}{2} \ \Rightarrow \ \dfrac{\pi}{3} + a = 2 \times \dfrac{\pi}{2} \ \Rightarrow \ a = \dfrac{2}{3}\pi$

따라서 답은 $x = \dfrac{\pi}{3}$ 또는 $x = \dfrac{2\pi}{3}$ 이다.

Tip　$\sin x$, $\cos x$ 는 $0 < x < \dfrac{\pi}{2}$, $\tan x$ 는 $-\dfrac{\pi}{2} < x < \dfrac{\pi}{2}$ 에서 $\dfrac{\pi}{3}$, $\dfrac{\pi}{4}$, $\dfrac{\pi}{6}$ 와 같은 특수각에 대한 함숫값들은 다 외우는 편이 좋다.

　다음 방정식을 푸시오. (단, $0 \le x < 2\pi$)

(1) $\sin x = \dfrac{1}{2}$　　　　　　(2) $\tan x = 1$　　　　　　(3) $\cos x = -\dfrac{1}{2}$

예제 6

부등식 $\cos 2x < \dfrac{1}{2}$을 푸시오. (단, $0 \le x < \pi$)

풀이

$2x = t$로 치환한다. 치환하면 범위조심! $(0 \le t < 2\pi)$

$\cos t < \dfrac{1}{2}$ $(0 \le t < 2\pi)$을 풀면 된다.

부등식의 해는 함수 $y = \cos t$ $(0 \le t < 2\pi)$의 그래프가 $y = \dfrac{1}{2}$보다 아래쪽에 있는 부분의 t의 값의 범위와 같다.

$0 < t < \dfrac{\pi}{2}$ 범위에서 $\cos t = \dfrac{1}{2}$을 만족시키는 $t = \dfrac{\pi}{3}$이다.

대칭성을 활용해서 a를 구하면 편하다.

즉, 두 점 $\left(\dfrac{\pi}{3},\ \dfrac{1}{2}\right)$, $\left(a,\ \dfrac{1}{2}\right)$의 중점이 $\left(\pi,\ \dfrac{1}{2}\right)$

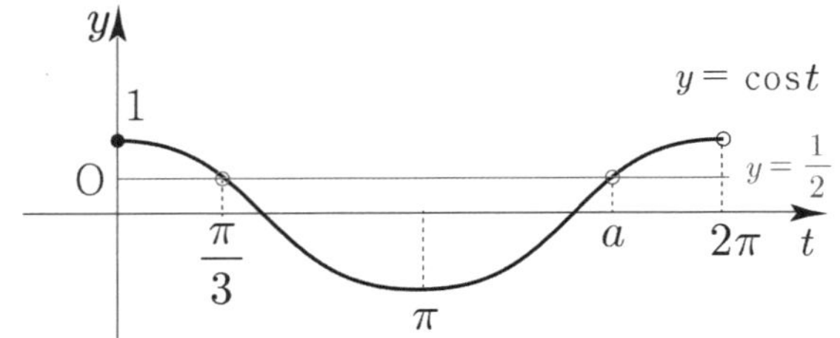

이므로 $\dfrac{\dfrac{\pi}{3}+a}{2} = \pi \Rightarrow \dfrac{\pi}{3} + a = 2 \times \pi \Rightarrow a = \dfrac{5}{3}\pi$

다시 x로 돌려주면

$\dfrac{\pi}{3} < t < \dfrac{5}{3}\pi \Rightarrow \dfrac{\pi}{3} < 2x < \dfrac{5}{3}\pi \Rightarrow \dfrac{\pi}{6} < x < \dfrac{5}{6}\pi$, 따라서 답은 $\dfrac{\pi}{6} < x < \dfrac{5}{6}\pi$ 이다.

Tip 대칭성을 활용할 때, 어차피 계산하려면 분모의 2를 우변으로 넘겨야 하기 때문에

$\dfrac{a+c}{2} = b$와 같은 형태보다는 $a+c = 2 \times b$와 같은 형태를 기억하는 편이 좋다.

정말 잘 나오니 대칭성을 활용할 때, 곧바로 $a+c = 2 \times b$라는 식을 세울 수 있도록 하자.

　다음 부등식을 푸시오. (단, $0 \le x < 2\pi$)

(1) $\sin \dfrac{x}{2} > \dfrac{1}{2}$　　　　　　　　　　　(2) $\tan x < 1$

규토 라이트 N제
삼각함수

Training - 1 step
필수 유형편

2. 삼각함수의 그래프

001 ☐☐☐☐☐

함수 $f(x)$가 다음 조건을 만족시킨다.

> (가) 모든 실수 x에 대하여 $f(x+2)=f(x)$이다.
>
> (나) $0 \le x < 2$일 때, $f(x) = \sin \dfrac{\pi}{2}x$이다.

$f\left(\dfrac{16}{3}\right)$의 값은?

① $-\dfrac{\sqrt{3}}{2}$ ② $-\dfrac{\sqrt{2}}{2}$ ③ $-\dfrac{1}{2}$

④ $\dfrac{1}{2}$ ⑤ $\dfrac{\sqrt{3}}{2}$

002 ☐☐☐☐☐

함수 $y = 2\cos\dfrac{\pi}{3a}x + 1$의 주기가 12이고,

함수 $y = -\tan\dfrac{\pi}{4}x$의 주기가 b일 때,

$a+b$의 값을 구하시오. (단, $a > 0$)

003 ☐☐☐☐☐

함수 $f(x) = \cos\left(ax + \dfrac{\pi}{6}\right)$의 주기가 6π일 때,

$f\left(-\dfrac{5}{2}\pi\right) = b$이다. $30(a-b)$의 값을 구하시오. (단, $a > 0$)

004 ☐☐☐☐☐

함수 $y = \sin x$의 그래프를 x축의 방향으로 π만큼 평행이동한 후, 원점에 대하여 대칭이동한 그래프를 나타내는 함수를 구하시오.

005 ☐☐☐☐☐

함수 $y = 2\cos\dfrac{\pi}{3}x$의 그래프를 x축의 방향으로 1만큼, y축의 방향으로 -3만큼 평행이동한 그래프를 나타내는 함수를 $y = f(x)$라 하자. 함수 $f(x)$의 주기를 p라 할 때, $f\left(\dfrac{p}{2}\right)$의 값은?

① -5 ② -4 ③ -3

④ -2 ⑤ -1

006 ☐☐☐☐☐

함수 $y = \cos x$의 그래프를 x축의 방향으로 $\dfrac{\pi}{2}$만큼, y축의 방향으로 1만큼 평행이동한 그래프를 나타내는 함수를 $y = f(x)$라 할 때, $f(3\pi + x) + f(5\pi - x)$의 값을 구하시오.

Theme 3 — 삼각함수의 대칭성

007 ☐☐☐☐☐

아래 그림은 함수 $f(x) = \sin\dfrac{\pi}{2}x$ 의 그래프이다.

$f(a) = f(b) = \dfrac{3}{4}$, $f(c) = f(d) = -\dfrac{1}{3}$ 일 때,

$a+b+c+d$ 의 값을 구하시오.

(단, $0 < a < b < c < d < 4$)

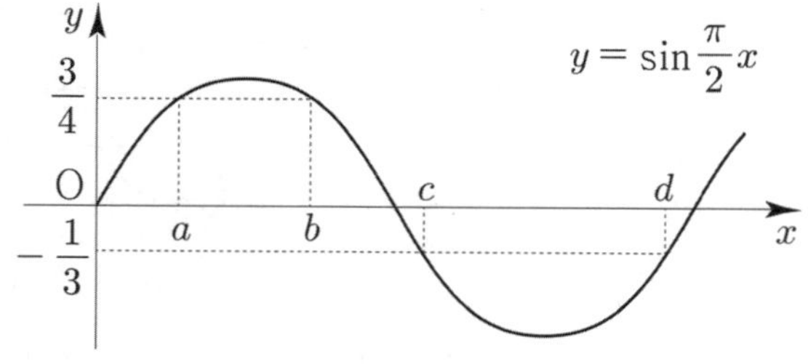

008 ☐☐☐☐☐

아래 그림과 같이 $y = \sin\pi x$ 의 그래프와 x축 사이에

직사각형 ABCD가 내접하고 있다. $\overline{AD} = \dfrac{2}{3}$ 일 때,

직사각형 ABCD의 넓이는 S 이다. $30S$ 의 값을

구하시오.

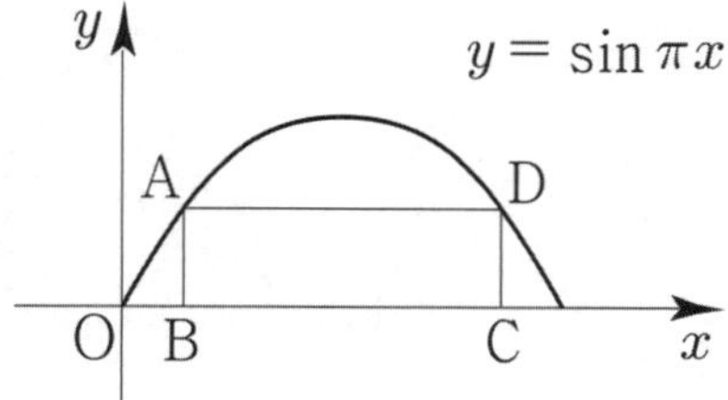

009 ☐☐☐☐☐

그림과 같이 좌표평면에 $\overline{BC} = 6$, $\overline{CD} = 4$인 직사각형

ABCD가 y축에 대하여 대칭이고 변 AD가 x축 위에

있도록 놓여 있다. 함수 $y = a\sin b\pi x + c$ 의 그래프는

두 꼭짓점 B, D를 지나며 점 D가 아닌 한 점에서

선분 AD와 접하고, 점 B가 아닌 한 점에서 선분 BC와

접한다. $a+2b-3c$의 값은? (단, $b > 0$)

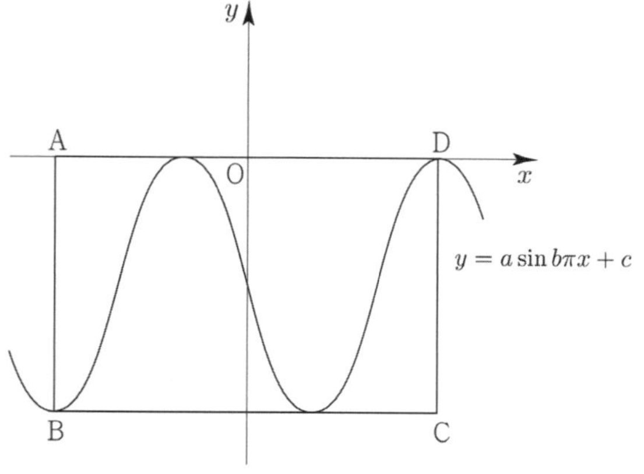

010 ☐☐☐☐☐

그림과 같이 양의 상수 a에 대하여 곡선

$y = 2\cos ax \left(0 \le x \le \dfrac{2\pi}{a}\right)$와 직선 $y = 1$이 만나는 두 점을

각각 A, B라 하고, 직선 $y = -1$이 만나는 두 점을

각각 C, D라 하자. 사각형 ABDC의 넓이가 $\dfrac{\pi}{3}$일 때,

a의 값을 구하시오.

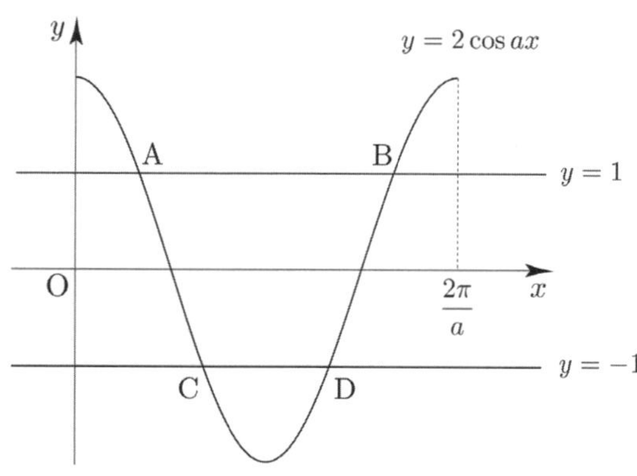

011

양수 a에 대하여 집합 $\left\{x \mid 0 \le x < \dfrac{3}{4}a,\ x \neq \dfrac{a}{4}\right\}$에서

정의된 함수 $f(x) = \dfrac{1}{2}\tan\dfrac{2\pi}{a}x$가 있다.

그림과 같이 함수 $y = f(x)$의 그래프 위의 세 점

A, $\left(\dfrac{a}{2},\ 0\right)$, B를 지나는 직선이 있다.

점 A를 지나고 x축에 평행한 직선이 함수 $y = f(x)$의

그래프와 만나는 점 중 A가 아닌 점을 C라 하자.

$\overline{BA} = \overline{BC}$이고, 삼각형 ABC의 넓이가 1일 때,

a의 값을 구하시오.

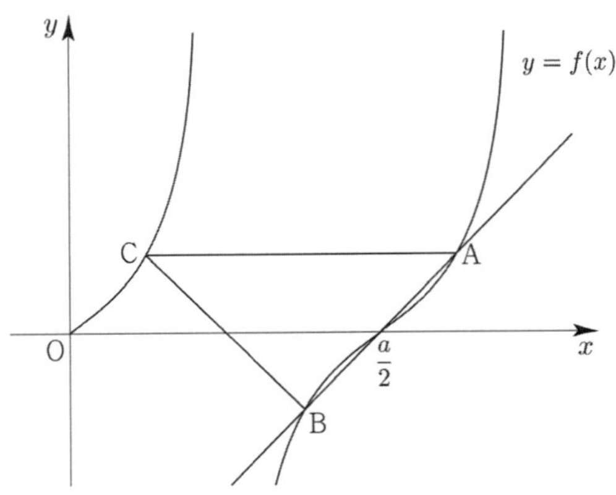

Theme 4 — 삼각함수의 미정계수의 결정

012

함수 $y = a\sin(bx - c)$의 그래프가 아래 그림과 같을 때,

상수 a, b, c에 대하여 $\dfrac{3abc}{\pi}$의 값을 구하시오.

(단, $a > 0$, $b > 0$, $2\pi < c < 3\pi$)

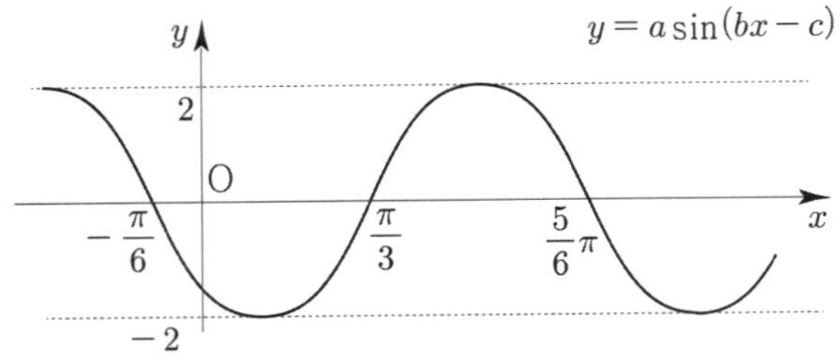

013

함수 $y = a\sin(bx - c)$의 그래프가 아래 그림과 같을 때,

$\dfrac{-abc}{10\pi}$의 값을 구하시오.

(단, $a < 0$, $b > 0$, $3\pi < c < 4\pi$)

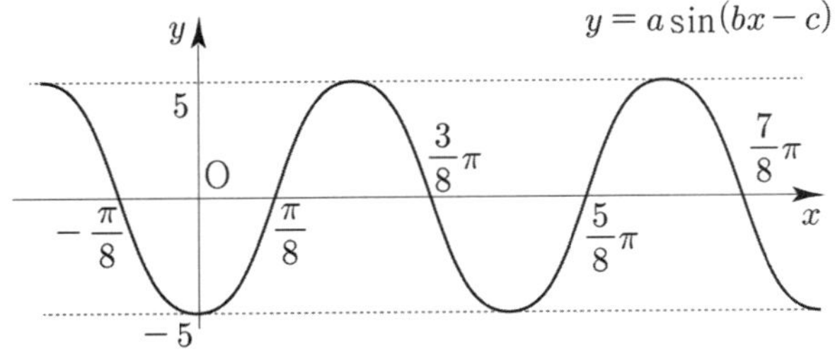

014

함수 $f(x) = a\sin(bx+c) + d$ 의 그래프가 그림과

같을 때, $ad + \dfrac{b}{c} + f(x_1) - x_2$ 의 값을 구하시오.

(단, $a > 0$, $b > 0$, $0 < c < \pi$)

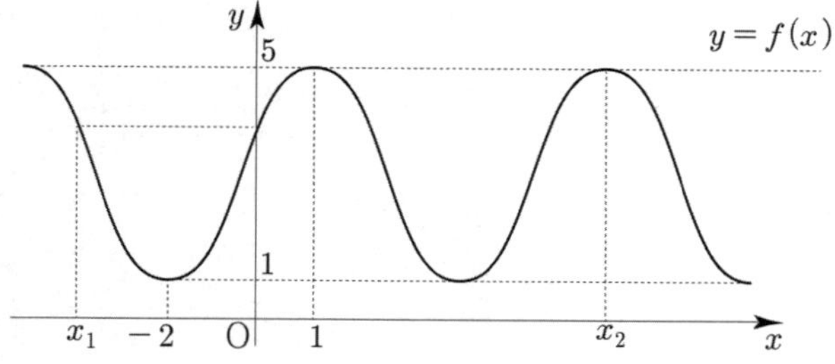

015

함수 $f(x) = a|\sin bx| + c$ 가 다음 조건을 만족시킬 때,

$3a + b - c$ 의 값을 구하시오. (단, $a > 0$, $b > 0$)

> (가) 주기가 $\dfrac{\pi}{5}$ 인 주기함수이다.
>
> (나) 함수 $f(x)$ 의 최솟값은 4 이다.
>
> (다) $f\left(\dfrac{\pi}{10}\right) = 6$

016

함수 $y = \tan(ax - b)$ 의 주기는 7π 이고

그래프의 점근선의 방정식은 $x = 7n\pi$ (n 은 정수) 일 때,

$\dfrac{\pi}{ab}$ 의 값을 구하시오. (단, $a > 0$, $0 < b < \pi$)

017

함수 $f(x) = \tan(ax - b)$ $\left(a > 0,\ 0 < b < \dfrac{\pi}{2}\right)$ 가 다음 조건을

만족시킨다.

> (가) 함수 $f(x)$ 의 주기는 $\dfrac{\pi}{4}$ 이다.
>
> (나) 함수 $y = f(x)$ 의 그래프와 직선 $x = k$ 가 만나지
> 않도록 하는 음의 실수 k 의 최댓값은 $-\dfrac{\pi}{24}$ 이다.

$f\left(\dfrac{\pi}{8}\right)$ 의 값은?

① $-\sqrt{3}$　　　② $-\dfrac{\sqrt{3}}{3}$　　　③ 0

④ $\dfrac{\sqrt{3}}{3}$　　　⑤ $\sqrt{3}$

018 ☐☐☐☐☐

$\sin\dfrac{5}{6}\pi + \cos\left(-\dfrac{8}{3}\pi\right) - \dfrac{4\tan\dfrac{19}{3}\pi}{\tan\left(-\dfrac{\pi}{3}\right)}$ 의 값을 구하시오.

019 ☐☐☐☐☐

$\cos\theta = \dfrac{3}{5}$ 일 때,

$3\tan(\pi+\theta)\left\{\dfrac{1+\cos(\pi-\theta)}{\cos\left(\dfrac{\pi}{2}+\theta\right)} + \dfrac{\sin\left(\dfrac{3}{2}\pi+\theta\right)}{\sin(\pi+\theta)}\right\}$ 의 값을

구하시오.

020 ☐☐☐☐☐

$\sin\theta < 0$ 이고 $\sin\left(-\dfrac{\pi}{2}+\theta\right) = \dfrac{1}{5}$ 일 때, $\tan\theta$ 의 값은?

① $-3\sqrt{6}$ ② $-2\sqrt{6}$ ③ 0

④ $2\sqrt{6}$ ⑤ $3\sqrt{6}$

021 ☐☐☐☐☐

$\dfrac{\pi}{2} < \theta < \pi$ 인 θ 에 대하여 $\cos(\pi+\theta) = \dfrac{4}{5}$ 일 때,

$\sin\theta + \cos\theta$ 의 값은?

① $-\dfrac{7}{5}$ ② $-\dfrac{1}{5}$ ③ 0

④ $\dfrac{1}{5}$ ⑤ $\dfrac{1}{5}$

022 ☐☐☐☐☐

함수 $y = 3\sin\left(x+\dfrac{\pi}{2}\right) - \cos x + a$ 의 최댓값과 최솟값의

합이 10일 때, 상수 a의 값을 구하시오.

023 ☐☐☐☐☐

함수 $y = -\left|\sin 4x - \dfrac{1}{2}\right| + \dfrac{5}{2}$ 의 최댓값을 M, 최솟값을

m이라 할 때, $10Mm$의 값을 구하시오.

024 ☐☐☐☐☐

$y = \dfrac{2\tan x - 1}{\tan x + 2}$ 이 $x=a$ 에서 최솟값 b를 가질 때,

$\sqrt{2}\cos\dfrac{a}{b}$ 의 값을 구하시오. (단, $\dfrac{3}{4}\pi \leq x < \dfrac{3}{2}\pi$)

025 ☐☐☐☐☐

함수 $f(x)=\sin^2 x-\sin\left(x-\dfrac{\pi}{2}\right)+2$의 최댓값을 M,

최솟값을 m이라 할 때, $4(M+m)$의 값을 구하시오.

026 ☐☐☐☐☐

함수 $y=3|\cos x|-\cos x+1$의 최댓값을 M,

최솟값을 m이라 할 때, $M+m$의 값을 구하시오.

027 ☐☐☐☐☐

함수 $y=\dfrac{\left|\sin\left(\dfrac{\pi}{2}-x\right)\right|-3}{|\cos x|+1}$ 의 최댓값을 M, 최솟값을 m

이라 할 때, $M-m$의 값을 구하시오.

028 ☐☐☐☐☐

두 함수 $f(x)=-\cos^2 x-2\sin x+1$,

$g(x)=-x^2+a$에 대하여 합성함수 $(g\circ f)(x)$의

최댓값과 최솟값의 합이 15일 때, a의 값을 구하시오.

029 ☐☐☐☐☐

함수 $y=\sin^2\dfrac{x}{2}+2a\cos\dfrac{x}{2}+2$의 최댓값이 $\dfrac{7}{2}$일 때,

모든 실수 a의 값의 곱은?

① $-\dfrac{3\sqrt{2}}{2}$ ② $-\dfrac{\sqrt{2}}{2}$ ③ $-\dfrac{1}{2}$

④ $\dfrac{1}{2}$ ⑤ $\dfrac{3\sqrt{2}}{2}$

030 ☐☐☐☐☐

함수 $y=\dfrac{|\tan x|}{\tan x+2}$이 $x=a$일 때, 최댓값 M을 갖고,

$x=b$일 때, 최솟값 m을 갖는다.

$\dfrac{16a}{b}+M+m$의 값을 구하시오. (단, $\dfrac{3}{4}\pi \leq x < \dfrac{3}{2}\pi$)

031

$0 \le x < 8$일 때, 방정식 $\cos \dfrac{\pi}{2}x = \dfrac{2}{3}$ 의 모든 해의 합을 구하시오.

032

$0 \le x \le 2\pi$일 때,

방정식 $\left(\sin x - \sqrt{3}\cos x\right)\left(\sin x + \dfrac{1}{\sqrt{3}}\cos x\right) = 0$의

모든 해의 합은 $a\pi$이다. $30a$의 값을 구하시오.

033

방정식 $\cos^2 x - \dfrac{\sin x}{2} = \dfrac{1}{2}$ 의 모든 해의 합을 구하시오.

(단, $0 \le x \le 2\pi$)

034

부등식 $\sin 2x - \cos 2x > 0$의 해를 구하시오.

(단, $0 \le x \le \pi$)

035

부등식 $2\cos^2\left(x - \dfrac{\pi}{3}\right) \ge 1 + \cos\left(x + \dfrac{\pi}{6}\right)$ 의 해를

구하시오. (단, $0 \le x < 2\pi$)

036

부등식 $1 \le 2\sin\left(\dfrac{1}{2}x + \dfrac{\pi}{3}\right) < \sqrt{3}$ 의 해를 구하시오.

(단, $-\pi \le x < \pi$)

037

모든 실수 x에 대하여 부등식

$\cos^2 x + 6\sin\left(\dfrac{3\pi}{2} + x\right) \geq 2 - k$이 항상 성립하도록 하는

실수 k의 최솟값을 구하시오.

038

함수 $f(x) = x^2 - 1$에 대하여 t에 대한 방정식

$f(2\cos 2t - 1) = 0$의 서로 다른 실근의 합을 구하시오.

(단, $0 \leq t \leq 2\pi$)

039

방정식 $\sin(\pi\cos x) = 0$의 모든 해의 합을 구하시오.

(단, $0 \leq x < \pi$)

040

x에 대한 이차방정식 $x^2 - 2\sqrt{3}\,x + 3\tan\theta = 0$이 중근을

갖도록 하는 θ의 값을 구하시오. (단, $\pi \leq \theta < \dfrac{3}{2}\pi$)

041

$0 \leq x < 2\pi$에서 연립부등식

$$\begin{cases} \sin x \leq \cos x \\ 2\sin^2 x - 5\cos x + 1 \geq 0 \end{cases}$$

의 해를 $a \leq x \leq b$라 할 때, $\dfrac{12}{\pi}(a+b)$의 값을 구하시오.

042

모든 실수 x에 대하여

$\sin^2 x + (a+3)\cos x - (3a+1) > 0$이 성립하도록 하는

정수 a의 최댓값은?

① -5 ② -4 ③ -3

④ -2 ⑤ -1

043 ☐☐☐☐☐

함수 $f(x) = \sin 6x$에 대하여

$f\left(\dfrac{\pi}{2} - t\right) + f(t) = 1$을 만족시키는 음수 t의 최댓값은?

① $-\dfrac{5}{36}\pi$ ② $-\dfrac{7}{36}\pi$ ③ $-\dfrac{1}{4}\pi$

④ $-\dfrac{11}{36}\pi$ ⑤ $-\dfrac{13}{36}\pi$

044 ☐☐☐☐☐

$0 \le x < 2\pi$ 일 때, 방정식 $|\cos x| = \dfrac{3}{4} + 2\cos x$의 실근이 α, $\beta\ (\alpha < \beta)$일 때, $8\sin\alpha + \tan\alpha + 16\sin\beta + 5\tan\beta$ 의 값은?

① $\sqrt{15}$ ② $2\sqrt{15}$ ③ $-\sqrt{15}$

④ $-2\sqrt{15}$ ⑤ 0

[045~046] 함수 $f(x) = \left|4\cos\dfrac{\pi}{2}x + 2\right|$가 있다.

45번과 46번의 두 물음에 답하시오.

045 ☐☐☐☐☐

실수 k에 대하여 방정식 $f(x) = k\ (0 \le x \le 4)$의
서로 다른 실근의 합을 $g(k)$라 할 때,
$g(1) + g(2) + g(5)$의 값을 구하시오.

046 ☐☐☐☐☐

모든 실수 x에 대하여 $f(t) \le f(x)$를 만족시키는
실수 $t\ (0 \le t \le 8)$를 작은 수부터 크기순으로 나열한 것을
$t_1, t_2, \cdots, t_m\ (m$은 자연수)라 할 때,
$t_1 + \dfrac{t_m}{m}$의 값을 구하시오.

Theme 8 실근 존재 및 개수

047 ☐☐☐☐☐

방정식 $\sin(\pi\cos 2x)=0$의 해의 개수를 구하시오.
(단, $0 \le x < 2\pi$)

048 ☐☐☐☐☐

방정식 $\cos x = \dfrac{1}{7}x$의 서로 다른 실근의 개수를 구하시오.

049 ☐☐☐☐☐

방정식 $\sin^2 x + \sin(\pi+x) = 1-k$가 실근을 갖도록 하는 상수 k의 최댓값을 M, 최솟값을 m이라 할 때, $20M+m$의 값을 구하시오. (단, $0 \le x < 2\pi$)

050 ☐☐☐☐☐

방정식 $\sin(\pi \cdot 2^{-|x|+2})=0$의 서로 다른 실근의 개수를 구하시오.

051 ☐☐☐☐☐

x에 대한 방정식 $\left|\dfrac{1}{4}-\sin(-x)\right|=k$가 서로 다른 3개의 실근을 갖도록 하는 실수 k의 값을 α라 할 때, 40α의 값을 구하시오. (단, $\dfrac{\pi}{2} \le x < \dfrac{5\pi}{2}$)

052 ☐☐☐☐☐

함수 $y = \sin\dfrac{\pi}{2}x + \left|\sin\dfrac{\pi}{2}x\right|$의 그래프와 직선 $y = -\dfrac{n}{6}x + 2$가 서로 다른 세 점에서 만나도록 하는 자연수 n의 개수는?

① 2   ② 3   ③ 4

④ 5   ⑤ 6

x에 대한 방정식

$2\cos^2\pi x - 2\sin\pi x + 2a - 3 = 0 \ (0 \le x < 2)$의

서로 다른 실근의 개수는 3이다. 서로 다른 세 실근의 합을 b라 할 때, $a+b$의 값을 구하시오. (단, a는 상수이다.)

x에 대한 방정식 $\left| 2^{-|x-1|} - \dfrac{1}{2} \right| = \sin\left(\dfrac{n}{36}\pi \right)$의 실근이

존재하지 않도록 하는 50 이하의 자연수 n의 개수를 구하시오.

규토 라이트 N제
삼각함수

Training – 2 step
기출 적용편

2. 삼각함수의 그래프

그림과 같이 함수 $y = a\tan b\pi x$의 그래프가

두 점 $(2, 3)$, $(8, 3)$을 지날 때, $a^2 \times b$의 값은?

(단, a, b는 양수이다.) [3점]

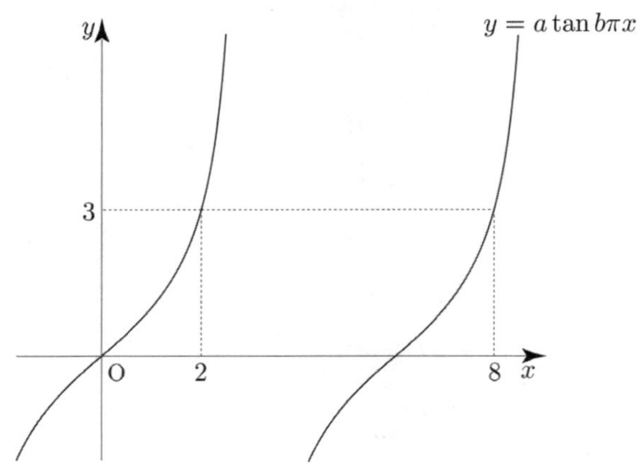

① $\dfrac{1}{6}$ ② $\dfrac{1}{3}$ ③ $\dfrac{1}{2}$

④ $\dfrac{2}{3}$ ⑤ $\dfrac{5}{6}$

$\cos\left(\dfrac{\pi}{2}+\theta\right) = -\dfrac{1}{5}$일 때, $\dfrac{\sin\theta}{1-\cos^2\theta}$의 값은? [3점]

① -5 ② $-\sqrt{5}$ ③ 0

④ $\sqrt{5}$ ⑤ 5

$\tan\theta < 0$이고 $\cos\left(\dfrac{\pi}{2}+\theta\right) = \dfrac{\sqrt{5}}{5}$일 때, $\cos\theta$의 값은? [3점]

① $-\dfrac{2\sqrt{5}}{5}$ ② $-\dfrac{\sqrt{5}}{5}$ ③ 0

④ $\dfrac{\sqrt{5}}{5}$ ⑤ $\dfrac{2\sqrt{5}}{5}$

$\cos\theta < 0$이고 $\sin(-\theta) = \dfrac{1}{7}\cos\theta$일 때, $\sin\theta$의 값은? [3점]

① $-\dfrac{3\sqrt{2}}{10}$ ② $-\dfrac{\sqrt{2}}{10}$ ③ 0

④ $\dfrac{\sqrt{2}}{10}$ ⑤ $\dfrac{3\sqrt{2}}{10}$

$\dfrac{3}{2}\pi < \theta < 2\pi$인 θ에 대하여 $\sin(-\theta) = \dfrac{1}{3}$일 때,

$\tan\theta$의 값은? [3점]

① $-\dfrac{\sqrt{2}}{2}$ ② $-\dfrac{\sqrt{2}}{4}$ ③ $-\dfrac{1}{4}$

④ $\dfrac{1}{4}$ ⑤ $\dfrac{\sqrt{2}}{4}$

두 양수 a, b에 대하여 함수 $f(x) = a\cos bx + 3$이 있다.

함수 $f(x)$는 주기가 4π이고 최솟값이 -1일 때,

$a + b$의 값은? [3점]

① $\dfrac{9}{2}$ ② $\dfrac{11}{2}$ ③ $\dfrac{13}{2}$

④ $\dfrac{15}{2}$ ⑤ $\dfrac{17}{2}$

061 2020년 고3 10월 교육청 나형 ☐☐☐☐☐

$0 \leq x < 2\pi$일 때, 두 함수 $y = \sin x$와

$y = \cos\left(x + \dfrac{\pi}{2}\right) + 1$의 그래프가 만나는 모든 점의

x좌표의 합은? [3점]

① $\dfrac{\pi}{2}$ ② π ③ $\dfrac{3}{2}\pi$

④ 2π ⑤ $\dfrac{5}{2}\pi$

062 2018학년도 고3 9월 평가원 가형 ☐☐☐☐☐

$0 \leq x \leq \pi$일 때, 방정식 $1 + \sqrt{2}\,\sin 2x = 0$의 모든 해의

합은? [3점]

① π ② $\dfrac{5}{4}\pi$ ③ $\dfrac{3}{2}\pi$

④ $\dfrac{7}{4}\pi$ ⑤ 2π

063 2018학년도 사관학교 가형 ☐☐☐☐☐

함수 $f(x) = a\sin bx + c\,(a > 0,\ b > 0)$의 최댓값은 4,
최솟값은 -2이다. 모든 실수 x에 대하여
$f(x + p) = f(x)$를 만족시키는 양수 p의 최솟값이 π일 때,
abc의 값은? (단, a, b, c는 상수이다.) [3점]

① 6 ② 8 ③ 10

④ 12 ⑤ 14

064 2020년 고3 4월 교육청 가형 ☐☐☐☐☐

$0 \leq x < 2\pi$일 때, 방정식 $\sin^2 x = \cos^2 x + \cos x$와

부등식 $\sin x > \cos x$를 동시에 만족시키는

모든 x의 값의 합은? [3점]

① $\dfrac{4}{3}\pi$ ② $\dfrac{5}{3}\pi$ ③ 2π

④ $\dfrac{7}{3}\pi$ ⑤ $\dfrac{8}{3}\pi$

065 2022학년도 수능예비시행 ☐☐☐☐☐

함수 $y = 6\sin\dfrac{\pi}{12}x\ (0 \leq x \leq 12)$의 그래프와

직선 $y = 3$이 만나는 두 점을 각각 A, B라 할 때,

선분 AB의 길이는? [3점]

① 6 ② 7 ③ 8

④ 9 ⑤ 10

066 2023학년도 고3 6월 평가원 공통 ☐☐☐☐☐

닫힌구간 $[0,\ \pi]$에서 정의된 함수 $f(x) = -\sin 2x$가

$x = a$에서 최댓값을 갖고 $x = b$에서 최솟값을 갖는다.

곡선 $y = f(x)$ 위의 두 점 $(a,\ f(a))$, $(b,\ f(b))$를 지나는

직선의 기울기는? [3점]

① $\dfrac{1}{\pi}$ ② $\dfrac{2}{\pi}$ ③ $\dfrac{3}{\pi}$

④ $\dfrac{4}{\pi}$ ⑤ $\dfrac{5}{\pi}$

067 2020년 고3 4월 교육청 나형

두 함수 $f(x) = \cos ax + 1$, $g(x) = |\sin 3x|$

의 주기가 서로 같을 때, 양수 a의 값은? [4점]

① 5　　　　② 6　　　　③ 7

④ 8　　　　⑤ 9

---

068 2021학년도 수능 나형

$0 \le x < 4\pi$일 때, 방정식

$4\sin^2 x - 4\cos\left(\dfrac{\pi}{2} + x\right) - 3 = 0$의 모든 해의 합은? [4점]

① 5π　　　　② 6π　　　　③ 7π

④ 8π　　　　⑤ 9π

---

069 2021학년도 사관학교 가형

$0 \le x < 2\pi$일 때, 방정식 $\cos^2 3x - \sin 3x + 1 = 0$의
모든 실근의 합은? [3점]

① $\dfrac{3}{2}\pi$　　　　② $\dfrac{7}{4}\pi$　　　　③ 2π

④ $\dfrac{9}{4}\pi$　　　　⑤ $\dfrac{5}{2}\pi$

---

070 2019학년도 수능 가형

$0 \le \theta < 2\pi$일 때, x에 대한 이차방정식

$6x^2 + (4\cos\theta)x + \sin\theta = 0$이 실근을 갖지 않도록 하는

모든 θ의 값의 범위는 $\alpha < \theta < \beta$이다.

$3\alpha + \beta$의 값은? [3점]

① $\dfrac{5}{6}\pi$　　　　② π　　　　③ $\dfrac{7}{6}\pi$

④ $\dfrac{4}{3}\pi$　　　　⑤ $\dfrac{3}{2}\pi$

---

071 2020학년도 수능 가형

$0 < x < 2\pi$일 때, 방정식 $4\cos^2 x - 1 = 0$과

부등식 $\sin x \cos x < 0$을 동시에 만족시키는 모든 x의

값의 합은? [3점]

① 2π　　　　② $\dfrac{7}{3}\pi$　　　　③ $\dfrac{8}{3}\pi$

④ 3π　　　　⑤ $\dfrac{10}{3}\pi$

---

072 2024학년도 고3 6월 평가원 공통

두 자연수 a, b에 대하여 함수 $f(x) = a\sin bx + 8 - a$가

다음 조건을 만족시킬 때, $a + b$의 값을 구하시오. [3점]

> (가) 모든 실수 x에 대하여 $f(x) \ge 0$이다.
> (나) $0 \le x < 2\pi$일 때, x에 대한 방정식 $f(x) = 0$의
> 　　　서로 다른 실근의 개수는 4이다.

073 2024학년도 수능 공통

함수 $f(x) = \sin\dfrac{\pi}{4}x$ 라 할 때, $0 < x < 16$에서 부등식

$f(2+x)f(2-x) < \dfrac{1}{4}$를 만족시키는 모든 자연수 x의 값의

합을 구하시오. [3점]

074 2024학년도 고3 9월 평가원 공통

$0 \le x \le 2\pi$일 때, 부등식 $\cos x \le \sin\dfrac{\pi}{7}$를 만족시키는

모든 x의 값의 범위는 $\alpha \le x \le \beta$이다. $\beta - \alpha$의 값은? [4점]

① $\dfrac{8}{7}\pi$ ② $\dfrac{17}{14}\pi$ ③ $\dfrac{9}{7}\pi$

④ $\dfrac{19}{14}\pi$ ⑤ $\dfrac{10}{7}\pi$

075 2021학년도 고3 6월 평가원 가형

$0 \le \theta < 2\pi$일 때, x에 대한 이차방정식

$x^2 - (2\sin\theta)x - 3\cos^2\theta - 5\sin\theta + 5 = 0$이 실근을

갖도록 하는 θ의 최솟값과 최댓값을 각각 α, β라 하자.

$4\beta - 2\alpha$의 값은? [4점]

① 3π ② 4π ③ 5π

④ 6π ⑤ 7π

076 2021년 고3 7월 교육청 공통

$0 \le x < 2\pi$일 때, 방정식 $3\cos^2 x + 5\sin x - 1 = 0$의

모든 해의 합은? [4점]

① π ② $\dfrac{3}{2}\pi$ ③ 2π

④ $\dfrac{5}{2}\pi$ ⑤ 3π

077 2021년 고3 4월 교육청 공통

$0 < x < 2\pi$ 일 때, 방정식 $2\cos^2 x - \sin(\pi + x) - 2 = 0$의

모든 해의 합은? [4점]

① π ② $\dfrac{3}{2}\pi$ ③ 2π

④ $\dfrac{5}{2}\pi$ ⑤ 3π

078 2019년 고2 11월 교육청 나형

함수 $f(x) = 3\sin\dfrac{\pi(x+a)}{2} + b$의 그래프가 그림과 같다.

두 양수 a, b에 대하여 $a \times b$의 최솟값을 구하시오. [4점]

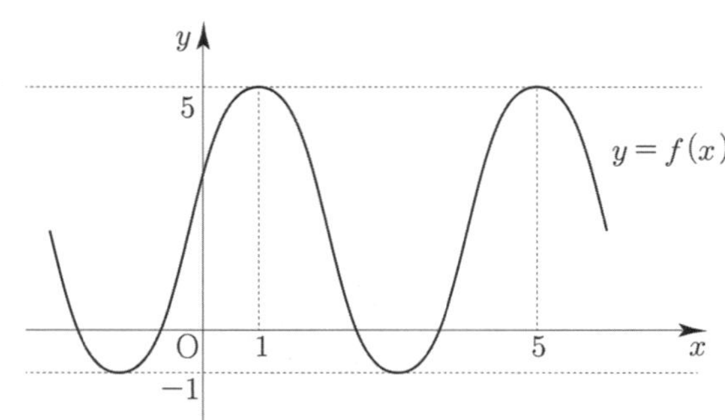

양수 a에 대하여 $0 \le x \le 3$에서 정의된 두 함수

$$f(x) = a\sin\pi x, \quad g(x) = a\cos\pi x$$

가 있다. 두 곡선 $y = f(x)$와 $y = g(x)$가 만나는 서로 다른 세 점을 꼭짓점으로 하는 삼각형의 넓이가 2일 때, a^2의 값을 구하시오. [3점]

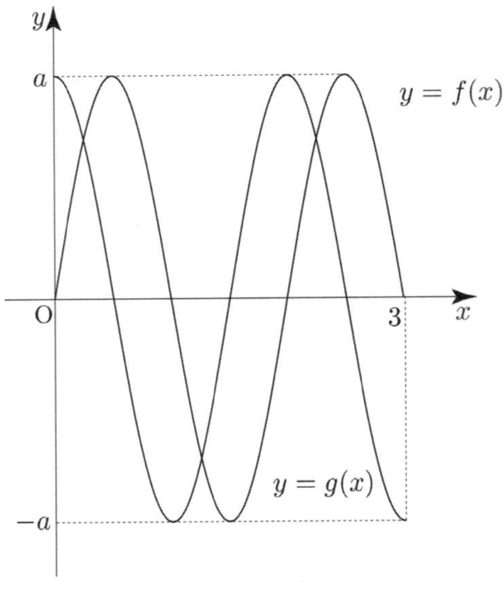

두 상수 a, b $(a > 0)$에 대하여 함수 $f(x) = |\sin a\pi x + b|$가 다음 조건을 만족시킬 때, $60(a+b)$의 값을 구하시오. [3점]

> (가) $f(x) = 0$이고 $|x| \le \dfrac{1}{a}$인 모든 실수 x의 값의
>
> 합은 $\dfrac{1}{2}$이다.
>
> (나) $f(x) = \dfrac{2}{5}$이고 $|x| \le \dfrac{1}{a}$인 모든 실수 x의 값의
>
> 합은 $\dfrac{3}{4}$이다.

닫힌구간 $[0, 2\pi]$에서 정의된 함수 $f(x) = a\cos bx + 3$이 $x = \dfrac{\pi}{3}$에서 최댓값 13을 갖도록 하는 두 자연수 a, b의 순서쌍 (a, b)에 대하여 $a+b$의 최솟값은? [4점]

① 12 ② 14 ③ 16

④ 18 ⑤ 20

그림과 같이 두 양수 a, b에 대하여

함수 $f(x) = a\sin bx \left(0 \le x \le \dfrac{\pi}{b}\right)$의 그래프가

직선 $y = a$와 만나는 점을 A, x축과 만나는 점 중에서 원점이 아닌 점을 B라 하자.

$\angle \mathrm{OAB} = \dfrac{\pi}{2}$인 삼각형 OAB의 넓이가 4일 때, $a+b$의 값은? (단, O는 원점이다.) [4점]

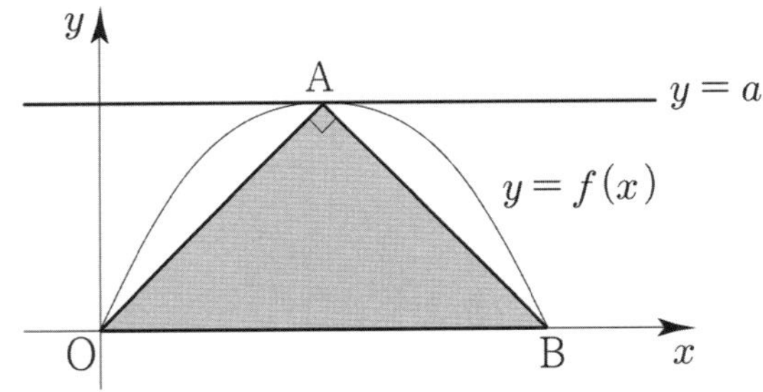

① $1 + \dfrac{\pi}{6}$ ② $2 + \dfrac{\pi}{6}$ ③ $2 + \dfrac{\pi}{4}$

④ $3 + \dfrac{\pi}{4}$ ⑤ $3 + \dfrac{\pi}{3}$

083 2022학년도 고3 9월 평가원 공통

두 양수 a, b에 대하여 곡선 $y = a\sin b\pi x \left(0 \le x \le \dfrac{3}{b}\right)$이 직선 $y = a$와 만나는 서로 다른 두 점을 A, B라 하자. 삼각형 OAB의 넓이가 5이고 직선 OA의 기울기와 직선 OB의 기울기의 곱이 $\dfrac{5}{4}$일 때, $a+b$의 값은? (단, O는 원점이다.) [4점]

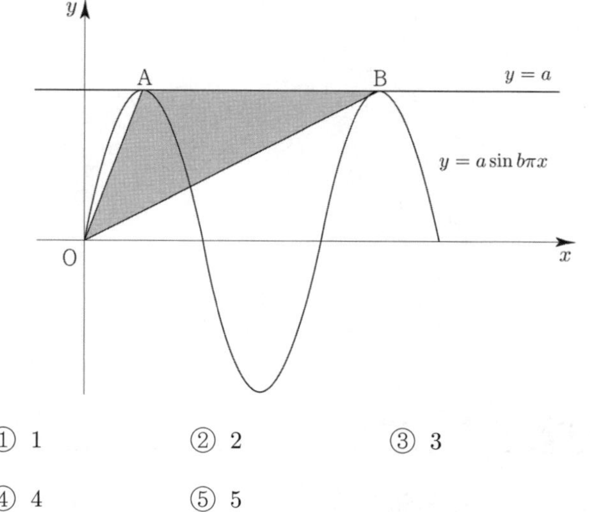

① 1 ② 2 ③ 3

④ 4 ⑤ 5

084 2015년 고2 11월 교육청 가형

곡선 $y = 4\sin\dfrac{1}{4}(x-\pi)$ $(0 \le x \le 10\pi)$와 직선 $y = 2$가 만나는 점들 중 서로 다른 두 점 A, B와 이 곡선 위의 점 P에 대하여 삼각형 PAB의 넓이의 최댓값이 $k\pi$이다. k의 값을 구하시오. (단, 점 P는 직선 $y = 2$ 위의 점이 아니다.) [4점]

085 2019년 고2 6월 교육청 나형

함수 $y = k\sin\left(2x + \dfrac{\pi}{3}\right) + k^2 - 6$의 그래프가 제 1사분면을 지나지 않도록 하는 모든 정수 k의 개수를 구하시오. [4점]

086 2023학년도 고3 9월 평가원 공통

닫힌구간 [0, 12]에서 정의된 두 함수

$$f(x) = \cos\dfrac{\pi x}{6}, \quad g(x) = -3\cos\dfrac{\pi x}{6} - 1$$이 있다.

곡선 $y = f(x)$와 직선 $y = k$가 만나는 두 점의 x좌표를 α_1, α_2라 할 때, $|\alpha_1 - \alpha_2| = 8$이다. 곡선 $y = g(x)$와 직선 $y = k$가 만나는 두 점의 x좌표를 β_1, β_2라 할 때, $|\beta_1 - \beta_2|$의 값은? (단, k는 $-1 < k < 1$인 상수이다.) [4점]

① 3 ② $\dfrac{7}{2}$ ③ 4

④ $\dfrac{9}{2}$ ⑤ 5

함수 $f(x) = a - \sqrt{3}\tan 2x$가 닫힌구간 $\left[-\dfrac{\pi}{6}, b\right]$에서

최댓값 7, 최솟값 3을 가질 때, $a \times b$의 값은?

(단, a, b는 상수이다.) [4점]

① $\dfrac{\pi}{2}$ 　　② $\dfrac{5\pi}{12}$ 　　③ $\dfrac{\pi}{3}$

④ $\dfrac{\pi}{4}$ 　　⑤ $\dfrac{\pi}{6}$

곡선 $y = \sin\dfrac{\pi}{2}x \,(0 \le x \le 5)$가 직선 $y = k\,(0 < k < 1)$과

만나는 서로 다른 세 점을 y축에서 가까운 순서대로

A, B, C라 하자. 세 점 A, B, C의 x좌표의 합이

$\dfrac{25}{4}$일 때, 선분 AB의 길이는? [4점]

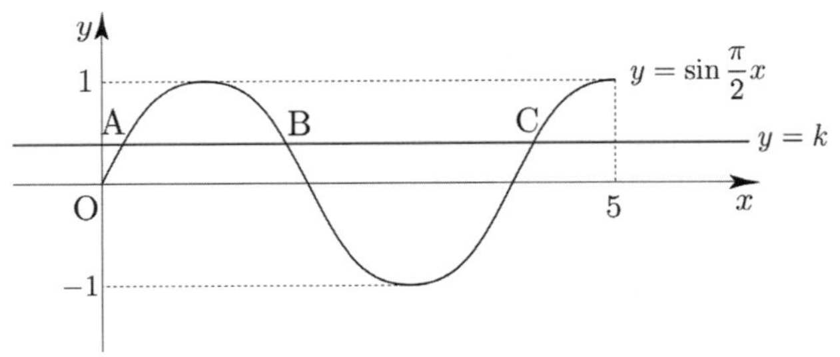

① $\dfrac{5}{4}$ 　　② $\dfrac{11}{8}$ 　　③ $\dfrac{3}{2}$

④ $\dfrac{13}{8}$ 　　⑤ $\dfrac{7}{4}$

자연수 k에 대하여 $0 \le x < 2\pi$일 때, x에 대한 방정식

$\sin kx = \dfrac{1}{3}$의 서로 다른 실근의 개수가 8이다.

$0 \le x < 2\pi$일 때, x에 대한 방정식 $\sin kx = \dfrac{1}{3}$의 모든

해의 합은? [4점]

① 5π 　　② 6π 　　③ 7π

④ 8π 　　⑤ 9π

양수 a에 대하여 집합 $\left\{x \mid -\dfrac{a}{2} < x \le a,\ x \ne \dfrac{a}{2}\right\}$에서

정의된 함수 $f(x) = \tan\dfrac{\pi x}{a}$가 있다. 그림과 같이 함수

$y = f(x)$의 그래프 위의 세 점 O, A, B를 지나는 직선이

있다. 점 A를 지나고 x축에 평행한 직선이 함수 $y = f(x)$의

그래프와 만나는 점 중 A가 아닌 점을 C라 하자.

삼각형 ABC가 정삼각형일 때, 삼각형 ABC의 넓이는?

(단, O는 원점이다.) [4점]

① $\dfrac{3\sqrt{3}}{2}$ 　　② $\dfrac{17\sqrt{3}}{12}$ 　　③ $\dfrac{4\sqrt{3}}{3}$

④ $\dfrac{5\sqrt{3}}{4}$ 　　⑤ $\dfrac{7\sqrt{3}}{6}$

091  2019년 고2 6월 교육청 나형

두 함수 $f(x) = \log_3 x + 2$, $g(x) = 3\tan\left(x + \dfrac{\pi}{6}\right)$ 가 있다.

$0 \le x \le \dfrac{\pi}{6}$ 에서 정의된 합성함수 $(f \circ g)(x)$ 의

최댓값과 최솟값을 각각 M, m 이라 할 때, $M+m$ 의 값을 구하시오. [4점]

092  2019학년도 고3 9월 평가원 가형

실수 k 에 대하여 함수

$$f(x) = \cos^2\left(x - \frac{3}{4}\pi\right) - \cos\left(x - \frac{\pi}{4}\right) + k$$

의 최댓값은 3, 최솟값은 m 이다. $k+m$ 의 값은? [4점]

① 2 ② $\dfrac{9}{4}$ ③ $\dfrac{5}{2}$

④ $\dfrac{11}{4}$ ⑤ 3

093  2020년 고3 10월 교육청 나형

함수 $y = \tan\left(nx - \dfrac{\pi}{2}\right)$ 의 그래프가 직선 $y = -x$ 와

만나는 점의 x좌표가 구간 $(-\pi, \pi)$ 에 속하는 점의

개수를 a_n 이라 할 때, $a_2 + a_3$ 의 값을 구하시오. [4점]

094 2022년 고3 10월 교육청 공통

양수 a 에 대하여 함수

$$f(x) = \left| 4\sin\left(ax - \frac{\pi}{3}\right) + 2 \right| \quad \left(0 \le x < \frac{4\pi}{a}\right)$$

의 그래프가 직선 $y = 2$ 와 만나는 서로 다른 점의 개수는

n 이다. 이 n개의 점의 x좌표의 합이 39일 때,

$n \times a$ 의 값은? [4점]

① $\dfrac{\pi}{2}$ ② π ③ $\dfrac{3\pi}{2}$

④ 2π ⑤ $\dfrac{5\pi}{2}$

$x \geq 0$에서 정의된 함수 $f(x) = a\cos bx + c$의 최댓값이 3, 최솟값이 -1이다. 그림과 같이 함수 $y = f(x)$의 그래프와 직선 $y = 3$이 만나는 점 중에서 x좌표가 가장 작은 점과 두 번째로 작은 점을 각각 A, B라 하고, 함수 $y = f(x)$의 그래프와 x축이 만나는 점 중에서 x좌표가 가장 작은 점과 두 번째로 작은 점을 각각 C, D라 하자. 사각형 ACDB의 넓이가 6π일 때, $0 \leq x \leq 4\pi$에서 방정식 $f(x) = 2$의 모든 해의 합은? (단, a, b, c는 양수이다.) [4점]

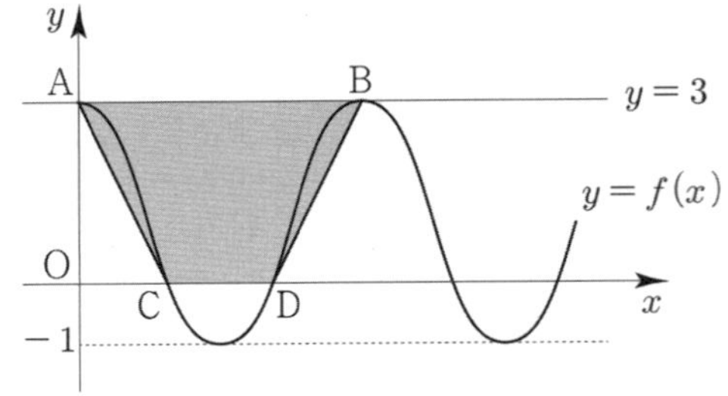

① 6π ② $\dfrac{13}{2}\pi$ ③ 7π

④ $\dfrac{15}{2}\pi$ ⑤ 8π

그림과 같이 두 상수 a, b에 대하여 함수 $f(x) = a\sin\dfrac{\pi x}{b} + 1 \left(0 \leq x \leq \dfrac{5}{2}b \right)$의 그래프와 직선 $y = 5$가 만나는 점을 x좌표가 작은 것부터 차례로 A, B, C라 하자. $\overline{BC} = \overline{AB} + 6$이고 삼각형 AOB의 넓이가 $\dfrac{15}{2}$일 때, $a^2 + b^2$의 값은? (단, $a > 4$, $b > 0$이고, O는 원점이다.) [4점]

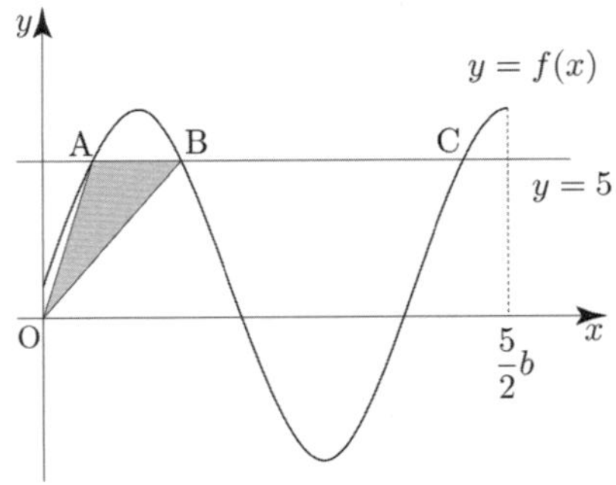

① 68   ② 70   ③ 72

④ 74   ⑤ 76

닫힌구간 $[0, 2\pi]$에서 정의된 함수

$$f(x) = \begin{cases} \sin x - 1 & (0 \leq x < \pi) \\ -\sqrt{2}\sin x - 1 & (\pi \leq x \leq 2\pi) \end{cases}$$

가 있다. $0 \leq t \leq 2\pi$인 실수 t에 대하여 x에 대한 방정식 $f(x) = f(t)$의 서로 다른 실근의 개수가 3이 되도록 하는 모든 t의 값의 합은 $\dfrac{q}{p}\pi$이다. $p+q$의 값을 구하시오. (단, p와 q는 서로소인 자연수이다.) [4점]

두 함수

$$f(x) = x^2 + ax + b, \quad g(x) = \sin x$$

가 다음 조건을 만족시킬 때, $f(2)$의 값은? (단, a, b는 상수이고, $0 \leq a \leq 2$이다.) [4점]

> (가) $\{g(a\pi)\}^2 = 1$
> (나) $0 \leq x \leq 2\pi$일 때, 방정식 $f(g(x)) = 0$의 모든 해의 합은 $\dfrac{5}{2}\pi$이다.

① 3   ② $\dfrac{7}{2}$ ③ 4

④ $\dfrac{9}{2}$ ⑤ 5

099 2024년 고3 3월 교육청 공통

두 함수 $f(x)=2x^2+2x-1$, $g(x)=\cos\dfrac{\pi}{3}x$에 대하여

$0 \le x < 12$에서 방정식

$$f(g(x))=g(x)$$

를 만족시키는 모든 실수 x의 값의 합을 구하시오. [4점]

101 2014학년도 경찰대

함수 $y=a\cos^2 x+a\sin x+b$의 최댓값이 10이고

최솟값이 1일 때, 실수 a, b의 곱 ab의 값은

p 또는 q이다. $p+q$의 값은? [4점]

① -4 ② -2 ③ 2

④ 4 ⑤ 6

100 2025학년도 고3 6월 평가원 공통

5 이하의 두 자연수 a, b에 대하여 열린구간 $(0,\ 2\pi)$에서

정의된 함수 $y=a\sin x+b$의 그래프가 직선 $x=\pi$와

만나는 점의 집합을 A라 하고, 두 직선 $y=1$, $y=3$과

만나는 점의 집합을 각각 B, C라 하자. $n(A\cup B\cup C)=3$이

되도록 하는 a, b의 순서쌍 $(a,\ b)$에 대하여 $a+b$의

최댓값을 M, 최솟값을 m이라 할 때, $M\times m$의 값을

구하시오. [4점]

102 2025학년도 사관학교 공통

다음 조건을 만족시키는 두 실수 α, β에 대하여

$\dfrac{12}{\pi}\times(\beta-\alpha)$의 최댓값을 구하시오. [4점]

> $0 \le x < 2\pi$에서 함수
> $$f(x)=\cos^2\!\left(\dfrac{13}{12}\pi-2x\right)+\sqrt{3}\cos\!\left(2x-\dfrac{7}{12}\pi\right)-1$$
> 은 $x=\alpha$일 때 최댓값을 갖고, $x=\beta$일 때 최솟값을
> 갖는다.

규토 라이트 N제

삼각함수

Master step

심화 문제편

2. 삼각함수의 그래프

아래 그림과 같이 함수 $y = \tan ax$ 와 직선 $y = 2$ 가 만나는 점을 $A(x_1, 2)$, $B(x_2, 2)$ 라 하고, $y = -2$ 와 만나는 점을 $C(x_3, -2)$, $D(x_4, -2)$ 라 하자.

직선 AD 와 직선 BC 의 교점의 x 좌표가 π 일 때,

$-\dfrac{\pi}{2a} < x < \dfrac{3\pi}{2a}$ 에서 함수 $y = \tan ax$ 의 그래프와 두 직선 $y = 2$, $y = -2$ 로 둘러싸인 부분의 넓이는 b 이다.

$\dfrac{b}{a(x_1 + x_2 + x_3 + x_4)}$ 의 값을 구하시오.

(단, $-\dfrac{\pi}{2a} < x_3 < 0 < x_1 < \dfrac{\pi}{2a} < x_4 < x_2 < \dfrac{3\pi}{2a}$)

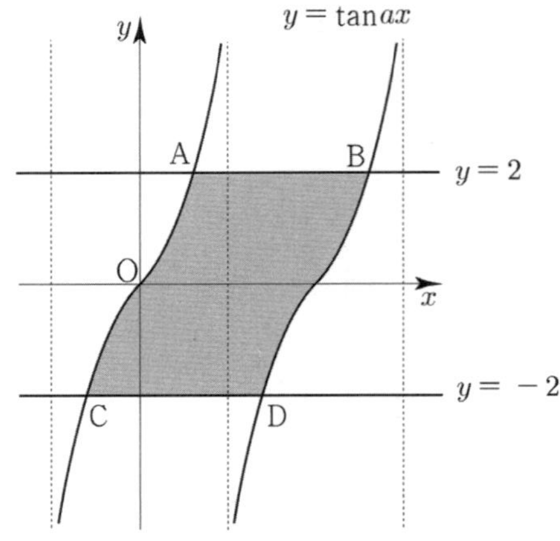

 2021년 고3 10월 교육청 공통

닫힌구간 $[0, 2\pi]$ 에서 정의된 함수 $f(x)$ 는

$$f(x) = \begin{cases} \sin x & \left(0 \le x \le \dfrac{k}{6}\pi\right) \\ 2\sin\left(\dfrac{k}{6}\pi\right) - \sin x & \left(\dfrac{k}{6}\pi < x \le 2\pi\right) \end{cases}$$

이다. 곡선 $y = f(x)$ 와 직선 $y = \sin\left(\dfrac{k}{6}\pi\right)$ 의 교점의 개수를 a_k 라 할 때, $a_1 + a_2 + a_3 + a_4 + a_5$ 의 값은? [4점]

① 6 ② 7 ③ 8

④ 9 ⑤ 10

자연수 n 에 대하여 두 집합 A, B 는

$$A = \left\{ x \,\middle|\, \sin\dfrac{\pi}{2}x = \cos\dfrac{\pi}{2}x, \ 0 < x < \dfrac{n}{2} \right\}$$

$$B = \left\{ x \,\middle|\, \sin\dfrac{\pi}{2}x = \left|\cos\dfrac{\pi}{2}x\right|, \ 0 < x < \dfrac{n}{2} \right\}$$

이다. $A \cup B$ 의 모든 원소의 합이 90이 되도록 하는 모든 자연수 n 의 값의 합을 구하시오.

 2019년 고2 11월 교육청 가형

$0 \le t \le 3$ 인 실수 t 와 상수 k 에 대하여 $t \le x \le t+1$ 에서 방정식 $\sin\dfrac{\pi}{2}x = k$ 의 모든 해의 개수를 $f(t)$ 라 하자.

함수 $f(t)$ 가

$$f(t) = \begin{cases} 1 & (0 \le t < a \ \text{또는} \ a < t \le b) \\ 2 & (t = a) \\ 0 & (b < t \le 3) \end{cases}$$

일 때, $a^2 + b^2 + k^2$ 의 값은?

(단, a, b 는 $0 < a < b < 3$ 인 상수이다.) [4점]

① 2 ② $\dfrac{5}{2}$ ③ 3

④ $\dfrac{7}{2}$ ⑤ 4

107 · 2022학년도 고3 6월 평가원 공통

$-1 \le t \le 1$인 실수 t에 대하여 x에 대한 방정식

$$\left(\sin\frac{\pi x}{2} - t\right)\left(\cos\frac{\pi x}{2} - t\right) = 0$$

의 실근 중에서 집합 $\{x \mid 0 \le x < 4\}$에 속하는 가장 작은 값을 $\alpha(t)$, 가장 큰 값을 $\beta(t)$라 하자. 〈보기〉에서 옳은 것만을 있는 대로 고른 것은? [4점]

〈보기〉

ㄱ. $-1 \le t < 0$인 모든 실수 t에 대하여
 $\alpha(t) + \beta(t) = 5$이다.

ㄴ. $\{t \mid \beta(t) - \alpha(t) = \beta(0) - \alpha(0)\} = \left\{t \;\middle|\; 0 \le t \le \dfrac{\sqrt{2}}{2}\right\}$

ㄷ. $\alpha(t_1) = \alpha(t_2)$인 두 실수 t_1, t_2에 대하여
 $t_2 - t_1 = \dfrac{1}{2}$이면 $t_1 \times t_2 = \dfrac{1}{3}$이다.

---

① ㄱ   ② ㄱ, ㄴ   ③ ㄱ, ㄷ

④ ㄴ, ㄷ   ⑤ ㄱ, ㄴ, ㄷ

108 · 2023년 고3 4월 교육청 공통

그림과 같이 닫힌구간 $[0, 2\pi]$에서 정의된 두 함수 $f(x) = k\sin x$, $g(x) = \cos x$에 대하여 곡선 $y = f(x)$와 곡선 $y = g(x)$가 만나는 서로 다른 두 점을 A, B라 하자. 선분 AB를 $3 : 1$로 외분하는 점을 C라 할 때, 점 C는 곡선 $y = f(x)$ 위에 있다. 점 C를 지나고 y축에 평행한 직선이 곡선 $y = g(x)$와 만나는 점을 D라 할 때, 삼각형 BCD의 넓이는? (단, k는 양수이고, 점 B의 x좌표는 점 A의 x좌표보다 크다.) [4점]

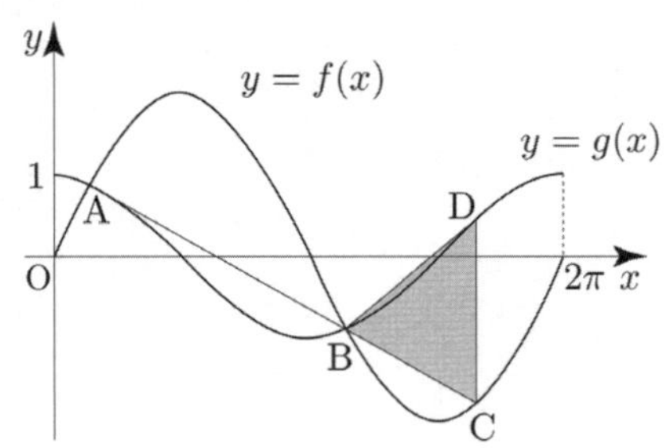

① $\dfrac{\sqrt{15}}{8}\pi$ ② $\dfrac{9\sqrt{5}}{40}\pi$ ③ $\dfrac{\sqrt{5}}{4}\pi$

④ $\dfrac{3\sqrt{10}}{16}\pi$ ⑤ $\dfrac{3\sqrt{5}}{10}\pi$

109

부등식 $\log_{\frac{1}{2}}(x+1) + \log_{\frac{1}{2}}(x+6) > \log_{\frac{1}{\sqrt{2}}}\sqrt{14}$ 의 해가 $a < x < b$ 일 때, 함수 $f(x)$는

$$f(x) = 2a\cos\pi x + 4b|\cos\pi x|$$

이다. 함수 $f(x)$와 실수 k에 대하여 집합 S_k는

$$S_k = \{|x| \mid f(x) = k \text{ 이고 } -2 \le x \le 2\}$$

이다. $n(S_1) + n(S_2) + n(S_5) + n(S_6) + n(S_7)$ 의 값을 구하시오. (단, a, b는 상수이다.)

110

자연수 n에 대하여 방정식 $\tan\pi x = 1 \; (x > 0)$를 만족시키는 x값을 작은 수부터 크기순으로 나열할 때 n번째 수를 a_n 이라 하고, 방정식 $\tan\pi x = 10 \; (x > 0)$를 만족시키는 x값을 작은 수부터 크기순으로 나열할 때 n번째 수를 b_n 이라 하자. 2 이상의 자연수 n에 대하여 두 곡선 $y = \tan\pi x \, (a_1 \le x \le b_1)$, $y = \tan\pi x \, (a_n \le x \le b_n)$와 두 직선 $y = 1$, $y = 10$으로 둘러싸인 부분의 넓이를 S_n 이라 하자. $S_m = 27$을 만족시키는 2 이상의 자연수 m에 대하여

$$(ma_m)^2 + \frac{1}{\cos(\pi b_{m-1})\cos(\pi b_m)}$$

의 값을 구하시오.

함수 $f(x) = \sin\dfrac{\pi}{2n}x + 1$에 대하여 집합 A는

$$A = \{(x,\, f(x)) \mid 4\{f(x)\}^2 - 8f(x) + 3 = 0,\ 0 \le x \le 8n\}$$

이다. A의 서로 다른 4개의 원소를 꼭짓점으로 하는 모든 사각형의 넓이를 작은 수부터 크기순으로 나열한 것을 $S_1,\ S_2,\ \cdots,\ S_m$(m은 자연수)라 할 때,

$70 \le \displaystyle\sum_{k=1}^{m} S_k \le 210$를 만족시키는 모든 자연수 n의 값의 합을 구하시오. (단, $1 \le p < q \le m$인 두 자연수 p, q에 대하여 $S_p < S_q$이다.)

함수

$$f(x) = \left| 2a\cos\dfrac{b}{2}x - (a-2)(b-2) \right|$$

가 다음 조건을 만족시키도록 하는 10 이하의 자연수 a, b의 모든 순서쌍 $(a,\ b)$의 개수는? [4점]

(가) 함수 $f(x)$는 주기가 π인 주기함수이다.
(나) $0 \le x \le 2\pi$에서 함수 $y = f(x)$의 그래프와 직선 $y = 2a - 1$의 교점의 개수는 4이다.

① 11   ② 13   ③ 15

④ 17   ⑤ 19

닫힌구간 $[-2\pi,\ 2\pi]$에서 정의된 두 함수

$$f(x) = \sin kx + 2, \quad g(x) = 3\cos 12x \text{ 에 대하여}$$

다음 조건을 만족시키는 자연수 k의 개수는? [4점]

실수 a가 두 곡선 $y = f(x)$, $y = g(x)$의 교점의 y좌표이면 $\{x \mid f(x) = a\} \subset \{x \mid g(x) = a\}$이다.

① 3   ② 4   ③ 5

④ 6   ⑤ 7

Guide step

개념 익히기편

3. 사인법칙과 코사인법칙

01 원 (중학교 3학년 복습)

성취 기준 – 원의 현에 관한 성질을 이해한다.

개념 파악하기 **(1) 원의 중심과 현 사이에는 어떤 관계가 있을까?**

원의 중심과 현의 수직이등분선

① 원의 중심에서 현에 내린 수선은 그 현을 이등분한다.

② 현의 수직이등분선은 그 원의 중심을 지난다.

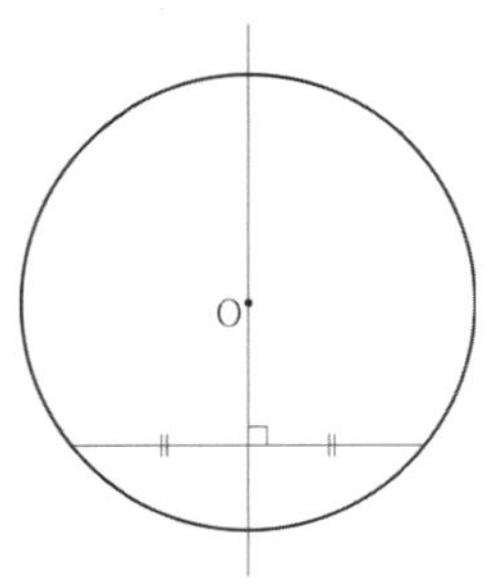

개념 확인문제 **1** 다음 그림에서 x의 값을 구하시오.

(1)

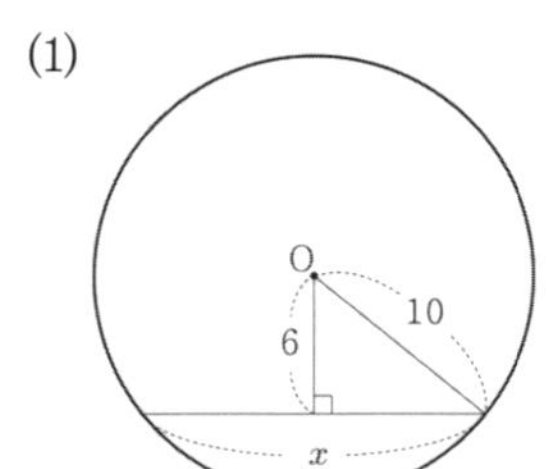

(2)

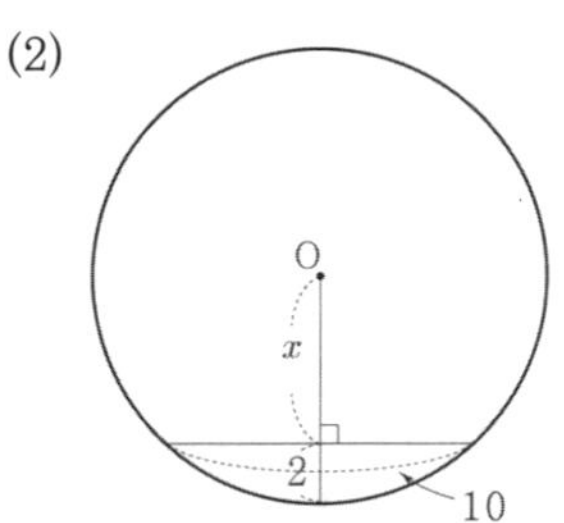

개념 파악하기 **(2) 원의 중심에서 서로 같은 거리에 있는 두 현 사이에는 어떤 관계가 있을까?**

원의 중심과 현의 길이

① 한 원에서 원의 중심으로부터 서로 같은 거리에 있는 두 현의 길이는 서로 같다.
② 한 원에서 길이가 서로 같은 두 현은 원의 중심으로부터 서로 같은 거리에 있다.

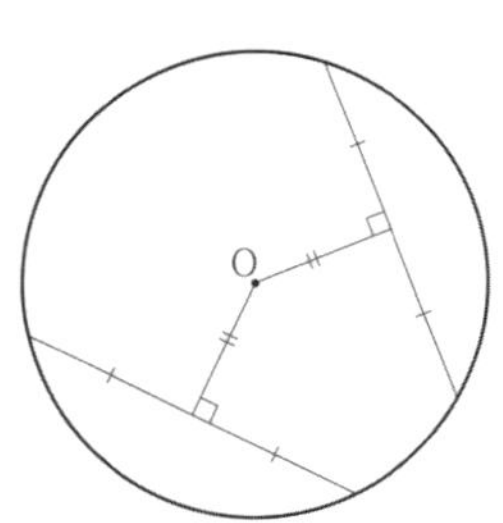

개념 확인문제 **2** 다음 그림에서 x의 값을 구하시오.

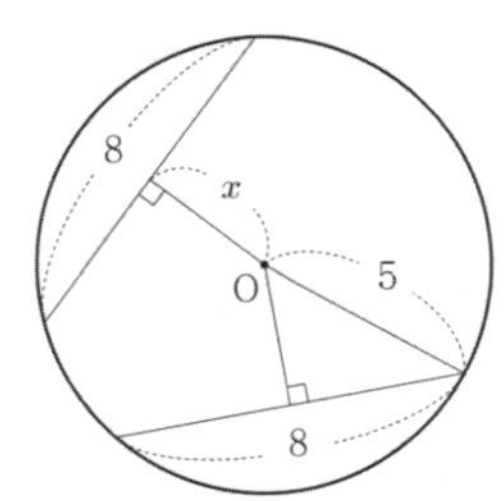

02 
삼각함수
원의 접선 (중학교 3학년 복습)

성취 기준 – 원의 접선에 관한 성질을 이해한다.

개념 파악하기 | **(3) 원의 접선에는 어떤 성질이 있을까?**

원의 접선

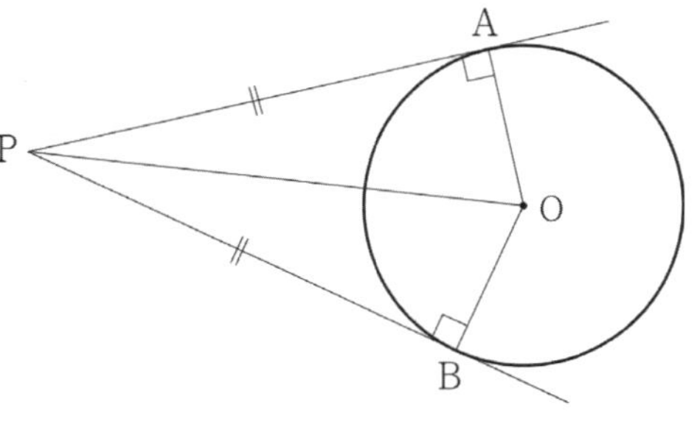

① 접점과 중심을 이은 직선은 접선과 수직이다.

　즉, $\angle OAP = \angle OBP = 90°$

② 원의 외부에 있는 한 점에서 그 원에 그을 수 있는 접선은 2개이며
　두 접선의 길이는 서로 같다.

　즉, $\overline{PA} = \overline{PB}$

> **Tip**　접점 수직 보조선은 정말 잘 나오니 꼭 기억하자. (보조선 우선순위 0순위)

개념 확인문제　3　다음 그림에서 두 점 A, B는 중심이 O인 원 S의 외부의 한 점 P에서 원 S에 그은
두 접선의 접점이다.
$\overline{PA} = 12$, $\overline{OB} = 5$일 때, 사각형 APBO의 넓이와 x의 값을 구하시오.

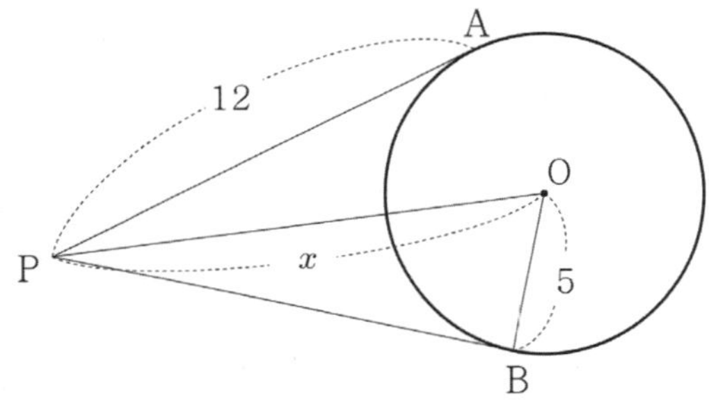

03 원주각 (중학교 3학년 복습)

성취 기준 – 원주각의 성질을 이해한다.

개념 파악하기 | (4) 중심각과 원주각 사이에는 어떤 관계가 있을까?

원주각의 정의

오른쪽 그림과 같이 원 O에서 호 AB 위에 있지 않은 원 위의
한 점 P에 대하여 $\angle APB$를 호 AB에 대한 **원주각**이라고 한다.
또, 호 AB를 원주각 $\angle APB$에 대한 호라고 한다.

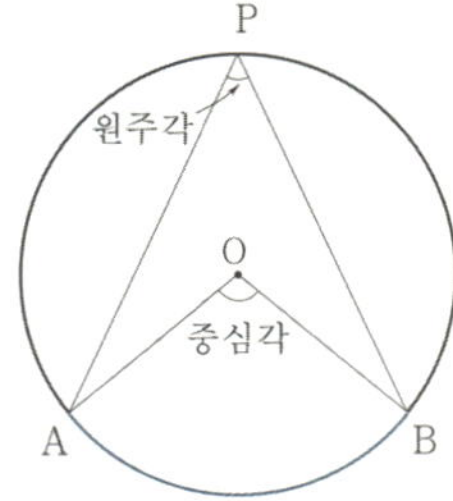

원주각과 중심각의 크기

① 원에서 한 호에 대한 원주각의 크기는 그 호에 대한
중심각의 크기의 $\dfrac{1}{2}$과 같다. 즉, $\angle APB = \dfrac{1}{2} \angle AOB$

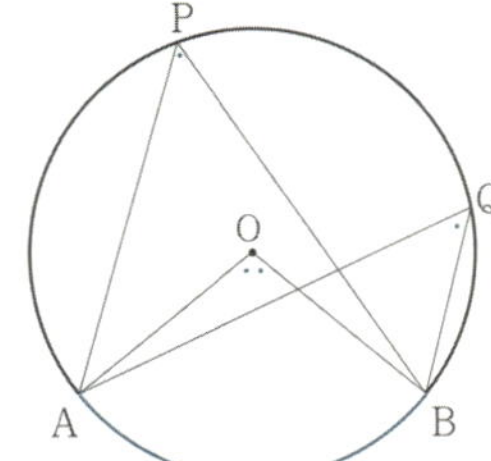

② 원에서 한 호에 대한 원주각의 크기는 모두 같다.
즉, $\angle APB = \angle AQB$

③ 선분 AB가 원 O의 지름일 때, 호 AB에 대한 중심각의 크기는
$180°$이므로 반원에 대한 원주각의 크기는 $90°$임을 알 수 있다.
즉, 오른쪽 그림에서 $\angle APB = \angle AQB = \dfrac{1}{2} \angle AOB = 90°$

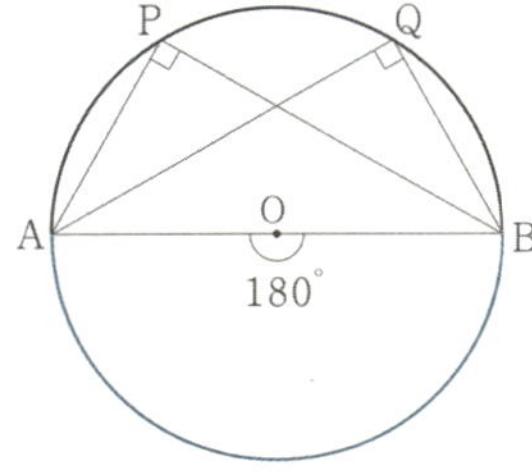

> **Tip 1** 원주각과 중심각의 크기에 관한 성질은 사인법칙과 코사인법칙을 물어보는 문제에서 자주 출제되므로 반드시 숙지하도록 하자.

> **Tip 2** ③에서 $\angle APB = 90°$라는 조건을 주고 역으로 선분 AB가 원 O의 지름임을 파악해야 하는 문제가 출제될 수도 있다.

개념 확인문제 | 4 | 다음 그림에서 물음에 답하시오.

(1) x, y의 값을 구하시오.

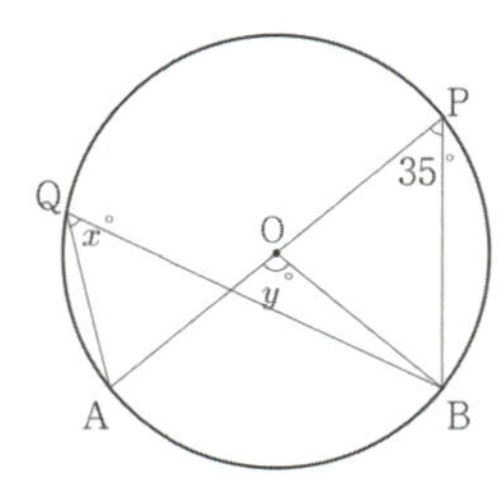

(2) x의 값을 구하시오.

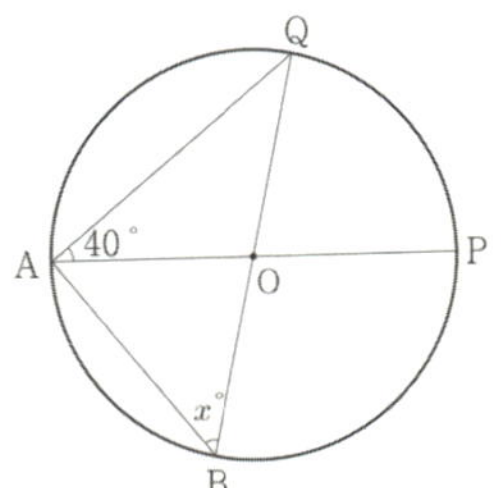

개념 파악하기 (5) 호의 길이와 원주각의 크기 사이에는 어떤 관계가 있을까?

호의 길이와 원주각의 크기

① 한 원에서 같은 길이의 호에 대한 원주각의 크기는 서로 같다.

② 한 원에서 같은 크기의 원주각에 대한 호의 길이는 서로 같다.

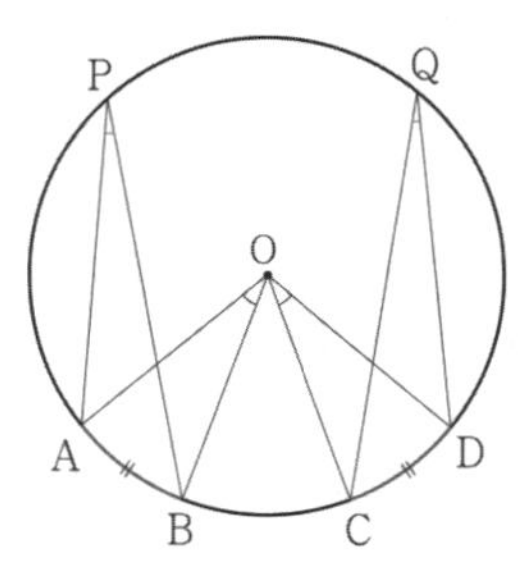

Tip 호 AB와 호 CD의 길이가 서로 같다면 한 원에서 길이가 서로 같은 호에 대한 중심각의 크기도 서로 같으므로 $\angle \mathrm{AOB} = \angle \mathrm{COD}$이다. 따라서 중심각의 크기가 서로 같으므로 원주각의 크기는 서로 같다.

개념 확인문제 5

다음 그림에서 x의 값을 구하시오. (단, $\overset{\frown}{\mathrm{AB}} = \overset{\frown}{\mathrm{CD}}$)

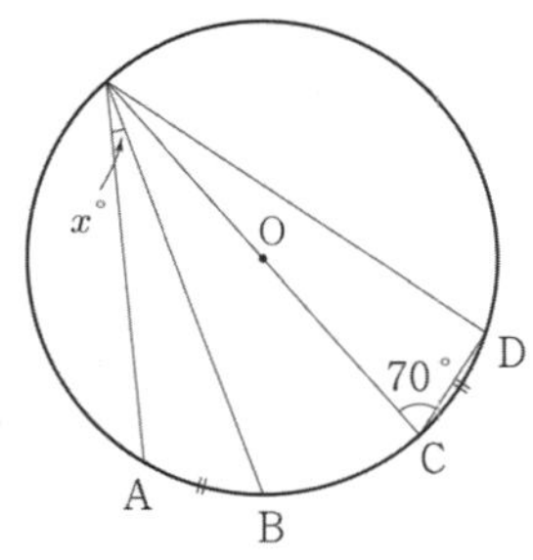

개념 파악하기 (6) 원에 내접하는 사각형에는 어떤 성질이 있을까?

원에 내접하는 사각형의 성질

오른쪽 그림과 같이 원 O에 내접하는 사각형 ABCD에서 호 BCD와 호 BAD에 대한 중심각의 크기를 각각 a°, b°라 하면 원주각의 크기는 중심각의 크기의 $\dfrac{1}{2}$이므로 $\angle \mathrm{A} + \angle \mathrm{C} = \dfrac{1}{2}a^\circ + \dfrac{1}{2}b^\circ = \dfrac{1}{2}(a^\circ + b^\circ)$이다.

$a^\circ + b^\circ = 360^\circ$이므로 $\angle \mathrm{A} + \angle \mathrm{C} = 180^\circ$임을 알 수 있다.

마찬가지로 $\angle \mathrm{B} + \angle \mathrm{D} = 180^\circ$이다.

따라서 원에 내접하는 사각형의 한 쌍의 대각의 크기의 합은 180°이다.

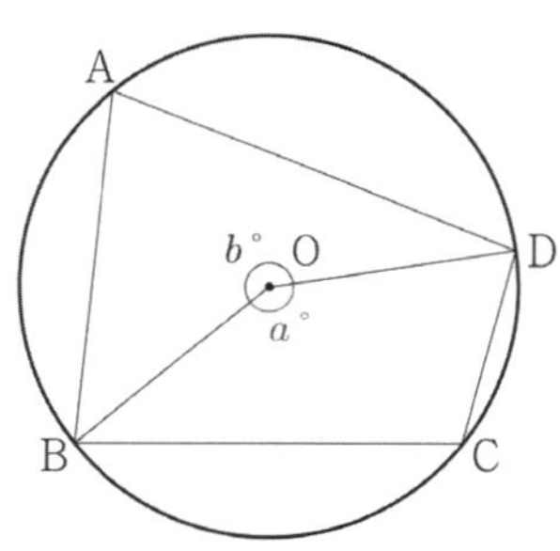

개념 확인문제 6

다음 그림에서 x의 값을 구하시오.

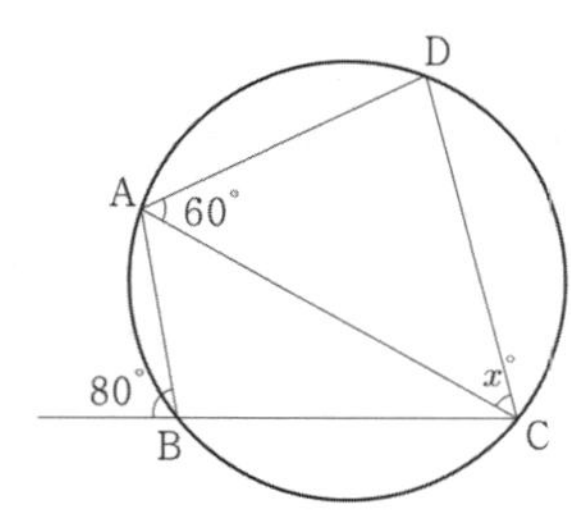

04 사인법칙과 코사인법칙

성취 기준 – 사인법칙과 코사인법칙을 이해하고, 이를 활용할 수 있다.

개념 파악하기 | (7) 사인법칙이란 무엇일까?

사인법칙

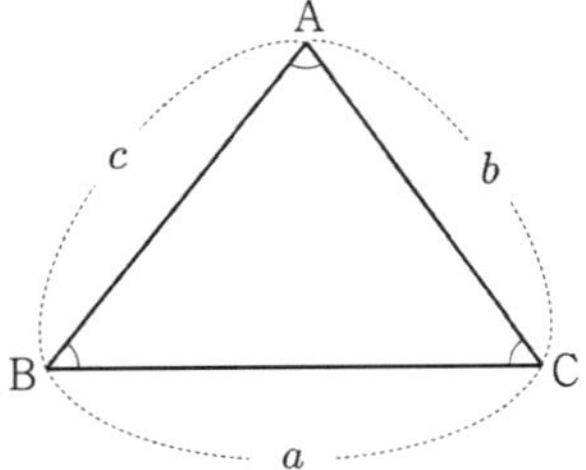

오른쪽 그림과 같은 삼각형 ABC에서 세 내각 $\angle A$, $\angle B$, $\angle C$의 크기를
각각 A, B, C로 나타내고 이들의 대변의 길이를 각각 a, b, c로 나타내기로 하자.

사인함수를 이용하여 삼각형의 세 변의 길이와 세 각의 크기 사이에 어떤 관계가
있는지 알아보자.

삼각형 ABC의 외접원의 중심을 O, 반지름의 길이를 R라 할 때, $\angle A$의 크기에 따라 case분류할 수 있다.

① $A < 90°$ 일 때
점 B를 지나는 지름의 다른 끝점을 A′이라고 하면
$A = A'$이고 $\angle A'CB = 90°$이므로

$$\sin A = \sin A' = \frac{\overline{BC}}{\overline{BA'}} = \frac{a}{2R}$$

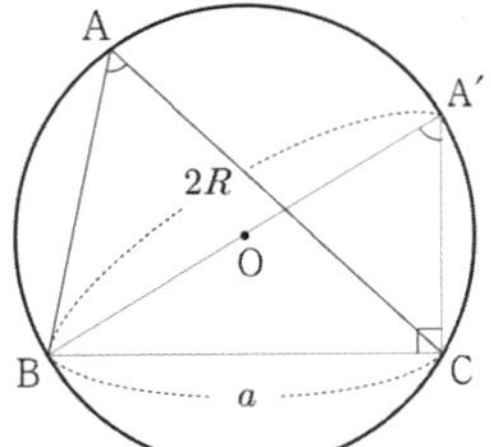

② $A = 90°$ 일 때
$\sin A = 1$, $a = 2R$이므로

$$\sin A = 1 = \frac{a}{2R}$$

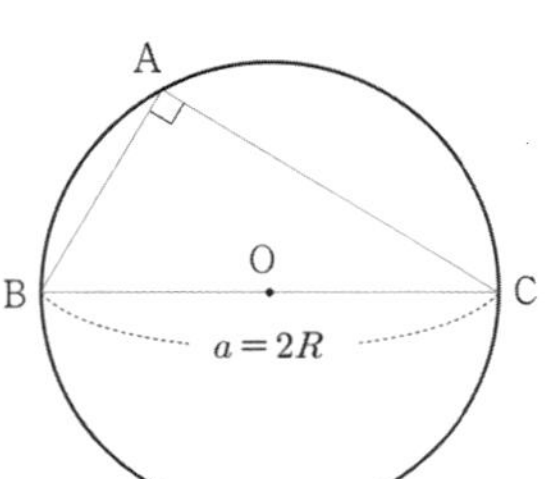

③ $A > 90°$ 일 때
점 B를 지나는 지름의 다른 끝점을 A′이라고 하면
사각형 ABA′C에서 $A = 180° - A'$이고 $\angle A'CB = 90°$이므로

$$\sin A = \sin(180° - A') = \sin A' = \frac{\overline{BC}}{\overline{BA'}} = \frac{a}{2R}$$

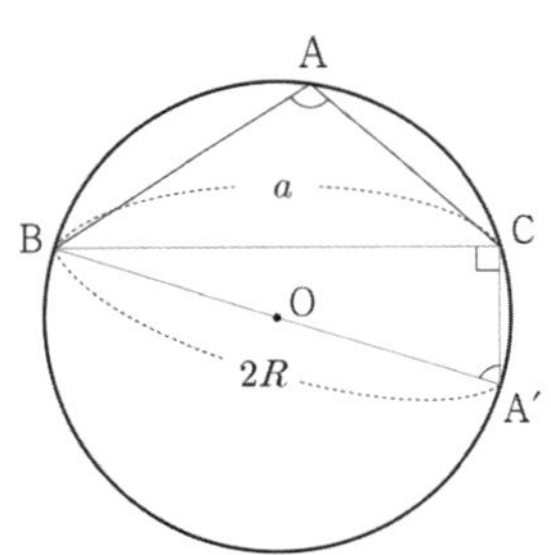

따라서 $\angle A$의 크기에 관계없이 $\sin A = \dfrac{a}{2R} \Rightarrow \dfrac{a}{\sin A} = 2R$가 성립한다.

같은 방법으로 $\dfrac{b}{\sin B} = 2R$, $\dfrac{c}{\sin C} = 2R$도 성립한다.

따라서 삼각형 ABC에서 $\dfrac{a}{\sin A} = \dfrac{b}{\sin B} = \dfrac{c}{\sin C} = 2R$이다.

위와 같은 삼각형의 세 변의 길이와 세 각의 크기에 대한 사인함숫값 사이의 관계를 **사인법칙**이라 한다.

사인법칙 요약

삼각형 ABC의 외접원의 반지름의 길이를 R라 하면

$$\frac{a}{\sin A} = \frac{b}{\sin B} = \frac{c}{\sin C} = 2R$$

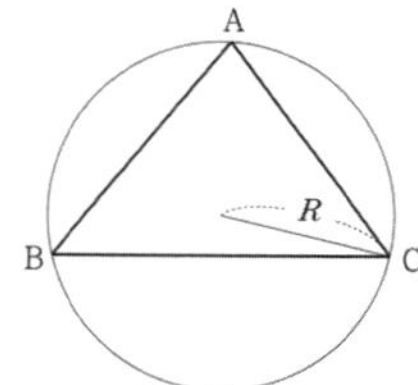

Tip 1 $\dfrac{a}{\sin A} = \dfrac{b}{\sin B} = \dfrac{c}{\sin C}$ 뿐만 아니라 $=2R$ 도 꼭 기억하자.

Tip 2 $\angle$A가 직각, 둔각이어도 $\dfrac{a}{\sin A} = 2R$ 가 성립한다.

Tip 3 $a : b : c = \sin A : \sin B : \sin C$ (변의 비는 무슨 비? 사인 비!)

예제 1

삼각형 ABC에서 $b=2$, $A=75\,^\circ$, $B=45\,^\circ$ 일 때, c의 값을 구하시오.

풀이

삼각형의 내각의 크기의 합은 $180\,^\circ$ 이므로 $C=60\,^\circ$ 이다.

사인법칙에 따라 $\dfrac{2}{\sin 45\,^\circ} = \dfrac{c}{\sin 60\,^\circ} \Rightarrow 2\sqrt{2}\,\sin 60\,^\circ = c \Rightarrow c = \sqrt{6}$, 따라서 답은 $\sqrt{6}$ 이다.

개념 확인문제 7   삼각형 ABC에서 $A=60\,^\circ$, $B=75\,^\circ$, $c=2\sqrt{2}$ 일 때, a의 값과 외접원의 넓이를 구하시오.

예제 2

삼각형 ABC에서 $\sin^2 B = \sin^2 A + \sin^2 C$ 이면 이 삼각형은 어떤 삼각형인지 구하시오.

풀이

사인법칙에 의해서 $\sin B = \dfrac{b}{2R}$, $\sin A = \dfrac{a}{2R}$, $\sin C = \dfrac{c}{2R}$ 이므로 식에 대입하면

$$\left(\frac{b}{2R}\right)^2 = \left(\frac{a}{2R}\right)^2 + \left(\frac{c}{2R}\right)^2 \Rightarrow b^2 = a^2 + c^2 \ , \ \text{따라서 } B=90\,^\circ \text{ 인 직각삼각형이다.}$$

개념 확인문제 8   삼각형 ABC에서 $a\sin^2 B = b\sin^2 A$이면 이 삼각형은 어떤 삼각형인지 구하시오.

코사인법칙

코사인함수를 이용하여 삼각형의 세 변의 길이와 한 각의 크기 사이에 어떤 관계가 있는지 알아보자.

삼각형 ABC에서 꼭짓점 A에서 변 BC 또는 그 연장선에 내린 수선의 발을 H라고 할 때,
$\angle C$의 크기에 따라 case분류할 수 있다.

① $C < 90°$일 때
$$\overline{AH} = b\sin C, \quad \overline{CH} = b\cos C, \quad \overline{BH} = \overline{BC} - \overline{CH} = a - b\cos C$$
직각삼각형 ABH에서
$$c^2 = \overline{AH}^2 + \overline{BH}^2 = (b\sin C)^2 + (a - b\cos C)^2$$
$$= b^2\sin^2 C + a^2 - 2ab\cos C + b^2\cos^2 C$$
$$= a^2 + b^2(\sin^2 C + \cos^2 C) - 2ab\cos C$$
$$= a^2 + b^2 - 2ab\cos C$$

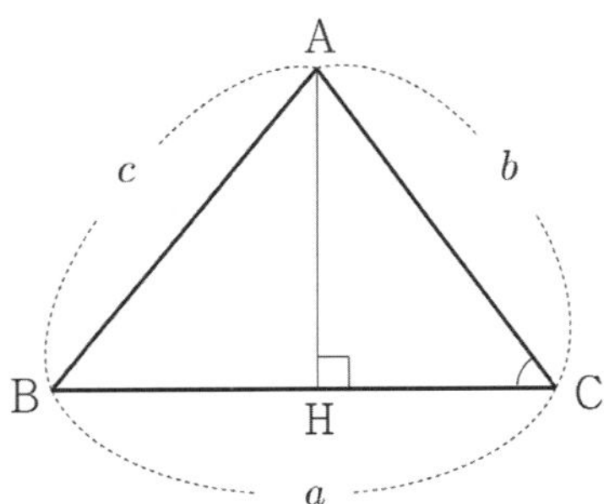

② $C = 90°$일 때
$$\cos C = \cos 90° = 0 \text{이므로}$$
$$c^2 = a^2 + b^2 = a^2 + b^2 - 2ab\cos C$$

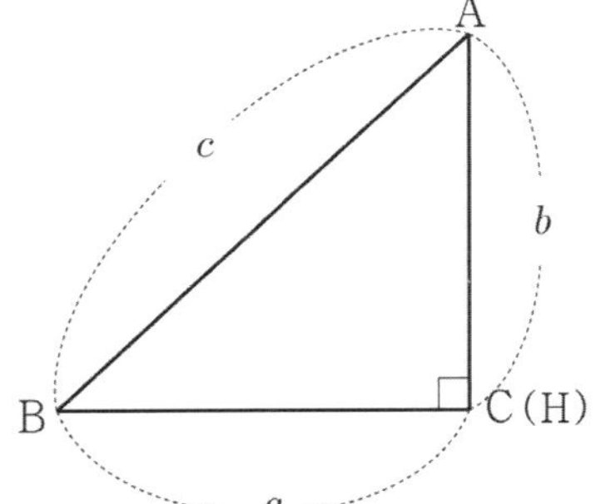

③ $C > 90°$일 때
$$\overline{AH} = b\sin(180° - C) = b\sin C, \quad \overline{CH} = b\cos(180° - C) = -b\cos C$$
$$\overline{BH} = \overline{BC} + \overline{CH} = a + (-b\cos C) = a - b\cos C$$
직각삼각형 ABH에서
$$c^2 = \overline{AH}^2 + \overline{BH}^2 = (b\sin C)^2 + (a - b\cos C)^2$$
$$= b^2\sin^2 C + a^2 - 2ab\cos C + b^2\cos^2 C$$
$$= a^2 + b^2(\sin^2 C + \cos^2 C) - 2ab\cos C$$
$$= a^2 + b^2 - 2ab\cos C$$

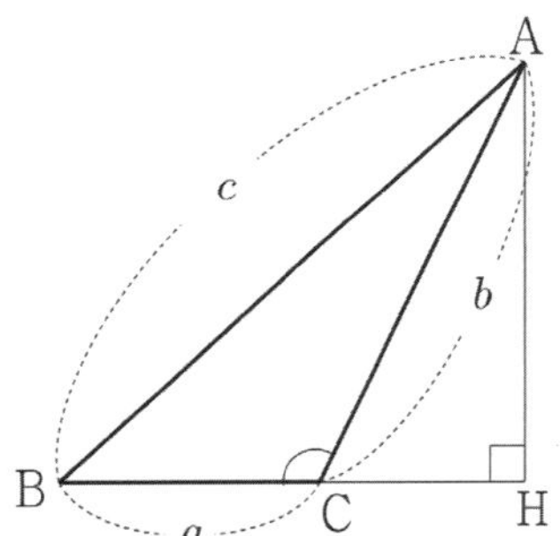

따라서 $\angle C$의 크기에 관계없이
$$c^2 = a^2 + b^2 - 2ab\cos C \Rightarrow \cos C = \frac{a^2 + b^2 - c^2}{2ab} \text{ 가 성립한다.}$$

같은 방법으로 $b^2 = a^2 + c^2 - 2ac\cos B \Rightarrow \cos B = \dfrac{a^2 + c^2 - b^2}{2ac}$, $a^2 = b^2 + c^2 - 2bc\cos A \Rightarrow \cos A = \dfrac{b^2 + c^2 - a^2}{2bc}$
도 성립한다.

위와 같은 삼각형의 세 변의 길이와 세 각의 크기에 대한 코사인함숫값 사이의 관계를 **코사인법칙**이라 한다.

코사인법칙 요약

삼각형 ABC에서

$$\cos A = \frac{b^2+c^2-a^2}{2bc}, \quad \cos B = \frac{a^2+c^2-b^2}{2ac}, \quad \cos C = \frac{a^2+b^2-c^2}{2ab}$$

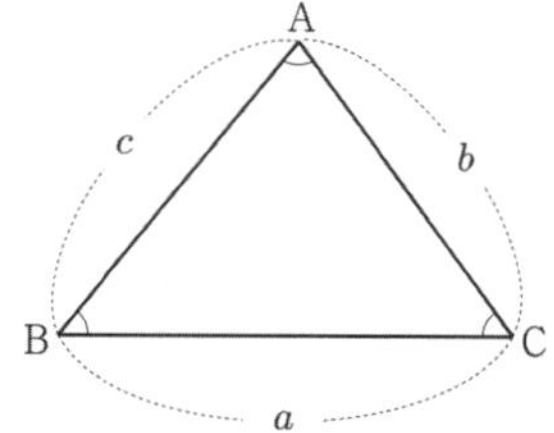

Tip 1 $\angle A$가 직각, 둔각이어도 $\cos A = \dfrac{b^2+c^2-a^2}{2bc}$ 가 성립한다.

특히, $A = 90°$일 때는 피타고라스의 정리가 나온다.

$\cos A$의 부호를 바탕으로 $\angle A$가 예각인지, 직각인지, 둔각인지 파악할 수 있다.

$\cos A > 0 \Rightarrow A < 90°, \ \cos A = 0 \Rightarrow A = 90°, \ \cos A < 0 \Rightarrow A > 90°$

Tip 2   코사인법칙을 이용하여 $\cos\theta$을 구하고 $\sin^2\theta + \cos^2\theta = 1$의 관계(또는 core해석법)를 이용하여 $\sin\theta$를 구할 수 있다.

예제 3

삼각형 ABC에서 $a = 2$, $b = 3$, $C = 60°$ 일 때, c의 값을 구하시오.

풀이

코사인법칙에 의해서 $\cos 60° = \dfrac{2^2+3^2-c^2}{2\times2\times3} \Rightarrow 6 = 4+9-c^2 \Rightarrow c = \sqrt{7}$, 따라서 답은 $\sqrt{7}$ 이다.

개념 확인문제 9   삼각형 ABC에서 $b = 1$, $c = 4$, $A = 120°$ 일 때, a의 값을 구하시오.

예제 4

삼각형 ABC에서 $a = \sqrt{3}$, $b = 1$, $c = 1$일 때, 각 A의 크기를 구하시오.

풀이

코사인법칙에 의해서 $\cos A = \dfrac{1+1-3}{2\times1\times1} = \dfrac{-1}{2} \Rightarrow A = 120°$, 따라서 답은 $120°$ 이다.

개념 확인문제 10   삼각형 ABC에서 $a:b:c = 6:7:8$ 일 때, $\cos C$의 값을 구하시오.

삼각형의 넓이

오른쪽 그림과 같은 삼각형 ABC에서 세 내각 $\angle A$, $\angle B$, $\angle C$의 크기를
각각 A, B, C로 나타내고 이들의 대변의 길이를 각각 a, b, c로 나타내고
삼각형 ABC의 넓이를 S로 나타내기로 하자.

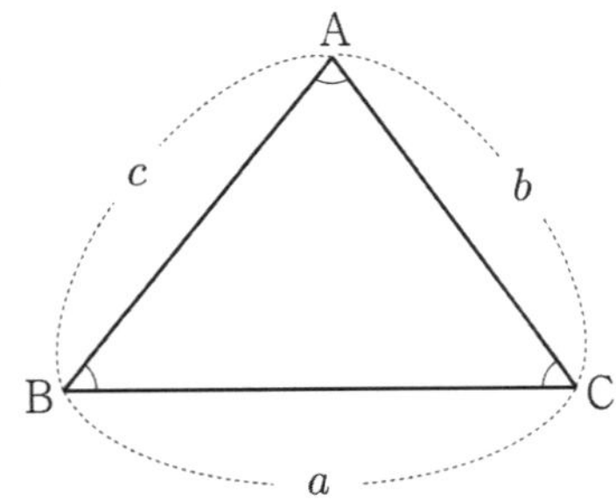

① **기본꼴**

$$S = \frac{1}{2} \times 밑변 \times 높이$$

② **두 변의 길이와 그 끼인각의 크기를 알 때**

삼각형 ABC의 꼭짓점 A에서 밑변 BC 또는 그 연장선 위에 내린 수선의 발을
H라 하면 선분 AH의 길이를 $\angle C$의 크기에 따라 case분류할 수 있다.

i) $C < 90°$　　　　　　ii) $C = 90°$　　　　　　iii) $C > 90°$

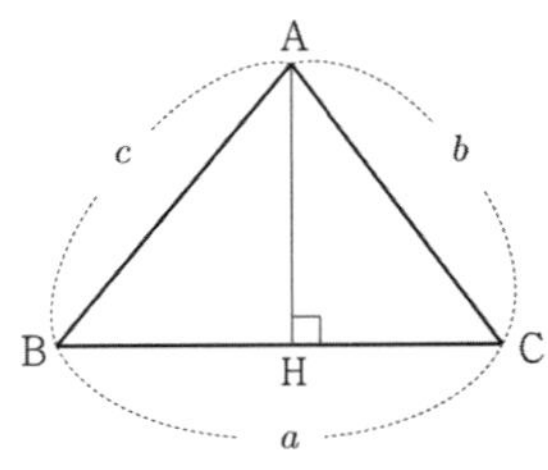　　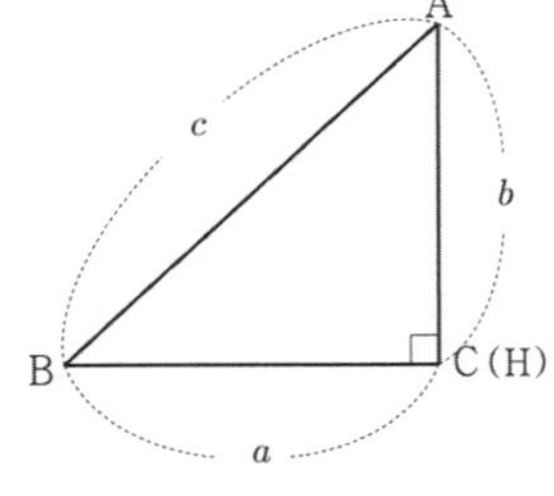　　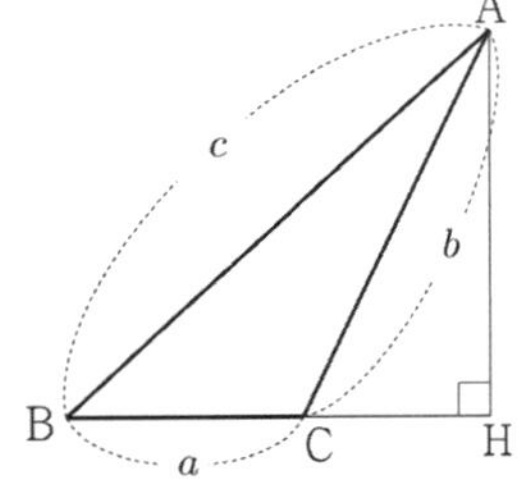

$\overline{\mathrm{AH}} = b\sin C$　　　　$\overline{\mathrm{AH}} = b\sin C$　　　　$\overline{\mathrm{AH}} = b\sin(\pi - C) = b\sin C$

따라서 $\angle C$의 크기와 관계없이 $\overline{\mathrm{AH}} = b\sin C$ 이므로 삼각형 ABC의 넓이를 S라 하면

$$S = \frac{1}{2} \times \overline{\mathrm{BC}} \times \overline{\mathrm{AH}} = \frac{1}{2}ab\sin C \text{ 이다.}$$

같은 방법으로 변 AC, 변 AB를 각각 밑변으로 생각하면 $S = \frac{1}{2}bc\sin A = \frac{1}{2}ac\sin B$도 성립한다.

따라서 $S = \frac{1}{2}bc\sin A = \frac{1}{2}ac\sin B = \frac{1}{2}ab\sin C$

③ **세 변의 길이를 알 때**

(1) 헤론의 공식 : $S = \sqrt{s(s-a)(s-b)(s-c)}$ (단, $s = \dfrac{a+b+c}{2}$)

(2) 코사인법칙 $\left(\cos A = \dfrac{b^2 + c^2 - a^2}{2bc}\right)$ 을 통해 $\sin A$를 구한 후 $S = \dfrac{1}{2}bc\sin A$ 에 대입한다.

> **Tip 1**　삼각형의 한 내각의 크기는 $0° < A < 180°$ 이므로 항상 $\sin A > 0$이다.

> **Tip 2**　헤론의 공식은 굳이 암기하지 않아도 되고 세 변의 길이를 알 때는 코사인법칙으로 처리하면 그만이다.

④ **한 변의 길이가 a인 정삼각형**

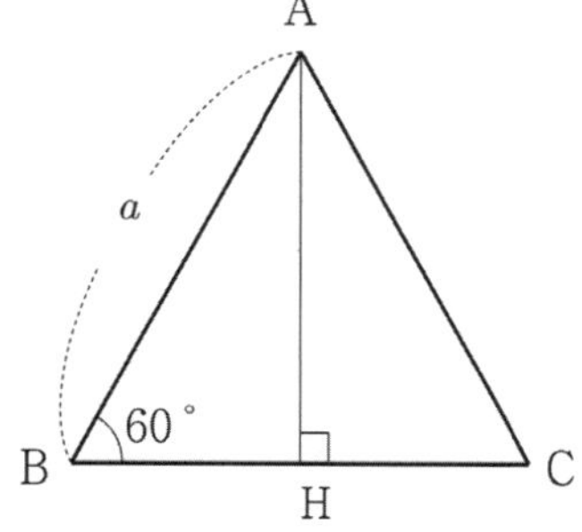

(1) 정삼각형의 높이 $= \dfrac{\sqrt{3}}{2}a$

$$\overline{\text{AH}} = a\sin 60° = \dfrac{\sqrt{3}}{2}a$$

(2) 정삼각형의 넓이 $= \dfrac{\sqrt{3}}{4}a^2$

$$\dfrac{1}{2}\times\overline{\text{AH}}\times\overline{\text{BC}} = \dfrac{1}{2}\times\dfrac{\sqrt{3}}{2}a\times a = \dfrac{\sqrt{3}}{4}a^2$$

⑤ **외접원과 삼각형의 넓이**

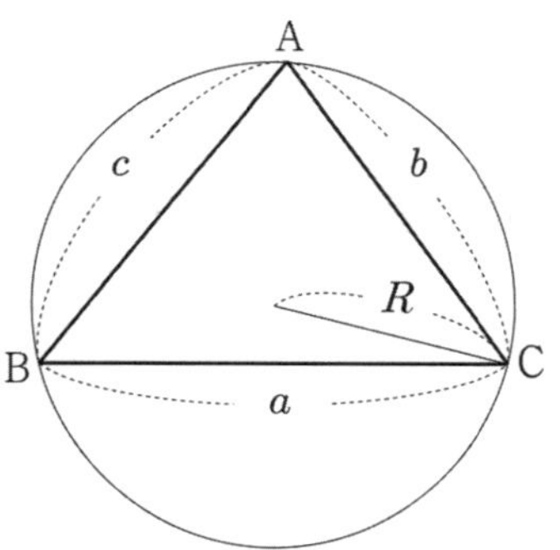

외접원의 반지름의 길이를 R이라 하고

사인법칙에 의해서 $\dfrac{a}{\sin A} = 2R \Rightarrow \sin A = \dfrac{a}{2R}$ 이므로

$$S = \dfrac{1}{2}bc\sin A = \dfrac{1}{2}bc\,\dfrac{a}{2R} = \dfrac{abc}{4R}$$

따라서 $S = \dfrac{abc}{4R}$

⑥ **내접원과 삼각형의 넓이**

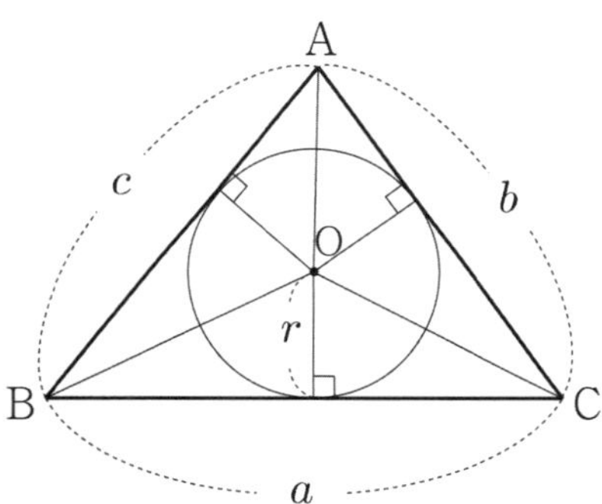

내접원의 반지름을 r이라 하고

$\triangle\text{ABC} = \triangle\text{AOB} + \triangle\text{AOC} + \triangle\text{BOC}$ 이므로

$$S = \dfrac{1}{2}cr + \dfrac{1}{2}br + \dfrac{1}{2}ar = \left(\dfrac{a+b+c}{2}\right)\times r$$

따라서 $S = \left(\dfrac{a+b+c}{2}\right)\times r$

⑦ **삼각형의 각의 이등분선과 닮음 (자주 나오니 기억하자!)**

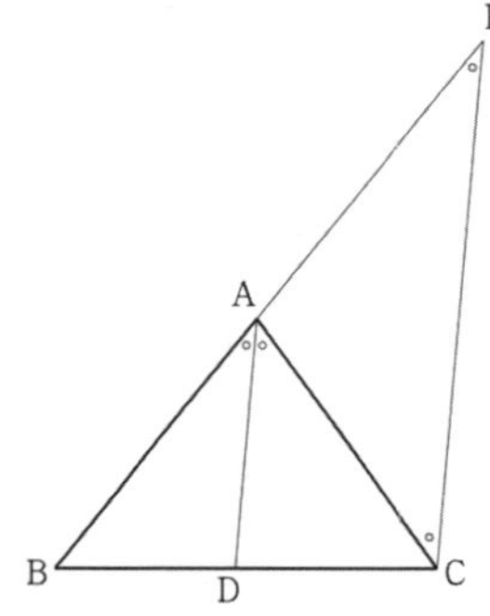
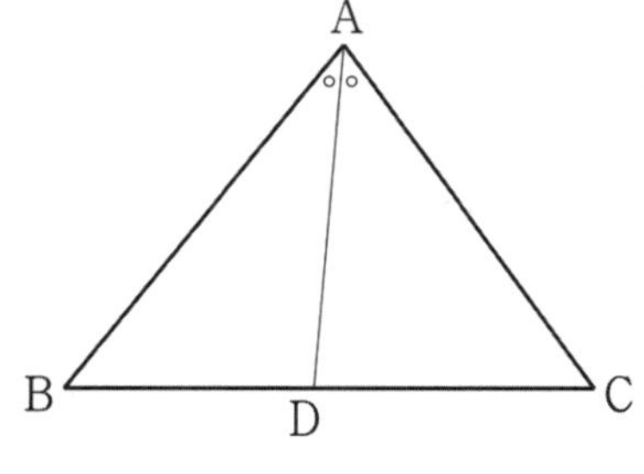

직선 AD와 평행하고 점 C를 지나는 직선과
직선 AB이 만나는 교점을 E라 하자.

$\angle\text{DAC} = \angle\text{ACE}$ (엇각)

$\angle\text{BAD} = \angle\text{AEC}$ (동위각)

$\overline{\text{BA}} : \overline{\text{AE}} = \overline{\text{BD}} : \overline{\text{DC}}$

$\angle\text{ACE} = \angle\text{AEC} \Rightarrow \overline{\text{AC}} = \overline{\text{AE}}$

따라서 $\overline{\text{AB}} : \overline{\text{AC}} = \overline{\text{BD}} : \overline{\text{DC}}$

예제 5

삼각형 ABC에서 $A = 120°$, $b = 3$, $c = 4$ 일 때, 삼각형 ABC의 넓이를 구하시오.

풀이

$$S = \frac{1}{2} \times b \times c \times \sin A = \frac{1}{2} \times 3 \times 4 \times \sin 120° = 6 \times \frac{\sqrt{3}}{2} = 3\sqrt{3}$$

따라서 답은 $3\sqrt{3}$ 이다.

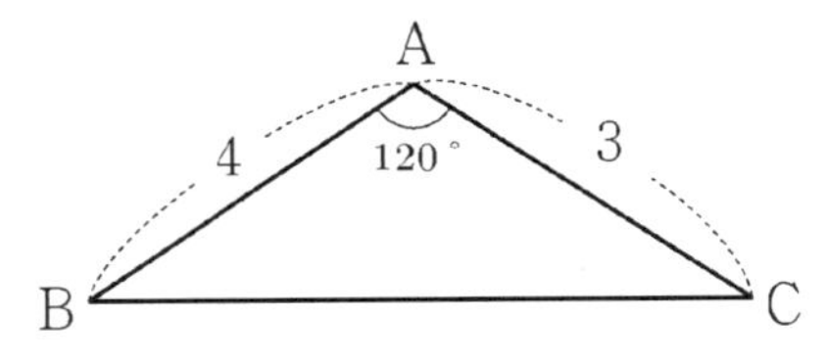

개념 확인문제 11 삼각형 ABC에서 $B = 135°$, $a = 2$, $c = \sqrt{2}$ 일 때, 삼각형 ABC의 넓이를 구하시오.

예제 6

삼각형 ABC에서 $a = 7$, $b = 3$, $c = 6$일 때, 삼각형 ABC의 넓이를 구하시오.

풀이

풀이1) 코사인법칙에 의해서 $\cos A = \dfrac{b^2 + c^2 - a^2}{2bc} = \dfrac{9 + 36 - 49}{2 \times 3 \times 6} = -\dfrac{1}{9} \Rightarrow \sin A = \dfrac{4\sqrt{5}}{9}$

$$S = \frac{1}{2} bc \sin A = \frac{1}{2} \times 3 \times 6 \times \frac{4\sqrt{5}}{9} = 4\sqrt{5}$$

풀이2) 헤론의 공식을 사용하면 $s = \dfrac{a+b+c}{2} = \dfrac{6+3+7}{2} = 8$

$$S = \sqrt{s(s-a)(s-b)(s-c)} = \sqrt{8(8-7)(8-3)(8-6)} = 4\sqrt{5}$$

따라서 답은 $4\sqrt{5}$ 이다.

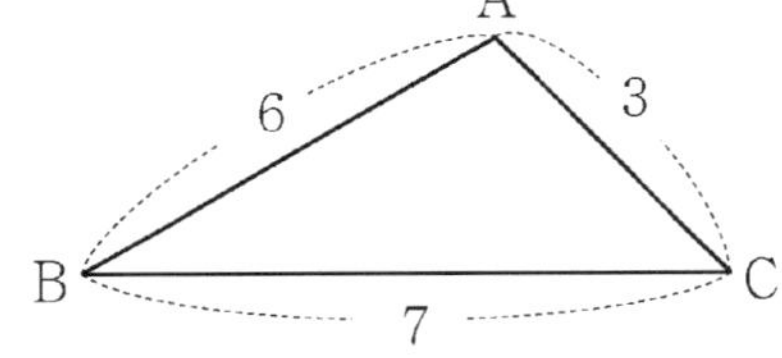

개념 확인문제 12 삼각형 ABC에서 $a = 8$, $b = 4$, $c = 6$일 때, 삼각형 ABC의 넓이를 구하시오.

 (10) 삼각함수를 이용하여 사각형의 넓이는 어떻게 구할까?

사각형의 넓이

① 평행사변형의 넓이

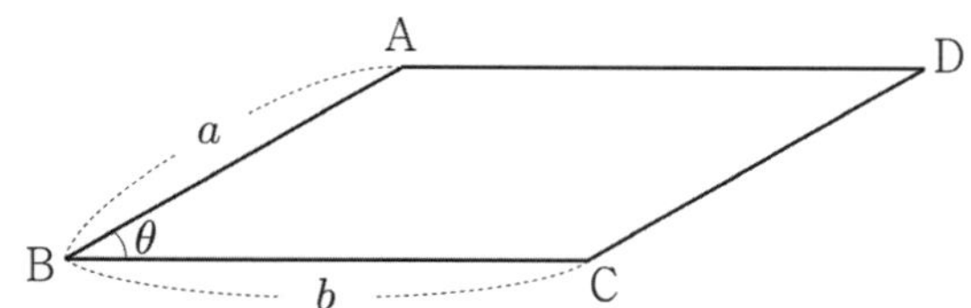

이웃하는 두 변의 길이가 a, b이고 끼인각의 크기가 θ인
평행사변형의 넓이 S는

$$S = ab\sin\theta$$

> **Tip** 삼각형 ABC와 CDA는 합동이므로 평행사변형의 넓이는 삼각형 ABC의 넓이의 2배로 구해주면 된다.

② 사각형의 넓이

오른쪽 그림에서 $\overline{AO}=p$, $\overline{OC}=q$, $\overline{BO}=r$, $\overline{OD}=s$라 하면
$r+s=a$, $p+q=b$
사각형 ABCD의 넓이 S는
$$S = \triangle OAB + \triangle OBC + \triangle OCD + \triangle ODA$$

$$= \frac{1}{2}pr\sin\theta + \frac{1}{2}rq\sin(\pi-\theta) + \frac{1}{2}qs\sin\theta + \frac{1}{2}ps\sin(\pi-\theta)$$

$$= \frac{1}{2}(pr+rq+qs+ps)\sin\theta = \frac{1}{2}(r+s)(p+q)\sin\theta = \frac{1}{2}ab\sin\theta$$

따라서 두 대각선의 길이가 a, b이고 두 대각선이 이루는 각의 크기가 θ인 사각형의 넓이 S는

$$S = \frac{1}{2}ab\sin\theta$$

> **Tip** 평행사변형의 넓이 공식과 헷갈릴 수 있는데 마름모 넓이공식을 생각해보자!
>
> 마름모는 $\theta = 90°$이므로 $S = \frac{1}{2}ab\sin 90° = \frac{1}{2}ab$이다. 그러니 $\frac{1}{2}$를 앞에 붙이는 것이 맞다.

아래 그림과 같은 평행사변형 ABCD의 넓이를 구하시오.

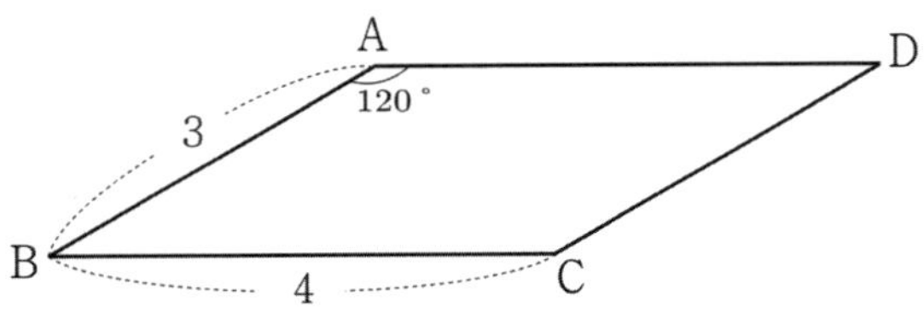

풀이

$S = ab \sin\theta = 3 \times 4 \times \sin 120^\circ = 6\sqrt{3}$

따라서 답은 $6\sqrt{3}$ 이다.

개념 확인문제 **13** 아래 그림과 같은 사각형 ABCD의 넓이를 구하시오.

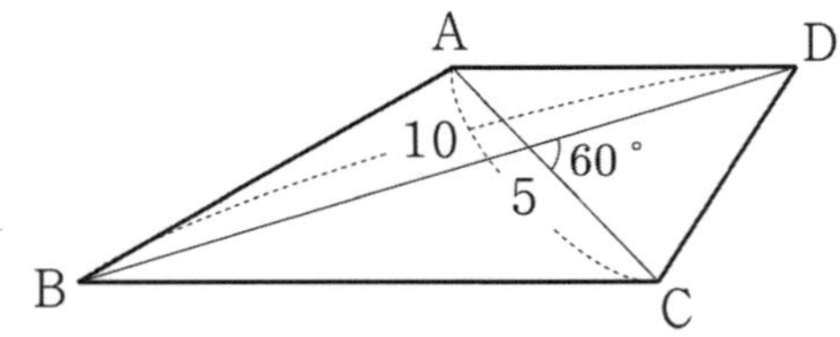

규토 라이트 N제
삼각함수

Training – 1 step
필수 유형편

3. 사인법칙과 코사인법칙

001

삼각형 ABC에서 $A = 30°$, $\overline{AC} = 8$, $\overline{BC} = 4\sqrt{2}$일 때, $\sin B$의 값은?

① $\dfrac{1}{2}$　　② $\dfrac{\sqrt{2}}{2}$　　③ $\dfrac{\sqrt{3}}{2}$

④ $\dfrac{\sqrt{2}}{4}$　　⑤ $\dfrac{\sqrt{3}}{4}$

002

아래 그림과 같이 평면 ABC에 수직인 선분 CD의 길이를 구하기 위해서 10만큼 떨어진 두 지점 A, B에서 각의 크기를 측정하였더니

$\angle DAC = 30°$, $\angle CAB = 75°$, $\angle CBA = 60°$ 이었다. 선분 CD의 길이는?

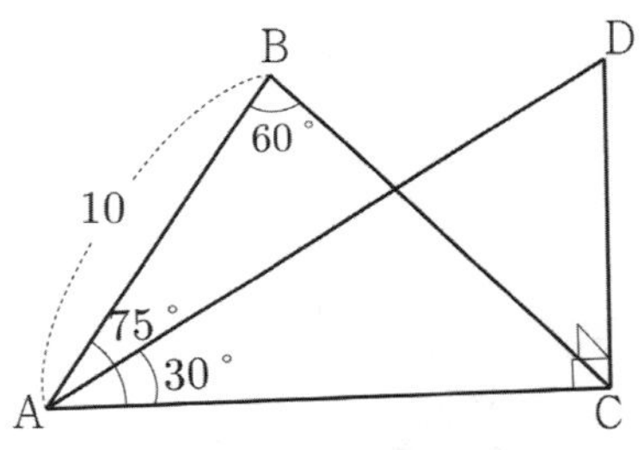

① $\sqrt{2}$　　② $2\sqrt{2}$　　③ $3\sqrt{2}$

④ $4\sqrt{2}$　　⑤ $5\sqrt{2}$

003

삼각형 ABC의 세 변의 길이 a, b, c 사이에

$$(a+b) : (b+c) : (c+a) = 7 : 6 : 5$$

이 성립할 때, $\sin A : \sin B : \sin C$를 구하시오.

004

삼각형 ABC에서 $A = 40°$, $B = 80°$, $\overline{AB} = \sqrt{3}$일 때, 삼각형 ABC의 외접원의 반지름의 길이를 구하시오.

005

삼각형 ABC에서

$$6 \sin A = 2\sqrt{3} \sin B = 3 \sin C$$

일 때, $\angle B$의 크기를 구하시오.

006

아래 그림과 같이 원에 내접하는 사각형 ABCD에서 지름 AC의 길이는 $2\sqrt{2}$이고, $\angle BAD = 135°$일 때, 선분 BD의 길이를 구하시오.

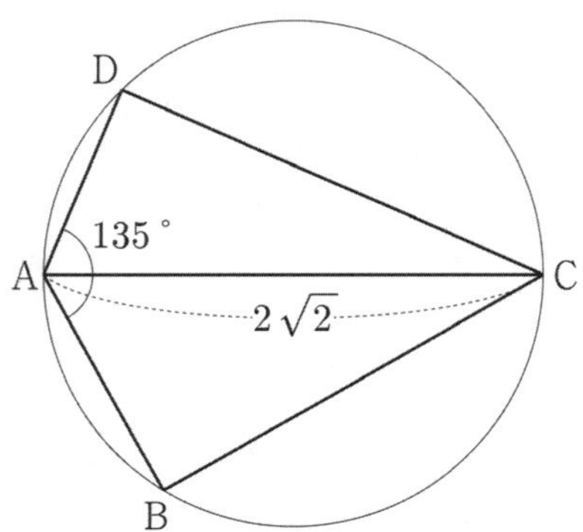

007

그림과 같이 $\overline{BC}=2$인 삼각형 ABC의 내부에 점 P가 있다. 두 선분 AB, AC의 중점을 각각 M, N이라 할 때, 삼각형 PMN의 외접원은 점 A를 지난다.

삼각형 PMN의 외접원의 넓이를 S_1, 삼각형 ABC의 외접원의 넓이를 S_2라 하자. $\cos(\angle MPN)=-\dfrac{3}{5}$일 때, $\dfrac{64}{\pi}(S_1+S_2)$의 값을 구하시오.

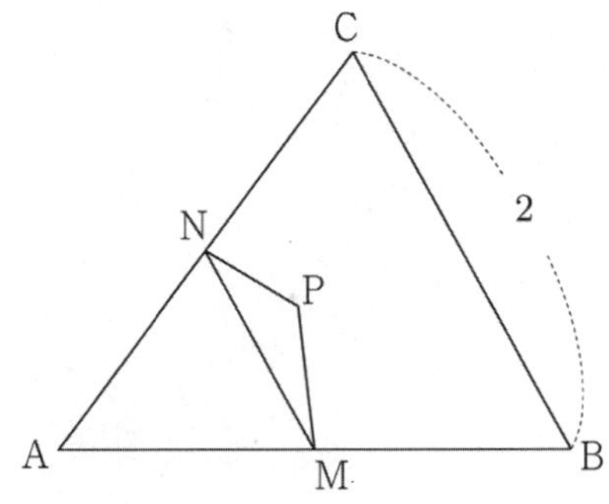

008

그림과 같이 $\overline{AB}=6$, $\angle ACB=\dfrac{\pi}{6}$인 삼각형 ABC의 내부에 점 D가 있다. 선분 BC 위의 점 E에 대하여 $\angle BDE=\dfrac{\pi}{2}$, $\overline{DE}=\dfrac{3\sqrt{2}}{2}$이고 삼각형 ABD가 정삼각형일 때, $\left(\overline{EC}\right)^2=\dfrac{q}{p}$이다. $p+q$의 값을 구하시오. (단, p, q는 서로소인 자연수이다.)

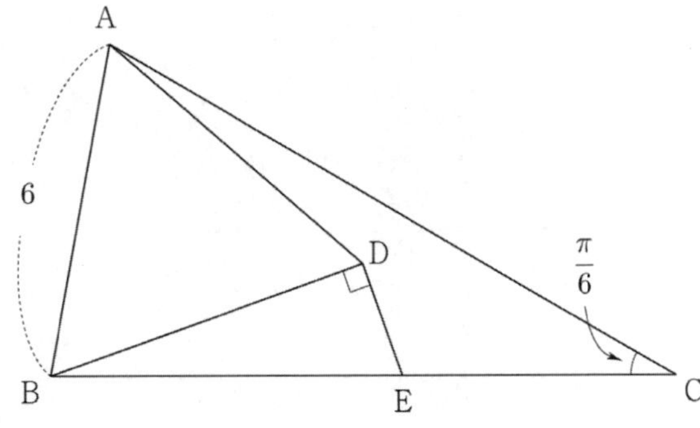

009

삼각형 ABC에서 $\overline{AC}=2\sqrt{2}$, $\angle A=75°$, $\angle C=45°$이다. $\overline{BC}$ 위를 움직이는 점 D에 대하여 삼각형 ABD의 외접원의 넓이의 최솟값은?

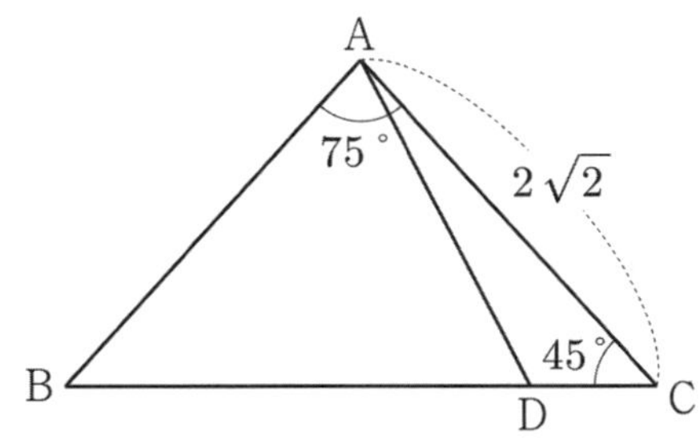

① $\dfrac{5}{6}\pi$ ② π ③ $\dfrac{7}{6}\pi$

④ $\dfrac{4}{3}\pi$ ⑤ $\dfrac{3}{2}\pi$

010

삼각형 ABC에서 $\overline{AB}=5$, $\overline{AC}=3$, $\overline{BD}=2$, $\overline{CD}=1$일 때, $\dfrac{10\sin\alpha}{\sin\beta}$의 값을 구하시오.

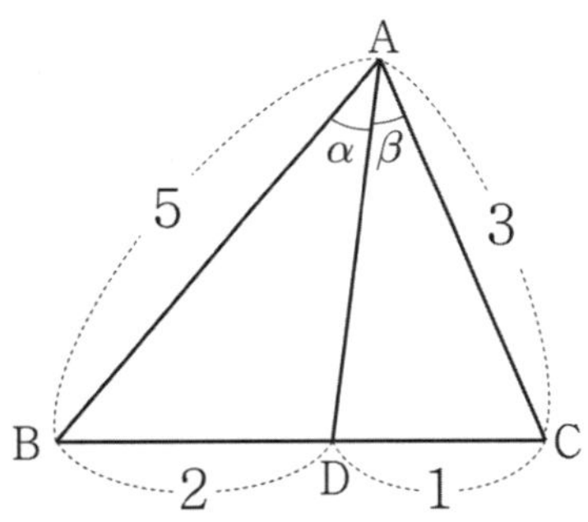

011

세 점 A(0, 4), B(2, 0), O(0, 0)를 지나는 원을 S라 하자.
점 C(-2, 0)에 대하여 선분 AC가 원 S와 만나는 두 점 중
A가 아닌 점을 D라 하자. 삼각형 OCD에 외접하는 원의
넓이가 $k\pi$일 때, $120k$의 값을 구하시오.

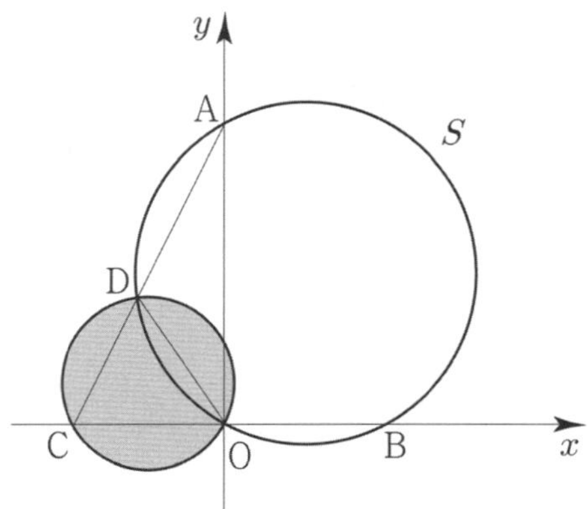

Theme 2 코사인법칙

삼각형 ABC에서 $\overline{AB}=7$, $\overline{BC}=4$, $\overline{AC}=9$이다.
점 A에서 직선 BC에 내린 수선의 발을 D라 할 때,
삼각형 ABD의 넓이는?

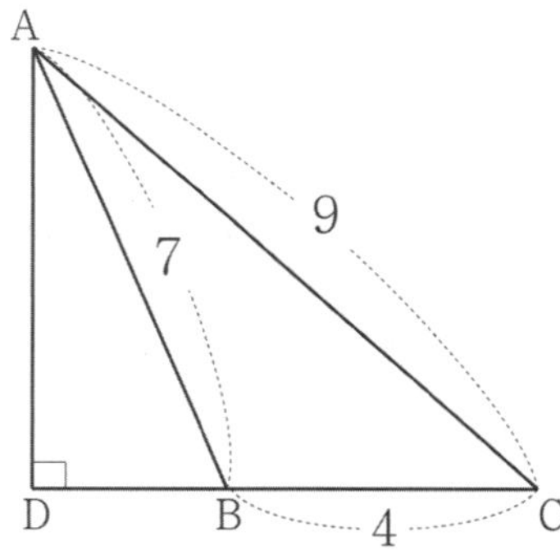

① $\sqrt{5}$ ② $2\sqrt{5}$ ③ $3\sqrt{5}$

④ $4\sqrt{5}$ ⑤ $5\sqrt{5}$

013

아래 그림과 같이 원에 내접하는 사각형 ABCD에서
$\overline{BC}=8$, $\overline{CD}=5$이고 $\cos A = -\dfrac{1}{4}$일 때,
$(\overline{BD})^2$의 값을 구하시오.

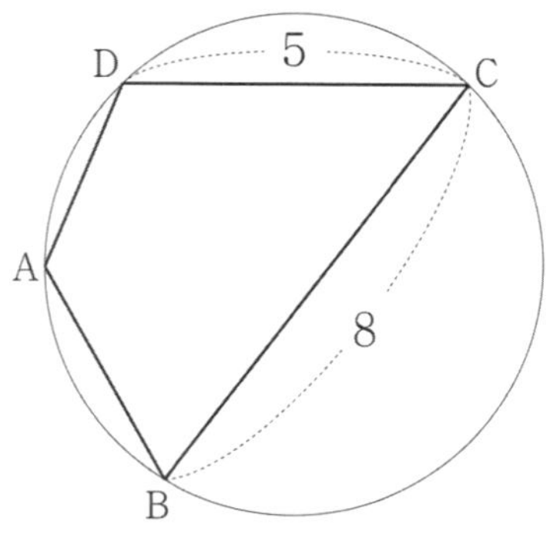

아래 그림과 같이 $\overline{AB}=3$, $\overline{BC}=4$, $\overline{AC}=2$인
삼각형 ABC에서 변 BC 위에 $\overline{AC}=\overline{AD}$인 점 D를
잡을 때, $\overline{BD}$의 길이는?

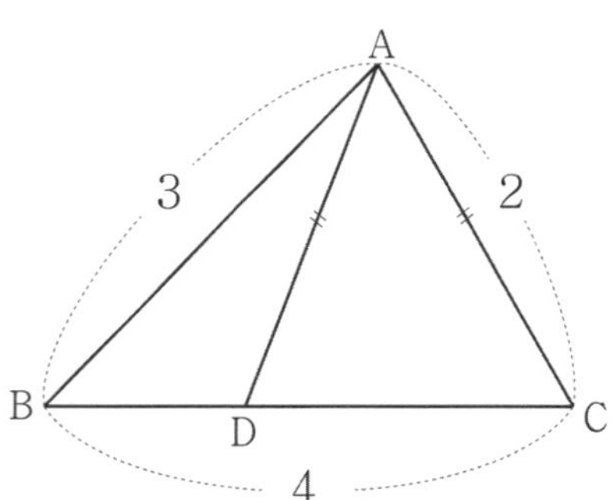

① $\dfrac{1}{4}$ ② $\dfrac{1}{2}$ ③ $\dfrac{3}{4}$

④ 1 ⑤ $\dfrac{5}{4}$

015

아래 그림은 밑면이 반지름의 길이가 1인 원이고, 모선의
길이가 3인 원뿔이다. $\overline{AB}$가 밑면의 원의 지름이고,
점 C는 모선 OB 위에 존재한다. $\overline{OC}=1$일 때,
점 A에서 출발하여 원뿔의 옆면을 따라 점 C에 이르는
최단 거리는?

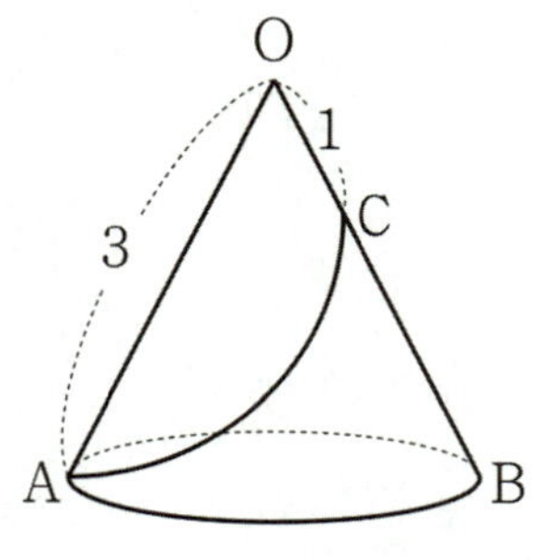

① $\sqrt{7}$ 　　② $2\sqrt{2}$ 　　③ 3

④ $\sqrt{10}$ 　　⑤ $\sqrt{11}$

016

그림과 같이 $\overline{AB}=1$, $\overline{AC}=4$인 삼각형 ABC가 있다.
선분 BC를 $1:2$로 내분하는 점을 D라 하자.
$\overline{AD}=\overline{BD}$일 때, $(\overline{BC})^2$의 값을 구하시오.

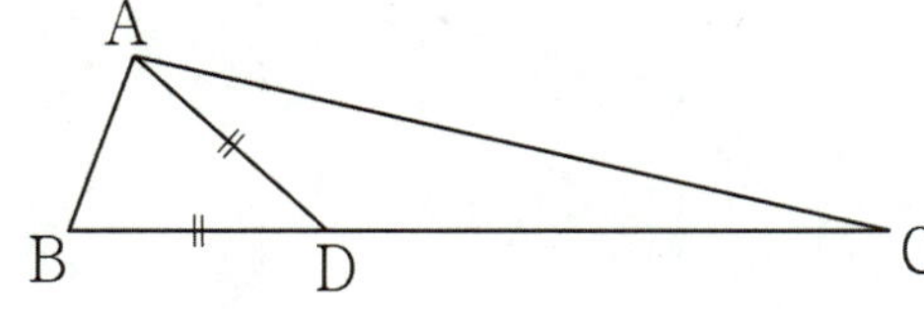

017

그림과 같이 길이가 5인 선분 AB와 길이가 6인 선분
BC가 있다. 점 A를 중심으로 하는 원이 선분 BC와
접하는 점을 D라 할 때, $\overline{BD}=2\overline{DC}$이다.

선분 AB와 원이 만나는 점을 E라 할 때, $(\overline{CE})^2=\dfrac{q}{p}$이다.

$p+q$의 값을 구하시오. (단, p, q는 서로소인 자연수이다.)

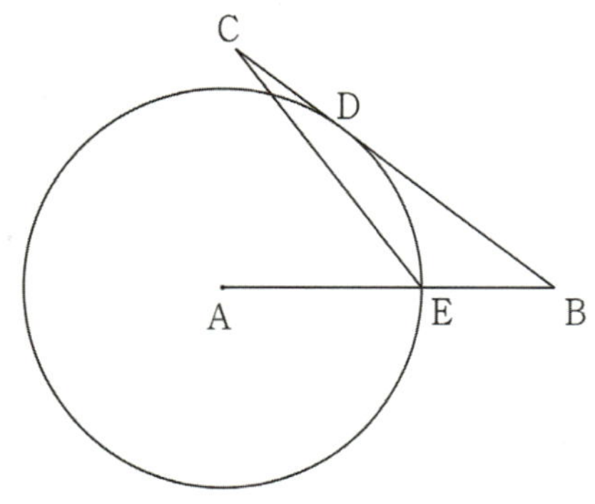

Theme 3   사인법칙과 코사인법칙

018

아래 그림과 같이 반지름의 길이가 R인 원 O에 내접하는
삼각형 ABC가 있다. $\overline{AB}=5$, $\overline{AC}=6$, $\cos A=\dfrac{1}{5}$
일 때, $4\sqrt{6}\,R$의 값을 구하시오.

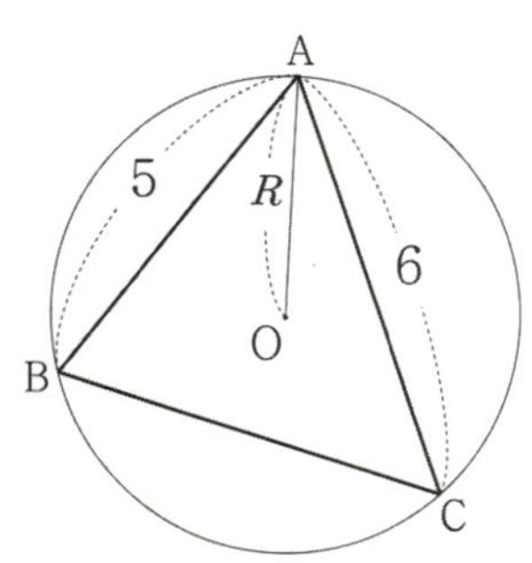

넓이가 13π인 원에 내접하는 사각형 ABCD가 있다. $3\overline{AB} = \overline{BC}$, $\angle ABC = 120°$일 때, $(\overline{AB})^2$의 값을 구하시오.

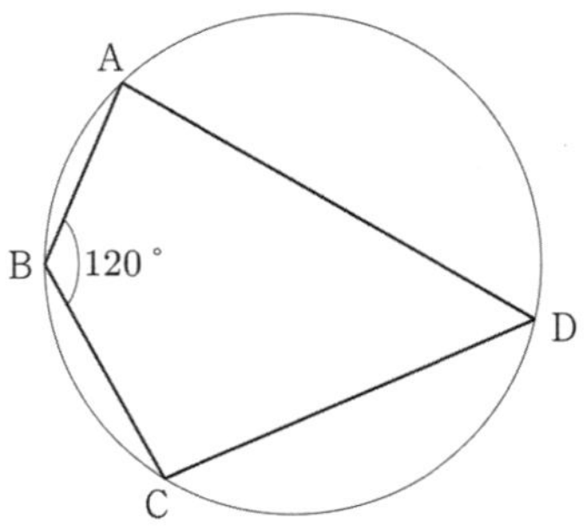

020

삼각형 ABC에서 $B = 60°$, $C = 45°$이고 외접원의 반지름의 길이가 1일 때, $(\overline{BC})^2 = a + \sqrt{b}$이다. $a+b$의 값을 구하시오. (단, a와 b는 자연수이다.)

$\overline{AB} : \overline{BC} : \overline{CA} = 3 : \sqrt{7} : 1$인 삼각형 ABC가 있다. 삼각형 ABC의 외접원의 넓이가 49π일 때, $(\overline{CA})^2$의 값을 구하시오.

그림과 같이 $\overline{AB} = 5$, $\overline{AC} = 4$, $\cos(\angle BAC) = \dfrac{1}{8}$인 삼각형 ABC의 외접원 위의 한 점 D에 대하여 $\angle BAD = \angle CAD$ 이다. 외접원의 넓이를 S라 할 때, $\dfrac{S}{\pi \times \overline{CD}} = \dfrac{q}{p}$이다. $p+q$의 값을 구하시오.

(단, p, q는 서로소인 자연수이다.)

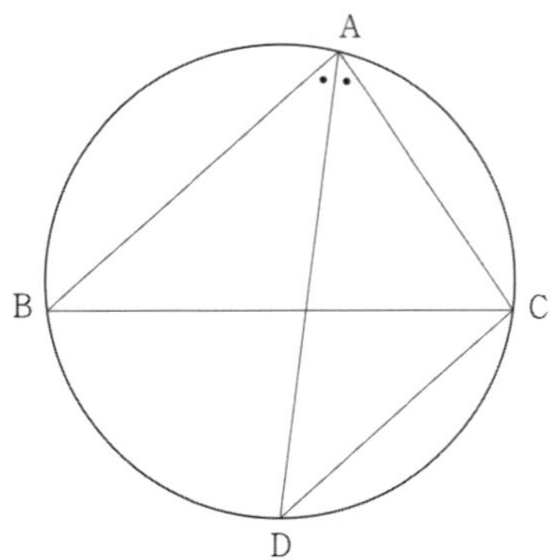

Theme 4 — 삼각형의 모양 결정

023

삼각형 ABC 에서

$$\sin A = \cos\left(\frac{\pi}{2} - B\right)\sin\left(\frac{\pi}{2} + C\right)$$

가 성립할 때, 삼각형 ABC 는 어떤 삼각형인지 구하시오.

024

삼각형 ABC 에서

$$\sin A = 2\sin\frac{A - B + C}{2}\cos\left(C - \frac{\pi}{2}\right)$$

가 성립할 때, 삼각형 ABC 는 어떤 삼각형인지 구하시오.

Theme 5 — 삼각형과 사각형의 넓이

025

$\overline{AB} = 6$, $\overline{BC} = 5$, $\overline{AC} = 3$ 인 삼각형 ABC의 외접원의 반지름의 길이는 R 이고, 내접원의 반지름의 길이는 r 이다. $\dfrac{16R}{9r}$ 의 값을 구하시오.

026

반지름의 길이가 R 인 원에 내접하는 삼각형 ABC가 있다. $\overline{AC} = 6$, $\overline{BC} = 10$ 이고 삼각형의 넓이가 $15\sqrt{3}$ 일 때, $3R^2$ 의 값을 구하시오. (단, $90° < C < 180°$)

아래 그림과 같이 $\overline{AB}=12$, $\overline{AC}=8$, $A=60°$ 인 삼각형 ABC에서 $\angle A$의 이등분선이 선분 BC와 만나는 점을 D라 할 때, $\overline{AD}=\dfrac{p}{q}\sqrt{3}$ 이다. $p+q$의 값을 구하시오. (단, p와 q는 서로소인 자연수이다.)

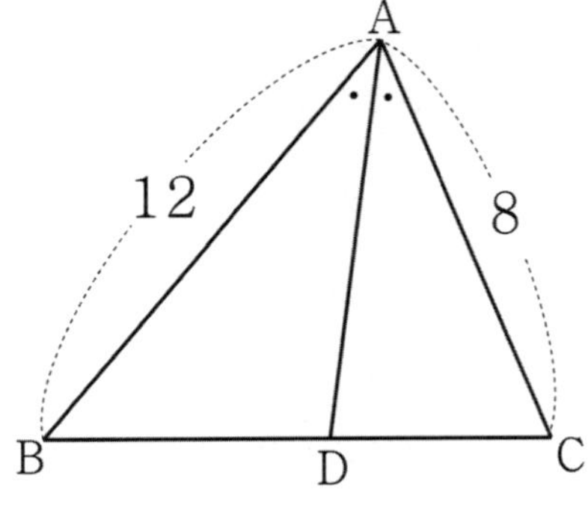

그림과 같이 $\overline{BC}=11$, $A=120°$ 인 삼각형 ABC에서 $\overline{AB}+\overline{AC}=12$일 때, 삼각형 ABC의 넓이는 $\dfrac{q}{p}\sqrt{3}$ 이다. $p+q$의 값을 구하시오. (단, p와 q는 서로소인 자연수이다.)

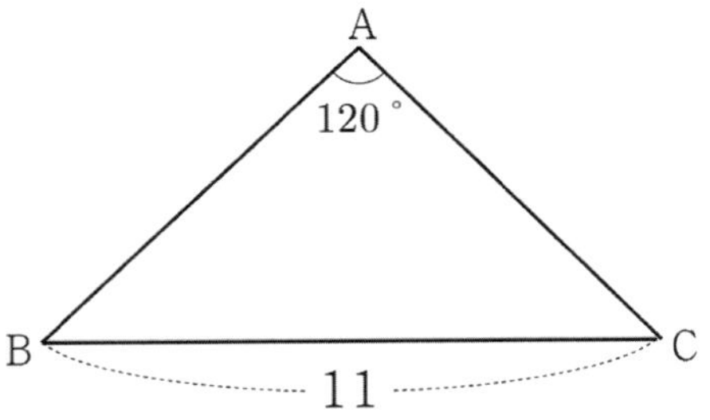

삼각형 ABC에서 $2\overline{CD}=3\overline{AD}$, $4\overline{CE}=\overline{BE}$ 이다. 삼각형 ABC의 넓이가 100일 때, 삼각형 CDE의 넓이를 구하시오.

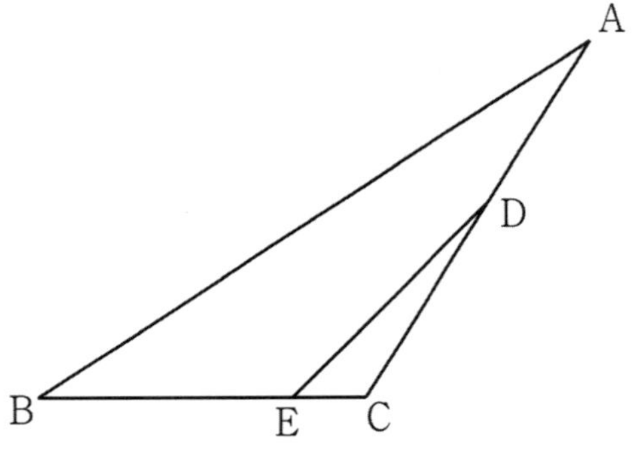

삼각형 ABC에서 $\overline{AB}=2\sqrt{2}$, $\overline{BC}=2$, $B=135°$ 이다. 점 B에서 선분 AC에 내린 수선의 발을 D라 할 때, $\overline{BD}=\dfrac{q}{p}\sqrt{5}$ 이다. $p+q$의 값을 구하시오. (단, p와 q는 서로소인 자연수이다.)

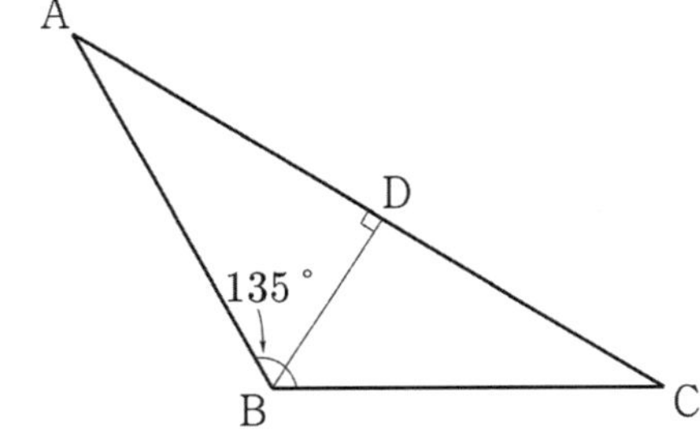

031

원에 내접하는 사각형 ABCD에서
$\overline{AB}=5$, $\overline{AD}=\overline{CD}=3$, $\angle A=60°$일 때,
사각형 ABCD의 넓이는 $\dfrac{q}{p}\sqrt{3}$이다. $p+q$의 값을
구하시오. (단, p와 q는 서로소인 자연수이다.)

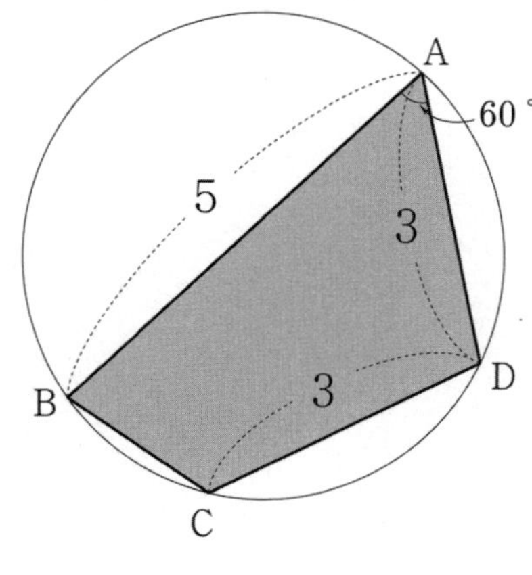

032

두 대각선의 길이가 a, b이고, 두 대각선이 이루는 각의
크기가 $60°$인 사각형이 있다. 이 사각형의 넓이가 $\sqrt{3}$
이고 $a-b=4$일 때, a^3-b^3의 값을 구하시오.

033

그림과 같이 $\overline{AB}=2$, $\overline{BC}=3$인 평행사변형
ABCD의 두 대각선이 이루는 각의 크기가 $60°$일 때,
평행사변형 ABCD의 넓이는 $\dfrac{q}{p}\sqrt{3}$이다. $p+q$의 값을
구하시오. (단, p와 q는 서로소인 자연수이다.)

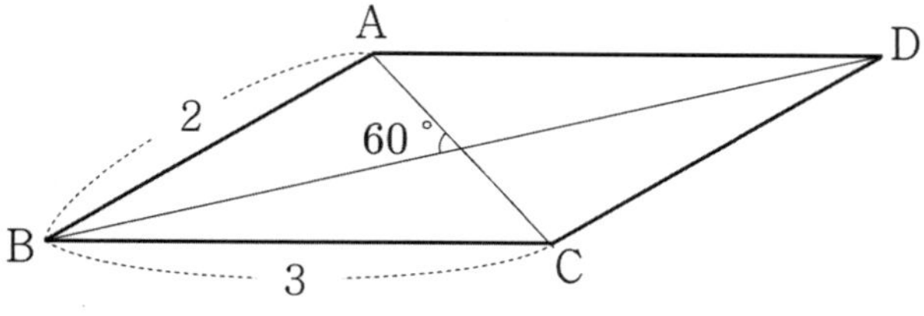

034

그림과 같이 사각형 ABCD에서 $\overline{BD}=2\sqrt{7}$, $\overline{AD}/\!/\overline{BC}$
이고, $\overline{AB}=\overline{BC}=\overline{AC}=2$이다. 두 대각선 AC, BD가
만나는 점을 E라 할 때, 삼각형 BCE의 넓이는?

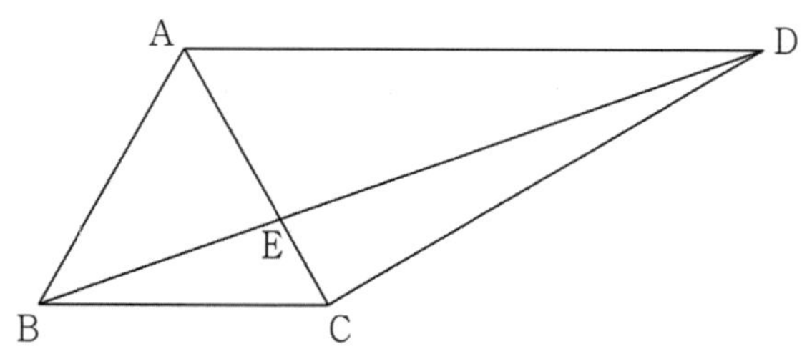

① $\dfrac{\sqrt{3}}{6}$ ② $\dfrac{\sqrt{3}}{3}$ ③ $\dfrac{\sqrt{3}}{2}$

④ $\dfrac{2\sqrt{3}}{3}$ ⑤ $\dfrac{5\sqrt{3}}{6}$

035

그림과 같이 $\overline{AB}=8$, $\overline{AC}=6$, $\overline{BC}=4$인
삼각형 ABC의 내부의 한 점 P에서 세 변
BC, CA, AB에 내린 수선의 발을 각각 D, E, F라
하자. $\overline{PD}=\dfrac{\sqrt{15}}{2}$, $\overline{PE}=\dfrac{\sqrt{15}}{3}$일 때,

삼각형 EFP의 넓이는 $\dfrac{q}{p}\sqrt{15}$ 이다. $p+q$의 값을
구하시오. (단, p와 q는 서로소인 자연수이다.)

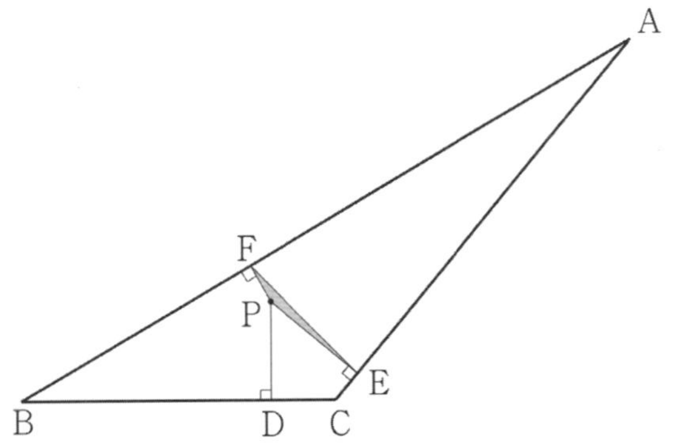

$\overline{AB} \, / \! / \, \overline{CD}$ 인 사각형 ABCD 에서
$\overline{AB}=\overline{BC}=2$, $\overline{CD}=4$, $\overline{AD}=3$일 때,

사각형 ABCD 의 넓이는 $\dfrac{q}{p}\sqrt{7}$ 이다. $p+q$의 값을
구하시오. (단, p와 q는 서로소인 자연수이다.)

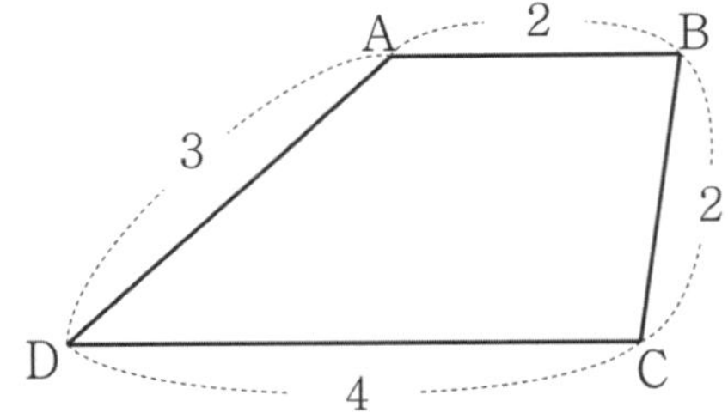

037

그림과 같이 원에 내접하는 사각형 ABCD가
$\overline{BC}=2\sqrt{2}$, $\overline{AD}=6$, $\overline{CD}=4$, $\angle ACB = \angle BDC$를
만족시킨다. 두 선분 AC, BD의 교점을 E라 하자.
이 원의 반지름의 길이를 a, 삼각형 BCE의 넓이를 b라
할 때, $a \times b$의 값을 구하시오.

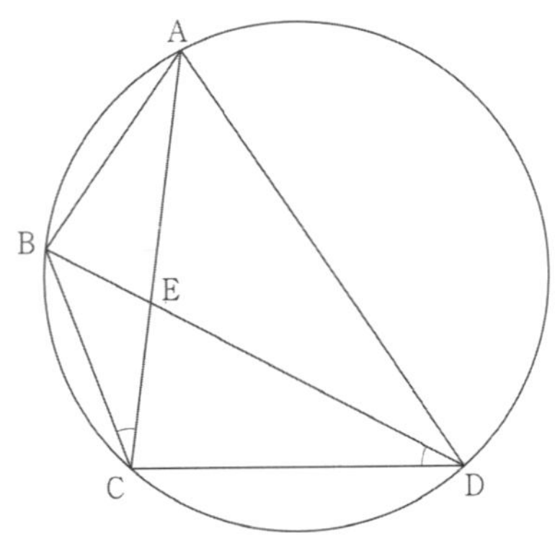

Training – 2 step
기출 적용편

3. 사인법칙과 코사인법칙

$\overline{AB}=2$, $\overline{AC}=\sqrt{7}$ 인 예각삼각형 ABC의 넓이가 $\sqrt{6}$ 이다.
$\angle A=\theta$ 일 때, $\sin\left(\dfrac{\pi}{2}+\theta\right)$ 의 값은? [3점]

① $\dfrac{\sqrt{3}}{7}$ ② $\dfrac{2}{7}$ ③ $\dfrac{\sqrt{5}}{7}$

④ $\dfrac{\sqrt{6}}{7}$ ⑤ $\dfrac{\sqrt{7}}{7}$

$\overline{AB}=8$ 이고 $\angle A=45°$, $\angle B=15°$ 인 삼각형 ABC에서
선분 BC의 길이는? [3점]

① $2\sqrt{6}$ ② $\dfrac{7}{3}\sqrt{6}$ ③ $\dfrac{8\sqrt{6}}{3}$

④ $3\sqrt{6}$ ⑤ $\dfrac{10}{3}\sqrt{6}$

반지름의 길이가 15인 원에 내접하는 삼각형 ABC에서
$\sin B=\dfrac{7}{10}$ 일 때, 선분 AC의 길이를 구하시오. [3점]

$\overline{AB}=15$ 이고 넓이가 50인 삼각형 ABC에 대하여
$\angle ABC=\theta$ 라 할 때, $\cos\theta=\dfrac{\sqrt{5}}{3}$ 이다.
선분 BC의 길이를 구하시오. [3점]

42　2020년 고3 4월 교육청 가형

그림과 같이 중심각의 크기가 $\dfrac{\pi}{3}$인 부채꼴 OAB에서

선분 OA를 $3:1$로 내분하는 점을 P, 선분 OB를 $1:2$로

내분하는 점을 Q라 하자. 삼각형 OPQ의 넓이가

$4\sqrt{3}$일 때, 호 AB의 길이는? [3점]

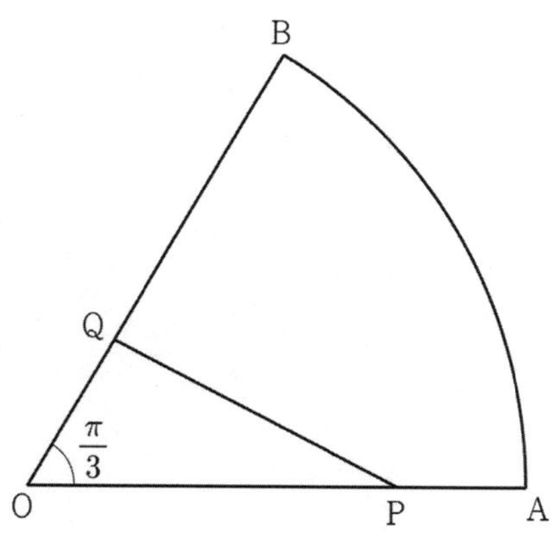

① $\dfrac{5}{3}\pi$ 　　② 2π 　　③ $\dfrac{7}{3}\pi$

④ $\dfrac{8}{3}\pi$ 　　⑤ 3π

43　2021학년도 고3 9월 평가원 나형

$\overline{AB}=6$, $\overline{AC}=10$인 삼각형 ABC가 있다. 선분 AC 위에

점 D를 $\overline{AB}=\overline{AD}$가 되도록 잡는다. $\overline{BD}=\sqrt{15}$일 때,

선분 BC의 길이를 k라 하자. k^2의 값을 구하시오. [3점]

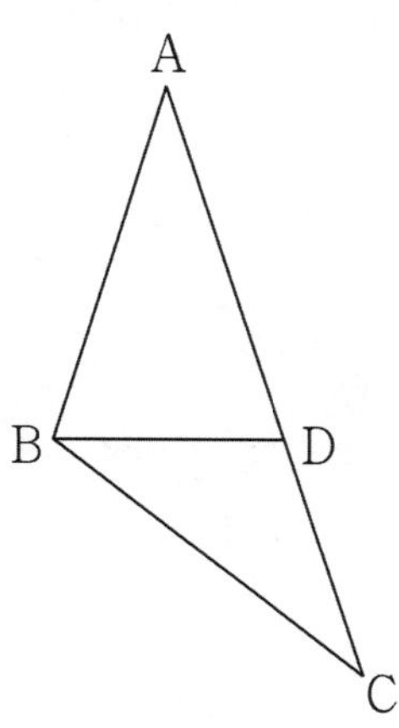

44　2020년 고3 7월 교육청 나형

그림과 같이 평면 위에 한 변의 길이가 3인 정사각형

$ABCD$와 한 변의 길이가 4인 정사각형 $CEFG$가 있다.

$\angle DCG=\theta\ (0<\theta<\pi)$라 할 때, $\sin\theta=\dfrac{\sqrt{11}}{6}$이다.

$\overline{DG}\times\overline{BE}$의 값은? [4점]

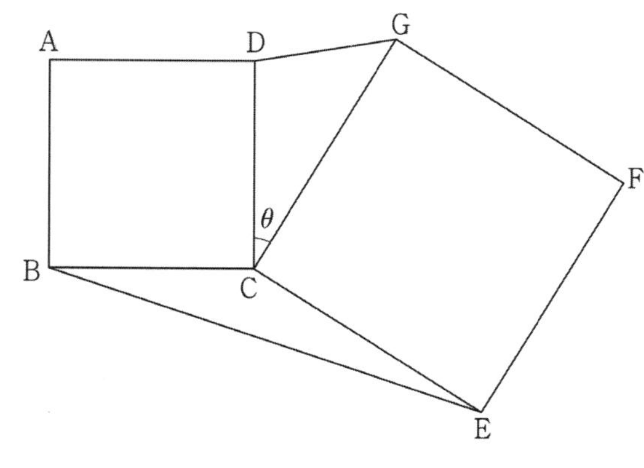

① 15 　　② 17 　　③ 19

④ 21 　　⑤ 23

45　2019년 고2 9월 교육청 나형

그림과 같이 $\overline{AB}=3$, $\overline{BC}=6$인 직사각형 $ABCD$에서

선분 BC를 $1:5$로 내분하는 점을 E라 하자. $\angle EAC=\theta$

라 할 때, $50\sin\theta\cos\theta$의 값을 구하시오. [4점]

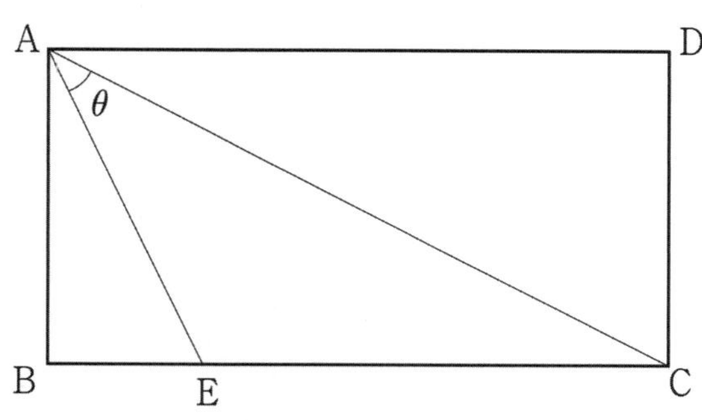

그림과 같이 길이가 2인 선분 AB를 지름으로 하고 중심이 O인 반원이 있다.

호 AB 위에 점 P를 $\cos(\angle \mathrm{BAP}) = \dfrac{4}{5}$가 되도록 잡는다.

부채꼴 OBP에 내접하는 원의 반지름의 길이가 r_1, 호 AP를 이등분하는 점과 선분 AP의 중점을 지름의 양 끝점으로 하는 원의 반지름의 길이가 r_2일 때, $r_1 r_2$의 값은? [4점]

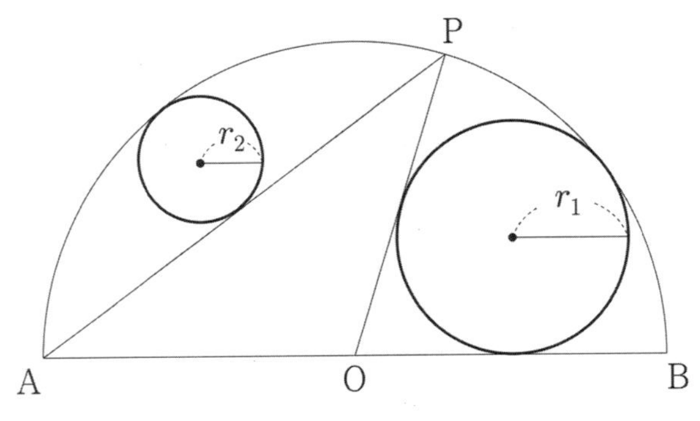

① $\dfrac{3}{40}$ ② $\dfrac{1}{10}$ ③ $\dfrac{1}{8}$

④ $\dfrac{3}{20}$ ⑤ $\dfrac{7}{40}$

반지름의 길이가 3인 원의 둘레를 6등분하는 점 중에서 연속된 세 개의 점을 각각 A, B, C라 하자. 점 B를 포함하지 않는 호 AC 위의 점 P에 대하여 $\overline{\mathrm{AP}} + \overline{\mathrm{CP}} = 8$이다. 사각형 ABCP의 넓이는? [4점]

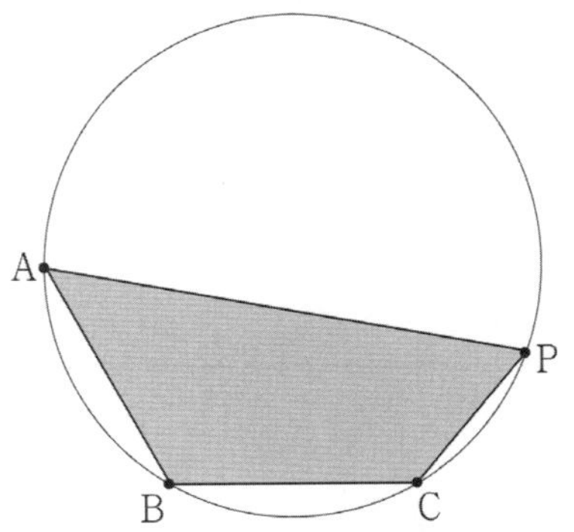

① $\dfrac{13\sqrt{3}}{3}$ ② $\dfrac{16\sqrt{3}}{3}$ ③ $\dfrac{19\sqrt{3}}{3}$

④ $\dfrac{22\sqrt{3}}{3}$ ⑤ $\dfrac{25\sqrt{3}}{3}$

그림과 같이 원에 내접하는 사각형 ABCD가 $\overline{\mathrm{AB}} = 10$, $\overline{\mathrm{AD}} = 2$, $\cos(\angle \mathrm{BCD}) = \dfrac{3}{5}$을 만족시킨다.

이 원의 넓이가 $a\pi$일 때, a의 값을 구하시오. [4점]

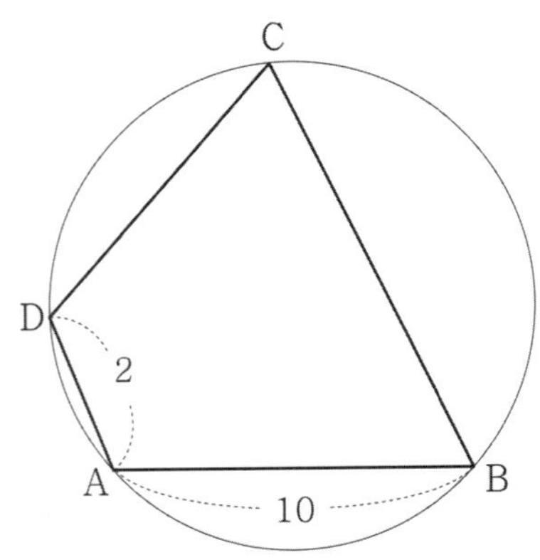

그림과 같이 $\overline{\mathrm{AB}} = 7$, $\overline{\mathrm{BC}} = 13$, $\overline{\mathrm{CA}} = 10$인 삼각형 ABC가 있다. 선분 AB 위의 점 P와 선분 AC 위의 점 Q를 $\overline{\mathrm{AP}} = \overline{\mathrm{CQ}}$이고 사각형 PBCQ의 넓이가 $14\sqrt{3}$이 되도록 잡을 때, $\overline{\mathrm{PQ}}^2$의 값을 구하시오. [3점]

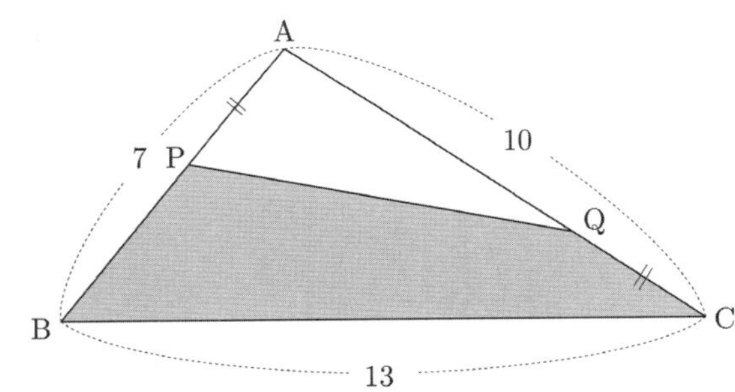

050 2005년 고1 6월 교육청 ☐☐☐☐☐

그림과 같이 넓이가 18인 삼각형 ABC가 있다.
각 변 위의 점 L, M, N은
$\overline{AL} = 2\overline{BL}$, $\overline{BM} = \overline{CM}$, $\overline{CN} = 2\overline{AN}$ 을 만족할 때,
삼각형 LMN의 넓이를 구하시오. [4점]

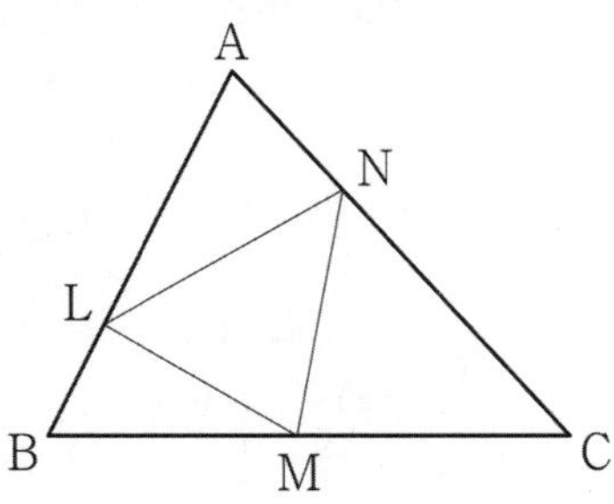

051 2021학년도 사관학교 가형 ☐☐☐☐☐

그림과 같이 반지름의 길이가 4이고 중심이 O인 원 위의
세 점 A, B, C에 대하여 $\angle ABC = 120°$, $\overline{AB} + \overline{BC} = 2\sqrt{15}$
일 때, 사각형 OABC의 넓이는? [4점]

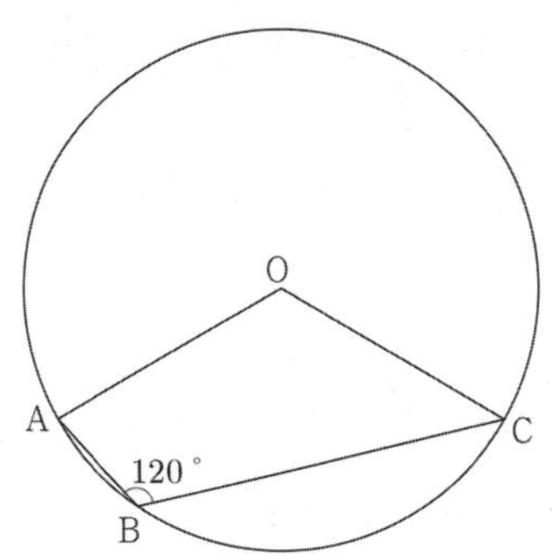

① $5\sqrt{3}$ ② $\dfrac{11\sqrt{3}}{2}$ ③ $6\sqrt{3}$

④ $\dfrac{13\sqrt{3}}{2}$ ⑤ $7\sqrt{3}$

052 2020년 고3 10월 교육청 나형 ☐☐☐☐☐

정삼각형 ABC가 반지름의 길이가 r인 원에 내접하고
있다. 선분 AC와 선분 BD가 만나고 $\overline{BD} = \sqrt{2}$ 가 되도록
원 위에서 점 D를 잡는다. $\angle DBC = \theta$라 할 때,
$\sin\theta = \dfrac{\sqrt{3}}{3}$이다. 반지름의 길이 r의 값은? [4점]

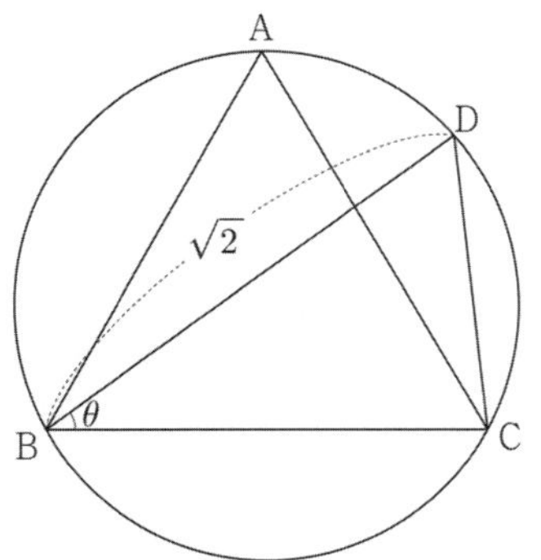

① $\dfrac{6-\sqrt{6}}{5}$ ② $\dfrac{6-\sqrt{5}}{5}$ ③ $\dfrac{4}{5}$

④ $\dfrac{6-\sqrt{3}}{5}$ ⑤ $\dfrac{6-\sqrt{2}}{5}$

053 2021학년도 수능 나형 ☐☐☐☐☐

$\angle A = \dfrac{\pi}{3}$이고 $\overline{AB} : \overline{AC} = 3 : 1$인 삼각형 ABC가
있다. 삼각형 ABC의 외접원의 반지름의 길이가 7일 때,
선분 AC의 길이를 k라 하자. k^2의 값을 구하시오. [4점]

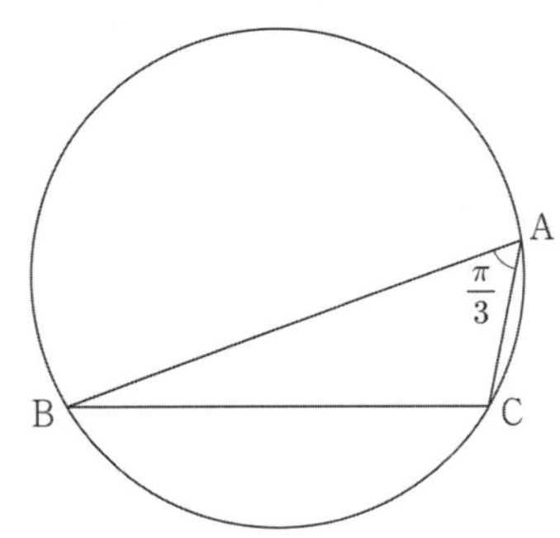

054 2025학년도 고3 6월 평가원 공통

다음 조건을 만족시키는 삼각형 ABC의 외접원의 넓이가 9π일 때, 삼각형 ABC의 넓이는? [4점]

> (가) $3\sin A = 2\sin B$
> (나) $\cos B = \cos C$

① $\dfrac{32}{9}\sqrt{2}$　　② $\dfrac{40}{9}\sqrt{2}$　　③ $\dfrac{16}{3}\sqrt{2}$

④ $\dfrac{56}{9}\sqrt{2}$　　⑤ $\dfrac{64}{9}\sqrt{2}$

055 2025학년도 고3 9월 평가원 공통

$\angle A > \dfrac{\pi}{2}$인 삼각형 ABC의 꼭짓점 A에서 선분 BC에 내린 수선의 발을 H라 하자.

$$\overline{AB} : \overline{AC} = \sqrt{2} : 1, \quad \overline{AH} = 2$$

이고, 삼각형 ABC의 외접원의 넓이가 50π일 때, 선분 BH의 길이는? [4점]

① 6　　② $\dfrac{25}{4}$　　③ $\dfrac{13}{2}$

④ $\dfrac{27}{4}$　　⑤ 7

056 2024학년도 고3 9월 평가원 공통

그림과 같이

$$\overline{AB} = 2, \quad \overline{AD} = 1, \quad \angle DAB = \dfrac{2}{3}\pi, \quad \angle BCD = \dfrac{3}{4}\pi$$

인 사각형 ABCD가 있다. 삼각형 BCD의 외접원의 반지름의 길이를 R_1, 삼각형 ABD의 외접원의 반지름의 길이를 R_2라 하자.

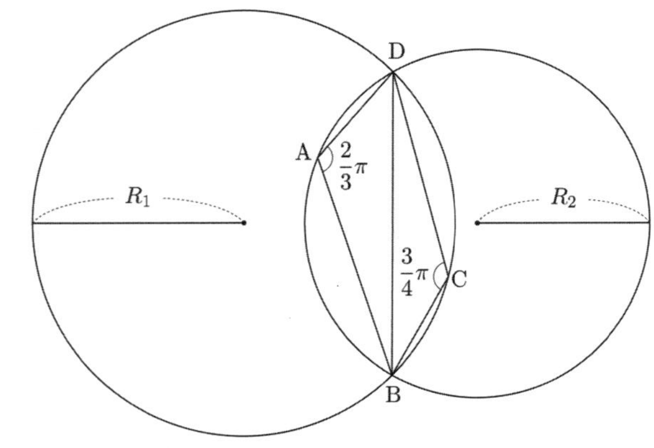

다음은 $R_1 \times R_2$의 값을 구하는 과정이다.

> 삼각형 BCD에서 사인법칙에 의하여
> $$R_1 = \dfrac{\sqrt{2}}{2} \times \overline{BD}$$
> 이고, 삼각형 ABD에서 사인법칙에 의하여
> $$R_2 = \boxed{(가)} \times \overline{BD}$$
> 이다. 삼각형 ABD에서 코사인법칙에 의하여
> $$\overline{BD}^2 = 2^2 + 1^2 - (\boxed{(나)})$$
> 이므로
> $$R_1 \times R_2 = \boxed{(다)}$$
> 이다.

위의 (가), (나), (다)에 알맞은 수를 각각 p, q, r이라 할 때, $9 \times (p \times q \times r)^2$의 값을 구하시오. [4점]

057 2008년 고1 3월 교육청

그림은 선분 AB를 지름으로 하는 원 O에 내접하는 사각형 APBQ를 나타낸 것이다. $\overline{AP}=4$, $\overline{BP}=2$이고 $\overline{QA}=\overline{QB}$일 때, 선분 PQ의 길이는? [4점]

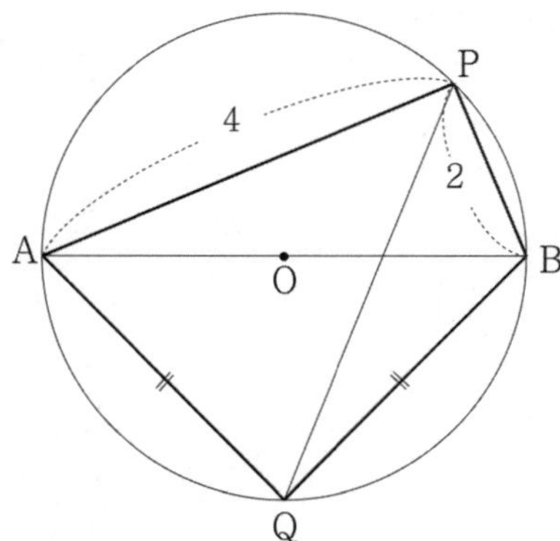

① $3\sqrt{2}$　　② $\dfrac{10\sqrt{2}}{3}$　　③ $\sqrt{14}$

④ $\dfrac{4\sqrt{10}}{3}$　　⑤ 4

058 2020년 고3 3월 교육청 나형

길이가 각각 10, a, b인 세 선분 AB, BC, CA를 각 변으로 하는 예각삼각형 ABC가 있다. 삼각형 ABC의 세 꼭짓점을 지나는 원의 반지름의 길이가 $3\sqrt{5}$이고

$$\frac{a^2+b^2-ab\cos C}{ab}=\frac{4}{3}$$

일 때, ab의 값은? [4점]

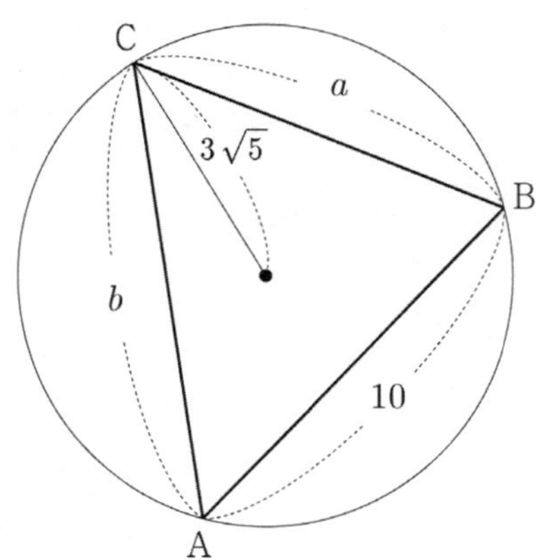

① 140　　② 150　　③ 160

④ 170　　⑤ 180

059 2021년 고3 7월 교육청 공통

그림과 같이 선분 AB를 지름으로 하는 원 위의 점 C에 대하여 $\overline{BC}=12\sqrt{2}$, $\cos(\angle CAB)=\dfrac{1}{3}$이다.

선분 AB를 $5:4$로 내분하는 점을 D라 할 때, 삼각형 CAD의 외접원의 넓이는 S이다.

$\dfrac{S}{\pi}$의 값을 구하시오. [4점]

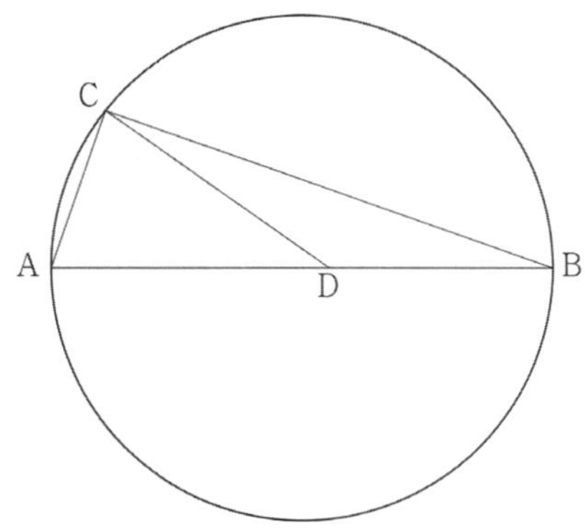

060 2023학년도 고3 6월 평가원 공통

그림과 같이 $\overline{AB}=3$, $\overline{BC}=2$, $\overline{AC}>3$이고 $\cos(\angle BAC)=\dfrac{7}{8}$인 삼각형 ABC가 있다.

선분 AC의 중점을 M, 삼각형 ABC의 외접원이 직선 BM과 만나는 점 중 B가 아닌 점을 D라 할 때, 선분 MD의 길이는? [4점]

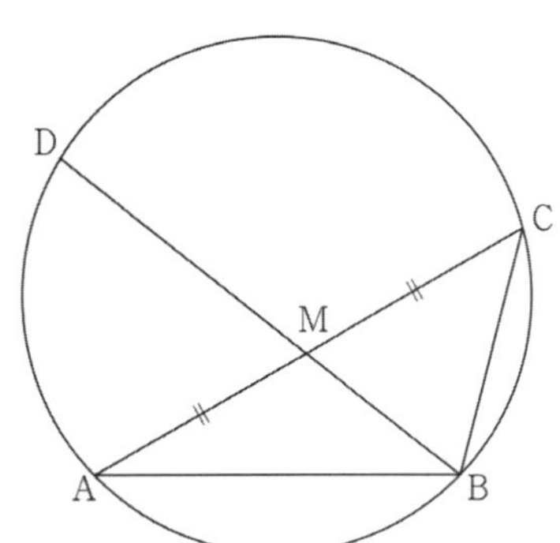

① $\dfrac{3\sqrt{10}}{5}$　　② $\dfrac{7\sqrt{10}}{10}$　　③ $\dfrac{4\sqrt{10}}{5}$

④ $\dfrac{9\sqrt{10}}{10}$　　⑤ $\sqrt{10}$

061 2023학년도 수능 공통

그림과 같이 사각형 ABCD가 한 원에 내접하고

$\overline{AB}=5$, $\overline{AC}=3\sqrt{5}$, $\overline{AD}=7$, $\angle BAC = \angle CAD$

일 때, 이 원의 반지름의 길이는? [4점]

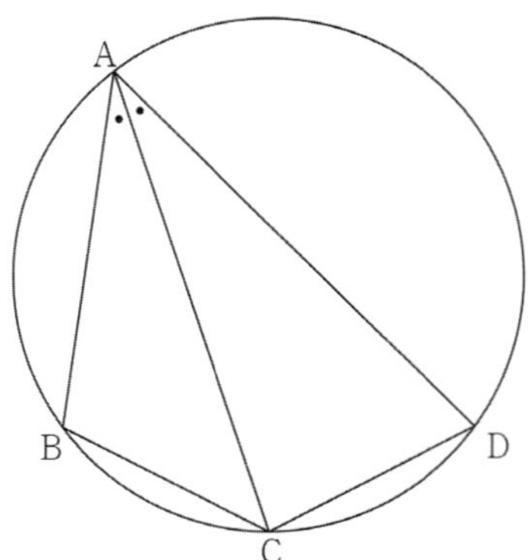

① $\dfrac{5\sqrt{2}}{2}$ ② $\dfrac{8\sqrt{5}}{5}$ ③ $\dfrac{5\sqrt{5}}{3}$

④ $\dfrac{8\sqrt{2}}{3}$ ⑤ $\dfrac{9\sqrt{3}}{4}$

062 2022학년도 고3 9월 평가원 공통

반지름의 길이가 $2\sqrt{7}$인 원에 내접하고 $\angle A = \dfrac{\pi}{3}$인

삼각형 ABC가 있다. 점 A를 포함하지 않는 호 BC 위의

점 D에 대하여 $\sin(\angle BCD) = \dfrac{2\sqrt{7}}{7}$일 때,

$\overline{BD} + \overline{CD}$의 값은? [4점]

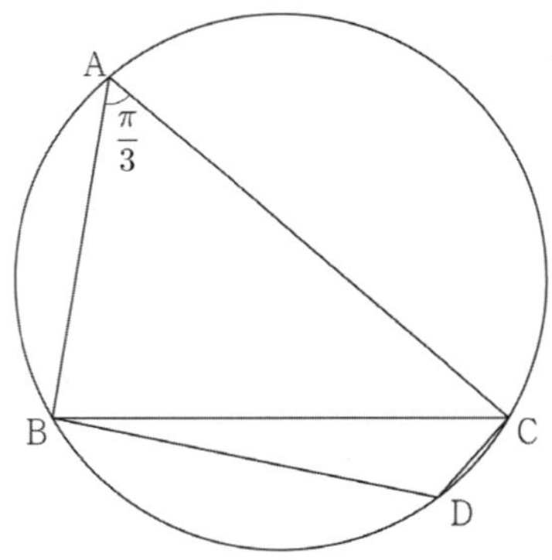

① $\dfrac{19}{2}$ ② 10 ③ $\dfrac{21}{2}$

④ 11 ⑤ $\dfrac{23}{2}$

063 2021년 고3 10월 교육청 공통

$\overline{AB}=6$, $\overline{AC}=8$인 예각삼각형 ABC에서 $\angle A$의 이등분선과

삼각형 ABC의 외접원이 만나는 점을 D, 점 D에서

선분 AC에 내린 수선의 발을 E라 하자. 선분 AE의 길이를

k라 할 때, $12k$의 값을 구하시오. [4점]

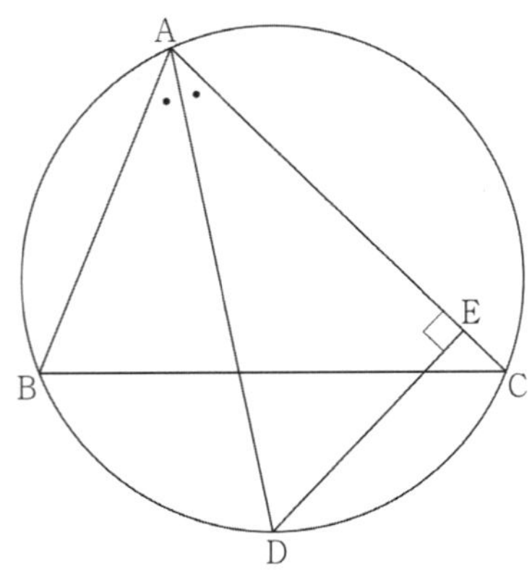

064 2021학년도 사관학교 나형

그림과 같이 $\overline{AB}=\overline{AC}$인 이등변삼각형 ABC에서 선분

AC를 $5:3$으로 내분하는 점을 D라 하자.

$2\sin(\angle ABD) = 5\sin(\angle DBC)$일 때, $\dfrac{\sin C}{\sin A}$의 값은? [4점]

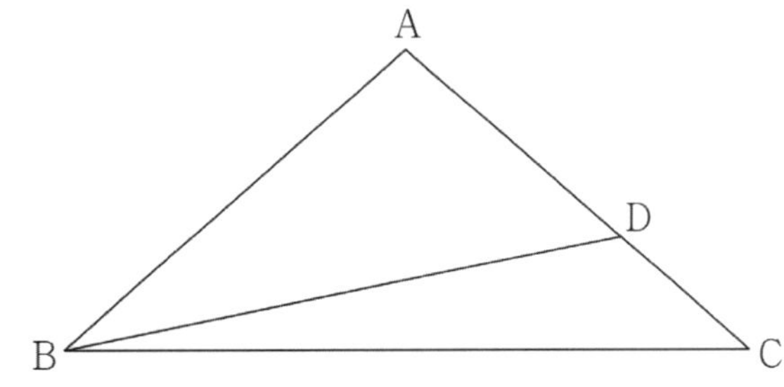

① $\dfrac{3}{5}$ ② $\dfrac{7}{11}$ ③ $\dfrac{2}{3}$

④ $\dfrac{9}{13}$ ⑤ $\dfrac{5}{7}$

065 2019년 고2 9월 교육청 나형 ☐☐☐☐☐

그림과 같이 반지름의 길이가 6인 원 O_1이 있다.
원 O_1 위에 서로 다른 두 점 A, B를 $\overline{AB}=6\sqrt{2}$가
되도록 잡고, 원 O_1의 내부에 점 C를 삼각형 ACB가
정삼각형이 되도록 잡는다. 정삼각형 ACB의 외접원을
O_2라 할 때, 원 O_1과 원 O_2의 공통부분의 넓이는
$p+q\sqrt{3}+r\pi$이다. $p+q+r$의 값을 구하시오.
(단, p, q, r은 유리수이다.) [4점]

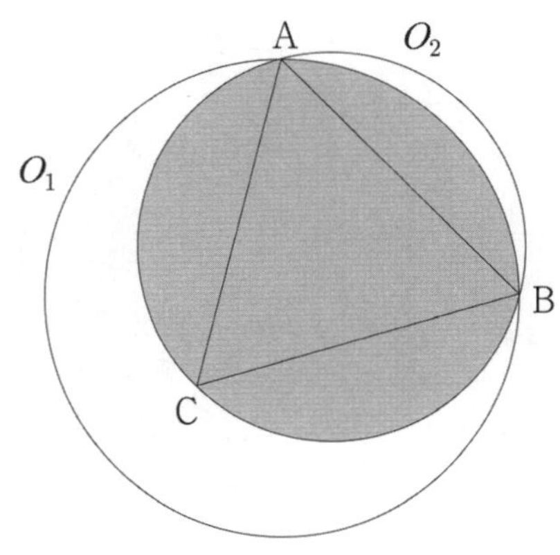

066 2022학년도 고3 6월 평가원 공통 ☐☐☐☐☐

그림과 같이 $\overline{AB}=4$, $\overline{AC}=5$이고 $\cos(\angle BAC)=\dfrac{1}{8}$인
삼각형 ABC가 있다. 선분 AC 위의 점 D와 선분 BC
위의 점 E에 대하여
$$\angle BAC = \angle BDA = \angle BED$$
일 때, 선분 DE의 길이는? [4점]

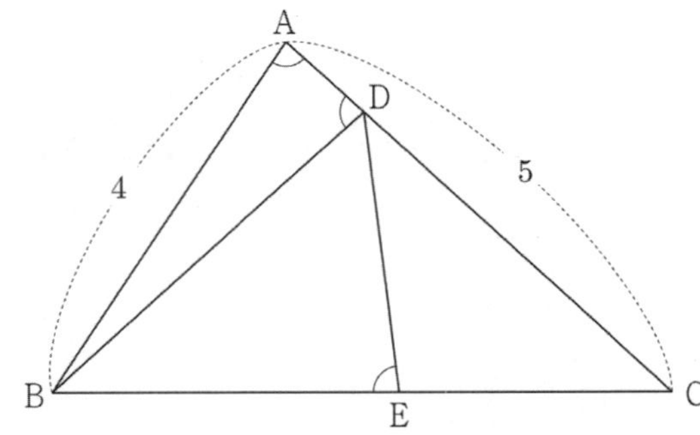

① $\dfrac{7}{3}$ ② $\dfrac{5}{2}$ ③ $\dfrac{8}{3}$

④ $\dfrac{17}{6}$ ⑤ 3

067 2023학년도 고3 9월 평가원 공통 ☐☐☐☐☐

그림과 같이 선분 AB를 지름으로 하는 반원의 호 AB
위에 두 점 C, D가 있다. 선분 AB의 중점 O에 대하여
두 선분 AD, CO가 점 E에서 만나고,
$$\overline{CE}=4, \quad \overline{ED}=3\sqrt{2}, \quad \angle CEA = \frac{3}{4}\pi$$
이다. $\overline{AC}\times\overline{CD}$의 값은? [4점]

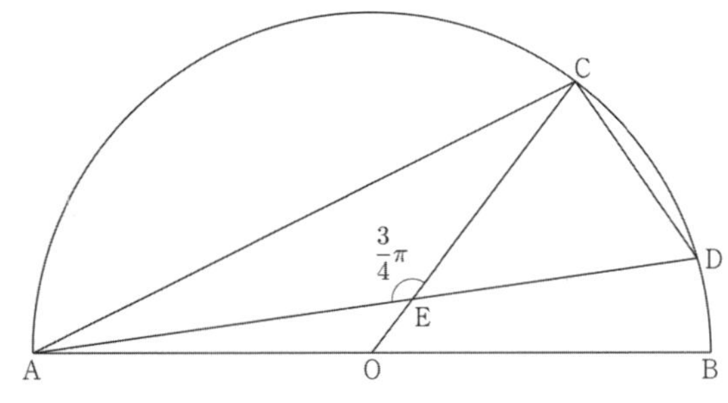

① $6\sqrt{10}$ ② $10\sqrt{5}$ ③ $16\sqrt{2}$

④ $12\sqrt{5}$ ⑤ $20\sqrt{2}$

그림과 같이

$$\overline{BC}=3,\ \overline{CD}=2,\ \cos(\angle BCD)=-\frac{1}{3},\ \angle DAB>\frac{\pi}{2}$$

인 사각형 ABCD에서 두 삼각형 ABC와 ACD는 모두
예각삼각형이다. 선분 AC를 $1:2$로 내분하는 점 E에
대하여 선분 AE를 지름으로 하는 원이 두 선분 AB, AD와
만나는 점 중 A가 아닌 점을 각각 P_1, P_2라 하고,
선분 CE를 지름으로 하는 원이 두 선분 BC, CD와
만나는 점 중 C가 아닌 점을 각각 Q_1, Q_2라 하자.
$\overline{P_1P_2}:\overline{Q_1Q_2}=3:5\sqrt{2}$ 이고 삼각형 ABD의 넓이가
2일 때, $\overline{AB}+\overline{AD}$의 값은? (단, $\overline{AB}>\overline{AD}$) [4점]

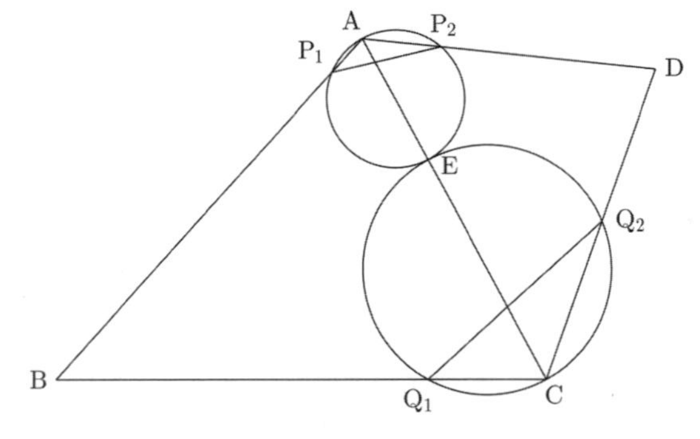

① $\sqrt{21}$　　② $\sqrt{22}$　　③ $\sqrt{23}$

④ $2\sqrt{6}$　　⑤ 5

그림과 같이

$$\overline{AB}=3,\ \overline{BC}=\sqrt{13},\ \overline{AD}\times\overline{CD}=9,\ \angle BAC=\frac{\pi}{3}$$

인 사각형 ABCD가 있다. 삼각형 ABC의 넓이를 S_1,
삼각형 ACD의 넓이를 S_2라 하고, 삼각형 ACD의
외접원의 반지름의 길이를 R이라 하자.

$S_2=\dfrac{5}{6}S_1$일 때, $\dfrac{R}{\sin(\angle ADC)}$의 값은? [4점]

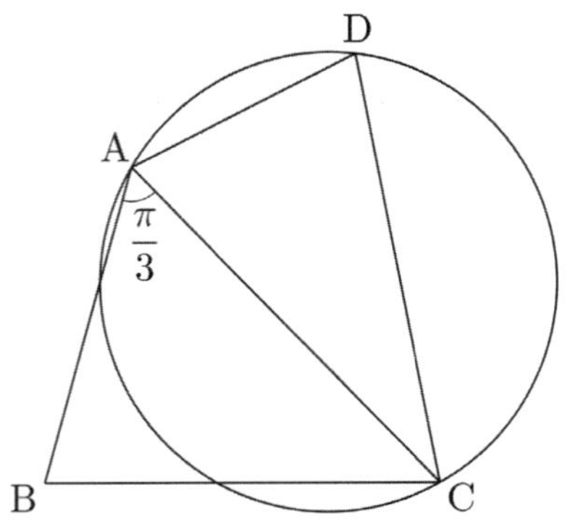

① $\dfrac{54}{25}$　　② $\dfrac{117}{50}$　　③ $\dfrac{63}{25}$

④ $\dfrac{27}{10}$　　⑤ $\dfrac{72}{25}$

070 2024년 고3 3월 교육청 공통

그림과 같이 $2\overline{AB}=\overline{BC}$, $\cos(\angle ABC)=-\dfrac{5}{8}$ 인 삼각형 ABC의 외접원을 O 라 하자. 원 O 위의 점 P에 대하여 삼각형 PAC의 넓이가 최대가 되도록 하는 점 P를 Q라 할 때, $\overline{QA}=6\sqrt{10}$ 이다. 선분 AC 위의 점 D에 대하여 $\angle CDB=\dfrac{2}{3}\pi$ 일 때, 삼각형 CDB의 외접원의 반지름의 길이는? [4점]

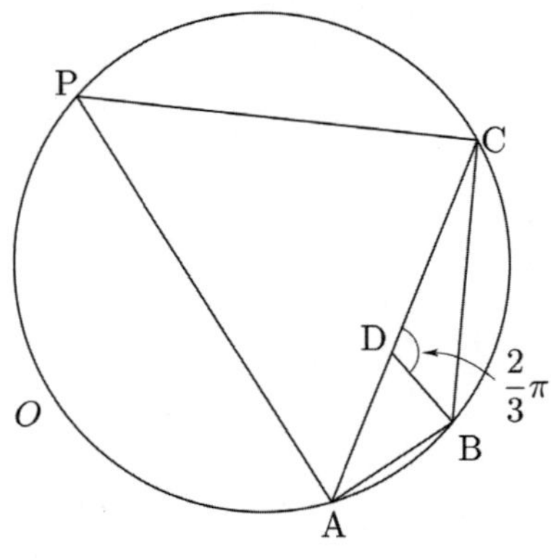

① $3\sqrt{3}$ ② $4\sqrt{3}$ ③ $3\sqrt{6}$

④ $5\sqrt{3}$ ⑤ $4\sqrt{6}$

071 2024년 고3 7월 교육청 공통

그림과 같이

$$\overline{BC}=\frac{36\sqrt{7}}{7}, \quad \sin(\angle BAC)=\frac{2\sqrt{7}}{7}, \quad \angle ACB=\frac{\pi}{3}$$

인 삼각형 ABC가 있다. 삼각형 ABC의 외접원의 중심을 O, 직선 AO가 변 BC와 만나는 점을 D라 하자. 삼각형 ADC의 외접원의 중심을 O′이라 할 때, $\overline{AO'}=5\sqrt{3}$ 이다. $\overline{OO'}^{2}$의 값은? (단, $0 < \angle BAC < \dfrac{\pi}{2}$)

[4점]

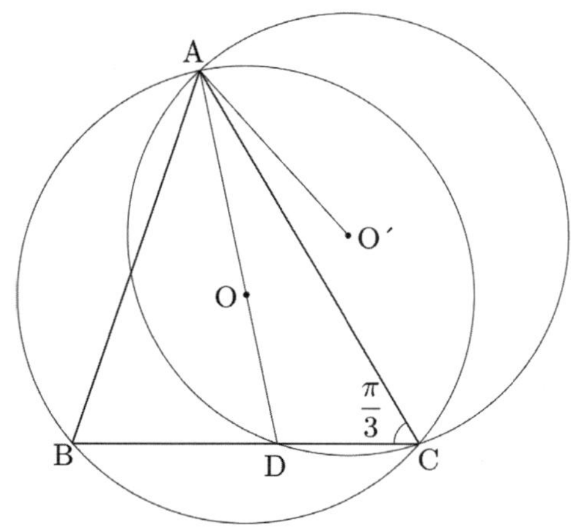

① 21 ② $\dfrac{91}{4}$ ③ $\dfrac{49}{2}$

④ $\dfrac{105}{4}$ ⑤ 28

그림과 같이 한 원에 내접하는 사각형 ABCD에 대하여
$\overline{AB}=4$, $\overline{BC}=2\sqrt{30}$, $\overline{CD}=8$이다. $\angle BAC=\alpha$, $\angle ACD=\beta$
라 할 때, $\cos(\alpha+\beta)=-\dfrac{5}{12}$이다. 두 선분 AC와 BD의 교점
을 E라 할 때, 선분 AE의 길이는?

(단, $0<\alpha<\dfrac{\pi}{2}$, $0<\beta<\dfrac{\pi}{2}$) [4점]

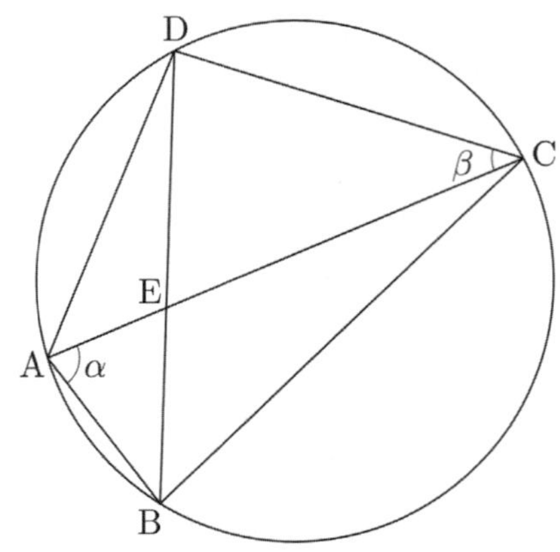

① $\sqrt{6}$　　　② $\dfrac{\sqrt{26}}{2}$　　　③ $\sqrt{7}$

④ $\dfrac{\sqrt{30}}{2}$　　　⑤ $2\sqrt{2}$

그림과 같이 삼각형 ABC에서 선분 AB 위에
$\overline{AD}:\overline{DB}=3:2$인 점 D를 잡고, 점 A를 중심으로 하고
점 D를 지나는 원을 O, 원 O와 선분 AC가 만나는 점을
E라 하자. $\sin A:\sin C=8:5$이고, 삼각형 ADE와
삼각형 ABC의 넓이의 비가 $9:35$이다. 삼각형 ABC의
외접원의 반지름의 길이가 7일 때, 원 O 위의 점 P에
대하여 삼각형 PBC의 넓이의 최댓값은?

(단, $\overline{AB}<\overline{AC}$) [4점]

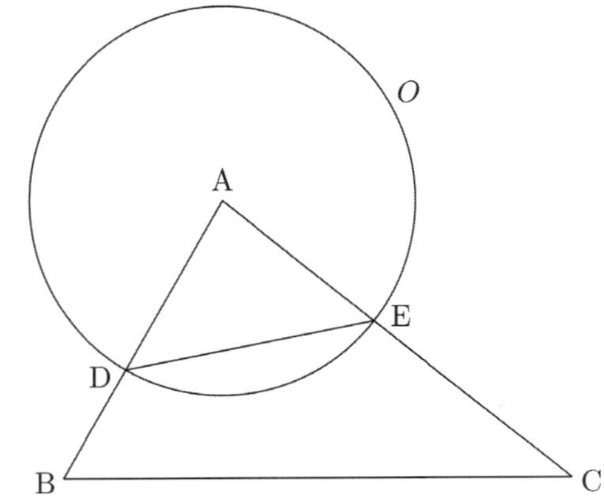

① $18+15\sqrt{3}$　　② $24+20\sqrt{3}$　　③ $30+25\sqrt{3}$

④ $36+30\sqrt{3}$　　⑤ $42+35\sqrt{3}$

규토 라이트 N제
삼각함수

Master step
심화 문제편

3. 사인법칙과 코사인법칙

그림과 같이 한 평면 위에 있는 두 삼각형 ABC, ACD의 외심을 각각 O, O′이라 하고 $\angle ABC = \alpha$, $\angle ADC = \beta$라 할 때, $\dfrac{\sin\beta}{\sin\alpha} = \dfrac{3}{2}$, $\cos(\alpha+\beta) = \dfrac{1}{3}$, $\overline{OO'} = 1$이 성립한다.

삼각형 ABC의 외접원의 넓이가 $\dfrac{q}{p}\pi$ 일 때, $p+q$의 값을 구하시오. (단, p와 q는 서로소인 자연수이다.) [4점]

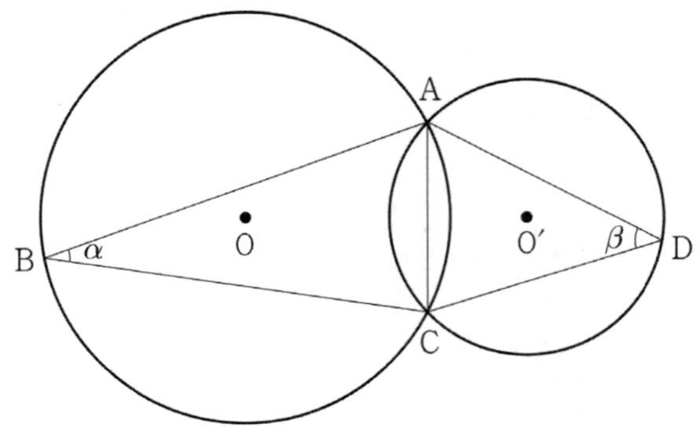

그림과 같이 $\overline{AB} = 2$, $\overline{AC} /\!/ \overline{BD}$, $\overline{AC} : \overline{BD} = 1 : 2$인 두 삼각형 ABC, ABD가 있다. 점 C에서 선분 AB에 내린 수선의 발 H는 선분 AB를 $1 : 3$으로 내분한다.

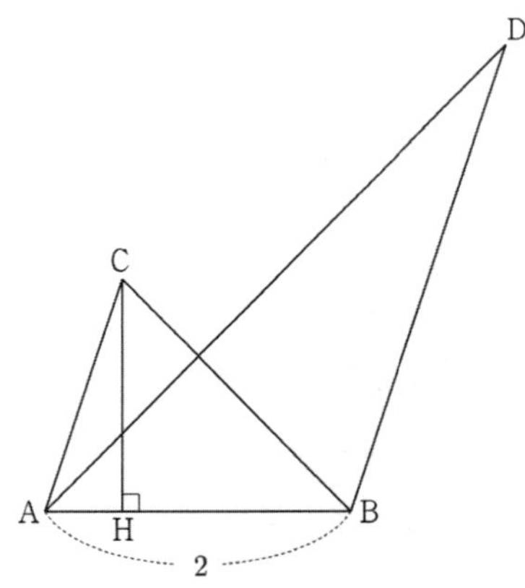

두 삼각형 ABC, ABD의 외접원의 반지름의 길이를 각각 r, R라 할 때, $4(R^2 - r^2) \times \sin^2(\angle CAB) = 51$이다. $\overline{AC}^2$의 값을 구하시오. (단, $\angle CAB < \dfrac{\pi}{2}$) [4점]

두 점 O_1, O_2를 각각 중심으로 하고 반지름의 길이가 $\overline{O_1O_2}$인 두 원 C_1, C_2가 있다. 그림과 같이 원 C_1 위의 서로 다른 세 점 A, B, C와 원 C_2 위의 점 D가 주어져 있고, 세 점 A, O_1, O_2와 세 점 C, O_2, D가 각각 한 직선 위에 있다. 이때 $\angle BO_1A = \theta_1$, $\angle O_2O_1C = \theta_2$, $\angle O_1O_2D = \theta_3$이라 하자.

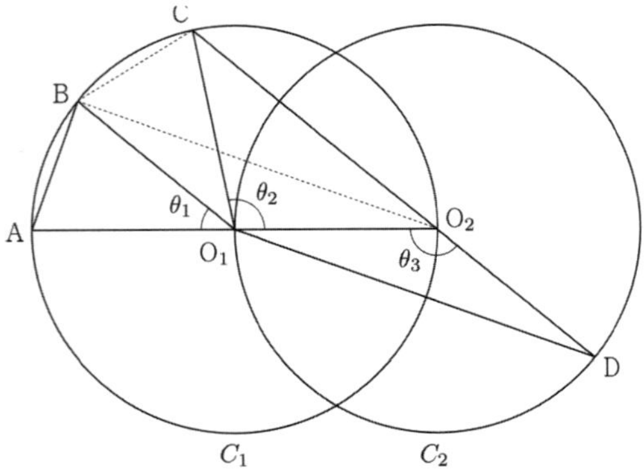

다음은 $\overline{AB} : \overline{O_1D} = 1 : 2\sqrt{2}$ 이고 $\theta_3 = \theta_1 + \theta_2$일 때, 선분 AB와 선분 CD의 길이의 비를 구하는 과정이다.

$\angle CO_2O_1 + \angle O_1O_2D = \pi$ 이므로 $\theta_3 = \dfrac{\pi}{2} + \dfrac{\theta_2}{2}$ 이고

$\theta_3 = \theta_1 + \theta_2$ 에서 $2\theta_1 + \theta_2 = \pi$ 이므로 $\angle CO_1B = \theta_1$이다.

이때 $\angle O_2O_1B = \theta_1 + \theta_2 = \theta_3$이므로 삼각형 O_1O_2B와 삼각형 O_2O_1D는 합동이다.

$\overline{AB} = k$ 라 할 때

$\overline{BO_2} = \overline{O_1D} = 2\sqrt{2}\,k$이므로 $\overline{AO_2} = \boxed{\text{(가)}}$ 이고,

$\angle BO_2A = \dfrac{\theta_1}{2}$ 이므로 $\cos\dfrac{\theta_1}{2} = \boxed{\text{(나)}}$ 이다.

삼각형 O_2BC에서

$\overline{BC} = k$, $\overline{BO_2} = 2\sqrt{2}\,k$, $\angle CO_2B = \dfrac{\theta_1}{2}$ 이므로 코사인법칙에 의하여 $\overline{O_2C} = \boxed{\text{(다)}}$ 이다.

$\overline{CD} = \overline{O_2D} + \overline{O_2C} = \overline{O_1O_2} + \overline{O_2C}$이므로

$\overline{AB} : \overline{CD} = k : \left(\dfrac{\boxed{\text{(가)}}}{2} + \boxed{\text{(다)}} \right)$ 이다.

위의 (가), (다)에 알맞은 식을 각각 $f(k)$, $g(k)$라 하고, (나)에 알맞은 수를 p라 할 때, $f(p) \times g(p)$의 값은? [4점]

① $\dfrac{169}{27}$ ② $\dfrac{56}{9}$ ③ $\dfrac{167}{27}$

④ $\dfrac{166}{27}$ ⑤ $\dfrac{55}{9}$

077 · 2020년 고3 3월 교육청 나형

그림과 같이 예각삼각형 ABC가 한 원에 내접하고 있다.
$\overline{AB}=6$이고, $\angle ABC = \alpha$라 할 때, $\cos\alpha = \dfrac{3}{4}$이다.
점 A를 지나지 않는 호 BC 위의 점 D에 대하여
$\overline{CD}=4$이다. 두 삼각형 ABD, CBD의 넓이를 각각
S_1, S_2라 할 때, $S_1 : S_2 = 9 : 5$이다. 삼각형 ADC의
넓이를 S라 할 때, S^2의 값을 구하시오. [4점]

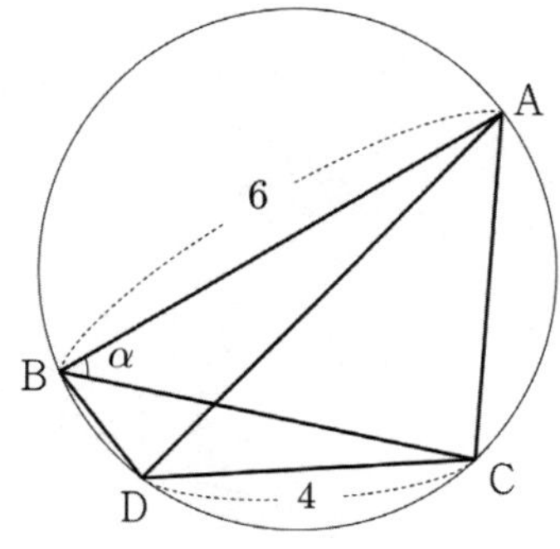

078 · 2023년 고3 7월 교육청 공통

그림과 같이 평행사변형 ABCD가 있다. 점 A에서
선분 BD에 내린 수선의 발을 E라 하고, 직선 CE가
선분 AB와 만나는 점을 F라 하자.
$\cos(\angle AFC)=\dfrac{\sqrt{10}}{10}$, $\overline{EC}=10$이고 삼각형 CDE의
외접원의 반지름의 길이가 $5\sqrt{2}$일 때, 삼각형 AFE의
넓이는? [4점]

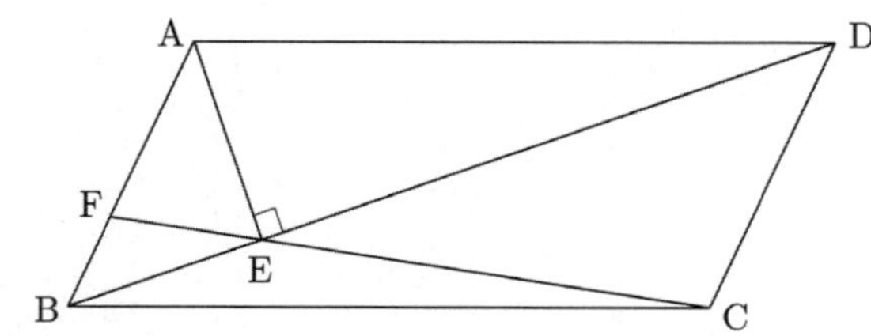

① $\dfrac{20}{3}$ ② 7 ③ $\dfrac{22}{3}$

④ $\dfrac{23}{3}$ ⑤ 8

079

그림과 같이 $\overline{BC}=3$, $\cos(\angle ABC)=\dfrac{1}{3}$인 삼각형 ABC가
있다. 선분 AB를 $1 : 2$로 내분하는 점 D에 대하여
$\angle ABC = \angle BDC$이다. 직선 CD와 평행하고 점 A를 지나는
직선 위의 점 E에 대하여 삼각형 ABC의 외접원의
반지름의 길이를 R_1, 삼각형 ABE의 외접원의 반지름의
길이를 R_2라 하자. $3R_1 = 2R_2$일 때, $\overline{AE} = \sqrt{a-b}$이다.
$a+b$의 값을 구하시오. (단, $\angle CAE > 90°$이고, a와 b는
자연수이다.)

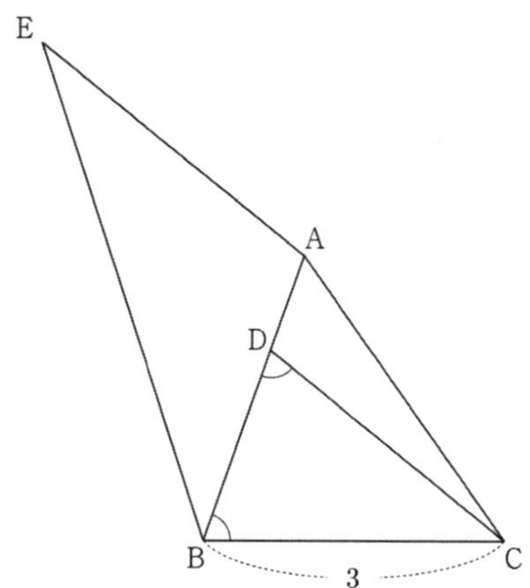

080

그림과 같이 중심이 O이고 반지름의 길이가 3인 원이
삼각형 OAB의 변 AB에 접한다. 이때의 접점을 C라 할 때,
$\overline{AC}=2\overline{BC}$이다. 원과 선분 OB와 만나는 점을 D라 하자.
삼각형 OAB의 넓이를 S_1, 삼각형 BCD의 넓이를 S_2라
할 때, $2S_1 = 15S_2$이다. 삼각형 BCD의 외접원의 넓이는
$k\pi$이다. k의 값을 구하시오.

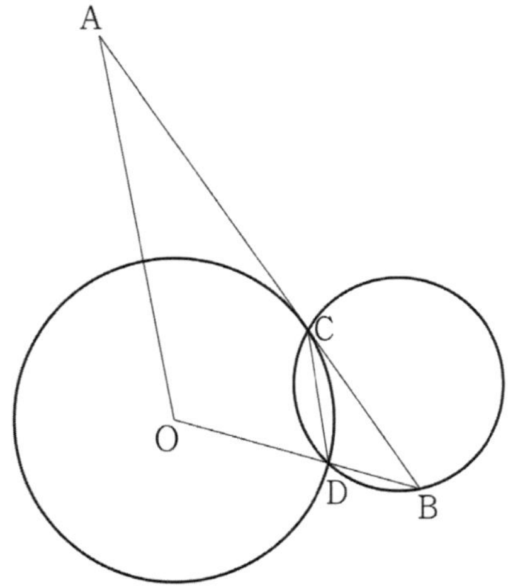

081

선분 AB를 지름으로 하고 중심이 O인 원 O_1가 있다. 원 O_1 위의 점 C에 대하여 $\overarc{AC}=2\pi$이고, 선분 AC를 포함하는 부채꼴 OAC의 넓이는 6π이다. 세 점 O, B, C를 지나는 원을 O_2라 하자. 원 O_1의 외부와 원 O_2의 내부의 공통부분의 넓이는 $a\pi+b\sqrt{3}$ 이다. $a+b$의 값을 구하시오. (단, a와 b는 자연수이다.)

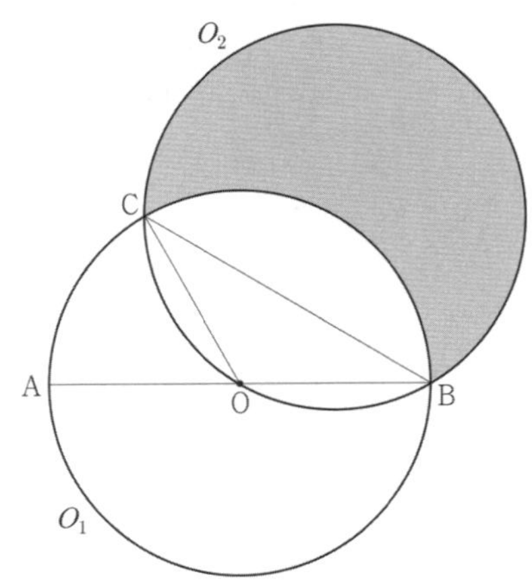

한 원 위에 있는 서로 다른 다섯 점 A, B, C, D, E와 선분 CD 위를 움직이는 점 P가 다음 조건을 만족시킨다. (단, 점 E는 점 C를 지나지 않는 호 AB 위에 있다.)

(가) $\overline{AB}=\overline{CD}=8$
(나) 임의의 점 P에 대하여 삼각형 ABP의 넓이는 항상 24이다.
(다) 삼각형 BEP의 넓이의 최솟값을 S_1, 최댓값을 S_2라 할 때, $5S_1=3S_2$이다.

삼각형 BEP의 넓이가 자연수가 되도록 하는 서로 다른 점 P의 개수를 구하시오.

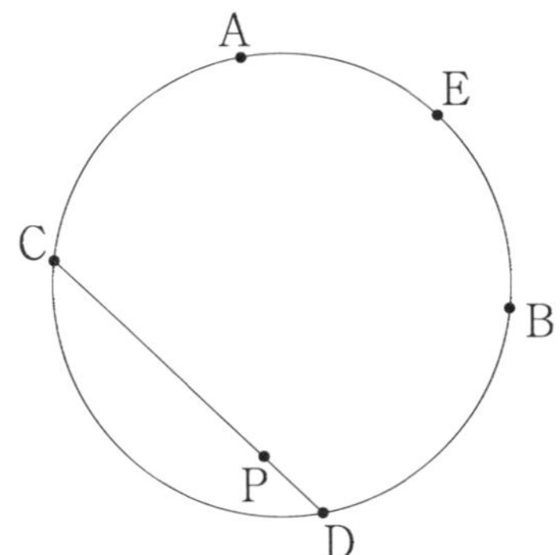

083

그림과 같이 반지름의 길이가 $\frac{5}{2}$인 원 O_1이 있다. $\overline{AB}=\overline{AC}=2\sqrt{5}$인 삼각형 ABC가 원 O_1에 내접한다. 선분 AB를 지름으로 하는 원을 O_2라 할 때, 원 O_2가 두 선분 AC, BC와 만나는 점을 각각 D, E라 하자. 사각형 ABED의 넓이는 k이다. $10k$의 값을 구하시오.

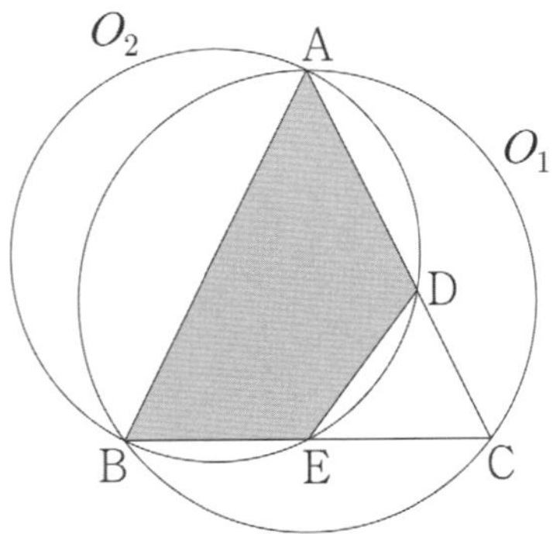

그림과 같이 중심이 O인 원 S 위에 두 점 A, B가 있다. 직선 AO와 점 B에서의 접선이 만나는 점을 C라 하고, 직선 AO와 원 S가 만나는 점 중 A가 아닌 점을 D라 하자. $\dfrac{\sin(\angle BDC)}{\sin(\angle CBD)}=\sqrt{5}$이고 삼각형 BCD의 넓이가 $\dfrac{\sqrt{5}}{3}$일 때, 삼각형 ABC의 외접원의 반지름의 길이는 a이다. $10a^2$의 값을 구하시오.

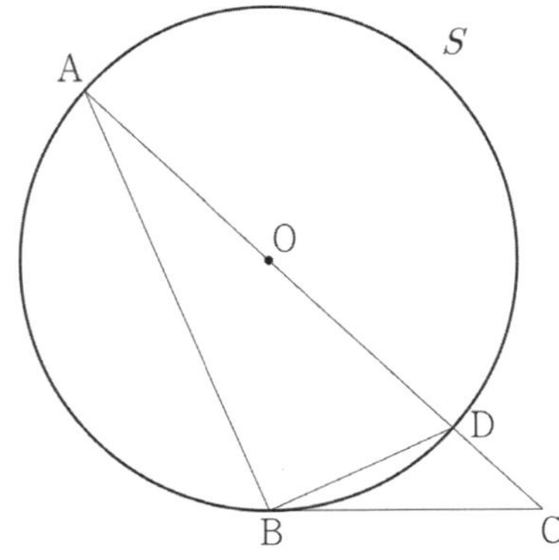

085

그림과 같이 $\overline{AD} /\!/ \overline{BC}$ 인 사각형 ABCD가 있다.
세 점 A, B, C을 지나는 원을 S라 할 때, 선분 AD와
원 S가 만나는 점 중 A가 아닌 점을 E라 하자.
$\overline{BC}=2$, $\overline{AE}=3$, $\overline{CD}=\sqrt{6}$, $\overline{AB}=\overline{ED}$ 일 때, 삼각형 CDE의
외접원의 넓이는 $\dfrac{q}{p}\pi$ 이다. $p+q$의 값을 구하시오.
(단, p와 q는 서로소인 자연수이다.)

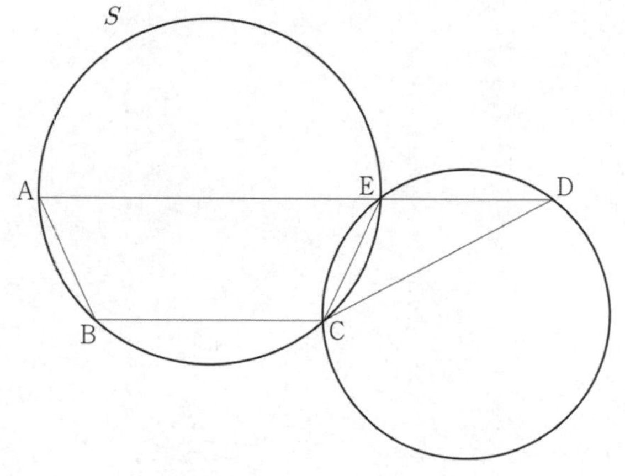

086

그림과 같이 삼각형 ABC, ACD의 외접원을 각각 O_1, O_2
라 하고 $\angle ABC = \alpha$ 라 하고, O_1의 반지름을 R이라 할 때,
$\overline{AC}=2\sqrt{5}$, $R=\dfrac{2}{\cos\alpha}$, $(\overline{AD})^2+(\overline{CD})^2=22$가 성립한다.
원 O_2가 원 O_1의 중심을 지날 때, 원 O_2의 내부와
삼각형 ACD의 외부의 공통부분의 넓이는 $\dfrac{a\pi-b\sqrt{5}}{16}$ 이다.
$a+b$의 값을 구하시오. (단, a와 b는 자연수이다.)

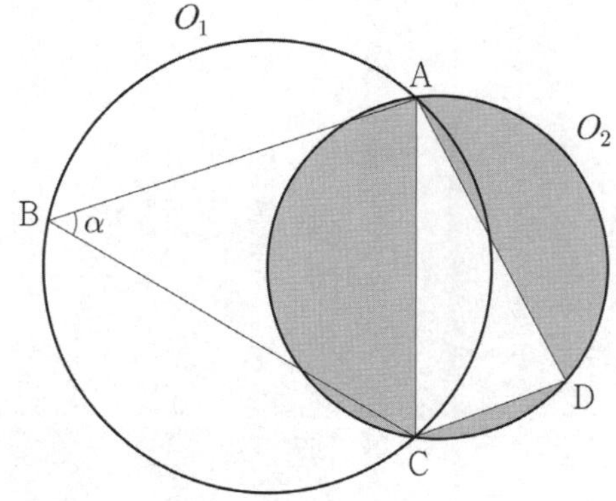

087

$\overline{AB}=6$ 인 삼각형 ABC에 외접하는 원의 넓이가 25π 이고
선분 AC 위의 점 D에 대하여 직선 BD가 원과 만나는
점 중 B가 아닌 점을 E라 하고, 점 D에서 선분 AE에
내린 수선의 발을 F라 하자. $\overline{FE}=4$, $\dfrac{\sin(\angle CBD)}{\sin(\angle DCB)}=\dfrac{\sqrt{10}}{2}$
일 때, 삼각형 ABE의 넓이는 $\dfrac{a\sqrt{3}+b}{2}$ 이다.
$a+b$의 값을 구하시오. (단, a와 b는 자연수이다.)

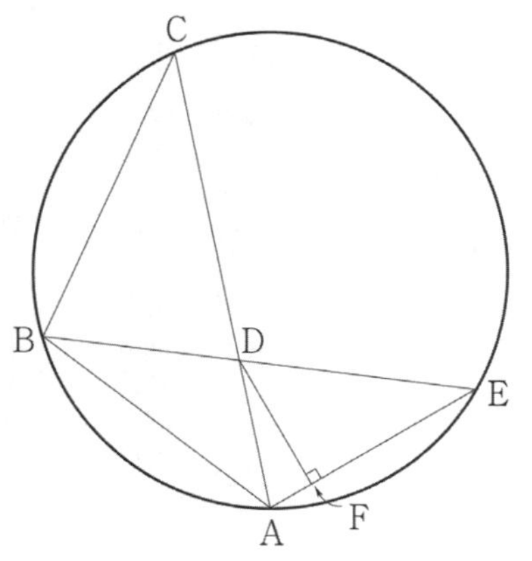

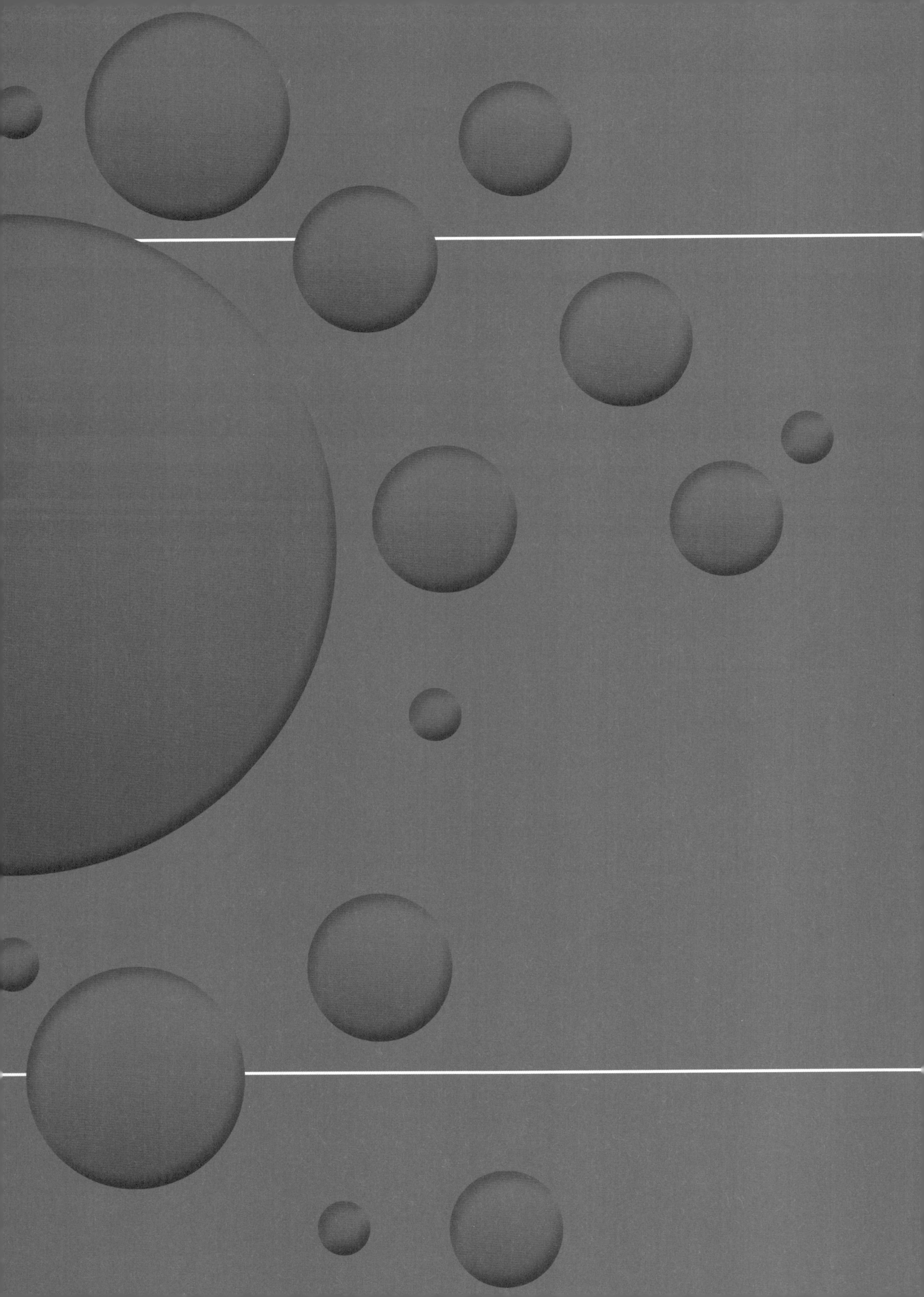

규토 라이트 N제

수열

규토 라이트 N제

수열

Guide step

개념 익히기편

1. 등차수열과 등비수열

01 수열의 뜻

성취 기준 – 수열의 뜻을 안다.

개념 파악하기 | **(1) 수열이란 무엇일까?**

수열의 뜻

자연수를 차례대로 나열하면 1, 2, 3, 4, 5, ⋯ 이다.

이와 같이 차례로 나열된 수의 열을 수열이라 하고, 수열을 이루고 있는 각각의 수를 그 수열의 항이라 한다.

이때 앞에서부터 첫째항, 둘째항, 셋째항, ⋯, n째항, ⋯ 또는 제 1항, 제 2항, ⋯, 제 n항, ⋯ 이라 한다.

수열의 일반항

일반적으로 수열을 나타낼 때는 각 항에 번호를 붙여 a_1, a_2, a_3, ⋯, a_n, ⋯과 같이 나타낸다.

이때 수열의 각 항은 그 항의 번호에 대응하여 정해지므로, 수열은 정의역이 자연수 전체의 집합 N이고
공역이 실수 전체의 집합 R인 함수 $f: N \rightarrow R$, $f(n)=a_n$으로 볼 수 있다.

수열 a_1, a_2, a_3, ⋯, a_n, ⋯에서 제 n항 a_n이 n에 대한 식 $f(n)$으로 주어지면
$n=1, 2, 3, $⋯를 차례로 대입하여 그 수열의 모든 항을 구할 수 있다.
이때 제 n항 a_n이 수열의 각 항을 일반적으로 나타내고 있다는 뜻에서
제 n항 a_n을 이 수열의 일반항이라 하고, 일반항이 a_n인 수열을 간단히 기호로 $\{a_n\}$과 같이 나타낸다.

ex 수열 $\{a_n\}$의 일반항이 $a_n=n^2$일 때, 제 10항은 $a_{10}=100$이다.

Tip 소수를 차례로 나열한 수열 2, 3, 5, 7, 11, 13, 17, ⋯ 처럼 일반항을 n에 대한 식으로 나타낼 수 없는 수열도 존재한다.

개념 확인문제 **1** 다음 수열의 제 2항과 제 4항을 구하시오.

1, 4, 5, 6, 8, ⋯

개념 확인문제 **2** 수열 $\{2n-1\}$의 첫째항부터 제 4항까지 나열하시오.

02 등차수열

수열

개념 파악하기 (2) 등차수열이란 무엇일까?

등차수열의 뜻

수열 8, 12, 16, 20, … 은 첫째항 8에 차례로 4를 더하여 만든 수열이다.

이처럼 첫째항에 차례로 일정한 수를 더하여 만든 수열을 **등차수열**이라 하고,

더하는 일정한 수를 **공차**라 한다.

공차가 d인 등차수열 $\{a_n\}$에서 제 n항에 공차 d를 더하면 제 $(n+1)$항이 되므로 모든 자연수 n에 대하여

$a_{n+1} = a_n + d$ 이 성립한다.

ex 등차수열 1, 4, 7, 10, …는 첫째항이 1이고, 공차가 3이다.

Tip 공차는 영어로 'common difference'라 하고, 보통 d로 나타낸다.

개념 확인문제 **3** 다음 수열이 등차수열을 이룰 때, 공차와 x를 구하시오.

(1) 3, 5, x, 9, …

(2) 10, 7, x, 1, …

등차수열의 일반항

첫째항이 a, 공차가 d인 등차수열 $\{a_n\}$에서

$a_1 = a$
$a_2 = a_1 + d = a + d$
$a_3 = a_2 + d = (a+d) + d = a + 2d$
$a_4 = a_3 + d = (a+2d) + d = a + 3d$

$\vdots$

이므로 일반항 a_n은 다음과 같다.

$a_n = a + (n-1)d \quad (n = 1, \ 2, \ 3, \ \cdots)$

등차수열의 일반항 요약

첫째항이 a, 공차가 d인 등차수열 $\{a_n\}$의 일반항은

$a_n = a + (n-1)d \quad (n = 1, \ 2, \ 3, \ \cdots)$

> **Tip** $a_n = a + (n-1)d = dn - d + a$ 에서 $d = A$, $-d + a = B$ 라 보면 $a_n = An + B$와 같다.
>
> 즉, n의 계수인 A가 공차(d)가 된다. 이를 바탕으로 등차수열의 일반항을 손쉽게 구할 수 있다.
>
> **ex** 첫째항이 6, 공차가 -3인 등차수열 $\{a_n\}$의 일반항을 구하시오.
>
> $a_n = -3n + B$이고 $a_1 = 6$ 이므로 $a_1 = -3 + B = 6 \Rightarrow B = 9$
>
> 따라서 $a_n = -3n + 9$이다. (일차방정식이므로 암산으로 빠르게 계산할 수 있다.)

예제 1

첫째항이 2, 공차가 5인 등차수열 $\{a_n\}$의 일반항을 구하시오.

풀이

풀이1) $a = 2$, $d = 5$ 이므로 $a_n = 2 + (n-1)5 = 5n - 3$ 이다.

풀이2) $a_n = 5n + B$이고 $a_1 = 2$ 이므로 $a_1 = 5 + B = 2 \Rightarrow B = -3$

따라서 $a_n = 5n - 3$이다.

개념 확인문제 4 다음 등차수열 $\{a_n\}$의 일반항을 구하시오.

(1) $1, \ 4, \ 7, \ 10, \ \cdots$ (2) $-1, \ 1, \ 3, \ 5, \ \cdots$

예제 2

제 3항이 7, 제 11항이 23인 등차수열 $\{a_n\}$의 일반항을 구하시오.

풀이

$a_3 = a + 2d = 7$, $a_{11} = a + 10d = 23$를 연립하여 풀면 $a = 3$, $d = 2$이다. 따라서 $a_n = 3 + (n-1)2 = 2n + 1$ 이다.

개념 확인문제 5 다음 등차수열 $\{a_n\}$의 일반항을 구하시오.

(1) 제 4항이 -1, 제 10항이 -25

(2) $a_2 = -9$, $a_{12} = 21$

등차중항

세 수 a, b, c가 이 순서대로 등차수열을 이룰 때, b를 a와 c의 **등차중항**이라 한다.

$b - a = c - b$이므로 $b = \dfrac{a+c}{2} \Rightarrow 2b = a + c$ 가 성립한다.

역으로 $b = \dfrac{a+c}{2}$이면 $b - a = c - b$가 성립하므로 세 수 a, b, c는 이 순서대로 등차수열을 이룬다.

연속한 수가 등차수열일 때 미지수 놓기

① 연속한 세 수가 등차수열을 이룰 때, $a-d$, a, $a+d$ 라고 두고 풀면 계산이 간단해진다. (합이 $3a$)
② 연속한 네 수가 등차수열을 이룰 때, $a-3d$, $a-d$, $a+d$, $a+3d$ 라고 두고 풀면 계산이 간단해진다. (합이 $4a$)

Tip ①번과는 다르게 ②번에서는 공차가 $2d$임을 조심해야 한다.

ex 등차수열을 이루는 세 수의 합이 3이고, 세 수의 곱이 -8일 때, 세 수 중에서 가장 큰 수를 구하시오.

세 수를 $a-d$, a, $a+d$라 두면 $a-d+a+a+d = 3a = 3 \Rightarrow a = 1$

$(1-d) \times 1 \times (1+d) = -8 \Rightarrow 9 = d^2 \Rightarrow d = \pm 3$ 이므로 가장 큰 수는 4이다.

예제 3

세 수 2, x, 10이 순서대로 등차수열을 이룰 때, x의 값을 구하시오.

풀이

$2 + 10 = 2x \Rightarrow x = 6$ 따라서 $x = 6$이다.

개념 확인문제 6 네 수 x, -3, y, 1 이 순서대로 등차수열을 이룰 때, x, y의 값을 구하시오.

등차수열의 합

등차수열에서 첫째항부터 제 n항까지의 합을 구해보자.
첫째항이 a, 공차가 d인 등차수열의 제 n항이 l일 때, 첫째항부터 제 n항까지의 합을 S_n이라 하면

$$S_n = a + (a+d) + (a+2d) + \cdots + (l-2d) + (l-d) + l \quad \cdots \text{㉠}$$

㉠에서 우변의 항의 순서를 거꾸로 놓으면

$$S_n = l + (l-d) + (l-2d) + \cdots + (a+2d) + (a+d) + a \quad \cdots \text{㉡}$$

㉠과 ㉡을 같은 변끼리 더하면

$$2S_n = (a+l) + (a+l) + (a+l) + \cdots + (a+l) + (a+l) + (a+l) = n(a+l)$$

이므로 $S_n = \dfrac{n(a+l)}{2} \quad \cdots \text{㉢}$

$l = a_n = a + (n-1)d$를 ㉢에 대입하면 $S_n = \dfrac{n\{a + a + (n-1)d\}}{2} = \dfrac{n\{2a + (n-1)d\}}{2}$ 이다.

등차수열의 합 요약

등차수열의 첫째항부터 제 n항까지의 합을 S_n이라고 하면

① 첫째항이 a, 제 n항이 l일 때, $S_n = \dfrac{n(a+l)}{2}$

② 첫째항이 a, 공차가 d일 때, $S_n = \dfrac{n\{2a + (n-1)d\}}{2}$

> **Tip 1** 둘 다 자주 나오므로 ①, ② 모두 암기가 되어있어야 한다.

> **Tip 2** 여기서 n은 더하고자 하는 항의 총 개수임을 유의해야 하고 l은 마지막 항이라는 것에 유의해야 한다.
>
> **ex** 수열 $\{a_n\}$이 등차수열일 때, $S = a_2 + a_3 + a_4 + \cdots + a_8$의 값을 구하시오.
> 항의 총 개수는 $8 - 2 + 1 = 7$개이므로 $n = 7$이고 $l = a_8 = a + 7d$이다.
>
> $$\therefore S = \frac{7(a_2 + a_8)}{2} = \frac{7(a + d + a + 7d)}{2} = \frac{7(2a + 8d)}{2} = 7(a + 4d)$$

> **Tip 3** a, b, x가 정수이고 $a < b$일 때, $a \le x \le b$를 만족시키는 x의 개수는 $b - a + 1$이다.

예제 4

다음 물음에 답하시오.

(1) 첫째항이 1, 공차가 2인 등차수열의 첫째항부터 제 10항까지의 합을 구하시오.

(2) 두 자리 자연수 중에서 8의 배수의 합을 구하시오.

풀이

(1) $a=1$, $d=2$ 이므로 $S_{10} = \dfrac{10(2+(10-1)2)}{2} = 100$ 이다.

(2) 두 자리 자연수 중에서 8의 배수를 작은 수부터 차례로 나열하면 16, 24, 32, $\cdots$, 88, 96 이다.
이는 첫째항이 16이고, 공차가 8인 등차수열이므로 96을 제 n항이라 하면
$$96 = 16 + (n-1)8 \implies n = 11$$

따라서 구하는 합은 $\dfrac{11(16+96)}{2} = 616$ 이다.

개념 확인문제 7 다음 물음에 답하시오.

(1) 첫째항이 -4, 공차가 5인 등차수열의 첫째항부터 제 10항까지의 합을 구하시오.

(2) 2와 20 사이에 k개의 수를 넣어 만든 수열 2, a_1, a_2, a_3, $\cdots$, a_k, 20 가 이 순서대로 등차수열을 이루고
모든 수의 합이 110일 때, $k+a_1$의 값을 구하시오.

수열의 합과 일반항 사이의 관계

수열 $\{a_n\}$의 첫째항부터 제 n항까지의 합을 S_n이라 하면
$S_1 = a_1$
$S_2 = a_1 + a_2 = S_1 + a_2$
$S_3 = a_1 + a_2 + a_3 = S_2 + a_3$

$$\vdots$$

$S_n = a_1 + a_2 + a_3 + \cdots a_{n-1} + a_n = S_{n-1} + a_n$

이므로 $a_1 = S_1$, $a_n = S_n - S_{n-1}$ $(n \geq 2)$이다.

> **Tip 1** 수열의 합과 일반항 사이의 관계는 등차수열뿐만 아니라 일반적인 수열에도 적용된다.

> **Tip 2** $n \geq 2$인 것을 조심해야 한다.

> **Tip 3** S_n이라고 해서 무조건 '수열 $\{a_n\}$의 첫째항부터 제 n항까지의 합'이라고 생각해서는 안 된다.
> 즉, S_n은 문제에서 정의하기 나름이다.
> 만약 수열 $\{a_n - 3n\}$의 첫째항부터 제 n항까지의 합을 S_n이라 하면 $S_n - S_{n-1} = a_n - 3n$ $(n \geq 2)$이다.

$$S_n = An^2 + Bn + C$$

$a_n = a + (n-1)d$ 인 등차수열을 생각하면

$$S_n = \frac{n\{2a + (n-1)d\}}{2} = \frac{dn^2 - dn + 2an}{2} = \frac{d}{2}n^2 + \left(a - \frac{d}{2}\right)n$$

즉, 크게 보면 꼴이 $S_n = An^2 + Bn$ 이라고 볼 수 있다.

기억하자! 저 꼴이 나오면 무조건 등차수열이다. S_n에서 a_n으로 가기 위해서 S_n을 n에 대해서 미분한 뒤

최고차항의 계수 $\dfrac{d}{2}$를 빼면 $\quad dn + \left(a - \dfrac{d}{2}\right) - \dfrac{d}{2} = dn + a - d = a + (n-1)d$

$a_n = a + (n-1)d$이 나온다.

*** 참고로 미분이랑 아무 관련 없고 단지 꼴을 외우기 편해서 사용하는 것일 뿐이다. (암기법)**

만약 아직 미분을 배우지 않았다면 아래와 같은 규칙만 기억하면 된다.
ax^m을 미분하면 max^{m-1}이 되고 상수항일 경우 미분하면 0이 된다.
즉, $3x^2 + 2x + 1$을 미분하면 $6x + 2$가 된다.
따라서 $S_n = An^2 + Bn \Rightarrow a_n = 2An + B - A$ 이다.

ex $S_n = n^2 + 3n \quad \Rightarrow \quad a_n = 2n + 3 - 1 = 2n + 2$

그런데 여기서 변수가 존재한다. 바로 $S_n = An^2 + Bn + C$ $(C \neq 0)$일 때이다.

$S_n - S_{n-1}$하면 C가 있으나 없으나 똑같은 등차수열이 나온다. (빼면서 C가 제거되기 때문)

즉, $S_n = n^2 + n + 1$ 이어도 $a_n = 2n$ 이 나온다는 것이다.

사실 $S_n - S_{n-1} = a_n$ $(n \geq 2)$ 이기 때문에 $a_1 = S_1 = 3$ 이 된다.

결론) 등차수열 합의 꼴은 크게 2가지가 있다.

　　　미분하고 최고차항의 계수를 빼서 빠르게 일반항을 구하자.

① $S_n = An^2 + Bn$

　　a_1 부터 등차수열이고 $a_n = 2An + B - A$ 이다. (미분하고 최고차항의 계수를 뺀다.)

② $S_n = An^2 + Bn + C \, (C \neq 0)$

　　a_2 부터 등차수열이고 $a_n = 2An + B - A \, (n \geq 2)$, $a_1 = S_1 = A + B + C$ 이다.

> **Tip** 모든 수열의 합에서 미분하고 최고차항의 계수를 빼서 일반항을 구할 수 있는 것이 아니다. (조심)
> 즉, 등차수열의 합 꼴 $S_n = An^2 + Bn + C$ 만 가능하다. 따라서 등차수열의 합 꼴이 아닌 수열의 합에서
> 일반항을 구하기 위해서는 $a_1 = S_1$, $a_n = S_n - S_{n-1} \, (n \geq 2)$ 을 사용해서 구하면 된다.

예제 5

수열 $\{a_n\}$의 첫째항부터 제 n항까지의 합 S_n이 $S_n = n^2$일 때, 이 수열의 일반항을 구하시오.

풀이

풀이1) $n \geq 2$일 때, $a_n = S_n - S_{n-1} = n^2 - (n-1)^2 = 2n - 1$

　　　　$n = 1$일 때, $a_1 = S_1 = 1^2 = 1$

　　　　그런데 $a_n = 2n - 1 \, (n \geq 2)$에 $n = 1$을 대입하면 $a_1 = 2 \times 1 - 1 = 1$이므로 S_1과 같다.

　　　　따라서 $a_n = 2n - 1$이다.

풀이2) $S_n = n^2$은 첫째항부터 등차수열임을 알 수 있다. n에 대하여 미분하고 최고차항 계수 1을 빼주면

　　　　$a_n = 2n - 1$이다.

> **Tip** $a_n = 2n - 1$은 홀수를 나타낸다. $S_n = n^2$이므로 홀수들의 합은 n^2임을 알 수 있다.
> (단, 1부터 시작하는 홀수)
> $1 + 3 + 5 + 7 + 9 = 25$ 임을 손쉽게 알 수 있다. 잘 나오니 기억하자.

개념 확인문제　8　수열 $\{a_n\}$의 첫째항부터 제 n항까지의 합 S_n이 $S_n = 2n^2 - n$일 때, 이 수열의 일반항을
구하시오.

03 등비수열

성취 기준 – 등비수열의 뜻을 알고, 일반항, 첫째항부터 제 n항까지의 합을 구할 수 있다.

개념 파악하기　(4) 등비수열이란 무엇일까?

등비수열의 뜻

수열 $1,\ 3,\ 9,\ 27,\ \cdots$ 은 첫째항 1에 차례로 3을 곱하여 만든 수열이다.
이처럼 첫째항에 차례로 일정한 수를 곱하여 만든 수열을 **등비수열**이라 하고,
곱하는 일정한 수를 **공비**라 한다.

공비가 r인 등비수열 $\{a_n\}$에서 제 n항에 공비 r을 곱하면 제 $(n+1)$항이 되므로 모든 자연수 n에 대하여
$a_{n+1}=ra_n$이 성립한다.

ex 등비수열 $1,\ 3,\ 9,\ 27,\ \cdots$는 첫째항이 1이고, 공비가 3이다.

> **Tip**　공비는 영어로 'common ratio'라 하고, 보통 r로 나타낸다.

개념 확인문제　9　다음 수열이 등비수열을 이룰 때, 공비와 x를 구하시오.

(1) $1,\ 4,\ x,\ 64,\ \cdots$

(3) $-2,\ 4,\ x,\ 16,\ \cdots$

등비수열의 일반항

첫째항이 a, 공비가 $r\,(r\neq 0)$인 등비수열 $\{a_n\}$에서

$a_1=a$
$a_2=a_1r=ar$
$a_3=a_2r=(ar)r=ar^2$
$a_4=a_3r=(ar^2)r=ar^3$

$\vdots$

이므로 일반항 a_n은 다음과 같다.
$$a_n=ar^{n-1}\ (n=1,\ 2,\ 3,\ \cdots)$$

등비수열의 일반항 요약

첫째항이 a, 공비가 $r\,(r\neq 0)$인 등비수열 $\{a_n\}$의 일반항은
$$a_n=ar^{n-1}\ (n=1,\ 2,\ 3,\ \cdots)$$

예제 6

첫째항이 3, 공비가 -2인 등비수열 $\{a_n\}$의 일반항을 구하시오.

풀이

$a = 3$, $r = -2$이므로 $a_n = 3(-2)^{n-1}$ 이다.

개념 확인문제 10 다음 등비수열 $\{a_n\}$의 일반항을 구하시오.

(1) $3,\ 1,\ \dfrac{1}{3},\ \dfrac{1}{9},\ \cdots$

(2) 첫째항이 -2, 공비가 4

예제 7

제 2항이 2, 제 5항이 -128인 등비수열 $\{a_n\}$의 일반항을 구하시오.

풀이

첫째항을 a, 공비를 r라 하면 $a_2 = ar$, $a_5 = ar^4$ 이다. $\dfrac{a_5}{a_2} = \dfrac{ar^4}{ar} = r^3 = -64 \Rightarrow r = -4$

$ar = a(-4) = 2 \Rightarrow a = -\dfrac{1}{2}$ 이므로 $a_n = -\dfrac{1}{2}(-4)^{n-1}$

Tip 가감법을 통해 풀었던 등차수열과 달리 등비수열은 나눠서 구한다.

개념 확인문제 11 제 3항이 4, 제 6항이 108인 등비수열 $\{a_n\}$의 일반항을 구하시오.

등비중항

0이 아닌 세 수 a, b, c가 이 순서대로 등비수열을 이룰 때, b를 a와 c의 등비중항이라 한다.

$\dfrac{b}{a} = \dfrac{c}{b}$ 이므로 $b^2 = ac$가 성립한다.

역으로 $b^2 = ac$이면 $\dfrac{b}{a} = \dfrac{c}{b}$가 성립하므로 세 수 a, b, c는 이 순서대로 등비수열을 이룬다.

예제 8

세 수 2, x, 8이 순서대로 등비수열을 이룰 때, x의 값을 구하시오.

풀이

$2 \times 8 = x^2 \implies x = -4 \text{ or } x = 4$

Tip x가 -4도 될 수 있음을 유의하자.

개념 확인문제 12   네 수 3, x, 12, y이 순서대로 등비수열을 이룰 때, x, y의 값을 구하시오.

개념 파악하기 | (5) 등비수열의 합은 어떻게 구할까?

등비수열의 합

첫째항이 a, 공비가 $r(r \neq 0)$인 등비수열의 첫째항부터 제 n항까지의 합을 S_n이라 하면

$$S_n = a + ar + ar^2 + \cdots + ar^{n-2} + ar^{n-1} \quad \cdots\cdots \text{㉠}$$

양변에 공비 r을 곱하면

$$rS_n = ar + ar^2 + ar^3 + \cdots + ar^{n-1} + ar^n \quad \cdots\cdots \text{㉡}$$

㉠에서 ㉡을 같은 변끼리 **빼면**

$$-\begin{array}{|l} S_n = a + ar + \cdots + ar^{n-2} + ar^{n-1} \\ rS_n = \quad\; ar + \cdots + ar^{n-2} + ar^{n-1} + ar^n \end{array}$$

$(1-r)S_n = a - ar^n = a(1-r^n)$ 이므로

① $r \neq 1$일 때, $S_n = \dfrac{a(r^n-1)}{r-1} = \dfrac{a(1-r^n)}{1-r}$

② $r = 1$일 때, $S_n = na$

Tip 1 등비수열의 합은 $r \neq 1$일 때와 $r = 1$일 때로 case분류할 수 있다.

Tip 2 ① 는 $r \neq 1$이기만 하면 쓸 수 있다. 즉, r이 음수여도 쓸 수 있다.

Tip 3 보통 $r > 1$이면 $S_n = \dfrac{a(r^n-1)}{r-1}$ 을 쓰고 $r < 1$이면 $S_n = \dfrac{a(1-r^n)}{1-r}$ 를 쓴다.

예를 들어 $r = 2$일 때, $\dfrac{a(2^n-1)}{2-1} = \dfrac{a(1-2^n)}{1-2}$ 의 경우 서로 같지만 좌변이 더 예쁘다.

Tip 4 여기서 n은 더하고자 하는 항의 총 개수임을 유의해야 한다.

   ex 수열 $\{a_n\}$이 등비수열일 때, $S = a_2 + a_3 + a_4 + \cdots + a_m$ 의 값을 구하시오.

     항의 총 개수는 $m - 2 + 1 = m - 1$개일 때이므로 $n = m - 1$이고 첫째항은 $a = a_2$이다.

$$\therefore S = \frac{a_2(r^{m-1}-1)}{r-1}$$

Tip 4 등비수열의 합 $S_n = \dfrac{a(r^n-1)}{r-1} = \dfrac{a}{r-1} \times r^n - \dfrac{a}{r-1}$ 에서

크게 보면 꼴이 $S_n = A \times r^n + B$ $(r \neq 0, r \neq 1)$이라고 볼 수 있다.

① $A + B = 0$이면 수열 $\{a_n\}$은 a_1부터 등비수열을 이룬다.

② $A + B \neq 0$이면 수열 $\{a_n\}$은 a_2부터 등비수열을 이룬다.

등차수열과 마찬가지로 외워두면 편하지만 빈도수가 그렇게 높지 않으므로 등차수열 합의 꼴만 기억해도 좋다.

다음 물음에 답하시오.

(1) 첫째항이 3, 공비가 2인 등비수열의 첫째항부터 제 10항까지의 합을 구하시오.

(2) 첫째항부터 제 3항까지의 합이 2, 첫째항부터 제 6항까지의 합이 18인 등비수열의 첫째항부터 제 5항까지의 합을 구하시오.

풀이

(1) $a = 3$, $r = 2$ 이므로

$$S_{10} = \frac{3(2^{10} - 1)}{2 - 1} = 3 \times 2^{10} - 3$$

(2) 첫째항을 a, 공비를 r라 하면

$$S_3 = \frac{a(r^3 - 1)}{r - 1} = 2, \quad S_6 = \frac{a(r^6 - 1)}{r - 1} = \frac{a(r^3 - 1)(r^3 + 1)}{r - 1} = S_3(r^3 + 1) = 18$$

$$2(r^3 + 1) = 18 \implies r^3 = 8 \implies r = 2, \quad a = \frac{2}{7}$$

$$S_5 = \frac{\frac{2}{7}(2^5 - 1)}{2 - 1} = \frac{2 \times 31}{7} = \frac{62}{7}$$

개념 확인문제 13 공비가 실수인 등비수열 $\{a_n\}$의 첫째항부터 제 n항까지의 합을 S_n이라 하자. $S_5 = 12$, $S_{10} = 120$일 때, $\dfrac{S_{15}}{3}$의 값을 구하시오.

규토 라이트 N제

수열

Training – 1 step

필수 유형편

1. 등차수열과 등비수열

등차수열의 일반항

001 ☐☐☐☐☐

등차수열 $\{a_n\}$에 대하여 $a_2 = 2$, $a_5 - a_3 = 8$일 때, a_{10}의 값을 구하시오.

002 ☐☐☐☐☐

두 수열 $\{a_n\}$, $\{b_n\}$은 각각 공차가 4, -2인 등차수열이다. 이때 수열 $\{a_n - b_n\}$의 공차를 구하시오.

003 ☐☐☐☐☐

공차가 -3인 등차수열 $\{a_n\}$에 대하여 $a_{20} = -20$일 때, $|a_n|$의 값이 최소가 되는 자연수 n을 구하시오.

004 ☐☐☐☐☐

등차수열 $\{a_n\}$의 제 3항과 제 7항은 절댓값이 같고 부호가 반대이다. 제 11항이 12일 때, a_{20}의 값을 구하시오.

005 ☐☐☐☐☐

수열 $\left\{ \dfrac{1}{a_n} \right\}$ 은 공차가 $\dfrac{1}{8}$인 등차수열이다.

$a_2 = 2 a_4$일 때, $a_1 + a_8$의 값을 구하시오.

Theme 2 등차중항

006 ☐☐☐☐☐

세 수 8, x^2+2x, $6x+4$가 이 순서대로 등차수열을 이룰 때, 모든 실수 x의 값의 합을 구하시오.

007 ☐☐☐☐☐

이차방정식 $x^2-x-3=0$의 서로 다른 두 실근 α, β에 대하여 세 수 α^3, k, β^3이 이 순서대로 등차수열을 이룰 때, k의 값을 구하시오.

008 ☐☐☐☐☐

등차수열 $\{a_n\}$에 대하여 세 수 a_1, a_1+a_3, a_3+a_4가 이 순서대로 등차수열을 이룰 때, $\dfrac{a_9}{a_3}$의 값을 구하시오. (단, $a_3 \neq 0$이다.)

009 ☐☐☐☐☐

방정식 $(x^2-4x+m)(x^2-4x+n)=0$의 서로 다른 네 실근이 첫째항이 $\dfrac{1}{2}$인 등차수열을 이룰 때, $2(m+n)$의 값을 구하시오. (단, m, n은 상수이다.)

010 ☐☐☐☐☐

그림과 같이 $\angle B = 90°$이고 선분 BC의 길이가 $3\sqrt{5}$인 직각삼각형 ABC의 꼭짓점 B에서 빗변 AC에 내린 수선의 발을 D라 하자. 세 선분 AD, CD, AB의 길이가 이 순서대로 등차수열을 이룰 때, 선분 AC의 길이를 구하시오.

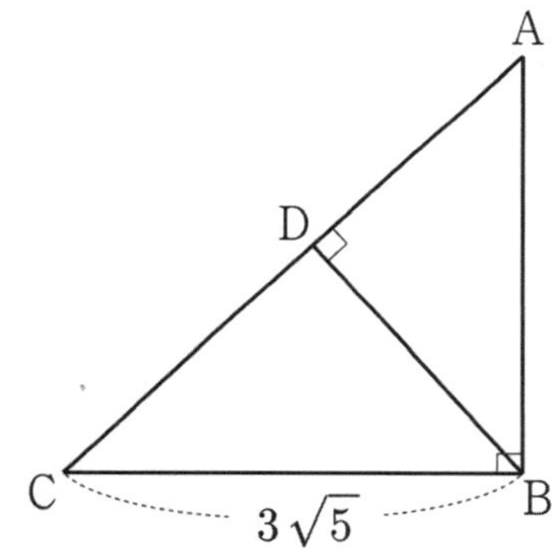

011　☐☐☐☐☐

첫째항이 4이고 공차가 2인 등차수열의 제 3항부터
제 n항까지의 합이 120일 때, n의 값을 구하시오.

012　☐☐☐☐☐

등차수열 $\{a_n\}$에서 첫째항부터 제 n항까지의 합을 S_n이라
할 때, $S_{10}=50$, $S_{15}=150$이다. a_{50}의 값을 구하시오.

013　☐☐☐☐☐

$a_5=35$, $a_{10}=20$인 등차수열 $\{a_n\}$의 첫째항부터
제 n항까지의 합을 S_n이라 할 때, S_n의 최댓값을
구하시오.

014　☐☐☐☐☐

등차수열 $\{a_n\}$에 대하여 $a_3=-2$, $a_9=46$일 때,
$$\frac{|a_1|+|a_2|+|a_3|+\cdots+|a_{20}|}{10}$$ 의 값을 구하시오.

015　☐☐☐☐☐

두 집합
$$A=\{5n-1\mid n\text{은 자연수}\}, \quad B=\{3n\mid n\text{은 자연수}\}$$
에 대하여 집합 $C=\{x-1\mid x\in(A\cap B),\ 1\le x\le 100\}$
의 모든 원소의 합을 구하시오.

016　☐☐☐☐☐

첫째항과 공차가 같은 등차수열 $\{a_n\}$에 대하여
$a_1+a_3+a_5+\cdots+a_{2n-1}=2ka_n$ 을 만족시키는
k가 두 자리 자연수가 되도록 하는 n의 최댓값을 M,
최솟값을 m이라 할 때, $M-m$의 값을 구하시오.
(단, $a_1\ne 0$)

017　☐☐☐☐☐

집합 $A=\left\{x\mid \sin\dfrac{\pi}{2}x=\cos\dfrac{\pi}{2}x,\ 0<x<40\right\}$의

모든 원소의 합을 구하시오.

Theme 4 — 등차수열의 합과 일반항 사이의 관계

018 ☐☐☐☐☐

수열 $\{a_n\}$의 첫째항부터 제 n항까지의 합 S_n이
$S_n = 2n^2 - n + 1$ 일 때, $a_1 + a_{10}$의 값을 구하시오.

019 ☐☐☐☐☐

수열 $\{a_n\}$의 첫째항부터 제 n항까지의 합 S_n이
$S_n = n^2 - 20n$일 때, $a_n < 0$을 만족시키는 자연수 n의
개수를 구하시오.

020 ☐☐☐☐☐

수열 $\{a_n - 3n\}$의 첫째항부터 제 n항까지의 합 S_n이
$S_n = n^2 + 4n$일 때, $a_1 + a_3 + a_5 + \cdots + a_{2k-1} = 140$
을 만족시키는 자연수 k의 값을 구하시오..

Theme 5 — 등비수열의 일반항

021 ☐☐☐☐☐

$a_1 = 32$인 등비수열 $\{a_n\}$에 대하여
$\dfrac{a_3}{a_2} - \dfrac{a_6}{a_4} = \dfrac{1}{4}$일 때, a_4의 값을 구하시오.

022 ☐☐☐☐☐

모든 항이 양수인 등비수열 $\{a_n\}$에 대하여
$a_1 = \dfrac{1}{18}$, $\dfrac{a_4 a_5}{a_2 a_3} = 81$일 때, $a_6 + a_7$의 값을 구하시오.

023 ☐☐☐☐☐

모든 항이 실수인 등비수열 $\{a_n\}$에 대하여
$a_1 + a_2 = 2$, $a_5 - a_3 = 8$일 때, $a_k = \dfrac{256}{3}$를 만족시키는
자연수 k의 값을 구하시오.

$a_2 = 3$, $a_6 = 8a_3$인 등비수열 $\{a_n\}$에 대하여
$m = a_1 \times a_2 \times a_3 \times a_4 \times a_5$이라 할 때,
$\log_6 m$의 값을 구하시오.

Theme 6 등비중항

025

이차방정식 $x^2 - kx + 45 = 0$의 두 근 α, $\beta \, (\alpha < \beta)$에
대하여 α, $\beta - \alpha$, β가 이 순서대로 등비수열을 이룰 때,
양수 k의 값을 구하시오.

026

세 수 $\cos\theta$, $\dfrac{1}{4}$, $\sin\theta$가 이 순서대로 등비수열을 이룰

때, $\tan\theta + \dfrac{1}{\tan\theta}$의 값을 구하시오.

027

함수 $f(x) = \dfrac{k}{x}$와 $4 < a < b < 16$인 두 자연수 a, b에
대하여 $f(a)$, $f(b)$, $f(16)$이 이 순서대로 등비수열을
이루고 $f(a+b) = 2$일 때, k의 값을 구하시오.
(단, $k \neq 0$이다.)

Theme 7 등비수열의 합

028

수열 $\{a_n\}$에 대하여 $a_n = 2^{3n-1}$일 때,
$a_1 + a_2 + a_3 + \cdots + a_{20} = \dfrac{2^m - 4}{7}$을 만족시키는
자연수 m의 값을 구하시오.

029

등비수열 $\{a_n\}$의 첫째항부터 제 n항까지의 합 S_n에
대하여 $S_n = 15$, $S_{2n} = 45$일 때, S_{3n}의 값을 구하시오.

030

첫째항이 2인 등비수열 $\{a_n\}$에 대하여
$$a_2 + a_4 + a_6 + \cdots + a_{2k} = 340,$$
$$a_1 + a_3 + a_5 + \cdots + a_{2k-1} = 170$$
를 만족시키는 자연수 k의 값을 구하시오.

031 ⬠

등비수열 $\{a_n\}$의 첫째항부터 제 20항까지의 합이 4,
제 21항부터 제 40항까지의 합이 20일 때,
제 41항부터 제 80항까지의 합을 구하시오.

032 ⬠

등비수열 $\{a_n\}$에 대하여

$$a_1 + a_2 + a_3 + \cdots + a_{10} = 32$$

$$\frac{1}{a_1} + \frac{1}{a_2} + \frac{1}{a_3} + \cdots + \frac{1}{a_{10}} = 4$$

일 때, $\log_2 a_1 + \log_2 a_2 + \log_2 a_3 + \cdots + \log_2 a_{10}$
의 값을 구하시오.

Theme 8 등비수열의 합과 일반항 사이의 관계

033 ⬠

수열 $\{a_n\}$의 첫째항부터 제 n항까지의 합 S_n이
$S_n = 2^{n-1} + 3$일 때, $a_1 \times a_6$의 값을 구하시오.

034 ⬠

수열 $\{a_n\}$의 첫째항부터 제 n항까지의 합 S_n이
$S_n = 3^{n+2} - 9$일 때, 수열 $\{a_{2n}a_{3n}\}$의 일반항이
$a_{2n}a_{3n} = p \times q^n$ 이다. $p+q$의 값을 구하시오.
(단, p, q는 자연수이다.)

035 ⬠

$a_2 = 2$, $a_5 = 16$인 등비수열 $\{a_n\}$에 대하여
$b_n = (a_{n+1})^2 - (a_n)^2$일 때,
$\log_2 (a_1 + b_1 + b_2 + b_3 + b_4 + b_5 + b_6)$의 값을 구하시오.

규토 라이트 N제

수열

Training − 2 step

기출 적용편

1. 등차수열과 등비수열

036 2023학년도 수능 공통 

공비가 양수인 등비수열 $\{a_n\}$이 $a_2 + a_4 = 30$, $a_4 + a_6 = \dfrac{15}{2}$ 를 만족시킬 때, a_1의 값은? [3점]

① 48　　② 56　　③ 64　　④ 72　　⑤ 80

037 2025학년도 고3 6월 평가원 공통

$a_1 a_2 < 0$인 등비수열 $\{a_n\}$에 대하여 $a_6 = 16$, $2a_8 - 3a_7 = 32$일 때, $a_9 + a_{11}$의 값은? [3점]

① $-\dfrac{5}{2}$　　② $-\dfrac{3}{2}$　　③ $-\dfrac{1}{2}$

④ $\dfrac{1}{2}$　　⑤ $\dfrac{3}{2}$

038 2021학년도 고3 9월 평가원 나형

공차가 -3인 등차수열 $\{a_n\}$에 대하여 $a_3 a_7 = 64$, $a_8 > 0$일 때, a_2의 값은? [3점]

① 17　　② 18　　③ 19　　④ 20　　⑤ 21

039 2019학년도 수능 나형

첫째항이 7인 등비수열 $\{a_n\}$의 첫째항부터 제 n항까지의 합을 S_n이라 하자. $\dfrac{S_9 - S_5}{S_6 - S_2} = 3$일 때, a_7의 값을 구하시오. [3점]

040 2020학년도 수능 나형

모든 항이 양수인 등비수열 $\{a_n\}$에 대하여 $\dfrac{a_{16}}{a_{14}} + \dfrac{a_8}{a_7} = 12$일 때, $\dfrac{a_3}{a_1} + \dfrac{a_6}{a_3}$의 값을 구하시오. [3점]

041 2024년 고3 10월 교육청 공통

공비가 양수인 등비수열 $\{a_n\}$의 첫째항부터 제n항까지의 합을 S_n이라 하자. $4(S_4 - S_2) = S_6 - S_4$, $a_3 = 12$일 때, S_3의 값은? [3점]

① 18　　② 21　　③ 24　　④ 27　　⑤ 30

042 2022학년도 고3 6월 평가원 공통

모든 항이 양수인 등비수열 $\{a_n\}$에 대하여 $a_2 = 36$, $a_7 = \dfrac{1}{3} a_5$일 때, a_6의 값을 구하시오. [3점]

043 2020년 고3 3월 교육청 나형

등차수열 $\{a_n\}$, 등비수열 $\{b_n\}$에 대하여 $a_1 = b_1 = 3$이고 $b_3 = -a_2$, $a_2 + b_2 = a_3 + b_3$ 일 때, a_3의 값은? [3점]

① -9　　② -3　　③ 0　　④ 3　　⑤ 9

044 2020학년도 고3 9월 평가원 나형 

등차수열 $\{a_n\}$에 대하여 $a_1 = a_3 + 8$, $2a_4 - 3a_6 = 3$
일 때, $a_k < 0$을 만족시키는 자연수 k의 최솟값은? [3점]

① 8　　② 10　　③ 12　　④ 14　　⑤ 16

045 2019학년도 고3 9월 평가원 나형 

등차수열 $\{a_n\}$에 대하여 $a_1 = -15$, $|a_3| - a_4 = 0$일 때,
a_7의 값은? [3점]

① 21　　② 23　　③ 25　　④ 27　　⑤ 29

046 2020년 고3 10월 교육청 나형 

함수 $f(x) = (1 + x^4 + x^8 + x^{12})(1 + x + x^2 + x^3)$일 때,
$\dfrac{f(2)}{\{f(1) - 1\}\{f(1) + 1\}}$의 값을 구하시오. [3점]

047 2021학년도 고3 6월 평가원 나형

등비수열 $\{a_n\}$의 첫째항부터 제 n항까지의 합을 S_n이라
하자. $a_1 = 1$, $\dfrac{S_6}{S_3} = 2a_4 - 7$일 때, a_7의 값을 구하시오. [3점]

048 2024학년도 고3 9월 평가원 공통 

모든 항이 양수인 등비수열 $\{a_n\}$에 대하여
$\dfrac{a_3 a_8}{a_6} = 12$, $a_5 + a_7 = 36$일 때, a_{11}의 값은? [3점]

① 72　　② 78　　③ 84　　④ 90　　⑤ 96

049 2024학년도 수능 공통

등비수열 $\{a_n\}$의 첫째항부터 제n항까지의 합을 S_n이라
하자. $S_4 - S_2 = 3a_4$, $a_5 = \dfrac{3}{4}$일 때, $a_1 + a_2$의 값은? [3점]

① 27　　② 24　　③ 21　　④ 18　　⑤ 15

050 2020학년도 고3 6월 평가원 나형 

자연수 n에 대하여 x에 대한 이차방정식
$x^2 - nx + 4(n-4) = 0$이 서로 다른 두 실근
α, $\beta\,(\alpha < \beta)$를 갖고, 세 수 1, α, β가 이 순서대로
등차수열을 이룰 때, n의 값은? [3점]

① 5　　② 8　　③ 11　　④ 14　　⑤ 17

051 2009년 고3 4월 교육청 나형 

등차수열 $\{a_n\}$에서 $a_3 = 40$, $a_8 = 30$일 때,
$|a_2 + a_4 + \cdots + a_{2n}|$이 최소가 되는 자연수 n의 값을
구하시오. [3점]

052 2020년 고3 3월 교육청 가형 ⬡⬡⬡⬡⬡

공비가 1보다 큰 등비수열 $\{a_n\}$이 다음 조건을 만족시킨다.

> (가) $a_3 \times a_5 \times a_7 = 125$
>
> (나) $\dfrac{a_4 + a_8}{a_6} = \dfrac{13}{6}$

a_9의 값은? [3점]

① 10 ② $\dfrac{45}{4}$ ③ $\dfrac{25}{2}$

④ $\dfrac{55}{4}$ ⑤ 15

053 2022학년도 고3 6월 평가원 공통 ⬡⬡⬡⬡⬡

첫째항이 2인 등차수열 $\{a_n\}$의 첫째항부터 제 n항까지의 합을 S_n이라 하자. $a_6 = 2(S_3 - S_2)$일 때, S_{10}의 값은? [3점]

① 100 ② 110 ③ 120

④ 130 ⑤ 140

054 2021년 고3 7월 교육청 공통 ⬡⬡⬡⬡⬡

첫째항이 $a\ (a > 0)$이고, 공비가 r인 등비수열 $\{a_n\}$의 첫째항부터 제 n항까지의 합을 S_n이라 하자.
$2a = S_2 + S_3$, $r^2 = 64a^2$일 때, a_5의 값은? [3점]

① 2 ② 4 ③ 6

④ 8 ⑤ 10

055 2021년 고3 4월 교육청 공통 ⬡⬡⬡⬡⬡

첫째항이 $\dfrac{1}{4}$이고 공비가 양수인 등비수열 $\{a_n\}$에 대하여

$a_3 + a_5 = \dfrac{1}{a_3} + \dfrac{1}{a_5}$일 때, a_{10}의 값을 구하시오. [3점]

056 2007년 고3 3월 교육청 나형 ⬡⬡⬡⬡⬡

그림과 같이 두 직선 $y = x$, $y = a(x-1)\ (a > 1)$의 교점에서 오른쪽 방향으로 y축에 평행한 14개의 선분을 같은 간격으로 그었다.

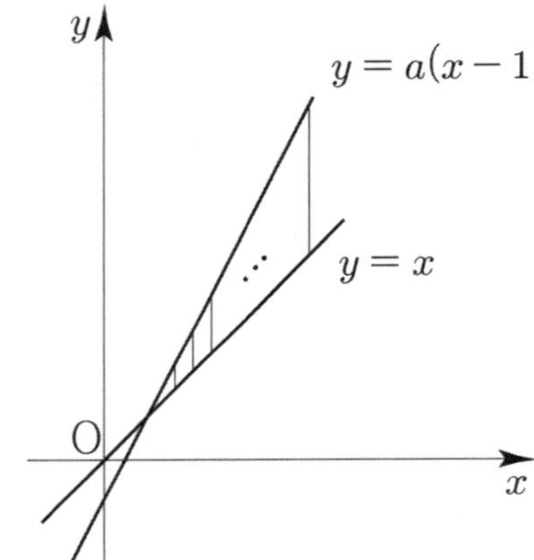

이들 중 가장 짧은 선분의 길이는 3이고, 가장 긴 선분의 길이는 42일 때, 14개의 선분의 길이의 합을 구하시오. (단, 각 선분의 양 끝점은 두 직선 위에 있다.) [3점]

057 2013년 고3 4월 교육청 A형

그림과 같이 두 함수 $y = 3\sqrt{x}$, $y = \sqrt{x}$ 의 그래프와 직선 $x = k$가 만나는 점을 각각 A, B라 하고, 직선 $x = k$가 x축과 만나는 점을 C라 하자. 다음 물음에 답하시오. (단, $k > 0$이고, O는 원점이다.)

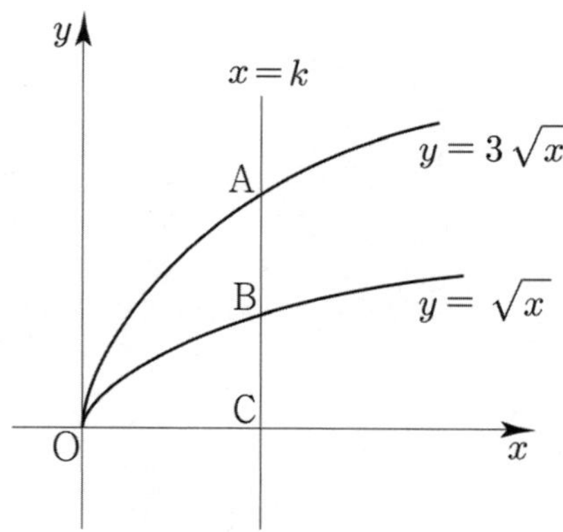

$\overline{BC}$, $\overline{OC}$, $\overline{AC}$가 이 순서대로 등비수열을 이룰 때, 양수 k의 값은? [3점]

① 1
② $\sqrt{3}$
③ 3
④ $3\sqrt{3}$
⑤ 9

058 2024년 고3 10월 교육청 공통

모든 항이 자연수인 두 등차수열 $\{a_n\}$, $\{b_n\}$에 대하여 $a_5 - b_5 = a_6 - b_7 = 0$이다. $a_7 = 27$이고 $b_7 \leq 24$일 때, $b_1 - a_1$의 값은? [4점]

① 4
② 6
③ 8
④ 10
⑤ 12

059 2019년 고2 11월 교육청 나형

첫째항이 양수이고 공비가 음수인 등비수열 $\{a_n\}$의 첫째항부터 제 n항까지의 합 S_n에 대하여 $a_2 a_6 = 1$, $S_3 = 3a_3$일 때, a_7의 값은? [4점]

① $\dfrac{1}{32}$
② $\dfrac{1}{16}$
③ $\dfrac{1}{8}$
④ $\dfrac{1}{4}$
⑤ $\dfrac{1}{2}$

060 2016학년도 고3 6월 평가원 A형

공차가 6인 등차수열 $\{a_n\}$에 대하여 세 항 a_2, a_k, a_8은 이 순서대로 등차수열을 이루고, 세 항 a_1, a_2, a_k는 이 순서대로 등비수열을 이룬다. $k + a_1$의 값은? [4점]

① 7
② 8
③ 9
④ 10
⑤ 11

061   2017학년도 수능 나형   ◯◯◯◯◯

공차가 양수인 등차수열 $\{a_n\}$이 다음 조건을 만족시킬 때, a_2의 값은? [4점]

> (가) $a_6 + a_8 = 0$
> (나) $|a_6| = |a_7| + 3$

① -15 ② -13 ③ -11

④ -9 ⑤ -7

062   2019학년도 고3 9월 평가원 나형   ◯◯◯◯◯

모든 항이 양수인 등비수열 $\{a_n\}$의 첫째항부터 제 n항까지의 합을 S_n이라 하자. $S_4 - S_3 = 2$, $S_6 - S_5 = 50$일 때, a_5의 값을 구하시오. [4점]

063   2024년 고3 7월 교육청 공통   ◯◯◯◯◯

공차가 d $(0 < d < 1)$인 등차수열 $\{a_n\}$이 다음 조건을 만족시킨다.

> (가) a_5는 자연수이다.
> (나) 수열 $\{a_n\}$의 첫째항부터 제n항까지의 합을 S_n이라 할 때, $S_8 = \dfrac{68}{3}$이다.

a_{16}의 값은? [4점]

① $\dfrac{19}{3}$ ② $\dfrac{77}{12}$ ③ $\dfrac{13}{2}$

④ $\dfrac{79}{12}$ ⑤ $\dfrac{20}{3}$

064   2010학년도 수능 나형   ◯◯◯◯◯

수열 $\{a_n\}$에 대하여 첫째항부터 제 n항까지의 합을 S_n이라 하자. 수열 $\{S_{2n-1}\}$은 공차가 -3인 등차수열이고, 수열 $\{S_{2n}\}$은 공차가 2인 등차수열이다. $a_2 = 1$일 때, a_8의 값을 구하시오. [4점]

065 2020년 고3 3월 교육청 나형

등차수열 $\{a_n\}$의 첫째항부터 제 n항까지의 합을 S_n이라 하자. $a_3 = 42$일 때, 다음 조건을 만족시키는 4 이상의 자연수 k의 값은? [4점]

(가) $a_{k-3} + a_{k-1} = -24$
(나) $S_k = k^2$

① 13 ② 14 ③ 15
④ 16 ⑤ 17

066 2019년 고3 7월 교육청 나형

공차가 자연수인 등차수열 $\{a_n\}$과 공비가 자연수인 등비수열 $\{b_n\}$이 $a_6 = b_6 = 9$이고, 다음 조건을 만족시킨다.

(가) $a_7 = b_7$
(나) $94 < a_{11} < 109$

$a_7 + b_8$의 값은? [4점]

① 96 ② 99 ③ 102
④ 105 ⑤ 108

067 2014년 고3 4월 교육청 A형

그림과 같이 함수 $y = |x^2 - 9|$의 그래프가 직선 $y = k$와 서로 다른 네 점에서 만날 때, 네 점의 x좌표를 각각 a_1, a_2, a_3, a_4라 하자. 네 수 a_1, a_2, a_3, a_4가 이 순서대로 등차수열을 이룰 때, 상수 k의 값은? (단, $a_1 < a_2 < a_3 < a_4$) [4점]

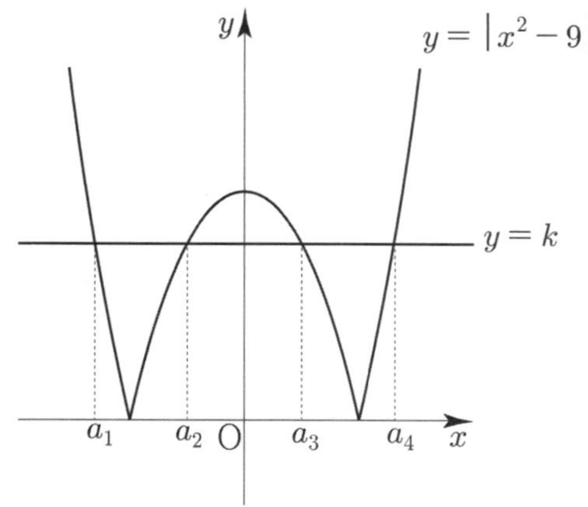

① $\dfrac{34}{5}$ ② 7 ③ $\dfrac{36}{5}$
④ $\dfrac{37}{5}$ ⑤ $\dfrac{38}{5}$

068 2021학년도 사관학교 나형

두 실수 a, b와 수열 $\{c_n\}$이 다음 조건을 만족시킨다.

(가) $(m+2)$개의 수
a, $\log_2 c_1$, $\log_2 c_2$, $\log_2 c_3$, $\cdots$, $\log_2 c_m$, b
가 이 순서대로 등차수열을 이룬다.
(나) 수열 $\{c_n\}$의 첫째항부터 제 m항까지의 항을 모두 곱한 값은 32이다.

$a + b = 1$일 때, 자연수 m의 값은? [4점]

① 6 ② 8 ③ 10
④ 12 ⑤ 14

두 수열 $\{a_n\}$, $\{b_n\}$이 모든 자연수 k에 대하여

$$b_{2k-1} = \left(\frac{1}{2}\right)^{a_1 + a_3 + \cdots + a_{2k-1}}$$

$$b_{2k} = 2^{a_2 + a_4 + \cdots + a_{2k}}$$

을 만족시킨다. $\{a_n\}$은 등차수열이고,

$b_1 \times b_2 \times b_3 \times \cdots \times b_{10} = 8$일 때, $\{a_n\}$의 공차는? [4점]

① $\dfrac{1}{15}$　　　② $\dfrac{2}{15}$　　　③ $\dfrac{1}{5}$

④ $\dfrac{4}{15}$　　　⑤ $\dfrac{1}{3}$

공차가 2인 등차수열 $\{a_n\}$의 첫째항부터 제 n항까지의 합을 S_n이라 하자. $S_k = -16$, $S_{k+2} = -12$를 만족시키는 자연수 k에 대하여 a_{2k}의 값을 구하시오. [4점]

등비수열 $\{a_n\}$의 첫째항부터 제 n항까지의 합을 S_n이라 하자. 모든 자연수 n에 대하여 $S_{n+3} - S_n = 13 \times 3^{n-1}$일 때, a_4의 값을 구하시오. [4점]

등차수열 $\{a_n\}$과 공비가 1보다 작은 등비수열 $\{b_n\}$이 $a_1 + a_8 = 8$, $b_2 b_7 = 12$, $a_4 = b_4$, $a_5 = b_5$를 모두 만족시킬 때, a_1의 값을 구하시오. [4점]

073 2009학년도 고3 6월 평가원 나형

공차가 d_1, d_2인 두 등차수열 $\{a_n\}$, $\{b_n\}$의 첫째항부터 제 n항까지의 합을 각각 S_n, T_n이라 하자. $S_n T_n = n^2(n^2-1)$일 때, 〈보기〉에서 항상 옳은 것을 모두 고른 것은? [4점]

〈보기〉

ㄱ. $a_n = n$이면 $b_n = 4n - 4$이다.
ㄴ. $d_1 d_2 = 4$
ㄷ. $a_1 \neq 0$이면 $a_n = n$이다.

---

① ㄱ   ② ㄴ   ③ ㄱ, ㄴ

④ ㄱ, ㄷ   ⑤ ㄱ, ㄴ, ㄷ

074 2019년 고3 7월 교육청 나형

첫째항이 0이 아닌 등차수열 $\{a_n\}$의 첫째항부터 제 n항까지의 합 S_n에 대하여 $S_9 = S_{18}$이다. 집합 T_n을 $T_n = \{S_k \mid k = 1, 2, 3, \cdots, n\}$이라 하자. 집합 T_n의 원소의 개수가 13이 되도록 하는 모든 자연수 n의 값의 합을 구하시오. [4점]

075 2023년 고3 4월 교육청 공통

등차수열 $\{a_n\}$의 첫째항부터 제 n항까지의 합을 S_n이라 하자. S_n이 다음 조건을 만족시킬 때, a_{13}의 값을 구하시오. [4점]

(가) S_n은 $n = 7$, $n = 8$에서 최솟값을 갖는다.
(나) $|S_m| = |S_{2m}| = 162$인 자연수 $m \, (m > 8)$이 존재한다.

Master step

심화 문제편

1. 등차수열과 등비수열

공차가 d이고 모든 항이 자연수인 등차수열 $\{a_n\}$이 다음 조건을 만족시킨다.

> (가) $a_1 \leq d$
> (나) 어떤 자연수 $k\,(k \geq 3)$에 대하여
>   세 항 $a_2,\ a_k,\ a_{3k-1}$이 이 순서대로 등비수열을
>   이룬다.

$90 \leq a_{16} \leq 100$일 때, a_{20}의 값을 구하시오. [4점]

공차가 음수인 등차수열의 첫째항부터 제 n항까지의 합을 S_n이라 하자. $S_m = 0$을 만족시키는 자연수 m에 대하여 $S_k = S_l$이 되도록 하는 m 이하의 두 자연수 $k,\ l$의 모든 순서쌍 $(k,\ l)$의 개수를 $f(m)$이라 할 때, $\displaystyle\sum_{m=1}^{20} f(m)$의 값을 구하시오.

$a_2 = -4$이고 공차가 0이 아닌 등차수열 $\{a_n\}$에 대하여 수열 $\{b_n\}$을 $b_n = a_n + a_{n+1}\ (n \geq 1)$이라 하고, 두 집합 $A,\ B$를

$$A = \{a_1,\ a_2,\ a_3,\ a_4,\ a_5\},\quad B = \{b_1,\ b_2,\ b_3,\ b_4,\ b_5\}$$

라 하자. $n(A \cap B) = 3$이 되도록 하는 모든 수열 $\{a_n\}$에 대하여 a_{20}의 값의 합은? [4점]

① 30　　　　② 34　　　　③ 38

④ 42　　　　⑤ 46

첫째항이 양수인 등차수열 $\{a_n\}$의 첫째항부터 제 n항까지의 합을 S_n이라 하자. $|S_3| = |S_6| = |S_{11}| - 3$을 만족시키는 모든 수열 $\{a_n\}$의 첫째항의 합은? [4점]

① $\dfrac{31}{5}$　　　　② $\dfrac{33}{5}$　　　　③ 7

④ $\dfrac{37}{5}$　　　　⑤ $\dfrac{39}{5}$

080 2023학년도 사관학교 공통 ◯◯◯◯◯

등차수열 $\{a_n\}$이 다음 조건을 만족시킨다.

(가) $a_6 + a_7 = -\dfrac{1}{2}$

(나) $a_l + a_m = 1$이 되도록 하는 두 자연수
  $l,\ m\ (l < m)$의 모든 순서쌍 $(l,\ m)$의 개수는
  6이다.

등차수열 $\{a_n\}$의 첫째항부터 제 14항까지의 합을 S라 할 때, $2S$의 값을 구하시오. [4점]

081 2022년 고3 10월 교육청 공통 ◯◯◯◯◯

수열 $\{a_n\}$의 첫째항부터 제 n항까지의 합을 S_n이라 하자. 두 자연수 $p,\ q$에 대하여 $S_n = pn^2 - 36n + q$일 때, S_n이 다음 조건을 만족시키도록 하는 p의 최솟값을 p_1이라 하자.

임의의 두 자연수 $i,\ j$에 대하여 $i \neq j$이면 $S_i \neq S_j$이다.

$p = p_1$일 때, $|a_k| < a_1$을 만족시키는 자연수 k의 개수가 3이 되도록 하는 모든 q의 값의 합은? [4점]

① 372   ② 377   ③ 382

④ 387   ⑤ 392

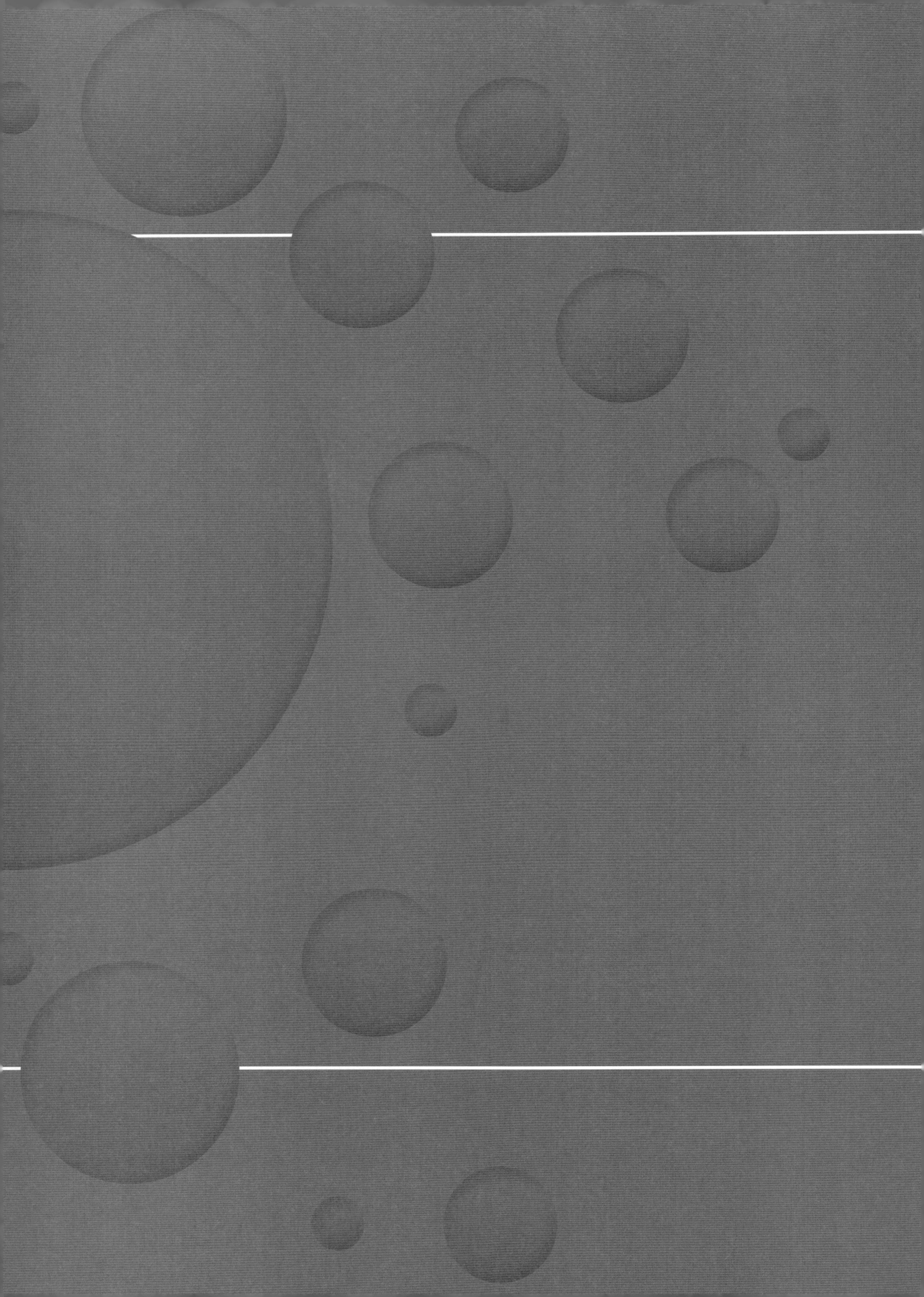

규토 라이트 N제

수열

Guide step
개념 익히기편

2. 수열의 합

01 수열의 합

성취 기준 – $\sum$ 의 뜻을 알고, 그 성질을 이해하고, 이를 활용할 수 있다.
— 여러 가지 수열의 첫째항부터 제 n항까지의 합을 구할 수 있다.

개념 파악하기 | **(1) 기호 $\sum$란 무엇일까?**

합의 기호 $\sum$의 뜻

수열 $\{a_n\}$의 첫째항부터 제 n항까지의 합을 합의 기호 $\sum$ (시그마)를 사용하여

$$a_1 + a_2 + a_3 + \cdots + a_n = \sum_{k=1}^{n} a_k$$ 와 같이 나타낸다.

$$\sum_{k=1}^{n} a_k \quad \substack{n \leftarrow \text{제 } n \text{ 항까지} \\ k=1 \leftarrow \text{첫째항부터}}$$

즉, $\displaystyle\sum_{k=1}^{n} a_k$는 수열의 일반항 a_k의 k에 $1, 2, 3, \cdots, n$을 차례로 대입하여 얻은 $a_1, a_2, a_3, \cdots, a_n$ 의 합을 뜻한다.

Tip 1 k 대신 다른 문자를 사용해도 된다.
ex $\displaystyle\sum_{k=1}^{n} a_k = \sum_{i=1}^{n} a_i = a_1 + a_2 + a_3 + \cdots + a_n$

Tip 2 $\displaystyle\sum_{k=2}^{n} a_k$와 같이 아래의 첨자는 $k=1$이 아닐 수도 있다.

Tip 3 $\displaystyle\sum_{k=1}^{2n+3} a_k$와 같이 위의 첨자는 n이 아닐 수도 있다.

Tip 4 $m \leq n$일 때 제 m항부터 제 n항까지의 합은 $\displaystyle\sum_{k=m}^{n} a_k$ 로 나타낸다.

Tip 5 $\displaystyle\sum_{k=1}^{n} k$는 $\displaystyle\sum_{k=0}^{n-1}(k+1)$ 또는 $\displaystyle\sum_{k=2}^{n+1}(k-1)$과 같이 나타낼 수도 있다.

예제 1

$1+3+5+7+9+ \cdots +39$ 를 기호 $\sum$를 사용하여 나타내시오.

풀이

$a_1 = 1$, $a_2 = 3$, $a_3 = 5$, $\cdots$로 보면 a_k는 첫째항이 1이고 공차가 2인 등차수열이다.

k번째항은 $a_k = 1+(k-1)2 = 2k-1$이고 $39 = 2k-1 \Rightarrow k=20$이므로 $a_{20} = 39$이다.

즉, $a_k = 2k-1$의 k에 $1, 2, 3, \cdots, 20$을 차례로 대입하여 얻은 $a_1, a_2, a_3, \cdots, a_{20}$ 의 합과 같다.

따라서 $\displaystyle\sum_{k=1}^{20}(2k-1)$로 나타낼 수 있다.

개념 확인문제 1 다음을 합의 기호 $\sum$ 를 사용하여 나타내시오.

(1) $2+4+6+8+\cdots+20$

(2) $1+2+2^2+2^3+\cdots+2^n$

개념 확인문제 2 다음을 합의 기호 $\sum$ 를 사용하지 않은 합의 꼴로 나타내시오.

(1) $\displaystyle\sum_{k=1}^{5}(5k+1)$

(2) $\displaystyle\sum_{i=1}^{4}\left(\frac{1}{2}\right)^{i-1}$

합의 기호 $\sum$의 성질

두 수열 $\{a_n\}$, $\{b_n\}$과 상수 c에 대하여 다음이 성립한다.

① $\displaystyle\sum_{k=1}^{n}(a_k+b_k)=\sum_{k=1}^{n}a_k+\sum_{k=1}^{n}b_k$

$$\sum_{k=1}^{n}(a_k+b_k)=(a_1+b_1)+(a_2+b_2)+\cdots+(a_n+b_n)$$
$$=(a_1+a_2+a_3+\cdots+a_n)+(b_1+b_2+b_3+\cdots+b_n)$$
$$=\sum_{k=1}^{n}a_k+\sum_{k=1}^{n}b_k$$

② $\displaystyle\sum_{k=1}^{n}(a_k-b_k)=\sum_{k=1}^{n}a_k-\sum_{k=1}^{n}b_k$

$$\sum_{k=1}^{n}(a_k-b_k)=(a_1-b_1)+(a_2-b_2)+\cdots+(a_n-b_n)$$
$$=(a_1+a_2+a_3+\cdots+a_n)-(b_1+b_2+b_3+\cdots+b_n)$$
$$=\sum_{k=1}^{n}a_k-\sum_{k=1}^{n}b_k$$

③ $\displaystyle\sum_{k=1}^{n}ca_k=c\sum_{k=1}^{n}a_k$

$$\sum_{k=1}^{n}ca_k=ca_1+ca_2+ca_3+\cdots+ca_n$$
$$=c(a_1+a_2+a_3+\cdots+a_n)$$
$$=c\sum_{k=1}^{n}a_k$$

④ $\displaystyle\sum_{k=1}^{n}c=nc$

$$\sum_{k=1}^{n}c=\underbrace{c+c+c+\cdots+c}_{n\text{개}}=nc$$

Tip 1

④에서 c는 k의 영향을 받지 않기 때문에 c가 n개 있으므로 $\displaystyle\sum_{k=1}^{n}c=nc$라 써야 한다.

$\displaystyle\sum_{k=1}^{n}a_n$ 의 경우 특히 조심해야 하는데 ④의 c와 마찬가지로 a_n은 k의 영향을 받지 않기 때문에 a_n이 n개 있으므로 $\displaystyle\sum_{k=1}^{n}a_n=na_n$라 써야 한다. 즉, 변수를 조심하자!

Tip 2

합의 기호 $\sum$의 기본 성질은 덧셈과 뺄셈에 대해서는 성립하지만
다음과 같이 곱셈과 나눗셈에 대해서는 성립하지 않으므로 유의하도록 하자.

① $\displaystyle\sum_{k=1}^{n}a_kb_k\neq\sum_{k=1}^{n}a_k\sum_{k=1}^{n}b_k$ ② $\displaystyle\sum_{k=1}^{n}a_k{}^2\neq\left(\sum_{k=1}^{n}a_k\right)^2$ ③ $\displaystyle\sum_{k=1}^{n}\frac{a_k}{b_k}\neq\frac{\displaystyle\sum_{k=1}^{n}a_k}{\displaystyle\sum_{k=1}^{n}b_k}$

왜 등식이 성립하지 않을까? 이는 직접 계산해보면 자명하다.

$$\sum_{k=1}^{n}a_kb_k=a_1b_1+a_2b_2+\cdots+a_nb_n \qquad\qquad \sum_{k=1}^{n}\frac{a_k}{b_k}=\frac{a_1}{b_1}+\frac{a_2}{b_2}+\cdots+\frac{a_n}{b_n}$$

$$\sum_{k=1}^{n}a_k\sum_{k=1}^{n}b_k=(a_1+a_2+\cdots+a_n)(b_1+b_2+\cdots+b_n) \qquad \frac{\displaystyle\sum_{k=1}^{n}a_k}{\displaystyle\sum_{k=1}^{n}b_k}=\frac{a_1+a_2+\cdots+a_n}{b_1+b_2+\cdots+b_n}$$

$$\sum_{k=1}^{n}a_k{}^2=a_1{}^2+a_2{}^2+\cdots+a_n{}^2$$

$$\left(\sum_{k=1}^{n}a_k\right)^2=(a_1+a_2+\cdots+a_n)^2$$

예제 2

$\displaystyle\sum_{k=1}^{20} a_k = 5$, $\displaystyle\sum_{k=1}^{20} b_k = 15$ 일 때, $\displaystyle\sum_{k=1}^{20}\left(5a_k - 2b_k + 3\right)$ 의 값을 구하시오.

풀이

$$\sum_{k=1}^{20}\left(5a_k - 2b_k + 3\right) = \sum_{k=1}^{20} 5a_k - \sum_{k=1}^{20} 2b_k + \sum_{k=1}^{20} 3 = 5\sum_{k=1}^{20} a_k - 2\sum_{k=1}^{20} b_k + 3\times 20 = 25 - 30 + 60 = 55$$

따라서 답은 55 이다.

Tip 여기서 실수하는 포인트는 $\displaystyle\sum_{k=1}^{20}\left(5a_k - 2b_k + 3\right) = 5\sum_{k=1}^{20} a_k - 2\sum_{k=1}^{20} b_k + 3$ 이다.

$\displaystyle\sum_{k=1}^{20} 3 = 3$ 이 아니라 $\displaystyle\sum_{k=1}^{20} 3 = 3\times 20 = 60$ 임을 조심해야 한다.

개념 확인문제 3 $\displaystyle\sum_{k=1}^{10} a_k = 2$, $\displaystyle\sum_{k=1}^{10} b_k = 3$ 일 때, 다음 식의 값을 구하시오.

(1) $\displaystyle\sum_{k=1}^{10}\left(a_k + 7b_k\right)$

(2) $\displaystyle\sum_{k=1}^{10}\left(10a_k - 3b_k + 5\right)$

자연수의 거듭제곱의 합

① $1+2+3+\cdots+n=\sum\limits_{k=1}^{n}k=\dfrac{n(n+1)}{2}$

첫째항이 1, 공차가 1인 등차수열의 첫째항부터 제 n항까지의 합과 같으므로 $\sum\limits_{k=1}^{n}k=\dfrac{n(n+1)}{2}$

② $1^2+2^2+3^2+\cdots+n^2=\sum\limits_{k=1}^{n}k^2=\dfrac{n(n+1)(2n+1)}{6}$

항등식 $(k+1)^3-k^3=3k^2+3k+1$에 $k=1,\ 2,\ 3,\ \cdots,\ n$을 차례로 대입한 후 각 변끼리 더하면 다음과 같다.

$$2^3-1^3=3\times1^2+3\times1+1\quad(k=1)$$
$$3^3-2^3=3\times2^2+3\times2+1\quad(k=2)$$
$$4^3-3^3=3\times3^2+3\times3+1\quad(k=3)$$
$$\vdots$$
$$+\ \ (n+1)^3-n^3=3\times n^2+3\times n+1\quad(k=n)$$

$$(n+1)^3-1^3=3\sum\limits_{k=1}^{n}k^2+3\sum\limits_{k=1}^{n}k+n$$

정리하면

$$3\sum\limits_{k=1}^{n}k^2=(n+1)^3-1^3-3\sum\limits_{k=1}^{n}k-n=(n+1)^3-3\times\dfrac{n(n+1)}{2}-(n+1)=(n+1)\left\{(n+1)^2-\dfrac{3}{2}n-1\right\}$$
$$=\dfrac{n(n+1)(2n+1)}{2}$$

양변에 $\dfrac{1}{3}$을 곱하면 $\sum\limits_{k=1}^{n}k^2=\dfrac{n(n+1)(2n+1)}{6}$이 성립한다.

> **Tip** 공식이 헷갈리는 경우 $n=1$을 넣어서 $1^2=\dfrac{1\times(1+1)\times(2\times1+1)}{6}=1$이 나오는지 체크해 본다.

③ $1^3+2^3+3^3+\cdots+n^3=\sum\limits_{k=1}^{n}k^3=\left\{\dfrac{n(n+1)}{2}\right\}^2$

항등식 $(k+1)^4-k^4=4k^3+6k^2+4k+1$을 이용하여 ②과 같은 방법으로 구하면

$(n+1)^4-1^4=4\sum\limits_{k=1}^{n}k^3+6\sum\limits_{k=1}^{n}k^2+4\sum\limits_{k=1}^{n}k+n$이므로 $\sum\limits_{k=1}^{n}k^3=\left\{\dfrac{n(n+1)}{2}\right\}^2$

> **Tip** 외울 때 $\sum\limits_{k=1}^{n}k^3=\left(\sum\limits_{k=1}^{n}k\right)^2$라고 외우면 좋다.

④ $\sum\limits_{k=1}^{n}k(k+1)=\dfrac{n(n+1)(n+2)}{3}$

$$\sum\limits_{k=1}^{n}(k^2+k)=\sum\limits_{k=1}^{n}k^2+\sum\limits_{k=1}^{n}k=\dfrac{n(n+1)(2n+1)}{6}+\dfrac{n(n+1)}{2}=\dfrac{n(n+1)}{6}\{(2n+1)+3\}=\dfrac{n(n+1)(n+2)}{3}$$

> **Tip** ④번은 외워도 되고 안 외워도 그만이다. 나름 잘 나오는 편이니 외워두면 편하다.

개념 확인문제 4 다음 합을 구하시오.

(1) $1^2 + 2^2 + 3^2 + \cdots + 8^2$

(2) $1^3 + 2^3 + 3^3 + \cdots + 8^3$

예제 3

$\displaystyle\sum_{k=1}^{n}\left(6k^2 - 2k\right)$ 의 값을 구하시오.

풀이

$$\sum_{k=1}^{n}\left(6k^2 - 2k\right) = 6\sum_{k=1}^{n}k^2 - 2\sum_{k=1}^{n}k = n(n+1)(2n+1) - n(n+1) = n(n+1)(2n+1-1) = 2n^2(n+1)$$

따라서 답은 $2n^2(n+1)$ 이다.

개념 확인문제 5 다음 식의 값을 구하시오.

(1) $\displaystyle\sum_{k=1}^{n} 6(k+1)(k-1)$

(2) $\displaystyle\sum_{k=1}^{n} 3\left(k^2 + k\right)$

분수 꼴로 된 수열의 합

$$\frac{1}{AB} = \frac{1}{B-A}\left(\frac{1}{A} - \frac{1}{B}\right) \ (\text{단, } A \neq B)$$

Tip 위의 공식을 무턱대고 외우는 것보다 아래와 같은 사고과정으로 기억하는 것을 추천한다.

예를 들어 $\dfrac{1}{(2k-1)(2k+1)}$ 를 분리할 때, $\dfrac{1}{\triangle}\left(\dfrac{1}{2k-1} - \dfrac{1}{2k+1}\right)$ 라고 쓰고

(기왕이면 양수가 편하니 $\dfrac{1}{\triangle}$ 의 오른쪽 괄호 부분이 양수가 되도록 분모가 작은 것부터 먼저 쓴다.)

오른쪽 괄호를 통분하면 $\dfrac{1}{\triangle}\left(\dfrac{2}{(2k-1)(2k+1)}\right)$ 가 되니 없던 2가 분자에 생겼다.

분자의 2를 없애주려면 $\triangle = 2$가 되어야 한다. 따라서 $\dfrac{1}{(2k-1)(2k+1)} = \dfrac{1}{2}\left(\dfrac{1}{2k-1} - \dfrac{1}{2k+1}\right)$ 이다.

부분 분수의 합에는 크게 ① 초말 유형과 ② 초초말말 유형이 있다.

① 초말 유형

명명하기를 $\dfrac{1}{p_n q_n}$ 꼴일 때, 왼쪽의 p_n에 n 대신 $n+1$을 대입하여 오른쪽의 q_n이 나온다면 한 끗차라고 정의한다.

ex $\dfrac{1}{a_n a_{n+1}}$, $\dfrac{1}{n(n+1)}$

조심해야 할 점은 $n+1-n$ 이 1이 돼서 한 끗차가 아니라는 점이다. 즉, $\dfrac{1}{(2n-1)(2n+1)}$ 도 한 끗차이다.

한 끗차에 시그마를 취하면 첫째항의 초항과 마지막항의 말항만 남는다.

ex $\displaystyle\sum_{k=1}^{n} \frac{1}{k(k+1)} = \sum_{k=1}^{n}\left(\frac{1}{k} - \frac{1}{k+1}\right) = \frac{1}{1} - \frac{1}{n+1}$

첫째항 $\left(\dfrac{1}{1} - \dfrac{1}{2}\right)$ 중 초항 $\dfrac{1}{1}$

마지막항 $\left(\dfrac{1}{n} - \dfrac{1}{n+1}\right)$ 중 말항 $\dfrac{1}{n+1}$

따라서 한 끗차의 경우는 초말이 된다.

ex $\displaystyle\sum_{k=1}^{10} \frac{1}{(k+1)(k+2)} = \sum_{k=1}^{10}\left(\frac{1}{k+1} - \frac{1}{k+2}\right)$ 의 경우도 한 끗차이니까 초말이 된다.

$$\therefore \frac{1}{2} - \frac{1}{12} = \frac{5}{12}$$

② 초초말말 유형

명명하기를 $\dfrac{1}{p_n q_n}$ 꼴일 때, 왼쪽의 p_n에 n 대신 $n+2$를 대입하여 오른쪽의 q_n이 나온다면 두 끗차라고 정의한다.

ex $\dfrac{1}{a_n a_{n+2}}$, $\dfrac{1}{n(n+2)}$

두 끗차에 시그마를 취하면 첫째항의 초항, 둘째항의 초항, 마지막 바로 전의 항의 말항, 마지막항의 말항만 남는다.

ex $\displaystyle\sum_{k=1}^{n} \dfrac{1}{k(k+2)} = \sum_{k=1}^{n} \dfrac{1}{2}\left(\dfrac{1}{k} - \dfrac{1}{k+2}\right) = \dfrac{1}{2}\left(\dfrac{1}{1} + \dfrac{1}{2} - \dfrac{1}{n+1} - \dfrac{1}{n+2}\right)$

첫째항 $\left(\dfrac{1}{1} - \dfrac{1}{3}\right)$ 중 초항 $\dfrac{1}{1}$

둘째항 $\left(\dfrac{1}{2} - \dfrac{1}{4}\right)$ 중 초항 $\dfrac{1}{2}$

마지막 바로 전의 항 $\left(\dfrac{1}{n-1} - \dfrac{1}{n+1}\right)$ 중 말항 $\dfrac{1}{n+1}$

마지막항 $\left(\dfrac{1}{n} - \dfrac{1}{n+2}\right)$ 중 말항 $\dfrac{1}{n+2}$

따라서 두 끗차의 경우는 초초말말이 된다.

ex $\displaystyle\sum_{k=1}^{10} \dfrac{1}{(k+1)(k+3)} = \sum_{k=1}^{10} \dfrac{1}{2}\left(\dfrac{1}{k+1} - \dfrac{1}{k+3}\right)$ 의 경우도 두 끗차이니까 초초말말이 된다.

$\therefore \dfrac{1}{2}\left(\dfrac{1}{2} + \dfrac{1}{3} - \dfrac{1}{12} - \dfrac{1}{13}\right)$

Tip 일일이 나열한 뒤, 항을 연쇄적으로 소거하면서 풀 수도 있지만 시간단축을 위해 알아두는 것을 추천한다.

예제 4

$\dfrac{1}{1\times2} + \dfrac{1}{2\times3} + \dfrac{1}{3\times4} + \cdots + \dfrac{1}{10\times11}$ 의 값을 구하시오.

풀이

$\dfrac{1}{1\times2} + \dfrac{1}{2\times3} + \dfrac{1}{3\times4} + \cdots + \dfrac{1}{10\times11} = \displaystyle\sum_{k=1}^{10} \dfrac{1}{k(k+1)}$ 이다. 이는 한 끗차이므로 초말유형인 것을 바로 알 수 있다.

$\displaystyle\sum_{k=1}^{10} \dfrac{1}{k(k+1)} = \sum_{k=1}^{10}\left(\dfrac{1}{k} - \dfrac{1}{k+1}\right) = \left(\dfrac{1}{1} - \dfrac{1}{11}\right) = \dfrac{10}{11}$ 이다.

개념 확인문제 6 다음 물음에 답하시오.

(1) $\dfrac{1}{1\times3} + \dfrac{1}{3\times5} + \dfrac{1}{5\times7} + \cdots + \dfrac{1}{15\times17}$ 의 값을 구하시오.

(2) $\displaystyle\sum_{k=1}^{n} \dfrac{2}{k^2+3k+2}$ 의 값을 구하시오.

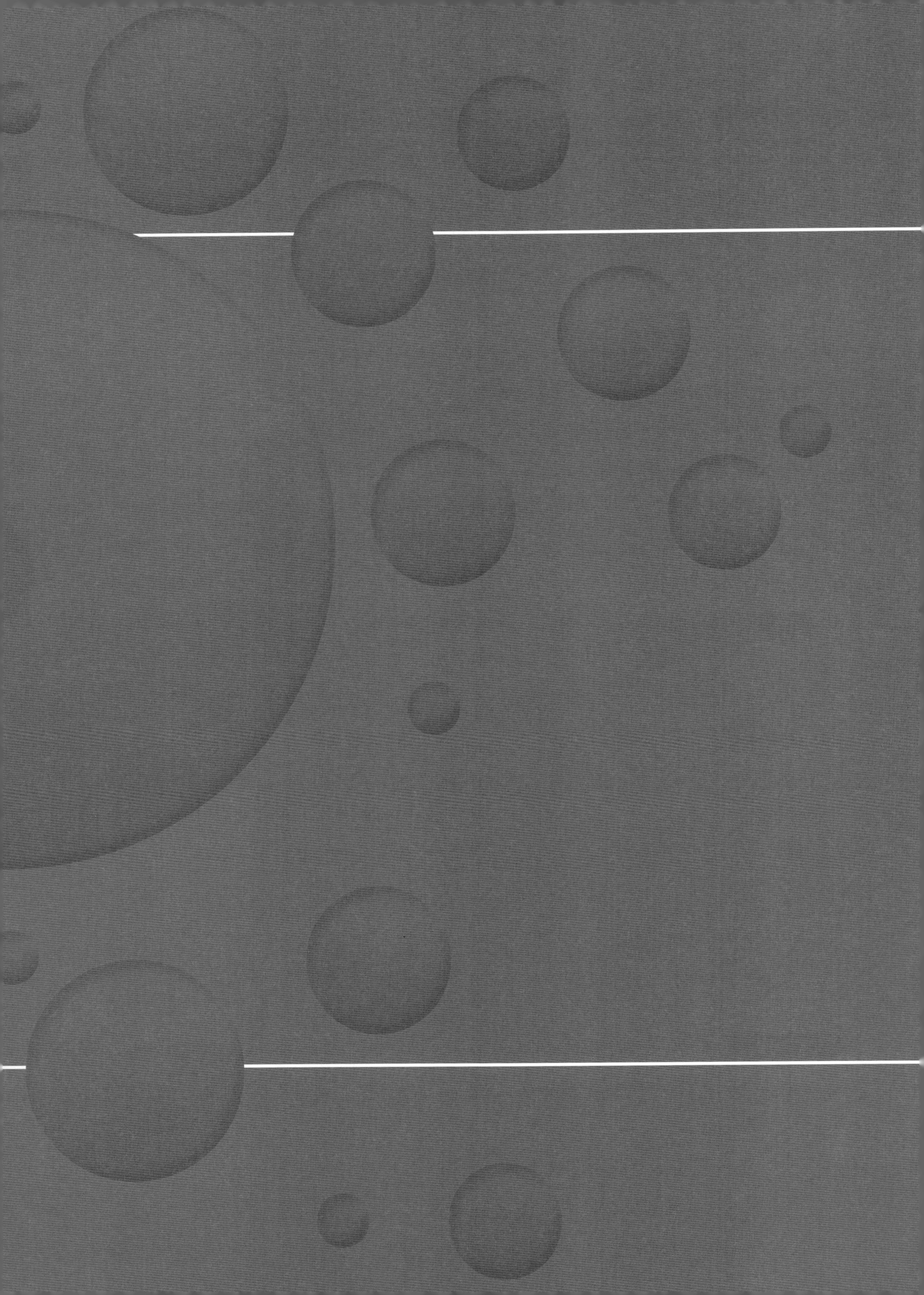

Training – 1 step
필수 유형편

2. 수열의 합

001 ☐☐☐☐☐

$\displaystyle\sum_{k=1}^{15} a_k = \alpha$, $\displaystyle\sum_{k=1}^{15} b_k = \beta$ 일 때, 다음 〈보기〉 중에서

항상 옳은 것만을 있는 대로 고른 것은?

───── 〈보기〉 ─────

ㄱ. $\displaystyle\sum_{k=1}^{15}(2a_k - 5b_k + 1) = 2\alpha - 5\beta + 1$

ㄴ. $\displaystyle\sum_{k=1}^{15} 3(a_k + b_k) = 3\alpha + 3\beta$

ㄷ. $\displaystyle\sum_{k=1}^{15}(b_k)^2 = \beta^2$

① ㄱ   ② ㄴ   ③ ㄷ

④ ㄱ, ㄴ   ⑤ ㄴ, ㄷ

002 ☐☐☐☐☐

$\displaystyle\sum_{k=1}^{10} \frac{2k}{k+1} + \sum_{k=1}^{10} \frac{2}{k+1}$ 의 값을 구하시오.

003 ☐☐☐☐☐

$\displaystyle\sum_{k=1}^{n}(a_{2k-1} + a_{2k}) = 2n - 1$ 일 때, $\displaystyle\sum_{k=1}^{10} a_k$의 값을 구하시오.

004 ☐☐☐☐☐

수열 $\{a_n\}$에 대하여

$$\sum_{n=1}^{10}(a_n + 1)^2 = 100, \quad \sum_{n=1}^{10} a_n(2a_n + 1) = 60$$

일 때, $\displaystyle\sum_{n=1}^{10}(a_n - 1)(a_n + 2)$ 의 값을 구하시오.

005 ☐☐☐☐☐

다음 〈보기〉 중에서 항상 옳은 것만을 있는 대로 고르시오.

───── 〈보기〉 ─────

ㄱ. $\displaystyle\sum_{k=1}^{10}(3k - 1) = \sum_{i=2}^{11}(3i - 4)$

ㄴ. $\displaystyle\sum_{k=1}^{n}(a_k)^2 = \left(\sum_{k=1}^{n} a_k\right)^2$

ㄷ. $\displaystyle\sum_{k=1}^{n} a_{2k} = \sum_{k=1}^{2n} a_k$

ㄹ. $\displaystyle\sum_{k=1}^{n} a_k - \sum_{k=n-10}^{n} a_k = \sum_{k=1}^{n-10} a_k$ (단, $n \geq 11$)

ㅁ. $\displaystyle\sum_{k=1}^{n} k a_n = \sum_{k=1}^{n} n a_k$

ㅂ. $\displaystyle\sum_{k=1}^{n} 3^{-k} = \sum_{k=0}^{n-1} 3^{-k-1}$

006 ☐☐☐☐☐

$\displaystyle\sum_{k=1}^{n} a_k = 2n^2$, $\displaystyle\sum_{k=1}^{n} b_k = n$ 일 때, $\displaystyle\sum_{k=6}^{10}(a_k - 4b_k)$ 의 값을

구하시오.

007

수열 $\{a_n\}$이 $\displaystyle\sum_{k=1}^{33}(a_k-k)=\sum_{k=1}^{32}(a_k+k-33)$을

만족시킬 때, a_{33}의 값을 구하시오.

008

함수 $f(x)$가 $f(20)=10$, $f(2)=2$를 만족시킬 때,

$\displaystyle\sum_{k=0}^{17}f(k+3)-\sum_{k=4}^{21}f(k-2)$의 값을 구하시오.

009

모든 실수 x에 대하여 함수 $f(x)$가

$f(x)+f(4-x)=6$를 만족시킬 때,

$\displaystyle\sum_{k=1}^{15}f\left(\frac{k}{4}\right)$의 값을 구하시오.

010

$\displaystyle\sum_{n=1}^{4}\left\{\sum_{k=1}^{n}(2kn)\right\}$의 값을 구하시오.

011

$\displaystyle\sum_{n=1}^{5}\left\{\sum_{k=1}^{n}2^{n-k}\right\}$의 값을 구하시오.

012

$\displaystyle\sum_{n=1}^{m+20}\left\{\sum_{i=1}^{n}\frac{i\cdot 2^n}{n(n+1)}\right\}=4^{m+5}-1$을 만족시키는

자연수 m의 값을 구하시오.

013

수열 $\{a_n\}$에 대하여 $\log_3 a_n=\dfrac{1}{\sqrt{n}+\sqrt{n+1}}$일 때,

$2^{\sum_{k=1}^{35}\log_2 a_k}$의 값을 구하시오.

014

$$\sum_{k=1}^{10}\frac{k^3}{k+1}+\sum_{k=1}^{10}\frac{1}{k+1}$$ 의 값을 구하시오.

015

$$\sum_{k=1}^{n}(k^2+k+2)-\sum_{k=1}^{n-1}(k^2+k-3)=69$$ 을

만족시키는 자연수 n의 값을 구하시오.

016

$$\sum_{k=1}^{4}(k+p)^2$$ 의 값이 최소가 되도록 하는

상수 p의 값을 a, 최솟값을 b이라 할 때,
$10(b+a)$의 값을 구하시오.

017

$$\sum_{k=1}^{6}k^2+\sum_{k=2}^{6}k^2+\sum_{k=3}^{6}k^2+\cdots+\sum_{k=6}^{6}k^2$$ 의 값을 구하시오.

018

이차방정식 $x^2-3x-1=0$의 두 근을 α, β라 할 때,
$$\sum_{k=1}^{5}(k+\alpha)(k+\beta)$$ 의 값을 구하시오.

019

수열 $\{a_n\}$에 대하여 $$\sum_{n=1}^{10}a_n=m$$ 라 할 때,

등식 $3a_n+n^2=m$가 성립한다. a_5의 값을 구하시오.
(단, m은 상수이다.)

Theme 3 $\sum$ 와 등차, 등비수열

020

등차수열 $\{a_n\}$ 에 대하여 $\displaystyle\sum_{k=1}^{10} a_k = \sum_{k=1}^{7} (a_k + 3k)$ 일 때,

a_9 의 값을 구하시오.

021

등차수열 $\{a_n\}$ 에 대하여 $a_1 + a_6 = 0$, $a_3 = 1$일 때,

$\displaystyle\sum_{k=1}^{10} |a_k + a_{k+1}|$ 의 값을 구하시오.

022

공차가 양수인 등차수열 $\{a_n\}$ 에 대하여

$a_1 + a_2 + a_3 = 3$, $|a_1| + |a_2| + |a_3| = 5$일 때,

$\displaystyle\sum_{k=1}^{10} (a_{2k} + 3)$ 의 값을 구하시오.

023

$\displaystyle\sum_{k=1}^{5} 2^{-k-1} (2^{2k-1} + 1) = 2^p - 2^{-q}$ 이다.

$p + q$ 의 값을 구하시오. (단, p, q는 자연수이다.)

024

등비수열 $\{a_n\}$ 에 대하여 $a_2 = 10$, $a_8 = 8a_5$일 때,

$\displaystyle\sum_{k=1}^{n} a_k \geq 500$을 만족시키는 n의 최솟값을 구하시오.

025

첫째항과 공비가 모두 4인 등비수열 $\{a_n\}$ 에 대하여

$\displaystyle\sum_{n=1}^{24} \log_{64} a_n$의 값을 구하시오.

026

두 자연수 a, b에 대하여 $\displaystyle\sum_{k=1}^{30} \frac{4^{k+1} + 8}{2^{k-1}} = 2^a - 2^{-b}$

일 때, $2a + b$ 의 값은?

① 94 ② 96 ③ 98

④ 100 ⑤ 102

Theme 4 — $\sum$ 로 표현된 S_n 과 a_n 사이의 관계

027

$\displaystyle\sum_{k=1}^{n} a_k = 2n^2 - n$ 일 때, $\displaystyle\sum_{n=1}^{100} (-1)^n a_n$ 의 값을 구하시오.

028

$\displaystyle\sum_{k=1}^{n} a_k = n^2 + 1$ 일 때, $\displaystyle\sum_{k=1}^{30} a_{2k-1}$ 의 값을 구하시오.

029

수열 $\{a_n\}$ 이 $\displaystyle\sum_{k=1}^{n} k a_k = n(n+1)(n+2)$ 를 만족시킬 때, $\displaystyle\sum_{k=1}^{20} a_k$ 의 값을 구하시오.

030

모든 항이 양수인 수열 $\{a_n\}$ 의 첫째항부터 제 n 항까지의 합을 S_n 이라 하자. $\displaystyle\sum_{k=1}^{25} \frac{S_{k+1}}{S_k} = 40$ 일 때, $\displaystyle\sum_{k=1}^{25} \frac{a_{k+1}}{S_k}$ 의 값을 구하시오.

031

수열 $\{a_n\}$ 에 대하여 $\displaystyle\sum_{k=1}^{n} a_k = 3^{n+1} - 3$ 일 때, $\displaystyle\sum_{k=1}^{m} (a_k)^2 = \frac{3^{42} - 9}{2}$ 를 만족시키는 자연수 m 의 값을 구하시오.

032

두 수열 $\{a_n\}$, $\{b_n\}$ 에 대하여
$$\sum_{k=1}^{n} a_k = \frac{3n^2 + n}{2}, \quad \sum_{k=1}^{n} a_k b_k = 2n^3 - n^2 - n$$
일 때, b_{10} 의 값을 구하시오.

Theme 5 분수 꼴인 수열의 합

033

$\displaystyle\sum_{k=1}^{10} \frac{1}{(2k+1)(2k+3)} = \frac{q}{p}$ 일 때,

$p+q$ 의 값을 구하시오. (단, p, q는 서로소인 자연수이다.)

034

$\displaystyle\sum_{k=4}^{18} \frac{1}{k^2+6k+8} = \frac{q}{p}$ 일 때,

$p+q$ 의 값을 구하시오. (단, p, q는 서로소인 자연수이다.)

035

수열 $\{a_n\}$ 에 대하여 $\displaystyle\sum_{k=1}^{n} a_k = 3n^2 + 7n$,

$\displaystyle\sum_{k=1}^{15} \frac{12}{a_k a_{k+1}} = \frac{1}{m}$ 일 때, $9m$의 값을 구하시오.

036

수열 $\{a_n\}$ 이 자연수 n에 대하여 $\displaystyle\sum_{k=1}^{n} \frac{a_k}{k+1} = n^2 + n$ 을

만족시킬 때, $\displaystyle\sum_{n=1}^{11} \frac{24}{a_n}$ 의 값을 구하시오.

037

첫째항이 4이고 공차가 1인 등차수열 $\{a_n\}$에 대하여

$\displaystyle\sum_{k=1}^{60} \frac{1}{\sqrt{a_{k+1}} + \sqrt{a_k}}$ 의 값을 구하시오.

038

$\displaystyle\sum_{k=1}^{11} \frac{a}{4k^2-1}$ 의 값이 자연수가 되도록 하는 100 이하의

자연수 a 의 최댓값과 최솟값의 합을 구하시오.

039

수열 $\{a_n\}$ 의 일반항이 $a_n = 2^{n+1}$ 일 때,

$\displaystyle\sum_{k=1}^{10} \frac{1}{\log_{16} a_k \times \log_8 a_{k+1}}$ 의 값을 구하시오.

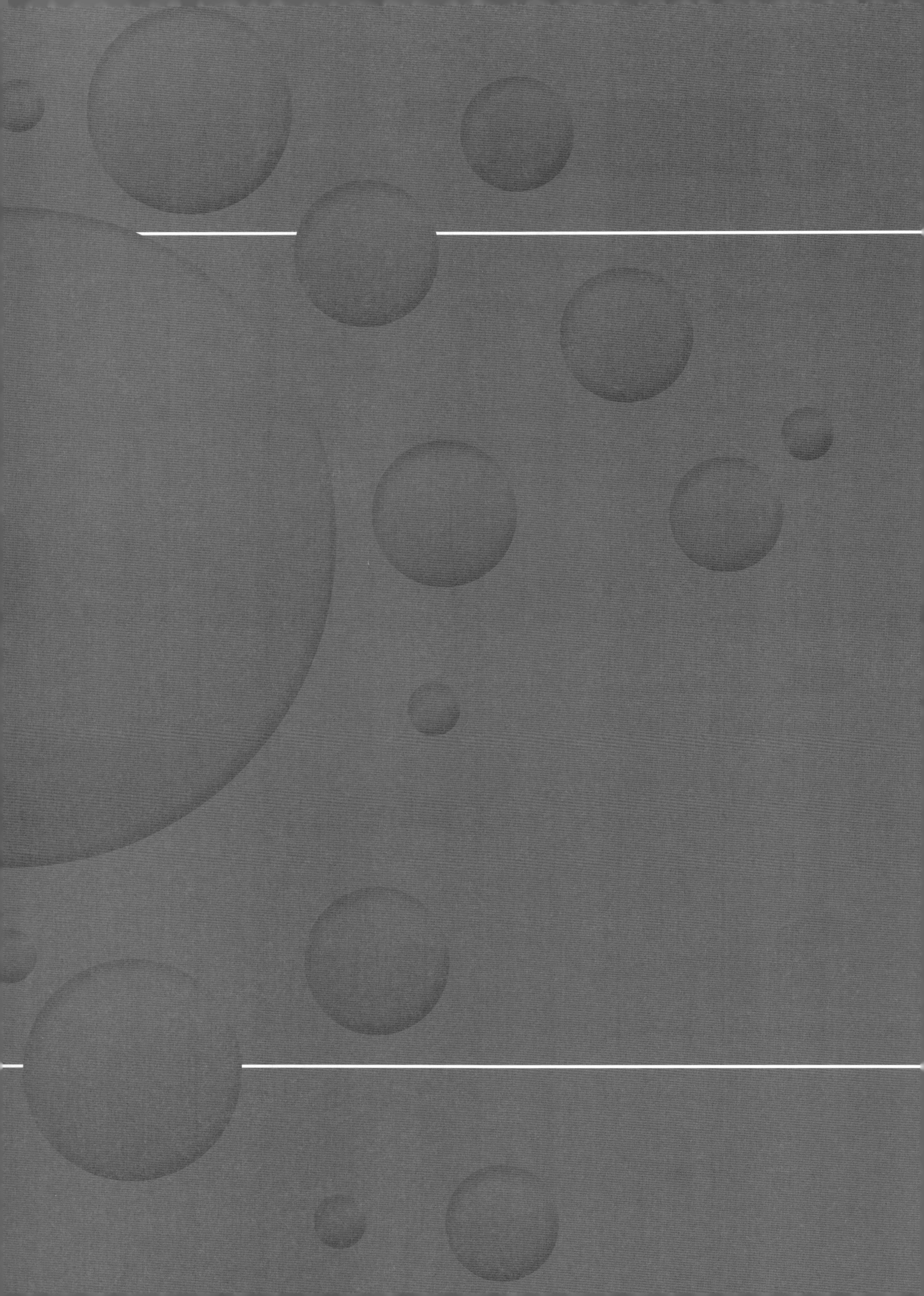

Training – 2 step
기출 적용편

2. 수열의 합

040 2020년 고3 4월 교육청 가형

수열 $\{a_n\}$에 대하여

$$\sum_{k=1}^{10} a_k = 4, \quad \sum_{k=1}^{10} (a_k + 2)^2 = 67 \text{일 때,}$$

$$\sum_{k=1}^{10} (a_k)^2 \text{의 값은? [3점]}$$

① 7　　　　② 8　　　　③ 9

④ 10　　　　⑤ 11

041 2024학년도 수능 공통

두 수열 $\{a_n\}$, $\{b_n\}$에 대하여

$$\sum_{k=1}^{10} a_k = \sum_{k=1}^{10} (2b_k - 1), \quad \sum_{k=1}^{10} (3a_k + b_k) = 33$$

일 때, $\sum_{k=1}^{10} b_k$의 값을 구하시오. [3점]

042 2019학년도 사관학교 나형

수열 $\{a_n\}$에 대하여

$$\sum_{k=1}^{10} (2k+1)^2 a_k = 100, \quad \sum_{k=1}^{10} k(k+1) a_k = 23$$

일 때, $\sum_{k=1}^{10} a_k$의 값을 구하시오. [3점]

043 2024년 고3 3월 교육청 공통

수열 $\{a_n\}$에 대하여

$$\sum_{k=1}^{10} a_k + \sum_{k=1}^{9} a_k = 137, \quad \sum_{k=1}^{10} a_k - \sum_{k=1}^{9} 2a_k = 101$$

일 때, a_{10}의 값을 구하시오. [3점]

044 2022학년도 고3 9월 평가원 공통

두 수열 $\{a_n\}$, $\{b_n\}$에 대하여

$$\sum_{k=1}^{10} (a_k + 2b_k) = 45, \quad \sum_{k=1}^{10} (a_k - b_k) = 3$$

일 때, $\sum_{k=1}^{10} \left(b_k - \dfrac{1}{2} \right)$의 값을 구하시오. [3점]

045 2022학년도 수능 공통

수열 $\{a_n\}$에 대하여

$$\sum_{k=1}^{10} a_k - \sum_{k=1}^{7} \dfrac{a_k}{2} = 56, \quad \sum_{k=1}^{10} 2a_k - \sum_{k=1}^{8} a_k = 100$$

일 때, a_8의 값을 구하시오. [3점]

046 2023학년도 고3 9월 평가원 공통 〇〇〇〇〇

수열 $\{a_n\}$의 첫째항부터 제 n항까지의 합을 S_n이라 하자.

$S_n = \dfrac{1}{n(n+1)}$ 일 때, $\displaystyle\sum_{k=1}^{10}(S_k - a_k)$의 값은? [3점]

① $\dfrac{1}{2}$ ② $\dfrac{3}{5}$ ③ $\dfrac{7}{10}$

④ $\dfrac{4}{5}$ ⑤ $\dfrac{9}{10}$

047 2023학년도 수능 공통 〇〇〇〇〇

모든 항이 양수이고 첫째항과 공차가 같은 등차수열 $\{a_n\}$이

$\displaystyle\sum_{k=1}^{15} \dfrac{1}{\sqrt{a_k} + \sqrt{a_{k+1}}} = 2$를 만족시킬 때, a_4의 값은? [3점]

① 6   ② 7   ③ 8

④ 9   ⑤ 10

048 2022년 고3 4월 교육청 공통 〇〇〇〇〇

공비가 $\sqrt{3}$인 등비수열 $\{a_n\}$과 공비가 $-\sqrt{3}$인 등비수열 $\{b_n\}$에 대하여

$$a_1 = b_1, \quad \sum_{n=1}^{8} a_n + \sum_{n=1}^{8} b_n = 160$$

일 때, $a_3 + b_3$의 값은? [3점]

① 9   ② 12   ③ 15

④ 18   ⑤ 21

049 2023학년도 고3 9월 평가원 공통 〇〇〇〇〇

수열 $\{a_n\}$에 대하여 $\displaystyle\sum_{k=1}^{5} a_k = 10$일 때,

$$\sum_{k=1}^{5} c a_k = 65 + \sum_{k=1}^{5} c$$

를 만족시키는 상수 c의 값을 구하시오. [3점]

050 2023학년도 수능 공통 〇〇〇〇〇

두 수열 $\{a_n\}$, $\{b_n\}$에 대하여

$$\sum_{k=1}^{5}(3a_k + 5) = 55, \quad \sum_{k=1}^{5}(a_k + b_k) = 32$$

일 때, $\displaystyle\sum_{k=1}^{5} b_k$의 값을 구하시오. [3점]

051 2025학년도 고3 9월 평가원 공통 〇〇〇〇〇

수열 $\{a_n\}$에 대하여

$$\sum_{k=1}^{10} k a_k = 36, \quad \sum_{k=1}^{9} k a_{k+1} = 7$$

일 때, $\displaystyle\sum_{k=1}^{10} a_k$의 값을 구하시오. [3점]

052 2020년 고3 7월 교육청 가형 ⬜⬜⬜⬜⬜

수열 $\{a_n\}$의 일반항이 $a_n = 2n+1$일 때,

$\displaystyle\sum_{n=1}^{12} \frac{1}{a_n a_{n+1}}$ 의 값은? [3점]

① $\dfrac{1}{9}$ ② $\dfrac{4}{27}$ ③ $\dfrac{5}{27}$

④ $\dfrac{2}{9}$ ⑤ $\dfrac{7}{27}$

---

053 2021학년도 고3 9월 평가원 나형 ⬜⬜⬜⬜⬜

n이 자연수일 때, x에 대한 이차방정식
$(n^2+6n+5)x^2 - (n+5)x - 1 = 0$의 두 근의 합을 a_n이라

하자. $\displaystyle\sum_{k=1}^{10} \frac{1}{a_k}$의 값은? [3점]

① 65 ② 70 ③ 75

④ 80 ⑤ 85

---

054 2021학년도 수능 가형 ⬜⬜⬜⬜⬜

첫째항이 3인 등차수열 $\{a_n\}$에 대하여 $\displaystyle\sum_{k=1}^{5} a_k = 55$일 때,

$\displaystyle\sum_{k=1}^{5} k(a_k - 3)$의 값을 구하시오. [3점]

---

055 2022학년도 고3 9월 평가원 공통 ⬜⬜⬜⬜⬜

수열 $\{a_n\}$은 $a_1 = -4$이고, 모든 자연수 n에 대하여

$$\sum_{k=1}^{n} \frac{a_{k+1} - a_k}{a_k a_{k+1}} = \frac{1}{n}$$

을 만족시킨다. a_{13}의 값은? [3점]

① -9 ② -7 ③ -5

④ -3 ⑤ -1

---

056 2020년 고3 4월 교육청 가형 ⬜⬜⬜⬜⬜

$\displaystyle\sum_{n=1}^{20} (-1)^n n^2$ 의 값은? [3점]

① 195 ② 200 ③ 205

④ 210 ⑤ 215

---

057 2020학년도 수능 나형 ⬜⬜⬜⬜⬜

자연수 n에 대하여 다항식 $2x^2 - 3x + 1$을 $x - n$으로
나누었을 때의 나머지를 a_n이라 할 때,

$\displaystyle\sum_{n=1}^{7} (a_n - n^2 + n)$의 값을 구하시오. [3점]

058 2015학년도 고3 6월 평가원 B형

수열 $\{a_n\}$에 대하여 $\sum\limits_{k=1}^{n} a_k = n^2 - n$ $(n \geq 1)$ 일 때,

$\sum\limits_{k=1}^{10} k a_{4k+1}$ 의 값은? [3점]

① 2960   ② 3000   ③ 3040

④ 3080   ⑤ 3120

059 2017년 고3 10월 교육청 나형

수열 $\{a_n\}$에 대하여 $\sum\limits_{k=1}^{n} a_k = \log_2(n^2 + n)$일 때,

$\sum\limits_{n=1}^{15} a_{2n+1}$의 값을 구하시오. [3점]

060 2015년 고3 3월 교육청 A형

자연수 n에 대하여 2^{n-1}의 모든 양의 약수의 합을

a_n이라 할 때, $\sum\limits_{n=1}^{8} a_n$의 값을 구하시오. [3점]

061 2015학년도 사관학교 A형

그림과 같이 좌표평면에서 직선 $x = k$가 곡선 $y = 2^x + 4$

와 만나는 점을 A_k라 하고, 직선 $x = k+1$이 직선 $y = x$

와 만나는 점을 B_{k+1}이라 하자. 선분 $A_k B_{k+1}$을

대각선으로 하고 각 변은 x축 또는 y축에 평행한

직사각형의 넓이를 S_k라 할 때, $\sum\limits_{k=1}^{8} S_k$의 값은? [3점]

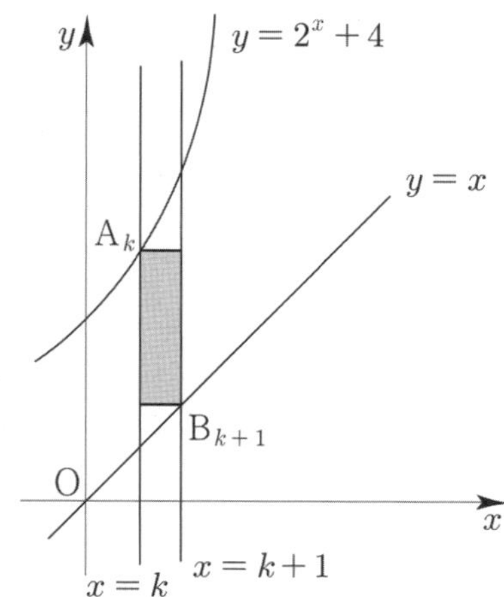

① 494   ② 496   ③ 498

④ 500   ⑤ 502

062 2021년 고3 10월 교육청 공통

수열 $\{a_n\}$이 다음 조건을 만족시킨다.

(가) $a_{n+2} = \begin{cases} a_n - 3 & (n = 1, 3) \\ a_n + 3 & (n = 2, 4) \end{cases}$

(나) 모든 자연수 n에 대하여 $a_n = a_{n+6}$이 성립한다.

$\sum\limits_{k=1}^{32} a_k = 112$일 때, $a_1 + a_2$의 값을 구하시오. [3점]

공차가 양수인 등차수열 $\{a_n\}$에 대하여 이차방정식

$x^2 - 14x + 24 = 0$의 두 근이 a_3, a_8이다.

$\displaystyle\sum_{n=3}^{8} a_n$의 값은? [4점]

① 40   ② 42   ③ 44

④ 46   ⑤ 48

등비수열 $\{a_n\}$에 대하여 $a_3 = 4(a_2 - a_1)$, $\displaystyle\sum_{k=1}^{6} a_k = 15$

일 때, $a_1 + a_3 + a_5$의 값은? [4점]

① 3   ② 4   ③ 5

④ 6   ⑤ 7

첫째항이 1인 등차수열 $\{a_n\}$이 있다. 모든 자연수 n에 대하여

$$S_n = \sum_{k=1}^{n} a_k, \quad T_n = \sum_{k=1}^{n} (-1)^k a_k$$

라 하자. $\dfrac{S_{10}}{T_{10}} = 6$일 때, T_{37}의 값은? [4점]

① 7   ② 9   ③ 11

④ 13   ⑤ 15

공차가 양수인 등차수열 $\{a_n\}$에 대하여

$a_5 = 5$이고 $\displaystyle\sum_{k=3}^{7} |2a_k - 10| = 20$이다. a_6의 값은? [4점]

① 6   ② $\dfrac{20}{3}$ ③ $\dfrac{22}{3}$

④ 8   ⑤ $\dfrac{26}{3}$

수열 $\{a_n\}$은 $a_1 = 15$이고,

$$\sum_{k=1}^{n} (a_{k+1} - a_k) = 2n + 1 \quad (n \geq 1)$$을 만족시킨다.

a_{10}의 값을 구하시오. [4점]

함수 $f(x) = x^2 + x - \dfrac{1}{3}$에 대하여 부등식

$$f(n) < k < f(n) + 1 \quad (n = 1, \ 2, \ 3, \ \cdots)$$

을 만족시키는 정수 k의 값을 a_n이라 하자.

$\displaystyle\sum_{n=1}^{100} \dfrac{1}{a_n} = \dfrac{q}{p}$일 때, $p + q$의 값을 구하시오.

(단, p와 q는 서로소인 자연수이다.) [4점]

069 · 2018년 고3 3월 교육청 나형

좌표평면에 그림과 같이 직선 l이 있다. 자연수 n에 대하여 점 $(n, 0)$을 지나고 x축에 수직인 직선이 직선 l과 만나는 점의 y좌표를 a_n이라 하자. $a_4 = \dfrac{7}{2}$, $a_7 = 5$일 때, $\displaystyle\sum_{k=1}^{25} a_k$의 값을 구하시오. [4점]

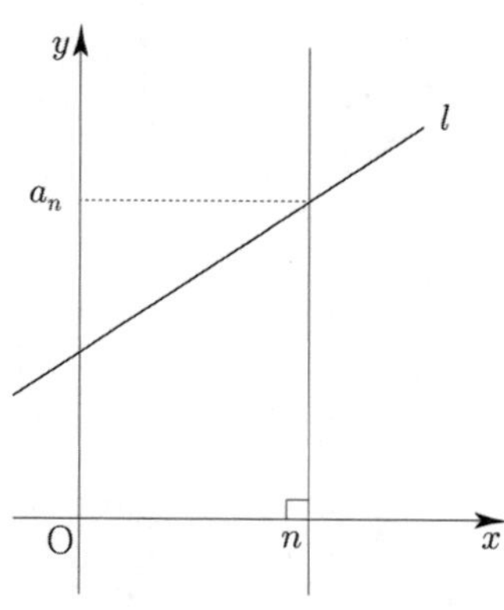

070 · 2021학년도 고3 6월 평가원 나형

수열 $\{a_n\}$이 모든 자연수 n에 대하여

$$\sum_{k=1}^{n} \frac{4k-3}{a_k} = 2n^2 + 7n$$

을 만족시킨다. $a_5 \times a_7 \times a_9 = \dfrac{q}{p}$일 때, $p+q$의 값을 구하시오. (단, p와 q는 서로소인 자연수이다.) [4점]

071 · 2022학년도 수능예비시행

공차가 정수인 등차수열 $\{a_n\}$에 대하여

$$a_3 + a_5 = 0, \quad \sum_{k=1}^{6} \left(|a_k| + a_k \right) = 30$$

일 때, a_9의 값을 구하시오. [4점]

072 · 2016년 고3 3월 교육청 나형

자연수 n에 대하여 $\left| \left(n + \dfrac{1}{2} \right)^2 - m \right| < \dfrac{1}{2}$을 만족시키는 자연수 m을 a_n이라 하자. $\displaystyle\sum_{k=1}^{5} a_k$의 값은? [4점]

① 65   ② 70   ③ 75

④ 80   ⑤ 85

073 · 2019년 고3 3월 교육청 나형

첫째항이 양수이고 공비가 -2인 등비수열 $\{a_n\}$에 대하여 $\displaystyle\sum_{k=1}^{9} \left(|a_k| + a_k \right) = 66$일 때, a_1의 값은? [4점]

① $\dfrac{3}{31}$ ② $\dfrac{5}{31}$ ③ $\dfrac{7}{31}$

④ $\dfrac{9}{31}$ ⑤ $\dfrac{11}{31}$

첫째항이 1, 공차가 3인 등차수열 $\{a_n\}$에 대하여 부등식 $|x-a_n| \geq |x-a_{n+1}|$ $(n \geq 1)$ 을 만족시키는 x의 최솟값을 b_n이라 할 때, 옳은 것만을 〈보기〉에서 있는 대로 고른 것은? [4점]

〈보기〉

ㄱ. $b_1 = \dfrac{a_1 + a_2}{2}$

ㄴ. 수열 $\{b_n\}$은 공차가 $\dfrac{3}{2}$인 등차수열이다.

ㄷ. $\displaystyle\sum_{n=1}^{10} b_n = 160$

---

① ㄱ   ② ㄴ   ③ ㄱ, ㄷ

④ ㄴ, ㄷ   ⑤ ㄱ, ㄴ, ㄷ

좌표평면에서 자연수 n에 대하여 그림과 같이 곡선 $y=x^2$과 직선 $y=\sqrt{n}\,x$가 제 1사분면에서 만나는 점을 P_n이라 하자. 점 P_n을 지나고 직선 $y=\sqrt{n}\,x$와 수직인 직선이 x축, y축과 만나는 점을 각각 Q_n, R_n이라 하자. 삼각형 OQ_nR_n의 넓이를 S_n이라 할 때, $\displaystyle\sum_{n=1}^{5} \dfrac{2S_n}{\sqrt{n}}$의 값은? (단, O는 원점이다.) [4점]

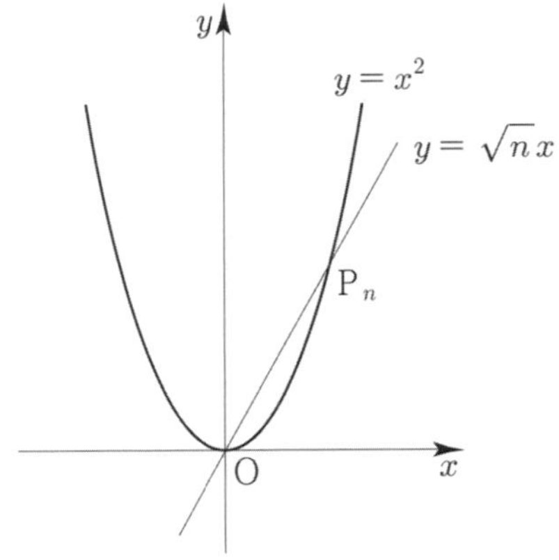

① 80   ② 85   ③ 90

④ 95   ⑤ 100

n이 자연수일 때, x에 대한 이차방정식 $x^2 - (2n-1)x + n(n-1) = 0$의 두 근을 α_n, β_n이라 하자. $\displaystyle\sum_{n=1}^{81} \dfrac{1}{\sqrt{\alpha_n} + \sqrt{\beta_n}}$ 의 값을 구하시오. [4점]

첫째항이 50이고 공차가 -4인 등차수열의 첫째항부터 제 n항까지의 합을 S_n이라 할 때, $\displaystyle\sum_{k=m}^{m+4} S_k$의 값이 최대가 되도록 하는 자연수 m의 값은? [4점]

① 8   ② 9   ③ 10

④ 11   ⑤ 12

078 2020년 고3 4월 교육청 가형

모든 항이 양수인 등비수열 $\{a_n\}$이 다음 조건을 만족시킬 때, a_3의 값은? [4점]

(가) $\displaystyle\sum_{k=1}^{4} a_k = 45$

(나) $\displaystyle\sum_{k=1}^{6} \frac{a_2 \times a_5}{a_k} = 189$

① 12　　　② 15　　　③ 18

④ 21　　　⑤ 24

079 2023학년도 사관학교 공통

자연수 n에 대하여 직선 $x=n$이 직선 $y=x$와 만나는 점을 P_n, 곡선 $y=\dfrac{1}{20}x\left(x+\dfrac{1}{3}\right)$과 만나는 점을 Q_n, x축과 만나는 점을 R_n이라 하자. 두 선분 $\mathrm{P}_n\mathrm{Q}_n$, $\mathrm{Q}_n\mathrm{R}_n$의 길이 중 작은 값을 a_n이라 할 때, $\displaystyle\sum_{n=1}^{10} a_n$의 값은? [4점]

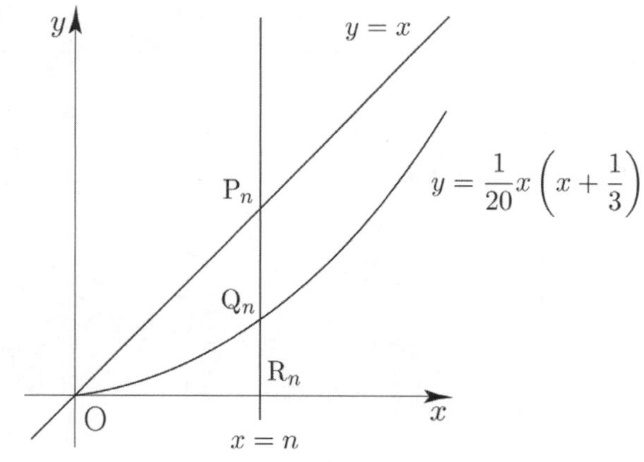

① $\dfrac{115}{6}$　　　② $\dfrac{58}{3}$　　　③ $\dfrac{39}{2}$

④ $\dfrac{59}{3}$　　　⑤ $\dfrac{119}{6}$

080 2023학년도 고3 6월 평가원 공통

공차가 3인 등차수열 $\{a_n\}$이 다음 조건을 만족시킬 때, a_{10}의 값은? [4점]

(가) $a_5 \times a_7 < 0$

(나) $\displaystyle\sum_{k=1}^{6} |a_{k+6}| = 6 + \sum_{k=1}^{6} |a_{2k}|$

① $\dfrac{21}{2}$　　　② 11　　　③ $\dfrac{23}{2}$

④ 12　　　⑤ $\dfrac{25}{2}$

081 2024학년도 고3 6월 평가원 공통

수열 $\{a_n\}$이 모든 자연수 n에 대하여

$$\sum_{k=1}^{n} \frac{1}{(2k-1)a_k} = n^2 + 2n$$

를 만족시킬 때, $\displaystyle\sum_{n=1}^{10} a_n$의 값은? [4점]

① $\dfrac{10}{21}$　　　② $\dfrac{4}{7}$　　　③ $\dfrac{2}{3}$

④ $\dfrac{16}{21}$　　　⑤ $\dfrac{6}{7}$

082 2024학년도 수능 공통

공차가 0이 아닌 등차수열 $\{a_n\}$에 대하여

$$|a_6| = a_8, \quad \sum_{k=1}^{5} \frac{1}{a_k a_{k+1}} = \frac{5}{96}$$

일 때, $\sum_{k=1}^{15} a_k$의 값은? [4점]

① 60   ② 65   ③ 70

④ 75   ⑤ 80

083 2022학년도 고3 6월 평가원 공통

실수 전체의 집합에서 정의된 함수 $f(x)$가 구간 $(0,\ 1]$에서

$$f(x) = \begin{cases} 3 & (0 < x < 1) \\ 1 & (x = 1) \end{cases}$$

이고, 모든 실수 x에 대하여 $f(x+1) = f(x)$를 만족시킨다.

$\sum_{k=1}^{20} \dfrac{k \times f(\sqrt{k})}{3}$의 값은? [4점]

① 150   ② 160   ③ 170

④ 180   ⑤ 190

084 2023학년도 수능 공통

자연수 $m\ (m \geq 2)$에 대하여 m^{12}의 n제곱근 중에서 정수가 존재하도록 하는 2 이상의 자연수 n의 개수를 $f(m)$이라 할 때, $\sum_{m=2}^{9} f(m)$의 값은? [4점]

① 37   ② 42   ③ 47

④ 52   ⑤ 57

085 2020년 고3 7월 교육청 나형

등차수열 $\{a_n\}$에 대하여

$$S_n = \sum_{k=1}^{n} a_k, \quad T_n = \sum_{k=1}^{n} |a_k|$$

라 할 때, 수열 $\{a_n\}$이 다음 조건을 만족시킨다.

(가) $a_7 = a_6 + a_8$
(나) 6 이상의 모든 자연수 n에 대하여 $S_n + T_n = 84$ 이다.

T_{15}의 값은? [4점]

① 96   ② 102   ③ 108

④ 114   ⑤ 120

086 2022학년도 고3 9월 평가원 공통 

첫째항이 -45이고 공차가 d인 등차수열 $\{a_n\}$이 다음 조건을 만족시키도록 하는 모든 자연수 d의 값의 합은? [4점]

(가) $|a_m| = |a_{m+3}|$인 자연수 m이 존재한다.

(나) 모든 자연수 n에 대하여 $\displaystyle\sum_{k=1}^{n} a_k > -100$이다.

① 44 　　② 48 　　③ 52

④ 56 　　⑤ 60

088 2023년 고3 7월 교육청 공통 

모든 항이 정수이고 공차가 5인 등차수열 $\{a_n\}$과 자연수 m이 다음 조건을 만족시킨다.

(가) $\displaystyle\sum_{k=1}^{2m+1} a_k < 0$

(나) $|a_m| + |a_{m+1}| + |a_{m+2}| < 13$

$24 < a_{21} < 29$일 때, m의 값은? [4점]

① 10 　　② 12 　　③ 14

④ 16 　　⑤ 18

087 2024학년도 고3 9월 평가원 공통

모든 항이 자연수인 등차수열 $\{a_n\}$의 첫째항부터 제n항까지의 합을 S_n이라 하자. a_7이 13의 배수이고 $\displaystyle\sum_{k=1}^{7} S_k = 644$일 때, a_2의 값을 구하시오. [4점]

089 2019년 고3 10월 교육청 나형

수열 $\{a_n\}$의 첫째항부터 제 n항까지의 합 S_n이 다음 조건을 만족시킨다.

(가) S_n은 n에 대한 이차식이다.

(나) $S_{10} = S_{50} = 10$

(다) S_n은 $n = 30$에서 최댓값 410을 갖는다.

50보다 작은 자연수 m에 대하여 $S_m > S_{50}$을 만족시키는 m의 최솟값을 p, 최댓값을 q라 할 때, $\displaystyle\sum_{k=p}^{q} a_k$의 값은? [4점]

① 39 　　② 40 　　③ 41

④ 42 　　⑤ 43

공차가 음의 정수인 등차수열 $\{a_n\}$에 대하여

$$a_6 = -2, \quad \sum_{k=1}^{8} |a_k| = \sum_{k=1}^{8} a_k + 42$$

일 때, $\displaystyle\sum_{k=1}^{8} a_k$의 값은? [4점]

① 40   ② 44   ③ 44

④ 52   ⑤ 56

공차가 정수인 두 등차수열 $\{a_n\}$, $\{b_n\}$과
자연수 m $(m \geq 3)$이 다음 조건을 만족시킨다.

> (가) $|a_1 - b_1| = 5$
> (나) $a_m = b_m$, $a_{m+1} < b_{m+1}$

$\displaystyle\sum_{k=1}^{m} a_k = 9$일 때, $\displaystyle\sum_{k=1}^{m} b_k$의 값은? [4점]

① -6 ② -5 ③ -4

④ -3 ⑤ -2

수열 $\{a_n\}$은 등차수열이고, 수열 $\{b_n\}$은 모든 자연수 n에
대하여

$$b_n = \sum_{k=1}^{n} (-1)^{k+1} a_k$$

를 만족시킨다. $b_2 = -2$, $b_3 + b_7 = 0$일 때, 수열 $\{b_n\}$의
첫째항부터 제9항까지의 합은? [4점]

① -22 ② -20 ③ -18

④ -16 ⑤ -14

$a_1 = 2$인 수열 $\{a_n\}$과 $b_1 = 2$인 등차수열 $\{b_n\}$이
모든 자연수 n에 대하여

$$\sum_{k=1}^{n} \frac{a_k}{b_{k+1}} = \frac{1}{2} n^2$$

를 만족시킬 때, $\displaystyle\sum_{k=1}^{5} a_k$의 값은? [4점]

① 120   ② 125   ③ 130

④ 135   ⑤ 140

규토 라이트 N제

수열

Master step
심화 문제편

2. 수열의 합

수열 $\{a_n\}$ 의 첫째항부터 제 n 항까지의 합을 S_n 이라 하자.
모든 자연수 n 에 대하여 S_n 이

$$2^{S_n} = \frac{n+3}{2}$$

을 만족시킬 때, $\displaystyle\sum_{k=1}^{20} \frac{1}{2^{a_{2k-1}}-1}$ 의 값을 구하시오.

등차수열 $\{a_n\}$ 는 다음 조건을 만족시킨다.

(가) $\left| \displaystyle\sum_{k=1}^{5} a_k \right| \le \displaystyle\sum_{k=1}^{5} a_k$

(나) $a_1 + a_{10} - a_8 \le 0$

(다) $\displaystyle\sum_{k=1}^{5} (a_k)^2 = 40$

$\displaystyle\sum_{k=1}^{20} |a_k|$ 의 값을 구하시오.

첫째항이 2이고 공비가 정수인 등비수열 $\{a_n\}$ 과 자연수
m 이 다음 조건을 만족시킬 때, a_m 의 값을 구하시오. [4점]

(가) $4 < a_2 + a_3 \le 12$

(나) $\displaystyle\sum_{k=1}^{m} a_k = 122$

자연수 $n\,(n \ge 2)$ 으로 나누었을 때, 몫과 나머지가
같아지는 자연수를 모두 더한 값을 a_n 이라 하자. 예를 들어
4로 나누었을 때, 몫과 나머지가 같아지는 자연수는
5, 10, 15이므로 $a_4 = 5 + 10 + 15 = 30$ 이다. $a_n > 500$ 을
만족시키는 자연수 n 의 최솟값을 구하시오. [4점]

098 ☐☐☐☐☐

공차가 0이 아닌 등차수열 $\{a_n\}$에 대하여 $b_n = a_n + a_3$ 이라 하고, 수열 $\{b_n\}$의 첫째항부터 제n항까지의 합을 S_n이라 하자. S_n이 다음 조건을 만족시킨다.

(가) $S_2 = S_3$
(나) $S_4 = 4$

$\displaystyle\sum_{n=4}^{17} \frac{60}{b_n a_{n+1}}$ 의 값을 구하시오.

099 2011학년도 수능 나형 ☐☐☐☐☐

2 이상의 자연수 n에 대하여 집합

$\{3^{2k-1} \mid k$는 자연수, $1 \le k \le n\}$의 서로 다른 두 원소를 곱하여 나올 수 있는 모든 값만을 원소로 하는 집합을 S라 하고, S의 원소의 개수를 $f(n)$이라 하자. 예를 들어, $f(4) = 5$이다. 이때, $\displaystyle\sum_{n=2}^{11} f(n)$의 값을 구하시오. [4점]

100 ☐☐☐☐☐

수열 $\{a_n\}$이 모든 자연수 n에 대하여

$$|a_n| = 3n+1, \qquad a_n a_{n+1} < 0$$

을 만족시킨다. $\displaystyle\sum_{k=1}^{2m+1} a_k < -130$을 만족시키는 자연수 m이 존재할 때, m의 최솟값을 구하시오.

101 2021학년도 사관학교 나형 ☐☐☐☐☐

수열 $\{a_n\}$이 모든 자연수 n에 대하여

$$\sum_{k=1}^{n} a_k = n^2 + cn \quad (c \text{는 자연수})$$

를 만족시킨다. 수열 $\{a_n\}$의 각 항 중에서 3의 배수가 아닌 수를 작은 것부터 크기순으로 모두 나열하여 얻은 수열을 $\{b_n\}$이라 하자. $b_{20} = 199$가 되도록 하는 모든 c의 값의 합을 구하시오. [4점]

수열 $\{a_n\}$이 다음 조건을 만족시킨다.

(가) $|a_1| = 2$

(나) 모든 자연수 n에 대하여 $|a_{n+1}| = 2|a_n|$이다.

(다) $\displaystyle\sum_{n=1}^{10} a_n = -14$

$a_1 + a_3 + a_5 + a_7 + a_9$의 값을 구하시오. [4점]

첫째항이 자연수이고 공차가 음의 정수인 등차수열 $\{a_n\}$과 첫째항이 자연수이고 공비가 음의 정수인 등비수열 $\{b_n\}$이 다음 조건을 만족시킬 때, $a_7 + b_7$의 값을 구하시오. [4점]

(가) $\displaystyle\sum_{n=1}^{5} (a_n + b_n) = 27$

(나) $\displaystyle\sum_{n=1}^{5} (a_n + |b_n|) = 67$

(다) $\displaystyle\sum_{n=1}^{5} (|a_n| + |b_n|) = 81$

104

공차가 양수인 등차수열 $\{a_n\}$이

$$|a_8| = |a_{12}|, \quad |a_7| + |a_{11}| + |a_{15}| = 45$$

를 만족시킨다. 임의의 자연수 n에 대하여

$$\sum_{k=1}^{m} a_k \leq \sum_{k=1}^{n} a_k$$

가 항상 성립하도록 하는 모든 자연수 m의 값의 합을 p라 할 때, a_p의 값을 구하시오.

두 수열 $\{a_n\}$, $\{b_n\}$이 모든 자연수 n에 대하여 다음 조건을 만족시킨다.

(가) $\displaystyle\sum_{k=1}^{n+1} (ka_k) = \sum_{k=1}^{n} (ka_{k+1}) + a_{n+1} + n^2 + 3n$

(나) $\displaystyle\sum_{k=1}^{n} (a_k b_k) = -4n^2 - 4n$

$\displaystyle\sum_{k=1}^{n} \left(\frac{16k}{b_k} + 45 \right)$ 의 최댓값을 구하시오.

106

9 이하의 자연수 n과 함수 $f(x) = \dfrac{n}{10-x}$ 에 대하여

구간 $[n,\ 10)$에서 정의된 함수 $g(x)$는

$$xg(x) = f(x)$$

를 만족시킨다. 함수 $g(x)$의 최솟값을 a_n이라 할 때,

$\displaystyle\sum_{n=1}^{9} 60a_n$ 의 값을 구하시오.

107

실수 m에 대하여 첫째항이 양수인 등비수열 $\{a_n\}$이
다음 조건을 만족시킨다.

(가) $m - \displaystyle\sum_{n=1}^{6} a_n = \sum_{n=1}^{6} |a_n| = 2m + \sum_{n=1}^{6} a_n$

(나) $\displaystyle\sum_{n=4}^{5} \sqrt[n]{(a_n)^n} \leq 12$

실수 m의 최댓값을 구하시오.

108

모든 항이 실수인 등비수열 $\{a_n\}$이 다음 조건을
만족시킨다.

(가) $(a_4)^2 = 81$

(나) $\left| \displaystyle\sum_{k=1}^{6} a_k \right| = 2\left| \sum_{k=1}^{3} a_k \right|$

(다) $\displaystyle\sum_{k=1}^{3} (a_{3k-2} - a_{3k-1}) \geq 0$

모든 $\left(a_1 - \dfrac{2a_4}{a_1} \right)$ 의 값의 합을 구하시오.

109

자연수 n에 대하여 함수 $f(x) = \dfrac{4x-m}{x-n}$ 가

$$f(0) < f(2n), \quad \sum_{k=1}^{n} |f(k-1)| + \sum_{k=1}^{n} |f(n+k)| = 8n$$

을 만족시킨다. 자연수 m의 최솟값과 최댓값의 합을

a_n이라 할 때, $\displaystyle\sum_{n=2}^{15} a_n$ 의 값을 구하시오.

규토 라이트 N제

수열

Guide step
개념 익히기편

3. 수학적 귀납법

01 수열의 귀납적 정의

성취 기준 – 수열의 귀납적 정의를 이해한다.

개념 파악하기 (1) 수열의 귀납적 정의란 무엇일까?

수열의 귀납적 정의

수열을 정의할 때, 수열의 일반항을 구체적인 식으로 나타내기도 하지만
이웃하는 여러 항 사이의 관계식으로 나타내기도 한다.

예를 들어 첫째항이 2이고, 공차가 3인 등차수열 $\{a_n\}$을 $a_n = 3n-1$과 같이 구체적인 식으로 나타내기도 하지만
다음과 같이 나타낼 수도 있다.

$$\begin{cases} a_1 = 2 \\ a_{n+1} = a_n + 3 \quad (n=1,\ 2,\ 3,\ \cdots) \end{cases} \qquad \cdots \ \text{㉠}$$

역으로 ㉠이 주어지면 a_1이 결정되고, n에 1, 2, 3, $\cdots$을 차례로 대입하면

$a_2 = a_1 + 3 = 5$
$a_3 = a_2 + 3 = 8$
$a_4 = a_3 + 3 = 11$

$\quad \vdots$

과 같이 모든 항이 결정된다. 따라서 모든 자연수 n에 대하여 a_n이 정해지므로 ㉠에 의하여 수열 $\{a_n\}$이 정의된다.

이처럼
① 처음 몇 개의 항의 값
② 이웃하는 여러 항 사이의 관계식
으로 수열 $\{a_n\}$을 정의하는 것을 수열의 귀납적 정의라 한다.

개념 확인문제 1 다음과 같이 귀납적으로 정의된 수열 $\{a_n\}$의 제 4항을 구하시오.

(1) $\begin{cases} a_1 = 1 \\ a_{n+1} = a_n + n^2 \quad (n=1,\ 2,\ 3,\ \cdots) \end{cases}$

(2) $\begin{cases} a_1 = 12 \\ a_{n+1} = \dfrac{a_n}{n} \quad (n=1,\ 2,\ 3,\ \cdots) \end{cases}$

등차수열의 귀납적 정의 (보자마자 바로 등차수열인 것을 간파해야 한다.)

① 첫째항이 a, 공차가 d인 등차수열 $\{a_n\}$의 귀납적 정의는

$a_1 = a,\ a_{n+1} - a_n = d \quad (n=1,\ 2,\ 3,\ \cdots)$이다.

② $a_{n+2} + a_n = 2a_{n+1} \quad (n=1,\ 2,\ 3,\ \cdots)$

③ $a_{n+2} - a_{n+1} = a_{n+1} - a_n \quad (n=1,\ 2,\ 3,\ \cdots)$

> **Tip 1** ①번은 $a_{n+1} = a_n + d$에서 양변에 $-a_n$을 더해서 구할 수 있다.
>
> **ex** $a_1 = 2,\ a_{n+1} - a_n = 6$일 때, 수열 $\{a_n\}$은 첫째항이 2이고 공차가 6인 등차수열이다.

> **Tip 2** ②번은 $\dfrac{a_{n+2} + a_n}{2} = a_{n+1}$에서 양변에 2를 곱해서 구할 수 있다.
>
> $\dfrac{a_{n+2} + a_n}{2} = a_{n+1}$보다 $a_{n+2} + a_n = 2a_{n+1}$가 나중에 계산하기 편하다.

> **Tip 3** ②번을 변형하면 ③번이 된다.

등비수열의 귀납적 정의 (보자마자 바로 등비수열인 것을 간파해야 한다.)

① 첫째항이 $a\,(a \neq 0)$, 공비가 r인 등비수열 $\{a_n\}$의 귀납적 정의는

$a_1 = a,\ \dfrac{a_{n+1}}{a_n} = r \quad (n=1,\ 2,\ 3,\ \cdots)$이다.

② $a_{n+2}a_n = (a_{n+1})^2 \quad (n=1,\ 2,\ 3,\ \cdots)$

③ $\dfrac{a_{n+2}}{a_{n+1}} = \dfrac{a_{n+1}}{a_n} \quad (n=1,\ 2,\ 3,\ \cdots)$

> **Tip 1** $\dfrac{a_{n+1}}{a_n} = r$일 때는 공비가 r이 되지만 $\dfrac{a_n}{a_{n+1}} = r$일 때는 $a_n = ra_{n+1} \Rightarrow a_{n+1} = \dfrac{1}{r}a_n$이므로
>
> 공비가 $\dfrac{1}{r}$이다.
>
> **ex** $a_1 = 3,\ \dfrac{a_{n+1}}{a_n} = 2$일 때, 수열 $\{a_n\}$은 첫째항이 3이고 공비가 2인 등비수열이다.

> **Tip 2** ②번을 변형하면 ③번이 된다.

여러 가지 수열의 귀납적 정의

① $a_{n+1} - a_n = b_n$ 꼴

$a_{n+1} - a_n = b_n$ 의 n에 1, 2, 3, $\cdots$, $n-1$을 차례대로 대입한 뒤 변끼리 더한다.

$$
\begin{aligned}
a_2 - a_1 &= b_1 \\
a_3 - a_2 &= b_2 \\
a_4 - a_3 &= b_3 \\
&\vdots \\
a_n - a_{n-1} &= b_{n-1}
\end{aligned}
\qquad \Rightarrow \qquad a_n - a_1 = b_1 + b_2 + \cdots + b_{n-1} = \sum_{k=1}^{n-1} b_k
$$

$$\therefore \ a_n = a_1 + \sum_{k=1}^{n-1} b_k$$

ex $a_1 = 1$, $a_{n+1} - a_n = n\,(n = 1,\ 2,\ 3\cdots)$일 때, a_{10} 의 값을 구하시오.

$$a_{10} = 1 + \sum_{k=1}^{9} k = 1 + \frac{9 \times 10}{2} = 46$$

Tip $a_n = a_1 + \sum\limits_{k=1}^{n-1} b_k$ 에서 b_k이지 b_n이 아니다. 만약 b_n이라면 $a_n = a_1 + (n-1)b_n$이 된다.

② $a_{n+1} = b_n a_n$ 꼴

$a_{n+1} = b_n a_n$ 의 n에 1, 2, 3, $\cdots$, $n-1$을 차례대로 대입한 뒤 정리한다.

$$
\begin{aligned}
a_2 &= b_1 a_1 \\
a_3 &= b_2 a_2 = b_2 b_1 a_1 \\
a_4 &= b_3 a_3 = b_3 b_2 b_1 a_1 \\
&\vdots \\
a_n &= b_{n-1} a_{n-1} = b_{n-1} \cdots b_2 b_1 a_1
\end{aligned}
$$

$$\therefore \ a_n = b_{n-1} b_{n-2} b_{n-3} \cdots b_2 b_1 a_1$$

ex $a_1 = 3$, $a_{n+1} = \dfrac{n+1}{n} a_n \ (n = 1,\ 2,\ 3,\ \cdots)$일 때, a_{10} 의 값을 구하시오.

$$a_{10} = \frac{10}{9} \times \frac{9}{8} \times \cdots \times \frac{2}{1} \times a_1 = 10 \times 3 = 30$$

Tip $a_{n+1} = b_n a_n$ 꼴의 경우 일반항을 외우기보다는 변끼리 곱해서 규칙을 파악해 나간다는 느낌을 갖는 것이 더 중요하다. 참고로 필자는 이 유형을 "인셉션 유형"이라고 부른다.

③ **처음 보는 수열의 귀납적 정의**

수능에서 출제될 확률이 가장 높은 유형이다. 수열은 '규칙'이므로 위에서 언급한 꼴들이 아니라면 a_n의 n에 1, 2, $\cdots$ 를 대입하면서 규칙을 파악해본다.

ex $a_1 = 1$, $a_n a_{n+1} = n^3 \,(n = 1,\ 2,\ 3,\ \cdots)$일 때, a_3의 값을 구하시오.

$$a_1 a_2 = 1 \ \Rightarrow \ a_2 = 1, \quad a_2 a_3 = 8 \ \Rightarrow \ a_3 = 8$$

Tip   교육부가 발표한 2015개정 수학과 교육과정 中 수열 단원의 교수·학습 방법 및 유의사항을 살펴보면 '**귀납적으로 정의된 수열의 일반항을 구하는 문제는 다루지 않는다**'라는 문장이 명시되어 있다. 하지만 위에 언급한 꼴들은 자주 나오는 편이니 시간단축을 위해서 외우는 것을 추천한다.

개념 확인문제 2 수열 $\{a_n\}$이 모든 자연수 n에 대하여 $a_{n+1}-a_n=4n$을 만족시킨다. $a_{10}=190$일 때, a_1의 값을 구하시오.

개념 확인문제 3 수열 $\{a_n\}$이 모든 자연수 n에 대하여 $a_{n+1}=2a_n+n$을 만족시킨다. $a_1=1$일 때, a_5의 값을 구하시오.

02 수학적 귀납법

성취 기준 – 수학적 귀납법의 원리를 이해한다.
수학적 귀납법을 이용하여 명제를 증명할 수 있다.

개념 파악하기 | **(2) 수학적 귀납법이란 무엇일까?**

수학적 귀납법

모든 자연수 n에 대하여 $1+3+5+7+\cdots+(2n-1)=n^2$ $\cdots$ ㉠이 성립함을 증명해 보자.

(i) $n=1$일 때 등식 ㉠에서 (좌변)$=1$, (우변)$=1^2=1$이므로 $n=1$일 때 등식 ㉠이 성립한다.

(ii) $n=k$일 때 등식 ㉠이 성립한다고 가정하면 $1+3+5+\cdots+(2k-1)=k^2$ $\cdots$ ㉡이고,
$n=k+1$일 때에도 등식 ㉠이 성립하는지 알아보자.
등식 ㉡의 양변에 $2(k+1)-1=2k+1$을 더하면
$1+3+5+\cdots+(2k-1)+(2k+1)=k^2+(2k+1)=(k+1)^2$이다.
따라서 $n=k+1$일 때에도 등식 ㉠이 성립한다.

즉, 주어진 명제는 (i)에 따라 $n=1$일 때 성립한다.

명제가 $n=1$일 때 성립하므로 (ii)에 따라 $n=1+1=2$일 때에도 성립한다.
명제가 $n=2$일 때 성립하므로 (ii)에 따라 $n=2+1=3$일 때에도 성립한다.
$$\vdots$$
이처럼 무한히 반복되므로 모든 자연수 n에 대하여 등식 ㉠이 성립함을 알 수 있다.

자연수에 대한 어떤 명제가 참인 것을 위와 같은 단계를 따라 증명하는 방법을 수학적 귀납법이라고 한다.

수학적 귀납법 요약

자연수 n에 대한 명제 $p(n)$이 모든 자연수 n에 대하여 성립함을 증명하려면 다음 두 가지를 보이면 된다.

① $n=1$일 때, 명제 $p(n)$이 성립한다.

② $n=k$일 때, 명제 $p(n)$이 성립한다고 가정하고 $n=k+1$일 때에도 명제 $p(n)$이 성립한다.

Tip 1 수학적 귀납법은 **자연수 n에 대한 명제**에 사용되는 증명 방법이다.
즉, 모든 명제를 수학적 귀납법으로 증명할 수 있는 것은 아니다.

Tip 2 수학적 귀납법은 크게 1단계와 2단계로 나눌 수 있고
1단계는 구체적인 예가 성립하는 경우를 알아보고, 2단계는 일반적으로 성립한다고
가정하여 그것이 참임을 밝히는 과정이다.

수학적 귀납법의 경우 결론이 이미 정해져 있기 때문에 $n=k$일 때, 명제가 성립함을 바탕으로 식을 조작하여 $n=k+1$일 때, 명제가 참임을 보여주면 된다.

갑자기 뜬금없이 어떤 식이 나와 파악이 쉽지 않을 때는 $n=k+1$에도 명제가 성립함을 바탕으로 그 식이 왜 나온 것인지 역으로 추정해본다. ($n=k+1 \Rightarrow n=k$)

즉, 나무를 보지 말고 숲을 봐야 한다. 빈칸문제로 나왔을 때도 빈칸 주위만 보는 것이 아니라 문제의 전체 맥락을 보도록 하자.

수학적 귀납법에는 크게 3가지 유형이 있다.

① 등식증명 : 보통 $k+1$번째를 양변에 더한 후 전개한다. (난이도 : 하)

② 자연수 P의 배수임을 증명 : PN(N은 자연수)를 도입한다. (난이도 : 중)

③ 부등식증명 : $n=k+1$임을 보이기 위해서 부등호를 두 번 사용하는 패턴이 나올 수 있다.

   (난이도 : 상) 이때, 주의할 점은 나무를 보지 말고 숲을 봐야 한다는 것이다.

예제 1

모든 자연수 n에 대하여 등식 $1^2+2^2+3^2+\cdots+n^2=\dfrac{n(n+1)(2n+1)}{6}$ ……㉠

이 성립함을 수학적 귀납법을 이용하여 증명하시오.

풀이

(i) $n=1$일 때, (좌변)$=1^2=1$, (우변)$=\dfrac{1\times2\times3}{6}$

　따라서 $n=1$일 때, 등식 ㉠이 성립한다.

(ii) $n=k$일 때, 등식 ㉠이 성립한다고 가정하면

$$1^2+2^2+3^2+\cdots+k^2=\frac{k(k+1)(2k+1)}{6} \quad\cdots\cdots ㉡$$

　등식 ㉡의 양변에 $(k+1)^2$을 더하면

$$
\begin{aligned}
1^2+2^2+3^2+\cdots+k^2+(k+1)^2 &=\frac{k(k+1)(2k+1)}{6}+(k+1)^2\\
&=\frac{(k+1)}{6}\{k(2k+1)+6(k+1)\}\\
&=\frac{(k+1)(k+2)(2k+3)}{6}
\end{aligned}
$$

따라서 $n=k+1$일 때도 등식 ㉠이 성립한다.

(i), (ii)에 의해서 모든 자연수 n에 대하여 등식 ㉠이 성립한다.

$h > 0$일 때, $n \ge 2$인 모든 자연수 n에 대하여 부등식 $(1+h)^n > 1+nh$ $\quad \cdots\cdots \text{㉠}$

이 성립함을 수학적 귀납법을 이용하여 증명하시오.

풀이

(i) $n=2$일 때, (좌변)$=(1+h)^2 = 1+2h+h^2 > 1+2h =$(우변)

$\quad n=2$일 때, 등식 ㉠이 성립한다.

(ii) $n=k\,(k \ge 2)$일 때, 부등식 ㉠이 성립한다고 가정하면

$\quad (1+h)^k > 1+kh \quad \cdots\cdots \text{㉡}$

$\quad$부등식 ㉡의 양변에 $1+h$을 곱하면 ($1+h > 0$이므로 부등호의 방향이 변하지 않는다.)

$\quad (1+h)^{k+1} > (1+kh)(1+h) = 1+(k+1)h+kh^2 > 1+(k+1)h$

$\quad$따라서 $n=k+1$일 때도 부등식 ㉠이 성립한다.

(i), (ii)에 의해서 $n \ge 2$인 모든 자연수 n에 대하여 부등식 ㉠이 성립한다.

Tip 1 수학적 귀납법을 이용한 증명에서 자연수 n에 대한 명제에 따라서 $n=1$부터 시작하지 않을 수도 있다.

Tip 2 $1+(k+1)h+kh^2 > 1+(k+1)h$ 이므로 $(1+h)^{k+1} > 1+(k+1)h$가 성립한다.

이는 부등식 ㉠에 $n=k+1$을 대입한 것과 같다.

이때 $(1+h)^{k+1} > (1+kh)(1+h) = 1+(k+1)h+kh^2 > 1+(k+1)h$라고 바로 서술하지 않고

$(1+h)^{k+1} > (1+kh)(1+h) = 1+(k+1)h+kh^2$

$1+(k+1)h+kh^2 - \{1+(k+1)h\} > 0$

$kh^2 > 0$이므로 $(1+h)^{k+1} > 1+(k+1)h$가 성립한다. 라고 서술할 수도 있다.

갑자기 $1+(k+1)h+kh^2 - \{1+(k+1)h\} > 0$ 이 나오면 당황할 수도 있는데 이러한 식은

결국 $(1+h)^{k+1} > 1+(k+1)h$가 성립함을 보이는 과정 속에 있다는 것을 놓치면 안 된다.

즉, 나무를 보지 말고 숲을 봐야 한다.

Training – 1 step

필수 유형편

3. 수학적 귀납법

001 ⬜⬜⬜⬜⬜

수열 $\{a_n\}$이 $a_1=1$, $a_{n+1}-a_n=2$ $(n=1,\ 2,\ 3,\ \cdots)$
과 같이 정의될 때, a_{20}의 값을 구하시오.

002 ⬜⬜⬜⬜⬜

수열 $\{a_n\}$이 $a_1=8$, $\dfrac{a_{n+1}}{a_n}=\dfrac{1}{2}$ $(n=1,\ 2,\ 3,\ \cdots)$
과 같이 정의될 때, $\log_{\frac{1}{2}} a_{10}$의 값을 구하시오.

003 ⬜⬜⬜⬜⬜

수열 $\{a_n\}$이 $a_{n+2}+a_n=2a_{n+1}$ $(n=1,\ 2,\ 3,\ \cdots)$
과 같이 정의되고 $a_4=5$, $a_7=20$일 때,
a_{20}의 값을 구하시오.

004 ⬜⬜⬜⬜⬜

첫째항이 1이고 모든 항이 양수인 수열 $\{a_n\}$이 있다.
x에 대한 이차방정식 $4a_n x^2 - 2a_{n+1}x + a_n = 0$이
모든 자연수 n에 대하여 중근을 가질 때,
$\displaystyle\sum_{k=1}^{5} a_k$의 값을 구하시오.

005 ⬜⬜⬜⬜⬜

수열 $\{a_n\}$이

$$\frac{a_3}{a_6}=8,\quad (a_{n+1})^2=a_n a_{n+2}\quad (n=1,\ 2,\ 3,\ \cdots)$$

과 같이 정의될 때, $\dfrac{a_2+a_3+a_4+a_5}{a_8+a_9+a_{10}+a_{11}}$의 값을 구하시오.

Theme 2 $a_{n+1}-a_n=b_n,\ a_{n+1}=b_n a_n$

006 ⬜⬜⬜⬜⬜

수열 $\{a_n\}$이 $a_1=1,\ a_{n+1}-a_n=2n-1\ (n=1,\ 2,\ 3,\ \cdots)$
과 같이 정의될 때, a_8의 값을 구하시오.

007 ⬜⬜⬜⬜⬜

수열 $\{a_n\}$이 $a_1=\dfrac{1}{9},\ a_{n+1}=3^n a_n\ (n=1,\ 2,\ 3,\ \cdots)$
과 같이 정의될 때, $a_7=3^m$ 이다. m의 값을 구하시오.

008 ⬜⬜⬜⬜⬜

두 수열 $\{a_n\}$, $\{b_n\}$은 $a_3=8,\ a_1=b_1$ 이고,
모든 자연수 n에 대하여 $\dfrac{a_{n+1}}{a_n}=2,\ b_{n+1}-b_n=a_n$
을 만족시킨다. $\dfrac{b_{10}}{a_5}$의 값을 구하시오.

Theme 3   여러 가지 수열의 귀납적 정의

009 ⬜⬜⬜⬜⬜

수열 $\{a_n\}$이 모든 자연수 n에 대하여
$a_n a_{n+1}=n^2$ 이고 $\dfrac{a_1 a_5}{a_2}=24$일 때, a_3의 값을 구하시오.

010 ⬜⬜⬜⬜⬜

$a_1=5$인 수열 $\{a_n\}$이 모든 자연수 n에 대하여
$a_{n+2}-a_{n+1}=2a_n$이다. $a_3=19$일 때,
a_4의 값을 구하시오.

011 ⬜⬜⬜⬜⬜

$a_1=1$인 수열 $\{a_n\}$이 모든 자연수 n에 대하여
$$a_{n+1}=\begin{cases} (a_n)^2+a_n & (a_n\text{이 홀수인 경우}) \\ 2a_n+1 & (a_n\text{이 짝수인 경우}) \end{cases}$$
일 때, a_4의 값을 구하시오.

012

첫째항이 $\dfrac{1}{7}$ 인 수열 $\{a_n\}$ 이 모든 자연수 n에 대하여

$$a_{n+1} = \begin{cases} 2a_n & (a_n \leq 1) \\ a_n - 1 & (a_n > 1) \end{cases}$$

을 만족시킬 때, $\displaystyle\sum_{n=1}^{31} a_n$ 의 값을 구하시오.

013

첫째항이 3인 수열 $\{a_n\}$ 이 모든 자연수 n에 대하여

$a_{n+1} + a_n = 2n + 3$ 일 때, $\displaystyle\sum_{k=1}^{10} a_{2k-1}$ 의 값을 구하시오.

014

수열 $\{a_n\}$ 이 모든 자연수 n에 대하여

$a_1 = 4$, $a_{n+1} = (11a_n$ 을 9로 나누었을 때의 나머지$)$

일 때, a_{2022} 의 값을 구하시오.

015

수열 $\{a_n\}$ 은 $a_1 = 8$, $a_2 = 16$이고,

모든 자연수 n에 대하여 $a_{n+2} = |a_{n+1} - a_n|$ 을

만족시킨다. $\displaystyle\sum_{k=1}^{m} a_k = 72$ 를 만족시키는 모든 자연수 m의

값의 합을 구하시오.

016

수열 $\{a_n\}$ 은 $a_1 = 8$이고, 모든 자연수 n에 대하여

$$a_{n+1} = \begin{cases} 4 - \dfrac{8}{a_n} & (a_n \text{이 정수인 경우}) \\ -3a_n + 2 & (a_n \text{이 정수가 아닌 경우}) \end{cases}$$

을 만족시킬 때, $a_9 + a_{10}$ 의 값을 구하시오.

017

30 이하인 자연수 p 와 모든 자연수 n 에 대하여

수열 $\{a_n\}$ 은 다음 조건을 만족시킨다.

> (가) $a_1 = 60$, $a_{n+1} = |a_n - p|$
>
> (나) $a_n > 0$

모든 p 의 값의 합을 구하시오.

Theme 4 수학적 귀납법

018 ⬠⬠⬠⬠⬠

다음은 모든 자연수 n에 대하여

$$\sum_{k=1}^{n}(2k-1)(2n+1-2k)^2 = \frac{n^2(2n^2+1)}{3}$$

이 성립함을 수학적 귀납법으로 증명한 것이다.

(i) $n=1$일 때, (좌변)$=1$, (우변)$=1$이므로 주어진 등식이 성립한다.

(ii) $n=m$일 때, 등식

$$\sum_{k=1}^{m}(2k-1)(2m+1-2k)^2 = \frac{m^2(2m^2+1)}{3}$$

이 성립한다고 가정하자.

$n=m+1$일 때,

$$\sum_{k=1}^{m+1}(2k-1)(2m+3-2k)^2$$

$$= \sum_{k=1}^{m}(2k-1)(2m+3-2k)^2 + \boxed{(가)}$$

$$= \sum_{k=1}^{m}(2k-1)(2m+1-2k)^2$$

$$\quad + \boxed{(나)} \times \sum_{k=1}^{m}(2k-1)(m+1-k) + \boxed{(가)}$$

$$= \frac{(m+1)^2\{2(m+1)^2+1\}}{3}\ \text{이다.}$$

따라서 $n=m+1$일 때도 주어진 등식이 성립한다.

(i), (ii)에 의해서 모든 자연수 n에 대하여 주어진 등식이 성립한다.

위의 (가)에 알맞은 식을 $f(m)$, (나)에 알맞은 수를 p라 할 때, $f(p)$를 구하시오.

019 ⬠⬠⬠⬠⬠

다음은 $n \geq 2$인 모든 자연수 n에 대하여 부등식

$$1+\frac{1}{2}+\frac{1}{3}+\cdots+\frac{1}{n} > \frac{2n}{n+1}$$

이 성립함을 수학적 귀납법으로 증명한 것이다.

(i) $n=2$일 때,

(좌변)$=1+\frac{1}{2}=\frac{3}{2}$, (우변)$=\frac{4}{3}$

따라서 주어진 부등식이 성립한다.

(ii) $n=k(k \geq 2)$일 때, 주어진 부등식이 성립한다고 가정하면

$$1+\frac{1}{2}+\frac{1}{3}+\cdots+\frac{1}{k} > \frac{2k}{k+1}$$

양변에 $\frac{1}{k+1}$을 더하면

$$1+\frac{1}{2}+\frac{1}{3}+\cdots+\frac{1}{k}+\frac{1}{k+1} > \boxed{(가)}$$

이때 $\frac{2k+1}{k+1} - \boxed{(나)} > 0$

이므로

$$1+\frac{1}{2}+\frac{1}{3}+\cdots+\frac{1}{k+1} > \frac{2(k+1)}{k+2}\ \text{이다.}$$

따라서 $n=k+1$일 때도 주어진 부등식이 성립한다.

(i), (ii)에 의해서 $n \geq 2$인 모든 자연수 n에 대하여 주어진 부등식이 항상 성립한다.

위의 (가), (나)에 알맞은 식을 각각 $f(k)$, $g(k)$라 할 때, $3f(5)g(9)$의 값을 구하시오.

규토 라이트 N제

수열

Training – 2 step

기출 적용편

3. 수학적 귀납법

020 2025학년도 수능 공통 ☐☐☐☐☐

수열 $\{a_n\}$이 모든 자연수 n에 대하여

$a_n + a_{n+4} = 12$를 만족시킬 때, $\displaystyle\sum_{n=1}^{16} a_n$의 값을 구하시오. [3점]

021 2020학년도 고3 6월 평가원 나형 ☐☐☐☐☐

수열 $\{a_n\}$은 $a_1 = 1$이고, 모든 자연수 n에 대하여
$a_{n+1} + (-1)^n \times a_n = 2^n$을 만족시킨다. a_5의 값은? [3점]

① 1　　　　② 3　　　　③ 5

④ 7　　　　⑤ 9

022 2019학년도 고3 9월 평가원 나형 ☐☐☐☐☐

수열 $\{a_n\}$이 모든 자연수 n에 대하여

$a_n a_{n+1} = 2n$이고 $a_3 = 1$일 때, $a_2 + a_5$의 값은? [3점]

① $\dfrac{13}{3}$　　　　② $\dfrac{16}{3}$　　　　③ $\dfrac{19}{3}$

④ $\dfrac{22}{3}$　　　　⑤ $\dfrac{25}{3}$

023 2018학년도 수능 나형 ☐☐☐☐☐

수열 $\{a_n\}$은 $a_1 = 2$이고, 모든 자연수 n에 대하여

$$a_{n+1} = \begin{cases} a_n - 1 & (a_n \text{이 짝수인 경우}) \\ a_n + n & (a_n \text{이 홀수인 경우}) \end{cases}$$

를 만족시킨다. a_7의 값은? [3점]

① 7　　　　② 9　　　　③ 11

④ 13　　　　⑤ 15

024 2014학년도 수능 A형 ☐☐☐☐☐

수열 $\{a_n\}$이 다음 조건을 만족시킨다.

> (가) $a_1 = a_2 + 3$
> (나) $a_{n+1} = -2a_n \ (n \geq 1)$

a_9의 값을 구하시오. [3점]

025 2020학년도 고3 9월 평가원 나형 ☐☐☐☐☐

수열 $\{a_n\}$이 모든 자연수 n에 대하여

$a_{n+1} + a_n = 3n - 1$을 만족시킨다. $a_3 = 4$일 때,
$a_1 + a_5$의 값을 구하시오. [3점]

026 2022학년도 수능 공통 ☐☐☐☐☐

첫째항이 1인 수열 $\{a_n\}$이 모든 자연수 n에 대하여

$$a_{n+1} = \begin{cases} 2a_n & (a_n < 7) \\ a_n - 7 & (a_n \geq 7) \end{cases}$$

일 때, $\displaystyle\sum_{k=1}^{8} a_k$의 값은? [3점]

① 30 　　　② 32 　　　③ 34

④ 36 　　　⑤ 38

027 2021학년도 고3 6월 평가원 가형 ☐☐☐☐☐

수열 $\{a_n\}$은 $a_1 = 9$, $a_2 = 3$이고,

모든 자연수 n에 대하여 $a_{n+2} = a_{n+1} - a_n$을 만족시킨다.

$|a_k| = 3$을 만족시키는 100 이하의 자연수 k의 개수를

구하시오. [3점]

028 2021학년도 고3 9월 평가원 가형 ☐☐☐☐☐

수열 $\{a_n\}$은 $a_1 = 12$이고, 모든 자연수 n에 대하여

$a_{n+1} + a_n = (-1)^{n+1} \times n$을 만족시킨다.

$a_k > a_1$인 자연수 k의 최솟값은? [3점]

① 2 　　　② 4 　　　③ 6

④ 8 　　　⑤ 10

029 2021학년도 수능 나형 ☐☐☐☐☐

수열 $\{a_n\}$은 $a_1 = 1$이고, 모든 자연수 n에 대하여

$$\sum_{k=1}^{n} (a_k - a_{k+1}) = -n^2 + n \text{ 을 만족시킨다. } a_{11} \text{ 의 값은? [3점]}$$

① 88 　　　② 91 　　　③ 94

④ 97 　　　⑤ 100

030 2020년 고3 7월 교육청 가형 ☐☐☐☐☐

수열 $\{a_n\}$은 $a_1 = 1$이고, 모든 자연수 n에 대하여

$$a_{n+1} = \begin{cases} 2^{a_n} & (a_n \leq 1) \\ \log_{a_n}\sqrt{2} & (a_n > 1) \end{cases}$$

을 만족시킬 때, $a_{12} \times a_{13}$의 값은? [3점]

① $\dfrac{1}{2}$ 　　　② 1 　　　③ $\sqrt{2}$

④ 2 　　　⑤ $2\sqrt{2}$

031 2021학년도 사관학교 나형 ☐☐☐☐☐

수열 $\{a_n\}$은 $a_1 = \dfrac{3}{2}$이고, 모든 자연수 n에 대하여

$a_{2n-1} + a_{2n} = 2a_n$ 을 만족시킨다. $\displaystyle\sum_{n=1}^{16} a_n$의 값은? [3점]

① 22 　　　② 24 　　　③ 26

④ 28 　　　⑤ 30

수열 $\{a_n\}$은 $a_1 = 2$이고, 모든 자연수 n에 대하여

$$a_{n+1} = \begin{cases} \dfrac{a_n}{2-3a_n} & (n\text{이 홀수인 경우}) \\[2mm] 1+a_n & (n\text{이 짝수인 경우}) \end{cases}$$

를 만족시킨다. $\displaystyle\sum_{n=1}^{40} a_n$의 값은? [3점]

① 30   ② 35   ③ 40

④ 45   ⑤ 50

자연수 n에 대하여 $f(n)$이 다음과 같다.

$$f(n) = \begin{cases} \log_3 n & (n\text{이 홀수}) \\[2mm] \log_2 n & (n\text{이 짝수}) \end{cases}$$

수열 $\{a_n\}$이 $a_n = f(6^n) - f(3^n)$일 때,

$\displaystyle\sum_{n=1}^{15} a_n$의 값은? [3점]

① $120(\log_2 3 - 1)$ ② $105\log_3 2$

③ $105\log_2 3$ ④ $120\log_2 3$

⑤ $120(\log_3 2 + 1)$

첫째항이 20인 수열 $\{a_n\}$이 모든 자연수 n에 대하여

$$a_{n+1} = |a_n| - 2$$

를 만족시킬 때, $\displaystyle\sum_{n=1}^{30} a_n$의 값은? [3점]

① 88   ② 90   ③ 92

④ 94   ⑤ 96

수열 $\{a_n\}$은 $a_1 = 1$이고, 모든 자연수 n에 대하여

$$a_{2n} = 2a_n, \quad a_{2n+1} = 3a_n$$

을 만족시킨다. $a_7 + a_k = 73$인 자연수 k의 값을 구하시오.
[3점]

036 2020학년도 사관학교 나형

수열 $\{a_n\}$은 $a_1 = 4$이고, 모든 자연수 n에 대하여

$$a_{n+1} = \begin{cases} \dfrac{a_n}{2 - a_n} & (a_n > 2) \\[2mm] a_n + 2 & (a_n \leq 2) \end{cases}$$

이다. $\displaystyle\sum_{k=1}^{m} a_k = 12$를 만족시키는 자연수 m의

최솟값은? [4점]

① 7   ② 8   ③ 9

④ 10   ⑤ 11

037 2021학년도 고3 6월 평가원 나형

수열 $\{a_n\}$은 $a_1 = 1$이고, 모든 자연수 n에 대하여

$$\begin{cases} a_{3n-1} = 2a_n + 1 \\ a_{3n} = -a_n + 2 \\ a_{3n+1} = a_n + 1 \end{cases}$$

을 만족시킨다. $a_{11} + a_{12} + a_{13}$의 값은? [4점]

① 6   ② 7   ③ 8

④ 9   ⑤ 10

038 2020년 고3 3월 교육청 나형

수열 $\{a_n\}$이 모든 자연수 n에 대하여

$$a_{n+1} = \sum_{k=1}^{n} k a_k$$

를 만족시킨다. $a_1 = 2$일 때, $a_2 + \dfrac{a_{51}}{a_{50}}$의 값은? [4점]

① 47   ② 49   ③ 51

④ 53   ⑤ 55

039 2019학년도 경찰대

각 항이 양수인 수열 $\{a_n\}$의 첫째항부터 제 n항까지의

합을 S_n이라 할 때, $S_n + S_{n+1} = (a_{n+1})^2$이 성립한다.

$a_1 = 10$일 때, a_{10}의 값을 구하시오. [4점]

040 2022학년도 고3 6월 평가원 공통 ⬜⬜⬜⬜⬜

수열 $\{a_n\}$이 모든 자연수 n에 대하여

$$a_{n+1} = \begin{cases} \dfrac{1}{a_n} & (n\text{이 홀수인 경우}) \\[2mm] 8a_n & (n\text{이 짝수인 경우}) \end{cases}$$

이고 $a_{12} = \dfrac{1}{2}$일 때, $a_1 + a_4$의 값은? [4점]

① $\dfrac{3}{4}$ ② $\dfrac{9}{4}$ ③ $\dfrac{5}{2}$

④ $\dfrac{17}{4}$ ⑤ $\dfrac{9}{2}$

041 2017학년도 고3 6월 평가원 나형 ⬜⬜⬜⬜⬜

첫째항이 a인 수열 $\{a_n\}$은 모든 자연수 n에 대하여

$$a_{n+1} = \begin{cases} a_n + (-1)^n \times 2 & (n\text{이 3의 배수가 아닌 경우}) \\[2mm] a_n + 1 & (n\text{이 3의 배수인 경우}) \end{cases}$$

를 만족시킨다. $a_{15} = 43$일 때, a의 값은? [4점]

① 35 ② 36 ③ 37

④ 38 ⑤ 39

042 2022년 고3 3월 교육청 공통 ⬜⬜⬜⬜⬜

수열 $\{a_n\}$은 $1 < a_1 < 2$이고, 모든 자연수 n에 대하여

$$a_{n+1} = \begin{cases} -2a_n & (a_n < 0) \\[2mm] a_n - 2 & (a_n \geq 0) \end{cases}$$

을 만족시킨다. $a_7 = -1$일 때, $40 \times a_1$의 값을 구하시오.
[4점]

043 2022년 고3 4월 교육청 공통 ⬜⬜⬜⬜⬜

수열 $\{a_n\}$이 다음 조건을 만족시킨다.

> (가) $1 \leq n \leq 4$인 모든 자연수 n에 대하여
> $a_n + a_{n+4} = 15$이다.
> (나) $n \geq 5$인 모든 자연수 n에 대하여
> $a_{n+1} - a_n = n$이다.

$\displaystyle\sum_{n=1}^{4} a_n = 6$일 때, a_5의 값은? [4점]

① 1 ② 3 ③ 5

④ 7 ⑤ 9

044 · 2018학년도 고3 9월 평가원 나형

두 수열 $\{a_n\}$, $\{b_n\}$은 $a_1 = a_2 = 1$, $b_1 = k$이고,
모든 자연수 n에 대하여

$$a_{n+2} = (a_{n+1})^2 - (a_n)^2, \quad b_{n+1} = a_n - b_n + n$$

을 만족시킨다. $b_{20} = 14$일 때, k의 값은? [4점]

① -3 ② -1 ③ 1

④ 3 ⑤ 5

045 · 2022년 고3 7월 교육청 공통

수열 $\{a_n\}$이 모든 자연수 n에 대하여 다음 조건을
만족시킨다.

> (가) $\displaystyle\sum_{k=1}^{2n} a_k = 17n$
>
> (나) $|a_{n+1} - a_n| = 2n - 1$

$a_2 = 9$일 때, $\displaystyle\sum_{n=1}^{10} a_{2n}$의 값을 구하시오. [4점]

046 · 2019년 고2 9월 교육청 가형

일반항이 $a_n = n^2$인 수열 $\{a_n\}$의 첫째항부터
제 n항까지의 합을 S_n이라 하자.
다음은 모든 자연수 n에 대하여

$$(n+1)S_n - \sum_{k=1}^{n} S_k = \sum_{k=1}^{n} k^3 \quad \cdots\cdots \ (\ *\ )$$

이 성립함을 수학적 귀납법으로 증명한 것이다.

> (i) $n = 1$일 때,
>   (좌변) $= 2S_1 - S_1 = 1$, (우변) $= 1$이므로
>   (*)이 성립한다.
>
> (ii) $n = m$일 때, (*)이 성립한다고 가정하면
> $$(m+1)S_m - \sum_{k=1}^{m} S_k = \sum_{k=1}^{m} k^3 \ \text{이다.}$$
> $n = m+1$일 때 (*)이 성립함을 보이자.
> $$(m+2)S_{m+1} - \sum_{k=1}^{m+1} S_k$$
> $$= \boxed{(\text{가})}\, S_{m+1} - \sum_{k=1}^{m} S_k$$
> $$= \boxed{(\text{가})}\, S_m + \boxed{(\text{나})} - \sum_{k=1}^{m} S_k$$
> $$= \sum_{k=1}^{m+1} k^3 \ \text{이다.}$$
>
>   따라서 $n = m+1$일 때도 (*)이 성립한다.
>
> (i), (ii)에 의하여 주어진 식은 모든 자연수 n에
> 대하여 성립한다.

위의 (가), (나)에 알맞은 식을 각각 $f(m)$, $g(m)$이라
할 때, $f(2) + g(1)$의 값은? [4점]

① 7 ② 8 ③ 9

④ 10 ⑤ 11

수열 $\{a_n\}$의 일반항은

$$a_n = (2^{2n}-1)\times 2^{n(n-1)} + (n-1)\times 2^{-n}$$

이다. 다음은 모든 자연수 n에 대하여

$$\sum_{k=1}^{n} a_k = 2^{n(n+1)} - (n+1)\times 2^{-n} \quad \cdots\cdots (\ *\ )$$

임을 수학적 귀납법을 이용하여 증명한 것이다.

(i) $n=1$일 때, (좌변)$=3$, (우변)$=3$이므로
$(\ *\ )$이 성립한다.

(ii) $n=m$일 때, $(\ *\ )$이 성립한다고 가정하면

$$\sum_{k=1}^{m} a_k = 2^{m(m+1)} - (m+1)\times 2^{-m}$$

이다. $n=m+1$일 때,

$$\sum_{k=1}^{m+1} a_k = 2^{m(m+1)} - (m+1)\times 2^{-m}$$
$$+ (2^{2m+2}-1)\times \boxed{(가)} + m\times 2^{-m-1}$$
$$= \boxed{(가)}\times\boxed{(나)} - \frac{m+2}{2}\times 2^{-m}$$
$$= 2^{(m+1)(m+2)} - (m+2)\times 2^{-(m+1)}$$

이다. 따라서 $n=m+1$일 때도 $(\ *\ )$이 성립한다.

(i), (ii)에 의하여 모든 자연수 n에 대하여

$$\sum_{k=1}^{n} a_k = 2^{n(n+1)} - (n+1)\times 2^{-n} \ \text{이다.}$$

위의 (가), (나)에 알맞은 식을 각각 $f(m)$, $g(m)$이라

할 때, $\dfrac{g(7)}{f(3)}$의 값은? [4점]

① 2 　　　② 4 　　　③ 8

④ 16 　　　⑤ 32

모든 자연수 n에 대하여 다음 조건을 만족시키는
x축 위의 점 P_n과 곡선 $y=\sqrt{3x}$ 위의 점 Q_n이 있다.

- 선분 OP_n과 선분 $\mathrm{P}_n\mathrm{Q}_n$이 서로 수직이다.
- 선분 OQ_n과 선분 $\mathrm{Q}_n\mathrm{P}_{n+1}$이 서로 수직이다.

다음은 점 P_1의 좌표가 $(1,\ 0)$일 때, 삼각형 $\mathrm{OP}_{n+1}\mathrm{Q}_n$의

넓이 A_n을 구하는 과정이다. (단, O는 원점이다.)

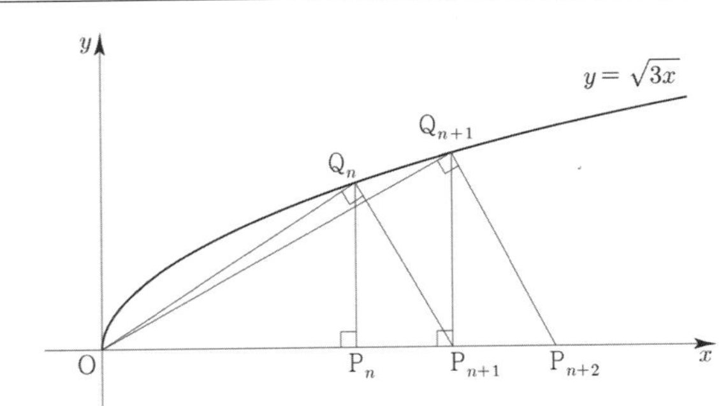

모든 자연수 n에 대하여
점 P_n의 좌표를 $(a_n,\ 0)$이라 하자.
$\overline{\mathrm{OP}_{n+1}} = \overline{\mathrm{OP}_n} + \overline{\mathrm{P}_n\mathrm{P}_{n+1}}$이므로
$a_{n+1} = a_n + \overline{\mathrm{P}_n\mathrm{P}_{n+1}}$
이다. 삼각형 $\mathrm{OP}_n\mathrm{Q}_n$과 삼각형 $\mathrm{Q}_n\mathrm{P}_n\mathrm{P}_{n+1}$이 닮음이므로
$\overline{\mathrm{OP}_n} : \overline{\mathrm{P}_n\mathrm{Q}_n} = \overline{\mathrm{P}_n\mathrm{Q}_n} : \overline{\mathrm{P}_n\mathrm{P}_{n+1}}$
이고, 점 Q_n의 좌표는 $(a_n,\ \sqrt{3a_n})$이므로
$\overline{\mathrm{P}_n\mathrm{P}_{n+1}} = \boxed{(가)}$
이다. 따라서 삼각형 $\mathrm{OP}_{n+1}\mathrm{Q}_n$의 넓이 A_n은

$$A_n = \frac{1}{2}\times\boxed{(나)}\times\sqrt{9n-6}$$

이다.

위의 (가)에 알맞은 수를 p, (나)에 알맞은 식을 $f(n)$이라

할 때, $p+f(8)$의 값은? [4점]

① 20 　　　② 22 　　　③ 24

④ 26 　　　⑤ 28

049 · 2021학년도 사관학교 가형 ○○○○○

수열 $\{a_n\}$이 모든 자연수 n에 대하여 다음 조건을 만족시킨다.

> (가) $a_{2n+1} = -a_n + 3a_{n+1}$
>
> (나) $a_{2n+2} = a_n - a_{n+1}$

$a_1 = 1$, $a_2 = 2$일 때, $\displaystyle\sum_{n=1}^{16} a_n$의 값은? [4점]

① 31　　　② 33　　　③ 35

④ 37　　　⑤ 39

050 · 2022학년도 수능예비시행 ○○○○○

수열 $\{a_n\}$의 첫째항부터 제 n항까지의 합을 S_n이라 하자. 다음은 모든 자연수 n에 대하여

$$\sum_{k=1}^{n} \frac{S_k}{k!} = \frac{1}{(n+1)!}$$

이 성립할 때, $\displaystyle\sum_{k=1}^{n} \frac{1}{a_k}$ 을 구하는 과정이다.

> $n=1$일 때, $a_1 = S_1 = \dfrac{1}{2}$ 이므로 $\dfrac{1}{a_1} = 2$이다.
>
> $n=2$일 때, $a_2 = S_2 - S_1 = -\dfrac{7}{6}$ 이므로
>
> $\displaystyle\sum_{k=1}^{2} \frac{1}{a_k} = \frac{8}{7}$ 이다.
>
> $n \geq 3$인 모든 자연수 n에 대하여
>
> $$\frac{S_n}{n!} = \sum_{k=1}^{n} \frac{S_k}{k!} - \sum_{k=1}^{n-1} \frac{S_k}{k!} = -\frac{\boxed{(\text{가})}}{(n+1)!}$$
>
> 즉, $S_n = -\dfrac{\boxed{(\text{가})}}{n+1}$ 이므로
>
> $a_n = S_n - S_{n-1} = -\left(\boxed{(\text{나})}\right)$
>
> 이다. 한편 $\displaystyle\sum_{k=3}^{n} k(k+1) = -8 + \sum_{k=1}^{n} k(k+1)$ 이므로
>
> $$\sum_{k=1}^{n} \frac{1}{a_k} = \frac{8}{7} - \sum_{k=3}^{n} k(k+1)$$
>
> $$= \frac{64}{7} - \frac{n(n+1)}{2} - \sum_{k=1}^{n} \boxed{(\text{다})}$$
>
> $$= -\frac{1}{3}n^3 - n^2 - \frac{2}{3}n + \frac{64}{7}$$
>
> 이다.

위의 (가), (나), (다)에 알맞은 식을 각각 $f(n)$, $g(n)$, $h(k)$ 라 할 때, $f(5) \times g(3) \times h(6)$의 값은? [4점]

① 3　　　② 6　　　③ 9

④ 12　　　⑤ 15

다음은 모든 자연수 n에 대하여 부등식

$$\sum_{k=1}^{n} \frac{_{2k}\mathrm{P}_k}{2^k} \le \frac{(2n)!}{2^n} \quad \cdots\cdots \;(\,*\,)$$

이 성립함을 수학적 귀납법으로 증명한 것이다.

(i) $n=1$일 때,

$\quad$ (좌변) $= \dfrac{_2\mathrm{P}_1}{2^1}=1$이고, (우변)$=\boxed{(가)}$이므로

$\quad$ ($\,*\,$)이 성립한다.

(ii) $n=m$일 때, ($\,*\,$)이 성립한다고 가정하면

$$\sum_{k=1}^{m} \frac{_{2k}\mathrm{P}_k}{2^k} \le \frac{(2m)!}{2^m}$$

$\quad$ 이다. $\;n=m+1$일 때,

$$\sum_{k=1}^{m+1} \frac{_{2k}\mathrm{P}_k}{2^k} = \sum_{k=1}^{m} \frac{_{2k}\mathrm{P}_k}{2^k} + \frac{_{2m+2}\mathrm{P}_{m+1}}{2^{m+1}}$$

$$= \sum_{k=1}^{m} \frac{_{2k}\mathrm{P}_k}{2^k} + \frac{\boxed{(나)}}{2^{m+1}\times(m+1)!}$$

$$\le \frac{(2m)!}{2^m} + \frac{\boxed{(나)}}{2^{m+1}\times(m+1)!}$$

$$= \frac{\boxed{(나)}}{2^{m+1}} \times \left\{ \frac{1}{\boxed{(다)}} + \frac{1}{(m+1)!} \right\}$$

$$< \frac{(2m+2)!}{2^{m+1}}$$

$\quad$ 이다. 따라서 $n=m+1$일 때도 ($\,*\,$)이 성립한다.

(i), (ii)에 의하여 모든 자연수 n에 대하여

$\displaystyle\sum_{k=1}^{n} \frac{_{2k}\mathrm{P}_k}{2^k} \le \frac{(2n)!}{2^n}$ 이다.

위의 (가)에 알맞은 수를 p, (나), (다)에 알맞은 식을 각각 $f(m)$, $g(m)$이라 할 때, $p+\dfrac{f(2)}{g(4)}$ 의 값은? [4점]

① 16 $\qquad$ ② 17 $\qquad$ ③ 18

④ 19 $\qquad$ ⑤ 20

첫째항이 1인 수열 $\{a_n\}$의 첫째항부터 제 n항까지의 합을 S_n이라 하자. 다음은 모든 자연수 n에 대하여

$$(n+1)S_{n+1} = \log_2(n+2) + \sum_{k=1}^{n} S_k \;\cdots\;(\,*\,)$$

가 성립할 때, $\displaystyle\sum_{k=1}^{n} ka_k$를 구하는 과정이다.

주어진 식 ($\,*\,$)에 의하여

$$nS_n = \log_2(n+1) + \sum_{k=1}^{n-1} S_k \,(n\ge 2) \;\cdots\; ㉠$$

이다. ($\,*\,$)에서 ㉠을 빼서 정리하면

$(n+1)S_{n+1} - nS_n$

$$= \log_2(n+2) - \log_2(n+1) + \sum_{k=1}^{n} S_k - \sum_{k=1}^{n-1} S_k \,(n\ge 2)$$

이므로

$$\left(\boxed{(가)}\right)\times a_{n+1} = \log_2\frac{n+2}{n+1}\,(n\ge 2)$$

이다.

$a_1 = 1 = \log_2 2$이고,

$2S_2 = \log_2 3 + S_1 = \log_2 3 + a_1$이므로

모든 자연수 n에 대하여

$$na_n = \boxed{(나)}$$

이다. 따라서

$$\sum_{k=1}^{n} ka_k = \boxed{(다)}$$

이다.

위의 (가), (나), (다)에 알맞은 식을 각각 $f(n)$, $g(n)$, $h(n)$ 이라 할 때, $f(8)-g(8)+h(8)$의 값은? [4점]

① 12 $\qquad$ ② 13 $\qquad$ ③ 14

④ 15 $\qquad$ ⑤ 16

053 2021학년도 수능 가형

상수 $k\,(k>1)$에 대하여 다음 조건을 만족시키는
수열 $\{a_n\}$이 있다.

> 모든 자연수 n에 대하여 $a_n < a_{n+1}$이고
> 곡선 $y=2^x$ 위의 두 점
> $P_n\big(a_n,\ 2^{a_n}\big)$, $P_{n+1}\big(a_{n+1},\ 2^{a_{n+1}}\big)$
> 을 지나는 직선의 기울기는 $k\times 2^{a_n}$이다.

점 P_n을 지나고 x축에 평행한
직선과 점 P_{n+1}을 지나고 y축에
평행한 직선이 만나는 점을 Q_n이라
하고 삼각형 $P_n Q_n P_{n+1}$의 넓이를
A_n이라 하자.

다음은 $a_1=1$, $\dfrac{A_3}{A_1}=16$일 때,

A_n을 구하는 과정이다.

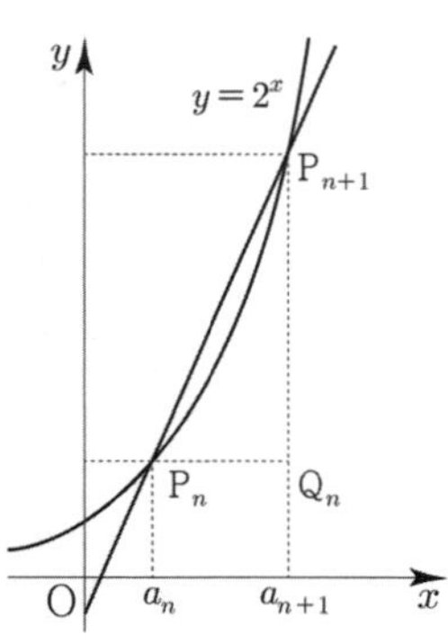

> 두 점 P_n, P_{n+1}을 지나는 직선의 기울기가
> $k\times 2^{a_n}$이므로
> $$2^{a_{n+1}-a_n}=k(a_{n+1}-a_n)+1$$
> 이다. 즉, 모든 자연수 n에 대하여 $a_{n+1}-a_n$은
> 방정식 $2^x=kx+1$의 해이다.
> $k>1$이므로 방정식 $2^x=kx+1$은 오직 하나의 양의
> 실근 d를 갖는다. 따라서 모든 자연수 n에 대하여
> $a_{n+1}-a_n=d$이고, 수열 $\{a_n\}$은 공차가 d인
> 등차수열이다.
> 점 Q_n의 좌표가 $\big(a_{n+1},\ 2^{a_n}\big)$이므로
> $$A_n=\frac{1}{2}\big(a_{n+1}-a_n\big)\big(2^{a_{n+1}}-2^{a_n}\big)$$
> 이다. $\dfrac{A_3}{A_1}=16$이므로 d의 값은 $\boxed{(가)}$이고,
> 수열 $\{a_n\}$의 일반항은
> $$a_n=\boxed{(나)}$$
> 이다. 따라서 모든 자연수 n에 대하여 $A_n=\boxed{(다)}$이다.

위의 (가)에 알맞은 수를 p, (나)와 (다)에 알맞은 식을

각각 $f(n)$, $g(n)$이라 할 때, $p+\dfrac{g(4)}{f(2)}$의 값은? [4점]

① 118 ② 121 ③ 124 ④ 127 ⑤ 130

054 2024학년도 고3 9월 평가원 공통

첫째항이 자연수인 수열 $\{a_n\}$이 모든 자연수 n에 대하여

$$a_{n+1}=\begin{cases} a_n+1 & (a_n\text{이 홀수인 경우}) \\[2mm] \dfrac{1}{2}a_n & (a_n\text{이 짝수인 경우}) \end{cases}$$

를 만족시킬 때, $a_2+a_4=40$이 되도록 하는 모든 a_1의
값의 합은? [4점]

① 172   ② 175   ③ 178

④ 181   ⑤ 184

055   2024년 고3 교육청 3월 공통

수열 $\{a_n\}$이 모든 자연수 n에 대하여

$$a_{n+1} = \begin{cases} a_n & (a_n > n) \\ 3n-2-a_n & (a_n \leq n) \end{cases}$$

을 만족시킬 때, $a_5 = 5$가 되도록 하는 모든 a_1의 값의 곱은? [4점]

① 20   ② 30   ③ 40

④ 50   ⑤ 60

056   2024년 고3 교육청 7월 공통

첫째항이 자연수인 수열 $\{a_n\}$이 모든 자연수 n에 대하여

$$a_{n+1} = \begin{cases} \dfrac{1}{2}a_n & \left(\dfrac{1}{2}a_n \text{이 자연수인 경우}\right) \\ (a_n-1)^2 & \left(\dfrac{1}{2}a_n \text{이 자연수가 아닌 경우}\right) \end{cases}$$

를 만족시킬 때, $a_7 = 1$이 되도록 하는 모든 a_1의 값의 합은? [4점]

① 120   ② 125   ③ 130

④ 135   ⑤ 140

057   2024년 고3 교육청 10월 공통

모든 항이 자연수인 수열 $\{a_n\}$이 모든 자연수 n에 대하여

$$a_{n+1} = \begin{cases} \dfrac{a_n}{n} & (n\text{이 } a_n\text{의 약수인 경우}) \\ 3a_n+1 & (n\text{이 } a_n\text{의 약수가 아닌 경우}) \end{cases}$$

를 만족시킬 때, $a_6 = 2$가 되도록 하는 모든 a_1의 값의 합은? [4점]

① 254   ② 264   ③ 274

④ 284   ⑤ 294

규토 라이트 N제

수열

Master step

심화 문제편

3. 수학적 귀납법

첫째항이 짝수인 수열 $\{a_n\}$은 모든 자연수 n에 대하여

$$a_{n+1} = \begin{cases} a_n + 3 & (a_n\text{이 홀수인 경우}) \\[2mm] \dfrac{a_n}{2} & (a_n\text{이 짝수인 경우}) \end{cases}$$

를 만족시킨다. $a_5 = 5$일 때, 수열 $\{a_n\}$의 첫째항이 될 수 있는 모든 수의 합을 구하시오. [4점]

첫째항이 자연수인 수열 $\{a_n\}$이 모든 자연수 n에 대하여

$$a_{n+1} = \begin{cases} a_n - 2 & (a_n \geq 0) \\[2mm] a_n + 5 & (a_n < 0) \end{cases}$$

을 만족시킨다. $a_{15} < 0$이 되도록 하는 a_1의 최솟값을 구하시오. [4점]

공차가 0이 아닌 등차수열 $\{a_n\}$이 있다. 수열 $\{b_n\}$은 $b_1 = a_1$이고, 2 이상의 자연수 n에 대하여

$$b_n = \begin{cases} b_{n-1} + a_n & (n\text{이 } 3\text{의 배수가 아닌 경우}) \\[2mm] b_{n-1} - a_n & (n\text{이 } 3\text{의 배수인 경우}) \end{cases}$$

이다. $b_{10} = a_{10}$일 때, $\dfrac{b_8}{b_{10}} = \dfrac{q}{p}$이다. $p+q$의 값을 구하시오. (단, p와 q는 서로소인 자연수이다.) [4점]

수열 $\{a_n\}$은 $0 < a_1 < 1$이고, 모든 자연수 n에 대하여 다음 조건을 만족시킨다.

(가) $a_{2n} = a_2 \times a_n + 1$

(나) $a_{2n+1} = a_2 \times a_n - 2$

$a_7 = 2$일 때, a_{25}의 값은? [4점]

① 78   ② 80   ③ 82

④ 84   ⑤ 86

062 2021학년도 고3 9월 평가원 나형

수열 $\{a_n\}$은 모든 자연수 n에 대하여

$$a_{n+2}=\begin{cases} 2a_n+a_{n+1} & (a_n \le a_{n+1}) \\ a_n+a_{n+1} & (a_n > a_{n+1}) \end{cases}$$

을 만족시킨다. $a_3=2$, $a_6=19$가 되도록 하는 모든 a_1의 값의 합은? [4점]

① $-\dfrac{1}{2}$　　　② $-\dfrac{1}{4}$　　　③ 0

④ $\dfrac{1}{4}$　　　⑤ $\dfrac{1}{2}$

063 2020년 고3 7월 교육청 나형

첫째항이 양수이고 공차가 -1보다 작은 등차수열 $\{a_n\}$에 대하여 수열 $\{b_n\}$은 다음과 같다.

$$b_n=\begin{cases} a_{n+1}-\dfrac{n}{2} & (a_n \ge 0) \\ a_n+\dfrac{n}{2} & (a_n < 0) \end{cases}$$

수열 $\{b_n\}$의 첫째항부터 제 n항까지의 합을 S_n이라 할 때, 수열 $\{b_n\}$은 다음 조건을 만족시킨다.

(가) $b_5 < b_6$
(나) $S_5 = S_9 = 0$

$S_n \le -70$을 만족시키는 자연수 n의 최솟값은? [4점]

① 13　　　② 15　　　③ 17

④ 19　　　⑤ 21

064 2022학년도 수능예비시행

다음 조건을 만족시키는 모든 수열 $\{a_n\}$에 대하여 $\displaystyle\sum_{k=1}^{100} a_k$의 최댓값과 최솟값을 각각 M, m이라 할 때, $M-m$의 값은? [4점]

(가) $a_5 = 5$
(나) 모든 자연수 n에 대하여
$$a_{n+1}=\begin{cases} a_n-6 & (a_n \ge 0) \\ -2a_n+3 & (a_n < 0) \end{cases}$$
이다.

① 64　　　② 68　　　③ 72

④ 76　　　⑤ 80

065

정수 k와 다음 조건을 만족시키는 모든 수열 $\{a_n\}$에 대하여 a_9의 최댓값과 최솟값을 각각 M, m이라 할 때, $M-m$의 값을 구하시오.

(가) $a_3 = 7$
(나) $|k| \le a_1$이고, 모든 자연수 n에 대하여
$$a_{n+1}=\begin{cases} a_n-n & (a_n > n) \\ a_n+k & (a_n \le n) \end{cases}$$
이다.

수열 $\{a_n\}$이 모든 자연수 n에 대하여 다음 조건을 만족시킨다.

(가) $a_{2n} = a_n - 1$

(나) $a_{2n+1} = 2a_n + 1$

$a_{20} = 1$일 때, $\displaystyle\sum_{n=1}^{63} a_n$의 값은? [4점]

① 704   ② 712   ③ 720

④ 728   ⑤ 736

다음 조건을 만족시키는 모든 수열 $\{a_n\}$에 대하여 a_1의 최솟값을 m이라 하자.

(가) 수열 $\{a_n\}$의 모든 항은 정수이다.

(나) 모든 자연수 n에 대하여
$$a_{2n} = a_3 \times a_n + 1, \quad a_{2n+1} = 2a_n - a_2$$
이다.

$a_1 = m$인 수열 $\{a_n\}$에 대하여 a_9의 값은? [4점]

① -53 ② -51 ③ -49

④ -47 ⑤ -45

수열 $\{a_n\}$은 $|a_1| \leq 1$이고, 모든 자연수 n에 대하여

$$a_{n+1} = \begin{cases} -2a_n - 2 & \left(-1 \leq a_n < -\dfrac{1}{2}\right) \\[2mm] 2a_n & \left(-\dfrac{1}{2} \leq a_n \leq \dfrac{1}{2}\right) \\[2mm] -2a_n + 2 & \left(\dfrac{1}{2} < a_n \leq 1\right) \end{cases}$$

을 만족시킨다. $a_5 + a_6 = 0$이고 $\displaystyle\sum_{k=1}^{5} a_k > 0$이 되도록 하는 모든 a_1의 값의 합은? [4점]

① $\dfrac{9}{2}$ ② 5 ③ $\dfrac{11}{2}$

④ 6 ⑤ $\dfrac{13}{2}$

자연수 k에 대하여 다음 조건을 만족시키는 수열 $\{a_n\}$이 있다.

$a_1 = 0$이고, 모든 자연수 n에 대하여

$$a_{n+1} = \begin{cases} a_n + \dfrac{1}{k+1} & (a_n \leq 0) \\[2mm] a_n - \dfrac{1}{k} & (a_n > 0) \end{cases}$$

이다.

$a_{22} = 0$이 되도록 하는 모든 k의 값의 합은? [4점]

① 12 ② 14 ③ 16

④ 18 ⑤ 20

070 · 2023학년도 고3 9월 평가원 공통 · ☐☐☐☐☐

수열 $\{a_n\}$이 다음 조건을 만족시킨다.

> (가) 모든 자연수 k에 대하여 $a_{4k}=r^k$이다.
> (단, r는 $0<|r|<1$인 상수이다.)
> (나) $a_1<0$이고, 모든 자연수 n에 대하여
> $$a_{n+1}=\begin{cases} a_n+3 & (|a_n|<5) \\ -\dfrac{1}{2}a_n & (|a_n|\geq 5) \end{cases}$$
> 이다.

$|a_m|\geq 5$를 만족시키는 100 이하의 자연수 m의 개수를 p라 할 때, $p+a_1$의 값은? [4점]

① 8 ② 10 ③ 12
④ 14 ⑤ 16

071 · 2023학년도 수능 공통 · ☐☐☐☐☐

모든 항이 자연수이고 다음 조건을 만족시키는 모든 수열 $\{a_n\}$에 대하여 a_9의 최댓값과 최솟값을 각각 M, m이라 할 때, $M+m$의 값은? [4점]

> (가) $a_7=40$
> (나) 모든 자연수 n에 대하여
> $$a_{n+2}=\begin{cases} a_{n+1}+a_n & (a_{n+1}\text{이 3의 배수가 아닌 경우}) \\ \dfrac{1}{3}a_{n+1} & (a_{n+1}\text{이 3의 배수인 경우}) \end{cases}$$
> 이다.

① 216 ② 218 ③ 220
④ 222 ⑤ 224

072 · 2024학년도 고3 6월 평가원 공통 · ☐☐☐☐☐

자연수 k에 대하여 다음 조건을 만족시키는 수열 $\{a_n\}$이 있다.

> $a_1=k$이고, 모든 자연수 n에 대하여
> $$a_{n+1}=\begin{cases} a_n+2n-k & (a_n\leq 0) \\ a_n-2n-k & (a_n>0) \end{cases}$$
> 이다.

$a_3\times a_4\times a_5\times a_6<0$이 되도록 하는 모든 k의 값의 합은? [4점]

① 10 ② 14 ③ 18
④ 22 ⑤ 26

073 · 2024학년도 수능 공통 · ☐☐☐☐☐

첫째항이 자연수인 수열 $\{a_n\}$이 모든 자연수 n에 대하여
$$a_{n+1}=\begin{cases} 2^{a_n} & (a_n\text{이 홀수인 경우}) \\ \dfrac{1}{2}a_n & (a_n\text{이 짝수인 경우}) \end{cases}$$
를 만족시킬 때, $a_6+a_7=3$이 되도록 하는 모든 a_1의 값의 합은? [4점]

① 139 ② 146 ③ 153
④ 160 ⑤ 167

수열 $\{a_n\}$은

$$a_2 = -a_1$$

이고, $n \geq 2$인 모든 자연수 n에 대하여

$$a_{n+1} = \begin{cases} a_n - \sqrt{n} \times a_{\sqrt{n}} & (\sqrt{n}\text{이 자연수이고 } a_n > 0\text{인 경우}) \\ a_n + 1 & (\text{그 외의 경우}) \end{cases}$$

를 만족시킨다. $a_{15} = 1$이 되도록 하는 모든 a_1의 값의 곱을 구하시오. [4점]

양수 k에 대하여 $a_1 = k$인 수열 $\{a_n\}$이 다음 조건을 만족시킨다.

(가) $a_2 \times a_3 < 0$

(나) 모든 자연수 n에 대하여
$$\left(a_{n+1} - a_n + \frac{2}{3}k\right)\left(a_{n+1} + ka_n\right) = 0\text{이다.}$$

$a_5 = 0$이 되도록 하는 서로 다른 모든 양수 k에 대하여 k^2의 값의 합을 구하시오. [4점]

모든 항이 정수이고 다음 조건을 만족시키는 모든 수열 $\{a_n\}$에 대하여 $|a_1|$의 값의 합을 구하시오. [4점]

(가) 모든 자연수 n에 대하여
$$a_{n+1} = \begin{cases} a_n - 3 & (|a_n|\text{이 홀수인 경우}) \\ \dfrac{1}{2}a_n & (a_n = 0 \text{ 또는 } |a_n|\text{이 짝수인 경우}) \end{cases}$$
이다.

(나) $|a_m| = |a_{m+2}|$인 자연수 m의 최솟값은 3이다.

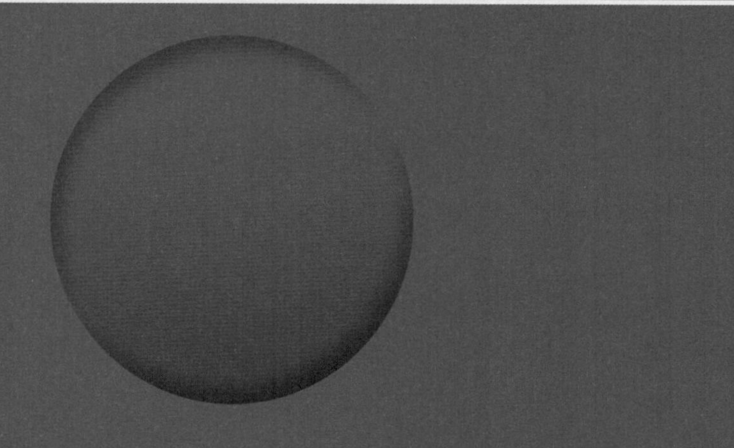

지수함수와 로그함수

삼각함수

수열

지수 | Guide step

1	(1) $a^{11}b^{12}$ (2) a^2b^3 (3) $\dfrac{b^4}{a}$
2	(1) $-2,\ 1\pm\sqrt{3}\,i$ (2) $-2,\ 2,\ 2i,\ -2i$
3	(1) -3 (2) 2 (3) -2
4	(1) 3 (2) 2 (3) 4 (4) 5
5	(1) 1 (2) $\dfrac{1}{27}$ (3) $\dfrac{1}{16}$
6	(1) 25 (2) a^9 (3) $a^6b^3c^{-3}$
7	(1) $a^{\frac{2}{3}}$ (2) $\sqrt[5]{a^3}$ (3) $a^{-\frac{2}{7}}$
8	(1) 81 (2) $x^{-4}y^{-2}$
9	(1) $5^{2\sqrt{2}}$ (2) $2^{\sqrt{2}}$ (3) 3

지수 | Training - 1 step

1	ㄴ, ㅁ	13	726
2	6	14	54
3	-3	15	3
4	2	16	2
5	24	17	0
6	40	18	3
7	115	19	9
8	4	20	20
9	3	21	33
10	64	22	30
11	25	23	11
12	36	24	16

지수 | Training - 2 step

25	①	36	③
26	②	37	4
27	④	38	2
28	⑤	39	④
29	①	40	11
30	②	41	③
31	③	42	①
32	③	43	11
33	②	44	②
34	15	45	②
35	④	46	24

지수 | Master step

47	15	49	⑤
48	⑤	50	27

로그 | Guide step

1	(1) $\log_5 25 = 2$ (2) $\log_2 \frac{1}{8} = -3$ (3) $3^4 = 81$
2	(1) $\frac{1}{2}$ (2) -3 (3) -2
3	(1) $\frac{3}{2}$ (2) $-\frac{1}{2}$ (3) 1 (4) 4 (5) 2
4	(1) $\frac{3}{2}$ (2) $-\frac{3}{2}$
5	(1) $a+2b$ (2) $\frac{2b}{3a}$ (3) $\frac{a+b}{2(1-a)}$
6	(1) 4 (2) $\frac{3}{2}$ (3) 256
7	(1) 4 (2) -2 (3) $\frac{3}{2}$
8	(1) 3.0531 (2) -0.9469

로그 | Training – 1 step

1	8	**13**	20
2	14	**14**	9
3	2	**15**	10
4	5	**16**	6
5	256	**17**	125
6	13	**18**	4
7	3	**19**	6
8	1	**20**	8
9	2	**21**	27
10	4	**22**	10
11	15	**23**	1.233
12	14	**24**	15

로그 | Training – 2 step

25	①	**41**	①
26	①	**42**	②
27	①	**43**	①
28	③	**44**	②
29	②	**45**	①
30	⑤	**46**	③
31	①	**47**	①
32	④	**48**	①
33	16	**49**	①
34	④	**50**	④
35	13	**51**	75
36	⑤	**52**	④
37	④	**53**	①
38	8	**54**	①
39	15	**55**	13
40	③		

로그 | Master step

56	21	**59**	25
57	426	**60**	112
58	30	**61**	205

1	(1) $y = -2(x+2)^2 + 3$ (2) $y = 2x + 10$ (3) $(x+2)^2 + (y-4)^2 = 2$
2	3
3	풀이 참고
4	풀이 참고
5	(2), (3)
6	풀이 참고
7	풀이 참고
8	(1) 최댓값은 7, 최솟값은 3 (2) 최댓값은 4, 최솟값은 1
9	풀이 참고
10	풀이 참고
11	(1) 최댓값은 4, 최솟값은 1 (2) 최댓값은 -1, 최솟값은 -2

번호	답	번호	답
1	9	28	5
2	81	29	7
3	$\dfrac{1}{81}$	30	3
4	ㄱ, ㄴ, ㄷ, ㄹ, ㅅ	31	12
5	6	32	ㄱ, ㄷ, ㄹ, ㅂ
6	4	33	5
7	2	34	4
8	ㄹ, ㅁ	35	16
9	2	36	8
10	6	37	43
11	2	38	30
12	16	39	81
13	32	40	16
14	729	41	33
15	27	42	20
16	3	43	6
17	60	44	③
18	18	45	①
19	2	46	④
20	6	47	$A < C < B$
21	11	48	$b < a < a^b$
22	2	49	ㄱ, ㄴ
23	4	50	$A < B < C$
24	3	51	4
25	14	52	3
26	1	53	72
27	343		

54	③	80	④
55	60	81	④
56	④	82	③
57	③	83	⑤
58	①	84	⑤
59	①	85	⑤
60	④	86	⑤
61	21	87	20
62	④	88	③
63	①	89	④
64	②	90	11
65	22	91	54
66	③	92	①
67	②	93	④
68	③	94	⑤
69	③	95	③
70	①	96	①
71	②	97	③
72	③	98	⑤
73	⑤	99	②
74	①	100	①
75	16	101	④
76	③	102	③
77	③	103	③
78	⑤	104	⑤
79	③	105	36

106	③	114	③
107	②	115	110
108	33	116	②
109	②	117	10
110	13	118	13
111	⑤	119	①
112	220	120	8
113	192	121	15

1	(1) $x = \dfrac{3}{2}$ (2) $x = 3$ (3) $x = \log_3 2$
2	(1) $x \leq 3$ (2) $x \geq -2$
3	(1) $x = 5$ (2) $x = 1$ (3) $x = -2$ or $x = 1$
4	(1) $0 < x \leq 16$ (2) $3 < x < 5$ (3) $x \geq 6$

지수함수와 로그함수의 활용 | Training – 1 step

1	-3	15	81
2	45	16	1
3	3	17	12
4	3	18	16
5	28	19	2
6	10	20	15
7	4	21	9
8	9	22	16
9	1	23	2
10	16	24	8
11	$k \leq 10$	25	16
12	2	26	4
13	8	27	7
14	-16		

지수함수와 로그함수의 활용 | Training – 2 step

28	7	47	③
29	③	48	①
30	④	49	④
31	7	50	②
32	1	51	①
33	3	52	81
34	6	53	15
35	2	54	①
36	7	55	15
37	10	56	①
38	12	57	4
39	③	58	⑤
40	10	59	②
41	32	60	⑤
42	②	61	31
43	27	62	①
44	128	63	①
45	6	64	71
46	63		

지수함수와 로그함수의 활용 | Master step

65	⑤	69	④
66	②	70	7
67	②	71	17
68	25	72	④

삼각함수

삼각함수 │ **Guide step**

1	풀이 참고
2	(1) $360°\times n+60°$ (단, n은 정수) (2) $360°\times n+80°$ (단, n은 정수) (3) $360°\times n+260°$ (단, n은 정수)
3	(1) 제 4사분면 (2) 제 1사분면 (3) 제 2사분면
4	(1) $\dfrac{\pi}{4}$ (2) $120°$ (3) $-\dfrac{5}{12}\pi$
5	(1) $l=\pi$, $S=2\pi$ (2) $\theta=\dfrac{5}{6}$, $S=60$
6	(1) $\sin\theta=\dfrac{5}{13}$, $\cos\theta=-\dfrac{12}{13}$, $\tan\theta=-\dfrac{5}{12}$ (2) $\sin\theta=-\dfrac{\sqrt{2}}{2}$, $\cos\theta=-\dfrac{\sqrt{2}}{2}$, $\tan\theta=1$
7	(1) $\sin\dfrac{12}{5}\pi>0$, $\tan(-240°)<0$ (2) 제 3사분면
8	(1) $\cos\theta=-\dfrac{2\sqrt{2}}{3}$, $\tan\theta=-\dfrac{1}{2\sqrt{2}}$ (2) $\sin\theta\cos\theta=\dfrac{3}{8}$, $\sin^3\theta-\cos^3\theta=\dfrac{11}{16}$

삼각함수 │ **Training – 1 step**

1	⑤	16	3
2	④	17	②
3	제 1, 3사분면	18	③
4	$60°$	19	13
5	$\dfrac{12}{7}\pi$	20	3
6	$\dfrac{7}{6}\pi$	21	③
7	$120°$, $160°$	22	②
8	4	23	③
9	30	24	①
10	100	25	12
11	4	26	③
12	54	27	4
13	42	28	⑤
14	45	29	20
15	144	30	2

삼각함수 │ **Training – 2 step**

31	27	39	①
32	④	40	②
33	3	41	①
34	④	42	①
35	④	43	③
36	②	44	⑤
37	②	45	80
38	④		

삼각함수 │ **Master step**

46	④	50	①
47	②	51	④
48	⑤	52	④
49	④	53	25

1	풀이 참고
2	풀이 참고
3	풀이 참고
4	$(1) -\dfrac{\sqrt{2}}{2}$ $(2) -\dfrac{\sqrt{3}}{2}$ $(3) \dfrac{\sqrt{3}}{3}$
5	$(1)\ x=\dfrac{\pi}{6}\ \text{or}\ x=\dfrac{5}{6}\pi$ $(2)\ x=\dfrac{\pi}{4}\ \text{or}\ x=\dfrac{5}{4}\pi$ $(3)\ x=\dfrac{2}{3}\pi\ \text{or}\ x=\dfrac{4}{3}\pi$
6	$(1)\ \dfrac{\pi}{3}<x<\dfrac{5}{3}\pi$ $(2)\ 0\le x<\dfrac{\pi}{4}\ \text{or}\ \dfrac{\pi}{2}<x<\dfrac{5}{4}\pi$ $\text{or}\ \dfrac{3}{2}\pi<x<2\pi$

1	⑤	28	12
2	6	29	③
3	25	30	13
4	$y=-\sin x$	31	16
5	②	32	130
6	2	33	$\dfrac{5}{2}\pi$
7	8	34	$\dfrac{\pi}{8}<x<\dfrac{5}{8}\pi$
8	10	35	$\dfrac{\pi}{6}\le x\le\dfrac{3}{2}\pi$
9	5	36	$-\dfrac{\pi}{3}\le x<0$ $\text{or}\ \dfrac{2}{3}\pi<x<\pi$
10	6	37	7
11	4	38	7π
12	32	39	$\dfrac{\pi}{2}$
13	7	40	$\dfrac{5}{4}\pi$
14	5	41	35
15	7	42	④
16	14	43	②
17	④	44	②
18	4	45	18
19	1	46	3
20	④	47	8
21	②	48	5
22	5	49	24
23	25	50	7
24	1	51	30
25	17	52	②
26	6	53	3
27	2	54	37

삼각함수의 그래프 | Training - 2 step

55	③	79	2
56	⑤	80	84
57	⑤	81	③
58	④	82	③
59	②	83	③
60	①	84	24
61	②	85	5
62	③	86	③
63	①	87	③
64	①	88	③
65	③	89	③
66	④	90	③
67	②	91	6
68	②	92	③
69	⑤	93	10
70	④	94	④
71	②	95	②
72	8	96	①
73	32	97	15
74	③	98	④
75	①	99	36
76	⑤	100	24
77	③	101	①
78	8	102	19

삼각함수의 그래프 | Master step

103	4	109	11
104	④	110	68
105	126	111	42
106	③	112	⑤
107	②	113	②
108	③		

사인법칙과 코사인법칙 | Guide step

1	(1) 16 (2) $\dfrac{21}{4}$
2	3
3	사각형 APBO 의 넓이는 60 $x = 13$
4	(1) $x = 35$, $y = 70$ (2) 50
5	20
6	40
7	$a = 2\sqrt{3}$, 외접원의 넓이 $= 4\pi$
8	$a = b$ 인 이등변삼각형
9	$a = \sqrt{21}$
10	$\cos C = \dfrac{1}{4}$
11	1
12	$3\sqrt{15}$
13	$\dfrac{25}{2}\sqrt{3}$

1	②	20	5
2	⑤	21	21
3	$3:4:2$	22	23
4	1	23	$\angle$B가 직각인 직각삼각형
5	60°	24	$b=c$ 인 이등변삼각형
6	2	25	5
7	125	26	196
8	51	27	29
9	④	28	12
10	12	29	27
11	150	30	7
12	③	31	25
13	69	32	112
14	⑤	33	7
15	①	34	②
16	18	35	69
17	109	36	13
18	35	37	4
19	3		

38	⑤	56	98
39	21	57	①
40	③	58	②
41	10	59	27
42	④	60	③
43	41	61	①
44	①	62	②
45	25	63	84
46	①	64	③
47	②	65	13
48	50	66	③
49	64	67	⑤
50	5	68	①
51	⑤	69	①
52	①	70	②
53	21	71	①
54	⑤	72	⑤
55	①	73	④

74	26	81	30
75	15	82	9
76	②	83	64
77	63	84	75
78	①	85	43
79	20	86	113
80	5	87	21

수열

등차수열과 등비수열 │ Guide step

1	4, 6
2	1, 3, 5, 7
3	(1) 공차는 2, $x=7$ (2) 공차는 -3, $x=4$
4	(1) $a_n=3n-2$ (2) $a_n=2n-3$
5	(1) $a_n=-4n+15$ (2) $a_n=3n-15$
6	$x=-5,\ y=-1$
7	(1) 185 (2) 12
8	$a_n=4n-3$
9	(1) 공비는 4, $x=16$ (2) 공비는 -2, $x=-8$
10	(1) $a_n=3\left(\dfrac{1}{3}\right)^{n-1}$ (2) $a_n=-2\times 4^{n-1}$
11	$a_n=\dfrac{4}{9}\times 3^{n-1}$
12	$x=6,\ y=24$ or $x=-6,\ y=-24$
13	364

등차수열과 등비수열 │ Training – 1 step

1	34	19	10
2	6	20	5
3	13	21	4
4	30	22	54
5	9	23	8
6	1	24	5
7	5	25	15
8	3	26	16
9	11	27	42
10	9	28	62
11	10	29	105
12	94	30	4
13	392	31	600
14	122	32	15
15	371	33	64
16	178	34	279
17	390	35	12
18	39		

등차수열과 등비수열 │ Training - 2 step

36	①	56	315
37	①	57	③
38	③	58	③
39	63	59	③
40	36	60	②
41	②	61	①
42	4	62	10
43	①	63	⑤
44	②	64	16
45	①	65	③
46	257	66	⑤
47	64	67	③
48	⑤	68	③
49	④	69	③
50	③	70	7
51	22	71	9
52	②	72	18
53	②	73	③
54	②	74	273
55	16	75	30

등차수열과 등비수열 │ Master step

76	117	79	①
77	390	80	35
78	⑤	81	①

수열의 합 │ Guide step

1	(1) $\displaystyle\sum_{k=1}^{10} 2k$ (2) $\displaystyle\sum_{k=1}^{n+1} 2^{k-1}$
2	(1) $6+11+16+21+26$ (2) $1+\dfrac{1}{2}+\dfrac{1}{2^2}+\dfrac{1}{2^3}$
3	(1) 23 (2) 61
4	(1) 204 (2) 1296
5	(1) $(n-1)n(2n+5)$ (2) $n(n+1)(n+2)$
6	(1) $\dfrac{8}{17}$ (2) $\dfrac{n}{n+2}$

수열의 합 │ Training - 1 step

1	②	21	124
2	20	22	220
3	9	23	10
4	30	24	7
5	ㄱ, ㅂ	25	100
6	130	26	①
7	33	27	200
8	8	28	1771
9	45	29	690
10	130	30	15
11	57	31	20
12	10	32	18
13	243	33	79
14	340	34	256
15	6	35	50
16	25	36	11
17	441	37	6
18	95	38	115
19	10	39	5
20	28		

40	⑤	67	34
41	9	68	201
42	8	69	200
43	113	70	58
44	9	71	25
45	12	72	②
46	⑤	73	①
47	④	74	③
48	②	75	③
49	13	76	9
50	22	77	④
51	29	78	①
52	②	79	⑤
53	①	80	③
54	160	81	①
55	④	82	①
56	④	83	⑤
57	91	84	③
58	④	85	④
59	4	86	②
60	502	87	19
61	③	88	③
62	7	89	①
63	②	90	②
64	③	91	①
65	③	92	②
66	②	93	①

94	438	102	678
95	312	103	117
96	162	104	45
97	11	105	190
98	14	106	161
99	100	107	21
100	43	108	5
101	282	109	882

1	(1) 15 (2) 2
2	10
3	42

수학적 귀납법 | Training − 1 step

1	39	11	30
2	6	12	16
3	85	13	120
4	31	14	2
5	64	15	21
6	50	16	11
7	19	17	357
8	32	18	17
9	6	19	10
10	37		

수학적 귀납법 | Training − 2 step

20	96	39	13
21	④	40	⑤
22	②	41	⑤
23	②	42	70
24	256	43	③
25	8	44	①
26	①	45	180
27	33	46	⑤
28	④	47	④
29	②	48	⑤
30	③	49	①
31	②	50	⑤
32	①	51	②
33	④	52	①
34	②	53	⑤
35	64	54	①
36	③	55	③
37	③	56	②
38	④	57	④

수학적 귀납법 | Master step

58	142	68	①
59	5	69	②
60	13	70	③
61	③	71	⑤
62	②	72	②
63	④	73	③
64	③	74	231
65	59	75	8
66	④	76	64
67	①		

규 토
라이트
N 제

CONTENTS

규토 라이트 N제

해설편

빠른정답

지수함수와 로그함수

삼각함수

수열

지수함수와 로그함수

지수 | Guide step

1	(1) $a^{11}b^{12}$ (2) a^2b^3 (3) $\dfrac{b^4}{a}$
2	(1) $-2,\ 1\pm\sqrt{3}\,i$ (2) $-2,\ 2,\ 2i,\ -2i$
3	(1) -3 (2) 2 (3) -2
4	(1) 3 (2) 2 (3) 4 (4) 5
5	(1) 1 (2) $\dfrac{1}{27}$ (3) $\dfrac{1}{16}$
6	(1) 25 (2) a^9 (3) $a^6b^3c^{-3}$
7	(1) $a^{\frac{2}{3}}$ (2) $\sqrt[5]{a^3}$ (3) $a^{-\frac{2}{7}}$
8	(1) 81 (2) $x^{-4}y^{-2}$
9	(1) $5^{2\sqrt{2}}$ (2) $2^{\sqrt{2}}$ (3) 3

지수 | Training - 1 step

1	ㄴ, ㅁ	13	726
2	6	14	54
3	-3	15	3
4	2	16	2
5	24	17	0
6	40	18	3
7	115	19	9
8	4	20	20
9	3	21	33
10	64	22	30
11	25	23	11
12	36	24	16

지수 | Training - 2 step

25	①	36	③
26	②	37	4
27	④	38	2
28	⑤	39	④
29	①	40	11
30	②	41	③
31	③	42	①
32	③	43	11
33	②	44	②
34	15	45	②
35	④	46	24

지수 | Master step

47	15	49	⑤
48	⑤	50	27

로그 | Guide step

1	(1) $\log_5 25 = 2$ (2) $\log_2 \frac{1}{8} = -3$ (3) $3^4 = 81$
2	(1) $\frac{1}{2}$ (2) -3 (3) -2
3	(1) $\frac{3}{2}$ (2) $-\frac{1}{2}$ (3) 1 (4) 4 (5) 2
4	(1) $\frac{3}{2}$ (2) $-\frac{3}{2}$
5	(1) $a+2b$ (2) $\frac{2b}{3a}$ (3) $\frac{a+b}{2(1-a)}$
6	(1) 4 (2) $\frac{3}{2}$ (3) 256
7	(1) 4 (2) -2 (3) $\frac{3}{2}$
8	(1) 3.0531 (2) -0.9469

로그 | Training – 1 step

1	8	13	20
2	14	14	9
3	2	15	10
4	5	16	6
5	256	17	125
6	13	18	4
7	3	19	6
8	1	20	8
9	2	21	27
10	4	22	10
11	15	23	1.233
12	14	24	15

로그 | Training – 2 step

25	①	41	①
26	①	42	②
27	①	43	①
28	③	44	②
29	②	45	①
30	⑤	46	③
31	①	47	①
32	④	48	①
33	16	49	①
34	④	50	④
35	13	51	75
36	⑤	52	④
37	④	53	①
38	8	54	①
39	15	55	13
40	③		

로그 | Master step

56	21	59	25
57	426	60	112
58	30	61	205

1	(1) $y = -2(x+2)^2 + 3$ (2) $y = 2x + 10$ (3) $(x+2)^2 + (y-4)^2 = 2$
2	3
3	풀이 참고
4	풀이 참고
5	(2), (3)
6	풀이 참고
7	풀이 참고
8	(1) 최댓값은 7, 최솟값은 3 (2) 최댓값은 4, 최솟값은 1
9	풀이 참고
10	풀이 참고
11	(1) 최댓값은 4, 최솟값은 1 (2) 최댓값은 -1, 최솟값은 -2

1	9	28	5
2	81	29	7
3	$\dfrac{1}{81}$	30	3
4	ㄱ, ㄴ, ㄷ, ㄹ, ㅅ	31	12
5	6	32	ㄱ, ㄷ, ㄹ, ㅂ
6	4	33	5
7	2	34	4
8	ㄹ, ㅁ	35	16
9	2	36	8
10	6	37	43
11	2	38	30
12	16	39	81
13	32	40	16
14	729	41	33
15	27	42	20
16	3	43	6
17	60	44	③
18	18	45	①
19	2	46	④
20	6	47	$A < C < B$
21	11	48	$b < a < a^b$
22	2	49	ㄱ, ㄴ
23	4	50	$A < B < C$
24	3	51	4
25	14	52	3
26	1	53	72
27	343		

54	③	80	④
55	60	81	④
56	④	82	③
57	③	83	⑤
58	①	84	⑤
59	①	85	⑤
60	④	86	⑤
61	21	87	20
62	④	88	③
63	①	89	④
64	②	90	11
65	22	91	54
66	③	92	①
67	②	93	④
68	③	94	⑤
69	③	95	③
70	①	96	①
71	②	97	③
72	③	98	⑤
73	⑤	99	②
74	①	100	①
75	16	101	④
76	③	102	③
77	③	103	③
78	⑤	104	⑤
79	③	105	36

106	③	114	③
107	②	115	110
108	33	116	②
109	②	117	10
110	13	118	13
111	⑤	119	①
112	220	120	8
113	192	121	15

지수함수와 로그함수의 활용 | Guide step

1	(1) $x = \dfrac{3}{2}$ (2) $x = 3$ (3) $x = \log_3 2$
2	(1) $x \leq 3$ (2) $x \geq -2$
3	(1) $x = 5$ (2) $x = 1$ (3) $x = -2$ or $x = 1$
4	(1) $0 < x \leq 16$ (2) $3 < x < 5$ (3) $x \geq 6$

지수함수와 로그함수의 활용 | Training – 1 step

1	-3	15	81
2	45	16	1
3	3	17	12
4	3	18	16
5	28	19	2
6	10	20	15
7	4	21	9
8	9	22	16
9	1	23	2
10	16	24	8
11	$k \leq 10$	25	16
12	2	26	4
13	8	27	7
14	-16		

지수함수와 로그함수의 활용 | Training – 2 step

28	7	47	③
29	③	48	①
30	④	49	④
31	7	50	②
32	1	51	①
33	3	52	81
34	6	53	15
35	2	54	①
36	7	55	15
37	10	56	①
38	12	57	4
39	③	58	⑤
40	10	59	②
41	32	60	⑤
42	②	61	31
43	27	62	①
44	128	63	①
45	6	64	71
46	63		

지수함수와 로그함수의 활용 | Master step

65	⑤	69	④
66	②	70	7
67	②	71	17
68	25	72	④

삼각함수

삼각함수 | Guide step

1	풀이 참고
2	(1) $360° \times n + 60°$ (단, n은 정수) (2) $360° \times n + 80°$ (단, n은 정수) (3) $360° \times n + 260°$ (단, n은 정수)
3	(1) 제 4 사분면 (2) 제 1 사분면 (3) 제 2 사분면
4	(1) $\dfrac{\pi}{4}$ (2) $120°$ (3) $-\dfrac{5}{12}\pi$
5	(1) $l = \pi$, $S = 2\pi$ (2) $\theta = \dfrac{5}{6}$, $S = 60$
6	(1) $\sin\theta = \dfrac{5}{13}$, $\cos\theta = -\dfrac{12}{13}$, $\tan\theta = -\dfrac{5}{12}$ (2) $\sin\theta = -\dfrac{\sqrt{2}}{2}$, $\cos\theta = -\dfrac{\sqrt{2}}{2}$, $\tan\theta = 1$
7	(1) $\sin\dfrac{12}{5}\pi > 0$, $\tan(-240°) < 0$ (2) 제 3 사분면
8	(1) $\cos\theta = -\dfrac{2\sqrt{2}}{3}$, $\tan\theta = -\dfrac{1}{2\sqrt{2}}$ (2) $\sin\theta\cos\theta = \dfrac{3}{8}$, $\sin^3\theta - \cos^3\theta = \dfrac{11}{16}$

삼각함수 | Training – 1 step

1	⑤	**16**	3
2	④	**17**	②
3	제 1, 3 사분면	**18**	③
4	$60°$	**19**	13
5	$\dfrac{12}{7}\pi$	**20**	3
6	$\dfrac{7}{6}\pi$	**21**	③
7	$120°$, $160°$	**22**	②
8	4	**23**	③
9	30	**24**	①
10	100	**25**	12
11	4	**26**	③
12	54	**27**	4
13	42	**28**	⑤
14	45	**29**	20
15	144	**30**	2

삼각함수 | Training – 2 step

31	27	**39**	①
32	④	**40**	②
33	3	**41**	①
34	④	**42**	①
35	④	**43**	③
36	②	**44**	⑤
37	②	**45**	80
38	④		

삼각함수 | Master step

46	④	**50**	①
47	②	**51**	④
48	⑤	**52**	④
49	④	**53**	25

1	풀이 참고
2	풀이 참고
3	풀이 참고
4	(1) $-\dfrac{\sqrt{2}}{2}$ (2) $-\dfrac{\sqrt{3}}{2}$ (3) $\dfrac{\sqrt{3}}{3}$
5	(1) $x=\dfrac{\pi}{6}$ or $x=\dfrac{5}{6}\pi$ (2) $x=\dfrac{\pi}{4}$ or $x=\dfrac{5}{4}\pi$ (3) $x=\dfrac{2}{3}\pi$ or $x=\dfrac{4}{3}\pi$
6	(1) $\dfrac{\pi}{3}<x<\dfrac{5}{3}\pi$ (2) $0\le x<\dfrac{\pi}{4}$ or $\dfrac{\pi}{2}<x<\dfrac{5}{4}\pi$ or $\dfrac{3}{2}\pi<x<2\pi$

1	⑤	28	12
2	6	29	③
3	25	30	13
4	$y=-\sin x$	31	16
5	②	32	130
6	2	33	$\dfrac{5}{2}\pi$
7	8	34	$\dfrac{\pi}{8}<x<\dfrac{5}{8}\pi$
8	10	35	$\dfrac{\pi}{6}\le x\le\dfrac{3}{2}\pi$
9	5	36	$-\dfrac{\pi}{3}\le x<0$ or $\dfrac{2}{3}\pi<x<\pi$
10	6	37	7
11	4	38	7π
12	32	39	$\dfrac{\pi}{2}$
13	7	40	$\dfrac{5}{4}\pi$
14	5	41	35
15	7	42	④
16	14	43	②
17	④	44	②
18	4	45	18
19	1	46	3
20	④	47	8
21	②	48	5
22	5	49	24
23	25	50	7
24	1	51	30
25	17	52	②
26	6	53	3
27	2	54	37

삼각함수의 그래프 | Training – 2 step

55	③	79	2
56	⑤	80	84
57	⑤	81	③
58	④	82	③
59	②	83	③
60	①	84	24
61	②	85	5
62	③	86	③
63	①	87	③
64	①	88	③
65	③	89	③
66	④	90	③
67	②	91	6
68	②	92	③
69	⑤	93	10
70	④	94	④
71	②	95	②
72	8	96	①
73	32	97	15
74	③	98	④
75	①	99	36
76	⑤	100	24
77	③	101	①
78	8	102	19

사인법칙과 코사인법칙 | Guide step

1	(1) 16 (2) $\dfrac{21}{4}$
2	3
3	사각형 APBO 의 넓이는 60 $x = 13$
4	(1) $x = 35,\ y = 70$ (2) 50
5	20
6	40
7	$a = 2\sqrt{3}$, 외접원의 넓이 $= 4\pi$
8	$a = b$ 인 이등변삼각형
9	$a = \sqrt{21}$
10	$\cos C = \dfrac{1}{4}$
11	1
12	$3\sqrt{15}$
13	$\dfrac{25}{2}\sqrt{3}$

삼각함수의 그래프 | Master step

103	4	109	11
104	④	110	68
105	126	111	42
106	③	112	⑤
107	②	113	②
108	③		

1	②	20	5
2	⑤	21	21
3	$3:4:2$	22	23
4	1	23	$\angle \mathrm{B}$ 가 직각인 직각삼각형
5	60°	24	$b=c$ 인 이등변삼각형
6	2	25	5
7	125	26	196
8	51	27	29
9	④	28	12
10	12	29	27
11	150	30	7
12	③	31	25
13	69	32	112
14	⑤	33	7
15	①	34	②
16	18	35	69
17	109	36	13
18	35	37	4
19	3		

38	⑤	56	98
39	21	57	①
40	③	58	②
41	10	59	27
42	④	60	③
43	41	61	①
44	①	62	②
45	25	63	84
46	①	64	③
47	②	65	13
48	50	66	③
49	64	67	⑤
50	5	68	①
51	⑤	69	①
52	①	70	②
53	21	71	①
54	⑤	72	⑤
55	①	73	④

사인법칙과 코사인법칙 │ **Master step**

74	26	81	30
75	15	82	9
76	②	83	64
77	63	84	75
78	①	85	43
79	20	86	113
80	5	87	21

수열

등차수열과 등비수열 | Guide step

1	4, 6
2	1, 3, 5, 7
3	(1) 공차는 2, $x=7$ (2) 공차는 -3, $x=4$
4	(1) $a_n = 3n-2$ (2) $a_n = 2n-3$
5	(1) $a_n = -4n+15$ (2) $a_n = 3n-15$
6	$x=-5$, $y=-1$
7	(1) 185 (2) 12
8	$a_n = 4n-3$
9	(1) 공비는 4, $x=16$ (2) 공비는 -2, $x=-8$
10	(1) $a_n = 3\left(\dfrac{1}{3}\right)^{n-1}$ (2) $a_n = -2 \times 4^{n-1}$
11	$a_n = \dfrac{4}{9} \times 3^{n-1}$
12	$x=6$, $y=24$ or $x=-6$, $y=-24$
13	364

등차수열과 등비수열 | Training – 1 step

1	34	19	10
2	6	20	5
3	13	21	4
4	30	22	54
5	9	23	8
6	1	24	5
7	5	25	15
8	3	26	16
9	11	27	42
10	9	28	62
11	10	29	105
12	94	30	4
13	392	31	600
14	122	32	15
15	371	33	64
16	178	34	279
17	390	35	12
18	39		

등차수열과 등비수열 | Training – 2 step

36	①	56	315
37	①	57	③
38	③	58	③
39	63	59	③
40	36	60	②
41	②	61	①
42	4	62	10
43	①	63	⑤
44	②	64	16
45	①	65	③
46	257	66	⑤
47	64	67	③
48	⑤	68	③
49	④	69	③
50	③	70	7
51	22	71	9
52	②	72	18
53	②	73	③
54	②	74	273
55	16	75	30

등차수열과 등비수열 | Master step

76	117	79	①
77	390	80	35
78	⑤	81	①

수열의 합 | Guide step

1	(1) $\displaystyle\sum_{k=1}^{10} 2k$ (2) $\displaystyle\sum_{k=1}^{n+1} 2^{k-1}$
2	(1) $6+11+16+21+26$ (2) $1+\dfrac{1}{2}+\dfrac{1}{2^2}+\dfrac{1}{2^3}$
3	(1) 23 (2) 61
4	(1) 204 (2) 1296
5	(1) $(n-1)n(2n+5)$ (2) $n(n+1)(n+2)$
6	(1) $\dfrac{8}{17}$ (2) $\dfrac{n}{n+2}$

수열의 합 | Training – 1 step

1	②	21	124
2	20	22	220
3	9	23	10
4	30	24	7
5	ㄱ, ㅂ	25	100
6	130	26	①
7	33	27	200
8	8	28	1771
9	45	29	690
10	130	30	15
11	57	31	20
12	10	32	18
13	243	33	79
14	340	34	256
15	6	35	50
16	25	36	11
17	441	37	6
18	95	38	115
19	10	39	5
20	28		

40	⑤	67	34
41	9	68	201
42	8	69	200
43	113	70	58
44	9	71	25
45	12	72	②
46	⑤	73	①
47	④	74	③
48	②	75	③
49	13	76	9
50	22	77	④
51	29	78	①
52	②	79	⑤
53	①	80	③
54	160	81	①
55	④	82	①
56	④	83	⑤
57	91	84	③
58	④	85	④
59	4	86	②
60	502	87	19
61	③	88	③
62	7	89	①
63	②	90	②
64	③	91	①
65	③	92	②
66	②	93	①

94	438	102	678
95	312	103	117
96	162	104	45
97	11	105	190
98	14	106	161
99	100	107	21
100	43	108	5
101	282	109	882

1	(1) 15 (2) 2
2	10
3	42

수학적 귀납법 | Training – 1 step

1	39		11	30
2	6		12	16
3	85		13	120
4	31		14	2
5	64		15	21
6	50		16	11
7	19		17	357
8	32		18	17
9	6		19	10
10	37			

수학적 귀납법 | Training – 2 step

20	96		39	13
21	④		40	⑤
22	②		41	⑤
23	②		42	70
24	256		43	③
25	8		44	①
26	①		45	180
27	33		46	⑤
28	④		47	④
29	②		48	⑤
30	③		49	①
31	②		50	⑤
32	①		51	②
33	④		52	①
34	②		53	⑤
35	64		54	①
36	③		55	③
37	③		56	②
38	④		57	④

수학적 귀납법 | Master step

58	142		68	①
59	5		69	②
60	13		70	③
61	③		71	⑤
62	②		72	②
63	④		73	③
64	③		74	231
65	59		75	8
66	④		76	64
67	①			

지수함수와 로그함수

지수 | Guide step

1	(1) $a^{11}b^{12}$ (2) a^2b^3 (3) $\dfrac{b^4}{a}$
2	(1) $-2,\ 1\pm\sqrt{3}\,i$ (2) $-2,\ 2,\ 2i,\ -2i$
3	(1) -3 (2) 2 (3) -2
4	(1) 3 (2) 2 (3) 4 (4) 5
5	(1) 1 (2) $\dfrac{1}{27}$ (3) $\dfrac{1}{16}$
6	(1) 25 (2) a^9 (3) $a^6b^3c^{-3}$
7	(1) $a^{\frac{2}{3}}$ (2) $\sqrt[5]{a^3}$ (3) $a^{-\frac{2}{7}}$
8	(1) 81 (2) $x^{-4}y^{-2}$
9	(1) $5^{2\sqrt{2}}$ (2) $2^{\sqrt{2}}$ (3) 3

개념 확인문제 1

(1) $\left(a^2b^3\right)^4 \times a^3 = a^8b^{12} \times a^3 = a^{11}b^{12}$

(2) $a^3b^5 \div ab^2 = a^{3-1}b^{5-2} = a^2b^3$

(3) $\left(\dfrac{a}{b}\right)^2 \times \left(\dfrac{b^2}{a}\right)^3 = \dfrac{a^2}{b^2} \times \dfrac{b^6}{a^3} = \dfrac{b^4}{a}$

답 (1) $a^{11}b^{12}$ (2) a^2b^3 (3) $\dfrac{b^4}{a}$

개념 확인문제 2

(1) $x^3 = -8$
$x^3 + 8 = (x+2)(x^2 - 2x + 4) = 0$
$x = -2$ or $x = 1 \pm \sqrt{3}\,i$

(2) $x^4 = 16$
$x^4 - 16 = (x^2 + 4)(x^2 - 4) = 0$
$x = -2$ or $x = 2$ or $x = 2i$ or $x = -2i$

답 (1) $-2,\ 1\pm\sqrt{3}\,i$ (2) $-2,\ 2,\ 2i,\ -2i$

개념 확인문제 3

(1) $\sqrt[3]{-27} = -3$

(2) $\sqrt[4]{16} = 2$

(3) $-\sqrt[5]{32} = -2$

답 (1) -3 (2) 2 (3) -2

개념 확인문제 4

(1) $\sqrt[3]{9} \times \sqrt[3]{3} = \sqrt[3]{27} = 3$

(2) $\dfrac{\sqrt[4]{48}}{\sqrt[4]{3}} = \sqrt[4]{16} = 2$

(3) $\left(\sqrt[10]{32}\right)^4 = \sqrt[10]{32^4} = \sqrt[10]{4^{10}} = 4$

(4) $\sqrt[3]{\sqrt[4]{25^6}} = \sqrt[12]{5^{12}} = 5$

답 (1) 3 (2) 2 (3) 4 (4) 5

개념 확인문제 5

(1) $(-2)^0 = 1$

(2) $3^{-3} = \dfrac{1}{27}$

(3) $(-4)^{-2} = \dfrac{1}{16}$

답 (1) 1 (2) $\dfrac{1}{27}$ (3) $\dfrac{1}{16}$

개념 확인문제 6

(1) $5^{-1} \times 5^3 = 5^2 = 25$

(2) $a^3 \div \left(a^{-2}\right)^3 = a^3 \times a^6 = a^9$

(3) $\left(a^{-2}b^{-1}c\right)^{-3} = a^6b^3c^{-3}$

답 (1) 25 (2) a^9 (3) $a^6b^3c^{-3}$

개념 확인문제 7

(1) $\sqrt[3]{a^2} = a^{\frac{2}{3}}$

(2) $a^{\frac{3}{5}} = \sqrt[5]{a^3}$

(3) $\sqrt[7]{a^{-2}} = a^{-\frac{2}{7}}$

답 (1) $a^{\frac{2}{3}}$ (2) $\sqrt[5]{a^3}$ (3) $a^{-\frac{2}{7}}$

개념 확인문제 8

(1) $3^{\frac{1}{2}} \times 3^{\frac{7}{2}} = 3^{\frac{8}{2}} = 3^4 = 81$

(2) $\left(x^{-1} \div y^{\frac{1}{2}}\right)^4 = \left(x^{-1} \times y^{-\frac{1}{2}}\right)^4 = x^{-4}y^{-2}$

답 (1) 81 (2) $x^{-4}y^{-2}$

개념 확인문제 9

(1) $5^{-\sqrt{2}} \times 5^{\sqrt{18}} = 5^{-\sqrt{2}+3\sqrt{2}} = 5^{2\sqrt{2}}$

(2) $8^{\sqrt{2}} \times \left(\dfrac{1}{2}\right)^{\sqrt{8}} = 2^{3\sqrt{2}-2\sqrt{2}} = 2^{\sqrt{2}}$

(3) $\left(2^2 \times 3^{\sqrt{3}}\right)^{\sqrt{3}} \times \left(4^{-\frac{\sqrt{3}}{6}} \div 3^{\frac{1}{3}}\right)^6$

$= \left(2^{2\sqrt{3}}3^3\right) \times \left(2^{-2\sqrt{3}}3^{-2}\right) = 3$

답 (1) $5^{2\sqrt{2}}$ (2) $2^{\sqrt{2}}$ (3) 3

1	ㄴ, ㅁ	13	726
2	6	14	54
3	-3	15	3
4	2	16	2
5	24	17	0
6	40	18	3
7	115	19	9
8	4	20	20
9	3	21	33
10	64	22	30
11	25	23	11
12	36	24	16

001

ㄱ. -81의 제곱근을 x라 하면

$x^2 = -81$ 이므로 $x = 9i$, $x = -9i$

따라서 ㄱ은 거짓이다.

(실수라는 말이 없으므로 허수도 고려해야 한다.)

ㄴ. $\sqrt[3]{(-8)^3} = -8$의 세제곱근을 x라 하면

$x^3 = -8$ 이므로 실수인 것은 -2 이다.

따라서 ㄴ은 참이다.

ㄷ. -2 의 세제곱근을 x라 하면

$x^3 = -2$ 이므로 허수인 것은 2 개다.

따라서 ㄷ은 거짓이다.

ㄹ. $(-2)^4 = 16$의 네제곱근을 x라 하면

$x^4 = 16$ 이므로

$x = 2$ or $x = -2$ or $x = 2i$ or $x = -2i$ 이다.

따라서 ㄹ은 거짓이다.

(± 2 뿐만 아니라 $\pm 2i$ 도 가능하기 때문이다.)

ㅁ. -5 의 n제곱근(n은 홀수)을 x라 하면

$x^n = -5$ 이므로 실수인 것은 $\sqrt[n]{-5}$ 이다.

따라서 ㅁ은 참이다.

ㅂ. -2 의 n 제곱근(n 은 짝수)을 x 라 하면

$x^n = -2$ 이므로 실수인 것은 존재하지 않는다.

그래프를 그려보면 명백하다.

n 이 짝수이므로 $y = x^2$ 와 같은 개형의 그래프와

$y = -2$ 의 교점의 개수로 판단하면 된다.

(교점의 개수 = 실근의 개수)

교점이 존재하지 않으므로 ㅂ은 거짓이다.

답 ㄴ, ㅁ

002

a 의 n 제곱근 중에서 실수인 것의 개수 $= f_n(a)$

$x^n = a$ 를 만족시키는 서로 다른 실수 x 의 개수는

$y = x^n$ 과 $y = a$ 의 교점의 개수로 판단하면 된다.

$x^4 = 3 \Rightarrow f_4(3) = 2$

$x^5 = -2\sqrt{2} \Rightarrow f_5(-2\sqrt{2}) = 1$

$x^6 = 2\sqrt{2} \Rightarrow f_6(2\sqrt{2}) = 2$

$x^7 = 1 \Rightarrow f_7(1) = 1$

$x^8 = -3 \Rightarrow f_8(-3) = 0$

$f_4(3) + f_5(-2\sqrt{2}) + f_6(2\sqrt{2}) + f_7(1) + f_8(-3) = 6$

답 6

003

$x^3 = -3$

$\left(\sqrt{3}\right)^4 = y$

$\dfrac{x^9}{y} = \dfrac{(x^3)^3}{9} = \dfrac{(-3)^3}{9} = -3$

답 -3

004

$\sqrt[n]{a^n} = a$ $(n$ 이 홀수$)$, $\sqrt[n]{a^n} = |a|$ $(n$ 이 짝수$)$ 이므로

$\sqrt[3]{(-3)^3} + \sqrt[4]{(-4)^4} + \sqrt[5]{(-5)^5} + \sqrt[6]{(-6)^6}$

$= -3 + 4 - 5 + 6 = 2$

답 2

005

$2 \leq n \leq 10$

$x^n = n^2 - 12n + 32$

$x < 0$ 인 실수 존재

n 이 홀수인지 짝수인지 case분류하면

① n 이 홀수

n 이 홀수인 경우에는 $n^2 - 12n + 32$ 의 n 제곱근 중에 음의 실수가 존재하려면 $n^2 - 12n + 32$ 이 음수이기만 하면 된다.

$n^2 - 12n + 32 < 0$

$(n-4)(n-8) < 0 \Rightarrow 4 < n < 8$

$n = 5, \ n = 7$

② n 이 짝수

n 이 짝수인 경우에는 $n^2 - 12n + 32$ 의 n 제곱근 중에 음의 실수가 존재하려면 $n^2 - 12n + 32$ 이 양수이기만 하면 된다.

$n^2 - 12n + 32 > 0$

$(n-4)(n-8) > 0 \Rightarrow n < 4 \ \text{or} \ n > 8$

$n = 2, \ n = 10$

따라서 모든 n 의 값의 합은 24 이다.

답 24

006

512 의 여섯제곱근 중 실수인 것은

$\sqrt[6]{2^9} = 2^{\frac{9}{6}} = 2^{\frac{3}{2}}$ 와 $-\sqrt[6]{2^9} = -2^{\frac{9}{6}} = -2^{\frac{3}{2}}$ 이므로

$a = 2^{\frac{3}{2}}, \ b = -2^{\frac{3}{2}}$ 이다.

-512 의 세제곱근 중 실수인 것은 $-2^3 = c$ 이다.

따라서 $(a-b)^2 - c = \left(2 \times 2^{\frac{3}{2}}\right)^2 + 2^3 = 32 + 8 = 40$ 이다.

답 40

007

27 의 여섯제곱근 중 음의 실수인 것은

$-\sqrt[6]{27} = -3^{\frac{1}{2}}$ 이다.

실수 a의 다섯제곱근 중 실수인 것이 $-3^{\frac{1}{2}}$ 이므로

$$\left(-3^{\frac{1}{2}}\right)^5 = a \;\Rightarrow\; -3^{\frac{5}{2}} = a$$

9의 세제곱근 중 실수인 것은 $\sqrt[3]{9} = 3^{\frac{2}{3}}$

양의 실수 b의 제곱근 중 양의 실수인 것이 $3^{\frac{2}{3}}$ 이므로

$$\left(3^{\frac{2}{3}}\right)^2 = b \;\Rightarrow\; 3^{\frac{4}{3}} = b$$

$$-a \times b = 3^{\frac{5}{2}+\frac{4}{3}} = 3^{\frac{23}{6}} = 3^k \;\Rightarrow\; k = \frac{23}{6}$$

따라서 $30k = 30 \times \dfrac{23}{6} = 115$ 이다.

답　115

008

$$\sqrt[3]{2} \times 32^{\frac{1}{3}} = 2^{\frac{1}{3}} \times 2^{\frac{5}{3}} = 2^2 = 4$$

답　4

009

$$p^2 = 9^{\frac{1}{3}} \;\Rightarrow\; p = \left(3^{\frac{2}{3}}\right)^{\frac{1}{2}} = 3^{\frac{1}{3}}$$

$$p^5 \div \sqrt[3]{9} = 3^{\frac{5}{3}} \times 3^{-\frac{2}{3}} = 3$$

답　3

010

$$\left(\sqrt{5}-1\right)^3 \times \left(\frac{1}{\sqrt{5}+1}\right)^{-3} = \left(\sqrt{5}-1\right)^3 \times \left(\frac{\sqrt{5}-1}{4}\right)^{-3}$$

$$= \left(\frac{1}{4}\right)^{-3} = 64$$

답　64

다르게 풀어보자.

$$\left(\sqrt{5}-1\right)^3 \times \left(\frac{1}{\sqrt{5}+1}\right)^{-3} = \left(\sqrt{5}-1\right)^3 \times \left(\sqrt{5}+1\right)^3$$

$$= \left\{\left(\sqrt{5}-1\right)\left(\sqrt{5}+1\right)\right\}^3 = 4^3 = 64$$

011

$$\sqrt[4]{3} + \sqrt[4]{48} = 3^{\frac{1}{4}} + \left(3 \times 2^4\right)^{\frac{1}{4}} = 3^{\frac{1}{4}} + 2 \times 3^{\frac{1}{4}}$$

$$= 3 \times 3^{\frac{1}{4}} = 3^{\frac{5}{4}}$$

따라서 $k = \dfrac{5}{4}$ 이므로 $20k = 25$ 이다.

답　25

012

방정식 $x^2 - \sqrt[3]{243}\,x + a = 0$ 의 두 근이 $\sqrt[3]{9}$ 과 b 이므로

$\sqrt[3]{9} = 3^{\frac{2}{3}}$ 을 x 에 대입하면

$$3^{\frac{4}{3}} - 3^{\frac{5}{3}} \times 3^{\frac{2}{3}} + a = 0$$

$$\Rightarrow\; a = 3^{\frac{7}{3}} - 3^{\frac{4}{3}} = 3^{\frac{4}{3}}(3-1) = 2 \times 3^{\frac{4}{3}}$$

근과 계수의 관계에 의해서

$$\sqrt[3]{9} \times b = a \;\Rightarrow\; 3^{\frac{2}{3}} \times b = 2 \times 3^{\frac{4}{3}} \;\Rightarrow\; b = 2 \times 3^{\frac{2}{3}}$$

따라서 $ab = 2 \times 3^{\frac{4}{3}} \times 2 \times 3^{\frac{2}{3}} = 4 \times 3^2 = 36$ 이다.

답　36

013

$$(x-y)^3 = x^3 - y^3 - 3xy(x-y)$$

$$\left(3^{\frac{4}{3}} - 3^{-\frac{1}{3}}\right)^3 = \left(3^{\frac{4}{3}}\right)^3 - \left(3^{-\frac{1}{3}}\right)^3 - 3 \times 3^{\frac{4}{3}} \times 3^{-\frac{1}{3}}\left(3^{\frac{4}{3}} - 3^{-\frac{1}{3}}\right)$$

$$= 3^4 - 3^{-1} - 9 \times \left(3^{\frac{4}{3}} - 3^{-\frac{1}{3}}\right) = \frac{242}{3} - 9 \times \left(3^{\frac{4}{3}} - 3^{-\frac{1}{3}}\right)$$

따라서 $ab = \dfrac{242}{3} \times 9 = 726$ 이다.

답　726

014

$$(x+y)^{-1} = \frac{1}{3}, \; x^{-1} + y^{-1} = -1$$

$$\frac{1}{x+y} = \frac{1}{3} \;\Rightarrow\; x+y = 3$$

$$\frac{1}{x} + \frac{1}{y} = \frac{x+y}{xy} = -1 \;\Rightarrow\; xy = -3$$

$(x+y)^3 = x^3 + y^3 + 3xy(x+y) \Rightarrow 27 = x^3 + y^3 - 27$

따라서 $x^3 + y^3 = 54$ 이다.

답   54

015

$x = \sqrt[3]{3} + \sqrt[3]{\dfrac{1}{3}}$

$\sqrt[3]{3} = a$ 로 치환하면

$x = a + \dfrac{1}{a}$ 이므로

$x^3 = \left(a + \dfrac{1}{a}\right)^3 = a^3 + \dfrac{1}{a^3} + 3\left(a + \dfrac{1}{a}\right)$

$\Rightarrow x^3 = a^3 + \dfrac{1}{a^3} + 3x \Rightarrow x^3 - 3x = a^3 + \dfrac{1}{a^3}$

$a^3 = (\sqrt[3]{3})^3 = \left(3^{\frac{1}{3}}\right)^3 = 3$

따라서 $x^3 - 3x - \dfrac{1}{3} = a^3 + \dfrac{1}{a^3} - \dfrac{1}{3} = 3 + \dfrac{1}{3} - \dfrac{1}{3} = 3$ 이다.

답   3

016

$\sqrt{x} + \dfrac{1}{\sqrt{x}} = 2$

$\sqrt{x} = x^{\frac{1}{2}} = a$ 로 치환하면 $x = a^2$, $x^{\frac{3}{2}} = a^3$ 이므로

$\dfrac{x^{\frac{3}{2}} + x^{-\frac{3}{2}} + 2}{x + x^{-1}} = \dfrac{a^3 + \dfrac{1}{a^3} + 2}{a^2 + \dfrac{1}{a^2}}$ 이다.

$a + \dfrac{1}{a} = 2$ 이므로

$\left(a + \dfrac{1}{a}\right)^3 = a^3 + \dfrac{1}{a^3} + 3\left(a + \dfrac{1}{a}\right) \Rightarrow 8 = a^3 + \dfrac{1}{a^3} + 6$

$\Rightarrow a^3 + \dfrac{1}{a^3} = 2$

$\left(a + \dfrac{1}{a}\right)^2 = a^2 + \dfrac{1}{a^2} + 2 \Rightarrow 4 = a^2 + \dfrac{1}{a^2} + 2$

$\Rightarrow a^2 + \dfrac{1}{a^2} = 2$

따라서 $\dfrac{x^{\frac{3}{2}} + x^{-\frac{3}{2}} + 2}{x + x^{-1}} = \dfrac{a^3 + \dfrac{1}{a^3} + 2}{a^2 + \dfrac{1}{a^2}} = \dfrac{2+2}{2} = 2$ 이다.

답   2

017

$2^x = 5^y = \left(\dfrac{1}{100}\right)^z = k$ 라 하자.

$2 = k^{\frac{1}{x}}, \ 5 = k^{\frac{1}{y}}, \ \dfrac{1}{100} = k^{\frac{1}{z}}$

$k^{\frac{1}{x} + \frac{1}{y} + \frac{1}{2z}} = 2 \times 5 \times \left(\dfrac{1}{100}\right)^{\frac{1}{2}} = 2 \times 5 \times \dfrac{1}{10} = 1$ 이므로

$\dfrac{1}{x} + \dfrac{1}{y} + \dfrac{1}{2z} = 0$ 이다. ($x, \ y, \ z \neq 0$ 이므로 $k \neq 1$)

답   0

018

$108^a = 27, \ 4^b = 9$

$108 = 3^{\frac{3}{a}}, \ 4 = 3^{\frac{2}{b}}$

$3^{\frac{3}{a} - \frac{2}{b}} = \dfrac{108}{4} = 27$ 이므로 $\dfrac{3}{a} - \dfrac{2}{b} = 3$ 이다.

답   3

019

$2^x = 5^y = 10^z = k$ 라 하자.

$2 = k^{\frac{1}{x}}, \ 5 = k^{\frac{1}{y}}, \ 10 = k^{\frac{1}{z}} \Rightarrow 10 = 2 \times 5 \Rightarrow k^{\frac{1}{z}} = k^{\frac{1}{x} + \frac{1}{y}}$

$\dfrac{1}{z} = \dfrac{1}{x} + \dfrac{1}{y}$ ($xyz \neq 0$ 이므로 $k \neq 1$)

$(x-2)(y-2) = 4 \Rightarrow xy - 2(x+y) = 0 \Rightarrow xy = 2(x+y)$

$\dfrac{1}{z} = \dfrac{x+y}{xy} = \dfrac{x+y}{2(x+y)} = \dfrac{1}{2} \Rightarrow z = 2$ 이다.

따라서 $3^z = 3^2 = 9$ 이다.

답   9

020

$3^x = 5$, $15^y = 4$

$15^y = (3 \times 5)^y = (3 \times 3^x)^y = 3^{y+xy} = 4$

따라서 $3^{xy+x+y} = 3^{xy+y} \times 3^x = 4 \times 5 = 20$ 이다.

답 20

021

어떤 자연수를 m 이라 하면

$\left(\sqrt[6]{25}\right)^n = 5^{\frac{n}{3}} = m$

$5^{\frac{n}{3}}$ 이 자연수가 되려면 n 은 3 의 배수여야 한다.

따라서 100 이하의 3 의 배수는 33 개이므로 조건을 만족시키는 n 의 개수는 33 이다.

답 33

022

$a^5 = 2$, $b^3 = 3$, $c^6 = 5$

$(abc)^n = \left(2^{\frac{1}{5}} \times 3^{\frac{1}{3}} \times 5^{\frac{1}{6}}\right)^n = 2^{\frac{n}{5}} \times 3^{\frac{n}{3}} \times 5^{\frac{n}{6}}$ 이 자연수가 되려면 n 은 3, 5, 6 의 공배수여야 한다.

따라서 n 의 최솟값은 3, 5, 6 의 최소공배수이므로 30 이다.

답 30

023

두 자연수 a, b에 대하여

$\sqrt{\dfrac{2^a \times 3^b}{2}} = \sqrt{2^{a-1} \times 3^b} = 2^{\frac{a-1}{2}} \times 3^{\frac{b}{2}}$ 이 자연수가 되려면

$a = 1,\ 3,\ 5,\ \cdots \Rightarrow a = 2m-1\ (m$ 은 자연수$)$

$b = 2,\ 4,\ 6,\ \cdots \Rightarrow b = 2n\ (n$ 은 자연수$)$

이어야 한다.

$\sqrt[3]{\dfrac{7^b}{2^{a+1}}} = \left(\dfrac{7^b}{2^{a+1}}\right)^{\frac{1}{3}} = \dfrac{7^{\frac{b}{3}}}{2^{\frac{a+1}{3}}}$ 이 유리수가 되려면

$a = 2,\ 5,\ 8,\ \cdots \Rightarrow a = 3M-1\ (M$ 은 자연수$)$

$b = 3,\ 6,\ 9,\ \cdots \Rightarrow b = 3N\ (N$ 은 자연수$)$

동시에 만족해야 하므로

$a = 5,\ 11,\ 17,\ \cdots$, $b = 6,\ 12,\ 18,\ \cdots$

따라서 $a+b$ 의 최솟값은 $5+6 = 11$ 이다.

답 11

024

$f(x) = \left(x^2 \times \sqrt[3]{\dfrac{1}{x^2}}\right)^{\frac{1}{2}} = x \times \left(x^{-\frac{2}{3}}\right)^{\frac{1}{2}} = x \times x^{-\frac{1}{3}} = x^{\frac{2}{3}}$

$(f \circ f)(n) = f(f(n)) = f\left(n^{\frac{2}{3}}\right) = \left(n^{\frac{2}{3}}\right)^{\frac{2}{3}} = n^{\frac{4}{9}}$ 이 자연수가 되려면 $n = k^9$ 이어야 한다. (k 는 자연수)

$(f \circ f)(n)$ 가 최소가 되려면 k 가 최소여야 하고 $n > 1$ 이므로 k 의 최솟값은 2 이다.

따라서 $(f \circ f)(n)$ 의 최솟값은 $\left(2^9\right)^{\frac{4}{9}} = 16$ 이다.

답 16

25	①	**36**	③
26	②	**37**	4
27	④	**38**	2
28	⑤	**39**	④
29	①	**40**	11
30	②	**41**	③
31	③	**42**	①
32	③	**43**	11
33	②	**44**	②
34	15	**45**	②
35	④	**46**	24

025

$$\sqrt[3]{24}\times 3^{\frac{2}{3}}=\left(2^3\times 3\right)^{\frac{1}{3}}\times 3^{\frac{2}{3}}=2\times 3=6$$

답 ①

026

$2^{\sqrt{3}}\times 4=2^{\sqrt{3}}\times 2^2=2^{\sqrt{3}+2}$ 이므로

$$\left(2^{\sqrt{3}}\times 4\right)^{\sqrt{3}-2}=\left(2^{\sqrt{3}+2}\right)^{\sqrt{3}-2}=2^{\left(\sqrt{3}+2\right)\left(\sqrt{3}-2\right)}=2^{3-4}=\frac{1}{2}$$

답 ②

027

$$\left(\frac{2^{\sqrt{3}}}{2}\right)^{\sqrt{3}+1}=\left(2^{\sqrt{3}-1}\right)^{\sqrt{3}+1}=2^{3-1}=4$$

답 ④

028

$$\left(\frac{4}{2^{\sqrt{2}}}\right)^{2+\sqrt{2}}=\left(2^{2-\sqrt{2}}\right)^{2+\sqrt{2}}=2^{4-2}=4$$

답 ⑤

029

$$a=\sqrt{2},\ b^3=\sqrt{3}$$
$$(ab)^2=\left(2^{\frac{1}{2}}\times 3^{\frac{1}{6}}\right)^2=2\times 3^{\frac{1}{3}}$$

답 ①

030

$$\left(\sqrt{2\sqrt[3]{4}}\right)^3=\left(\sqrt{2\times 2^{\frac{2}{3}}}\right)^3=\left\{\left(2^{\frac{5}{3}}\right)^{\frac{1}{2}}\right\}^3$$
$$=2^{\frac{5}{3}\times\frac{1}{2}\times 3}=2^{\frac{5}{2}}$$
$$2^{\frac{5}{2}}<n \Rightarrow 32<n^2$$

따라서 $\left(\sqrt{2\sqrt[3]{4}}\right)^3$ 보다 큰 자연수 중 가장 작은 것은 6 이다.

답 ②

031

$\left(a^{\frac{2}{3}}\right)^{\frac{1}{2}}=a^{\frac{1}{3}}$ 의 값이 자연수가 되려면 $a=k^3$ (k 는 자연수)
이어야 하므로 $a=1,\ a=2^3$ ($\because a$ 는 10 이하의 자연수)

따라서 모든 a 의 값의 합은 9 이다.

답 ③

032

$$\left(\sqrt[n]{a}\right)^3=\left(a^{\frac{1}{n}}\right)^3=a^{\frac{3}{n}}$$

$a^{\frac{3}{n}}$ 의 값이 자연수가 되도록 하는 n 의 최댓값을 $f(a)$

$4^{\frac{3}{n}}=2^{\frac{6}{n}}$ 이므로 $f(4)=6$

$27^{\frac{3}{n}}=3^{\frac{9}{n}}$ 이므로 $f(27)=9$

따라서 $f(4)+f(27)=15$ 이다.

답 ③

033

① n이 짝수

방정식 $x^{2n}=8$의 실근은 $x=2^{\frac{3}{2n}}$ or $x=-2^{\frac{3}{2n}}$ 이므로
두 실근의 곱은 음수이다.

방정식 $x^{n}=8$의 실근은 $x=2^{\frac{3}{n}}$ or $x=-2^{\frac{3}{n}}$ 이므로
두 실근의 곱은 음수이다.

즉, 모든 실근의 곱은 양수이므로 모순이다.

② n이 홀수

방정식 $x^{2n}=8$의 실근은 $x=2^{\frac{3}{2n}}$ or $x=-2^{\frac{3}{2n}}$ 이고
방정식 $x^{n}=8$의 실근은 $x=2^{\frac{3}{n}}$ 이므로
모든 실근의 곱은 $-2^{\frac{3}{n}}\times 2^{\frac{3}{n}}=-4 \implies 2^{\frac{6}{n}}=2^2$

따라서 n의 값은 3이다.

답 ②

034

모든 실수 x에 대하여 $\sqrt[3]{-x^2+2ax-6a}$ 가 음수가 되려면
모든 실수 x에 대하여 $-x^2+2ax-6a<0$ 이어야 한다.
$-x^2+2ax-6a<0 \implies x^2-2ax+6a>0$
모든 실수 x에 대하여 $x^2-2ax+6a>0$가 성립하려면
판별식 $\dfrac{D}{4}=a^2-6a<0$ 이어야 하므로
$a^2-6a<0 \implies a(a-6)<0 \implies 0<a<6$

따라서 모든 자연수 a의 값의 합은 $1+2+3+4+5=15$
이다.

답 15

> **Tip**
>
> 모든 실수 x에 대하여 $x^2-2ax+6a>0$를
> 함수의 관점에서 보면 함수 $y=x^2-2ax+6a$가
> x축보다 위에 있어야 하므로 $y=x^2-2ax+6a$와
> x축의 교점이 생기지 않아야 한다.
> 즉, 방정식 $x^2-2ax+6a=0$ 의 실근이 존재하지
> 않는다는 의미이므로 판별식 $D<0$ 이다.

035

$1 \le m \le 3$, $1 \le n \le 8$ 인 두 자연수 m, n에 대하여
$$\sqrt[3]{n^m}=n^{\frac{m}{3}}=k$$
m에 따라 case분류를 하면

① $m=1$

$n^{\frac{1}{3}}$ 이 자연수가 되려면 $n=k^3$ (k는 자연수)이어야 하므로
$n=1^3=1$, $n=2^3=8$

∴ 2가지

② $m=2$

$n^{\frac{2}{3}}$ 이 자연수가 되려면 $n=k^3$ (k는 자연수)이어야 하므로
$n=1^3=1$, $n=2^3=8$

∴ 2가지

③ $m=3$

$n^{\frac{3}{3}}=n$이므로 n이 자연수이면 된다.
$n=1$, $n=2$, $\cdots$, $n=8$

∴ 8가지

따라서 $\sqrt[3]{n^m}$ 이 자연수가 되도록 하는 순서쌍 (m, n)의
개수는 12이다.

답 ④

036

$m, n \ge 2$
$\sqrt[m]{64}\times \sqrt[n]{81}=2^{\frac{6}{m}}\times 3^{\frac{4}{n}}$ 이 자연수가 되려면
$m=2, 3, 6$ $(\because m \ge 2)$
$n=2, 4$ $(\because n \ge 2)$
이어야 하므로 모든 순서쌍 (m, n)의 개수는 $3\times 2=6$이다.

답 ③

$2n^2 - 9n$ 의 n 제곱근 중에서 실수인 것의 개수 $= f(n)$
$x^n = 2n^2 - 9n$ 를 만족시키는 서로 다른 실수 x 의 개수는
$y = x^n$ 과 $y = 2n^2 - 9n$ 의 교점의 개수로 판단하면 된다.
$x^3 = -9 \implies f(3) = 1$
$x^4 = -4 \implies f(4) = 0$
$x^5 = 5 \implies f(5) = 1$
$x^6 = 18 \implies f(6) = 2$

따라서 $f(3) + f(4) + f(5) + f(6) = 4$ 이다.

답 4

38

넓이가 $\sqrt[n]{64} = 2^{\frac{6}{n}}$ 인 정사각형의 한 변의 길이는

$\left(2^{\frac{6}{n}}\right)^{\frac{1}{2}} = 2^{\frac{3}{n}} = f(n)$ 이다.

따라서 $f(4) \times f(12) = 2^{\frac{3}{4}} \times 2^{\frac{1}{4}} = 2$ 이다.

답 2

$a > 0$
$15^x = 8,\ a^y = 2,\ \dfrac{3}{x} + \dfrac{1}{y} = 2$
$15 = 2^{\frac{3}{x}},\ a = 2^{\frac{1}{y}} \implies 2^{\frac{3}{x} + \frac{1}{y}} = 4 = 15a \implies a = \dfrac{4}{15}$

답 ④

$A = \{5,\ 6\},\ B = \{-3,\ -2,\ 2,\ 3,\ 4\}$
집합 $C = \{x \mid x^a = b,\ x \text{는 실수},\ a \in A,\ b \in B\}$

A 집합의 원소에 따라 case분류하면

① $a = 5 \implies x^5 = b$
$b = -3,\ -2,\ 2,\ 3,\ 4$

$\{\sqrt[5]{(-3)},\ \sqrt[5]{(-2)},\ \sqrt[5]{2},\ \sqrt[5]{3},\ \sqrt[5]{4}\}$

② $a = 6 \implies x^6 = b$
$b = -3,\ -2,\ 2,\ 3,\ 4$
$b < 0$ 인 것은 실근을 가질 수 없으므로
$2,\ 3,\ 4$ 만 고려해주면 된다.
$\{\sqrt[6]{2},\ \sqrt[6]{3},\ \sqrt[6]{4},\ -\sqrt[6]{2},\ -\sqrt[6]{3},\ -\sqrt[6]{4}\}$

따라서 $n(C) = 11$ 이다.

답 11

> **Tip**
>
> 집합의 원소 중 중복된 것은 하나로
> 간주해야 하므로 유의해야 한다.
>
> **ex** $A = \{1,\ 2,\ 2\}$ 이 아니라 $A = \{1,\ 2\}$
> 이므로 $n(A) = 2$ 이다.
> 혹시나 해서 중복된 것이 있나 확인했다면 good!

41

방정식 $x^n = n - 5$ 의 서로 다른 실근의 개수 $= f(n)$
① $2 \le n \le 4$ 일 때
$n - 5 < 0$ 이므로 $f(2) = 0,\ f(3) = 1,\ f(4) = 0$

② $n = 5$ 일 때
$n - 5 = 0$ 이므로 $f(5) = 1$

③ $6 \le n \le 10$ 일 때
$n - 5 > 0$ 이므로
$f(6) = 2,\ f(7) = 1,\ f(8) = 2,\ f(9) = 1,\ f(10) = 2$
따라서 $\displaystyle\sum_{n=2}^{10} f(n) = 0+1+0+1+2+1+2+1+2 = 10$ 이다.

답 ③

k 의 n 제곱근을 x 라 하면 $x^n = k$ 이므로

조건 (가) : $\left(\sqrt[3]{a}\right)^m = a^{\frac{m}{3}} = b$

조건 (나) : $\left(\sqrt{b}\right)^n = b^{\frac{n}{2}} = c$

조건 (다) : $c^4 = a^{12}$

$$c^4 = \left(b^{\frac{n}{2}}\right)^4 = b^{2n} = \left(a^{\frac{m}{3}}\right)^{2n} = a^{\frac{2mn}{3}} = a^{12}$$

$$\frac{2mn}{3} = 12 \implies mn = 18$$

조건을 만족시키는 순서쌍 $(m, \ n)$ 은
$(2, \ 9), \ (3, \ 6), \ (6, \ 3), \ (9, \ 2) \ (\because \ m \geq 2, \ n \geq 2)$ 이므로
모든 순서쌍 $(m, \ n)$ 의 개수는 4 이다.

답 ①

043

a 는 x 의 실수인 네제곱근 $\implies a^4 = x$ (a 는 실수)
b 는 x 의 실수인 세제곱근 $\implies b^3 = x$ (b 는 실수)

집합 X 의 원소 중 양수의 개수를 p 라 하고,
음수의 개수를 q 라 하자.

만약 $0 \notin X$ 이면 $n(A) = 2p$ 이므로 $n(A) = 9$ 를 만족시키지
않는다.

즉, $0 \in X$ 이므로
$n(A) = 2p + 1 = 9 \implies p = 4$
$n(B) = p + q + 1 = 7 \implies q = 2$

집합 X 의 모든 원소의 합의 최댓값은
$X = \{-2, \ -1, \ 0, \ 2, \ 3, \ 4, \ 5\}$ 일 때이다.

따라서 집합 X 의 모든 원소의 합의 최댓값은
$-2 - 1 + 0 + 2 + 3 + 4 + 5 = 11$ 이다.

답 11

044

$x^n = -(n-k)^2 + 8$ 의 서로 다른 실근의 개수가 $f(n)$
$f(3) = 1, \ f(5) = 1, \ f(7) = 1$ 이므로

$f(3) + f(4) + f(5) + f(6) + f(7) = 7$
$\implies f(4) + f(6) = 4$

n 이 짝수일 때, $f(n) = 0 \ or \ 1 \ or \ 2$ 이므로
$f(4) = 2, \ f(6) = 2$ 이어야 한다.

$$-(4-k)^2 + 8 > 0 \implies 8 > (4-k)^2 \implies k = 2, \ 3, \ 4, \ 5, \ 6$$

$$-(6-k)^2 + 8 > 0 \implies 8 > (6-k)^2 \implies k = 4, \ 5, \ 6, \ 7, \ 8$$

이므로 $k = 4, \ 5, \ 6$ 이다.

따라서 조건을 만족시키는 모든 자연수 k 의 값의 합은
$4 + 5 + 6 = 15$ 이다.

답 ②

045

$\sqrt{3}^{f(n)}$ 의 네제곱근 중 실수인 것은
방정식 $x^4 = \sqrt{3}^{f(n)}$ 의 실근과 같다.
즉, 양의 실근을 a, 음의 실근을 $-a$ 라 하면
$a \times (-a) = -9$ 이므로 $a = 3$ 이다.

$$81 = \sqrt{3}^{f(n)}$$
$$\implies 81 = 3^{\frac{f(n)}{2}} \implies 3^4 = 3^{\frac{f(n)}{2}} \implies f(n) = 8$$ 이므로
$-(n-2)^2 + k = 8 \implies (n-2)^2 = k - 8$ 를 만족시키는
자연수 n 의 개수가 2 이면 된다.

방정식 $(x-2)^2 = k - 8$ 이 서로 다른 자연수를 근으로
가지려면 축 $x = 2$ 를 대칭으로 갖는 두 자연수이어야 한다.
즉, 두 자연수는 $x = 1$ 과 $x = 3$ 뿐이므로 $k - 8 = 1$ 이어야
한다.

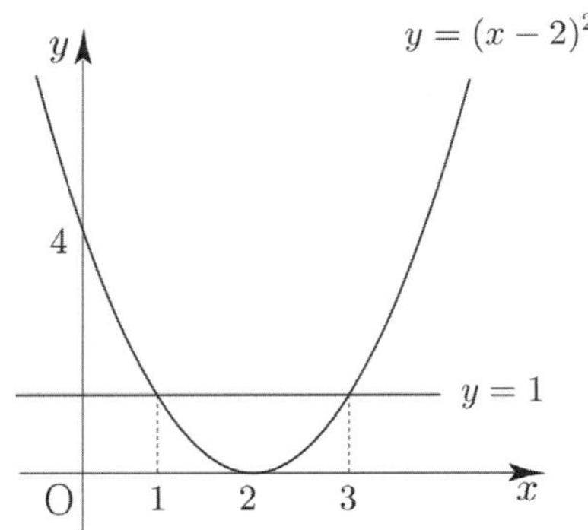

따라서 $k = 9$ 이다.

답 ②

> **Tip**
>
> 일반적으로 '자연수'는 문제에서 숨겨진 조건으로 출제되기
> 좋으니 주의하도록 하자.

046

최고차항의 계수가 1 인 이차함수 $f(x)$

(가) x 에 대한 방정식 $(x^n - 64)f(x) = 0$ 은
　　서로 다른 두 실근을 갖고, 각각 실근은 중근

n 이 홀수이면 중근이 최대 1 개 존재하므로 (가) 조건을 만족시킬 수 없다.
즉, n 은 짝수이므로 방정식 $x^n - 64 = 0 \implies x^n = 64$ 의 두 실근은 $-\sqrt[n]{64}$, $\sqrt[n]{64}$ 이다.

(가) 조건을 만족시키려면 $f(x) = (x-a)(x-b)$ $(a < b)$ 라 할 때, $b = \sqrt[n]{64} = 2^{\frac{6}{n}}$, $a = -\sqrt[n]{64} = -2^{\frac{6}{n}}$ 이어야 한다.

(나) 함수 $f(x)$ 의 최솟값은 음의 정수

$f(x) = \left(x - 2^{\frac{6}{n}}\right)\left(x + 2^{\frac{6}{n}}\right)$ 는 $x = 0$ 에서 최솟값을 가지므로 최솟값은 $f(0) = -2^{\frac{12}{n}}$ 이다.

$f(x)$ 의 최솟값 $-2^{\frac{12}{n}}$ 은 음의 정수이고, n 은 짝수이므로 $n = 2,\ 4,\ 6,\ 12$ 이다.
따라서 모든 자연수 n 의 값의 합은 $2 + 4 + 6 + 12 = 24$ 이다.

답 24

47	15	**49**	⑤
48	⑤	**50**	27

047

$A = \{-7,\ -3,\ -2,\ 2,\ 3,\ 7\}$
$B = \{\sqrt{a^2} \mid a \in A\}$
$C = \{x \mid x = \sqrt[b]{a},\ a \in A,\ b \in B,\ x\text{는 실수}\}$
$\implies B = \{2,\ 3,\ 7\}$

$x = \sqrt[b]{a}$
a 에 따라 case 분류하면

① $a = -7$
$x = \sqrt[b]{-7}$ 가 실수가 되려면
b 는 홀수여야 하므로

$\therefore \left\{ \sqrt[3]{-7},\ \sqrt[7]{-7} \right\}$

② $a = -3$
$x = \sqrt[b]{-3}$ 가 실수가 되려면
b 는 홀수여야 하므로

$\therefore \left\{ \sqrt[3]{-3},\ \sqrt[7]{-3} \right\}$

③ $a = -2$
$x = \sqrt[b]{-2}$ 가 실수가 되려면
b 는 홀수여야 하므로

$\therefore \left\{ \sqrt[3]{-2},\ \sqrt[7]{-2} \right\}$

④ $a = 2$
$x = \sqrt[b]{2}$

$\therefore \left\{ \sqrt{2},\ \sqrt[3]{2},\ \sqrt[7]{2} \right\}$

⑤ $a = 3$
$x = \sqrt[b]{3}$

$\therefore \left\{ \sqrt{3},\ \sqrt[3]{3},\ \sqrt[7]{3} \right\}$

⑥ $a = 7$

$x = \sqrt[6]{7}$

$\therefore \ \left\{ \sqrt{7}, \ \sqrt[3]{7}, \ \sqrt[7]{7} \right\}$

따라서 $n(C) = 15$ 이다.

$\boxed{\text{답}}$ 15

$\boxed{\text{Tip}}$

집합 C를 해석할 때, 조심해야 한다.

〈잘못된 사고〉

$x = \sqrt[b]{a}$ 의 양변에 b제곱을 해주면 $x^b = a$이니

만약 b가 짝수이고 a가 양수일 때,

x가 서로 다른 2개의 값이 나온다고 착각하기 쉽다.

예를 들어 $b = 2$, $a = 2$ 라고 하자.

즉, $x = \sqrt{2}$ 를 양변에 제곱을 하여

$x^2 = 2 \Rightarrow x = \sqrt{2}$ or $x = -\sqrt{2}$ 으로

해석한 것과 같다.

이렇게 잘못된 사고를 하게 된 이유는

n제곱근 a와 a의 n제곱근을 헷갈렸기 때문이다.

만약 헷갈렸다면 가이드스텝을 다시 보도록 하자.

$\boxed{\text{cf}}$ 47번 = n제곱근 a, 40번 = a의 n제곱근

048

$A_m = \left\{ (a, \ b) \mid 2^a = \dfrac{m}{b}, \ a, \ b \text{는 } \ 자연수 \right\}$

ㄱ. $2^a \times b = 4$를 만족시키는 순서쌍 $(a, \ b)$ 은

$(1, \ 2)$, $(2, \ 1)$ 이다.

따라서 $A_4 = \{(1, \ 2), (2, \ 1)\}$ 이므로 ㄱ은 참이다.

ㄴ. $m = 2^k$ 이면

$2^a \times b = 2^k$ 를 만족시키는 순서쌍 $(a, \ b)$ 은

$(1, \ 2^{k-1})$, $(2, \ 2^{k-2})$, $(3, \ 2^{k-3})$, $\cdots$, $(k, \ 2^0)$ 이므로

$A_m = \{(1, \ 2^{k-1}), (2, \ 2^{k-2}), (3, \ 2^{k-3}), \cdots, (k, \ 2^0)\}$

이다.

따라서 $n(A_m) = k$ 이므로 ㄴ은 참이다.

ㄷ. 만약 b가 짝수이면 $b = 2n$ 이라 둘 수 있고

$2^a \times 2n = m \Rightarrow 2^{a+1} \times n = m$ 이므로

$(a, \ 2n)$ 와 $(a+1, \ n)$ 모두 A_m 의 원소가 된다.

$n(A_m) = 1$ 이 되기 위해서는 b 는 홀수이어야 한다.

또 만약 $a \geq 2$ 이면 $b = \dfrac{m}{2^a} \Rightarrow 2b = \dfrac{m}{2^{a-1}}$ 이므로

$(a, \ b)$ 와 $(a-1, \ 2b)$ 모두 A_m 의 원소가 된다.

따라서 $a = 1$ 이어야 한다.

즉, $m = 2 \times$ 홀수를 만족시키는 두 자리 자연수는

$2 \times 5, \ 2 \times 7, \ \cdots, \ 2 \times 49$이므로 총 개수는 23 이다.

따라서 ㄷ은 참이다.

$\boxed{\text{답}}$ ⑤

049

$A = \{3, \ 4\}$, $B = \{-9, \ -3, \ 3, \ 9\}$

$X = \{x \mid x^a = b, \ a \in A, \ b \in B, \ x \text{는 } \ 실수\}$

a 에 따라 case분류 하면

① $a = 3$

$x^3 = -9, \ x^3 = -3, \ x^3 = 3, \ x^3 = 9$

$x = \sqrt[3]{-9}, \ x = \sqrt[3]{-3}, \ x = \sqrt[3]{3}, \ x = \sqrt[3]{9}$

② $a = 4$

$x^4 = b$

실근을 가지려면 $b > 0$ 이어야 하므로

$x^4 = 3, \ x^4 = 9$

$x = \sqrt[4]{3}, \ x = \sqrt[4]{9}, \ x = -\sqrt[4]{3}, \ x = -\sqrt[4]{9}$

ㄱ. $\sqrt[3]{-9} \in X$ 이므로 ㄱ은 참이다.

ㄴ. $n(X) = 8$ 이므로 ㄴ은 참이다.

ㄷ. 집합 X 의 원소 중 양수인 것은

$x = \sqrt[3]{3}, \ x = \sqrt[3]{9}, \ x = \sqrt[4]{3}, \ x = \sqrt[4]{9}$

이므로 양수인 모든 원소의 곱은

$3^{\frac{1}{3}} \times 3^{\frac{2}{3}} \times 3^{\frac{1}{4}} \times 3^{\frac{2}{4}} = 3^{\frac{7}{4}} = \sqrt[4]{3^7}$ 이므로

ㄷ은 참이다.

$\boxed{\text{답}}$ ⑤

$x^3 - 3nx^2 + 2n^2 x = x(x^2 - 3nx + 2n^2) = x(x-n)(x-2n)$
이므로

$$\left| x^3 - 3nx^2 + 2n^2 x \right| = \frac{125}{n}\, |x-n|$$

$$\Rightarrow \left| x(x-n)(x-2n) \right| = \frac{125}{n}\, |x-n|$$

$$\Rightarrow |x-n|\, |x(x-2n)| = \frac{125}{n}\, |x-n|$$

$$\Rightarrow |x-n|\left(|x(x-2n)| - \frac{125}{n} \right) = 0$$

즉, a_n 의 값을 구하기 위해

방정식 $|x-n|\left(|x(x-2n)| - \dfrac{125}{n} \right) = 0$ 의

서로 다른 실근의 합을 구하면 된다.

위 방정식의 실근은 방정식 $|x-n| = 0$ 의 실근과

방정식 $|x(x-2n)| = \dfrac{125}{n}$ 의 실근의 합집합으로

해석할 수 있다.

방정식 $|x-n| = 0$ 의 실근은 $x = n$ 이므로

방정식 $|x(x-2n)| = \dfrac{125}{n}$ 의 실근만 조사하면 된다.

$y = |x(x-2n)|$ 과 $y = \dfrac{125}{n}$ 을 그려서 서로 다른 실근의

합을 판단해보자.

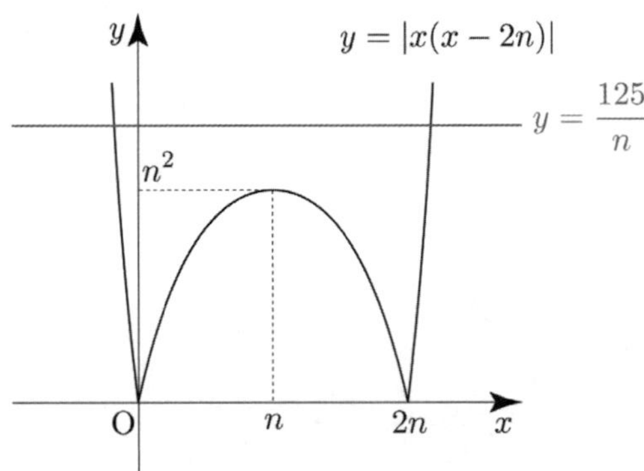

경계가 되는 지점은 $y = \dfrac{125}{n}$ 이 $y = |x(x-2n)|$

에 접할 때이므로 n^2 과 $\dfrac{125}{n}$ 의 대소관계에 따라

case분류하면

❶ $n^2 < \dfrac{125}{n} \;\Rightarrow\; n < 5$

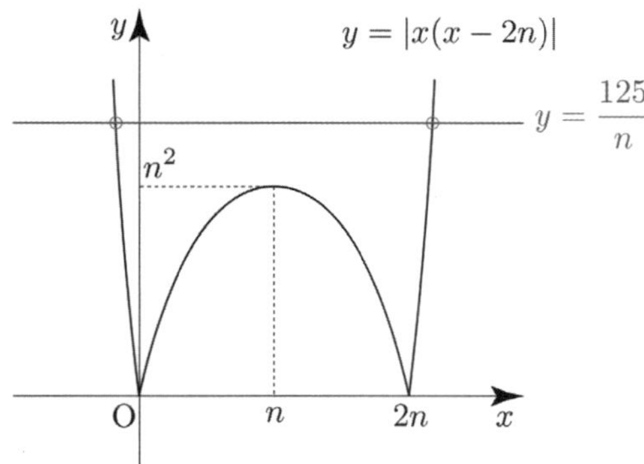

방정식 $|x(x-2n)| = \dfrac{125}{n}$ 은 서로 다른 두 실근을 가지고

방정식 $|x-n| = 0$ 의 실근 $x = n$ 까지 고려해주면

$a_n = 2n + n = 3n \;\; (1 \le n < 5)$

❷ $n^2 = \dfrac{125}{n} \;\Rightarrow\; n = 5$

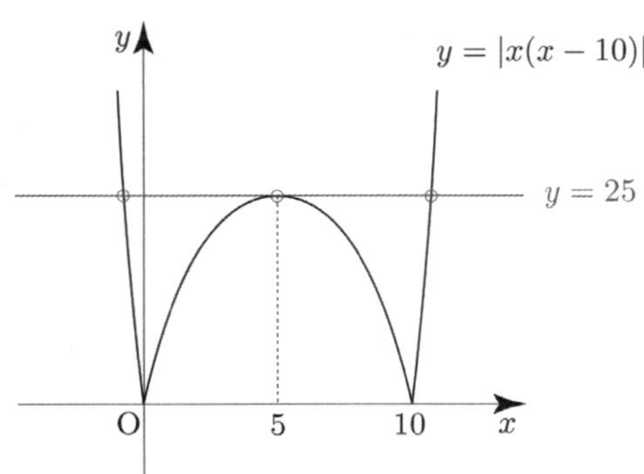

방정식 $|x(x-10)| = 25$ 은 $x = 5$ 을 포함하여

서로 다른 세 실근을 가지고

방정식 $|x-5| = 0$ 의 실근 $x = 5$ 까지 고려해주면

$a_5 = 2 \times 5 + 5 = 15$

❸ $n^2 > \dfrac{125}{n} \;\Rightarrow\; n > 5$

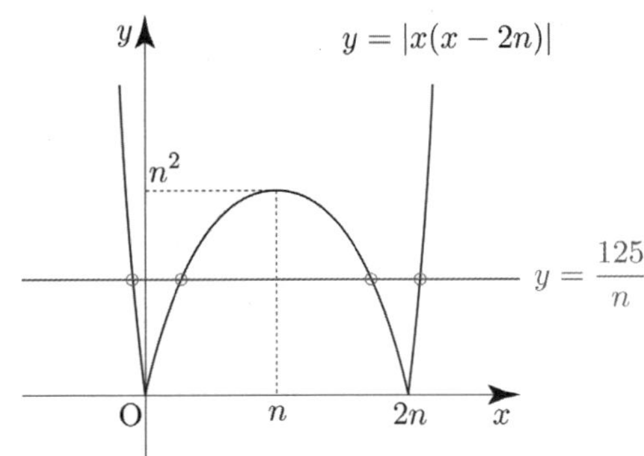

방정식 $|x(x-2n)| = \dfrac{125}{n}$ 은 서로 다른 네 실근을 가지고

방정식 $|x-n| = 0$ 의 실근 $x = n$ 까지 고려해주면

$a_n = 4n + n = 5n \;\; (n > 5)$

❶, ❷, ❸에 의하여 a_n을 구하면 다음과 같다.

$$a_n = \begin{cases} 3n & (1 \le n \le 5) \\ 5n & (n > 5) \end{cases}$$

$\sum_{n=1}^{m} \left\{ (-1)^n \times \dfrac{a_n}{n} \right\}$ 의 값을 구하기 위해서

$(-1)^n \dfrac{a_n}{n}$ 의 값을 나열해보자.

$-3, \ 3, \ -3, \ 3, \ -3, \ 5, \ -5, \ 5, \ -5, \ 5, \ -5, \ 5, \ \cdots$
이므로

m에 따라 $\sum_{n=1}^{m} \left\{ (-1)^n \times \dfrac{a_n}{n} \right\}$ 의 값을 나열하면

(m은 2 이상의 자연수이지만 헷갈릴 수 있으니
1부터 시작한다고 가정하고 나열해보자.)
$-3, \ 0, \ -3, \ 0, \ -3, \ 2, \ -3, \ 2, \ -3, \ 2, \ -3, \ 2, \ \cdots$

방정식 $x^n = a$을 만족시키는 x를 a의 n제곱근이라

하므로 b_m은 방정식 $x^m = \sum_{n=1}^{m} \left\{ (-1)^n \times \dfrac{a_n}{n} \right\}$ 의 서로 다른

실근의 개수이다.

이제 m에 따라 case분류하면

① $m \ge 3$인 홀수일 때,

$x^m = \sum_{n=1}^{m} \left\{ (-1)^n \times \dfrac{a_n}{n} \right\}$ 의 서로 다른 실근의 개수는 1이므로

$b_m = 1 \ (m \ge 3$인 홀수)

② $m = 2$ or $m = 4$일 때,

$x^2 = 0 \ \Rightarrow \ b_2 = 1, \ x^4 = 0 \ \Rightarrow \ b_4 = 1$
("$x^2 = 0$이니 $x = 0$에서 중근이라 $b_2 = 2$인 것 아닌가요?"
라는 질문이 있을 수 있지만 이는 b_m을 단순히 방정식

$x^m = \sum_{n=1}^{m} \left\{ (-1)^n \times \dfrac{a_n}{n} \right\}$ 의 실근의 개수와 동일시 했기 때문에

발생한 오류이다. 문제에서 b_m은 $\sum_{n=1}^{m} \left\{ (-1)^n \times \dfrac{a_n}{n} \right\}$ 의

m제곱근 중 실수인 것의 개수이다.
즉, b_2는 0의 제곱근 중 실수인 것의 개수이다.
0의 제곱근 중 실수인 것은 0 하나뿐이므로 $b_2 = 1$이다.)

③ $m \ge 6$인 짝수일 때,

$x^m = 2 \ \Rightarrow \ b_m = 2$

따라서
$$\sum_{m=2}^{20} b_m = 1+1+1+1+2+1+2+1+2+1+2+1+2$$
$$+1+2+1+2+1+2$$
$$= 3+8(1+2) = 27$$
이다.

$\boxed{답}$ 27

1	(1) $\log_5 25 = 2$ (2) $\log_2 \frac{1}{8} = -3$ (3) $3^4 = 81$
2	(1) $\frac{1}{2}$ (2) -3 (3) -2
3	(1) $\frac{3}{2}$ (2) $-\frac{1}{2}$ (3) 1 (4) 4 (5) 2
4	(1) $\frac{3}{2}$ (2) $-\frac{3}{2}$
5	(1) $a+2b$ (2) $\frac{2b}{3a}$ (3) $\frac{a+b}{2(1-a)}$
6	(1) 4 (2) $\frac{3}{2}$ (3) 256
7	(1) 4 (2) -2 (3) $\frac{3}{2}$
8	(1) 3.0531 (2) -0.9469

개념 확인문제 1

(1) $5^2 = 25 \implies \log_5 25 = 2$

(2) $2^{-3} = \frac{1}{8} \implies \log_2 \frac{1}{8} = -3$

(3) $\log_3 81 = 4 \implies 3^4 = 81$

답 (1) $\log_5 25 = 2$ (2) $\log_2 \frac{1}{8} = -3$ (3) $3^4 = 81$

개념 확인문제 2

(1) $\log_3 \sqrt{3} = x$ 라 하면 $\sqrt{3} = 3^x$ 이므로 $x = \frac{1}{2}$

(2) $\log_5 \frac{1}{125} = x$ 라 하면 $\frac{1}{125} = 5^x$ 이므로 $x = -3$

(3) $\log_{\frac{1}{2}} 4 = x$ 라 하면 $4 = \left(\frac{1}{2}\right)^x$ 이므로 $x = -2$

답 (1) $\frac{1}{2}$ (2) -3 (3) -2

개념 확인문제 3

(1) $\log_3 \sqrt{27} = \log_3 3^{\frac{3}{2}} = \frac{3}{2}$

(2) $\log_5 \frac{1}{\sqrt{5}} = \log_5 5^{-\frac{1}{2}} = -\frac{1}{2}$

(3) $\log_{15} 3 + \log_{15} 5 = \log_{15} 15 = 1$

(4) $\log_2 96 - \log_2 6 = \log_2 16 = \log_2 2^4 = 4$

(5) $\log_3 \frac{9}{2} + \log_3 \frac{1}{\sqrt{5}} + \frac{1}{2} \log_3 20 = \log_3 \left(\frac{9}{2} \times \frac{1}{\sqrt{5}} \times \sqrt{20}\right)$

$$= \log_3 9 = \log_3 3^2 = 2$$

답 (1) $\frac{3}{2}$ (2) $-\frac{1}{2}$ (3) 1 (4) 4 (5) 2

개념 확인문제 4

(1) $\log_{25} 125 = \frac{\log_5 125}{\log_5 25} = \frac{\log_5 5^3}{\log_5 5^2} = \frac{3}{2}$

(2) $\log_9 \frac{1}{27} = \frac{\log_3 \frac{1}{27}}{\log_3 9} = \frac{\log_3 3^{-3}}{\log_3 3^2} = -\frac{3}{2}$

답 (1) $\frac{3}{2}$ (2) $-\frac{3}{2}$

개념 확인문제 5

(1) $\log_{10} 18 = \log_{10}(3^2 \times 2) = 2\log_{10} 3 + \log_{10} 2 = 2b + a$

(2) $\log_8 9 = \frac{\log_{10} 9}{\log_{10} 8} = \frac{\log_{10} 3^2}{\log_{10} 2^3} = \frac{2\log_{10} 3}{3\log_{10} 2} = \frac{2b}{3a}$

(3) $\log_5 \sqrt{6} = \frac{\log_{10} \sqrt{6}}{\log_{10} 5} = \frac{\log_{10}(2 \times 3)^{\frac{1}{2}}}{\log_{10} \frac{10}{2}}$

$$= \frac{\frac{1}{2}(\log_{10} 2 + \log_{10} 3)}{1 - \log_{10} 2} = \frac{\frac{1}{2}(a+b)}{1-a} = \frac{a+b}{2(1-a)}$$

답 (1) $a+2b$ (2) $\frac{2b}{3a}$ (3) $\frac{a+b}{2(1-a)}$

개념 확인문제 6

(1) $\log_2 36 \cdot \log_6 4 = 2\log_2 6 \times \dfrac{2\log_2 2}{\log_2 6} = 4$

(2) $\log_8 27 + \log_2 \dfrac{2\sqrt{2}}{3} = \log_{2^3} 3^3 + \log_2 2^{\frac{3}{2}} - \log_2 3$

$\quad = \log_2 3 + \dfrac{3}{2} - \log_2 3 = \dfrac{3}{2}$

(3) $9^{2\log_{\sqrt{3}} 2 + \log_9 4 + \log_{\frac{1}{3}} 2} = 9^{4\log_3 2 + \log_3 2 - \log_3 2} = 9^{\log_3 16}$

$\quad = 16^{\log_3 9} = 16^2 = 256$

답 (1) 4 (2) $\dfrac{3}{2}$ (3) 256

개념 확인문제 7

(1) $\log 10000 = \log 10^4 = 4$

(2) $\log \dfrac{1}{100} = \log 10^{-2} = -2$

(3) $\log 10\sqrt{10} = \log 10^{\frac{3}{2}} = \dfrac{3}{2}$

답 (1) 4 (2) -2 (3) $\dfrac{3}{2}$

개념 확인문제 8

$\log 1.13 = 0.0531$

(1) $\log 1130 = 3 + \log 1.13 = 3.0531$

(2) $\log 0.113 = -1 + \log 1.13 = -0.9469$

답 (1) 3.0531 (2) -0.9469

1	8	13	20
2	14	14	9
3	2	15	10
4	5	16	6
5	256	17	125
6	13	18	4
7	3	19	6
8	1	20	8
9	2	21	27
10	4	22	10
11	15	23	1.233
12	14	24	15

001

$\log_2 \dfrac{8}{a} = b \implies \dfrac{8}{a} = 2^b \implies 8 = a \times 2^b$

답 8

002

$x = \log_2(2+\sqrt{3})$

$4^x + \dfrac{1}{4^x} = 4^{\log_2(2+\sqrt{3})} + \dfrac{1}{4^{\log_2(2+\sqrt{3})}}$

$= (2+\sqrt{3})^{\log_2 4} + \dfrac{1}{(2+\sqrt{3})^{\log_2 4}} = (2+\sqrt{3})^2 + \dfrac{1}{(2+\sqrt{3})^2}$

$= 7 + 4\sqrt{3} + \dfrac{1}{7+4\sqrt{3}} = 7 + 4\sqrt{3} + 7 - 4\sqrt{3} = 14$

답 14

$$\log_a 7 = 3 \Rightarrow 7 = a^3 \Rightarrow a = 7^{\frac{1}{3}}$$

$$\log_7 8 = b$$

$$a^b = \left(7^{\frac{1}{3}}\right)^{\log_7 8} = 7^{\frac{1}{3}\log_7 8} = 7^{\log_7 2} = 2$$

답 2

004

진수조건 $2a + 15 > 0 \Rightarrow a > -\dfrac{15}{2}$

밑조건 $a > 0,\ a \neq 1$

$$\log_a(2a+15) = 2 \Rightarrow 2a+15 = a^2 \Rightarrow a^2 - 2a - 15 = 0$$

$$(a-5)(a+3) = 0 \Rightarrow a = 5$$

답 5

005

$$\log_3(\log_2 a) = 2 \Rightarrow \log_2 a = 9 \Rightarrow a = 2^9$$

$$\log_5(\log_2 b) = 0 \Rightarrow \log_2 b = 1 \Rightarrow b = 2$$

$$\frac{a}{b} = \frac{2^9}{2} = 2^8 = 256$$

답 256

006

$\log_{(x-4)}(-x^2 + 11x - 24)$ 가 정의되려면

밑조건에 의해서 $x - 4 \neq 1,\ x - 4 > 0$ 이고

진수조건에 의해서 $-x^2 + 11x - 24 > 0$ 이어야 한다.

$$-x^2 + 11x - 24 > 0 \Rightarrow x^2 - 11x + 24 < 0$$

$$\Rightarrow (x-3)(x-8) < 0 \Rightarrow 3 < x < 8$$

$x \neq 5,\ x > 4,\ 3 < x < 8$ 이므로

조건을 만족시키는 정수 x 는 6, 7이므로

모든 정수 x 의 값의 합은 13이다.

답 13

007

모든 실수 x 에 대하여

$\log_{|a-1|}(x^2 + 2ax + a + 12)$ 가 정의되려면

밑조건에 의해서 $|a-1| \neq 1,\ |a-1| > 0$ 이고

진수조건에 의해서 $x^2 + 2ax + a + 12 > 0$ 이어야 한다.

$$|a-1| \neq 1,\ |a-1| > 0 \Rightarrow a \neq 0,\ a \neq 2,\ a \neq 1$$

($|a-1| = 0$ 이 아니므로 특히 $a \neq 1$ 조심)

모든 실수 x 에 대하여 $x^2 + 2ax + a + 12 > 0$ 이려면

판별식 $\dfrac{D}{4} = a^2 - a - 12 < 0$ 이어야 한다.

$$(a-4)(a+3) < 0 \Rightarrow -3 < a < 4$$

조건을 만족시키는 정수 a 는 $-2,\ -1$, 3이므로

정수 a 의 개수는 3이다.

답 3

008

$$\log_3 \sqrt[5]{162} + \frac{1}{5}\log_3 \frac{3}{2} = \log_3(162)^{\frac{1}{5}} + \log_3\left(\frac{3}{2}\right)^{\frac{1}{5}}$$

$$= \log_3\left(162 \times \frac{3}{2}\right)^{\frac{1}{5}} = \log_3(243)^{\frac{1}{5}} = \log_3(3^5)^{\frac{1}{5}} = \log_3 3 = 1$$

답 1

009

$$\log_7(8 + \sqrt{15}) + \log_7(8 - \sqrt{15})$$

$$= \log_7(8 + \sqrt{15})(8 - \sqrt{15}) = \log_7(64 - 15) = \log_7 49 = 2$$

답 2

010

$$\log_2(\sqrt[3]{15} + 1) + \log_2(\sqrt[3]{225} - \sqrt[3]{15} + 1)$$

$\sqrt[3]{15} = x$ 로 치환하면

$\sqrt[3]{225} = \sqrt[3]{15^2} = x^2,\ 15 = x^3$ 이므로

$$\log_2(x+1)+\log_2(x^2-x+1)=\log_2(x+1)(x^2-x+1)$$
$$=\log_2(x^3+1)=\log_2(15+1)=\log_2 16=4$$

답   4

011

$$\log_3\sqrt[3]{\frac{8}{3}}+\log_3\sqrt[3]{9^k}-\log_3 2$$

$$=\log_3\left(\frac{8}{3}\right)^{\frac{1}{3}}+\log_3 3^{\frac{2k}{3}}-\log_3 2$$

$$=\log_3 2-\frac{1}{3}+\frac{2k}{3}-\log_3 2=\frac{2k-1}{3}$$

이 자연수가 되도록 하는 10 이하의 자연수 k를 구하면

$$\frac{2k-1}{3}=n \implies k=\frac{3n+1}{2}\ (n \text{ 은 자연수})$$

$$n=1 \implies k=2$$

$$n=3 \implies k=5$$

$$n=5 \implies k=8$$

따라서 조건을 만족시키는 10 이하의 모든 자연수 k의 값의 합은 $2+5+8=15$ 이다.

답   15

012

$$a=9^{21}=\left(3^2\right)^{21}=3^{42}$$

$$\frac{1}{\log_a 27}=\log_{27}a=\frac{\log_3 a}{\log_3 27}=\frac{42}{3}=14$$

아니면 $\log_{27}a=\log_{3^3}3^{42}=\frac{42}{3}=14$ 로 구해도 된다.

(필자가 실전에서 풀었다면 두 번째 방법으로 풀었을 것이다.)

답   14

013

$\log_3 a=x$, $\log_3 b=y$ 라 하면

$$\log_3 a \times \log_3 b=2 \implies xy=2$$

$$\log_a 3+\log_b 3=5 \implies \frac{1}{x}+\frac{1}{y}=5 \implies \frac{x+y}{xy}=5$$

이므로 $x+y=10$ 이다.

따라서 $\log_{\sqrt{3}}ab=2\log_3 ab=2(\log_3 a+\log_3 b)=2(x+y)=20$ 이다.

답   20

014

1 이 아닌 세 양수 a, b, c에 대하여

$$\log_a c=\frac{1}{2} \implies c=a^{\frac{1}{2}} \implies c^2=a$$

$$\log_b c=\frac{1}{7} \implies c=b^{\frac{1}{7}} \implies c^7=b$$

$ab=c^9$ 이므로

$$\frac{1}{\log_{ab}c}=\log_c ab=\log_c c^9=9$$

답   9

015

$$3^{\log_9 2}=3^{\frac{1}{2}\log_3 2}=3^{\log_3\sqrt{2}}=\sqrt{2}=2^{\frac{1}{2}}=8^a$$

$$2^{\frac{1}{2}}=2^{3a} \implies a=\frac{1}{6}$$

따라서 $60a=10$ 이다.

답   10

016

1 보다 큰 세 실수 a, b, c에 대하여

$$\log_a c : \log_b c=3:1$$

$$3\log_b c=\log_a c \implies \frac{3\log_a c}{\log_a b}=\frac{\log_a c}{\log_a a}$$

$$\implies \frac{3}{\log_a b}=1 \implies \log_a b=3$$

$$\frac{20}{\log_a b+\log_b a}=\frac{20}{\log_a b+\frac{1}{\log_a b}}=\frac{20}{3+\frac{1}{3}}=\frac{60}{9+1}=6$$

답   6

017

$$2^{a+b}=5 \implies a+b=\log_2 5$$

$$3^{a-b}=8 \implies a-b=\log_3 8$$

$$3^{a^2-b^2}=3^{(a+b)(a-b)}=3^{\log_2 5\times\log_3 8}=3^{\frac{\log_2 5}{\log_2 2}\times\frac{\log_2 8}{\log_2 3}}$$

$$=3^{\frac{3\log_2 5}{\log_2 3}}=3^{3\log_3 5}=3^{\log_3 125}=125$$

답 125

Tip

위의 식에서는 밑이 2인 로그 형태로 바꿨지만
상용로그를 배웠다면 아래와 같이 변환할 수 있다.

$$\log_2 5\times\log_3 8=\frac{\log 5}{\log 2}\times\frac{3\log 2}{\log 3}=\frac{3\log 5}{\log 3}=3\log_3 5$$

상용로그 형태로 변환하면 식이 간단해지기 때문에 계산하기
편하다.

018

1보다 큰 세 실수 a, b, c에 대하여
$\log_a b=\log_b \sqrt{c}=\log_c \sqrt[4]{a}=k$ 라 두면

$$b=a^k$$

$$\sqrt{c}=b^k \implies c^{\frac{1}{2}}=b^k \implies c^{\frac{1}{2k}}=b$$

$$\sqrt[4]{a}=c^k \implies a^{\frac{1}{4}}=c^k \implies c^{4k}=a$$

$$b=a^k \implies c^{\frac{1}{2k}}=c^{4k^2} \implies \frac{1}{2k}=4k^2 \implies k^3=\frac{1}{8}$$

$$\implies k=\frac{1}{2} \ (\because k\text{는 실수})$$

$a=c^2$, $b=c$이므로

$$\frac{1}{\log_{abc} c}=\log_c abc=\log_c(c^2\times c\times c)=\log_c c^4=4$$

답 4

Tip

$\log_a b=k$, $\log_b c=2k$, $\log_c a=4k$에서 세 식을
곱하면 $8k^3=1$이므로 $k=\dfrac{1}{2}$

019

1보다 크고 10보다 작은 세 자연수 a, b, c에 대하여

$$2\log_c b=\log_a b \implies \log_{c^{\frac{1}{2}}} b=\log_a b \implies c^{\frac{1}{2}}=a$$

$$3\log_b c=\log_a c \implies \log_{b^{\frac{1}{3}}} c=\log_a c \implies b^{\frac{1}{3}}=a$$

1보다 크고 10보다 작은 세 자연수 a, b, c 조건을
이용하면 $c=a^2$, $b=a^3$ 을 만족시키는 자연수 a, b, c 는
$a=2$, $b=8$, $c=4$ 이다.

따라서 $a+b-c=2+8-4=6$ 이다.

답 6

두 점 $(0,0)$, $(\log_2 9, k)$ 을 지나는 직선의 기울기는

$$\frac{k}{\log_2 9}=\frac{k}{2\log_2 3}$$

직선 $(\log_4 3)x+(\log_9 8)y-1=0$ 의 기울기는

$$\frac{\log_4 3}{-\log_9 8}=\frac{\frac{1}{2}\log_2 3}{-\frac{3}{2}\log_3 2}=-\frac{1}{3}\times\frac{\log_2 3}{\log_3 2}$$

수직조건에 의해

$$\frac{k}{2\log_2 3}\times\left(-\frac{1}{3}\times\frac{\log_2 3}{\log_3 2}\right)=-1$$

$$\implies -\frac{1}{6}\times\frac{k}{\log_3 2}=-1 \implies k=6\log_3 2$$

따라서 $3^{\frac{k}{2}}=3^{3\log_3 2}=3^{\log_3 8}=8$ 이다.

답 8

$A(0,\ -\log_2 9)$, $B(2a,\ \log_2 7)$, $C(-\log_2 3,\ a)$

삼각형 ABC 의 무게중심의 좌표는

$$\left(\dfrac{2a-\log_2 3}{3},\ \dfrac{-\log_2 9+\log_2 7+a}{3}\right)$$ 이므로

$$\dfrac{-\log_2 9+\log_2 7+a}{3}=\log_8 7$$

$$\Rightarrow\ \dfrac{-\log_2 9+\log_2 7+a}{3}=\dfrac{\log_2 7}{3}$$

$$\Rightarrow\ a=\log_2 9$$

$$\dfrac{2a-\log_2 3}{3}=b\ \Rightarrow\ 2\log_2 9-\log_2 3=3b$$

$$\Rightarrow\ \log_2 27=3b\ \Rightarrow\ b=\log_2 3$$

따라서 $2^{a+b}=2^{\log_2 9+\log_2 3}=2^{\log_2 27}=27$ 이다.

답 27

$$\left(\sqrt{a}\,\right)^3=b\ \Rightarrow\ b=a^{\frac{3}{2}}$$

$$c^4=a^3\ \Rightarrow\ c=a^{\frac{3}{4}}$$

따라서 $9\log_{bc}ab=9\log_{a^{\frac{9}{4}}}a^{\frac{5}{2}}=9\times\dfrac{20}{18}=10$ 이다.

답 10

$$\log\sqrt[3]{5000}$$

$$=\log(5000)^{\frac{1}{3}}=\dfrac{1}{3}\log 5000$$

$$=\dfrac{1}{3}(\log 5+\log 1000)=\dfrac{1}{3}(\log 5+3)=\dfrac{1}{3}(1-\log 2+3)$$

$$=\dfrac{1}{3}(4-\log 2)=\dfrac{1}{3}(4-0.301)=\dfrac{1}{3}\times 3.699=1.233$$

답 1.233

두 자연수 a, b 에 대하여

$$\log a+\log b=2+\log 4\ \Rightarrow\ \log ab=\log 400$$

$$\Rightarrow\ ab=400$$

$ab=400$ 을 만족시키는 모든 순서쌍 $(a,\ b)$ 의 개수는 400 의 양의 약수의 개수와 같다.

400 을 소인수분해하면 $400=2^4\times 5^2$ 이므로 양의 약수의 개수는 $(4+1)(2+1)=15$ 이다.

따라서 조건을 만족시키는 모든 순서쌍 $(a,\ b)$ 의 개수는 15 이다.

답 15

Tip

(1) $ab=400$ 을 만족시키는 모든 순서쌍 $(a,\ b)$ 의 개수가 400 의 양의 약수의 개수와 같은 이유가 무엇일까?

이런 문제들은 직접 해보면서 발견적 추론을 해보는 것이 좋다.

상황을 축소시키기 위해서 $ab=10$ 이라 하자.

$a=1,\ b=10$
$a=2,\ b=5$
$a=5,\ b=2$
$a=10,\ b=1$

a 가 결정되면 b 가 자동으로 결정되므로 순서쌍 $(a,\ b)$ 의 개수는 a 의 개수와 같다. 그런데 a 의 개수는 10 의 양의 약수의 개수와 같으므로 순서쌍 $(a,\ b)$ 의 개수는 10 의 양의 약수의 개수와 같다.

한 번에 이해가 안 되면 $ab=12$ 를 해보면서 감을 찾으면 된다.

(2) 자연수조건을 이용하여 순서쌍을 구하는 문제는 빈출되는 유형이니 기억해두자. 특히 예를 들어 $ab=20$ 이라는 조건만 고려하고 자연수 조건은 고려하지 않아 문제가 풀리지 않는 경우도 있으니 유의하도록 하자. 즉, 문제를 잘 읽도록 하자!

25	①	**41**	①
26	①	**42**	②
27	①	**43**	①
28	③	**44**	②
29	②	**45**	①
30	⑤	**46**	③
31	①	**47**	①
32	④	**48**	①
33	16	**49**	①
34	④	**50**	④
35	13	**51**	75
36	⑤	**52**	④
37	④	**53**	①
38	8	**54**	①
39	15	**55**	13
40	③		

025

$\log 6.04 = 0.7810$

$\log \sqrt{6.04} = \dfrac{1}{2}\log 6.04 = \dfrac{1}{2} \times 0.7810 = 0.3905$

 답 ①

026

$a = 2\log\dfrac{1}{\sqrt{10}} + \log_2 20 = \log\dfrac{1}{10} + \log_2 20 = -1 + \log_2 20$

$\quad = -1 + \log_2 10 + \log_2 2 = -1 + \log_2 10 + 1 = \log_2 10$

$b = \log 2$

따라서 $a \times b = \log_2 10 \times \log 2 = \dfrac{\log 10}{\log 2} \times \log 2 = 1$ 이다.

답 ①

027

$(1,\ \log_2 5),\ (2,\ \log_2 10)$ 를 지나는 직선의 기울기는

$\dfrac{\log_2 10 - \log_2 5}{2-1} = \log_2\dfrac{10}{5} = \log_2 2 = 1$ 이다.

 답 ①

028

$2^x = 24 \implies x = \log_2 24$

$3^y = 24 \implies y = \log_3 24$

$(x-3)(y-1) = (\log_2 24 - \log_2 8)(\log_3 24 - \log_3 3)$

$\quad = \log_2 3 \times \log_3 8 = \dfrac{\log 3}{\log 2} \times \dfrac{3\log 2}{\log 3} = 3$

답 ③

029

$\dfrac{1}{\log_4 18} + \dfrac{2}{\log_9 18} = \log_{18} 4 + 2\log_{18} 9 = \log_{18}(4 \times 81)$

$\quad = \log_{18} 324 = \log_{18} 18^2 = 2$

 답 ②

030

$x^2 - 18x + 6 = 0$ 의 두 근이 $\alpha,\ \beta$

근과 계수의 관계에 의해서

$\alpha + \beta = 18,\ \alpha\beta = 6$ 이다.

$\log_2(\alpha + \beta) - 2\log_2 \alpha\beta$

$= \log_2 18 - 2\log_2 6 = \log_2 \dfrac{18}{36}$

$= \log_2 \dfrac{1}{2} = -1$

답 ⑤

$\log_2 a + \log_a 8 = 4 \implies \log_2 a + 3\log_a 2 = 4$

$\log_2 a = x$ 라 하면

$x + \dfrac{3}{x} = 4 \implies x^2 - 4x + 3 = 0 \implies (x-3)(x-1) = 0$

$\implies x = 1 \ \text{or} \ x = 3 \implies a = 8 \ (\because \ a > 2)$

$\log_2 a \times \log_a 8 = \dfrac{\log a}{\log 2} \times \dfrac{3\log 2}{\log a} = 3 \implies k = 3$

따라서 $a + k = 11$ 이다.

 답 ①

$ab = \log_3 5, \ b - a = \log_2 5$

$\dfrac{1}{a} - \dfrac{1}{b} = \dfrac{b-a}{ab} = \dfrac{\log_2 5}{\log_3 5} = \dfrac{\dfrac{\log 5}{\log 2}}{\dfrac{\log 5}{\log 3}} = \dfrac{\log 3}{\log 2} = \log_2 3$

 답 ④

$\dfrac{\log_a b}{2a} = \dfrac{3}{4} \implies \dfrac{2}{3}\log_a b = a$

$\dfrac{18\log_b a}{b} = \dfrac{3}{4} \implies 24\log_b a = b$

$ab = \dfrac{2}{3}\log_a b \times 24\log_b a = 16 \times \dfrac{\log b}{\log a} \times \dfrac{\log a}{\log b} = 16$

답 16

034

$3a + 2b = \log_3 32 = 5\log_3 2, \quad ab = \log_9 2 = \dfrac{1}{2}\log_3 2$

$\dfrac{1}{3a} + \dfrac{1}{2b} = \dfrac{3a+2b}{6ab} = \dfrac{5\log_3 2}{3\log_3 2} = \dfrac{5}{3}$

답 ④

세 양수 a, b, c 에 대하여

$\begin{cases} \log_2 ab + \log_2 bc = 5 \\ \log_2 bc + \log_2 ca = 8 \\ \log_2 ca + \log_2 ab = 7 \end{cases}$

$\begin{cases} \log_2 ab^2 c = 5 \\ \log_2 abc^2 = 8 \\ \log_2 a^2 bc = 7 \end{cases}$

$ab^2 c = 2^5, \ abc^2 = 2^8, \ a^2 bc = 2^7$

$ab^2 c \times abc^2 \times a^2 bc = a^4 b^4 c^4 = (abc)^4 = 2^{5+8+7} = 2^{20}$

$abc = 2^5$ 이므로

$ab^2 c = 2^5 \implies abc \times b = 2^5 \implies b = 1$

$abc^2 = 2^8 \implies abc \times c = 2^8 \implies c = 2^3 = 8$

$a^2 bc = 2^7 \implies abc \times a = 2^7 \implies a = 2^2 = 4$

따라서 $a + b + c = 4 + 1 + 8 = 13$ 이다.

답 13

$\log_a 2 = \log_b 5 = \log_c 10 = \log_{abc} x = k$ 라 두면

$\log_a 2 = k \implies 2 = a^k$

$\log_b 5 = k \implies 5 = b^k$

$\log_c 10 = k \implies 10 = c^k$

$\log_{abc} x = k \implies x = (abc)^k$

따라서 $x = (abc)^k = a^k \times b^k \times c^k = 2 \times 5 \times 10 = 100$ 이다.

 답 ⑤

$$f(n) = 2^n - \log_2 n$$

ㄱ. $f(2) = 2^2 - \log_2 2 = 4 - 1 = 3$ 이므로 ㄱ은 참이다.

ㄴ. $f(8) = -f(\log_2 8)$

$f(\log_2 8) = f(\log_2 2^3) = f(3)$ 이므로 $f(8) + f(3) = 0$ 인지 확인해보자.

$$f(8) = 2^8 - \log_2 8 = 256 - 3 = 253$$

$$f(3) = 2^3 - \log_2 3 = 8 - \log_2 3$$

$$f(8) + f(3) = 253 + 8 - \log_2 3 \neq 0$$

따라서 ㄴ은 거짓이다.

ㄷ. $f(2^n) + n = \{f(2^{n-1}) + n - 1\}^2$

$$f(2^n) + n = 2^{2^n} - \log_2 2^n + n = 2^{2^n}$$

$$\{f(2^{n-1}) + n - 1\}^2 = \left\{2^{2^{n-1}} - \log_2 2^{n-1} + n - 1\right\}^2$$

$$= \left(2^{2^{n-1}}\right)^2 = 2^{2^{n-1} \times 2} = 2^{2^n}$$

따라서 ㄷ은 참이다.

답 ④

$\log_{(a+3)}(-a^2 + 3a + 28)$ 이 정의되려면
밑조건에 의해서
$$a + 3 \neq 1, \ a + 3 > 0 \Rightarrow a \neq -2, \ a > -3$$
진수조건에 의해서
$$-a^2 + 3a + 28 > 0 \Rightarrow a^2 - 3a - 28 < 0$$

$$\Rightarrow (a-7)(a+4) < 0 \Rightarrow -4 < a < 7$$

따라서 조건을 만족시키는 정수는
$-1, \ 0, \ 1, \ 2, \ 3, \ 4, \ 5, \ 6$ 이므로 개수는 8 이다.

답 8

$$\log_{27} a = \log_{3^3} a = \frac{1}{3}\log_3 a, \ \log_3 \sqrt{b} = \log_3 b^{\frac{1}{2}} = \frac{1}{2}\log_3 b$$

이므로 $\dfrac{1}{3}\log_3 a = \dfrac{1}{2}\log_3 b$

$$\log_b a = \frac{\log_3 a}{\log_3 b} = \frac{3}{2}$$

따라서 $20\log_b \sqrt{a} = 10\log_b a = 15$ 이다.

답 15

두 점 $(2, \log_4 a)$, $(3, \log_2 b)$ 을 지나는 직선의 기울기는
$$\frac{\log_2 b - \log_4 a}{3 - 2} = \log_2 b - \log_4 a = \log_2 b - \frac{1}{2}\log_2 a = \log_2 \frac{b}{\sqrt{a}}$$

직선의 방정식을 구하면
$$y = \log_2 \frac{b}{\sqrt{a}}(x - 3) + \log_2 b$$

원점을 지나므로 직선의 방정식에 $(0, \ 0)$ 을 대입하면
$$0 = \log_2 \frac{b}{\sqrt{a}}(-3) + \log_2 b \Rightarrow 3\log_2 \frac{b}{\sqrt{a}} = \log_2 b$$

$$\Rightarrow \left(\frac{b}{\sqrt{a}}\right)^3 = b \Rightarrow \frac{b^2}{a^{\frac{3}{2}}} = 1 \ (\because b > 0)$$

$$\Rightarrow b^2 = a^{\frac{3}{2}} \Rightarrow b = a^{\frac{3}{4}}$$

따라서 $\log_a b = \log_a a^{\frac{3}{4}} = \dfrac{3}{4}$ 이다.

답 ③

$$\log_a b = \frac{1}{2}\log_b c = \frac{1}{4}\log_c a$$

$$\Rightarrow \log_a b = \log_b \sqrt{c} = \log_c \sqrt[4]{a}$$

$\log_a b = \log_b \sqrt{c} = \log_c \sqrt[4]{a} = k$ 라 두면

$$b = a^k$$

$$\sqrt{c} = b^k \Rightarrow c^{\frac{1}{2}} = b^k \Rightarrow c^{\frac{1}{2k}} = b$$

$$\sqrt[4]{a} = c^k \Rightarrow a^{\frac{1}{4}} = c^k \Rightarrow c^{4k} = a$$

$$b = a^k \Rightarrow c^{\frac{1}{2k}} = c^{4k^2} \Rightarrow \frac{1}{2k} = 4k^2 \Rightarrow k^3 = \frac{1}{8}$$

$$\Rightarrow k = \frac{1}{2} \ (k \text{는 실수})$$

$a = c^2$, $b = c$ 이므로

$$\log_a b + \log_b c + \log_c a = \log_{c^2} c + \log_c c + \log_c c^2$$
$$= \frac{1}{2} + 1 + 2 = \frac{7}{2}$$

답 ①

다르게 풀어보자.

$$\log_a b = \frac{1}{2}\log_b c = \frac{1}{4}\log_c a$$

$$\Rightarrow \log_a b = k, \ \log_b c = 2k, \ \log_c a = 4k$$

$$\log_a b \times \log_b c \times \log_c a = \frac{\log b}{\log a} \times \frac{\log c}{\log b} \times \frac{\log a}{\log c} = 1$$

이므로 $k \times 2k \times 4k = 1 \Rightarrow 8k^3 = 1 \Rightarrow k = \frac{1}{2}$ 이다.

042

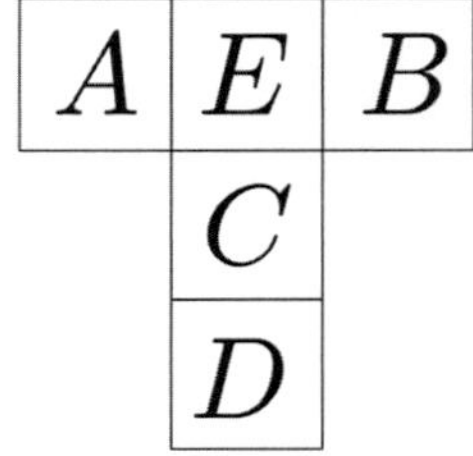

가로의 나열된 3개의 칸에 적힌 세 수의 합과
세로로 나열된 3개의 칸에 적힌 세 수의 합이 15로
서로 같아야 하므로 A, B 쌍에 들어가는 수들의 합과
C, D 쌍에 들어가는 수들의 합이 서로 같아야 한다.
$\log_a 2$, $\log_a 4$, $\log_a 8$, $\log_a 32$, $\log_a 128$ 에서
$\log_a 2 = x$ 로 치환하면 x, $2x$, $3x$, $5x$, $7x$ 로 볼 수 있다.
이때 $A + B + E = C + D + E$ 이어야 한다.

합이 같은 쌍이 $(x, 7x)$, $(3x, 5x)$ 이므로 E에는 $2x$ 가
들어가야 한다.
즉, $\log_a 2$, $\log_a 128$과 $\log_a 8$, $\log_a 32$로 분류하면 된다.
A, B 쌍에 들어갈 수들을 $\log_a 2$, $\log_a 128$ 라 하자.

가로의 나열된 3개의 칸에 적힌 세 수의 합은 15이므로
$$(\log_a 2 + \log_a 128) + \log_a 4 = 15$$
$$\Rightarrow \log_a 1024 = 15 \Rightarrow 10\log_a 2 = 15 \Rightarrow \log_a 2 = \frac{3}{2}$$
$$\Rightarrow a = 2^{\frac{2}{3}}$$

따라서 $a = 2^{\frac{2}{3}}$ 이다.

답 ②

043

$\mathrm{A}\left(4, \ \log_3 a\right)$, $\mathrm{B}\left(\log_2 2\sqrt{2}, \ \log_3 \frac{3}{2}\right)$

선분 AB를 $3:1$으로 외분하는 점은
$$\frac{\mathrm{A} - 3\mathrm{B}}{1 - 3} = \frac{\mathrm{A} - 3\mathrm{B}}{-2}$$

$$\left(\frac{4 - 3\log_2 2\sqrt{2}}{-2}, \ \frac{\log_3 a - 3\log_3 \frac{3}{2}}{-2}\right)$$

$$\Rightarrow \left(\frac{4 - \frac{9}{2}}{-2}, \ \frac{\log_3 a + \log_3 \frac{8}{27}}{-2}\right)$$

$$\Rightarrow \left(\frac{1}{4}, \ \frac{\log_3 \frac{8}{27} a}{-2}\right)$$

선분 AB를 $3:1$로 외분하는 점이 직선 $y = 4x$ 위에
있으므로

$$\frac{\log_3 \frac{8}{27} a}{-2} = 1 \Rightarrow \log_3 \frac{8}{27} a = -2$$

$$\Rightarrow \frac{8}{27} a = \frac{1}{9} \Rightarrow a = \frac{3}{8}$$

따라서 $a = \frac{3}{8}$ 이다.

답 ①

044

두 양수 a, b $(b \neq 1)$

(가) $(\log_2 a)(\log_b 3) = 0$
　　$\log_b 3 \neq 0$ 이므로 $\log_2 a = 0 \Rightarrow a = 1$

(나) $\log_2 a + \log_b 3 = 2 \Rightarrow \log_b 3 = 2 \Rightarrow 3 = b^2$

$\Rightarrow b = \sqrt{3} \ (\because b > 0)$

따라서 $a^2 + b^2 = 1 + 3 = 4$ 이다.

답 ②

045

$n \geq 2$ 인 자연수 n에 대하여 $5\log_n 2$ 의 값이 자연수

$\log_n 2 \leq \log_2 2 = 1$ 이므로

$5\log_n 2 = m \ (m$은 자연수)이 되려면 다음과 같이

5가지의 **case**로 분류할 수 있다.

① $\log_n 2 = \dfrac{1}{5} \Rightarrow 2 = n^{\frac{1}{5}} \Rightarrow 32 = n$

② $\log_n 2 = \dfrac{2}{5} \Rightarrow 2 = n^{\frac{2}{5}} \Rightarrow 2^{\frac{5}{2}} = n$

n은 자연수이어야 하므로 모순이다.

③ $\log_n 2 = \dfrac{3}{5} \Rightarrow 2 = n^{\frac{3}{5}} \Rightarrow 2^{\frac{5}{3}} = n$

n은 자연수이어야 하므로 모순이다.

④ $\log_n 2 = \dfrac{4}{5} \Rightarrow 2 = n^{\frac{4}{5}} \Rightarrow 2^{\frac{5}{4}} = n$

n은 자연수이어야 하므로 모순이다.

⑤ $\log_n 2 = \dfrac{5}{5} = 1 \Rightarrow 2 = n$

따라서 조건을 만족시키는 모든 n의 값의 합은 34이다.

답 ①

046

$a, \ b > 1$

$\log_{\sqrt{3}} a = \log_9 ab = k$ 라 두면

$\log_{\sqrt{3}} a = k \Rightarrow a = (\sqrt{3})^k \Rightarrow a = 3^{\frac{k}{2}}$

$\log_9 ab = k \Rightarrow ab = 9^k \Rightarrow ab = 3^{2k}$

$\Rightarrow 3^{\frac{k}{2}} \times b = 3^{2k} \Rightarrow b = 3^{2k - \frac{k}{2}} = 3^{\frac{3k}{2}}$

따라서 $\log_a b = \log_{3^{\frac{k}{2}}} 3^{\frac{3k}{2}} = \dfrac{\frac{3k}{2}}{\frac{k}{2}} = \dfrac{6k}{2k} = 3$ 이다.

답 ③

047

$n \geq 2$ 인 자연수 n에 대하여 $\log_n 4 \times \log_2 9$ 의 값이 자연수가
되도록 식을 설정해보자.

$\log_n 4 \times \log_2 9 = m \ (m$은 자연수)

$\dfrac{2\log 2}{\log n} \times \dfrac{2\log 3}{\log 2} = \dfrac{4\log 3}{\log n} = 4\log_n 3 = m$

$n = 2$ 일 때, $4\log_2 3$ 은 자연수가 아니므로 모순이다.

$n \geq 3$ 일 때, $\log_n 3 \leq \log_3 3 = 1$ 이므로

$4\log_n 3 = m \ (m$은 자연수)이 되려면 다음과 같이

4가지의 **case**로 분류할 수 있다.

① $\log_n 3 = \dfrac{1}{4} \Rightarrow 3 = n^{\frac{1}{4}} \Rightarrow 81 = n$

② $\log_n 3 = \dfrac{2}{4} = \dfrac{1}{2} \Rightarrow 3 = n^{\frac{1}{2}} \Rightarrow 9 = n$

③ $\log_n 3 = \dfrac{3}{4} \Rightarrow 3 = n^{\frac{3}{4}} \Rightarrow 3^{\frac{4}{3}} = n$

n은 자연수이어야 하므로 모순이다.

④ $\log_n 3 = \dfrac{4}{4} = 1 \Rightarrow 3 = n$

따라서 조건을 만족시키는 모든 n의 값의 합은 93이다.

답 ①

048

$2^{\frac{1}{n}} = a, \ 2^{\frac{1}{n+1}} = b \Rightarrow \dfrac{1}{n} = \log_2 a, \ \dfrac{1}{n+1} = \log_2 b$

$$\left\{ \dfrac{3^{\log_2 ab}}{3^{(\log_2 a)(\log_2 b)}} \right\}^5 = \left\{ \dfrac{3^{\log_2 a + \log_2 b}}{3^{(\log_2 a)(\log_2 b)}} \right\}^5 = \left\{ \dfrac{3^{\frac{1}{n} + \frac{1}{n+1}}}{3^{\frac{1}{n(n+1)}}} \right\}^5$$

$$= \left\{ 3^{\frac{1}{n} + \frac{1}{n+1} - \frac{1}{n(n+1)}} \right\}^5 = \left\{ 3^{\frac{2}{n+1}} \right\}^5 = 3^{\frac{10}{n+1}}$$

$3^{\frac{10}{n+1}}$ 이 자연수가 되도록 하려면 $n+1$ 이 10의 약수이어야
한다.

따라서 조건을 만족시키는 $n = 1, \ 4, \ 9$ 이므로 모든 n의
값의 합은 14이다.

답 ①

$\dfrac{1}{3}+\log\sqrt{a}=\dfrac{1}{3}+\dfrac{1}{2}\log a$ 의 값이 자연수가 되어야 한다.

$\dfrac{1}{2}<\log a<\dfrac{11}{2}\ \Rightarrow\ \dfrac{1}{4}<\dfrac{1}{2}\log a<\dfrac{11}{4}$

$\Rightarrow\ \dfrac{1}{3}+\dfrac{1}{4}<\dfrac{1}{3}+\dfrac{1}{2}\log a<\dfrac{1}{3}+\dfrac{11}{4}$

$\Rightarrow\ \dfrac{7}{12}<\dfrac{1}{3}+\dfrac{1}{2}\log a<\dfrac{37}{12}$

$\dfrac{1}{3}+\dfrac{1}{2}\log a$ 가 될 수 있는 값은 1, 2, 3뿐이다.

① $\dfrac{1}{3}+\dfrac{1}{2}\log a=1\ \Rightarrow\ \log a=\dfrac{4}{3}\ \Rightarrow\ a=10^{\frac{4}{3}}$

② $\dfrac{1}{3}+\dfrac{1}{2}\log a=2\ \Rightarrow\ \log a=\dfrac{10}{3}\ \Rightarrow\ a=10^{\frac{10}{3}}$

③ $\dfrac{1}{3}+\dfrac{1}{2}\log a=3\ \Rightarrow\ \log a=\dfrac{16}{3}\ \Rightarrow\ a=10^{\frac{16}{3}}$

따라서 모든 a 의 값의 곱은

$10^{\frac{4}{3}}\times10^{\frac{10}{3}}\times10^{\frac{16}{3}}=10^{\frac{4}{3}+\frac{10}{3}+\frac{16}{3}}=10^{\frac{30}{3}}=10^{10}$ 이다.

답 ①

$\mathrm{P}(\log_5 3),\ \mathrm{Q}(\log_5 12)$

선분 PQ 를 $m:(1-m)$ 으로 내분하는 점의 좌표가 1 이므로

$\dfrac{(1-m)\mathrm{P}+m\mathrm{Q}}{1-m+m}=\dfrac{(1-m)\mathrm{P}+m\mathrm{Q}}{1}=1$

$\Rightarrow\ (1-m)\log_5 3+m\log_5 12=1$

$\Rightarrow\ \log_5 3+m\left(-\log_5 3+\log_5 12\right)=1$

$\Rightarrow\ \log_5 3+m\log_5 4=1\ \Rightarrow\ m\log_5 4=1-\log_5 3$

$\Rightarrow\ m=\dfrac{\log_5\dfrac{5}{3}}{\log_5 4}=\log_4\dfrac{5}{3}$

따라서 $4^m=4^{\log_4\frac{5}{3}}=\dfrac{5}{3}$ 이다.

답 ④

$a,\ b,\ c,\ k>0$

$3^a=5^b=k^c=z$ 라 두면

$3=z^{\frac{1}{a}},\ 5=z^{\frac{1}{b}},\ k=z^{\frac{1}{c}}$

$\log c=\log(2ab)-\log(2a+b)$

$\Rightarrow\ \log c=\log\dfrac{2ab}{2a+b}\ \Rightarrow\ c=\dfrac{2ab}{2a+b}$

$\Rightarrow\ \dfrac{1}{c}=\dfrac{2a+b}{2ab}\ \Rightarrow\ \dfrac{1}{c}=\dfrac{1}{b}+\dfrac{1}{2a}$

$z^{\frac{1}{c}}=z^{\frac{1}{2a}+\frac{1}{b}}=z^{\frac{1}{2a}}\times z^{\frac{1}{b}}\ \Rightarrow\ k=\sqrt{3}\times5=5\sqrt{3}$

따라서 $k^2=25\times3=75$ 이다.

답 75

 Tip

놀랍게도 이 문제의 정답률이 9% 였다.

$=k$ 을 쓰면 손쉽게 구할 수 있는 문제임에도 말이다.

$a,\ b,\ c,\ d$ 가 아니라 $a,\ b,\ c,\ k$ 라는 문자를 쓴 것은

$=k$ 테크닉을 쓸 때 약간의 당혹감을 주고자 하는 평가원의

의도로 보인다.

당황하지 말고 $=z$ 로 두면 된다.

두 양수 $a,\ b\ (a>b)$ 에 대하여

$9^a=2^{\frac{1}{b}},\ (a+b)^2=\log_3 64$

$3^{2a}=2^{\frac{1}{b}}\ \Rightarrow\ 3^{2ab}=2\ \Rightarrow\ 2ab=\log_3 2$

$(a+b)^2=a^2+b^2+2ab=\log_3 64$

$a,\ b>0$ 이므로 $|a+b|=a+b=\sqrt{6\log_3 2}$

$(a+b)^2=a^2+b^2+\log_3 2=\log_3 64$

$\Rightarrow\ a^2+b^2=\log_3 32$

$(a-b)^2=a^2+b^2-2ab=\log_3 32-\log_3 2=\log_3 16$

$a>b$ 이므로 $|a-b|=a-b=\sqrt{4\log_3 2}$

따라서 $\dfrac{a-b}{a+b}=\sqrt{\dfrac{4\log_3 2}{6\log_3 2}}=\sqrt{\dfrac{2}{3}}=\dfrac{\sqrt{6}}{3}$ 이다.

답 ④

2 이상의 세 실수 a, b, c

(가) $\sqrt[3]{a}$ 는 ab 의 네제곱근이다.

$$(x = a \text{의 } n \text{ 제곱근} \Rightarrow x^n = a)$$

$$(\sqrt[3]{a})^4 = ab \Rightarrow a^{\frac{4}{3}} = ab \Rightarrow a^{\frac{1}{3}} = b \Rightarrow a = b^3$$

(나) $\log_a bc + \log_b ac = 4$

$$\log_{b^3} bc + \log_b b^3 c = \frac{1}{3}\left(\log_b bc\right) + \log_b b^3 c$$

$$= \frac{1}{3} + \frac{1}{3}\log_b c + 3 + \log_b c = \frac{10}{3} + \frac{4}{3}\log_b c = 4$$

$$\Rightarrow \log_b c = \frac{1}{2} \Rightarrow c = b^{\frac{1}{2}}$$

$$a = \left(\frac{b}{c}\right)^k \Rightarrow b^3 = \left(\frac{b}{b^{\frac{1}{2}}}\right)^k = \left(b^{\frac{1}{2}}\right)^k = b^{\frac{k}{2}} \Rightarrow 3 = \frac{k}{2}$$

$$\Rightarrow k = 6$$

 ①

$36 = 2^2 \times 3^2$ 이므로 36 의 양의 약수는

1, 3, 3^2, 2, 2×3, 2×3^2, 2^2, $2^2 \times 3$, $2^2 \times 3^2$

$f(n)$ 는 자연수 n 의 양의 약수의 개수이므로
$f(1)$, $f(3^2)$, $f(2^2)$, $f(2^2 \times 3^2)$ 는 홀수이고,
$f(3)$, $f(2)$, $f(2 \times 3)$, $f(2 \times 3^2)$, $f(2^2 \times 3)$ 은 짝수이다.

따라서
$$\sum_{k=1}^{9}\left\{(-1)^{f(a_k)} \times \log a_k\right\}$$

$$= -\left\{\log 1 + \log 3^2 + \log 2^2 + \log\left(2^2 \times 3^2\right)\right\}$$

$$\quad + \left\{\log 3 + \log 2 + \log(2 \times 3) + \log\left(2 \times 3^2\right) + \log\left(2^2 \times 3\right)\right\}$$

$$= \log \frac{2^5 \times 3^5}{2^4 \times 3^4} = \log(2 \times 3) = \log 2 + \log 3$$

이다.

 ①

> **Tip**
>
> $n = 9$ 이므로 당황하지 말고 침착하게 나열하자.

$$\log_4 2n^2 - \log_4 \sqrt{n} = \log_4 \frac{2n^2}{\sqrt{n}} = m \quad (m \text{ 은 } 40 \text{ 이하의 자연수})$$

$$2n\sqrt{n} = 4^m \Rightarrow n^{\frac{3}{2}} = 2^{2m-1} \Rightarrow n = 2^{\frac{4m-2}{3}}$$

n 이 자연수가 되려면 $m = 2,\ 5,\ 8,\ 11,\ \cdots$ 이므로
$m = 3k - 1 \ (k = 1,\ 2,\ 3 \cdots)$ 이다.
m 은 40 이하이므로 $1 \le k \le 13$

m 과 n 은 일대일대응이므로
조건을 만족시키는 자연수 n 의 개수는 13 이다.

답 13

56	21	**59**	25
57	426	**60**	112
58	30	**61**	205

056

$a,\ b > 0$

$A = \left\{ -1,\ \log_3 \dfrac{a}{b} \right\},\ B = \left\{ 3,\ \log_3 a,\ \log_{\frac{1}{3}} \sqrt[3]{b^2} \right\}$

$A - B = \{2\}$ 이 되려면
$2 \in A,\ -1 \in B,\ 2 \notin B$ 이어야 한다.

$\log_3 \dfrac{a}{b} = 2 \Rightarrow \dfrac{a}{b} = 9 \Rightarrow \dfrac{a}{9} = b$

$-1 \in B$ 을 만족시키려면 두 가지 case가 가능하다.

① $\log_3 a = -1 \Rightarrow a = \dfrac{1}{3}$

$\dfrac{a}{9} = b$ 이므로 $b = \dfrac{1}{27}$ 이다.

$\log_{\frac{1}{3}} \sqrt[3]{b^2} = -\log_3 b^{\frac{2}{3}} = -\log_3 (3^{-3})^{\frac{2}{3}}$

$\qquad\qquad = -\log_3 3^{-2} = 2$

$2 \in B$ 이므로 모순이다.

② $\log_{\frac{1}{3}} \sqrt[3]{b^2} = -1 \Rightarrow b^{\frac{2}{3}} = 3 \Rightarrow b = 3^{\frac{3}{2}}$

$\dfrac{a}{9} = 3^{\frac{3}{2}} \Rightarrow a = 3^{\frac{3}{2}} \times 3^2 = 3^{\frac{7}{2}}$

$B = \left\{ 3,\ \log_3 a,\ \log_{\frac{1}{3}} \sqrt[3]{b^2} \right\} \Rightarrow B = \left\{ 3,\ \dfrac{7}{2},\ -1 \right\}$
조건을 만족한다.

따라서 $4(\log_3 a)(\log_3 b) = 4 \times \dfrac{7}{2} \times \dfrac{3}{2} = 21$ 이다.

답   21

057

$4\log_{2^6}\left(\dfrac{3}{4n+16} \right) = \dfrac{2}{3} \log_2\left(\dfrac{3}{4n+16} \right)$ 이 정수가 되려면

n 이 자연수이기 때문에 $\dfrac{3}{4n+16} = 2^{\frac{3p}{2}}$ ($|p|$ 은 홀수)와

같은 꼴은 불가능하므로 $\log_2\left(\dfrac{3}{4n+16} \right)$ 은

3 의 배수이어야 한다.

즉, $\log_2\left(\dfrac{3}{4n+16} \right) = 3M$ (M은 정수)라 둘 수 있다.

$\log_2\left(\dfrac{3}{4n+16} \right) = 3M \Rightarrow \dfrac{3}{4n+16} = 2^{3M} \Rightarrow \dfrac{3}{2^{3M}} - 16 = 4n$

$\Rightarrow \dfrac{3}{2^{3M+2}} - 4 = n$

$1 \le \dfrac{3}{2^{3M+2}} - 4 \le 1000 \Rightarrow 5 \le \dfrac{3}{2^{3M+2}} \le 1004$

$\Rightarrow 5 \le 3 \times 2^{-3M-2} \le 1004$
를 만족하려면 가능한 $-3M-2$ 의 범위는

$1 \le -3M-2 \le 8 \Rightarrow 3 \le -3M \le 10 \Rightarrow -\dfrac{10}{3} \le M \le -1$

이므로 가능한 정수 M은 $-3,\ -2,\ -1$ 이다.

$M = -3 \Rightarrow n = 3 \times 2^7 - 4 = 380$
$M = -2 \Rightarrow n = 3 \times 2^4 - 4 = 44$
$M = -1 \Rightarrow n = 3 \times 2^1 - 4 = 2$

따라서 조건을 만족시키는 1000 이하의 모든 n 의 값의 합은
$380 + 44 + 2 = 426$ 이다.

답   426

058

$\log_2(-x^2 + ax + 4) = m$ (m 은 자연수)
$-x^2 + ax + 4 = 2^m$

$= y$ 를 붙여서 함수의 관점으로 생각해보면
$\log_2(-x^2 + ax + 4)$ 가 자연수가 되도록 하는 실수 x 의
개수가 6 이라는 것은
$y = -x^2 + ax + 4$ 와 $y = 2^m$ (m 은 자연수) 의 교점이
6 개라는 것과 같다.

$$y = -\left(x - \frac{a}{2}\right)^2 + \frac{a^2}{4} + 4$$

교점이 6 개가 되려면 $2^3 < \frac{a^2}{4} + 4 < 2^4$ 이어야 한다.

$8 < \frac{a^2}{4} + 4 < 16 \Rightarrow 16 < a^2 < 48$ 을 만족시키는 자연수 a 는 5, 6이므로 모든 자연수 a 의 값의 곱은 30 이다.

답   30

059

100 이하의 자연수 전체의 집합을 S, $n \in S$
$\{ k \mid k \in S$ 이고 $\log_2 n - \log_2 k$ 는 정수$\}$
$\log_2 n - \log_2 k = m$ (m 은 정수)

$$\log_2 \frac{n}{k} = m \Rightarrow \frac{n}{k} = 2^m \Rightarrow \frac{n}{2^m} = k$$

만약 $n = 10$ 이라고 가정해보자.

$\frac{10}{2^m} = k$ 이 자연수가 되려면 10 의 양의 약수가 2^m 이 되도록 하면 된다. 10 의 약수 중 2^m (m 은 정수)을 만족시키는 약수는 1, 2 이므로 $m = 0$, 1 이다.

또한 $\frac{10}{2^m} \le 100$ 이 되도록 하는 $m < 0$ 인 정수를 택하면 된다. $m = -1, -2, -3$

따라서 $f(10) = 5$ 이다.

마찬가지로 $n = 99$ 라고 가정해보자.

$\frac{99}{2^m} = k$ 이 자연수가 되려면 99 의 양의 약수가 2^m 이 되도록 하면 된다. 99 의 약수 중 2^m (m 은 정수)을 만족시키는 약수는 1 이므로 $m = 0$ 이다.

또한 $\frac{99}{2^m} \le 100$ 이 되도록 하는 $m < 0$ 인 정수를 택하면 된다. 이는 존재하지 않는다.

따라서 $f(99) = 1$ 이다.

위의 예들을 통해 추론한 결과 $f(n) = 1$ 이 되도록 하려면 n 의 약수 중 2^m (m 은 정수)을 만족시키는 약수가 1 뿐이어야 하고($m = 0$ 은 무조건 포함), $\frac{n}{2^m} \le 100$ 이 되도록 하는 $m < 0$ 인 정수가 존재하지 않아야 한다.

n 의 약수 중 2^m (m 은 정수)을 만족시키는 약수가 1 뿐이려면 n 은 홀수이어야 한다. $\cdots$ 조건 ①

홀수 중에서 $\frac{n}{2^m} \le 100$ 이 되도록 하는 $m < 0$ 인 정수가 존재하지 않는 것을 찾으면 된다. $\cdots$ 조건 ②

다시 말해 조건 ①, ②를 모두 만족시켜야 한다.

만약 $n = 49$ 이면 $\frac{49}{2^m} \le 100$ 을 만족시키는 음의 정수 m 이 존재하므로 가능하지 않다. ($m = -1$)

따라서 n 은 $51 \le n \le 99$ 인 홀수이다.

즉, $n = 51, 53, 55, 57, 59, 61, \cdots, 97, 99$ 이므로 25 개다.

답   25

060

$$a_n = \sqrt{2}\left(1 - \frac{1}{n+2}\right)$$

로그가 나왔고 시그마가 나왔으니
$\log_2 a + \log_2 b = \log_2 ab$ 를 이용하여 풀어보자.

$a_n = \sqrt{2}\left(1 - \frac{1}{n+2}\right)$ 를 변형시키면 $a_n = \sqrt{2}\left(\frac{n+1}{n+2}\right)$

$n = 1, 2, 3, 4, \cdots$ 대입해보자.

$n = 1$ 을 대입하면 $a_1 = \sqrt{2}\left(\frac{2}{3}\right)$

$n = 2$ 을 대입하면 $a_2 = \sqrt{2}\left(\frac{3}{4}\right)$

$n = 3$ 을 대입하면 $a_3 = \sqrt{2}\left(\frac{4}{5}\right)$

$$\vdots$$

$n = m$ 을 대입하면 $a_m = \sqrt{2}\left(\frac{m+1}{m+2}\right)$

$$\sum_{k=1}^{m} \log_2(a_k)$$

$$= \log_2 a_1 + \log_2 a_2 + \cdots + \log_2 a_m$$

$$= \log_2(a_1 \times a_2 \times a_3 \times \cdots \times a_m)$$

$$= \log_2\left(\sqrt{2}\left(\frac{2}{3}\right) \times \sqrt{2}\left(\frac{3}{4}\right) \times \sqrt{2}\left(\frac{4}{5}\right) \times \cdots \times \sqrt{2}\left(\frac{m+1}{m+2}\right) \right)$$

$$= \log_2\left((\sqrt{2})^m \frac{2}{m+2} \right) = \log_2\left(\frac{2^{\frac{m}{2}+1}}{m+2} \right)$$

$$= \frac{m}{2} + 1 - \log_2(m+2)$$

즉, m 은 짝수이고 $\log_2(m+2)$ 는 자연수이어야 한다.
m 은 100 이하의 자연수이므로 $\log_2(m+2)$ 가 자연수가
되려면
$m+2 = 4$ or 8 or 16 or 32 or 64 이 되어야 한다.
$m=2$ or $m=6$ or $m=14$ or $m=30$ or $m=62$
$m=2 \implies 2 - \log_2 4 = 0$ 이므로 자연수가 아니니 조건 만족 X
$m=6 \implies 4-3 = 1$ 이므로 조건 만족
$m=14 \implies 8-4 = 4$ 이므로 조건 만족
$m=30 \implies 16-5 = 11$ 이므로 조건 만족
$m=62 \implies 32-6 = 26$ 이므로 조건 만족

따라서 100 이하의 모든 자연수 m 의 값의 합은
$6+14+30+62 = 50+62 = 112$ 이다.

답 112

> **Tip**
>
> 모르는 관계식이 나왔을 때, 식을 조작하거나 대입하여 규칙을
> 파악하는 것을 잊지 말자!
> 수열은 뭐다? 규칙이다!

061

밑조건에 의해서
$(a-2)^2 > 0$, $(a-2)^2 \neq 1 \implies a \neq 1,\ a \neq 2,\ a \neq 3$

이제 진수조건을 이용해보자.

모든 실수 x 에서 정의되어야 하니까
$ax^2 + 2ax + n > 0$ 이어야 한다.

이때 바로 판별식 들어가야 할까?

$a=0$ 이면 이차식이 아니기 때문에
최고차항의 계수가 0 일 때와 0 이
아닐 때로 case분류하면

① $a \neq 0$

모든 실수 x 에 대하여 $ax^2 + 2ax + n > 0$ 이려면
판별식 $D < 0$ 이고 $a > 0$
$a^2 - na < 0 \implies a(a-n) < 0 \implies 0 < a < n$

② $a = 0$

a 가 0이면 $\log_4 n$ 이라는 말이니까 성립

정리해보면 $0 \leq a < n$ 와 $a \neq 1,\ a \neq 2,\ a \neq 3$ 를 동시에
만족해야 한다.

문제에서 정수 a 를 작은 수부터 크기순으로 나열하면
$a_1,\ a_2,\ \cdots\ a_{f(n)}$ 이라고 했으니까 결국 $f(n)$ 은 a 의 개수이다.
즉, $n=1$ 이라고 하면 $f(1)$ 은 n 이 1 일 때 가능한 정수 a 의
개수이다.

$\displaystyle \sum_{k=1}^{f(n)} a_k$ 는 모든 a 의 합을 의미한다.

즉, $f(n) \times \displaystyle\sum_{k=1}^{f(n)} a_k$ 라는 말은 a 의 개수 $\times$ 모든 a 의 합을
구하라는 말과 같다.

① $n=1$

$0 \leq a < 1$ 와 $a \neq 1,\ a \neq 2,\ a \neq 3$ 를 동시에 만족시키는
정수 a 는 0 하나뿐이다.

$$f(1) = 1,\ \sum_{k=1}^{f(1)} a_k = a_1 = 0$$

$$\therefore f(1) \sum_{k=1}^{f(1)} a_k = 0$$

② $n=2$

$0 \leq a < 2$ 와 $a \neq 1,\ a \neq 2,\ a \neq 3$ 를 동시에 만족시키는
정수 a 는 ①번 case와 마찬가지로 0 하나뿐이다.

마찬가지로

$$f(2) = 1,\ \sum_{k=1}^{f(2)} a_k = a_1 = 0$$

$$\therefore f(2) \sum_{k=1}^{f(2)} a_k = 0$$

③ $n=3$, $n=4$ 일 때도 마찬가지로 0

$$\therefore f(3)\sum_{k=1}^{f(3)}a_k=0 \,,\ f(4)\sum_{k=1}^{f(4)}a_k=0$$

④ $n=5$

$0\le a<5$와 $a\ne1$, $a\ne2$, $a\ne3$ 를 동시에 만족시키는 정수 a는 0, 4가 있다.

$$f(5)=2,\ \sum_{k=1}^{f(5)}a_k=a_1+a_2=4$$

$$\therefore f(5)\sum_{k=1}^{f(5)}a_k=8$$

⑤ $n=6$

$0\le a<6$와 $a\ne1$, $a\ne2$, $a\ne3$ 를 동시에 만족시키는 정수 a는 0, 4, 5가 있다.

$$f(6)=3,\ \sum_{k=1}^{f(6)}a_k=a_1+a_2+a_3=9$$

$$\therefore f(6)\sum_{k=1}^{f(6)}a_k=27$$

⑥ $n=7$

$0\le a<7$와 $a\ne1$, $a\ne2$, $a\ne3$ 를 동시에 만족시키는 정수 a는 0, 4, 5, 6이 있다.

$$f(7)=4,\ \sum_{k=1}^{f(7)}a_k=a_1+a_2+a_3+a_4=15$$

$$\therefore f(7)\sum_{k=1}^{f(7)}a_k=60$$

⑦ $n=8$

$0\le a<8$와 $a\ne1$, $a\ne2$, $a\ne3$ 를 동시에 만족시키는 정수 a는 0, 4, 5, 6, 7이 있다.

$$f(8)=5,\ \sum_{k=1}^{f(8)}a_k=a_1+a_2+a_3+a_4+a_5=22$$

$$\therefore f(8)\sum_{k=1}^{f(8)}a_k=110$$

따라서 $\displaystyle\sum_{n=1}^{8}\left(f(n)\sum_{k=1}^{f(n)}a_k\right)=8+27+60+110=205$

답 205

1	(1) $y=-2(x+2)^2+3$ (2) $y=2x+10$ (3) $(x+2)^2+(y-4)^2=2$
2	3
3	풀이 참고
4	풀이 참고
5	(2), (3)
6	풀이 참고
7	풀이 참고
8	(1) 최댓값은 7, 최솟값은 3 (2) 최댓값은 4, 최솟값은 1
9	풀이 참고
10	풀이 참고
11	(1) 최댓값은 4, 최솟값은 1 (2) 최댓값은 -1, 최솟값은 -2

개념 확인문제 1

x 에 $x+2$를 대입하고 y에 $y-3$을 대입한다.

y축의 방향으로 a만큼 평행이동 : $y\ \to\ y-a$

$y-a=f(x)$ 보다는 $y=f(x)+a$와 같은 형태를 더 많이 쓴다.

(1) $y=-2x^2 \Rightarrow y=-2(x+2)^2+3$

(2) $y=2x+3 \Rightarrow y=2(x+2)+6 \Rightarrow y=2x+10$

(3) $x^2+(y-1)^2=2 \Rightarrow (x+2)^2+(y-4)^2=2$

답 (1) $y=-2(x+2)^2+3$　(2) $y=2x+10$

　　(3) $(x+2)^2+(y-4)^2=2$

개념 확인문제 2

$2x-y+1=0$을 원점에 대하여 대칭이동시키려면

$x\ \to\ -x,\ y\ \to\ -y$

$2x-y+1=0 \Rightarrow -2x+y+1=0$를 x 축의 방향으로 2만큼 평행이동시키려면

$x\ \to\ x-2$

$-2x+y+1=0 \Rightarrow -2(x-2)+y+1=0$

직선 $y = 2(x-2)-1 = 2x-5$ 이

원 $(x-4)^2 + (y-a)^2 = 1$ 의 넓이를 이등분하려면

직선이 원의 중심을 지나면 된다.

원의 중심은 $(4,\ a)$ 이므로 직선의 식에 대입하면

$a = 8-5 = 3$ 이다.

답 3

개념 확인문제 3

(1) $y = |x| - 1$

① $y = x$ 를 기본함수로 두자.

② $y = |f(x)|$ 을 적용하면 $y = |x|$ 이다.

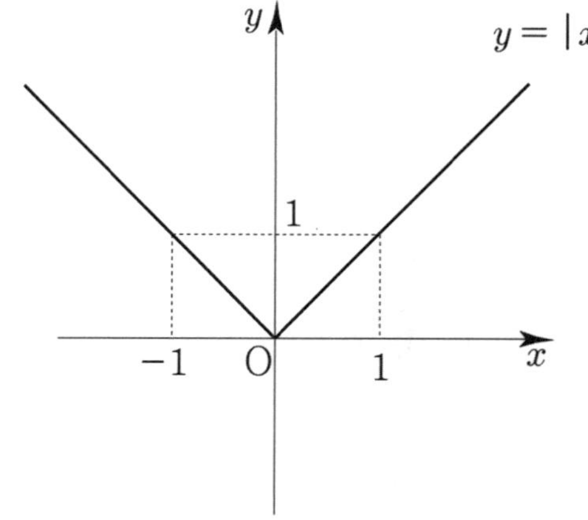

③ $y = |x|$ 의 그래프를 y 축의 방향으로 -1 만큼
평행이동하면 $y = |x| - 1$ 이다.

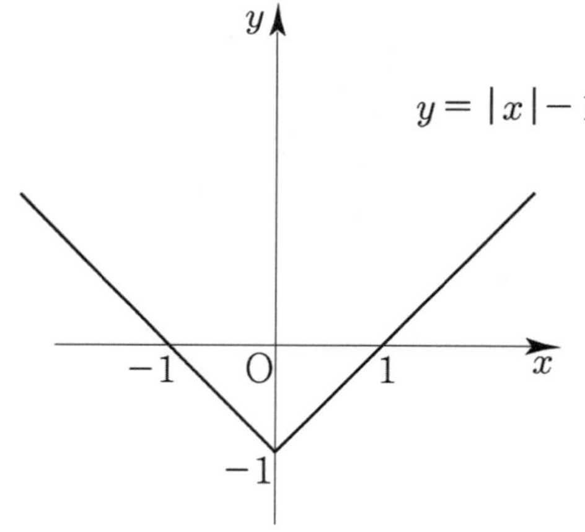

(2) $y = ||x| - 1|$

① $y = |x| - 1$ 를 기본함수로 두자.

② $y = |f(x)|$ 을 적용하면 $y = ||x| - 1|$ 이다.

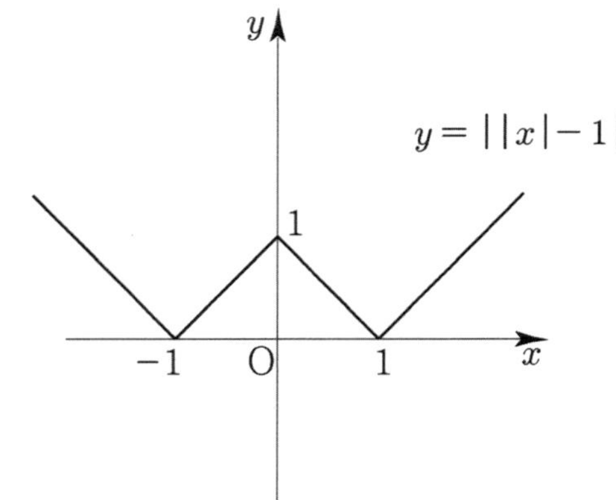

다르게 접근해도 된다.

① $y = |x-1|$ 을 기본함수로 두자.

② $x \ \rightarrow \ |x|$ (x 가 양수인 부분을 y 축 대칭) 하면
$y = ||x| - 1|$ 이다.

(3) $|y-1| = x-1$

① $y = x-1$ 를 기본함수로 두자.

② $y \ \rightarrow \ |y|$ (y 가 양수인 부분을 x 축 대칭) 하면
$|y| = x-1$ 이다.

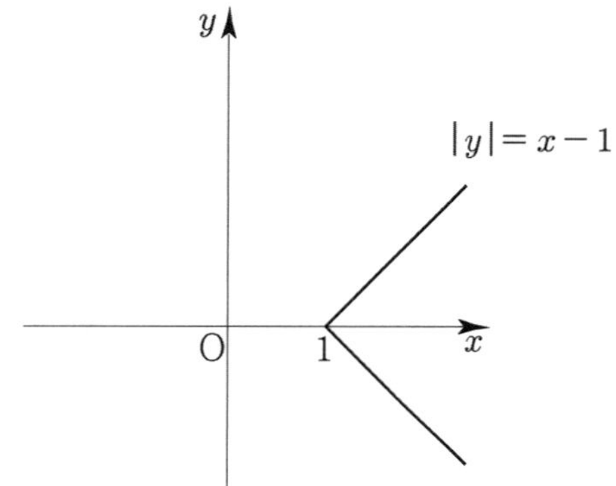

③ $|y| = x-1$ 의 그래프를 y 축의 방향으로 1 만큼
평행이동하면 $|y-1| = x-1$ 이다.

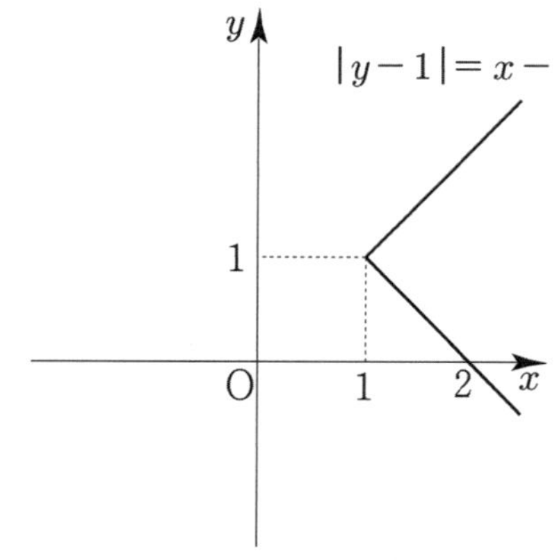

(4) $y = x^2 + |x| + 1$

① $y = x^2 + x + 1$ 을 기본함수로 두자.

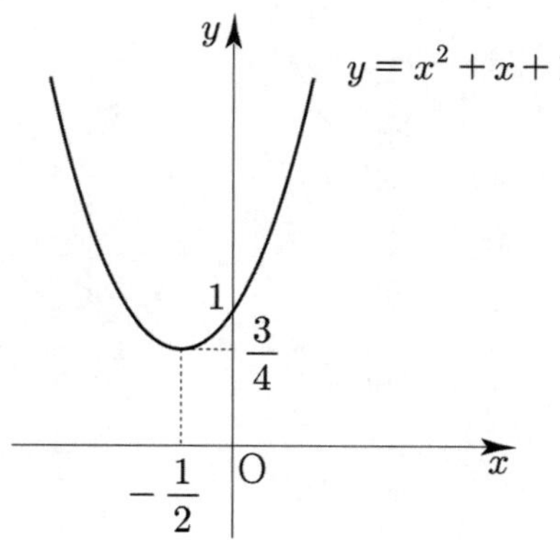

② $x \rightarrow |x|$ (x가 양수인 부분을 y축 대칭) 하면

$y = |x|^2 + |x| + 1$ 이 $|x|^2 = x^2$ 이므로

$y = x^2 + |x| + 1$ 이다.

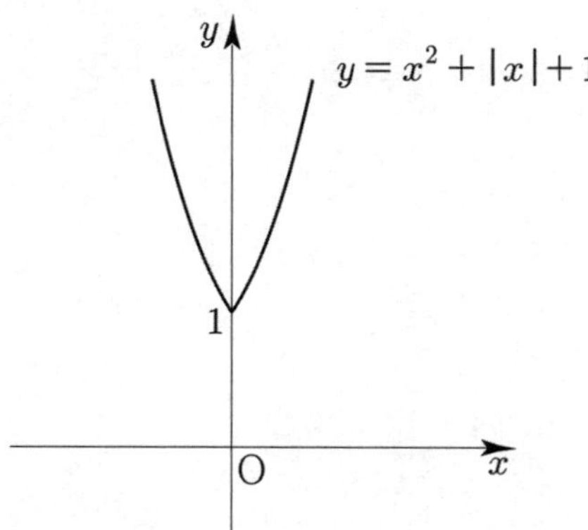

(1) $y = |x| + x$

$x \geq 0 \implies y = x + x = 2x$
$x < 0 \implies y = -x + x = 0$

$$f(x) = \begin{cases} 2x & (x \geq 0) \\ 0 & (x < 0) \end{cases}$$

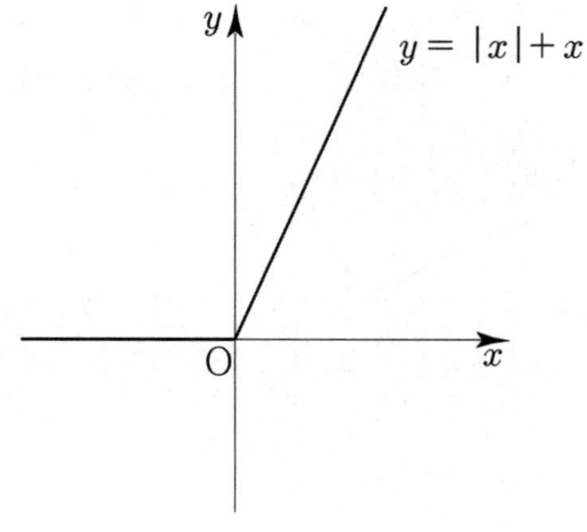

(2) $y = |x| + |x - 1|$

절댓값이 걸려있는 식은 x, $x - 1$ 이므로

$x \leq 0$ 인지 $0 < x \leq 1$ 인지 $1 < x$ 에 따라

case분류할 수 있다.

$x > 1 \implies y = x + x - 1 = 2x - 1$
$0 < x \leq 1 \implies y = x - (x - 1) = 1$
$x \leq 0 \implies -x - (x - 1) = -2x + 1$

$$f(x) = \begin{cases} 2x - 1 & (x > 1) \\ 1 & (0 < x \leq 1) \\ -2x + 1 & (x \leq 0) \end{cases}$$

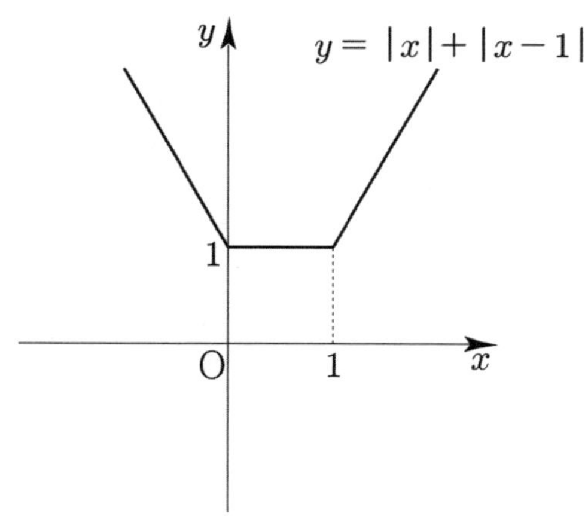

(2), (3) 만 지수함수이다.
(1)은 다항함수, (4)는 유리함수이다.

답 (2), (3)

(1) $y = 2^x$, $y = 3^x$

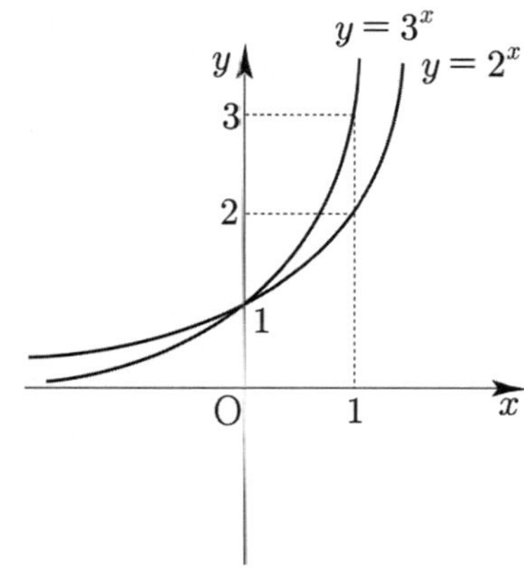

(2) $y=\left(\dfrac{1}{2}\right)^x,\ y=\left(\dfrac{1}{3}\right)^x$

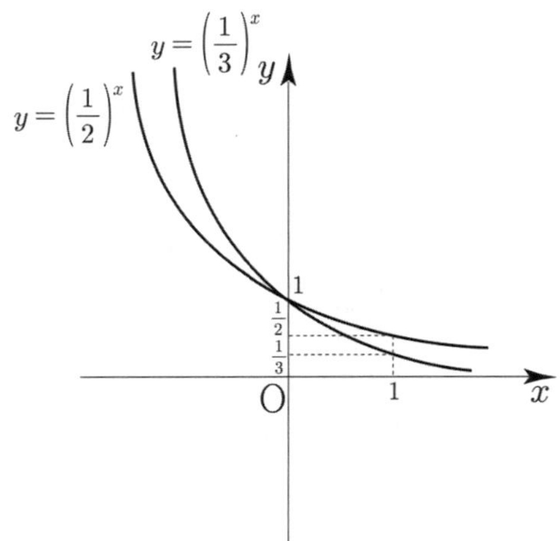

개념 확인문제 7

(1) $y=2^{x+1}-3$

① $y=2^x$ 를 기본함수로 두자.

② x 축의 방향으로 -1 만큼 y 축의 방향으로 -3 만큼
   평행이동하면 $y=2^{x+1}-3$ 이다.

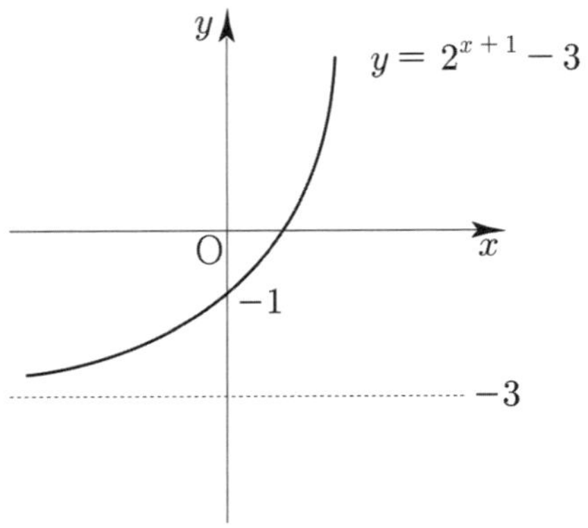

점근선 : $y=-3$

(2) $y=-3^{-x+1}$

① $y=3^{-x}$ 를 기본함수로 두자.

② x 축 방향으로 1 만큼 평행이동하면
   $y=3^{-(x-1)}=3^{-x+1}$ 이다.

③ x 축에 대하여 대칭이동하면
   $y\ \to\ -y$
   $y=f(x)\ \Rightarrow\ -y=f(x)\ \Rightarrow\ y=-f(x)$
   $y=-3^{-x+1}$ 이다.

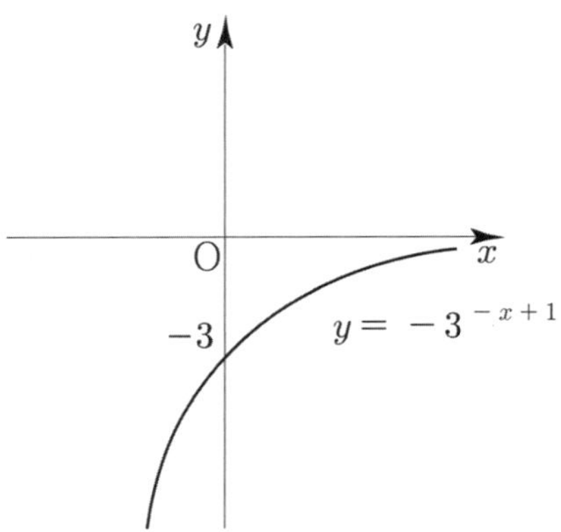

점근선 : $y=0$

(3) $y=\left|2^x-1\right|$

① $y=2^x-1$ 를 기본함수로 두자.

② $y=\left|f(x)\right|$ 을 적용하면 $y=\left|2^x-1\right|$

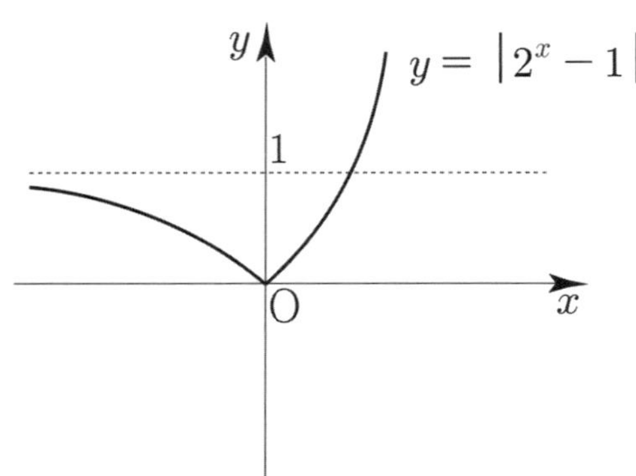

점근선 : $y = 1$

($x > 0$ 부분에서 $y = 1$과 교점이 생겨도 상관없다.

x 의 값이 한없이 작아질 때, $y = |2^x - 1|$ 는 $y = 1$로

근접하므로 $y = 1$은 점근선이다.)

(4) $y = 2^{|x|}$

① $y = 2^x$ 를 기본함수로 두자.

② $x \to |x|$ (x가 양수인 부분을 y축 대칭) 하면

   $y = 2^{|x|}$ 이다.

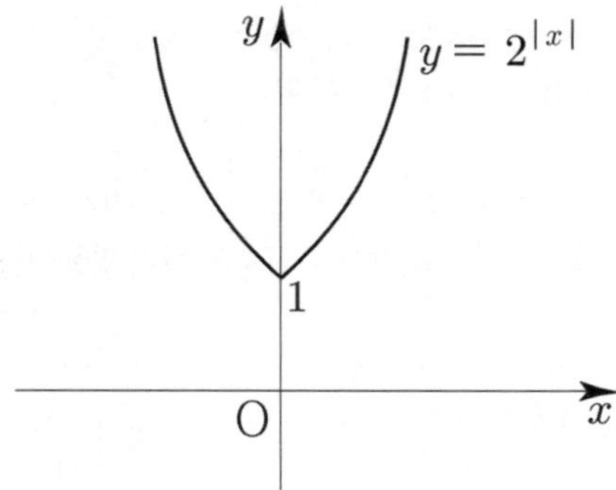

점근선은 존재하지 않는다.

(5) $y = \left(\dfrac{1}{2}\right)^{|x-1|} + 1$

① $y = \left(\dfrac{1}{2}\right)^x$ 을 기본함수로 두자.

② $x \to |x|$ (x가 양수인 부분을 y축 대칭) 하면

   $y = \left(\dfrac{1}{2}\right)^{|x|}$ 이다.

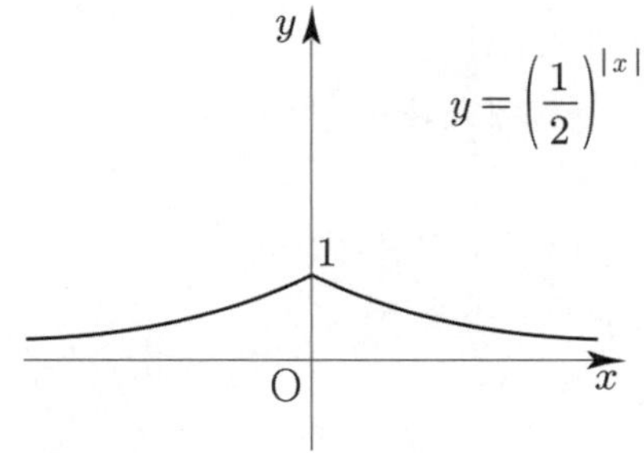

③ x 축의 방향으로 1만큼, y축의 방향으로 1만큼 평행이동

   하면 $y = \left(\dfrac{1}{2}\right)^{|x-1|} + 1$ 이다.

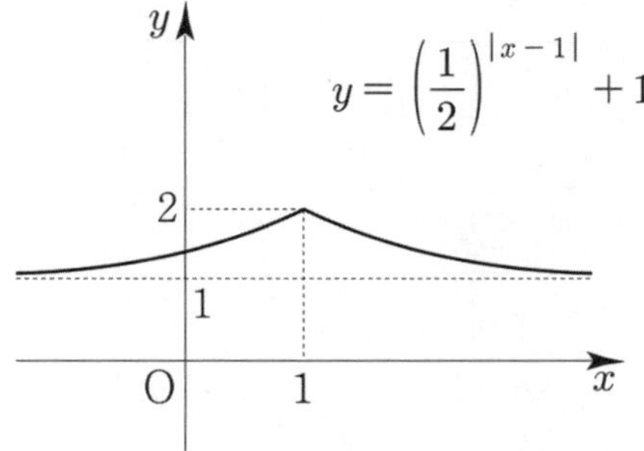

점근선 : $y = 1$

$y = \left(\dfrac{1}{2}\right)^{|x-1|}$ 의 그래프를 그릴 때,

많은 학생들이 실수하는 포인트는 다음과 같다.

〈실수하는 학생의 사고 과정〉

① $y = \left(\dfrac{1}{2}\right)^x$ 을 기본함수로 두자.

② x축의 방향으로 1만큼 평행이동하면

   $y = \left(\dfrac{1}{2}\right)^{x-1}$ 이다.

③ $y = \left(\dfrac{1}{2}\right)^{|x-1|}$???

   지수에 있는 $x - 1$에만 절댓값을 거는 행위는

   배운 적이 없다. 만약 $y = \left(\dfrac{1}{2}\right)^{x-1}$ 에서

   $x \to |x|$ 를 하면 $y = \left(\dfrac{1}{2}\right)^{|x|-1}$ 이 되지

   $y = \left(\dfrac{1}{2}\right)^{|x-1|}$ 이 되지는 않는다.

따라서 우리가 배운 테두리 안에서 식을 설계해야 한다.

---

(1) 정의역이 $\{x \mid 2 \le x \le 3\}$ 인 함수 $y = 2^x - 1$

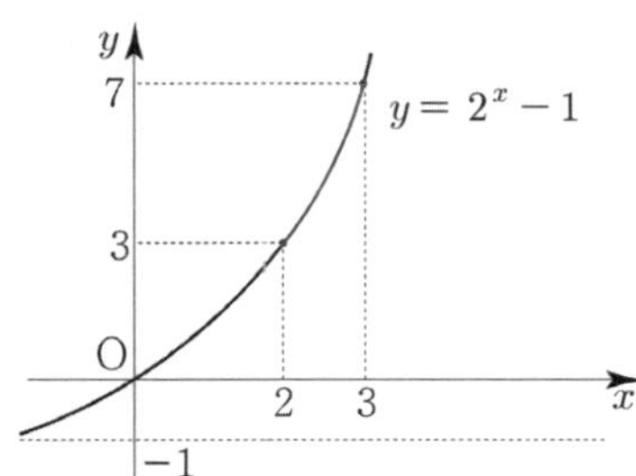

$x = 2$ 일 때, 최솟값은 $2^2 - 1 = 3$ 이다.

$x = 3$ 일 때, 최댓값은 $2^3 - 1 = 7$ 이다.

(2) 정의역이 $\{x \mid -1 \le x \le 1\}$ 인 함수 $y = -2^{x+1} + 5$

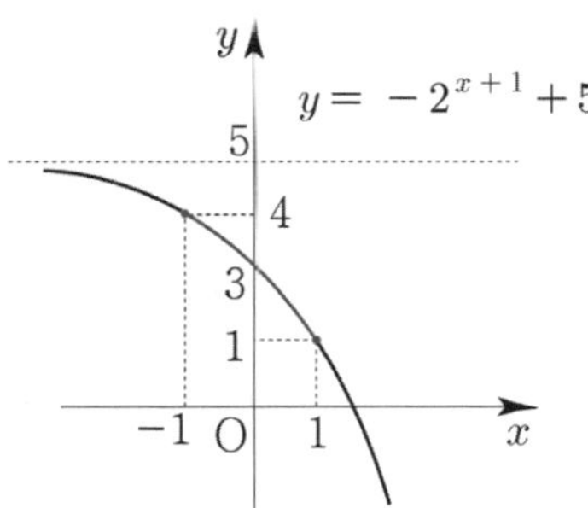

$x = 1$ 일 때, 최솟값은 $-2^2 + 5 = 1$ 이다.

$x = -1$ 일 때, 최댓값은 $-2^0 + 5 = 4$ 이다.

답 (1) 최댓값은 7, 최솟값은 3

(2) 최댓값은 4, 최솟값은 1

개념 확인문제 9

(1) $y = \log_2 x, \ y = \log_3 x$

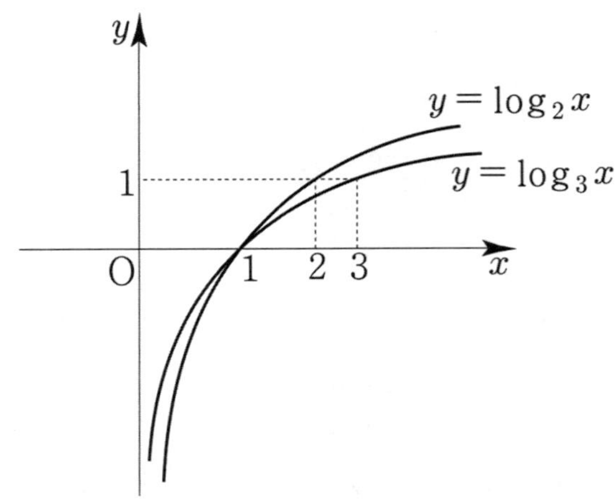

Tip

■ $(1, 0)$ 에서 교차됨에 유의하자.

■ 한 좌표축 안에 로그함수를 여럿이 그릴 때는 $y = 1$ 의 그래프와 만나는 점의 x 좌표를 토대로 누가 위에 있고 아래에 있는지 판단할 수 있다.

(2) $y = \log_{\frac{1}{2}} x, \ y = \log_{\frac{1}{3}} x$

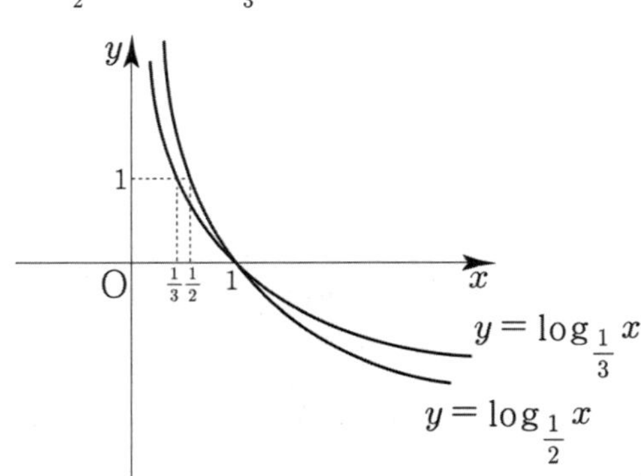

Tip

$(1, 0)$ 에서 교차됨에 유의하자.

개념 확인문제 10

(1) $y = \log_3(x+1) - 2$

① $y = \log_3 x$ 를 기본함수로 두자.

② x 축의 방향으로 -1 만큼 y 축의 방향으로 -2 만큼 평행이동하면 $y = \log_3(x+1) - 2$ 이다.

Tip

■ 로그함수를 그릴 때, 점근선부터 찾는 것이 좋다. 진수가 0 이 되도록 하는 x 값을 a 라 했을 때, $x = a$ 가 점근선의 방정식이 된다.

■ 로그함수의 경우 y 축 방향의 평행이동은 전체적인 그래프 개형에 영향을 주지 않으므로 x 축 방향의 평행이동만 고려하면 된다.

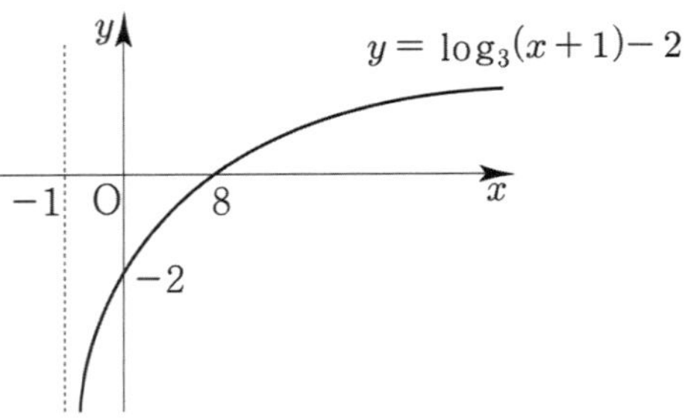

점근선 : $x = -1$

(2) $y = -\log_2(-x)$

① $y = \log_2 x$ 를 기본함수로 두자.

② $x \rightarrow -x$ (y 축에 대하여 대칭)하면 $y = \log_2(-x)$ 이다.

③ $y \rightarrow -y$ (x 축에 대하여 대칭)하면 $y = -\log_2(-x)$ 이다.

Tip

그래프가 익숙해지면 기본함수가 $y = -\log_2(-x)$ 가 되는 날이 온다. 익숙해질 때까지 많이 그려보자.

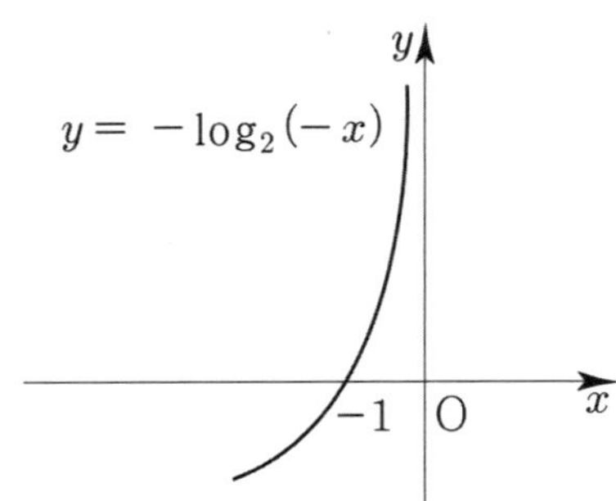

점근선 : $x = 0$

(3) $y = \log_{\frac{1}{2}}(-x-1)$

① $y = \log_{\frac{1}{2}} x$ 를 기본함수로 두자.

② $x \to -x$ (y축에 대하여 대칭)하면
$y = \log_{\frac{1}{2}}(-x)$ 이다.

③ x축의 방향으로 -1만큼 평행이동하면
$y = \log_{\frac{1}{2}}(-(x+1)) = \log_{\frac{1}{2}}(-x-1)$ 이다.

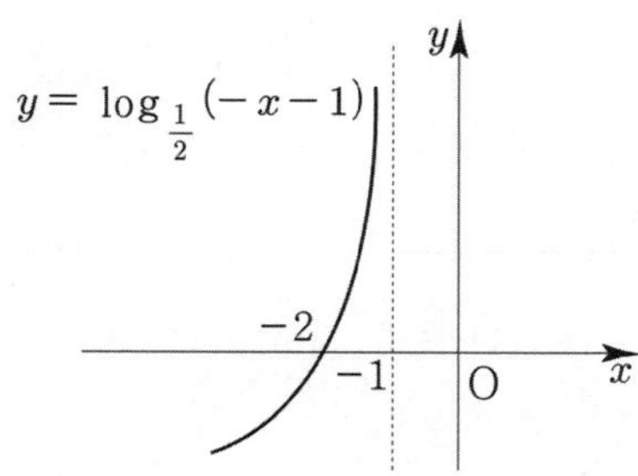

점근선 : $x = -1$

(4) $y = \log_2 |x|$

① $y = \log_2 x$ 을 기본함수로 두자.

② $x \to |x|$ (x가 양수인 부분을 y축 대칭) 하면
$y = \log_2 |x|$ 이다.

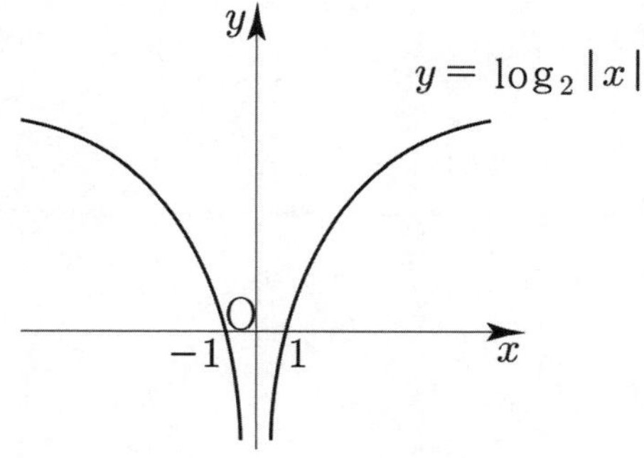

점근선 : $x = 0$

> **Tip**
>
> 만약 $y = \log_2 x^2$ 의 그래프를 그리라고 했을 때,
> $y = 2\log_2 x$ 가 아니라 $y = 2\log_2 |x|$ 임을 기억하자.
> 따라서 위와 같은 그래프형태가 그려진다.

(5) $y = |\log_2 (x+1)|$

① $y = \log_2 (x+1)$ 를 기본함수로 두자.

② $y = |f(x)|$ 를 적용하면 $y = |\log_2 (x+1)|$ 이다.

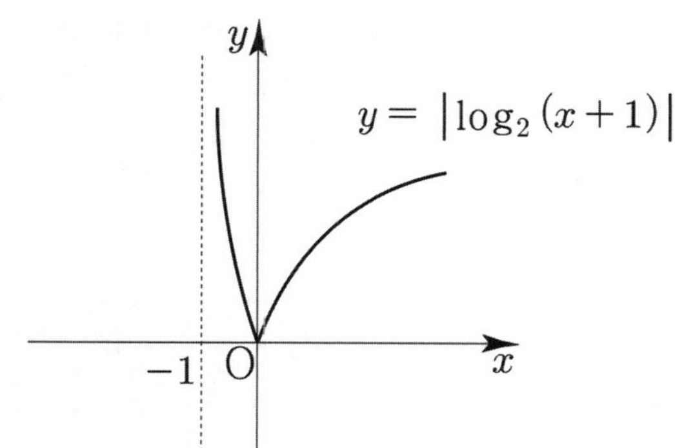

점근선 : $x = -1$

(1) 정의역이 $\{x|\ 3 \leq x \leq 17\}$ 인 함수 $y = \log_2 (x-1)$

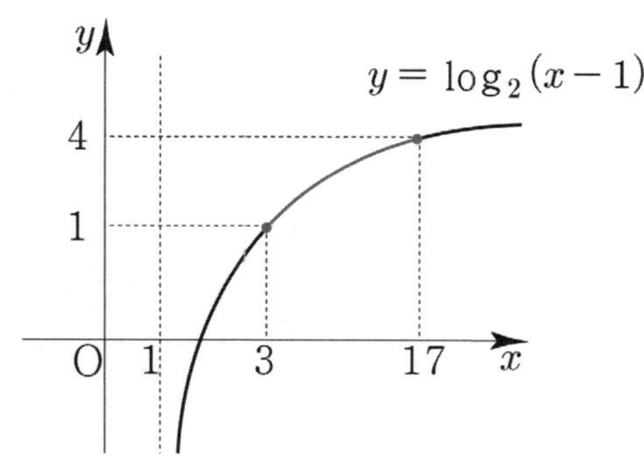

$x = 3$ 일 때, 최솟값은 $\log_2 (3-1) = \log_2 2 = 1$ 이다.

$x = 17$ 일 때, 최댓값은 $\log_2 (17-1) = \log_2 16 = 4$ 이다.

(2) 정의역이 $\{x|\ 0 \leq x \leq 6\}$ 인 함수 $y = \log_{\frac{1}{3}}(x+3)$

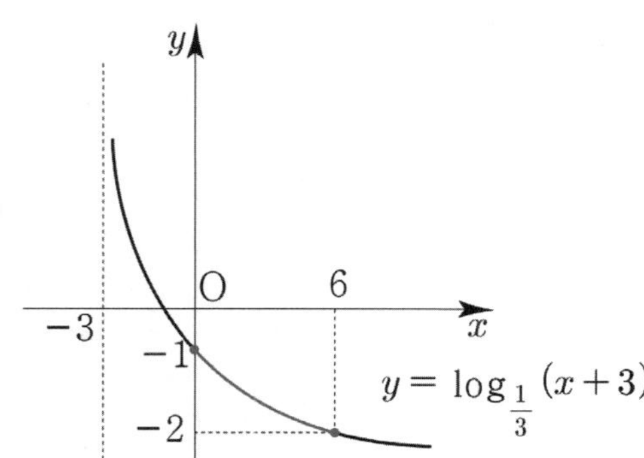

$x = 6$ 일 때, 최솟값은 $\log_{\frac{1}{3}}(6+3) = \log_{3^{-1}} 3^2 = -2$ 이다.

$x = 0$ 일 때, 최댓값은 $\log_{\frac{1}{3}}(0+3) = \log_{3^{-1}} 3 = -1$ 이다.

답 (1) 최댓값은 4, 최솟값은 1
(2) 최댓값은 -1, 최솟값은 -2

1	9	28	5
2	81	29	7
3	$\dfrac{1}{81}$	30	3
4	ㄱ, ㄴ, ㄷ, ㄹ, ㅅ	31	12
5	6	32	ㄱ, ㄷ, ㄹ, ㅂ
6	4	33	5
7	2	34	4
8	ㄹ, ㅁ	35	16
9	2	36	8
10	6	37	43
11	2	38	30
12	16	39	81
13	32	40	16
14	729	41	33
15	27	42	20
16	3	43	6
17	60	44	③
18	18	45	①
19	2	46	④
20	6	47	$A < C < B$
21	11	48	$b < a < a^b$
22	2	49	ㄱ, ㄴ
23	4	50	$A < B < C$
24	3	51	4
25	14	52	3
26	1	53	72
27	343		

001

$y = a \times 2^{x-1}$ 가 $(2,\ 8)$, $(b,\ 64)$ 를 지나므로
두 점을 대입하면
$8 = 2a \Rightarrow a = 4$
$64 = 4 \times 2^{b-1} \Rightarrow 16 = 2^4 = 2^{b-1} \Rightarrow b = 5$
따라서 $a + b = 9$ 이다.

> 답 9

002

$f(x) = 3^{ax+b}$ 에서 $f(1) = 9$, $f(3) = 27$ 이므로
$f(1) = 3^{a+b} = 3^2 \Rightarrow a + b = 2$
$f(3) = 3^{3a+b} = 3^3 \Rightarrow 3a + b = 3$

$a + b = 2$, $3a + b = 3$ 을 연립하면 $a = \dfrac{1}{2}$, $b = \dfrac{3}{2}$ 이다.

$f(x) = 3^{\frac{1}{2}x + \frac{3}{2}}$

따라서 $f(a + 3b) = f(5) = 3^{\frac{5}{2} + \frac{3}{2}} = 3^4 = 81$ 이다.

> 답 81

003

$A(-2,\ 9)$, $B(b,\ k)$, $C(0,\ c)$ 라 하자.

$2\overline{AC} = \overline{CB}$ 라는 말은
선분 AB를 $1:2$ 로 내분하는 점이 C 라는 뜻이다
$\dfrac{2 \times A + 1 \times B}{2+1} = \dfrac{2A + B}{3} = C$ 이므로

x 좌표를 계산하면
$\dfrac{2A + B}{3} = \dfrac{2(-2) + b}{3} = 0 \Rightarrow -4 + b = 0 \Rightarrow b = 4$

점 B 가 함수 $y = \left(\dfrac{1}{3}\right)^x$ 위의 점이므로 $k = \left(\dfrac{1}{3}\right)^4 = \dfrac{1}{81}$ 이다.

> 답 $\dfrac{1}{81}$

> **Tip**
>
> 내분점을 구하는 것이 낯설었다면
> 아래강의를 참고하도록 하자.
> **내분점과 외분점 강의 (19분)**
> https://youtu.be/kAYtpoXFh24

$g(x) = 2^{-f(x)}$ 의 그래프를 그리면 다음과 같다.

$$g(x) = \begin{cases} 2^{-x} & (x \geq 0) \\ 2^{x} & (x < 0) \end{cases}$$

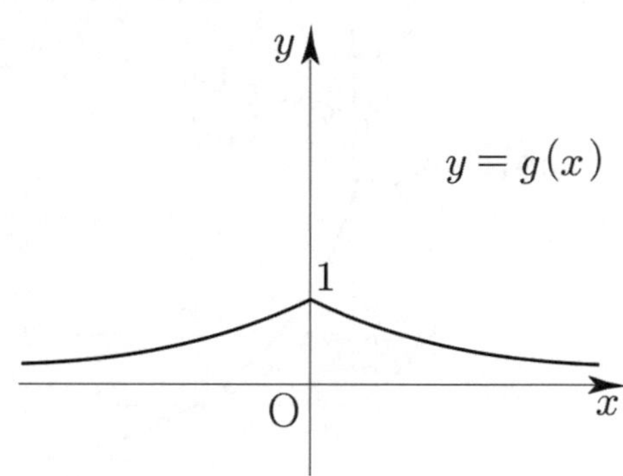

ㄱ. 함수 $y = g(x)$ 의 그래프는 모든 실수 x 에 대하여
   $g(-x) = g(x)$ 이므로 y축에 대하여 대칭이다.
   따라서 ㄱ은 참이다.

ㄴ. 모든 실수 x 에 대하여 $g(x) \leq g(0)$ 는
   함수 $y = g(x)$ 가 $x = 0$ 에서 최댓값을 갖는지 물어보는
   것과 같다. 최댓값 $g(0) = 1$ 을 가지므로
   따라서 ㄴ은 참이다.

ㄷ. x축을 점근선으로 가지므로 ㄷ은 참이다.

ㄹ. 치역은 $\{y \mid 0 < y \leq 1\}$ 이므로 ㄹ은 참이다.

ㅁ. $0 < x < 1$ 일 때, x 값이 증가하면 y 의 값은 감소하므로
   ㅁ은 거짓이다.

ㅂ. $g(x_1) = g(x_2)$ 이면 $x_1 = x_2$ 또는 이것의 대우인
   $x_1 \neq x_2$ 이면 $g(x_1) \neq g(x_2)$ 는
   함수 $g(x)$ 가 일대일 함수인지 물어보는 것과 같다.
   $y = k$ (가로선)을 그었을 때, $g(x)$ 와 2개 이상 만나는
   점이 존재함으로 $g(x)$ 는 일대일함수가 아니다.
   따라서 ㅂ은 거짓이다.

ㅅ. $\dfrac{1}{k+1} = a$ 라 하면 $k > 0$ 이면 $0 < a < 1$ 이므로
   방정식 $g(x) = a$은 항상 서로 다른 2개의 실근을 갖는다.
   따라서 ㅅ은 참이다.

답 ㄱ, ㄴ, ㄷ, ㄹ, ㅅ

$y = 5^{-x}$ 의 그래프를 x축의 방향으로 2만큼,
y축의 방향으로 3만큼 평행이동
$x \rightarrow x-2, \ y \rightarrow y-3$

$y = 5^{-(x-2)} + 3 = 5^{-x+2} + 3$

y축에 대하여 대칭이동
$x \rightarrow -x$

$y = 5^{-(-x)+2} + 3 = 5^{x+2} + 3 = 5^{ax+b} + c$
$a = 1, \ b = 2, \ c = 3$

따라서 $a + b + c = 1 + 2 + 3 = 6$ 이다.

답 6

$y = 3^{3x}$ 의 그래프를 x축의 방향으로 m 만큼,
y축의 방향으로 n 만큼 평행이동
$x \rightarrow x-m, \ y \rightarrow y-n$

$y = 3^{3(x-m)} + n = 3^{-3m} \times 3^{3x} + n$
$m = -1, \ n = 5$
따라서 $m + n = 4$ 이다.

답 4

$y = a^x$ 의 그래프를 y축에 대하여 대칭이동
$x \rightarrow -x$

$y = a^{-x}$

x축의 방향으로 5만큼, y축의 방향으로 4만큼 평행이동
$x \rightarrow x-5, \ y \rightarrow y-4$

$y = a^{-(x-5)} + 4 = a^{-x+5} + 4$ 가 $(3, 8)$ 을 지나므로

$8 = a^{-3+5} + 4 \ \Rightarrow \ 4 = a^2 \ \Rightarrow \ a = 2 \ (\because \ a > 0)$

답 2

$f(x) = 3^{2x-1} + 1$ 의 그래프를 그리면 다음과 같다.

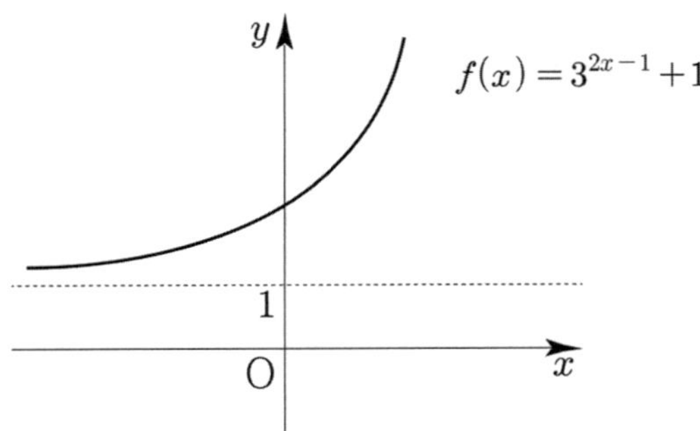

ㄱ. 치역은 $\{y \mid y > 1\}$ 이므로 ㄱ은 거짓이다.

ㄴ. $x_1 < x_2$ 이면 $f(x_1) > f(x_2)$ 는 감소함수라는 말이므로 ㄴ은 거짓이다.

ㄷ. $y = 9^x$ 의 그래프를 x 축의 방향으로 1만큼, y 축의 방향으로 1만큼 평행이동
$x \to x-1,\ y \to y-1$

$y = 9^{x-1} + 1 = \left(3^2\right)^{x-1} + 1 = 3^{2x-2} + 1$
이므로 ㄷ은 거짓이다.

ㄹ. 일대일함수이므로 ㄹ은 참이다.

ㅁ. $y = 1$ 을 점근선으로 가지므로 ㅁ은 참이다.

답 ㄹ, ㅁ

$y = 2^{2x+a} + b$ 의 그래프를 원점에 대하여 대칭이동
$x \to -x,\ y \to -y$

$-y = 2^{-2x+a} + b \Rightarrow y = -2^{-2x+a} - b$
따라서 $f(x) = -2^{-2x+a} - b$ 이다.
($y = 2^{2x+a} + b$ 가 $y = f(x)$ 가 아니다. 문제를 잘 읽자!)

그림과 같이 $y = f(x)$ 는 $y = -1$ 에서 점근선을 가지므로 $b = 1$ 이다.
또한 $f(x) = -2^{-2x+a} - 1$ 이 점 $(-1,\ -9)$ 을 지나므로
$-9 = -2^{2+a} - 1 \Rightarrow 8 = 2^{2+a} \Rightarrow a = 1$
따라서 $a + b = 1 + 1 = 2$ 이다.

답 2

$y = 27\left(\dfrac{1}{3}\right)^x = 3^3 \times \left(\dfrac{1}{3}\right)^x = \left(\dfrac{1}{3}\right)^{-3} \times \left(\dfrac{1}{3}\right)^x = \left(\dfrac{1}{3}\right)^{x-3}$

두 함수 $y = \left(\dfrac{1}{3}\right)^x$, $y = \left(\dfrac{1}{3}\right)^{x-3}$ 의 그래프와 두 직선 $y = 1$, $y = 3$ 으로 둘러싸인 부분을 나타내면 다음과 같다.

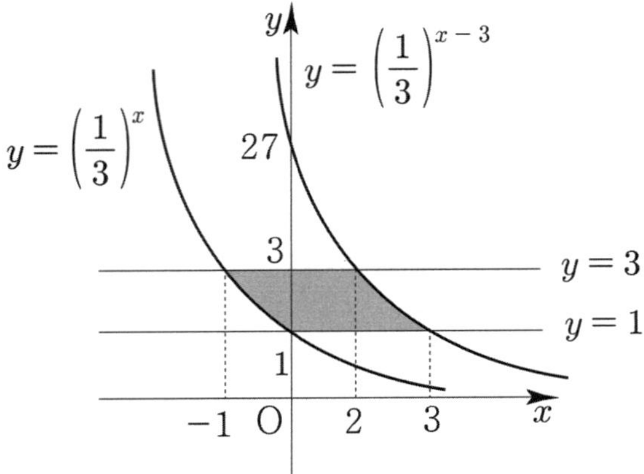

두 그래프는 x 축 방향으로 평행이동한 관계이기 때문에 아래 색칠한 영역의 넓이가 서로 같으므로

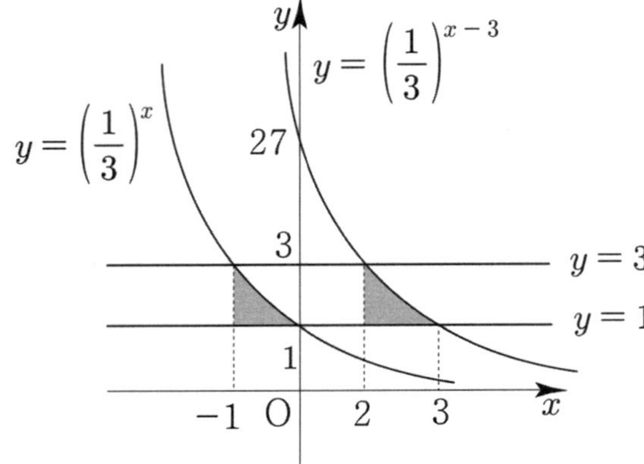

결국 직사각형의 넓이를 구하는 것과 동일하다.

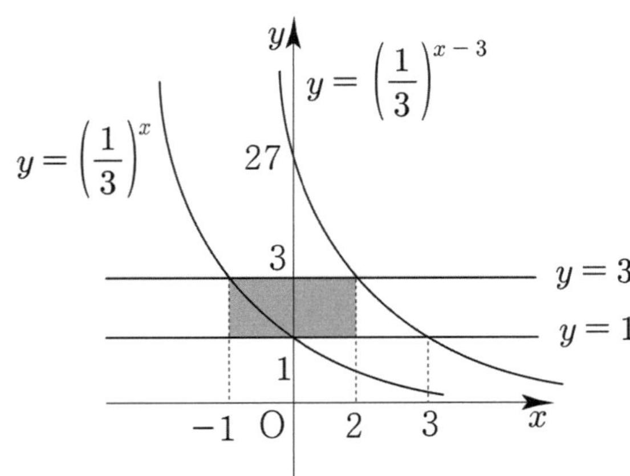

따라서 둘러싸인 부분의 넓이는 $3 \times 2 = 6$ 이다.

답 6

011

닫힌구간 $[-3,\,-1]$ 에서 함수 $f(x)=\left(\dfrac{1}{2}\right)^{x}-4$

$y=\left(\dfrac{1}{2}\right)^{x}-4$ 는 감소함수이므로

$x=-3$ 일 때, 최댓값 $\left(\dfrac{1}{2}\right)^{-3}-4=8-4=4$ 이다.

$x=-1$ 일 때, 최솟값 $\left(\dfrac{1}{2}\right)^{-1}-4=2-4=-2$ 이다.

따라서 $M+m=2$ 이다.

답 2

012

$0<a<1$ 인 실수 a 에 대하여 $f(x)=a^{x}$ 은

닫힌구간 $[-3,\,2]$ 에서 최솟값 $\dfrac{1}{4}$, 최댓값 M

$f(x)$ 는 감소함수이므로

$x=-3$ 일 때, 최댓값 $a^{-3}=M$ 이다.

$x=2$ 일 때, 최솟값 $a^{2}=\dfrac{1}{4} \Rightarrow a=\dfrac{1}{2}\ (0<a<1)$ 이다.

따라서 $M=8$ 이므로 $\dfrac{M}{a}=\dfrac{8}{\dfrac{1}{2}}=16$ 이다.

답 16

013

$a>0$ 이고 닫힌구간 $[-2,\,1]$ 에서

함수 $f(x)=\left(\dfrac{4}{a}\right)^{x+1}$ 의 최댓값이 4

$\dfrac{4}{a}$ 의 값의 범위에 따라 **case**분류할 수 있다.

① $0<\dfrac{4}{a}<1 \Rightarrow a>4$

$f(x)$ 는 감소함수이므로

$x=-2$ 일 때, 최댓값 $\left(\dfrac{4}{a}\right)^{-2+1}=\dfrac{a}{4}=4$ 이다.

따라서 $a=16$ 이다.

$a>4$ 인지 반드시 확인해줘야 한다.
만약 $x=-2$ 일 때, $a=3$ 이 나왔다면
조건 $a>4$ 에 의해서 모순이다.

② $\dfrac{4}{a}>1 \Rightarrow 0<a<4$

$f(x)$ 는 증가함수이므로

$x=1$ 일 때, 최댓값 $\left(\dfrac{4}{a}\right)^{1+1}=\dfrac{16}{a^{2}}=4$ 이다.

따라서 $a=2\ (0<a<4)$ 이다.

따라서 조건을 만족시키는 모든 양수 a 의 값의 곱은 32 이다.

답 32

014

$-3\le x\le 2$ 에서 함수 $y=3^{x^{2}-2x-4}$ 의 최댓값과 최솟값

$x^{2}-2x-4=t$ 라 치환하자. (치환하면 범위조심!)
$-3\le x\le 2$ 에서 t 의 범위를 구하면 $-5\le t\le 11$

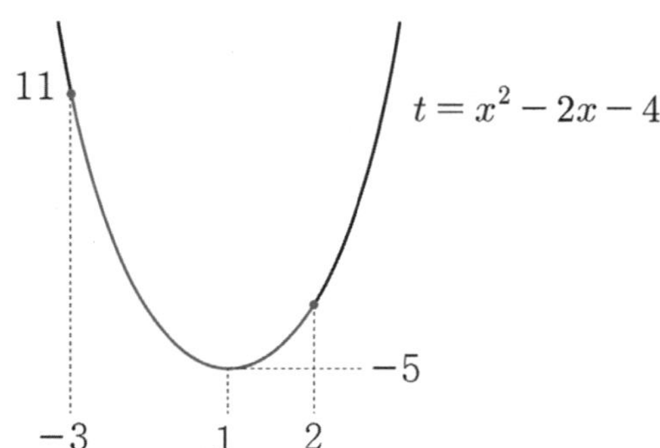

$x^{2}-2x-4$ 의 그래프를 그리지 않고
$x=-3$ 일 때 최대이고 $x=2$ 일 때 최소라고
함부로 판단해서는 안 된다.

위 그림처럼 $-3\le x\le 2$ 에서 $x^{2}-2x-4$ 는
$x=-3$ 에서 최댓값 11 을 갖고
$x=1$ 에서 최솟값 -5 를 갖는다.
따라서 $-5\le t\le 11$ 이다.

$-5 \leq t \leq 11$ 이므로 $y = 3^t$ 의 최댓값과 최솟값을 구하면
$y = 3^t$ 는 증가함수이므로

$t = -5$ 일 때, 최솟값 3^{-5} 이다.
$t = 11$ 일 때, 최댓값 3^{11} 이다.

따라서 최댓값과 최솟값의 곱은 $3^6 = 729$ 이다.

답 729

015

$$f(x) = 3^{x^2} \times \left(\frac{1}{9}\right)^{x-2} = 3^{x^2} \times \left(3^{-2}\right)^{x-2} = 3^{x^2 - 2x + 4}$$

$x^2 - 2x + 4 = t$ 라 치환하자. (치환하면 범위조심!)

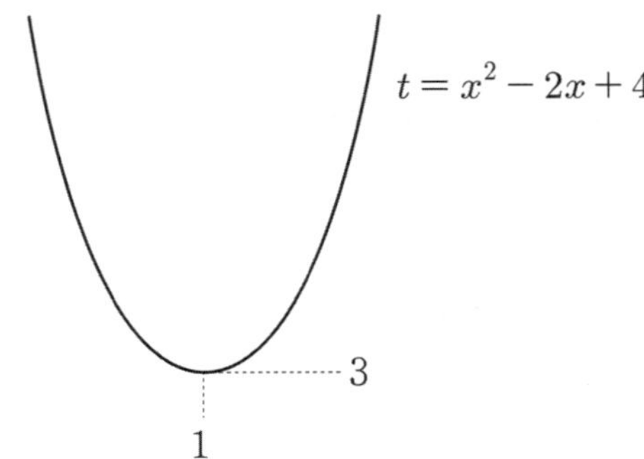

$t \geq 3$ 이므로 $y = 3^t$ 의 최솟값을 구하면
$y = 3^t$ 는 증가함수이므로
$t = 3$ 일 때, 최솟값 $3^3 = 27$ 이다.

답 27

016

두 곡선 $y = 3^{x+m}$, $y = 3^{-x}$ 이 y축과 만나는 점을
각각 A, B 라 하면 $A(0,\ 3^m)$, $B(0,\ 1)$ 이다.

$\overline{AB} = 26$ 이므로 $|3^m - 1| = 26$ 이다.

① $3^m - 1 = 26 \Rightarrow 3^m = 27 \Rightarrow m = 3$
② $3^m - 1 = -26 \Rightarrow 3^m = -25$
$3^m > 0$ 이므로 모순이다.
따라서 $m = 3$ 이다.

답 3

비록 이 문제에서는 ②번 case가 모순이지만
길이를 계산할 때는 반드시 절댓값을 해줘야 한다는 것을
잊지 말자. 또한 점과 점 사이 공식을 사용하면 자연스럽게
절댓값이 붙는 것을 확인할 수 있다.

$$\sqrt{(0-0)^2 + (3^m - 1)^2} = |3^m - 1| \quad \left(\because \ \sqrt{a^2} = |a|\right)$$

017

$$A\left(k,\ a^{-k}\right),\quad B\left(k+2,\ a^{-k-2}\right)$$

선분 AB 가 한 변의 길이가 2인 정사각형의 대각선이므로
높이는 2 이다.

$$a^{-k} - a^{-k-2} = 2 \Rightarrow a^{-k-2}\left(a^2 - 1\right) = 2 \Rightarrow \frac{a^2 - 1}{2a^2} = a^k$$

$$k = \log_a 5 - 2\log_a 3 - \log_a 2 \Rightarrow k = \log_a \frac{5}{18} \Rightarrow a^k = \frac{5}{18}$$

이므로 $\dfrac{a^2 - 1}{2a^2} = \dfrac{5}{18} \Rightarrow 18a^2 - 18 = 10a^2 \Rightarrow a^2 = \dfrac{9}{4}$

$$\Rightarrow a = \frac{3}{2} \quad (\because \ a > 1)$$

따라서 $40a = 40 \times \dfrac{3}{2} = 60$ 이다.

답 60

018

두 곡선 $y = 3^x$, $y = -9^{x-1}$ 이 y축과 평행한 직선과
만나는 서로 다른 두 점을 각각 A, B
점 A 에서 x축에 내린 수선의 발을 C 라 하자.

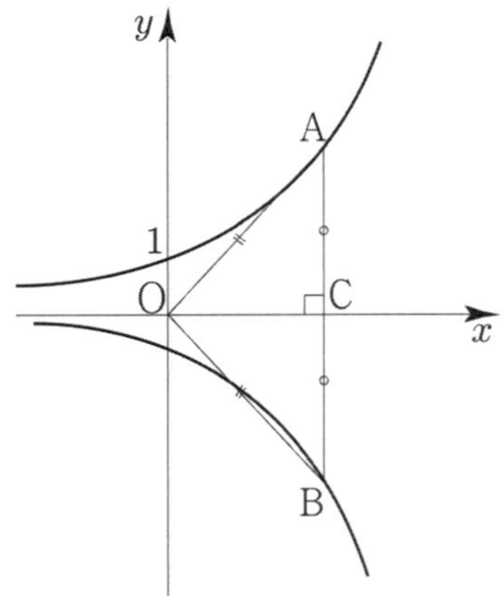

$\overline{\text{OA}} = \overline{\text{OB}}$ 이면 $\overline{\text{AC}} = \overline{\text{BC}}$ 이므로 점 $\text{C}(t, 0)$ 라 하면
$\overline{\text{AC}} = 3^t$, $\overline{\text{BC}} = 9^{t-1}$

$3^t = 9^{t-1} \implies 3^t = 3^{2t-2} \implies t = 2t-2 \implies t = 2$
따라서 $\overline{\text{AB}} = 18$, $\overline{\text{OC}} = 2$ 이므로 삼각형 AOB 의 넓이는
$\dfrac{1}{2} \times \overline{\text{AB}} \times \overline{\text{OC}} = \dfrac{1}{2} \times 18 \times 2 = 18$ 이다.

답 18

019

두 곡선 $y = 3^x$, $y = -3^x + 6$ 가 y 축과 만나는
서로 다른 두 점을 각각 $\text{A}(0, 1)$, $\text{B}(0, 5)$

$3^x = -3^x + 6 \implies 2 \times 3^x = 6 \implies x = 1$ 이므로
두 곡선의 교점은 $\text{C}(1, 3)$ 이다.

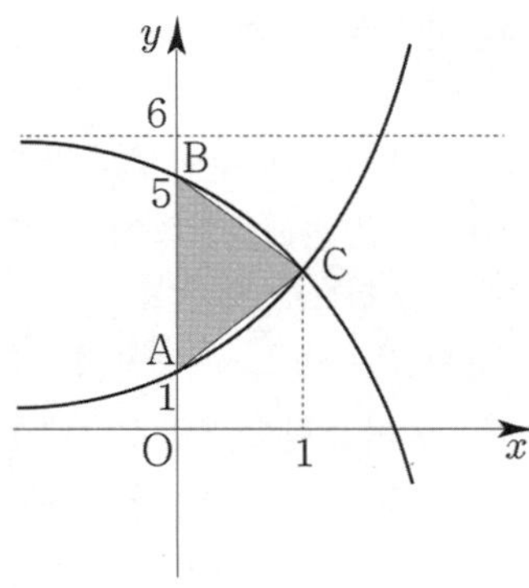

따라서 삼각형 ABC 의 넓이는 $\dfrac{1}{2} \times 4 \times 1 = 2$ 이다.

답 2

> **Tip**
>
> $y = f(x)$ 의 그래프를 $y = a$ 에 대하여 대칭하면
> $y = 2a - f(x)$ 이다. (Guide step 참고)
> $f(x) = 3^x$ 라 하고 $g(x) = -3^x + 6$ 라 하면
> $g(x) = 6 - f(x)$ 이므로
> $f(x)$, $g(x)$ 는 $y = 3$ 에 대하여 대칭이다.

020

두 곡선 $y = \left(\dfrac{1}{2}\right)^x$, $y = \left(\dfrac{1}{4}\right)^x$ 가 $y = 2$ 와 만나는 서로
다른 두 점을 각각 A, B 라 하고, $y = 8$ 과 만나는 서로
다른 두 점을 각각 C, D 라 하자.

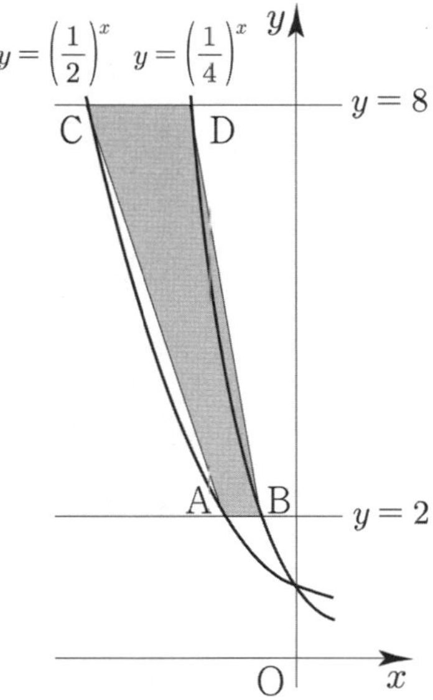

$\text{A}(-1, 2)$, $\text{B}\left(-\dfrac{1}{2}, 2\right)$, $\text{C}(-3, 8)$, $\text{D}\left(-\dfrac{3}{2}, 8\right)$ 이므로
$\overline{\text{AB}} = \dfrac{1}{2}$, $\overline{\text{CD}} = \dfrac{3}{2}$ 이다.

따라서 사각형 ABDC 의 넓이는 $\dfrac{1}{2} \times \left(\dfrac{1}{2} + \dfrac{3}{2}\right) \times 6 = 6$ 이다.

답 6

021

$y = \log_3(x-2) + 3$ 의 그래프가 $(a, 5)$ 를 지나므로
$5 = \log_3(a-2) + 3 \implies 2 = \log_3(a-2) \implies a - 2 = 9$

따라서 $a = 11$ 이다.

답 11

022

좌표평면에서 두 곡선 $y = \log_3 x$, $y = \log_9 x$ 가 직선
$x = 81$ 과 만나는 점을 각각 A, B 라 하자.

$\text{A}(81, 4)$, $\text{B}(81, 2)$ 이므로
두 점 A, B 사이의 거리는 2 이다.

답 2

023

함수 $f(x)=2^{x+a}+b$ 의 역함수인 $g(x)$ 를 구해보자.

$$y \rightarrow x, \ x \rightarrow y$$

$$x=2^{y+a}+b \Rightarrow x-b=2^{y+a} \Rightarrow \log_2(x-b)=y+a$$

따라서 $g(x)=\log_2(x-b)-a$ 이다.

함수 $y=g(x)$ 의 그래프는 점 $(7, \ 1)$ 를 지나므로

$$\log_2(7-b)-a=1$$

점근선이 직선 $x=3$ 이므로 $b=3$

$$\log_2(7-3)-a=1 \Rightarrow a=1$$

따라서 $a+b=4$ 이다.

답 4

$0<a<1$ 인 상수 a 에 대하여 함수 $y=\log_a x$ 이 x 축,
직선 $y=-2$ 와 만나는 점을 각각 A, B 라 하고,
점 B 에서 x 축과 y 축에 내린 수선의 발을 각각 C, D 라 하자.

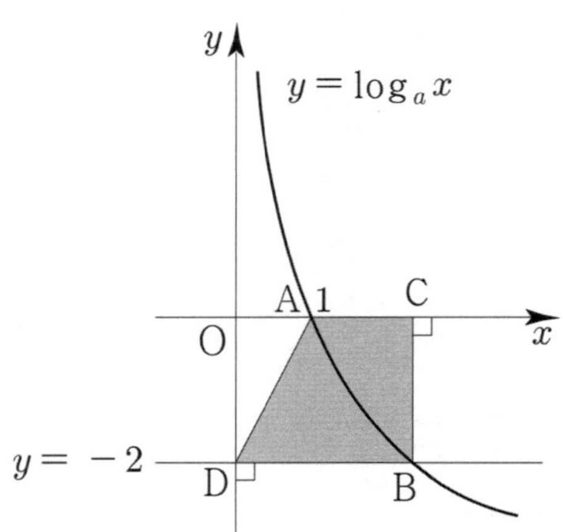

$A(1, \ 0)$, $C(a^{-2}, \ 0)$, $B(a^{-2}, \ -2)$, $D(0, \ -2)$ 이므로
$\overline{AC}=a^{-2}-1$, $\overline{DB}=a^{-2}$, $\overline{BC}=2$ 이다.

사각형 ACBD 의 넓이는 17로 주어져 있으므로

$$\frac{1}{2}\times(\overline{AC}+\overline{DB})\times\overline{BC}=\frac{1}{2}\times(2a^{-2}-1)\times 2=2a^{-2}-1=17$$

$$\Rightarrow \frac{2}{a^2}=18 \Rightarrow \frac{1}{a}=3 \ (\because \ 0<a<1)$$

답 3

025

함수 $f(x)=\log_2(ax+b)$ 의 역함수를 $g(x)$

$$y \rightarrow x, \ x \rightarrow y$$

$$x=\log_2(ay+b) \Rightarrow ay+b=2^x \Rightarrow y=\frac{1}{a}\times 2^x-\frac{b}{a}$$

함수 $y=g(x)$ 의 그래프는 점 $(4, \ 2)$ 를 지나므로

$$2=\frac{16}{a}-\frac{b}{a} \Rightarrow 2a=16-b \ (a\neq 0)$$

점근선이 직선 $y=-6$ 이므로

$$-\frac{b}{a}=-6 \Rightarrow b=6a$$

$$2a=16-b, \ b=6a \Rightarrow 8a=16 \Rightarrow a=2, \ b=12$$
따라서 $a+b=14$ 이다.

답 14

역함수의 성질을 이용해서 풀어보자.

$g(x)$ 가 점 $(4, \ 2)$ 를 지나면 역함수인 $f(x)$ 는 점 $(2, \ 4)$ 를
지나고 $g(x)$ 가 $y=-6$ 을 점근선으로 가지면 역함수인
$f(x)$ 는 $x=-6$ 을 점근선으로 가진다.
$y=\log_2(ax+b)$ 에서 점근선이 $x=-6$ 이므로
$$-6a+b=0 \Rightarrow b=6a \text{ 이고 함수가 점 } (2, \ 4) \text{ 를 지나므로}$$
$$4=\log_2(2a+6a) \Rightarrow 8a=16 \Rightarrow a=2, \ b=12$$

점 A 가 $y=\log_2(-x)$ 위에 있으므로
$A(t, \ \log_2(-t))$ 라 둘 수 있다.
점 $B(4, \ 0)$ 에 대하여 선분 AB를 $2:1$로 내분하는 점 C 가
y 축 위에 있으므로 점 $C(0, \ k)$ 이다.

$$\frac{1\times A+2\times B}{3}=\frac{A+2B}{3}=C \text{ 이므로}$$

점 A 의 x 좌표부터 구하면

$$\frac{t+8}{3}=0 \Rightarrow t=-8$$

따라서 $A(-8, \ 3)$ 이므로 점 C 의 y 좌표를 구하면

$$\frac{3+0}{3}=1 \text{ 이다.}$$

답 1

그림과 같이 두 점 B, C가 x축 위에 있고, 점 D가
함수 $y=\log_3 x$ 의 그래프 위의 점이고, 한 변의 길이가
2 인 정사각형 ABCD 가 있다.
선분 AB 가 함수 $y=\log_3 x$ 의 그래프와 만나는 점을 E 라
하고, 함수 $y=\log_3 x$ 와 x축이 만나는 점을 F 라 하자.

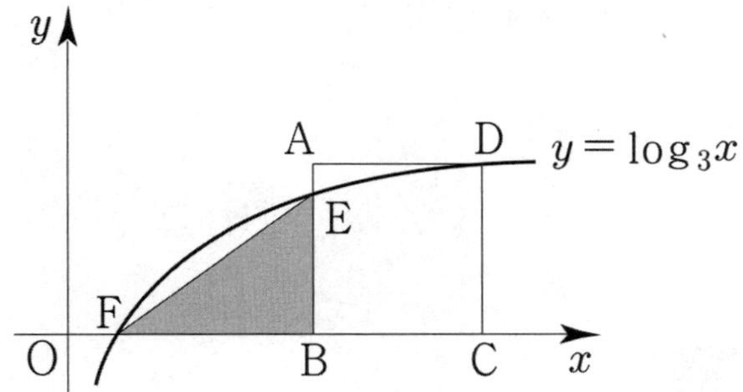

정사각형 ABCD 의 한 변의 길이는 2 이므로
$\overline{CD}=2 \implies$ D$(9,\ 2)$
$\overline{BC}=2 \implies$ B$(7,\ 0)$, E$(7,\ \log_3 7)$
F$(1,\ 0)$ 이므로 $\overline{BF}=6$, $\overline{BE}=\log_3 7$

삼각형 BEF 의 넓이는

$\dfrac{1}{2}\times\overline{BF}\times\overline{BE}=\dfrac{1}{2}\times 6\times\log_3 7=3\log_3 7=\log_3 7^3$ 이다.

따라서 $k=\log_3 343$ 이고 $3^k=3^{\log_3 343}=343$ 이다.

답   343

$y=\log_3(x-2)+3$ 의 그래프를 x 축의 방향으로 a 만큼,
y축의 방향으로 b 만큼 평행이동
$x \rightarrow x-a,\ y \rightarrow y-b$

$y=\log_3(x-a-2)+3+b$
$y=\log_3(3x-27)=\log_3 3(x-9)=\log_3(x-9)+1$

따라서 $a=7$, $b=-2$ 이므로 $a+b=5$ 이다.

답   5

$y=\log_{\frac{1}{2}} x$ 의 그래프를 x 축의 방향으로 a 만큼,

y축의 방향으로 b 만큼 평행이동
$x \rightarrow x-a,\ y \rightarrow y-b$

$y=\log_{\frac{1}{2}}(x-a)+b$ 가 $(3,\ b-2)$, $(7,\ 5)$ 를 지나므로
$b-2=\log_{\frac{1}{2}}(3-a)+b \implies -2=-\log_2(3-a)$
$\implies 3-a=4 \implies a=-1$

$5=\log_{\frac{1}{2}}(7+1)+b \implies 5=-\log_2 8+b \implies 8=b$

따라서 $a+b=7$ 이다.

답   7

$f(x)=\log_5(2a-x)+b$ 의 그래프의 점근선이
$x=-a^2-1$ 이므로
$2a=-a^2-1 \implies a^2+2a+1=0 \implies (a+1)^2=0$
$\implies a=-1$

$f(x)=\log_5(-2-x)+b$
$f(-7)=5$ 이므로 $5=\log_5 5+b \implies b=4$

따라서 $a+b=3$ 이다.

답   3

$y=\log_2\left(1-\dfrac{x}{16}\right)$ 의 그래프는
함수 $y=\log_2(-x)$ 를 x 축의 방향으로 m 만큼,
y 축의 방향으로 n 만큼 평행이동시켜 구할 수 있다.
$x \rightarrow x-m,\ y \rightarrow y-n$

$y=\log_2(-(x-m))+n \implies y=\log_2(-x+m)+n$
$y=\log_2\left(1-\dfrac{x}{16}\right)=\log_2\left(\dfrac{16-x}{16}\right)=\log_2(16-x)-4$
이므로 $m=16$, $n=-4$ 이다.

$y=\log_2\left(1-\dfrac{x}{16}\right)$ 의 그래프는

함수 $y=\log_2 x$ 를 $x=a$ 에 대하여 대칭시키고

y 축의 방향으로 n 만큼 평행이동시켜 구할 수 있다.

$$x \rightarrow 2a-x, \quad y \rightarrow y-n$$

$$y=\log_2(2a-x)+n$$

$$y=\log_2\left(1-\dfrac{x}{16}\right)=\log_2\left(\dfrac{16-x}{16}\right)=\log_2(16-x)-4$$

이므로 $a=8$, $n=-4$ 이다.

따라서 $m-n-a=16+4-8=12$ 이다.

답 12

032

$y=\log_2 4x$ 의 그래프를 평행이동 또는 대칭이동하여
겹쳐지는 함수의 그래프를 고르시오.

$$y=\log_2 4x=\log_2 x+2$$
편의상 $f(x)=\log_2 x+2$ 라 하자.

ㄱ. $y=\log_2 x+5$ 는 $y=f(x)$ 를 y 축의 방향으로 3만큼
　평행이동하여 구할 수 있다. 따라서 ㄱ은 참이다.

ㄴ. $y=-2\log_2 x+5$ 는 $y=f(x)$ 를
　평행이동 또는 대칭이동하여 구할 수 없다.
　따라서 ㄴ은 거짓이다.

ㄷ. $y=\log_{\frac{1}{2}} 4x-1=-\log_2 4x-1=-\log_2 x-3$ 는
　$y=f(x)$ 를 y 축 방향으로 1만큼 평행이동시킨 후
　$y=\log_2 x+3$
　x 축에 대하여 대칭이동시켜서 구할 수 있다.
　$y=-(\log_2 x+3)=-\log_2 x-3$
　따라서 ㄷ은 참이다.

ㄹ. $y=-\log_2 5x+3=-(\log_2 5+\log_2 x)+3$
　　$=-\log_2 x-\log_2 5+3$
　은 $y=f(x)$ 를 y 축의 방향으로 $\log_2 5-5$ 만큼
　평행이동시킨 후
　$y=\log_2 x+\log_2 5-3$
　x 축에 대하여 대칭이동시켜서 구할 수 있다.
　$y=-(\log_2 x+\log_2 5-3)=-\log_2 x-\log_2 5+3$
　따라서 ㄹ은 참이다.

ㅁ. $y=\log_4 x^2=\log_{2^2} x^2=\log_2|x|$ 이므로
　$y=f(x)$ 를 평행이동 또는 대칭이동하여 구할 수 없다.
　따라서 ㅁ은 거짓이다.

ㅂ. $y=\log_2 \dfrac{4}{x}=2-\log_2 x$ 는
　$y=f(x)$ 를 x 축에 대하여 대칭이동시킨 후
　$y=-\log_2 x-2$
　y 축의 방향으로 4만큼 평행이동시켜 구할 수 있다.
　$y=-\log_2 x-2+4=2-\log_2 x$
　따라서 ㅂ은 참이다.

답 ㄱ, ㄷ, ㄹ, ㅂ

033

정의역이 $\{x \mid 1 \le x \le 4\}$ 인

함수 $y=2+\log_5(x^2-4x+5)$ 의 최댓값, 최솟값

지수함수와 마찬가지로 접근하면 된다.

$x^2-4x+5=t$ 라 치환하자. (치환하면 범위조심!)

$1 \le x \le 4$ 에서 t 의 범위를 구하면 $1 \le t \le 5$ 이다.

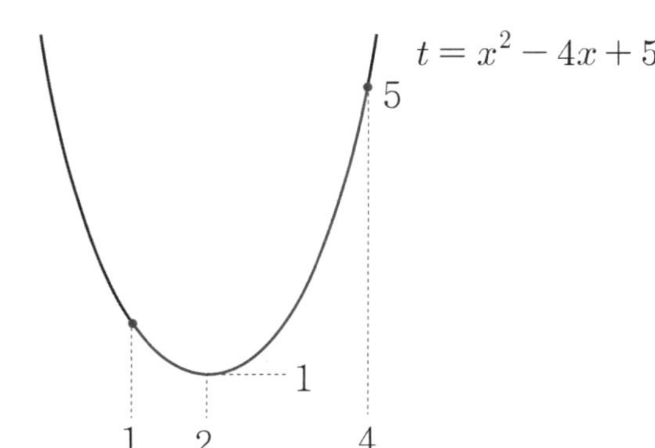

$1 \le t \le 5$ 에서 $y=2+\log_5 t$ 의 최댓값과 최솟값을 구하면

$y=2+\log_5 t$ 는 증가함수이므로

$t=1$ 일 때, 최솟값 $2+\log_5 1=2$ 이다.

$t=5$ 일 때, 최댓값 $2+\log_5 5=3$ 이다.

따라서 $M+m=5$ 이다.

답 5

정의역이 $\left\{x\mid -\dfrac{3}{2}\le x\le 2\right\}$ 인 함수 $y=\log_{\frac{1}{2}}(x+a)+3$

의 최솟값이 1

$y=\log_{\frac{1}{2}}(x+a)+3$ 는 감소함수이므로

$x=2$ 일 때, 최솟값 $\log_{\frac{1}{2}}(2+a)+3=1$ 을 갖는다.

$\log_{\frac{1}{2}}(2+a)=-2 \;\Rightarrow\; -\log_2(2+a)=-2 \;\Rightarrow\; a=2$

따라서 $y=\log_{\frac{1}{2}}(x+2)+3$ 는 $x=-\dfrac{3}{2}$ 일 때,

최댓값 $\log_{\frac{1}{2}}\left(-\dfrac{3}{2}+2\right)+3=\log_{\frac{1}{2}}\dfrac{1}{2}+3=4$ 이다.

답 4

$f(x)=10-x^2,\; g(x)=\log_{\frac{1}{3}}x$

$\left\{x\mid \dfrac{1}{3}\le x\le 9\right\}$ 인 함수 $h(x)=(f\circ g)(x)$ 의 최댓값과

최솟값

$h(x)=(f\circ g)(x)=f(g(x))=f\left(\log_{\frac{1}{3}}x\right)$

$\log_{\frac{1}{3}}x=t$ 라고 치환하자.

$\dfrac{1}{3}\le x\le 9$ 에서 t 의 범위를 구하면

$g(x)=\log_{\frac{1}{3}}x$ 는 감소함수이므로

$g(9)\le t\le g\left(\dfrac{1}{3}\right) \;\Rightarrow\; -2\le t\le 1$ 이다.

$-2\le t\le 1$ 에서 $y=10-t^2$ 의 최댓값과 최솟값을 구하면

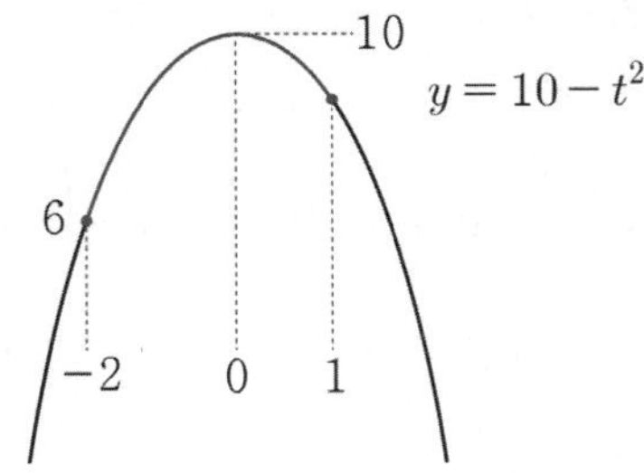

$t=-2$ 일 때, 최솟값 6 이다.
$t=0$ 일 때, 최댓값 10 이다.
따라서 최댓값과 최솟값의 합은 16 이다.

답 16

036

정의역이 $\{x\mid 1\le x\le 27\}$ 인 함수

$f(x)=(\log_3 x)\left(\log_{\frac{1}{3}}x\right)+2\log_3 x+5$ 의 최댓값, 최솟값

$\log_3 x=t$ 라 치환하자.

$1\le x\le 27$ 에서 t 의 범위를 구하면 $0\le t\le 3$ 이다.

$y=t(-t)+2t+5=-t^2+2t+5=-(t-1)^2+6$

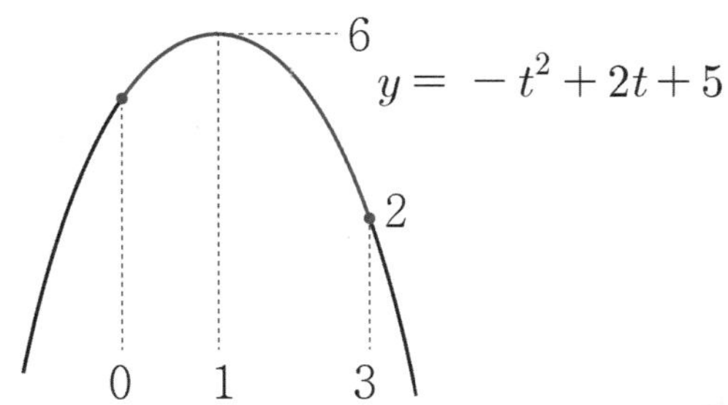

$t=1$ 일 때, 최댓값 6 이다.
$t=3$ 일 때, 최솟값 2 이다.

따라서 $M+m=8$ 이다.

답 8

037

정의역이 $\left\{x\mid \dfrac{1}{16}\le x\le 4\right\}$ 인 함수

$f(x)=(\log_2 4x)\left(\log_2 \dfrac{2}{x^2}\right)$ 의 최댓값, 최솟값

$\log_2 x=t$ 라 치환하자.

$\dfrac{1}{16}\le x\le 4$ 에서 t 의 범위를 구하면 $-4\le t\le 2$ 이다.

$y=(2+t)(1-2t)=-2t^2-3t+2$

> **Tip**
>
> 참고로
>
> $\log_2 \dfrac{2}{x^2}=\log_2 2-\log_2 x^2=1-2\log_2|x|$ 이지만
>
> 정의역이 $\dfrac{1}{16}\le x\le 4$ 이므로 $1-2\log_2 x$ 이다.

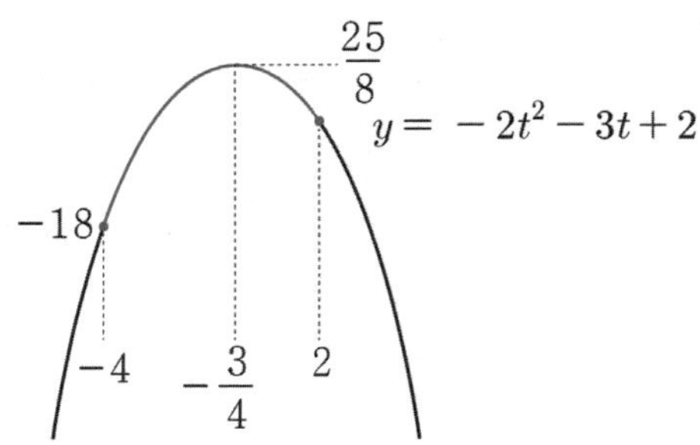

$$t = -\frac{3}{4}\ \text{일 때, 최댓값}\ \frac{25}{8}\ \text{이다.}$$

$$t = -4\ \text{일 때, 최솟값}\ -18\ \text{이다.}$$

따라서 $8M - m = 25 + 18 = 43$ 이다.

답 43

038

$0 < a < 1$

정의역이 $\{x \mid -1 \le x \le 1\}$ 인 함수 $y = a^{x^2 - 2|x| + 3}$ 에 대하여

$x^2 - 2|x| + 3 = t$ 라 치환하자.

$y = x^2 - 2|x| + 3$ 의 그래프는 $y = x^2 - 2x + 3$ 를 그린 후
x 가 양수인 부분을 y 축 대칭해서 구할 수 있다.
$$x \to |x|$$

$-1 \le x \le 1$ 에서 t 의 범위를 구하면 $2 \le t \le 3$ 이다.

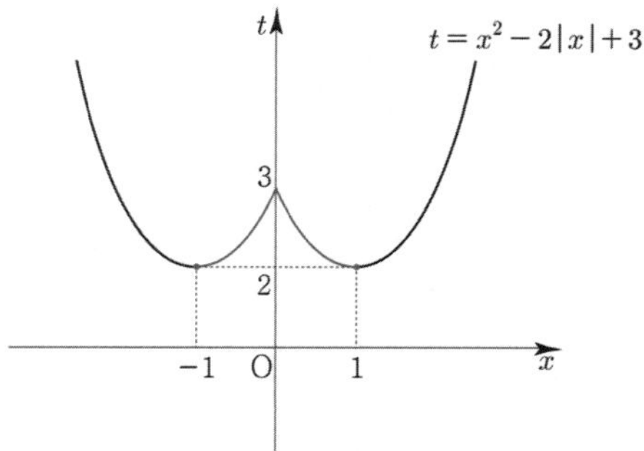

$0 < a < 1$ 이므로 $y = a^t$ 는 감소함수이므로

$t = 2$ 일 때, 최댓값 $a^2 = \dfrac{1}{9}$ 이므로 $a = \dfrac{1}{3}$ $(0 < a < 1)$

$t = 3$ 일 때, 최솟값 $a^3 = \left(\dfrac{1}{3}\right)^3 = \dfrac{1}{27}$ 이므로 $m = \dfrac{1}{27}$

따라서 $81(a + m) = 81\left(\dfrac{1}{3} + \dfrac{1}{27}\right) = 27 + 3 = 30$ 이다.

답 30

039

$y = 2^x + 6$ 의 점근선은 $y = 6$ 이므로
$y = 6$ 과 $y = \log_3 x + 2$ 의 교점의 x 좌표는
$6 = \log_3 x + 2 \ \Rightarrow\ 4 = \log_3 x \ \Rightarrow\ x = 81$

답 81

040

$A(1,\ 0)$, $B(k,\ \log_3 k)$, $C\left(k,\ \log_{\frac{1}{3}} k\right)$ 의

무게중심의 좌표가 $\left(\dfrac{19}{3},\ 0\right)$ 이다.

무게중심을 G 라 했을 때, $\dfrac{A + B + C}{3} = G$ 이므로

무게중심의 x 좌표를 구하면

$$\frac{1 + k + k}{3} = \frac{19}{3} \ \Rightarrow\ 1 + 2k = 19 \ \Rightarrow\ k = 9$$

$$\overline{BC} = \log_3 9 - \log_{\frac{1}{3}} 9 = 4$$

따라서 삼각형 ABC 의 넓이는
$$\frac{1}{2} \times (9 - 1) \times \overline{BC} = \frac{1}{2} \times 8 \times 4 = 16\ \text{이다.}$$

답 16

041

n 은 3 이상의 자연수
$A(2,\ 1)$, $B(n,\ 1)$, $C(4,\ 2)$, $D(n^2,\ 2)$
$\overline{AB} = n - 2$, $\overline{CD} = n^2 - 4$ 이므로
사다리꼴 $ABDC$ 의 넓이는
$$\frac{1}{2} \times (2 - 1) \times (\overline{AB} + \overline{CD}) = \frac{n^2 + n - 6}{2}\ \text{이다.}$$

$$\frac{n^2 + n - 6}{2} \le 33 \ \Rightarrow\ n^2 + n - 72 \le 0 \ \Rightarrow\ (n + 9)(n - 8) \le 0$$

$$\Rightarrow\ -9 \le n \le 8 \ \Rightarrow\ 3 \le n \le 8 \ (\because\ n \ge 3)$$

따라서 모든 자연수 n 의 값의 합은
$3 + 4 + 5 + 6 + 7 + 8 = 33$ 이다.

답 33

좌표평면 위의 두 점 $A\left(0, \dfrac{5}{2}\right)$ 과 $B(a, 0)$ $(a > 1$ 인 상수$)$ 를 지나는 직선이 두 곡선 $y = \log_2 x$, $y = \log_4 x$ 와 만나는 점을 각각 C, D 라 하자.

$\overline{AC} = \overline{CD}$ 이므로 점 C 의 x 좌표를 t 라 두면 점 D 의 x 좌표는 $2t$ 이다.

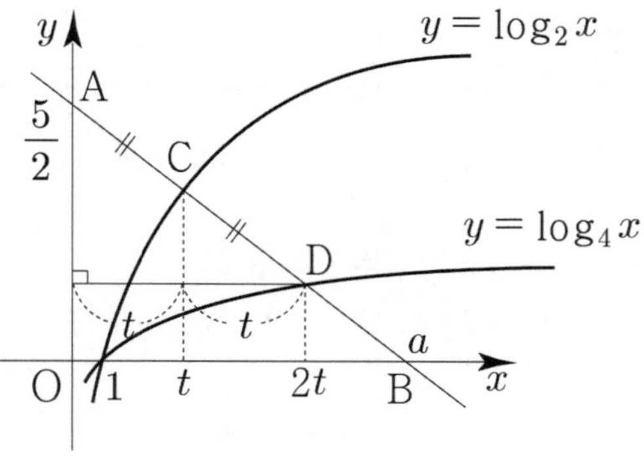

두 점 $A\left(0, \dfrac{5}{2}\right)$, $D(2t, \log_4 2t)$ 의 중점이 $C(t, \log_2 t)$ 이므로

$$\dfrac{\dfrac{5}{2} + \log_4 2t}{2} = \log_2 t \Rightarrow \dfrac{5}{2} + \dfrac{1}{2}\log_2 2t = 2\log_2 t$$

$$\Rightarrow 5 + 1 + \log_2 t = 4\log_2 t \Rightarrow 6 = 3\log_2 t \Rightarrow t = 4$$

$t = 4$ 이므로 $C(4, 2)$ 이다.

직선 AC 의 방정식을 구하면

기울기 $= \dfrac{2 - \dfrac{5}{2}}{4 - 0} = \dfrac{4 - 5}{8} = -\dfrac{1}{8}$ 이고 y 절편이 $\dfrac{5}{2}$ 이므로

$y = -\dfrac{1}{8}x + \dfrac{5}{2}$ 이다. $B(a, 0)$ 을 대입하면

$0 = -\dfrac{1}{8}a + \dfrac{5}{2} \Rightarrow a = 20$

답 20

> **Tip**
>
> 042번은 보통 학생들이 어려워하는 문제 중 하나이다. 쉬운 문제와 어려운 문제를 가르는 요소 중 하나가 바로 미지수 놓기인데 이 문제에서는 점 C, D 의 x 좌표를 모두 모르기 때문에 미지수 놓기를 주저할 수 있다. $\overline{AC} = \overline{CD}$ 의 조건을 바탕으로 하나의 미지수로 통일하는 문제였다. 미지수를 놓는 것을 두려워하지 말자!

$y = \log_3(27x - 27) = \log_3 27(x - 1) = \log_3(x - 1) + 3$ 는 $y = \log_3 x$ 의 그래프를 x 축의 방향으로 1만큼, y 축의 방향으로 3만큼 평행이동하여 구할 수 있다.

점 A 는 과연 어디로 평행이동할까?
점 $A(a, b)$ 를 x 축의 방향으로 1만큼, y 축의 방향으로 3만큼 평행이동시킨 점은 $A'(a+1, b+3)$ 이다.

$y = \log_3 x$ 의 그래프 위의 모든 점들을 x 축의 방향으로 1만큼, y 축의 방향으로 3만큼 평행이동시킨 점들의 자취가 $y = \log_3(27x - 27)$ 의 그래프이므로 점 $A'(a+1, b+3)$ 은 $y = \log_3(27x - 27)$ 위의 점인 것이 자명하다.
또한 직선 AA′ 는 기울기가 3 이고 점 A 를 지나므로 $y = 3x - 6$ 과 같다.

점 A′ 는 $y = \log_3(27x - 27)$ 위에도 있어야 하고 직선 $y = 3x - 6$ 위에도 있어야 한다.

즉, 곡선 $y = \log_3(27x - 27)$ 와 직선 $y = 3x - 6$ 의 교점인 점 B 가 점 $A'(a+1, b+3)$ 인 것을 알 수 있다.

두 점 C, D 도 마찬가지 관계이다.

따라서 아래 그림에서 색칠한 두 영역은 합동이므로 넓이가 같다.

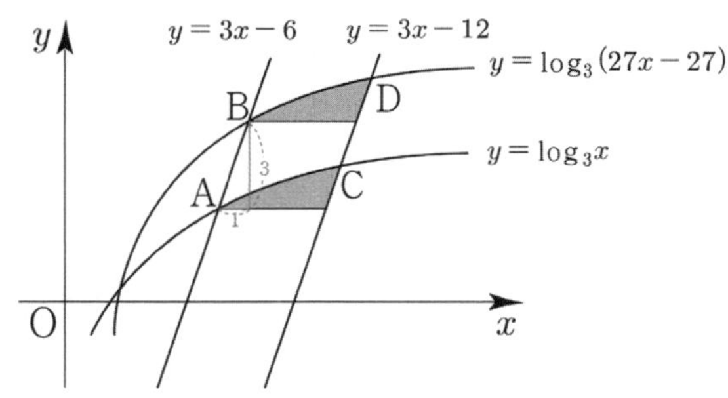

그러므로 두 선분 AB, CD 와 두 곡선 $y = \log_3 x$, $y = \log_3(27x - 27)$ 로 둘러싸인 부분의 영역의 넓이는 아래 그림의 평행사변형의 넓이와 같다.

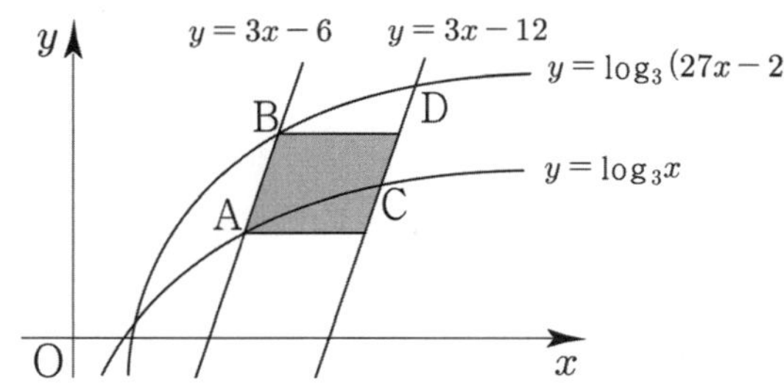

$y = 3x - 6$ 의 그래프를 x 축의 방향으로 2 만큼
평행이동하면 $y = 3(x-2) - 6 = 3x - 12$ 이므로
평행사변형의 밑변의 길이는 2 이다.

평행사변형의 높이가 3 이므로
평행사변형의 넓이는 $2 \times 3 = 6$ 이다.

답   6

$y = k$ 와 $y = f(x)$ 는 반드시 서로 다른 두 점에서
만나므로 ㄷ은 참이다.
(출제 의도는 점근선이다. 지수함수와 착각 조심!)
$f(x)$ 의 점근선은 $x = 3$ 뿐이다.

따라서 ㄷ은 참이다.

답   ③

044

$f(x) = \left| \log_{\frac{1}{3}} (-x+3) + 1 \right|$ 을 그려보자.

① $y = \log_{\frac{1}{3}} (-x)$ 를 기본 함수로 두자.

② x 축의 방향으로 3 만큼, y 축의 방향으로 1 만큼
평행이동하면
$$y = \log_{\frac{1}{3}} (-(x-3)) + 1 = \log_{\frac{1}{3}} (-x+3) + 1$$

③ $y = |f(x)|$ 를 하면
$$y = \left| \log_{\frac{1}{3}} (-x+3) + 1 \right| \text{ 이다.}$$

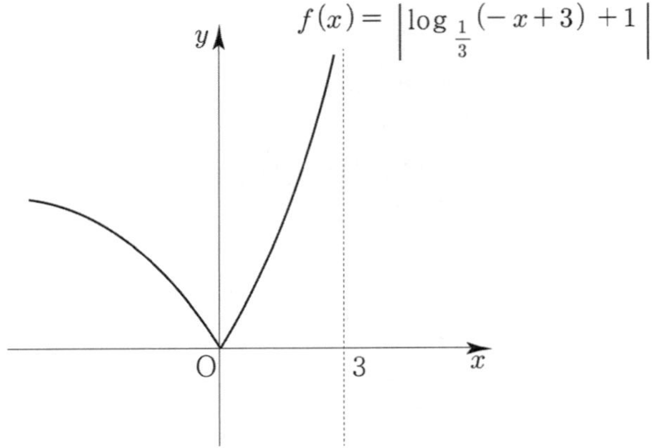

ㄱ. $f(0) = 0$
$$\left| \log_{\frac{1}{3}} (0+3) + 1 \right| = |-1+1| = 0 \text{ 이므로}$$
ㄱ은 참이다.

ㄴ. $x_1 < x_2 < 3$ 이면 $f(x_1) < f(x_2)$ 이다.
즉, $x < 3$ 에서 $f(x)$ 는 증가함수이다.

$x_1 < x_2 < 0$ 이면 $f(x_1) > f(x_2)$ 이므로
ㄴ은 거짓이다.

ㄷ. 임의의 양수 k 에 대하여 방정식 $f(x) = k$ 는
항상 서로 다른 2 개의 실근을 갖는다.

045

$f(x) = \log_2 (x-1)^2 = 2\log_2 |x-1|$ 을 그려보자.

① $y = 2\log_2 x$ 를 기본 함수로 두자.
② $x \rightarrow |x|$ 를 하면 (x 가 양수인 부분을 y 축 대칭)
$$y = 2\log_2 |x|$$
③ x 축의 방향으로 1 만큼 평행이동하면
$$y = 2\log_2 |x-1|$$

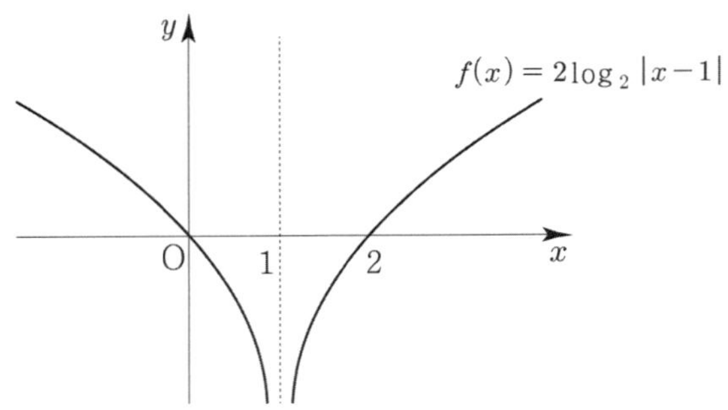

ㄱ. $f(-1) = f(2) + f(3)$
$$f(-1) = \log_2 (-2)^2 = 2$$
$$f(2) = \log_2 1^2 = 0$$
$$f(3) = \log_2 2^2 = 2$$
$2 = 0 + 2$ 이므로 ㄱ은 참이다.

ㄴ. $x_1 \neq x_2$ 이면 $f(x_1) \neq f(x_2)$ 이다.
$f(x)$ 는 일대일 함수가 아니므로 ㄴ은 거짓이다.

ㄷ. $x > 1$ 인 임의의 실수 x 에 대하여
$$f(x) < \log_2 (x-1)^3 \text{ 이다.}$$

$x > 1$ 에서 $f(x) = 2\log_2 (x-1)$ 이다.
$\log_2 (x-1)^3 = 3\log_2 (x-1)$ 이므로 ㄷ은 결국
$2\log_2 (x-1) < 3\log_2 (x-1)$ 와 같다.

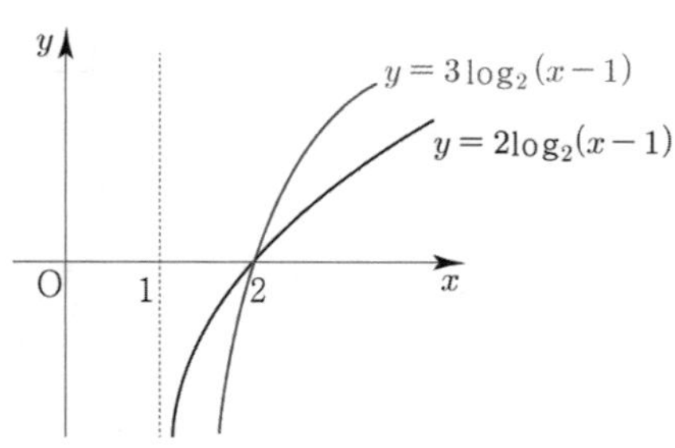

$1 < x < 2$ 에서는 $2\log_2(x-1) > 3\log_2(x-1)$
이므로 ㄷ은 거짓이다.

답 ①

046

$y = \log_2 8(x-5) = \log_2(x-5) + 3$ 는
$y = \log_2(x-4)$ 의 그래프를 x 축의 방향으로 1만큼, y 축의
방향으로 3만큼 평행이동하여 구할 수 있다.

이때 직선 AB 의 기울기가 3이므로 043번에서 배웠던 논리에
의해 점 A 를 x 축의 방향으로 1만큼, y 축의 방향으로 3만큼
평행이동하면 점 B와 같다.
즉, $\overline{\mathrm{AB}} = \sqrt{1^2 + 3^2} = \sqrt{10}$

삼각형 ABC 의 넓이가 20이므로
$$\frac{1}{2} \times \overline{\mathrm{AC}} \times \overline{\mathrm{AB}} = 20 \Rightarrow \overline{\mathrm{AC}} = \frac{40}{\sqrt{10}} = 4\sqrt{10}$$

점 A 에서 y 축에 내린 수선의 발을 H 라 하자.
직선 AC 의 기울기는 $-\frac{1}{3}$ 이므로 $\overline{\mathrm{CH}} = a$, $\overline{\mathrm{AH}} = 3a$
$\overline{\mathrm{AC}} = \sqrt{a^2 + 9a^2} = a\sqrt{10} = 4\sqrt{10} \Rightarrow a = 4$

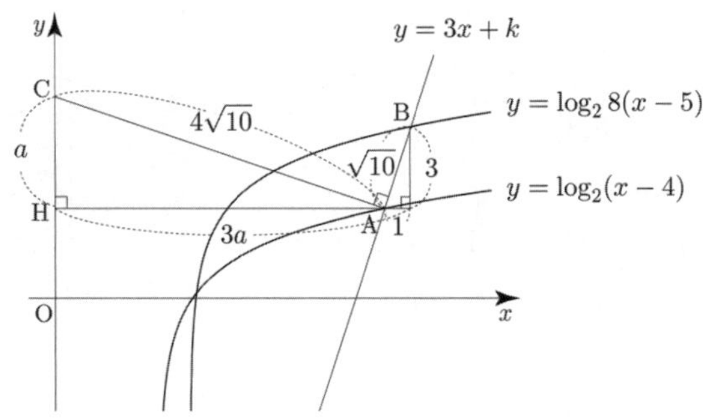

즉, 점 A 의 좌표는 $(12,\ 3)$ 이다.
점 A 는 직선 $y = 3x + k$ 위에 있으므로 대입하면
$3 = 36 + k \Rightarrow k = -33$ 이다.
따라서 $k = -33$ 이다.

답 ④

047

$A = \sqrt{3} = 3^{\frac{1}{2}}$, $B = \sqrt[3]{9} = 3^{\frac{2}{3}}$, $C = \sqrt[5]{27} = 3^{\frac{3}{5}}$
$\dfrac{1}{2} = \dfrac{15}{30}$, $\dfrac{2}{3} = \dfrac{20}{30}$, $\dfrac{3}{5} = \dfrac{18}{30}$

$f(x) = 3^x$ 는 증가함수이므로
$$\frac{1}{2} < \frac{3}{5} < \frac{2}{3} \Rightarrow f\left(\frac{1}{2}\right) < f\left(\frac{3}{5}\right) < f\left(\frac{2}{3}\right)$$
$$\Rightarrow A < C < B$$

답 $A < C < B$

048

$a = 2$, $b = \sqrt[3]{4} = 2^{\frac{2}{3}}$ $a^b = 2^{2^{\frac{2}{3}}}$
$f(x) = 2^x$ 는 증가함수이므로
$$\frac{2}{3} < 1 = 2^0 < 2^{\frac{2}{3}} \Rightarrow f\left(\frac{2}{3}\right) < f(1) < f\left(2^{\frac{2}{3}}\right)$$
$$\Rightarrow b < a < a^b$$

답 $b < a < a^b$

049

$1 < a < b$ 인 두 실수 $a,\ b$

ㄱ. $\log_b a < \log_a b$
$1 < a < b$ 에 밑이 a 인 로그를 취해도 $a > 1$ 이므로 부등호
방향은 변하지 않는다.
($y = \log_a x\ (a > 1)$ 는 증가함수이므로)
$\log_a 1 < \log_a a < \log_a b \Rightarrow 0 < 1 < \log_a b$
마찬가지로 밑이 b 인 로그를 취해도 부등호 방향은 변하지
않는다.
$\log_b 1 < \log_b a < 1 \Rightarrow 0 < \log_b a < 1$
따라서 $\log_b a < 1 < \log_a b$ 이므로 ㄱ은 참이다.

ㄴ. $\log_{\frac{1}{a}}\left(\dfrac{a+b}{2}\right) < \log_{\frac{1}{b}}\left(\dfrac{a+b}{2}\right)$
$$-\log_a\left(\frac{a+b}{2}\right) < -\log_b\left(\frac{a+b}{2}\right)$$
$$\Rightarrow \log_a\left(\frac{a+b}{2}\right) > \log_b\left(\frac{a+b}{2}\right)$$
를 보이자.

$y=\log_a x$ 와 $y=\log_b x$ 를 그려서 나타내면 다음과 같다.

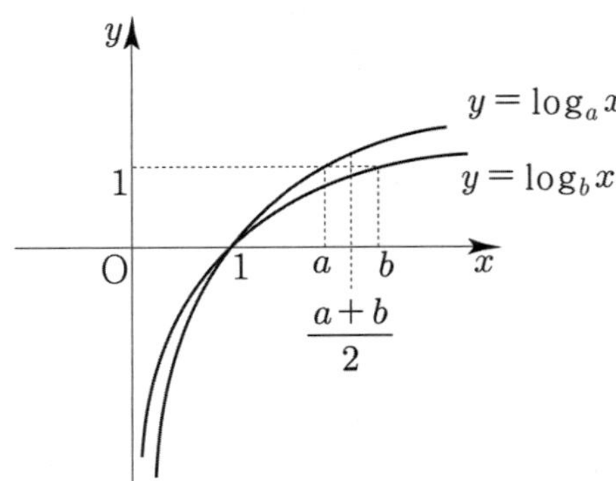

따라서 ㄴ은 참이다.

ㄷ. $\dfrac{\log a}{a}<\dfrac{\log b}{b}$

$\dfrac{\log x}{x}=\dfrac{\log x-0}{x-0}$ 는

$(x,\ \log x)$ 와 $(0,\ 0)$ 의 기울기와 같다.

$\dfrac{\log a}{a}$ 은 $(a,\ \log a)$ 와 $(0,\ 0)$ 의 기울기

$\dfrac{\log b}{b}$ 은 $(b,\ \log b)$ 와 $(0,\ 0)$ 의 기울기

아래 그림과 같은 경우에는 ㄷ이 참이지만

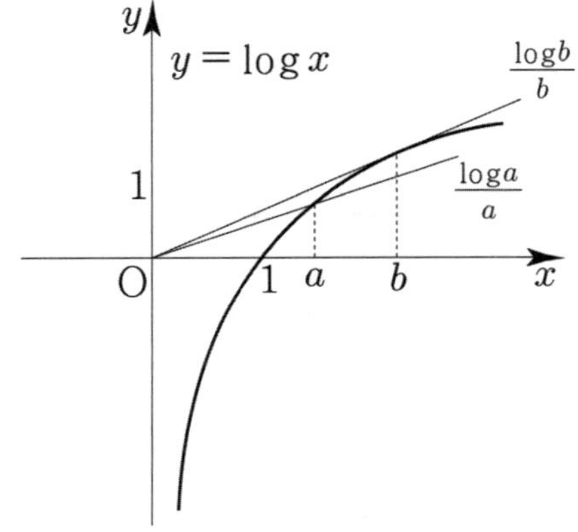

아래 그림과 같은 경우에는 $\dfrac{\log a}{a}>\dfrac{\log b}{b}$ 이므로

ㄷ은 거짓이다.

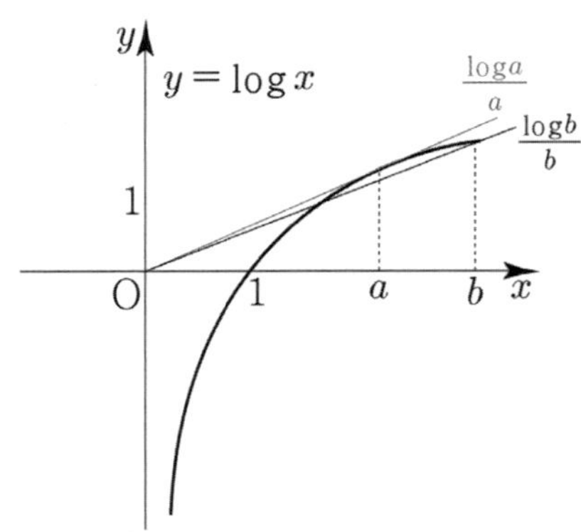

답 ㄱ, ㄴ

050

$A,\ B,\ C>0$의 대소 관계

$$-\left(\dfrac{1}{3}\right)^{A}=\log_{\frac{1}{2}}A\ ,\quad -\left(\dfrac{1}{3}\right)^{B}=\log_{\frac{1}{3}}B\ ,\quad -\left(\dfrac{1}{2}\right)^{C}=\log_{\frac{1}{3}}C$$

$y=-\left(\dfrac{1}{3}\right)^{x},\ y=-\left(\dfrac{1}{2}\right)^{x},\ y=\log_{\frac{1}{2}}x,\ y=\log_{\frac{1}{3}}x$ 를

한 좌표축 안에 그려서 판단해보자.

$y=-\left(\dfrac{1}{3}\right)^{x}$ 와 $y=\log_{\frac{1}{2}}x$ 의 교점의 x 좌표를 A.

$y=-\left(\dfrac{1}{3}\right)^{x}$ 와 $y=\log_{\frac{1}{3}}x$ 의 교점의 x 좌표를 B.

$y=-\left(\dfrac{1}{2}\right)^{x}$ 와 $y=\log_{\frac{1}{3}}x$ 의 교점의 x 좌표를 C 라 하자.

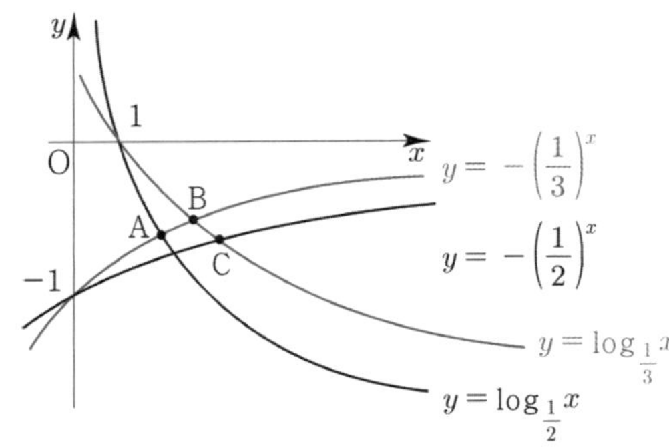

따라서 세 양수 $A,\ B,\ C$의 대소 관계는 $A<B<C$이다.

답 $A<B<C$

점 $A(0,\ 2^{0+2}-3)\ \Rightarrow\ A(0,\ 1)$
점 C 의 y좌표가 1 이므로
$\log_2(x+1)-1=1\ \Rightarrow\ \log_2(x+1)=2\ \Rightarrow\ x=3$
점 $C(3,\ 1)$ 이다.

점 $B(0,\ \log_2(0+1)-1)\ \Rightarrow\ B(0,\ -1)$
점 D 의 y좌표가 -1 이므로
$2^{x+2}-3=-1\ \Rightarrow\ 2^{x+2}=2\ \Rightarrow\ x=-1$
점 $D(-1,\ -1)$ 이다.

$\overline{AC}=3,\ \overline{BD}=1,\ \overline{AB}=2$ 이므로
사각형 ADBC 의 넓이는
$\dfrac{1}{2}\times(\overline{AC}+\overline{BD})\times\overline{AB}=\dfrac{1}{2}\times(3+1)\times2=4$ 이다.

답 4

점 B의 x좌표를 t라 하면 B$\left(t,\ 2^{t-a}\right)$이다.

$\overline{BC}=2$이므로 점 C의 y좌표는 $2\log_2 t=2+2^{t-a}$이다.

$\overline{AB}=2$이므로 점 A의 x좌표는 $t-2$이다.

점 A의 y좌표는 $2\log_2(t-2)$이다.

점 A의 y좌표는 점 B의 y좌표와 같으므로

$2\log_2(t-2)=2^{t-a}$ 이다.

$2\log_2 t=2+2^{t-a}$, $2\log_2(t-2)=2^{t-a}$를 연립하면

$2\log_2 t=2+2\log_2(t-2) \Rightarrow \log_2 t=1+\log_2(t-2)$

$\Rightarrow \log_2 t=\log_2 2(t-2) \Rightarrow t=2t-4 \Rightarrow t=4$

$2\log_2(4-2)=2^{4-a} \Rightarrow 2=2^{4-a} \Rightarrow a=3$

답 3

53

$3^{x-a}-1=0 \Rightarrow 3^{x-a}=1 \Rightarrow x=a$이므로

점 A$(a,\ 0)$이다.

점 B의 x좌표를 t라 하면 y좌표는 $3^{t-a}-1$이다.

삼각형 OAB의 넓이가 $4a$이고 밑변의 길이 $\overline{OA}=a$이므로 높이는 8이어야 한다.

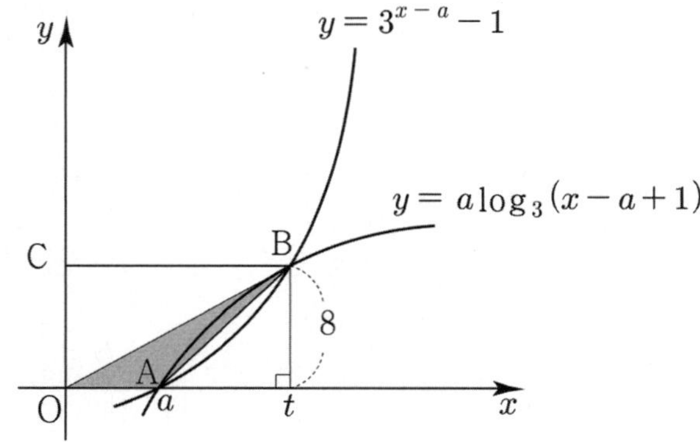

$3^{t-a}-1=8 \Rightarrow 3^{t-a}=9 \Rightarrow t-a=2 \Rightarrow t=a+2$

점 B의 y좌표가 $a\log_3(t-a+1)$이기도 하므로

$a\log_3(a+2-a+1)=8 \Rightarrow a\log_3 3=8 \Rightarrow a=8$

$\overline{OA}=8$, $\overline{BC}=10$, $\overline{OC}=8$이므로

따라서 사각형 OABC의 넓이는

$\dfrac{1}{2}\times(\overline{OA}+\overline{BC})\times\overline{OC}=\dfrac{1}{2}\times(8+10)\times8=72$이다.

답 72

54	③	80	④
55	60	81	④
56	④	82	③
57	③	83	⑤
58	①	84	⑤
59	①	85	⑤
60	④	86	⑤
61	21	87	20
62	④	88	③
63	①	89	④
64	②	90	11
65	22	91	54
66	③	92	①
67	②	93	④
68	③	94	⑤
69	③	95	③
70	①	96	①
71	②	97	③
72	③	98	⑤
73	⑤	99	②
74	①	100	①
75	16	101	④
76	③	102	③
77	③	103	③
78	⑤	104	⑤
79	③	105	36

054

$y = f(x)$ 의 그래프를 그리면

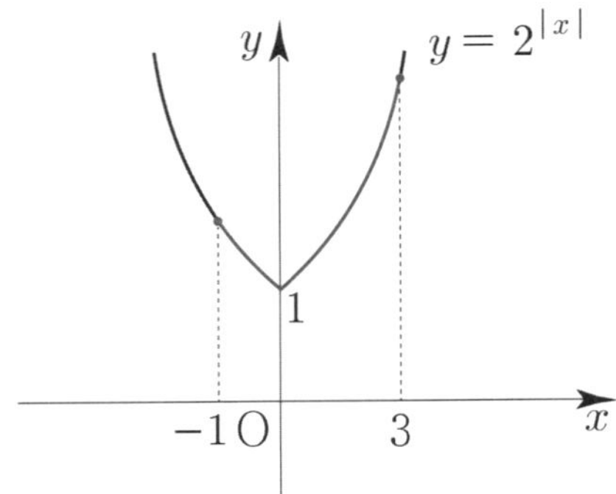

최댓값은 $f(3) = 8$ 이고 최솟값은 $f(0) = 1$ 이므로
최댓값과 최솟값의 합은 9 이다.

답 ③

055

함수 $f(x) = 2^{x+p} + q$ 의 그래프의 점근선이
직선 $y = q$ 이므로 $q = -4$
$f(0) = 0$ 이므로 $2^p - 4 = 0$, $p = 2$
따라서 $f(4) = 2^6 - 4 = 64 - 4 = 60$ 이다.

답 60

056

$y = f(x)$ 의 그래프를 그리면

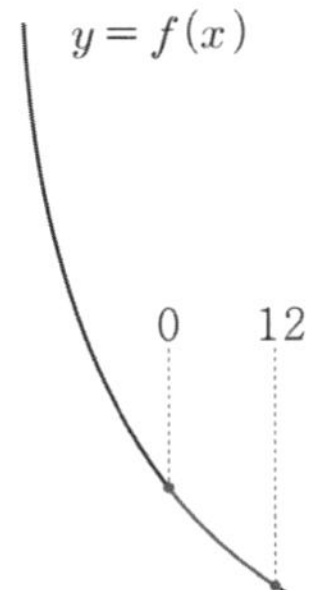

$x = 0$ 에서 최대, $x = 12$ 에서 최소이므로
$f(0) = -4 \Rightarrow 2\log_{\frac{1}{2}} k = -4 \Rightarrow \log_2 k = 2 \Rightarrow k = 4$
$f(12) = m \Rightarrow 2\log_{\frac{1}{2}} 16 = m \Rightarrow m = -8$
따라서 $k + m = 4 - 8 = -4$ 이다.

답 ④

$y=2^x+2$ 의 그래프를 x축의 방향으로 m 만큼 평행이동
$$x \rightarrow x-m$$

$$y=2^{x-m}+2$$

$y=\log_2 8x$ 의 그래프를 x축의 방향으로 2만큼 평행이동
$$x \rightarrow x-2$$

$$y=\log_2 8(x-2)=\log_2 8+\log_2(x-2)=3+\log_2(x-2)$$

$y=2^{x-m}+2$ 와 $y=3+\log_2(x-2)$ 가 $y=x$ 대칭이므로
$y=2^{x-m}+2$ 를 $y=x$ 대칭하면
$$x \rightarrow y, \ y \rightarrow x$$

$x=2^{y-m}+2 \Rightarrow x-2=2^{y-m} \Rightarrow \log_2(x-2)=y-m$
$\Rightarrow y=m+\log_2(x-2)$ 이 $y=3+\log_2(x-2)$ 이므로
따라서 $m=3$ 이다.

답 ③

058

다음은 1이 아닌 세 양수 a, b, c에 대하여 세 함수
$y=\log_a x$, $y=\log_b x$, $y=c^x$

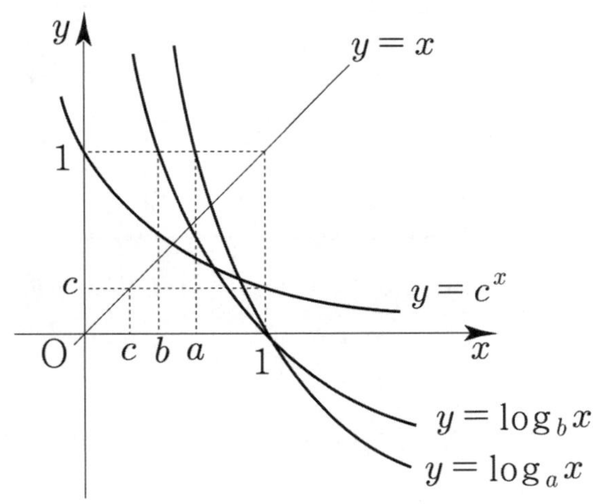

따라서 세 양수 a, b, c의 대소 관계는 $a>b>c$ 이다.

답 ①

$f(x)=2^x$ 의 그래프를 x축의 방향으로 m 만큼,
y축의 방향으로 n 만큼 평행이동하면 $g(x)$ 이므로
$$g(x)=2^{x-m}+n$$
이 평행이동에 의하여 점 $\mathrm{A}(1, \ f(1))$ 이
점 $\mathrm{A}'(3, \ g(3))$ 으로 이동한다.

$\mathrm{A}(1, \ 2) \Rightarrow \mathrm{A}'(3, \ 2^{3-m}+n)$
이는 x축의 방향으로 2만큼, y축의 방향으로 $2^{3-m}+n-2$
만큼 평행이동 시킨 것과 같으므로 $m=2$ 이다.

$g(x)=2^{x-2}+n$ 이고
$y=g(x)$ 가 $(0, \ 1)$ 을 지나므로
$$1=2^{-2}+n \Rightarrow n=\frac{3}{4}$$

따라서 $m+n=2+\dfrac{3}{4}=\dfrac{11}{4}$ 이다.

답 ①

$f(x)=-2^{4-3x}+k$ 의 그래프가 제 2사분면을
지나지 않도록 하는 자연수 k의 최댓값

$y=-2^{4-3x}$ 의 그래프를 그리면 다음과 같다.

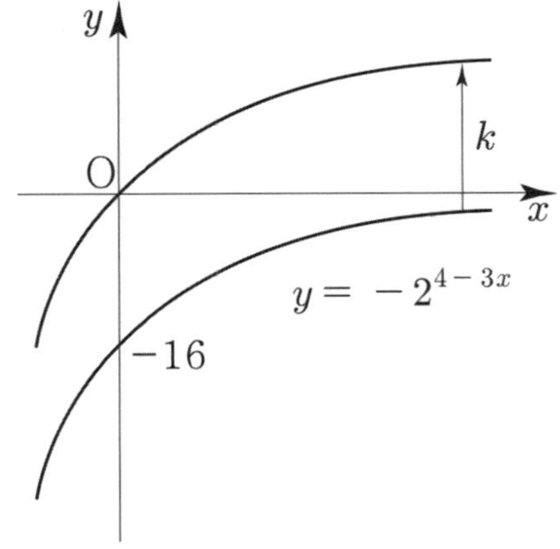

$f(x)=-2^{4-3x}+k$ 는 $y=-2^{4-3x}$ 를 y축의 방향으로
k만큼 평행한 것이므로 $f(x)$ 가 원점을 지날 때,
k는 최댓값을 갖는다.

따라서 $-2^4+k=0 \Rightarrow k=16$ 이다.

답 ④

061

닫힌구간 $[2,\ 3]$ 에서 함수 $f(x)=\left(\dfrac{1}{3}\right)^{2x-a}$ 의

최댓값은 27, 최솟값은 m

$f(x)$ 는 감소함수이므로

$x=2$ 일 때, 최댓값 $\left(\dfrac{1}{3}\right)^{4-a}=27$ 이다.

$3^{-4+a}=3^3 \Rightarrow a=7$

$x=3$ 일 때, 최솟값 $\left(\dfrac{1}{3}\right)^{6-7}=3$ 이다.

따라서 $a\times m=21$ 이다.

답   21

$A(1,\ 0),\ B(4,\ 2),\ C(4,\ \log_a 4)$
삼각형 ABC 의 넓이는
$\dfrac{1}{2}\times(4-1)\times(2-\log_a 4)=\dfrac{9}{2}$

$\log_a 4=-1 \Rightarrow a=\dfrac{1}{4}$

답   ④

점 A 의 좌표는 $(t,\ 3^{2-t}+8)$, 점 B 의 좌표는 $(t,\ 0)$,
점 C 의 좌표는 $(t+1,\ 0)$, 점 D 의 좌표는 $(t+1,\ 3^t)$ 이다.
사각형 $ABCD$ 가 직사각형이므로
점 A 의 y좌표와 점 D 의 y좌표가 같아야 한다.
즉, $3^{2-t}+8=3^t$
$\left(3^t\right)^2-8\times 3^t-9=0,\ \left(3^t+1\right)\left(3^t-9\right)=0$
$3^t+1>0$ 이므로 $3^t=9 \Rightarrow t=2$
직사각형 $ABCD$ 의 가로의 길이는 1 이고
세로의 길이는 $3^2=9$ 이다.

따라서 직사각형 $ABCD$ 의 넓이는 9 이다.

답   ①

$y=-2^x$ 을 y축의 방향으로 m 만큼 평행이동시킨 곡선이
$f(x)$ 이므로 $f(x)=-2^x+m$ 이다.

$-2^x+m=0 \Rightarrow 2^x=m \Rightarrow x=\log_2 m$ 이므로
점 $A(\log_2 m,\ 0)$ 이다.

$\overline{OA}=2\overline{BC}$ 이므로 점 B 의 x좌표는 $\dfrac{\log_2 m}{2}=\log_2\sqrt{m}$ 이다.

점 B 의 y좌표는 $f\left(\log_2\sqrt{m}\right)=2^{\log_2\sqrt{m}}$ 이다.
$-2^{\log_2\sqrt{m}}+m=2^{\log_2\sqrt{m}} \Rightarrow -\sqrt{m}+m=\sqrt{m}$
$\Rightarrow 2\sqrt{m}=m \Rightarrow 4m=m^2 \Rightarrow m=4\ (\because\ m>2)$

답   ②

065

$2^x=k \Rightarrow x=\log_2 k,\quad 2^{x-2}=k \Rightarrow x-2=\log_2 k$
$P_k(\log_2 k,\ k),\ Q_k(\log_2 k+2,\ k)$ 이므로 $\overline{P_k Q_k}=2$ 이다.
($y=2^x$ 를 x축의 방향으로 2만큼 평행이동시키면
$y=2^{x-2}$ 이므로 $\overline{P_k Q_k}=2$ 라고 판단해도 좋다.)

삼각형 $OP_k Q_k$ 의 넓이 A_k 는 $\dfrac{1}{2}\times\overline{P_k Q_k}\times k=k$ 이므로
따라서 $A_1+A_4+A_7+A_{10}=1+4+7+10=22$ 이다.

답   22

$A(\log_8 a,\ a),\ B(\log_8 b,\ b),\ C(\log_4 a,\ a),\ D(\log_4 b,\ b)$
이므로

삼각형 AEB 의 넓이는 $\dfrac{1}{2}(a-b)\left(\log_8 a-\log_8 b\right)=20$ 이므로
$\dfrac{1}{2}(a-b)\dfrac{1}{3}\left(\log_2\dfrac{a}{b}\right)=20 \Rightarrow \dfrac{1}{2}(a-b)\left(\log_2\dfrac{a}{b}\right)=60$ 이다.

따라서 삼각형 CDF 의 넓이는
$\dfrac{1}{2}(a-b)\left(\log_4 a-\log_4 b\right)=\dfrac{1}{2}(a-b)\dfrac{1}{2}\left(\log_2\dfrac{a}{b}\right)=30$ 이다.

답   ③

1보다 큰 양수 a에 대하여 두 곡선 $y=a^{-x-2}$ 과
$y=\log_a(x-2)$ 가 직선 $y=1$과 만나는 두 점을 각각
A, B라 하자.

$a^{-x-2}=1 \Rightarrow x=-2 \ (a>1)$ 이므로 점 A$(-2,\ 1)$ 이다.
$\log_a(x-2)=1 \Rightarrow x=2+a$ 이므로 점 B$(2+a,\ 1)$ 이다.

따라서 $\overline{AB}=2+a-(-2)=4+a=8 \Rightarrow a=4$ 이다.

 ②

> **Tip**
>
> 선분 **AB**의 길이를 구할 때 그저 x값을 빼는 게 아니라 절댓값을
> 취해줘야 하지만 $a+2>0$ 이라 그냥 빼서 구해도 된다.

$\overline{AB}:\overline{AC}=2:1$ 이고 점 C의 y좌표가 2, 점 B의 y좌표가 0
이므로 점 A의 y좌표는 $\dfrac{1B+2C}{1+2}=\dfrac{0+4}{1+2}=\dfrac{4}{3}$ 이다.

$\dfrac{1}{3}\left(\dfrac{1}{2}\right)^{x-1}=\dfrac{4}{3} \Rightarrow 2^{-x+1}=2^2 \Rightarrow x=-1$ 이므로

점 A의 좌표는 $\left(-1,\ \dfrac{4}{3}\right)$ 이다.

점 A는 직선 $y=mx+2$ 위의 점이므로
$\dfrac{4}{3}=-m+2 \Rightarrow m=\dfrac{2}{3}$ 이다.

 ③

069

A$(1,\ 0)$, B$(3,\ 0)$, R$(k,\ 0)$

Q$\left(k,\ \log_2(k-2)\right)$, P$\left(k,\ \log_2 k\right)$

점 Q가 선분 PR의 중점이므로
$\log_2 k=2\log_2(k-2) \Rightarrow k=(k-2)^2 \Rightarrow k^2-5k+4=0$

$\Rightarrow (k-4)(k-1)=0 \Rightarrow k=4 \ (\because \ k>3)$

사각형 ABQP의 넓이는
(삼각형 ARP의 넓이) $-$ (삼각형 BRQ의 넓이)이므로

사각형 ABQP의 넓이
$=\dfrac{1}{2}\times(4-1)\times2-\dfrac{1}{2}\times(4-3)\times1=3-\dfrac{1}{2}=\dfrac{5}{2}$ 이다.

 ③

$y=2^x-1$ 와 $y=\log_2(x+1)$ 은 $y=x$ 에 대하여 대칭되어
있다. 즉, $y=2^x-1$ 위의 점을 $y=x$ 에 대하여
대칭이동하면 $y=\log_2(x+1)$ 위의 점이 된다.

이때 직선 AB의 기울기가 -1 이므로 ($y=x$ 와 수직)
점 A와 B는 $y=x$ 에 대하여 대칭이다.
A$(2,\ 3) \Rightarrow$ B$(3,\ 2)$

따라서 사각형 ACDB의 넓이는 $\dfrac{1}{2}\times(2+3)\times1=\dfrac{5}{2}$ 이다.

 ①

> **Tip**
>
> 그 당시 시험장에서 이 문제를 처음 보았을 때,
> $y=2^x-1$ 과 $y=\log_2(x+1)$ 를 보고 혹시 서로 역함수
> 관계($y=x$ 대칭)가 아닐까 생각하며 풀었던 기억이
> 아직까지 생생하다.
>
> 이 문제와는 별개로 2020학년도 고3 9월 평가원 가형
> 15번 문제에서 정답률 50% 지수로그 문제가 출제되었는데
> 출제의 핵심 point가 역함수의 관계를 이용하는 것이었다.
> 만약 미적분을 응시하는 학생이라면 찾아서 풀어보길 권한다.

상수 $a(a>1)$ 에 대하여 함수 $y=|a^x-a|$ 의 그래프가
x축, y축과 만나는 점을 각각 A, B 라 하자.
B$(0,\ |1-a|) \Rightarrow$ B$(0,\ a-1)\ (a>1)$
A$(1,\ 0)$ 이고 $\overline{AH}=1$ 이므로 H$(2,\ 0)$ 이다.
C$(2,\ |a^2-a|) \Rightarrow$ C$(2,\ a^2-a)$

$y=|a^x-a|$ 와 $y=a$ 의 교점이 C 이므로
$a^2-a=a \Rightarrow a=2\ (a>1)$ 이다.
B$(0,\ 1)$, C$(2,\ 2)$ 이므로
따라서 $\overline{BC}=\sqrt{(2-0)^2+(2-1)^2}=\sqrt{5}$ 이다.

②

① $a > 1$ 일 때,

$y = -\log_a x$ 와 $y = 1$ 의 교점이 A 이므로 A$\left(\dfrac{1}{a},\ 1\right)$ 이다.

$y = \log_a x$ 와 $y = 1$ 의 교점이 B 이므로 B$(a,\ 1)$ 이다.

C$(1,\ 0)$ 이므로

직선 AC 의 기울기 $= \dfrac{-1}{1 - \dfrac{1}{a}} = \dfrac{-a}{a - 1}$

직선 BC 의 기울기 $= \dfrac{1}{a - 1}$

두 직선 AC, BC 가 서로 수직이므로

$\dfrac{-a}{a-1} \times \dfrac{1}{a-1} = -1 \Rightarrow a = (a-1)^2 \Rightarrow a^2 - 3a + 1 = 0$

$\therefore a = \dfrac{3 + \sqrt{5}}{2}\ (a > 1)$

② $0 < a < 1$ 일 때,

$y = \log_a x$ 와 $y = 1$ 의 교점이 A 이므로 A$(a,\ 1)$ 이다.

$y = -\log_a x$ 와 $y = 1$ 의 교점이 B 이므로 B$\left(\dfrac{1}{a},\ 1\right)$ 이다.

①과 마찬가지로 식을 세우면 $a^2 - 3a + 1 = 0$ 이므로

$\therefore a = \dfrac{3 - \sqrt{5}}{2}\ (0 < a < 1)$

따라서 모든 양수 a의 값의 합은 3 이다.

답 ③

$y = \log_3 9x = \log_3 x + 2$ 이므로 $y = \log_3 x$ 위의 점 B 를
y축 방향으로 2만큼 평행이동하면 점 C 이다.

$\overline{AB} = \overline{BC} = 2$ 이므로 A $(a,\ b) \Rightarrow$ B$(a+2,\ \log_3(a+2))$

점 A 는 $y = \log_3 9x$ 위의 점이므로 $b = \log_3 9a$ 이고
점 A 와 점 B 의 y좌표가 같으므로

$\log_3 9a = \log_3 (a+2) \Rightarrow 9a = a + 2 \Rightarrow a = \dfrac{1}{4}$

$b = \log_3 9a = \log_3 \dfrac{9}{4}$ 이므로

따라서 $a + 3^b = \dfrac{1}{4} + \dfrac{9}{4} = \dfrac{5}{2}$ 이다.

답 ⑤

두 곡선 $y = f(x)$, $y = g(x)$ 가 점 P 에서
만나므로 $2^x + 1 = 2^{x+1} \Rightarrow 2^x = 1 \Rightarrow x = 0$
교점 P 의 좌표는 P$(0,\ 2)$ 이다.
서로 다른 두 점 A, B 의 중점이 P 이므로
점 A$(a,\ 2^a + 1)$, B$(b,\ 2^{b+1})$ 에서

$\dfrac{a+b}{2} = 0,\quad \dfrac{2^a + 1 + 2^{b+1}}{2} = 2$

$\Rightarrow \dfrac{2^a + 1 + 2^{-a+1}}{2} = 2 \Rightarrow 4^a - 3 \times 2^a + 2 = 0$

$\Rightarrow (2^a - 1)(2^a - 2) = 0 \Rightarrow 2^a = 1 \ \text{or} \ 2^a = 2$

$\Rightarrow a = 0 \ \text{or} \ a = 1$

① $a = 0$

$a = 0$이면 $b = 0$이므로 모순이다. ($\because a \neq b$)

② $a = 1$

$a = 1,\ b = -1$

A$(1,\ 3)$, B$(-1,\ 1)$

따라서 $\overline{AB} = \sqrt{(1+1)^2 + (3-1)^2} = \sqrt{8} = 2\sqrt{2}$ 이다.

답 ①

$f(x) = \log_2 kx = \log_2 x + \log_2 k$

$\overline{OA} = \overline{AB}$

점 A 의 x좌표를 t 라 하면 $\overline{OA} = \overline{AB}$ 이므로
점 B 의 x좌표는 $2t$ 이다.

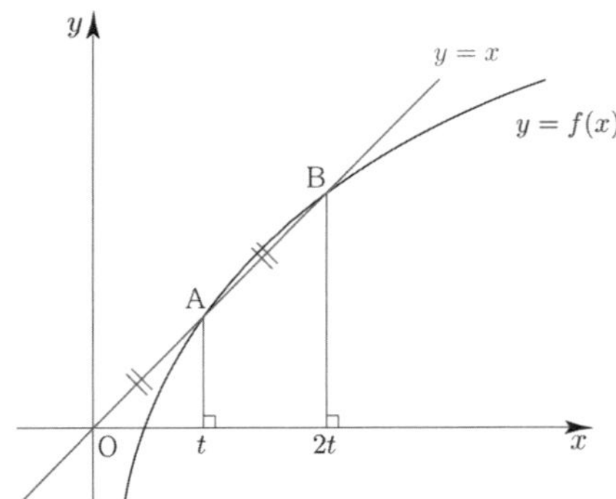

두 점 A, B는 직선 $y = x$ 위의 점이므로 A$(t,\ t)$, B$(2t,\ 2t)$
이고 두 점 A, B는 곡선 $y = f(x)$ 위의 점이기도 하므로

$f(t) = t \Rightarrow \log_2 kt = t \Rightarrow kt = 2^t$

$f(2t) = 2t \Rightarrow \log_2 2kt = 2t \Rightarrow 2kt = 2^{2t}$

위 두 식을 연립하면

$2 \times 2^t = 2^{2t} \Rightarrow 2^{t+1} = 2^{2t} \Rightarrow t+1 = 2t \Rightarrow t = 1$

$kt = 2^t \Rightarrow k \times 1 = 2^1 \Rightarrow k = 2$

$f(x) = \log_2 2x$ 이므로

$x = \log_2 2y \Rightarrow 2y = 2^x \Rightarrow y = 2^{x-1} \Rightarrow g(x) = 2^{x-1}$

따라서 $g(5) = 2^{5-1} = 16$ 이다.

$\boxed{답}$　16

076

점 P는 두 곡선 $y = \log_2(-x+k)$, $y = -\log_2 x$ 의
교점이므로

$\log_2(-x_1+k) = -\log_2 x_1 \Rightarrow -x_1 + k = \dfrac{1}{x_1}$

$\Rightarrow x_1^2 - kx_1 + 1 = 0 \ \cdots \ \bigcirc$

점 R은 두 곡선 $y = -\log_2(-x+k)$, $y = \log_2 x$ 의 교점이므로

$-\log_2(-x_3+k) = \log_2 x_3 \Rightarrow \dfrac{1}{-x_3+k} = x_3$

$\Rightarrow x_3^2 - kx_3 + 1 = 0 \ \cdots \ \bigcirc$

$\bigcirc$, $\bigcirc$에 의하여 x_1, x_3은 이차방정식 $x^2 - kx + 1 = 0$ 의 서로
다른 두 실근이다.

근과 계수의 관계에 의해 $x_1 x_3 = 1$ 이고, $x_3 - x_1 = 2\sqrt{3}$ 이므로

$(x_1 + x_3)^2 = (x_1 - x_3)^2 + 4x_1 x_3 = 12 + 4 = 16$

$x_1 + x_3 = 4 \ (\because 0 < x_1 < x_3)$

따라서 $x_1 + x_3 = 4$ 이다.

$\boxed{답}$　③

077

$y = \log_2(x-a)$ 의 그래프의 점근선은 $x = a$ 이므로

$\mathrm{A}\left(a, \ \log_2 \dfrac{a}{4}\right)$, $\mathrm{B}\left(a, \ \log_{\frac{1}{2}} a\right)$

$\Rightarrow \mathrm{A}(a, \ \log_2 a - 2)$, $\mathrm{B}(a, \ -\log_2 a)$

$\overline{\mathrm{AB}} = |\log_2 a - 2 - (-\log_2 a)|$

$\qquad = |2\log_2 a - 2| = 2|\log_2 a - 1|$

$\qquad = 2(\log_2 a - 1) \ (\because \ a > 2)$

$\overline{\mathrm{AB}} = 4 \Rightarrow 2(\log_2 a - 1) = 4 \Rightarrow \log_2 a - 1 = 2$

$\qquad \Rightarrow \log_2 a = 3 \Rightarrow a = 2^3 = 8$

따라서 $a = 8$ 이다.

$\boxed{답}$　③

078

$x < 0$ 일 때의 교점 A 의 x 좌표는 방정식
$\log_3(-2x) = \log_3(x+3)$ 의 근이므로

$-2x = x+3 \Rightarrow x = -1$

따라서 점 A 의 좌표는 $\mathrm{A}(-1, \ \log_3 2)$

$x > 0$ 일 때의 교점 B 의 x 좌표는 방정식
$\log_3 2x = \log_3(x+3)$ 의 근이므로

$2x = x+3 \Rightarrow x = 3$

따라서 점 B 의 좌표는 $\mathrm{B}(3, \ \log_3 6)$

두 점 $\mathrm{A}(-1, \ \log_3 2)$, $\mathrm{B}(3, \ \log_3 6)$ 에 대하여
직선 AB 의 기울기를 구하면

$\dfrac{\log_3 6 - \log_3 2}{3 - (-1)} = \dfrac{\log_3 3}{4} = \dfrac{1}{4}$ 이므로

점 A 를 지나고 직선 AB 와 수직인 직선의 방정식은

$y = -4(x+1) + \log_3 2$

$y = -4x - 4 + \log_3 2 \ \cdots \ \bigcirc$

직선 $\bigcirc$ 이 y 축과 만나는 점 C 의 좌표는
$\mathrm{C}(0, \ -4 + \log_3 2)$ 이다.

$\overline{\mathrm{AB}} = \sqrt{4^2 + (\log_3 6 - \log_3 2)^2} = \sqrt{17}$

$\overline{\mathrm{AC}} = \sqrt{(-1)^2 + 4^2} = \sqrt{17}$

직각삼각형 ABC 의 넓이를 S 라 하면

$S = \dfrac{1}{2} \times \overline{\mathrm{AB}} \times \overline{\mathrm{AC}} = \dfrac{1}{2} \times \sqrt{17} \times \sqrt{17} = \dfrac{17}{2}$

$\boxed{답}$　⑤

079

점 B의 좌표가 $B(0,\ 2^a)$ 이므로 $\overline{OB}=2^a$

$\overline{OB}=3\times\overline{OH} \Rightarrow \overline{OH}=\dfrac{2^a}{3}$

점 A의 x 좌표를 p 라 하면 $A\!\left(p,\ \dfrac{2^a}{3}\right)$ 이고,

점 A는 곡선 $y=2^{-x+a}$ 위의 점이므로

$2^{-p+a}=\dfrac{2^a}{3} \Rightarrow 2^{-p}=\dfrac{1}{3} \Rightarrow 2^p=3$

또한 점 A는 곡선 $y=2^x-1$ 위의 점이므로

$\dfrac{2^a}{3}=2^p-1 \Rightarrow \dfrac{2^a}{3}=2 \Rightarrow 2^a=6$ 이다.

따라서 $a=\log_2 6$ 이다.

답 ③

080

곡선 $y=\left|\log_2(-x)\right|$ 를 y축에 대하여 대칭이동하면
곡선 $y=\left|\log_2 x\right|$ 이고 이를 x 축의 방향으로 k만큼
평행이동하면 곡선 $y=\left|\log_2(x-k)\right|$ 이므로
$f(x)=\left|\log_2(x-k)\right|$ 이다.

곡선 $y=f(x)$ 와 곡선 $y=\left|\log_2(-x+8)\right|$ 이
세 점에서 만나려면 다음 그림과 같아야 한다.
(만약 절댓값 함수를 그리는 것이 힘들었다면
가이드스텝 함수 그리기 기초편을 참고하도록 하자.)

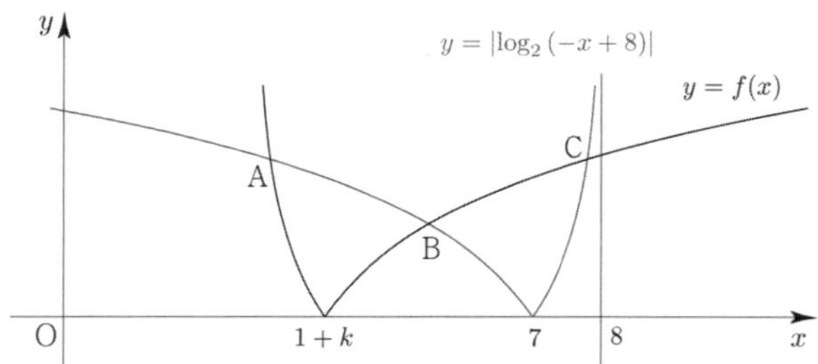

점 A의 x 좌표는 다음 방정식의 근 중 하나이다.

$-\log_2(x-k)=\log_2(-x+8) \Rightarrow \dfrac{1}{x-k}=-x+8$

$\Rightarrow x^2-(8+k)x+8k+1=0$

점 C의 x 좌표는 다음 방정식의 근 중 하나이다.

$\log_2(x-k)=-\log_2(-x+8) \Rightarrow x-k=\dfrac{1}{-x+8}$

$\Rightarrow x^2-(8+k)x+8k+1=0$

즉, 두 점 A, C의 x 좌표의 합은 근과 계수의 관계에 의해
$8+k$ 이다.

점 B의 x 좌표는 다음 방정식의 근이다.

$\log_2(x-k)=\log_2(-x+8) \Rightarrow x-k=-x+8 \Rightarrow x=4+\dfrac{k}{2}$

세 교점의 x 좌표의 합이 18 이므로

$8+k+4+\dfrac{k}{2}=18 \Rightarrow 12+\dfrac{3}{2}k=18 \Rightarrow k=4$ 이다.

답 ④

점 A에서 선분 BD에 내린 수선의 발을 E라 하자.
$\overline{AB}=6\sqrt{2}$ 이고 $\angle BAE=45^\circ$ 이므로 $\overline{AE}=\overline{BE}=6$
점 A의 x 좌표를 t 라 하면 다음과 같다.

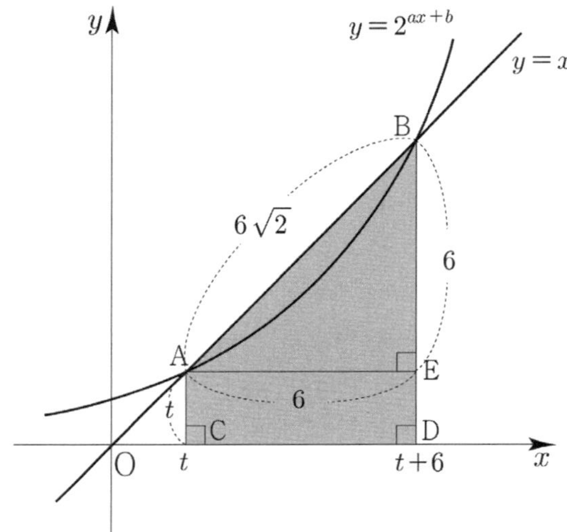

사각형 ACDB의 넓이가 30 이므로

$\dfrac{1}{2}\times\overline{CD}\times\left(\overline{AC}+\overline{BD}\right)=\dfrac{1}{2}\times6\times(t+t+6)=6t+18=30$

$\Rightarrow t=2$

점 $A(2,\ 2)$, $B(8,\ 8)$ 이므로

$2^{2a+b}=2 \Rightarrow 2a+b=1$

$2^{8a+b}=8 \Rightarrow 8a+b=3$

연립하면 $a=b=\dfrac{1}{3}$ 이다.

따라서 $a+b=\dfrac{2}{3}$ 이다.

답 ④

점 A의 x좌표를 a라 하면
$A(a,\ 1-2^{-a})$, $B(a,\ 2^a)$ 이므로
$\overline{AB}=2^a-(1-2^{-a})=2^a+2^{-a}-1$

점 C의 x좌표를 c라 하면
$C(c,\ 2^c)$, $D(c,\ 1-2^{-c})$ 이므로
$\overline{CD}=2^c-(1-2^{-c})=2^c+2^{-c}-1$

두 점 A, C의 y좌표가 같으므로
$1-2^{-a}=2^c$

즉, $\overline{CD}=(1-2^{-a})+\dfrac{1}{1-2^{-a}}-1=-2^{-a}+\dfrac{2^a}{2^a-1}$

$\overline{AB}=2\overline{CD}$

$\Rightarrow 2^a+2^{-a}-1=-2^{-a+1}+\dfrac{2^{a+1}}{2^a-1}$

$2^a=t$ 라 하면
$t+\dfrac{1}{t}-1=-\dfrac{2}{t}+\dfrac{2t}{t-1}$

$\Rightarrow \dfrac{t^2-t+1}{t}=\dfrac{2t^2-2t+2}{t(t-1)}$

$\Rightarrow (t^2-t+1)(t-1)=2(t^2-t+1)$

$\Rightarrow (t-3)(t^2-t+1)=0$

$\Rightarrow t=3$

$2^a=3 \Rightarrow a=\log_2 3$

$1-2^{-a}=2^c \Rightarrow \dfrac{2}{3}=2^c \Rightarrow c=\log_2\dfrac{2}{3}$

$a-c=\log_2 3-\log_2\dfrac{2}{3}=\log_2\dfrac{9}{2}=2\log_2 3-1$

$\overline{AB}+\overline{CD}=3\overline{CD}=3(2^c+2^{-c}-1)=3\left(\dfrac{2}{3}+\dfrac{3}{2}-1\right)=\dfrac{7}{2}$

따라서 사각형 ABCD의 넓이는
$\dfrac{1}{2}\times\overline{AC}\times(\overline{AB}+\overline{CD})=\dfrac{1}{2}\times(2\log_2 3-1)\times\dfrac{7}{2}$

$$=\dfrac{7}{2}\log_2 3-\dfrac{7}{4}$$

이다.

답 ③

083

두 점 A, B의 좌표를 각각 $(x_1,\ y_1)$, $(x_2,\ y_2)$ 라 하자.
$-\log_2(-x)=\log_2(x+2a) \Rightarrow \log_2(x+2a)+\log_2(-x)=0$

$\Rightarrow \log_2\{-x(x+2a)\}=0 \Rightarrow -x(x+2a)=1$

$\Rightarrow x^2+2ax+1=0 \cdots$ ㉠

㉠의 두 실근이 $x_1,\ x_2$ 이므로 근과 계수의 관계에 의해
$x_1+x_2=-2a,\ x_1 x_2=1$ 이다.

이때 $y_1+y_2=-\log_2(-x_1)-\log_2(-x_2)$

$$=-\log_2 x_1 x_2=-\log_2 1=0$$

이므로 선분 AB의 중점의 좌표는 $\left(-\dfrac{2a}{2},\ 0\right) \Rightarrow (-a,\ 0)$
이다. 선분 AB의 중점이 직선 $4x+3y+5=0$ 위에 있으므로
$-4a+5=0 \Rightarrow a=\dfrac{5}{4}$ 이고, 이를 ㉠에 대입하면

$x^2+\dfrac{5}{2}x+1=0 \Rightarrow 2x^2+5x+2=0 \Rightarrow (x+2)(2x+1)=0$

$\Rightarrow x=-2 \text{ or } x=-\dfrac{1}{2}$

즉, 두 교점의 좌표는 $(-2,\ -1)$, $\left(-\dfrac{1}{2},\ 1\right)$ 이다.

따라서 $\overline{AB}=\sqrt{\left(\dfrac{3}{2}\right)^2+2^2}=\dfrac{5}{2}$ 이다.

답 ⑤

084

점 A의 좌표는 $(k,\ 2^{k-1}+1)$ 이고 $\overline{AB}=8$ 이므로
점 B의 좌표는 $(k,\ 2^{k-1}-7)$ 이다.
직선 BC의 기울기가 -1 이고 $\overline{BC}=2\sqrt{2}$ 이므로 두 점
B, C의 x좌표의 차와 y좌표의 차는 모두 2 이다.
즉, 점 C의 좌표는 $(k-2,\ 2^{k-1}-5)$ 이다.

점 C는 곡선 $y=2^{x-1}+1$ 위의 점이므로
$2^{k-3}+1=2^{k-1}-5 \Rightarrow \dfrac{1}{2}\times 2^k-\dfrac{1}{8}\times 2^k=6$

$\Rightarrow 2^k=16 \Rightarrow k=4$
즉, A(4, 9), B(4, 1), C(2, 3) 이다.
점 B가 곡선 $y=\log_2(x-a)$ 위의 점이므로
$1=\log_2(4-a) \Rightarrow 4-a=2 \Rightarrow a=2$ 이다.

점 D의 x좌표는 $x-2=1 \Rightarrow x=3$

사각형 ACDB의 넓이는 두 삼각형 ACB, CDB의 넓이의
합과 같고, $\overline{BC} \perp \overline{BD}$ 이다.

따라서 사각형 ACDB의 넓이는

$$\frac{1}{2} \times 8 \times 2 + \frac{1}{2} \times 2\sqrt{2} \times \sqrt{2} = 10 \text{이다.}$$

답 ⑤

085

A에서 점 B를 지나고 y축에 평행한 직선에 내린 수선의 발을
D라 하자.

직선 l의 기울기가 $\dfrac{1}{2}$이므로 $\overline{BD} = x$라 하면

$\overline{AD} = 2x$, $\overline{BD} = x$ 이고 $\overline{AB} = 2\sqrt{5}$ 이므로 $x=2$ 이다.
점 A의 x좌표를 t라 하면 점 D의 x좌표는 $t+4$ 이다.

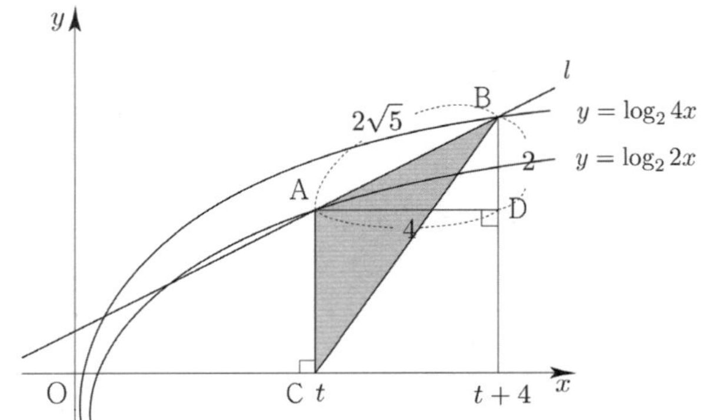

점 A의 y좌표는 $\log_2 2t$ 이고,
점 B의 y좌표는 $\log_2 4(t+4)$ 이므로
$$\log_2 2t + 2 = \log_2 4(t+4) \Rightarrow \log_2 8t = \log_2(4t+16)$$

$$\Rightarrow 4t = 16 \Rightarrow t = 4 \Rightarrow \overline{AC} = \log_2 8 = 3$$

따라서 삼각형 ACB의 넓이는
$$\frac{1}{2} \times \overline{AC} \times \overline{AD} = \frac{1}{2} \times 3 \times 4 = 6 \text{이다.}$$

다르게 풀어보자.

두 점 A, B의 좌표를 각각
A$(a,\ \log_2 2a)$, B$(b,\ \log_2 4b)$ $(a<b)$ 라 하자.

직선 AB의 기울기가 $\dfrac{1}{2}$ 이므로

$$\frac{\log_2 4b - \log_2 2a}{b-a} = \frac{1}{2} \Rightarrow \log_2 4b - \log_2 2a = \frac{1}{2}(b-a) \text{이다.}$$

$$\overline{AB} = \sqrt{(b-a)^2 + (\log_2 4b - \log_2 2a)^2}$$

$$= \sqrt{(b-a)^2 + \frac{1}{4}(b-a)^2}$$

$$= \frac{\sqrt{5}}{2} \times (b-a) = 2\sqrt{5}$$

즉, $b-a=4$ $\cdots$ ㉠이다.

$$\log_2 4b - \log_2 2a = \frac{1}{2}(b-a) \Rightarrow \log_2 4b - \log_2 2a = 2$$

$$\Rightarrow \log_2 \frac{2b}{a} = 2 \Rightarrow \frac{2b}{a} = 4$$

즉, $b=2a$ $\cdots$ ㉡이다.

㉠, ㉡에 의해 $a=4$, $b=8$이므로
A$(4,\ 3)$, B$(8,\ 5)$, C$(4,\ 0)$ 이다.

따라서 삼각형 ACB의 넓이는 $\dfrac{1}{2} \times 3 \times 4 = 6$ 이다.

답 ⑤

086

직선 l의 기울기가 1이므로 직선 l과 두 직선
$x=b$, $y=\log_2 a$로 둘러싸인 부분은 직각이등변삼각형
이다. 직각이등변삼각형의 넓이가 2이므로 밑변과 높이는
모두 2로 동일하다.

A$(a,\ \log_2 a)$, B$(b,\ \log_2 b)$ 이므로
직각삼각형의 밑변의 길이는 $b-a=2$ 이고
높이는 $\log_2 b - \log_2 a = \log_2 \dfrac{b}{a} = 2$ 이다.

> **Tip**
>
> 여기서 조심해야 할 부분은 높이인데
> $\log_2 b + \log_2 a$ 가 아닌 이유는 $\log_2 a$ 가 음수이기 때문이다.
> 길이이므로 $\log_2 b$에 $-\log_2 a$를 더해줘야 한다.

$b-a=2$, $b=4a$ 를 연립하면 $a=\dfrac{2}{3}$, $b=\dfrac{8}{3}$ 이다.

따라서 $a+b = \dfrac{10}{3}$ 이다.

답 ⑤

087

점 P와 점 Q의 x좌표의 비가 $1:2$이므로
P의 x좌표를 t, Q의 x좌표를 $2t$라 두자.

$y=k\cdot 3^x$의 그래프가 $y=3^{-x}$, $y=-4\cdot 3^x+8$의
그래프와 만나는 점을 각각 P, Q라 했으므로
$k\times 3^t=3^{-t}$, $-4\times 3^{2t}+8=k\times 3^{2t}$ 이다.

$k\times 3^t=3^{-t} \Rightarrow k\times 3^{2t}=1$ 이므로
$-4\times 3^{2t}+8=1 \Rightarrow \dfrac{7}{4}=3^{2t}$

따라서 $k=\dfrac{4}{7} \Rightarrow 35k=20$ 이다.

답   20

$g(f(x))=x$는 $f(x)$와 $g(x)$가 서로 역함수 관계를
나타내는 식이므로
$f(x)=2^{-x+a}+1$를 $y=x$에 대하여 대칭하면
$x \rightarrow y,\ y \rightarrow x$

$x=2^{-y+a}+1 \Rightarrow x-1=2^{-y+a} \Rightarrow \log_2(x-1)=-y+a$
$\Rightarrow g(x)=-\log_2(x-1)+a$
$g(9)=-2$이므로 $-2=-\log_2 8+a \Rightarrow a=1$
따라서 $g(17)=-\log_2 16+1=-3$ 이다.

답   ③

$y=\log_3 x$의 그래프를 x축의 방향으로 a만큼,
y축의 방향으로 2만큼 평행이동하면 $f(x)$
$x \rightarrow x-a,\ y \rightarrow y-2$
$f(x)=\log_3(x-a)+2$이므로
$f(x)$를 $y=x$에 대하여 대칭하면
$x \rightarrow y,\ y \rightarrow x$

$x=\log_3(y-a)+2 \Rightarrow x-2=\log_3(y-a)$
$\Rightarrow y=3^{x-2}+a$
따라서 $a=4$ 이다.

답   ④

$y=\log_3(5x-3)$ 위의 서로 다른 두 점 A, B
(가) 세 점 O, A, B는 한 직선 위에 있다.
(나) $\overline{OA}:\overline{OB}=1:2$
에 의해서 $\overline{OA}=\overline{AB}$이므로 점 A의 x좌표를 t라 하면
B의 x좌표는 $2t$이다.

$A(t,\ \log_3(5t-3)),\ B(2t,\ \log_3(10t-3))$
점 O와 B의 중점이 A이므로
$\log_3(10t-3)=2\log_3(5t-3) \Rightarrow 10t-3=(5t-3)^2$
$\Rightarrow 25t^2-40t+12=0 \Rightarrow (5t-6)(5t-2)=0$
$\Rightarrow t=\dfrac{6}{5}\ \left(\because\ t>\dfrac{3}{5}\right)$

따라서 직선 AB의 기울기는 $\dfrac{\log_3 9-\log_3 3}{\dfrac{12}{5}-\dfrac{6}{5}}=\dfrac{1}{\dfrac{6}{5}}=\dfrac{5}{6}$

이므로 $p+q=11$ 이다.

답   11

$y=2$가 두 곡선 $y=\log_2 4x$, $y=\log_2 x$와 만나는 점을
각각 A, B라 하자. $\Rightarrow$ A$(1,\ 2)$, B$(4,\ 2)$

$y=k(k>2)$가 두 곡선 $y=\log_2 4x$, $y=\log_2 x$와
만나는 점을 각각 C, D라 하자. $\Rightarrow$ C$\left(\dfrac{1}{4}\times 2^k,\ k\right)$, D$\left(2^k,\ k\right)$

점 B를 지나고 y축과 평행한 직선이 직선 CD와 만나는
점을 E $\Rightarrow$ E의 x좌표는 4이다.

점 E는 선분 CD를 $1:2$로 내분하므로
점 E의 x좌표로 식을 세우면

$\dfrac{2C+D}{3}=E \Rightarrow \dfrac{\dfrac{1}{2}\times 2^k+2^k}{3}=4 \Rightarrow \dfrac{3}{2}\times 2^k=12$
$\Rightarrow k=3$

$\overline{AB}=3$, $\overline{CD}=6$이므로
따라서 $S=\dfrac{1}{2}\times(\overline{AB}+\overline{CD})\times(k-2)=\dfrac{1}{2}\times(3+6)=\dfrac{9}{2}$
이고 $12S=54$ 이다.

답   54

092

점 $A(4, 0)$ 을 지나고 y 축에 평행한 직선이 곡선
$y=\log_2 x$ 와 만나는 점을 B라 하자. $\Rightarrow$ B$(4, 2)$

점 B 을 $y=x$ 에 대하여 대칭이동한 점을 B$'$ 라 하면
B$'(2, 4)$ 이고 B$'$ 는 $y=2^x$ 위에 있다.
($y=\log_2 x$ 와 $y=2^x$ 는 서로 역함수 관계)

$y=2^{x+1}+1$ 은 $y=2^x$ 를 x 축의 방향으로 -1 만큼
y 축의 방향으로 1 만큼 평행이동하여 구할 수 있다.
두 점 B$'$, C는 기울기가 -1 인 직선 위에 있으므로
점 B$'$ 를 x 축의 방향으로 -1 만큼, y 축의 방향으로 1 만큼
평행이동하면 C 이다.

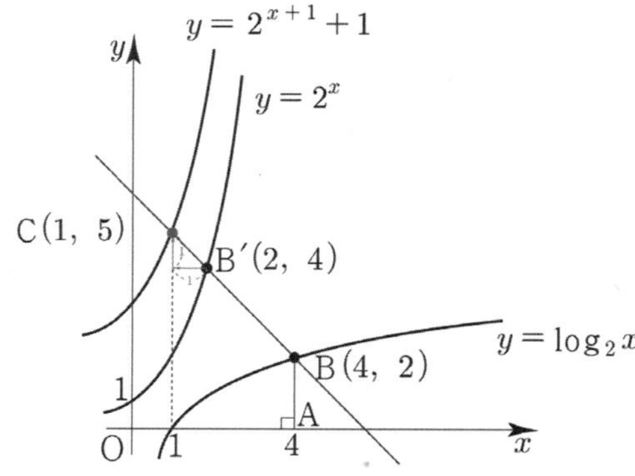

따라서 점 C$(1, 5)$ 이다.

물론 기울기가 -1 이고 B$(4, 2)$ 를 지나는 직선의 방정식
$y=-x+6$ 을 구한 후 방정식 $2^{x+1}+1=-x+6$ 을
세워 점 C 의 x 좌표를 구할 수도 있다.
$2^{x+1}+1=-x+6 \Rightarrow 2^{x+1}+x=5 \Rightarrow x=1$

> **Tip**
>
> 지수함수와 다항함수의 교점은 대입으로 구할 수밖에 없다.

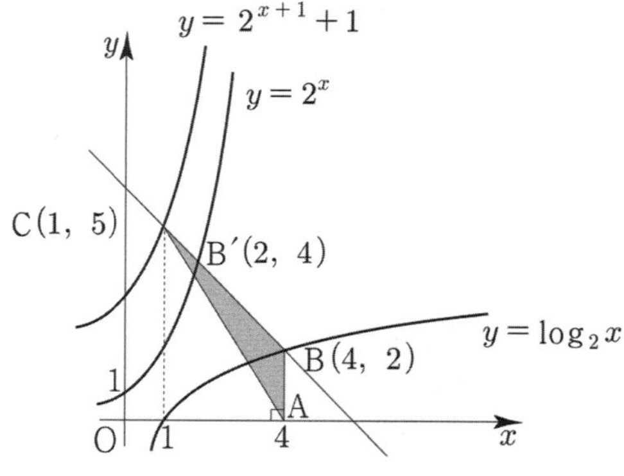

따라서 삼각형 ABC 의 넓이는 $\dfrac{1}{2}\times 2\times 3=3$ 이다.

$$\boxed{\text{답}} \quad ①$$

093

곡선 $y=\log_{\sqrt{2}}(x-a)$ 와 직선 $y=\dfrac{1}{2}x$ 가 만나는 점 중
한 점을 A 라 하고, 점 A 를 지나고 기울기가 -1 인 직선이
곡선 $y=(\sqrt{2})^x+a$ 와 만나는 점을 B 라 하자.

$y=\log_{\sqrt{2}}(x-a)$ 와 $y=(\sqrt{2})^x+a$ 는 서로 역함수 관계
이므로 ($y=x$ 에 대하여 대칭)
점 A$(2t, t)$ 라 하면 점 B$(t, 2t)$ 다.
$y=x$ 와 직선 AB 와 만나는 교점을 C 라 하면
C$\left(\dfrac{3}{2}t, \dfrac{3}{2}t\right)$ 이다.

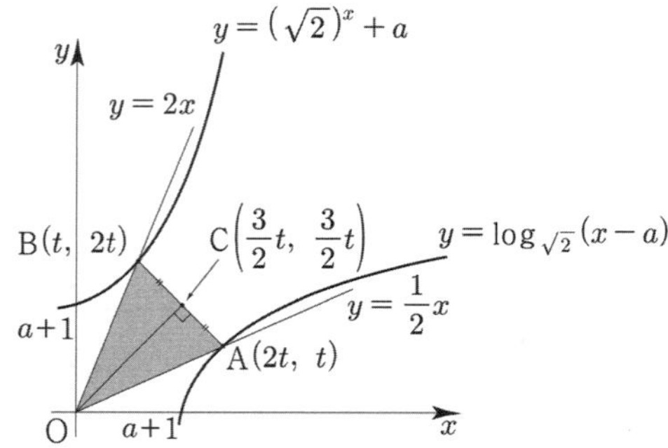

$\overline{AB}=\sqrt{(2t-t)^2+(t-2t)^2}=\sqrt{2}\,t$

$\overline{OC}=\sqrt{\left(\dfrac{3}{2}t-0\right)^2+\left(\dfrac{3}{2}t-0\right)^2}=\sqrt{\dfrac{9}{2}t^2}=\dfrac{3}{\sqrt{2}}t$

삼각형 OAB 의 넓이는
$\dfrac{1}{2}\times\overline{AB}\times\overline{OC}=\dfrac{1}{2}\times\sqrt{2}\,t\times\dfrac{3}{\sqrt{2}}t=\dfrac{3}{2}t^2=6$ 이다.
따라서 $t=2\ (t>0)$ 이다.
$y=\log_{\sqrt{2}}(x-a)$ 가 점 A$(4, 2)$ 를 지나므로
$2=\log_{\sqrt{2}}(4-a) \Rightarrow 2=2\log_2(4-a) \Rightarrow a=2$ 이다.

$$\boxed{\text{답}} \quad ④$$

$0<a<\dfrac{1}{2}$ 인 상수 a 에 대하여
$y=x$ 가 $y=\log_a x$ 와 만나는 점을 (p, p),
$y=x$ 가 $y=\log_{2a} x$ 와 만나는 점을 (q, q) 라 하자.

ㄱ. $p=\dfrac{1}{2}$ 이면 $a=\dfrac{1}{4}$ 이다.

$\log_a\dfrac{1}{2}=\dfrac{1}{2} \Rightarrow \dfrac{1}{2}=a^{\frac{1}{2}} \Rightarrow \dfrac{1}{4}=a$

따라서 ㄱ은 참이다.

ㄴ. $p < q$

그래프를 그려보면 아래와 같으므로 ㄴ은 참이다.

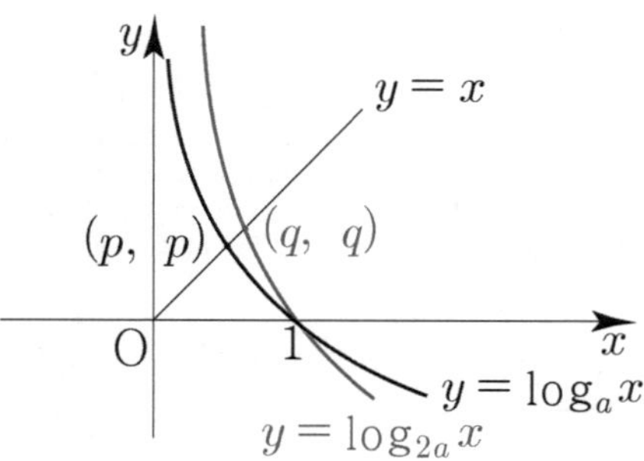

ㄷ. $a^{p+q} = \dfrac{pq}{2^q}$

$\log_a p = p \Rightarrow p = a^p$

$\log_{2a} q = q \Rightarrow q = (2a)^q \Rightarrow q = 2^q \times a^q \Rightarrow \dfrac{q}{2^q} = a^q$

따라서 $a^p \times a^q = a^{p+q} = \dfrac{pq}{2^q}$ 이므로 ㄷ은 참이다.

답 ⑤

095

ㄱ. $0 < a < 1$ 이면 $f(a) < a$ 이다.

아래 그림과 같으므로 ㄱ은 참이다.

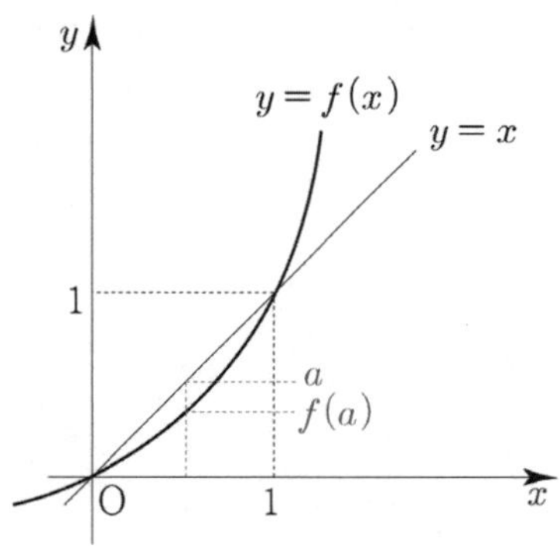

ㄴ. $b - a < 2^b - 2^a$

양변에 $\dfrac{1}{b-a}$ 를 곱하면

($0 < a < b$ 이므로 부등호 방향은 변하지 않는다.)

$1 < \dfrac{2^b - 2^a}{b-a} = \dfrac{2^b - 1 - (2^a - 1)}{b-a} = \dfrac{f(b) - f(a)}{b-a}$ 이므로

$\dfrac{2^b - 2^a}{b-a}$ 는 두 점 $(a,\ f(a)),\ (b,\ f(b))$ 을 지나는 직선의

기울기로 볼 수 있다.

다음 그림과 같은 경우는 $\dfrac{2^b - 2^a}{b-a} < 1$ 이므로

ㄴ은 거짓이다.

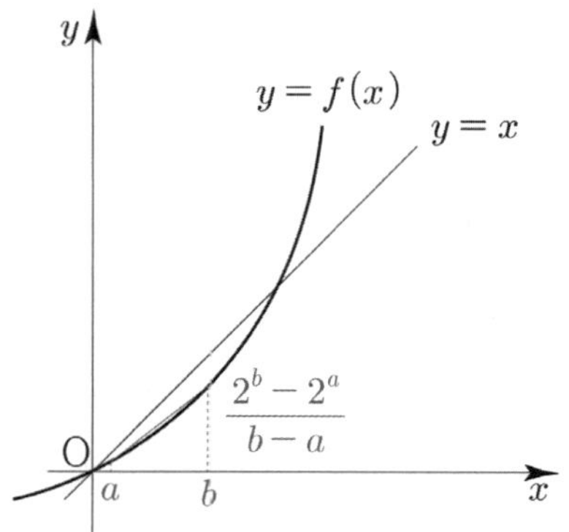

Tip

ㄴ에서

$$1 < \frac{2^b - 2^a}{b-a} = \frac{2^b - 1 - (2^a - 1)}{b-a} = \frac{f(b) - f(a)}{b-a}$$

와 같은 사고(식을 변형해서 기울기로 보는 사고)는
2019학년도 고3 9월 평가원 가형 20번 보기 ㄷ에서도
사용되었다. 만약 미적분을 선택한 학생이라면 풀어보길 권한다.

ㄷ. $b(2^a - 1) < a(2^b - 1)$

양변에 $\dfrac{1}{ab}$ 를 곱하면 $\dfrac{2^a - 1}{a} < \dfrac{2^b - 1}{b}$ 이므로

$\dfrac{f(a)}{a} < \dfrac{f(b)}{b}$ 와 같다.

$\dfrac{f(a)}{a}$ 는 두 점 $(0,\ 0),\ (a,\ f(a))$ 을 지나는 직선의

기울기로 볼 수 있다.

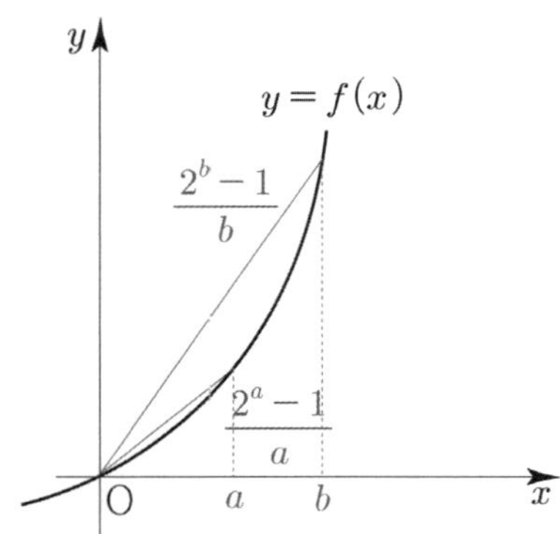

따라서 ㄷ은 참이다.

답 ③

ㄱ. $\dfrac{\log_2 x}{x} < 1$

양변에 x를 곱하면 $\log_2 x < x$ 이다. ($\because x > 0$)

$y = \log_2 x$ 는 $y = x$ 보다 항상 아래에 있으므로

ㄱ은 참이다.

ㄴ. $\dfrac{\log_2 x}{x-1} < 1$ $(x \neq 1)$

$\dfrac{\log_2 x}{x-1}$ 는 두 점 $(x,\ \log_2 x)$, $(1,\ 0)$ 을 지나는 직선의

기울기로 볼 수 있다. 아래 그림과 같은 경우는

$\dfrac{\log_2 x}{x-1} > 1$ 이므로 ㄴ은 거짓이다.

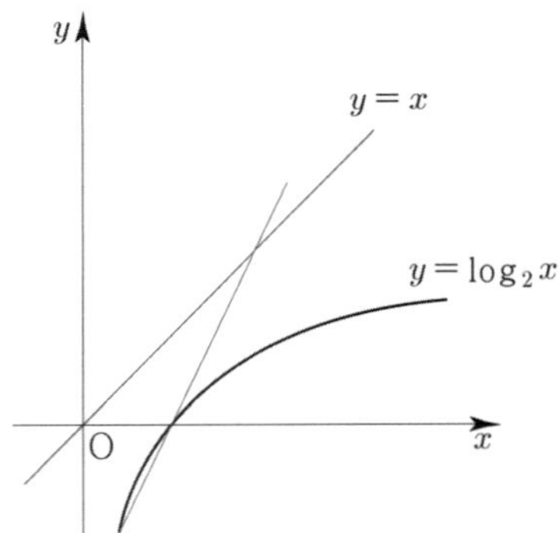

물론 $x = \dfrac{1}{2}$ 일 때, 반례로 거짓을 판단할 수 있다.

ㄷ. $\dfrac{\log_2 (x+1)}{x} < 1$ $(x \neq 0)$

(반례) $x = 1$ 일 때, $\dfrac{\log_2 2}{1} = 1$ 이므로 ㄷ은 거짓이다.

만약 ㄷ을 기울기로 봤다면?

$\dfrac{\log_2 (x+1)}{x}$ 를 $\log_2 (x+1)$ 위의 점과 원점 사이의

기울기로 해석하여 ㄷ을 판단하기 위해서는

$y = \log_2 (x+1)$ 과 $y = x$ 의 위치 관계를 알아야 한다.

이를 위해서는 $\log_2 (x+1)$ 의 $(0,\ 0)$ 에서의 접선의 기울기와

1를 비교해봐야 한다. 그러나 이는 미적분 범위이므로 ㄷ은

대입하여 반례로 가볍게 처리하고 넘어가도록 하자.

물론 대충 그려도 극단적인 상황을 가정하면 기울기로 ㄷ을

판단하는데 큰 지장은 없지만 대입으로 처리하고 넘어가도록

하자.

답 ①

두 곡선 $y = 2^x$, $y = \log_3 x$ 와 직선 $y = -x + 5$ 가 만나는

점을 각각 $\mathrm{A}(a_1,\ a_2)$, $\mathrm{B}(b_1,\ b_2)$ 라 하자.

지수함수와 로그함수 단원에서 역함수 관계는 출제자입장에서

매우 매력적인 소재이다.

(참고로 교육과정에서 로그함수를 설명할 때, 지수함수의

역함수로 설명한다.)

$y = 2^x$ 의 역함수 $y = \log_2 x$ 를 활용해보자.

문제의 그림에서 $y = \log_2 x$ 를 추가해서 그리면

아래 그림과 같다.

$\mathrm{A}(a_1,\ a_2)$ 이므로 $y = \log_2 x$ 와 $y = -x + 5$ 가

만나는 점을 A' 라 하면 $\mathrm{A}'(a_2,\ a_1)$ 이다.

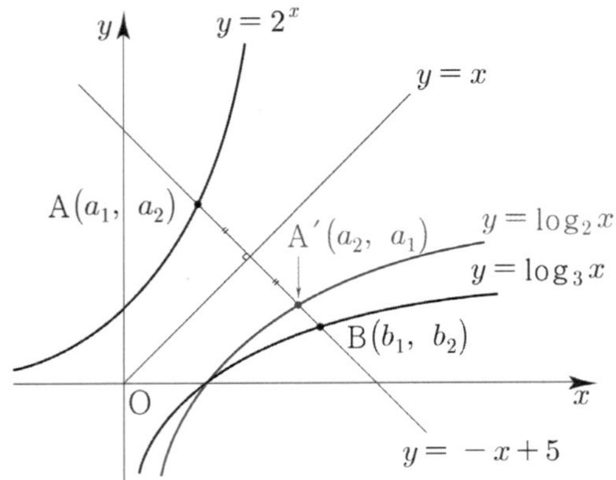

ㄱ. $a_1 > b_2$

점 A' 의 y좌표와 점 B 의 y좌표를 비교하면

ㄱ은 참이다.

ㄴ. $a_1 + a_2 = b_1 + b_2$

점 A 와 점 B 는 모두 $y = -x + 5$ 위에 있으므로

$a_1 + a_2 = b_1 + b_2 = 5$ 이다. 따라서 ㄴ은 참이다.

ㄷ. $\dfrac{a_1}{a_2} < \dfrac{b_2}{b_1}$

$\dfrac{a_1}{a_2}$ 은 두 점 $(0,\ 0)$, $(a_2,\ a_1)$ 를 지나는 직선의 기울기로

볼 수 있다. 즉, 직선 OA' 의 기울기와 직선 OB 의

기울기를 비교하는 것이므로 ㄷ은 거짓이다.

답 ③

점 A의 x좌표를 t라 두면 점 $A(t,\ 2^{t-1}+1)$ 이다.

A와 B는 직선 $y=x$에 대하여 대칭이므로
$A(t,\ 2^{t-1}+1) \Rightarrow B(2^{t-1}+1,\ t)$

점 B는 $y=\log_2(x+1)$ 위의 점이므로
$t=\log_2(2^{t-1}+2) \Rightarrow 2^{t-1}+2=2^t \Rightarrow 2=2^t-2^{t-1}$

$\Rightarrow 2=2^{t-1}(2-1) \Rightarrow t=2$

즉, $A(2,\ 3)$, $B(3,\ 2)$

직선 AC는 x축과 평행하므로 점 C의 y좌표는 3이다.
$\Rightarrow C(7,\ 3)$

삼각형 ABC의 무게중심의 좌표는
$\left(\dfrac{2+3+7}{3},\ \dfrac{3+2+3}{3}\right)=\left(\dfrac{12}{3},\ \dfrac{8}{3}\right)$ 이므로

따라서 $p+q=\dfrac{20}{3}$ 이다.

답 ⑤

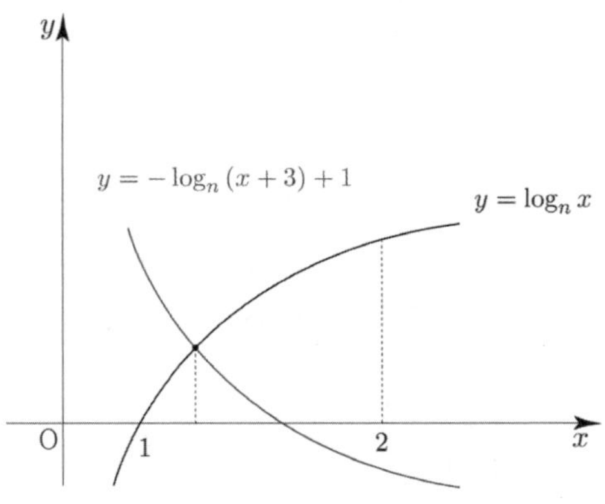

099

교점의 x좌표가 1보다 크려면
$-\log_n 4+1>0 \Rightarrow 1>\log_n 4 \Rightarrow n>4$

교점의 x좌표가 2보다 작으려면
$\log_n 2 > -\log_n 5+1 \Rightarrow \log_n 10>1 \Rightarrow n<10$

따라서 모든 n의 값의 합은 $5+6+7+8+9=35$ 이다.

답 ②

$16^x=2^{4x}$, $A(64,\ 2^{64})$
$2^{4x}=2^{64} \Rightarrow x=16$ 이므로 P_1의 x좌표는 16이다.
$P_1(16,\ 2^{64})$, $Q_1(16,\ 2^{16})$

마찬가지 방법으로 P_n, Q_n을 구하면 다음과 같다.
$P_2(4,\ 2^{16})$, $Q_2(4,\ 2^4)$
$P_3(1,\ 2^4)$, $Q_3(1,\ 2)$

이므로 x_n은 첫째항이 16이고 공비가 $\dfrac{1}{4}$인 등비수열과

같다. 즉, $x_n=16\left(\dfrac{1}{4}\right)^{n-1}$ 이다.

$x_n<\dfrac{1}{k} \Rightarrow 16\left(\dfrac{1}{4}\right)^{n-1}<\dfrac{1}{k} \Rightarrow \left(\dfrac{1}{4}\right)^{n-3}<\dfrac{1}{k}$

$\Rightarrow n-3>\log_{\frac{1}{4}}\dfrac{1}{k} \Rightarrow n-3>\log_4 k$

$\Rightarrow n>\log_4 k+3$

$n>\log_4 k+3$을 만족시키는 n의 최솟값이 6이 되려면
$5\le \log_4 k+3<6 \Rightarrow 2\le \log_4 k<3 \Rightarrow 16\le k<64$ 이다.

따라서 주어진 조건을 만족시키는 자연수 k의 개수는
$64-16=48$ 이다.

답 ①

$\overline{PQ}=\sqrt{5}$ 이고, 직선 PQ의 기울기가 2이므로
보조선을 그으면 다음 그림과 같다.

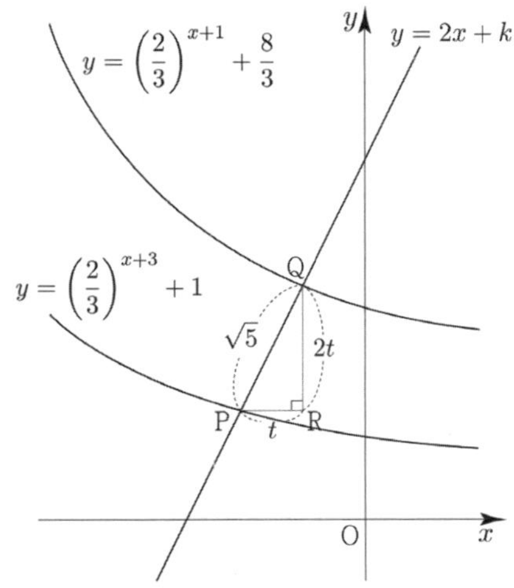

$$\overline{PR}^2 + \overline{QR}^2 = \overline{PQ}^2$$

$$\Rightarrow t^2 + 4t^2 = 5 \Rightarrow 5t^2 = 5 \Rightarrow t = 1 \; (\because t > 0)$$

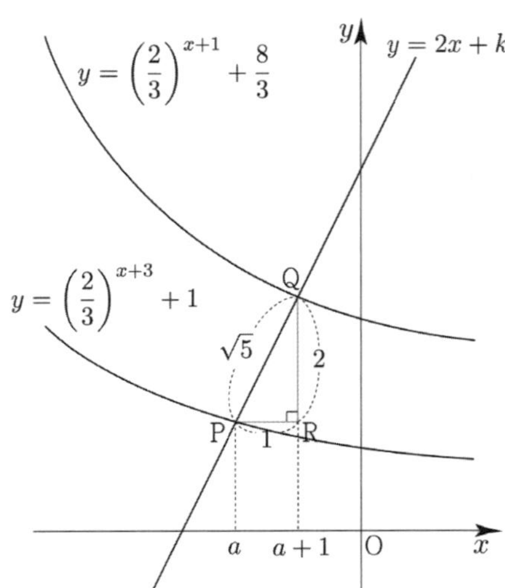

점 P 의 x 좌표를 a 라 하면 점 Q 의 x 좌표는 $a+1$ 이고,
(점 P 의 y 좌표) $+\,2\,=\,$ (점 Q 의 y 좌표)이므로

$$\left(\frac{2}{3}\right)^{a+3} + 1 + 2 = \left(\frac{2}{3}\right)^{a+2} + \frac{8}{3}$$

$$\Rightarrow \frac{1}{3} = \left(\frac{2}{3}\right)^{a+2} - \left(\frac{2}{3}\right)^{a+3} \Rightarrow \frac{1}{3} = \left(\frac{2}{3}\right)^{a+2}\left(1 - \frac{2}{3}\right)$$

$$\Rightarrow 1 = \left(\frac{2}{3}\right)^{a+2} \Rightarrow a = -2$$

직선 $y = 2x + k$ 가 점 $P\left(-2,\ \dfrac{5}{3}\right)$ 를 지나므로

$$-4 + k = \frac{5}{3} \Rightarrow k = \frac{17}{3} \text{ 이다.}$$

답 ④

〈잘못된 사고과정〉
문제를 보자마자 어? 이거 training-1step 043번에서
했었는데! 개꿀~

함수 $y = \left(\dfrac{2}{3}\right)^{x+1} + \dfrac{8}{3}$ 의 그래프는

함수 $y = \left(\dfrac{2}{3}\right)^{x+3} + 1$ 의 그래프를 x 축의 방향으로

2 만큼, y 축의 방향으로 $\dfrac{5}{3}$ 만큼 평행이동한 것이니

training-1step 043번과 마찬가지로

$\overline{PR} = 2$, $\overline{QR} = \dfrac{5}{3}$ 아닐까? 라고 판단할 수 있다.

하지만 이는 잘못된 판단이다.

training-1step 043번 해설에서도 명시했듯이

043번에서는 <u>기울기가 맞아 떨어졌기</u>에 가능했지만

이 문제에서는 $\dfrac{\overline{QR}}{\overline{PR}} = \dfrac{\frac{5}{3}}{2} = \dfrac{5}{6} \neq 2$ 이므로

기울기가 같지 않아 성립하지 않는다.
초기접근에서 그렇게 생각할 수는 있으나
기울기를 확인해본 뒤 빠져나오는 것이 바람직하다.
만약 빠져나오지 않았다면 반성하도록 하자.
물론 기울기뿐만 아니라 $\overline{PQ} = \sqrt{5}$ 도 만족시키지 않는다.

102

$\dfrac{1}{4} < a < 1$ 이므로 $1 < 4a < 4$

두 곡선 $y = \log_a x$, $y = \log_{4a} x$ 을 그리면

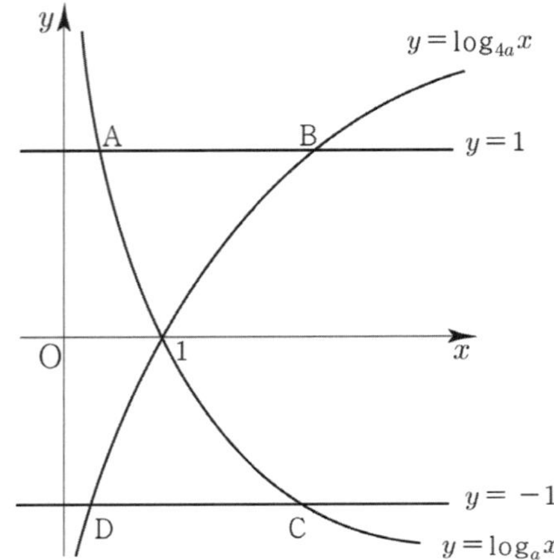

$$A(a,\ 1),\ B(4a,\ 1),\ C\left(\frac{1}{a},\ -1\right),\ D\left(\frac{1}{4a},\ -1\right)$$

ㄱ. 선분 AB 를 $1 : 4$ 로 외분하는 점은

$$\frac{4A - B}{4 - 1} = \frac{4A - B}{3} \text{ 이므로}$$

$$\left(\frac{4a - 4a}{3},\ \frac{4 - 1}{3}\right) \Rightarrow (0,\ 1)$$

따라서 ㄱ은 참이다.

외분점을 구하는 것이 낯설었다면
아래강의를 참고하도록 하자.
내분점과 외분점 강의 (19분)
https://youtu.be/kAYtpoXFh24

ㄴ. 사각형 ABCD 가 직사각형이라면

점 A 의 x좌표와 점 D 의 x좌표가 같아야 한다.

$a = \dfrac{1}{4a} \Rightarrow a = \dfrac{1}{2}\ \left(\because \dfrac{1}{4} < a < 1\right)$

따라서 ㄴ은 참이다.

ㄷ. $\overline{AB} < \overline{CD} \Rightarrow 4a - a < \dfrac{1}{a} - \dfrac{1}{4a} \Rightarrow 3a < \dfrac{3}{4a}$

$\Rightarrow a^2 < \dfrac{1}{4} \Rightarrow -\dfrac{1}{2} < a < \dfrac{1}{2}$

$\dfrac{1}{4} < a < 1$ 이므로 $\dfrac{1}{4} < a < \dfrac{1}{2}$ 이다.

따라서 ㄷ은 거짓이다.

답 ③

103

$y = \log_2 4x = \log_2 x + 2$ 이므로 정삼각형의 한 변의 길이는
2이다. $(\because \overline{AC} = 2)$ 점 B 에서 선분 AC 에 내린 수선의
발을 D 라 할 때, 정삼각형의 높이 $\overline{BD} = \sqrt{3}$ 이다.

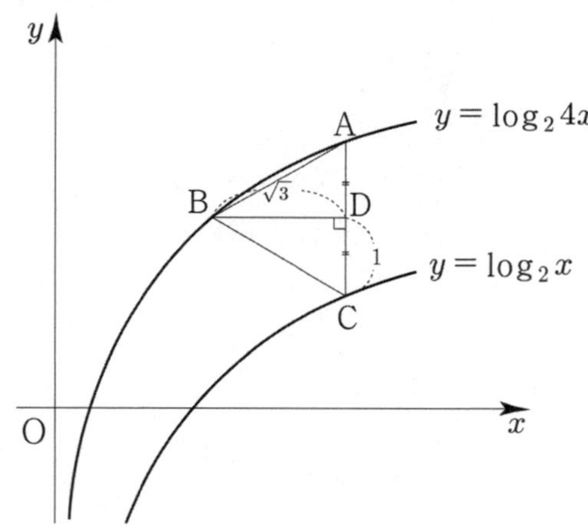

점 C 의 x좌표를 t 라 하면
$C(t,\ \log_2 t) \Rightarrow D(t,\ \log_2 t + 1)$

$\overline{BD} = \sqrt{3}$ 이므로 점 B 의 x좌표는 $t - \sqrt{3}$ 이므로
$B(t - \sqrt{3},\ \log_2 4(t - \sqrt{3}))$ 이다.

점 D 와 점 B 의 y좌표가 같으므로
$\log_2 4(t - \sqrt{3}) = \log_2 t + 1$

$\Rightarrow 4t - 4\sqrt{3} = 2t \Rightarrow t = 2\sqrt{3}$
따라서 $B(\sqrt{3},\ \log_2 4\sqrt{3})$ 이므로
$p^2 \times 2^q = 3 \times 2^{\log_2 4\sqrt{3}} = 12\sqrt{3}$ 이다.

답 ③

104

점 A_n, 점 B_n 의 x좌표를 각각 a_n, b_n $(a_n < b_n)$ 라 하면
$A_n(a_n,\ 2^{a_n})$, $B_n(b_n,\ 2^{b_n})$

중심이 직선 $y = x$ 위에 있고 두 점 A_n, B_n 을 지나는
원이 곡선 $y = \log_2 x$ 와 만나는 두 점 중 x좌표가 더 큰
점을 C_n 이라 하자.

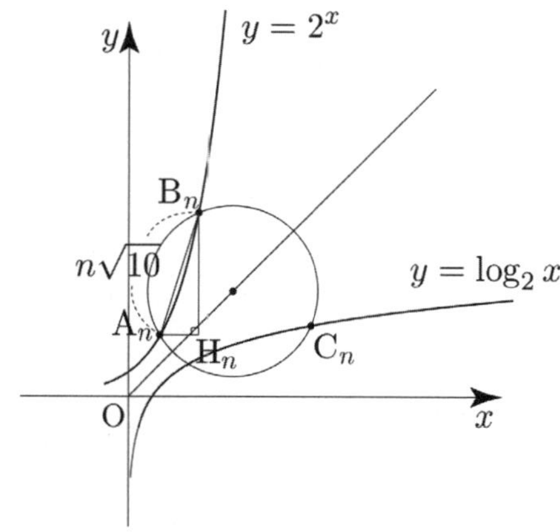

두 점 B_n, C_n 은 서로 $y = x$ 에 대하여 대칭이므로
점 C_n 의 x좌표인 x_n 은 B_n 의 y좌표인 2^{b_n} 과 같다.

점 A_n 을 지나고 x축에 평행한 직선과
점 B_n 을 지나고 y축에 평행한 직선이 만나는 교점을
H_n 이라 하자.

(가) 조건에 의해 $\overline{A_n H_n} = t$, $\overline{B_n H_n} = 3t$ 이고
(나) 조건에 의해 $\overline{A_n B_n} = t\sqrt{10} = n\sqrt{10} \Rightarrow t = n$

$\overline{A_n H_n} = n$, $\overline{B_n H_n} = 3n$ 이므로
$b_n - a_n = n$, $2^{b_n} - 2^{a_n} = 3n$

$\Rightarrow 2^{b_n} - 2^{b_n - n} = 3n \Rightarrow 2^{b_n}(1 - 2^{-n}) = 3n$

$\Rightarrow 2^{b_n} = \dfrac{3n}{1 - 2^{-n}}$

즉, $x_n = \dfrac{3n}{1 - 2^{-n}}$ 이다.

따라서 $x_1 + x_2 + x_3 = \dfrac{3}{1 - \dfrac{1}{2}} + \dfrac{6}{1 - \dfrac{1}{4}} + \dfrac{9}{1 - \dfrac{1}{8}}$

$\qquad\qquad\qquad\quad = 6 + 8 + \dfrac{72}{7} = \dfrac{170}{7}$

이다.

답 ⑤

Tip

무엇을 해야 할지 모르겠다면 이 문제는 어떤 개념을 물어보는
문제일지를 생각해보자.
$y=2^x$, $y=\log_2 x$ 가 나왔으니 자연스레
$y=x$ 대칭 관계를 떠올릴 수 있다.

105

곡선 $y=\left(\dfrac{1}{5}\right)^{x-3}$ 과 직선 $y=x$ 가 만나는 점의 x 좌표가

k 이므로 아래와 같은 그림을 그릴 수 있고,

$\left(\dfrac{1}{5}\right)^{k-3}=k$ 이다.

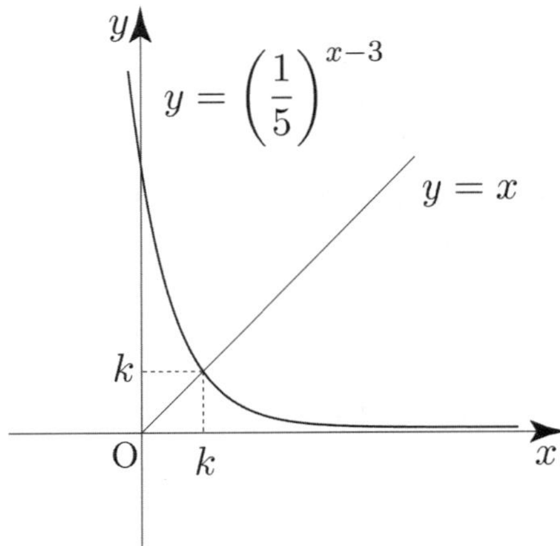

문제에서 구하는 값이 $f\left(\dfrac{1}{k^3\times 5^{3k}}\right)$ 이므로

$\left(\dfrac{1}{5}\right)^{k-3}=k$ 를 변형하면

$\left(\dfrac{1}{5}\right)^{k-3}=k \Rightarrow \dfrac{1}{k}\times\left(\dfrac{1}{5}\right)^k=\dfrac{1}{5^3}$

$\Rightarrow \left\{\dfrac{1}{k}\times\left(\dfrac{1}{5}\right)^k\right\}^3=\left(\dfrac{1}{5^3}\right)^3$

$\Rightarrow \dfrac{1}{k^3}\times\dfrac{1}{5^{3k}}=\dfrac{1}{5^9}$

즉, $f\left(\dfrac{1}{k^3\times 5^{3k}}\right)=f\left(\dfrac{1}{5^9}\right)=f(5^{-9})$

이때 두 함수 $y=\left(\dfrac{1}{5}\right)^{x-3}$, $y=x$ 에 각각 $x=1$ 을 대입하면

$\left(\dfrac{1}{5}\right)^{1-3}>1$ 이므로 $k>1$ 임을 알 수 있다.

결국 $0<x<k$ 에서의 $f(x)$ 를 구해야 $f(5^{-9})$ 의 값을
구할 수 있다.

어떻게 해야 할까?
$y=x$ 가 나왔고, 보기의 $f(f(x))$ 에서 역함수의 힌트를 얻을 수
있다.

$y=\left(\dfrac{1}{5}\right)^{x-3}$ 의 역함수는 $y=3-\log_5 x$ 이므로

그림을 그려보면 다음과 같다.

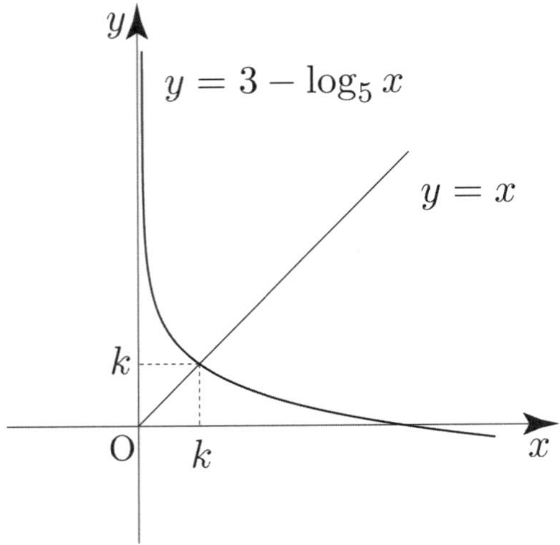

$0<x<k$ 에서 $y=3-\log_5 x$ 의 치역은 $y>k$ 이므로
$f(f(x))=3x$ $(x>k)$ 의 양변의 x 자리에 $3-\log_5 x$ 를
대입할 수 있다.

$f(f(3-\log_5 x))=3(3-\log_5 x)$

$\Rightarrow f\left(\left(\dfrac{1}{5}\right)^{3-\log_5 x-3}\right)=9-3\log_5 x$

$\Rightarrow f(x)=9-3\log_5 x \ (0<x<k)$

따라서 $f\left(\dfrac{1}{k^3\times 5^{3k}}\right)=f(5^{-9})=9+27=36$ 이다.

답 36

106	③	**114**	③
107	②	**115**	110
108	33	**116**	②
109	②	**117**	10
110	13	**118**	13
111	⑤	**119**	①
112	220	**120**	8
113	192	**121**	15

106

원의 중심을 A 라 하면 $A\left(\dfrac{5}{4},\ 0\right)$ 이다.

점 P 에서 x 축에 내린 수선의 발을 P′ 라 하고
점 Q 에서 x 축에 내린 수선의 발을 Q′ 라 하자.

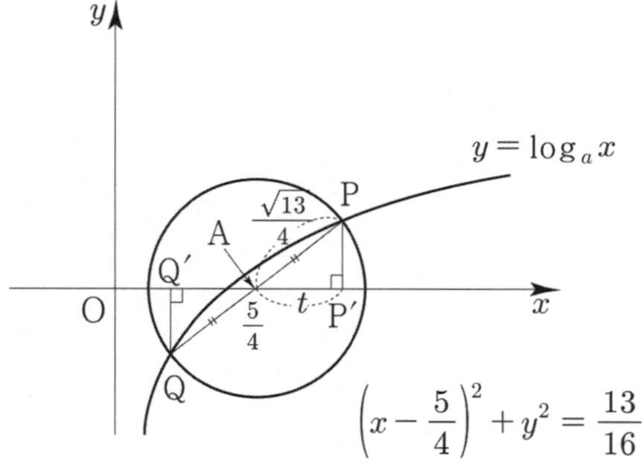

$\overline{AP'} = t$ 라 하면 $P\left(\dfrac{5}{4}+t,\ \log_a\left(\dfrac{5}{4}+t\right)\right)$ 이고

$Q\left(\dfrac{5}{4}-t,\ \log_a\left(\dfrac{5}{4}-t\right)\right)$ 이다.

대칭성에 의해서 $\overline{PP'} = \overline{QQ'}$ 이므로

$$\log_a\left(\dfrac{5}{4}+t\right) = -\log_a\left(\dfrac{5}{4}-t\right)$$

$$\Rightarrow \dfrac{5}{4}+t = \dfrac{1}{\dfrac{5}{4}-t}$$

$$\Rightarrow \dfrac{5+4t}{4} = \dfrac{4}{5-4t} \Rightarrow 25-16t^2 = 16$$

$$\Rightarrow t = \dfrac{3}{4}\ \ (t>0)$$

따라서 P 의 y 좌표는 $\log_a 2$ 이다.

반지름의 길이가 $\dfrac{\sqrt{13}}{4}$ 이므로 $\overline{AP} = \dfrac{\sqrt{13}}{4}$ 이고

(직각삼각형 APP′)피타고라스의 정리에 의해

$$\overline{PP'} = \sqrt{\dfrac{13}{16}-t^2} = \sqrt{\dfrac{13}{16}-\dfrac{9}{16}} = \dfrac{1}{2}\ \text{이다.}$$

이는 점 P 의 y 좌표이기도 하므로 $\log_a 2 = \dfrac{1}{2}$ 이다.

따라서 $a = 4$ 이다.

답 ③

107

$$y = \dfrac{\log_2 b - \log_2 a}{b-a}(x-a) + \log_2 a$$

$$= \dfrac{\log_2 b - \log_2 a}{b-a}x + \dfrac{-a\log_2\dfrac{b}{a}}{b-a} + \log_2 a$$

$$y = \dfrac{\log_4 b - \log_4 a}{b-a}(x-a) + \log_4 a$$

$$= \dfrac{\log_4 b - \log_4 a}{b-a}x + \dfrac{-a\log_2\dfrac{b}{a}}{2(b-a)} + \dfrac{1}{2}\log_2 a$$

두 점 $(a,\ \log_2 a)$, $(b,\ \log_2 b)$ 를 지나는 직선의 y 절편과
두 점 $(a,\ \log_4 a)$, $(b,\ \log_4 b)$ 를 지나는 직선의 y 절편이
서로 같으므로

$$\dfrac{-a\log_2\dfrac{b}{a}}{b-a} + \log_2 a = \dfrac{-a\log_2\dfrac{b}{a}}{2(b-a)} + \dfrac{1}{2}\log_2 a$$

$$\Rightarrow -\dfrac{a\log_2\dfrac{b}{a}}{2(b-a)} = -\dfrac{1}{2}\log_2 a \Rightarrow \dfrac{a\log_2\dfrac{b}{a}}{b-a} = \log_2 a$$

$$\Rightarrow a(\log_2 b - \log_2 a) = (b-a)\log_2 a$$

$$\Rightarrow a\log_2 b - a\log_2 a = b\log_2 a - a\log_2 a$$

$$\Rightarrow \dfrac{a}{b} = \dfrac{\log_2 a}{\log_2 b} \Rightarrow \dfrac{a}{b} = \log_b a$$

$$\Rightarrow a = b^{\frac{a}{b}} \Rightarrow a^b = b^a$$

$$f(1) = 40 \Rightarrow a^b + b^a = 40 \Rightarrow 2a^b = 40 \Rightarrow a^b = 20$$

따라서 $f(2) = a^{2b} + b^{2a} = \left(a^b\right)^2 + \left(b^a\right)^2 = 20^2 + 20^2 = 800$ 이다.

 ②

$h(x) = 3^{x+2} - n$, $j(x) = \log_2(x+4) - n$ 라 하면 다음과 같다.

$$f(x) = \begin{cases} |h(x)| & (x < 0) \\ |j(x)| & (x \geq 0) \end{cases}$$

방정식 $f(x) = t$ 의 서로 다른 실근의 개수의 최댓값이 4가 되도록 하려면 전제조건으로 방정식 $f(x) = t$ 의 서로 다른 실근의 개수가 4인 것이 존재해야 한다.

함수 $h(x)$ 의 그래프의 y절편이 0 이하라고 가정해보자.

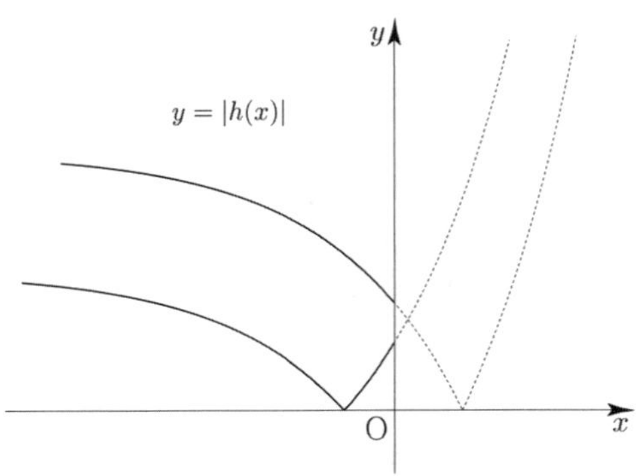

$x < 0$ 에서 직선 $y = t$ 와 함수 $y = f(x)$ 의 교점의 개수는 최대 1이므로 방정식 $f(x) = t$ 의 서로 다른 실근의 개수가 4인 것이 존재하려면 $x \geq 0$ 에서 직선 $y = t$ 와 함수 $y = f(x)$ 의 교점의 개수가 3인 것이 존재해야 한다. 하지만 n 의 값을 어떻게 잡아도 $x \geq 0$ 에서 직선 $y = t$ 와 함수 $y = f(x)$ 의 교점의 개수는 2 이하이므로 모순이다. 즉, $h(x)$ 의 그래프의 y절편은 0보다 커야 하므로
$$9 - n > 0 \Rightarrow n < 9 \quad \cdots \quad \text{㉠}$$

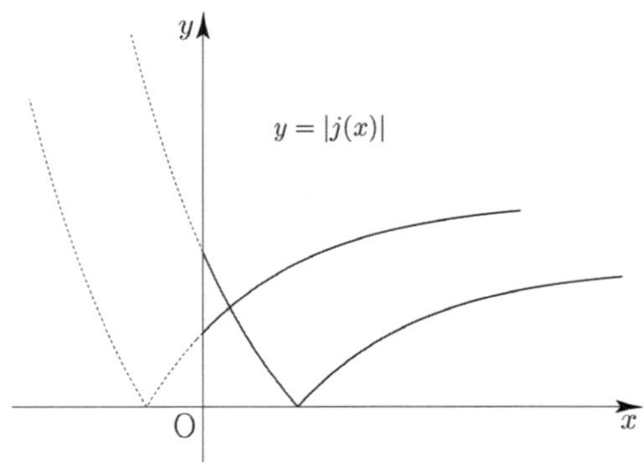

$h(x)$ 의 그래프의 y절편이 0보다 크면 $x < 0$ 에서 직선 $y = t$ 와 함수 $y = f(x)$ 의 교점의 개수는 최대 2이므로 방정식 $f(x) = t$ 의 서로 다른 실근의 개수가 4인 것이 존재하려면 $x \geq 0$ 에서 직선 $y = t$ 와 함수 $y = f(x)$ 의 교점의 개수가 2인 것이 존재해야 한다.

이를 만족시키려면 $j(x)$ 의 그래프의 y절편이 0 보다 작아야 하므로 $2 - n < 0 \Rightarrow 2 < n \quad \cdots \quad \text{㉡}$

㉠, ㉡에 의해 조건을 만족시키는 n 의 값의 범위는 $2 < n < 9$ 이므로 모든 자연수 n 의 값의 합은 $3 + 4 + 5 + 6 + 7 + 8 = 33$ 이다.

답 33

109

$A(1, 0)$, $C(0, 1)$ 이므로 직선 AC 의 기울기는 -1 이다.
$\overline{AC} \perp \overline{AD}$ 이므로 직선 AD 의 기울기는 1 이다.
점 D 의 y좌표를 t 라 하면 $D(t+1, t)$ 이다.

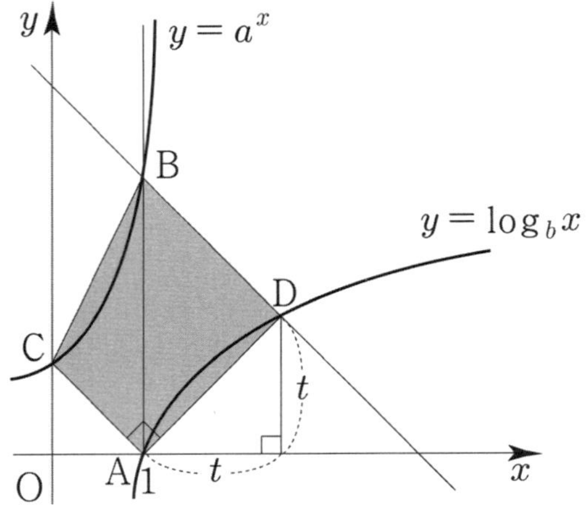

점 B를 지나고 직선 AC 와 평행한 직선이 곡선 $y = \log_b x$ 와 만나는 점이 D 이므로 직선 BD 의 기울기는 -1 이다.
$B(1, a)$, $D(t+1, t)$ 이므로 직선 BD 의 기울기는
$$\frac{t-a}{t+1-1} = -1 \text{이므로 } 2t = a \text{이다.}$$

사각형 ADBC 의 넓이는
(삼각형 ABC 의 넓이) + (삼각형 ABD 의 넓이)이다.

$$(\text{삼각형 ABC 의 넓이}) = \frac{1}{2} \times \overline{AB} \times 1 = \frac{a}{2}$$

$$(\text{삼각형 ABD 의 넓이}) = \frac{1}{2} \times \overline{AB} \times t = \frac{at}{2}$$

$$\frac{a}{2} + \frac{at}{2} = 6 \Rightarrow a + at = 12$$

$2t = a$ 이므로 $2t + 2t^2 = 12 \Rightarrow t^2 + t - 6 = 0$
$\Rightarrow (t+3)(t-2) = 0 \Rightarrow t = 2 \, (t > 0)$
$t = 2$ 이므로 $a = 4$ 이다.

점 $D(t+1,\ t) \Rightarrow D(3,\ 2)$ 는 $y=\log_b x$ 위의 점이므로

$2=\log_b 3 \Rightarrow 3=b^2 \Rightarrow b=\sqrt{3}$

따라서 $a\times b=4\sqrt{3}$ 이다.

답 ②

110

점 D 의 좌표를 $(t,\ 0)\ (t>0)$ 라 하자.

선분 CA 를 $5:3$ 으로 외분하는 점이 D 이므로

$D=\dfrac{3C-5A}{3-5} \Rightarrow t=\dfrac{0-5A}{-2} \Rightarrow A=\dfrac{2}{5}t$

점 A 의 좌표는 $\dfrac{2}{5}t$ 이고, 점 A 는 $y=3x$ 위의 점이므로

$A\left(\dfrac{2}{5}t,\ \dfrac{6}{5}t\right)$ 이다.

$D=\dfrac{3C-5A}{3-5} \Rightarrow 0=\dfrac{3C-6t}{-2} \Rightarrow C=2t$

점 C 의 y좌표는 $2t$ 이므로 $C(0,\ 2t)$ 이다.

점 B 는 두 직선 $y=3x$, $y=-\dfrac{1}{3}x+2t$ 의 교점이므로

$B\left(\dfrac{3}{5}t,\ \dfrac{9}{5}t\right)$ 이다.

$\overline{AB}=\overline{BC}=\dfrac{\sqrt{10}}{5}t$ 이므로

삼각형 ABC 의 넓이는

$\dfrac{1}{2}\times\overline{AB}\times\overline{BC}=\dfrac{1}{2}\times\left(\dfrac{\sqrt{10}}{5}t\right)^2=\dfrac{t^2}{5}=20 \Rightarrow t=10$

$A(4,\ 12)$, $B(6,\ 18)$ 이고 두 점은 $y=2^{x-m}+n$ 위의 점이므로

$12=2^{4-m}+n,\ 18=2^{6-m}+n$

$18-2^{6-m}=12-2^{4-m} \Rightarrow 2^{6-m}-2^{4-m}=6$

$\Rightarrow 64\times2^{-m}-16\times2^{-m}=6 \Rightarrow 48\times2^{-m}=6$

$\Rightarrow 2^{-m}=\dfrac{1}{8} \Rightarrow m=3,\ n=10$

따라서 $m+n=13$ 이다.

답 13

111

$y=2^x$ 과 $y=-2x^2+2$ 를 그리면

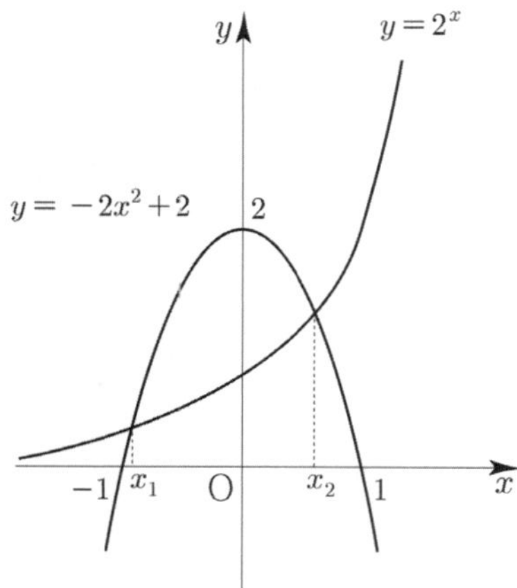

ㄱ. $x_2>\dfrac{1}{2}$

ㄱ이 참이려면 $-2x^2+2$ 에 $x=\dfrac{1}{2}$ 을 대입한 값이

2^x 에 $x=\dfrac{1}{2}$ 을 대입한 값보다 크면 된다.

$2^{\frac{1}{2}}<-2\left(\dfrac{1}{2}\right)^2+2 \Rightarrow \sqrt{2}<\dfrac{3}{2} \Rightarrow 2<\dfrac{9}{4}$

따라서 ㄱ은 참이다.

ㄴ. $y_2-y_1<x_2-x_1$

$y=-2x^2+2$ 위에 $(x_1,\ y_1)$, $(x_2,\ y_2)$ 가 존재하므로

$y_1=-2x_1^2+2,\ y_2=-2x_2^2+2$

$y_2-y_1=-2x_2^2+2x_1^2=-2(x_2-x_1)(x_2+x_1)$ 이므로

$y_2-y_1<x_2-x_1 \Rightarrow -2(x_2-x_1)(x_2+x_1)<x_2-x_1$

$x_2-x_1>0$ 이므로

$-2(x_2+x_1)<1 \Rightarrow x_2+x_1>-\dfrac{1}{2}$

$x_2>\dfrac{1}{2}$ (ㄱ조건 참)이고 $x_1>-1$ 이므로

ㄴ은 참이다.

ㄷ. $\dfrac{\sqrt{2}}{2}<y_1 y_2<1$

$y=2^x$ 위에 $(x_1,\ y_1)$, $(x_2,\ y_2)$ 가 존재하므로

$y_1=2^{x_1},\ y_2=2^{x_2}$

$y_1 y_2=2^{x_1+x_2}$ 이므로

$2^{-\frac{1}{2}}<2^{x_1+x_2}<2^0 \Rightarrow -\dfrac{1}{2}<x_1+x_2<0$

$-\dfrac{1}{2} < x_1 + x_2$ 는 ㄴ조건에 의해 참이므로

$x_1 + x_2 < 0$만 고려하면 된다.

$y = -2x^2 + 2$ 는 우함수이므로 y축 대칭이다.
이를 이용하여 $-x_1$ 의 위치를 파악하면

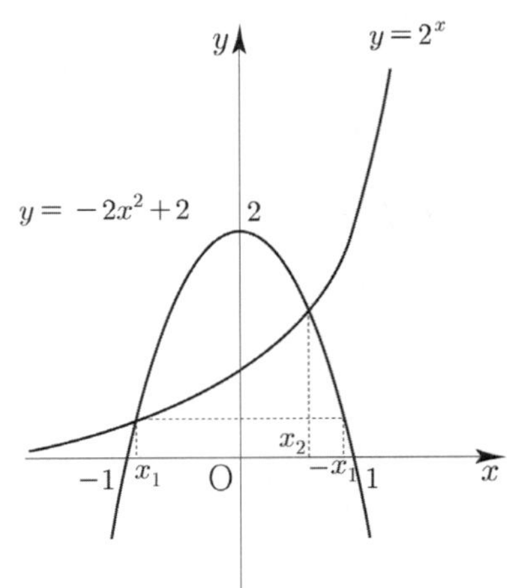

$x_2 < -x_1 \ \Rightarrow \ x_1 + x_2 < 0$
따라서 ㄷ은 참이다.

답 ⑤

■ ㄱ, ㄴ, ㄷ 문제는 ㄱ, ㄴ, ㄷ이 유기적으로
연결되어 있다는 생각을 반드시 하도록 하자.

■ $y = -2x^2 + 2$는 설계 단계에서 ㄷ을 풀 때,
대칭성을 물어보고자 선택한 우함수일 가능성이 높다.

112

직선 PQ 가 x 축과 만나는 점을 D 라 하고,
두 점 P, Q 에서 x 축에 내린 수선의 발을 각각 R, H 라 하자.

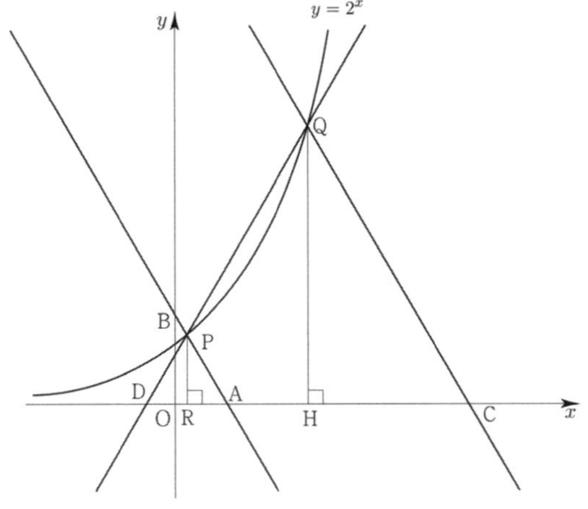

직선 PQ 의 기울기가 m 이고 직선 QC 의 기울기가 $-m$
이므로 삼각형 CQD 는 $\overline{DQ} = \overline{CQ}$ 인 이등변삼각형이다.
또한 직선 PA 역시 기울기가 $-m$ 이므로
삼각형 APD 는 $\overline{DP} = \overline{AP}$ 인 이등변삼각형이다.

점 P 의 x좌표가 a이므로 $\overline{OR} = a$이고,
$\overline{AB} = 4\overline{PB} \ \Rightarrow \ \overline{BP} : \overline{PA} = 1 : 3$이므로 $\overline{RA} = 3a$이다.

$\overline{CQ} = 3\overline{AB} \ \Rightarrow \ \overline{AB} : \overline{CQ} = 1 : 3$이므로
$\overline{AB} = 4k$라 하면 $\overline{CQ} = 12k$이고,
$\overline{AB} : \overline{AP} = 4 : 3$이므로 $\overline{AP} = 3k$이다.
즉, 두 삼각형 APD, CQD 는 $1 : 4$ 닮음이다.

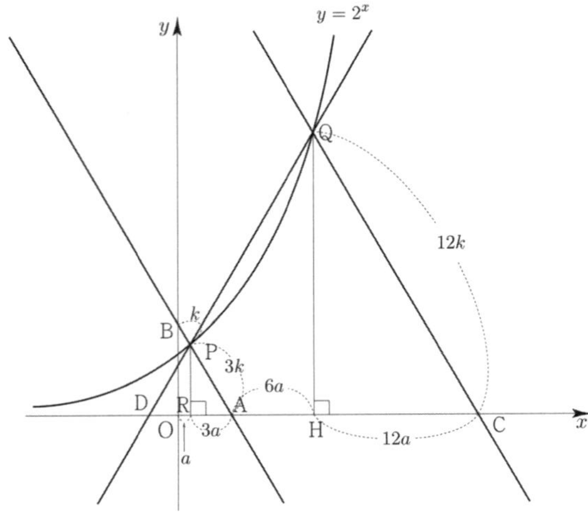

$\overline{RA} = 3a$이므로 $\overline{HC} = 12a$이고,
$\overline{AH} = \overline{DH} - \overline{AD} = 12a - 2 \times 3a = 6a$

점 Q 의 x좌표가 b이므로 $\overline{OH} = b$이고,
$\overline{OH} = \overline{OR} + \overline{RA} + \overline{AH} = a + 3a + 6a = 10a$이다.
즉, $b = 10a \ \cdots \ \bigcirc$

$\overline{PR} = 2^a$, $\overline{QH} = 2^b$이고, 두 삼각형 APD, CQD 는 $1 : 4$
닮음이므로 $\overline{PR} : \overline{QH} = 1 : 4 \ \Rightarrow \ 2^a \times 4 = 2^b$
$\Rightarrow \ 2^{a+2} = 2^b$이다.
즉, $a + 2 = b \ \cdots \ \bigcirc\!\bigcirc$

$\bigcirc$, $\bigcirc\!\bigcirc$에 의해 $a = \dfrac{2}{9}$, $b = \dfrac{20}{9}$ 이다.

따라서 $90 \times (a+b) = 90 \times \left(\dfrac{2}{9} + \dfrac{20}{9} \right) = 220$ 이다.

답 220

점 A의 x좌표를 t라 하자.
$\overline{AB} = 2\sqrt{2}$ 이고, 직선 AB의 기울기가 -1이므로
보조선을 그으면 다음과 같다.

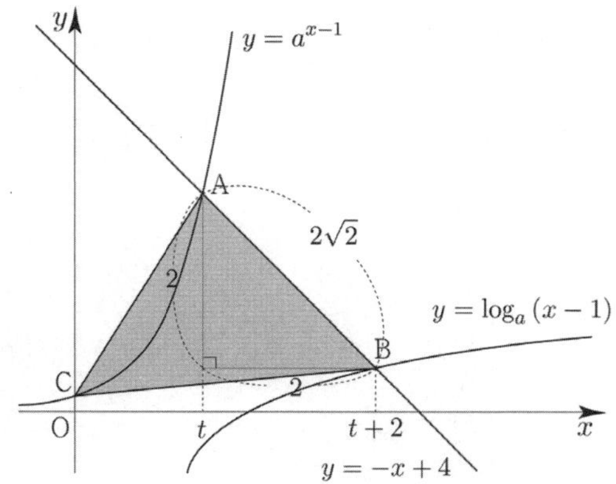

점 B의 x좌표는 $t+2$이고, 점 B은 직선 $y = -x+4$ 위에
있으므로 점 $B(t+2,\ -t+2)$ 이다.

함수 $y = \log_a (x-1)$ 의 역함수는 $y = a^x + 1$ 이다.
곡선 $y = a^x + 1$와 직선 $y = -x+4$가 만나는 점을 P 라 하면
점 B는 점 P와 $y = x$에 대하여 대칭이므로
점 $P(-t+2,\ t+2)$ 이다.

함수 $y = a^{x-1}$의 그래프는 함수 $y = a^x + 1$의 그래프를
x축의 방향으로 1만큼, y축의 방향으로 -1만큼 평행이동
하여 구할 수 있다. 두 점 A, P는 기울기가 -1인 위에
있으므로 점 P를 x축의 방향으로 1만큼, y축의 방향으로
-1만큼 평행이동하면 점 A이다.
보조선을 그리면 다음과 같다.

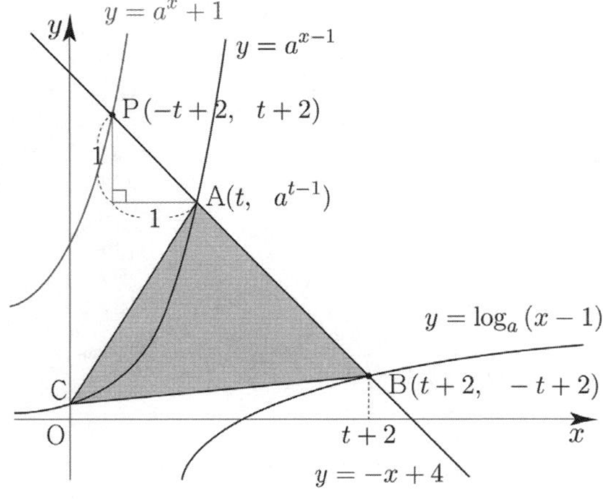

(점 P의 x좌표) $+ 1 = $ (점 A의 x좌표)이므로
$$-t+2+1 = t \Rightarrow t = \frac{3}{2}$$

점 A의 y좌표는 $-\dfrac{3}{2}+4 = \dfrac{5}{2}$ 이므로

$$a^{\frac{3}{2}-1} = \frac{5}{2} \Rightarrow a^{\frac{1}{2}} = \frac{5}{2} \Rightarrow a = \frac{25}{4}$$

점 $C\left(0,\ \dfrac{4}{25}\right)$와 직선 $y = -x+4\ (x+y-4=0)$ 의

거리 d를 구하면

$$d = \frac{\left|\dfrac{4}{25}-4\right|}{\sqrt{2}} = \frac{1}{\sqrt{2}} \times \frac{96}{25} = \frac{96}{25\sqrt{2}}$$

삼각형 ABC의 넓이 $S = \dfrac{1}{2} \times d \times \overline{AB} = \dfrac{1}{2} \times \dfrac{96}{25\sqrt{2}} \times 2\sqrt{2}$

$$= \frac{96}{25}$$

따라서 $50 \times S = 50 \times \dfrac{96}{25} = 192$ 이다.

답 192

> **Tip**
>
> training-2step 092번과 핵심 아이디어가 똑같은 문제이다.

다르게 풀어보자.

$y = a^x$와 $y = \log_a x$는 $y = x$에 대하여 대칭이므로
$y = a^{x-1}$과 $y = \log_a (x-1)$는 $y = x-1$에 대하여 대칭이다.

$y = x-1$과 $y = -x+4$의 교점을 P 라 하자.
$x-1 = -x+4 \Rightarrow x = \dfrac{5}{2}$ 이므로 점 P 의 좌표는 $P\left(\dfrac{5}{2},\ \dfrac{3}{2}\right)$

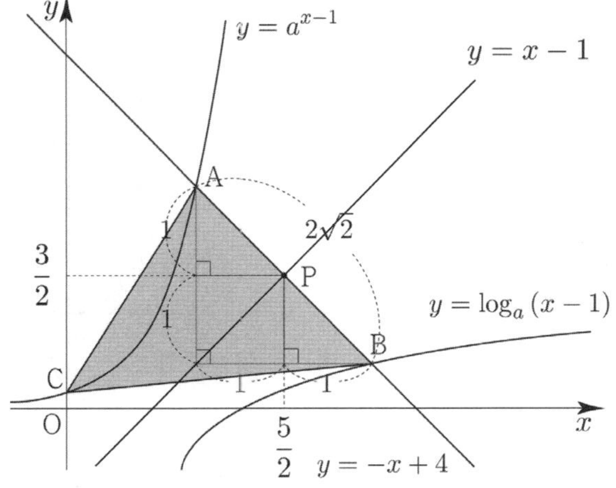

$P\left(\dfrac{5}{2},\ \dfrac{3}{2}\right)$이므로 $A\left(\dfrac{3}{2},\ \dfrac{5}{2}\right)$이고, 이후 풀이는 동일하다.

곡선 $y = 2^x$ 의 점근선의 방정식은 $y = 0$ 이고,

곡선 $y = \left(\dfrac{1}{4}\right)^{x+a} - \left(\dfrac{1}{4}\right)^{3+a} + 8$ 의 점근선의 방정식은

$y = -\left(\dfrac{1}{4}\right)^{3+a} + 8$ 이므로

함수 $y = f(x)$ 의 그래프를 그리면 다음과 같다.

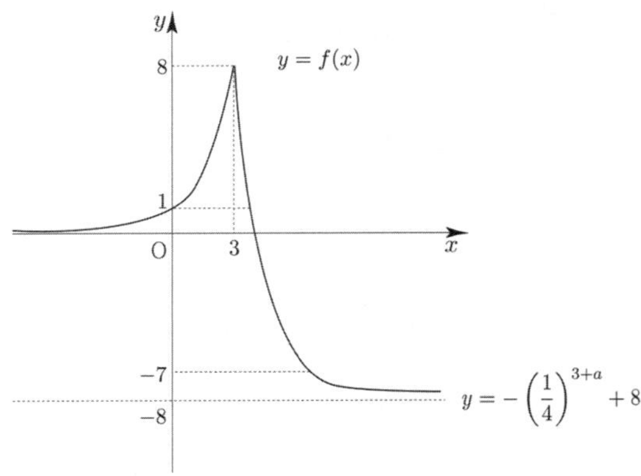

곡선 $y = f(x)$ 위의 점 중에서 y 좌표가 정수인 점의 개수가
23 인데 $y > 0$ 에서 y 좌표가 정수인 점의 개수가 15 이므로
(1부터 7까지 2개 $+$ 8일 때 1개 $= 2 \times 7 + 1 = 15$)
$y \le 0$ 에서 y 좌표가 정수인 점의 개수는 8 이다.

이를 만족시키려면 $-8 \le -\left(\dfrac{1}{4}\right)^{3+a} + 8 < -7$ 이어야 한다.

$15 < \left(\dfrac{1}{4}\right)^{3+a} \le 16 \;\Rightarrow\; 15 < 4^{-3-a} \le 4^2$

$\Rightarrow\; \log_4 15 < -3 - a \le 2$

$\Rightarrow\; 3 + \log_4 15 < -a \le 5$

$\Rightarrow\; -5 \le a < -3 - \log_4 15$

따라서 정수 a 의 값은 -5 이다.

답 ③

$y = t - \log_2 x$ 와 $y = 2^{x-t}$ 가 만나는 점의 x 좌표가 $f(t)$

ㄱ. $f(1) = 1$ 이고 $f(2) = 2$ 이다.

$y = t - \log_2 x$ 는 감소함수이고 $y = 2^{x-t}$ 는 증가함수이므로
한 점에서 만난다.
이때 $f(1) = 1$, $f(2) = 2$ 이면 다음이 성립한다.

$1 - \log_2 f(1) = 2^{f(1)-1}$

$2 - \log_2 f(2) = 2^{f(2)-2}$

따라서 ㄱ은 참이다.

ㄴ. 실수 t 의 값이 증가하면 $f(t)$ 의 값도 증가한다.

$t_1 < t_2$ 라고 했을 때 그림을 그리면 다음과 같다.

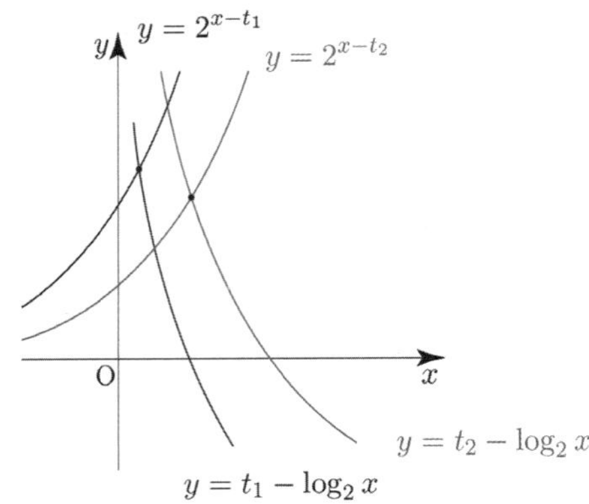

t 의 값이 증가할수록 교점의 x 좌표가 커지므로 ㄴ은
참이다.

ㄷ. 모든 양의 실수 t 에 대하여 $f(t) \ge t$ 이다.

t 에 상관없이 $y = 2^{x-t}$ 는 $(t,\ 1)$ 을 지나고,
$y = t - \log_2 x$ 는 $(1,\ t)$ 를 지난다.

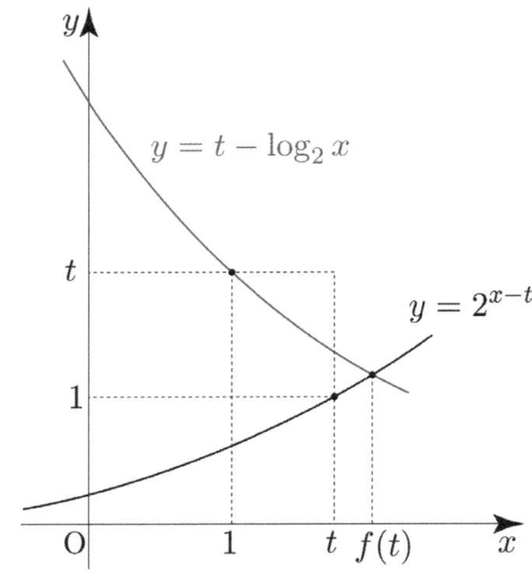

위와 같은 그림에서는 $f(t) \ge t$ 가 성립한다.

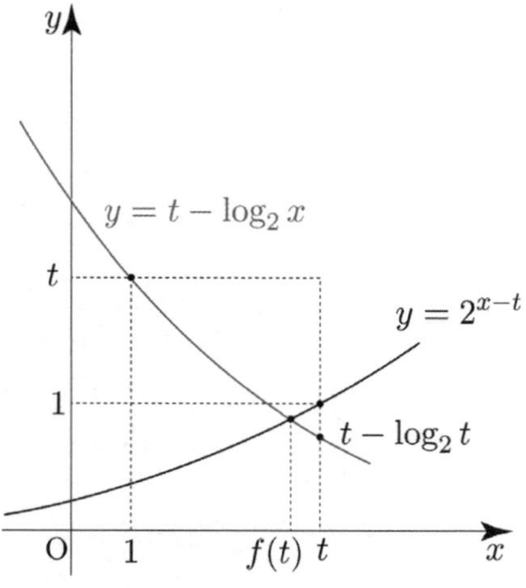

만약 위와 같은 그림이 가능하다면 $f(t) < t$ 인 t 가
존재하므로 ㄷ은 거짓이 된다.

지난 문제들에서 배웠듯이 함숫값의 범위를 이용하여
이를 증명해보자.

$h(t) = t - \log_2 x$ 라 하고 $g(t) = 2^{x-t}$ 라 하면
$f(t) < t$ 가 성립하기 위해서는 $x = t$ 를 대입한 함숫값의
범위가 $g(t) > h(t)$ 이어야 하므로
$1 > t - \log_2 t \Rightarrow \log_2 t > t - 1$
이때 아래 그림과 같이 $1 < t < 2$ 에서는
$\log_2 t > t - 1$ 가 성립한다.

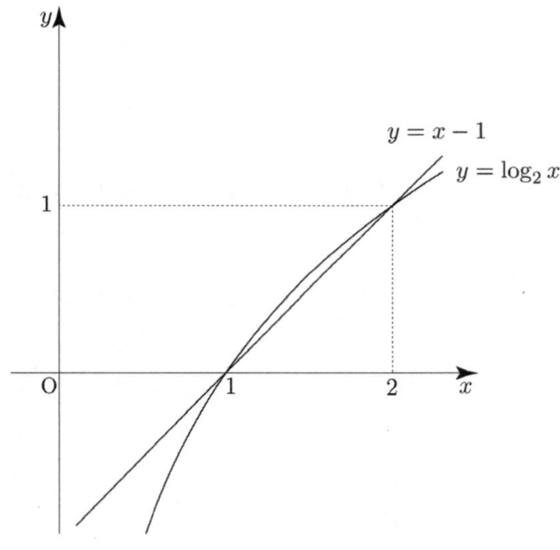

따라서 ㄷ은 거짓이다.

ㄱ, ㄴ, ㄷ에 의하여 $A = 100$, $B = 10$, $C = 0$ 이므로
$A + B + C = 110$ 이다.

답 110

116

범위에 따라 $f(x)$ 를 그리면 다음과 같다.
$f(x) = 2^{x+a} + b \ (x \leq -8)$

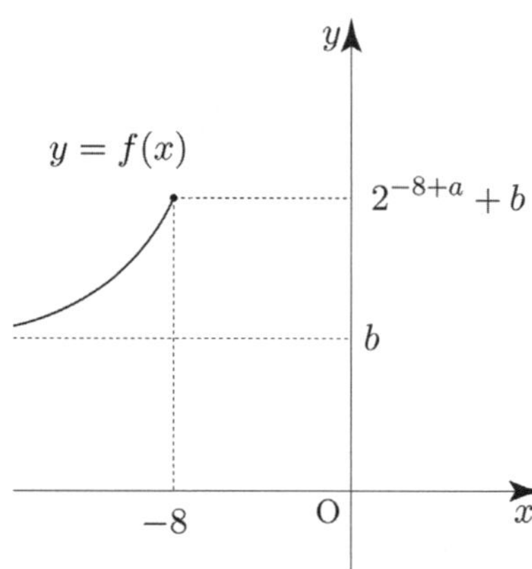

$f(x) = -3^{x-3} + 8 \ (x > -8)$

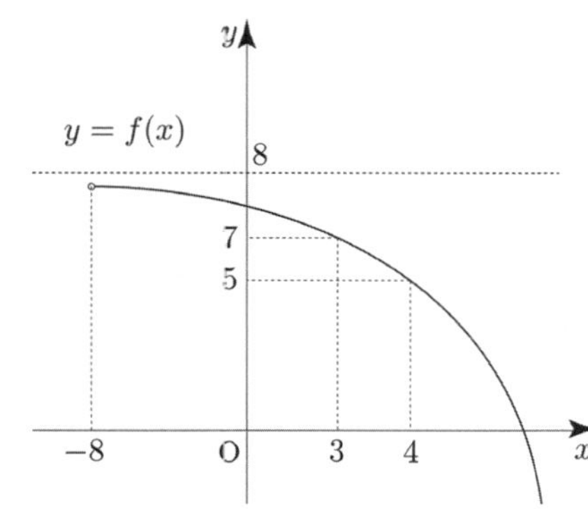

집합 $\{ f(x) \,|\, x \leq k \}$ 의 원소 중 정수인 것의 개수가 2가
되도록 하는 모든 실수 k의 값의 범위가 $3 \leq k < 4$ 이고,
$x > -8$ 에서 $3 \leq k < 4$ 일 때, 이를 만족시키는 정수 $f(x)$ 는
$f(x) = 6$ or $f(x) = 7$ 이다.

집합의 원소 중 정수인 것의 개수가 2가 되려면
$x \leq -8$ 에서 정수 $f(x)$ 는 $f(x) = 6$ 뿐이어야 한다.
(만약 $x \leq -8$ 에서 정수 $f(x)$ 가 $f(x) = 6$ 만이 아니라
$f(x) = 5$ 도 가능하다면 집합 $\{ f(x) \,|\, x \leq k \}$ 의 원소 중 정수인
것의 개수가 3이 되어 모순이다.)

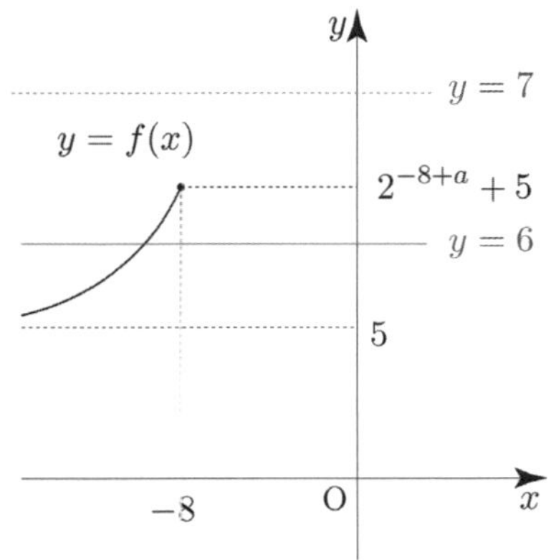

$f(x) = 7$도 가능하면 집합 $\{f(x) \mid x \le k\}$에서
k의 범위가 3보다 작은 수도 가능하게 되므로 모순이다.

즉, $b = 5$이고 $6 \le f(-8) < 7$이어야 하므로
$6 \le f(-8) < 7 \Rightarrow 6 \le 2^{-8+a} + 5 < 7$
$\Rightarrow 1 \le 2^{-8+a} < 2 \Rightarrow 0 \le -8+a < 1$
$\Rightarrow 8 \le a < 9 \Rightarrow a = 8$
따라서 $a + b = 13$이다.

 ②

117

$$f(x) = \begin{cases} -x^2 + 6x & (-1 \le x < 6) \\ a\log_4(x-5) & (x \ge 6) \end{cases}$$

$t = 0$일 때, $-1 \le x \le 1$에서 $f(x)$의 최댓값이 5이므로
$g(0) = 5$이다. 구간 $[0, \infty)$에서 함수 $g(t)$의 최솟값이 5가
되도록 하려면 어떻게 해야 할지 t의 값을 조금씩
증가시켜보면서 감을 찾아보자.
t의 값과 상관없이 구간 $[t-1, t+1]$의
길이가 항상 2로 일정함을 바탕으로 판단해보자.

$t = 0$부터 $t = 3$까지 t의 값이 조금씩 증가함에 따라 구간
$[t-1, t+1]$에서의 $f(x)$의 최댓값은 5보다 크고,
$y = -x^2 + 6x$가 $x = 3$에 대칭되어 있으므로
$0 \le t \le 5$일 때, $g(t) \ge 5$이다.

구간 $[0, \infty)$에서 함수 $g(t)$의 최솟값이 5가 되려면
$t = 6$일 때, $5 \le x \le 7$에서 $f(x)$의 최댓값이 5보다 크거나
같아야 한다. 즉, $g(6) \ge 5$가 성립해야 한다.

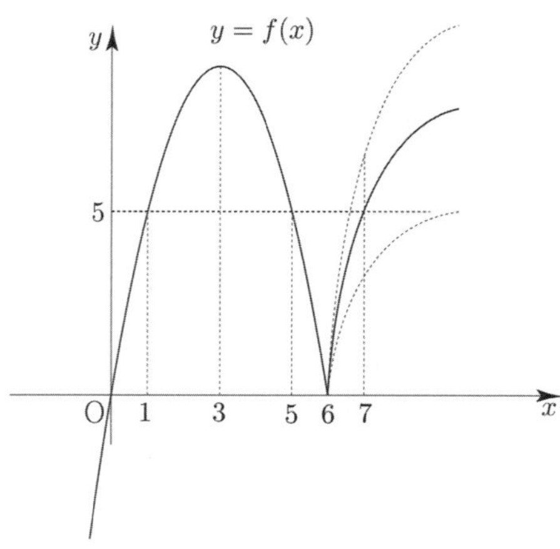

만약 $f(7) < 5$이면 구간 $[t-1, t+1]$에서의 $f(x)$의
최댓값이 5보다 작아지도록 하는 $t > 6$인 어떤 t가
존재하므로 $g(t)$의 최솟값이 5가 될 수 없어 모순이다.

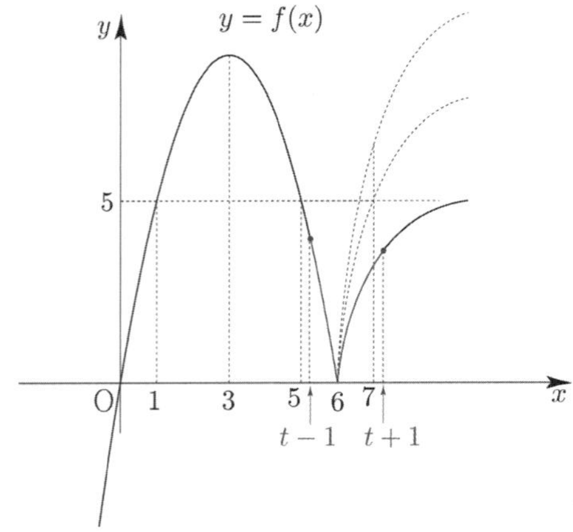

즉, $f(7) \ge 5$이어야 한다.
$a\log_4(7-5) \ge 5 \Rightarrow \dfrac{1}{2}a \ge 5$
$\Rightarrow a \ge 10$
따라서 양수 a의 최솟값은 10이다.

 10

118

113번에서 배운 두 번째 풀이를 적용해보자.
$y = a^x$, $y = \log_a x$는 $y = x$에 대하여 대칭이므로
$y = a^x + 2$, $y = \log_a x + 2$는 $y = x + 2$에 대하여 대칭이다.

선분 AB를 지름으로 하는 원의 중심을 C라 하면
점 C는 y좌표가 $\dfrac{19}{2}$이고, 직선 $y = x + 2$ 위의 점이므로
$C\left(\dfrac{15}{2}, \dfrac{19}{2}\right)$이다.

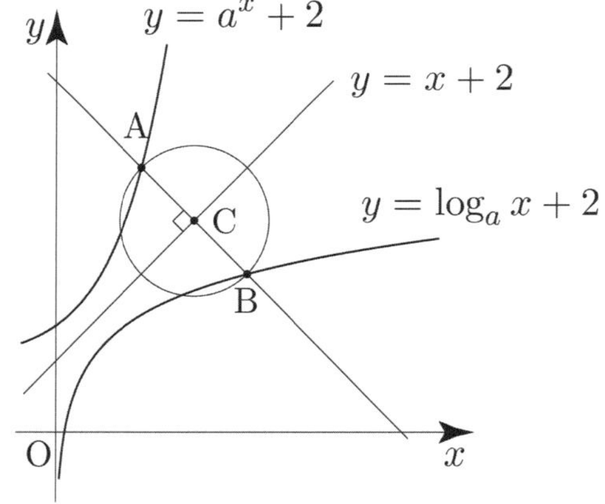

원의 넓이가 $\dfrac{121}{2}\pi$이므로 반지름의 길이는 $\dfrac{11}{\sqrt{2}}$이고,
$\overline{AC} = \dfrac{11}{\sqrt{2}}$이다.

직선 AC는 기울기가 -1이므로
$$\text{A}\left(\frac{15}{2}-\frac{11}{2},\ \frac{19}{2}+\frac{11}{2}\right) \Rightarrow \text{A}(2,\ 15)$$

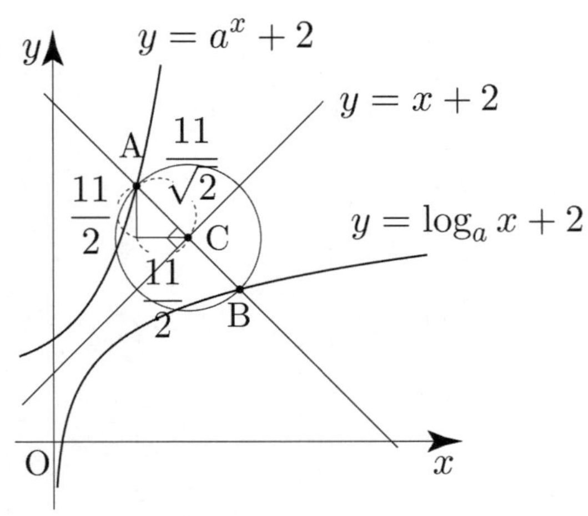

점 A는 $y=a^x+2$ 위의 점이므로
$$a^2+2=15 \Rightarrow a^2=13$$

따라서 $a^2=13$이다.

답 13

119

$$f(x)=\begin{cases} 2^{x+3}+b & (x \le a) \\ 2^{-x+5}+3b & (x > a) \end{cases}$$

$g(x)=2^{x+3}+b,\ h(x)=2^{-x+5}+3b$라 하자.

$b>0$이므로 $y=h(x)$를 그리면 다음과 같다.

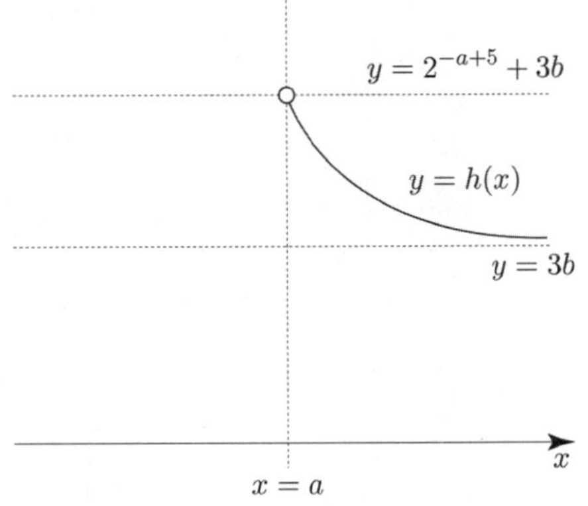

$g(a)=2^{a+3}+b$와 $3b$의 대소관계에 따라 case분류하면

① $2^{a+3}+b<3b$

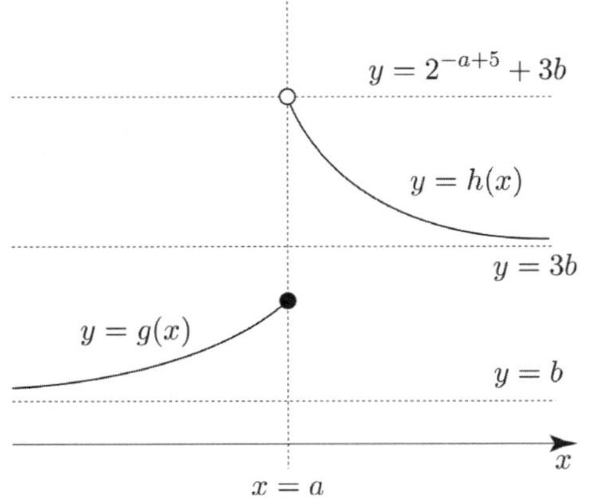

$2^{a+3}+b<t<3b$인 모든 실수 t에 대하여
함수 $y=f(x)$의 그래프와 직선 $y=t$의 교점이
존재하지 않으므로 조건을 만족시키는 실수 k의
최댓값은 $4b+8$이 될 수 없다.

② $2^{a+3}+b=3b$

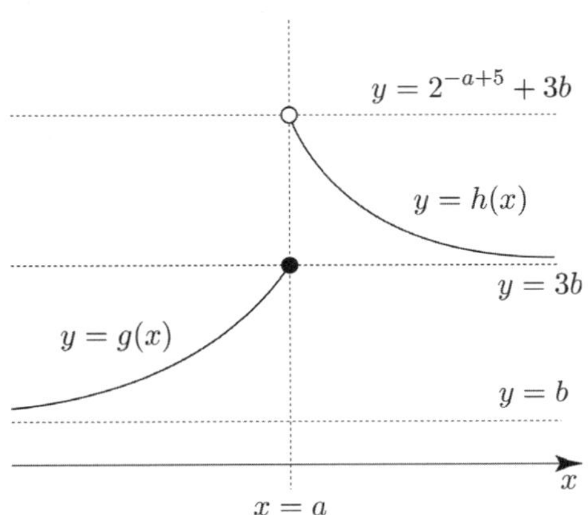

$b<t<2^{-a+5}+3b$인 모든 실수 t에 대하여
함수 $y=f(x)$의 그래프와 직선 $y=t$의 교점의
개수는 1이다.

조건을 만족시키는 k의 최댓값은 $4b+8$이므로
$2^{-a+5}+3b=4b+8$이다.

③ $2^{a+3}+b>3b$

$g(a)$와 $h(a)$의 대소 관계에 따라 case분류하면

❶ $2^{a+3}+b \leq 2^{-a+5}+3b$

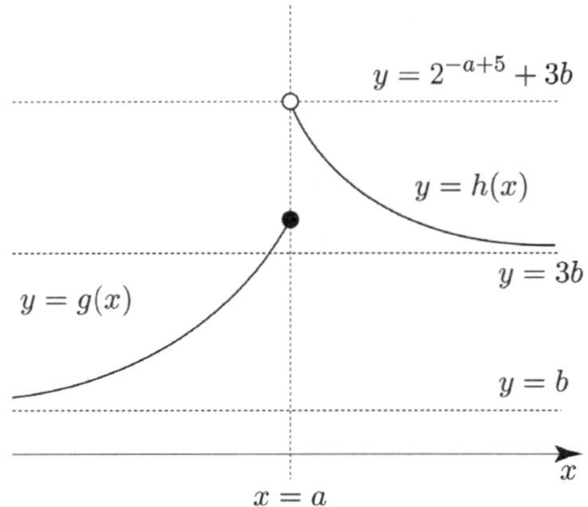

$3b < t < 2^{a+3}+b$ 인 모든 실수 t 에 대하여
함수 $y=f(x)$ 의 그래프와 직선 $y=t$ 의 교점의 개수는
2 이므로 조건을 만족시키는 실수 k 의 최댓값은
$4b+8$ 이 될 수 없다.

❷ $2^{a+3}+b > 2^{-a+5}+3b$

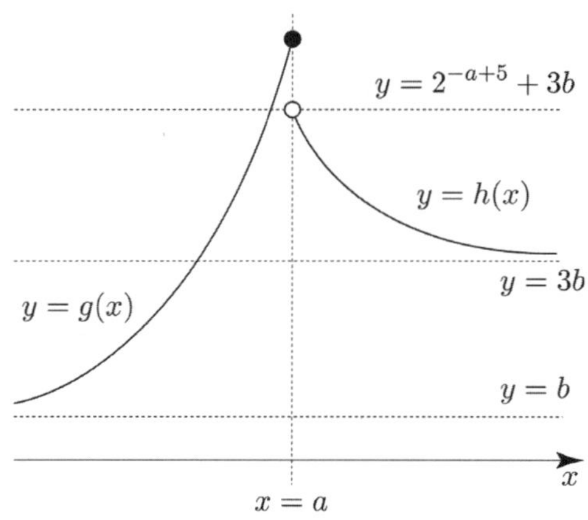

$3b < t < 2^{-a+5}+3b$ 인 모든 실수 t 에 대하여
함수 $y=f(x)$ 의 그래프와 직선 $y=t$ 의 교점의
개수는 2 이므로 조건을 만족시키는 실수 k 의
최댓값은 $4b+8$ 이 될 수 없다.

①, ②, ③에 의하여
$2^{a+3}+b=3b,\ 2^{-a+5}+3b=4b+8$

$\Rightarrow 2^a - 2^{-a+3} + 2 = 0 \Rightarrow \left(2^a\right)^2 + 2 \times 2^a - 8 = 0$

$\Rightarrow \left(2^a+4\right)\left(2^a-2\right)=0 \Rightarrow 2^a=2\ (\because\ 2^a>0)$

$\Rightarrow a=1,\ b=8$

따라서 $a+b=9$ 이다.

답 ①

$$f(x)=\begin{cases} \left|5\log_2(4-x)+m\right| & (x \leq 0) \\ 5\log_2 x+m & (x > 0) \end{cases}$$

$y=5\log_2(4-x)+m$ 의 y 절편은 $m+10$ 이다.

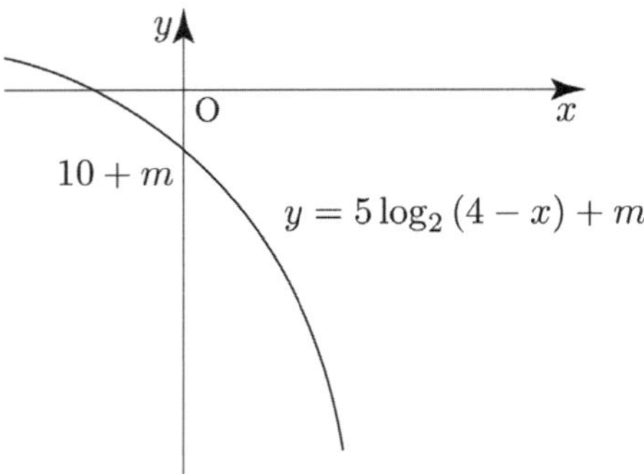

문제의 조건에서 $m \leq -10$ 이므로
$y=\left|5\log_2(4-x)+m\right|$ 의 그래프를 그릴 때 크게
$m=-10$ 인 경우, $m < -10$ 인 경우로 case분류할 수 있다.

① $m=-10$

방정식 $5\log_2(4-x)-10=t$ 의 실근을 x_1
방정식 $5\log_2 x-10=t$ 의 실근을 x_2 라 하자.

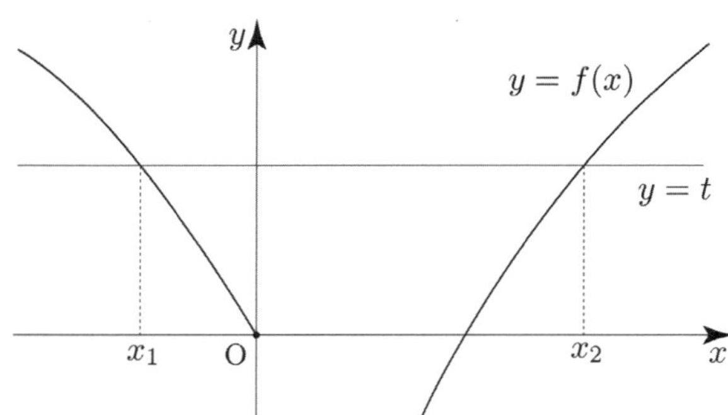

$y=5\log_2(4-x)-10$ 과 $y=5\log_2 x-10$ 은 $x=2$ 에 대하여
대칭이므로 $x_1+x_2=2\times 2=4$ 이다.

> **Tip**
>
> $y=f(x)$ 를 $x=a$ 에 대하여 대칭하면 $y=f(2a-x)$

$t>0$ 인 모든 실수 t 에 대하여 $g(t)=4$ 이므로
박스 조건을 만족시키지 않는다.

② $m < -10$

$f(0) = |10+m| = -10-m \ (\because \ m < -10)$

t와 $-10-m$ 의 대소관계에 따라 case분류하면

❶ $0 < t < -10-m$

방정식 $5\log_2(4-x)+m = t$ 의 실근을 x_1
방정식 $-5\log_2(4-x)-m = t$ 의 실근을 x_2
방정식 $5\log_2 x + m = t$ 의 실근을 x_3 라 하자.

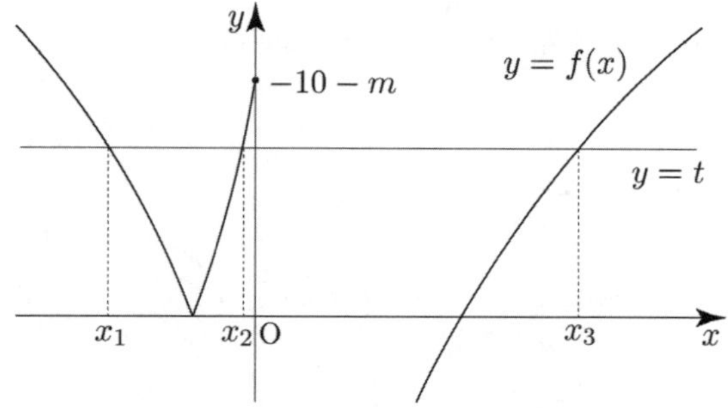

$y = 5\log_2(4-x)+m$ 와 $y = 5\log_2 x + m$ 은
$x = 2$ 에 대하여 대칭이므로 $x_1 + x_3 = 2 \times 2 = 4$
$g(t) = 4 + x_2 < 4$ 이고, $g(t)$ 의 값은 일정하지 않다.

❷ $t = -10-m$

방정식 $5\log_2(4-x)+m = t$ 의 실근을 x_1
방정식 $-5\log_2(4-x)-m = t$ 의 실근을 x_2
방정식 $5\log_2 x + m = t$ 의 실근을 x_3 라 하자.

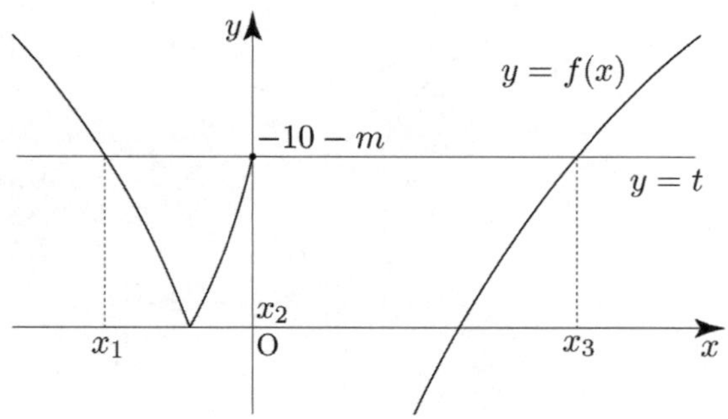

$y = 5\log_2(4-x)+m$ 와 $y = 5\log_2 x + m$ 은
$x = 2$ 에 대하여 대칭이므로 $x_1 + x_3 = 2 \times 2 = 4$
$g(t) = 4 + x_2 = 4 + 0 = 4$

❸ $t > -10-m$

방정식 $5\log_2(4-x)+m = t$ 의 실근을 x_1
방정식 $5\log_2 x + m = t$ 의 실근을 x_2 라 하자.

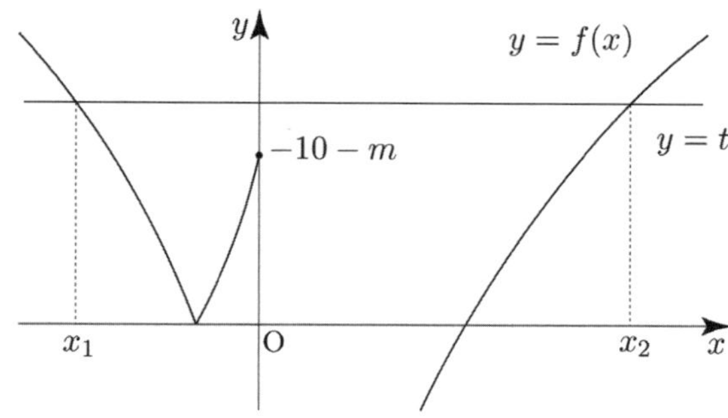

$y = 5\log_2(4-x)+m$ 와 $y = 5\log_2 x + m$ 은
$x = 2$ 에 대하여 대칭이므로 $x_1 + x_2 = 2 \times 2 = 4$
$g(t) = 4$

❶, ❷, ❸ 에 대하여
$t \geq -10-m$ 인 모든 실수 t 에 대하여 $g(t) = 4$

①, ② 에 대하여
$t \geq a$ 인 모든 실수 t 에 대하여 $g(t) = g(a)$ 가 되도록
하는 a 의 최솟값은 $-10-m$ 이다.
즉, $-10-m = 2 \Rightarrow m = -12$

따라서 $f(m) = f(-12) = |5\log_2 16 - 12| = 8$ 이다.

답 8

121

$$f(x) = \begin{cases} \dfrac{4}{x-3}+a & (x < 2) \\ |5\log_2 x - b| & (x \geq 2) \end{cases}$$

$J(x) = \dfrac{4}{x-3}+a$ 라 하고, $h(x) = |5\log_2 x - b|$ 라 하자.
$x < 2$ 에서 $y = J(x)$ 는 감소하고 $g(2) = a-4$ 이다.
대략적으로 $y = J(x) \ (x < 2)$ 를 그리면 다음과 같다.

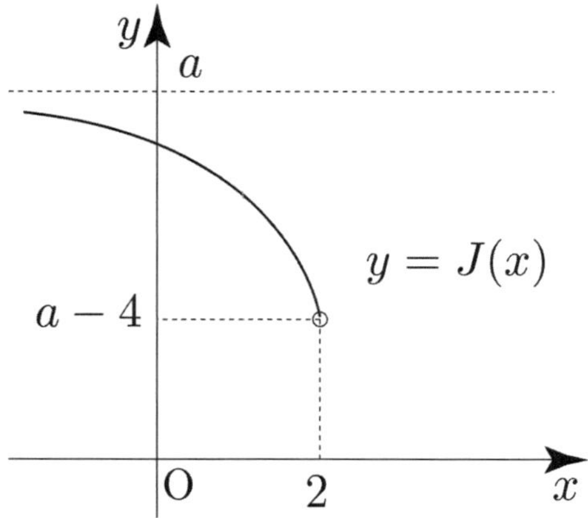

$y = 5\log_2 x - b$ 에서 $x = 2$ 를 대입하면 $5 - b$ 이므로
b 와 5 의 대소관계에 따라 case분류하여
$y = h(x)\ (x \geq 2)$ 를 그리면 다음과 같다.

① $b = 5$

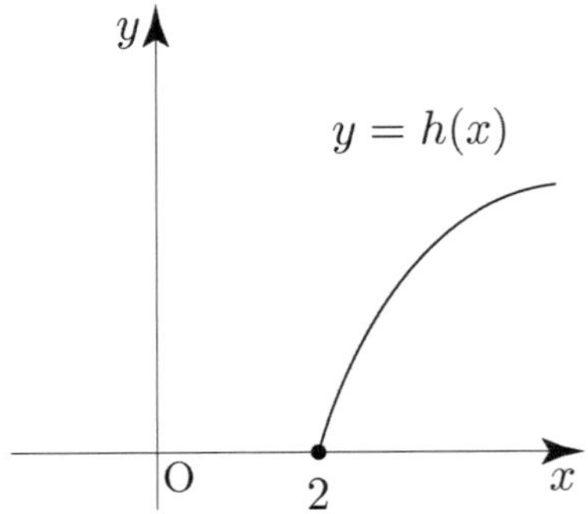

② $b < 5$

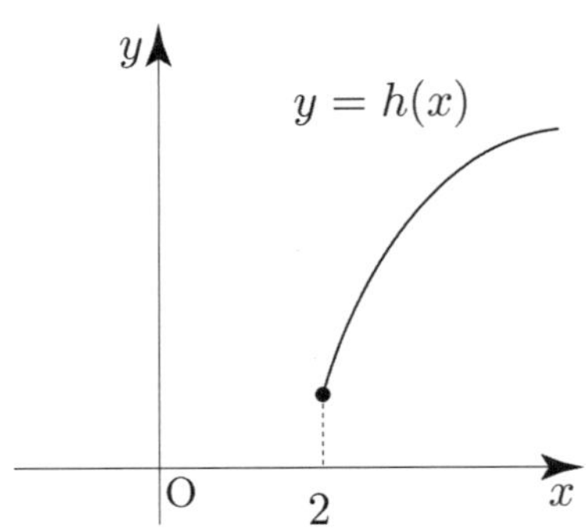

③ $b > 5$

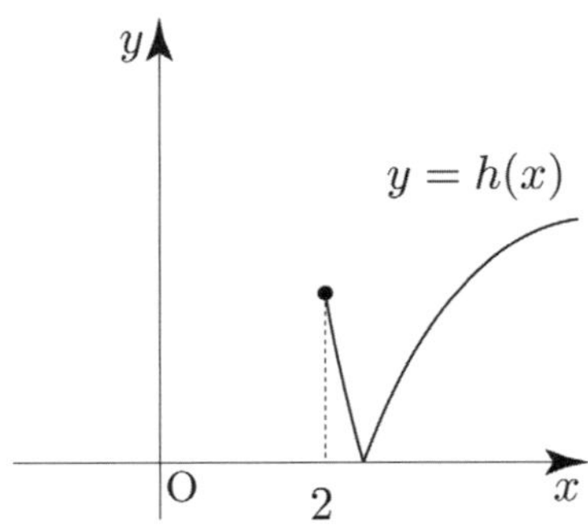

이제 $y = J(x)$ 와 $y = h(x)$ 를 동시에 고려해보자.

여기서 주목해야 할 점은 $y = J(x)$ 의 치역 중에서
자연수인 것은 $a-1$, $a-2$, $a-3$ 이렇게 3 개만 가능하다는
점이다.

만약 $y = J(x)$ 와 ①, ②인 $y = h(x)$ 를 조합하면
$g(t) = 2$ 를 만족시키는 자연수 t 의 개수는 최대 3 이므로
(나) 조건을 만족시킬 수 없다.

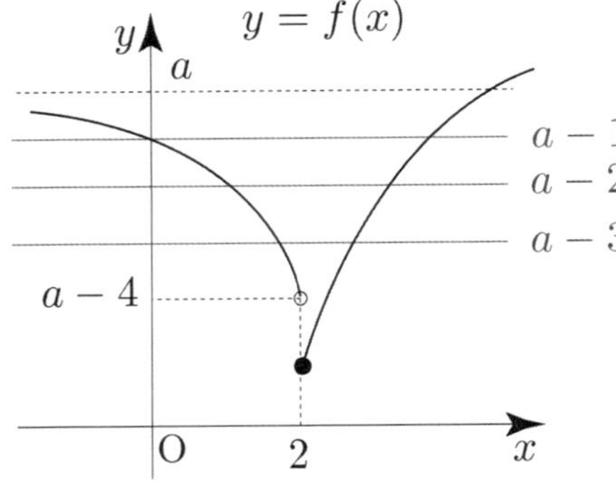

즉, $y = J(x)$ 와 ③ $y = h(x)$ 를 조합해야 함을 알 수 있다.

$b-5$ 와 $a-4$ 의 대소 관계에 따라 case분류하면

❶ $b-5 > a-4$

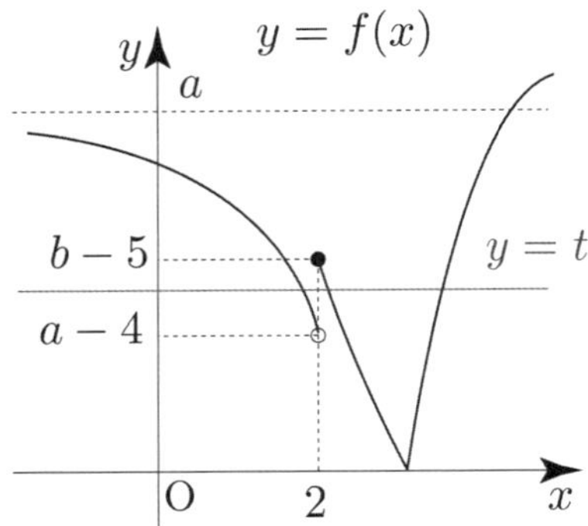

$g(t) = 3$ 인 t 가 존재하므로 (가) 조건을 만족시키지 않는다.

❷ $b-5 \leq a-4$

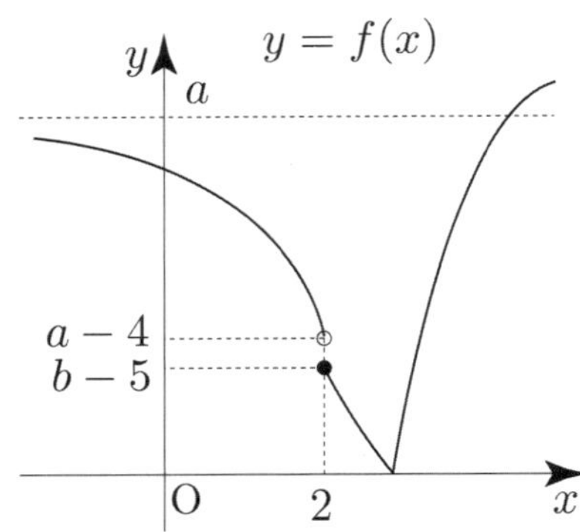

$g(t) = 2$ 인 자연수 t 의 개수가 6 이어야 하므로
$t = a-1$, $a-2$, $a-3$ 을 제외하고 $g(t) = 2$ 를
만족시키는 자연수 t 의 개수가 3 개 더 있어야 한다.
즉, $b-5 = 3 \Rightarrow b = 8$
이때 $b-5 \leq a-4 \Rightarrow 7 \leq a$

따라서 $a+b$ 의 최솟값은 $7+8 = 15$ 이다.

답 15

1	(1) $x=\dfrac{3}{2}$ (2) $x=3$ (3) $x=\log_3 2$
2	(1) $x \leq 3$ (2) $x \geq -2$
3	(1) $x=5$ (2) $x=1$ (3) $x=-2$ or $x=1$
4	(1) $0 < x \leq 16$ (2) $3 < x < 5$ (3) $x \geq 6$

개념 확인문제 1

(1) $2^{-x+2}=2^{\frac{1}{2}} \Rightarrow -x+2=\dfrac{1}{2} \Rightarrow x=\dfrac{3}{2}$

(2) $4^x=8^{2x-4} \Rightarrow 2^{2x}=2^{6x-12} \Rightarrow 12=4x$

$\Rightarrow x=3$

(3) $9^x-2\times3^x=0$

$3^x=t\,(t>0)$ 로 치환하면

$t^2-2t=0 \Rightarrow t(t-2)=0 \Rightarrow t=2\,(t>0)$

$3^x=2 \Rightarrow x=\log_3 2$

$\boxed{답}$ (1) $x=\dfrac{3}{2}$ (2) $x=3$ (3) $x=\log_3 2$

개념 확인문제 2

(1) $3^{2x} \leq 27^{-x+5}$

$3^{2x} \leq 3^{-3x+15}$

$\Rightarrow 2x \leq -3x+15 \Rightarrow 5x \leq 15 \Rightarrow x \leq 3$

(2) $\left(\dfrac{1}{5}\right)^{2x} \geq \left(\dfrac{1}{25}\right)^{3x+4}$

$\left(\dfrac{1}{5}\right)^{2x} \geq \left(\dfrac{1}{5}\right)^{6x+8}$

$\Rightarrow 2x \leq 6x+8 \Rightarrow -8 \leq 4x$

$\Rightarrow -2 \leq x$

$\boxed{답}$ (1) $x \leq 3$ (2) $x \geq -2$

개념 확인문제 3

(1) $\log_2(2x-2)=3$

진수 조건 $2x-2>0 \Rightarrow x>1$

$2x-2=8 \Rightarrow 2x=10 \Rightarrow x=5$

(2) $\log_3(x+2)+\log_3 x=1$

진수 조건 $x+2>0$, $x>0 \Rightarrow x>0$

$\log_3(x+2)x=\log_3 3 \Rightarrow x^2+2x=3 \Rightarrow x^2+2x-3=0$

$\Rightarrow (x+3)(x-1)=0 \Rightarrow x=1\ (x>0)$

(3) $\log_2(x^2-x+2)=\log_2 2x^2$

진수 조건 $x^2-x+2>0 \Rightarrow D=1^2-8<0$ 이므로

실수 전체 집합에서 성립

진수 조건 $2x^2>0 \Rightarrow x \neq 0$

$x^2-x+2=2x^2 \Rightarrow x^2+x-2=0 \Rightarrow (x+2)(x-1)=0$

$\Rightarrow x=-2$ or $x=1$

$\boxed{답}$ (1) $x=5$ (2) $x=1$
 (3) $x=-2$ or $x=1$

개념 확인문제 4

(1) $\log_4 x \leq 2$

진수 조건 $x>0$

$\log_4 x \leq \log_4 16 \Rightarrow x \leq 16$

따라서 $0 < x \leq 16$ 이다.

(2) $\log_{\frac{1}{2}} 2 < \log_{\frac{1}{2}}(x-3)$

진수 조건 $x-3>0 \Rightarrow x>3$

$2 > x-3 \Rightarrow 5 > x$

따라서 $3 < x < 5$ 이다.

(3) $\log_4(x-2) \leq \log_2(x-4)$

진수 조건 $x-2>0,\ x-4>0 \Rightarrow x>4$

$\dfrac{1}{2}\log_2(x-2) \leq \log_2(x-4)$

$\Rightarrow \log_2(x-2) \leq \log_2(x-4)^2$

$\Rightarrow x-2 \leq x^2-8x+16 \Rightarrow x^2-9x+18 \geq 0$

$\Rightarrow (x-6)(x-3) \geq 0 \Rightarrow x \leq 3$ or $x \geq 6$

따라서 $x \geq 6$ 이다.

$\boxed{답}$ (1) $0 < x \leq 16$
 (2) $3 < x < 5$ (3) $x \geq 6$

1	-3	**15**	81
2	45	**16**	1
3	3	**17**	12
4	3	**18**	16
5	28	**19**	2
6	10	**20**	15
7	4	**21**	9
8	9	**22**	16
9	1	**23**	2
10	16	**24**	8
11	$k \leq 10$	**25**	16
12	2	**26**	4
13	8	**27**	7
14	-16		

001

$$\frac{8^x}{2} = 4^{2x+1} \Rightarrow 2^{3x-1} = 2^{4x+2} \Rightarrow -3 = x$$

답 -3

002

$$3^{\frac{1}{9}x-2} = 27 \Rightarrow 3^{\frac{1}{9}x-2} = 3^3 \Rightarrow \frac{1}{9}x = 5 \Rightarrow x = 45$$

답 45

003

$$4^x - 6 \times 2^x - 16 = 0$$

$2^x = t \ (t > 0)$ 라 치환하면

$$t^2 - 6t - 16 = 0 \Rightarrow (t-8)(t+2) = 0 \Rightarrow t = 8 \ (t > 0)$$

따라서 $2^x = 8 \Rightarrow x = 3$ 이다.

답 3

004

$$3^x + 3^{3-x} = 12$$

$3^x = t \ (t > 0)$ 라 치환하면

$$t + \frac{27}{t} = 12 \Rightarrow t^2 - 12t + 27 = 0 \Rightarrow (t-9)(t-3) = 0$$

$$\Rightarrow t = 9 \text{ or } t = 3$$

따라서 $3^x = 9$ or $3^x = 3 \Rightarrow x = 1$ or $x = 2$ 이므로

모든 실근의 합은 3 이다.

답 3

005

$4^x - 2^{x+2} + 3 = 0$ 의 두 근을 α, β

$2^x = t \ (t > 0)$ 라 치환하면

$$t^2 - 4t + 3 = 0 \Rightarrow (t-3)(t-1) = 0 \Rightarrow t = 1 \text{ or } t = 3$$

$2^\alpha = 1$ 이라 하면 $2^\beta = 3$ 이다.

$8^\alpha + 8^\beta = 2^{3\alpha} + 2^{3\beta} = 1 + 27 = 28$ 이다.

답 28

> **Tip**
>
> 방정식 $4^x - 2^{x+2} + 3 = 0$ 의 두 근 α, β 에서
> $2^x = t \ (t > 0)$ 라고 치환하면 $t^2 - 4t + 3 = 0$
>
> 이 새로운 방정식의 두 근을 각각 t_α, t_β 라고 하면
> 근과 계수의 관계에 의하여 $t_\alpha + t_\beta = 4$, $t_\alpha t_\beta = 3$ 이고,
> $t_\alpha = 2^\alpha$, $t_\beta = 2^\beta$ 라고 할 수 있으므로
> $$8^\alpha + 8^\beta = (2^\alpha + 2^\beta)^3 - 3 \cdot 2^{\alpha+\beta}(2^\alpha + 2^\beta)$$
> $$= 4^3 - 3 \cdot 3 \cdot 4 = 28$$
>
> 이 방법은 위와 같은 지수방정식의 해가 깔끔하지
> 않을 때 유용하다.

006

$$\left(\frac{1}{3}\right)^{x-6} \geq 9$$

$$3^{-x+6} \geq 3^2 \Rightarrow -x+6 \geq 2 \Rightarrow 4 \geq x$$

따라서 모든 자연수 x 의 값의 합은 $1+2+3+4 = 10$ 이다.

답 10

$\left(\dfrac{1}{2}\right)^{x^2+4} < 4^{-x^2}$

$2^{-x^2-4} < 2^{-2x^2} \;\Rightarrow\; -x^2-4 < -2x^2 \;\Rightarrow\; x^2 < 4$

$\Rightarrow\; (x-2)(x+2) < 0 \;\Rightarrow\; -2 < x < 2$

따라서 $\beta-\alpha = 4$ 이다.

답 4

008

$4^x - 5 \times 2^{x+2} + 64 \le 0$

$2^x = t \;(t>0)$ 라 치환하면

$t^2 - 20t + 64 \le 0 \;\Rightarrow\; (t-16)(t-4) \le 0 \;\Rightarrow\; 4 \le t \le 16$

$4 \le 2^x \le 16 \;\Rightarrow\; 2^2 \le 2^x \le 2^4 \;\Rightarrow\; 2 \le x \le 4$

따라서 모든 자연수 x 의 합은 $2+3+4 = 9$ 이다.

답 9

009

$\dfrac{1}{9^x} - \dfrac{4}{3^{x-1}} + 27 \le 0$

$\left(\dfrac{1}{3}\right)^x = t \;(t>0)$

$t^2 - 12t + 27 \le 0 \;\Rightarrow\; (t-9)(t-3) \le 0 \;\Rightarrow\; 3 \le t \le 9$

$3 \le \left(\dfrac{1}{3}\right)^x \le 9 \;\Rightarrow\; 3^1 \le 3^{-x} \le 3^2 \;\Rightarrow\; 1 \le -x \le 2$

$\Rightarrow\; -2 \le x \le -1$

따라서 $\beta-\alpha = 1$ 이다.

답 1

010

모든 실수 x 에 대하여 $-4^x - 2^{x+1} + 5 < n$

$2^x = t \;(t>0)$ 라 치환하면

$-t^2 - 2t + 5 < n \;\;(t>0)$

$=y$ 를 붙여서 함수로 생각해보자.

$y = -t^2 - 2t + 5, \; y = n$

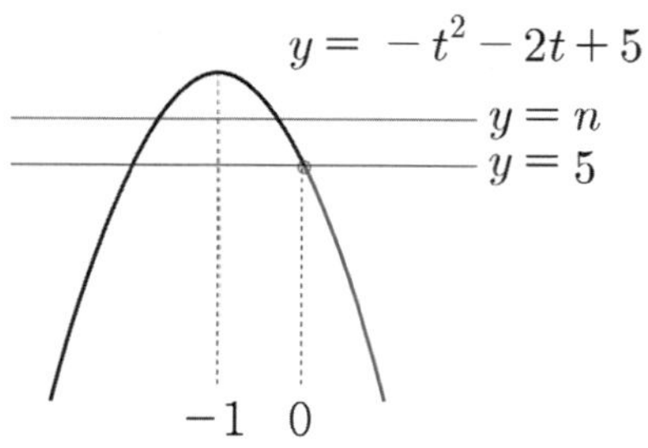

$n \ge 5$ 이면 모든 양수 t 에 대하여
$-t^2 - 2t + 5 < n$ 를 만족시킨다.

따라서 20 이하의 모든 자연수 n 의 개수는
$20 - 5 + 1 = 16$ 이다.

답 16

Tip

위 풀이가 이해가 잘 안 된다면
아래 해설강의를 참고하도록 하자.
t1 010번 해설강의
https://youtu.be/qZ9q1PRWoEI

011

모든 실수 x 에 대하여 부등식 $25^x - k \times 5^x + 25 \ge 0$

$5^x = t \;(t>0)$ 라 치환하면

$t^2 - kt + 25 \ge 0 \;\Rightarrow\; t^2 + 25 \ge kt \;\;(t>0)$

$=y$ 를 붙여서 함수로 생각해보자.

$y = t^2 + 25, \; y = kt \;\;(t>0)$

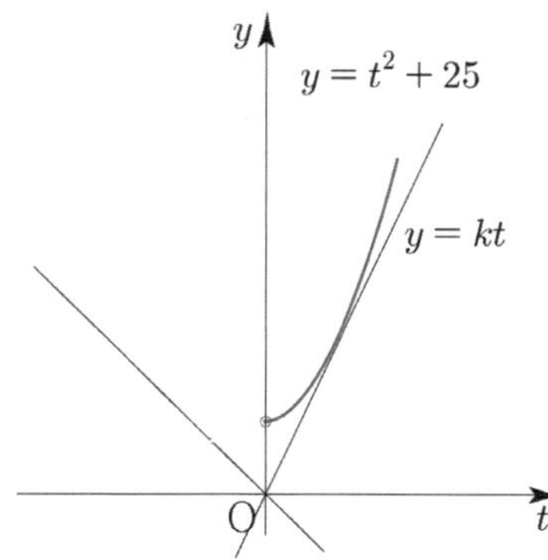

$y = kt$ 는 k 와 관계없이 지나는 점이 $(0,\ 0)$ 이므로
여기서 k 는 정점 $(0,\ 0)$ 을 지나고 빙글빙글 돌아가는 직선의
기울기로 해석할 수 있다. (정점 테크닉)

$t > 0$ 에서 항상 $t^2 + 25 \ge kt$ 를 만족시키려면 k 의 값이
$y = kt$ 가 $y = t^2 + 25$ 와 접할 때의 k 보다 작거나 같으면 된다.

여기서 주의해야 할 점은 $t > 0$에서 주어진 부등식이
성립하면 되기 때문에 $k \leq 0$이어도 된다는 사실이다.
(여기서 k는 직선 $y = kt$의 기울기를 의미한다.)

접할 때 k를 구하면
$$t^2 + 25 = kt \implies t^2 - kt + 25 = 0 \implies D = k^2 - 100 = 0$$
$$\implies k = 10$$
(우리가 구하고 싶은 접할 때 k는 양수이므로 -10이
아니라 10이어야 한다.)
따라서 실수 k의 범위는 $k \leq 10$이다.

답 $k \leq 10$

Tip

■ 이 문제에서 나오는 정점 테크닉은 모의고사에
자주 출제되는 테크닉 중 하나이니 반드시 기억하자.
만약 $y = k(x - 2) + 1$이라면 k와 관계없이 항상
지나는 정점은 $(2,\ 1)$이 된다.

② 질문이 매우 자주 나오는 문제인데
정의역이 양수라는 사실을 절대 놓치면 안 된다.
즉, $t > 0$에서만 부등식 $t^2 + 25 \geq kt$을 만족시키면 된다.

③ 〈범위가 있을 때, 판별식 유의사항〉
아마 판별식 $D \leq 0$이라고 푼 학생이 있을 수 있다.
범위가 $t > 0$이므로 판별식을 쓸 수 없다.

도대체 왜 그럴까?

판별식은 단순 무식해서 정의역이 실수 전체라고
가정하고 서로 다른 실근의 개수를 알려주기 때문이다.

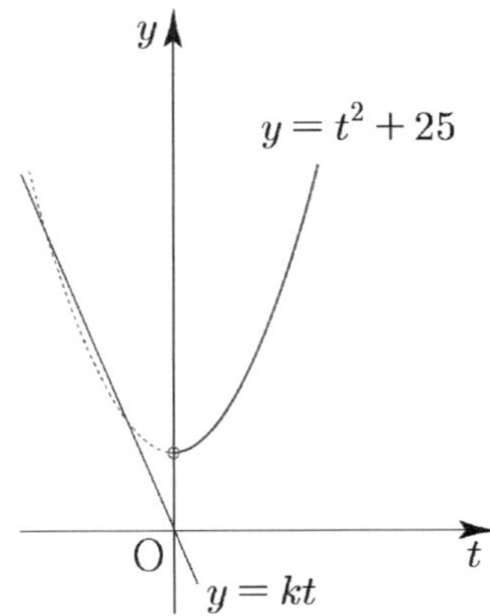

위와 같이 $k < -10$일 때, 판별식을 쓰면 서로 다른
두 실근을 갖는다고 알려주지만 실제로는
정의역이 $t > 0$이므로 실근을 갖지 않는다.

$t > 0$에서 $y = kt$와 $y = t^2 + 25$가 접할 때의 k의 값을
구하기 위해서 판별식을 쓸 수 없을까?

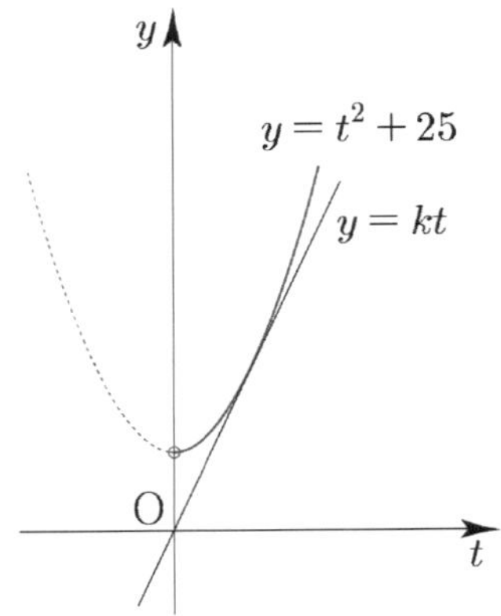

정답은 "쓸 수 있다"이다. $t > 0$이지만 정의역이
실수 전체일 때와 상황이 동일하기 때문이다.

〈요약〉
**1. 범위가 있을 때는 판별식 사용에 각별히 유의해야하고 함수의
그래프를 그려 접근하도록 하자.**
**2. 범위가 있어도 정의역이 실수 전체일 때와 상황이 같다면
판별식을 쓸 수 있다.**

이번에는 다른 방식으로 풀어보자.
$t^2 - kt + 25 \geq 0 \ (t > 0)$이므로 곡선 $y = t^2 - kt + 25$와
t축($y = 0$)의 위치관계를 이용하여 풀어보자.

이차함수의 대칭축이 $t = \dfrac{k}{2}$이므로
k의 범위에 따라 case분류하면 다음과 같다.

① $\dfrac{k}{2} < 0 \implies k < 0$일 때

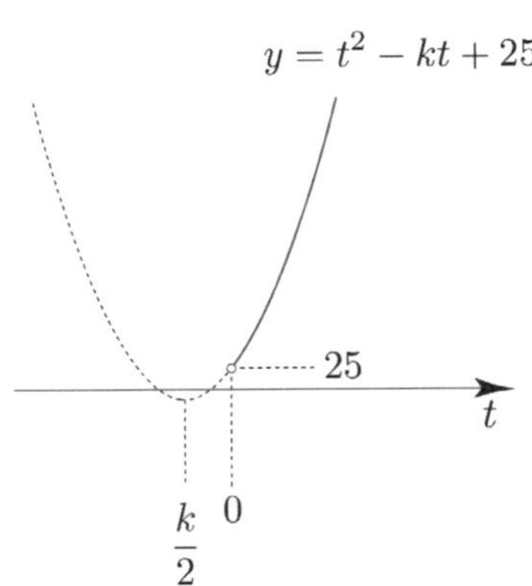

$t > 0$에서 곡선 $y = t^2 - kt + 25$가 t축보다 위에 있으므로
조건을 만족시킨다.

② $\dfrac{k}{2}=0 \Rightarrow k=0$일 때

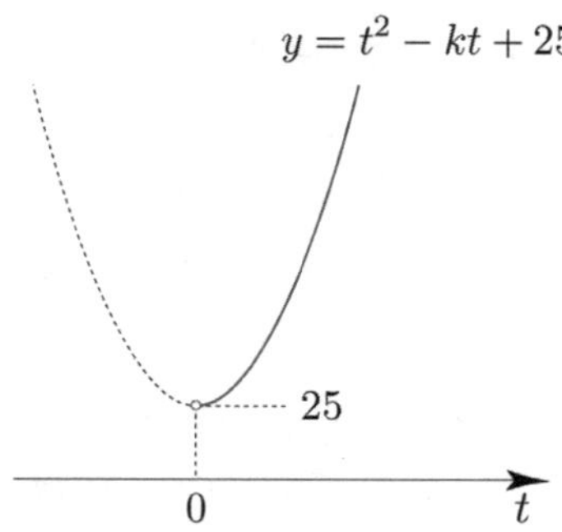

$t>0$에서 곡선 $y=t^2-kt+25$가 t축보다 위에 있으므로 조건을 만족시킨다.

③ $\dfrac{k}{2}>0 \Rightarrow k>0$일 때

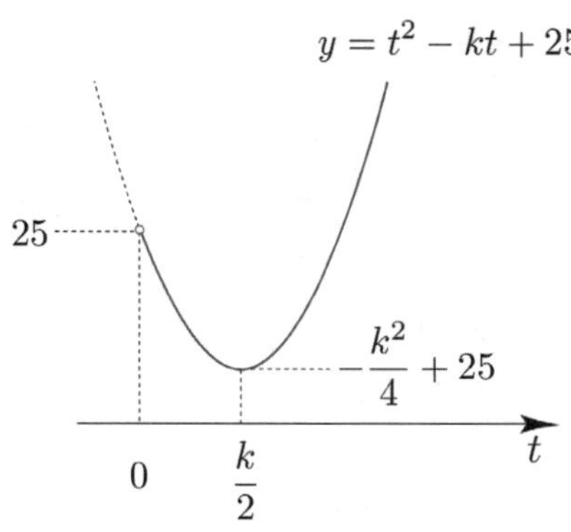

꼭짓점의 y좌표가 $-\dfrac{k^2}{4}+25$이므로

$$-\dfrac{k^2}{4}+25 \geq 0 \Rightarrow k^2-100 \leq 0 \Rightarrow (k-10)(k+10) \leq 0$$

$$\Rightarrow -10 \leq k \leq 10 \Rightarrow 0 < k \leq 10 \ (\because \ k>0)$$

①, ②, ③에 의해서 $k \leq 10$이다.

012

$0 \leq x \leq 1$인 모든 실수 x에 대하여
$$9^x-6 \times 3^x \geq 9^k-10 \times 3^k$$

$3^x=t \ (t>0)$라 치환하면
$0 \leq x \leq 1$에서 t의 범위는 $1 \leq t \leq 3$이다.

$1 \leq t \leq 3$에서 $t^2-6t \geq 9^k-10 \times 3^k$가 항상 성립하려면
$t^2-6t \ (1 \leq t \leq 3)$의 최솟값보다 $9^k-10 \times 3^k$가
작거나 같으면 된다.

여기서 조심해야할 점은 문자만 놓고 봤을 때,
x와 k는 서로 독립이라는 점이다.

$t=3$이 $(1 \leq t \leq 3)$에 포함되므로
$t^2-6t=(t-3)^2-9$은 $t=3$일 때, 최솟값 -9이다.

$$-9 \geq 9^k-10 \times 3^k$$
$3^k=a \ (a>0)$라 치환하면
$$-9 \geq a^2-10a \Rightarrow a^2-10a+9 \leq 0 \Rightarrow (a-9)(a-1) \leq 0$$
$$\Rightarrow 1 \leq a \leq 9 \Rightarrow 1 \leq 3^k \leq 9 \Rightarrow 0 \leq k \leq 2$$

따라서 $M+m=2$이다.

답 2

013

$\log_3(x-2)=\log_9 36$
진수 조건 $x-2>0 \Rightarrow x>2$
$\log_3(x-2)=\dfrac{1}{2}\log_3 36=\log_3 6 \Rightarrow x-2=6 \Rightarrow x=8$

답 8

014

$\log_3(5-x)+\log_3(5+x)=2$
진수 조건 $5-x>0, \ 5+x>0 \Rightarrow -5<x<5$
$\log_3(5-x)(5+x)=\log_3 9 \Rightarrow 25-x^2=9 \Rightarrow 16=x^2$
$$\Rightarrow x=4 \ \text{or} \ x=-4$$

따라서 모든 실수 x의 곱은 -16이다.

답 -16

015

$\log_2(\log_3 x)=2$
진수 조건 $\log_3 x>0, \ x>0 \Rightarrow x>1, \ x>0 \Rightarrow x>1$
$\log_2(\log_3 x)=\log_2 4 \Rightarrow \log_3 x=4 \Rightarrow x=81$

답 81

016

$\log_4(12x-3)=\log_2(2x+1)$

진수 조건

$12x-3>0,\ 2x+1>0 \Rightarrow x>\dfrac{1}{4},\ x>-\dfrac{1}{2} \Rightarrow x>\dfrac{1}{4}$

$\dfrac{1}{2}\log_2(12x-3)=\log_2(2x+1)$

$\Rightarrow \log_2(12x-3)=\log_2(2x+1)^2$

$\Rightarrow 12x-3=4x^2+4x+1$

$\Rightarrow 4x^2-8x+4=0 \Rightarrow x^2-2x+1=0$

$\Rightarrow (x-1)^2=0 \Rightarrow x=1$

답 1

017

$(\log_3 x)^2-3\log_3 x+2=0$ 의 두 근을 $\alpha,\ \beta$ 라 하였다.

$\log_3 x=t$ 라 치환하면

$t^2-3t+2=0 \Rightarrow (t-2)(t-1)=0 \Rightarrow t=1\ or\ t=2$

$\log_3 x=1\ or\ \log_3 x=2 \Rightarrow x=3\ or\ x=9$

따라서 $\alpha+\beta=12$ 이다.

답 12

018

$x^2-6x+2=0$ 의 두 근이 $\log a,\ \log b$ 이므로

근과 계수의 관계에 의해

$\log a+\log b=6,\ \log a\log b=2$

$(\log a+\log b)^2=(\log a)^2+(\log b)^2+2\log a\log b$

$\Rightarrow 36=(\log a)^2+(\log b)^2+4 \Rightarrow (\log a)^2+(\log b)^2=32$

이므로

$\log_a b+\log_b a=\dfrac{\log b}{\log a}+\dfrac{\log a}{\log b}=\dfrac{(\log b)^2+(\log a)^2}{\log a\log b}$

$=\dfrac{32}{2}=16$

답 16

019

$(\log_3 x)^2-2\log_3 x-2=0$ 의 두 근을 $\alpha,\ \beta$ 라 하였다.

$\log_3 x=t$ 라 치환하면 $t^2-2t-2=0$ 이다.

두 근을 $t_1,\ t_2$ 라 하면 근과 계수의 관계에 의해

$t_1+t_2=\log_3\alpha+\log_3\beta=2$

$t_1 t_2=\log_3\alpha\log_3\beta=-2$

$(\log_3\alpha+\log_3\beta)^2=(\log_3\alpha)^2+(\log_3\beta)^2+2\log_3\alpha\log_3\beta$

$4=(\log_3\alpha)^2+(\log_3\beta)^2-4 \Rightarrow (\log_3\alpha)^2+(\log_3\beta)^2=8$

$(\log_\alpha 3)^2+(\log_\beta 3)^2=\left(\dfrac{1}{\log_3\alpha}\right)^2+\left(\dfrac{1}{\log_3\beta}\right)^2$

$=\dfrac{(\log_3\alpha)^2+(\log_3\beta)^2}{(\log_3\alpha)^2(\log_3\beta)^2}=\dfrac{8}{4}=2$

답 2

020

$\log_3 x\le\log_3(x+10)-1$

진수 조건 $x>0,\ x+10>0 \Rightarrow x>0$

$\log_3 x\le\log_3\left(\dfrac{x+10}{3}\right) \Rightarrow x\le\dfrac{x+10}{3}$

$\Rightarrow 3x\le x+10 \Rightarrow 2x\le 10 \Rightarrow x\le 5$

$0<x\le 5 \Rightarrow x=1,\ 2,\ 3,\ 4,\ 5$

따라서 정수 x 의 값의 합은 $1+2+3+4+5=15$ 이다.

답 15

021

$\log_{\frac{1}{3}}(x^2-2x-3)\ge\log_{\frac{1}{3}}(2x+2)$

진수 조건 $x^2-2x-3>0,\ 2x+2>0$

$\Rightarrow (x-3)(x+1)>0,\ x>-1$

$\Rightarrow x<-1\ or\ x>3,\ x>-1 \Rightarrow x>3$

$x^2-2x-3\le 2x+2 \Rightarrow x^2-4x-5\le 0$

$\Rightarrow (x-5)(x+1)\le 0 \Rightarrow -1\le x\le 5$

$3<x\le 5 \Rightarrow x=4,\ 5$

따라서 정수 x 의 값의 합은 $4+5=9$ 이다.

답 9

$\log_2 x \leq \log_4(13x+30)$

진수 조건

$x > 0,\ 13x+30 > 0 \Rightarrow x > 0$

$\log_2 x \leq \dfrac{1}{2}\log_2(13x+30)$

$\Rightarrow \log_2 x^2 \leq \log_2(13x+30)$

$\Rightarrow x^2 \leq 13x+30 \Rightarrow x^2-13x-30 \leq 0$

$\Rightarrow (x-15)(x+2) \leq 0 \Rightarrow -2 \leq x \leq 15$

$0 < x \leq 15 \Rightarrow x = 1,\ 2,\ 3,\ \cdots,\ 15$

따라서 최솟값과 최댓값의 합은 $1+15 = 16$ 이다.

답 16

023

$\log_{\frac{1}{3}}(x+1) + \log_{\frac{1}{3}}(x+5) \geq \log_{\frac{1}{3}}12$

진수 조건

$x+1 > 0,\ x+5 > 0 \Rightarrow x > -1$

$\log_{\frac{1}{3}}(x+1)(x+5) \geq \log_{\frac{1}{3}}12 \Rightarrow x^2+6x+5 \leq 12$

$\Rightarrow x^2+6x-7 \leq 0 \Rightarrow (x+7)(x-1) \leq 0$

$\Rightarrow -7 \leq x \leq 1$

$-1 < x \leq 1 \Rightarrow x = 0,\ 1$

따라서 정수 x는 2개다.

답 2

024

$\log_2(\log_3 x) \leq 1$

진수 조건 $\log_3 x > 0,\ x > 0 \Rightarrow x > 1$

$\log_2(\log_3 x) \leq \log_2 2 \Rightarrow \log_3 x \leq 2 \Rightarrow x \leq 9$

$1 < x \leq 9 \Rightarrow x = 2,\ 3,\ \cdots, 9$

따라서 자연수 x의 개수는 8이다.

답 8

025

$4\log_3|x| < 4 - \log_{\frac{1}{3}}x^2$

진수 조건

$|x| > 0,\ x^2 > 0 \Rightarrow x \neq 0$

$4\log_3|x| < 4 + \log_3 x^2$

$\Rightarrow 4\log_3|x| < 4 + 2\log_3|x|$

$\Rightarrow \log_3|x| < 2 \Rightarrow \log_3|x| < \log_3 9 \Rightarrow |x| < 9$

$\Rightarrow -9 < x < 9$

$-9 < x < 9,\ x \neq 0$ 이므로 정수 x의 개수는 16이다.

답 16

026

$\log_2 P = C + \log_3 D - \log_9 S$ (단, C는 상수)

수요량 27배, 공급량 9배 $\Rightarrow$ 판매가격 k배

$\log_2 P' = C + \log_3 27D - \log_9 9S$

$\qquad = C + 3 + \log_3 D - 1 - \log_9 S = C + \log_3 D - \log_9 S + 2$

$\qquad = \log_2 P + 2 = \log_2 4P$

따라서 $P' = 4P$이므로 $k = 4$이다.

답 4

027

$Q(t) = Q_0\left(1 - 2^{-\frac{t}{a}}\right)$ (단, a는 양의 상수이다.)

$$\frac{Q(4)}{Q(2)} = \frac{Q_0\left(1-2^{-\frac{4}{a}}\right)}{Q_0\left(1-2^{-\frac{2}{a}}\right)} = \frac{1-2^{-\frac{4}{a}}}{1-2^{-\frac{2}{a}}} = \frac{3}{2}$$

$2 - 2\times 2^{-\frac{4}{a}} = 3 - 3\times 2^{-\frac{2}{a}}$

$2^{-\frac{2}{a}} = t\ (t > 0)$ 라 치환하면

$2 - 2t^2 = 3 - 3t \Rightarrow 2t^2 - 3t + 1 = 0 \Rightarrow (2t-1)(t-1) = 0$

$\qquad \Rightarrow t = 1 \text{ or } t = \dfrac{1}{2}$

a는 양의 상수이므로 $2^{-\frac{2}{a}} \neq 1$

$2^{-\frac{2}{a}} = \dfrac{1}{2} \Rightarrow a = 2$ 이다.

$$a^2 \times \frac{Q(6)}{Q(2)} = 4 \times \frac{Q_0\left(1-2^{-3}\right)}{Q_0\left(1-2^{-1}\right)} = 4 \times \frac{1-\dfrac{1}{8}}{1-\dfrac{1}{2}} = 4 \times \frac{7}{4} = 7$$

답 7

28	7	47	③
29	③	48	①
30	④	49	④
31	7	50	②
32	1	51	①
33	3	52	81
34	6	53	15
35	2	54	①
36	7	55	15
37	10	56	①
38	12	57	4
39	③	58	⑤
40	10	59	②
41	32	60	⑤
42	②	61	31
43	27	62	①
44	128	63	①
45	6	64	71
46	63		

028

$\log_2(x-3) = \log_4(3x-5)$

진수 조건 $x-3 > 0,\ 3x-5 > 0 \Rightarrow x > 3$

$2\log_4(x-3) = \log_4(3x-5)$

$\Rightarrow \log_4(x-3)^2 = \log_4(3x-5)$

$\Rightarrow x^2 - 6x + 9 = 3x - 5$

$\Rightarrow x^2 - 9x + 14 = 0 \Rightarrow (x-7)(x-2) = 0$

$\Rightarrow x = 7\ (\because\ x > 5)$

답 7

029

$5^{2x-7} \leq \left(\dfrac{1}{5}\right)^{x-2}$

$5^{2x-7} \leq 5^{-x+2} \Rightarrow 2x-7 \leq -x+2 \Rightarrow x \leq 3$

따라서 자연수 x의 개수는 3이다.

답 ③

030

$\dfrac{27}{9^x} \geq 3^{x-9}$

$3^{3-2x} \geq 3^{x-9} \Rightarrow 3-2x \geq x-9 \Rightarrow 4 \geq x$

따라서 모든 자연수 x의 개수는 4이다.

답 ④

031

$\log_3(x+2) - \log_{\frac{1}{3}}(x-4) = 3$

진수 조건 $x>-2$, $x-4>0 \Rightarrow x>4$

$\log_3(x+2) + \log_3(x-4) = 3$

$\Rightarrow \log_3(x^2-2x-8) = 3$

$\Rightarrow x^2-2x-8 = 27 \Rightarrow (x-7)(x+5) = 0$

$\Rightarrow x = 7$

답 7

032

$2\log_4(5x+1) = 1$

진수 조건 $5x+1>0 \Rightarrow x>-\dfrac{1}{5}$

$2\log_4(5x+1) = 1 \Rightarrow \log_2(5x+1) = 1 \Rightarrow 5x+1 = 2$

$$\Rightarrow x = \dfrac{1}{5}$$

따라서 $\log_5\dfrac{1}{\alpha} = \log_5 5 = 1$이다.

답 1

033

$2^{x-6} \leq \left(\dfrac{1}{4}\right)^x$

$2^{x-6} \leq 2^{-2x} \Rightarrow x-6 \leq -2x \Rightarrow 3x \leq 6 \Rightarrow x \leq 2$

따라서 모든 자연수 x의 값의 합은 $1+2=3$이다.

답 3

034

$\log_2(x-1) = \log_4(13+2x)$

진수 조건 $x-1>0$, $13+2x>0 \Rightarrow x>1$

$\log_2(x-1) = \dfrac{1}{2}\log_2(13+2x)$

$\Rightarrow 2\log_2(x-1) = \log_2(13+2x)$

$\Rightarrow \log_2(x-1)^2 = \log_2(13+2x)$

$\Rightarrow (x-1)^2 = 13+2x$

$x^2-4x-12 = 0 \Rightarrow (x-6)(x+2) = 0$

$$\Rightarrow x = 6 \ (\because \ x>1)$$

답 6

035

$3^{x-8} = \left(\dfrac{1}{27}\right)^x$

$3^{x-8} = 3^{-3x} \Rightarrow x-8 = -3x \Rightarrow 4x = 8 \Rightarrow x = 2$

답 2

036

진수조건 $x>4$, $x+2>0 \Rightarrow x>4$

$\log_9(x+2) = \dfrac{1}{2}\log_3(x+2)$ 이므로

$\log_3(x-4) = \log_9(x+2)$

$\Rightarrow \log_3(x-4) = \dfrac{1}{2}\log_3(x+2)$

$\Rightarrow 2\log_3(x-4) = \log_3(x+2)$

$$(x-4)^2 = x+2$$

$$\Rightarrow x^2 - 9x + 14 = 0$$

$$\Rightarrow (x-7)(x-2) = 0 \Rightarrow x = 2 \text{ or } x = 7$$

$x > 4$ 이므로 조건을 만족시키는 실수 $x = 7$ 이다.

답   7

037

진수조건 $3x + 2 > 0, \ x - 2 > 0 \Rightarrow x > 2$

$\log_2(3x+2) = 2 + \log_2(x-2)$

$$\Rightarrow \log_2(3x+2) = \log_2 4(x-2)$$

$$3x + 2 = 4x - 8 \Rightarrow x = 10$$

답   10

038

진수조건 $x > 0, \ 2x - 3 > 0 \Rightarrow x > \dfrac{3}{2}$

$\log_2 x = 2\log_4 x$ 이므로

$2\log_4 x = \log_4 4 + \log_4(2x-3)$

$$\Rightarrow \log_4 x^2 = \log_4(8x - 12)$$

$$x^2 = 8x - 12$$

$$\Rightarrow x^2 - 8x + 12 = 0$$

$$\Rightarrow (x-6)(x-2) = 0$$

$$\Rightarrow x = 2 \text{ or } x = 6$$

2와 6 모두 $\dfrac{3}{2}$ 보다 크므로 진수조건을 만족시킨다.

따라서 모든 실수 x 값의 곱은 12 이다.

답   12

039

진수조건

$x^2 - 7x > 0 \Rightarrow x(x-7) > 0 \Rightarrow x < 0 \text{ or } x > 7$

$x + 5 > 0 \Rightarrow x > -5$

$\therefore \ -5 < x < 0 \text{ or } x > 7$

$$\log_2 \frac{x^2 - 7x}{x+5} \leq \log_2 2 \Rightarrow \frac{x^2 - 7x}{x+5} \leq 2$$

$$\Rightarrow x^2 - 7x \leq 2x + 10 \ (\because x + 5 > 0)$$

$$\Rightarrow x^2 - 9x - 10 \leq 0$$

$$\Rightarrow (x-10)(x+1) \leq 0 \Rightarrow -1 \leq x \leq 10$$

진수조건을 고려하면

$-1 \leq x < 0 \text{ or } 7 < x \leq 10$ 이므로

조건을 만족시키는 모든 정수 x 의 합은

$-1 + 8 + 9 + 10 = 26$ 이다.

답   ③

040

$$\log x^3 - \log \frac{1}{x^2} = 3\log x - (-2\log x) = 5\log x$$

$10 \leq x < 1000$

$1 \leq \log x < 3 \Rightarrow 5 \leq 5\log x < 15$

따라서 $5\log x$ 의 값이 자연수가 되도록 하는 x 의

개수는 10 이다.

답   10

041

$\left(\log_2 \dfrac{x}{2}\right)(\log_2 4x) = 4$ 의 서로 다른 두 실근 $\alpha, \ \beta$

$\log_2 x = t$ 로 치환하면

$$(t-1)(t+2) = 4 \Rightarrow t^2 + t - 6 = 0 \Rightarrow (t+3)(t-2) = 0$$

$$\Rightarrow t = -3 \text{ or } t = 2$$

$$\log_2 x = -3 \Rightarrow x = \frac{1}{8}$$

$$\log_2 x = 2 \Rightarrow x = 4$$

따라서 $64\alpha\beta = 32$ 이다.

답   32

$2\log_2|x-1| \le 1 - \log_2 \dfrac{1}{2}$

진수 조건 $|x-1| > 0 \Rightarrow x \ne 1$

$2\log_2|x-1| \le 2$

$\Rightarrow \log_2|x-1| \le 1 \Rightarrow |x-1| \le 2$

$\Rightarrow -2 \le x-1 \le 2 \Rightarrow -1 \le x \le 3$

$-1 \le x \le 3,\ x \ne 1$ 이므로 $x = -1,\ 0,\ 2,\ 3$

따라서 모든 정수 x 의 개수는 4 이다.

$\boxed{\text{답}}$ ②

043

$(\log_3 x)^2 - 6\log_3 \sqrt{x} + 2 = 0$ 의 서로 다른 두 실근 $\alpha,\ \beta$

$\log_3 x = t$

$\Rightarrow t^2 - 3t + 2 = 0 \Rightarrow (t-2)(t-1) = 0$

$\Rightarrow t = 1 \text{ or } t = 2$

$\log_3 x = 1 \Rightarrow x = 3$

$\log_3 x = 2 \Rightarrow x = 9$

따라서 $\alpha\beta = 27$ 이다.

$\boxed{\text{답}}$ 27

044

$a^{2x} - a^x = 2\ (a > 0,\ a \ne 1)$

$a^x = t\ (t > 0)$ 라 치환하면

$t^2 - t = 2$

$\Rightarrow t^2 - t - 2 = 0 \Rightarrow (t-2)(t+1) = 0$

$\Rightarrow t = 2\ (t > 0)$

방정식의 해가 $\dfrac{1}{7}$ 이므로

$a^x = 2 \Rightarrow a^{\frac{1}{7}} = 2 \Rightarrow a = 2^7 = 128$

$\boxed{\text{답}}$ 128

045

모든 실수 x 에 대하여 $3x^2 - 2(\log_2 n)x + \log_2 n > 0$

판별식을 쓰면

$\dfrac{D}{4} = (\log_2 n)^2 - 3\log_2 n < 0$

$\Rightarrow \log_2 n(\log_2 n - 3) < 0$

$\Rightarrow 0 < \log_2 n < 3 \Rightarrow 1 < n < 8$

따라서 자연수 n 의 개수는 6 이다.

$\boxed{\text{답}}$ 6

046

$2^{2x+1} - (2n+1)2^x + n \le 0$

$2^x = t\ (t > 0)$ 라 치환하면

$2t^2 - (2n+1)t + n \le 0 \Rightarrow (2t-1)(t-n) \le 0$

$\Rightarrow \dfrac{1}{2} \le t \le n \Rightarrow 2^{-1} \le 2^x \le n$

정수 x 의 개수가 7 개가 되려면

$-1,\ 0,\ 1,\ 2,\ 3,\ 4,\ 5$ 을 포함해야하므로

$2^5 \le n < 2^6 \Rightarrow 32 \le n < 64$ 이다.

따라서 자연수 n 의 최댓값은 63 이다.

$\boxed{\text{답}}$ 63

047

$\log_3(x-1) + \log_3(4x-7) \le 3$

진수 조건 $x-1 > 0,\ 4x-7 > 0 \Rightarrow x > \dfrac{7}{4}$

$\log_3(x-1)(4x-7) \le \log_3 27$

$\Rightarrow 4x^2 - 11x + 7 \le 27$

$\Rightarrow 4x^2 - 11x - 20 \le 0 \Rightarrow (4x+5)(x-4) \le 0$

$\Rightarrow -\dfrac{5}{4} \le x \le 4$

진수 조건까지 고려하면 $\dfrac{7}{4} < x \le 4$ 이므로

조건을 만족시키는 $x = 2,\ 3,\ 4$ 이다.

따라서 정수 x 의 개수는 3 이다.

$\boxed{\text{답}}$ ③

048

$$\log_5(x-1)\le \log_5\left(\tfrac{1}{2}x+k\right)$$

진수 조건

$$x-1>0,\ \tfrac{1}{2}x+k>0 \Rightarrow x>1,\ x>-2k \Rightarrow x>1$$

$$\log_5(x-1)\le \log_5\left(\tfrac{1}{2}x+k\right) \Rightarrow x-1\le \tfrac{1}{2}x+k$$

$$\Rightarrow \tfrac{1}{2}x\le k+1 \Rightarrow x\le 2k+2$$

진수 조건까지 고려하면 $1<x\le 2k+2$ 이므로
정수 x 의 개수가 3 개가 되려면 $x=2,\ 3,\ 4$ 이다.
따라서 $k=1$ 이다.

답 ①

049

$4^x-k\times 2^{x+1}+16=0$ 이 오직 하나의 실근 α 를 갖는다.
$2^x=t\,(t>0)$ 라 치환하면
$$t^2-2kt+16=0\ (t>0)\ \Rightarrow\ t^2+16=2kt\,(t>0)$$

양변에 $=y$를 붙여서 함수로 생각하면
$t>0$인 범위에서 $y=t^2+16$와 $y=2kt$ 의 교점이
오직 하나 존재해야 한다는 것과 같다.
t1 11번에서 배웠듯이 정점 테크닉으로 처리하면 된다.
(직선 $y=2kt$ 은 $(0,\ 0)$ 을 반드시 지나고 빙글빙글 도는
직선이고 기울기는 $2k$ 이다.)

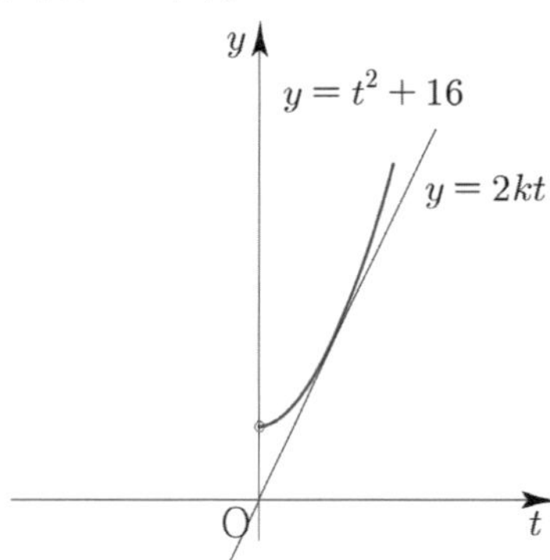

즉, 접해야 하므로 판별식을 쓰면
$$\frac{D}{4}=k^2-16=0 \Rightarrow k=4\ (k>0)$$

$k=4$ 일 때, $t^2-8t+16=(t-4)^2=0 \Rightarrow t=4$
$2^\alpha=4 \Rightarrow \alpha=2$
따라서 $k+\alpha=4+2=6$ 이다.

답 ④

050

$$|a-\log_2 x|\le 1$$

진수 조건 $x>0$

$$|a-\log_2 x|\le 1 \Rightarrow -1\le a-\log_2 x\le 1$$

$$\Rightarrow -1\le \log_2 x-a\le 1 \Rightarrow a-1\le \log_2 x\le a+1$$

$$\Rightarrow \log_2 2^{a-1}\le \log_2 x\le \log_2 2^{a+1}$$

$$\Rightarrow 2^{a-1}\le x\le 2^{a+1}$$

x 의 최댓값과 최솟값의 차가 18 이므로
$$2^{a+1}-2^{a-1}=2^{a-1}(2^2-1)=3\times 2^{a-1}=18$$

$$\Rightarrow 2^a=12$$

답 ②

051

$$\begin{cases} 2^{x+3}>4 \\ 2\log(x+3)<\log(5x+15) \end{cases}$$

진수 조건 $x+3>0,\ 5x+15>0 \Rightarrow x>-3$

$2^{x+3}>2^2 \Rightarrow x+3>2 \Rightarrow x>-1$
$\log(x+3)^2<\log(5x+15) \Rightarrow x^2+6x+9<5x+15$
$\Rightarrow x^2+x-6<0 \Rightarrow (x+3)(x-2)<0 \Rightarrow -3<x<2$

$x>-1,\ -3<x<2,\ x>-3 \Rightarrow -1<x<2$
따라서 $x=0,\ 1$ 이므로 정수 x 의 개수는 2 이다.

답 ①

052

$$(\log_3 x)(\log_3 3x)\le 20$$

진수 조건 $x>0$
$\log_3 x=t$ 라 치환하면
$t(t+1)\le 20 \Rightarrow t^2+t-20\le 0 \Rightarrow (t+5)(t-4)\le 0$

$$\Rightarrow -5\le t\le 4$$

$-5\le \log_3 x\le 4 \Rightarrow \log_3 3^{-5}\le \log_3 x\le \log_3 3^4$

$$\Rightarrow 3^{-5}\le x\le 3^4$$

따라서 자연수 x 의 최댓값은 $3^4=81$ 이다.

답 81

053

$$\log_3 f(x) + \log_{\frac{1}{3}}(x-1) \leq 0$$

진수 조건

$$f(x) > 0, \ x-1 > 0 \Rightarrow 0 < x < 7, \ x > 1 \Rightarrow 1 < x < 7$$

$$\log_3 f(x) - \log_3(x-1) \leq 0 \Rightarrow \log_3 f(x) \leq \log_3(x-1)$$

$$\Rightarrow f(x) \leq x-1$$

양변에 $=y$ 를 붙여 그래프로 비교해보자.

$y = f(x)$ 가 $y = x-1$ 보다 같거나 작은 범위를 찾으면 된다.

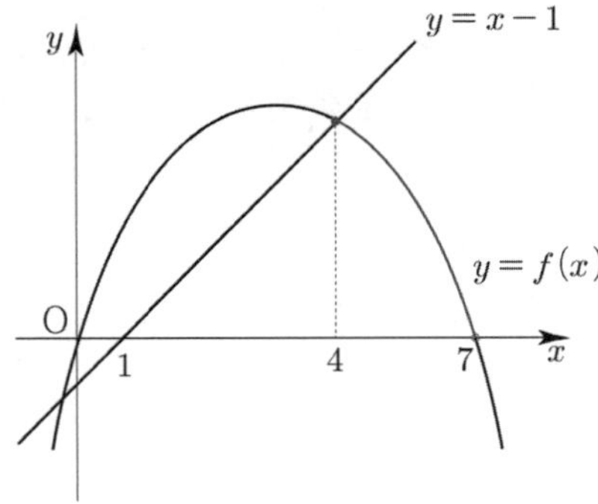

진수 조건까지 고려하면 조건을 만족시키는 x 의 범위는
$4 \leq x < 7$ 이다. $x = 4, \ 5, \ 6$ 이므로
따라서 모든 자연수 x 의 값의 합은 $4+5+6 = 15$ 이다.

 15

054

$$\begin{cases} \left(\dfrac{1}{2}\right)^{1-x} > \left(\dfrac{1}{16}\right)^{x-1} \\ \log_2 4x < \log_2(x+k) \end{cases}$$

$$\left(\frac{1}{2}\right)^{1-x} > \left(\frac{1}{16}\right)^{x-1} \Rightarrow \left(\frac{1}{2}\right)^{1-x} > \left(\frac{1}{2}\right)^{4x-4}$$

$$\Rightarrow 1-x < 4x-4 \Rightarrow 5 < 5x \Rightarrow 1 < x$$

진수조건 $x > 0, \ x > -k \Rightarrow x > 0 \ (\because k > 0)$
$\log_2 4x < \log_2(x+k) \Rightarrow 4x < x+k$

$$\Rightarrow 3x < k \Rightarrow x < \frac{k}{3}$$

진수조건까지 고려하면

$$\therefore 0 < x < \frac{k}{3}$$

$1 < x$ 와 $0 < x < \dfrac{k}{3}$ 가 겹치지 않으려면

$\dfrac{k}{3} \leq 1$ 이어야 하므로 $k \leq 3$

따라서 양수 k 의 최댓값은 3 이다.

답 ①

055

$y = f(x)$ 는 $(-5, \ 0)$ 을 반드시 지나므로
$f(x) = a(x+5)$ 라고 둘 수 있다.

$$2^{f(x)} \leq 8 \Rightarrow 2^{a(x+5)} \leq 2^3 \Rightarrow a(x+5) \leq 3$$

$$\Rightarrow x+5 \leq \frac{3}{a} \Rightarrow x \leq \frac{3}{a} - 5$$

($a > 0$ 이므로 부등호 방향은 변하지 않는다.)

부등식 $2^{f(x)} \leq 8$ 의 해가 $x \leq -4$ 이므로

$$\frac{3}{a} - 5 = -4 \Rightarrow \frac{3}{a} = 1 \Rightarrow a = 3$$

따라서 $f(x) = 3(x+5) \Rightarrow f(0) = 15$ 이다.

답 15

056

$$\left(2^x - 32\right)\left(\frac{1}{3^x} - 27\right) > 0$$

다음과 같이 case분류해서 구할 수 있다.

① $2^x - 32 > 0, \ \dfrac{1}{3^x} - 27 > 0$

$2^x > 2^5 \Rightarrow x > 5$

$3^{-x} > 3^3 \Rightarrow x < -3$

$x > 5, \ x < -3$ 을 동시에 만족할 수 없으므로 모순이다.

② $2^x - 32 < 0, \ \dfrac{1}{3^x} - 27 < 0$

$2^x < 2^5 \Rightarrow x < 5$

$3^{-x} < 3^3 \Rightarrow x > -3$

$-3 < x < 5 \Rightarrow x = -2, \ -1, \ 0, \ 1, \ 2, \ 3, \ 4$ 이므로
따라서 모든 정수 x 의 개수는 7 이다.

 ①

$x^{\log_2 x} = 8x^2$

진수 조건 $x > 0$

양변에 밑이 2인 로그를 취하면
$$\log_2 x^{\log_2 x} = \log_2 8x^2 \ \Rightarrow\ (\log_2 x)^2 = 3 + 2\log_2 x$$

(여기서 $\log_2 x^2 = 2\log_2 |x|$ 이 아니라 $\log_2 x^2 = 2\log_2 x$ 인 이유는 진수 조건 $x > 0$ 때문이다.)

$\log_2 x = t$ 라 치환하면

$$t^2 - 2t - 3 = 0 \ \Rightarrow\ (t-3)(t+1) = 0 \ \Rightarrow\ t = -1 \ \text{or} \ t = 3$$

$$\log_2 x = -1 \ \Rightarrow\ x = \frac{1}{2}$$

$$\log_2 x = 3 \ \Rightarrow\ x = 8$$
이므로 $\alpha\beta = 4$ 이다.

답   4

058

정수 n 에 대하여
$$A(n) = \{\,x \mid \log_2 x \le n\,\}, \ B(n) = \{\,x \mid \log_4 x \le n\,\}$$

진수 조건 $x > 0$ 조심!
$$A(n) = \{\,x \mid \log_2 x \le \log_2 2^n\,\} = \{\,x \mid 0 < x \le 2^n\,\}$$
$$B(n) = \{\,x \mid \log_4 x \le \log_4 4^n\,\} = \{\,x \mid 0 < x \le 4^n\,\}$$

ㄱ. $A(1) = \{\,x \mid 0 < x \le 1\,\}$
$A(1) = \{\,x \mid 0 < x \le 2\,\}$ 이므로 ㄱ은 거짓이다.

ㄴ. $A(4) = B(2)$
$A(4) = \{\,x \mid 0 < x \le 16\,\}, \ B(2) = \{\,x \mid 0 < x \le 16\,\}$
따라서 $A(4) = B(2)$ 이므로 ㄴ은 참이다.

ㄷ. $A(n) \subset B(n)$ 이려면 $2^n \le 4^n$ 이므로
$n \ge 0$ 이어야 한다.
$-n \le 0$ 이므로 $4^{-n} \le 2^{-n}$ 이다.
따라서 $B(-n) \subset A(-n)$ 이므로 ㄷ은 참이다.

답   ⑤

직선 $x = k$ 가 두 곡선 $y = \log_2 x$, $y = -\log_2(8-x)$ 와 만나는 점을 각각 A, B (단, $0 < k < 8$)

두 점 A, B의 좌표는 $A(k,\ \log_2 k)$, $B(k,\ -\log_2(8-k))$

$\overline{AB} = 2$ 이므로
$$\overline{AB} = \left| \log_2 k - \{-\log_2(8-k)\} \right| = \left| \log_2 k + \log_2(8-k) \right|$$
이다.

여기서 주의할 점은 두 점 A와 B 중 어떤 점의 y좌표가 더 큰지 모르기 때문에 절댓값을 해줘야 한다는 점이다.

$$\left| \log_2 k + \log_2(8-k) \right| = 2 \ \Rightarrow\ \left| \log_2 k(8-k) \right| = 2$$
$\log_2 k(8-k) = 2$ 또는 $\log_2 k(8-k) = -2$ 이므로
case분류 하면

① $\log_2 k(8-k) = 2$

    $k(8-k) = 4 \ \Rightarrow\ k^2 - 8k + 4 = 0$
    근의 공식을 쓰면 $k = 4 - 2\sqrt{3}$ or $k = 4 + 2\sqrt{3}$
    $0 < k < 8$ 을 만족시키므로 방정식의 해가 된다.

② $\log_2 k(8-k) = -2$

    $k(8-k) = \dfrac{1}{4} \ \Rightarrow\ 4k^2 - 32k + 1 = 0$
    근의 공식을 쓰면 $k = \dfrac{8 - 3\sqrt{7}}{2}$ or $k = \dfrac{8 + 3\sqrt{7}}{2}$
    $0 < k < 8$ 을 만족시키므로 방정식의 해가 된다.

따라서 구하는 모든 실수 k의 값의 곱은

$$(4 - 2\sqrt{3})(4 + 2\sqrt{3})\left(\frac{8 - 3\sqrt{7}}{2}\right)\left(\frac{8 + 3\sqrt{7}}{2}\right)$$

$$= 4 \times \frac{1}{4} = 1$$
이다.

답   ②

061

$$C = B \times \log_2(1+x)$$

신호의 주파수 대역폭이 일정할 때, 신호잡음전력비를
a 에서 $33a$ 로 높였더니 신호의 최대 전송 속도가 2 배

$$C = B \times \log_2(1+a)$$
$$2C = B \times \log_2(1+33a)$$
이므로
$$2\log_2(1+a) = \log_2(1+33a)$$
$$\Rightarrow 1 + 2a + a^2 = 1 + 33a$$
$$\Rightarrow a^2 - 31a = 0 \Rightarrow a(a-31) = 0 \Rightarrow a = 31 \, (\because a > 0)$$

답 31

060

$$\log \frac{b}{a} = -1 + k \log c \quad (단, \ k \text{는 상수이다.})$$

$10\,\mathrm{g}$ 의 활성탄 A를 염료 B의 농도가 $8\,\%$ 인 용액에
충분히 오래 담가 놓을 때 활성탄 A에 흡착되는
염료 B의 질량은 $4\,\mathrm{g}$

$$\log \frac{4}{10} = -1 + k \log 8 \Rightarrow 2\log 2 = 3k \log 2 \Rightarrow k = \frac{2}{3}$$

$20\,\mathrm{g}$ 의 활성탄 A를 염료 B의 농도가 $27\,\%$ 인 용액에
충분히 오래 담가 놓을 때 활성탄 A에 흡착되는
염료 B의 질량 $x\,(\mathrm{g})$

$$\log \frac{x}{20} = -1 + \frac{2}{3} \log 27$$
$$\Rightarrow \log x - \log 2 - 1 = -1 + \log 9$$
$$\Rightarrow \log x = \log 18 \Rightarrow x = 18$$

답 ⑤

062

$$A = \left\{ x \mid x^2 - 5x + 4 \leq 0 \right\},$$
$$B = \left\{ x \mid (\log_2 x)^2 - 2k \log_2 x + k^2 - 1 \leq 0 \right\}$$

$$A = \left\{ x \mid x^2 - 5x + 4 \leq 0 \right\}$$
$$(x-4)(x-1) \leq 0 \Rightarrow 1 \leq x \leq 4$$

$$B = \left\{ x \mid (\log_2 x)^2 - 2k \log_2 x + k^2 - 1 \leq 0 \right\}$$
진수 조건 $x > 0$
$\log_2 x = t$ 라 치환하면

$$t^2 - 2kt + k^2 - 1 \leq 0 \Rightarrow (t-(k-1))(t-(k+1)) \leq 0$$
$$\Rightarrow k - 1 \leq t \leq k + 1$$
$\log_2 x = t$ 이므로
$$k - 1 \leq \log_2 x \leq k + 1 \Rightarrow 2^{k-1} \leq x \leq 2^{k+1}$$

$$A = \{ x \mid 1 \leq x \leq 4 \}, \quad B = \{ x \mid 2^{k-1} \leq x \leq 2^{k+1} \}$$
$A \cap B \neq \varnothing$ 을 만족시키는 정수 k 는
$k = -1, \ 0, \ 1, \ 2, \ 3$ 이다.

따라서 정수 k 의 개수는 5 이다.

답 ①

$$S(x)=\frac{1}{2}\times\overline{AB}\times\overline{AC}=\frac{1}{2}\times 2\log_2 x\times\log_4\frac{16}{x}$$

$$=\log_2 x\times(2-\log_4 x)=2\log_4 x\times(2-\log_4 x)$$

$$=4\log_4 x-2(\log_4 x)^2$$

$\log_4 x=t$ 라 치환하면

(치환하면 범위조심 $1<x<16 \Rightarrow 0<t<2$)

$0<t<2$ 에서 $4t-2t^2$ 는 $t=1$ 에서 최댓값 2 를 가지므로

$M=2$ 이고 $t=1 \Rightarrow a=4$

따라서 $a+M=6$ 이다.

답   ①

$$f(x)=\begin{cases} -3x+6 & (x<3) \\ 3x-12 & (x\geq 3) \end{cases}$$

$$2^{f(x)}\leq 4^x$$

$$2^{f(x)}\leq 2^{2x} \Rightarrow f(x)\leq 2x$$

양변에 $=y$ 를 붙여 그래프로 비교해보자.

$y=f(x)$ 가 $y=2x$ 보다 같거나

작은 범위를 찾으면 된다.

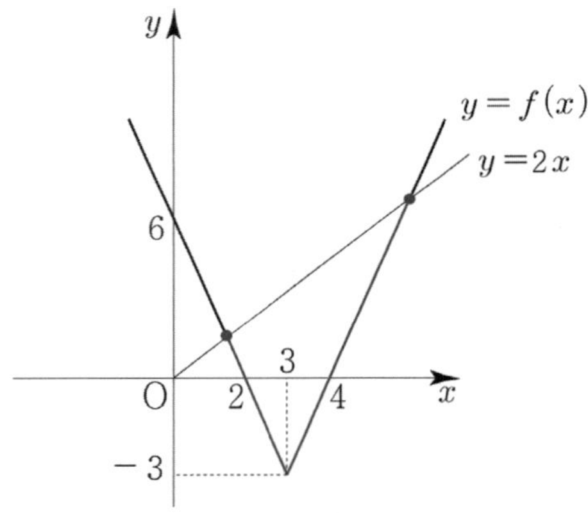

$y=f(x)$ 와 $y=2x$ 의 교점을 찾기 위해서 x 의 범위에

따라 case분류 하면

① $x<3$

$$-3x+6=2x \Rightarrow 6=5x \Rightarrow x=\frac{6}{5}$$

즉, $m=\frac{6}{5}$ 이다.

② $x>3$

$$3x-12=2x \Rightarrow x=12$$

즉, $M=12$ 이다.

따라서 $m=\frac{6}{5}$, $M=12$ 이므로 $M+m=\frac{66}{5}$ 이고,

$p+q=71$ 이다.

답   71

65	⑤	69	④
66	②	70	7
67	②	71	17
68	25	72	④

065

방정식 $4^x - a \times 2^{x+1} + a^2 - a - 6 = 0$ 이 서로 다른 두
실근을 갖도록 하는 상수 a의 값의 범위를 구해보자.

$2^x = t \ (t > 0)$ 라 치환하면 $t^2 - 2at + a^2 - a - 6 = 0$ 이다.

$t > 0$ 인 실수 t 가 결정되면 $2^x = t$ 를 만족시키는 x 는
오직 하나 존재한다.
예를 들어 $t = 2$ 라면 $2^x = 2$를 만족시키는 x는 오직 1 뿐이다.

다시 말해
방정식 $4^x - a \times 2^{x+1} + a^2 - a - 6 = 0$ 이 서로 다른 두
실근을 갖도록 하는 상수 a의 값의 범위를 물어보는 것은

방정식 $t^2 - 2at + a^2 - a - 6 = 0$ 이 서로 다른 두 양의
실근을 갖도록 하는 상수 a의 값의 범위를 물어보는 것과
같다. ($t > 0$ 이므로 양의 실근이다.)

$t^2 - 2at + a^2 - a - 6 = 0$ 이 서로 다른 두 개의 양의
실근이 나오기 위해서는

① $\dfrac{D}{4} = a^2 - (a^2 - a - 6) > 0 \ \Rightarrow \ a > -6$

② 두 근의 합이 양수
　근과 계수의 관계에 의해 $2a > 0 \ \Rightarrow \ a > 0$

③ 두 근의 곱이 양수
　근과 계수의 관계에 의해
　$a^2 - a - 6 > 0 \ \Rightarrow \ (a-3)(a+2) > 0$
　$\Rightarrow \ a < -2 \ \text{ or } \ a > 3$

따라서 ①, ②, ③을 동시에 만족하는 a의 값의 범위는
$a > 3$ 이다.

답 ⑤

---

① 물론 66번과 같이 함판대를 이용하여 구해도 된다.

　① 함숫값
　　$f(0) > 0 \ \Rightarrow \ a^2 - a - 6 > 0$
　　$\Rightarrow \ (a-3)(a+2) > 0$
　　$\Rightarrow \ a < -2 \ \text{ or } \ a > 3$

　② 판별식
　　$\dfrac{D}{4} = a^2 - (a^2 - a - 6) > 0 \ \Rightarrow \ a > -6$

　③ 대칭축
　　대칭축은 $t = a$ 이므로 $a > 0$

　　따라서 ①, ②, ③을 동시에 만족하는
　　a의 값의 범위는 $a > 3$ 이다.

② 위 풀이가 이해가 잘 안 된다면 아래 해설강의를 참고하도록
　하자. (함판대를 쓰는 이유까지 설명)
　065번 해설강의
　https://youtu.be/tP5ZmA2LWyY

066

$5^{2x} - 5^{x+1} + k = 0$ 이 서로 다른 두 개의 양의 실근을
갖도록 하는 정수 k의 개수

$5^x = t \, (t > 0)$ 라 치환하면 $t^2 - 5t + k = 0$ 이다.

$5^x = t$ 의 관계에서 $x > 0$ 이 되려면 $t > 1$ 이어야 한다.

다시 말해
방정식 $5^{2x} - 5^{x+1} + k = 0$ 이 서로 다른 두 양의 실근을
갖도록 하는 정수 k의 개수를 물어보는 것은

방정식 $t^2 - 5t + k = 0$ 이 1보다 큰 서로 다른 두 실근을
갖도록 하는 정수 k의 개수를 물어보는 것과 같다.
방정식 $t^2 - 5t + k = 0$ 의 두 실근이 모두 1 보다 크려면
함숫값, 판별식, 대칭축을 따지면 된다.

$f(t) = t^2 - 5t + k$ 라 하면 아래 그림과 같다.

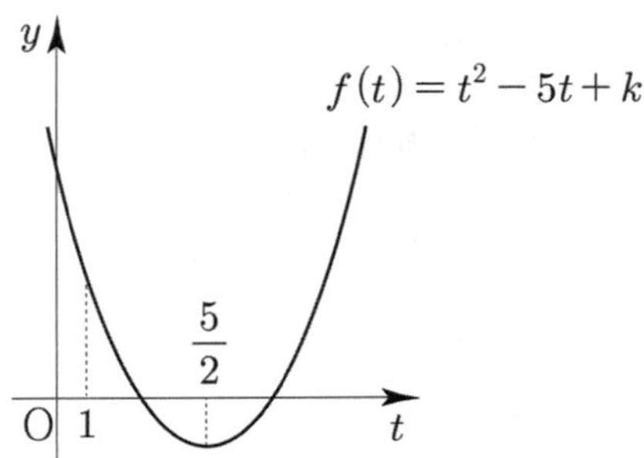

① 함숫값

$$f(1) > 0 \;\Rightarrow\; -4 + k > 0 \;\Rightarrow\; k > 4$$

② 판별식

$$D = 25 - 4k > 0 \;\Rightarrow\; \frac{25}{4} > k$$

③ 대칭축

대칭축은 $t = \dfrac{5}{2}$ 이므로 $1 < \dfrac{5}{2}$

따라서 $4 < k < \dfrac{25}{4} \;\Rightarrow\; k = 5,\ 6$ 이므로

정수 k 의 개수는 2 이다.

$$\boxed{답}\quad ②$$

067

임의의 실수 x 에 대하여 부등식 $2^{x+1} - 2^{\frac{x+4}{2}} + a \geq 0$ 이
성립하도록 하는 실수 a 의 최솟값을 구해보자.

$2^{\frac{x}{2}} = t\,(t > 0)$ 라 치환하면
$$2t^2 - 4t + a \geq 0 \;\Rightarrow\; a \geq -2t^2 + 4t$$
양변에 $= y$ 를 취해서 함수로 보면
$t > 0$ 에서 $y = a$ 가 $y = -2t^2 + 4t$ 보다 크거나 같으면 된다.

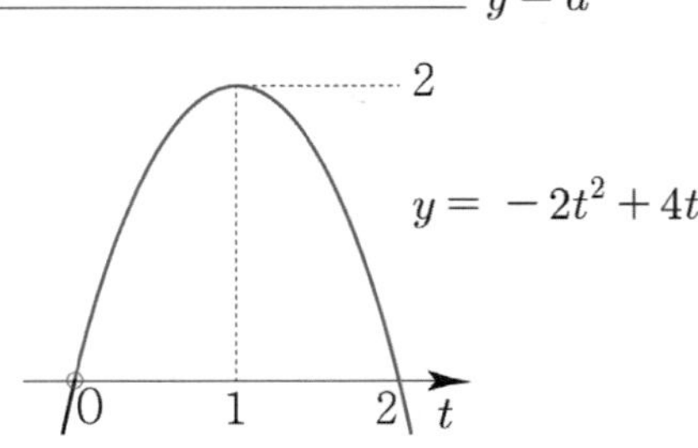

따라서 실수 a 의 최솟값은 2 이다.

$$\boxed{답}\quad ②$$

068

x 에 대한 로그방정식
$(\log x + \log 2)(\log x + \log 4) = -(\log k)^2$ 이 서로 다른
두 실근을 갖도록 하는 양수 k 의 값의 범위가 $\alpha < k < \beta$

$\log x = t$ 라 치환하면
$$(t + \log 2)(t + 2\log 2) = -(\log k)^2$$
$$\Rightarrow t^2 + (3\log 2)t + 2(\log 2)^2 + (\log k)^2 = 0$$

실수 t 가 결정되면 $\log x = t$ 를 만족시키는 x 는
오직 하나 존재한다.
즉, x 값이 서로 다른 두 개가 존재하려면
t 값도 서로 다른 두 개가 존재해야한다.

방정식 $t^2 + (3\log 2)t + 2(\log 2)^2 + (\log k)^2 = 0$ 이
서로 다른 두 실근을 갖도록 하려면 판별식
$D = 9(\log 2)^2 - 8(\log 2)^2 - 4(\log k)^2 > 0$ 를
만족해야한다.

$$(\log 2)^2 - 4(\log k)^2 > 0$$
$$\Rightarrow (\log 2 - 2\log k)(\log 2 + 2\log k) > 0$$
$$\Rightarrow (2\log k - \log 2)(2\log k + \log 2) < 0$$
($2\log k = X$ 로 치환해서 범위를 구해도 된다.)
$$\Rightarrow -\log 2 < 2\log k < \log 2$$
$$\Rightarrow -\frac{1}{2}\log 2 < \log k < \frac{1}{2}\log 2$$
$$\Rightarrow \log \frac{1}{\sqrt{2}} < \log k < \log \sqrt{2}$$

따라서 $10(\alpha^2 + \beta^2) = 10\left(\dfrac{1}{2} + 2\right) = 25$ 이다.

$$\boxed{답}\quad 25$$

069

이차함수 $y = f(x)$ 의 그래프와 일차함수 $y = g(x)$

$$\left(\frac{1}{2}\right)^{f(x)g(x)} \geq \left(\frac{1}{8}\right)^{g(x)}$$
$$\left(\frac{1}{2}\right)^{f(x)g(x)} \geq \left(\frac{1}{2}\right)^{3g(x)} \;\Rightarrow\; f(x)g(x) \leq 3g(x)$$
$$\Rightarrow g(x)\{f(x) - 3\} \leq 0$$

다음과 같이 case분류해서 구할 수 있다.

① $g(x) \leq 0,\ f(x) \geq 3$

$\quad g(x) \leq 0 \Rightarrow x \leq 3$

$\quad f(x) \geq 3 \Rightarrow x \leq 1 \ \text{or} \ x \geq 5$

동시에 만족시키는 x 의 범위는 $x \leq 1$ 이므로
자연수 x 는 1 이다.

② $g(x) \geq 0,\ f(x) \leq 3$

$\quad g(x) \geq 0 \Rightarrow x \geq 3$

$\quad f(x) \leq 3 \Rightarrow 1 \leq x \leq 5$

동시에 만족시키는 x 의 범위는 $3 \leq x \leq 5$ 이므로
자연수 x 는 $3,\ 4,\ 5$ 이다.

따라서 모든 자연수 x 의 값의 합은 $1+3+4+5 = 13$ 이다.

 ④

070

실수 k 에 대하여 방정식 $\left| 2^{-|x-1|} - \dfrac{1}{2} \right| = k$ 의
서로 다른 실근의 개수를 $f(k)$ 라 한다.

$y = \left| 2^{-|x-1|} - \dfrac{1}{2} \right|$ 을 그려서 그래프로 판단해보자.

① $y = 2^{-x}$ 를 기본함수로 두자.

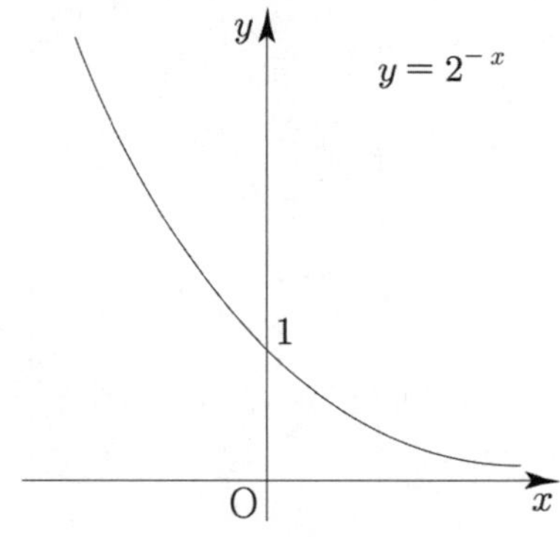

② $x \to |x|$ (x 가 양수인 부분을 y 축 대칭)하면
$y = 2^{-|x|}$

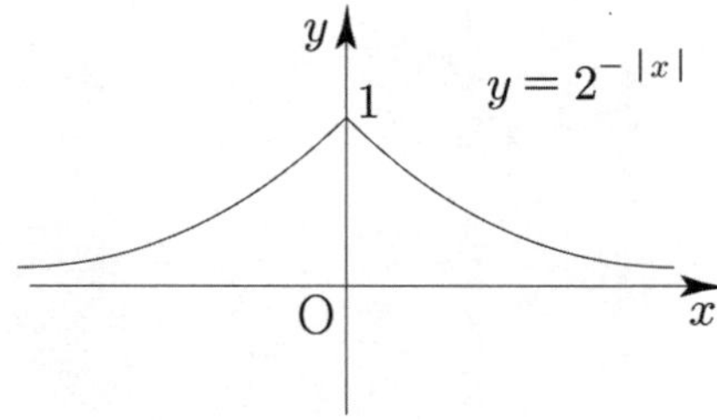

③ x 축의 방향으로 1 만큼, y 축의 방향으로 $-\dfrac{1}{2}$ 만큼

평행이동하면
$y = 2^{-|x-1|} - \dfrac{1}{2}$

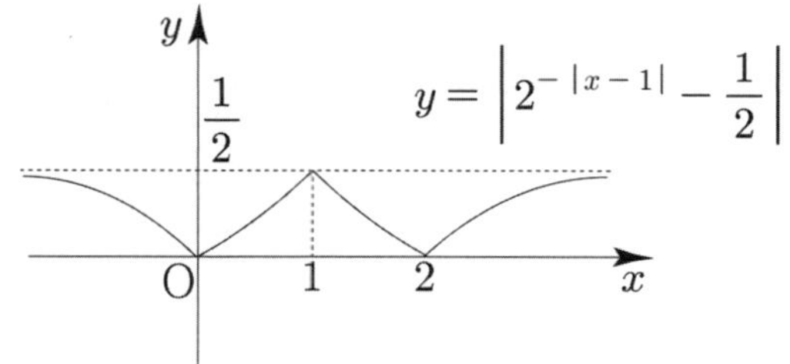

④ $y = |g(x)|$ ($g(x)$ 가 음수인 부분을 x 축 대칭) 하면

$y = \left| 2^{-|x-1|} - \dfrac{1}{2} \right|$

$y = \left| 2^{-|x-1|} - \dfrac{1}{2} \right|$ 와 $y = k$ 의 교점의 개수가 $f(k)$ 이므로

$f(0) = 2,\quad f(2^{-2}) = 4,\quad f(2^{-1}) = 1,\quad f(1) = 0$ 이다.

따라서 $f(0) + f(2^{-2}) + f(2^{-1}) + f(1) = 7$ 이다.

답 7

071

$\log_{f(x)} g(x) \geq 1$

진수 조건 $g(x) > 0$

밑 조건 $f(x) > 0,\ f(x) \neq 1$

$\log_{f(x)} g(x) \geq \log_{f(x)} f(x)$

$f(x)$ 의 범위에 따라 case분류할 수 있다.

① $1 < f(x)$ 이면 $g(x) \geq f(x)$

$\quad 1 < f(x) \Rightarrow x < 1 \ \text{or} \ x > 7$

$\quad g(x) \geq f(x) \Rightarrow 4 \leq x \leq 7 \ \text{or} \ 8 \leq x$

동시에 만족시키는 8 이하의 자연수 x 는 8 이다.

② $0 < f(x) < 1$ 이면 $g(x) \le f(x)$

$0 < f(x) < 1 \Rightarrow 1 < x < 7$

$g(x) \le f(x) \Rightarrow x \le 4$ or $7 \le x \le 8$

동시에 만족시키는 x 의 범위는 $1 < x \le 4$ 이므로
자연수 x 는 $2,\ 3,\ 4$ 이다.

따라서 모든 자연수 x 의 값의 합은 $2+3+4+8=17$
이다.

답 17

072

$\log_2 \sqrt{-n^2+10n+75} - \log_4(75-kn)$

진수조건에 의해

$\sqrt{-n^2+10n+75} > 0,\ \ 75-kn > 0$

$\Rightarrow -n^2+10n+75 > 0,\ \ 75-kn > 0$

$\Rightarrow n^2-10n-75 < 0,\ \ 75-kn > 0$

$\Rightarrow (n+5)(n-15) < 0,\ \ 75-kn > 0$

$\Rightarrow -5 < n < 15,\ \ n < \dfrac{75}{k}$

$\Rightarrow 1 \le n \le 14,\ \ 1 \le n < \dfrac{75}{k}$ $\ (\because\ n$ 은 자연수$)$

$\log_2 \sqrt{-n^2+10n+75} - \log_4(75-kn) > 0$

$\Rightarrow \log_4(-n^2+10n+75) - \log_4(75-kn) > 0$

$\Rightarrow \log_4\left(\dfrac{-n^2+10n+75}{75-kn}\right) > 0$

$\Rightarrow \dfrac{-n^2+10n+75}{75-kn} > 1$

$\Rightarrow -n^2+10n+75 > 75-kn$ $\ (\because\ 75-kn > 0)$

$\Rightarrow n^2-10n-kn < 0 \Rightarrow n(n-10-k) < 0$

n 과 k 는 자연수이므로

$0 < n < 10+k \Rightarrow 1 \le n \le 9+k$

주어진 조건을 만족시키는 자연수 n 의 개수가 12 이므로

$9+k \ge 12 \Rightarrow k \ge 3$

$1 \le n \le 14,\ 1 \le n < \dfrac{75}{k},\ 1 \le n \le 9+k$ 를 동시에

만족시키는

자연수 n 의 개수가 12 이어야 한다.

k 의 값에 따라 case 분류하면

① $k=3$ 일 때

$1 \le n \le 14,\ 1 \le n < 15,\ 1 \le n \le 12$

$\Rightarrow 1 \le n \le 12$

자연수 n 의 개수가 12 이므로 주어진 조건을 만족시킨다.

② $k=4$ 일 때

$1 \le n \le 14,\ 1 \le n < \dfrac{75}{4},\ 1 \le n \le 13$

$\Rightarrow 1 \le n \le 13$

자연수 n 의 개수가 13 이므로 주어진 조건을 만족시키지
않는다.

③ $k=5$ 일 때

$1 \le n \le 14,\ 1 \le n < 15,\ 1 \le n \le 14$

$\Rightarrow 1 \le n \le 14$

자연수 n 의 개수가 14 이므로 주어진 조건을 만족시키지
않는다.

④ $k=6$ 일 때

$1 \le n \le 14,\ 1 \le n < \dfrac{25}{2},\ 1 \le n \le 15$

$\Rightarrow 1 \le n < \dfrac{25}{2}$

자연수 n 의 개수가 12 이므로 주어진 조건을 만족시킨다.

⑤ $k \ge 7$ 일 때

$1 \le n \le 14,\ 1 \le n < \dfrac{75}{k},\ 1 \le n \le 9+k$

$\Rightarrow 1 \le n < \dfrac{75}{k} < 11$

자연수 n 의 개수가 12 보다 작아 주어진 조건을
만족시키지 않는다.

따라서 조건을 만족시키는 모든 자연수 k 의 합은
$3+6=9$ 이다.

답 ④

삼각함수 | **Guide step**

1	풀이 참고
2	(1) $360° \times n + 60°$ (단, n은 정수) (2) $360° \times n + 80°$ (단, n은 정수) (3) $360° \times n + 260°$ (단, n은 정수)
3	(1) 제 4사분면 (2) 제 1사분면 (3) 제 2사분면
4	(1) $\dfrac{\pi}{4}$ (2) $120°$ (3) $-\dfrac{5}{12}\pi$
5	(1) $l = \pi$, $S = 2\pi$ (2) $\theta = \dfrac{5}{6}$, $S = 60$
6	(1) $\sin\theta = \dfrac{5}{13}$, $\cos\theta = -\dfrac{12}{13}$, $\tan\theta = -\dfrac{5}{12}$ (2) $\sin\theta = -\dfrac{\sqrt{2}}{2}$, $\cos\theta = -\dfrac{\sqrt{2}}{2}$, $\tan\theta = 1$
7	(1) $\sin\dfrac{12}{5}\pi > 0$, $\tan(-240°) < 0$ (2) 제 3사분면
8	(1) $\cos\theta = -\dfrac{2\sqrt{2}}{3}$, $\tan\theta = -\dfrac{1}{2\sqrt{2}}$ (2) $\sin\theta\cos\theta = \dfrac{3}{8}$, $\sin^3\theta - \cos^3\theta = \dfrac{11}{16}$

개념 확인문제 1

(1) $80°$

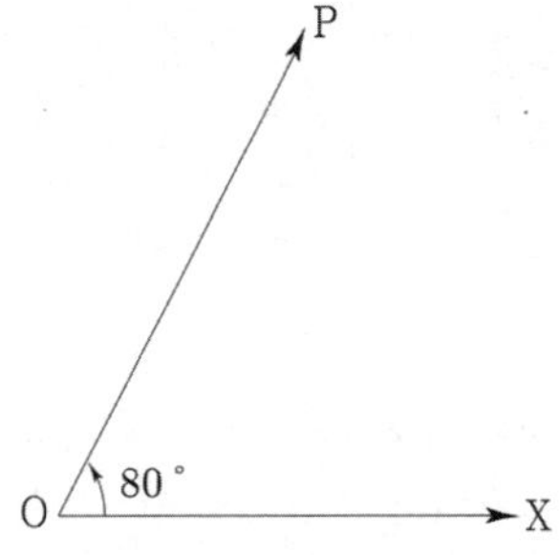

(2) $100°$

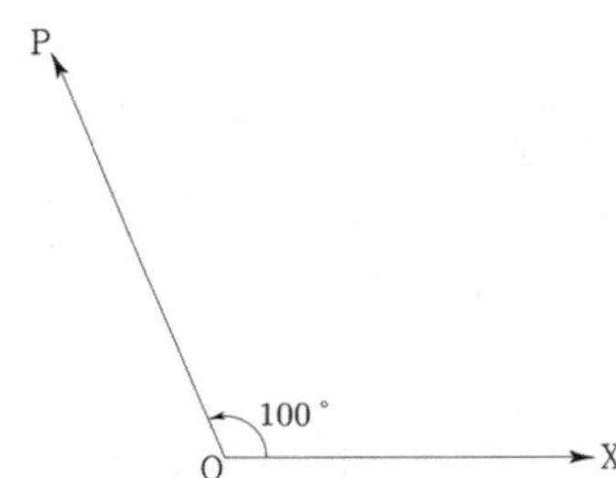

(3) $-200°$

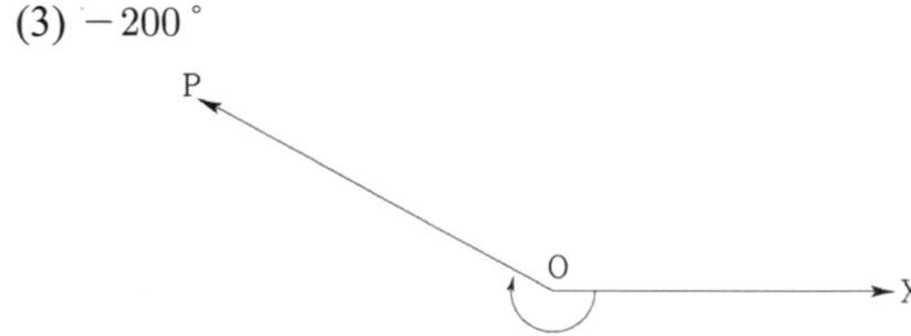

개념 확인문제 2

(1) $60° = 360° \times n + 60°$ (단, n은 정수)

(2) $440° = 360° \times n + 80°$ (단, n은 정수)

(3) $-100° = 360° \times n + 260°$ (단, n은 정수)

답 (1) $360° \times n + 60°$ (단, n은 정수)
(2) $360° \times n + 80°$ (단, n은 정수)
(3) $360° \times n + 260°$ (단, n은 정수)

개념 확인문제 3

(1) $310°$

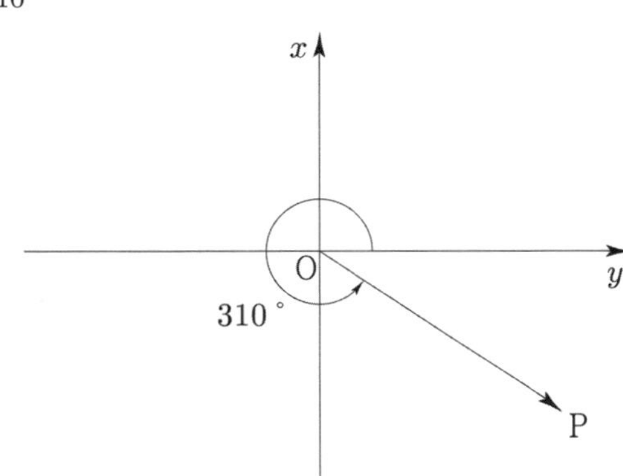

따라서 제 4사분면이다.

(2) $800°$

$800° = 360° \times 2 + 80°$ 이므로 $80°$ 와 동경이 같다.

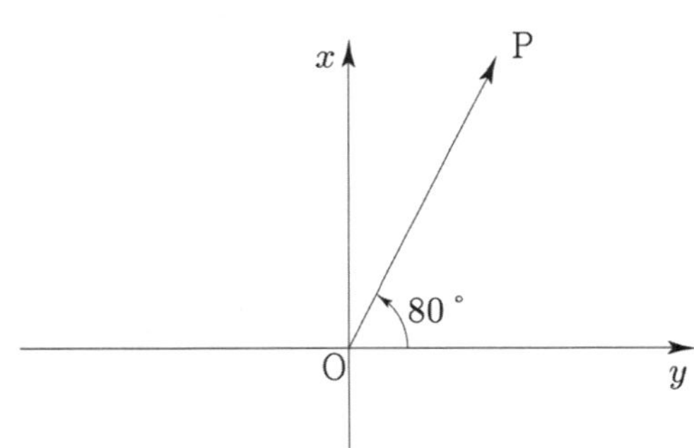

따라서 제 1사분면이다.

(3) $-240°$

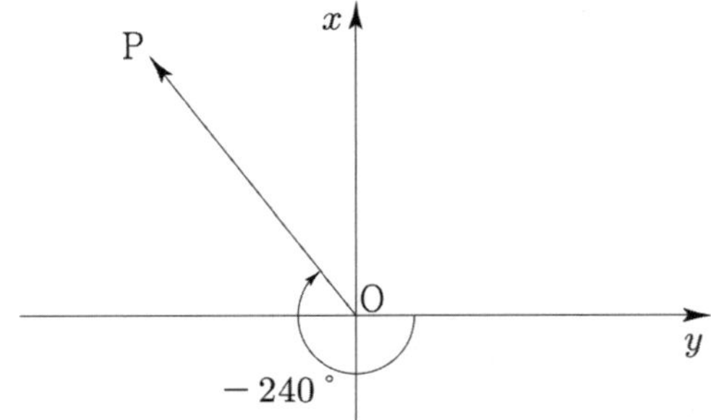

따라서 제 2 사분면이다.

$\boxed{답}$ (1) 제 4 사분면
(2) 제 1 사분면 (3) 제 2 사분면

$\boxed{개념 확인문제}$ **4**

$\pi = 180°$

(1) $45° = \dfrac{\pi}{4}$

(2) $\dfrac{2}{3}\pi = 120°$

(3) $-75° = -75 \times \dfrac{\pi}{180} = -\dfrac{5}{12}\pi$

$\boxed{답}$ (1) $\dfrac{\pi}{4}$

(2) $120°$ (3) $-\dfrac{5}{12}\pi$

$\boxed{개념 확인문제}$ **5**

(1) $r = 4$, $\theta = \dfrac{\pi}{4}$ 이므로

부채꼴의 호의 길이를 l, 부채꼴의 넓이를 S라 하면

$l = 4 \times \dfrac{\pi}{4} = \pi$, $S = \dfrac{1}{2} \times 4^2 \times \dfrac{\pi}{4} = 2\pi$

(2) $r = 12$, $l = 10$

부채꼴의 중심각을 θ, 부채꼴의 넓이를 S라 하면

$r\theta = l \Rightarrow \theta = \dfrac{10}{12} = \dfrac{5}{6}$

$S = \dfrac{1}{2} \times r \times l = \dfrac{1}{2} \times 12 \times 10 = 60$

$\boxed{답}$ (1) $l = \pi$, $S = 2\pi$

(2) $\theta = \dfrac{5}{6}$, $S = 60$

$\boxed{개념 확인문제}$ **6**

(1) 반지름이 $\overline{OP} = \sqrt{(-12)^2 + 5^2} = \sqrt{169} = 13$ 인
원 위에 점 P 가 있다고 생각해보자. $r = 13$ 이므로
삼각함수의 정의를 사용하면 다음과 같다.

$\sin\theta = \dfrac{5}{13}$, $\cos\theta = -\dfrac{12}{13}$, $\tan\theta = -\dfrac{5}{12}$

(2) $\theta = -\dfrac{3}{4}\pi$ 를 나타내는 동경과 단위원의 교점을 P 라

하자. 정의를 사용하기 위해서 P 의 좌표만 구해주면

된다. $P\left(-\dfrac{\sqrt{2}}{2}, \ -\dfrac{\sqrt{2}}{2}\right)$ 이므로

삼각함수의 정의를 사용하면 다음과 같다.

$\sin\theta = -\dfrac{\sqrt{2}}{2}$, $\cos\theta = -\dfrac{\sqrt{2}}{2}$, $\tan\theta = 1$

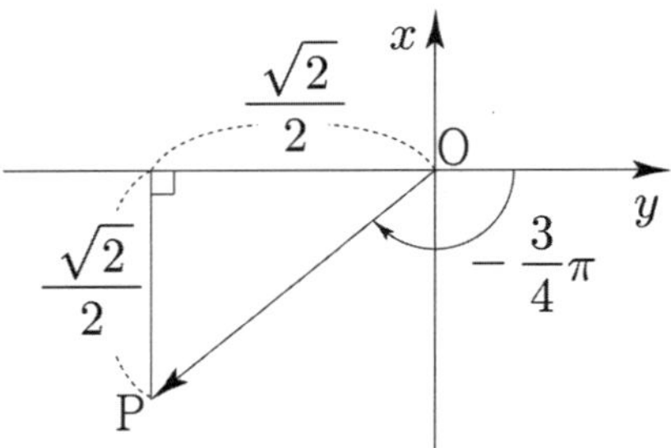

$\boxed{답}$ (1) $\sin\theta = \dfrac{5}{13}$, $\cos\theta = -\dfrac{12}{13}$, $\tan\theta = -\dfrac{5}{12}$

(2) $\sin\theta = -\dfrac{\sqrt{2}}{2}$, $\cos\theta = -\dfrac{\sqrt{2}}{2}$, $\tan\theta = 1$

$\boxed{개념 확인문제}$ **7**

(1) $\dfrac{12}{5}\pi = 2\pi + \dfrac{2}{5}\pi$ 이므로 동경이 $\dfrac{2}{5}\pi$ 와 같다.

$\dfrac{2}{5}\pi$ 는 예각이므로 $\sin\dfrac{12}{5}\pi > 0$ 이다.

$-240°$ 의 동경은 제 2 사분면에 위치하므로
$\tan(-240°) < 0$ 이다.

(2) $\cos\theta < 0$, $\tan\theta > 0$ 를 만족시키는 각 θ 는
제 3 사분면의 각이다.

$\boxed{답}$ (1) $\sin\dfrac{12}{5}\pi > 0$, $\tan(-240°) < 0$

(2) 제 3 사분면

(1) 각 θ 가 제 2 사분면의 각이므로 $\cos\theta < 0,\ \tan\theta < 0$

$\cos^2\theta + \sin^2\theta = 1$ 를 이용하면

$$\sin\theta = \frac{1}{3} \Rightarrow \cos\theta = -\frac{2\sqrt{2}}{3}$$

$$\tan\theta = \frac{\dfrac{1}{3}}{-\dfrac{2\sqrt{2}}{3}} = -\frac{1}{2\sqrt{2}}$$

(2) $0 < \theta < \dfrac{\pi}{2}$, $\sin\theta - \cos\theta = \dfrac{1}{2}$

$$(\sin\theta - \cos\theta)^2 = \frac{1}{4} \Rightarrow 1 - 2\sin\theta\cos\theta = \frac{1}{4}$$

$$\Rightarrow \sin\theta\cos\theta = \frac{3}{8}$$

$$\sin^3\theta - \cos^3\theta = (\sin\theta - \cos\theta)(\sin^2\theta + \sin\theta\cos\theta + \cos^2\theta)$$

$$= \frac{1}{2} \times \left(1 + \frac{3}{8}\right) = \frac{11}{16}$$

답 (1) $\cos\theta = -\dfrac{2\sqrt{2}}{3}$, $\tan\theta = -\dfrac{1}{2\sqrt{2}}$

(2) $\sin\theta\cos\theta = \dfrac{3}{8}$, $\sin^3\theta - \cos^3\theta = \dfrac{11}{16}$

삼각함수 | Training - 1 step

1	⑤	16	3
2	④	17	②
3	제 1, 3사분면	18	③
4	$60°$	19	13
5	$\dfrac{12}{7}\pi$	20	3
6	$\dfrac{7}{6}\pi$	21	③
7	$120°,\ 160°$	22	②
8	4	23	③
9	30	24	①
10	100	25	12
11	4	26	③
12	54	27	4
13	42	28	⑤
14	45	29	20
15	144	30	2

001

① $300° = $ 제 4사분면

② $-50° = $ 제 4사분면

③ $\dfrac{7}{4}\pi = $ 제 4사분면

④ $-380° = -360° - 20°$ 이므로
$-20°$ 와 동경이 동일하다.
따라서 제 4사분면이다.

⑤ $\dfrac{8}{3}\pi = 2\pi + \dfrac{2}{3}\pi$ 이므로

$\dfrac{2}{3}\pi$ 와 동경이 동일하다.

따라서 제 2사분면이다.

답 ⑤

① $-750°=360°\times(-2)-30°$ 이므로 $-30°$ 와
동경이 동일하다. 따라서 제 4사분면이다.

② $245°=$ 제 3사분면

③ $1000°=360°\times2+280°$ 이므로
$280°$ 와 동경이 동일하다.
따라서 제 4사분면이다.

④ $-\dfrac{5}{4}\pi=-\pi-\dfrac{\pi}{4}=$ 제 2사분면

⑤ $\dfrac{10}{3}\pi=2\pi+\dfrac{4}{3}\pi$ 이므로
$\dfrac{4}{3}\pi$ 와 동경이 동일하다.
따라서 제 3사분면이다.

 ④

θ 가 제 1 사분면의 각이므로
$360°\times n<\theta<360°\times n+90°$ (n은 정수)이다.
$180°\times n<\dfrac{\theta}{2}<180°\times n+45°$

① $n=2k$ (k는 정수)
$360°\times k<\dfrac{\theta}{2}<360°\times k+45°$ 이므로
$\dfrac{\theta}{2}$ 는 제 1 사분면의 각이다.

② $n=2k+1$ (k는 정수)
$360°\times k+180°<\dfrac{\theta}{2}<360°\times k+225°$ 이므로
$\dfrac{\theta}{2}$ 는 제 3사분면의 각이다.

답 제 1, 3사분면

> **Tip**
>
> n에 정수들을 대입해보고 규칙을 파악하면 된다.

$4\theta-\theta=3\theta=360°\times n+180°\Rightarrow\theta=120°\times n+60°$
(n은 정수)

$0°<\theta<90°$ 이므로 $\theta=60°$ 이다.

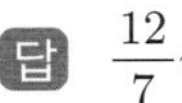 $60°$

005

$8\theta-\theta=7\theta=2\pi\times n\Rightarrow\theta=\dfrac{2}{7}n\pi$ (n은 정수)

$0<\theta<\pi$ 이므로 $\theta=\dfrac{2}{7}\pi,\ \dfrac{4}{7}\pi,\ \dfrac{6}{7}\pi$ 이다.

따라서 모든 각 θ의 크기의 합은 $\dfrac{12}{7}\pi$ 이다.

답 $\dfrac{12}{7}\pi$

$2\theta+\theta=3\theta=2\pi\times n+\dfrac{3}{2}\pi\Rightarrow\theta=\dfrac{2}{3}n\pi+\dfrac{1}{2}\pi$ (n은 정수)

$\pi<\theta<\dfrac{3}{2}\pi$ 이므로 $\theta=\dfrac{7}{6}\pi$ 이다.

답 $\dfrac{7}{6}\pi$

$\theta+8\theta=9\theta=360°\times n\Rightarrow\theta=40°\times n$ (n은 정수)

$90°<\theta<180°$ 이므로 $\theta=120°,\ 160°$ 이다.

답 $120°,\ 160°$

$l=5\pi,\ S=10\pi$
$\dfrac{1}{2}\times r\times l=\dfrac{1}{2}\times r\times5\pi=10\pi\Rightarrow r=4$

따라서 반지름의 길이는 4 이다.

답 4

009

$$\theta = \frac{3}{5}, \ 2r + r\theta = 26$$

$$2r + \frac{3}{5}r = \frac{13}{5}r = 26 \ \Rightarrow \ r = 10$$

따라서 부채꼴의 넓이는 $\frac{1}{2} \times 10^2 \times \frac{3}{5} = 30$ 이다.

답   30

010

$$2r + r\theta = 10 \ \Rightarrow \ \theta = \frac{10}{r} - 2$$

$$S = \frac{1}{2} \times r^2 \times \theta = \frac{1}{2} \times r^2 \times \left(\frac{10}{r} - 2\right) = 5r - r^2$$

$$S = -\left(r - \frac{5}{2}\right)^2 + \frac{25}{4} \ \text{이므로} \ r = \frac{5}{2} \ \text{일 때,}$$

최댓값 $M = \frac{25}{4}$ 이다. 따라서 $16M = 100$

답   100

011

$l = 2r$ 이므로

$$a = 2r + r + r = 4r, \ b = \frac{1}{2}rl = r^2$$

$$a = b \ \Rightarrow \ 4r = r^2 \ \Rightarrow \ r = 4 \ (\because r > 0)$$

답   4

012

$$\angle AOB = a\pi$$

$$a\pi \times 6 = \pi \ \Rightarrow \ a = \frac{1}{6}$$

점 B에서 선분 OA에 내린 수선의 발을 C라 하면

$\angle AOB = \frac{\pi}{6}$ 이므로 $\overline{BC} = \overline{OB} \sin \frac{\pi}{6} = 3$ 이다.

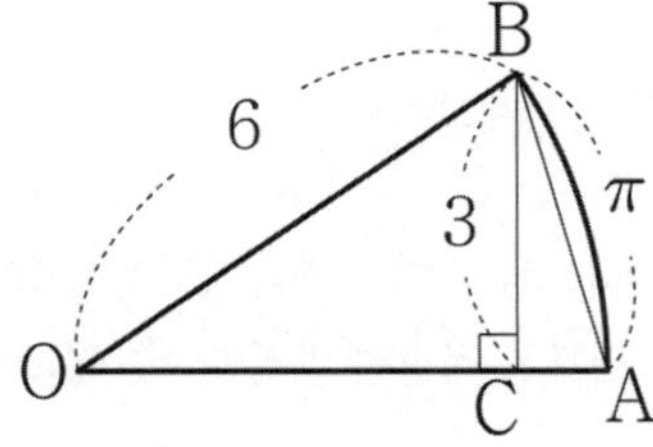

삼각형 OAB의 넓이는 $b = \frac{1}{2} \times \overline{OA} \times \overline{BC} = 9$

따라서 $\dfrac{b}{a} = \dfrac{9}{\frac{1}{6}} = 54$ 이다.

답   54

013

중심이 O이고 반지름의 길이가 12인 원 위에 점 A가 있다. 반직선 OA를 시초선으로 했을 때, 두 각 $\frac{\pi}{6}$, $-\frac{13}{4}\pi$ 가 나타내는 동경이 이 원과 만나는 점을 각각 P, Q라 하자.

$-\frac{13}{4}\pi = -2\pi - \left(\pi + \frac{\pi}{4}\right)$ 이므로 $-\left(\pi + \frac{\pi}{4}\right)$ 와 동경이 같다. 시계방향으로 $\pi + \frac{\pi}{4}$ 만큼 회전해서 동경 OQ를 나타내면 다음과 같다.

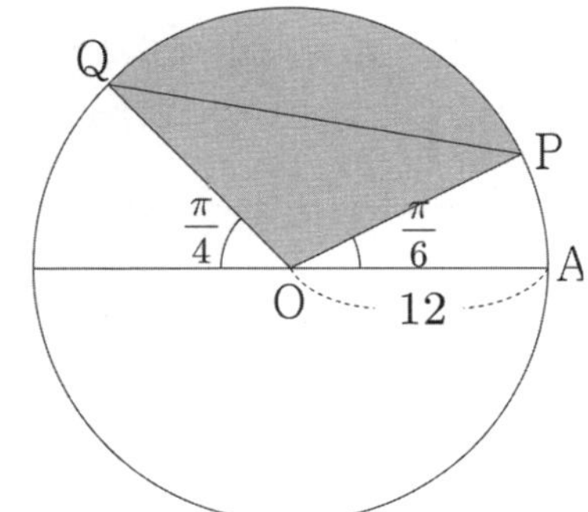

$\angle POQ = \pi - \left(\frac{\pi}{4} + \frac{\pi}{6}\right) = \frac{7}{12}\pi$ 이므로

선분 PQ를 포함하는 부채꼴 OPQ의 넓이는

$$\frac{1}{2} \times 12^2 \times \frac{7}{12}\pi = 42\pi \ \text{이다.}$$

따라서 k는 42이다.

답   42

014

호 AB의 길이가 3π, 넓이가 18π인 부채꼴 OAB

$$\frac{1}{2} \times r \times 3\pi = 18\pi \ \Rightarrow \ r = 12$$

$\angle AOC = \theta$ 일 때, $12\theta = 3\pi \ \Rightarrow \ \theta = \frac{\pi}{4}$

$\angle \text{AOC} = \dfrac{\pi}{4}$ 이므로

$\overline{\text{OA}} \times \sin\dfrac{\pi}{4} = \overline{\text{CA}} = 6\sqrt{2}$ 이다.

삼각형 OAC 는 직각이등변삼각형이므로
$\overline{\text{OC}} = \overline{\text{CA}} = 6\sqrt{2}$ 이다.

호 CD 와 두 선분 AD, AC 로 둘러싸인 부분의 넓이를 S 라 하면 $S = $ (삼각형 OAC 의 넓이) $-$ (부채꼴 OCD 의 넓이) 이다.

삼각형 OAC 의 넓이 $= \dfrac{1}{2} \times \left(6\sqrt{2}\right)^2 = 36$

부채꼴 OCD 의 넓이 $= \dfrac{1}{2} \times \left(6\sqrt{2}\right)^2 \times \dfrac{\pi}{4} = 9\pi$

$S = 36 - 9\pi$ 이므로 따라서 $a + b = 45$ 이다.

답   45

015

점 E 에서 두 선분 BC, AD 에 내린 수선의 발을 각각 F, G 라 하고, 보조선을 그으면 다음과 같다.

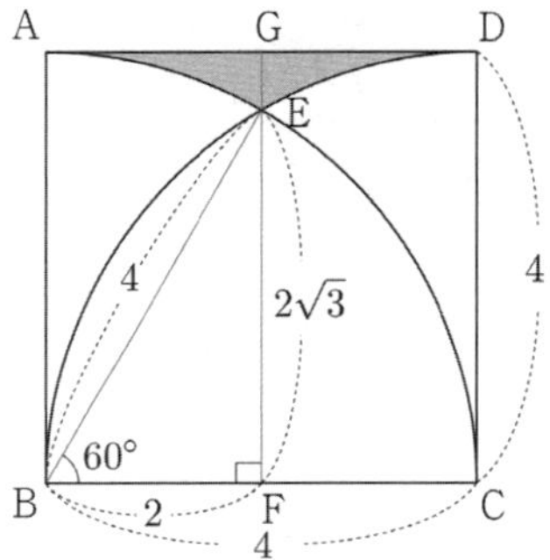

우리가 구하고자 하는 넓이를 S 라 하면 대칭성에 의하여

$\dfrac{S}{2} = $ (사각형 ABFG 의 넓이) $-$

$\qquad$ {(부채꼴 BEA 의 넓이)+(삼각형 BFE 의 넓이)}

$\dfrac{S}{2} = 2 \times 4 - \left(\dfrac{1}{2} \times 4^2 \times \dfrac{\pi}{6} + \dfrac{1}{2} \times 2 \times 2\sqrt{3}\right)$

$\qquad = 8 - \left(\dfrac{4}{3}\pi + 2\sqrt{3}\right) = 8 - \dfrac{4}{3}\pi - 2\sqrt{3}$

$\Rightarrow S = 16 - \dfrac{8}{3}\pi - 4\sqrt{3}$

$a = 16, \ b = \dfrac{8}{3}, \ c = 48$ 이므로

$a + bc = 16 + \dfrac{8}{3} \times 48 = 16 + 128 = 144$ 이다.

답   144

016

중심이 O 이고 P 를 지나는 원을 생각하면
$\overline{\text{OP}} = \sqrt{1^2 + 3^2} = \sqrt{10}$ 이므로
삼각함수의 정의에 의해서

$\sin\theta = \dfrac{3}{\sqrt{10}}, \ \cos\theta = \dfrac{1}{\sqrt{10}}$

따라서 $10\sin\theta\cos\theta = 3$ 이다.

답   3

017

$\cos\theta + \sin\theta \times \tan\theta < 0 \ \Rightarrow \ \cos\theta + \dfrac{\sin^2\theta}{\cos\theta} < 0$

$\Rightarrow \ \dfrac{\cos^2\theta + \sin^2\theta}{\cos\theta} = \dfrac{1}{\cos\theta} < 0 \ \Rightarrow \ \cos\theta < 0$

$\sin\theta = \dfrac{12}{13}$ 이고 $\sin^2\theta + \cos^2\theta = 1$ 이므로

$\cos\theta = -\dfrac{5}{13}$ 이다.

따라서 $\tan\theta = \dfrac{\sin\theta}{\cos\theta} = \dfrac{\dfrac{12}{13}}{-\dfrac{5}{13}} = -\dfrac{12}{5}$ 이다.

답   ②

018

θ 가 제 3사분면의 각이고 $\tan\theta = 2\sqrt{2}$

$\tan\theta = \dfrac{\sin\theta}{\cos\theta} = 2\sqrt{2} \ \Rightarrow \ \sin\theta = 2\sqrt{2}\cos\theta$

$\sin^2\theta + \cos^2\theta = 1$ 이므로

$8\cos^2\theta + \cos^2\theta = 1 \ \Rightarrow \ \cos^2\theta = \dfrac{1}{9}$

θ 가 제 3사분면의 각이므로 $\cos\theta = -\dfrac{1}{3}$ 이다.

Core 해석법으로 접근해보자.

우선 θ 가 예각이라고 생각하고 직각삼각형을 그린 후 $\tan\theta = 2\sqrt{2}$ 가 되도록 적절히 변의 길이를 설정한다.

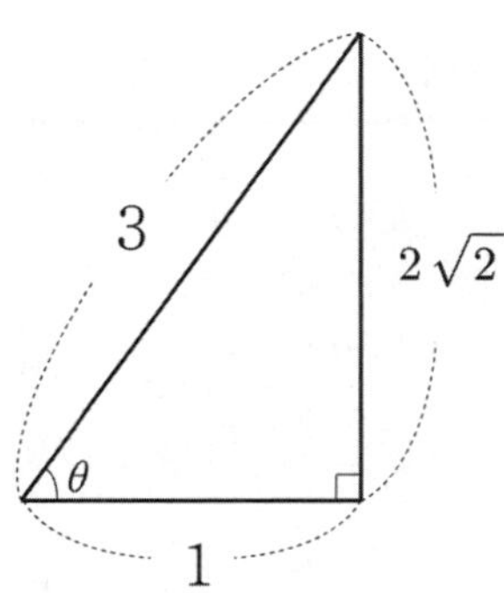

$\cos = \dfrac{1}{3}$ 인데 θ 가 제 3사분면이므로 $\cos\theta < 0$ 이다.

따라서 $\cos\theta = -\dfrac{1}{3}$ 이다.

답 ③

019

원점 O와 점 $P(-3,\ 4)$을 지나는 동경 OP가 나타내는 각의 크기를 θ

중심이 O이고 P를 지나는 원을 생각하면
$\overline{OP} = \sqrt{(-3)^2 + 4^2} = \sqrt{25} = 5$ 이므로 삼각함수의 정의에 의해서 $\sin\theta = \dfrac{4}{5}$, $\cos\theta = -\dfrac{3}{5}$, $\tan\theta = -\dfrac{4}{3}$ 이다.

따라서 $10\sin\theta + 5\cos\theta - 6\tan\theta = 8 - 3 + 8 = 13$ 이다.

답 13

020

직선 $y = -3x$ 위의 점 $P(a,\ b)$에 대하여 원점 O와 점 P를 지나는 동경 OP가 나타내는 각의 크기를 θ라 하였다.

$a = 1$ 이라 하면 $b = -3$ 이므로 $P(1,\ -3)$ 이다.

중심이 O이고 P를 지나는 원을 생각하면
$\overline{OP} = \sqrt{1^2 + (-3)^2} = \sqrt{10}$ 이므로 삼각함수의 정의에 의해서 $\cos\theta = \dfrac{1}{\sqrt{10}}$, $\sin\theta = \dfrac{-3}{\sqrt{10}}$ 이다.

따라서 $-10\sin\theta\cos\theta = 3$ 이다.

답 3

양수 a의 값에 상관없이 점 P는 원점을 지나는 한 직선상의 점이므로 $\sin$, $\cos$, $\tan$ 값은 동일하다. (점 P에서 x축에 내린 수선의 발을 H라 할 때, 모든 삼각형 OPH는 서로 닮음이다.)

021

좌표평면 위에 중심이 원점이고 반지름의 길이가 1인 원이 있다. 각 θ를 나타내는 동경과 원의 교점을 $A(a,\ b)$라 하였다.

$\sin\theta = \dfrac{2\sqrt{2}}{3} = \dfrac{b}{1}$ 이므로 $b = \dfrac{2\sqrt{2}}{3}$ 이다.

$\overline{OA} = 1 \Rightarrow a^2 + b^2 = 1 \Rightarrow a^2 + \dfrac{8}{9} = 1 \Rightarrow a^2 = \dfrac{1}{9}$

$ab < 0$ 이므로 $a = -\dfrac{1}{3}$ 이다.

답 ③

022

직선 $y = -2x - 8$과 x축 및 y축이 만나는 점을 각각 A, B라 하였다.
$\Rightarrow A(-4,\ 0)$, $B(0,\ -8)$

선분 AB를 $3 : 1$로 내분하는 점을 P
$\dfrac{A + 3B}{4} = P$ 이므로

$P\left(\dfrac{-4}{4},\ \dfrac{-24}{4}\right) = P(-1,\ -6)$
이다.

중심이 O이고 P를 지나는 원을 생각하면
$\overline{OP} = \sqrt{(-1)^2 + (-6)^2} = \sqrt{37}$ 이므로 삼각함수의 정의에 의해서 $\cos\theta = \dfrac{-1}{\sqrt{37}}$, $\sin\theta = \dfrac{-6}{\sqrt{37}}$ 이다.

따라서 $\sin\theta - \cos\theta = -\dfrac{5}{\sqrt{37}}$ 이다.

답 ②

023

직선 $l : y = mx \ (m < 0)$ 라 하자.

점 $(-1, -3)$ 와 직선 $l : mx - y = 0$ 의 거리가 $\sqrt{5}$ 이므로

$$\frac{|-m+3|}{\sqrt{m^2+1}} = \sqrt{5} \ \Rightarrow \ m^2 - 6m + 9 = 5m^2 + 5$$

$$\Rightarrow \ 4m^2 + 6m - 4 = 0 \ \Rightarrow \ 2m^2 + 3m - 2 = 0$$

$$\Rightarrow \ (2m-1)(m+2) = 0 \ \Rightarrow \ m = -2 \ (\because \ m < 0)$$

θ 는 제 4 사분면의 각이고 $\tan\theta = -2$ 이므로
core 해석법을 쓰면

$$\cos\theta = \frac{1}{\sqrt{5}}, \ \sin\theta = -\frac{2}{\sqrt{5}} \ \text{이다.}$$

따라서

$$\cos\theta - \sin\theta = \frac{1}{\sqrt{5}} - \left(-\frac{2}{\sqrt{5}}\right) = \frac{3}{\sqrt{5}} = \frac{3\sqrt{5}}{5} \ \text{이다.}$$

 ③

$$\frac{3}{2}\pi < \theta < 2\pi$$

$$\frac{1-\sin\theta}{\cos\theta} + \frac{\cos\theta}{1-\sin\theta} = \frac{(1-\sin\theta)^2 + \cos^2\theta}{\cos\theta(1-\sin\theta)}$$

$$= \frac{2-2\sin\theta}{\cos\theta(1-\sin\theta)} = \frac{2}{\cos\theta} = 6 \ \Rightarrow \ \cos\theta = \frac{1}{3}$$

$$\sin^2\theta + \cos^2\theta = 1 \ \Rightarrow \ \sin^2\theta = \frac{8}{9}$$

$\dfrac{3}{2}\pi < \theta < 2\pi$ 이므로 $\sin\theta < 0$ 이다.

따라서 $\sin\theta = -\dfrac{2\sqrt{2}}{3}$ 이다.

 ①

각 θ 가 제 2 사분면의 각이고 $\cos\theta = -\dfrac{3}{5}$

$$\sin^2\theta + \cos^2\theta = 1 \ \Rightarrow \ \sin^2\theta = \frac{16}{25}$$

각 θ 가 제 2 사분면의 각이므로 $\sin\theta > 0$ 이다.

$$\sin\theta = \frac{4}{5}, \ \tan\theta = \frac{\frac{4}{5}}{-\frac{3}{5}} = -\frac{4}{3} \ \text{이므로}$$

따라서 $10\sqrt[3]{\sin^3\theta} + 3\sqrt{\tan^2\theta} = 10\sin\theta + 3|\tan\theta|$

$$= 8 + 4 = 12$$

이다.

 12

$$\sin\theta\cos\theta = \frac{1}{4}$$

$$(\sin\theta + \cos\theta)^2 = 1 + 2\sin\theta\cos\theta = \frac{3}{2}$$

$$\Rightarrow \ |\sin\theta + \cos\theta| = \frac{\sqrt{6}}{2}$$

$\pi < \theta < \dfrac{3}{2}\pi \ \Rightarrow \ \sin\theta < 0, \ \cos\theta < 0$ 이므로

$$\sin\theta + \cos\theta = -\frac{\sqrt{6}}{2}$$

$$\sin^3\theta + \cos^3\theta$$

$$= (\sin\theta + \cos\theta)(\sin^2\theta - \sin\theta\cos\theta + \cos^2\theta)$$

$$= \left(-\frac{\sqrt{6}}{2}\right)\left(1 - \frac{1}{4}\right) = -\frac{3\sqrt{6}}{8}$$

답 ③

027

$2x^2 - x - a = 0$ 의 두 근이 $\sin\theta, \ \cos\theta$ 이다.

$$\sin\theta + \cos\theta = \frac{1}{2}, \ \sin\theta\cos\theta = -\frac{a}{2}$$

$$(\sin\theta + \cos\theta)^2 = 1 + 2\sin\theta\cos\theta \ \Rightarrow \ \frac{1}{4} = 1 - a$$

$$\Rightarrow \ a = \frac{3}{4}$$

$$a\left(\frac{\sin\theta-3}{\cos\theta}+\frac{\cos\theta-3}{\sin\theta}+4\right)$$

$$=a\left(\frac{\sin^2\theta-3\sin\theta+\cos^2\theta-3\cos\theta}{\sin\theta\cos\theta}+4\right)$$

$$=a\left(\frac{1-3(\sin\theta+\cos\theta)}{\sin\theta\cos\theta}+4\right)$$

$$=\frac{3}{4}\left(\frac{-\dfrac{1}{2}}{-\dfrac{3}{8}}\right)+\frac{3}{4}\times4=1+3=4$$

답 4

028

$$\sqrt{\tan\theta}\,\sqrt{\cos\theta}=-\sqrt{\sin\theta}$$

$\tan\theta<0$, $\cos\theta<0$ 이므로 θ 는 제 2 사분면의 각이다.

> **Tip**
>
> a,b 가 실수일 때, $\sqrt{a}\,\sqrt{b}=-\sqrt{ab}$ 가
> 성립하려면 a 와 b 모두 음수이어야 한다.
>
> 〈증명〉
>
> ① $a>0$, $b>0$
> $$\sqrt{a}\,\sqrt{b}=\sqrt{ab}$$
>
> ② $a>0$, $b<0$
> $$b=-B\ (B>0)$$
> $$\sqrt{a}\,\sqrt{b}=\sqrt{a}\,\sqrt{-B}=\sqrt{a}\,\sqrt{B}\,i=\sqrt{aB}\,i$$
> $$=\sqrt{aB}\,\sqrt{-1}=\sqrt{-aB}=\sqrt{a(-B)}$$
> $$=\sqrt{ab}$$
>
> ③ $a<0$, $b>0$
> ②과 동일하므로 $\sqrt{a}\,\sqrt{b}=\sqrt{ab}$
>
> ④ $a<0$, $b<0$
> $$a=-A,\ b=-B\ (A>0,\ B>0)$$
> $$\sqrt{a}\,\sqrt{b}=\sqrt{-A}\,\sqrt{-B}=\sqrt{A}\,i\,\sqrt{B}\,i$$
> $$=\sqrt{A}\,\sqrt{B}\,i^2=-\sqrt{A}\,\sqrt{B}$$
> $$=-\sqrt{AB}=-\sqrt{(-a)(-b)}$$
> $$=-\sqrt{ab}$$

$$|\tan\theta|=2\ \Rightarrow\ \tan\theta=-2$$

$$\sin\theta=-2\cos\theta,\ \sin^2\theta+\cos^2\theta=1\ \Rightarrow\ 5\cos^2\theta=1$$

$$\cos\theta=\frac{-1}{\sqrt{5}},\ \sin\theta=\frac{2}{\sqrt{5}}$$

따라서 $\dfrac{\tan\theta}{\cos\theta-\sin\theta}=\dfrac{-2}{\dfrac{-3}{\sqrt{5}}}=\dfrac{2\sqrt{5}}{3}$ 이다.

답 ⑤

029

$$\log_2\sin\theta+\log_2\cos\theta=-3$$

$$\log_2\sin\theta\cos\theta=\log_2\frac{1}{8}\ \Rightarrow\ \sin\theta\cos\theta=\frac{1}{8}$$

$$(\sin\theta+\cos\theta)^2=1+2\sin\theta\cos\theta=\frac{5}{4}\ \text{이므로}$$

$$\log_2(\sin\theta+\cos\theta)=\frac{1}{2}\left(-4+\log_2 a\right)$$

$$\Rightarrow\ \log_2(\sin\theta+\cos\theta)^2=\log_2\frac{a}{16}$$

$$\Rightarrow\ (\sin\theta+\cos\theta)^2=\frac{a}{16}=\frac{5}{4}\ \Rightarrow\ a=20$$

답 20

030

$$3\sin\theta+a\cos\theta=\frac{7}{3},\ a\sin\theta-3\cos\theta=-\frac{5\sqrt{2}}{3}$$

$$(3\sin\theta+a\cos\theta)^2=9\sin^2\theta+6a\sin\theta\cos\theta+a^2\cos^2\theta=\frac{49}{9}$$

$$(a\sin\theta-3\cos\theta)^2=a^2\sin^2\theta-6a\sin\theta\cos\theta+9\cos^2\theta=\frac{50}{9}$$

위 두식을 더하면
$$a^2+9=11\ \Rightarrow\ a^2=2$$

답 2

31	27	**39**	①
32	④	**40**	②
33	3	**41**	①
34	④	**42**	①
35	④	**43**	③
36	②	**44**	⑤
37	②	**45**	80
38	④		

31

선분 AB의 중점을 O 라 하자.

$\overline{AB} = 12 \Rightarrow \overline{OC} = 6$

호 BC 의 길이가 4π 이므로 $\angle BOC = \theta$ 라 하면

$6\theta = 4\pi \Rightarrow \theta = \dfrac{2}{3}\pi$

$\angle BOC = \dfrac{2}{3}\pi \Rightarrow \angle HOC = 60°$

$\overline{CH} = \overline{OC} \times \sin 60° = 6 \times \dfrac{\sqrt{3}}{2} = 3\sqrt{3}$

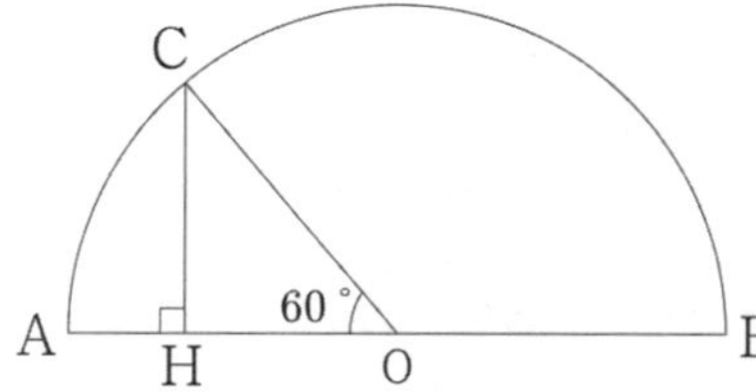

따라서 $\overline{CH}^2 = 27$ 이다.

 **답** 27

32

$\cos\theta = -\dfrac{1}{3}$, $\sin^2\theta + \cos^2\theta = 1 \Rightarrow \sin^2\theta = \dfrac{8}{9}$

$\pi < \theta < \dfrac{3}{2}\pi$ 이므로 $\sin\theta < 0$ 이다.

$\sin\theta = -\dfrac{2\sqrt{2}}{3}$, $\tan\theta = \dfrac{-\dfrac{2\sqrt{2}}{3}}{-\dfrac{1}{3}} = 2\sqrt{2}$

따라서 $\tan\theta - \sin\theta = 2\sqrt{2} + \dfrac{2\sqrt{2}}{3} = \dfrac{8\sqrt{2}}{3}$ 이다.

답 ④

33

$\sin\theta - \cos\theta = \dfrac{1}{2}$

$(\sin\theta - \cos\theta)^2 = 1 - 2\sin\theta\cos\theta = \dfrac{1}{4} \Rightarrow \dfrac{3}{8} = \sin\theta\cos\theta$

따라서 $8\sin\theta\cos\theta = 3$ 이다.

 **답** 3

34

$6\theta - \theta = 5\theta = 2\pi \times n \Rightarrow \theta = \dfrac{2}{5}n\pi$ (n 은 정수)

$\dfrac{\pi}{2} < \theta < \pi$ 이므로 $\theta = \dfrac{4}{5}\pi$ 이다.

답 ④

35

아래와 같이 보조선을 그어보자.

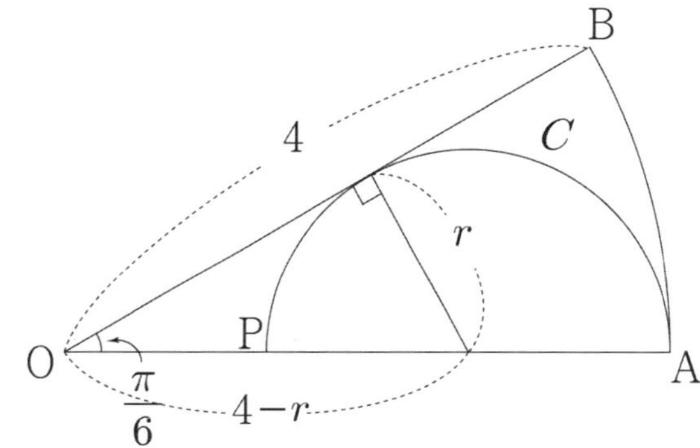

$\sin\dfrac{\pi}{6} = \dfrac{r}{4-r} = \dfrac{1}{2} \Rightarrow 2r = 4 - r \Rightarrow r = \dfrac{4}{3}$

$S_1 = \dfrac{1}{2} \times 4^2 \times \dfrac{\pi}{6} = \dfrac{4}{3}\pi$

$S_2 = \dfrac{1}{2} \times \left(\dfrac{4}{3}\right)^2 \times \pi = \dfrac{8}{9}\pi$

따라서 $S_1 - S_2 = \dfrac{4}{9}\pi$ 이다.

답 ④

$\cos\theta = \dfrac{\sqrt{6}}{3}$, $\sin^2\theta + \cos^2\theta = 1 \Rightarrow \sin^2\theta = \dfrac{1}{3}$

$\dfrac{3}{2}\pi < \theta < 2\pi$ 이므로 $\sin\theta < 0$ 이다.

$\sin\theta = -\dfrac{\sqrt{3}}{3}$, $\tan\theta = \dfrac{-\dfrac{\sqrt{3}}{3}}{\dfrac{\sqrt{6}}{3}} = -\dfrac{1}{\sqrt{2}} = -\dfrac{\sqrt{2}}{2}$

따라서 $\tan\theta = -\dfrac{\sqrt{2}}{2}$ 이다.

답 ②

가이드스텝에서 배운 core해석법으로 접근해도 된다.

빗변의 길이가 3 이고 밑변의 길이가 $\sqrt{6}$ 이고 높이가 $\sqrt{3}$ 인 직각삼각형을 그리면 $\tan\theta = \dfrac{\sqrt{2}}{2}$ 이때, θ 의 범위가 $\dfrac{3}{2}\pi < \theta < 2\pi$ 이므로 $\tan\theta < 0$ 이다.

즉, $\tan\theta = -\dfrac{\sqrt{2}}{2}$ 이다.

$(\sin\theta + \cos\theta)^2 = 1 + 2\sin\theta\cos\theta$

$\dfrac{1}{4} = 1 + 2\sin\theta\cos\theta \Rightarrow \sin\theta\cos\theta = -\dfrac{3}{8}$

$\dfrac{1+\tan\theta}{\sin\theta} = \dfrac{1+\dfrac{\sin\theta}{\cos\theta}}{\sin\theta} = \dfrac{\cos\theta + \sin\theta}{\sin\theta\cos\theta} = \dfrac{\dfrac{1}{2}}{-\dfrac{3}{8}} = -\dfrac{4}{3}$

답 ②

$(\sin\theta - \cos\theta)^2 = 1 - 2\sin\theta\cos\theta$

$(\sin\theta - \cos\theta)^2 = \dfrac{49}{25} \Rightarrow \sqrt{(\sin\theta - \cos\theta)^2} = \dfrac{7}{5}$

$\Rightarrow |\sin\theta - \cos\theta| = \dfrac{7}{5}$

$\dfrac{\pi}{2} < \theta < \pi$ 이므로 $\sin\theta > 0$, $\cos\theta < 0 \Rightarrow \sin\theta - \cos\theta > 0$

따라서 $\sin\theta - \cos\theta = \dfrac{7}{5}$ 이다.

답 ④

039

근과 계수의 관계에 의해

$\sin\theta + \cos\theta = \dfrac{1}{5}$, $\sin\theta\cos\theta = \dfrac{a}{5}$ 이므로

$(\sin\theta + \cos\theta)^2 = \dfrac{1}{25}$

$\Rightarrow 1 + 2\sin\theta\cos\theta = \dfrac{1}{25}$

$\Rightarrow \dfrac{2a}{5} = -\dfrac{24}{25} \Rightarrow a = -\dfrac{12}{5}$

답 ①

$\tan\theta = \dfrac{\sin\theta}{\cos\theta}$ 이므로

$\dfrac{\sin\theta\cos\theta}{1-\cos\theta} + \dfrac{1-\cos\theta}{\tan\theta} = 1$

$\Rightarrow \dfrac{\sin\theta\cos\theta}{1-\cos\theta} + \dfrac{1-\cos\theta}{\dfrac{\sin\theta}{\cos\theta}} = 1$

$\Rightarrow \dfrac{\sin\theta\cos\theta}{1-\cos\theta} + \dfrac{(1-\cos\theta)\cos\theta}{\sin\theta} = 1$

$\Rightarrow \dfrac{\sin^2\theta\cos\theta + (1-\cos\theta)^2\cos\theta}{(1-\cos\theta)\sin\theta} = 1$

$\Rightarrow \dfrac{(\sin^2\theta + \cos^2\theta - 2\cos\theta + 1)\cos\theta}{(1-\cos\theta)\sin\theta} = 1$

$\Rightarrow \dfrac{2(1-\cos\theta)\cos\theta}{(1-\cos\theta)\sin\theta} = 1 \Rightarrow \sin\theta = 2\cos\theta$

이때, $\sin\theta = 2\cos\theta \Rightarrow \tan\theta = 2 > 0$ 이고, $\pi < \theta < 2\pi$ 이므로

공통범위는 $\pi < \theta < \dfrac{3}{2}\pi$ 이다.

$\cos^2\theta + \sin^2\theta = 1$ 이므로

$\cos^2\theta + 4\cos^2\theta = 5\cos^2\theta = 1$

$\pi < \theta < \dfrac{3}{2}\pi$ 이고 $\cos^2\theta = \dfrac{1}{5}$ 이므로

$\cos\theta = -\dfrac{\sqrt{5}}{5}$ 이다.

답 ②

$$\frac{\sin\theta}{1-\sin\theta} - \frac{\sin\theta}{1+\sin\theta} = 4$$

$$\Rightarrow \sin\theta(1+\sin\theta) - \sin\theta(1-\sin\theta) = 4(1-\sin\theta)(1+\sin\theta)$$

$$\Rightarrow \sin\theta + \sin^2\theta - \sin\theta + \sin^2\theta = 4 - 4\sin^2\theta$$

$$\Rightarrow \sin^2\theta = \frac{2}{3}$$

$$\cos^2\theta = 1 - \sin^2\theta = 1 - \frac{2}{3} = \frac{1}{3}$$

$\dfrac{\pi}{2} < \theta < \pi$ 이고 $\cos^2\theta = \dfrac{1}{3}$ 이므로

$$\cos\theta = -\frac{\sqrt{3}}{3} \text{ 이다.}$$

$$\tan\theta - \frac{6}{\tan\theta} = 1$$

$$\Rightarrow \tan^2\theta - \tan\theta - 6 = 0$$

$$\Rightarrow (\tan\theta - 3)(\tan\theta + 2) = 0$$

$$\Rightarrow \tan\theta = 3 \ \left(\because\ \pi < \theta < \frac{3}{2}\pi \ \Rightarrow \ \tan\theta > 0\right)$$

θ 는 제 3 사분면의 각이고 $\tan\theta = 3$ 이므로
core 해석법을 쓰면

$$\cos\theta = -\frac{1}{\sqrt{10}}, \ \sin\theta = -\frac{3}{\sqrt{10}} \text{ 이다.}$$

따라서 $\sin\theta + \cos\theta = -\dfrac{4}{\sqrt{10}} = -\dfrac{2\sqrt{10}}{5}$ 이다.

043

반원의 중심을 O 라 하고 부채꼴 OBC 의 중심각의
크기를 θ 라 하자.

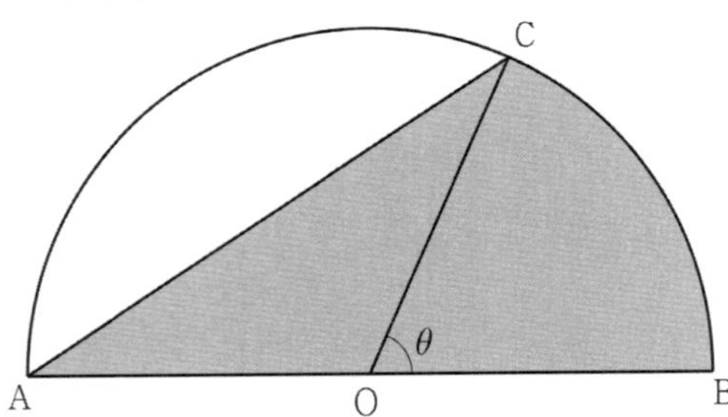

반원의 반지름의 길이가 6 이고 호 BC 의 길이가 2π 이므로

$$2\pi = 6\theta \ \Rightarrow \ \theta = \frac{\pi}{3}$$

부채꼴 OBC 의 넓이는

$$\frac{1}{2} \times 6^2 \times \frac{\pi}{3} = 6\pi$$

점 C 에서 선분 AB 에 내린 수선의 발을 D 라 하면

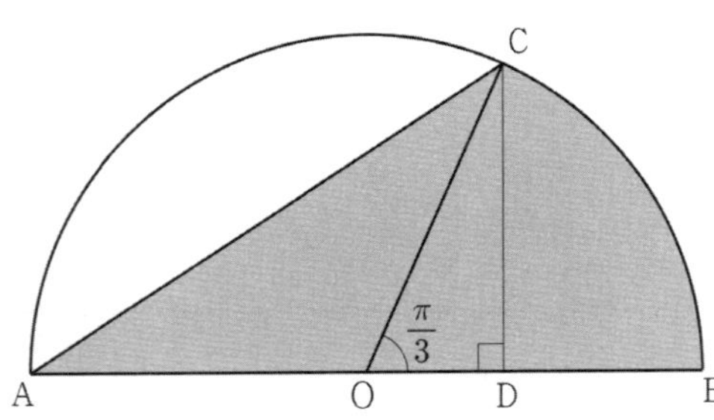

$$\overline{\text{CD}} = \overline{\text{OC}}\sin\frac{\pi}{3} = 6 \times \frac{\sqrt{3}}{2} = 3\sqrt{3} \text{ 이므로}$$

삼각형 CAO 의 넓이는

$$\frac{1}{2} \times \overline{\text{AO}} \times \overline{\text{CD}} = \frac{1}{2} \times 6 \times 3\sqrt{3} = 9\sqrt{3}$$

따라서 구하는 넓이는 $6\pi + 9\sqrt{3}$ 이다.

044

직선 $y = 2$ 가 두 원 $x^2 + y^2 = 5$, $x^2 + y^2 = 9$ 와
제 2 사분면에서 만나는 점을 각각 A, B 라 하였다.

$$x^2 + 4 = 5 \ \Rightarrow \ x = -1 \ (x < 0) \text{ 이므로 A}(-1,\ 2)$$
$$x^2 + 4 = 9 \ \Rightarrow \ x = -\sqrt{5} \ (x < 0) \text{ 이므로 B}(-\sqrt{5},\ 2)$$
$$\angle\text{COA} = \alpha, \ \angle\text{COB} = \beta$$

삼각함수의 정의에 의해서

$$\left(\sin\theta=\frac{y}{r},\ \cos\theta=\frac{x}{r},\ \tan\theta=\frac{y}{x}\right)$$

$$\sin\alpha=\frac{2}{\sqrt{5}},\ \cos\beta=-\frac{\sqrt{5}}{3}$$

따라서 $\sin\alpha\times\cos\beta=-\frac{2}{3}$ 이다.

답 ⑤

> **Tip**
>
> 삼각함수의 정의로 푸는 것이 낯설었다면
> 아래강의를 참고하도록 하자.
> **삼각함수의 정의 (8분) 044번 해설강의**
> https://youtu.be/qK-bUKw3YA4

045

원점을 중심으로 하고 반지름의 길이가 3인 원이 세 동경
OP, OQ, OR와 만나는 점을 각각 A, B, C 라 하자.

점 P 가 제 1사분면 위에 있고, $\sin\alpha=\frac{1}{3}$ 이므로

점 A 의 좌표는 $A\left(2\sqrt{2},\ 1\right)$
점 Q 가 점 P 와 직선 $y=x$ 에 대하여 대칭이므로
동경 OQ 도 동경 OP 와 직선 $y=x$ 에 대하여 대칭이다.
즉, 점 B 의 좌표는 $B\left(1,\ 2\sqrt{2}\right)$
점 R 이 점 Q 와 원점에 대하여 대칭이므로
동경 OR 도 동경 OQ 와 원점에 대하여 대칭이다.
즉, 점 C 의 좌표는 $C\left(-1,\ -2\sqrt{2}\right)$

삼각함수의 정의에 의해서

$$\left(\sin\theta=\frac{y}{r},\ \cos\theta=\frac{x}{r},\ \tan\theta=\frac{y}{x}\right)$$

$$\sin\beta=\frac{2\sqrt{2}}{3},\ \tan\gamma=\frac{-2\sqrt{2}}{-1}=2\sqrt{2}$$

따라서 $9\left(\sin^2\beta+\tan^2\gamma\right)=9\times\left(\frac{8}{9}+8\right)=8+72=80$ 이다.

답 80

46	④	50	①
47	②	51	④
48	⑤	52	④
49	④	53	25

046

점 $A(-4,\ a)$ 에서 x 축에 내린 수선의 발을 점 C 라
할 때, 삼각형 OAC 에 내접하는 원 S 의 반지름의
길이는 1 이다.

아래 그림과 같이 보조선을 그으면

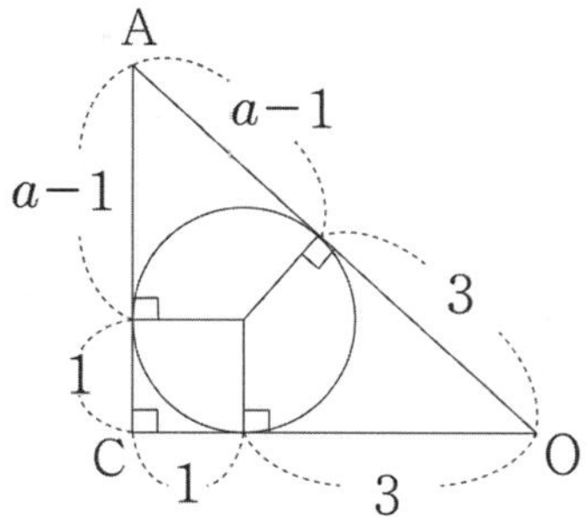

피타고라스의 정리에 의해
$$(a+2)^2=a^2+16\ \Rightarrow\ a^2+4a+4=a^2+16\ \Rightarrow\ a=3$$

즉, $A(-4,\ 3)$ 이다.

서로 다른 세 점 A, O, B 가 일직선 위에 있고
$$\overline{OA}=\overline{OB}$$

두 점 A, B 의 중점이 원점이므로 $B(4,\ -3)$ 이다.

중심이 O 이고 B 를 지나는 원을 생각하면
삼각함수의 정의에 의해서 $\tan\theta=-\frac{3}{4}$ 이다.

답 ④

> **Tip**
>
> 만약 삼각형의 내접원 넓이 공식
> $$\left(\frac{a+b+c}{2}\times r=S\right)$$ 을 배웠다면 a 의 값을
> $$\frac{a+4+(a+2)}{2}\times 1=\frac{1}{2}\times a\times 4$$ 로 처리해도 된다.

047

좌표평면 위에 중심이 원점이고 반지름의 길이가 5 인 원
각 α 를 나타내는 동경과 원의 교점을 $A(a,\ b)$ 라
할 때, 각 $-\beta$ 를 나타내는 동경과 원의 교점은 $B(-b,\ a)$

$a < 0,\ b > 0$ 이므로 A 는 제 2 사분면, B 는 제 3 사분면의 각
이므로 동경을 그려보면 아래 그림과 같다.

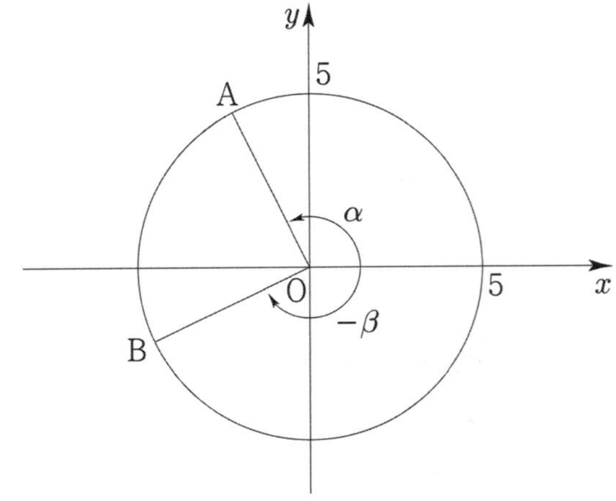

삼각함수의 정의에 의해서 $\sin\alpha = \dfrac{b}{5} = \dfrac{4}{5} \Rightarrow b = 4$

$a^2 + b^2 = 25 \Rightarrow a^2 + 16 = 25 \Rightarrow a = -3\ (a < 0)$

따라서 $B(-4,\ -3)$ 이므로

$\sin(-\beta) = \dfrac{-3}{5}$, $\sin(-\beta) = -\sin\beta \Rightarrow 5\sin\beta = 3$ 이다.

답 ②

048

중심이 원점 O 인 원 S_1 위에 $\angle AOB = 60^\circ$ 를 만족시키는
두 점 $A(a,\ b)$, $B(b,\ a)$

$\Rightarrow$ 두 점 A, B 는 $y = x$ 에 대하여 대칭이다.

선분 OA, OB 와 호 AB 에 내접하는 원을 S_2 라 할 때,
원 S_2 가 호 AB 에 접하는 점을 C
점 C 에서의 접선이 x 축과 만나는 점을 D 라 하고,
점 C 에서의 접선과 직선 OB 의 교점을 E

원 S_2 의 중심을 F 라 하면 아래 그림과 같이 보조선을
그을 수 있다. (삼각비 $30^\circ \Rightarrow \overline{OF} = 2r$)

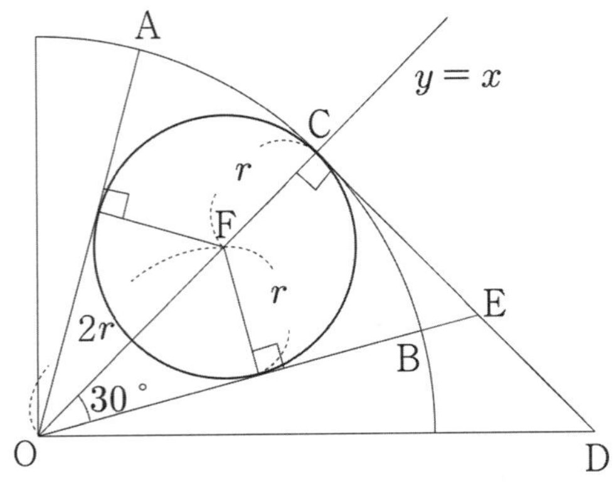

$\cos 30^\circ = \dfrac{\overline{OC}}{\overline{OE}} = \dfrac{3r}{\overline{OE}} \Rightarrow \overline{OE} = 2\sqrt{3}\,r$

선분 OB 의 길이는 원 S_1 의 반지름과 같으므로 $\overline{OB} = 3r$

$\overline{BE} = \overline{OE} - \overline{OB} = 2\sqrt{3}\,r - 3r = 2\sqrt{6} - 3\sqrt{2}$ 이므로
$r = \sqrt{2}$ 이다.

삼각형 OCD 는 직각이등변삼각형이므로
따라서 $\overline{OD} = \sqrt{2}\,\overline{OC} = 3r\sqrt{2} = 6$ 이다.

답 ⑤

049

단위원 위의 점 $P(x,\ y)$ 에 대하여 동경 OP 가
x 축의 양의 방향과 이루는 각의 크기가 θ 이고
$\dfrac{y}{x} + \dfrac{x}{y} = -\dfrac{5}{2}$ (단, $x < 0,\ y > 0,\ x + y > 0$)

$\dfrac{y}{x} = t$ 라 치환하면

$t + \dfrac{1}{t} = -\dfrac{5}{2} \Rightarrow t = -\dfrac{1}{2}$ or $t = -2$

i) $t = -\dfrac{1}{2} \Rightarrow \dfrac{y}{x} = -\dfrac{1}{2} \Rightarrow y = -\dfrac{1}{2}x$

$x + y > 0 \Rightarrow x - \dfrac{1}{2}x > 0 \Rightarrow \dfrac{x}{2} > 0$ 이므로
조건 $x < 0$ 에 모순이다.

ii) $t = -2 \Rightarrow \dfrac{y}{x} = -2 \Rightarrow y = -2x$

점 P 는 단위원 위의 점이므로
$x^2 + y^2 = 1 \Rightarrow 5x^2 = 1 \Rightarrow x^2 = \dfrac{1}{5}$

$x = -\dfrac{1}{\sqrt{5}}\ (x < 0)$

$P\left(-\dfrac{1}{\sqrt{5}},\ \dfrac{2}{\sqrt{5}}\right)$ 이므로 삼각함수의 정의에 의해서

$\sin\theta = \dfrac{2}{\sqrt{5}},\ \cos\theta = -\dfrac{1}{\sqrt{5}}$ 이다.

따라서 $\sin\theta - 2\cos\theta = \dfrac{4}{\sqrt{5}} = \dfrac{4\sqrt{5}}{5}$ 이다.

답 ④

050

$\overline{OP} = 10$ 인 점 $P(a,\ b)$ (단, $a>0$, $b<0$) 에 대하여
점 $A(0,\ -5)$ 를 지나고 x 축에 평행한 직선과 선분 OP 가
만나서 생기는 교점을 B 라 할 때, $\overline{OB}:\overline{BP} = 5:3$

점 P 에서 y 축에 내린 수선의 발을 C 라 하자.

$\overline{OA} = 5 \Rightarrow \overline{AC} = 3$
$\overline{OP} = 10,\ \overline{OC} = 8 \Rightarrow \overline{CP} = 6$

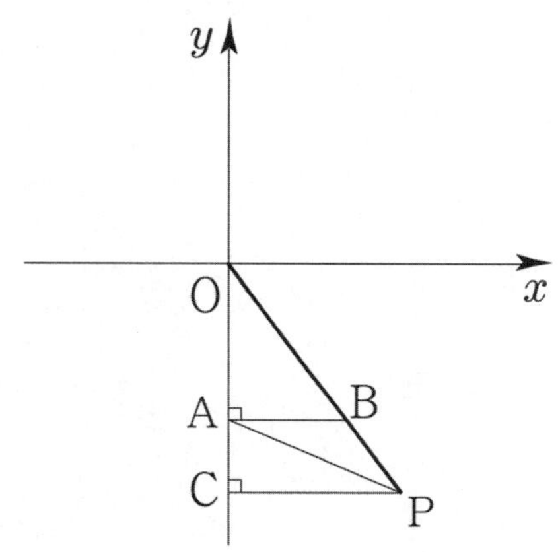

이를 바탕으로 점 P 의 좌표를 찾으면 $P(6,\ -8)$ 이다.
동경 OB 가 나타내는 각의 크기는 동경 OP 가 나타내는
각의 크기와 같으므로 삼각함수의 정의에 의해서
$\tan\theta = \dfrac{-8}{6} = -\dfrac{4}{3}$ 이다.

삼각형 ABP 의 넓이는 삼각형 OAP 의 넓이 $\times\ \dfrac{3}{8}$ 이므로
$m = \dfrac{1}{2} \times \overline{OA} \times \overline{CP} \times \dfrac{3}{8} = \dfrac{1}{2} \times 5 \times 6 \times \dfrac{3}{8} = \dfrac{45}{8}$ 이다.

따라서 $24\tan\theta + 8m = -32 + 45 = 13$ 이다.

답 ①

051

점 O 에서 선분 BD 에 내린 수선의 발을 E 라 하자.

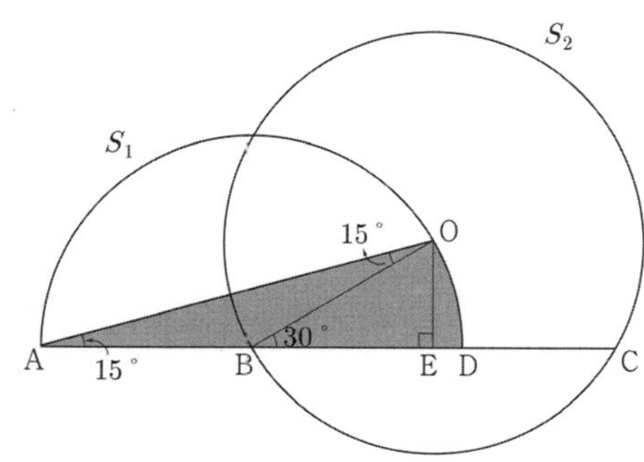

$\overline{AD} = 4 \Rightarrow \overline{BO} = \overline{BD} = 2$
$\overline{OE} = 2 \times \sin 30^\circ = 1,\ \overline{BE} = 2 \times \cos 30^\circ = \sqrt{3}$

선분 AD, AO 와 호 OD 로 둘러싸인 영역의 넓이는
(삼각형 OAB 의 넓이) + (부채꼴 BOD 의 넓이) 이므로
$a = \dfrac{1}{2} \times \overline{AB} \times \overline{OE} + \dfrac{1}{2} \times (\overline{BO})^2 \times \dfrac{\pi}{6}$

$= \dfrac{1}{2} \times 2 \times 1 + \dfrac{1}{2} \times 2^2 \times \dfrac{\pi}{6} = 1 + \dfrac{\pi}{3}$

$\overline{CD} = \overline{BC} - \overline{BD} = 2\overline{BE} - \overline{BD} = 2\sqrt{3} - 2 = b$

따라서 $6a + 3b = 6 + 2\pi + 6\sqrt{3} - 6 = 6\sqrt{3} + 2\pi$ 이므로
$p+q = 8$ 이다.

답 ④

052

원 O' 에서 중심각의 크기가 $\dfrac{7}{6}\pi$ 인 부채꼴 $AO'B$ 의 넓이를

X, 원 O 에서 중심각의 크기가 $\dfrac{5}{6}\pi$ 인 부채꼴 AOB 의

넓이를 Y 라 하자.

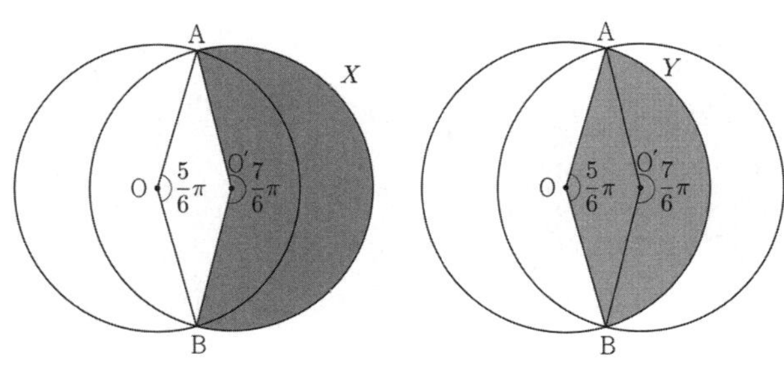

$$S_1 = X + S_2 - Y$$

$$= \left(\frac{1}{2} \times 3^2 \times \frac{7}{6}\pi\right) + S_2 - \left(\frac{1}{2} \times 3^2 \times \frac{5}{6}\pi\right)$$

$$= \frac{3}{2}\pi + S_2$$

따라서 $S_1 - S_2 = \frac{3}{2}\pi$ 이다.

답 ④

053

$\cos\theta_1$ 이 최대가 되도록 하려면 θ_1 이 최소이어야 한다.
$(\because 0 < \theta_1 \leq 90°)$
θ_1 이 최소가 되려면 직선 OP 가 원 C_1 과 접해야 한다.
아래 그림처럼 보조선을 긋고, 원 C_1 과 y 축의 접점을
B 라 하자.

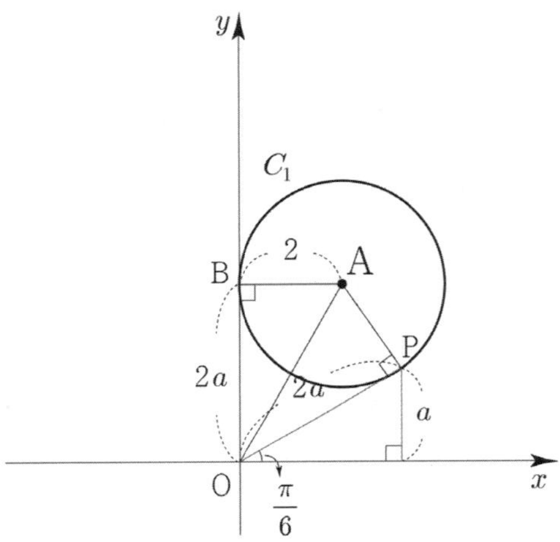

$\overline{\mathrm{OB}} = \overline{\mathrm{OP}} = 2a$ 이고 $\sin\theta_1 = \frac{1}{2}$ 이므로 θ_1 의 최솟값은 $\frac{\pi}{6}$

$\angle \mathrm{POB} = 2(\angle \mathrm{AOB}) = \frac{\pi}{3}$ 이므로

$$\tan(\angle \mathrm{AOB}) = \frac{\overline{\mathrm{AB}}}{\overline{\mathrm{OB}}} \Rightarrow \tan\frac{\pi}{6} = \frac{1}{\sqrt{3}} = \frac{2}{2a} \Rightarrow a = \sqrt{3}$$

이렇게 a 를 찾아도 되지만
아래와 같이 $\overline{\mathrm{AP}} = 2$ 인 것을 활용하여 구해도 된다.
$\mathrm{A}(2,\ 2a),\ \mathrm{P}(\sqrt{3}\,a,\ a)$ 이므로
$$\overline{\mathrm{AP}} = \sqrt{\left(\sqrt{3}\,a - 2\right)^2 + (a - 2a)^2} = 2$$

$$\Rightarrow 3a^2 - 4\sqrt{3}\,a + 4 + a^2 = 4$$

$$\Rightarrow 4a^2 - 4\sqrt{3}\,a = 0 \Rightarrow 4a(a - \sqrt{3}) = 0$$

$$\Rightarrow a = \sqrt{3} \quad (\because a > 0)$$

이제 원 C_2 의 반지름을 찾아보자.

반지름의 길이가 2보다 크다고 했으니까
원 C_2 가 원 C_1 을 포함하는 그림을 그려볼 수 있다.

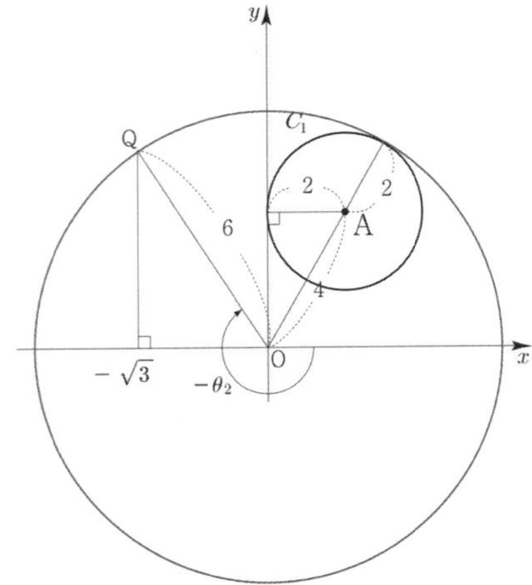

$\overline{\mathrm{OA}} = \sqrt{\left(2\sqrt{3}\right)^2 + 2^2} = \sqrt{16} = 4$
이므로 원 C_2 의 반지름의 길이는 6 이다.

각 $-\theta_2$ 를 나타내는 동경과 원 C_2 의 교점을
Q 라 하면 Q 의 좌표는 $\left(-\sqrt{3},\ \sqrt{33}\right)$ $\left(\because \overline{\mathrm{OQ}} = 6\right)$

이제 삼각함수의 정의를 사용하여 $\tan\theta_2$, $\sin\theta_2$, $\cos\theta_2$ 를
구해보자.

$$\tan(-\theta_2) = \frac{\sqrt{33}}{-\sqrt{3}} = -\sqrt{11}$$

$$\Rightarrow -\tan\theta_2 = -\sqrt{11} \Rightarrow \tan\theta_2 = \sqrt{11}$$

$$\sin(-\theta_2) = \frac{\sqrt{33}}{6}$$

$$\Rightarrow -\sin\theta_2 = \frac{\sqrt{33}}{6} \Rightarrow \sin\theta_2 = -\frac{\sqrt{33}}{6}$$

$$\cos(-\theta_2) = \frac{-\sqrt{3}}{6}$$

$$\Rightarrow \cos\theta_2 = -\frac{\sqrt{3}}{6}$$

따라서
$$\tan\theta_2 + \sin\theta_2\cos\theta_2 = \sqrt{11} + \frac{\sqrt{11}}{12} = \frac{13}{12}\sqrt{11} \text{ 이다.}$$

답 25

삼각함수의 그래프 | Guide step

1	풀이 참고
2	풀이 참고
3	풀이 참고
4	$(1)\ -\dfrac{\sqrt{2}}{2}\quad (2)\ -\dfrac{\sqrt{3}}{2}\quad (3)\ \dfrac{\sqrt{3}}{3}$
5	$(1)\ x=\dfrac{\pi}{6}\ \text{or}\ x=\dfrac{5}{6}\pi$ $(2)\ x=\dfrac{\pi}{4}\ \text{or}\ x=\dfrac{5}{4}\pi$ $(3)\ x=\dfrac{2}{3}\pi\ \text{or}\ x=\dfrac{4}{3}\pi$
6	$(1)\ \dfrac{\pi}{3}<x<\dfrac{5}{3}\pi$ $(2)\ 0\leq x<\dfrac{\pi}{4}\ \text{or}\ \dfrac{\pi}{2}<x<\dfrac{5}{4}\pi$ $\text{or}\ \dfrac{3}{2}\pi<x<2\pi$

개념 확인문제　1

$(1)\ y=-\sin x+1$

① $y=\sin x$ 를 기본함수로 두자.

② x 축에 대하여 대칭하면

　　$y=-\sin x$

③ y 축의 방향으로 1 만큼 평행이동하면

　　$y=-\sin x+1$

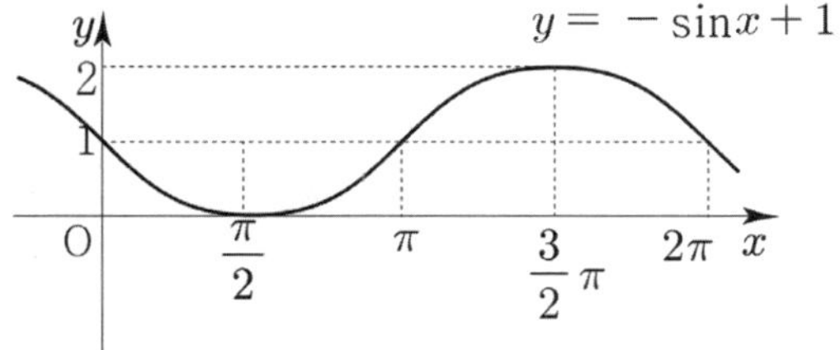

주기 : 2π

치역 : $\{y\,|\,0\leq y\leq 2\}$

$(2)\ y=2\sin 2x$

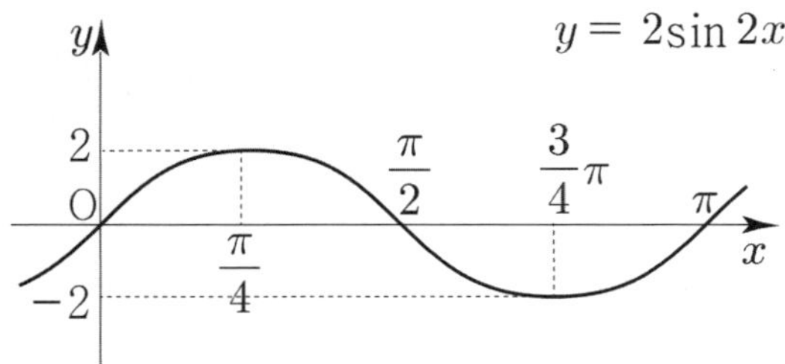

주기 : $\dfrac{2\pi}{2}=\pi$

치역 : $\{y \mid -2 \le y \le 2\}$

(3) $y = \sin\left(x - \dfrac{\pi}{2}\right)$

① $y = \sin x$ 를 기본함수로 두자.

② x 축의 방향으로 $\dfrac{\pi}{2}$ 만큼 평행이동하면

$$y = \sin\left(x - \dfrac{\pi}{2}\right)$$

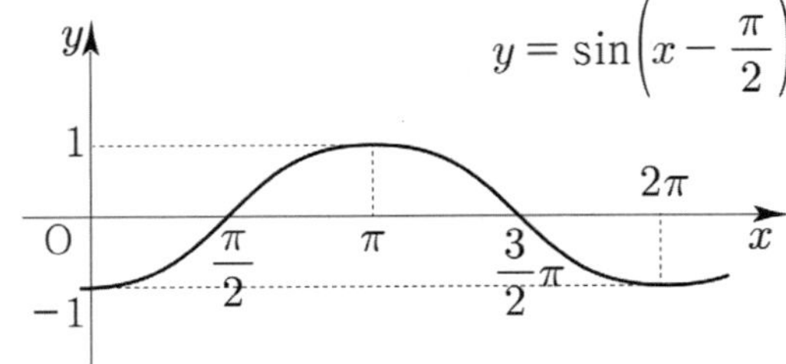

주기 : 2π

치역 : $\{y \mid -1 \le y \le 1\}$

개념 확인문제 2

(1) $y = \cos 2x$

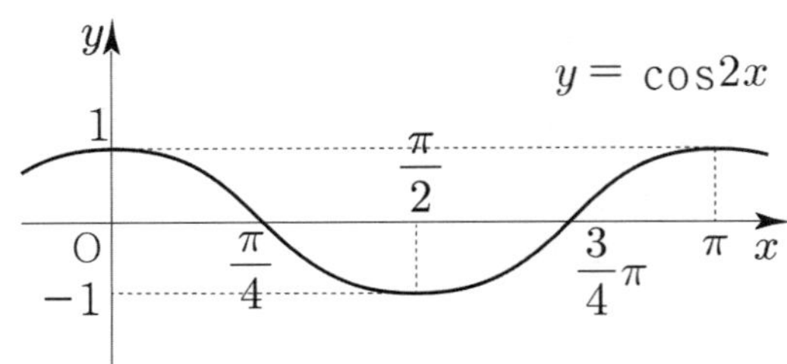

주기 : $\dfrac{2\pi}{2}=\pi$

치역 : $\{y \mid -1 \le y \le 1\}$

(2) $y = -\cos(-x)$

$\cos(-x) = \cos x$ 이므로 $y = -\cos x$ 와 같다.

① $y = \cos x$ 를 기본함수로 두자.

② x 축에 대하여 대칭하면

$$y = -\cos x$$

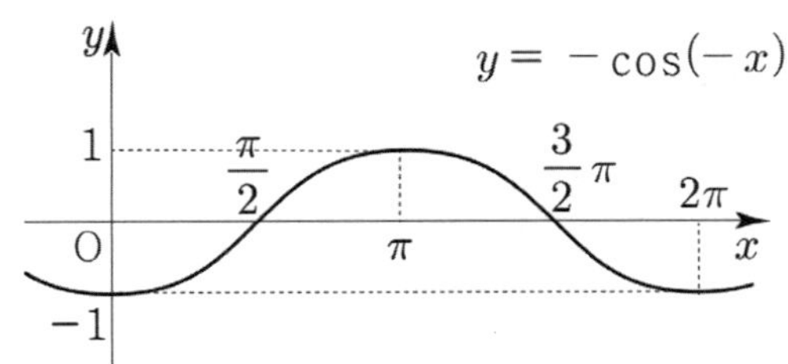

주기 : 2π

치역 : $\{y \mid -1 \le y \le 1\}$

(3) $y = \cos(2x - \pi)$

$$y = \cos(2x - \pi) = \cos 2\left(x - \dfrac{\pi}{2}\right)$$

① $y = \cos 2x$ 를 기본함수로 두자.

② x 축의 방향으로 $\dfrac{\pi}{2}$ 만큼 평행이동하면

$$y = \cos 2\left(x - \dfrac{\pi}{2}\right)$$

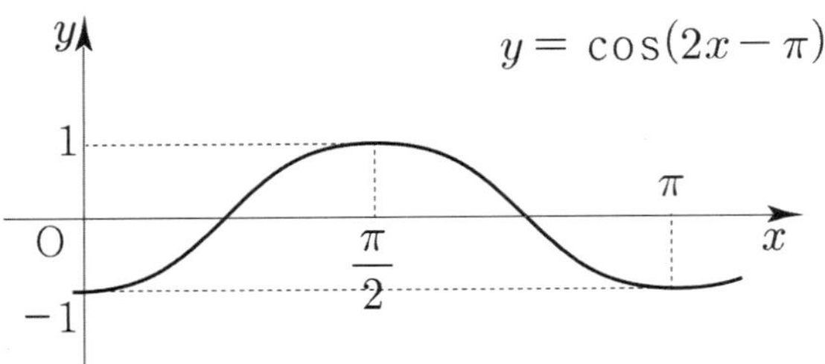

주기 : $\dfrac{2\pi}{2}=\pi$

치역 : $\{y \mid -1 \le y \le 1\}$

개념 확인문제 3

(1) $y = -\tan x$

① $y = \tan x$ 를 기본함수로 두자.

② x 축에 대하여 대칭하면

$$y = -\tan x$$

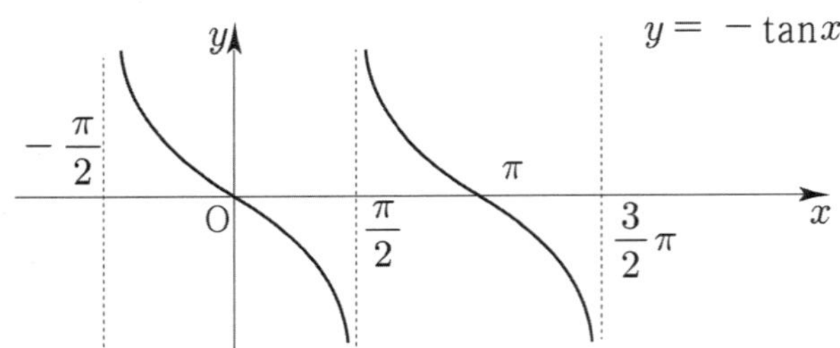

주기 : π

점근선 : $x = \pi n + \dfrac{\pi}{2}$ (n은 정수)

(2) $y = \tan\left(2x - \dfrac{\pi}{2}\right) = \tan 2\left(x - \dfrac{\pi}{4}\right)$

① $y = \tan 2x$ 를 기본함수로 두자.

② x 축의 방향으로 $\dfrac{\pi}{4}$ 만큼 평행이동하면

$$y = \tan 2\left(x - \dfrac{\pi}{4}\right)$$

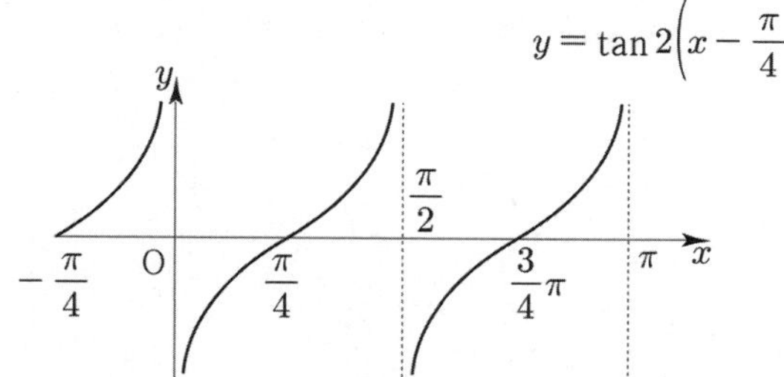

주기 : $\dfrac{\pi}{2}$

점근선 : $x = \dfrac{\pi}{2}n$ (n은 정수)

(1) $\cos\left(\dfrac{5}{4}\pi\right) = \cos\left(\pi + \dfrac{\pi}{4}\right) = -\cos\dfrac{\pi}{4} = -\dfrac{\sqrt{2}}{2}$

(2) $\sin 240° = \sin\left(\pi + \dfrac{\pi}{3}\right) = -\sin\dfrac{\pi}{3} = -\dfrac{\sqrt{3}}{2}$

(3) $\tan\left(-\dfrac{5}{6}\pi\right) = -\tan\left(\dfrac{5}{6}\pi\right) = -\tan\left(\pi - \dfrac{1}{6}\pi\right) = \tan\dfrac{\pi}{6}$

$= \dfrac{1}{\sqrt{3}} = \dfrac{\sqrt{3}}{3}$

주기추가법으로 풀어보자.

$\tan\left(-\dfrac{5}{6}\pi\right) = \tan\left(\pi - \dfrac{5}{6}\pi\right) = \tan\left(\dfrac{\pi}{6}\right) = \dfrac{1}{\sqrt{3}} = \dfrac{\sqrt{3}}{3}$

답 (1) $-\dfrac{\sqrt{2}}{2}$ (2) $-\dfrac{\sqrt{3}}{2}$ (3) $\dfrac{\sqrt{3}}{3}$

(1) $\sin x = \dfrac{1}{2}$ $(0 \leq x < 2\pi)$

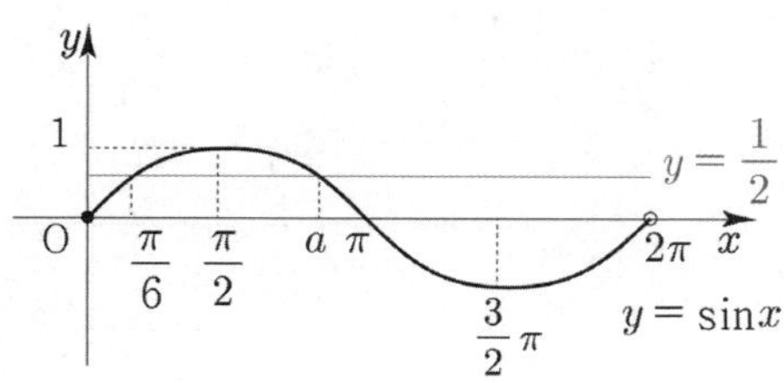

$0 < x < \dfrac{\pi}{2}$ 범위에서 $\sin x = \dfrac{1}{2}$ 을 만족시키는

$x = \dfrac{\pi}{6}$ 이다.

대칭성을 활용해서 a를 구하면

$a + \dfrac{\pi}{6} = \pi$ 이므로 $a = \dfrac{5}{6}\pi$ 이다.

따라서 $x = \dfrac{\pi}{6}$ or $x = \dfrac{5}{6}\pi$ 이다.

(2) $\tan x = 1$ $(0 \leq x < 2\pi)$

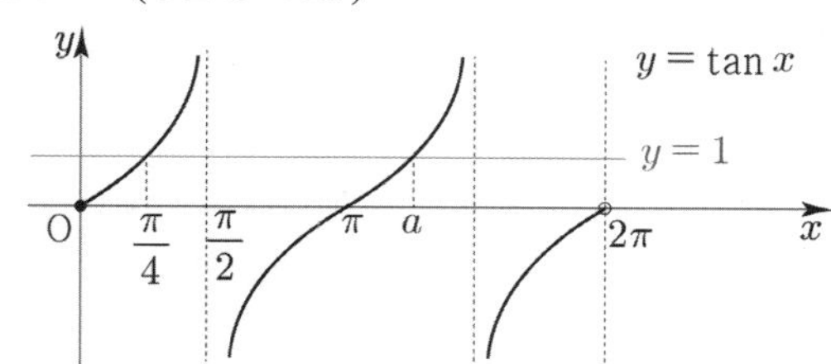

$0 < x < \dfrac{\pi}{2}$ 범위에서 $\tan x = 1$ 을 만족시키는

$x = \dfrac{\pi}{4}$ 이다.

$\dfrac{\pi}{4}$ 에 주기 π 를 더하면 a를 구할 수 있다.

$a = \dfrac{\pi}{4} + \pi = \dfrac{5}{4}\pi$

따라서 $x = \dfrac{\pi}{4}$ or $x = \dfrac{5}{4}\pi$ 이다.

(3) $\cos x = -\dfrac{1}{2}$ $(0 \leq x < 2\pi)$

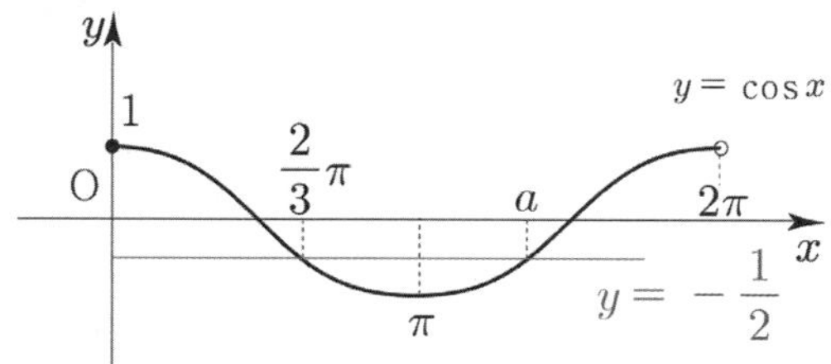

$0 < x < \pi$ 범위에서 $\cos x = -\dfrac{1}{2}$ 을 만족시키는

$x = \dfrac{2}{3}\pi$ 이다.

대칭성을 활용해서 a를 구하면

$\dfrac{2}{3}\pi + a = 2\pi$ 이므로 $a = \dfrac{4}{3}\pi$ 이다.

따라서 $x = \dfrac{2}{3}\pi$ or $x = \dfrac{4}{3}\pi$ 이다.

답 (1) $x = \dfrac{\pi}{6}$ or $x = \dfrac{5}{6}\pi$

(2) $x = \dfrac{\pi}{4}$ or $x = \dfrac{5}{4}\pi$

(3) $x = \dfrac{2}{3}\pi$ or $x = \dfrac{4}{3}\pi$

개념 확인문제 6

(1) $\sin \dfrac{x}{2} > \dfrac{1}{2}$ $(0 \le x < 2\pi)$

$\dfrac{x}{2} = t$ 로 치환하면 $0 \le t < \pi$

$\sin t > \dfrac{1}{2}$ $(0 \le t < \pi)$

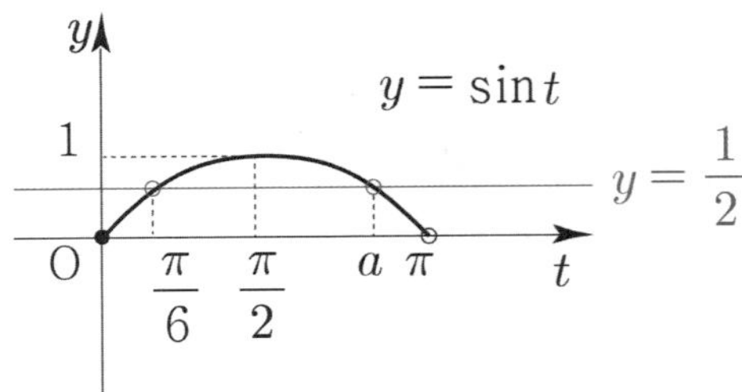

대칭성을 이용하여 a를 구하면

$a + \dfrac{\pi}{6} = \pi$ 이므로 $a = \dfrac{5}{6}\pi$ 이다.

$\sin t > \dfrac{1}{2}$ $(0 \le t < \pi) \Rightarrow \dfrac{\pi}{6} < t < \dfrac{5}{6}\pi$

$\dfrac{x}{2} = t$ 이므로 $\dfrac{\pi}{3} < x < \dfrac{5}{3}\pi$ 이다.

(2) $\tan x < 1$ $(0 \le x < 2\pi)$

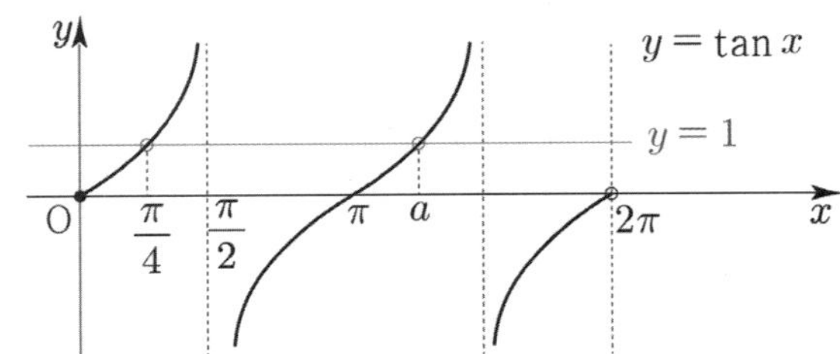

$\dfrac{\pi}{4}$ 에 주기 π를 더하면 a를 구할 수 있다.

$a = \dfrac{\pi}{4} + \pi = \dfrac{5}{4}\pi$

따라서 $\tan x < 1$ $(0 \le x < 2\pi)$의 해는

$0 \le x < \dfrac{\pi}{4}$ or $\dfrac{\pi}{2} < x < \dfrac{5}{4}\pi$ or $\dfrac{3}{2}\pi < x < 2\pi$ 이다.

답 (1) $\dfrac{\pi}{3} < x < \dfrac{5}{3}\pi$

(2) $0 \le x < \dfrac{\pi}{4}$ or $\dfrac{\pi}{2} < x < \dfrac{5}{4}\pi$ or $\dfrac{3}{2}\pi < x < 2\pi$

번호	답	번호	답
1	⑤	28	12
2	6	29	③
3	25	30	13
4	$y = -\sin x$	31	16
5	②	32	130
6	2	33	$\dfrac{5}{2}\pi$
7	8	34	$\dfrac{\pi}{8} < x < \dfrac{5}{8}\pi$
8	10	35	$\dfrac{\pi}{6} \le x \le \dfrac{3}{2}\pi$
9	5	36	$-\dfrac{\pi}{3} \le x < 0$ or $\dfrac{2}{3}\pi < x < \pi$
10	6	37	7
11	4	38	7π
12	32	39	$\dfrac{\pi}{2}$
13	7	40	$\dfrac{5}{4}\pi$
14	5	41	35
15	7	42	④
16	14	43	②
17	④	44	②
18	4	45	18
19	1	46	3
20	④	47	8
21	②	48	5
22	5	49	24
23	25	50	7
24	1	51	30
25	17	52	②
26	6	53	3
27	2	54	37

001

(가) 모든 실수 x 에 대하여 $f(x+2)=f(x)$

(나) $0 \leq x < 2$ 일 때, $f(x)=\sin\dfrac{\pi}{2}x$

$$f\left(\frac{16}{3}\right)=f\left(2+\frac{10}{3}\right)=f\left(\frac{10}{3}\right)=f\left(2+\frac{4}{3}\right)=f\left(\frac{4}{3}\right)$$

$$=\sin\frac{2}{3}\pi=\frac{\sqrt{3}}{2}$$

답 ⑤

002

함수 $y=2\cos\dfrac{\pi}{3a}x+1$ 의 주기는

$\dfrac{2\pi}{\dfrac{\pi}{3a}}=6a=12$ 이므로 $a=2$ 이다.

함수 $y=-\tan\dfrac{\pi}{4}x$ 의 주기는

$\dfrac{\pi}{\dfrac{\pi}{4}}=4$ 이므로 $b=4$ 이다.

따라서 $a+b=6$ 이다.

답 6

003

함수 $f(x)=\cos\left(ax+\dfrac{\pi}{6}\right)$ 의 주기는

$\dfrac{2\pi}{a}=6\pi$ 이므로 $a=\dfrac{1}{3}$ 이다.

$f(x)=\cos\left(\dfrac{1}{3}x+\dfrac{\pi}{6}\right)$ 이므로

$f\left(-\dfrac{5}{2}\pi\right)=\cos\left(-\dfrac{2}{3}\pi\right)=\cos\left(\dfrac{2}{3}\pi\right)=-\dfrac{1}{2}=b$ 이다.

따라서 $30(a-b)=30\left(\dfrac{1}{3}+\dfrac{1}{2}\right)=30\times\dfrac{5}{6}=25$ 이다.

답 25

004

$y=\sin x$ 의 그래프를 x 축 방향으로 π 만큼 평행이동하면
$y=\sin(x-\pi)$ 의 그래프이다.

$y=\sin(x-\pi)=-\sin(\pi-x)=-\sin x$ 의 그래프를
원점에 대하여 대칭이동하면
$y=-(-\sin(-x))=-\sin x$ 의 그래프이다.

답 $y=-\sin x$

005

$y=2\cos\dfrac{\pi}{3}x$ 의 그래프를 x 축의 방향으로 1만큼,

y 축의 방향으로 -3 만큼 평행이동하면

$$f(x)=2\cos\frac{\pi}{3}(x-1)-3=2\cos\left(\frac{\pi}{3}x-\frac{\pi}{3}\right)-3$$ 이다.

$p=\dfrac{2\pi}{\dfrac{\pi}{3}}=6$ 이므로

따라서 $f\left(\dfrac{p}{2}\right)=f(3)=2\cos\dfrac{2}{3}\pi-3=-1-3=-4$ 이다.

답 ②

006

$y=\cos x$ 의 그래프를 x 축의 방향으로 $\dfrac{\pi}{2}$ 만큼,

y 축의 방향으로 1만큼 평행이동하면

$$f(x)=\cos\left(x-\frac{\pi}{2}\right)+1=\cos\left(\frac{\pi}{2}-x\right)+1=\sin x+1$$

$f(3\pi+x)+f(5\pi-x)$

$=\sin(3\pi+x)+1+\sin(5\pi-x)+1$

$=\sin(\pi+x)+1+\sin(\pi-x)+1$

$=-\sin x+1+\sin x+1$

$=2$

답 2

$y=\sin\dfrac{\pi}{2}x$ 의 주기는 4이므로

대칭성을 이용하면 $a+b=2\times1,\ c+d=2\times3$

따라서 $a+b+c+d=2+6=8$이다.

답 8

Tip

삼각함수의 대칭성이 낯설었다면
아래 강의를 참고하도록 하자.
삼각함수의 대칭성 (11분)
t1 07~08번 해설강의
https://youtu.be/kQQoCPdUYhk

008

$E\left(\dfrac{1}{2},\ 0\right)$라 하면

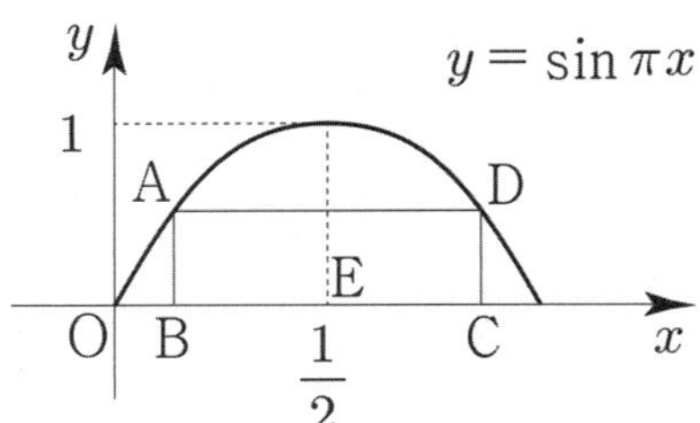

대칭성에 의해서

$\overline{AD}=2\overline{BE}=\dfrac{2}{3}\ \Rightarrow\ \dfrac{1}{3}=\overline{BE}$ 이므로

$B\left(\dfrac{1}{2}-\dfrac{1}{3},\ 0\right)=B\left(\dfrac{1}{6},\ 0\right)$이다.

$\overline{AB}=\sin\dfrac{\pi}{6}=\dfrac{1}{2}$

직사각형 $ABCD$ 의 넓이는

$S=\dfrac{1}{2}\times\dfrac{2}{3}=\dfrac{1}{3}$ 이므로

$30S=10$이다.

답 10

009

대칭성에 의해서 보조선을 그으면 다음과 같다.

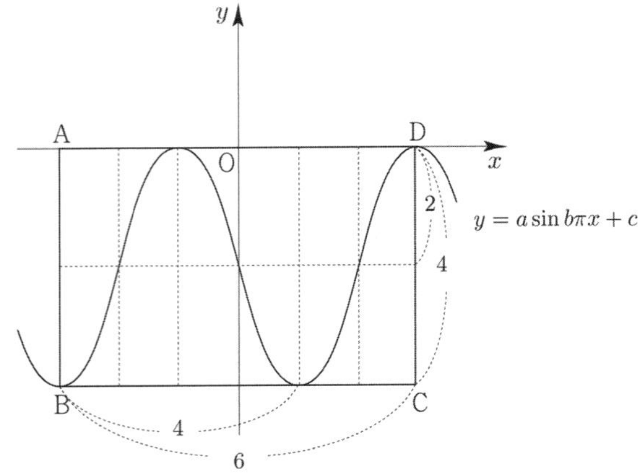

주기는 4이므로 $\dfrac{2\pi}{b\pi}=4\ \Rightarrow\ b=\dfrac{1}{2}$

위 그래프는 $y=a\sin b\pi x$ 를 y축 방향으로 -2만큼
평행이동하여 그릴 수 있으므로 $c=-2$이고,

점 $D(3,\ 0)$을 $y=a\sin\dfrac{\pi}{2}x-2$에 대입하면

$0=a\sin\dfrac{3}{2}\pi-2\ \Rightarrow\ a=-2$

따라서 $a+2b-3c=-2+1+6=5$이다.

답 5

Tip

a가 음수라는 것이 이 문제의 포인트이다.
관성적으로 접근해서 $a=2$라고 하기 쉬우니
각별히 유의하도록 하자.

010

점 A와 직선 $x=\dfrac{\pi}{2a}$ 사이의 거리를 k라 하면

대칭성에 의해서 다음 그림과 같다.

(두 점 A, C는 점 $\left(\dfrac{\pi}{2a},\ 0\right)$에 대하여 점대칭)

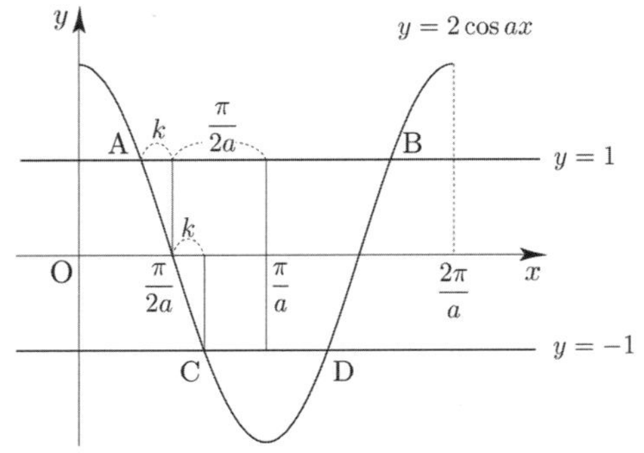

$$\overline{AB} = 2\left(k+\frac{\pi}{2a}\right) = 2k+\frac{\pi}{a}, \quad \overline{CD} = 2\left(\frac{\pi}{2a}-k\right) = \frac{\pi}{a}-2k$$

이고, 사각형 ABDC의 넓이가 $\dfrac{\pi}{3}$ 이므로

$$\frac{\pi}{3} = \frac{1}{2}\times 2 \times (\overline{AB}+\overline{CD}) \;\Rightarrow\; \frac{\pi}{3} = \frac{2\pi}{a}$$

따라서 $a=6$ 이다.

답   6

011

$f(x) = \dfrac{1}{2}\tan\dfrac{2\pi}{a}x$ 의 주기는 $\dfrac{\pi}{\frac{2\pi}{a}} = \dfrac{a}{2}$ 이다.

두 선분 BC, BA가 x축과 만나는 점을 각각 M, N이라 하면 대칭성에 의하여 두 선분 BC, BA의 중점은 각각 M, N이다.
($\because$ 점 A, B는 점 N에 대해 점대칭,
점 B, C는 점 M에 대해 점대칭)

즉, $\overline{MN} = \dfrac{1}{2}\overline{AC} = \dfrac{a}{4}$

점 N의 x좌표가 $\dfrac{a}{2}$ 이므로 점 M의 x좌표는 $\dfrac{a}{2}-\dfrac{a}{4}=\dfrac{a}{4}$

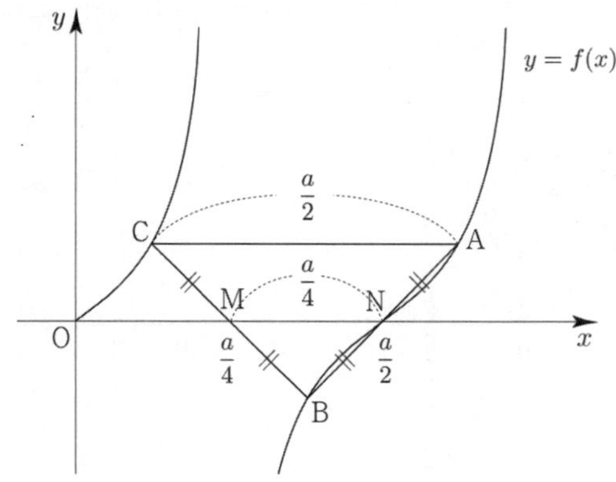

$\overline{BA}=\overline{BC}$ 이므로 삼각형 ABC는 이등변삼각형이다. 여기서 점 B에서 x축과 선분 AC에 내린 수선의 발을 각각 D, E라 하면 직선 BE는 선분 AC를 수직이등분한다.

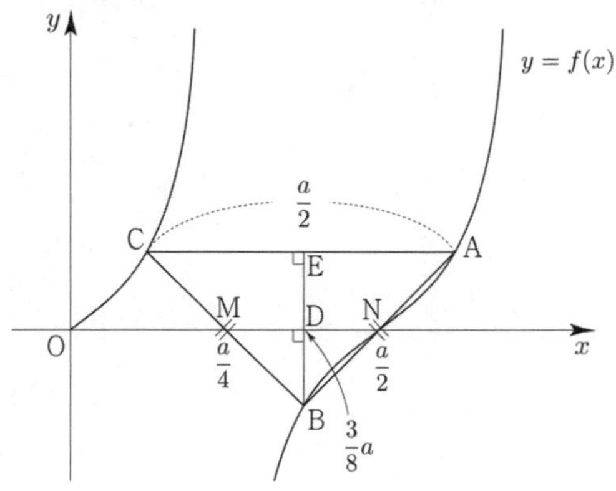

즉, 선분 MN의 중점은 D이므로
D의 x좌표는 $\dfrac{1}{2}\left(\dfrac{a}{4}+\dfrac{a}{2}\right)=\dfrac{3}{8}a$ 이다.

$$f\left(\frac{3}{8}a\right)=\frac{1}{2}\tan\left(\frac{2\pi}{a}\times\frac{3}{8}a\right)=\frac{1}{2}\tan\frac{3}{4}\pi = -\frac{1}{2}$$ 이므로
$\overline{BE}=1$ 이다.

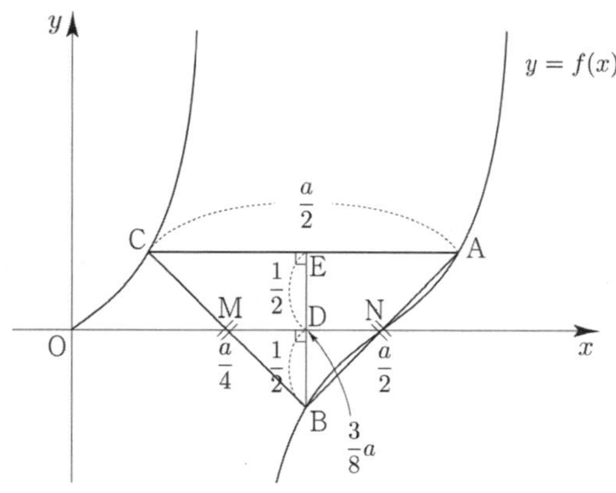

삼각형 ABC의 넓이가 1이므로
$$\frac{1}{2}\times\overline{BE}\times\overline{AC} = \frac{1}{2}\times 1\times\frac{a}{2}=\frac{a}{4}=1 \;\Rightarrow\; a=4$$

따라서 $a=4$ 이다.

답   4

012

$$y=a\sin(bx-c)$$

최댓값이 2이고 최솟값이 -2 이므로
$$|a|=2 \;\Rightarrow\; a=2 \;(\because a>0)$$

주기가 $\dfrac{5}{6}\pi-\left(-\dfrac{\pi}{6}\right)=\pi$ 이므로

$$\frac{2\pi}{|b|}=\pi \;\Rightarrow\; b=2 \;(\because b>0)$$

$y=2\sin(2x-c)$ 는 $y=2\sin 2x$ 의 그래프를 x축의 방향으로 평행이동하여 구할 수 있다.

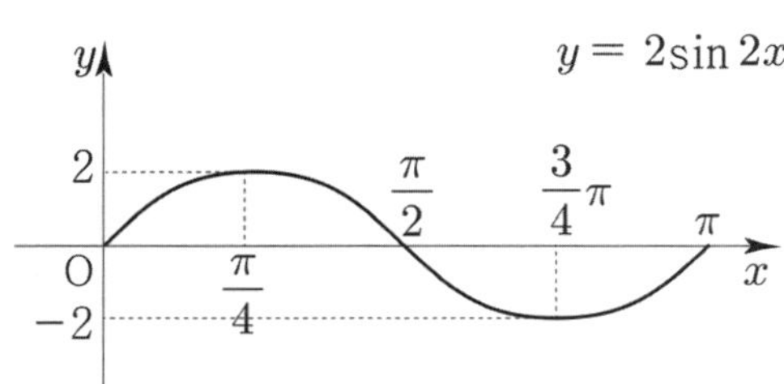

$y = 2\sin 2x$ 의 그래프 위의 점 $(0,\ 0)$ 를 기준으로

$y = 2\sin(2x-c)$ 위의 점 $\left(\dfrac{\pi}{3},\ 0\right)$ 을 살펴보면

$(0,\ 0) \to \left(\dfrac{\pi}{3},\ 0\right)$ 이므로 x 축의 방향으로 $\dfrac{\pi}{3}$ 만큼

평행이동했다고 볼 수 있다.

(여기서 주의해야할 점은 $y=2\sin 2x$ 를 평행이동시키는 것이지 $y=\sin x$ 를 평행이동시키는 것이 아니라는 점이다.)

하지만 $y=2\sin 2x$ 는 주기가 π 인 주기함수이므로 x 축의 방향으로 $n\pi$ (n 은 정수)만큼 더 평행이동하여도 조건을 만족시킨다.

즉, $y=2\sin(2x-c)$ 는 $y=2\sin 2x$ 의 그래프를 x 축의

방향으로 $n\pi+\dfrac{\pi}{3}$ (n 은 정수)만큼 평행이동하여 구할 수

있다.

$$x \to x-\left(n\pi+\dfrac{\pi}{3}\right)$$

$$y = 2\sin 2\left(x-n\pi-\dfrac{\pi}{3}\right) = 2\sin\left(2x-2n\pi-\dfrac{2}{3}\pi\right)$$

이므로 $c = 2n\pi + \dfrac{2}{3}\pi$ (n 은 정수) 이다.

$2\pi < c < 3\pi$ 이므로 $c = 2\pi + \dfrac{2}{3}\pi = \dfrac{8}{3}\pi$ 이다.

따라서 $\dfrac{3abc}{\pi} = \dfrac{3}{\pi} \times 2 \times 2 \times \dfrac{8}{3}\pi = 32$ 이다.

 **32**

> **Tip**
>
> ■ 위의 풀이를 완벽히 이해했다면 어떠한 미정계수 문제가 나와도 다 풀 수 있다. 누구에게 설명할 수 있을 때까지 체화해보자!
>
> ② 만약 위 풀이가 잘 이해되지 않는다면 아래 해설강의를 참고하도록 하자.
> **삼각함수의 미정계수 (7분)**
> t1 012번 해설강의
> https://youtu.be/v_AcRJnEsCQ

이 문제는 $a < 0$ 라는 것에 조심해야한다.

최댓값이 5 이고 최솟값이 -5 이므로 $a = -5$ 이다.

주기가 $\dfrac{3}{8}\pi - \left(-\dfrac{\pi}{8}\right) = \dfrac{\pi}{2}$ 이므로 $\dfrac{2\pi}{b} = \dfrac{\pi}{2} \Rightarrow b = 4$

$y = -5\sin(4x-c)$ 는 $y = -5\sin 4x$ 의 그래프를 x 축의 방향으로 평행이동하여 구할 수 있다.

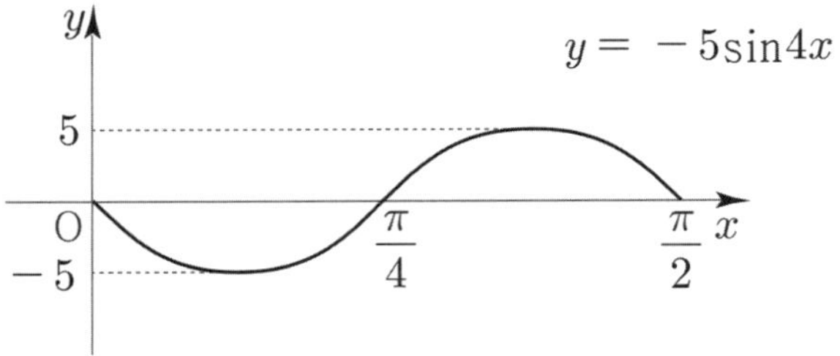

$y = -5\sin 4x$ 의 그래프 위의 점 $(0,\ 0)$ 를 기준으로

$y = -5\sin(4x-c)$ 위의 점 $\left(-\dfrac{\pi}{8},\ 0\right)$ 을 살펴보면

$(0,\ 0) \to \left(-\dfrac{\pi}{8},\ 0\right)$ 이므로 x 축의 방향으로 $-\dfrac{\pi}{8}$ 만큼

평행이동했다고 볼 수 있다.

012번과 마찬가지 논리로 주기 $\dfrac{\pi}{2}$ 까지 고려해서 평행이동 시켜보자.

즉, $y = -5\sin(4x-c)$ 는 $y = -5\sin 4x$ 의 그래프를

x 축의 방향으로 $\dfrac{\pi}{2}n - \dfrac{\pi}{8}$ (n 은 정수)만큼 평행이동하여

구할 수 있다.

$$x \to x-\left(\dfrac{\pi}{2}n - \dfrac{\pi}{8}\right)$$

$$y = -5\sin 4\left(x-\dfrac{n}{2}\pi+\dfrac{\pi}{8}\right) = -5\sin\left(4x-2n\pi+\dfrac{\pi}{2}\right)$$

이므로 $c = 2n\pi - \dfrac{\pi}{2}$ (n 은 정수) 이다.

$3\pi < c < 4\pi$ 이므로 $c = 4\pi - \dfrac{\pi}{2} = \dfrac{7}{2}\pi$ 이다.

따라서 $\dfrac{-abc}{10\pi} = -\dfrac{1}{10\pi} \times (-5) \times 4 \times \dfrac{7}{2}\pi = 7$ 이다.

답 **7**

최댓값이 5 이고 최솟값이 1 이므로
$a+d=5, \ -a+d=1 \ \Rightarrow \ a=2, \ d=3$

주기가 $2 \times \{1-(-2)\}=6$ 이므로 $\dfrac{2\pi}{b}=6 \ \Rightarrow \ \dfrac{\pi}{3}=b$

$f(x)=2\sin\left(\dfrac{\pi}{3}x+c\right)+3$ 는 $y=2\sin\dfrac{\pi}{3}x+3$ 의 그래프를
x 축의 방향으로 평행이동하여 구할 수 있다.

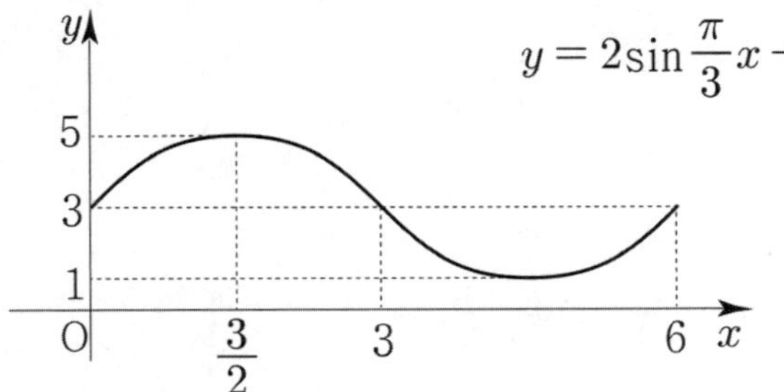

$y=2\sin\dfrac{\pi}{3}x+3$ 의 그래프 위의 점 $\left(\dfrac{3}{2}, \ 5\right)$ 를 기준으로

$f(x)=2\sin\left(\dfrac{\pi}{3}x+c\right)+3$ 위의 점 $(1, \ 5)$ 을 살펴보면

$\left(\dfrac{3}{2}, \ 5\right) \rightarrow (1, \ 5)$ 이므로 x 축의 방향으로 $-\dfrac{1}{2}$ 만큼
평행이동했다고 볼 수 있다.

012, 013번과 마찬가지 논리로 주기 6 까지 고려해서
평행이동 시켜보자.

즉, $f(x)=2\sin\left(\dfrac{\pi}{3}x+c\right)+3$ 는 $y=2\sin\dfrac{\pi}{3}x+3$ 의

그래프를 x 축의 방향으로 $6n-\dfrac{1}{2}$ (n 은 정수)만큼
평행이동하여 구할 수 있다.

$$x \rightarrow x-\left(6n-\dfrac{1}{2}\right)$$

$y=2\sin\dfrac{\pi}{3}\left(x-6n+\dfrac{1}{2}\right)+3=2\sin\left(\dfrac{\pi}{3}x-2\pi n+\dfrac{\pi}{6}\right)+3$

이므로 $c=-2\pi n+\dfrac{\pi}{6}$ (n 은 정수)이다.

$0<c<\pi$ 이므로 $c=\dfrac{\pi}{6}$ 이다.

$$\therefore \ f(x)=2\sin\left(\dfrac{\pi}{3}x+\dfrac{\pi}{6}\right)+3$$

대칭성에 의해서 $f(x_1)=f(0)$ 이므로

$$f(x_1)=f(0)=2\sin\dfrac{\pi}{6}+3=4$$

x_2-1 은 주기이므로 $x_2-1=6 \ \Rightarrow \ x_2=7$

따라서 $ad+\dfrac{b}{c}+f(x_1)-x_2=6+2+4-7=5$ 이다.

답   5

(가) 주기가 $\dfrac{\pi}{5}$ 인 주기함수이다.

$\Rightarrow \ y=|\sin x|$ 의 주기는 π 이므로 $\dfrac{\pi}{b}=\dfrac{\pi}{5} \ \Rightarrow \ b=5$

(나) 함수 $f(x)$ 의 최솟값은 4 이다.
$\Rightarrow \ c=4$

> **Tip**
>
> 실수 전체의 집합에서 $0 \le |\sin 5x| \le 1$ 이므로
> $a \times 0+c$ 가 최솟값이 된다.
> 관성적으로 $-a+c$ 가 최솟값이라고 해서는 안 된다.

(다) $f\left(\dfrac{\pi}{10}\right)=6$

$\Rightarrow \ f\left(\dfrac{\pi}{10}\right)=a\left|\sin\dfrac{\pi}{2}\right|+4=6 \ \Rightarrow \ a+4=6 \ \Rightarrow \ a=2$

따라서 $3a+b-c=6+5-4=7$ 이다.

답   7

$y=\tan(ax-b)$ 의 주기가 7π 이므로

$\dfrac{\pi}{a}=7\pi \ \Rightarrow \ a=\dfrac{1}{7}$

$y=\tan\left(\dfrac{1}{7}x-b\right)$ 는 $y=\tan\dfrac{1}{7}x$ 의 그래프를 x 축의
방향으로 평행이동하여 구할 수 있다.

점근선을 바탕으로 얼마만큼 평행이동해야 하는지 구해보자.

$y=\tan\dfrac{1}{7}x$ 의 점근선 중 $x=\dfrac{7}{2}\pi$ 와

$y=\tan\left(\dfrac{1}{7}x-b\right)$ 의 점근선 중 $x=0$ 을 살펴보면

$x = \dfrac{7}{2}\pi \rightarrow x = 0$ 이므로 x 축의 방향으로 $-\dfrac{7}{2}\pi$ 만큼 평행이동했다고 볼 수 있다.

012, 013, 014번과 마찬가지 논리로 주기 7π 까지 고려해서 평행이동 시켜보자.

즉, $y = \tan\!\left(\dfrac{1}{7}x - b\right)$ 는 $y = \tan\dfrac{1}{7}x$ 의 그래프를 x 축의 방향으로 $7\pi n - \dfrac{7}{2}\pi$ (n 은 정수)만큼 평행이동하여 구할 수 있다.

$$x \rightarrow x - \left(7\pi n - \dfrac{7}{2}\pi\right)$$

$$y = \tan\dfrac{1}{7}\left(x - 7\pi n + \dfrac{7}{2}\pi\right) = \tan\!\left(\dfrac{x}{7} - \pi n + \dfrac{\pi}{2}\right)$$

이므로 $b = \pi n - \dfrac{\pi}{2}$ 이다.

$0 < b < \pi$ 이므로 $b = \dfrac{\pi}{2}$

따라서 $\dfrac{\pi}{ab} = 14$ 이다.

답 14

017

$$f(x) = \tan(ax - b) = \tan a\!\left(x - \dfrac{b}{a}\right)$$

$f(x)$ 의 주기가 $\dfrac{\pi}{4}$ 이므로 $\dfrac{\pi}{a} = \dfrac{\pi}{4} \implies a = 4$

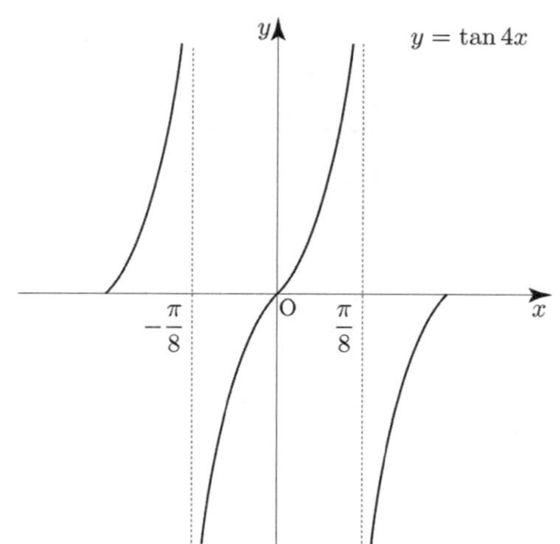

$y = \tan 4\!\left(x - \dfrac{b}{4}\right)$ 의 그래프는 $y = \tan 4x$ 의 그래프를 x 축의 방향으로 $\dfrac{b}{4}$ 만큼 평행이동하여 그릴 수 있다.

이때 $0 < b < \dfrac{\pi}{2}$ 이므로 $0 < \dfrac{b}{4} < \dfrac{\pi}{8}$

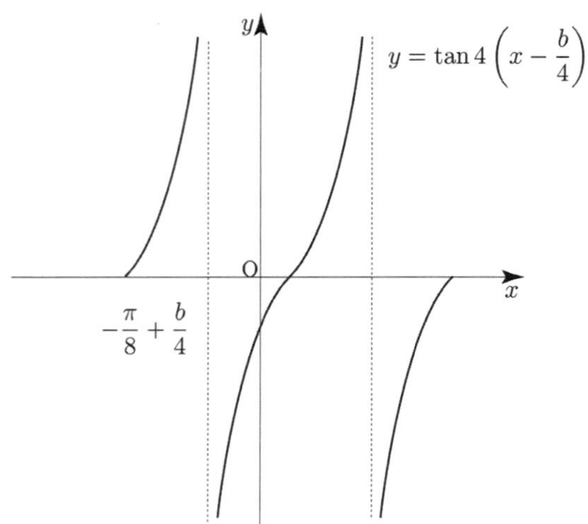

(나) 조건에 의해

$$-\dfrac{\pi}{8} + \dfrac{b}{4} = -\dfrac{\pi}{24} \implies b = \dfrac{\pi}{3}$$

$$\therefore f(x) = \tan\!\left(4x - \dfrac{\pi}{3}\right)$$

따라서 $f\!\left(\dfrac{\pi}{8}\right) = \tan\!\left(\dfrac{\pi}{6}\right) = \dfrac{\sqrt{3}}{3}$ 이다.

답 ④

018

$$\sin\dfrac{5}{6}\pi + \cos\!\left(-\dfrac{8}{3}\pi\right) - \dfrac{4\tan\dfrac{19}{3}\pi}{\tan\!\left(-\dfrac{\pi}{3}\right)}$$

$$\sin\dfrac{5}{6}\pi = \sin\!\left(\pi - \dfrac{\pi}{6}\right) = \sin\dfrac{\pi}{6} = \dfrac{1}{2}$$

$$\cos\!\left(-\dfrac{8}{3}\pi\right) = \cos\dfrac{8}{3}\pi = \cos\!\left(2\pi + \dfrac{2}{3}\pi\right) = \cos\dfrac{2}{3}\pi = -\dfrac{1}{2}$$

$$\tan\dfrac{19}{3}\pi = \tan\!\left(6\pi + \dfrac{\pi}{3}\right) = \tan\dfrac{\pi}{3} = \sqrt{3}$$

$$\tan\!\left(-\dfrac{\pi}{3}\right) = -\tan\dfrac{\pi}{3} = -\sqrt{3}$$

이므로

$$\sin\dfrac{5}{6}\pi + \cos\!\left(-\dfrac{8}{3}\pi\right) - \dfrac{4\tan\dfrac{19}{3}\pi}{\tan\!\left(-\dfrac{\pi}{3}\right)} = \dfrac{1}{2} - \dfrac{1}{2} - \dfrac{4\sqrt{3}}{-\sqrt{3}} = 4$$

답 4

$\cos\theta = \dfrac{3}{5}$ 일 때,

$$3\tan(\pi+\theta)\left\{\dfrac{1+\cos(\pi-\theta)}{\cos\left(\dfrac{\pi}{2}+\theta\right)}+\dfrac{\sin\left(\dfrac{3}{2}\pi+\theta\right)}{\sin(\pi+\theta)}\right\}$$

$\tan(\pi+\theta)=\tan\theta$

$\cos(\pi-\theta)=-\cos\theta$

$\cos\left(\dfrac{\pi}{2}+\theta\right)=-\sin\theta$

$\sin\left(\dfrac{3}{2}\pi+\theta\right)=-\cos\theta$

$\sin(\pi+\theta)=\sin(-\theta)=-\sin\theta$ 이므로

$$3\tan(\pi+\theta)\left\{\dfrac{1+\cos(\pi-\theta)}{\cos\left(\dfrac{\pi}{2}+\theta\right)}+\dfrac{\sin\left(\dfrac{3}{2}\pi+\theta\right)}{\sin(\pi+\theta)}\right\}$$

$$=3\tan\theta\left(\dfrac{1-\cos\theta}{-\sin\theta}+\dfrac{-\cos\theta}{-\sin\theta}\right)$$

$$=\dfrac{3\sin\theta}{\cos\theta}\left(\dfrac{-1+2\cos\theta}{\sin\theta}\right)=3\left(\dfrac{2\cos\theta-1}{\cos\theta}\right)$$

$$=3\times\left(\dfrac{2\times\dfrac{3}{5}-1}{\dfrac{3}{5}}\right)=3\times\left(\dfrac{6-5}{3}\right)=1$$

 **답** 1

$$\sin\left(-\dfrac{\pi}{2}+\theta\right)=-\sin\left(\dfrac{\pi}{2}-\theta\right)=-\cos\theta=\dfrac{1}{5}$$

$\Rightarrow \cos\theta=-\dfrac{1}{5}$

$\sin^2\theta=1-\cos^2\theta=\dfrac{24}{25}$

$\Rightarrow \sin\theta=-\dfrac{2\sqrt{6}}{5}\ (\because\ \sin\theta<0)$

따라서 $\tan\theta=\dfrac{-\dfrac{2\sqrt{6}}{5}}{-\dfrac{1}{5}}=2\sqrt{6}$ 이다.

 **답** ④

Tip

물론 삼각함수 가이드스텝에서 배운 core해석법으로 구해도 된다.

$\cos(\pi+\theta)=\dfrac{4}{5}\ \Rightarrow\ -\cos\theta=\dfrac{4}{5}\ \Rightarrow\ \cos\theta=-\dfrac{4}{5}$

$\sin^2\theta=1-\cos^2\theta=\dfrac{9}{25}\ \Rightarrow\ \sin\theta=\dfrac{3}{5}\ \left(\because\ \dfrac{\pi}{2}<\theta<\pi\right)$

따라서 $\sin\theta+\cos\theta=\dfrac{3}{5}+\left(-\dfrac{4}{5}\right)=-\dfrac{1}{5}$ 이다.

 **답** ②

$$y=3\sin\left(x+\dfrac{\pi}{2}\right)-\cos x+a$$

$$\sin\left(x+\dfrac{\pi}{2}\right)=\cos x\ \text{이므로}$$

$$y=3\sin\left(x+\dfrac{\pi}{2}\right)-\cos x+a=2\cos x+a$$

$\cos x=t$ 라 치환하면 $y=2t+a\ (-1\le t\le 1)$

$t=1$ 일 때, 최댓값 $2+a$

$t=-1$ 일 때, 최솟값 $-2+a$

따라서 $2+a-2+a=10\ \Rightarrow\ a=5$ 이다.

답 5

Tip

삼각함수를 포함한 함수의 최대 최소는 무조건 치환이다.
치환하면 범위조심!

$$y=-\left|\sin 4x-\dfrac{1}{2}\right|+\dfrac{5}{2}$$

$\sin 4x=t$ 라 치환하면 $y=-\left|t-\dfrac{1}{2}\right|+\dfrac{5}{2}\ (-1\le t\le 1)$

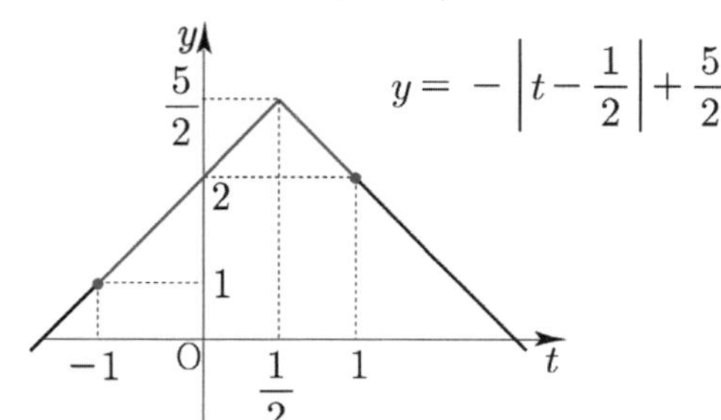

$t = \dfrac{1}{2}$ 일 때, 최댓값 $\dfrac{5}{2} = M$

$t = -1$ 일 때, 최솟값 $1 = m$

따라서 $10Mm = 25$ 이다.

답   25

024

$$y = \frac{2\tan x - 1}{\tan x + 2} \quad \left(\frac{3}{4}\pi \leq x < \frac{3}{2}\pi \right)$$

$\tan x = t$ 라 치환하자.

$\dfrac{3}{4}\pi \leq x < \dfrac{3}{2}\pi$ 에서 t 의 범위를 구하면 $-1 \leq t$ 이다.

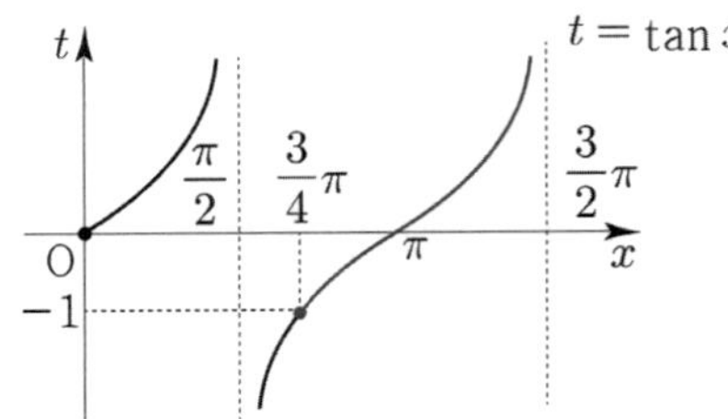

$$y = \frac{2t-1}{t+2} = 2 + \frac{-5}{t+2} \quad (-1 \leq t)$$

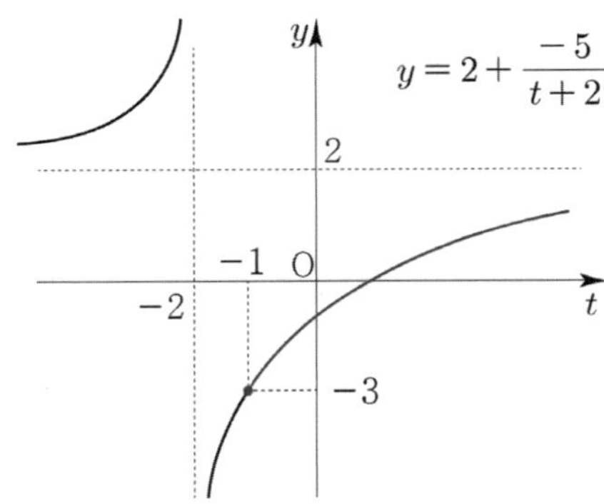

$t = -1$ 일 때, 최솟값 $-3 = b$

$\tan x = t = -1 \implies x = \dfrac{3}{4}\pi = a \left(\because \ \dfrac{3}{4}\pi \leq x < \dfrac{3}{2}\pi \right)$

따라서 $\sqrt{2}\cos \dfrac{a}{b} = \sqrt{2}\cos\left(-\dfrac{\pi}{4}\right) = \sqrt{2}\cos\dfrac{\pi}{4} = 1$ 이다.

답   1

025

$$f(x) = \sin^2 x - \sin\left(x - \frac{\pi}{2}\right) + 2$$

$$= (1 - \cos^2 x) + \sin\left(\frac{\pi}{2} - x\right) + 2$$

$$= 1 - \cos^2 x + \cos x + 2 = -\cos^2 x + \cos x + 3$$

$\cos x = t$ 라 치환하면 $y = -t^2 + t + 3 \ (-1 \leq t \leq 1)$

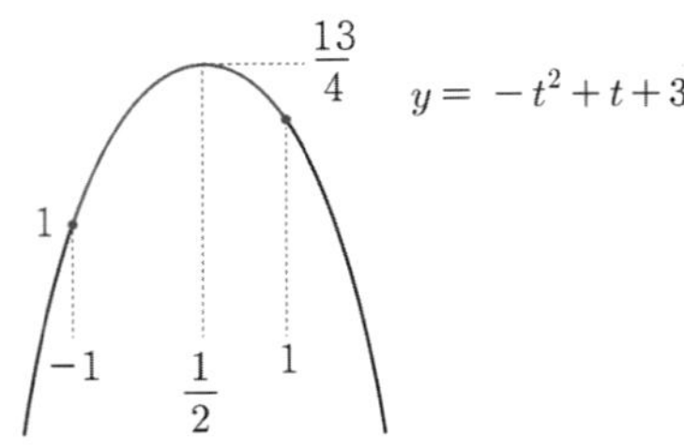

$t = \dfrac{1}{2}$ 일 때, 최댓값 $\dfrac{13}{4} = M$

$t = -1$ 일 때, 최솟값 $1 = m$

따라서 $4(M+m) = 4\left(\dfrac{13}{4} + 1\right) = 13 + 4 = 17$ 이다.

답   17

026

$$y = 3|\cos x| - \cos x + 1$$

$\cos x = t$ 라 치환하면 $y = 3|t| - t + 1 \ (-1 \leq t \leq 1)$

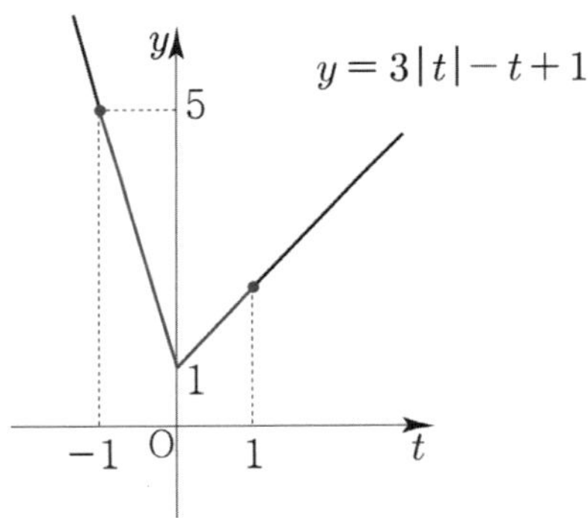

$t = -1$ 일 때, 최댓값 $5 = M$

$t = 0$ 일 때, 최솟값 $1 = m$

따라서 $M + m = 6$ 이다.

답   6

027

$$y = \dfrac{\left|\sin\left(\dfrac{\pi}{2}-x\right)\right|-3}{|\cos x|+1} = \dfrac{|\cos x|-3}{|\cos x|+1}$$

$|\cos x|=t$ 라 치환하면

$$y = \dfrac{t-3}{t+1} = 1 + \dfrac{-4}{t+1} \quad (0 \le t \le 1)$$

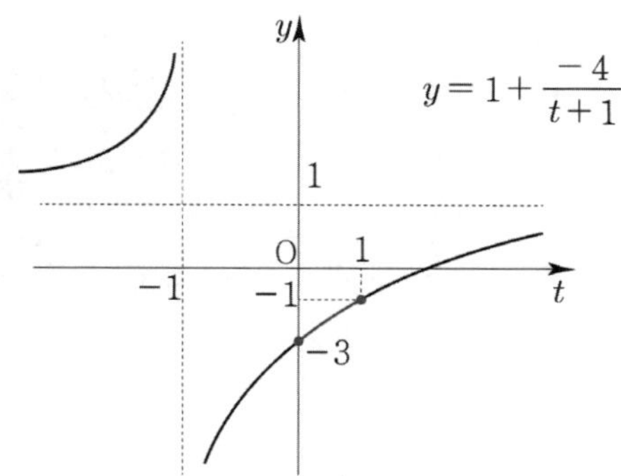

$t=1$ 일 때, 최댓값 $-1 = M$
$t=0$ 일 때, 최솟값 $-3 = m$

따라서 $M-m = 2$ 이다.

답 2

028

$f(x) = -\cos^2 x - 2\sin x + 1 = \sin^2 x - 2\sin x$
$f(x)$ 의 값을 k 라 하고,
$\sin x = t$ 라 치환하면 $k = t^2 - 2t \quad (-1 \le t \le 1)$

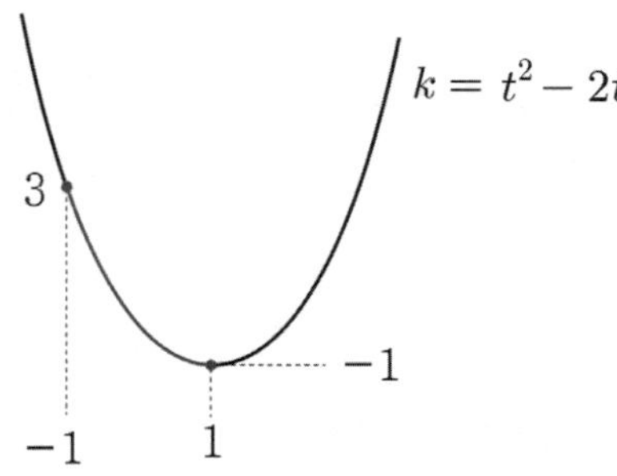

$-1 \le t \le 1$ 일 때, k 의 범위를 구하면 $-1 \le k \le 3$

$g(x) = -x^2 + a$

$(g \circ f)(x) = g(f(x)) = g(k)$
$g(k) = -k^2 + a \quad (-1 \le k \le 3)$

$k=0$ 일 때, 최댓값 a
$k=3$ 일 때, 최솟값 $-9+a$

최댓값과 최솟값의 합이 15 이므로
$2a-9 = 15 \implies a = 12$

답 12

029

$$y = \sin^2\dfrac{x}{2} + 2a\cos\dfrac{x}{2} + 2 = -\cos^2\dfrac{x}{2} + 2a\cos\dfrac{x}{2} + 3$$

$\cos\dfrac{x}{2} = t$ 라 치환하면 $y = -t^2 + 2at + 3 \quad (-1 \le t \le 1)$

$y = -t^2 + 2at + 3$ 의 꼭짓점의 x 좌표 a 의 범위에 따라
최댓값이 달라지므로 case분류 하면 다음과 같다.

① $a > 1$

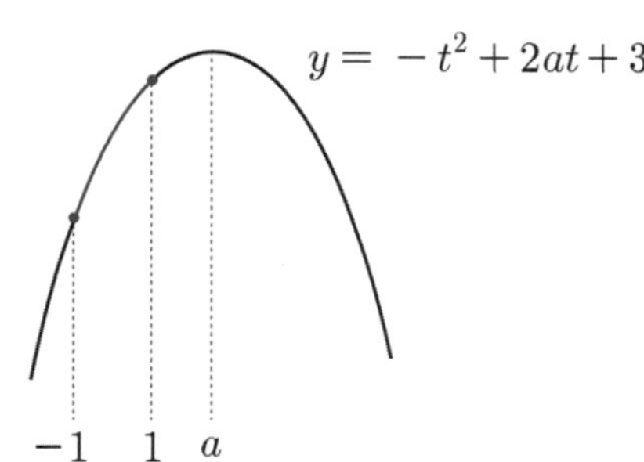

$t=1$ 일 때, 최댓값 $2+2a = \dfrac{7}{2} \implies a = \dfrac{3}{4}$
$a > 1$ 을 만족하지 않으므로 모순이다.

② $-1 \le a \le 1$

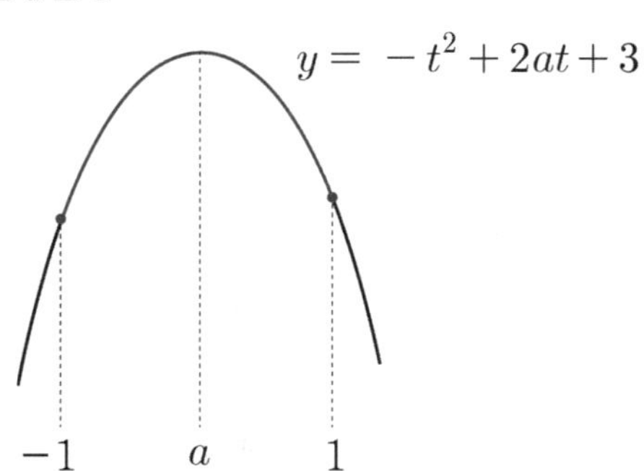

$t=a$ 일 때, 최댓값 $a^2 + 3 = \dfrac{7}{2}$
$\implies a = \dfrac{1}{\sqrt{2}}$ or $a = -\dfrac{1}{\sqrt{2}}$

③ $a < -1$

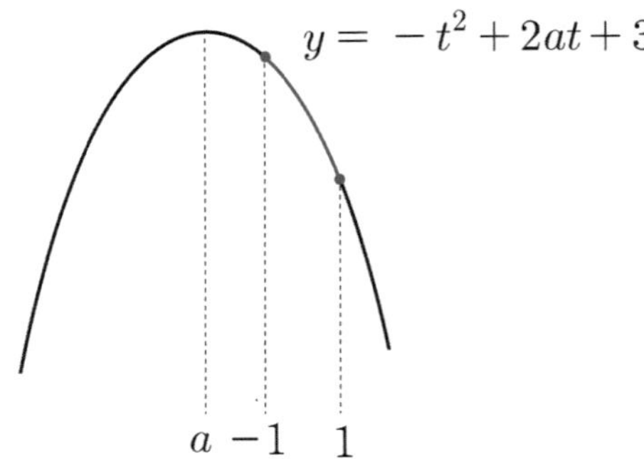

$$y = -t^2 + 2at + 3$$

$t = -1$ 일 때, 최댓값 $2 - 2a = \dfrac{7}{2} \Rightarrow a = -\dfrac{3}{4}$

$a < -1$ 을 만족하지 않으므로 모순이다.

따라서 모든 실수 a 의 값의 곱은 $-\dfrac{1}{2}$ 이다.

$\boxed{\text{답}}$ ③

030

$$y = \dfrac{|\tan x|}{\tan x + 2} \left(\dfrac{3}{4}\pi \leq x < \dfrac{3}{2}\pi \right)$$

$\tan x = t$ 라 치환하자.

$\dfrac{3}{4}\pi \leq x < \dfrac{3}{2}\pi$ 에서 t 의 범위를 구하면 $-1 \leq t$

$$y = \dfrac{|t|}{t + 2} \quad (-1 \leq t)$$

t 의 범위에 따라 case분류 하면

$t > 0 \Rightarrow y = \dfrac{t}{t + 2} = 1 + \dfrac{-2}{t + 2}$

$t < 0 \Rightarrow y = \dfrac{-t}{t + 2} = -1 + \dfrac{2}{t + 2}$

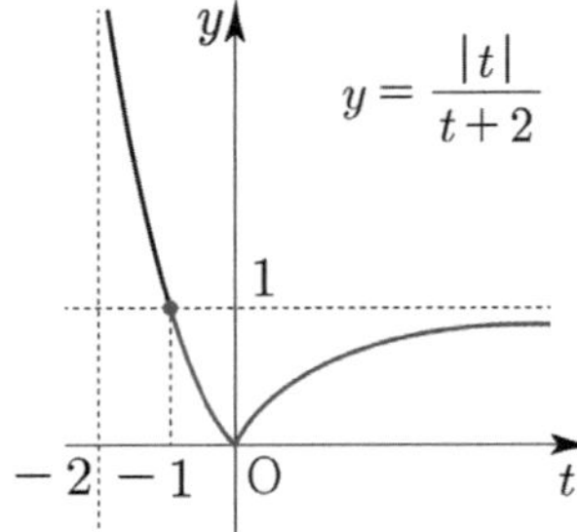

$t = -1 \Rightarrow x = \dfrac{3}{4}\pi = a$ 일 때, 최댓값 $1 = M$

$t = 0 \Rightarrow x = \pi = b$ 일 때, 최솟값 $0 = m$

따라서 $\dfrac{16a}{b} + M + m = 13$ 이다.

$\boxed{\text{답}}$ 13

031

$$\cos \dfrac{\pi}{2} x = \dfrac{2}{3} \, (0 \leq x < 8)$$

$0 \leq x < 8$ 에서

곡선 $y = \cos \dfrac{\pi}{2} x$ 와 직선 $y = \dfrac{2}{3}$ 이 만나는

교점의 x 좌표를 작은 순서대로 $x_1, \ x_2, \ x_3, \ x_4$ 라 하자.

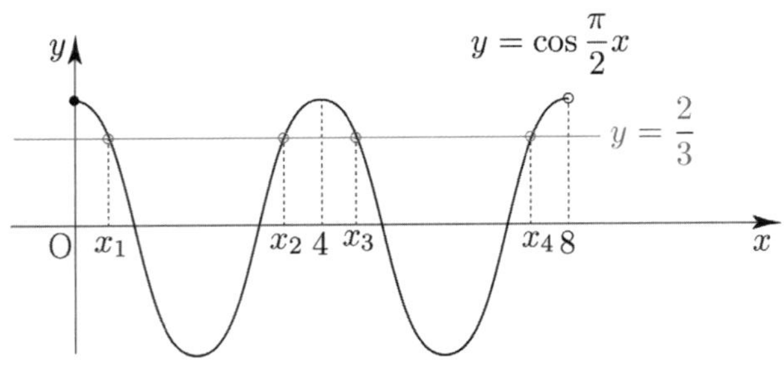

대칭성에 의하여

$x_2 + x_3 = 4 \times 2 = 8, \ x_1 + x_4 = 4 \times 2 = 8$

따라서 모든 해의 합

$x_1 + x_2 + x_3 + x_4 = 16$ 이다.

$\boxed{\text{답}}$ 16

032

$$\left(\sin x - \sqrt{3} \cos x \right)\left(\sin x + \dfrac{1}{\sqrt{3}} \cos x \right) = 0$$

$\Rightarrow \sin x = \sqrt{3} \cos x, \ \sin x = -\dfrac{1}{\sqrt{3}} \cos x$

① $\sin x = \sqrt{3} \cos x \Rightarrow \tan x = \sqrt{3}$

$\therefore \ x = \dfrac{\pi}{3}, \ x = \dfrac{4}{3}\pi$

② $\sin x = -\dfrac{1}{\sqrt{3}} \cos x \Rightarrow \tan x = -\dfrac{1}{\sqrt{3}}$

$-\dfrac{\pi}{2} < x < 0$ 에서 $\tan x = -\dfrac{1}{\sqrt{3}}$ 를 만족시키는 x 는

$x = -\dfrac{\pi}{6}$ 이고, 여기에 π, 2π 를 각각 더하면

$\therefore \ x = \dfrac{5}{6}\pi, \ x = \dfrac{11}{6}\pi$

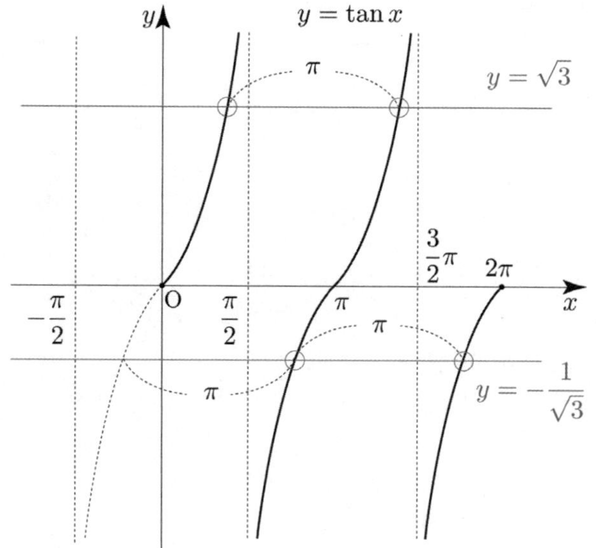

모든 해의 합은 $\dfrac{\pi}{3}+\dfrac{4}{3}\pi+\dfrac{5}{6}\pi+\dfrac{11}{6}\pi=\dfrac{13}{3}\pi$ 이므로

$a=\dfrac{13}{3}$ 이다.

따라서 $30a=130$ 이다.

답 130

033

$\cos^2 x-\dfrac{\sin x}{2}=\dfrac{1}{2}\quad(0\le x\le 2\pi)$

$-\sin^2 x-\dfrac{\sin x}{2}=-\dfrac{1}{2}\ \Rightarrow\ 2\sin^2 x+\sin x-1=0$

$\Rightarrow\ (2\sin x-1)(\sin x+1)=0$

① $\sin x=-1\ \Rightarrow\ x=\dfrac{3}{2}\pi$

② $\sin x=\dfrac{1}{2}\ \Rightarrow\ x=\dfrac{\pi}{6}$ or $x=\dfrac{5}{6}\pi$

따라서 모든 해의 합은 $\dfrac{5}{2}\pi$ 이다.

답 $\dfrac{5}{2}\pi$

034

$\sin 2x-\cos 2x>0\quad(0\le x\le\pi)$

$2x=t$ 라 치환하면 $\sin t>\cos t\quad(0\le t\le 2\pi)$

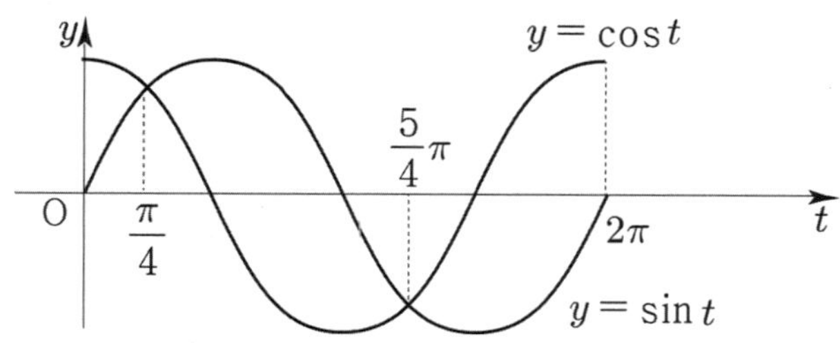

$\sin t>\cos t\quad(0\le t\le 2\pi)\ \Rightarrow\ \dfrac{\pi}{4}<t<\dfrac{5}{4}\pi$

$2x=t$ 이므로 $\dfrac{\pi}{8}<x<\dfrac{5}{8}\pi$ 이다.

답 $\dfrac{\pi}{8}<x<\dfrac{5}{8}\pi$

035

$2\cos^2\!\left(x-\dfrac{\pi}{3}\right)\ge 1+\cos\!\left(x+\dfrac{\pi}{6}\right)\quad(0\le x<2\pi)$

$x+\dfrac{\pi}{6}=t$ 라 치환하면

$x-\dfrac{\pi}{3}=x+\dfrac{\pi}{6}-\dfrac{\pi}{2}=t-\dfrac{\pi}{2}$

$2\cos^2\!\left(t-\dfrac{\pi}{2}\right)\ge 1+\cos t\quad\left(\dfrac{\pi}{6}\le t<2\pi+\dfrac{\pi}{6}\right)$

$\cos\!\left(t-\dfrac{\pi}{2}\right)=\cos\!\left(\dfrac{\pi}{2}-t\right)=\sin t$ 이므로

$2-2\cos^2 t\ge 1+\cos t\ \Rightarrow\ 2\cos^2 t+\cos t-1\le 0$

$\Rightarrow\ (2\cos t-1)(\cos t+1)\le 0\ \Rightarrow\ -1\le\cos t\le\dfrac{1}{2}$

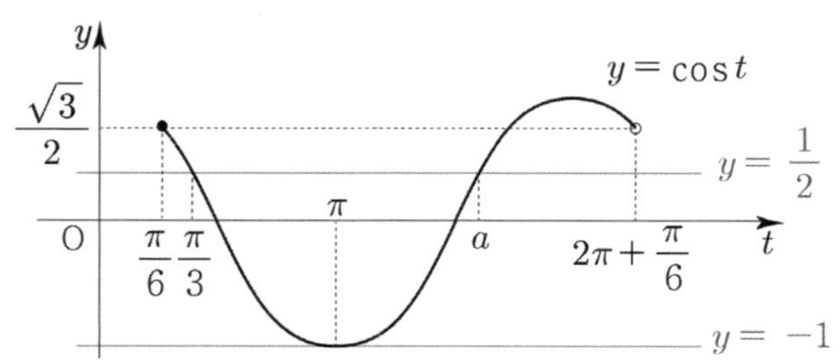

$0 < t < \dfrac{\pi}{2}$ 에서 $\cos t = \dfrac{1}{2}$ 을 만족하는 $t = \dfrac{\pi}{3}$

대칭성을 이용하여 a를 구하면
$$\dfrac{\pi}{3} + a = 2\pi \;\Rightarrow\; a = \dfrac{5}{3}\pi$$

$$-1 \le \cos t \le \dfrac{1}{2} \;\Rightarrow\; \dfrac{\pi}{3} \le t \le \dfrac{5}{3}\pi$$

$x + \dfrac{\pi}{6} = t$ 이므로 $\dfrac{\pi}{3} \le x + \dfrac{\pi}{6} \le \dfrac{5}{3}\pi \;\Rightarrow\; \dfrac{\pi}{6} \le x \le \dfrac{3}{2}\pi$

$$\boxed{\text{답}} \quad \dfrac{\pi}{6} \le x \le \dfrac{3\pi}{2}$$

036

$$1 \le 2\sin\left(\dfrac{1}{2}x + \dfrac{\pi}{3}\right) < \sqrt{3} \quad (-\pi \le x < \pi)$$

$\dfrac{1}{2}x + \dfrac{\pi}{3} = t$ 라 치환하면
$$\dfrac{1}{2} \le \sin t < \dfrac{\sqrt{3}}{2} \quad \left(-\dfrac{\pi}{6} \le t < \dfrac{5}{6}\pi\right)$$

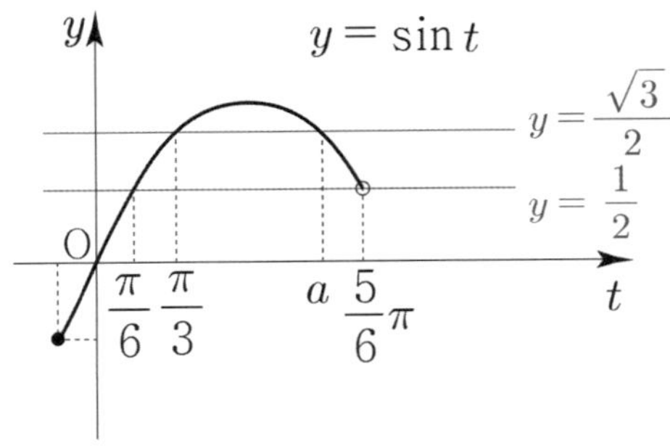

$0 < t < \dfrac{\pi}{2}$ 에서 $\sin t = \dfrac{1}{2}$ 을 만족하는 $t = \dfrac{\pi}{6}$

$0 < t < \dfrac{\pi}{2}$ 에서 $\sin t = \dfrac{\sqrt{3}}{2}$ 을 만족하는 $t = \dfrac{\pi}{3}$

대칭성을 이용하여 a를 구하면
$$\dfrac{\pi}{3} + a = \pi \;\Rightarrow\; a = \dfrac{2}{3}\pi$$

$$\dfrac{1}{2} \le \sin t < \dfrac{\sqrt{3}}{2} \;\Rightarrow\; \dfrac{\pi}{6} \le t < \dfrac{\pi}{3} \text{ or } \dfrac{2}{3}\pi < t < \dfrac{5}{6}\pi$$

$\dfrac{1}{2}x + \dfrac{\pi}{3} = t$ 이므로 $-\dfrac{\pi}{3} \le x < 0$ or $\dfrac{2}{3}\pi < x < \pi$ 이다.

$$\boxed{\text{답}} \quad -\dfrac{\pi}{3} \le x < 0 \text{ or } \dfrac{2}{3}\pi < x < \pi$$

037

모든 실수 x 에 대하여 $\cos^2 x + 6\sin\left(\dfrac{3\pi}{2} + x\right) \ge 2 - k$

$\sin\left(\dfrac{3}{2}\pi + x\right) = -\cos x$ 이므로

$$\cos^2 x - 6\cos x \ge 2 - k \;\Rightarrow\; k \ge -\cos^2 x + 6\cos x + 2$$

$\cos x = t$ 로 치환하면

$-1 \le t \le 1$ 인 임의의 실수 t 에 대하여 $k \ge -t^2 + 6t + 2$

양변에 $= y$를 붙여서 함수로 해석하면
$$y = -t^2 + 6t + 2, \quad y = k$$

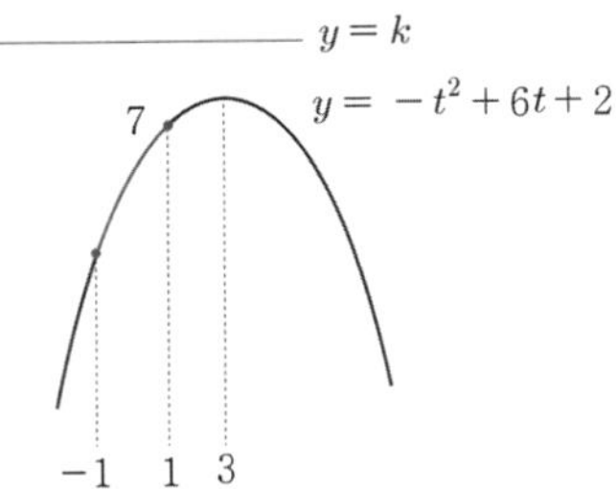

따라서 실수 k의 최솟값은 7 이다.

$$\boxed{\text{답}} \quad 7$$

038

$$f(2\cos 2t - 1) = 0 \quad (0 \le t \le 2\pi)$$

$f(x) = x^2 - 1 \;\Rightarrow\; f(1) = 0 \text{ or } f(-1) = 0$ 이므로

① $2\cos 2t - 1 = 1 \;\Rightarrow\; \cos 2t = 1$

② $2\cos 2t - 1 = -1 \;\Rightarrow\; \cos 2t = 0$

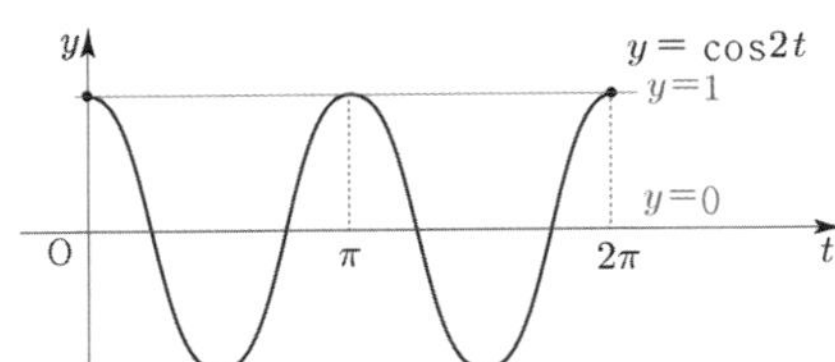

대칭성에 의해서 ($x = \pi$ 에 대하여 대칭)
$\cos 2t = 1$를 만족시키는 서로 다른 실근의
합은 $2\pi + \pi = 3\pi$ 이다.

$\cos 2t = 0$ 을 만족시키는 서로 다른 실근의 합은
$2\pi + 2\pi = 4\pi$ 이다.
따라서 서로 다른 실근의 합은 7π 이다.

$$\boxed{\text{답}} \quad 7\pi$$

039

$\sin(\pi\cos x)=0 \quad (0 \le x < \pi)$

$\sin\pi t = 0$ 을 만족시키는 t 는 정수이다.

$\cos x = t \quad (0 \le x < \pi)$
정수 $t(-1 < t \le 1)$ 의 값에 따라 case분류 하면
다음과 같다.

① $\cos x = 1 \quad (0 \le x < \pi)$

$\quad \Rightarrow x = 0$

② $\cos x = 0 \quad (0 \le x < \pi)$

$\quad \Rightarrow x = \dfrac{\pi}{2}$

따라서 모든 해의 합은 $\dfrac{\pi}{2}$ 이다.

$$\boxed{답} \quad \dfrac{\pi}{2}$$

040

$x^2 - 2\sqrt{3}\,x + 3\tan\theta = 0 \quad \left(\pi \le \theta < \dfrac{3}{2}\pi\right)$

판별식 $\dfrac{D}{4} = 3 - 3\tan\theta = 0 \Rightarrow \tan\theta = 1 \left(\pi \le \theta < \dfrac{3}{2}\pi\right)$

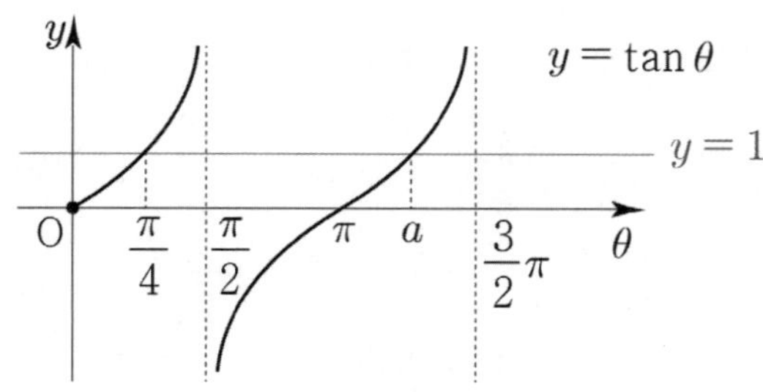

$0 < \theta < \dfrac{\pi}{2}$ 에서 $\tan\theta = 1$ 을 만족하는 $\theta = \dfrac{\pi}{4}$

a 는 $\dfrac{\pi}{4}$ 에 주기 π 를 더하면 구할 수 있다.

$\dfrac{\pi}{4} + \pi = a \Rightarrow a = \dfrac{5}{4}\pi$

$$\boxed{답} \quad \dfrac{5}{4}\pi$$

041

$0 \le x < 2\pi$

$\begin{cases} \sin x \le \cos x \\[6pt] 2\sin^2 x - 5\cos x + 1 \ge 0 \end{cases}$

① $\sin x \le \cos x$

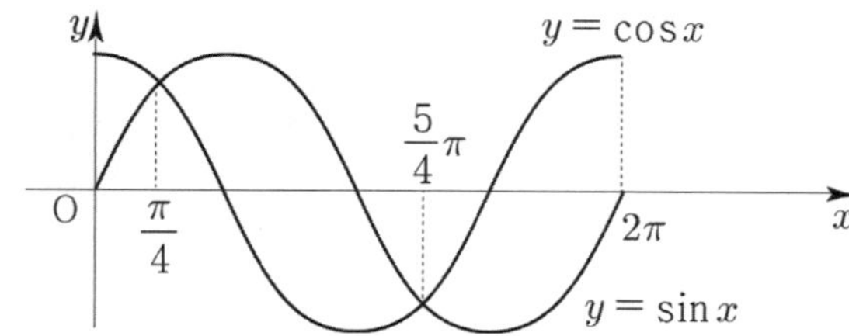

$0 \le x \le \dfrac{\pi}{4}$ or $\dfrac{5}{4}\pi \le x < 2\pi$

② $2\sin^2 x - 5\cos x + 1 \ge 0$

$\Rightarrow 2(1 - \cos^2 x) - 5\cos x + 1 \ge 0$

$\Rightarrow 2\cos^2 x + 5\cos x - 3 \le 0$

$\Rightarrow (2\cos x - 1)(\cos x + 3) \le 0$

$\Rightarrow -3 \le \cos x \le \dfrac{1}{2} \Rightarrow \cos x \le \dfrac{1}{2}$

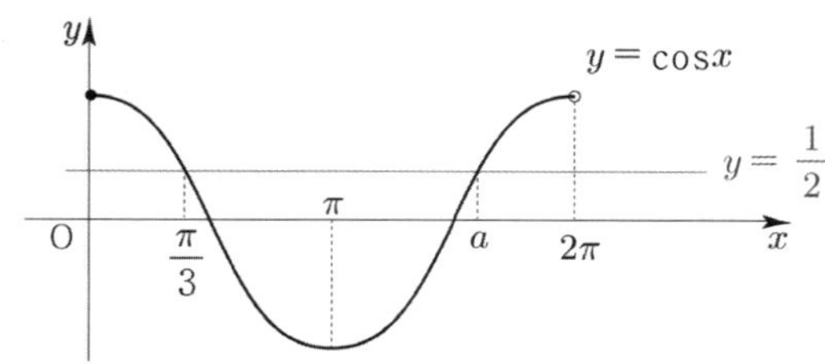

$0 < x < \dfrac{\pi}{2}$ 에서 $\cos x = \dfrac{1}{2}$ 을 만족하는 $x = \dfrac{\pi}{3}$

대칭성을 이용하여 a 를 구하면

$\dfrac{\pi}{3}\pi + a = 2\pi \Rightarrow a = \dfrac{5}{3}\pi$

$\cos x \le \dfrac{1}{2} \Rightarrow \dfrac{\pi}{3} \le x \le \dfrac{5}{3}\pi$

$0 \le x \le \dfrac{\pi}{4}$ or $\dfrac{5}{4}\pi \le x < 2\pi$ 와 $\dfrac{\pi}{3} \le x \le \dfrac{5}{3}\pi$ 를

동시에 만족시키는 x 의 범위는 $\dfrac{5}{4}\pi \le x \le \dfrac{5}{3}\pi$ 이다.

따라서 $\dfrac{12}{\pi}(a+b)=\dfrac{12}{\pi}\left(\dfrac{5}{4}\pi+\dfrac{5}{3}\pi\right)=15+20=35$ 이다.

답   35

042

모든 실수 x 에 대하여
$$\sin^2 x+(a+3)\cos x-(3a+1)>0$$

$$-\cos^2 x+(a+3)\cos x-3a>0$$
$$\Rightarrow \cos^2 x-(a+3)\cos x+3a<0$$
$$\Rightarrow (\cos x-3)(\cos x-a)<0$$

a 의 범위에 따라 case분류를 하면 다음과 같다.

① $a>3$
$3<\cos x<a$ 를 만족시키는 x 가 존재하지 않는다.

② $a=3$
$(\cos x-3)^2<0$ 를 만족시키는 x 가 존재하지 않는다.

③ $a<3$
$a<\cos x<3 \Rightarrow a<\cos x$

모든 실수 x 에 대하여 $a<\cos x$ 이 성립하도록 하는
정수 a 의 범위는 $a<-1$ 이므로 최댓값은 -2 이다.

> **Tip**
>
> $\cos x$ 의 최솟값은 -1 이므로 $a=-1$ 이면
> 모든 실수 x 에 대하여 $a<\cos x$ 라는 조건을 만족시키지
> 않는다.

답   ④

043

$f(x)=\sin 6x$

x 에 $\dfrac{\pi}{2}-t$ 를 대입하면

$f\left(\dfrac{\pi}{2}-t\right)=\sin 6\left(\dfrac{\pi}{2}-t\right)=\sin(3\pi-6t)=\sin 6t$ 이므로

$f\left(\dfrac{\pi}{2}-t\right)+f(t)=1 \Rightarrow 2\sin 6t=1 \Rightarrow \sin 6t=\dfrac{1}{2}$

$\sin x=\dfrac{1}{2}$ 를 만족시키는 음수 x 의 최댓값을 a 라 하면

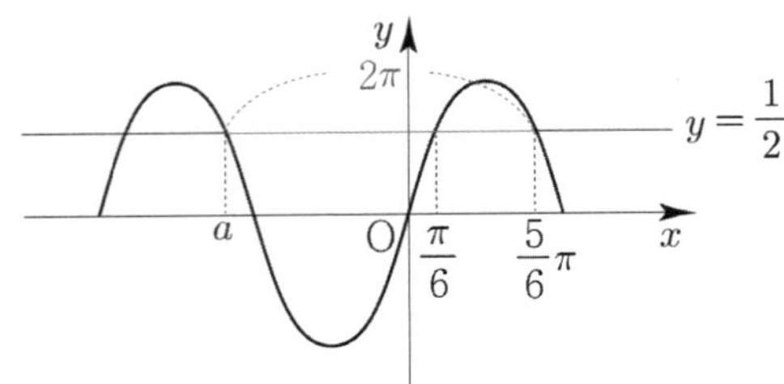

$\dfrac{5\pi}{6}-2\pi=-\dfrac{7}{6}\pi=a$ 이므로

(물론 대칭성을 이용해서 구해도 된다.)

$f\left(\dfrac{\pi}{2}-t\right)+f(t)=1$ 을 만족시키는 음수 t 의 최댓값은

$6t=a \Rightarrow t=-\dfrac{7}{36}\pi$ 이다.

답   ②

044

$$|\cos x|=\dfrac{3}{4}+2\cos x$$

① $\cos x\ge 0$
$\cos x=\dfrac{3}{4}+2\cos x \Rightarrow \cos x=-\dfrac{3}{4}$ 이므로
전제조건 $\cos x\ge 0$ 에 모순이다.

② $\cos x<0$
$-\cos x=\dfrac{3}{4}+2\cos x \Rightarrow \cos x=-\dfrac{1}{4}$

$\cos x=-\dfrac{1}{4}\ (0\le x<2\pi)$

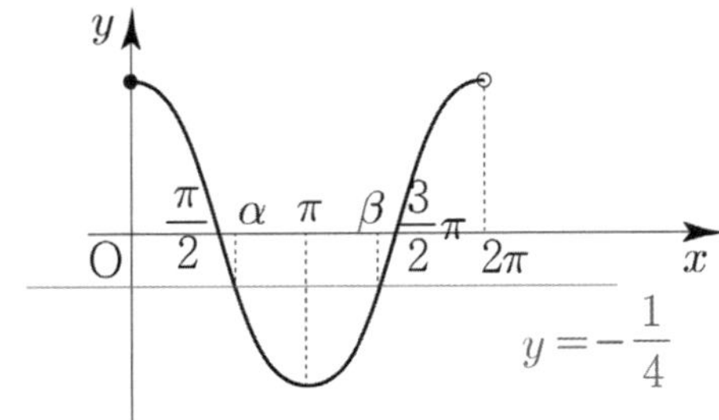

$\dfrac{\pi}{2}<\alpha<\pi$, $\pi<\beta<\dfrac{3}{2}\pi$ 이고 $\cos\alpha=\cos\beta=-\dfrac{1}{4}$

$\sin\alpha=\dfrac{\sqrt{15}}{4}$, $\sin\beta=-\dfrac{\sqrt{15}}{4}$ 이므로

$\tan\alpha=-\sqrt{15}$, $\tan\beta=\sqrt{15}$

$$8\sin\alpha + \tan\alpha + 16\sin\beta + 5\tan\beta$$
$$= 2\sqrt{15} - \sqrt{15} - 4\sqrt{15} + 5\sqrt{15} = 2\sqrt{15}$$

답 ②

045

$$f(x) = \left|4\cos\frac{\pi}{2}x + 2\right| \quad (0 \le x \le 4)$$

① $y = 4\cos\dfrac{\pi}{2}x + 2$를 기본함수로 두자.

주기가 $\dfrac{2\pi}{\frac{\pi}{2}} = 4$, 최댓값 6, 최솟값 -2

② $y = |h(x)|$ ($h(x)$가 음수인 부분을 x축 대칭)하면

$$y = \left|4\cos\frac{\pi}{2}x + 2\right|$$

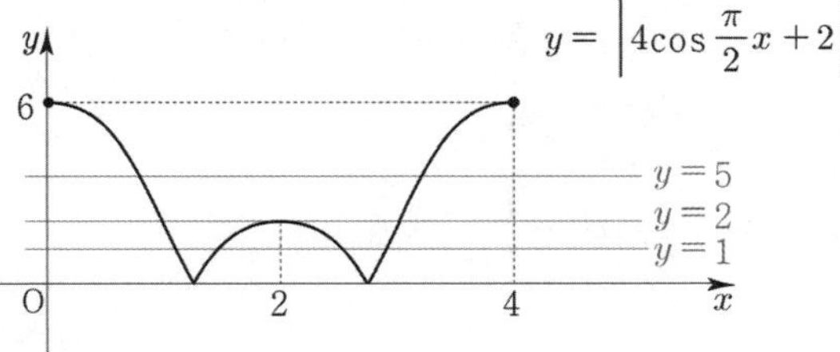

대칭성($x = 2$에 대하여 대칭)을 이용하면

$g(1) = 4 + 4 = 8$, $g(2) = 2 + 4 = 6$, $g(5) = 4$이므로

따라서 $g(1) + g(2) + g(5) = 8 + 6 + 4 = 18$이다.

답 18

046

$$f(x) = \left|4\cos\frac{\pi}{2}x + 2\right|$$

모든 실수 x에 대하여 $f(t) \le f(x)$을 만족시키려면
$f(t)$는 $f(x)$의 최솟값이어야 하므로
$f(t) = 0 \ (0 \le t \le 8)$ 이어야 한다.

$$4\cos\frac{\pi}{2}x + 2 = 0 \Rightarrow \cos\frac{\pi}{2}x = -\frac{1}{2}$$

$0 < x < 2$에서 $\cos\dfrac{\pi}{2}x = -\dfrac{1}{2}$을 만족하는 x를 구해보자.

물론 $\dfrac{\pi}{2}x = T$로 치환해서 그래프를 그려 푸는 방법도

있지만 이번에는 조금 더 실전적인 방법을 소개하겠다.

$0 < x < \pi$에서 $\cos x = -\dfrac{1}{2}$을 만족하는 $x = \dfrac{2}{3}\pi$인 것을

알기 때문에 이를 바탕으로 그래프를 생략하여 조금 더

빠르게 접근해보자. (여기서 범위를 $0 < x < \pi$ 라고

설정한 이유는 정의역이 양의 실수일 때, $\cos x$의 함숫값이

처음으로 $-\dfrac{1}{2}$가 되는 x값을 나타내기 위함이다.)

$0 < x < 2$에서 $\cos\dfrac{\pi}{2}x = -\dfrac{1}{2}$을 만족하는 x는

$$\frac{\pi}{2}x = \frac{2}{3}\pi \Rightarrow x = \frac{4}{3}$$이다.

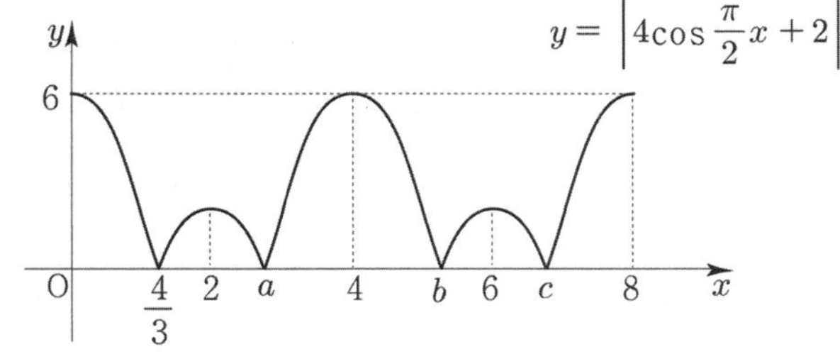

대칭성을 이용하여 a를 구하면

$$\frac{4}{3} + a = 4 \Rightarrow a = \frac{8}{3}$$

대칭성을 이용하여 b를 구하면

$$\frac{8}{3} + b = 8 \Rightarrow b = \frac{16}{3}$$

대칭성을 이용하여 c를 구하면

$$\frac{16}{3} + c = 12 \Rightarrow c = \frac{20}{3}$$

$f(t) = 0 \ (0 \le t \le 8)$을 만족시키는 실수 t를 작은 수부터
크기순으로 나열하면

$$t_1 = \frac{4}{3}, \ t_2 = \frac{8}{3}, \ t_3 = \frac{16}{3}, \ t_4 = \frac{20}{3}$$이므로 $m = 4$이다.

따라서 $t_1 + \dfrac{t_4}{4} = \dfrac{4}{3} + \dfrac{5}{3} = \dfrac{9}{3} = 3$이다.

답 3

$\sin(\pi\cos 2x)=0$ 의 해의 개수 $(0 \le x < 2\pi)$

$\sin\pi t=0$ 을 만족시키는 t 는 정수이다.

$\cos 2x=t \quad (0 \le x < 2\pi)$
정수 t 의 값에 따라 case분류 하면 다음과 같다.

① $\cos 2x=1 \ (0 \le x < 2\pi) \ \Rightarrow$ 교점 2 개
$x=2\pi$ 는 포함되지 않는다. 범위 조심!
② $\cos 2x=0 \ (0 \le x < 2\pi) \ \Rightarrow$ 교점 4 개
③ $\cos 2x=-1 \ (0 \le x < 2\pi) \ \Rightarrow$ 교점 2 개

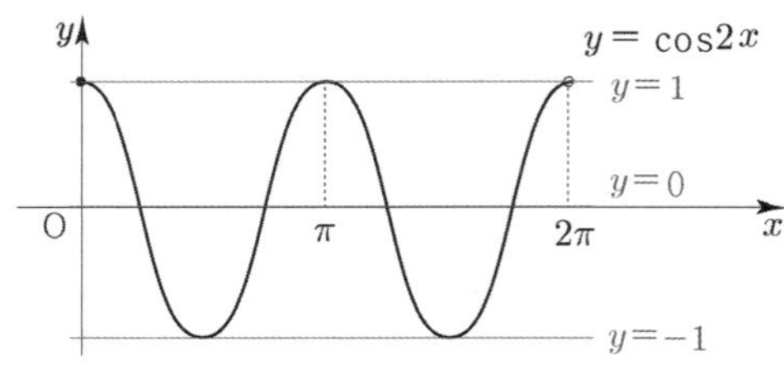

따라서 해의 개수는 8 이다.

답 8

$\cos x = \dfrac{1}{7}x$

양변에 $=y$ 를 붙여 함수로 해석해보자.

방정식 $\cos x = \dfrac{1}{7}x$ 의 서로 다른 실근의 개수는

$y=\cos x$ 와 $y=\dfrac{1}{7}x$ 의 교점의 개수와 같다.

$2\pi < 7 < \dfrac{5}{2}\pi \ (\pi=3.14\cdots)$ 이므로 아래 그림과 같다.

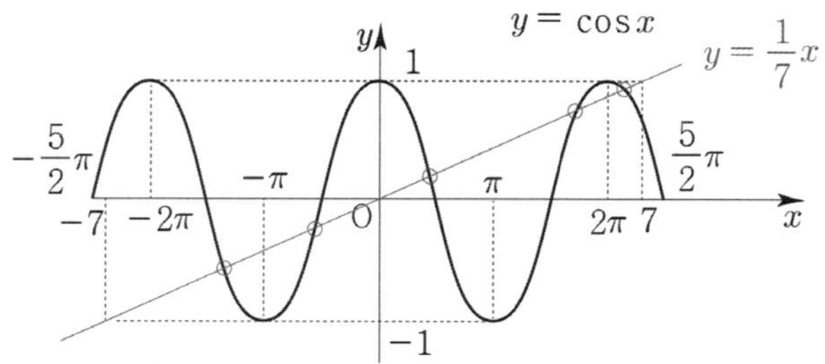

따라서 교점의 개수가 5 이므로 서로 다른 실근의 개수는
5 이다.

답 5

$\sin^2 x + \sin(\pi+x)=1-k \ \Rightarrow \ \sin^2 x - \sin x = 1-k$

$\sin^2 x - \sin x = 1-k \ (0 \le x < 2\pi)$

$\sin x = t$ 라 치환하면 $-t^2+t+1=k \ (-1 \le t \le 1)$
양변에 $=y$ 를 붙여 함수의 관점에서 생각해보자.

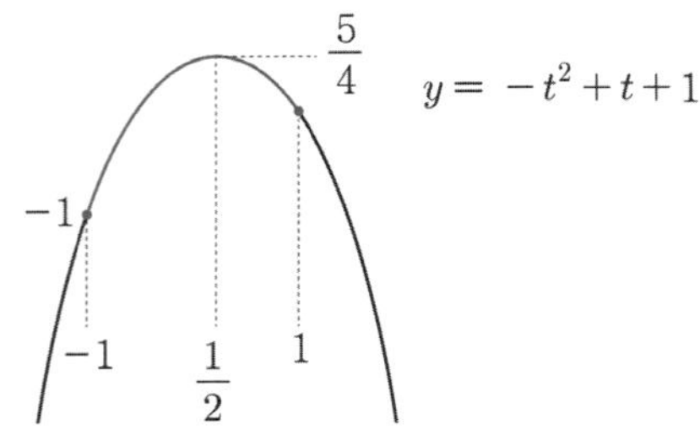

$y=-t^2+t+1$ 과 $y=k$ 의 교점이 존재하기 위해서는
$-1 \le k \le \dfrac{5}{4}$ 이어야 한다.

따라서 $20M+m = 20 \times \dfrac{5}{4} - 1 = 24$ 이다.

답 24

$\sin\left(\pi \cdot 2^{-|x|+2}\right)=0$
$\sin\pi t=0$ 을 만족시키는 t 는 정수이다.

$2^{-|x|+2}=t \ (t$ 는 정수$)$
양변에 $=y$ 를 붙여 함수의 관점에서 생각해보자.

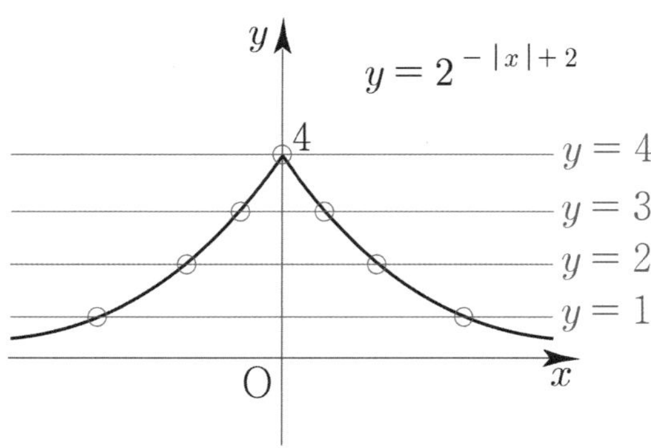

따라서 교점의 개수가 7 이므로 서로 다른 실근의 개수는 7
이다.

답 7

$$\left|\frac{1}{4}-\sin(-x)\right|=k \;\Rightarrow\; \left|\frac{1}{4}+\sin x\right|=k$$

$$\left|\frac{1}{4}+\sin x\right|=k \quad \left(\frac{\pi}{2}\le x<\frac{5\pi}{2}\right)$$

양변에 $=y$를 붙여 함수의 관점에서 생각해보자.

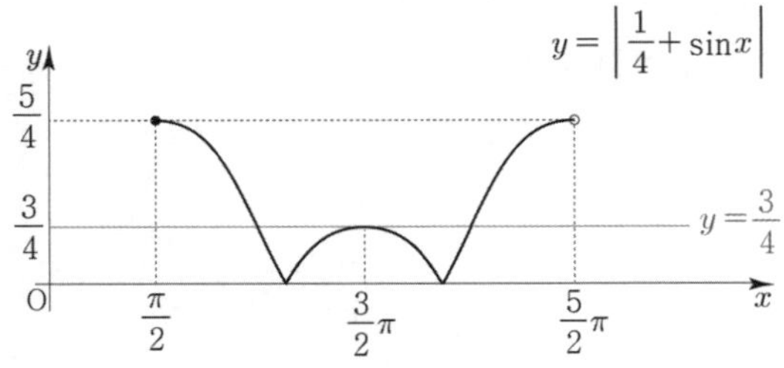

따라서 $\alpha=\dfrac{3}{4}$ 이므로 $40\alpha=30$ 이다.

답 30

$$y=\sin\frac{\pi}{2}x+\left|\sin\frac{\pi}{2}x\right|$$

$$\sin\frac{\pi}{2}x\ge 0 \;\Rightarrow\; y=2\sin\frac{\pi}{2}x$$

$$\sin\frac{\pi}{2}x<0 \;\Rightarrow\; y=0$$

$y=-\dfrac{n}{6}x+2$ 의 x절편은 $\dfrac{12}{n}$

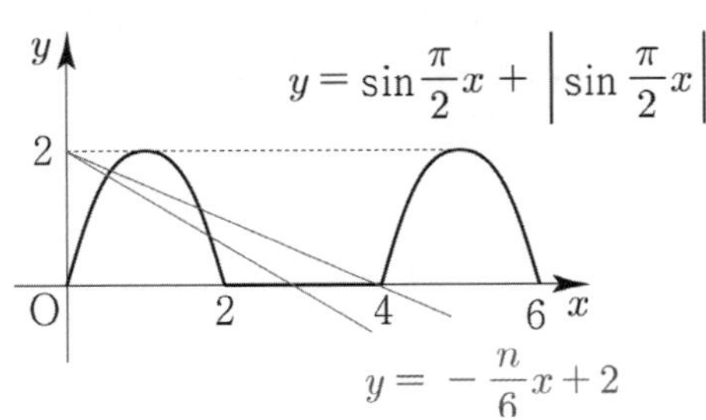

$y=\sin\dfrac{\pi}{2}x+\left|\sin\dfrac{\pi}{2}x\right|$ 와 $y=-\dfrac{n}{6}x+2$ 가

서로 다른 세 점에서 만나려면 $2<\dfrac{12}{n}<6$ 이어야한다.

따라서 해당 조건을 만족시키는 자연수는 $n=3,\ 4,\ 5$
이므로 자연수 n의 개수는 3이다.

답 ②

053

방정식 $2\cos^2\pi x-2\sin\pi x+2a-3=0$ $(0\le x<2)$ 의
서로 다른 실근의 개수가 3

$$2(1-\sin^2\pi x)-2\sin\pi x+2a-3$$

$$=-2\sin^2\pi x-2\sin\pi x+2a-1=0$$

$\sin\pi x=t$ 라 치환하면 $2t^2+2t-2a+1=0$
이는 t에 대한 이차방정식이므로 아래와 같은 3가지 case가
가능하다.

① 해가 없다. ② 중근 t ③ 서로 다른 두 실근 $t_1,\ t_2$

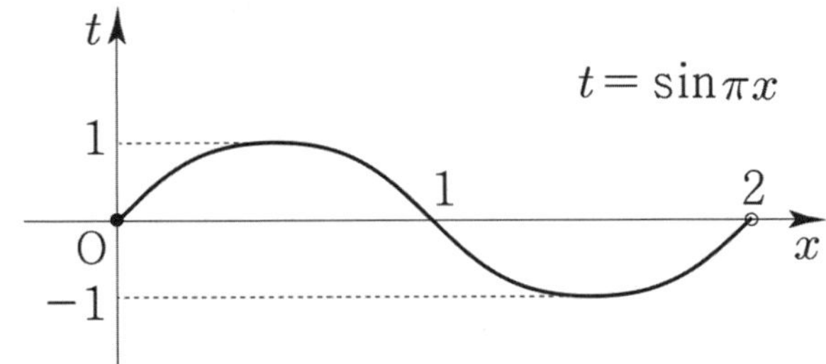

범위가 $0\le x<2$ 이므로 $\sin\pi x=0$ 은 서로 다른
두 실근을 갖는다.
즉, 예를 들어 방정식 $2t^2+2t-2a+1=0$ 의 두 근이
$t=0,\ t=3$ 일 때, $\sin\pi x=0,\ \sin\pi x=3$ 이므로
x에 대한 방정식의 서로 다른 실근의 개수가 2이다.

결국 x에 대한 방정식의 서로 다른 실근의 개수가 3이려면
$t=1$ 또는 $t=-1$을 근으로 가져야 한다.

(i) $t=1$
$$2t^2+2t-2a+1=0 \;\Rightarrow\; 5-2a=0 \;\Rightarrow\; 2a=5$$

$$2t^2+2t-4=0$$
$$\Rightarrow\; t^2+t-2=0$$
$$\Rightarrow\; (t+2)(t-1)=0$$
$$\Rightarrow\; t=-2 \text{ or } t=1$$

$t=-2$ 일 때, $\sin\pi x=t$ 는 실근이 존재하지 않으므로
조건을 만족시키지 않는다.

(ii) $t=-1$
$$2t^2+2t-2a+1=0 \;\Rightarrow\; 2a=1 \;\Rightarrow\; a=\frac{1}{2}$$

$$2t^2+2t=0 \;\Rightarrow\; 2t(t+1)=0 \;\Rightarrow\; t=0 \text{ or } t=-1$$

$$t = 0 \ \Rightarrow \ \sin \pi x = 0 \ \Rightarrow \ x = 0 \ \text{or} \ x = 1$$

$$t = -1 \ \Rightarrow \ \sin \pi x = -1 \ \Rightarrow \ x = \frac{3}{2}$$

서로 다른 세 실근의 합은 $0 + 1 + \frac{3}{2} = \frac{5}{2} = b$ 이므로

따라서 $a + b = \frac{1}{2} + \frac{5}{2} = 3$ 이다.

답   3

054

x 에 대한 방정식 $\left| 2^{-|x-1|} - \frac{1}{2} \right| = \sin\left(\frac{n}{36}\pi \right)$ 의 실근이 존재하지 않도록 하는 50 이하의 자연수 n 의 개수

$y = \left| 2^{-|x-1|} - \frac{1}{2} \right|$ 의 그래프를 그려보자.

① $2^{-|x|}$ 를 기본함수로 두자.

② x 축의 방향으로 1 만큼, y 축의 방향으로 $-\frac{1}{2}$ 만큼

   평행이동하면

   $y = 2^{-|x-1|} - \frac{1}{2}$ 이다.

③ $y = |f(x)|$ ($f(x)$ 가 음수인 부분을 x 축 대칭)을 하면

   $y = \left| 2^{-|x-1|} - \frac{1}{2} \right|$

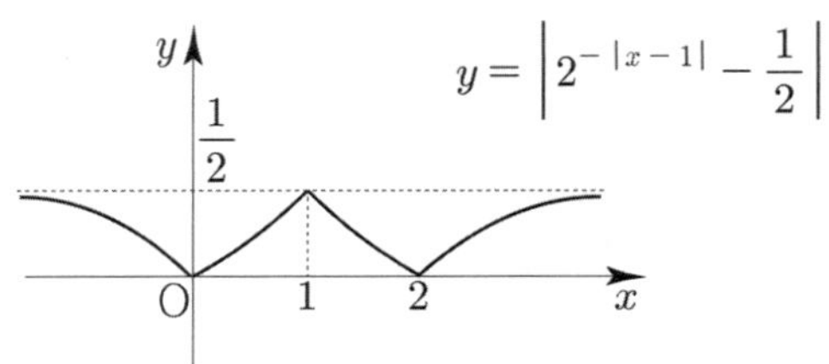

$y = \left| 2^{-|x-1|} - \frac{1}{2} \right|$ 의 치역이 $\left\{ y \mid 0 \le y \le \frac{1}{2} \right\}$ 이므로

x 에 대한 방정식 $\left| 2^{-|x-1|} - \frac{1}{2} \right| = \sin\left(\frac{n}{36}\pi \right)$ 의 실근이 존재하지 않도록 하려면 $\sin\left(\frac{n}{36}\pi \right)$ 의 값이 0 보다 작거나

$\frac{1}{2}$ 보다 커야한다.

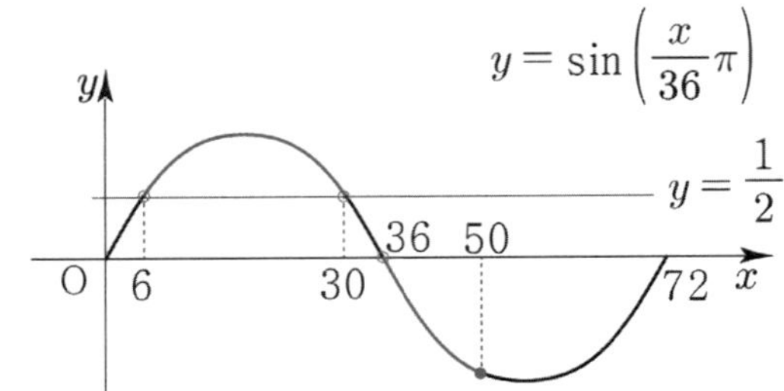

$6 < n < 30$ or $36 < n \le 50$ 이므로

50 이하의 자연수 n 의 개수는 37 이다.

답   37

55	③	**79**	2
56	⑤	**80**	84
57	⑤	**81**	③
58	④	**82**	③
59	②	**83**	③
60	①	**84**	24
61	②	**85**	5
62	③	**86**	③
63	①	**87**	③
64	①	**88**	③
65	③	**89**	③
66	④	**90**	③
67	②	**91**	6
68	②	**92**	③
69	⑤	**93**	10
70	④	**94**	④
71	②	**95**	②
72	8	**96**	①
73	32	**97**	15
74	③	**98**	④
75	①	**99**	36
76	⑤	**100**	24
77	③	**101**	①
78	8	**102**	19

055

함수 $y = a\tan b\pi x$ 의 주기는 $8 - 2 = 6$ 이므로

$$\frac{\pi}{|b\pi|} = \frac{1}{b} = 6 \Rightarrow b = \frac{1}{6}$$

함수 $y = a\tan\frac{\pi}{6}x$ 의 그래프는 점 $(2,\ 3)$ 을 지나므로

$$a\tan\left(\frac{\pi}{6} \times 2\right) = 3 \Rightarrow a = \sqrt{3}$$

따라서 $a^2 \times b = 3 \times \frac{1}{6} = \frac{1}{2}$ 이다.

답 ③

056

$$\cos\left(\frac{\pi}{2} + \theta\right) = -\frac{1}{5} \Rightarrow -\sin\theta = -\frac{1}{5}$$

$$\Rightarrow \sin\theta = \frac{1}{5}$$

따라서 $\dfrac{\sin\theta}{1 - \cos^2\theta} = \dfrac{\sin\theta}{\sin^2\theta} = \dfrac{1}{\sin\theta} = 5$ 이다.

답 ⑤

057

$$\cos\left(\frac{\pi}{2} + \theta\right) = -\sin\theta = \frac{\sqrt{5}}{5} \Rightarrow \sin\theta = -\frac{\sqrt{5}}{5}$$

$$\cos^2\theta = 1 - \sin^2\theta = 1 - \frac{1}{5} = \frac{4}{5} \Rightarrow \cos\theta = \pm\frac{2\sqrt{5}}{5}$$

$\tan\theta < 0$ 이고 $\sin\theta < 0$ 이므로 θ 는 제 4사분면이므로 $\cos\theta > 0$ 이다.

따라서 $\cos\theta = \dfrac{2\sqrt{5}}{5}$ 이다.

답 ⑤

058

$$\sin(-\theta) = \frac{1}{7}\cos\theta \Rightarrow -\sin\theta = \frac{1}{7}\cos\theta$$

$$\Rightarrow \frac{\sin\theta}{\cos\theta} = -\frac{1}{7} \Rightarrow \tan\theta = -\frac{1}{7}$$

Core 해석법으로 접근해보자.

우선 θ 가 예각이라고 생각하고 직각삼각형을 그린 후 $\tan\theta = \dfrac{1}{7}$ 가 되도록 적절히 변의 길이를 설정한다.

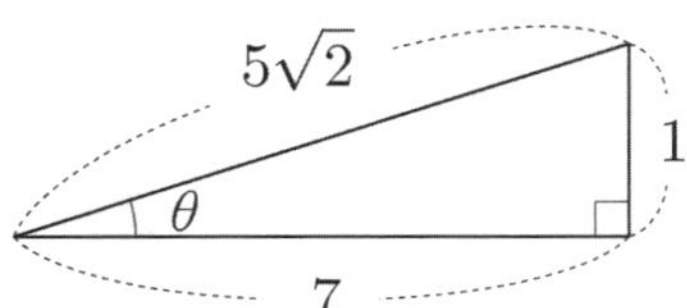

$\sin\theta = \dfrac{1}{5\sqrt{2}}$ 인데 $\cos\theta < 0$ 이고, $\tan\theta < 0$ 이므로 θ 는 제 2사분면이다. 즉, $\sin\theta > 0$ 이다.

따라서 $\sin\theta = \dfrac{1}{5\sqrt{2}} = \dfrac{\sqrt{2}}{10}$ 이다.

답 ④

$$\sin(-\theta)=\frac{1}{3} \;\Rightarrow\; -\sin\theta=\frac{1}{3} \;\Rightarrow\; \sin\theta=-\frac{1}{3}$$

$$\cos^2\theta+\sin^2\theta=1 \;\Rightarrow\; \cos^2\theta=\frac{8}{9}$$

$$\frac{3}{2}\pi<\theta<2\pi \text{이므로} \cos\theta=\frac{2\sqrt{2}}{3} \text{이다.}$$

$$\text{따라서 } \tan\theta=\frac{\sin\theta}{\cos\theta}=\frac{-\dfrac{1}{3}}{\dfrac{2\sqrt{2}}{3}}=-\frac{1}{2\sqrt{2}}=-\frac{\sqrt{2}}{4} \text{이다.}$$

답 ②

Core 해석법으로 접근해보자.

우선 θ가 예각이라고 생각하고 직각삼각형을 그린 후 $\sin\theta=\dfrac{1}{3}$가 되도록 적절히 변의 길이를 설정한다.

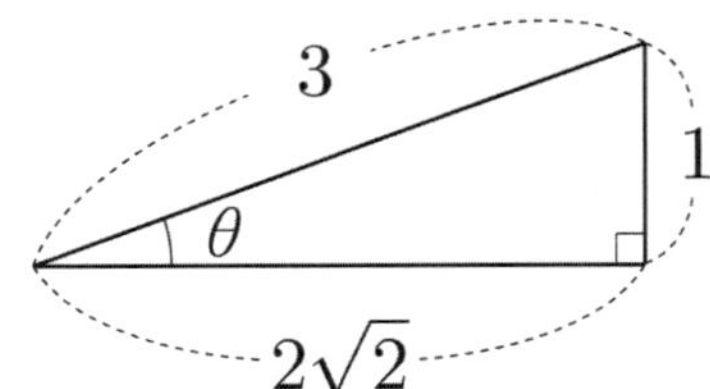

$$\tan\theta=\frac{1}{2\sqrt{2}} \text{인데 } \frac{3}{2}\pi<\theta<2\pi \text{이므로 } \tan\theta<0 \text{이다.}$$

$$\text{따라서 } \tan\theta=-\frac{1}{2\sqrt{2}}=-\frac{\sqrt{2}}{4} \text{이다.}$$

$$\frac{2\pi}{b}=4\pi \;\Rightarrow\; b=\frac{1}{2}$$

$$-a+3=-1 \;\Rightarrow\; a=4$$

$$\text{따라서 } a+b=\frac{9}{2} \text{이다.}$$

답 ①

$$\cos\left(x+\frac{\pi}{2}\right)=-\sin x \;\;(0\le x<2\pi) \text{이므로}$$

$$\sin x=\cos\left(x+\frac{\pi}{2}\right)+1 \;\;(0\le x<2\pi)$$

$$\Rightarrow\; \sin x=\frac{1}{2} \;\;(0\le x<2\pi)$$

양변에 $=y$를 붙여 함수의 관점에서 생각해보자.

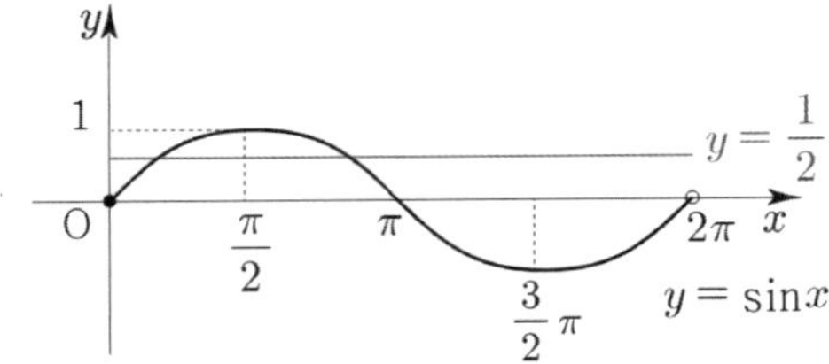

대칭성을 이용하면 모든 해의 합은 $2\times\dfrac{\pi}{2}=\pi$이다.

답 ②

062

$$1+\sqrt{2}\,\sin 2x=0 \;\;(0\le x\le\pi)$$

$$\sin 2x=-\frac{\sqrt{2}}{2} \;\;(0\le x\le\pi)$$

양변에 $=y$를 붙여 함수의 관점에서 생각해보자.

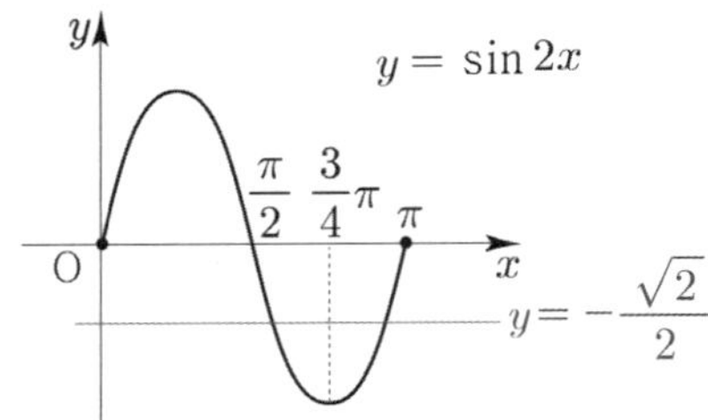

대칭성을 이용하면 모든 해의 합은 $2\times\dfrac{3}{4}\pi=\dfrac{3}{2}\pi$이다.

답 ③

$$f(x)=a\sin bx+c\,(a>0,\; b>0)$$
최댓값 4, 최솟값 -2

$$\Rightarrow\; a+c=4,\;\; -a+c=-2 \;\Rightarrow\; a=3,\; c=1$$

$f(x+p)=f(x)$를 만족시키는 양수 p의 최솟값이 π

$$\Rightarrow\; \text{주기가 } \pi \text{이므로 } \frac{2\pi}{b}=\pi \;\Rightarrow\; b=2$$

따라서 $abc=6$이다.

답 ①

064

$\sin^2 x = \cos^2 x + \cos x$

$\Rightarrow 1 - \cos^2 x = \cos^2 x + \cos x$

$\Rightarrow 2\cos^2 x + \cos x - 1 = 0$

$\Rightarrow (2\cos x - 1)(\cos x + 1) = 0$

$\Rightarrow \cos x = \dfrac{1}{2} \ \text{or} \ \cos x = -1$

$0 < x \le 2\pi$ 이므로

$\cos x = \dfrac{1}{2} \Rightarrow x = \dfrac{\pi}{3} \ \text{or} \ x = \dfrac{5}{3}\pi$

$\cos x = -1 \Rightarrow x = \pi$

$\sin\dfrac{\pi}{3} > \cos\dfrac{\pi}{3}, \ \sin\dfrac{5}{3}\pi < \cos\dfrac{5}{3}\pi, \ \sin\pi > \cos\pi$

이므로 모든 x 의 값의 합은 $\dfrac{\pi}{3} + \pi = \dfrac{4}{3}\pi$ 이다.

답 ①

065

$y = 6\sin\dfrac{\pi}{12}x \ (0 \le x \le 12)$ 를 그리면

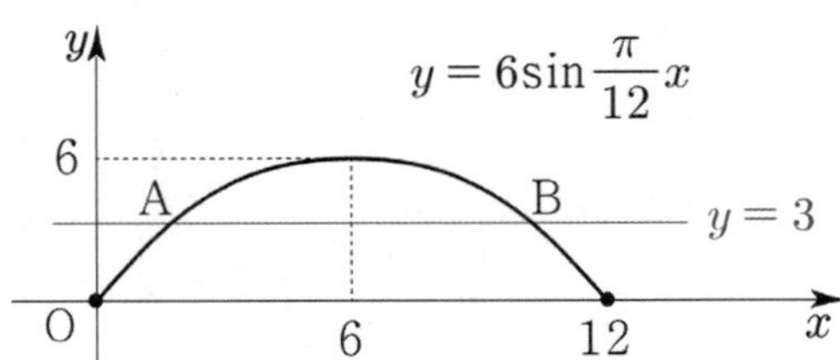

두 점 A, B의 x 좌표를 각각 a, b 라 하자.

$6\sin\dfrac{\pi}{12}x = 3 \ (0 \le x \le 12)$

$\Rightarrow \sin\dfrac{\pi}{12}x = \dfrac{1}{2} \ (0 \le x \le 12)$

$\dfrac{\pi}{12}x = t$ 라 치환하면

$\sin t = \dfrac{1}{2} \ (0 \le t \le \pi)$

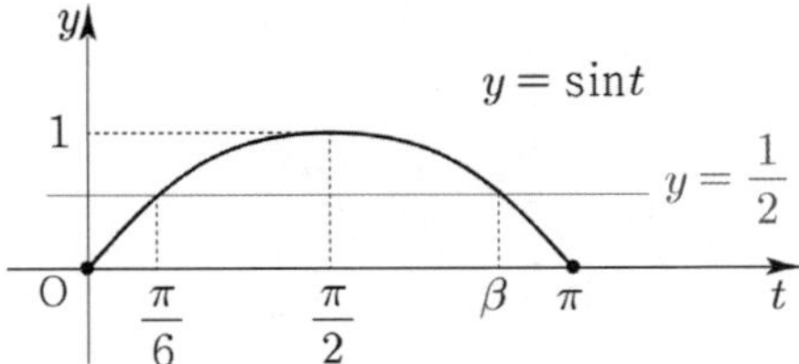

대칭성을 이용하면

$\dfrac{\pi}{6} + \beta = 2 \times \dfrac{\pi}{2} \Rightarrow \beta = \dfrac{5}{6}\pi$

t 값을 x 로 변환해주면 $\left(\dfrac{\pi}{12}x = t\right)$

$\dfrac{\pi}{12}a = \dfrac{\pi}{6} \Rightarrow a = 2$

$\dfrac{\pi}{12}b = \dfrac{5}{6}\pi \Rightarrow b = 10$

따라서 선분 AB 의 길이는 $b - a = 8$ 이다.

답 ③

066

$f(x) = -\sin 2x$ 는 닫힌구간 $[0, \ \pi]$ 에서

$x = \dfrac{\pi}{4}$ 에서 최솟값 -1 을 갖고, $x = \dfrac{3}{4}\pi$ 에서 최댓값 1 을

가지므로 $a = \dfrac{3}{4}\pi$, $b = \dfrac{\pi}{4}$ 이다.

따라서 두 점 $(a, \ f(a))$, $(b, \ f(b))$ 를 지나는 직선의 기울기는

$\dfrac{1 - (-1)}{\dfrac{3}{4}\pi - \dfrac{\pi}{4}} = \dfrac{2}{\dfrac{\pi}{2}} = \dfrac{4}{\pi}$ 이다.

답 ④

067

함수 $g(x) = |\sin 3x|$ 의 그래프를 그리면

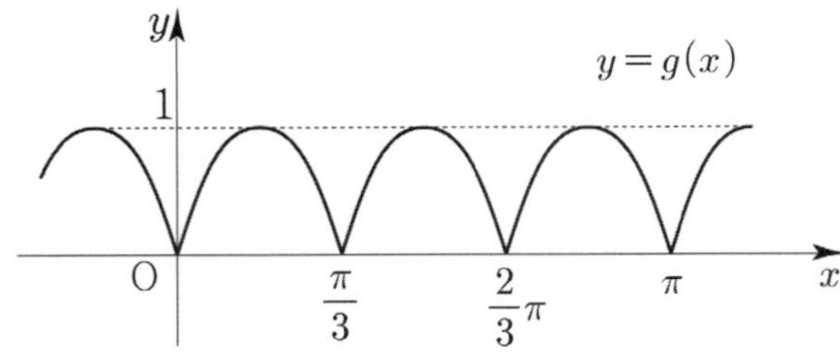

함수 $g(x)$ 의 주기는 $\dfrac{\pi}{3}$

함수 $f(x)$ 의 주기는 $\dfrac{2\pi}{a} \ (\because a > 0)$

$\dfrac{\pi}{3} = \dfrac{2\pi}{a} \Rightarrow a = 6$

답 ②

068

$0 \leq x < 4\pi$ 일 때, 방정식

$4\sin^2 x - 4\cos\left(\dfrac{\pi}{2}+x\right) - 3 = 0$ 의 모든 해의 합

$\cos\left(\dfrac{\pi}{2}+x\right) = -\sin x$ 이므로

$4\sin^2 x - 4\cos\left(\dfrac{\pi}{2}+x\right) - 3 = 0$

$\Rightarrow 4\sin^2 x + 4\sin x - 3 = 0$

$\Rightarrow (2\sin x - 1)(2\sin x + 3) = 0$

$\Rightarrow \sin x = \dfrac{1}{2} \ \text{or} \ \sin x = -\dfrac{3}{2}$

$0 \leq x < 4\pi$ 에서 $-1 \leq \sin x \leq 1$ 이므로 $\sin x = \dfrac{1}{2}$ 이다.

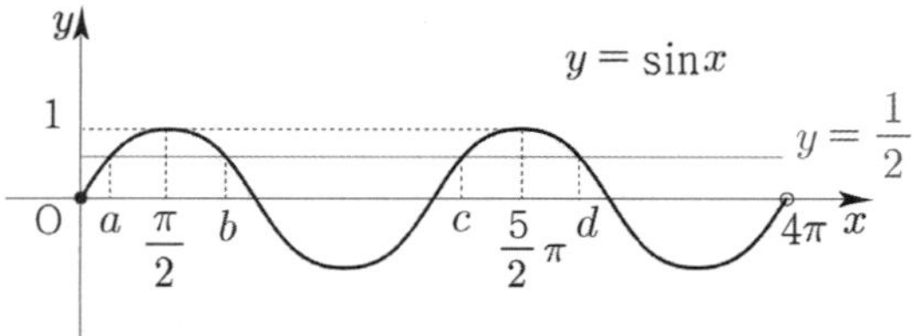

대칭성에 의해서 $a+b = 2 \times \dfrac{\pi}{2} = \pi$, $c+d = 2 \times \dfrac{5}{2}\pi = 5\pi$

이므로 모든 해의 합은 $a+b+c+d = 6\pi$ 이다.

답 ②

069

$0 \leq x < 2\pi$ 일 때, 방정식

$\cos^2 3x - \sin 3x + 1 = 0$ 의 모든 실근의 합

$\cos^2 3x = 1 - \sin^2 3x$ 이므로

$\cos^2 3x - \sin 3x + 1 = 0$

$\Rightarrow -\sin^2 3x - \sin 3x + 2 = 0$

$\Rightarrow \sin^2 3x + \sin 3x - 2 = 0$

$\Rightarrow (\sin 3x + 2)(\sin 3x - 1) = 0$

$\Rightarrow \sin 3x = 1 \ \text{or} \ \sin 3x = -2$

$0 \leq x < 2\pi$ 에서 $-1 \leq \sin 3x \leq 1$ 이므로
$\sin 3x = 1$ 이다.

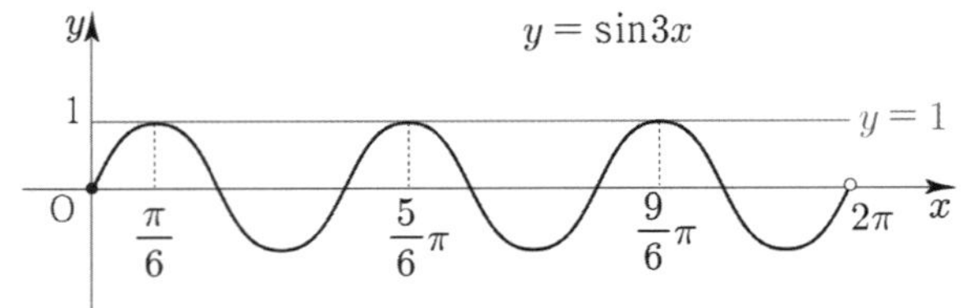

따라서 모든 실근의 합은 $\dfrac{\pi}{6} + \dfrac{5}{6}\pi + \dfrac{9}{6}\pi = \dfrac{5}{2}\pi$ 이다.

답 ⑤

$6x^2 + (4\cos\theta)x + \sin\theta = 0$ 이 실근을 갖지 않는다.

판별식 $\dfrac{D}{4} = (2\cos\theta)^2 - 6\sin\theta < 0$

$\Rightarrow 2\cos^2\theta - 3\sin\theta < 0 \Rightarrow 2(1-\sin^2\theta) - 3\sin\theta < 0$

$\Rightarrow 2 - 2\sin^2\theta - 3\sin\theta < 0 \Rightarrow 2\sin^2\theta + 3\sin\theta - 2 > 0$

$\Rightarrow (2\sin\theta - 1)(\sin\theta + 2) > 0$

$\Rightarrow \sin\theta < -2 \ \text{or} \ \sin\theta > \dfrac{1}{2} \Rightarrow \sin\theta > \dfrac{1}{2}$

$\sin\theta > \dfrac{1}{2} \quad (0 \leq \theta < 2\pi)$

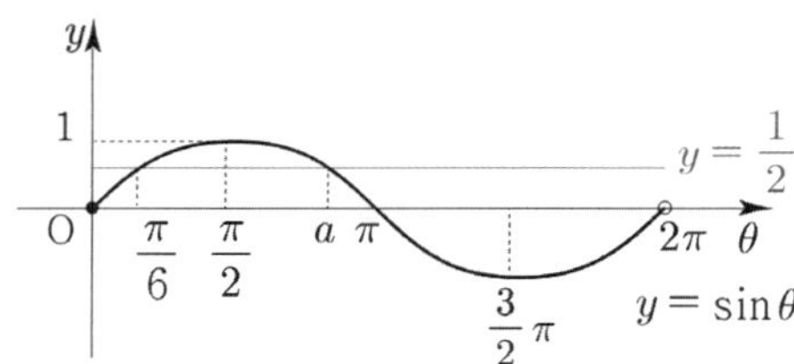

$0 < \theta < \dfrac{\pi}{2}$ 에서 $\sin\theta = \dfrac{1}{2}$ 을 만족하는 $\theta = \dfrac{\pi}{6}$

대칭성을 이용하여 a 를 구하면

$\dfrac{\pi}{6} + a = \pi \Rightarrow a = \dfrac{5}{6}\pi$

$\sin\theta > \dfrac{1}{2} \quad (0 \leq \theta < 2\pi) \Rightarrow \dfrac{\pi}{6} < \theta < \dfrac{5}{6}\pi$

따라서 $3\alpha + \beta = \dfrac{3}{6}\pi + \dfrac{5}{6}\pi = \dfrac{4}{3}\pi$ 이다.

답 ④

$0 < x < 2\pi$ 일 때, $4\cos^2 x - 1 = 0$, $\sin x \cos x < 0$

$4\cos^2 x - 1 = (2\cos x - 1)(2\cos x + 1) = 0$

$\Rightarrow \cos x = \dfrac{1}{2}$ or $\cos x = -\dfrac{1}{2}$

$\sin x \cos x < 0 \ \ (0 < x < 2\pi)$

① $\sin x > 0$, $\cos x < 0 \Rightarrow \dfrac{\pi}{2} < x < \pi$

② $\sin x < 0$, $\cos x > 0 \Rightarrow \dfrac{3}{2}\pi < x < 2\pi$

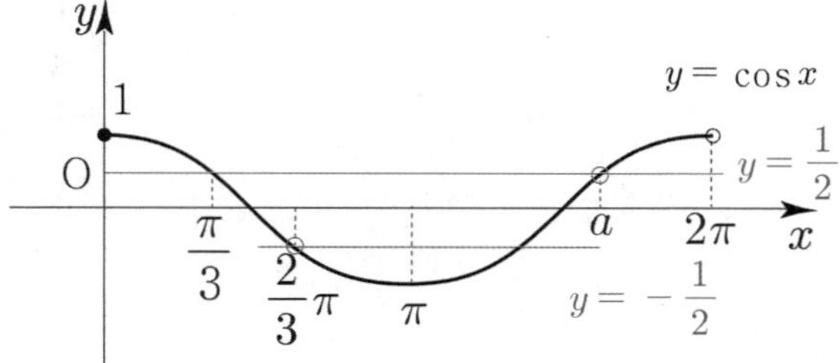

$0 < x < \dfrac{\pi}{2}$ 에서 $\cos x = \dfrac{1}{2}$ 을 만족하는 $x = \dfrac{\pi}{3}$

대칭성을 이용하여 a를 구하면
$\dfrac{\pi}{3} + a = 2\pi \Rightarrow a = \dfrac{5}{3}\pi$

이때 앞에서 구한 x 값 범위 조건 ①, ②를 만족시키는
x 값이 $\dfrac{2}{3}\pi$, $a\left(= \dfrac{5}{3}\pi\right)$ 이므로

따라서 모든 x의 값의 합은 $\dfrac{2}{3}\pi + \dfrac{5}{3}\pi = \dfrac{7}{3}\pi$ 이다.

답 ②

모든 실수 x 에 대하여 $f(x) \geq 0$ 이므로 최솟값이 0 보다
크거나 같다.
$-a + 8 - a \geq 0 \Rightarrow a \leq 4$
a는 자연수이므로 $a = 1$ or 2 or 3 or 4 이다.

① $a = 1$ 일 때, $f(x) = 0 \Rightarrow \sin bx = -7$ 이므로
방정식 $f(x) = 0$ 의 실근이 존재하지 않아 모순이다.

② $a = 2$ 일 때, $f(x) = 0 \Rightarrow \sin bx = -3$ 이므로
방정식 $f(x) = 0$ 의 실근이 존재하지 않아 모순이다.

③ $a = 3$ 일 때, $f(x) = 0 \Rightarrow \sin bx = -\dfrac{5}{3}$ 이므로
방정식 $f(x) = 0$ 의 실근이 존재하지 않아 모순이다.

④ $a = 4$ 일 때, $f(x) = 0 \Rightarrow \sin bx = -1$

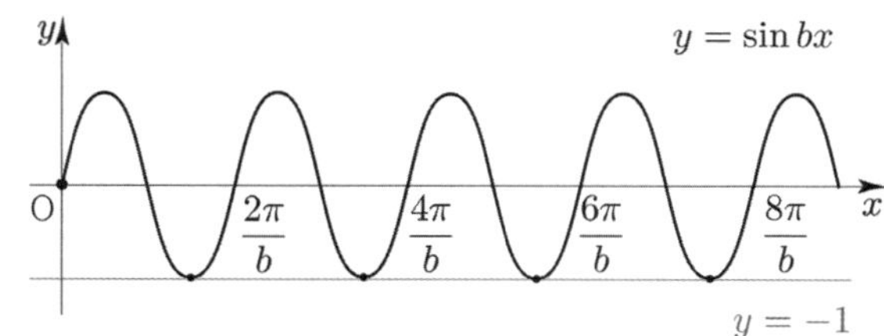

$0 \leq x < 2\pi$ 에서 $\sin bx = -1$ 의 서로 다른 실근의 개수가 4 가
되려면 $\dfrac{8\pi}{b} = 2\pi$ 이어야 하므로 $b = 4$ 이다.

따라서 $a + b = 4 + 4 = 8$ 이다.

답 8

$f(x) = \sin \dfrac{\pi}{4} x$ 이므로

$f(2 + x) = \sin\left(\dfrac{\pi}{2} + \dfrac{\pi}{4} x\right) = \cos \dfrac{\pi}{4} x$

$f(2 - x) = \sin\left(\dfrac{\pi}{2} - \dfrac{\pi}{4} x\right) = \cos \dfrac{\pi}{4} x$

$f(2 + x) f(2 - x) < \dfrac{1}{4}$

$\Rightarrow \cos^2 \dfrac{\pi}{4} x - \dfrac{1}{4} < 0$

$\Rightarrow \left(\cos \dfrac{\pi}{4} x - \dfrac{1}{2}\right)\left(\cos \dfrac{\pi}{4} x + \dfrac{1}{2}\right) < 0$

$\Rightarrow -\dfrac{1}{2} < \cos \dfrac{\pi}{4} x < \dfrac{1}{2}$

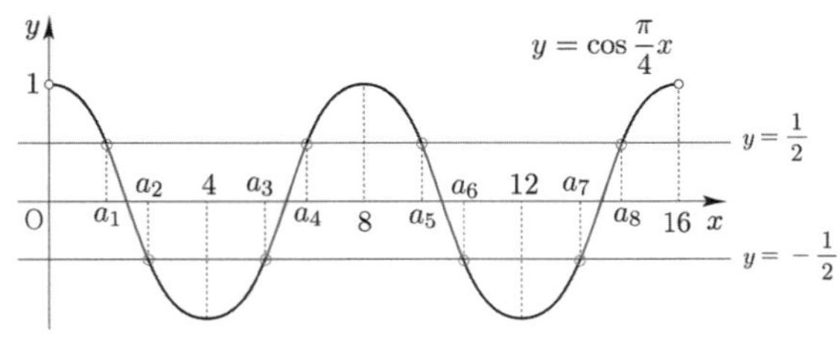

$$\cos\frac{\pi}{4}x = \frac{1}{2} \Rightarrow \frac{\pi}{4}a_1 = \frac{\pi}{3} \Rightarrow a_1 = \frac{4}{3} = 1 + \frac{1}{3}$$

$$\cos\frac{\pi}{4}x = -\frac{1}{2} \Rightarrow \frac{\pi}{4}a_2 = \frac{2}{3}\pi \Rightarrow a_2 = \frac{8}{3} = 2 + \frac{2}{3}$$

(만약 위 풀이가 이해가 잘 되지 않는다면
046번 해설에서 배운 실전적인 방법을 정독하고
오도록 하자.)

대칭성에 의하여

$$a_2 + a_3 = 2 \times 4 \Rightarrow a_3 = \frac{16}{3} = 5 + \frac{1}{3}$$

$$a_1 + a_4 = 2 \times 4 \Rightarrow a_4 = \frac{20}{3} = 6 + \frac{2}{3}$$

주기성에 의해서

$$a_5 = a_1 + 8 = 9 + \frac{1}{3}, \ a_6 = a_2 + 8 = 10 + \frac{2}{3}$$

$$a_7 = a_3 + 8 = 13 + \frac{1}{3}, \ a_8 = a_4 + 8 = 14 + \frac{2}{3}$$

$0 < x < 16$ 에서 부등식 $-\frac{1}{2} < \cos\frac{\pi}{4}x < \frac{1}{2}$ 를 만족시키는
x 의 범위는 다음과 같다.

$$1 + \frac{1}{3} < x < 2 + \frac{2}{3} \ \text{or} \ 5 + \frac{1}{3} < x < 6 + \frac{2}{3}$$

$$\text{or} \ 9 + \frac{1}{3} < x < 10 + \frac{2}{3} \ \text{or} \ 13 + \frac{1}{3} < 14 + \frac{2}{3}$$

따라서 조건을 만족시키는 모든 자연수 x 의 값의 합은
$2 + 6 + 10 + 14 = 32$ 이다.

답   32

074

$$\sin\frac{\pi}{7} = \cos\left(\frac{\pi}{2} - \frac{\pi}{7}\right) = \cos\frac{5}{14}\pi \text{ 이므로}$$

$$\cos x \leq \sin\frac{\pi}{7} \Rightarrow \cos x \leq \cos\frac{5}{14}\pi$$

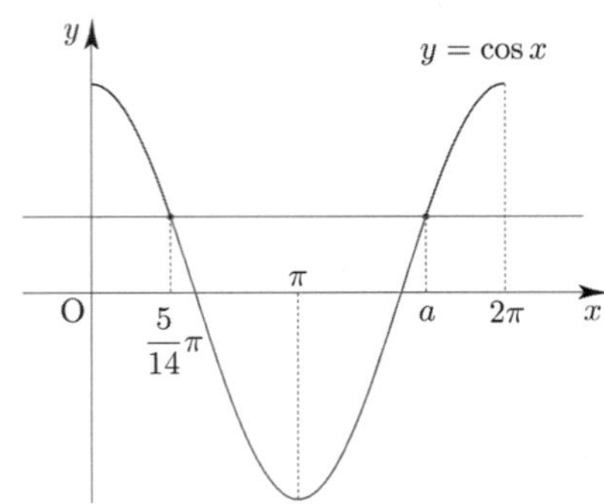

대칭성에 의해서 $a + \frac{5}{14}\pi = 2\pi \Rightarrow a = \frac{23}{14}\pi$ 이므로

$$\alpha = \frac{5}{14}\pi, \ \beta = \frac{23}{14}\pi \text{ 이다.}$$

따라서 $\beta - \alpha = \frac{18}{14}\pi = \frac{9}{7}\pi$ 이다.

답   ③

075

$0 \leq \theta < 2\pi$ 일 때, x 에 대한 이차방정식
$x^2 - (2\sin\theta)x - 3\cos^2\theta - 5\sin\theta + 5 = 0$ 이 실근을
갖도록 하는 θ 의 최솟값과 최댓값을 각각 $\alpha, \ \beta$

판별식 $\frac{D}{4} = \sin^2\theta + 3\cos^2\theta + 5\sin\theta - 5 \geq 0$

$$\Rightarrow \sin^2\theta + 3(1 - \sin^2\theta) + 5\sin\theta - 5 \geq 0$$

$$\Rightarrow -2\sin^2\theta + 5\sin\theta - 2 \geq 0$$

$$\Rightarrow 2\sin^2\theta - 5\sin\theta + 2 \leq 0$$

$$\Rightarrow (2\sin\theta - 1)(\sin\theta - 2) \leq 0$$

$$\Rightarrow \frac{1}{2} \leq \sin\theta \leq 2 \Rightarrow \frac{1}{2} \leq \sin\theta$$

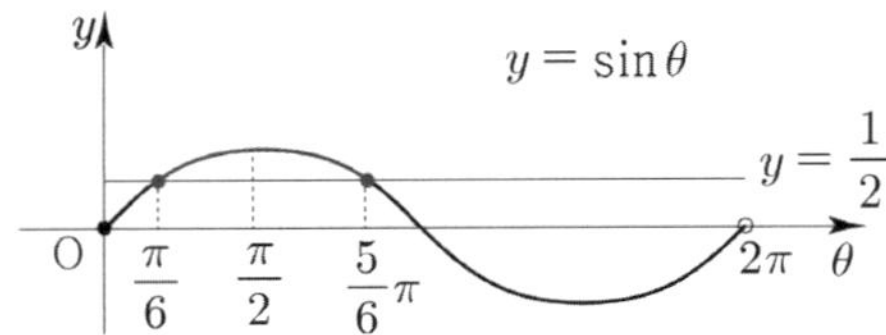

$\alpha = \frac{\pi}{6}, \ \beta = \frac{5}{6}\pi$ 이므로 $4\beta - 2\alpha = \frac{20}{6}\pi - \frac{2}{6}\pi = 3\pi$ 이다.

답   ①

076

$0 \leq x < 2\pi$ 일 때, $3\cos^2 x + 5\sin x - 1 = 0$

$$3\cos^2 x + 5\sin x - 1 = 0$$

$$\Rightarrow 3(1 - \sin^2 x) + 5\sin x - 1 = 0$$

$$\Rightarrow 3\sin^2 x - 5\sin x - 2 = 0$$

$$\Rightarrow (3\sin x + 1)(\sin x - 2) = 0$$

$$\Rightarrow \sin x = -\frac{1}{3}$$

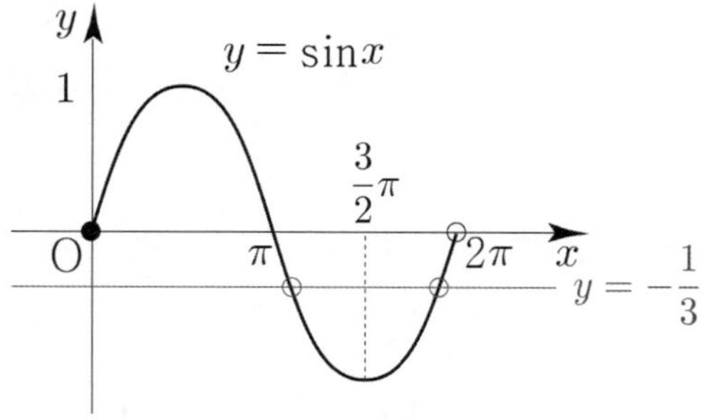

따라서 방정식의 모든 해의 합은 $\dfrac{3}{2}\pi \times 2 = 3\pi$ 이다.

답 ⑤

077

$0 < x < 2\pi$ 일 때, $2\cos^2 x - \sin(\pi + x) - 2 = 0$

$2\cos^2 x - \sin(\pi + x) - 2 = 0$

$\Rightarrow 2(1 - \sin^2 x) + \sin x - 2 = 0$

$\Rightarrow 2\sin^2 x - \sin x = 0$

$\Rightarrow 2\sin x \left(\sin x - \dfrac{1}{2}\right) = 0$

$\Rightarrow \sin x = 0 \ \text{or} \ \sin x = \dfrac{1}{2}$

① $\sin x = 0 \Rightarrow x = \pi \ (\because \ 0 < x < 2\pi)$

② $\sin x = \dfrac{1}{2} \Rightarrow$ 실근의 합 $\dfrac{\pi}{2} \times 2 = \pi$

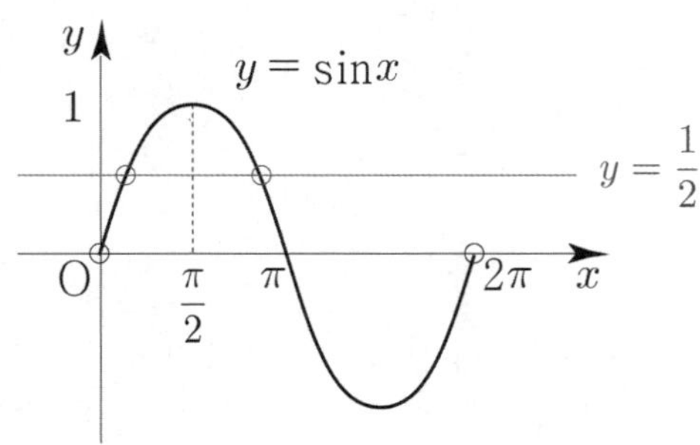

따라서 모든 해의 합은 $\pi + \pi = 2\pi$ 이다.

답 ③

078

$f(x) = 3\sin \dfrac{\pi(x+a)}{2} + b$

최댓값 5, 최솟값 -1

$3 + b = 5 \Rightarrow b = 2$

$f(x) = 3\sin \dfrac{\pi(x+a)}{2} + 2$ 는 $y = 3\sin \dfrac{\pi}{2}x + 2$ 의 그래프를
x 축의 방향으로 평행이동하여 구할 수 있다.

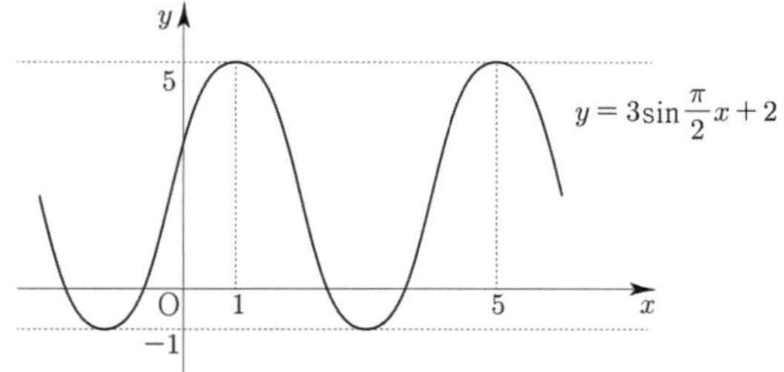

$y = 3\sin \dfrac{\pi}{2}x + 2$ 의 그래프 위의 점 $(1, \ 5)$ 를 기준으로

$f(x) = 3\sin \dfrac{\pi(x+a)}{2} + 2$ 위의 점 $(1, \ 5)$ 를 살펴보면

$(1, \ 5) \to (1, \ 5)$ 이므로 x 축의 방향으로 0만큼 평행이동
했다고 볼 수 있다.

하지만 $y = 3\sin \dfrac{\pi}{2}x + 2$ 는 주기가 4인 주기함수이므로

x 축의 방향으로 $4n$ (n은 정수)만큼 더 평행이동하여도
조건을 만족시킨다.

즉, $f(x) = 3\sin \dfrac{\pi(x+a)}{2} + 2$ 는 $y = 3\sin \dfrac{\pi}{2}x + 2$ 의

그래프를 x 축의 방향으로 $4n$ (n은 정수)만큼 평행이동하여
구할 수 있다.

(training −1step에서 이미 배웠던 내용이므로 깔끔하게
풀려야한다.)

$x \to x - 4n$

$y = 3\sin \dfrac{\pi}{2}(x - 4n) + 2$ 이므로 $a = -4n$ (n은 정수)이다.

a 는 양수이고 $a \times b = 2a$ 가 최솟값이 되려면 $a = 4$ 이어야
한다.

따라서 $a \times b$ 의 최솟값은 8 이다.

답 8

$f(x) = g(x) \implies a\sin\pi x = a\cos\pi x$

$\implies \tan\pi x = 1 \implies x = \dfrac{1}{4},\ \dfrac{5}{4},\ \dfrac{9}{4}$

$A\left(\dfrac{1}{4},\ \dfrac{\sqrt{2}}{2}a\right),\ B\left(\dfrac{9}{4},\ \dfrac{\sqrt{2}}{2}a\right),\ C\left(\dfrac{5}{4},\ -\dfrac{\sqrt{2}}{2}a\right)$ 라 하자.

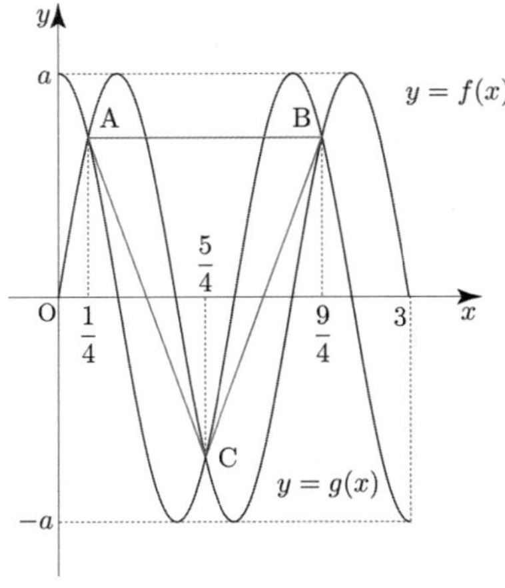

삼각형 ABC 의 넓이가 2 이므로

$\dfrac{1}{2} \times \overline{AB} \times h = \dfrac{1}{2} \times 2 \times \sqrt{2}\,a = \sqrt{2}\,a = 2 \implies a = \sqrt{2}$

따라서 $a^2 = 2$ 이다.

 2

$f(x) = 0 \implies |\sin a\pi x + b| = 0 \implies \sin a\pi x = -b$

방정식 $\sin a\pi x = -b\ \left(-\dfrac{1}{a} \le x \le \dfrac{1}{a}\right)$ 의 모든 실근의

합이 $\dfrac{1}{2}$ 이려면 $0 < -b \le 1$ 이어야 한다.

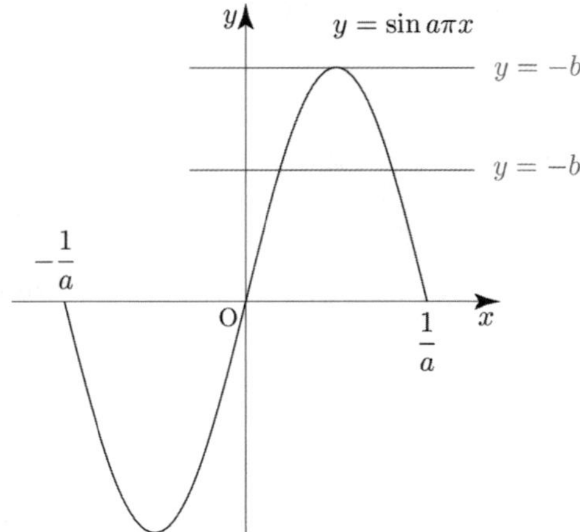

$-b$ 의 값에 따라 case분류하면

① $-b = 1 \implies b = -1$

(가) 조건에 의해

$\dfrac{1}{2a} = \dfrac{1}{2} \implies a = 1$

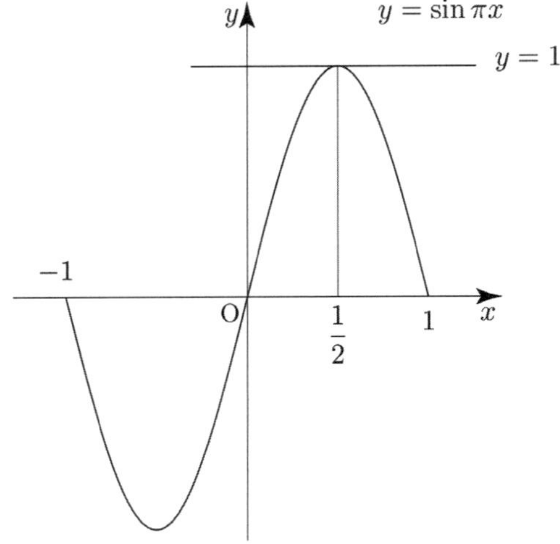

(나) 조건에 의해

$f(x) = \dfrac{2}{5} \implies |\sin\pi x - 1| = \dfrac{2}{5}$

$\implies \sin\pi x = \dfrac{7}{5}\ \text{ or }\ \sin\pi x = \dfrac{3}{5}$

$\implies \sin\pi x = \dfrac{3}{5}\ (\because\ -1 \le \sin\pi x \le 1)$

방정식 $\sin\pi x = \dfrac{3}{5}\ (-1 \le x \le 1)$ 의 모든 실근의

합은 1 이므로 (나) 조건을 만족시키지 않는다.

즉, $0 < -b < 1$ 이어야 한다.

② $0 < -b < 1$

(가) 조건에 의해

$\dfrac{1}{2a} \times 2 = \dfrac{1}{2} \implies a = 2$

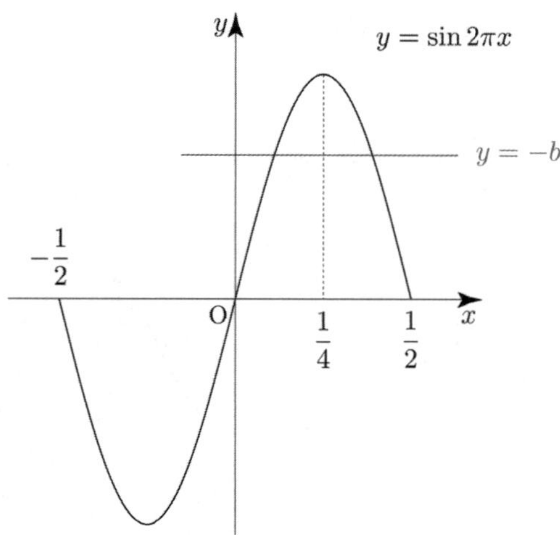

(나) 조건에 의해

$$f(x) = \frac{2}{5} \Rightarrow |\sin 2\pi x + b| = \frac{2}{5}$$

$$\Rightarrow \sin 2\pi x = \frac{2}{5} - b \ \text{ or } \ \sin 2\pi x = -\frac{2}{5} - b$$

$$\sin 2\pi x = \frac{2}{5} - b \ \text{ or } \ \sin 2\pi x = -\frac{2}{5} - b \ \left(-\frac{1}{2} \le x \le \frac{1}{2} \right)$$

위 두 방정식의 실근의 합이 $\dfrac{3}{4}$ 가 되려면

$\dfrac{2}{5} - b = 1$ 이어야 한다.

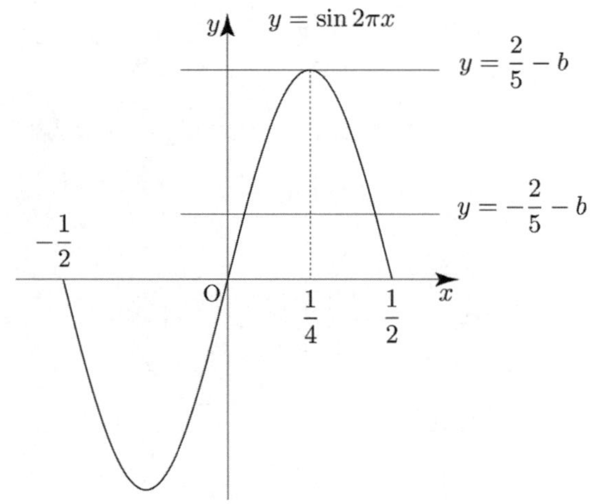

즉, $b = -\dfrac{3}{5}$ 이다.

($\sin 2\pi x = 1 \Rightarrow x = \dfrac{1}{4}$ 이고,

방정식 $\sin 2\pi x = \dfrac{1}{5} \ \left(-\dfrac{1}{2} \le x \le \dfrac{1}{2} \right)$ 의 실근의 합은

대칭성에 의해 1 이다.)

따라서 $60(a+b) = 60\left(2 - \dfrac{3}{5} \right) = 60 \times \dfrac{7}{5} = 84$ 이다.

답   84

$f(0) \ge f(x)$ 이므로 닫힌구간 $[0, \ 2\pi]$ 에서
$f(x)$ 의 최댓값은 $f(0) = a + 3$ 과 같다.

최댓값은 13 이므로
$$a + 3 = 13 \Rightarrow a = 10$$

또한 닫힌구간 $[0, \ 2\pi]$ 에서 $f(x)$ 가 $x = \dfrac{\pi}{3}$ 에서

최댓값 13 을 가지므로
$$f\left(\frac{\pi}{3} \right) = 13 \Rightarrow \cos \frac{\pi}{3} b = 1$$

b 는 자연수이므로 b 의 최솟값은 6 이다.

따라서 $a + b$ 의 최솟값은 16 이다.

답    ③

$$f(x) = a \sin bx \ \left(0 \le x \le \frac{\pi}{b} \right), \ \angle \text{OAB} = \frac{\pi}{2}$$

$f(x)$ 의 주기는 $\dfrac{2\pi}{b}$

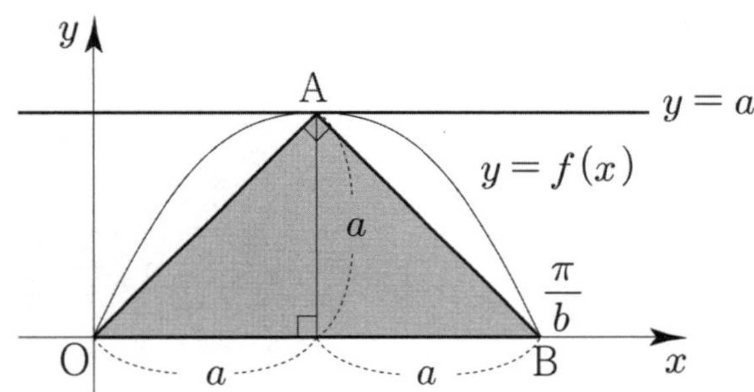

대칭성에 의해서 $\angle \text{AOB} = \dfrac{\pi}{4}$ 이고 $\overline{\text{OA}} = \overline{\text{AB}}$ 이므로

$$\overline{\text{OB}} = \frac{\pi}{b} = 2a \Rightarrow b = \frac{\pi}{2a}$$

삼각형 OAB 의 넓이는 $\dfrac{1}{2} \times a \times 2a = a^2 = 4$ 이므로

$$a = 2 \ (\because \ a > 0)$$

따라서 $a + b = 2 + \dfrac{\pi}{4}$ 이다.

답    ③

$$y = a\sin b\pi x \left(0 \le x \le \frac{3}{b}\right)$$

곡선 $y = a\sin b\pi x \left(0 \le x \le \frac{3}{b}\right)$ 의 주기는 $\frac{2\pi}{b\pi} = \frac{2}{b}$

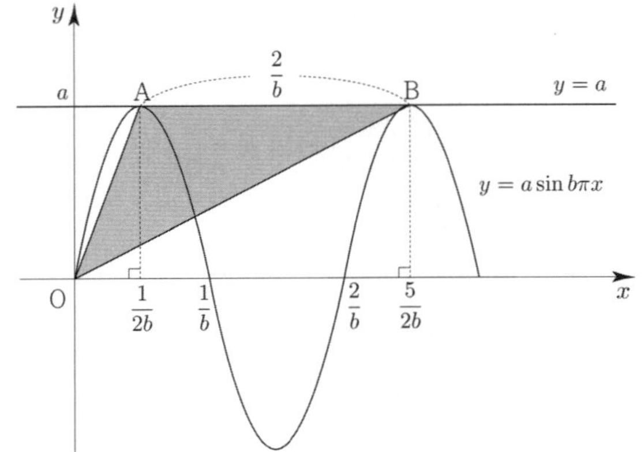

삼각형 OAB 의 넓이 $= \frac{1}{2} \times a \times \frac{2}{b} = \frac{a}{b} = 5 \Rightarrow a = 5b \ \cdots \ \text{㉠}$

직선 OA 의 기울기 $= \dfrac{a}{\dfrac{1}{2b}} = 2ab$

직선 OB 의 기울기 $= \dfrac{a}{\dfrac{5}{2b}} = \dfrac{2ab}{5}$

직선 OA 의 기울기와 직선 OB 의 기울기의 곱이 $\frac{5}{4}$ 이므로

$$2ab \times \frac{2ab}{5} = \frac{4}{5}a^2b^2 = \frac{5}{4} \Rightarrow a^2b^2 = \frac{25}{16} \ \cdots \ \text{㉡}$$

㉠, ㉡을 연립하면

$$25b^4 = \frac{25}{16} \Rightarrow b^4 = \frac{1}{16} \Rightarrow b = \frac{1}{2}$$

㉠에 의해 $a = \frac{5}{2}$

따라서 $a + b = \frac{5}{2} + \frac{1}{2} = \frac{6}{2} = 3$ 이다.

답 ③

$y = 4\sin\frac{1}{4}(x - \pi) \ (0 \le x \le 10\pi)$ 와 직선 $y = 2$ 가 만나는 점의 x 좌표를 찾아보자.

$$4\sin\frac{1}{4}(x - \pi) = 2 \Rightarrow \sin\frac{1}{4}(x - \pi) = \frac{1}{2}$$

$\frac{1}{4}(x - \pi) = t$ 로 치환하자.

$0 \le x \le 10\pi$ 에서 t 의 범위를 구하면 $-\frac{\pi}{4} \le t \le \frac{9}{4}\pi$

$$\sin t = \frac{1}{2} \ \left(-\frac{\pi}{4} \le t \le \frac{9}{4}\pi\right)$$

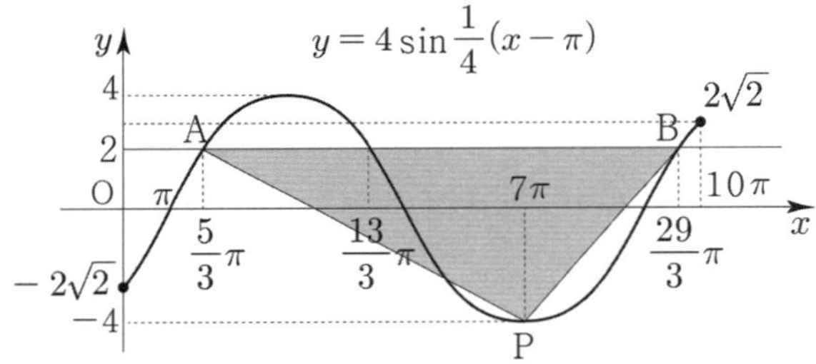

대칭성을 이용하면 ($x = \frac{\pi}{2}$ 에 대하여 대칭)

$$\frac{\pi}{6} + a = \pi \Rightarrow a = \frac{5}{6}\pi$$

주기성을 이용하면 (주기 2π)

$$\frac{\pi}{6} + 2\pi = b \Rightarrow b = \frac{13}{6}\pi$$

다시 x 의 값으로 변화해주면

곡선 $y = 4\sin\frac{1}{4}(x - \pi) \ (0 \le x \le 10\pi)$

와 직선 $y = 2$ 가 만나는 점의 x 좌표는 다음과 같다.

$$\frac{1}{4}(x - \pi) = t \Rightarrow x = 4t + \pi$$

$$\Rightarrow x = \frac{5}{3}\pi \ \text{or} \ x = \frac{13}{3}\pi \ \text{or} \ x = \frac{29}{3}\pi$$

이를 바탕으로 삼각형 PAB 의 넓이의 최댓값을 구해보자.

점 P 와 직선 $y = 2$ 사이의 거리를 $h(0 < h \le 6)$ 라 하자.

삼각형 PAB 의 넓이는 $\frac{1}{2} \times \overline{\text{AB}} \times h$

넓이의 최댓값은 $\overline{\text{AB}} = 8\pi$, $h = 6$ 일 때이다.

따라서 최댓값은 $\frac{1}{2} \times 8\pi \times 6 = 24\pi \Rightarrow k = 24$ 이다.

답 24

085

함수 $y = k\sin\left(2x + \dfrac{\pi}{3}\right) + k^2 - 6$ 의 그래프가 제 1 사분면을
지나지 않도록 하는 모든 정수 k 의 개수

k 의 범위에 따라 case분류하면 다음과 같다.

① $k > 0$

$y = k\sin\left(2x + \dfrac{\pi}{3}\right) + k^2 - 6$ 의 최댓값은 $k + k^2 - 6$ 이므로

이 그래프가 제 1 사분면을 지나지 않도록 하려면
최댓값 $k + k^2 - 6 \leq 0$ 이어야 한다.
$(k-2)(k+3) \leq 0 \;\Rightarrow\; -3 \leq k \leq 2$
전제조건 $k > 0$ 까지 고려하면 $0 < k \leq 2$ 이다.

② $k = 0$

$y = -6$ 이므로 제 1 사분면을 지나지 않으므로
조건을 만족시킨다.

③ $k < 0$

$y = k\sin\left(2x + \dfrac{\pi}{3}\right) + k^2 - 6$ 의 최댓값은 $-k + k^2 - 6$ 이므로

이 그래프가 제 1 사분면을 지나지 않도록 하려면
최댓값 $-k + k^2 - 6 \leq 0$ 이어야 한다.

$(k+2)(k-3) \leq 0 \;\Rightarrow\; -2 \leq k \leq 3$
전제조건 $k < 0$ 까지 고려하면 $-2 \leq k < 0$ 이다.

따라서 조건을 만족시키는 정수 k 는 $-2, \; -1, \; 0, \; 1, \; 2$
이므로 모든 정수 k 의 개수는 5 이다.

답 5

다르게 풀어보자.

$k \, (k \neq 0)$ 의 부호를 모두 고려하여 주어진 함수의 최댓값을
구하면 $|k| + k^2 - 6$ 이다. 이 최댓값이 0 보다 작거나 같아야
하므로
$k^2 + |k| - 6 \leq 0 \;\Rightarrow\; |k|^2 + |k| - 6 \leq 0$

$\Rightarrow\; (|k|+3)(|k|-2) \leq 0 \;\Rightarrow\; |k| \leq 2 \;(k \neq 0)$
$k = 0$ 일 때도 성립하므로 $-2 \leq k \leq 2$ 이다.

086

$y = f(x)$ 의 주기는 12
곡선 $y = f(x)$ 와 직선 $y = k$ 가 만나는 두 점을
A, B 라 하고, 두 점 A, B 의 중점을 M 이라 하자.
두 점 A, B 의 x 좌표를 각각 $\alpha_1, \; \alpha_2 \; (\alpha_1 < \alpha_2)$ 라 하자.

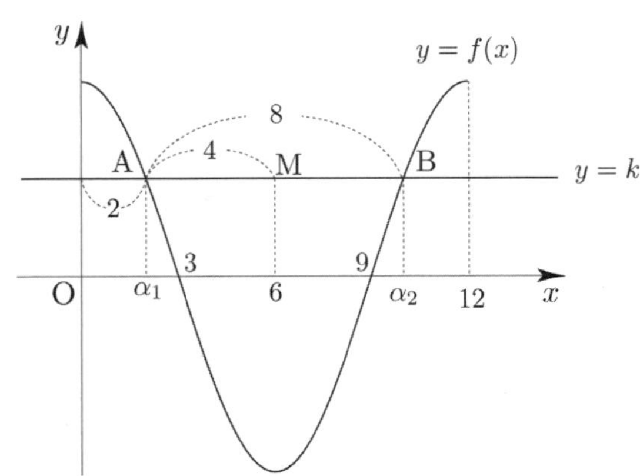

$|\alpha_1 - \alpha_2| = 8$ 이므로 대칭성에 의해서 $\overline{AM} = 4$ 이고,
점 M 의 x 좌표가 6 이므로 $\alpha_1 = 6 - 4 = 2$ 이다.
점 A 는 곡선 $y = f(x)$ 위의 점이므로
$f(2) = k \;\Rightarrow\; \cos\dfrac{\pi}{3} = k \;\Rightarrow\; k = \dfrac{1}{2}$ 이다.

곡선 $y=g(x)$ 와 직선 $y=\dfrac{1}{2}$ 가 만나는 두 점의

x 좌표는 방정식 $g(x)=\dfrac{1}{2}$ 의 근과 같다.

$$g(x)=\frac{1}{2} \Rightarrow -3\cos\frac{\pi x}{6}-1=\frac{1}{2} \Rightarrow \cos\frac{\pi x}{6}=-\frac{1}{2}$$

이므로 곡선 $y=f(x)$ 와 직선 $y=-\dfrac{1}{2}$ 이 만나는

두 점의 x 좌표는 β_1, β_2 $(\beta_1 < \beta_2)$ 이다.

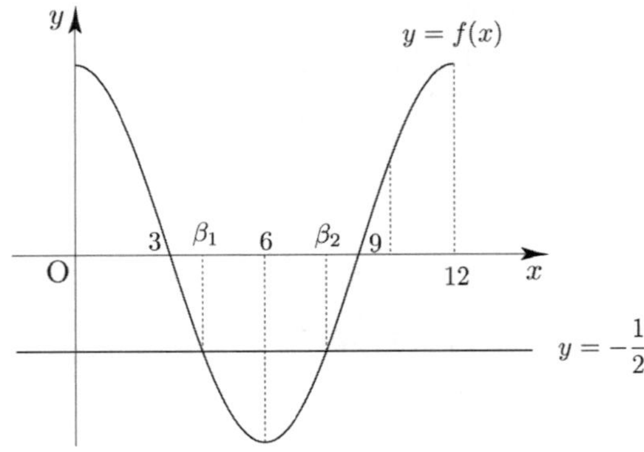

$$\cos\frac{\pi x}{6}=-\frac{1}{2} \Rightarrow \frac{\pi \beta_1}{6}=\frac{2}{3}\pi \Rightarrow \beta_1=4$$

(만약 위 풀이가 이해가 잘 되지 않는다면
046번 해설에서 배운 실전적인 방법을 정독하고
오도록 하자.)
대칭성에 의해서 $2\times 6 = \beta_1 + \beta_2 \Rightarrow \beta_2 = 12 - \beta_1 = 8$ 이다.
따라서 $|\beta_1 - \beta_2| = 4$ 이다.

답   ③

087

$y=f(x)$ 의 주기는 $\dfrac{\pi}{2}$

함수 $y=f(x)$ 의 그래프를 그리면 다음 그림과 같다.

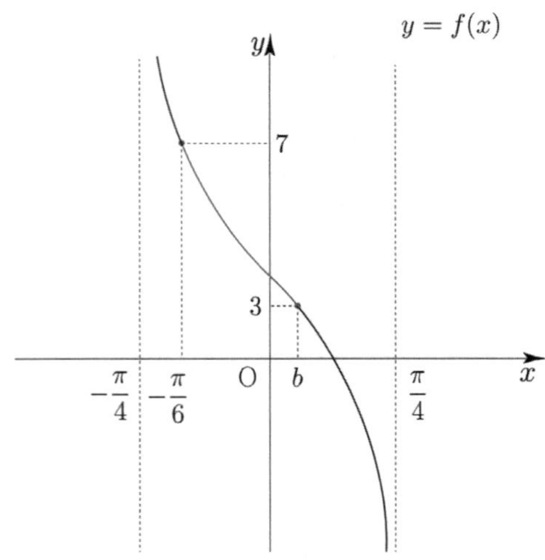

$x=-\dfrac{\pi}{6}$ 에서 최댓값 7을 가지므로

$$a-\sqrt{3}\tan\left(-\frac{\pi}{3}\right)=7 \Rightarrow a+3=7 \Rightarrow a=4$$

$x=b$ 에서 최솟값 3을 가지므로

$$4-\sqrt{3}\tan 2b = 3$$

$$\Rightarrow \tan 2b = \frac{\sqrt{3}}{3} \Rightarrow 2b=\frac{\pi}{6} \Rightarrow b=\frac{\pi}{12}$$

따라서 $a\times b = 4\times\dfrac{\pi}{12}=\dfrac{\pi}{3}$ 이다.

답   ③

088

함수 $y=\sin\dfrac{\pi}{2}x$ 의 주기는 4

세 점 A, B, C 의 x 좌표를 각각 $x_1\,(0 < x_1 < 1)$, x_2, x_3 라
하자.

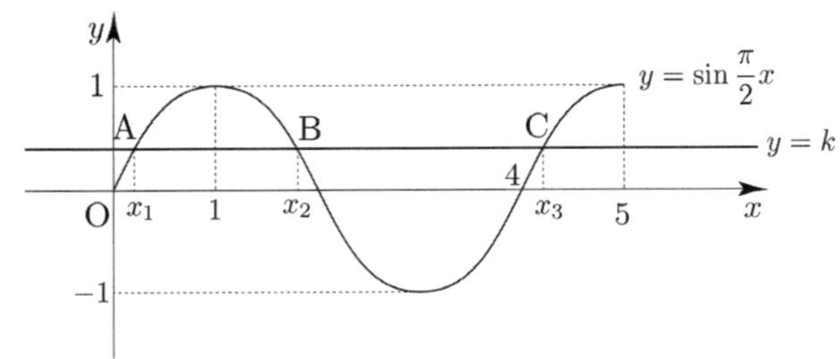

세 점 A, B, C 의 x 좌표의 합이 $\dfrac{25}{4}$ 이므로

$$x_1+x_2+x_3=\frac{25}{4}$$ 이다.

대칭성에 의해서 $x_1+x_2=2\times 1 = 2$ 이므로

$$x_1+x_2+x_3=\frac{25}{4} \Rightarrow 2+x_3=\frac{25}{4} \Rightarrow x_3=\frac{17}{4}$$

대칭성에 의해서 $x_1=x_3-4 \Rightarrow x_1=\dfrac{1}{4}$ 이다.

$$x_2=2-x_1 \Rightarrow x_2=2-\frac{1}{4}=\frac{7}{4}$$

따라서 선분 AB 의 길이는

$$x_2-x_1=\frac{7}{4}-\frac{1}{4}=\frac{3}{2}$$ 이다.

답   ③

089

함수 $y = \sin kx$ 의 주기는 $\dfrac{2\pi}{k}$

$0 \le x < 2\pi$ 일 때, 방정식 $\sin kx = \dfrac{1}{3}$ 의 서로 다른 실근의

개수는 $0 \le x < 2\pi$ 에서 곡선 $y = \sin kx$ 와 직선 $y = \dfrac{1}{3}$ 이

만나는 점의 개수와 같다.

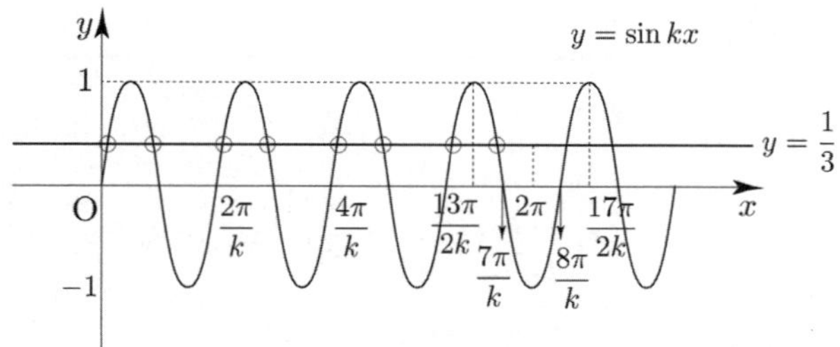

$0 \le x < 2\pi$ 에서 곡선 $y = \sin kx$ 와 직선 $y = \dfrac{1}{3}$ 이

만나는 점의 개수가 8이려면 $k = 4$ 이어야 한다.

> **Tip**
>
> 바로 답을 한 번에 구하려 하기보다는
> k 에 자연수를 대입해보면서 감을 찾아보는 것은 좋은 태도이다.

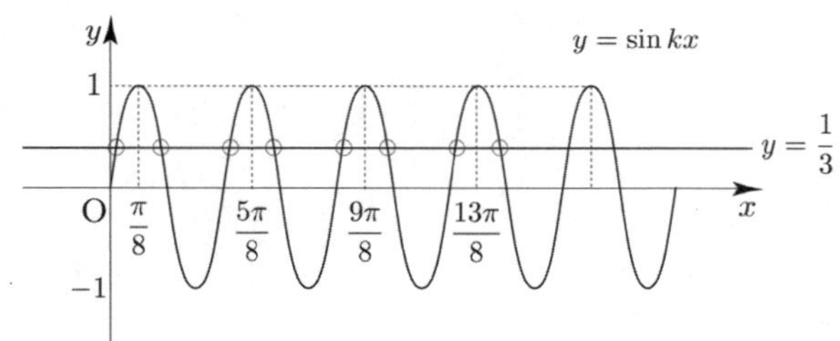

대칭성에 의해서 $\sin kx = \dfrac{1}{3}$ $(0 \le x < 2\pi)$ 의

모든 해의 합은

$$2 \times \dfrac{\pi}{8} + 2 \times \dfrac{5\pi}{8} + 2 \times \dfrac{9\pi}{8} + 2 \times \dfrac{13\pi}{8} = \dfrac{\pi + 5\pi + 9\pi + 13\pi}{4}$$

$$= \dfrac{28}{4}\pi = 7\pi$$

이다.

답 ③

$$f(x) = \tan \dfrac{\pi x}{a} \quad \left(-\dfrac{a}{2} < x \le a, \ x \ne \dfrac{a}{2} \right)$$

$f(x)$ 의 주기는 $\dfrac{\pi}{\dfrac{\pi}{a}} = a \ \Rightarrow \ \overline{\mathrm{AC}} = a$

선분 BC와 x 축이 만나는 교점을 D 라 하고,
점 B 에서 x 축에 내린 수선의 발을 E 라 하자.
삼각형 ABC 가 정삼각형이므로 $\overline{\mathrm{BA}} = \overline{\mathrm{BC}}$ 이다.
대칭성에 의하여 두 선분 BA, BC 의 중점은 각각 O, D 이다.

($\because$ 점 A, B 는 점 O 에 대해 점대칭이고,
점 B, C 는 점 D 에 대해 점대칭이다.)

즉, $\overline{\mathrm{OD}} = \dfrac{1}{2}\overline{\mathrm{AC}} = \dfrac{a}{2}$

$\overline{\mathrm{OE}} = \dfrac{1}{2}\overline{\mathrm{OD}} = \dfrac{a}{4}$

$\overline{\mathrm{BE}} = \dfrac{a}{4}\tan\dfrac{\pi}{3} = \dfrac{a}{4}\sqrt{3}$

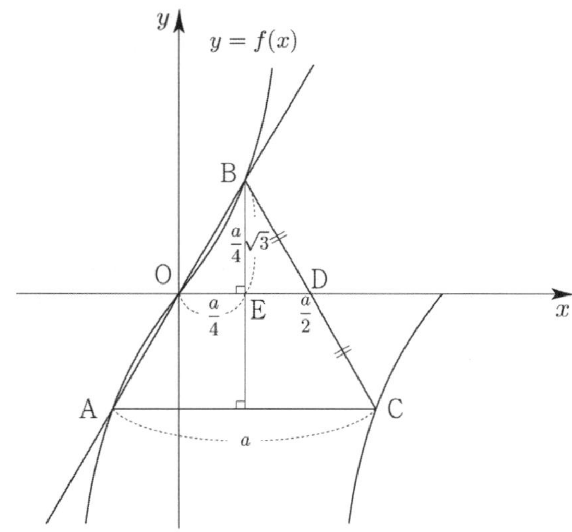

$f\left(\dfrac{a}{4}\right) = \tan\dfrac{\pi}{4} = 1$

$\overline{\mathrm{BE}} = f\left(\dfrac{a}{4}\right)$ 이므로 $\dfrac{a}{4}\sqrt{3} = 1 \ \Rightarrow \ a = \dfrac{4}{\sqrt{3}}$

따라서 삼각형 ABC 의 넓이는

$\dfrac{\sqrt{3}}{4}a^2 = \dfrac{\sqrt{3}}{4} \times \dfrac{16}{3} = \dfrac{4}{3}\sqrt{3}$ 이다.

답 ③

$f(x) = \log_3 x + 2, \ g(x) = 3\tan\left(x + \dfrac{\pi}{6}\right)$

$3\tan\left(x + \dfrac{\pi}{6}\right) = t$ 라 치환하자.

$0 \le x \le \dfrac{\pi}{6}$ 에서 t 의 범위를 구하면 $\sqrt{3} \le t \le 3\sqrt{3}$

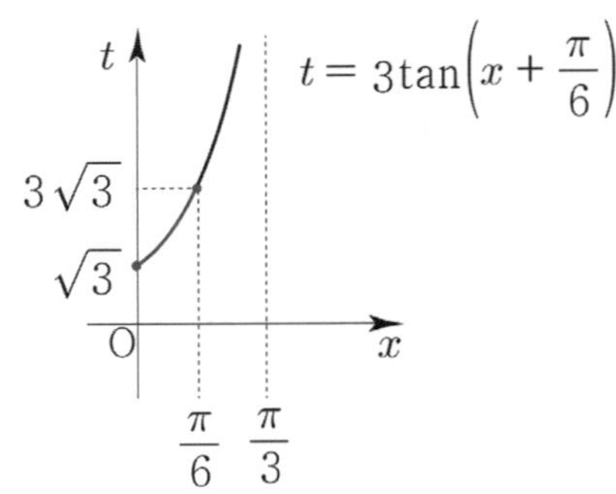

$f(t) = \log_3 t + 2 \ \left(\sqrt{3} \le t \le 3\sqrt{3}\right)$ 는 증가함수이므로

$t = 3\sqrt{3}$ 일 때, 최댓값 $\dfrac{7}{2} = M$

$t = \sqrt{3}$ 일 때, 최솟값 $\dfrac{5}{2} = m$

따라서 $M + m = 6$ 이다.

답   6

$f(x) = \cos^2\left(x - \dfrac{3}{4}\pi\right) - \cos\left(x - \dfrac{\pi}{4}\right) + k$

$x - \dfrac{3}{4}\pi = X$ 라 치환하면

$x - \dfrac{\pi}{4} = x - \dfrac{3}{4}\pi + \dfrac{\pi}{2} = X + \dfrac{\pi}{2}$ 이므로

$\cos^2 X - \cos\left(X + \dfrac{\pi}{2}\right) + k = -\sin^2 X + \sin X + k + 1$

$\sin X = t$ 라 치환하면 $-t^2 + t + k + 1 \ \ (-1 \le t \le 1)$

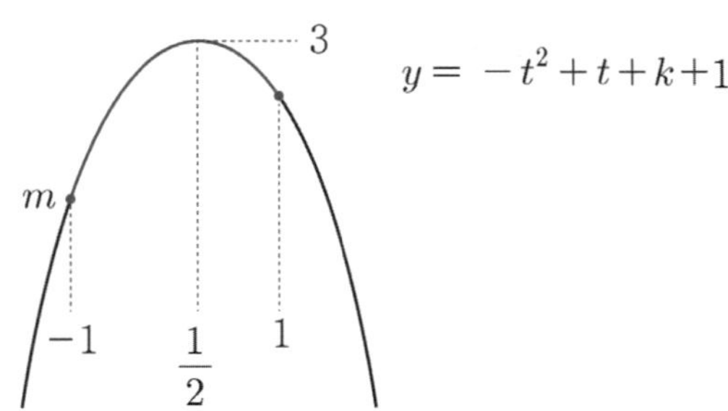

$t = \dfrac{1}{2}$ 일 때, 최댓값 $\dfrac{5}{4} + k = 3 \ \Rightarrow \ k = \dfrac{7}{4}$

$t = -1$ 일 때, 최솟값 $-1 + k = \dfrac{3}{4} = m$

따라서 $k + m = \dfrac{7}{4} + \dfrac{3}{4} = \dfrac{5}{2}$ 이다.

답   ③

$y = \tan\left(nx - \dfrac{\pi}{2}\right) = \tan n\left(x - \dfrac{\pi}{2n}\right)$ 의 주기는 $\dfrac{\pi}{n}$ 이고

$y = \tan\left(nx - \dfrac{\pi}{2}\right)$ 의 그래프는 $y = \tan nx$ 의 그래프를

x 축의 방향으로 $\dfrac{\pi}{2n}$ 만큼 평행이동한 그래프이다.

① $n = 2$

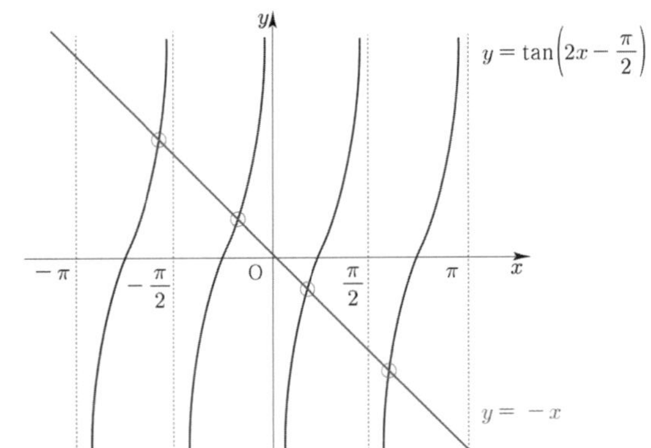

교점의 개수 $a_2 = 4$

② $n = 3$

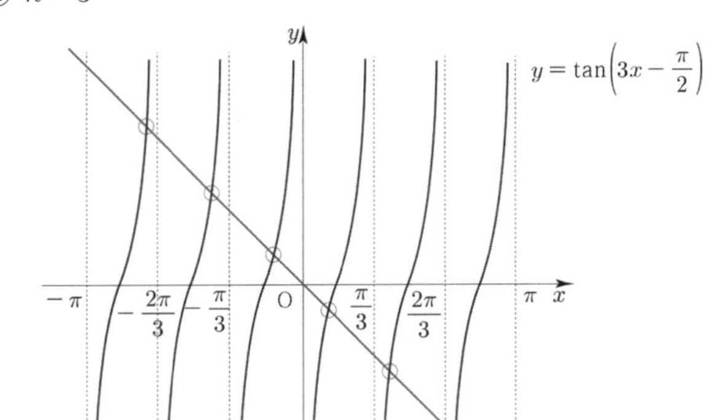

교점의 개수 $a_3 = 6$

따라서 $a_2 + a_3 = 10$ 이다.

답   10

094

함수 $y=f(x)$ 의 그래프가 직선 $y=2$ 와 만나는 점의

x 좌표는 $0 \le x < \dfrac{4\pi}{a}$ 일 때

방정식 $\left|4\sin\left(ax-\dfrac{\pi}{3}\right)+2\right|=2$ 의 실근과 같다.

$ax-\dfrac{\pi}{3}=t$ 라 하면 $-\dfrac{\pi}{3} \le t < \dfrac{11\pi}{3}$ 이고

$|4\sin t+2|=2 \Rightarrow \sin t=0 \ \text{or} \ \sin t=-1$

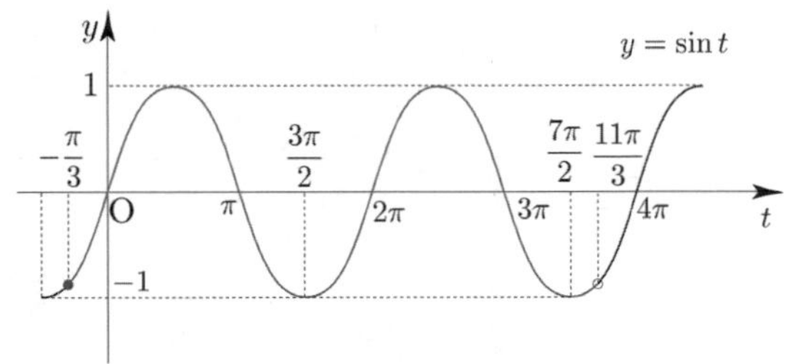

$\sin t=0 \Rightarrow 0, \ \pi, \ 2\pi, \ 3\pi$

$\sin t=-1 \Rightarrow \dfrac{3}{2}\pi, \ \dfrac{7}{2}\pi$

이므로 방정식 $|4\sin t+2|=2$ 의 실근은 6 개이고,
실근의 합은 11π 이다.

즉, $n=6$ 이고 방정식 $\left|4\sin\left(ax-\dfrac{\pi}{3}\right)+2\right|=2$ 의 6 개의

실근의 합이 39 이므로

$39a-\dfrac{\pi}{3}\times 6=11\pi \Rightarrow a=\dfrac{\pi}{3}$

따라서 $n\times a=6\times\dfrac{\pi}{3}=2\pi$ 이다.

답 ④

$f(x)=a\cos bx+c$ 의 최댓값 3, 최솟값 -1

$a+c=3, \ -a+c=-1 \Rightarrow a=2, \ c=1$

$f(x)=2\cos bx+1$

$f(x)$ 의 주기는 $\dfrac{2\pi}{b}$

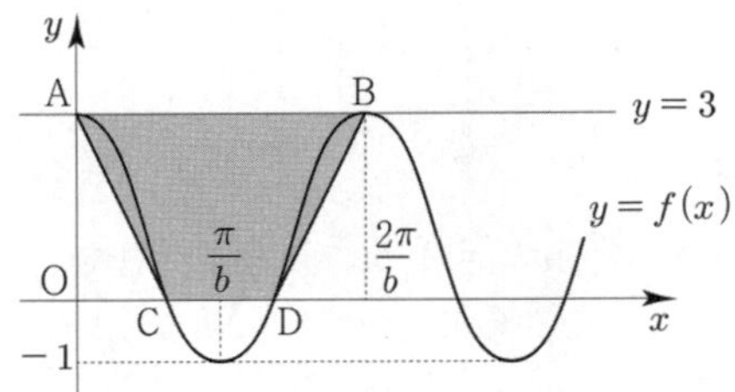

$\overline{CD}$ 를 구하기 위해서 점 C 의 x 좌표를 구해보자.

$2\cos bx+1=0 \Rightarrow \cos bx=-\dfrac{1}{2}$

$0<x<\pi$ 에서 $\cos x=-\dfrac{1}{2}$ 를 만족시키는 $x=\dfrac{2}{3}\pi$

이를 바탕으로 점 C 의 x 좌표를 구하면

$bx=\dfrac{2}{3}\pi \Rightarrow x=\dfrac{2}{3b}\pi$

대칭성을 이용하면 ($x=\dfrac{\pi}{b}$ 에 대하여 대칭)

$\overline{CD}=2\left(\dfrac{\pi}{b}-\dfrac{2}{3b}\pi\right)=\dfrac{2\pi}{3b}$

주기를 이용하면 $\overline{AB}=\dfrac{2\pi}{b}$ 이다.

사각형 ABDC 의 넓이는

$\dfrac{1}{2}\times\left(\dfrac{2\pi}{b}+\dfrac{2\pi}{3b}\right)\times 3=6\pi \Rightarrow b=\dfrac{2}{3}$

$0 \le x \le 4\pi$ 에서 방정식 $f(x)=2$

$2\cos\dfrac{2}{3}x+1=2 \Rightarrow \cos\dfrac{2}{3}x=\dfrac{1}{2}$

$0<x<\dfrac{\pi}{2}$ 에서 $\cos x=\dfrac{1}{2}$ 를 만족시키는 $x=\dfrac{\pi}{3}$

이를 바탕으로 $f(x)=2 \ (0<x<\pi)$ 를 만족시키는

x 를 구하면 $\dfrac{2}{3}x=\dfrac{\pi}{3} \Rightarrow x=\dfrac{\pi}{2}$

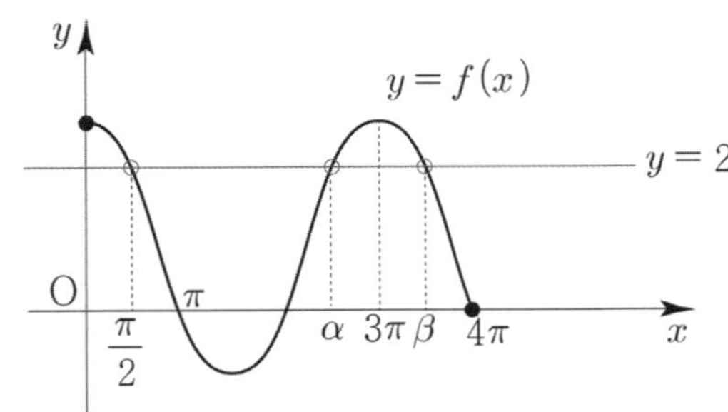

대칭성에 의해서 ($x=3\pi$ 에 대하여 대칭)
$\alpha+\beta=6\pi$

따라서 $0 \le x \le 4\pi$ 에서 방정식 $f(x)=2$ 의

모든 해의 합은 $\dfrac{\pi}{2}+6\pi=\dfrac{13}{2}\pi$ 이다.

답 ②

096

삼각형 AOB의 넓이가 $\dfrac{15}{2}$ 이므로

$$\dfrac{1}{2} \times \overline{AB} \times 5 = \dfrac{15}{2} \;\Rightarrow\; \overline{AB} = 3$$

$\overline{BC} = \overline{AB} + 6$ 이므로 $\overline{BC} = 9$

$f(x) = a\sin\dfrac{\pi x}{b} + 1 \left(0 \le x \le \dfrac{5}{2}b\right)$ 의 주기는 $\dfrac{2\pi}{\frac{\pi}{b}} = 2b$ 이므로

$$2b = \overline{AC} = \overline{AB} + \overline{BC} = 3 + 9 = 12 \;\Rightarrow\; b = 6$$

$$f(x) = a\sin\dfrac{\pi}{6}x + 1 \;(0 \le x \le 15)$$

선분 AB의 중점의 x좌표는 $f(x)$의 주기의 $\dfrac{1}{4}$ 이므로 3 이다.

이때, $\overline{AB} = 3$ 이므로 대칭성에 의해서 점 A의 x좌표는

$$3 - \dfrac{\overline{AB}}{2} = 3 - \dfrac{3}{2} = \dfrac{3}{2} \text{ 이다.}$$

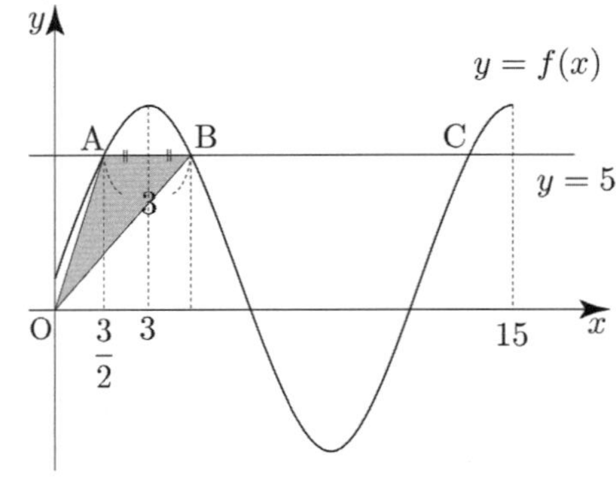

즉, $\mathrm{A}\left(\dfrac{3}{2},\, 5\right)$ 이고 점 A는 $y = f(x)$ 위의 점이므로

$$f\left(\dfrac{3}{2}\right) = 5 \;\Rightarrow\; a\sin\dfrac{\pi}{4} + 1 = 5 \;\Rightarrow\; a = 4\sqrt{2}$$

따라서 $a^2 + b^2 = 32 + 36 = 68$ 이다.

답 ①

$$f(x) = \begin{cases} \sin x - 1 & (0 \le x < \pi) \\ -\sqrt{2}\sin x - 1 & (\pi \le x \le 2\pi) \end{cases}$$

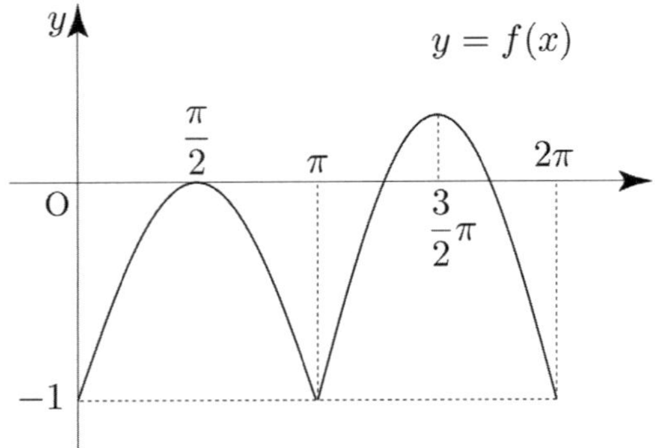

방정식 $f(x) = f(t)$ 의 서로 다른 실근의 개수가 3 이 되려면 $f(t) = -1$ or $f(t) = 0$ 이어야 한다.

① $f(t) = -1 \;(0 \le t \le 2\pi)$

$$t = 0,\; t = \pi,\; t = 2\pi$$

② $f(t) = 0 \;(0 \le t \le 2\pi)$

$f(x) = 0 \;(\pi < x < 2\pi)$ 의 실근을 각각 $\alpha,\, \beta$ 라 하자.

$$t = \dfrac{\pi}{2},\; t = \alpha,\; t = \beta$$

대칭성에 의해서 $\alpha + \beta = \dfrac{3}{2}\pi \times 2 = 3\pi$

①, ②에 의해

모든 t의 값의 합은 $0 + \pi + 2\pi + \dfrac{\pi}{2} + \alpha + \beta = \dfrac{13}{2}\pi$ 이다.

따라서 $p + q = 15$ 이다.

답 15

$$f(x) = x^2 + ax + b,\; g(x) = \sin x$$

(가) 조건에서

$$\{g(a\pi)\}^2 = 1 \;\Rightarrow\; \sin a\pi = 1 \text{ or } \sin a\pi = -1$$

$$\Rightarrow\; a = \dfrac{1}{2} \text{ or } a = \dfrac{3}{2} \;(\because\; 0 \le a \le 2)$$

(나) 조건에서
방정식 $f(g(x))=0$ $(0 \le x \le 2\pi)$

$g(x)=t$ 라 하자.
만약 방정식 $f(t)=0$ 의 서로 다른 실근의 개수가 1 이라면
방정식 $\sin x = t$ 의 모든 해의 합은 $\dfrac{5}{2}\pi$ 가 될 수 없으므로
모순이다.

즉, 방정식 $f(t)=0$ 은 서로 다른 두 실근을 가져야 하고,
그 두 실근을 t_1, t_2 라 하자.

방정식 $\sin x = t_1$ 와 $\sin x = t_2$ 의 모든 실근의 합이
$\dfrac{5}{2}\pi$ 가 되려면 $t_1=-1$, $0<t_2<1$ 이어야 한다.

a 의 값에 따라 case분류하면

① $a=\dfrac{1}{2}$

  $f(-1)=0$ 이어야 하므로
  $1-a+b=0 \Rightarrow a=\dfrac{1}{2}$, $b=-\dfrac{1}{2}$

  방정식 $f(t)=0$ 의 두 실근을 구하면

  $t^2+\dfrac{1}{2}t-\dfrac{1}{2}=0 \Rightarrow 2t^2+t-1=0$

  $\Rightarrow (2t-1)(t+1)=0 \Rightarrow t=\dfrac{1}{2}$ or $t=-1$

  즉, $t_1=-1$, $0<t_2<1$ 를 만족시킨다.

② $a=\dfrac{3}{2}$

  $f(-1)=0$ 이어야 하므로
  $1-a+b=0 \Rightarrow a=\dfrac{3}{2}$, $b=\dfrac{1}{2}$

  방정식 $f(t)=0$ 의 두 실근을 구하면
  $t^2+\dfrac{3}{2}t+\dfrac{1}{2}=0 \Rightarrow 2t^2+3t+1=0$

  $\Rightarrow (2t+1)(t+1)=0 \Rightarrow t=-\dfrac{1}{2}$ or $t=-1$

  즉, $t_1=-1$, $0<t_2<1$ 를 만족시키지 않는다.

①, ②에 의해서
$a=\dfrac{1}{2}$, $b=-\dfrac{1}{2}$ 이므로 $f(x)=x^2+\dfrac{1}{2}x-\dfrac{1}{2}$ 이다.

따라서 $f(2)=4+1-\dfrac{1}{2}=\dfrac{9}{2}$ 이다.

답 ④

099

$f(x)=2x^2+2x-1$, $g(x)=\cos\dfrac{\pi}{3}x$
$f(g(x))=g(x)$ 에서 $g(x)=t$ $(-1 \le t \le 1)$ 라 하면
$f(t)=t \Rightarrow 2t^2+2t-1=t \Rightarrow (2t-1)(t+1)=0$

$\Rightarrow t=\dfrac{1}{2}$ or $t=-1$

$g(x)=\dfrac{1}{2}$ or $g(x)=-1$ $(0 \le x < 12)$ 의 모든 실근을
작은 수부터 크기순으로 나열한 것을
x_1, x_2, x_3, x_4, x_5, x_6 라 하자.

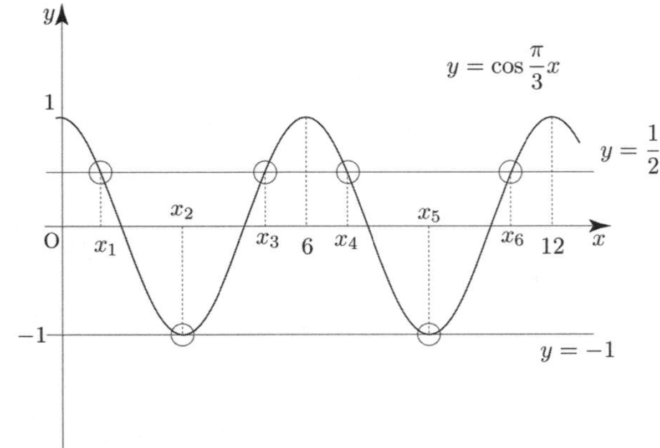

대칭성에 의해서
$x_1+x_6=2\times 6=12$
$x_2+x_5=2\times 6=12$
$x_3+x_4=2\times 6=12$

따라서 모든 실수 x 의 값의 합은
$x_1+x_2+x_3+x_4+x_5+x_6=12\times 3=36$ 이다.

답 36

100

A는 $y = a\sin x + b$의 그래프가 직선 $x = \pi$와
만나는 점의 집합이므로 $A = \{(\pi,\ b)\}$

B는 $y = a\sin x + b$의 그래프가 직선 $y = 1$과
만나는 점의 집합이므로

$a\sin x + b = 1 \ \Rightarrow \ \sin x = \dfrac{1-b}{a}$

방정식 $\sin x = \dfrac{1-b}{a} \ (0 < x < 2\pi)$의 실근을 α이라 하면

$(\alpha,\ 1) \in B$이다.

C는 $y = a\sin x + b$의 그래프가 직선 $y = 3$과
만나는 점의 집합이므로

$a\sin x + b = 3 \ \Rightarrow \ \sin x = \dfrac{3-b}{a}$

방정식 $\sin x = \dfrac{3-b}{a} \ (0 < x < 2\pi)$의 실근을 β이라 하면

$(\beta,\ 3) \in C$이다.

$a,\ b$는 5 이하의 자연수이고 $\dfrac{1-b}{a},\ \dfrac{3-b}{a}$ 는

b의 값에 따라 부호가 달라지므로
b의 값에 따라 case분류해 보자.

① $b = 1$

$A = \{(\pi,\ 1)\}$

$\sin x = 0 \ (0,\ 2\pi)$ 이므로
$B = \{(\pi,\ 1)\}$

$n(A \cup B \cup C) = 3$가 되려면
$n(C) = 2$이어야 한다. $(\because \ B \cap C = \varnothing)$

$\sin x = \dfrac{2}{a} \ (0,\ 2\pi)$ 이므로

$a = 1 \ \Rightarrow \ \sin x = 2 \ \Rightarrow \ n(C) = 0$

$a = 2 \ \Rightarrow \ \sin x = 1 \ \Rightarrow \ n(C) = 1$

$a = 3 \ \Rightarrow \ \sin x = \dfrac{2}{3} \ \Rightarrow \ n(C) = 2$

$a = 4 \ \Rightarrow \ \sin x = \dfrac{1}{2} \ \Rightarrow \ n(C) = 2$

$a = 5 \ \Rightarrow \ \sin x = \dfrac{2}{5} \ \Rightarrow \ n(C) = 2$

즉, $a = 3,\ 4,\ 5$이어야 한다.

② $b = 2$

$A = \{(\pi,\ 2)\}$

$n(A \cup B \cup C) = 3$가 되려면
$n(B) = n(C) = 1$ or
$n(B) = 2,\ n(C) = 0$ or $n(B) = 0,\ n(C) = 2$
이어야 한다.
$(\because \ A \cap C = \varnothing,\ B \cap C = \varnothing,\ A \cap B = \varnothing)$

$\sin x = -\dfrac{1}{a} \ (0,\ 2\pi)$

$\sin x = \dfrac{1}{a} \ (0,\ 2\pi)$

이므로 $n(B) = n(C) = 1$만 가능하다.
즉, $a = 1$이다.

③ $b = 3$

$A = \{(\pi,\ 3)\}$

$\sin x = 0 \ (0,\ 2\pi)$ 이므로
$C = \{(\pi,\ 3)\}$

$n(A \cup B \cup C) = 3$가 되려면
$n(B) = 2$이어야 한다. $(\because \ B \cap C = \varnothing)$

$\sin x = -\dfrac{2}{a} \ (0,\ 2\pi)$ 이므로

$a = 1 \ \Rightarrow \ \sin x = -2 \ \Rightarrow \ n(B) = 0$

$a = 2 \ \Rightarrow \ \sin x = -1 \ \Rightarrow \ n(B) = 1$

$a = 3 \ \Rightarrow \ \sin x = -\dfrac{2}{3} \ \Rightarrow \ n(B) = 2$

$a = 4 \ \Rightarrow \ \sin x = -\dfrac{1}{2} \ \Rightarrow \ n(B) = 2$

$a = 5 \ \Rightarrow \ \sin x = -\dfrac{2}{5} \ \Rightarrow \ n(B) = 2$

즉, $a = 3,\ 4,\ 5$이어야 한다.

④ $b = 4$

$A = \{(\pi,\ 4)\}$

$n(A \cup B \cup C) = 3$가 되려면

$n(B)=n(C)=1$ or

$n(B)=2,\ n(C)=0$ or $n(B)=0,\ n(C)=2$

이어야 한다.

($\because\ A\cap C=\varnothing,\ B\cap C=\varnothing,\ A\cap B=\varnothing$)

$$\sin x=-\frac{3}{a}\ (0,\ 2\pi)$$

$$\sin x=-\frac{1}{a}\ (0,\ 2\pi)$$

$n(B)=0,\ n(C)=2$만 가능하므로 $a=2$이다.

⑤ $b=5$

$$A=\{(\pi,\ 5)\}$$

$n(A\cup B\cup C)=3$가 되려면

$n(B)=n(C)=1$ or

$n(B)=2,\ n(C)=0$ or $n(B)=0,\ n(C)=2$

이어야 한다.

($\because\ A\cap C=\varnothing,\ B\cap C=\varnothing,\ A\cap B=\varnothing$)

$$\sin x=-\frac{4}{a}\ (0,\ 2\pi)$$

$$\sin x=-\frac{2}{a}\ (0,\ 2\pi)$$

$n(B)=0,\ n(C)=2$만 가능하므로 $a=3$이다.

①, ②, ③, ④, ⑤에 의해

$a+b$의 최댓값 $M=8$이고, 최솟값 $m=3$이다.

따라서 $M\times m=24$이다.

답   24

101

$y=a\cos^2 x+a\sin x+b$ 의 최댓값이 10, 최솟값이 1

$$y=a(1-\sin^2 x)+a\sin x+b=-a\sin^2 x+a\sin x+a+b$$

$\sin x=t$라 치환하면

$$y=-at^2+at+a+b\ (-1\le t\le 1)$$

$$y=-at^2+at+a+b=-a\left(t-\frac{1}{2}\right)^2+\frac{5}{4}a+b$$

---

a의 부호에 따라 최댓값과 최솟값이 달라지므로 **case**분류하면 다음과 같다.

① $a>0$

$t=\dfrac{1}{2}$일 때, 최댓값 $\dfrac{5}{4}a+b=10$

$t=-1$일 때, 최솟값 $-a+b=1$

연립하면 $a=4,\ b=5$이다.

($a>0$이므로 조건을 만족한다.)

② $a=0$

$y=b$이므로 최댓값이 10이면서 최솟값이 1일 수 없으므로 모순이다.

③ $a<0$

$t=-1$일 때, 최댓값 $-a+b=10$

$t=\dfrac{1}{2}$일 때, 최솟값 $\dfrac{5}{4}a+b=1$

연립하면 $a=-4,\ b=6$이다.

($a<0$이므로 조건을 만족한다.)

①, ②, ③에 의해

따라서 $ab=20$ or $ab=-24$이므로 $p+q=-4$이다.

답   ①

102

$2x-\dfrac{7}{12}\pi=t$라 하면

$$0\le x<2\pi\ \Rightarrow\ -\frac{7}{12}\pi\le t<4\pi-\frac{7}{12}\pi$$

$$f(x)=\cos^2\left(\frac{13}{12}\pi-2x\right)+\sqrt{3}\cos\left(2x-\frac{7}{12}\pi\right)-1$$

$$\Rightarrow f(x)=\cos^2\left(\frac{\pi}{2}+\frac{7}{12}\pi-2x\right)+\sqrt{3}\cos\left(2x-\frac{7}{12}\pi\right)-1$$

$$\Rightarrow f(x)=\cos^2\left(\frac{\pi}{2}-t\right)+\sqrt{3}\cos t-1$$

$$\Rightarrow f(x)=\sin^2 t+\sqrt{3}\cos t-1$$

$$\Rightarrow f(x)=-\cos^2 t+\sqrt{3}\cos t$$

$\cos t = s \ (-1 \le s \le 1)$ 라 하면

$-s^2 + \sqrt{3}\,s$ 는 $s = \dfrac{\sqrt{3}}{2}$ 에서 최댓값을 갖고,

$s = -1$ 에서 최솟값을 갖는다.

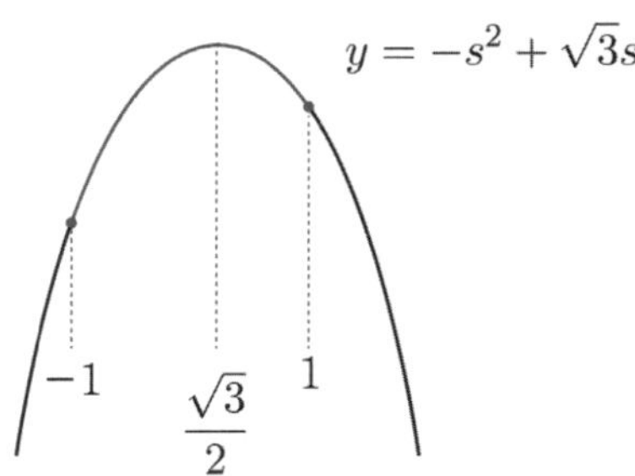

문제에서 $\beta - \alpha$ 의 최댓값을 구하려면 β 의 최댓값과 α 의 최솟값을 구하면 된다.

또한 $2x - \dfrac{7}{12}\pi = t$ 이므로 t 의 값이 최대일 때 x 의 값이 최대이고, t 의 값이 최소일 때 x 의 값이 최소이다.

먼저 α 의 최솟값을 찾아보자.

$\cos t = \dfrac{\sqrt{3}}{2} \left(-\dfrac{7}{12}\pi \le t < 4\pi - \dfrac{7}{12}\pi \right)$ 를 만족시키는

t 중에서 가장 작은 값은 $-\dfrac{\pi}{6}$ 이므로

$2x - \dfrac{7}{12}\pi = -\dfrac{\pi}{6} \ \Rightarrow \ x = \dfrac{5}{24}\pi$

즉, α 의 최솟값은 $\dfrac{5}{24}\pi$ 이다.

이제 β 의 최댓값을 찾아보자.

$\cos t = -1 \left(-\dfrac{7}{12}\pi \le t < 4\pi - \dfrac{7}{12}\pi \right)$

t 중에서 가장 큰 값은 3π 이므로

$2x - \dfrac{7}{12}\pi = 3\pi \ \Rightarrow \ x = \dfrac{43}{24}\pi$

즉, β 의 최댓값은 $\dfrac{43}{24}\pi$ 이다.

따라서 $\dfrac{12}{\pi} \times (\beta - \alpha)$ 의 최댓값은

$\dfrac{12}{\pi} \times \left(\dfrac{43}{24}\pi - \dfrac{5}{24}\pi \right) = 19$ 이다.

 19

103	4	**109**	11
104	④	**110**	68
105	126	**111**	42
106	③	**112**	⑤
107	②	**113**	②
108	③		

103

$\tan$ 의 첫 번째 점근선(양수)은 주기의 반이므로 $x = \dfrac{\pi}{2a}$ 이다.

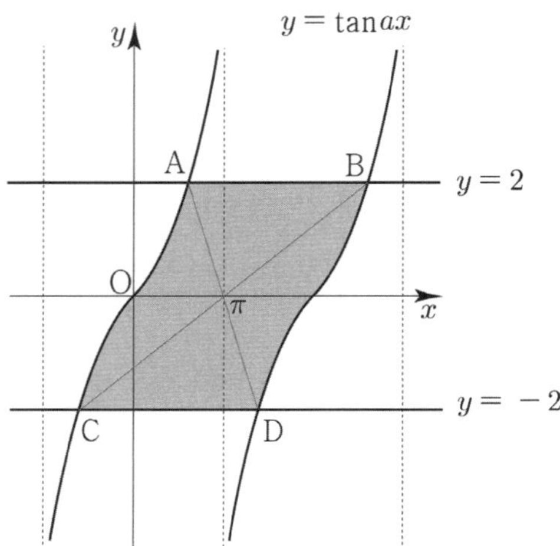

직선 AD 와 직선 BC 의 교점의 x 좌표가 π 인데

대칭성에 의해 교점이 $\left(\dfrac{\pi}{2a},\ 0 \right)$ 이므로 $a = \dfrac{1}{2}$ 이다.

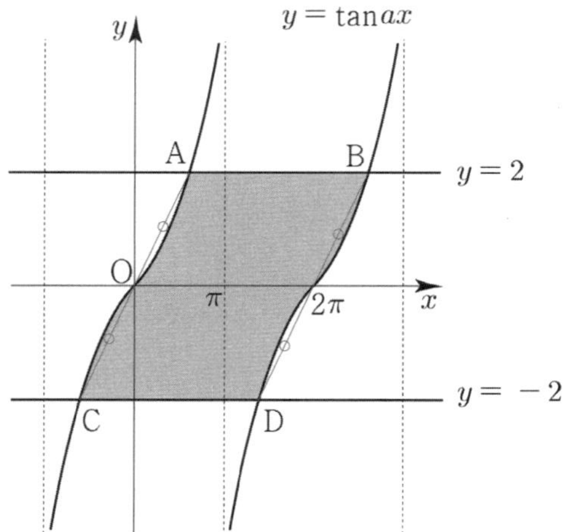

선분 AC 의 중점이 $(0,\ 0)$ 이고 선분 BD 의 중점이 $(2\pi,\ 0)$ 이므로 $x_1 + x_3 = 0,\ x_2 + x_4 = 2 \times 2\pi = 4\pi$

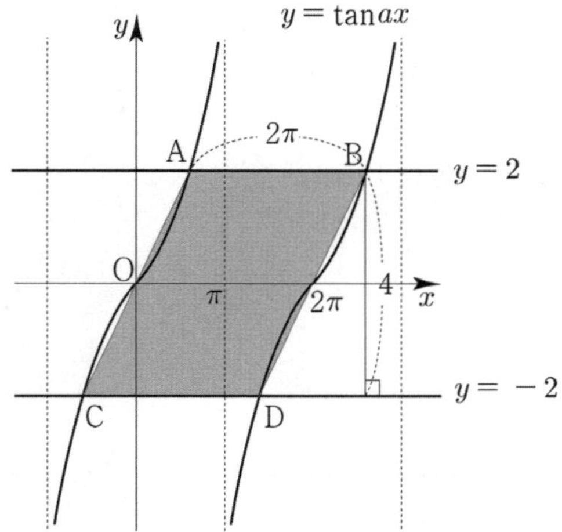

대칭성을 이용하면 색칠한 부분의 넓이는
평행사변형 ABDC 의 넓이와 같다.
선분 AB 의 길이는 주기와 같으므로 2π 가 되고
높이는 $2-(-2)=4$ 이다.
즉, $b=2\pi\times4=8\pi$

따라서 $\dfrac{b}{a(x_1+x_2+x_3+x_4)}=\dfrac{8\pi}{\dfrac{1}{2}\times4\pi}=\dfrac{8\pi}{2\pi}=4$ 이다.

답 4

104

곡선 $y=f(x)$ 와 직선 $y=\sin\left(\dfrac{k}{6}\pi\right)$ 의 교점의 개수를 a_k

> **Tip**
>
> 곡선 $y=\sin x$ 와 곡선 $y=2\sin\left(\dfrac{k}{6}\pi\right)-\sin x$ 의
>
> 관계를 살펴보면 곡선 $y=2\sin\left(\dfrac{k}{6}\pi\right)-\sin x$ 는
>
> 곡선 $y=\sin x$ 를 직선 $y=\sin\left(\dfrac{k}{6}\pi\right)$ 에 대하여
>
> 대칭이동한 것과 같다. 만약 낯설게 느껴졌다면
> 문제편 지수함수와 로그함수 단원 Guide step
> 함수 그리기 기초를 참고하도록 하자.

k 의 값에 따라 두 곡선 $y=f(x),\ y=\sin x$ 와
직선 $y=\sin\left(\dfrac{k}{6}\pi\right)$ 를 그리면 다음과 같다.

① $k=1$ 일 때, $a_1=2$

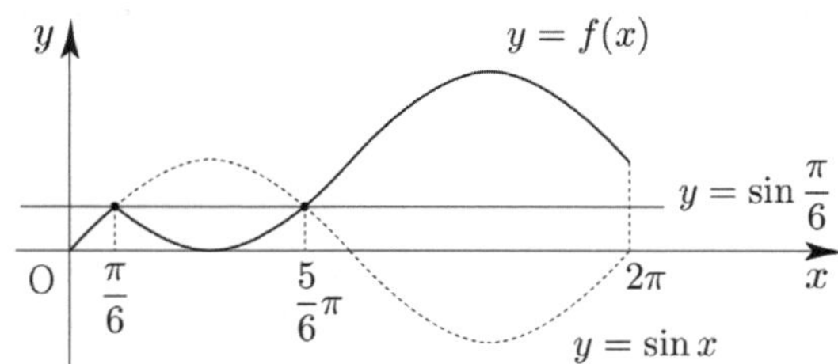

② $k=2$ 일 때, $a_2=2$

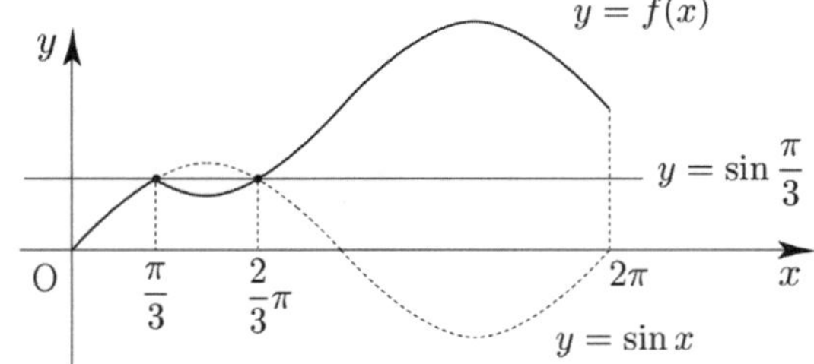

③ $k=3$ 일 때, $a_3=1$

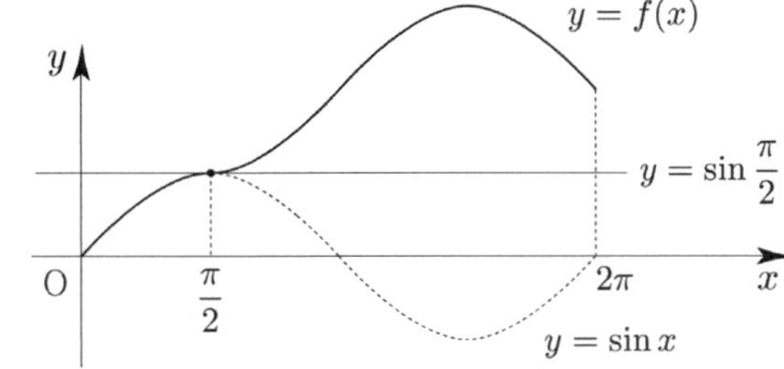

④ $k=4$ 일 때, $a_4=2$

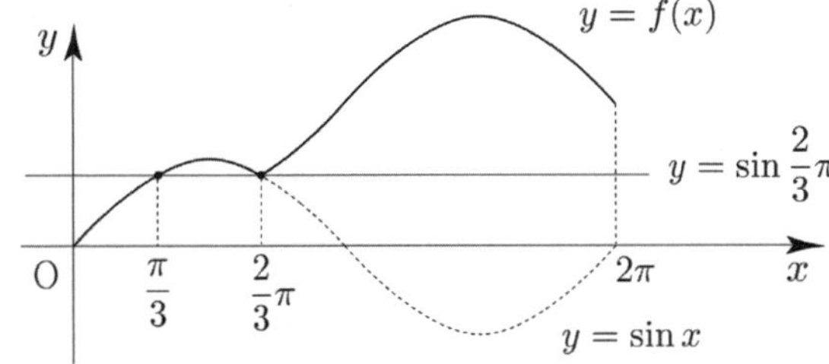

⑤ $k=5$ 일 때, $a_5=2$

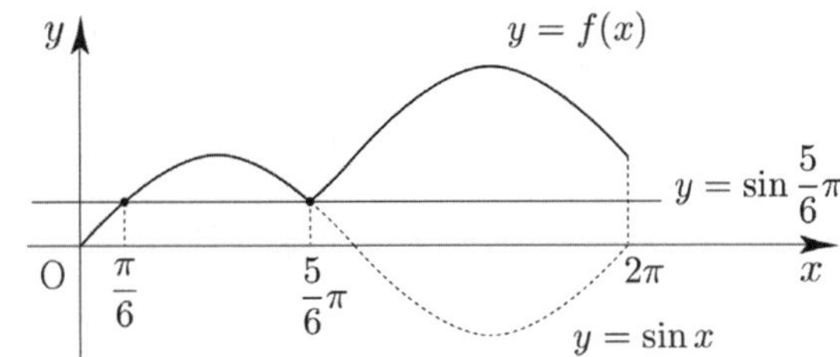

따라서 $a_1+a_2+a_3+a_4+a_5=2+2+1+2+2=9$ 이다.

답 ④

105

A 집합을 구해보자.

방정식 $\sin t = \cos t \, (t > 0)$ 의 실근을 구하면

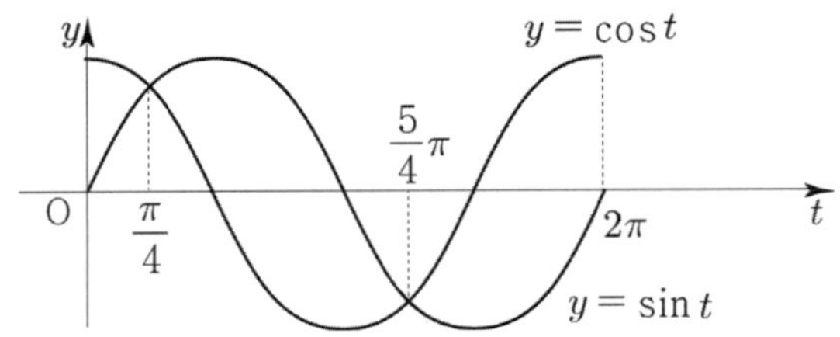

$t = \dfrac{\pi}{4}, \ \dfrac{5}{4}\pi, \ \dfrac{9}{4}\pi, \ \dfrac{13}{4}\pi, \ \cdots$ 이고, x 로 변환하면

$\dfrac{\pi}{2}x = t \ \Rightarrow \ x = \dfrac{1}{2}, \ \dfrac{5}{2}, \ \dfrac{9}{2}, \ \dfrac{13}{2}, \ \cdots$

마찬가지로 B 집합을 구해보자.

방정식 $\sin t = |\cos t| \ (t > 0)$ 의 실근을 구하면

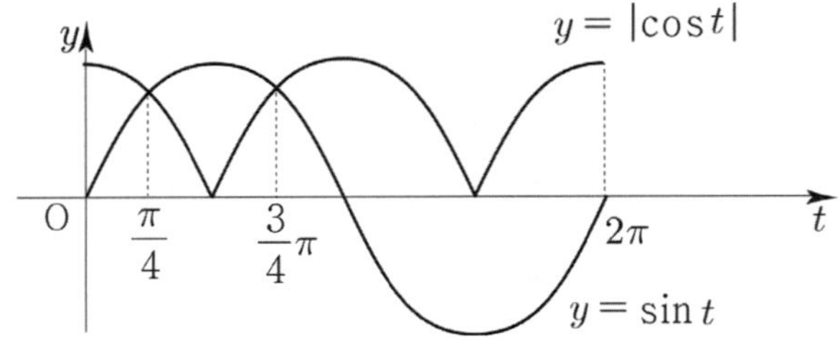

$t = \dfrac{\pi}{4}, \ \dfrac{3}{4}\pi, \ \dfrac{9}{4}\pi, \ \dfrac{11}{4}\pi, \ \cdots$ 이고, x 로 변환하면

$\dfrac{\pi}{2}x = t \ \Rightarrow \ x = \dfrac{1}{2}, \ \dfrac{3}{2}, \ \dfrac{9}{2}, \ \dfrac{11}{2}, \ \cdots$

$A \cup B$ 를 구하면 (한주기 마다 /)

$\dfrac{1}{2}, \ \dfrac{3}{2}, \ \dfrac{5}{2} \ / \ \dfrac{9}{2}, \ \dfrac{11}{2}, \ \dfrac{13}{2} \ / \ \cdots$

한 주기 마다 합을 구해주면

$\dfrac{9}{2}, \ \dfrac{33}{2}, \ \dfrac{57}{2}, \ \dfrac{81}{2}, \ \cdots$

$\dfrac{9 + 33 + 57 + 81}{2} = 90$ 이므로 결국 4 번째 주기까지

다 더해주면 된다.

4 번째와 5 번째 주기에서 $A \cup B$ 를 구해주면

$\dfrac{25}{2}, \ \dfrac{27}{2}, \ \dfrac{29}{2} \ / \ \dfrac{33}{2}, \ \dfrac{35}{2}, \ \dfrac{37}{2}$

처음에 전제조건이 $0 < x < \dfrac{n}{2}$ 이므로

$n = 30, \ 31, \ 32, \ 33$ 까지 가능하다.

따라서 모든 자연수 n 의 값의 합은

$30 + 31 + 32 + 33 = 126$ 이다.

$\boxed{답}$ 126

106

$0 \leq t \leq 3$ 인 실수 t 와 상수 k 에 대하여 $t \leq x \leq t+1$

에서 방정식 $\sin \dfrac{\pi}{2}x = k$ 의 모든 해의 개수를 $f(t)$

$y = \sin \dfrac{\pi}{2}x$ 는 치역이 $\{ y \mid -1 \leq y \leq 1 \}$ 이고 주기가

4 이므로

$0 \leq x \leq 4$ 에서 $y = \sin \dfrac{\pi}{2}x$ 와 $y = k$ 와 두 점에서

만나려면 $-1 < k < 1 \ (k \neq 0)$ 이어야 한다.

($k = 0$ 이면 $\sin \dfrac{\pi}{2}x = 0$ 을 만족시키는 x 는 0, 2, 4 이므로

$t \leq x \leq t+1$ 에서 $\sin \dfrac{\pi}{2}x = 0$ 을 만족시키는 x 값이

두 개일 수 없다. 따라서 $f(t) = 2$ 가 나올 수 없으므로

모순이다.)

만약 $k < 0$ 일 경우 $f(0) = 0$ 이므로 모순이다.

즉, $k > 0$ 이다.

$0 \leq x \leq 4$ 에서 $y = \sin \dfrac{\pi}{2}x$ 와 직선 $y = k$ 와 만나는

두 점의 x 좌표를 각각 $x_1, \ x_2 \ (x_1 < x_2)$ 라 하면

다음과 같이 case 분류할 수 있다.

① $x_2 - x_1 > 1$

$f(t) = 2$ 를 만족시키는 t 의 값이 존재하지 않으니 모순이다.

② $x_2 - x_1 < 1$

$f(t) = 2$ 를 만족시키는 t 의 값이 여러개 존재하니 모순이다.

③ $x_2 - x_1 = 1$

$x_1 = \dfrac{1}{2}, \ x_2 = \dfrac{3}{2}$

$0 \leq t < \dfrac{1}{2}, \ \dfrac{1}{2} < t \leq \dfrac{3}{2}$ 일 때, $f(t) = 1$

$t = \dfrac{1}{2}$ 일 때, $f(t) = 2$

$\dfrac{3}{2} < t \leq 3$ 일 때, $f(t) = 0$

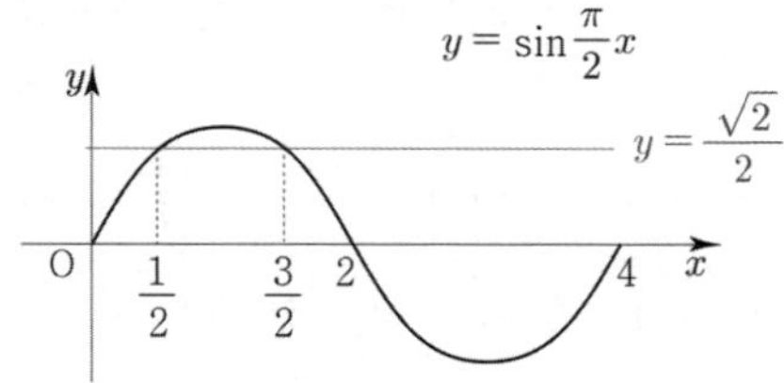

$a = \dfrac{1}{2}$, $b = \dfrac{3}{2}$, $k = f\left(\dfrac{1}{2}\right) = \dfrac{\sqrt{2}}{2}$ 이므로

$a^2 + b^2 + k^2 = \dfrac{1}{4} + \dfrac{9}{4} + \dfrac{2}{4} = \dfrac{12}{4} = 3$ 이다.

답 ③

107

방정식 $\left(\sin\dfrac{\pi x}{2} - t\right)\left(\cos\dfrac{\pi x}{2} - t\right) = 0$ 의 서로 다른 실근은

두 곡선 $y = \sin\dfrac{\pi x}{2}$, $y = \cos\dfrac{\pi x}{2}$ 와 직선 $y = t$ 의

교점의 x 좌표이다.

ㄱ. $-1 \leq t < 0$ 인 모든 실수 t 에 대하여
$\alpha(t) + \beta(t) = 5$ 이다.

두 곡선 $y = \sin\dfrac{\pi x}{2}$, $y = \cos\dfrac{\pi x}{2}$ 를 그리면 다음과 같다.

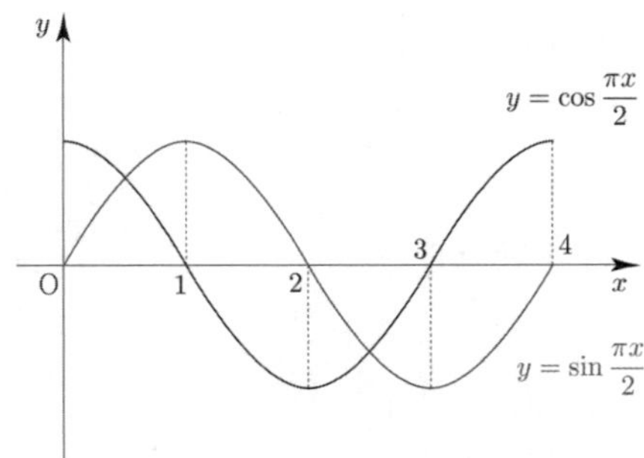

직선 $y = t$ $(-1 \leq t < 0)$ 를 그려 $\alpha(t)$, $\beta(t)$ 를
나타내면 다음과 같다.

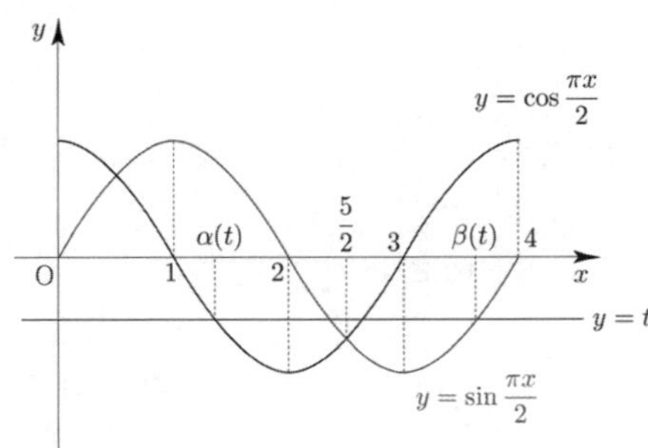

대칭성에 의해서 $\dfrac{\alpha(t) + \beta(t)}{2} = \dfrac{5}{2} \Rightarrow \alpha(t) + \beta(t) = 5$

이므로 ㄱ은 참이다.

ㄴ. $\{t \mid \beta(t) - \alpha(t) = \beta(0) - \alpha(0)\} = \left\{t \mid 0 \leq t \leq \dfrac{\sqrt{2}}{2}\right\}$

$0 \leq \alpha(t) < 4$, $0 \leq \beta(t) < 4$ 이므로 $t = 0$ 일 때,
$\beta(0) = 3$, $\alpha(0) = 0 \Rightarrow \beta(0) - \alpha(0) = 3$

즉, $\beta(t) - \alpha(t) = 3$ 을 만족시키는 t 의 범위가

$0 \leq t \leq \dfrac{\sqrt{2}}{2}$ 인지 조사하면 된다.

① $0 \leq t \leq \dfrac{\sqrt{2}}{2}$ 일 때,

$t = 0$ 이면 $\beta(0) - \alpha(0) = 3$

$t \neq 0$ 이면 다음과 같다.

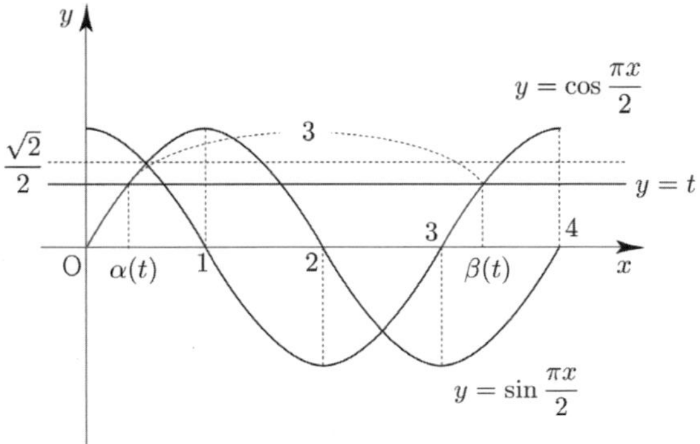

두 곡선 $y = \sin\dfrac{\pi x}{2}$, $y = \cos\dfrac{\pi x}{2}$ 은 서로 평행이동

관계이므로 $\beta(t) - \alpha(t) = 3$ 이 성립한다.

② $\dfrac{\sqrt{2}}{2} < t < 1$ 일 때,

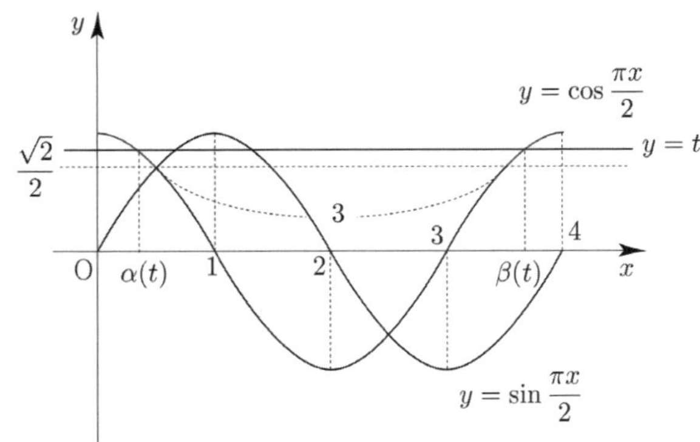

$3 < \beta(t) - \alpha(t) < 4$

③ $t = 1$ 일 때,
$\beta(1) = 1$, $\alpha(1) = 0 \Rightarrow \beta(1) - \alpha(1) = 1$

④ $-1 \leq t < 0$ 일 때,

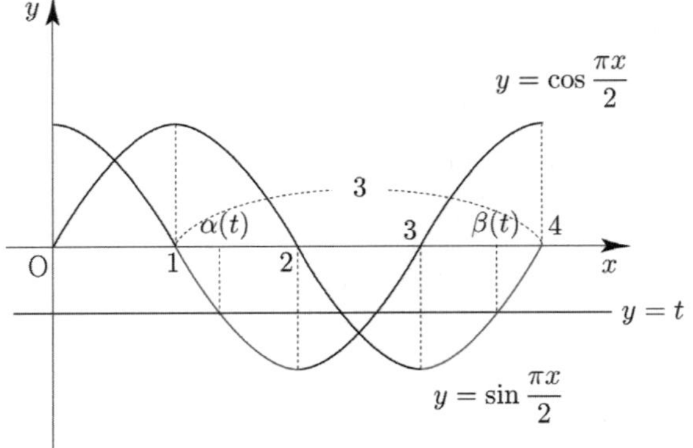

$$1 \leq \beta(t) - \alpha(t) < 3$$

①, ②, ③, ④에 의해서

$$\{t \mid \beta(t) - \alpha(t) = 3\} = \left\{ t \mid 0 \leq t \leq \frac{\sqrt{2}}{2} \right\}$$

이므로 ㄴ은 참이다.

ㄷ. $\alpha(t_1) = \alpha(t_2)$ 인 두 실수 t_1, t_2에 대하여

$t_2 - t_1 = \dfrac{1}{2}$ 이면 $t_1 \times t_2 = \dfrac{1}{3}$ 이다.

$\alpha(t_1) = \alpha(t_2)$ 이려면 $0 < t_1 < \dfrac{\sqrt{2}}{2} < t_2$ 이어야 하고

그림으로 나타내면 다음과 같다.

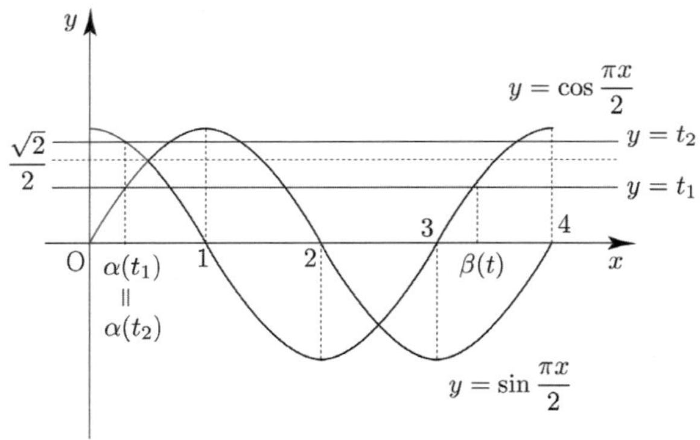

$\alpha(t_1) = \alpha(t_2) = \theta$ 라 하면 $t_1 = \sin\dfrac{\pi}{2}\theta$, $t_2 = \cos\dfrac{\pi}{2}\theta$

$(t_2 - t_1)^2 = t_2^{\,2} + t_1^{\,2} - 2t_1 t_2$ 이고,

$t_2^{\,2} + t_1^{\,2} = \cos^2\dfrac{\pi}{2}\theta + \sin^2\dfrac{\pi}{2}\theta = 1$ 이므로

$$\left(\frac{1}{2}\right)^2 = 1 - 2t_1 t_2 \;\Rightarrow\; t_1 t_2 = \frac{3}{8}$$

따라서 ㄷ은 거짓이다.

답   ②

108

두 점 A, B의 x좌표를 각각 a, b $(a < b)$ 라 하면
방정식 $f(x) = g(x)$ $(0 \leq x \leq 2\pi)$ 의 두 실근은 a, b이다.

$$f(x) = g(x) \;\Rightarrow\; k\sin x = \cos x \;\Rightarrow\; \tan x = \frac{1}{k}$$

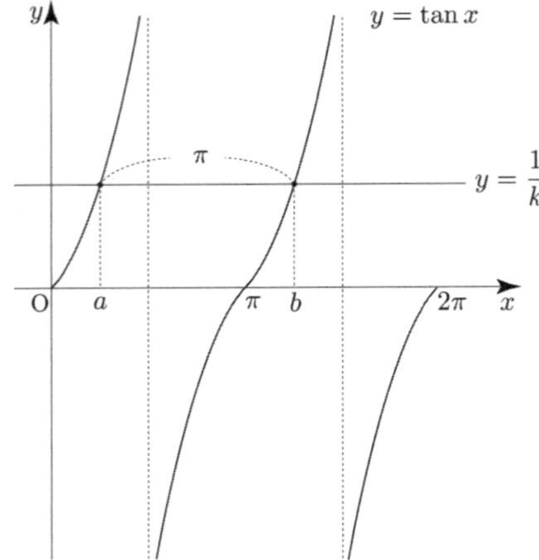

즉, 방정식 $\tan x = \dfrac{1}{k}$ $(0 \leq x \leq 2\pi)$ 의 두 실근은 a, b이고

$\tan x$의 주기가 π 이므로 $b = a + \pi$ 이다.

$A(a,\ \cos a)$, $B(a+\pi,\ \cos(a+\pi))$

$\Rightarrow A(a,\ \cos a)$, $B(a+\pi,\ -\cos a)$

선분 AB를 $3:1$로 외분하는 점이 C 이므로

$$\frac{A - 3B}{1 - 3} = C \;\Rightarrow\; \frac{A - 3B}{-2} = C$$

$$C\left(\frac{a - 3(a+\pi)}{-2},\ \frac{\cos a - 3(-\cos a)}{-2} \right)$$

$$\Rightarrow C\left(a + \frac{3}{2}\pi,\ -2\cos a \right)$$

점 C는 곡선 $y = f(x)$ 위의 점이므로

$$-2\cos a = k\sin\left(a + \frac{3}{2}\pi \right) \;\Rightarrow\; -2\cos a = k \times (-\cos a)$$

$$\Rightarrow k = 2$$

즉, $\tan a = \dfrac{1}{2}$

Core 해석법으로 접근해보자.

우선 a가 예각이라고 생각하고 직각삼각형을 그린 후

$\tan a = \dfrac{1}{2}$ 가 되도록 적절히 변의 길이를 설정한다.

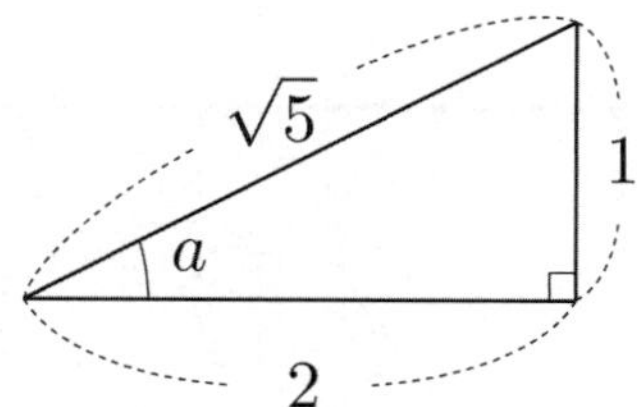

a는 예각이므로 $\cos a > 0$, $\sin a > 0$ 이다.

즉, $\cos a = \dfrac{2\sqrt{5}}{5}$, $\sin a = \dfrac{\sqrt{5}}{5}$

$\overline{CD} = \dfrac{\sqrt{5}}{5} - \left(-2 \times \dfrac{2\sqrt{5}}{5}\right) = \sqrt{5}$

점 B와 직선 CD 사이의 거리는

$\left(a + \dfrac{3}{2}\pi\right) - (a + \pi) = \dfrac{\pi}{2}$

따라서 삼각형 BCD 의 넓이는

$\dfrac{1}{2} \times \sqrt{5} \times \dfrac{\pi}{2} = \dfrac{\sqrt{5}}{4}\pi$ 이다.

답 ③

109

$\log_{\frac{1}{2}}(x+1) + \log_{\frac{1}{2}}(x+6) > \log_{\frac{1}{\sqrt{2}}}\sqrt{14}$

진수조건에 의해 $x+1 > 0$, $x+6 > 0 \Rightarrow x > -1$

밑을 2로 바꾸면

$-\log_2(x+1) - \log_2(x+6) > \log_{2^{-\frac{1}{2}}}\left(14^{\frac{1}{2}}\right)$

$-\log_2(x+1) - \log_2(x+6) > -\log_2 14$

$\log_2(x+1) + \log_2(x+6) < \log_2 14$

$\log_2(x+1)(x+6) < \log_2 14$

$(x+1)(x+6) < 14 \Rightarrow x^2 + 7x - 8 < 0 \Rightarrow (x+8)(x-1) < 0$

즉, $-8 < x < 1$

진수조건과 합쳐주면 $-1 < x < 1$ 이므로

$a = -1$, $b = 1$

$f(x) = -2\cos\pi x + 4|\cos\pi x|$

$f(x) = \begin{cases} 2\cos\pi x & (\cos\pi x \geq 0) \\ -6\cos\pi x & (\cos\pi x < 0) \end{cases}$

$y = \cos\pi x$ 의 그래프를 바탕으로 $f(x)$ 를 그리면

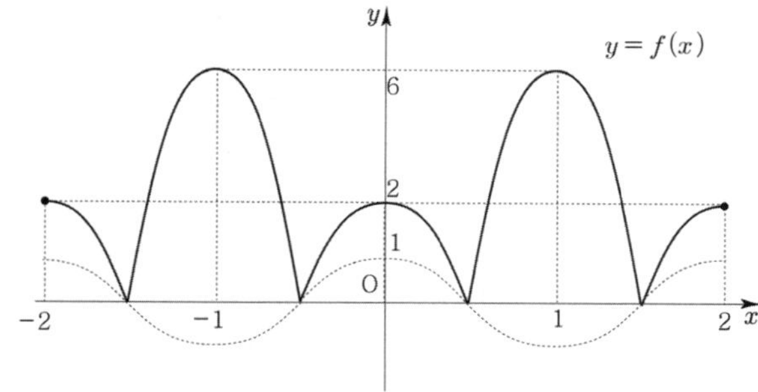

$S_k = \{\,|x|\,|\ f(x) = k\ \text{이고}\ -2 \leq x \leq 2\,\}$

$|x|$ 이니 대칭성을 유의하면서 $n(S_k)$를 구해보자

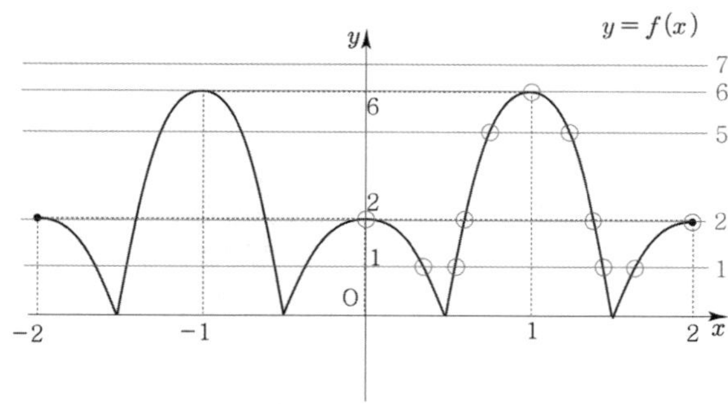

$n(S_1) = 4$, $n(S_2) = 4$(실수하는 포인트! $x = 0$),

$n(S_5) = 2$, $n(S_6) = 1$, $n(S_7) = 0$

따라서

$n(S_1) + n(S_2) + n(S_5) + n(S_6) + n(S_7)$

$= 4 + 4 + 2 + 1 = 11$

이다.

답 11

110

$y = \tan\pi x\,(x > 0)$ 와 두 직선 $y = 1$, $y = 10$ 을 그리면

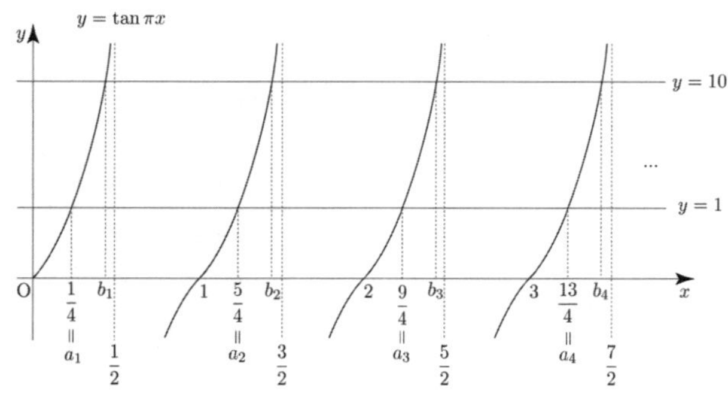

두 곡선 $y = \tan\pi x\,(a_1 \leq x \leq b_1)$, $y = \tan\pi x\,(a_n \leq x \leq b_n)$
와 두 직선 $y = 1$, $y = 10$ 으로 둘러싸인 부분은 아래 그림과
같다.

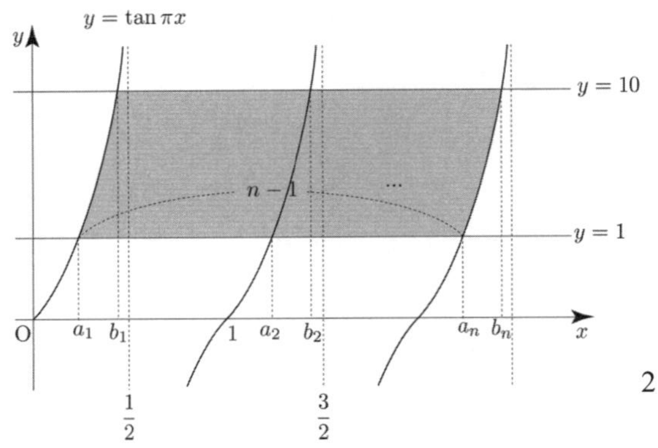

대칭성에 의하여 S_n은 아래와 같이 색칠한 직사각형의
넓이와 같다.

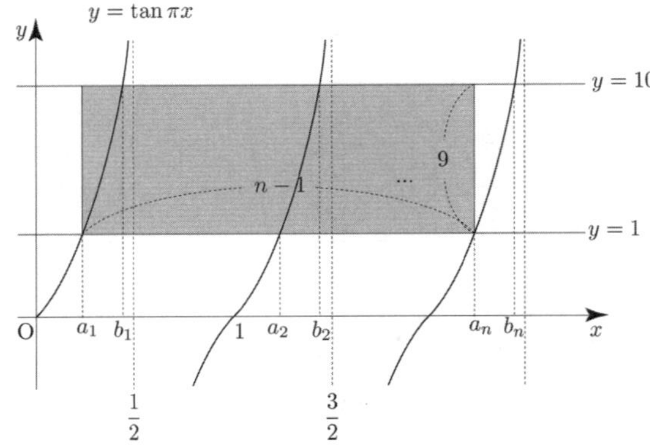

$S_n = 9(n-1)$ 이므로 $S_m = 27 \Rightarrow 9(m-1) = 27 \Rightarrow m = 4$

이제 $(4a_4)^2 + \dfrac{1}{\cos(\pi b_3)\cos(\pi b_4)}$ 를 구해보자.

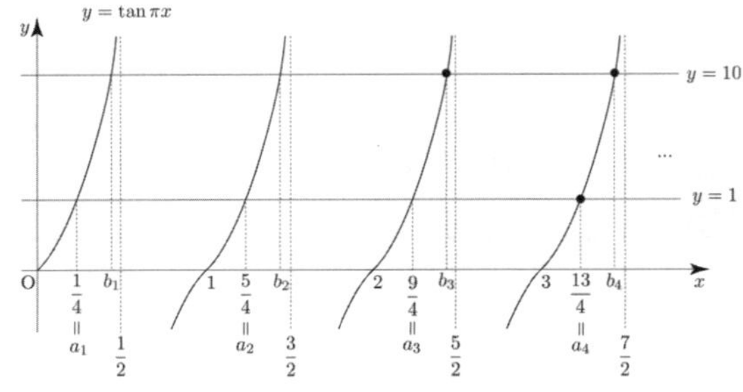

$a_4 = \dfrac{13}{4}$ 이므로 $(4a_4)^2 = \left(4 \times \dfrac{13}{4}\right)^2 = 169$

$\tan \pi b_3 = 10 \Rightarrow \cos \pi b_3 = \dfrac{1}{\sqrt{101}} \left(\because 2\pi < \pi b_3 < \dfrac{5}{2}\pi\right)$

$\tan \pi b_4 = 10 \Rightarrow \cos \pi b_4 = -\dfrac{1}{\sqrt{101}} \left(\because 3\pi < \pi b_4 < \dfrac{7}{2}\pi\right)$

(부호 조심!)

이므로 $\dfrac{1}{\cos(\pi b_3)\cos(\pi b_4)} = -101$

따라서 $(4a_4)^2 + \dfrac{1}{\cos(\pi b_3)\cos(\pi b_4)} = 169 - 101 = 68$ 이다.

답 68

집합 A부터 해석해보자.

$4\{f(x)\}^2 - 8f(x) + 3 = 0 \Rightarrow \{2f(x) - 1\}\{2f(x) - 3\} = 0$

$\Rightarrow f(x) = \dfrac{1}{2} \ \text{or} \ f(x) = \dfrac{3}{2}$

이므로 $0 \le x \le 8n$ 에서 곡선 $y = f(x)$ 와 두 직선
$y = \dfrac{1}{2}, \ y = \dfrac{3}{2}$ 이 만나는 점들이 집합 A의 원소이다.

곡선 $y = f(x)$ 와 직선 $y = \dfrac{3}{2}$ 이 만나는 점들의 x 좌표를
작은 수부터 크기순으로 나열한 것을 $a_1, \ a_2, \ a_3, \ a_4$ 라 하자.

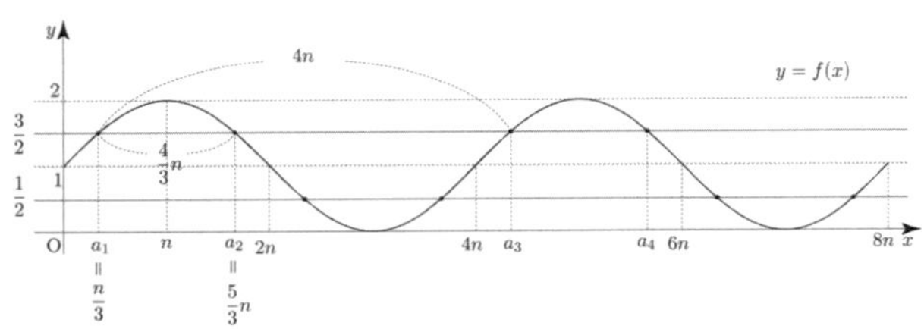

$f(x) = \dfrac{3}{2} \Rightarrow \sin\dfrac{\pi}{2n}x = \dfrac{1}{2} \Rightarrow \dfrac{\pi}{6} = \dfrac{\pi}{2n}x$

$\Rightarrow x = \dfrac{n}{3} \ (0 < x < n)$

이므로 $a_1 = \dfrac{n}{3}$ 이고, 대칭성에 의해서

$a_1 + a_2 = 2 \times n \Rightarrow a_2 = 2n - \dfrac{n}{3} = \dfrac{5}{3}n$

또한 주기 $4n$ 만큼 더해주면 $a_3 = 4n + \dfrac{n}{3}$ 이고,

$a_4 = \dfrac{4}{3}n + a_3$ 이다.

곡선 $y = f(x)$ 와 직선 $y = \dfrac{3}{2}$ 가 만나는 점 중에서
서로 다른 두 점을 택하여 만든 선분의 길이를 모두 구하면
다음과 같다.

$\dfrac{4}{3}n, \ \dfrac{8}{3}n, \ \dfrac{12}{3}n, \ \dfrac{16}{3}n$

대칭성에 의해서 곡선 $y = f(x)$ 와 직선 $y = \dfrac{1}{2}$ 가 만나는
점 중에서 서로 다른 두 점을 택하여 만든 선분의 길이를
모두 구하면 다음과 같다.

$$\frac{4}{3}n, \ \frac{8}{3}n, \ \frac{12}{3}n, \ \frac{16}{3}n$$

곡선 $y = f(x)$ 와 직선 $y = \dfrac{3}{2}$ 가 만나는 점 중에서

서로 다른 두 점을 택하고, 곡선 $y = f(x)$ 와 직선 $y = \dfrac{1}{2}$ 가

만나는 점 중에서 서로 다른 두 점을 택하여 사각형을
만들면 사각형은 사다리꼴과 같다.
(참고로 각각 서로 다른 두 점을 택하지 않으면 사각형을 만들 수
없다.

윗변, 밑변의 길이를 각각 A_n, B_n 이라 하면 사다리꼴의

넓이는 $\dfrac{1}{2} \times (A_n + B_n) \times \left(\dfrac{3}{2} - \dfrac{1}{2} \right) = \dfrac{1}{2}(A_n + B_n)$ 이다.

나올 수 있는 모든 $\dfrac{1}{2}(A_n + B_n)$ 의 값을 구하면

다음과 같다.

$$S_1 = \frac{4}{3}n, \ S_2 = \frac{6}{3}n, \ S_3 = \frac{8}{3}n, \ S_4 = \frac{10}{3}n,$$

$$S_5 = \frac{12}{3}n, \ S_6 = \frac{14}{3}n, \ S_7 = \frac{16}{3}n$$

$m = 7$ 이므로 $\displaystyle\sum_{k=1}^{7} S_k = \dfrac{7 \left(\dfrac{4}{3}n + \dfrac{16}{3}n \right)}{2} = \dfrac{70}{3}n$ 이다.

$$70 \le \sum_{k=1}^{m} S_k \le 210 \ \Rightarrow \ 70 \le \frac{70}{3}n \le 210 \ \Rightarrow \ 3 \le n \le 9$$

따라서 모든 자연수 n 의 값의 합은
$$3 + 4 + 5 + 6 + 7 + 8 + 9 = \frac{7(3+9)}{2} = 42 \ \text{이다.}$$

답 42

112

함수 $f(x)$ 의 주기는 π 이므로 나올 수 있는 개형을
case분류하면 다음과 같다.

① 함수 $y = 2a\cos\dfrac{b}{2}x - (a-2)(b-2)$ 의 주기가 2π 이고,

함수 $y = 2a\cos\dfrac{b}{2}x - (a-2)(b-2)$ 의 최댓값과

최솟값의 절댓값이 서로 같은 경우

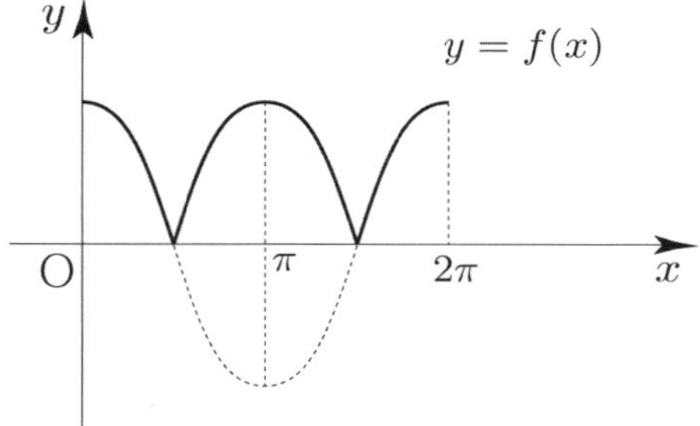

② 함수 $y = 2a\cos\dfrac{b}{2}x - (a-2)(b-2)$ 의 주기가 π 이고,

함수 $y = 2a\cos\dfrac{b}{2}x - (a-2)(b-2)$ 의 최댓값이

최솟값의 절댓값보다 작고, 최솟값이 음수인 경우

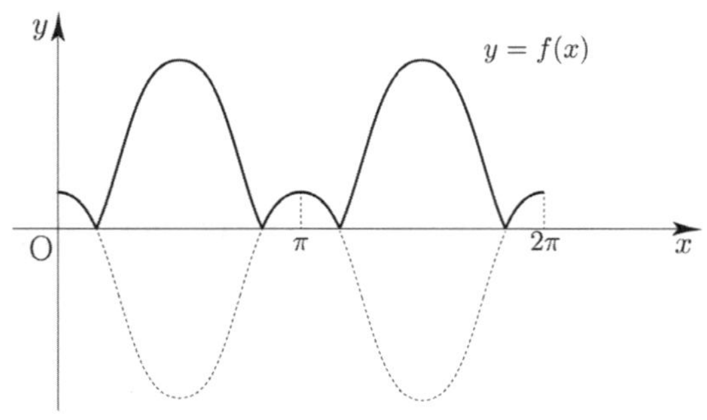

③ 함수 $y = 2a\cos\dfrac{b}{2}x - (a-2)(b-2)$ 의 주기가 π 이고,

함수 $y = 2a\cos\dfrac{b}{2}x - (a-2)(b-2)$ 의 최댓값이

최솟값의 절댓값보다 크고, 최솟값이 음수인 경우

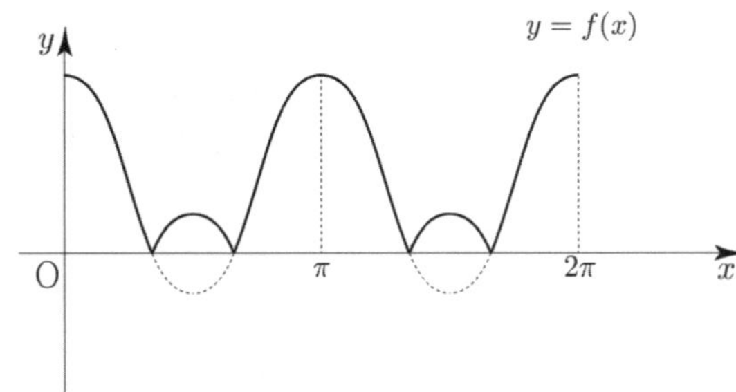

④ 함수 $y = 2a\cos\dfrac{b}{2}x - (a-2)(b-2)$ 의 주기가 π 이고,

함수 $y = 2a\cos\dfrac{b}{2}x - (a-2)(b-2)$ 의 최솟값이 0 이상인

경우

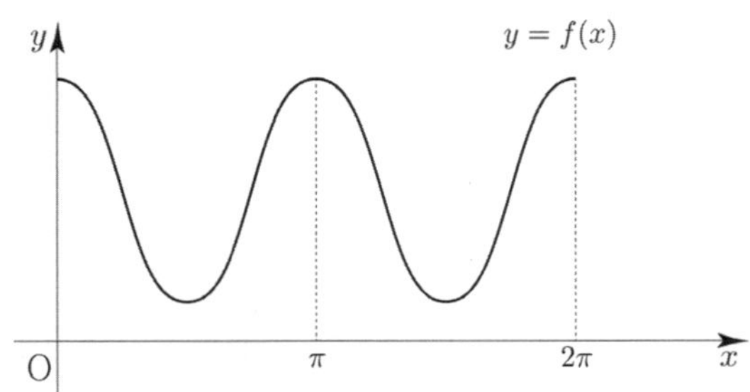

⑤ 함수 $y = 2a\cos\dfrac{b}{2}x - (a-2)(b-2)$ 의 주기가 π 이고,

함수 $y = 2a\cos\dfrac{b}{2}x - (a-2)(b-2)$ 의 최댓값이 0 이하인

경우

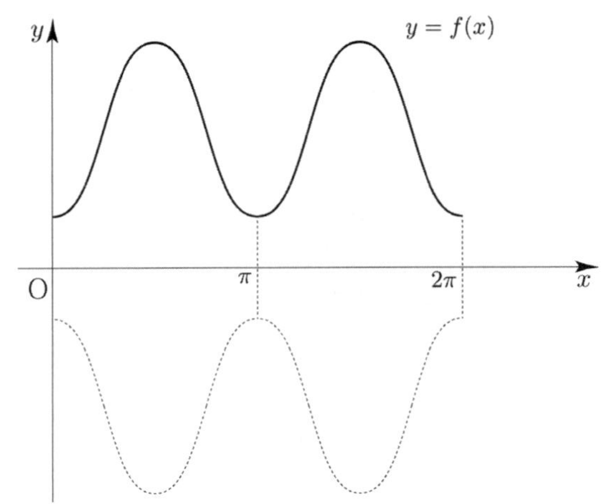

①의 경우 최댓값과 최솟값의 절댓값이 서로 같아야 하므로
$(a-2)(b-2) = 0 \Rightarrow a = 2$ or $b = 2$ 이다.

$y = 2a\cos\dfrac{b}{2}x$ 의 주기는 $\dfrac{2\pi}{\frac{b}{2}} = \dfrac{4\pi}{b}$ 이므로

$y = \left| 2a\cos\dfrac{b}{2}x \right|$ 의 주기는 $\dfrac{4\pi}{b} \times \dfrac{1}{2} = \dfrac{2\pi}{b}$ 이다.

함수 $f(x)$ 의 주기는 π 이므로 $\dfrac{2\pi}{b} = \pi \Rightarrow b = 2$ 이다.

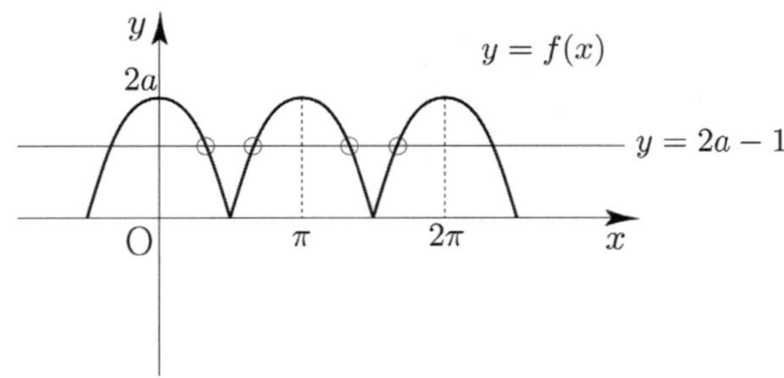

위 그림과 같이 $b = 2$ 일 때, (나) 조건을 만족시키는 a 의 값의 범위는 $1 \le a \le 10$ 이므로 자연수 a, b 의 순서쌍의 개수는 10 이다.

②의 경우 함수 $y = 2a\cos\dfrac{b}{2}x - (a-2)(b-2)$ 의 주기가 π

이므로 $\dfrac{4\pi}{b} = \pi \Rightarrow b = 4$ 이다.

$f(x) = \left| 2a\cos 2x - 2(a-2) \right|$

$y = 2a\cos 2x - 2(a-2)$ 의 최댓값은 4 이고,
최솟값은 $-4a+4$ 이므로 $f(x)$ 를 그리면 다음 그림과 같다.

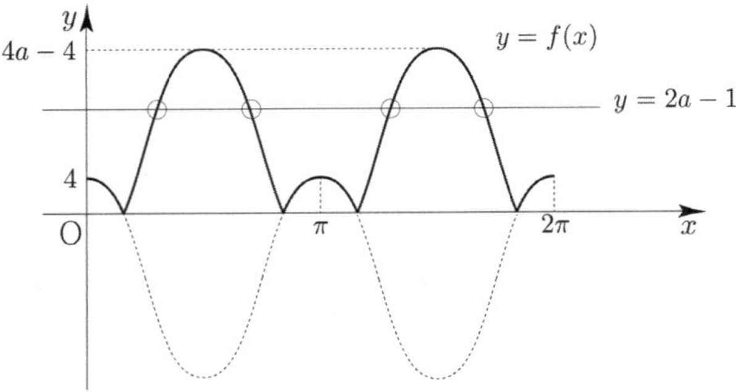

$y = 2a\cos 2x - 2(a-2)$ 의 최솟값이 음수이어야 하므로
$-4a+4 < 0 \Rightarrow 4 < 4a \Rightarrow 1 < a$ 이다.

$b = 4$ 일 때, (나) 조건을 만족시키려면
$4 < 2a-1 < 4a-4 \Rightarrow 5 < 2a$, $3 < 2a \Rightarrow \dfrac{5}{2} < a$ 이어야

한다.

즉, 10 이하의 자연수 a 의 값의 범위는 $\dfrac{5}{2} < a \le 10$ 이므로
자연수 a, b 의 순서쌍의 개수는 8 이다.

③의 경우 함수 $y = 2a\cos\dfrac{b}{2}x - (a-2)(b-2)$ 의 주기가 π

이므로 $\dfrac{4\pi}{b} = \pi \Rightarrow b = 4$ 이다.

$f(x) = \left| 2a\cos 2x - 2(a-2) \right|$

$y = 2a\cos 2x - 2(a-2)$ 의 최댓값은 4 이고,
최솟값은 $-4a+4$ 이므로 $f(x)$ 를 그리면 다음 그림과 같다.

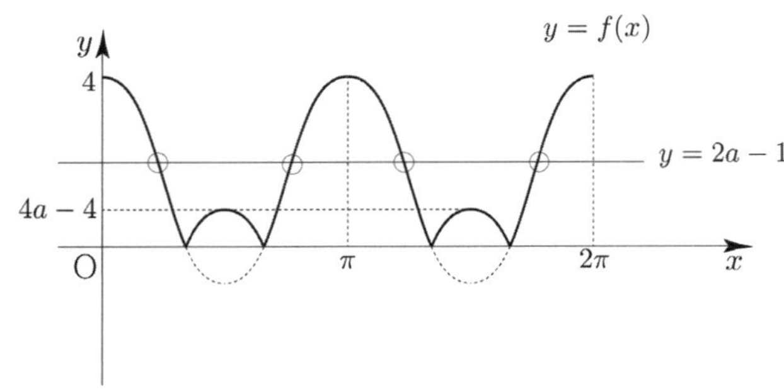

$y = 2a\cos 2x - 2(a-2)$ 의 최솟값이 음수이어야 하므로
$-4a+4 < 0 \Rightarrow 4 < 4a \Rightarrow 1 < a$ 이다.

$b = 4$ 일 때, (나) 조건을 만족시키려면
$4a-4 < 2a-1 < 4 \Rightarrow 2a < 3$, $2a < 5 \Rightarrow a < \dfrac{3}{2}$ 이어야

한다.

$1 < a < \dfrac{3}{2}$ 을 만족시키는 자연수 a 의 값은 존재하지 않으므로
모순이다.

④의 경우 함수 $y=2a\cos\dfrac{b}{2}x-(a-2)(b-2)$ 의 주기가 π

이므로 $\dfrac{4\pi}{b}=\pi \Rightarrow b=4$ 이다.

$y=2a\cos2x-2(a-2)$ 의 최댓값은 4 이고,
최솟값은 $-4a+4$ 이므로 $f(x)$ 를 그리면 다음 그림과 같다.

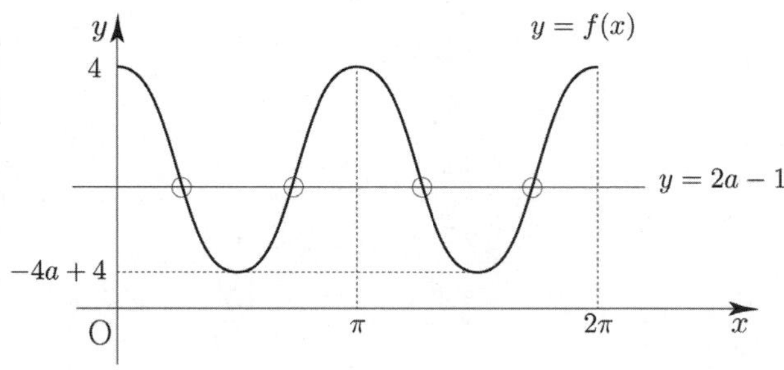

최솟값은 0 이상이므로
$-4a+4 \geq 0 \Rightarrow 4 \geq 4a \Rightarrow a \leq 1$ 이고,
a 는 10 이하의 자연수이므로 $a=1$ 이다.

$a=1$, $b=4$ 일 때,
$-4a+4 < 2a-1 < 4 \Rightarrow 0 < 1 < 4$ 이므로
(나) 조건을 만족시킨다.
즉, 자연수 a, b의 순서쌍의 개수는 1 이다.

⑤의 경우 함수 $y=2a\cos\dfrac{b}{2}x-(a-2)(b-2)$ 의 주기가 π

이므로 $\dfrac{4\pi}{b}=\pi \Rightarrow b=4$ 이다.

$y=2a\cos2x-2(a-2)$ 의 최댓값은 4 이고,
최솟값은 $-4a+4$ 이다.
이때 최댓값이 0 이하가 아니므로 모순이다.

따라서 조건을 만족시키는 자연수 a, b의 모든 순서쌍
$(a,\ b)$ 의 개수는 $10+8+1=19$ 이다.

 ⑤

113

$k=12$ 일 때, $f(x)=a$를 만족하는 x 값 중에 $g(x)=a$를
만족하지 않는 x 값이 존재하므로 주어진 조건(ㄷ)을
만족하지 않는다.

$f(x)=\sin12x+2$, $g(x)=3\cos12x$

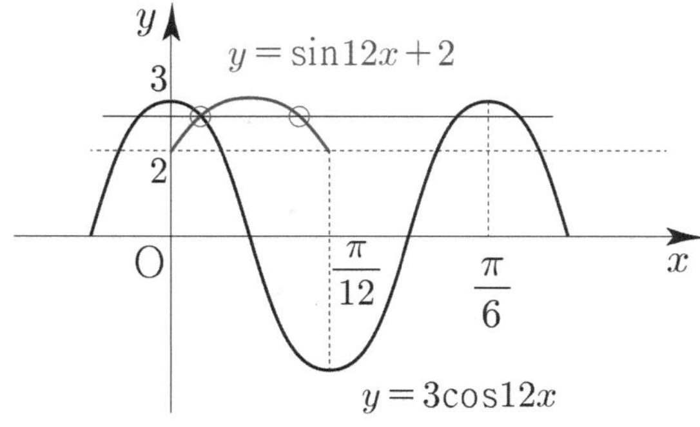

$k>12$ 이면 $k=12$ 일 때 보다 $f(x)$ 의 주기가 짧아지므로
주어진 조건을 만족하지 않는다.

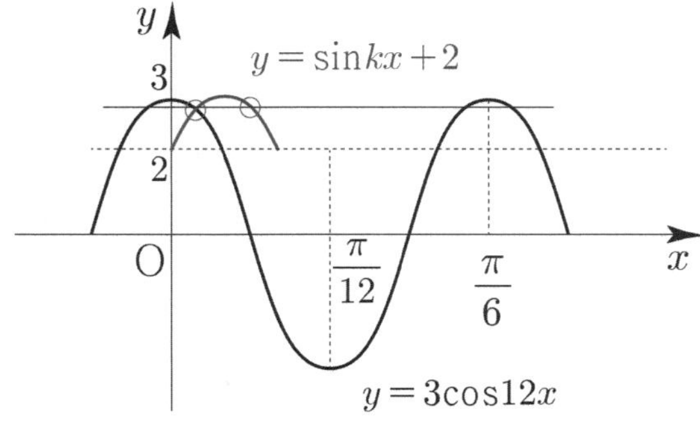

즉, $k<12$ 이어야 한다.
k가 작아지면 작아질수록 $f(x)$ 의 주기는 길어지는 것을
알 수 있다. k를 조금씩 줄여보면서 관찰하면 된다.
조건을 만족시키려면 대칭성을 고려해야 하므로
처음으로 조건을 만족시키는 자연수 k는 6 이다.

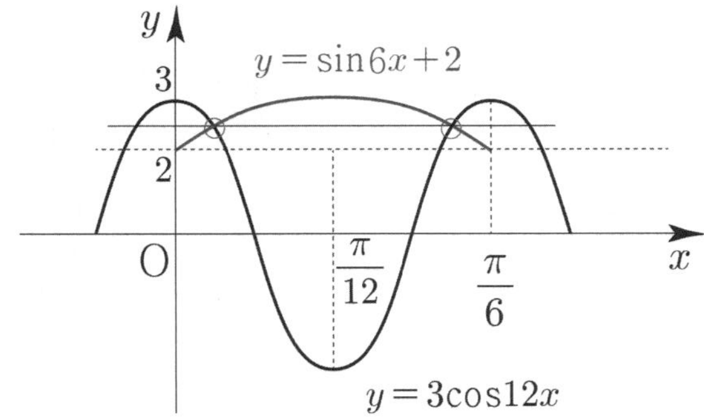

$k=5$ 와 $k=4$ 일 때는 대칭성이 깨지기 때문에 조건을
만족하지 않는다.

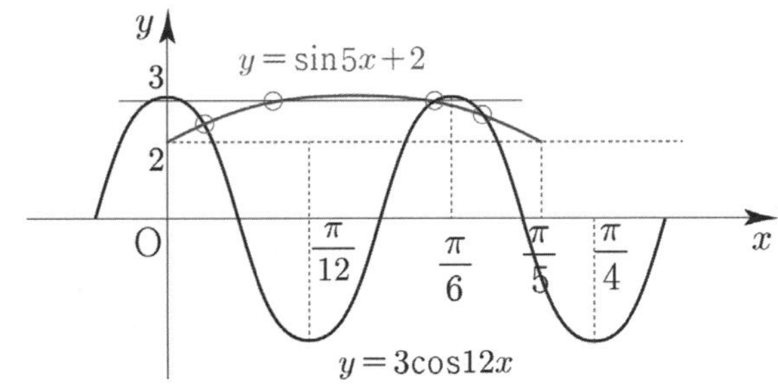

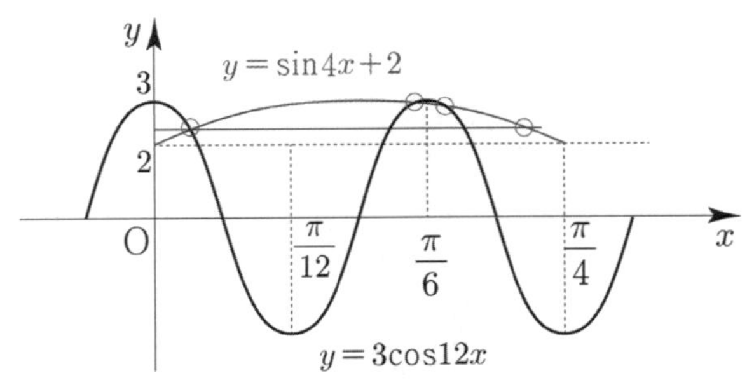

$k=3$ 일 때, 대칭성에 의해서 조건을 만족한다.

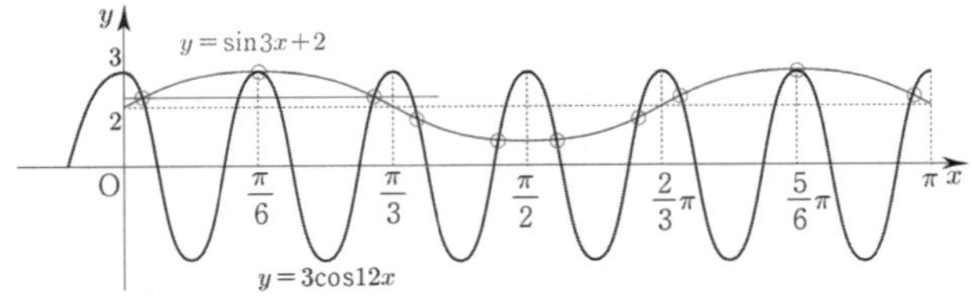

$k=2$ 일 때, 대칭성에 의해서 조건을 만족한다.

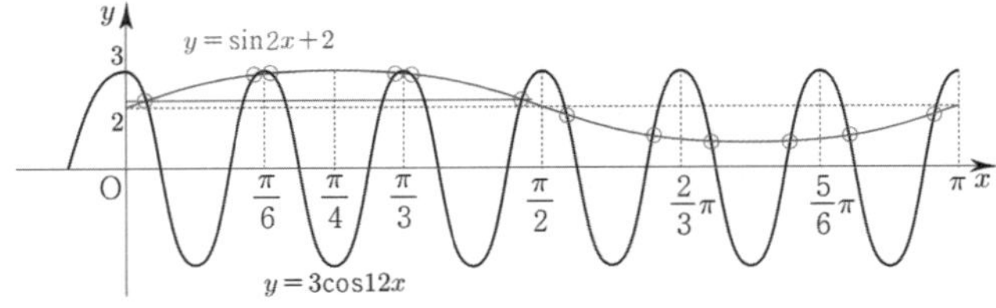

$k=1$ 일 때, 대칭성에 의해서 조건을 만족한다.

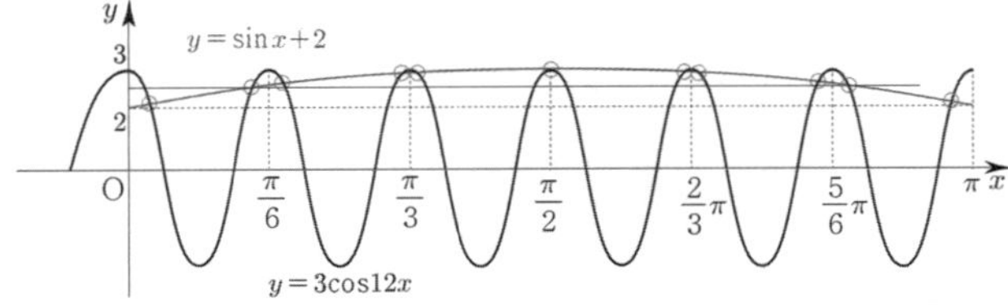

따라서 조건을 만족시키는 자연수 k 는 1, 2, 3, 6이므로
자연수 k 의 개수는 4이다.

답 ②

1	(1) 16 (2) $\dfrac{21}{4}$
2	3
3	사각형 APBO 의 넓이는 60 $x=13$
4	(1) $x=35,\ y=70$ (2) 50
5	20
6	40
7	$a=2\sqrt{3}$, 외접원의 넓이 $=4\pi$
8	$a=b$ 인 이등변삼각형
9	$a=\sqrt{21}$
10	$\cos C=\dfrac{1}{4}$
11	1
12	$3\sqrt{15}$
13	$\dfrac{25}{2}\sqrt{3}$

개념 확인문제 1

(1) $\left(\dfrac{x}{2}\right)^2+6^2=10^2 \Rightarrow \left(\dfrac{x}{2}\right)^2=64 \Rightarrow x=16$

(2) 반지름이 $x+2$ 이므로
$x^2+5^2=(x+2)^2 \Rightarrow x^2+25=x^2+4x+4$

$\Rightarrow 4x=21 \Rightarrow x=\dfrac{21}{4}$

답 (1) 16   (2) $\dfrac{21}{4}$

개념 확인문제 2

$4^2+x^2=5^2 \Rightarrow x=3$

답 3

개념 확인문제 3

$\angle \mathrm{OBP} = \angle \mathrm{OAP} = 90°$

$\overline{\mathrm{PB}} = 12$ 이므로

사각형 APBO 의 넓이는 $\left(\dfrac{1}{2} \times 5 \times 12\right) \times 2 = 60$

$12^2 + 5^2 = x^2 \Rightarrow x = 13$

답 사각형 APBO 의 넓이는 60, $x = 13$

개념 확인문제 4

(1) $x = 35$, $y = 35 \times 2 = 70$

(2) $\angle \mathrm{ABP} = 90°$ 이고 $\angle \mathrm{QAP} = \angle \mathrm{QBP} = 40°$ 이므로

$\angle \mathrm{ABP} - \angle \mathrm{QBP} = x° \Rightarrow 90° - 40° = x°$

$\Rightarrow x = 50$

답 (1) $x = 35$, $y = 70$, (2) 50

개념 확인문제 5

$\angle \mathrm{D} = 90°$ 이므로 $x = 20$

답 20

개념 확인문제 6

$\angle \mathrm{ABC} = 100°$ 이므로 $\angle \mathrm{ADC} = 80°$

$x° = 180° - (80° + 60°) = 40°$

답 40

개념 확인문제 7

$A = 60°$, $B = 75°$, $c = 2\sqrt{2}$

$A = 60°$, $B = 75° \Rightarrow C = 45°$

$\dfrac{c}{\sin C} = \dfrac{a}{\sin A} = 2R \Rightarrow \dfrac{2\sqrt{2}}{\dfrac{\sqrt{2}}{2}} = 4 = \dfrac{a}{\dfrac{\sqrt{3}}{2}} = 2R$

$\Rightarrow a = 2\sqrt{3}$, $R = 2$

따라서 $a = 2\sqrt{3}$, 외접원의 넓이 $= 4\pi$ 이다.

답 $a = 2\sqrt{3}$, 외접원의 넓이 $= 4\pi$

개념 확인문제 8

$a \sin^2 B = b \sin^2 A$

$\sin B = \dfrac{b}{2R}$, $\sin A = \dfrac{a}{2R}$

$a\left(\dfrac{b}{2R}\right)^2 = b\left(\dfrac{a}{2R}\right)^2 \Rightarrow ab^2 = ba^2 \Rightarrow ab(b-a) = 0$

따라서 $a = b$ 인 이등변삼각형이다.

답 $a = b$ 인 이등변삼각형

개념 확인문제 9

$\cos 120° = \dfrac{1^2 + 4^2 - a^2}{2 \times 1 \times 4} \Rightarrow -4 = 1 + 16 - a^2$

$\Rightarrow a = \sqrt{21}$

답 $a = \sqrt{21}$

개념 확인문제 10

$a : b : c = 6 : 7 : 8 \Rightarrow a = 6k$, $b = 7k$, $c = 8k$

$\cos C = \dfrac{36k^2 + 49k^2 - 64k^2}{2 \times 6k \times 7k} = \dfrac{21k^2}{84k^2} = \dfrac{1}{4}$

답 $\cos C = \dfrac{1}{4}$

개념 확인문제 11

$B = 135°$, $a = 2$, $c = \sqrt{2}$

$S = \dfrac{1}{2} \times 2 \times \sqrt{2} \times \sin 135° = \sqrt{2} \times \dfrac{\sqrt{2}}{2} = 1$

답 1

개념 확인문제 12

$a = 8, \ b = 4, \ c = 6$

$$\cos A = \frac{b^2 + c^2 - a^2}{2bc} = \frac{16 + 36 - 64}{2 \times 4 \times 6} = -\frac{1}{4}$$

$$\Rightarrow \ \sin A = \frac{\sqrt{15}}{4}$$

$$S = \frac{1}{2} \times 4 \times 6 \times \sin A = 3\sqrt{15}$$

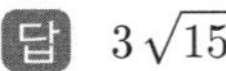 $3\sqrt{15}$

개념 확인문제 13

$$S = \frac{1}{2}ab\sin\theta = \frac{1}{2} \times 10 \times 5 \times \sin 60^\circ = \frac{25}{2}\sqrt{3}$$

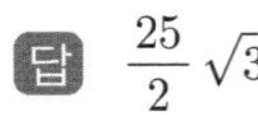 $\dfrac{25}{2}\sqrt{3}$

1	②	20	5
2	⑤	21	21
3	$3:4:2$	22	23
4	1	23	∠B가 직각인 직각삼각형
5	60°	24	$b=c$ 인 이등변삼각형
6	2	25	5
7	125	26	196
8	51	27	29
9	④	28	12
10	12	29	27
11	150	30	7
12	③	31	25
13	69	32	112
14	⑤	33	7
15	①	34	②
16	18	35	69
17	109	36	13
18	35	37	4
19	3		

001

$A = 30^\circ, \ \overline{AC} = 8, \ \overline{BC} = 4\sqrt{2}$

$$\frac{\overline{BC}}{\sin A} = \frac{\overline{AC}}{\sin B} \ \Rightarrow \ \frac{4\sqrt{2}}{\frac{1}{2}} = \frac{8}{\sin B} \ \Rightarrow \ \sin B = \frac{\sqrt{2}}{2}$$

 ②

002

$\angle CAB = 75^\circ, \ \angle CBA = 60^\circ \ \Rightarrow \ \angle ACB = 45^\circ$

$$\frac{10}{\sin 45^\circ} = \frac{\overline{AC}}{\sin 60^\circ} \ \Rightarrow \ \frac{10}{\frac{\sqrt{2}}{2}} = \frac{\overline{AC}}{\frac{\sqrt{3}}{2}} \ \Rightarrow \ \overline{AC} = 5\sqrt{6}$$

$$\overline{CD} = \overline{AC} \times \tan 30^\circ = 5\sqrt{6} \times \frac{1}{\sqrt{3}} = 5\sqrt{2}$$

답 ⑤

003

$$(a+b) : (b+c) : (c+a) = 7 : 6 : 5$$

$$a+b=7k, \ b+c=6k, \ c+a=5k$$

다 더하면

$$2(a+b+c)=18k \Rightarrow a+b+c=9k \text{이므로}$$
$$a=3k, \ b=4k, \ c=2k$$

$$\sin A : \sin B : \sin C = \frac{a}{2R} : \frac{b}{2R} : \frac{c}{2R} = a : b : c$$

따라서 $\sin A : \sin B : \sin C = 3 : 4 : 2$ 이다.

답 $3 : 4 : 2$

> **Tip**
>
> $\sin$ 의 비는 변의 비임을 기억하자!
> $\sin A : \sin B : \sin C = a : b : c$

004

$$A=40^\circ, \ B=80^\circ, \ \overline{AB}=\sqrt{3}$$

$$A=40^\circ, \ B=80^\circ \Rightarrow C=60^\circ$$

$$\frac{\overline{AB}}{\sin C} = \frac{\sqrt{3}}{\sin 60^\circ} = \frac{\sqrt{3}}{\frac{\sqrt{3}}{2}} = 2 = 2R \Rightarrow R=1$$

답 1

005

$6\sin A = 2\sqrt{3}\sin B = 3\sin C = k$ 라 하면
$\sin A = \dfrac{k}{6}, \ \sin B = \dfrac{k}{2\sqrt{3}}, \ \sin C = \dfrac{k}{3}$ 이므로

$$\sin A : \sin B : \sin C = \frac{1}{6} : \frac{1}{2\sqrt{3}} : \frac{1}{3} = \sqrt{3} : 3 : 2\sqrt{3}$$

$\sin A : \sin B : \sin C = a : b : c$ 이므로
$a : b : c = \sqrt{3} : 3 : 2\sqrt{3}$ 이다.

$a^2 + b^2 = c^2$ 이므로 삼각형 ABC 는 직각삼각형이다.

$$\cos B = \frac{a}{c} = \frac{\sqrt{3}}{2\sqrt{3}} = \frac{1}{2} \Rightarrow B=60^\circ$$

답 60°

006

삼각형 ABD 의 외접원의 반지름 $R = \sqrt{2}$ 이고
$\angle BAD = 135^\circ$ 이므로 사인법칙에 의해서

$$\frac{\overline{BD}}{\sin \angle BAD} = \frac{\overline{BD}}{\sin 135^\circ} = 2R = 2\sqrt{2} \Rightarrow \overline{BD} = 2$$

답 2

007

$\overline{MN} : \overline{BC} = 1 : 2$ 이므로 $\overline{MN} = 1$

사각형 AMPN 은 원에 내접해 있으므로
$\angle MAN = \pi - \angle MPN$ 이다.

$$\cos(\angle MAN) = \cos(\pi - \angle MPN) = -\cos(\angle MPN) = \frac{3}{5}$$

$$\sin(\angle MAN) = \sin(\angle MPN) = \frac{4}{5}$$

삼각형 PMN 의 외접원의 반지름을 R_1 라 하면
사인법칙에 의해서

$$\frac{\overline{MN}}{\sin(\angle MPN)} = 2R_1 \Rightarrow \frac{1}{\frac{4}{5}} = 2R_1 \Rightarrow R_1 = \frac{5}{8}$$

삼각형 ABC 의 외접원의 반지름을 R_2 라 하면
사인법칙에 의해서

$$\frac{\overline{BC}}{\sin(\angle MAN)} = 2R_2 \Rightarrow \frac{2}{\frac{4}{5}} = 2R_2 \Rightarrow R_2 = \frac{5}{4}$$

따라서
$$\frac{64}{\pi}(S_1 + S_2) = \frac{64}{\pi}\left(\frac{25}{64}\pi + \frac{25}{16}\pi\right) = 25 + 100 = 125 \text{ 이다.}$$

답 125

$\overline{BD}=6$, $\overline{DE}=\dfrac{3\sqrt{2}}{2}$ 이므로

$$(\overline{BE})^2=(\overline{BD})^2+(\overline{DE})^2=36+\dfrac{9}{2}=\dfrac{81}{2}$$

$$\Rightarrow\ \overline{BE}=\dfrac{9}{\sqrt{2}}=\dfrac{9\sqrt{2}}{2}$$

$\angle EBD=\theta$ 라 하면

$$\cos\theta=\dfrac{\overline{BD}}{\overline{BE}}=\dfrac{6}{\dfrac{9}{\sqrt{2}}}=\dfrac{2\sqrt{2}}{3}$$

선분 EC 의 길이를 구하기 위해 선분 BC 의 길이를 구해보자.

$\angle ABC=\theta+\dfrac{\pi}{3}$, $\angle ACB=\dfrac{\pi}{6}$ 이므로

$$\angle BAC=\pi-(\angle ABC+\angle ACB)=\pi-\left(\theta+\dfrac{\pi}{3}+\dfrac{\pi}{6}\right)=\dfrac{\pi}{2}-\theta$$

삼각형 ABC 에서 사인법칙을 사용하면

$$\dfrac{\overline{BC}}{\sin(\angle BAC)}=\dfrac{\overline{AB}}{\sin(\angle ACB)}\ \Rightarrow\ \dfrac{\overline{BC}}{\sin\left(\dfrac{\pi}{2}-\theta\right)}=\dfrac{6}{\sin\dfrac{\pi}{6}}$$

$$\Rightarrow\ \dfrac{\overline{BC}}{\cos\theta}=\dfrac{6}{\dfrac{1}{2}}\ \Rightarrow\ \overline{BC}=12\times\dfrac{2\sqrt{2}}{3}=8\sqrt{2}$$

$$\overline{EC}=\overline{BC}-\overline{BE}=8\sqrt{2}-\dfrac{9\sqrt{2}}{2}=\dfrac{7\sqrt{2}}{2}$$

$(\overline{EC})^2=\dfrac{49}{2}$ 이므로 $p+q=51$ 이다.

답 51

다르게 풀어보자.

선분 DC를 연결해보면 선분 DC의 길이가 선분 DB의 길이와
같을 것처럼 보인다.
우리는 실제로 $\overline{DB}=\overline{DC}$ 임을 보이자.

두 각 $\angle ADB$ 와 $\angle ACB$ 를 관찰하면 $\angle ADB=\dfrac{\pi}{3}$ 이므로

$\angle ADB=2\angle ACB$ 이다.
여기서 (중심각의 크기) $=2\times$ (원주각의 크기)를 떠올려준다면
점 D 는 삼각형 ABC 의 외접원의 중심이고,
　$\angle ADB$ 는 호 AB 에 대한 중심각이고,
　$\angle ACB$ 는 호 AB 에 대한 원주각이다.

따라서 $\overline{DB},\overline{DC}$ 는 모두 외접원의 반지름이고, $\overline{DB}=\overline{DC}$ 이다.

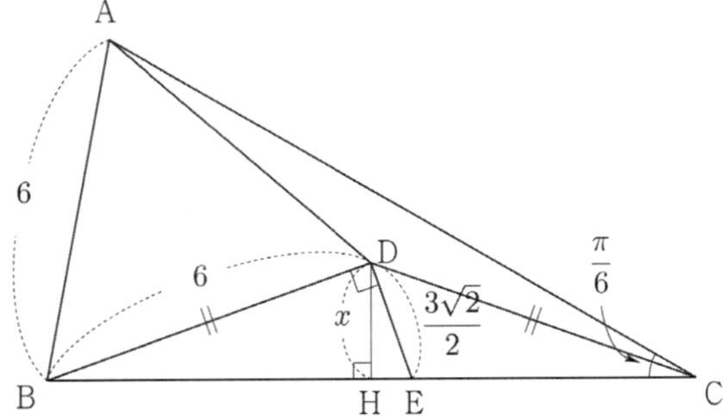

위 그림과 같이 점 D 에서 선분 BC 에 내린 수선의 발을
H 라 하면 이등변삼각형 BCD 에 의해 $\overline{BH}=\overline{CH}$ 이다.

피타고라스의 정리에 의해 $\overline{BE}=\dfrac{9\sqrt{2}}{2}$ 이고, $\overline{DH}=x$ 라 하자.

삼각형의 넓이 같다 Technique을 사용하면

$$\dfrac{1}{2}\times\overline{DE}\times\overline{DB}=\dfrac{1}{2}\times\overline{BE}\times\overline{DH}$$

$$\Rightarrow\ \dfrac{1}{2}\times\dfrac{3\sqrt{2}}{2}\times6=\dfrac{1}{2}\times\dfrac{9\sqrt{2}}{2}\times\overline{DH}$$

$$\Rightarrow\ \overline{DH}=2$$

따라서 $\overline{BH}=4\sqrt{2}$,

$$\overline{EC}=2\overline{BH}-\overline{BE}=8\sqrt{2}-\dfrac{9\sqrt{2}}{2}=\dfrac{7\sqrt{2}}{2}$$ 이고,

$(\overline{EC})^2=\dfrac{49}{2}$ 이므로 $p+q=51$ 이다.

$\angle A=75°$, $\angle C=45°$ $\Rightarrow$ $\angle B=60°$

삼각형 ABD 의 외접원의 반지름을 R 이라 하면

$$\dfrac{\overline{AD}}{\sin(\angle ABD)}=\dfrac{\overline{AD}}{\sin 60°}=2R\ \Rightarrow\ R=\dfrac{\overline{AD}}{\sqrt{3}}$$

외접원의 넓이가 최소가 되려면 R 이 최소가 되어야 하고
R 이 최소가 될 때는 $\overline{AD}$ 가 최소일 때이다.

점 D 가 $\overline{BC}$ 위를 움직이므로 $\overline{AD}$ 가 최소가 될 때는
선분 AD 와 선분 BC 가 수직일 때이다.
(점 A 에서 선분 BC 에 내린 수선의 발을 H 라 하면
$\overline{AH}^2+\overline{HD}^2=\overline{AD}^2$ 이므로 $\overline{AH}$ 는 높이로 고정이므로
$\overline{HD}$ 에 따라 $\overline{AD}$ 의 값이 달라진다. 즉, 점 D 가 H 일 때,
$\overline{AD}$ 는 최솟값을 갖는다.)

$\overline{AD}$ 의 최솟값은 $2\sqrt{2}\sin45°=2$ 이므로

$R = \dfrac{2}{\sqrt{3}}$ 일 때, 외접원의 넓이가 최소이다.

따라서 외접원의 넓이의 최솟값은 $\dfrac{4}{3}\pi$ 이다.

답 ④

010

$\angle ADB = \theta$ 라 하면 $\angle ADC = \pi - \theta$ 이다.

$$\dfrac{\overline{AB}}{\sin(\angle ADB)} = \dfrac{\overline{BD}}{\sin\alpha} \Rightarrow \dfrac{5}{\sin\theta} = \dfrac{2}{\sin\alpha}$$

$$\Rightarrow \sin\alpha = \dfrac{2\sin\theta}{5}$$

$$\dfrac{\overline{AC}}{\sin(\angle ADC)} = \dfrac{\overline{DC}}{\sin\beta} \Rightarrow \dfrac{3}{\sin(\pi-\theta)} = \dfrac{1}{\sin\beta}$$

$$\Rightarrow \sin\beta = \dfrac{\sin(\pi-\theta)}{3} = \dfrac{\sin\theta}{3}$$

따라서 $\dfrac{10\sin\alpha}{\sin\beta} = \dfrac{4\sin\theta}{\dfrac{\sin\theta}{3}} = 12$ 이다.

답 12

011

$\angle AOB = 90^\circ$ 이므로 선분 AB가 원 S 의 지름이다.

$(\overline{AB})^2 = (\overline{AO})^2 + (\overline{OB})^2 = 16 + 4 = 20 \Rightarrow \overline{AB} = 2\sqrt{5}$

점 D 는 원 위의 점이므로 $\angle ADB = 90^\circ$ 이다.

즉, 점 B 에서 선분 AC 에 내린 수선의 발은 D 이다.

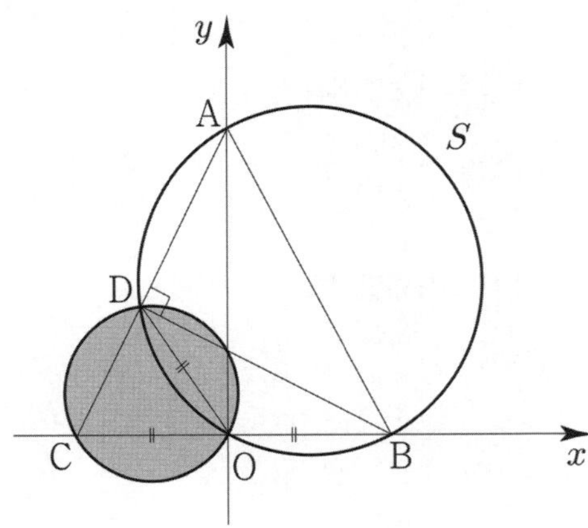

직각삼각형 CBD 에 외접하는 원을 그려보자.

외접원의 중심이 O 이므로 선분 OD 는 외접원의 반지름과 같다.

즉, $\overline{OD} = 2$ 이다.

삼각형 ACO 와 삼각형 ABO 는 서로 합동이므로

$\angle ACO = \angle ABO$ 이다.

$$\cos(\angle ACO) = \cos(\angle ABO) = \dfrac{\overline{OB}}{\overline{AB}} = \dfrac{2}{2\sqrt{5}}$$

$$\cos(\angle ACO) = \dfrac{2}{2\sqrt{5}} = \dfrac{1}{\sqrt{5}} \Rightarrow \sin(\angle ACO) = \dfrac{2}{\sqrt{5}}$$

삼각형 OCD 에 외접하는 원의 반지름을 R 이라 하자.

삼각형 OCD 에서 사인법칙을 사용하면

$$\dfrac{2}{\sin(\angle ACO)} = 2R \Rightarrow \dfrac{1}{\dfrac{2}{\sqrt{5}}} = R \Rightarrow R = \dfrac{\sqrt{5}}{2}$$

따라서 외접원의 넓이는 $\dfrac{5}{4}\pi$ 이므로

$$120k = 120 \times \dfrac{5}{4} = 150$$ 이다.

답 150

다르게 풀어보자.

점 D 는 원 위의 점이므로 $\angle ADB = 90^\circ$ 이다.

즉, 점 B 에서 선분 AC 에 내린 수선의 발은 D 이다.

$\angle BAC = \theta$ 라 하자.

삼각형 ABC 에서 코사인법칙을 사용하면

$$\cos\theta = \dfrac{(2\sqrt{5})^2 + (2\sqrt{5})^2 - 4^2}{2 \times 2\sqrt{5} \times 2\sqrt{5}} = \dfrac{3}{5}$$

$\overline{AD} = \overline{AB}\cos\theta = 2\sqrt{5} \times \dfrac{3}{5} = \dfrac{6}{5}\sqrt{5}$ 이므로

$$\overline{CD} = \overline{AC} - \overline{AD} = 2\sqrt{5} - \dfrac{6}{5}\sqrt{5} = \dfrac{4}{5}\sqrt{5}$$

$$\cos(\angle ACO) = \dfrac{\overline{CO}}{\overline{AC}} = \dfrac{2}{2\sqrt{5}} = \dfrac{1}{\sqrt{5}}$$

삼각형 DCO 에서 코사인법칙을 사용하면

$$\cos(\angle ACO) = \dfrac{2^2 + \left(\dfrac{4}{5}\sqrt{5}\right)^2 - (\overline{OD})^2}{2 \times 2 \times \dfrac{4}{5}\sqrt{5}}$$

$$\Rightarrow \dfrac{1}{\sqrt{5}} = \dfrac{4 + \dfrac{16}{5} - (\overline{OD})^2}{\dfrac{16}{5}\sqrt{5}}$$

$$\Rightarrow \dfrac{16}{5} = \dfrac{36}{5} - (\overline{OD})^2$$

$$\Rightarrow \overline{OD} = 2$$

$\cos(\angle ACO) = \dfrac{1}{\sqrt{5}}$ 이므로 $\sin(\angle ACO) = \dfrac{2}{\sqrt{5}}$ 이다.

삼각형 OCD 에 외접하는 원의 반지름의 길이를 R이라 하자.

$$\frac{\overline{OD}}{\sin(\angle ACO)} = 2R \Rightarrow \frac{2}{\frac{2}{\sqrt{5}}} = 2R$$

$$\Rightarrow R = \frac{\sqrt{5}}{2}$$

따라서 외접원의 넓이는 $\dfrac{5}{4}\pi$ 이다.

또 다르게 풀어보자.

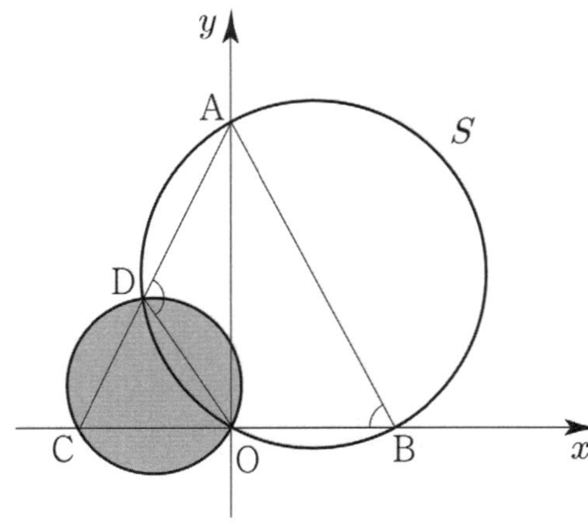

위 그림과 같이 선분 AB를 그어주면 사각형 ABOD 는 원 S 안에 내접한다.

원에 내접하는 사각형의 두 대각의 합이 π 이므로
$\angle ABO = \pi - \angle ADO$ 이다.
또한 세 점 A, D, C 는 한 직선 위에 있으므로
$\angle CDO = \pi - \angle ADO$ 이다.
따라서, $\angle ABO = \angle CDO$ 이다.

여기서 $\sin(\angle ABO) = \dfrac{4}{2\sqrt{5}} = \dfrac{2}{\sqrt{5}}$ 이고,

삼각형 CDO 의
외접원의 반지름의 길이를 R이라 할 때,
삼각형 CDO 에서 사인법칙을 사용하면

$$\frac{\overline{CO}}{\sin(\angle CDO)} = \frac{2}{\sin(\angle ABO)} = \sqrt{5} = 2R \Rightarrow R = \frac{\sqrt{5}}{2}$$

따라서 외접원의 넓이는 $\dfrac{5}{4}\pi$ 이다.

012

$\angle ABC = \theta$ 라 하면 $\cos\theta = \dfrac{4^2 + 7^2 - 9^2}{2 \times 4 \times 7} = -\dfrac{2}{7}$ 이다.

$\angle ABD = \pi - \theta$ 이므로

$$\cos(\angle ABD) = \frac{2}{7}, \quad \sin(\angle ABD) = \frac{3\sqrt{5}}{7}$$

$$\overline{BD} = \overline{AB}\cos(\angle ABD) = 7 \times \frac{2}{7} = 2$$

$$\overline{AD} = \overline{AB}\sin(\angle ABD) = 7 \times \frac{3\sqrt{5}}{7} = 3\sqrt{5}$$

따라서 삼각형 ABD 의 넓이는 $\dfrac{1}{2} \times 2 \times 3\sqrt{5} = 3\sqrt{5}$ 이다.

 ③

013

원에 내접하는 사각형은 마주 보고 있는 두 각의 합이 $180°$

이므로 $A + C = \pi \Rightarrow C = \pi - A \Rightarrow \cos C = \dfrac{1}{4}$

$\overline{BD} = x$ 라 하면

$$\cos C = \frac{5^2 + 8^2 - x^2}{2 \times 5 \times 8} \Rightarrow \frac{1}{4} = \frac{89 - x^2}{80} \Rightarrow x^2 = 69$$

따라서 $\left(\overline{BD}\right)^2 = 69$ 이다.

 69

014

$\angle ABD = \theta$, $\overline{BD} = x$ 라 하면

삼각형 ABC 에서 코사인법칙을 사용하면
$$\cos\theta = \frac{3^2 + 4^2 - 2^2}{2 \times 3 \times 4} = \frac{21}{24} = \frac{7}{8}$$

삼각형 ABD 에서 코사인법칙을 사용하면
$$\cos\theta = \frac{3^2 + x^2 - 2^2}{2 \times 3 \times x} = \frac{5 + x^2}{6x} = \frac{7}{8} \Rightarrow 4x^2 - 21x + 20 = 0$$

$$\Rightarrow (4x - 5)(x - 4) = 0 \Rightarrow x = \frac{5}{4} \ (x < 4)$$

따라서 $\overline{BD} = \dfrac{5}{4}$ 이다.

답 ⑤

원의 반지름의 길이가 1 이므로 둘레는 2π 이다.
원뿔을 펼치면 아래 그림과 같은 부채꼴이 된다.

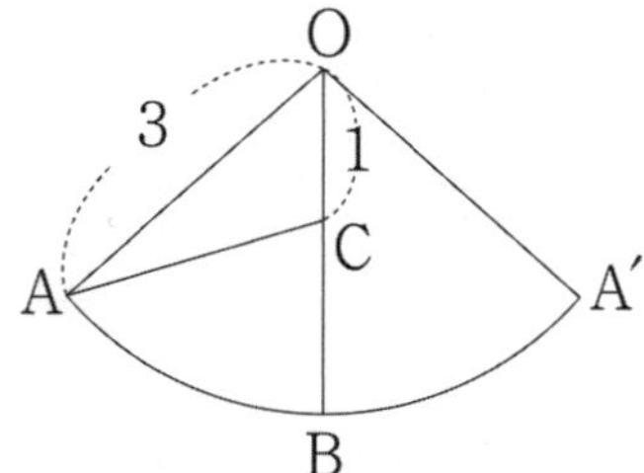

호 $AA' = l$ 이라 하면 원뿔의 밑면의 둘레의 길이 $2\pi = l$

$\angle AOA' = \theta$ 라 하면

$$r\theta = l \implies 3\theta = 2\pi \implies \theta = \frac{2}{3}\pi$$

$\overline{AC} = x$ 라 하고 삼각형 ACO 에서 코사인법칙을 사용하면

$$\cos\frac{\theta}{2} = \cos\frac{\pi}{3} = \frac{1}{2} = \frac{3^2 + 1^2 - x^2}{2 \times 3 \times 1} \implies 3 = 10 - x^2$$

$$\implies x^2 = 7 \implies x = \sqrt{7}$$

따라서 점 A 에서 출발하여 원뿔의 옆면을 따라 점 C 에 이르는 최단 거리는 $\sqrt{7}$ 이다.

답 ①

$\overline{AD} = \overline{BD} = x$ 라 하면 $\overline{BC} = 3\overline{BD} = 3x$ 이다.
$\angle ABC = \theta$ 라 하자.

삼각형 ABD 에서 코사인법칙을 사용하면

$$\cos\theta = \frac{1^2 + x^2 - x^2}{2x} = \frac{1}{2x}$$

삼각형 ABC 에서 코사인법칙을 사용하면

$$\cos\theta = \frac{1^2 + (3x)^2 - 4^2}{6x} = \frac{9x^2 - 15}{6x}$$

두 식을 연립하면

$$\frac{1}{2x} = \frac{9x^2 - 15}{6x} \implies 3 = 9x^2 - 15 \implies x = \sqrt{2} \ (\because x > 0)$$

따라서 $(\overline{BC})^2 = (3\sqrt{2})^2 = 18$ 이다.

답 18

$\overline{BC} = 6$ 이고, $\overline{BD} = 2\overline{DC}$ 이므로 $\overline{BD} = 4$ 이다.
$\angle ADB = 90°$ 이므로 피타고라스의 정리에 의해 $\overline{AD} = 3$
$\overline{EB} = \overline{AB} - \overline{AE} = 5 - 3 = 2$
보조선을 그으면 다음과 같다.

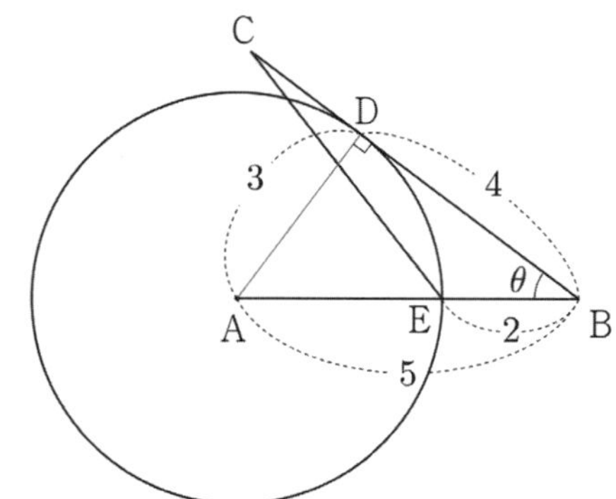

$\angle ABD = \theta$ 라 하면 삼각형 ABD 에서 $\cos\theta = \dfrac{\overline{BD}}{\overline{AB}} = \dfrac{4}{5}$

삼각형 BCE 에서 코사인법칙을 사용하면

$$\cos\theta = \frac{2^2 + 6^2 - (\overline{CE})^2}{2 \times 2 \times 6} = \frac{40 - (\overline{CE})^2}{24} = \frac{4}{5}$$

$$\implies 40 - (\overline{CE})^2 = \frac{96}{5} \implies (\overline{CE})^2 = \frac{104}{5}$$

따라서 $p + q = 109$ 이다.

답 109

$\overline{AB} = 5$, $\overline{AC} = 6$, $\cos A = \dfrac{1}{5}$

$\overline{BC} = x$ 라 하면

$$\cos A = \frac{36 + 25 - x^2}{2 \times 6 \times 5} = \frac{1}{5} \implies x^2 = 49 \implies x = 7$$

$$\cos A = \frac{1}{5} \implies \sin A = \frac{2\sqrt{6}}{5}$$

사인법칙에 의해서

$$\frac{x}{\sin A} = 2R \implies \frac{35}{2\sqrt{6}} = 2R \implies 4\sqrt{6}R = 35$$

답 35

019

$3\overline{AB} = \overline{BC}$, $\angle ABC = 120^\circ$

$\overline{AB} = x$ 라 하면 $\overline{BC} = 3x$

삼각형 ABC 에서 코사인법칙을 사용하면

$$\cos 120^\circ = \frac{x^2 + 9x^2 - \left(\overline{AC}\right)^2}{2 \times x \times 3x} = -\frac{1}{2} \Rightarrow \overline{AC} = \sqrt{13}\,x$$

외접원의 넓이가 $13\pi \Rightarrow R = \sqrt{13}$
삼각형 ABC 에서 사인법칙을 사용하면

$$\frac{\overline{AC}}{\sin 120^\circ} = 2R \Rightarrow \frac{\sqrt{13}\,x}{\frac{\sqrt{3}}{2}} = 2\sqrt{13} \Rightarrow x = \sqrt{3}$$

따라서 $\left(\overline{AB}\right)^2 = x^2 = 3$ 이다.

답 3

020

$B = 60^\circ$, $C = 45^\circ \Rightarrow A = 75^\circ$

외접원의 반지름의 길이가 1 이므로
삼각형 ABC 에서 사인법칙을 사용하면

$$\frac{\overline{AC}}{\sin B} = 2R \Rightarrow \frac{\overline{AC}}{\frac{\sqrt{3}}{2}} = 2 \Rightarrow \overline{AC} = \sqrt{3}$$

$$\frac{\overline{AB}}{\sin C} = 2R \Rightarrow \frac{\overline{AB}}{\frac{\sqrt{2}}{2}} = 2 \Rightarrow \overline{AB} = \sqrt{2}$$

$\overline{BC} = x$ 라 하자.
삼각형 ABC 에서 코사인법칙을 사용하면

$$\cos B = \frac{2 + x^2 - 3}{2\sqrt{2}\,x} = \frac{1}{2} \Rightarrow x^2 - \sqrt{2}\,x - 1 = 0$$

$$\Rightarrow x = \frac{\sqrt{2} + \sqrt{6}}{2}$$

$\left(\overline{BC}\right)^2 = \dfrac{8 + 4\sqrt{3}}{4} = 2 + \sqrt{3}$ 이므로 $a + b = 5$ 이다.

답 5

$\overline{AB} : \overline{BC} : \overline{CA} = 3 : \sqrt{7} : 1$ 이므로
$\overline{AB} = 3k$, $\overline{BC} = \sqrt{7}\,k$, $\overline{CA} = k$ 라 하고, $\angle BAC = \theta$ 라 하자.

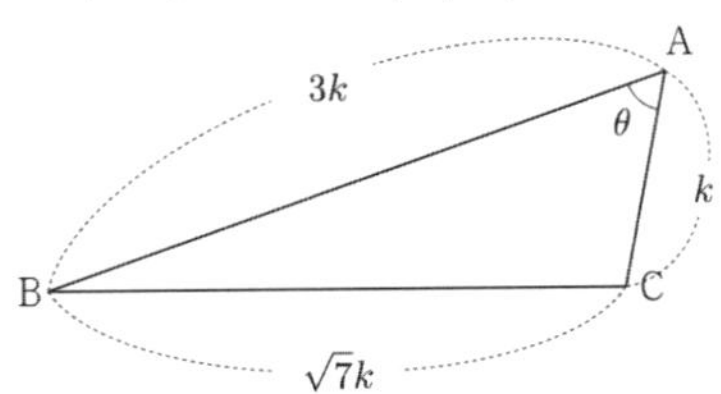

삼각형 ABC 에서 코사인법칙을 사용하면

$$\cos\theta = \frac{(3k)^2 + k^2 - \left(\sqrt{7}\,k\right)^2}{2 \times 3k \times k} = \frac{3k^2}{6k^2} = \frac{1}{2} \Rightarrow \sin\theta = \frac{\sqrt{3}}{2}$$

삼각형 ABC 의 외접원의 반지름을 R 이라 하고,
삼각형 ABC 에서 사인법칙을 사용하면

$$\frac{\overline{BC}}{\sin\theta} = 2R \Rightarrow \frac{\sqrt{7}\,k}{\frac{\sqrt{3}}{2}} = 2R \Rightarrow R = \frac{\sqrt{7}}{\sqrt{3}}k$$

외접원의 넓이가 49π 이므로

$$49\pi = \left(\frac{\sqrt{7}}{\sqrt{3}}k\right)^2 \pi \Rightarrow 49 = \frac{7}{3}k^2 \Rightarrow k^2 = 21$$

따라서 $\left(\overline{CA}\right)^2 = k^2 = 21$ 이다.

답 21

$\overline{AB} = 5$, $\overline{AC} = 4$, $\cos(\angle BAC) = \dfrac{1}{8}$

삼각형 ABC 에서 코사인법칙을 사용하면

$$\cos(\angle BAC) = \frac{\left(\overline{AB}\right)^2 + \left(\overline{AC}\right)^2 - \left(\overline{BC}\right)^2}{2 \times \overline{AB} \times \overline{AC}}$$

$$= \frac{25 + 16 - \left(\overline{BC}\right)^2}{40} = \frac{1}{8}$$

$$\Rightarrow \frac{41 - \left(\overline{BC}\right)^2}{40} = \frac{1}{8} \Rightarrow 41 - \left(\overline{BC}\right)^2 = 5 \Rightarrow \left(\overline{BC}\right)^2 = 36$$

$$\Rightarrow \overline{BC} = 6$$

$$\cos(\angle BAC) = \frac{1}{8} \Rightarrow \sin(\angle BAC) = \frac{3\sqrt{7}}{8}$$

삼각형 ABC 의 외접원의 반지름을 R 이라 하고
삼각형 ABC 에서 사인법칙을 사용하면

$$\frac{\overline{BC}}{\sin(\angle BAC)} = 2R \Rightarrow \frac{6}{\frac{3\sqrt{7}}{8}} = 2R \Rightarrow R = \frac{8}{\sqrt{7}}$$

이므로 외접원의 넓이 $S = \dfrac{64}{7}\pi$

$\angle \mathrm{BAC} = 2\theta$ 라 하고,
외접원의 중심을 O 라 하자.
원주각과 중심각의 관계에 의해 $\angle \mathrm{COD} = 2\theta$ 이다.

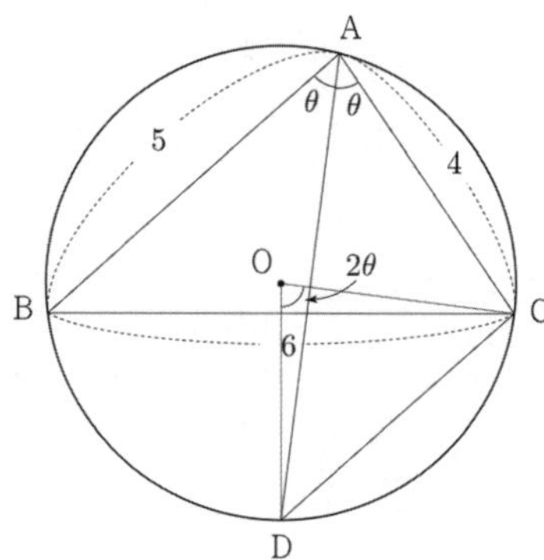

$\cos 2\theta = \dfrac{1}{8}$ 이고, $\overline{\mathrm{OD}} = \overline{\mathrm{OC}} = R = \dfrac{8}{\sqrt{7}}$ 이므로

삼각형 COD 에서 코사인법칙을 사용하면

$$\cos 2\theta = \dfrac{R^2 + R^2 - \left(\overline{\mathrm{CD}}\right)^2}{2 \times R^2} = \dfrac{\dfrac{128}{7} - \left(\overline{\mathrm{CD}}\right)^2}{\dfrac{128}{7}} = \dfrac{1}{8}$$

$$\Rightarrow \dfrac{128}{7} - \left(\overline{\mathrm{CD}}\right)^2 = \dfrac{16}{7} \Rightarrow \left(\overline{\mathrm{CD}}\right)^2 = \dfrac{112}{7} = 16$$

$$\Rightarrow \overline{\mathrm{CD}} = 4$$

$$\dfrac{S}{\pi \times \overline{\mathrm{CD}}} = \dfrac{\dfrac{64}{7}\pi}{\pi \times 4} = \dfrac{16}{7}$$ 이므로 $p + q = 23$ 이다.

답   23

023

$$\sin A = \cos\left(\dfrac{\pi}{2} - B\right) \sin\left(\dfrac{\pi}{2} + C\right)$$
$$\Rightarrow \sin A = \sin B \cos C$$

$\sin A = \dfrac{a}{2R}$, $\sin B = \dfrac{b}{2R}$, $\cos C = \dfrac{a^2 + b^2 - c^2}{2ab}$ 이므로

$$\dfrac{a}{2R} = \dfrac{b}{2R} \times \dfrac{a^2 + b^2 - c^2}{2ab} \Rightarrow a^2 + c^2 = b^2$$

따라서 삼각형 ABC 는 $\angle B$ 가 직각인 직각삼각형이다.

답 $\angle$B가 직각인 직각삼각형

024

$$\sin A = 2\sin \dfrac{A - B + C}{2} \cos\left(C - \dfrac{\pi}{2}\right)$$

$A + B + C = \pi \Rightarrow A + C = \pi - B$ 이므로

$$\sin A = 2\sin \dfrac{A - B + C}{2} \cos\left(C - \dfrac{\pi}{2}\right)$$

$$\Rightarrow \sin A = 2\sin\left(\dfrac{\pi - 2B}{2}\right) \cos\left(\dfrac{\pi}{2} - C\right)$$

$$\Rightarrow \sin A = 2\cos B \sin C$$

$\sin A = \dfrac{a}{2R}$, $\sin C = \dfrac{c}{2R}$, $\cos B = \dfrac{a^2 + c^2 - b^2}{2ac}$ 이므로

$$\dfrac{a}{2R} = 2 \times \dfrac{a^2 + c^2 - b^2}{2ac} \times \dfrac{c}{2R} \Rightarrow b^2 - c^2 = 0$$

따라서 삼각형 ABC 는 $b = c$ 인 이등변삼각형이다.

답 $b = c$ 인 이등변삼각형

025

삼각형 ABC 의 넓이를 S 라하면

내접원 공식에 의해
$$\dfrac{6 + 5 + 3}{2} \times r = S \Rightarrow r = \dfrac{S}{7}$$

외접원 공식에 의해
$$\dfrac{6 \times 5 \times 3}{4R} = S \Rightarrow R = \dfrac{45}{2S}$$

$$\cos C = \dfrac{25 + 9 - 36}{2 \times 5 \times 3} = -\dfrac{1}{15} \Rightarrow \sin C = \dfrac{4\sqrt{14}}{15}$$

$$S = \dfrac{1}{2} \times 3 \times 5 \times \sin C = 2\sqrt{14}$$

따라서 $\dfrac{16R}{9r} = \dfrac{\dfrac{45 \times 8}{S}}{\dfrac{9S}{7}} = \dfrac{5 \times 8 \times 7}{S^2} = \dfrac{5 \times 8 \times 7}{4 \times 14} = 5$ 이다.

답   5

026

$90^\circ < C < 180^\circ$

삼각형 ABC 의 넓이를 S 라 하면

$S = \dfrac{1}{2} \times 6 \times 10 \times \sin C = 15\sqrt{3} \ \Rightarrow \ \sin C = \dfrac{\sqrt{3}}{2}$

$\Rightarrow \ C = 120^\circ$

$\overline{AB} = x$ 라 하자.
삼각형 ABC 에서 코사인법칙을 사용하면

$\cos 120^\circ = \dfrac{36 + 100 - x^2}{2 \times 6 \times 10} = -\dfrac{1}{2} \ \Rightarrow \ x^2 = 196$

$\Rightarrow \ x = 14$

삼각형 ABC 에서 사인법칙을 사용하면

$\dfrac{\overline{AB}}{\sin C} = 2R \ \Rightarrow \ \dfrac{14}{\sin 120^\circ} = 2R \ \Rightarrow \ \dfrac{14}{\frac{\sqrt{3}}{2}} = 2R$

$\Rightarrow \ \sqrt{3}\,R = 14 \ \Rightarrow \ 3R^2 = 196$

답 196

027

$A = 60^\circ \ \Rightarrow \ \angle DAB = \angle DAC = 30^\circ$

삼각형 ABC 의 넓이는 삼각형 ABD 의 넓이와
삼각형 ACD 의 넓이의 합이므로

$\overline{AD} = x$ 라 하자.

$\dfrac{1}{2} \times 12 \times 8 \times \sin 60^\circ$

$= \dfrac{1}{2} \times 12 \times x \times \sin 30^\circ + \dfrac{1}{2} \times 8 \times x \times \sin 30^\circ$

$\Rightarrow \ 48\sqrt{3} = 10x \ \Rightarrow \ x = \dfrac{24}{5}\sqrt{3}$

따라서 $p + q = 29$ 이다.

답 29

028

$2\overline{CD} = 3\overline{AD} , \ 4\overline{CE} = \overline{BE}$

$\Rightarrow \ \overline{CD} = \dfrac{3}{5}\overline{AC} , \ \overline{CE} = \dfrac{1}{5}\overline{BC}$

삼각형 ABC 의 넓이가 100 이므로

$\dfrac{1}{2} \times \overline{AC} \times \overline{BC} \times \sin C = 100$

따라서 삼각형 CDE 의 넓이는

$\dfrac{1}{2} \times \overline{CD} \times \overline{CE} \times \sin C = \dfrac{1}{2} \times \dfrac{3}{5}\overline{AC} \times \dfrac{1}{5}\overline{BC} \times \sin C$

$= 100 \times \dfrac{3}{25} = 12$

답 12

$\overline{AB} + \overline{AC} = 12$
$\overline{AB} = x , \ \overline{AC} = y$ 라 하면 $x + y = 12$ 이다.

삼각형 ABC 에서 코사인법칙을 사용하면

$\cos 120^\circ = \dfrac{x^2 + y^2 - 11^2}{2 \times x \times y} = \dfrac{(x+y)^2 - 2xy - 121}{2xy}$

$= \dfrac{23 - 2xy}{2xy} = -\dfrac{1}{2} \ \Rightarrow \ 23 - 2xy = -xy \ \Rightarrow \ xy = 23$

삼각형 ABC 의 넓이는

$\dfrac{1}{2} \times x \times y \times \sin 120^\circ = \dfrac{23}{2} \times \dfrac{\sqrt{3}}{2} = \dfrac{23}{4}\sqrt{3}$ 이므로
$p + q = 27$ 이다.

답 27

$\overline{AC} = x$ 라 하자.
삼각형 ABC 에서 코사인법칙을 사용하면

$\cos 135^\circ = \dfrac{4 + 8 - x^2}{2 \times 2 \times 2\sqrt{2}} = \dfrac{12 - x^2}{8\sqrt{2}} = -\dfrac{\sqrt{2}}{2}$

$\Rightarrow \ x^2 = 20 \ \Rightarrow \ x = 2\sqrt{5}$

삼각형 넓이 같다 technic을 사용해보자.

삼각형 ABC 의 넓이는

$$\frac{1}{2}\times 2\times 2\sqrt{2}\times \sin 135^\circ = \frac{1}{2}\times \overline{BD}\times 2\sqrt{5}$$

$$\Rightarrow \overline{BD}=\frac{2\sqrt{5}}{5}$$

따라서 $p+q=7$ 이다.

답 7

031

$\overline{BD}=x$ 라 하자.

삼각형 ABD 에서 코사인법칙을 사용하면

$$\cos 60^\circ = \frac{9+25-x^2}{2\times 3\times 5}=\frac{1}{2} \Rightarrow 19=x^2 \Rightarrow x=\sqrt{19}$$

원에 내접하는 사각형은 마주 보고 있는 두 각의 합이 180° 이므로 $A+C=180^\circ \Rightarrow C=120^\circ$

$\overline{BC}=y$ 라 하자.

삼각형 BCD 에서 코사인법칙을 사용하면

$$\cos 120^\circ = \frac{9+y^2-19}{2\times 3\times y}=-\frac{1}{2} \Rightarrow y^2+3y-10=0$$

$$\Rightarrow (y+5)(y-2)=0 \Rightarrow y=2$$

사각형 ABCD 의 넓이는 삼각형 ABD 의 넓이와
삼각형 BCD 의 넓이의 합이므로

$$\frac{1}{2}\times 3\times 5\times \sin 60^\circ + \frac{1}{2}\times 2\times 3\times \sin 120^\circ = \frac{21}{4}\sqrt{3}$$

따라서 $p+q=25$ 이다.

답 25

032

사각형의 넓이는

$$\frac{1}{2}\times a\times b\times \sin 60^\circ = \sqrt{3} \Rightarrow ab=4$$

$$(a-b)^3=a^3-b^3-3ab(a-b) \Rightarrow 64=a^3-b^3-48$$

$$\Rightarrow a^3-b^3=112$$

답 112

033

두 선분 AC, BD 의 교점을 E 라 하고
$\overline{AE}=\overline{EC}=x$, $\overline{BE}=\overline{ED}=y$ 라 하자.

삼각형 ABE 에서 코사인법칙을 사용하면

$$\cos 60^\circ = \frac{x^2+y^2-4}{2xy}=\frac{1}{2} \Rightarrow x^2+y^2-4=xy$$

삼각형 BEC 에서 코사인법칙을 사용하면

$$\cos 120^\circ = \frac{x^2+y^2-9}{2xy}=-\frac{1}{2} \Rightarrow x^2+y^2-9=-xy$$

$$x^2+y^2-4=xy$$
$$x^2+y^2-9=-xy$$

위의 두 식을 빼면

$$5=2xy \Rightarrow xy=\frac{5}{2}$$

평행사변형 ABCD 의 넓이는

$$\frac{1}{2}\times 2x\times 2y\times \sin 60^\circ = 2xy\times \frac{\sqrt{3}}{2}=xy\sqrt{3}=\frac{5}{2}\sqrt{3}$$

따라서 $p+q=7$ 이다.

답 7

034

$\overline{AB}=\overline{BC}=\overline{AC}=2$, $\overline{BD}=2\sqrt{7}$

$\overline{AD}//\overline{BC}$ 이므로 $\angle BCA=\angle CAD=\frac{\pi}{3}$ (엇각)

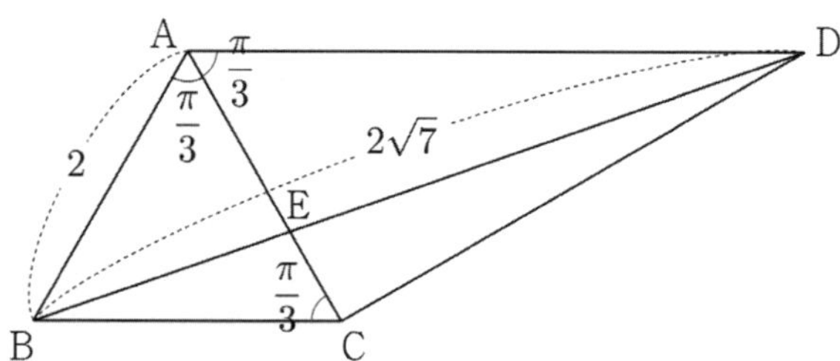

$\overline{AD}=x$ 라 하고, 삼각형 ABD 에서 코사인법칙을 사용하면

$$\cos(\angle BAD)=\cos \frac{2}{3}\pi$$

$$=\frac{2^2+x^2-(2\sqrt{7})^2}{2\times 2\times x}=\frac{x^2-24}{4x}=-\frac{1}{2}$$

$$\Rightarrow x^2+2x-24=0 \Rightarrow (x+6)(x-4)=0$$

$$\Rightarrow x=4 \ (\because \ x>0)$$

삼각형 AED와 삼각형 CEB는 $2:1$ 닮음이므로

$$\overline{AE} : \overline{EC} = 2:1 \;\Rightarrow\; \overline{CE} = \frac{1}{3}\overline{AC} = \frac{2}{3}$$

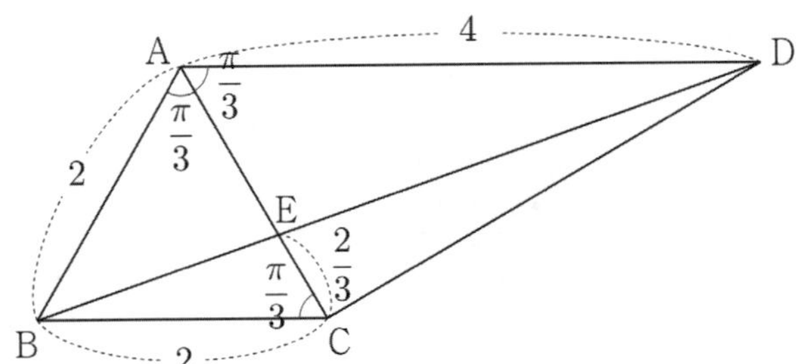

따라서 삼각형 BCE의 넓이는 $\dfrac{1}{2} \times 2 \times \dfrac{2}{3} \times \sin\dfrac{\pi}{3} = \dfrac{\sqrt{3}}{3}$ 이다.

답 ②

> **Tip**
>
> 이 문제에서는 물어보지 않았지만
> 선분 AE는 각 BAD의 이등분선이므로
> $$\overline{BE} : \overline{ED} = \overline{AB} : \overline{AD} \;\Rightarrow\; \overline{BE} : \overline{ED} = 1:2$$
> 인 것도 챙겨가도록 하자.
>
> 삼각형 ACD에서 코사인법칙을 사용하여
> 선분 CD의 길이도 구할 수 있다.

035

$$\cos A = \frac{64+36-16}{2\times 8 \times 6} = \frac{7}{8} \;\Rightarrow\; \sin A = \frac{\sqrt{15}}{8}$$

삼각형 ABC의 넓이는

$$\frac{1}{2} \times 8 \times 6 \times \sin A = 24 \times \frac{\sqrt{15}}{8} = 3\sqrt{15}$$

삼각형 ABC의 넓이는
세 삼각형 APB, APC, BPC의 넓이의 합이다.

$\overline{PD} = \dfrac{\sqrt{15}}{2}$, $\overline{PE} = \dfrac{\sqrt{15}}{3}$ 이므로

$$\frac{1}{2}\times\overline{PF}\times 8 + \frac{1}{2}\times\overline{PE}\times 6 + \frac{1}{2}\times\overline{PD}\times 4 = 3\sqrt{15}$$

$$\Rightarrow 4\overline{PF} + 2\sqrt{15} = 3\sqrt{15} \;\Rightarrow\; \overline{PF} = \frac{\sqrt{15}}{4}$$

$\angle AFP = \angle AEP = 90\degree$ 이므로
선분 AP를 지름으로 하고 두 점 F, E를 지나는 원을
그리면 사각형 AFPE는 원에 내접하므로
$\angle EPF = \pi - A$ 이다.

$$\sin A = \frac{\sqrt{15}}{8}$$

$$\Rightarrow \sin(\angle EPF) = \sin(\pi - A)$$

$$= \sin(\angle EPF) = \frac{\sqrt{15}}{8}$$

삼각형 EFP의 넓이는

$$\frac{1}{2}\times\frac{\sqrt{15}}{4}\times\frac{\sqrt{15}}{3}\times\sin(\angle EPF) = \frac{5}{8}\times\frac{\sqrt{15}}{8} = \frac{5}{64}\sqrt{15}$$

따라서 $p+q = 69$ 이다.

답 69

036

$\angle BAC = \theta$ 라 하자.
$\overline{AB} = \overline{BC} = 2$ 이므로 $\angle BCA = \angle BAC = \theta$ 이다.

$\overline{AB} \;/\!/\; \overline{CD}$ 이므로 $\angle BAC$와 $\angle ACD$는 서로 엇각이다.
즉, $\angle ACD = \angle BAC = \theta$ 이다.

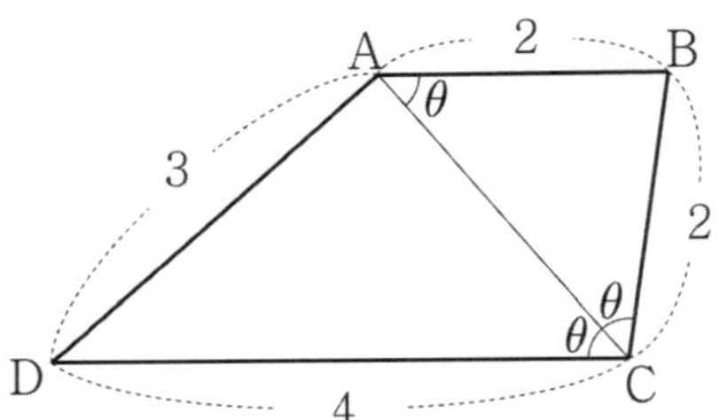

$\overline{AC} = x$ 라 하자.
삼각형 ABC에서 코사인법칙을 사용하면

$$\cos\theta = \frac{4+x^2-4}{2\times 2 \times x} = \frac{x^2}{4x} = \frac{x}{4}$$

삼각형 ACD에서 코사인법칙을 사용하면

$$\cos\theta = \frac{16+x^2-9}{2\times 4 \times x} = \frac{7+x^2}{8x}$$

$$\frac{x}{4} = \frac{7+x^2}{8x} \;\Rightarrow\; 2x^2 = 7+x^2 \;\Rightarrow\; x^2 = 7 \;\Rightarrow\; x = \sqrt{7}$$

$$\Rightarrow \cos\theta = \frac{\sqrt{7}}{4} \;\Rightarrow\; \sin\theta = \frac{3}{4}$$

사각형 ABCD의 넓이는 삼각형 ACD의 넓이와
삼각형 ABC의 넓이의 합이므로

$$\frac{1}{2}\times 4\times\sqrt{7}\times\sin\theta+\frac{1}{2}\times 2\times\sqrt{7}\times\sin\theta$$

$$=3\sqrt{7}\times\frac{3}{4}=\frac{9}{4}\sqrt{7}$$

따라서 $p+q=13$ 이다.

답 13

다르게 풀어보자!

$\overline{\mathrm{DA}}$ 와 $\overline{\mathrm{CB}}$ 에 연장선을 그어 만나는 점을 E 라고 하면
삼각형 EAB 와 삼각형 EDC 는 $1:2$ 닮음이므로
$\overline{\mathrm{EA}}=3,\ \overline{\mathrm{EB}}=2$ 이다.

코사인법칙에 의해

$$\cos(\angle\mathrm{CDE})=\frac{6^2+4^2-4^2}{2\times 6\times 4}=\frac{3}{4}$$

$$\Rightarrow\ \sin(\angle\mathrm{CDE})=\frac{\sqrt{7}}{4}$$

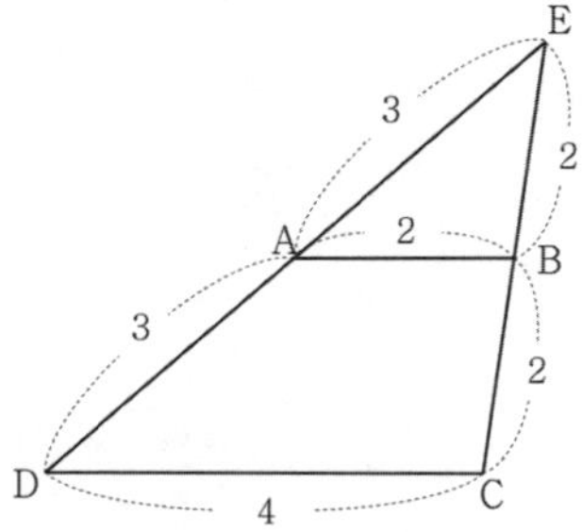

따라서 삼각형 EDC 의 넓이는 $\dfrac{1}{2}\times 6\times 4\times\dfrac{\sqrt{7}}{4}=3\sqrt{7}$

이때, 삼각형 EAB 와 삼각형 EDC 의 넓이비는 $1:4$ 이므로
사각형 ABCD 의 넓이는 $\dfrac{3}{4}\times 3\sqrt{7}=\dfrac{9}{4}\sqrt{7}$ 이다.

037

호 BC 에 대한 원주각의 크기는 모두 같으니
$\angle\mathrm{BDC}=\angle\mathrm{BAC}$ 이다.

$\angle\mathrm{BCA}=\angle\mathrm{BAC}$ 이므로 삼각형 ABC 는 이등변삼각형이다.
즉, $\overline{\mathrm{BC}}=\overline{\mathrm{AB}}=2\sqrt{2}$

사각형 ABCD 는 원에 내접하므로 대각의 합이 180° 이다.
이를 이용하여 식을 세워보자.

삼각형 ABC 에서 코사인법칙을 사용하면

$$\cos(\angle\mathrm{ABC})=\frac{(\overline{\mathrm{AB}})^2+(\overline{\mathrm{BC}})^2-(\overline{\mathrm{AC}})^2}{2\times\overline{\mathrm{AB}}\times\overline{\mathrm{BC}}}$$

$$=\frac{16-(\overline{\mathrm{AC}})^2}{16}\ \cdots\ \textcircled{\scriptsize ㉠}$$

삼각형 ACD 에서 코사인법칙을 사용하면
$$\cos(\angle\mathrm{ADC})=\cos(\pi-\angle\mathrm{ABC})=-\cos(\angle\mathrm{ABC})$$

$$=\frac{(\overline{\mathrm{CD}})^2+(\overline{\mathrm{AD}})^2-(\overline{\mathrm{AC}})^2}{2\times\overline{\mathrm{CD}}\times\overline{\mathrm{AD}}}=\frac{52-(\overline{\mathrm{AC}})^2}{48}\ \cdots\ \textcircled{\scriptsize ㉡}$$

㉠, ㉡를 연립하면

$$\frac{16-(\overline{\mathrm{AC}})^2}{16}=-\frac{52-(\overline{\mathrm{AC}})^2}{48}$$

$$\Rightarrow 48-3(\overline{\mathrm{AC}})^2=-52+(\overline{\mathrm{AC}})^2$$

$$\Rightarrow \overline{\mathrm{AC}}=5$$

이제 외접원의 반지름의 길이를 구해보자.

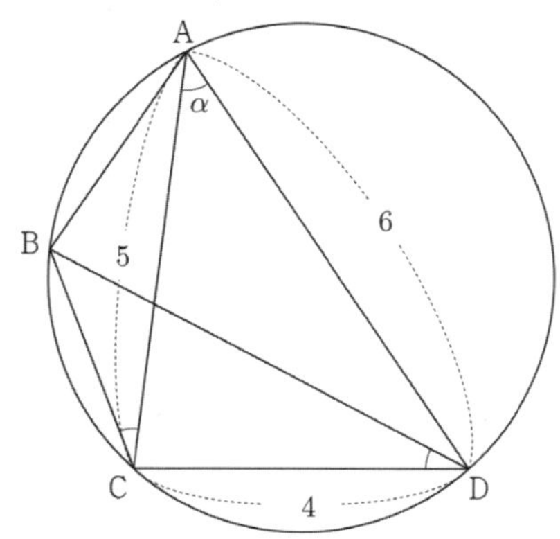

$\angle\mathrm{CAD}=\alpha$ 라 두고, 삼각형 ACD 에서 코사인법칙을 사용하면

$$\cos\alpha=\frac{(\overline{\mathrm{AC}})^2+(\overline{\mathrm{AD}})^2-(\overline{\mathrm{CD}})^2}{2\times\overline{\mathrm{AC}}\times\overline{\mathrm{AD}}}=\frac{25+36-16}{60}=\frac{3}{4}$$

$$\Rightarrow\ \sin\alpha=\frac{\sqrt{7}}{4}$$

삼각형 ACD 에서 사인법칙을 사용하면

$$\frac{\overline{\mathrm{CD}}}{\sin\alpha}=2R\ \Rightarrow\ R=\frac{2}{\sin\alpha}=\frac{8}{\sqrt{7}}=a$$

호 AB 에 대한 원주각의 크기는 모두 같으니
$\angle\mathrm{ACB}=\angle\mathrm{ADB}$ 이다.

$\angle\mathrm{ADE}=\angle\mathrm{CDE}$ 이 성립하므로 선분 DE 는 각 ADC 를
이등분한다.

$\angle\mathrm{ADE}=\angle\mathrm{CDE}=\theta$ 라 하자.
삼각형의 각의 이등분선과 닮음에 의하여
$\overline{\mathrm{AD}}:\overline{\mathrm{CD}}=\overline{\mathrm{AE}}:\overline{\mathrm{CE}}\ \Rightarrow\ \overline{\mathrm{AE}}=3,\ \overline{\mathrm{CE}}=2$

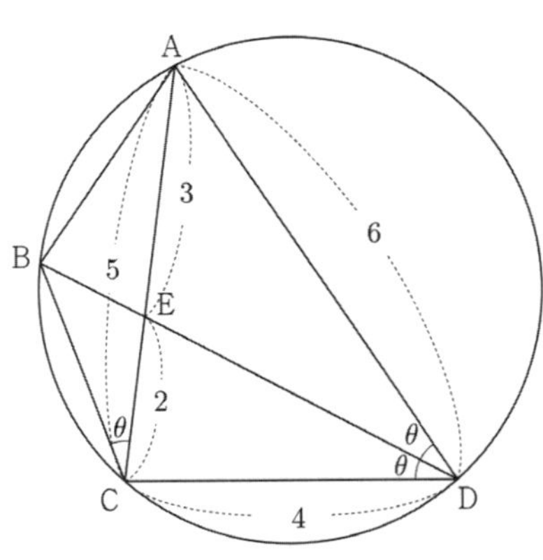

이제 삼각형 BCE 의 넓이를 구해보자.

$\overline{BC}=2\sqrt{2}$, $\overline{CE}=2$ 이므로 $\sin\theta$ 의 값만 구하면 된다.

여러 가지 방법이 있지만 삼각형 ABC 가 $\overline{AB}=\overline{BC}$ 인 이등변삼각형임을 이용하여 구해보자.
점 B 에서 선분 AC 에 내린 수선의 발을 H 라 하면

$$\overline{BH}=\sqrt{(\overline{BC})^2-(\overline{CH})^2}=\sqrt{8-\frac{25}{4}}=\frac{\sqrt{7}}{2}$$

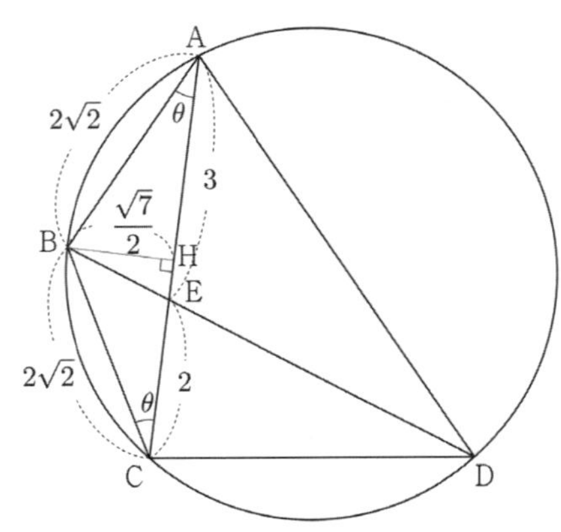

$$\sin\theta=\frac{\overline{BH}}{\overline{BC}}=\frac{\frac{\sqrt{7}}{2}}{2\sqrt{2}}=\frac{\sqrt{7}}{4\sqrt{2}}=\frac{\sqrt{14}}{8}$$ 이므로

삼각형 BCE 의 넓이는 다음과 같다.

$$\frac{1}{2}\times\overline{BC}\times\overline{CE}\times\sin\theta=\frac{1}{2}\times 2\sqrt{2}\times 2\times\frac{\sqrt{14}}{8}=\frac{\sqrt{7}}{2}=b$$

따라서 $a\times b=\frac{8}{\sqrt{7}}\times\frac{\sqrt{7}}{2}=4$ 이다.

답 4

38	⑤	56	98
39	21	57	①
40	③	58	②
41	10	59	27
42	④	60	③
43	41	61	①
44	①	62	②
45	25	63	84
46	①	64	③
47	②	65	13
48	50	66	③
49	64	67	⑤
50	5	68	①
51	⑤	69	①
52	①	70	②
53	21	71	①
54	⑤	72	⑤
55	①	73	④

038

삼각형 ABC 의 넓이가 $\sqrt{6}$ 이므로

$$\frac{1}{2}\times 2\times\sqrt{7}\times\sin\theta=\sqrt{6}\ \Rightarrow\ \sin\theta=\frac{\sqrt{42}}{7}$$

$$\sin\left(\frac{\pi}{2}+\theta\right)=\cos\theta=\sqrt{1-\frac{6}{7}}=\frac{\sqrt{7}}{7}\ \left(\because 0<\theta<\frac{\pi}{2}\right)$$

답 ⑤

039

사인법칙에 의해

$$\frac{\overline{AC}}{\sin B}=2R\ \Rightarrow\ \overline{AC}=30\times\frac{7}{10}=21$$

답 21

$\angle C = 120°$ 이므로 사인법칙에 의해

$$\frac{\overline{AB}}{\sin C} = \frac{\overline{BC}}{\sin A} \Rightarrow \frac{8}{\frac{\sqrt{3}}{2}} = \frac{\overline{BC}}{\frac{\sqrt{2}}{2}} \Rightarrow \overline{BC} = \frac{8}{3}\sqrt{6}$$

답 ③

$$\cos\theta = \frac{\sqrt{5}}{3} \Rightarrow \sin\theta = \frac{2}{3}$$

삼각형 ABC 의 넓이는

$$\frac{1}{2} \times \overline{AB} \times \overline{BC} \times \sin\theta = \frac{15}{2} \times \frac{2}{3} \times \overline{BC} = 5\overline{BC} = 50$$

$$\Rightarrow \overline{BC} = 10$$

답 10

042

부채꼴 OAB 의 반지름의 길이를 r 이라 하면

$$\overline{OP} = \frac{3}{4}r, \quad \overline{OQ} = \frac{1}{3}r$$

삼각형 OPQ 의 넓이가 $4\sqrt{3}$ 이므로

$$\frac{1}{2} \times \frac{3}{4}r \times \frac{1}{3}r \times \sin\frac{\pi}{3} = \frac{\sqrt{3}}{16}r^2 = 4\sqrt{3}$$

$$\Rightarrow r = 8$$

따라서 호 AB 의 길이는 $8 \times \dfrac{\pi}{3} = \dfrac{8}{3}\pi$ 이다.

답 ④

$\angle BAD = \theta$ 라 하자.

삼각형 ABD 에서 코사인법칙을 사용하면

$$\cos\theta = \frac{6^2 + 6^2 - (\sqrt{15})^2}{2 \times 6 \times 6} = \frac{72-15}{72} = \frac{57}{72} = \frac{19}{24}$$

$\overline{BC} = k$ 이므로

삼각형 ABC 에서 코사인법칙을 사용하면

$$\cos\theta = \frac{6^2 + 10^2 - k^2}{2 \times 6 \times 10} = \frac{136 - k^2}{120}$$

삼각함수 같다 technic에 의해서

$$\frac{19}{24} = \frac{136 - k^2}{120} \Rightarrow 95 = 136 - k^2 \Rightarrow k^2 = 41$$

답 41

$\angle DCG = \theta \ (0 < \theta < \pi), \ \angle BCE = \pi - \theta$

$\sin\theta = \dfrac{\sqrt{11}}{6}$ 이므로 $\cos^2\theta = 1 - \sin^2\theta = \dfrac{25}{36}$

삼각형 CDG 에서 코사인법칙을 사용하면

$$\cos\theta = \frac{3^2 + 4^2 - (\overline{DG})^2}{2 \times 3 \times 4} = \frac{25 - (\overline{DG})^2}{24}$$

$$\Rightarrow \overline{DG} = \sqrt{25 - 24\cos\theta}$$

삼각형 BCE 에서 코사인법칙을 사용하면

$$\cos(\pi-\theta) = -\cos\theta = \frac{3^2 + 4^2 - (\overline{BE})^2}{2 \times 3 \times 4} = \frac{25 - (\overline{BE})^2}{24}$$

$$\Rightarrow \overline{BE} = \sqrt{25 + 24\cos\theta}$$

따라서 $\overline{DG} \times \overline{BE} = \sqrt{25^2 - 24^2\cos^2\theta}$

$$= \sqrt{25^2 - 24^2 \times \frac{25}{36}} = 5\sqrt{25 - 16} = 15$$

답 ①

$\overline{AB} = 3, \ \overline{BC} = 6$ 인 직사각형 $ABCD$ 에서

선분 BC 를 $1:5$ 로 내분하는 점을 E 라 했으므로

$$\Rightarrow \overline{BE} = 1$$

$$(\overline{AE})^2 = (\overline{AB})^2 + (\overline{BE})^2 = 9 + 1 = 10 \Rightarrow \overline{AE} = \sqrt{10}$$
$$(\overline{AC})^2 = (\overline{AB})^2 + (\overline{BC})^2 = 9 + 36 = 45 \Rightarrow \overline{AC} = 3\sqrt{5}$$

삼각형 ACE 에서 코사인법칙을 사용하면

$$\cos\theta = \frac{10 + 45 - 25}{2 \times \sqrt{10} \times 3\sqrt{5}} = \frac{30}{30\sqrt{2}} = \frac{1}{\sqrt{2}}$$

$$\Rightarrow \sin\theta = \frac{1}{\sqrt{2}}$$

따라서 $50\sin\theta\cos\theta = 25$ 이다.

답 25

$\angle \mathrm{BAP} = \theta$ 라 하면

$$\cos\theta = \frac{4}{5} \ \Rightarrow \ \sin\theta = \frac{3}{5}$$

보조선을 그어보면 아래 그림과 같다.

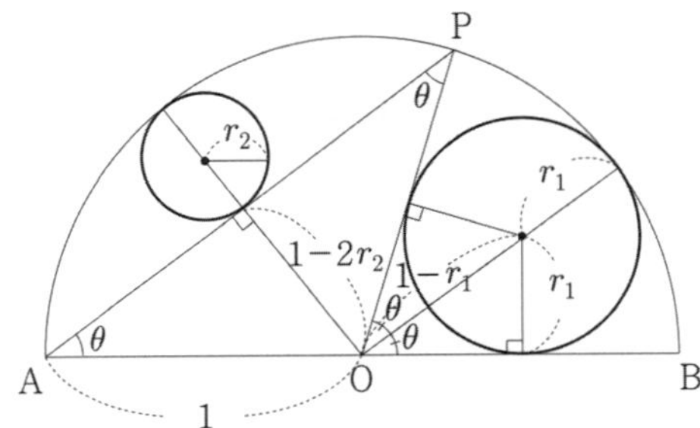

$$\sin\theta = \frac{1-2r_2}{1} = \frac{3}{5} \ \Rightarrow \ \frac{2}{5} = 2r_2 \ \Rightarrow \ r_2 = \frac{1}{5}$$

$$\sin\theta = \frac{r_1}{1-r_1} = \frac{3}{5} \ \Rightarrow \ 5r_1 = 3 - 3r_1 \ \Rightarrow \ r_1 = \frac{3}{8}$$

따라서 $r_1 r_2 = \dfrac{3}{40}$ 이다.

답 ①

반지름의 길이가 3 인 원의 둘레를 6등분하는 점 중에서 연속된 세 개의 점을 각각 A, B, C 라 하였다.

즉, 세 점 A, B, C 는 원에 내접하는 정육각형의 꼭짓점의 일부라 할 수 있으므로
$$\angle \mathrm{ABC} = 120^\circ, \ \overline{\mathrm{AB}} = \overline{\mathrm{BC}} = 3$$

원에 내접하는 사각형은 마주 보고 있는 두 각의 합이 180° 이므로 $\angle \mathrm{APC} = 60^\circ$

삼각형 ABC 에서 코사인법칙을 사용하면
$$\cos 120^\circ = \frac{9+9-\left(\overline{\mathrm{AC}}\right)^2}{2 \times 3 \times 3} = -\frac{1}{2} \ \Rightarrow \ \overline{\mathrm{AC}} = 3\sqrt{3}$$

$\overline{\mathrm{AP}} + \overline{\mathrm{CP}} = 8$

$\Rightarrow \overline{\mathrm{AP}} = x, \ \overline{\mathrm{CP}} = y$ 라 하면 $x + y = 8$

삼각형 ACP 에서 코사인법칙을 사용하면
$$\cos 60^\circ = \frac{x^2 + y^2 - 27}{2 \times x \times y} = \frac{(x+y)^2 - 2xy - 27}{2xy}$$

$$= \frac{37 - 2xy}{2xy} = \frac{1}{2} \ \Rightarrow \ \frac{37}{3} = xy$$

사각형 ABCP 의 넓이는 삼각형 APC 의 넓이와 삼각형 ABC 의 넓이의 합이므로

$$\frac{1}{2} \times x \times y \times \sin 60^\circ + \frac{1}{2} \times 3 \times 3 \times \sin 120^\circ$$

$$= \frac{37\sqrt{3}}{12} + \frac{9\sqrt{3}}{4} = \frac{64}{12}\sqrt{3} = \frac{16}{3}\sqrt{3}$$

답 ②

$$\cos(\angle \mathrm{BCD}) = \frac{3}{5} \ \Rightarrow \ \sin(\angle \mathrm{BCD}) = \frac{4}{5}$$

원에 내접하는 사각형은 마주 보고 있는 두 각의 합이 180° 이므로
$$\angle \mathrm{BAD} + \angle \mathrm{BCD} = \pi \ \Rightarrow \ \angle \mathrm{BAD} = \pi - \angle \mathrm{BCD}$$

$$\Rightarrow \sin(\angle \mathrm{BAD}) = \sin(\pi - \angle \mathrm{BCD}) = \sin(\angle \mathrm{BCD}) = \frac{4}{5}$$

$$\Rightarrow \cos(\angle \mathrm{BAD}) = \cos(\pi - \angle \mathrm{BCD}) = -\cos(\angle \mathrm{BCD}) = -\frac{3}{5}$$

삼각형 ABD 에서 코사인법칙을 사용하면
$$\cos(\angle \mathrm{BAD}) = \frac{4 + 100 - \left(\overline{\mathrm{BD}}\right)^2}{2 \times 2 \times 10} = -\frac{3}{5} \ \Rightarrow \ \overline{\mathrm{BD}} = 8\sqrt{2}$$

삼각형 ABD 에서 사인법칙을 사용하면
$$\frac{\overline{\mathrm{BD}}}{\sin(\angle \mathrm{BAD})} = 2R \ \Rightarrow \ \frac{8\sqrt{2}}{\frac{4}{5}} = 2R \ \Rightarrow \ R = 5\sqrt{2}$$

따라서 원의 넓이는 50π 이므로 $a = 50$ 이다.

답 50

$\angle \mathrm{BAC} = \theta$ 라 하자.

삼각형 ABC 에서 코사인법칙을 사용하면
$$\cos\theta = \frac{49 + 100 - 169}{2 \times 7 \times 10} = \frac{-1}{7} \ \Rightarrow \ \sin\theta = \frac{4\sqrt{3}}{7}$$

$\overline{\mathrm{AP}} = x$ 라 하자.

사각형 PBCQ 의 넓이는 삼각형 ABC 의 넓이에서 삼각형 APQ 의 넓이를 빼서 구하면 된다.

삼각형 ABC 의 넓이는

$$\frac{1}{2}\times\overline{\mathrm{AB}}\times\overline{\mathrm{AC}}\times\sin\theta=\frac{1}{2}\times7\times10\times\frac{4\sqrt{3}}{7}=20\sqrt{3}$$

삼각형 APQ 의 넓이는

$$\frac{1}{2}\times\overline{\mathrm{AP}}\times\overline{\mathrm{AQ}}\times\sin\theta=\frac{1}{2}\times x\times(10-x)\times\sin\theta$$

$$=\frac{(10x-x^2)}{2}\times\frac{4\sqrt{3}}{7}$$

$$=\frac{2\sqrt{3}}{7}(10x-x^2)$$

사각형 PBCQ 의 넓이가 $14\sqrt{3}$ 이므로

$$20\sqrt{3}-\frac{2\sqrt{3}}{7}(10x-x^2)=14\sqrt{3}$$

$$\Rightarrow x^2-10x+21=0 \Rightarrow (x-3)(x-7)=0$$

$$\Rightarrow x=3 \ (\because 0<x<7)$$

$\overline{\mathrm{AP}}=3, \ \overline{\mathrm{AQ}}=7$

삼각형 APQ 에서 코사인법칙을 사용하면

$$\cos\theta=\frac{9+49-\overline{\mathrm{PQ}}^2}{2\times3\times7} \Rightarrow -\frac{1}{7}=\frac{58-\overline{\mathrm{PQ}}^2}{42}$$

$$\Rightarrow -6=58-\overline{\mathrm{PQ}}^2 \Rightarrow \overline{\mathrm{PQ}}^2=64$$

따라서 $\overline{\mathrm{PQ}}^2=64$ 이다.

답 64

050

삼각형 ABC 의 넓이가 18

삼각형 LMN 의 넓이 =
(삼각형 ABC 의 넓이) − (삼각형 ALN , BML , CMN 의 넓이)

삼각형 ALN 의 넓이는

$$\frac{1}{2}\times\overline{\mathrm{AL}}\times\overline{\mathrm{AN}}\times\sin A=\frac{1}{2}\times\frac{2}{3}\overline{\mathrm{AB}}\times\frac{1}{3}\overline{\mathrm{AC}}\times\sin A$$

$$=\frac{2}{9}\times18=4$$

삼각형 BML 의 넓이는

$$\frac{1}{2}\times\overline{\mathrm{BL}}\times\overline{\mathrm{BM}}\times\sin B=\frac{1}{2}\times\frac{1}{3}\overline{\mathrm{AB}}\times\frac{1}{2}\overline{\mathrm{BC}}\times\sin B$$

$$=\frac{1}{6}\times18=3$$

삼각형 CMN 의 넓이는

$$\frac{1}{2}\times\overline{\mathrm{CN}}\times\overline{\mathrm{CM}}\times\sin C=\frac{1}{2}\times\frac{2}{3}\overline{\mathrm{AC}}\times\frac{1}{2}\overline{\mathrm{BC}}\times\sin C$$

$$=\frac{1}{3}\times18=6$$

따라서 삼각형 LMN 의 넓이는 $18-(4+3+6)=5$ 이다.

답 5

051

원주각이 $\angle\mathrm{ABC}=120^\circ$ 이므로
중심각 $\angle\mathrm{AOC}=240^\circ$ (선분 AC 를 포함하지 않음)

$\angle\mathrm{AOC}=120^\circ$ (선분 AC 를 포함)
삼각형 AOC 에서 코사인법칙을 사용하면

$$\cos120^\circ=\frac{4^2+4^2-(\overline{\mathrm{AC}})^2}{2\times4\times4}$$

$$\Rightarrow -\frac{1}{2}=\frac{32-(\overline{\mathrm{AC}})^2}{32} \Rightarrow \overline{\mathrm{AC}}=4\sqrt{3}$$

Tip

〈알아두면 유용한 삼각형의 길이 비〉

① $1:1:\sqrt{2}$

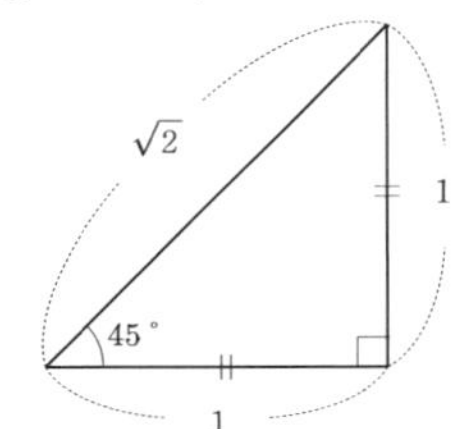

직각 이등변삼각형

② $3:4:5$

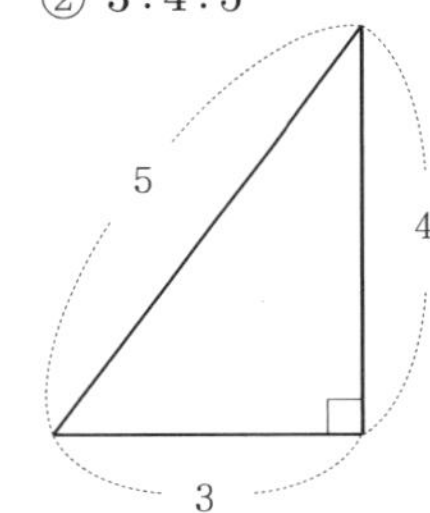

직각삼각형

③ $5:12:13$

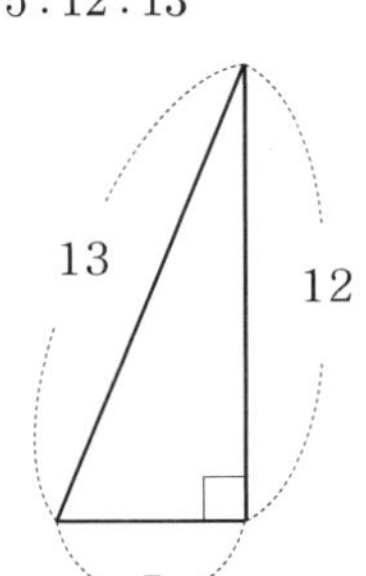

직각삼각형

④ $1:1:\sqrt{3}$

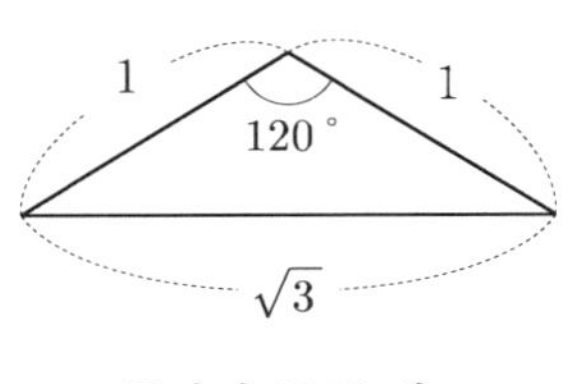

둔각이 120° 인
이등변삼각형

51번에서 ④ $1:1:\sqrt{3}$ 을 사용하면 $4:4:4\sqrt{3}$ 이므로
$\overline{\mathrm{AC}}=4\sqrt{3}$ 라는 것을 바로 확인할 수 있다.

$\overline{AB}=a$, $\overline{BC}=b$ $\Rightarrow$ $a+b=2\sqrt{15}$

삼각형 ABC 에서 코사인법칙을 사용하면

$$\cos 120^{\circ}=\frac{a^2+b^2-(4\sqrt{3})^2}{2ab}$$

$$\Rightarrow -\frac{1}{2}=\frac{(a+b)^2-2ab-48}{2ab}$$

$$\Rightarrow ab=60-48=12$$

사각형 OABC 의 넓이는 삼각형 OAC 의 넓이와
삼각형 ABC 의 넓이의 합이므로

따라서 사각형 OABC 의 넓이는

$$\frac{1}{2}\times 4\times 4\times \sin 120^{\circ}+\frac{1}{2}\times a\times b\times \sin 120^{\circ}$$

$$=4\sqrt{3}+3\sqrt{3}=7\sqrt{3}$$

답 ⑤

052

$\angle BAC=\angle BDC=60^{\circ}$

($\because$ 원에서 한 호에 대한 원주각의 크기는 모두 같다.)

삼각형 BCD 에서 사인법칙을 사용하면

$$\frac{\overline{BC}}{\sin 60^{\circ}}=2r \Rightarrow \overline{BC}=\sqrt{3}\,r$$

$$\frac{\overline{CD}}{\sin\theta}=2r \Rightarrow \overline{CD}=\frac{2\sqrt{3}}{3}r \left(\because \sin\theta=\frac{\sqrt{3}}{3}\right)$$

삼각형 BCD 에서 코사인법칙을 사용하면

$$\cos 60^{\circ}=\frac{(\sqrt{2})^2+\left(\frac{2\sqrt{3}}{3}r\right)^2-(\sqrt{3}\,r)^2}{2\times\sqrt{2}\times\frac{2\sqrt{3}}{3}r}$$

$$\Rightarrow \frac{1}{2}=\frac{2-\frac{5}{3}r^2}{\frac{4\sqrt{6}}{3}r} \Rightarrow 2\sqrt{6}\,r=6-5r^2$$

$$\Rightarrow 5r^2+2\sqrt{6}\,r-6=0$$

$$\Rightarrow r=\frac{-\sqrt{6}\pm 6}{5}$$

따라서 $r>0$ 이므로 $r=\dfrac{6-\sqrt{6}}{5}$ 이다.

답 ①

053

$\angle A=\dfrac{\pi}{3}$

$\overline{AB}:\overline{AC}=3:1$ 이므로 $\overline{AB}=3k$, $\overline{AC}=k$

삼각형 ABC 에서 사인법칙을 사용하면

$$\frac{\overline{BC}}{\sin A}=2R \Rightarrow \overline{BC}=14\times\frac{\sqrt{3}}{2}=7\sqrt{3}$$

삼각형 ABC 에서 코사인법칙을 사용하면

$$\cos A=\frac{(\overline{AB})^2+(\overline{AC})^2-(\overline{BC})^2}{2\times\overline{AB}\times\overline{AC}}$$

$$\Rightarrow \frac{1}{2}=\frac{9k^2+k^2-147}{6k^2} \Rightarrow 3k^2=10k^2-147$$

$$\Rightarrow 7k^2=147 \Rightarrow k^2=21$$

답 21

054

사인법칙에 의해

$$\frac{a}{\sin A}=\frac{b}{\sin B}=2R \Rightarrow \sin A=\frac{a}{2R},\ \sin B=\frac{b}{2R}$$

(가) 조건에서

$$3\sin A=2\sin B \Rightarrow \frac{3a}{2R}=\frac{2b}{2R} \Rightarrow a:b=2:3$$

> **Tip**
>
> 가이드스텝에서 사인비는 변의 비와 같다고 학습했었다.
> 이를 이용하면 (가) 조건에서 $a:b=2:3$ 라는 것을 바로 알 수 있다.

$\overline{BC}=2x$ 라 하면 $\overline{AC}=3x$ 이다.

(나) 조건에서 $\cos B=\cos C \Rightarrow B=C$ ($\because 0<B,\ C<\pi$)

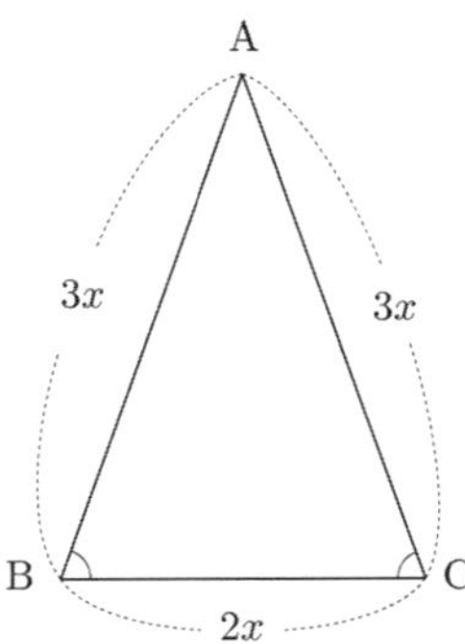

삼각형 ABC 에서 코사인법칙을 사용하면

$$\cos A = \frac{(\overline{AB})^2 + (\overline{AC})^2 - (\overline{BC})^2}{2 \times \overline{AB} \times \overline{AC}}$$

$$\Rightarrow \cos A = \frac{9x^2 + 9x^2 - 4x^2}{18x^2} \Rightarrow \cos A = \frac{7}{9}$$

$$\Rightarrow \sin A = \frac{4\sqrt{2}}{9}$$

삼각형 ABC 의 외접원의 넓이가 9π 이므로 $R=3$ 이고,
삼각형 ABC 에서 사인법칙을 사용하면

$$\frac{2x}{\sin A} = 2R \Rightarrow x = 3 \times \frac{4\sqrt{2}}{9} = \frac{4\sqrt{2}}{3}$$

따라서 삼각형 ABC 의 넓이는

$$\frac{1}{2} \times \overline{AB} \times \overline{AC} \times \sin A = \frac{1}{2} \times 9x^2 \times \frac{4\sqrt{2}}{9} = \frac{64}{9}\sqrt{2}$$

이다.

답 ⑤

055

$\overline{AB} : \overline{AC} = \sqrt{2} : 1$, $\overline{AH} = 2$
$\overline{AC} = x$ 라 하면 $\overline{AB} = \sqrt{2}\,x$ 이다.
$\angle ABC = \theta$ 라 하자.

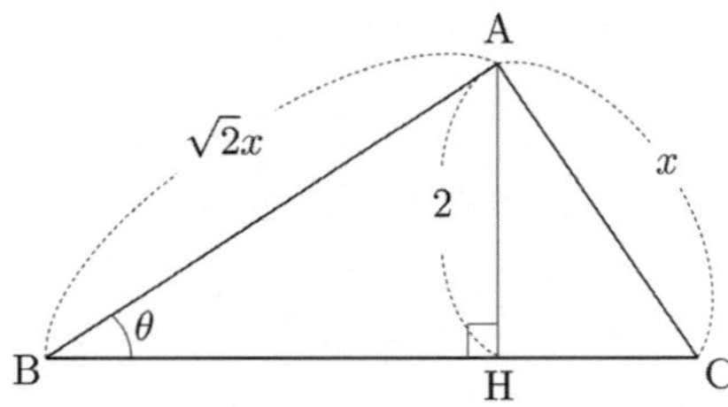

삼각형 ABH 에서 $\sin\theta = \dfrac{\overline{AH}}{\overline{AB}} = \dfrac{2}{\sqrt{2}\,x}$

삼각형 ABC 의 외접원의 넓이가 50π 이므로 $R = 5\sqrt{2}$ 이고,
삼각형 ABC 에서 사인법칙을 사용하면

$$\frac{x}{\sin\theta} = 2R \Rightarrow x = 2R \times \sin\theta$$

$$\Rightarrow x = 10\sqrt{2} \times \frac{2}{\sqrt{2}\,x} \Rightarrow x^2 = 20$$

삼각형 ABH 에서 $\overline{BH} = \sqrt{\overline{AB}^2 - \overline{AH}^2} = \sqrt{2x^2 - 4} = \sqrt{36} = 6$
따라서 선분 BH 의 길이는 6 이다.

답 ①

056

삼각형 ABD 에서 사인법칙을 사용하면

$$\frac{\overline{BD}}{\sin\frac{2}{3}\pi} = 2R_2 \Rightarrow R_2 = \frac{1}{2 \times \frac{\sqrt{3}}{2}} \times \overline{BD} = \frac{1}{\sqrt{3}}\overline{BD}$$

이므로 $p = \dfrac{1}{\sqrt{3}}$ 이다.

삼각형 ABD 에서 코사인법칙을 사용하면

$$\cos\frac{2}{3}\pi = \frac{2^2 + 1^2 - \overline{BD}^2}{2 \times 2 \times 1} \Rightarrow -2 = 2^2 + 1^2 - \overline{BD}^2$$

$$\Rightarrow \overline{BD}^2 = 2^2 + 1^2 + 2 = 7$$
이므로 $q = -2$ 이다.

$$R_1 \times R_2 = \frac{\sqrt{2}}{2\sqrt{3}} \times \overline{BD}^2 = \frac{7\sqrt{2}}{2\sqrt{3}}$$

이므로 $r = \dfrac{7\sqrt{2}}{2\sqrt{3}}$ 이다.

따라서 $9 \times (p \times q \times r)^2 = 9 \times \left(-\dfrac{7\sqrt{2}}{3}\right)^2 = 98$ 이다.

답 98

057

$\angle APB = 90°$ 이므로
$$(\overline{AB})^2 = (\overline{BP})^2 + (\overline{AP})^2 = 4 + 16 = 20 \Rightarrow \overline{AB} = 2\sqrt{5}$$

$$\overline{QA} = \overline{QB} = \frac{\overline{AB}}{\sqrt{2}} = \sqrt{10}$$

$\overline{PQ} = x$ 라 하자.
삼각형 APQ 에서 코사인법칙을 사용하면

$$\cos A = \frac{10 + 16 - x^2}{2 \times \sqrt{10} \times 4} = \frac{26 - x^2}{8\sqrt{10}}$$

삼각형 PQB 에서 코사인법칙을 사용하면

$$\cos B = \frac{10 + 4 - x^2}{2 \times \sqrt{10} \times 2} = \frac{14 - x^2}{4\sqrt{10}}$$

원에 내접하는 사각형은 마주 보고 있는 두 각의 합이 $180°$
이므로 $A + B = \pi \Rightarrow A = \pi - B \Rightarrow \cos A = -\cos B$

$$\frac{26-x^2}{8\sqrt{10}} = -\frac{14-x^2}{4\sqrt{10}} \Rightarrow 26-x^2 = -28+2x^2$$

$$\Rightarrow 54 = 3x^2 \Rightarrow x^2 = 18 \Rightarrow x = 3\sqrt{2}$$

답 ①

058

삼각형 ABC 에서 사인법칙을 사용하면

$$\frac{\overline{AB}}{\sin C} = 2R \Rightarrow \frac{10}{\sin C} = 6\sqrt{5} \Rightarrow \sin C = \frac{\sqrt{5}}{3}$$

$0 < C < \dfrac{\pi}{2}$ 이므로 $\cos C = \sqrt{1-\sin^2 C} = \dfrac{2}{3}$

삼각형 ABC 에서 코사인법칙을 사용하면

$$\cos C = \frac{a^2+b^2-100}{2ab} \Rightarrow a^2+b^2 = \frac{4}{3}ab+100 \text{ 이므로}$$

$$\frac{a^2+b^2-ab\cos C}{ab} = \frac{4}{3}$$

$$\Rightarrow \frac{\frac{4}{3}ab+100-\frac{2}{3}ab}{ab} = \frac{4}{3}$$

$$\Rightarrow \frac{2}{3}ab = 100 \Rightarrow ab = 150$$

답 ②

059

선분 AB 가 삼각형 ABC 의 외접원의 지름이므로
$\angle ACB = \dfrac{\pi}{2}$ 이다.

$\angle CAB = \theta$ 라 하면
$$\cos\theta = \frac{1}{3} \Rightarrow \sin\theta = \frac{2\sqrt{2}}{3}$$
$$\sin\theta = \frac{\overline{BC}}{\overline{AB}} \Rightarrow \frac{2\sqrt{2}}{3} = \frac{12\sqrt{2}}{\overline{AB}} \Rightarrow \overline{AB} = 18$$
$$\cos\theta = \frac{\overline{AC}}{\overline{AB}} \Rightarrow \frac{1}{3} = \frac{\overline{AC}}{18} \Rightarrow \overline{AC} = 6$$

선분 AB 를 $5:4$ 로 내분하는 점이 D 이므로
$$\overline{AD} = \frac{5}{9}\overline{AB} = 10$$

삼각형 CAD 에서 코사인법칙을 사용하면

$$\cos\theta = \frac{6^2+10^2-\left(\overline{CD}\right)^2}{2\times 6 \times 10} = \frac{136-\left(\overline{CD}\right)^2}{120} = \frac{1}{3}$$

$$\Rightarrow 136-\left(\overline{CD}\right)^2 = 40 \Rightarrow 96 = \left(\overline{CD}\right)^2 \Rightarrow \overline{CD} = 4\sqrt{6}$$

삼각형 CAD 의 외접원의 반지름의 길이를 R 이라 하고,
삼각형 CAD 에서 사인법칙을 사용하면
$$\frac{\overline{CD}}{\sin\theta} = 2R \Rightarrow \frac{4\sqrt{6}}{\frac{2\sqrt{2}}{3}} = 2R \Rightarrow R = 3\sqrt{3}$$

이므로 삼각형 CAD 의 외접원의 넓이 $S = 27\pi$ 이다.

따라서 $\dfrac{S}{\pi} = 27$ 이다.

답 27

060

$\angle CAB = \theta,\ \angle ABD = \alpha$ 라 하자.

호 BC 에 대한 원주각의 크기가 같으므로
$\angle BAC = \angle BDC = \theta$ 이고,
호 AD 에 대한 원주각의 크기가 같으므로
$\angle ABD = \angle ACD = \alpha$ 이다.

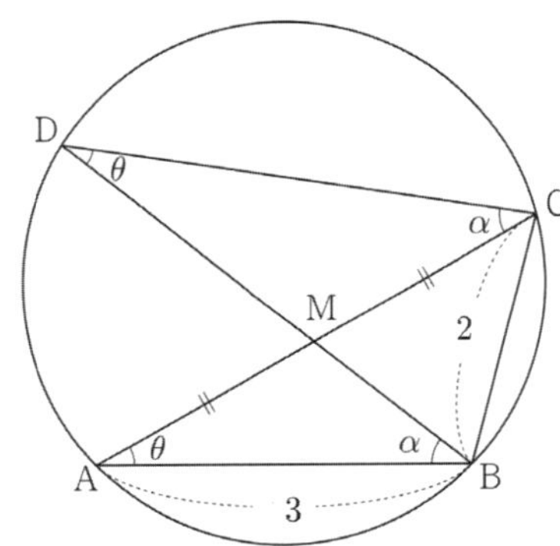

$\overline{AC} = x\ (x > 3)$ 라 하자.
삼각형 ABC 에서 코사인법칙을 사용하면

$$\cos\theta = \frac{x^2+3^2-2^2}{2\times x \times 3} \Rightarrow \frac{7}{8} = \frac{x^2+5}{6x} \Rightarrow 4x^2+20 = 21x$$

$$\Rightarrow 4x^2-21x+20 = 0 \Rightarrow (4x-5)(x-4) = 0$$

$$\Rightarrow x = 4\ (\because\ x > 3)$$

$\overline{MB} = y$ 라 하자.
삼각형 ABM 에서 코사인법칙을 사용하면

$$\cos\theta = \frac{2^2 + 3^2 - y^2}{2 \times 2 \times 3} \Rightarrow \frac{7}{8} = \frac{13 - y^2}{12} \Rightarrow 21 = 26 - 2y^2$$

$$\Rightarrow 2y^2 = 5 \Rightarrow y = \frac{\sqrt{10}}{2} \quad (\because \; y > 0)$$

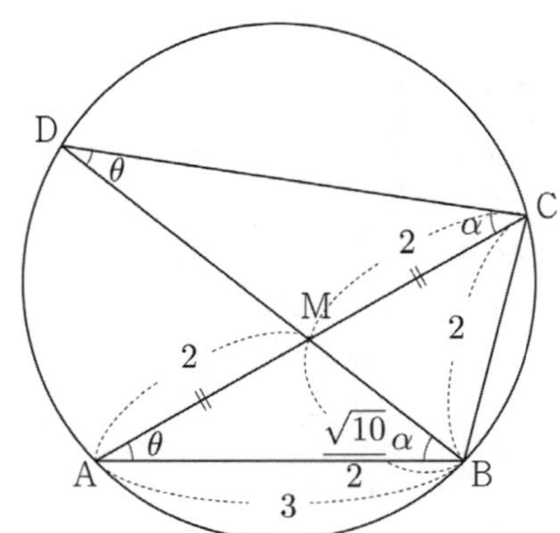

삼각형 ABM과 삼각형 DCM은 서로 닮음이므로

$$\overline{MA} : \overline{MD} = \overline{MB} : \overline{MC} \Rightarrow 2 : \overline{MD} = \frac{\sqrt{10}}{2} : 2$$

$$\Rightarrow \frac{\sqrt{10}}{2}\overline{MD} = 4 \Rightarrow \overline{MD} = 4 \times \frac{2}{\sqrt{10}} = \frac{4\sqrt{10}}{5}$$

따라서 선분 MD의 길이는 $\dfrac{4\sqrt{10}}{5}$ 이다.

답 ③

061

$\angle BAC = \angle CAD = \theta$ 라 하자.

$\angle BAC = \angle CAD \Rightarrow \overset{\frown}{BC} = \overset{\frown}{CD} \Rightarrow \overline{BC} = \overline{CD}$

(가이드 스텝 개념 파악하기 (5) 참고)

$\overline{BC} = \overline{CD} = x$ 라 하자.

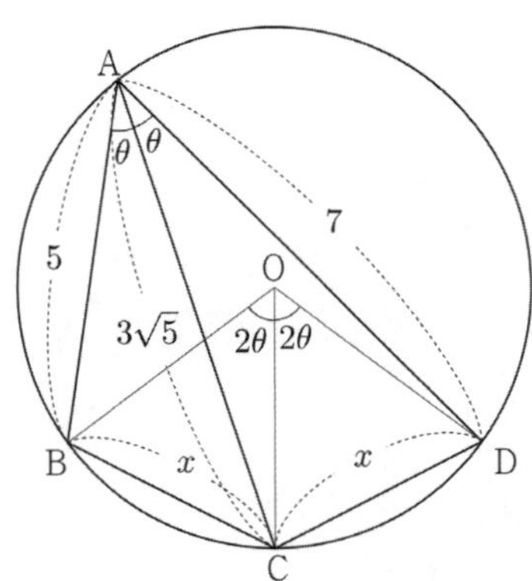

삼각형 ABC에서 코사인법칙을 사용하면

$$\cos\theta = \frac{5^2 + (3\sqrt{5})^2 - x^2}{2 \times 5 \times 3\sqrt{5}} \Rightarrow \cos\theta = \frac{70 - x^2}{30\sqrt{5}} \quad \cdots \; \textcircled{\footnotesize ㄱ}$$

삼각형 ACD에서 코사인법칙을 사용하면

$$\cos\theta = \frac{7^2 + (3\sqrt{5})^2 - x^2}{2 \times 7 \times 3\sqrt{5}} \Rightarrow \cos\theta = \frac{94 - x^2}{42\sqrt{5}} \quad \cdots \; \textcircled{\footnotesize ㄴ}$$

㉠, ㉡에 의해

$$\frac{70 - x^2}{30\sqrt{5}} = \frac{94 - x^2}{42\sqrt{5}} \Rightarrow \frac{70 - x^2}{5} = \frac{94 - x^2}{7}$$

$$\Rightarrow 490 - 7x^2 = 470 - 5x^2 \Rightarrow x^2 = 10$$

$$\Rightarrow x = \sqrt{10} \quad (\because \; x > 0)$$

$$\cos\theta = \frac{70 - x^2}{30\sqrt{5}} = \frac{70 - 10}{30\sqrt{5}} = \frac{2}{\sqrt{5}}$$

이므로 $\sin\theta = \dfrac{1}{\sqrt{5}}$ 이다.

삼각형 ABC의 외접원의 반지름의 길이를 R이라 하자.
삼각형 ABC에서 사인법칙을 사용하면

$$\frac{\overline{BC}}{\sin\theta} = 2R \Rightarrow \sqrt{50} = 2R \Rightarrow 5\sqrt{2} = 2R$$

$$\Rightarrow R = \frac{5\sqrt{2}}{2}$$

따라서 원의 반지름의 길이는 $\dfrac{5\sqrt{2}}{2}$ 이다.

답 ①

062

삼각형 ABC에서 사인법칙을 사용하면

$$\frac{\overline{BC}}{\sin\frac{\pi}{3}} = 2 \times 2\sqrt{7} \Rightarrow \overline{BC} = 2\sqrt{21}$$

사각형 ABDC가 원에 내접하므로

$$\angle BDC = \pi - \frac{\pi}{3} = \frac{2}{3}\pi$$

$\angle BCD = \theta$ 라 하면 $\sin\theta = \dfrac{2\sqrt{7}}{7}$ 이다.

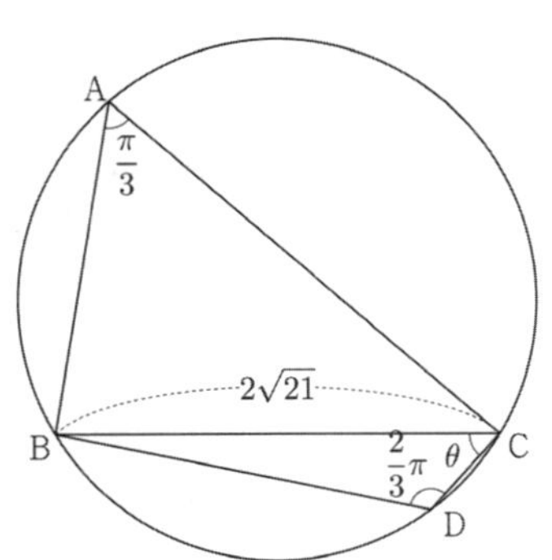

$\overline{BD}=x$, $\overline{CD}=y$ 라 하자.

삼각형 BDC 에서 사인법칙을 사용하면
$$\frac{x}{\sin\theta}=4\sqrt{7} \ \Rightarrow\ x=4\sqrt{7}\times\frac{2\sqrt{7}}{7}=8$$

삼각형 BDC 에서 코사인법칙을 사용하면
$$\cos\frac{2}{3}\pi=\frac{8^2+y^2-(2\sqrt{21})^2}{2\times 8\times y}=\frac{y^2-20}{16y}=-\frac{1}{2}$$

$$\Rightarrow y^2+8y-20=0 \ \Rightarrow\ (y+10)(y-2)=0$$

$$\Rightarrow y=2 \ (\because\ y>0)$$

따라서 $\overline{BD}+\overline{CD}=x+y=8+2=10$ 이다.

답 ②

063

호 BD 와 호 CD 에 대한 원주각의 크기가 같으므로
$\angle CBD=\angle CAD=\angle DAB=\angle DCB$ 이다.
(가이드 스텝 개념 파악하기 (5) 참고)
삼각형 BCD 는 $\angle CBD=\angle DCB$ 인 이등변삼각형이므로
$\overline{BD}=\overline{CD}$ 이다.

$\overline{BD}=\overline{CD}=x$, $\overline{AD}=y$, $\angle CBD=\angle DCB=\theta$ 라 하자.

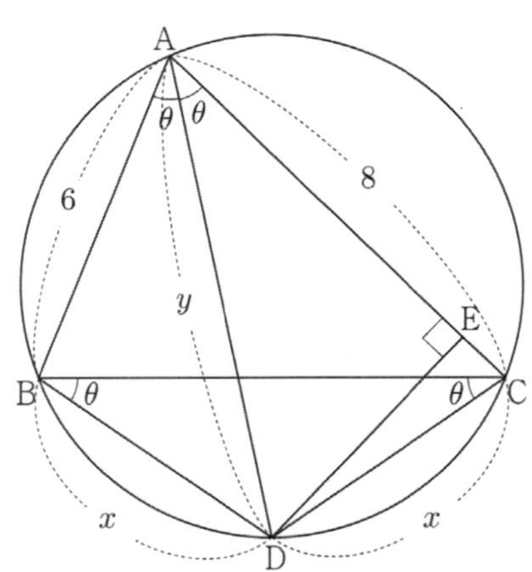

삼각형 DAB 에서 코사인법칙을 사용하면
$$\cos\theta=\frac{6^2+y^2-x^2}{12y} \ \Rightarrow\ 6^2+y^2-12y\cos\theta=x^2$$

삼각형 CAD 에서 코사인법칙을 사용하면
$$\cos\theta=\frac{8^2+y^2-x^2}{16y} \ \Rightarrow\ 8^2+y^2-16y\cos\theta=x^2$$

두 식을 연립하면
$$36+y^2-12y\cos\theta=64+y^2-16y\cos\theta$$

$$\Rightarrow y\cos\theta=7$$

직각삼각형 ADE 에서
$$\cos\theta=\frac{\overline{AE}}{y}=\frac{k}{y} \ \Rightarrow\ k=y\cos\theta=7$$

따라서 $12k=84$ 이다.

답 84

064

$\overline{AB}=\overline{AC}=8x$ 라 하면 $\overline{AD}=5x$, $\overline{DC}=3x$ 이고
$\angle ABD=\alpha$, $\angle DBC=\beta$, $\angle ADB=\theta$ 라 하자.

삼각형 ABD 에서 사인법칙을 사용하면
$$\frac{\overline{AD}}{\sin\alpha}=\frac{\overline{AB}}{\sin\theta} \ \Rightarrow\ \frac{5x}{\sin\alpha}=\frac{8x}{\sin\theta}$$

$$\Rightarrow \sin\alpha=\frac{5}{8}\sin\theta$$

$\overline{BC}=y$ 라 하자.

삼각형 BCD 에서 사인법칙을 사용하면
$$\frac{\overline{CD}}{\sin\beta}=\frac{\overline{BC}}{\sin(\pi-\theta)} \ \Rightarrow\ \frac{3x}{\sin\beta}=\frac{y}{\sin\theta}$$

$$\Rightarrow \sin\beta=\frac{3x}{y}\sin\theta$$

$2\sin\alpha=5\sin\beta$ 이므로
$$\frac{5}{4}\sin\theta=\frac{15x}{y}\sin\theta$$

$$\Rightarrow y=12x$$

삼각형 ABC 에서 사인법칙을 사용하면
$$\frac{\overline{BC}}{\sin A}=\frac{\overline{AB}}{\sin C}$$

$$\Rightarrow \frac{\sin C}{\sin A}=\frac{8x}{12x}=\frac{2}{3}$$

답 ③

원 O_1과 원 O_2의 공통부분의 넓이는 선분 AB를 경계로 나누어 구할 수 있다.

먼저 선분 AB와 원 O_1로 둘러싸인 부분의 넓이를 구해보자.

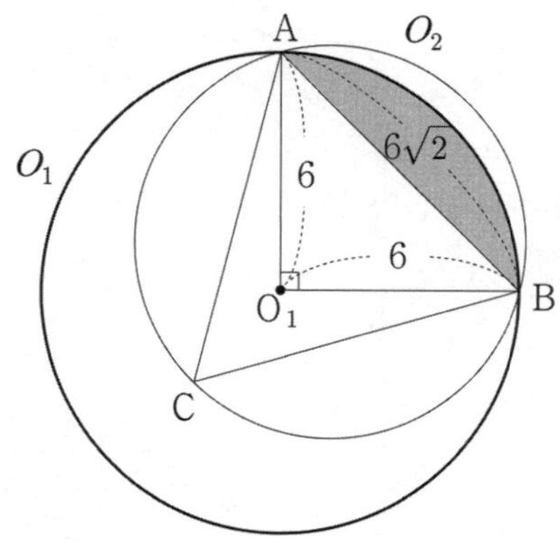

원 O_1의 중심을 O_1이라 하면 삼각형 ABO_1은
직각이등변삼각형이므로 위의 그림에서 색칠한 영역의 넓이는
$\dfrac{1}{2}\times 6^2 \times \dfrac{\pi}{2} - \dfrac{1}{2}\times 6^2 = 9\pi - 18$ 이다.

선분 AB와 원 O_2로 둘러싸인 부분의 넓이를 구해보자.
우선 원 O_2의 반지름을 R이라 하면
정삼각형 ABC의 넓이는 $\dfrac{\sqrt{3}}{4}\times(6\sqrt{2})^2$ 이므로
외접원 넓이 공식에 의해서

$$\dfrac{(6\sqrt{2})^3}{4R} = \dfrac{\sqrt{3}}{4}\times(6\sqrt{2})^2$$

$$\Rightarrow \dfrac{6\sqrt{2}}{R} = \sqrt{3} \Rightarrow R = 2\sqrt{6}$$

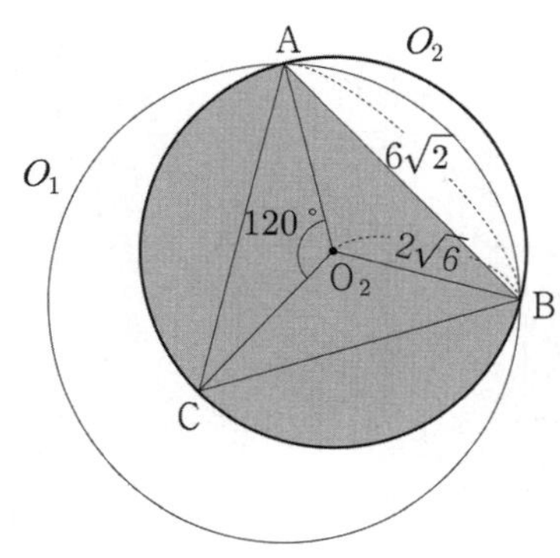

원 O_2의 중심을 O_2라 하면
위의 그림에서 색칠한 영역의 넓이는
(부채꼴 ABO_2의 넓이)+(삼각형 ABO_2의 넓이)이므로
(단, 호 AB가 C를 포함한다.)

$$\dfrac{1}{2}\times(2\sqrt{6})^2 \times \dfrac{4}{3}\pi + \dfrac{1}{2}\times(2\sqrt{6})^2 \times \sin 120°$$

$$= 16\pi + 6\sqrt{3}$$

따라서 원 O_1과 원 O_2의 공통부분의 넓이는
$9\pi - 18 + 16\pi + 6\sqrt{3} = -18 + 6\sqrt{3} + 25\pi$ 이므로
$p+q+r = 13$ 이다.

답 13

$\overline{AB}=4$, $\overline{AC}=5$, $\cos(\angle BAC) = \dfrac{1}{8}$

$\angle BAC = \angle BDA = \angle BED = \theta$라 하면 $\cos\theta = \dfrac{1}{8}$ 이다.

삼각형 ABC에서 코사인법칙을 사용하면
$$\cos\theta = \dfrac{4^2 + 5^2 - (\overline{BC})^2}{2\times 4\times 5} = \dfrac{41 - (\overline{BC})^2}{40} = \dfrac{1}{8}$$

$$\Rightarrow 41 - (\overline{BC})^2 = 5 \Rightarrow \overline{BC} = 6$$

점 B에서 선분 AD에 내린 수선의 발을 H라 하자.
$\overline{AB} = \overline{BD} = 4$인 이등변삼각형 ABD에서
$\cos\theta = \dfrac{\overline{DH}}{\overline{BD}} = \dfrac{\overline{DH}}{4} = \dfrac{1}{8} \Rightarrow \overline{DH} = \dfrac{1}{2}$ 이므로

$\overline{AD} = 2\overline{DH} = 1 \Rightarrow \overline{DC} = \overline{AC} - \overline{AD} = 4$

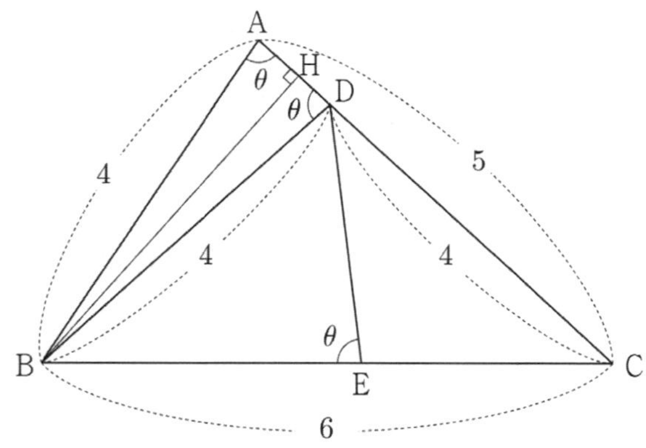

점 D에서 선분 BC에 내린 수선의 발을 M이라 하자.
삼각형 BCD는 이등변삼각형이므로 $\overline{BM} = \dfrac{1}{2}\overline{BC} = 3$ 이다.

$\overline{DM} = \sqrt{4^2 - 3^2} = \sqrt{7}$

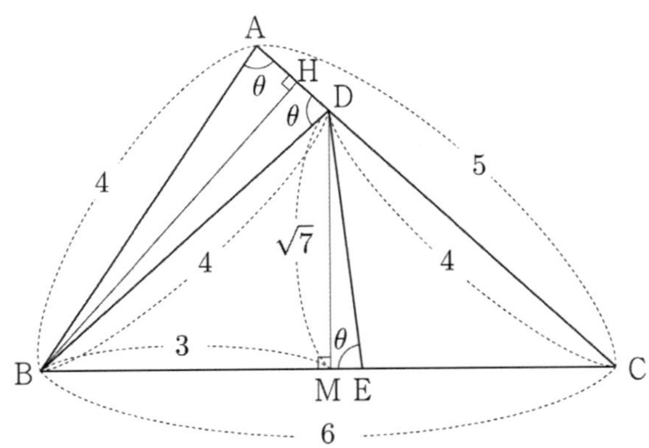

$$\cos\theta = \frac{1}{8} \implies \sin\theta = \frac{3\sqrt{7}}{8} \text{ 이므로}$$

삼각형 DME 에서

$$\sin\theta = \frac{\overline{DM}}{\overline{DE}} = \frac{\sqrt{7}}{\overline{DE}} = \frac{3\sqrt{7}}{8} \implies \overline{DE} = \frac{8}{3}$$

따라서 선분 DE 의 길이는 $\dfrac{8}{3}$ 이다.

답 ③

067

$$\overline{CE} = 4, \quad \overline{ED} = 3\sqrt{2}, \quad \angle CEA = \frac{3}{4}\pi$$

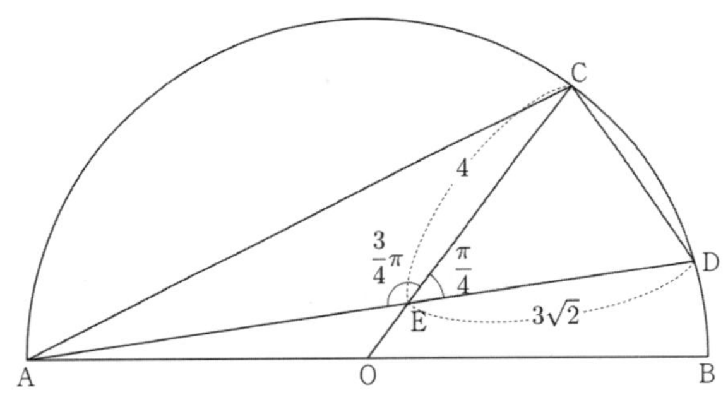

$\overline{CD} = x$ 라 하자.

삼각형 CED 에서 코사인법칙을 사용하면

$$\cos\frac{\pi}{4} = \frac{4^2 + (3\sqrt{2})^2 - x^2}{2 \times 4 \times 3\sqrt{2}} \implies \frac{\sqrt{2}}{2} = \frac{34 - x^2}{24\sqrt{2}}$$

$$\implies 24 = 34 - x^2 \implies x^2 = 10 \implies x = \sqrt{10} \ (\because x > 0)$$

$\overline{OE} = a$ 라 하면 반지름의 길이는 $4 + a$ 이므로
$\overline{OD} = 4 + a$ 이다.

삼각형 OED 에서 코사인법칙을 사용하면

$$\cos\frac{3}{4}\pi = \frac{a^2 + (3\sqrt{2})^2 - (4+a)^2}{2 \times a \times 3\sqrt{2}} \implies -\frac{\sqrt{2}}{2} = \frac{2 - 8a}{6\sqrt{2}\,a}$$

$$\implies -6a = 2 - 8a \implies 2a = 2 \implies a = 1$$

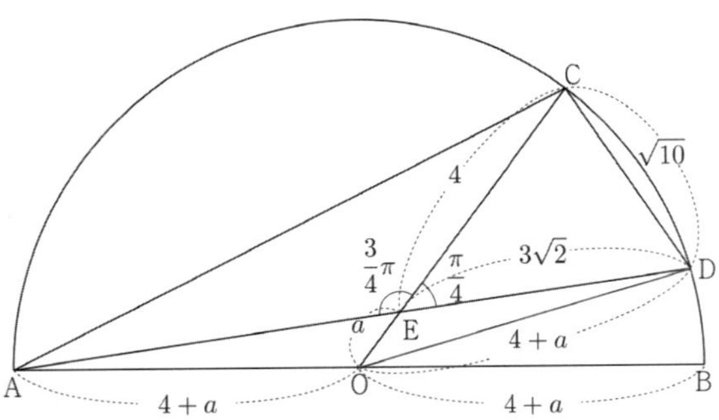

$\overline{AE} = y$ 라 하자.

삼각형 AEO 에서 코사인법칙을 사용하면

$$\cos\frac{\pi}{4} = \frac{y^2 + 1^2 - 5^2}{2 \times y \times 1} \implies \frac{\sqrt{2}}{2} = \frac{y^2 - 24}{2y}$$

$$\implies y^2 - \sqrt{2}\,y - 24 = 0 \implies (y - 4\sqrt{2})(y + 3\sqrt{2}) = 0$$

$$\implies y = 4\sqrt{2} \ (\because y > 0)$$

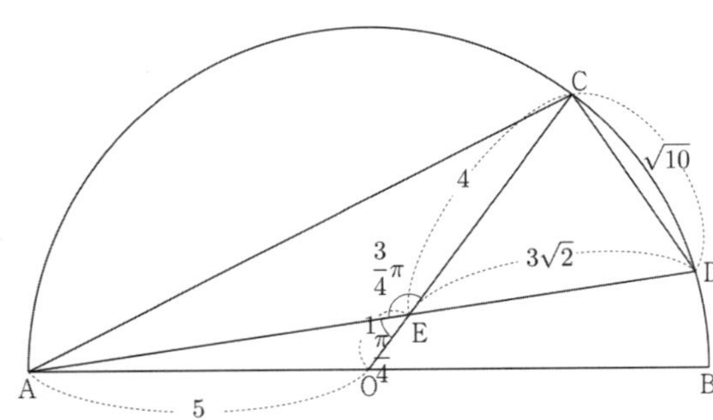

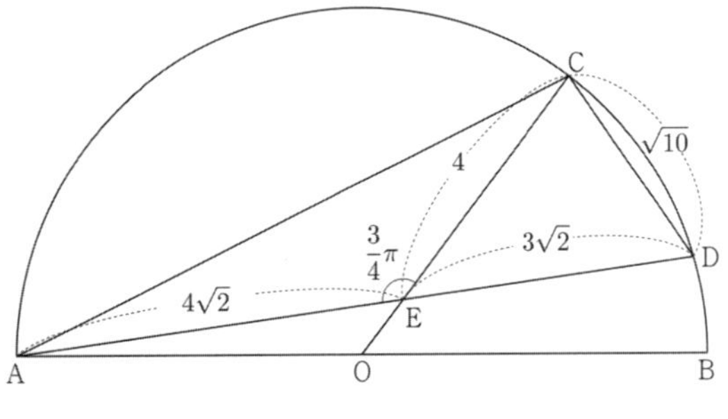

$\overline{AC} = k$ 라 하자.

삼각형 AEC 에서 코사인법칙을 사용하면

$$\cos\frac{3}{4}\pi = \frac{(4\sqrt{2})^2 + 4^2 - k^2}{2 \times 4\sqrt{2} \times 4} \implies -\frac{\sqrt{2}}{2} = \frac{48 - k^2}{32\sqrt{2}}$$

$$\implies -32 = 48 - k^2 \implies k^2 = 80 \implies k = 4\sqrt{5} \ (\because k > 0)$$

따라서 $\overline{AC} \times \overline{CD} = 4\sqrt{5} \times \sqrt{10} = 4\sqrt{50} = 20\sqrt{2}$ 이다.

답  ⑤

$\angle P_1AP_2 = \alpha$, $\angle Q_1CQ_2 = \beta$ 라 하고,
$\overline{AE} = 2R_1$, $\overline{CE} = 2R_2$ 라 하자.

$\overline{BC} = 3$, $\overline{CD} = 2$, $\cos\beta = -\dfrac{1}{3}$, $\alpha > \dfrac{\pi}{2}$

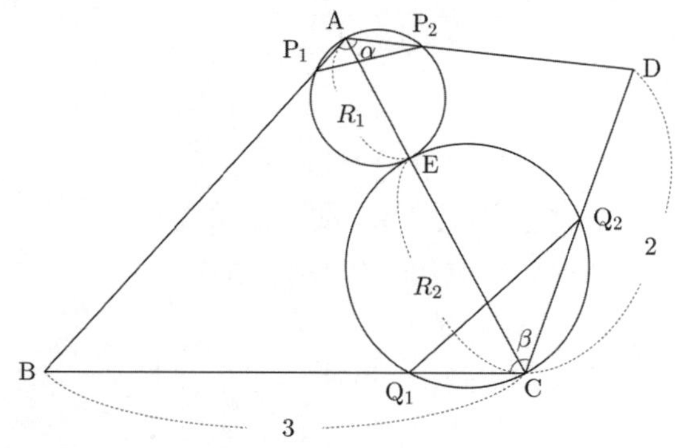

삼각형 AP_1P_2 에서 사인법칙을 사용하면
$$\dfrac{\overline{P_1P_2}}{\sin\alpha} = 2R_1 \;\Rightarrow\; \overline{P_1P_2} = 2R_1\sin\alpha$$

삼각형 CQ_1Q_2 에서 사인법칙을 사용하면
$$\dfrac{\overline{Q_1Q_2}}{\sin\beta} = 2R_2 \;\Rightarrow\; \overline{Q_1Q_2} = 2R_2\sin\beta$$

선분 AC 를 $1:2$ 로 내분하는 점이 E 이므로
$R_2 = 2R_1$ 이고, $\overline{Q_1Q_2} = 4R_1\sin\beta$ 이다.

$$\overline{P_1P_2} : \overline{Q_1Q_2} = 3 : 5\sqrt{2}$$
$$\Rightarrow 5\sqrt{2}\,\overline{P_1P_2} = 3\overline{Q_1Q_2}$$
$$\Rightarrow 5\sqrt{2} \times 2R_1\sin\alpha = 3 \times 4R_1\sin\beta$$
$$\Rightarrow 5\sqrt{2}\sin\alpha = 6\sin\beta$$

$\cos\beta = -\dfrac{1}{3}$ 이므로 $\sin\beta = \dfrac{2\sqrt{2}}{3}$
즉, $\sin\alpha = \dfrac{4}{5}$

삼각형 BCD 에서 코사인법칙을 사용하면
$$\cos\beta = \dfrac{\overline{BC}^2 + \overline{CD}^2 - \overline{BD}^2}{2 \times \overline{BC} \times \overline{CD}}$$
$$\Rightarrow -\dfrac{1}{3} = \dfrac{3^2 + 2^2 - \overline{BD}^2}{2 \times 3 \times 2}$$
$$\Rightarrow -4 = 13 - \overline{BD}^2$$
$$\Rightarrow \overline{BD} = \sqrt{17}$$

$\overline{AB} = x$, $\overline{AD} = y$ 라 하자.

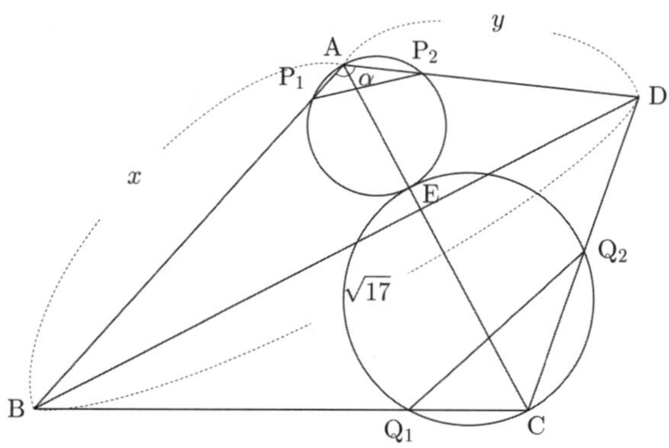

삼각형 ABD 의 넓이가 2 이므로
$$\dfrac{1}{2} \times \overline{AB} \times \overline{AD} \times \sin\alpha = 2 \;\Rightarrow\; \dfrac{1}{2}xy \times \dfrac{4}{5} = 2 \;\Rightarrow\; xy = 5$$

$\sin\alpha = \dfrac{4}{5}$ 이고, $\alpha > \dfrac{\pi}{2}$ 이므로 $\cos\alpha = -\dfrac{3}{5}$

삼각형 ABD 에서 코사인법칙을 사용하면
$$\cos\alpha = \dfrac{\overline{AB}^2 + \overline{AD}^2 - \overline{BD}^2}{2 \times \overline{AB} \times \overline{AD}}$$
$$\Rightarrow -\dfrac{3}{5} = \dfrac{x^2 + y^2 - \left(\sqrt{17}\right)^2}{2 \times x \times y}$$
$$\Rightarrow -\dfrac{6}{5}xy = (x+y)^2 - 2xy - 17$$
$$\Rightarrow 21 = (x+y)^2 \;\Rightarrow\; x+y = \sqrt{21}$$

따라서 $\overline{AB} + \overline{AD} = \sqrt{21}$ 이다.

답 ①

$\overline{AB} = 3$, $\overline{BC} = \sqrt{13}$, $\overline{AD} \times \overline{CD} = 9$, $\angle BAC = \dfrac{\pi}{3}$

삼각형 ABC 에서 코사인법칙을 사용하면
$$\cos(\angle BAC) = \dfrac{\overline{AB}^2 + \overline{AC}^2 - \overline{BC}^2}{2 \times \overline{AB} \times \overline{AC}}$$
$$\Rightarrow \dfrac{1}{2} = \dfrac{9 + \overline{AC}^2 - 13}{2 \times 3 \times \overline{AC}} \;\Rightarrow\; \overline{AC}^2 - 3\overline{AC} - 4 = 0$$
$$\Rightarrow (\overline{AC} - 4)(\overline{AC} + 1) = 0 \;\Rightarrow\; \overline{AC} = 4 \;(\because \overline{AC} > 0)$$

$\overline{AD} = x$, $\overline{CD} = y$, $\angle ADC = \theta$ 라 하자.

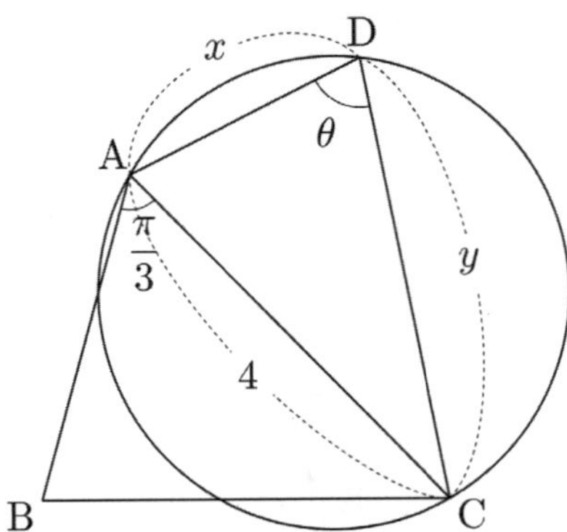

$$S_1 = \frac{1}{2} \times 3 \times 4 \times \sin\frac{\pi}{3} = 3\sqrt{3}$$

$$S_2 = \frac{1}{2} \times x \times y \times \sin\theta = \frac{xy\sin\theta}{2}$$

이고, $xy = 9$ 이므로

$$S_2 = \frac{5}{6}S_1 \implies xy\sin\theta = 5\sqrt{3} \implies \sin\theta = \frac{5\sqrt{3}}{9}$$

삼각형 ACD 에서 사인법칙을 사용하면

$$\frac{\overline{AC}}{\sin\theta} = 2R \implies R = \frac{\overline{AC}}{2\sin\theta} = \frac{2}{\sin\theta}$$

따라서 $\dfrac{R}{\sin(\angle ADC)} = \dfrac{R}{\sin\theta} = \dfrac{2}{\sin^2\theta} = \dfrac{2}{\dfrac{25}{27}} = \dfrac{54}{25}$ 이다.

답 ①

070

선분 AC 의 수직이등분과 점 B 를 포함하지 않는 호 AC 의 교점이 P 가 될 때, 삼각형 PAC 의 넓이가 최대이므로 점 Q 는 다음 그림과 같다.

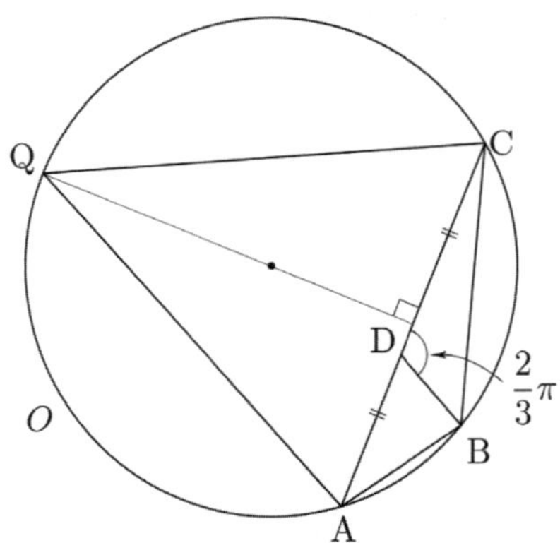

$$\cos(\angle ABC) = -\frac{5}{8} \text{ 이므로}$$

$$\cos(\angle CQA) = \cos(\pi - \angle ABC) = -\cos(\angle ABC) = \frac{5}{8}$$

$$\overline{QA} = \overline{QC} = 6\sqrt{10} \text{ 이므로}$$

삼각형 QAC 에서 코사인법칙을 사용하면

$$\cos(\angle CQA) = \frac{\overline{QA}^2 + \overline{QC}^2 - \overline{AC}^2}{2 \times \overline{QA} \times \overline{QC}}$$

$$\implies \frac{5}{8} = \frac{(6\sqrt{10})^2 + (6\sqrt{10})^2 - \overline{AC}^2}{2 \times 6\sqrt{10} \times 6\sqrt{10}}$$

$$\implies \overline{AC}^2 = 270$$

$\overline{AB} = x$ 라 하면 $2\overline{AB} = \overline{BC} \implies \overline{BC} = 2x$ 이고, 삼각형 ABC 에서 코사인법칙을 사용하면

$$\cos(\angle ABC) = \frac{\overline{AB}^2 + \overline{BC}^2 - \overline{AC}^2}{2 \times \overline{AB} \times \overline{BC}}$$

$$\implies -\frac{5}{8} = \frac{x^2 + (2x)^2 - 270}{2 \times x \times 2x}$$

$$\implies \frac{15}{2}x^2 = 270 \implies x^2 = 36$$

$$\implies x = 6$$

삼각형 CDB 의 외접원의 반지름의 길이를 R 이라 하자. 삼각형 CDB 에서 사인법칙을 사용하면

$$\frac{\overline{BC}}{\sin(\angle CDB)} = 2R \implies \frac{2x}{\sin\dfrac{2}{3}\pi} = 2R$$

$$\implies \frac{12}{\dfrac{\sqrt{3}}{2}} = 2R \implies R = 4\sqrt{3}$$

따라서 삼각형 CDB 의 외접원의 반지름의 길이는 $4\sqrt{3}$ 이다.

답 ②

071

삼각형 ABC 의 외접원을 C_1 라 하고, 삼각형 ADC 의 외접원을 C_2 라 하자.

원 C_1 의 반지름의 길이를 R 이라 하자. 삼각형 ABC 에서 사인법칙을 사용하면

$$\frac{\overline{BC}}{\sin(\angle BAC)} = \frac{\dfrac{36\sqrt{7}}{7}}{\dfrac{2\sqrt{7}}{7}} = 18 = 2R \implies R = 9$$

원 C_2 에서 $\angle AO'D$ 는 호 AD 의 중심각이고,

$\angle$ ACD 는 호 AD 의 원주각이므로 원주각과 중심각 사이의 관계에 의해 $\angle AO'D = 2\angle ACD = \dfrac{2}{3}\pi$

이등변삼각형 $O'AD$ 에서 $\angle AO'D = \dfrac{2}{3}\pi$ 이므로

$\angle DAO' = \dfrac{\pi}{6}$

$\overline{AO} = R = 9,\ \overline{AO'} = 5\sqrt{3},\ \angle OAO' = \dfrac{\pi}{6}$

삼각형 AOO' 에서 코사인법칙을 사용하면

$$\cos(\angle OAO') = \frac{\overline{AO}^2 + \overline{AO'}^2 - \overline{OO'}^2}{2 \times \overline{AO} \times \overline{AO'}}$$

$$\Rightarrow \frac{\sqrt{3}}{2} = \frac{(5\sqrt{3})^2 + 9^2 - \overline{OO'}^2}{2 \times 5\sqrt{3} \times 9}$$

$$\Rightarrow 135 = 75 + 81 - \overline{OO'}^2 \Rightarrow \overline{OO'}^2 = 21$$

따라서 $\overline{OO'}^2 = 21$ 이다.

답 ①

072

원주각의 성질에 의해

$\angle BDC = \angle BAC = \alpha$ 이고, $\angle ABD = \angle ACD = \beta$ 이다.

즉, $\angle BEC = \alpha + \beta \Rightarrow \cos(\angle BEC) = \cos(\alpha + \beta) = -\dfrac{5}{12}$

삼각형 ABE 와 삼각형 DCE 는 서로 닮음이고
$\overline{AB} : \overline{DC} = 1 : 2$ 이므로 $\overline{BE} : \overline{CE} = 1 : 2$ 이다.

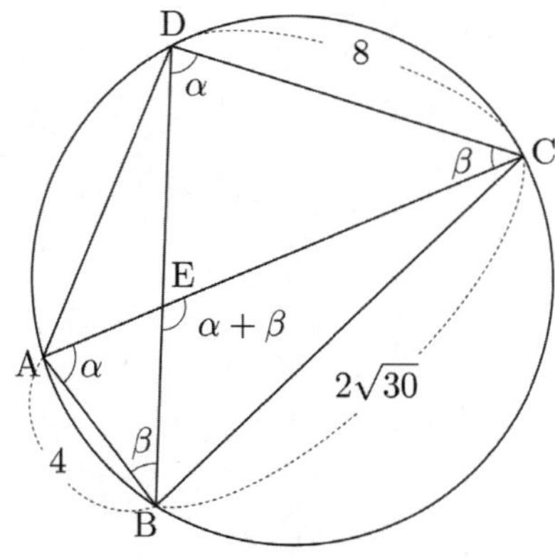

삼각형 BEC 에서 $\overline{BE} = x$ 라 하면 $\overline{CE} = 2x$ 이고,
삼각형 BEC 에서 코사인법칙을 사용하면

$$\cos(\angle BEC) = \frac{\overline{BE}^2 + \overline{CE}^2 - \overline{BC}^2}{2 \times \overline{BE} \times \overline{CE}}$$

$$\Rightarrow -\frac{5}{12} = \frac{x^2 + (2x)^2 - 120}{2 \times x \times 2x}$$

$$\Rightarrow x^2 = 18 \Rightarrow x = 3\sqrt{2}$$

$\overline{AE} = y$ 라 하면 삼각형 ABE 에서

$0 < \alpha < \dfrac{\pi}{2}$ 이므로 $y^2 + 4^2 > (3\sqrt{2})^2 \Rightarrow y > \sqrt{2}$

$$\cos(\angle AEB) = \cos(\pi - (\alpha + \beta)) = -\cos(\alpha + \beta) = \frac{5}{12}$$

삼각형 ABE 에서 코사인법칙을 사용하면

$$\cos(\angle AEB) = \frac{\overline{AE}^2 + \overline{BE}^2 - \overline{AB}^2}{2 \times \overline{AE} \times \overline{BE}}$$

$$\Rightarrow \frac{5}{12} = \frac{y^2 + (3\sqrt{2})^2 - 16}{2 \times y \times 3\sqrt{2}}$$

$$\Rightarrow 2y^2 - 5\sqrt{2}\,y + 4 = 0 \Rightarrow (2y - \sqrt{2})(y - 2\sqrt{2}) = 0$$

$$\Rightarrow y = 2\sqrt{2} \ (\because\ y > \sqrt{2})$$

따라서 선분 AE 의 길이는 $2\sqrt{2}$ 이다.

 답 ⑤

073

$\overline{AD} = 3x$ 라 하면 $\overline{AD} : \overline{DB} = 3 : 2$ 에 의해 $\overline{DB} = 2x$ 이고,
$\overline{AE} = \overline{AD} = 3x$ 이다.

54번 해설에서 언급했듯이 사인비는 변의 비와 같으므로
$\sin A : \sin C = 8 : 5 \Rightarrow \overline{BC} : \overline{AB} = 8 : 5$

$\Rightarrow \overline{AB} = 5x,\ \overline{BC} = 8x$

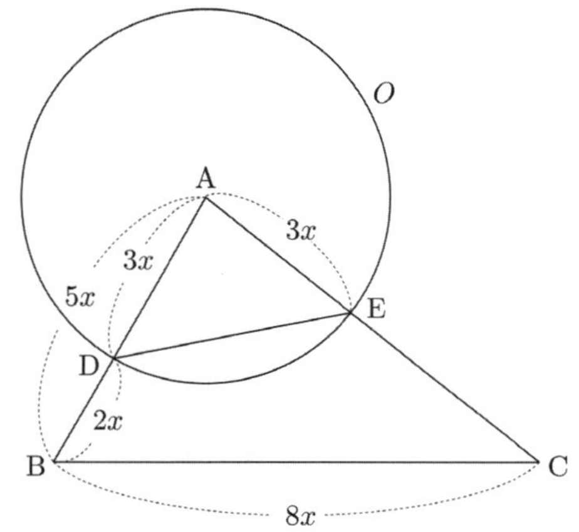

삼각형 ADE 의 넓이는

$$\frac{1}{2}\times\overline{\mathrm{AD}}\times\overline{\mathrm{AE}}\times\sin A = \frac{9x^2}{2}\sin A$$

삼각형 ABC 의 넓이는

$$\frac{1}{2}\times\overline{\mathrm{AB}}\times\overline{\mathrm{AC}}\times\sin A = \frac{5x}{2}\sin A\times\overline{\mathrm{AC}}$$

삼각형 ADE 와 삼각형 ABC 의 넓이의 비가 $9:35$ 이므로

$$\frac{35x^2}{2}\sin A = \frac{5x}{2}\sin A\times\overline{\mathrm{AC}} \;\Rightarrow\; \overline{\mathrm{AC}}=7x$$

삼각형 ABC 에서 코사인법칙을 사용하면

$$\cos B = \frac{\overline{\mathrm{BA}}^2+\overline{\mathrm{BC}}^2-\overline{\mathrm{AC}}^2}{2\times\overline{\mathrm{BA}}\times\overline{\mathrm{BC}}}$$

$$\Rightarrow \cos B = \frac{(5x)^2+(8x)^2-(7x)^2}{2\times 5x\times 8x}$$

$$\Rightarrow \cos B = \frac{1}{2} \;\Rightarrow\; \sin B = \frac{\sqrt{3}}{2}$$

삼각형 ABC 의 외접원의 반지름의 길이가 7 이므로
삼각형 ABC 에서 사인법칙을 사용하면

$$\frac{\overline{\mathrm{AC}}}{\sin B}=2R \;\Rightarrow\; \frac{7x}{\frac{\sqrt{3}}{2}}=14 \;\Rightarrow\; x=\sqrt{3}$$

점 A 를 지나고 직선 BC 에 수직인 직선이 원 O 와 만나는
두 점 중 직선 BC 와의 거리가 더 먼 점을 Q 라 하면
삼각형 PBC 의 넓이는 점 P 가 점 Q 일 때, 최대이다.

점 A 에서 선분 BC 에 내린 수선의 발을 H 라 하자.

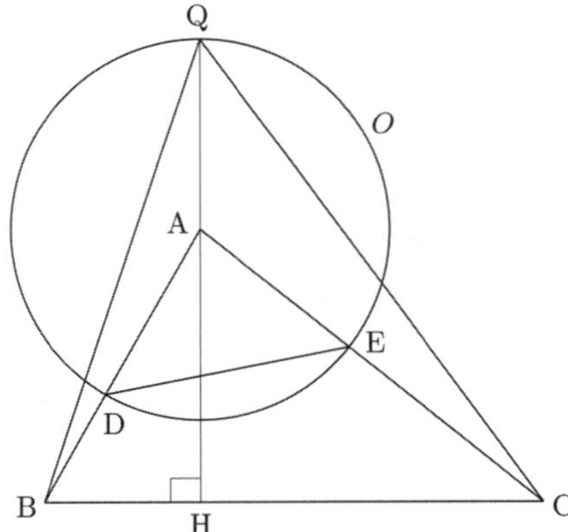

$$\overline{\mathrm{AQ}}=\overline{\mathrm{AD}}=3\sqrt{3}$$

$$\overline{\mathrm{AH}}=\overline{\mathrm{AB}}\times\sin B = 5\sqrt{3}\times\frac{\sqrt{3}}{2}=\frac{15}{2}$$

이므로 $\overline{\mathrm{QH}}=3\sqrt{3}+\dfrac{15}{2}$

삼각형 QBC 의 넓이는

$$\frac{1}{2}\times\overline{\mathrm{BC}}\times\overline{\mathrm{QH}}=\frac{1}{2}\times 8\sqrt{3}\times\left(3\sqrt{3}+\frac{15}{2}\right)=36+30\sqrt{3}$$

이다.

따라서 삼각형 PBC 의 넓이의 최댓값은 $36+30\sqrt{3}$ 이다.

 ④

74	26	**81**	30
75	15	**82**	9
76	②	**83**	64
77	63	**84**	75
78	①	**85**	43
79	20	**86**	113
80	5	**87**	21

074

삼각형 ABC 의 외접원의 반지름의 길이를 R 이라 하자.

삼각형 ABC 에서 사인법칙을 사용하면

$$\frac{\overline{AC}}{\sin\alpha}=2R \Rightarrow \sin\alpha=\frac{\overline{AC}}{2R}$$

삼각형 ACD 의 외접원의 반지름의 길이를 r 이라 하자.

삼각형 ACD 에서 사인법칙을 사용하면

$$\frac{\overline{AC}}{\sin\beta}=2r \Rightarrow \sin\beta=\frac{\overline{AC}}{2r}$$

$$\frac{\sin\beta}{\sin\alpha}=\frac{3}{2} \Rightarrow \frac{\dfrac{\overline{AC}}{2r}}{\dfrac{\overline{AC}}{2R}}=\frac{3}{2} \Rightarrow \frac{R}{r}=\frac{3}{2}$$

$R=3x,\ r=2x$ 라 하자.

원에서 한 호에 대한 원주각의 크기는 그 호에 대한

중심각의 크기의 $\dfrac{1}{2}$ 과 같으므로

$\angle AOC=2\alpha,\ \angle AO'C=2\beta$ 이다.

선분 OO' 는 선분 AC 를 수직이등분하므로

$$\angle AOO'=\frac{1}{2}\times\angle AOC=\frac{1}{2}\times 2\alpha=\alpha$$

$$\angle AO'O=\frac{1}{2}\times\angle AO'C=\frac{1}{2}\times 2\beta=\beta$$

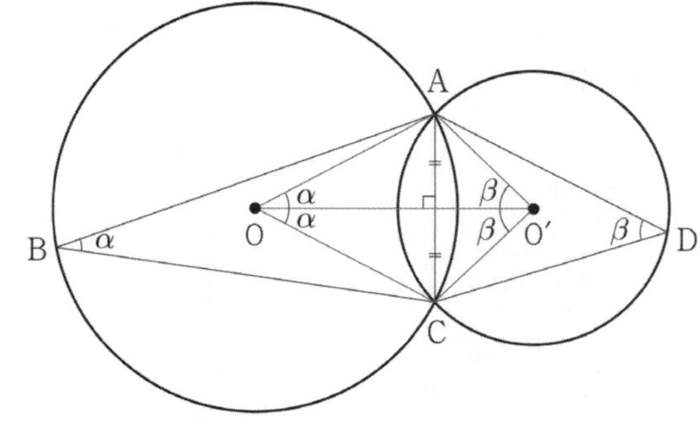

$\angle OAO'=\pi-(\alpha+\beta)$ 이므로

삼각형 AOO' 에서 코사인법칙을 사용하면

$$\cos(\pi-(\alpha+\beta))=-\cos(\alpha+\beta)=\frac{R^2+r^2-(\overline{OO'})^2}{2\times R\times r}$$

$\cos(\alpha+\beta)=\dfrac{1}{3},\ \overline{OO'}=1,\ R=3x,\ r=2x$ 이므로

$$\cos(\pi-(\alpha+\beta))=-\cos(\alpha+\beta)=\frac{R^2+r^2-(\overline{OO'})^2}{2\times R\times r}$$

$$\Rightarrow -\frac{1}{3}=\frac{9x^2+4x^2-1}{12x^2}$$

$$\Rightarrow -4x^2=13x^2-1$$

$$\Rightarrow x^2=\frac{1}{17}$$

삼각형 ABC 의 외접원의 넓이는

$R^2\pi=9x^2\pi=\dfrac{9}{17}\pi$ 이므로 $p+q=26$ 이다.

답 26

075

$\overline{AC}=x$ 라 하면 $\overline{BD}=2x$

점 D 에서 직선 AB 에 내린 수선의 발을 E 라 하고,

$\angle CAH=\angle DBE=\theta$ 라 하자.

점 H 는 선분 AB 를 $1:3$ 으로 내분하므로

$$\overline{AH}=\frac{1}{4}\overline{AB}=\frac{1}{2},\ \overline{HB}=\frac{3}{2}$$

$$\overline{CH}=\sqrt{(\overline{AC})^2-(\overline{AH})^2}=\sqrt{x^2-\frac{1}{4}}$$

$$\overline{DE}=\sqrt{(\overline{BD})^2-(\overline{BE})^2}=\sqrt{4x^2-1}$$

($\because$ 삼각형 ACH 와 삼각형 BDE 는 $1:2$ 닮음

$\Rightarrow \overline{AH}:\overline{BE}=1:2 \Rightarrow \overline{BE}=1$)

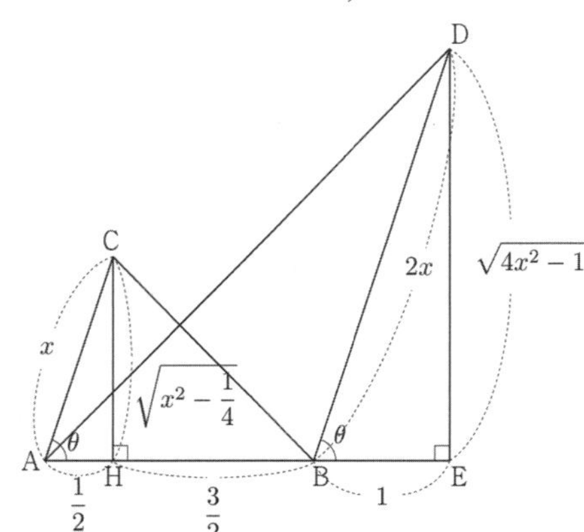

$$\overline{BC} = \sqrt{(\overline{CH})^2 + (\overline{HB})^2} = \sqrt{x^2 - \frac{1}{4} + \frac{9}{4}} = \sqrt{x^2 + 2}$$

$$\overline{AD} = \sqrt{(\overline{DE})^2 + (\overline{AE})^2} = \sqrt{4x^2 - 1 + 9} = \sqrt{4x^2 + 8}$$

두 삼각형 ABC, ABD 의 외접원의 반지름의 길이를 각각 r, R 이라 하였다.

삼각형 ABC 에서 사인법칙을 사용하면

$$\frac{\overline{BC}}{\sin(\angle CAB)} = 2r \implies \frac{\sqrt{x^2 + 2}}{\sin\theta} = 2r \implies 4r^2 = \frac{x^2 + 2}{\sin^2\theta}$$

삼각형 ABD 에서 사인법칙을 사용하면

$$\frac{\overline{AD}}{\sin(\angle ABD)} = 2R \implies \frac{\sqrt{4x^2 + 8}}{\sin(\pi - \theta)} = 2R \implies 4R^2 = \frac{4x^2 + 8}{\sin^2\theta}$$

$$4(R^2 - r^2) = \frac{4x^2 + 8 - x^2 - 2}{\sin^2\theta} = \frac{3x^2 + 6}{\sin^2\theta} \text{ 이고}$$

$$\sin^2(\angle CAB) = \sin^2\theta \text{ 이므로}$$

$$4(R^2 - r^2) \times \sin^2(\angle CAB) = 51$$

$$\implies \frac{3x^2 + 6}{\sin^2\theta} \times \sin^2\theta = 51 \implies 3x^2 = 45 \implies x^2 = 15$$

따라서 $\overline{AC}^2 = x^2 = 15$ 이다.

답 15

076

2022학년도 수능 15번(객관식 마지막)에 출제된 문제이다.
객관식 마지막이라서 다소 압박감을 가질 수도 있겠지만
충분히 할만한 난이도로 출제되었다.
이런 문제들은 빈칸 주위만 집중하는 것이 아니라
문제 전체의 맥락을 봐야 한다. 천천히 풀어보자.

삼각형 CO_1O_2 는 이등변삼각형이므로

$$\angle O_1O_2C = \frac{\pi}{2} - \frac{\theta_2}{2}$$

$$\angle CO_2O_1 + \angle O_1O_2D = \pi \implies \frac{\pi}{2} - \frac{\theta_2}{2} + \theta_3 = \pi \text{ 이므로}$$

$$\theta_3 = \frac{\pi}{2} + \frac{\theta_2}{2} \text{ 이다.}$$

$\theta_3 = \theta_1 + \theta_2$ 와 $\theta_3 = \frac{\pi}{2} + \frac{\theta_2}{2}$ 를 연립하면

$2\theta_1 + \theta_2 = \pi$ 이므로

$$\angle AO_1B + \angle CO_1B + \angle CO_1O_2 = \pi$$

$$\implies \theta_1 + \angle CO_1B + \theta_2 = \pi \implies \angle CO_1B = \theta_1$$

$\angle O_2O_1B = \theta_1 + \theta_2 = \theta_3$ 이므로 삼각형 O_1O_2B 와
삼각형 O_2O_1D 는 합동이다. (SAS합동)

$\overline{AB} = k$ 라 할 때,
$$\overline{AB} : \overline{O_1D} = 1 : 2\sqrt{2} \implies \overline{BO_2} = \overline{O_1D} = 2\sqrt{2}\,k$$

삼각형 ABO_2 는 $\angle ABO_2 = \frac{\pi}{2}$ 인 직각삼각형이므로

$$\overline{AO_2} = \sqrt{(\overline{AB})^2 + (\overline{BO_2})^2} = \sqrt{k^2 + 8k^2} = 3k \text{ 이다.}$$

즉, (가) $= 3k$ 이다.

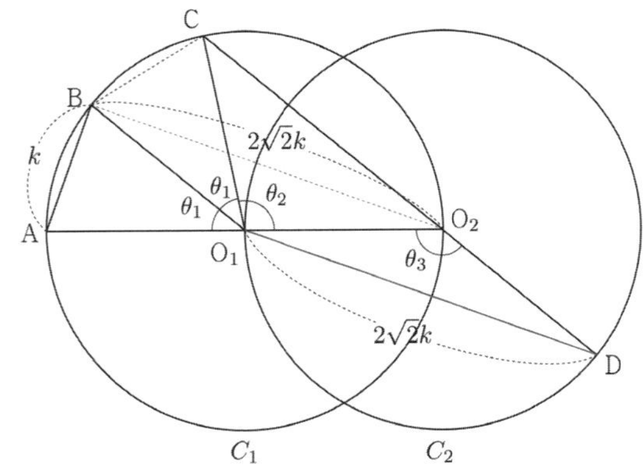

중심각과 원주각의 관계에 의해
(가이드 스텝 개념 파악하기 (4) 참고)

$$\angle BO_2A = \frac{1}{2}\angle BO_1A = \frac{\theta_1}{2} \text{ 이다.}$$

삼각형 ABO_2 에서

$$\cos\frac{\theta_1}{2} = \frac{\overline{BO_2}}{\overline{AO_2}} = \frac{2\sqrt{2}\,k}{3k} = \frac{2\sqrt{2}}{3} \text{ 이다.}$$

즉, (나) $= \dfrac{2\sqrt{2}}{3}$ 이다.

삼각형 O_2BC 에서
$\overline{BC} = k$, $\overline{BO_2} = 2\sqrt{2}\,k$ 이고,
중심각과 원주각의 관계에 의해

$$\angle CO_2B = \frac{1}{2}\angle CO_1B = \frac{\theta_1}{2} \text{ 이다.}$$

$\overline{O_2C} = x$ 라 하고,
삼각형 CO_2B 에서 코사인법칙을 사용하면

$$\cos\frac{\theta_1}{2} = \frac{(\overline{BO_2})^2 + (\overline{O_2C})^2 - (\overline{BC})^2}{2 \times \overline{BO_2} \times \overline{O_2C}} = \frac{7k^2 + x^2}{4\sqrt{2}\,k \times x} = \frac{2\sqrt{2}}{3}$$

$$\implies \frac{16}{3}k \times x = 7k^2 + x^2$$

$$\Rightarrow 3x^2 - 16kx + 21k^2 = 0$$

$$\Rightarrow (3x - 7k)(x - 3k) = 0$$

$$\Rightarrow x = \overline{O_2C} = \frac{7k}{3} \ \left(\because \ \overline{O_2C} < \overline{AO_2} = 3k \right)$$

즉, $\boxed{\ (\text{다})\ } = \dfrac{7k}{3}$

$\overline{CD} = \overline{O_2D} + \overline{O_2C} = \overline{O_1O_2} + \overline{O_2C}$ 이므로

$$\overline{AB} : \overline{CD} = k : \left(\frac{3k}{2} + \frac{7k}{3} \right)$$

$$\Rightarrow \overline{AB} : \overline{CD} = 1 : \frac{23}{6}$$

$f(k) = 3k, \ g(k) = \dfrac{7k}{3}, \ p = \dfrac{2\sqrt{2}}{3}$ 이므로

$$f(p) \times g(p) = 2\sqrt{2} \times \frac{14\sqrt{2}}{9} = \frac{56}{9} \text{ 이다.}$$

답 ②

077

$\angle BAD$ 와 $\angle BCD$ 는 같은 호에 대한 원주각이므로
$\angle BAD = \angle BCD$ 이다.

$\angle BAD = \angle BCD = \theta, \ \overline{AD} = a, \ \overline{CB} = b$ 라 하면
삼각형 ABD 의 넓이 S_1 은

$$S_1 = \frac{1}{2} \times \overline{AB} \times \overline{AD} \times \sin\theta = \frac{1}{2} \times 6 \times a \times \sin\theta = 3a\sin\theta$$

삼각형 CBD 의 넓이 S_2 는

$$S_2 = \frac{1}{2} \times \overline{CB} \times \overline{CD} \times \sin\theta = \frac{1}{2} \times b \times 4 \times \sin\theta = 2b\sin\theta$$

$S_1 : S_2 = 9 : 5$ 이므로 $3a : 2b = 9 : 5$
$15a = 18b \Rightarrow 5a = 6b$
$\Rightarrow a = 6k, \ b = 5k \ (k > 0)$

삼각형 ABC 에서 코사인법칙을 사용하면

$$\cos\alpha = \frac{6^2 + (5k)^2 - \left(\overline{AC}\right)^2}{2 \times 6 \times 5k}$$

$\cos\alpha = \dfrac{3}{4}$ 이므로

$$\frac{3}{4} = \frac{36 + 25k^2 - \left(\overline{AC}\right)^2}{2 \times 6 \times 5k}$$

$$\Rightarrow \left(\overline{AC}\right)^2 = 36 + 25k^2 - 45k \ \cdots \ \text{㉠}$$

$\angle ABC$ 와 $\angle ADC$ 는 같은 호에 대한 원주각이므로
$\angle ABC = \angle ADC = \alpha$ 이다.

삼각형 ADC 에서 코사인법칙을 사용하면

$$\cos\alpha = \frac{(6k)^2 + 4^2 - \left(\overline{AC}\right)^2}{2 \times 6k \times 4}$$

$\cos\alpha = \dfrac{3}{4}$ 이므로

$$\frac{3}{4} = \frac{(6k)^2 + 4^2 - \left(\overline{AC}\right)^2}{2 \times 6k \times 4}$$

$$\Rightarrow \left(\overline{AC}\right)^2 = 36k^2 + 16 - 36k \ \cdots \ \text{㉡}$$

㉠, ㉡을 연립하면
$11k^2 + 9k - 20 = 0$

$$\Rightarrow (11k + 20)(k - 1) = 0$$

$$\Rightarrow k = 1 \ (\because \ k > 0)$$

$a = 6k = 6$

$$\sin\alpha = \sqrt{1 - \cos^2\alpha} = \sqrt{1 - \frac{9}{16}} = \frac{\sqrt{7}}{4}$$

따라서 삼각형 ADC 의 넓이 S 는

$$S = \frac{1}{2} \times \overline{AD} \times \overline{CD} \times \sin\alpha = \frac{1}{2} \times 6 \times 4 \times \frac{\sqrt{7}}{4} = 3\sqrt{7}$$

이므로 $S^2 = 63$ 이다.

답 63

078

삼각형 CDE 의 외접원의 반지름의 길이를 R 이라 하고,
$\angle AFC = \alpha, \ \angle CDE = \beta$ 라 하자.

$$\cos\alpha = \frac{\sqrt{10}}{10}, \ \overline{EC} = 10, \ R = 5\sqrt{2}$$

$$\cos\alpha = \frac{\sqrt{10}}{10} \Rightarrow \sin\alpha = \frac{3\sqrt{10}}{10}$$

$\angle EFB = \angle ECD = \pi - \alpha \ (\because \ \text{엇각})$ 이므로
삼각형 CDE 에서 사인법칙을 사용하면

$$\frac{\overline{ED}}{\sin(\angle ECD)} = \frac{\overline{EC}}{\sin(\angle CDE)} = 2R$$

$$\Rightarrow \frac{\overline{ED}}{\sin(\pi - \alpha)} = \frac{10}{\sin\beta} = 10\sqrt{2}$$

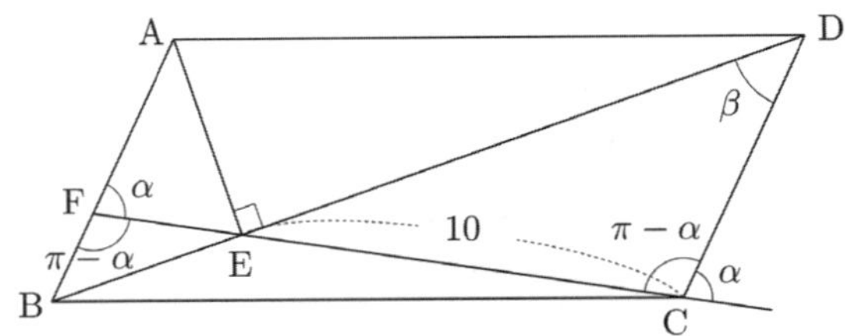

$$\overline{ED} = 10\sqrt{2} \times \sin\alpha = 10\sqrt{2} \times \frac{3\sqrt{10}}{10} = 6\sqrt{5}$$

$$\sin\beta = \frac{\sqrt{2}}{2} \Rightarrow \beta = \frac{\pi}{4}$$

$\overline{CD} = x$ 라 하자.

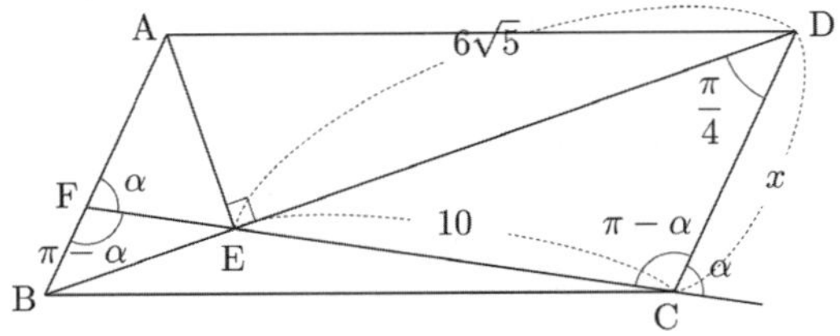

삼각형 CDE 에서 코사인법칙을 사용하면

$$\cos(\angle ECD) = \frac{\overline{CE}^2 + \overline{CD}^2 - \overline{ED}^2}{2 \times \overline{CE} \times \overline{CD}}$$

$$\Rightarrow \cos(\pi - \alpha) = \frac{100 + x^2 - 180}{2 \times 10 \times x}$$

$$\Rightarrow -\cos\alpha = \frac{x^2 - 80}{20x} \Rightarrow -\frac{\sqrt{10}}{10} = \frac{x^2 - 80}{20x}$$

$$\Rightarrow x^2 + 2\sqrt{10}\,x - 80 = 0 \Rightarrow (x + 4\sqrt{10})(x - 2\sqrt{10}) = 0$$

$$\Rightarrow x = 2\sqrt{10} \ (\because x > 0)$$

$\angle ABE = \angle CDE = \dfrac{\pi}{4}$ ($\because$ 엇각)이므로

삼각형 ABE 는 직각이등변삼각형이다.

$\overline{AB} = \overline{CD} = 2\sqrt{10}$ 이므로 $\overline{BE} = \overline{AE} = 2\sqrt{5}$

두 삼각형 BEF, DEC 는 서로 닮음이고
$\overline{BE} : \overline{ED} = 1 : 3$ 이므로 닮음비는 $1 : 3$ 이다.

$$\overline{BF} = \frac{1}{3} \times \overline{CD} = \frac{2\sqrt{10}}{3}$$ 이므로

$$\overline{AF} = \overline{AB} - \overline{BF} = 2\sqrt{10} - \frac{2\sqrt{10}}{3} = \frac{4\sqrt{10}}{3}$$

따라서 삼각형 AFE 의 넓이는

$$\frac{1}{2} \times \overline{AF} \times \overline{AE} \times \sin\frac{\pi}{4} = \frac{1}{2} \times \frac{4\sqrt{10}}{3} \times 2\sqrt{5} \times \frac{1}{\sqrt{2}} = \frac{20}{3}$$

이다.

답 ①

$\angle ABC = \angle BDC$ 이므로 삼각형 BCD 는 $\overline{BC} = \overline{CD} = 3$ 인
이등변삼각형이다.

점 C 에서 선분 BD 에 내린 수선의 발을 H 라 하자.

$\angle ABC = \angle BDC = \theta$ 라 하면 $\cos\theta = \dfrac{1}{3}$ 이므로

$\overline{BH} = 3\cos\theta = 1$ 이고, $\overline{BD} = 2\overline{BH} = 2$ 이다.

$\overline{BD} = 2$ 이고, 선분 AB 를 $1 : 2$ 로 내분하는 점이 D 이므로
$\overline{AD} = 1$ 이다.

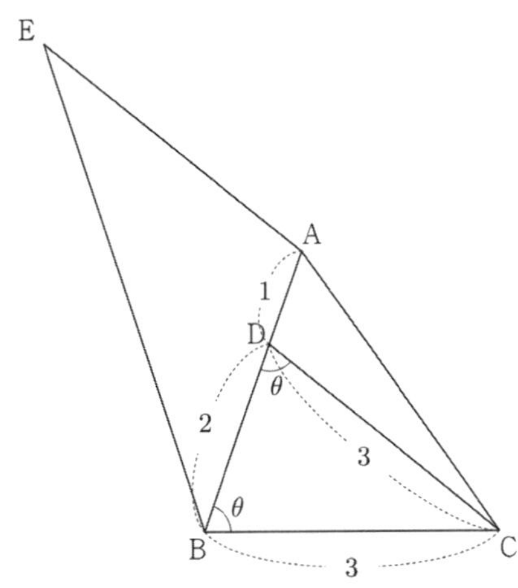

삼각형 ABC 에서 코사인법칙을 사용하면

$$\cos\theta = \frac{(\overline{BA})^2 + (\overline{BC})^2 - (\overline{AC})^2}{2 \times \overline{BA} \times \overline{BC}} = \frac{18 - (\overline{AC})^2}{18} = \frac{1}{3}$$

$$\Rightarrow (\overline{AC})^2 = 12 \Rightarrow \overline{AC} = 2\sqrt{3}$$

직선 AE 와 직선 CD 는 서로 평행하니 $\angle BAE = \pi - \theta$ 이다.

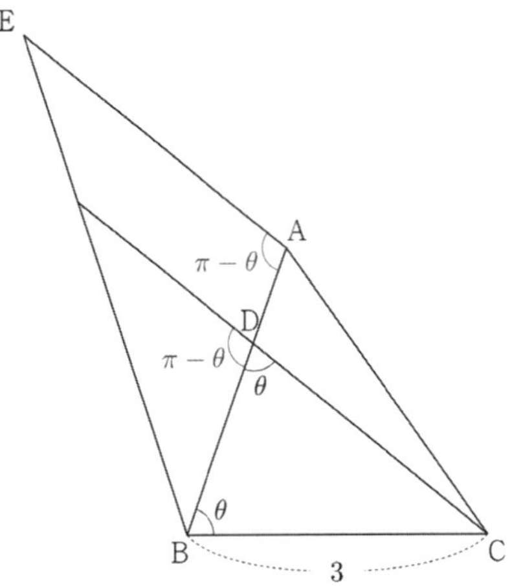

이제 $3R_1 = 2R_2$ 조건을 이용하여 선분 BE 의 길이를 구해보자.

외접원을 물어보았으니 사인법칙을 이용해보자.

삼각형 ABC에서 사인법칙을 사용하면

$$\frac{\overline{AC}}{\sin\theta}=2R_1 \Rightarrow R_1=\frac{\sqrt{3}}{\sin\theta}$$

삼각형 ABE에서 사인법칙을 사용하면

$$\frac{\overline{BE}}{\sin(\pi-\theta)}=2R_2 \Rightarrow R_2=\frac{\overline{BE}}{2\sin\theta}$$

$3R_1=2R_2$이므로 $\overline{BE}=3\sqrt{3}$ 이다.

$\overline{AE}=x$ 라 두고, 삼각형 ABE에서 코사인법칙을 사용하면

$$\cos(\pi-\theta)=-\cos\theta=\frac{(\overline{AE})^2+(\overline{AB})^2-(\overline{BE})^2}{2\times\overline{AE}\times\overline{AB}}=-\frac{1}{3}$$

$$\Rightarrow \frac{x^2-18}{6x}=-\frac{1}{3}$$

$$\Rightarrow x^2+2x-18=0 \Rightarrow x=-1+\sqrt{19}\ (\because\ x>0)$$

따라서 $a=19$, $b=1$ 이므로 $a+b=20$ 이다.

답 20

080

우선 원에 접한다고 했으니 보조선을 그어 보자.
(원의 중심과 접점을 이은 수직 보조선 !)

$\overline{CB}=a$, $\overline{BD}=b$ 라 하자.
$\overline{AC}=2\overline{BC}$ 이므로 $\overline{AC}=2a$

$\angle DBC=\theta$ 라 하면

$$S_1=\frac{1}{2}\times 3a\times(3+b)\times\sin\theta$$

$$S_2=\frac{1}{2}\times a\times b\times\sin\theta$$

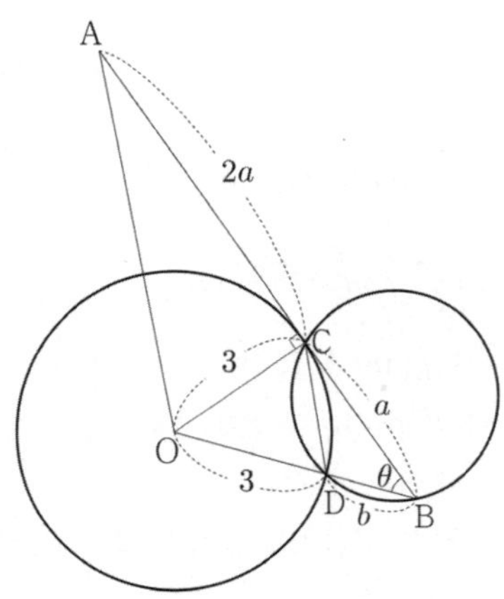

$2S_1=15S_2$ 을 조건을 이용해보자.

$$3a(3+b)\sin\theta=\frac{15}{2}ab\sin\theta \Rightarrow 6+2b=5b \Rightarrow b=2$$

$b=2$ 이므로 $\overline{BO}=5$ 이다.

삼각형 BOC는 직각삼각형이므로
피타고라스의 정리에 의해서 $\overline{BC}=4$ 이다.

직각삼각형 OBC을 이용하면 $\sin\theta=\frac{3}{5}$ 이므로

삼각형 BDC의 외접원의 반지름은 사인법칙으로 구하면
되니까 선분 CD의 길이만 찾으면 된다.

$\overline{CD}=x$ 라 하면

"삼각함수 같다" Technique에 의해서
(삼각형 OBC에서의 θ와 삼각형 BCD에서의 θ는 서로
각이 같다.)
삼각형 BCD에서 코사인법칙을 사용하면

$$\frac{4}{5}=\frac{2^2+4^2-x^2}{2\times 2\times 4}$$

$$\Rightarrow \frac{64}{5}=20-x^2 \Rightarrow x^2=\frac{36}{5} \Rightarrow x=\frac{6}{\sqrt{5}}$$

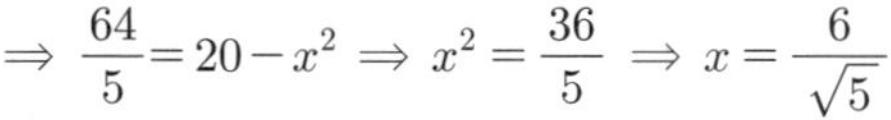

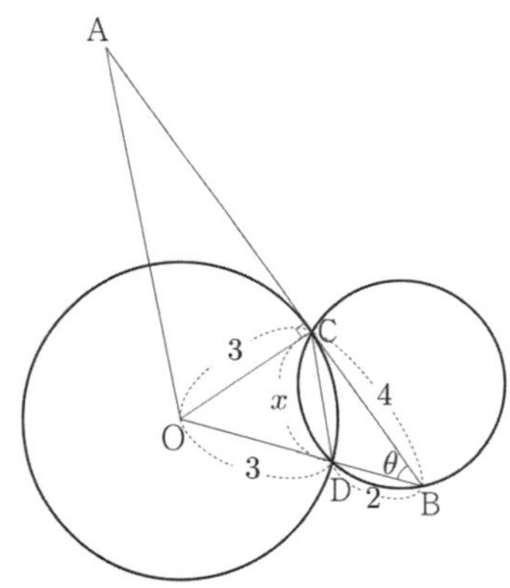

삼각형 BCD의 외접원의 반지름의 길이를 R이라 하면
사인법칙에 의해서

$$\frac{x}{\sin\theta}=2R \Rightarrow \frac{\dfrac{6}{\sqrt{5}}}{\dfrac{3}{5}}=\frac{10}{\sqrt{5}}=2\sqrt{5}=2R \Rightarrow R=\sqrt{5}$$

따라서 외접원의 넓이는 5π 이고, $k=5$ 이다.

답 5

Tip

$\sin\theta$ 를 구할 때, 직각삼각형의 삼각비를 이용하여
"삼각함수 같다 technique"을 쓰는 유형은 최근 2025학년도 9월
모의고사 10번에서도 출제된 적이 있다. (55번)

081

O_1 의 반지름의 길이를 r 이라 하자.

주어진 조건 $\overarc{AC}=2\pi$, 부채꼴 OAC 의 넓이 $=6\pi$ 에 의해서

$$\frac{1}{2}\times r\times 2\pi=6\pi \;\Rightarrow\; r=6$$

$r\theta=2\pi$ 이므로 $\theta=\dfrac{\pi}{3}$ 이다.

즉, $\angle\mathrm{AOC}=\dfrac{\pi}{3}$, $\angle\mathrm{BOC}=\dfrac{2}{3}\pi$ 이다.

$\overline{BC}=x$ 라 하고
삼각형 BOC 에 대하여 코사인법칙을 사용하면

$$\cos\frac{2}{3}\pi=\frac{6^2+6^2-x^2}{2\times 6\times 6}=-\frac{1}{2}\;\Rightarrow\; x=6\sqrt{3}$$

(물론 둔각이 $120\,^\circ$ 인 이등변삼각형의 길이 비 $1:1:\sqrt{3}$ 을 적용시키면 $\overline{BC}=6\sqrt{3}$ 인 것을 바로 알 수 있다.)

원 O_2 의 반지름을 찾기 위해서 사인법칙을 사용하면

$$\frac{6\sqrt{3}}{\sin\dfrac{2}{3}\pi}=2R \;\Rightarrow\; \frac{6\sqrt{3}}{\dfrac{\sqrt{3}}{2}}=2R \;\Rightarrow\; R=6$$

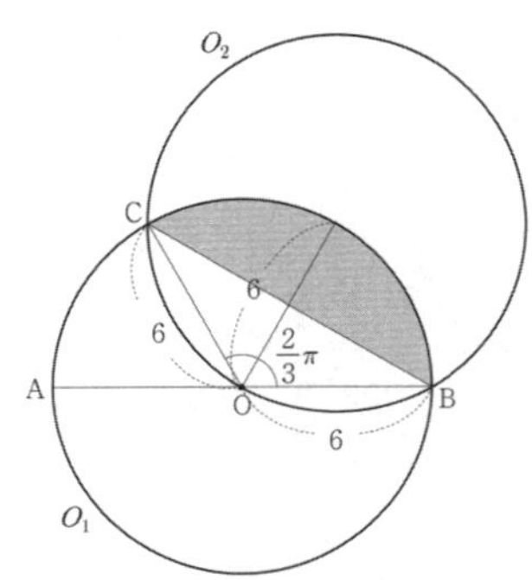

원 O_2 의 반지름의 길이와 원 O_1 의 반지름의 길이가 6 으로 서로 같다.
원 O_2 가 점 O 를 지나므로 원 O_1 도 원 O_2 의 중심을 지난다.

우리가 구하고자 하는 넓이 S 를 구하기 위해 위 색칠한 부분의 넓이를 A 라 하면

$$S=36\pi\,(\text{원 } O_2 \text{ 의 넓이}) - 2A\,(\text{위 색칠부분의 넓이 2 배})$$

$A=$ 부채꼴 BOC $-$ 삼각형 BOC

$$=\left(\frac{1}{2}\times 6\times 6\times\frac{2}{3}\pi\right)-\left(\frac{1}{2}\times 6\times 6\times\sin\frac{2}{3}\pi\right)=12\pi-9\sqrt{3}$$

따라서 구하고자 하는 넓이 S 는

$$S=36\pi-2(12\pi-9\sqrt{3})=12\pi+18\sqrt{3} \text{ 이고, } a+b=30 \text{ 이다.}$$

 30

082

(가) 조건에서 $\overline{AB}=\overline{CD}=8$
그림상 두 선분이 평행한 것처럼 보이지만 아직 단정할 수 없다.

(나) 조건에서 임의의 점 P 에 대하여 삼각형 ABP 의 넓이가 항상 24 로 일정하므로 두 선분 AB, CD 는 서로 평행이다.
이를 바탕으로 보조선을 그어보자.

두 선분 AB, CD 가 서로 평행하므로 $\angle\mathrm{ABD}=90\,^\circ$ 이다.

(나) 조건을 만족시키려면 $\overline{BD}=6$ 이어야 하므로
원의 지름은 10 이다.

이제 (다) 조건을 해석해보자.
삼각형 BEP 의 넓이를 해석할 때, 변하지 않는 변을 밑변으로 설정해보자.
즉, 선분 EB 를 밑변으로 설정해보자.

점 P 에서 직선 EB 에 내린 수선의 발을 내려 높이를 판단하면

삼각형 BEP 의 넓이가 최소일 때는 점 P 가 점 D 일 때이고,
최대일 때는 점 P 가 점 C 일 때이다.

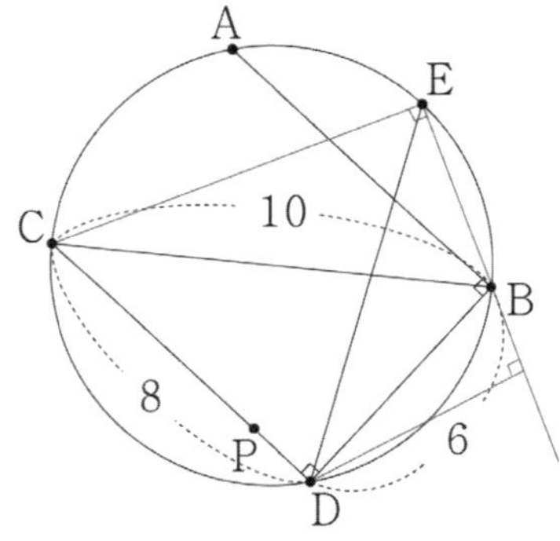

이제 $S_1(\triangle\mathrm{BDE})$ 과 $S_2(\triangle\mathrm{BCE})$ 를 구해보자.
"원주각 같다"를 이용해서 $\angle\mathrm{BCE}=\angle\mathrm{BDE}=\theta$ 라 하고
$\overline{CE}=x$, $\overline{ED}=y$ 라 하면

$$S_1=\frac{1}{2}\times y\times 6\times\sin\theta=3y\sin\theta,$$

$$S_2=\frac{1}{2}\times x\times 10\times\sin\theta=5x\sin\theta$$

$$5S_1=3S_2 \;\Rightarrow\; 15y\sin\theta=15x\sin\theta \;\Rightarrow\; y=x$$

즉, 삼각형 CED 는 이등변삼각형이다.

삼각형 BEP 의 넓이의 범위를 알기 위해서 S_1, S_2 를 구해보자.

우선 $\overline{CE}=\overline{ED}$ 인 것을 바탕으로 선분 BE 의 길이를 찾아보자.

원의 중심을 O 라 하고 두 선분 OE, AB 의
교점을 F 라 하면 $\frac{1}{2}\overline{BD}=\overline{OF}=3$ 이고
반지름의 길이가 5 이므로 $\overline{FE}=2$ 이다.

삼각형 BFE 에 대하여 피타고라스의 정리를 사용하면
$$\overline{BE}=\sqrt{16+4}=2\sqrt{5}$$

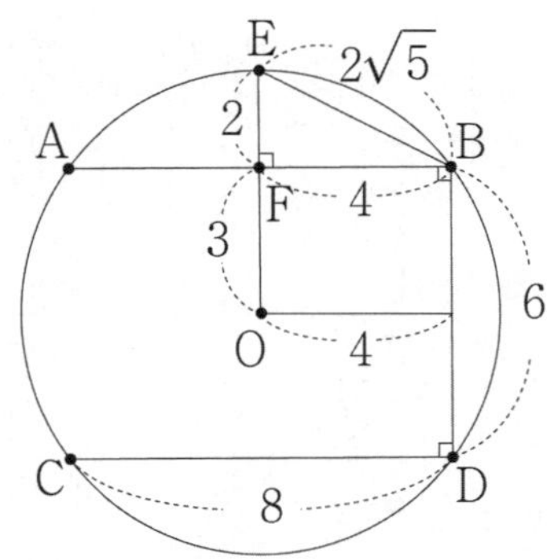

삼각형 BCE 에 대하여 피타고라스의 정리를 사용하면
$$\overline{CE}=\sqrt{100-20}=4\sqrt{5}$$
즉, $S_2=\frac{1}{2}\times4\sqrt{5}\times2\sqrt{5}=20$

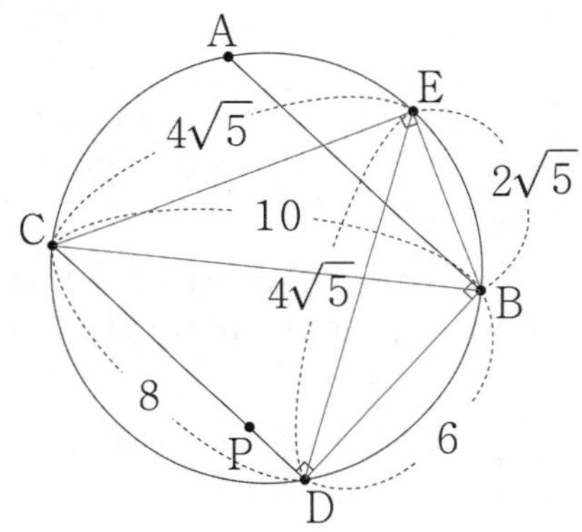

$\angle BCE = \angle BDE = \theta$ 라 하면 직각삼각형 BCE 에서 $\sin\theta$ 를
구하면 $\sin\theta=\frac{2\sqrt{5}}{10}=\frac{\sqrt{5}}{5}$

$\overline{CE}=\overline{ED} \Rightarrow \overline{ED}=4\sqrt{5}$ 이므로
$$S_1=\frac{1}{2}\times6\times4\sqrt{5}\times\sin\theta=12\sqrt{5}\times\frac{\sqrt{5}}{5}=12$$

삼각형 BEP 넓이의 최솟값이 $S_1=12$ 이고
최댓값이 $S_2=20$ 이므로 삼각형 BEP 의 넓이 S 의 범위를
구하면 $12\leq S\leq20$

여기서 질문!
삼각형 BEP 의 넓이와 점 P 는 일대일 대응이 가능할까?

선분 BE 를 밑변으로 두고 점 P 에서 직선 EB 에 내린
수선의 발로 높이를 판단해보면 일대일 대응임이 자명하다.

따라서 삼각형 BEP 넓이가 자연수가 되도록 하는
서로 다른 점 P 의 개수는 $20-12+1=9$ 이다.

답 9

Tip

마지막 풀이과정에서 S_2 를 구할 때,
삼각형 BDE 의 외접원의 반지름이 5 이므로
사인법칙을 통해 $\sin\theta$ 를 찾아도 된다.
$$\left(\frac{\overline{BE}}{\sin\theta}=2R \Rightarrow \frac{2\sqrt{5}}{\sin\theta}=10 \Rightarrow \sin\theta=\frac{\sqrt{5}}{5}\right)$$
아니면 삼각형 BDE 의 세 변의 길이를 아니까
코사인법칙을 통해 $\cos\theta$ 를 구하고
$\sin^2\theta+\cos^2\theta=1$ 을 바탕으로 $\sin\theta$ 를 구할 수도 있다.

083

우선 삼각형 ABC 에서 선분 BC 의 길이를 찾아보자.
$\overline{BC}=x$, $\angle BAC=\theta$ 라 하고
삼각형 ABC 에서 코사인법칙을 사용하면
$$\cos\theta=\frac{(\overline{AB})^2+(\overline{AC})^2-x^2}{2\times\overline{AB}\times\overline{AC}}=\frac{20+20-x^2}{2\times20}=\frac{40-x^2}{40}$$

원 O_1 의 반지름이 $\frac{5}{2}$ 이므로
삼각형 ABC 에서 사인법칙을 사용하면
$$\frac{x}{\sin\theta}=2R \Rightarrow x=5\sin\theta$$

두 식을 연립하면

$$\cos\theta=\frac{40-(5\sin\theta)^2}{40}$$

$$\Rightarrow \cos\theta=\frac{40-25\sin^2\theta}{40}=\frac{8-5\sin^2\theta}{8}$$

$$\Rightarrow 8\cos\theta=8-5\sin^2\theta \Rightarrow 8\cos\theta=8-5(1-\cos^2\theta)$$

$$\Rightarrow 5\cos^2\theta-8\cos\theta+3=0$$

$$\Rightarrow (5\cos\theta-3)(\cos\theta-1)=0$$

$$\Rightarrow \cos\theta=\frac{3}{5} \ (\because 0°<\theta<180°)$$

$\cos\theta=\frac{3}{5}$ 이니 $\sin\theta=\frac{4}{5}$ 이다.

원 O_2는 선분 AB를 지름으로 가지므로 $\angle AEB = 90°$ 이다.

마찬가지로 수직 보조선을 그어보자.

여기서 삼각형 ABC 는 이등변삼각형이므로

선분 BC 의 수직이등분선은 직선 AE 와 같다.

즉, 사인법칙에 의해

$$\frac{\overline{BC}}{\sin\theta} = 5 \ \Rightarrow \ \overline{BC} = 5\sin\theta = 4 \ \Rightarrow \ \overline{BE} = \frac{1}{2}\overline{BC} = 2$$

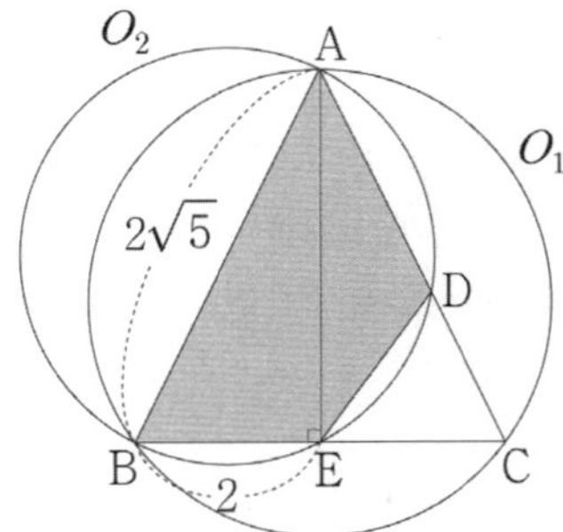

이제 사각형 ABED 의 넓이를 구해보자.

삼각형 ABE 의 넓이와 삼각형 AED 의 넓이의

합으로 구할 수 있다.

삼각형 ABE 의 넓이 $= \frac{1}{2} \times 2 \times 4 = 4$

원 O_2는 선분 AB를 지름으로 가지므로 $\angle ADB = 90°$ 이다.

수직 보조선을 그어 보자.

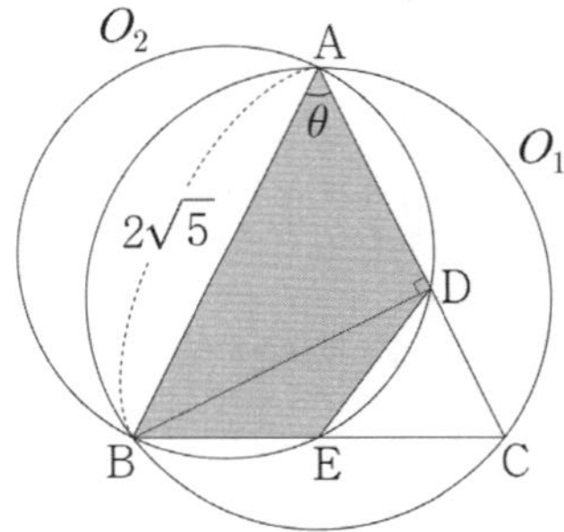

$$\overline{AD} = 2\sqrt{5}\cos\theta = \frac{6}{5}\sqrt{5}$$

삼각형 AED 의 넓이를 구하기 위해서

$\angle DAE = \alpha$ 라 두고 $\sin\alpha$ 를 구해보자.

직각삼각형 AEC 를 이용하면

$$\sin\alpha = \frac{\overline{EC}}{\overline{AC}} = \frac{2}{2\sqrt{5}} = \frac{1}{\sqrt{5}}$$

삼각형 AED 의 넓이는 $= \frac{1}{2} \times 4 \times \frac{6}{5}\sqrt{5} \times \sin\alpha = \frac{12}{5}$

따라서 사각형 ABED 의 넓이는 $4 + \frac{12}{5} = \frac{32}{5}$ 이고,

$10k = 64$ 이다.

답 64

다르게 풀어보자.

사각형 ABED 의 넓이는 삼각형 ABC 의 넓이에서

삼각형 CDE 의 넓이를 빼서 구할 수 있다.

삼각형 ABC 의 넓이 $= \frac{1}{2} \times 4 \times 4 = 8$

삼각형 CDE 의 넓이를 구하기 위해서 $\angle DCE = \beta$ 라

두고 $\sin\beta$ 를 구해보자.

직각삼각형 AEC 를 이용하면

$$\sin\beta = \frac{\overline{AE}}{\overline{AC}} = \frac{4}{2\sqrt{5}} = \frac{2}{\sqrt{5}}$$

$\overline{CE} = \frac{1}{2}\overline{BC} = 2$ 이고 $\overline{CD} = \overline{CA} - \overline{AD} = 2\sqrt{5} - \frac{6}{5}\sqrt{5} = \frac{4}{5}\sqrt{5}$

삼각형 CDE 의 넓이 $= \frac{1}{2} \times 2 \times \frac{4}{5}\sqrt{5} \times \sin\beta = \frac{8}{5}$

따라서 사각형 ABED 의 넓이는 $8 - \frac{8}{5} = \frac{32}{5}$ 이다.

> **Tip**
>
> 위에서 제시한 풀이 말고도 많은 풀이가 있을 수 있다.
> 여기서 질문! 선분 DE 의 길이를 구하려면 어떻게 해야 할까?
> 이것도 다양한 방법이 있다.
> 삼각형 CDE 나 BED 나 ADE 에서 코사인법칙을 사용할 수도
> 있고 삼각형 BED 의 외접원이 O_2 이니까 사인법칙을 사용하여
> 구할 수도 있다.
> 삼각형 BCD 는 직각삼각형이므로 중심이 E 이고
> 선분 BC 를 지름으로 하는 원을 그릴 수 있다.
> 즉, 선분 ED 의 길이는 반지름의 길이와 같으므로
> 2 인 것이 자명하다.

084

$\dfrac{\sin(\angle BDC)}{\sin(\angle CBD)} = \sqrt{5}$ 부터 해석해보자.

삼각형 BCD 에서 사인법칙을 사용하면

$$\frac{\overline{CD}}{\sin(\angle CBD)} = \frac{\overline{BC}}{\sin(\angle BDC)}$$

$$\Rightarrow \frac{\sin(\angle BDC)}{\sin(\angle CBD)} = \frac{\overline{BC}}{\overline{CD}} = \sqrt{5}$$

이므로 $\overline{CD} = x$ 라 하면 $\overline{BC} = x\sqrt{5}$

점 B가 접점이니 수직 보조선을 그어보자.

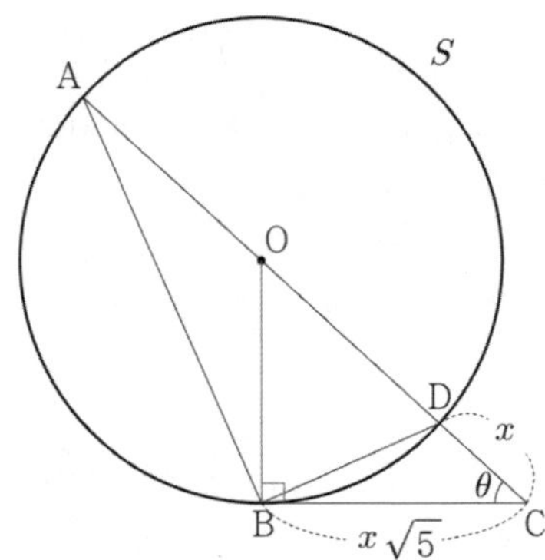

삼각형 OBC 는 직각삼각형이므로 $\overline{OB}=\overline{OD}=r$ 라 하면 피타고라스의 정리에 의해

$$\left(\overline{OC}\right)^2=\left(\overline{BC}\right)^2+\left(\overline{OB}\right)^2 \Rightarrow (r+x)^2=\left(x\sqrt{5}\right)^2+r^2$$

$$\Rightarrow r^2+2rx+x^2=5x^2+r^2 \Rightarrow 2rx=4x^2 \Rightarrow r=2x$$

$\angle BCD=\theta$ 라 하자.

삼각형 BCD 의 넓이가 $\dfrac{\sqrt{5}}{3}$ 라고 했으니 $\sin\theta$ 만 구하면 x 를 구할 수 있다.

직각삼각형 OBC 를 이용하면 $\sin\theta=\dfrac{\overline{OB}}{\overline{OC}}=\dfrac{2x}{3x}=\dfrac{2}{3}$

$$\frac{1}{2}\times x\times x\sqrt{5}\times\sin\theta=\frac{1}{3}x^2\sqrt{5}=\frac{\sqrt{5}}{3} \Rightarrow x=1$$

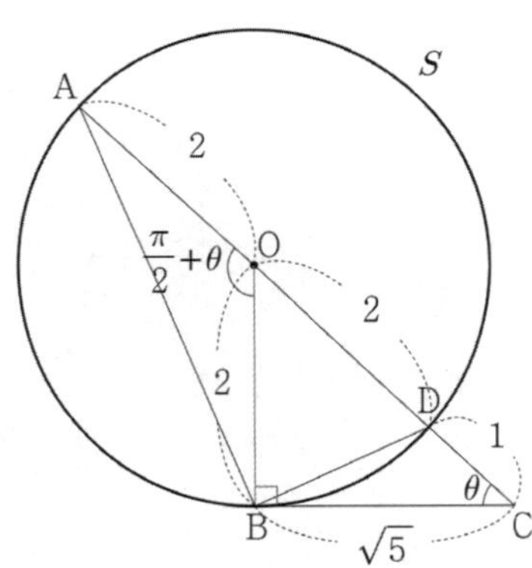

$\overline{AB}=y$ 라 하고, $\angle AOB=\dfrac{\pi}{2}+\theta$ 이므로

삼각형 AOB 에서 코사인법칙을 사용하면

$$\cos\left(\frac{\pi}{2}+\theta\right)=\frac{2^2+2^2-y^2}{2\times2\times2} \Rightarrow -\sin\theta=\frac{8-y^2}{8}$$

$$\Rightarrow -\frac{2}{3}=\frac{8-y^2}{8}$$

$$\Rightarrow y^2=\frac{40}{3} \Rightarrow y=\frac{2\sqrt{30}}{3}$$

삼각형 ABC 에서 사인법칙을 사용하면 구하고자 하는 외접원의 반지름의 길이를 구할 수 있다.

$$\frac{\overline{AB}}{\sin\theta}=2a \Rightarrow \frac{\dfrac{2\sqrt{30}}{3}}{\dfrac{2}{3}}=2a \Rightarrow a=\frac{\sqrt{30}}{2} \Rightarrow a^2=\frac{15}{2}$$

따라서 $10a^2=75$ 이다.

답 75

> **Tip**
>
> 이 문제에서 핵심이 되는 출제의도는 사인법칙을 사용하여 $\overline{BC}:\overline{DC}=\sqrt{5}:1$ 인 것을 파악하는 것이다.
> $\angle OAB=\theta$ 라 했을 때, 원주각과 중심각의 관계에 의해 $\angle BOD=2\theta$ 이고 삼각형 OBD 는 이등변삼각형이니 $\angle OBD=\dfrac{\pi}{2}-\theta$ 이다.
>
> $\angle OBC=\dfrac{\pi}{2}$ 이니 $\angle CBD=\theta$ 이다.
>
> 또한 $\angle ODB=\dfrac{\pi}{2}-\theta$ 이니 $\angle BDC=\dfrac{\pi}{2}+\theta$ 이다.
>
> $$\frac{\sin(\angle BDC)}{\sin(\angle CBD)}=\frac{\sin\left(\dfrac{\pi}{2}+\theta\right)}{\sin\theta}=\frac{\cos\theta}{\sin\theta}=\frac{1}{\tan\theta}=\sqrt{5}$$
>
> $$\tan\theta=\frac{1}{\sqrt{5}},\quad \cos\theta=\frac{\sqrt{5}}{\sqrt{6}},\quad \sin\theta=\frac{1}{\sqrt{6}}$$
> $$\left(\because 0<\theta<\frac{\pi}{2}\right)$$
>
> 인 것도 챙겨가도록 하자.

085

선분 CD 의 길이를 아니까 $\sin(\angle CED)$ 만 구하면 된다.

$\overline{AD}\,/\!/\,\overline{BC}$ 이고 사각형 ABCE 는 원에 내접하므로 $\overline{AB}=\overline{EC}$ $\overline{AB}=\overline{ED}$ 이므로 $\overline{AB}=\overline{EC}=\overline{ED}=x$ 라 하자.

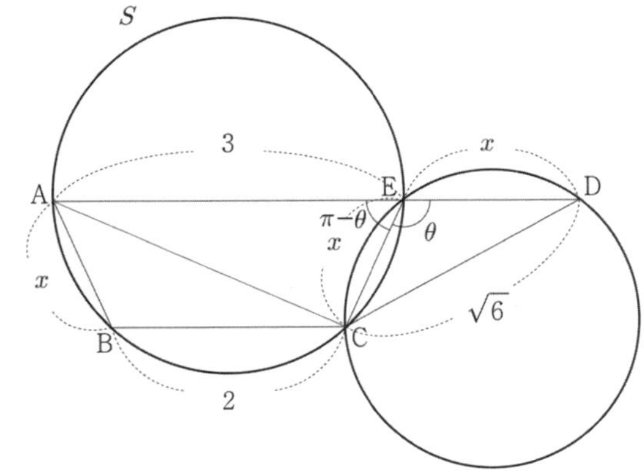

$\angle DEC = \theta$ 라 하면 $\angle AEC = \pi - \theta$

사각형 ABCE 는 원에 내접하므로 대각의 합은 $180\,^\circ$ 이다.

즉, $\angle ABC = \theta$

이제 x 를 구해보자.

삼각형 CED 에서 코사인법칙을 사용하면

① $\cos\theta = \dfrac{x^2 + x^2 - \left(\sqrt{6}\right)^2}{2\times x \times x} = \dfrac{2x^2 - 6}{2x^2} = \dfrac{x^2 - 3}{x^2}$

$\overline{AC} = y$ 라 하고 삼각형 ACE 에서 코사인법칙을 사용하면

② $\cos(\pi - \theta) = \dfrac{3^2 + x^2 - y^2}{2\times 3 \times x} \;\Rightarrow\; -\cos\theta = \dfrac{9 + x^2 - y^2}{6x}$

$\qquad \Rightarrow y^2 = x^2 + 9 + 6x\cos\theta$

삼각형 ABC 에서 코사인법칙을 사용하면

③ $\cos\theta = \dfrac{2^2 + x^2 - y^2}{2\times 2 \times x} = \dfrac{4 + x^2 - y^2}{4x}$

$\qquad \Rightarrow y^2 = x^2 + 4 - 4x\cos\theta$

②, ③ 를 연립하면

$x^2 + 9 + 6x\cos\theta = x^2 + 4 - 4x\cos\theta \;\Rightarrow\; \cos\theta = -\dfrac{1}{2x}$

① 에 대입하면

$-\dfrac{1}{2x} = \dfrac{x^2 - 3}{x^2} \;\Rightarrow\; -x^2 = 2x^3 - 6x$

$\Rightarrow x(2x - 3)(x + 2) = 0 \;\Rightarrow\; x = \dfrac{3}{2}\,(\because x > 0)$

$\cos\theta = \dfrac{x^2 - 3}{x^2}$ 에 $x = \dfrac{3}{2}$ 을 대입하면

$\cos\theta = \dfrac{\dfrac{9}{4} - 3}{\dfrac{9}{4}} = \dfrac{9 - 12}{9} = -\dfrac{1}{3}$

즉, $\cos^2\theta + \sin^2\theta = 1 \;\Rightarrow\; \dfrac{1}{9} + \sin^2\theta = 1 \;\Rightarrow\; \sin^2\theta = \dfrac{8}{9}$

$\sin\theta = \dfrac{2\sqrt{2}}{3}$

삼각형 CDE 에서 사인법칙을 사용하면

$\dfrac{\overline{CD}}{\sin\theta} = 2R \;\Rightarrow\; \dfrac{\sqrt{6}}{\dfrac{2\sqrt{2}}{3}} = 2R \;\Rightarrow\; R = \dfrac{3\sqrt{3}}{4} \;\Rightarrow\; R^2\pi = \dfrac{27}{16}\pi$

따라서 $p + q = 43$ 이다.

답 43

두 선분 AD, BC 가 서로 평행하고 원 위에 있으니 대칭성 때문에 두 선분 AB, CE 의 길이가 서로 같은 것을 파악하는 것이 출제의도였다.

설마 '그림이 같아 보이니까 같다'라고 하신 분은 없을 거라 믿는다……

메인 출제의도는 원에 내접하는 사각형의 대각의 합은 $180\,^\circ$ 이고, 이를 바탕으로 코사인법칙을 활용하여 연립하는 문제를 만들어 보고 싶었다.

086

삼각형 ABC 에서 $\overline{AC} = 2\sqrt{5}$, $R = \dfrac{2}{\cos\alpha}$ 이므로

사인법칙을 사용하면

$\dfrac{\overline{AC}}{\sin\alpha} = 2R \;\Rightarrow\; \dfrac{2\sqrt{5}}{\sin\alpha} = \dfrac{4}{\cos\alpha} \;\Rightarrow\; \tan\alpha = \dfrac{\sqrt{5}}{2}$

α 는 예각이니 밑변의 길이가 2, 높이가 $\sqrt{5}$, 빗변의 길이가 3 인 직각삼각형을 그려서 사인값과

코사인값을 구하면 $\sin\alpha = \dfrac{\sqrt{5}}{3}$, $\cos\alpha = \dfrac{2}{3}$

즉, $R = \dfrac{2}{\cos\alpha} = \dfrac{2}{\dfrac{2}{3}} = 3$

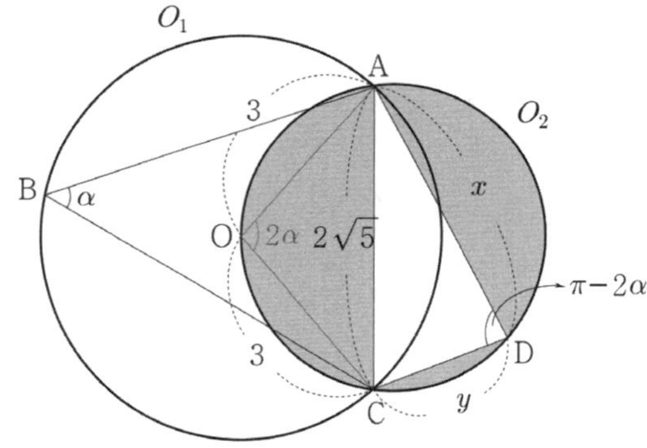

원 O_2 가 원 O_1 의 중심을 지나므로 원 O_1 의 중심을 O 라 하면, 사각형 OADC 는 원 O_2 에 내접한다.

$\angle AOC + \angle ADC = 180\,^\circ$ 인 것을 바탕으로 삼각형 ACO 에서 코사인법칙을 사용하면

$\cos 2\alpha = \dfrac{3^2 + 3^2 - \left(2\sqrt{5}\right)^2}{2\times 3 \times 3} = \dfrac{-2}{18} = -\dfrac{1}{9}$

$\overline{AD}=x$, $\overline{CD}=y$ 라 하면 $\left(\overline{AD}\right)^2+\left(\overline{CD}\right)^2=x^2+y^2=22$

이를 바탕으로 삼각형 ACD 에서 코사인법칙을 사용하면

$$\cos(\pi-2\alpha)=-\cos2\alpha=\frac{1}{9}=\frac{x^2+y^2-20}{2\times x\times y}=\frac{1}{xy}$$

즉, $xy=9$

색칠한 부분의 넓이를 구하려면 원 O_2 의 넓이와 삼각형 ACD 의 넓이를 구해야 한다.

삼각형 AOC 의 외접원이 O_2 이니 이를 바탕으로 사인법칙을 사용하면 된다.

$$\left(\cos2\alpha=-\frac{1}{9} \Rightarrow \sin2\alpha=\frac{4\sqrt{5}}{9}\right)$$

원 O_2 의 반지름의 길이를 R' 라 하면

$$\frac{\overline{AC}}{\sin2\alpha}=2R' \Rightarrow \frac{2\sqrt{5}}{\dfrac{4\sqrt{5}}{9}}=2R' \Rightarrow R'=\frac{9}{4}$$

이므로 원 O_2 의 넓이는 $\dfrac{81}{16}\pi$ 이다.

이제 삼각형 ACD 의 넓이를 구해보자.

$$\frac{1}{2}\times x\times y\times \sin(\pi-2\alpha)=\frac{1}{2}\times xy\times \sin2\alpha$$

$$=\frac{1}{2}\times 9\times \frac{4\sqrt{5}}{9}=2\sqrt{5}$$

따라서 색칠한 부분의 넓이는

$$\frac{81}{16}\pi-2\sqrt{5}=\frac{81\pi-32\sqrt{5}}{16}$$ 이고, $a+b=113$ 이다.

답 113

Tip

조금이라도 신선함을 주기 위해서 R 을 일부러 바로 알려주지 않고 사인법칙을 통해 방정식 형태로 $\tan\alpha$ 를 구하게 한 뒤 R 을 구하도록 유도하였다.

설마 선분 AC 가 원 O_2 의 지름이라고 두고 푸신 분은 없을 거라 믿는다....

외접원의 넓이가 25π 이니 반지름의 길이는 5 이다.

$\angle ACB=\beta$ 라 하고 삼각형 ABC 에서 사인법칙을 사용하면

$$\frac{\overline{AB}}{\sin\beta}=2R \Rightarrow \frac{6}{\sin\beta}=10 \Rightarrow \sin\beta=\frac{3}{5}$$

$$\overline{FE}=4, \quad \frac{\sin(\angle CBD)}{\sin(\angle DCB)}=\frac{\sqrt{10}}{2}$$

$\angle DCB$, $\angle CBD$ 는 삼각형 BDC 의 두 내각인데 선분 FE 의 길이를 주었다.

여기서 어떻게 해야 할까?

"원주각 같다"를 이용해보자.

$\angle DCB=\angle BEA=\beta$, $\angle CBD=\angle DAE=\alpha$

(호 CE를 공유하므로 $\angle CBD=\angle DAE$)

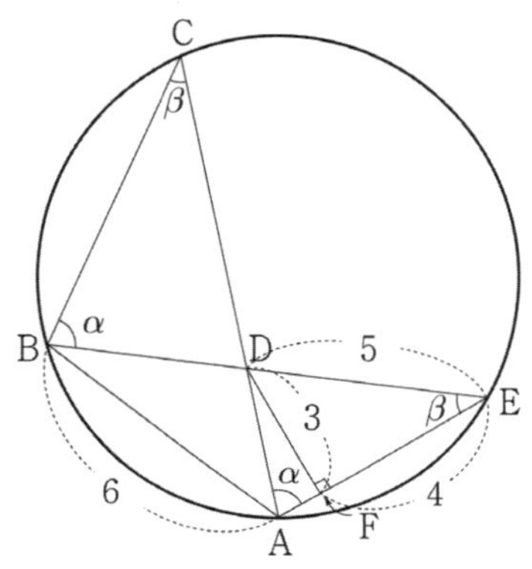

$\sin\beta=\dfrac{3}{5}$ 이고 $\overline{FE}=4$ 이니 $\overline{DE}=5$, $\overline{DF}=3$

$$\frac{\sin(\angle CBD)}{\sin(\angle DCB)}=\frac{\sqrt{10}}{2} \Rightarrow \frac{\sin\alpha}{\sin\beta}=\frac{\sqrt{10}}{2}$$

$$\Rightarrow \sin\alpha=\frac{3\sqrt{10}}{10}$$

$\cos\alpha=\dfrac{\sqrt{10}}{10}$ 이므로 $\tan\alpha=3$

즉, $\overline{AF}=1$

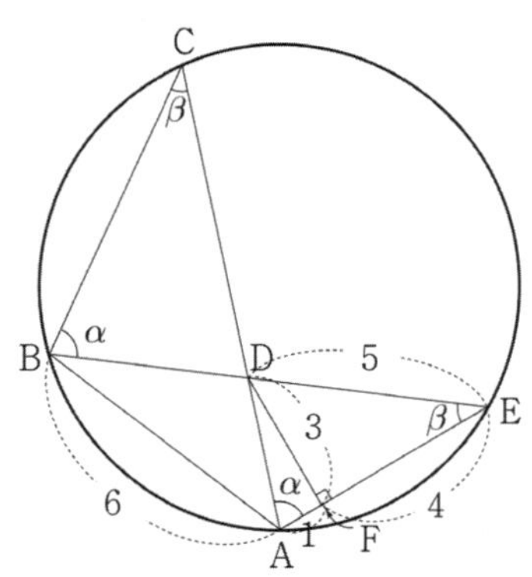

문제에서 삼각형 ABE 의 넓이를 구하라고 했으니 선분 BD 의 길이만 찾으면 $\frac{1}{2}\times\overline{BE}\times\overline{AE}\times\sin\beta$ 로 구하면 된다.

$\overline{BD}=y$ 라 하고 삼각형 ABE 에서 코사인법칙을 사용하면

$$\cos\beta=\frac{5^2+(5+y)^2-6^2}{2\times5\times(5+y)} \Rightarrow \frac{4}{5}=\frac{(5+y)^2-11}{10(5+y)}$$

$$\Rightarrow 8(5+y)=(5+y)^2-11$$

$$\Rightarrow y^2+2y-26=0$$

근의 공식을 사용하면

$$y=-1\pm\sqrt{27} \Rightarrow y=3\sqrt{3}-1 \ (\because y>0)$$

즉, $\overline{BE}=3\sqrt{3}-1+5=3\sqrt{3}+4$

삼각형 ABE 의 넓이는

$$\frac{1}{2}\times\overline{BE}\times\overline{AE}\times\sin\beta=\frac{1}{2}\times(3\sqrt{3}+4)\times5\times\frac{3}{5}$$

$$=\frac{9\sqrt{3}+12}{2}$$

이다.

따라서 $a+b=21$ 이다.

답 21

Tip

'원주각 같다'는 출제되기 아주 좋은 원의 성질이다. 마지막에 $y^2+2y-26=0$ 처리과정에서 인수분해가 안 되어 약간 당황할 수도 있었지만 근의 공식으로 뚫어 버리면 그만이다.

1	4, 6
2	1, 3, 5, 7
3	(1) 공차는 2, $x=7$ (2) 공차는 -3, $x=4$
4	(1) $a_n=3n-2$ (2) $a_n=2n-3$
5	(1) $a_n=-4n+15$ (2) $a_n=3n-15$
6	$x=-5$, $y=-1$
7	(1) 185 (2) 12
8	$a_n=4n-3$
9	(1) 공비는 4, $x=16$ (2) 공비는 -2, $x=-8$
10	(1) $a_n=3\left(\frac{1}{3}\right)^{n-1}$ (2) $a_n=-2\times4^{n-1}$
11	$a_n=\frac{4}{9}\times3^{n-1}$
12	$x=6$, $y=24$ or $x=-6$, $y=-24$
13	364

개념 확인문제 1

제 2항은 4 이고 제 4항은 6 이다.

답 4, 6

개념 확인문제 2

n 에 1부터 4까지를 대입하면 1, 3, 5, 7 이다.

답 1, 3, 5, 7

개념 확인문제 3

(1) $5-3=2$ 이므로 공차가 2 이고 $5+2=x$ 이므로
$x=7$ 이다.

(2) $7-10=-3$ 이므로
공차는 -3 이고 $7+(-3)=4$ 이므로
$x=4$ 이다.

답 (1) 공차는 2, $x=7$
(2) 공차는 -3, $x=4$

(1) $d = 4 - 1 = 3$ 이고 $a_1 = 1$ 이므로
$a_n = 1 + (n-1)3 = 3n - 2$ 이다.

(2) $d = 1 - (-1) = 2$ 이고 $a_1 = -1$ 이므로
$a_n = -1 + (n-1)2 = 2n - 3$ 이다.

답 (1) $a_n = 3n - 2$
(2) $a_n = 2n - 3$

개념 확인문제　5

(1) $a_4 = -1$, $a_{10} = -25$
$a + 3d = -1$, $a + 9d = -25$ 이므로 연립하면
$a = 11$, $d = -4$ 이므로 $a_n = -4n + 15$ 이다.

(2) $a_2 = -9$, $a_{12} = 21$
$a + d = -9$, $a + 11d = 21$ 이므로 연립하면
$a = -12$, $d = 3$ 이므로 $a_n = 3n - 15$ 이다.

답 (1) $a_n = -4n + 15$
(2) $a_n = 3n - 15$

개념 확인문제　6

$x + y = -6$, $-3 + 1 = 2y$ 이므로
$x = -5$, $y = -1$ 이다.

답 $x = -5$, $y = -1$

개념 확인문제　7

(1) $a = -4$, $d = 5$
$$S_{10} = \frac{10\{-8 + (10-1)5\}}{2} = \frac{10 \times 37}{2} = 185$$

(2) $\dfrac{(k+2)(2+20)}{2} = 110$ 이므로 $k = 8$ 이다.
$2 + (k + 2 - 1)d = 20$ 이므로 $d = 2$ 이다.
따라서 $a_1 = 2 + 2 = 4$ 이므로 $k + a_1 = 12$ 이다.

답 (1) 185 (2) 12

개념 확인문제　8

풀이1) $S_n - S_{n-1} = a_n (n \geq 2)$ 을 이용하면
$$S_n - S_{n-1} = (2n^2 - n) - \{2(n-1)^2 - (n-1)\}$$
$$= 4n - 3 = a_n$$
$a_n = 4n - 3(n \geq 2)$ 이고 $S_1 = 1 = a_1$ 이므로
$a_n = 4n - 3$ 이다.

풀이2) 미분하고 최고차항의 계수를 빼자!
$$S_n = 2n^2 - n \Rightarrow a_n = 4n - 1 - 2 = 4n - 3$$

답 $a_n = 4n - 3$

개념 확인문제　9

(1) $1 \times 4 = 4$ 이므로 공비는 4 이다.
$4 \times 4 = 16$ 이므로 $x = 16$ 이다.

(2) $(-2) \times (-2) = 4$ 이므로 공비는 -2 이다.
$4 \times (-2) = -8$ 이므로 $x = -8$ 이다.

답 (1) 공비는 4, $x = 16$
(2) 공비는 -2, $x = -8$

개념 확인문제　10

(1) $a = 3$, $r = \dfrac{1}{3}$ 이므로 $a_n = 3\left(\dfrac{1}{3}\right)^{n-1}$ 이다.

(2) $a = -2$, $r = 4$ 이므로 $a_n = -2 \times 4^{n-1}$ 이다.

답 (1) $a_n = 3\left(\dfrac{1}{3}\right)^{n-1}$　(2) $a_n = -2 \times 4^{n-1}$

개념 확인문제　11

$a_3 = 4$, $a_6 = 108$ 이므로 $ar^2 = 4$, $ar^5 = 108$ 이다.
$\dfrac{a_6}{a_3} = \dfrac{ar^5}{ar^2} = r^3 = 27$ 이므로 $r = 3$ 이다.

$a \times 9 = 4$ 이므로 $a = \dfrac{4}{9}$ 이다.

따라서 $a_n = \dfrac{4}{9} \times 3^{n-1}$ 이다.

답 $a_n = \dfrac{4}{9} \times 3^{n-1}$

개념 확인문제 12

$3 \times 12 = x^2$ 이므로 $x = 6$ or -6

$x = 6$ 이면 $r = 2$ 이므로 $y = 24$

$x = -6$ 이면 $r = -2$ 이므로 $y = -24$ 이다.

$$\boxed{답} \quad x = 6,\ y = 24 \text{ or } x = -6,\ y = -24$$

개념 확인문제 13

$$S_5 = \frac{a(r^5 - 1)}{r - 1} = 12, \quad S_{10} = \frac{a(r^{10} - 1)}{r - 1} = 120$$

$$\frac{a(r^5 - 1)(r^5 + 1)}{r - 1} = 120 \Rightarrow 12(r^5 + 1) = 120 \Rightarrow r^5 + 1 = 10$$

$$\therefore r^5 = 9$$

$$\frac{a(r^5 - 1)}{r - 1} = 12 \Rightarrow \frac{a(9 - 1)}{r - 1} = 12 \Rightarrow \frac{a}{r - 1} = \frac{3}{2}$$

$$S_{15} = \frac{a(r^{15} - 1)}{r - 1} = \frac{a\{(r^5)^3 - 1\}}{r - 1} = \frac{a(9^3 - 1)}{r - 1} = \frac{3}{2} \times 728$$
$$= 3 \times 364$$

따라서 $\dfrac{S_{15}}{3} = 364$ 이다.

$$\boxed{답} \quad 364$$

1	34	19	10
2	6	20	5
3	13	21	4
4	30	22	54
5	9	23	8
6	1	24	5
7	5	25	15
8	3	26	16
9	11	27	42
10	9	28	62
11	10	29	105
12	94	30	4
13	392	31	600
14	122	32	15
15	371	33	64
16	178	34	279
17	390	35	12
18	39		

001

$a + d = 2$, $2d = 8$ 이므로 $d = 4$, $a = -2$ 이다.

따라서 $a_{10} = a + 9d = -2 + 36 = 34$ 이다.

$$\boxed{답} \quad 34$$

002

$a_n = 4n + X$, $b_n = -2n + Y$ 이므로

$a_n - b_n = 6n + X - Y$ 이다.

따라서 수열 $\{a_n - b_n\}$ 의 공차는 6 이다.

$$\boxed{답} \quad 6$$

$d = -3$, $a + 19d = -20 \Rightarrow a = 37$

$a_n = 37 + (n-1)(-3) = -3n + 40$ 이다.

$|a_n| = |-3n + 40|$ 이 최소가 되려면 0 에 가까워야 하므로

$n = 13$ 일 때, 최소이다.

답 13

$|a_3| = |a_7| \Rightarrow |a + 2d| = |a + 6d|$

$a + 2d = -(a + 6d) \Rightarrow 2a + 8d = 0 \Rightarrow a + 4d = 0$

$a_{11} = 12 \Rightarrow a + 10d = 12$

$a + 10d = 12$, $a + 4d = 0$ 을 연립하면 $a = -8$, $d = 2$

$a_n = -8 + (n-1)2 = 2n - 10$ 이므로 $a_{20} = 30$ 이다.

답 30

$\dfrac{1}{a_n} = \dfrac{1}{a_1} + (n-1)\dfrac{1}{8}$

$\dfrac{1}{a_2} = \dfrac{1}{a_1} + \dfrac{1}{8}$, $\dfrac{1}{a_4} = \dfrac{1}{a_1} + \dfrac{3}{8}$

$a_2 = 2a_4 \Rightarrow \dfrac{1}{a_4} = \dfrac{2}{a_2}$ 이므로

$\dfrac{1}{a_4} = \dfrac{2}{a_2} \Rightarrow \dfrac{1}{a_1} + \dfrac{3}{8} = \dfrac{2}{a_1} + \dfrac{2}{8} \Rightarrow \dfrac{1}{a_1} = \dfrac{1}{8} \Rightarrow a_1 = 8$

$\dfrac{1}{a_8} = \dfrac{1}{a_1} + \dfrac{7}{8} = \dfrac{1}{8} + \dfrac{7}{8} = 1 \Rightarrow a_8 = 1$

따라서 $a_1 + a_8 = 9$ 이다.

답 9

006

$8 + 6x + 4 = 2(x^2 + 2x) \Rightarrow 12 + 6x = 2x^2 + 4x$

$2x^2 - 2x - 12 = 0 \Rightarrow x^2 - x - 6 = 0$

근과 계수의 관계에 의하여 모든 실수 x 의 값의 합은 1 이다.

답 1

$\alpha + \beta = 1$, $\alpha\beta = -3$

$(\alpha + \beta)^3 = \alpha^3 + \beta^3 + 3\alpha\beta(\alpha + \beta)$ 이므로 대입하면

$1 = \alpha^3 + \beta^3 - 9 \Rightarrow \alpha^3 + \beta^3 = 10$ 이다.

$\alpha^3 + \beta^3 = 2k$ 이므로 $k = 5$ 이다.

답 5

$a_1 + (a_3 + a_4) = 2(a_1 + a_3) \Rightarrow a + (2a + 5d) = 2(2a + 2d)$

$3a + 5d = 4a + 4d \Rightarrow d = a$ 이다.

따라서 $\dfrac{a_9}{a_3} = \dfrac{a + 8d}{a + 2d} = \dfrac{9a}{3a} = 3$ 이다.

답 3

방정식 $(x^2 - 4x + m)(x^2 - 4x + n) = 0$ 의 실근 중 하나가

$\dfrac{1}{2}$ 이므로 임의로 방정식 $x^2 - 4x + m = 0$ 의 실근을 $\dfrac{1}{2}$ 라

하면 다른 실근은 근과 계수의 관계에 의해 $\dfrac{7}{2}$ 이다. (합$=4$)

방정식 $x^2 - 4x + n = 0$ 의 서로 다른 두 실근을

a, b $(b > a)$ 라 하면 $a + b = 4$, $ab = n$ 이다.

방정식 $(x^2 - 4x + m)(x^2 - 4x + n) = 0$ 의 서로 다른

네 실근이 첫째항이 $\dfrac{1}{2}$ 인 등차수열을 이루므로

가능한 case는 다음과 같다.

① $\dfrac{1}{2}$, a, b, $\dfrac{7}{2}$

② $\dfrac{1}{2}$, a, $\dfrac{7}{2}$, b

③ $\dfrac{1}{2}$, $\dfrac{7}{2}$, a, b

②번과 ③번은 $a + b = 4$ 를 만족시키지 않으므로 모순이다.

$\dfrac{1}{2}$, a, b, $\dfrac{7}{2}$ 이 등차수열을 이루면 $a = \dfrac{3}{2}$, $b = \dfrac{5}{2}$ 이므로

$ab = n = \dfrac{15}{4}$ 이다. $m = \dfrac{1}{2} \times \dfrac{7}{2} = \dfrac{7}{4}$ 이므로

$2(m + n) = 2\left(\dfrac{7}{4} + \dfrac{15}{4}\right) = 11$ 이다.

답 11

세 선분 AD, CD, AB 의 길이가 이 순서대로 등차수열을 이루므로 순서대로 $a-d,\ a,\ a+d$ 라 둘 수 있다.

$\overline{AC}=\overline{AD}+\overline{CD}=2a-d$, $\overline{AB}=a+d$, $\overline{BC}=3\sqrt{5}$ 이고 삼각형 ABC 가 직각삼각형이므로 피타고라스의 정리에 의해

$(\overline{AC})^2=(\overline{AB})^2+(3\sqrt{5})^2 \Rightarrow (2a-d)^2=(a+d)^2+45$

이다.

$4a^2-4ad+d^2=a^2+2ad+d^2+45$

$a^2-2ad=15$

$\angle ACB=\angle ABD$ 이므로 삼각함수 같다 technic을 쓰면

$\sin(\angle ACB)=\sin(\angle ABD)$

$\sin(\angle ACB)=\dfrac{\overline{AB}}{\overline{AC}}=\dfrac{a+d}{2a-d}$

$\sin(\angle ABD)=\dfrac{\overline{AD}}{\overline{AB}}=\dfrac{a-d}{a+d}$

$\sin(\angle ACB)=\sin(\angle ABD) \Rightarrow \dfrac{a+d}{2a-d}=\dfrac{a-d}{a+d}$

$(a+d)^2=(a-d)(2a-d) \Rightarrow a^2-5ad=0$

$a^2-2ad=15,\ a^2-5ad=0 \Rightarrow ad=5,\ a^2=25$

$\overline{CD}=a>0$ 이므로 $a=5,\ d=1$ 이다.

따라서 $\overline{AC}=2a-d=10-1=9$ 이다.

답 9

010 11

$a=4,\ d=2$ 이고 더하고자 하는 총 항의 개수가

$n-3+1=n-2$ 이므로

$\dfrac{(n-2)(a_3+a_n)}{2}=\dfrac{(n-2)\{a+2d+a+(n-1)d\}}{2}$

$=\dfrac{(n-2)\{12+(n-1)2\}}{2}=\dfrac{(n-2)(2n+10)}{2}$

$=(n-2)(n+5)=120$

$n^2+3n-10=120 \Rightarrow n^2+3n-130=0$

$\Rightarrow (n+13)(n-10)=0$

따라서 $n=10$ 이다.

답 10

010 12

$S_{10}=\dfrac{10(2a+9d)}{2}=5(2a+9d)=50 \Rightarrow 2a+9d=10$

$S_{15}=\dfrac{15(2a+14d)}{2}=15(a+7d)=150 \Rightarrow a+7d=10$

연립하면 $a=-4,\ d=2$ 이다.

따라서 $a_{50}=a+49d=-4+98=94$ 이다.

답 94

010 13

$a_5=a+4d=35,\ a_{10}=a+9d=20$

$a=47,\ d=-3 \Rightarrow a_n=-3n+50$

$a_1=47,\ a_2=44,\ \cdots$ 처음으로 음수가 나오는 항은

$a_{17}=-1$ 이므로 S_n 의 최댓값은 S_{16} 이다.

따라서 $S_{16}=\dfrac{16(94+15(-3))}{2}=8\times49=392$ 이다.

답 392

010 14

$a_3=a+2d=-2,\ a_9=a+8d=46$

$a=-18,\ d=8$

$a_1=-18,\ a_2=-10,\ a_3=-2,\ a_4=6,\ \cdots,\ a_{20}=134$

$|a_1|=18,\ |a_2|=10,\ |a_3|=2$

a_4 부터는 양수이므로 $|a_n|=a_n\ (n\geq4)$ 이다.

a_4 부터 a_{20} 까지 더하면 $\dfrac{17(6+134)}{2}=1190$ 이고

$|a_1|+|a_2|+|a_3|=30$ 이므로

$\dfrac{|a_1|+|a_2|+|a_3|+\cdots+|a_{20}|}{10}=\dfrac{30+1190}{10}=122$

답 122

010 15

$A=\{4,\ 9,\ 14,\ 19,\ 24,\ 29,\ \cdots\}$

$B=\{3,\ 6,\ 9,\ 12,\ 15,\ 18,\ \cdots\}$

$A\cap B=\{9,\ 24,\ \cdots\}$

이는 첫째항이 9 이고 공차가 15 인 등차수열이다.

집합 $A \cap B$의 원소를 작은 수부터 순서대로 나열한 수열을 a_n 이라 하면

$$a_n = 9 + (n-1)15 = 15n - 6$$

$$a_7 = 105 - 6 = 99$$

$$C = \{\, x - 1 \mid x \in (A \cap B),\ 1 \le x \le 100 \,\}$$

(조건제시법은 | (bar) 앞에 있는 것을 주의해야 한다.)

$x - 1$ 이므로 집합 C의 원소는 8, 23, $\cdots$, 98 이다.

따라서 모든 원소의 합은 $\dfrac{7(8 + 98)}{2} = 371$ 이다.

답   371

016

$$a = d \implies a_n = d + (n-1)d = dn$$

$$a_1 = d,\ a_{2n-1} = d(2n-1)$$

$$a_1 + a_3 + a_5 + \cdots + a_{2n-1} = \frac{n(a_1 + a_{2n-1})}{2} = dn^2$$

$2ka_n = 2kdn$ 이므로

$$dn^2 = 2kdn \implies n = 2k \ (\text{단},\ a_1 \ne 0 \implies a \ne 0,\ d \ne 0)$$

$10 \le k \le 99$ 이므로 n의 최솟값 $m = 20$ 이고

n의 최댓값 $M = 198$ 이다.

따라서 $M - m = 178$ 이다.

답   178

017

$\sin X = \cos X$를 만족시키는 $X\ (X > 0)$는

$$\frac{\pi}{4},\ \frac{5\pi}{4},\ \frac{9\pi}{4},\ \frac{13\pi}{4},\ \cdots \text{이다.}$$

$X = \dfrac{\pi}{2}x$ 이므로

$\sin \dfrac{\pi}{2}x = \cos \dfrac{\pi}{2}x$를 만족시키는 x는

$$\frac{1}{2},\ \frac{5}{2},\ \frac{9}{2},\ \frac{13}{2},\ \cdots \text{이다.}$$

이는 첫째항이 $\dfrac{1}{2}$ 이고 공차가 2인 등차수열과 같으므로

$$a_n = \frac{1}{2} + (n-1)2 = 2n - \frac{3}{2} \text{ 라 둘 수 있다.}$$

$0 < x < 40$ 을 고려하면

$$a_{20} = 40 - \frac{3}{2} < 40,\ a_{21} = 42 - \frac{3}{2} > 40 \text{이므로}$$

집합 A의 모든 원소의 합은 $a_1 + a_2 + \cdots + a_{20}$ 과 같다.

$$a_1 + a_2 + \cdots + a_{20} = \frac{20(a_1 + a_{20})}{2} = \frac{20\left(\dfrac{1}{2} + 40 - \dfrac{3}{2}\right)}{2} = 390$$

이다.

따라서 집합 A의 모든 원소의 합은 390 이다.

답   390

018

$$S_n = 2n^2 - n + 1 \implies a_n = 4n - 3\ (n \ge 2),\ a_1 = S_1 = 2$$

($S_n - S_{n-1} = a_n\ (n \ge 2)$ 을 사용해도 된다.

하지만 등차수열의 경우 Guide step에서 배운 공식을 사용하는 것을 추천한다.)

$$a_1 = 2,\ a_{10} = 37 \implies a_1 + a_{10} = 39 \text{이다.}$$

답   39

019

$$S_n = n^2 - 20n \implies a_n = 2n - 21$$

$$2n - 21 < 0 \implies n < 10.5$$

따라서 $n = 1$ 부터 $n = 10$ 까지 이므로 10 개다.

답   10

020

$$S_n = n^2 + 4n \implies a_n - 3n = 2n + 4 - 1 = 2n + 3$$

$$a_n = 5n + 3 \implies a_{2k-1} = 5(2k-1) + 3 = 10k - 2,\ a_1 = 8$$

$a_1 + a_3 + a_5 + \cdots + a_{2k-1} = 140$ 이므로

$$\frac{k(a_1 + a_{2k-1})}{2} = \frac{k(8 + 10k - 2)}{2} = 140$$

$$k(5k + 3) = 140 \implies 5k^2 + 3k - 140 = 0$$

$$(5k + 28)(k - 5) = 0 \implies k = 5$$

답   5

021

$$\frac{a_3}{a_2} - \frac{a_6}{a_4} = \frac{ar^2}{ar} - \frac{ar^5}{ar^3} = r - r^2 = \frac{1}{4}$$

$$r^2 - r + \frac{1}{4} = \left(r - \frac{1}{2}\right)^2 = 0 \;\Rightarrow\; r = \frac{1}{2}$$

$$a_4 = ar^3 = 32 \times \left(\frac{1}{2}\right)^3 = 4$$

답   4

022

$$a_1 = \frac{1}{18}, \quad \frac{a_4 a_5}{a_2 a_3} = \frac{ar^3 \times ar^4}{ar \times ar^2} = r^4 = 81 \;\Rightarrow\; r = 3$$

(모든 항이 양수인 등비수열이므로 $r > 0$)

$$ar^5 + ar^6 = ar^5(1+r) = \frac{1}{18} \times 243 \times 4 = 54$$

답   54

023

$$a + ar = 2, \quad ar^4 - ar^2 = 8$$
$$ar^2(r^2 - 1) = ar^2(r+1)(r-1) = a(r+1)(r^3 - r^2) = 8$$
$a + ar = a(r+1) = 2$ 이므로 $r^3 - r^2 = 4$ 이다.
$$r^3 - r^2 - 4 = 0 \;\Rightarrow\; (r-2)(r^2 + r + 2) = 0 \;\Rightarrow\; r = 2$$
$$a(r+1) = 2 \;\Rightarrow\; a = \frac{2}{3}$$
$$a_k = \frac{2}{3} \times 2^{k-1} = \frac{256}{3} \;\Rightarrow\; 2^k = 256 \;\Rightarrow\; k = 8$$

답   8

024

$$ar = 3, \quad ar^5 = 8ar^2 \;\Rightarrow\; ar^2(r^3 - 8) = 0$$
$$\Rightarrow\; r^3 = 8$$
$$\therefore r = 2 \;(a_2 = ar = 3 \text{이므로 } a \neq 0, \; r \neq 0)$$
$$m = a_1 \times a_2 \times a_3 \times a_4 \times a_5$$
$$= a \times ar \times ar^2 \times ar^3 \times ar^4 = a^5 r^{10}$$
$$a^5 r^{10} = a^5 r^5 \times r^5 = (ar)^5 \times r^5 = 3^5 \times 2^5 = (3 \times 2)^5 = 6^5$$
따라서 $\log_6 m = \log_6 6^5 = 5$ 이다.

답   5

025

$$\alpha + \beta = k, \quad \alpha\beta = 45$$
$$\alpha\beta = (\beta - \alpha)^2 \;\Rightarrow\; \beta^2 + \alpha^2 - 3\alpha\beta = 0$$
$$\alpha^2 + \beta^2 = (\alpha + \beta)^2 - 2\alpha\beta \;\Rightarrow\; k^2 - 90 = \alpha^2 + \beta^2$$
$$\beta^2 + \alpha^2 - 3\alpha\beta = 0 \;\Rightarrow\; k^2 - 90 - 135 = 0 \;\Rightarrow\; k^2 = 225$$
따라서 $k = 15 \;(k > 0)$ 이다.

답   15

026

$\cos\theta \sin\theta = \dfrac{1}{16}$ 이고 $\tan\theta = \dfrac{\sin\theta}{\cos\theta}$ 이므로

$$\tan\theta + \frac{1}{\tan\theta}$$

$$= \frac{\sin\theta}{\cos\theta} + \frac{\cos\theta}{\sin\theta} = \frac{\sin^2\theta + \cos^2\theta}{\cos\theta\sin\theta} = \frac{1}{\cos\theta\sin\theta}$$

$$= 16$$

답   16

027

$$f(a) = \frac{k}{a}, \quad f(b) = \frac{k}{b}, \quad f(16) = \frac{k}{16} \;\Rightarrow\; \frac{k^2}{16a} = \frac{k^2}{b^2}$$

$16a = b^2$ 이다.

$4 < a < b < 16$ 인 두 자연수 a, b 라 했으므로

주어진 범위 안에서 $16a = b^2$ 을 만족하려면

$a = 9$, $b = 12$ 이어야 한다.

$a + b = 21$ 이므로 $f(a+b) = f(21) = \dfrac{k}{21} = 2$ 이다.

따라서 $k = 42$ 이다.

답   42

028

수열 $a_n = 2^{3n-1}$ 은 $a = 4$, $r = 2^3$ 이므로

$$a_1 + a_2 + a_3 + \cdots + a_{20} = \frac{a(r^{20} - 1)}{r - 1} = \frac{4(2^{60} - 1)}{7}$$
$$= \frac{2^{62} - 4}{7} = \frac{2^m - 4}{7}$$

따라서 $m = 62$ 이다.

답   62

$$S_n = \frac{a(r^n-1)}{r-1} = 15, \quad S_{2n} = \frac{a(r^{2n}-1)}{r-1} = 45$$

$$S_{2n} = \frac{a(r^{2n}-1)}{r-1} = \frac{a(r^n-1)}{r-1} \times (r^n+1) = 45 \text{ 이므로}$$

$$15 \times (r^n+1) = 45 \implies r^n = 2$$

S_n 에 $r^n=2$ 를 대입하면 $\dfrac{a}{r-1} = 15$ 이다.

따라서 $S_{3n} = \dfrac{a(r^{3n}-1)}{r-1} = 15 \times (2^3-1) = 105$ 이다.

답   105

$a=2$

$a_2 + a_4 + a_6 + \cdots + a_{2k}$ 에서 각항은

a_{2n} $(n=1,\ 2,\ 3,\ \cdots,\ k)$ 이므로 총항의 개수는 k 이고

공비는 r^2 이다.

즉, $a_2 + a_4 + a_6 + \cdots + a_{2k} = \dfrac{ar((r^2)^k-1)}{r^2-1}$

$$= \frac{ar(r^{2k}-1)}{r^2-1} = 340$$

$a_1 + a_3 + a_5 + \cdots + a_{2k-1}$ 에서 각항은

a_{2n-1} $(n=1,\ 2,\ 3,\ \cdots,\ k)$ 이므로 총항의 개수는 k 이고

공비는 r^2 이다.

$$a_1 + a_3 + a_5 + \cdots + a_{2k-1} = \frac{a((r^2)^k-1)}{r^2-1}$$

$$= \frac{a(r^{2k}-1)}{r^2-1} = 170$$

$$\frac{ar(r^{2k}-1)}{r^2-1} = \frac{a(r^{2k}-1)}{r^2-1} \times r = 170 \times r = 340 \implies r = 2$$

$a=2,\ r=2$ 이므로 $\dfrac{a(r^{2k}-1)}{r^2-1} = \dfrac{2(4^k-1)}{3} = 170$

$$4^k - 1 = 255 \implies 4^k = 256 \implies k = 4$$

답   4

$$a_1 + a_2 + \cdots + a_{20} = 4, \quad a_{21} + a_{22} + \cdots + a_{40} = 20$$

$$(a_1 + a_2 + \cdots + a_{20}) r^{20} = 4 r^{20} = 20 \implies r^{20} = 5$$

$$a_{41} + a_{42} + \cdots + a_{60} = (a_{21} + a_{22} + \cdots + a_{40}) r^{20} = 20 r^{20}$$

$$a_{61} + a_{62} + \cdots + a_{80} = (a_{41} + a_{42} + \cdots + a_{60}) r^{20} = 20 r^{40}$$

$$a_{41} + a_{42} + \cdots + a_{80} = 20 r^{20} + 20 r^{40} = 20(r^{20} + r^{40})$$

$$= 20(5 + 25) = 600$$

답   600

$$a_1 + a_2 + a_3 + \cdots + a_{10} = \frac{a(r^{10}-1)}{r-1} = 32$$

$$\frac{1}{a_1} + \frac{1}{a_2} + \frac{1}{a_3} + \cdots + \frac{1}{a_{10}} = \frac{\frac{1}{a}\left(1-\frac{1}{r^{10}}\right)}{1-\frac{1}{r}} = 4$$

$$\frac{\frac{1}{a}\left(1-\frac{1}{r^{10}}\right)}{1-\frac{1}{r}} = \frac{\frac{1}{a}}{\frac{r-1}{r}}\left(\frac{r^{10}-1}{r^{10}}\right) = \frac{r}{a(r-1)}\left(\frac{r^{10}-1}{r^{10}}\right) = 4$$

$$\frac{a(r^{10}-1)}{r-1} = 32 \implies \frac{r^{10}-1}{r-1} = \frac{32}{a} \text{ 이므로}$$

$$\frac{r}{a(r-1)}\left(\frac{r^{10}-1}{r^{10}}\right) = 4 \implies \frac{32}{a^2 r^9} = 4 \implies a^2 r^9 = 8$$

$$\log_2 a_1 + \log_2 a_2 + \log_2 a_3 + \cdots + \log_2 a_{10}$$

$$= \log_2 a_1 a_2 \cdots a_{10} = \log_2(a \times ar \times \cdots \times ar^9) = \log_2(a^{10} r^{45})$$

$$= \log_2(a^2 r^9)^5 = \log_2 8^5 = \log_2 2^{15} = 15$$

답   15

033

$$S_n - S_{n-1} = 2^{n-1} + 3 - (2^{n-2} + 3) = 2^{n-1} - 2^{n-2}$$

$$= 2^{n-2}(2-1) = 2^{n-2}$$

$a_n = 2^{n-2}$ 이다. $4 = S_1 \neq a_1 = \dfrac{1}{2}$ 이므로

$a_n = 2^{n-2}$ $(n \geq 2)$, $a_1 = 4$ 이다.

(**Guide step**에서 배운 것과 같이 $S_n = A r^n + B$ 꼴에서

$A + B \neq 0$ 이기 때문에 a_2 부터 등비수열이라고 판단해도 된다.)

$a_6 = 2^4 = 16,\ a_1 = 4 \implies a_1 \times a_6 = 64$

답   64

034

$$S_n - S_{n-1} = 3^{n+2} - 9 - \left(3^{n+1} - 9\right) = 3^{n+2} - 3^{n+1}$$
$$= 3^{n+1}(3-1) = 2 \times 3^{n+1}$$

$a_n = 2 \times 3^{n+1}$ 이므로

$$a_{2n} = 2 \times 3^{2n+1}, \quad a_{3n} = 2 \times 3^{3n+1} \implies a_{2n}a_{3n} = 4 \times 3^{5n+2}$$

$$a_{2n}a_{3n} = 4 \times 3^{5n+2} = 4 \times 9 \times 243^n = 36 \times 243^n = p \times q^n$$

따라서 $p+q = 36+243 = 279$ 이다.

답 279

035

$$a_2 = ar = 2, \quad a_5 = ar^4 = 16 \implies r^3 = 8 \implies r = 2, \quad a = 1$$
$$a_n = 2^{n-1} \implies b_n = \left(a_{n+1}\right)^2 - \left(a_n\right)^2 = \left(2^n\right)^2 - \left(2^{n-1}\right)^2$$
$$= 2^{2n} - 2^{2n-2} = 2^{2n-2}\left(2^2 - 1\right) = 3 \times 2^{2n-2}$$

$$a_1 = 1, \quad b_1 + b_2 + \cdots + b_6 = \frac{3\left(4^6 - 1\right)}{4-1} = 2^{12} - 1$$

따라서
$$\log_2\left(a_1 + b_1 + b_2 + b_3 + b_4 + b_5 + b_6\right) = \log_2 2^{12} = 12 \text{ 이다.}$$

답 12

036

$$a_2 + a_4 = ar + ar^3 = ar(1+r^2) = 30$$

$$a_4 + a_6 = ar^3 + ar^5 = ar^3(1+r^2) = \frac{15}{2}$$

$$r^2 \times ar(1+r^2) = \frac{15}{2} \implies r^2 \times 30 = \frac{15}{2} \implies r^2 = \frac{1}{4}$$

$$\implies r = \frac{1}{2} \quad (\because \ r > 0)$$

$$ar(1+r^2) = 30 \implies \frac{5}{8}a = 30 \implies a = 48$$

답 ①

36	①	56	315
37	①	57	③
38	③	58	③
39	63	59	③
40	36	60	②
41	②	61	①
42	4	62	10
43	①	63	⑤
44	②	64	16
45	①	65	③
46	257	66	⑤
47	64	67	③
48	⑤	68	③
49	④	69	③
50	③	70	7
51	22	71	9
52	②	72	18
53	②	73	③
54	②	74	273
55	16	75	30

037

$a_1 a_2 < 0 \Rightarrow a \times ar < 0 \Rightarrow a^2 r < 0 \Rightarrow r < 0$

$a_6 = 16 \Rightarrow ar^5 = 16$

$2a_8 - 3a_7 = 32 \Rightarrow 2ar^7 - 3ar^6 = 32$

$\Rightarrow 32r^2 - 48r = 32 \Rightarrow 2r^2 - 3r - 2 = 0$

$\Rightarrow (2r+1)(r-2) = 0 \Rightarrow r = -\dfrac{1}{2} \ \ (\because \ r < 0)$

따라서 $a_9 + a_{11} = ar^8 + ar^{10} = ar^5\left(r^3 + r^5\right)$

$$= 16 \times \left(-\dfrac{1}{8} - \dfrac{1}{32}\right) = -\dfrac{5}{2}$$

이다.

답 ①

038

$a_3 a_7 = 64 \Rightarrow (a+2d)(a+6d) = 64 \Rightarrow (a-6)(a-18) = 64$

$\Rightarrow a^2 - 24a + 44 = 0 \Rightarrow (a-22)(a-2) = 0$

$\Rightarrow a = 2 \ \text{or} \ a = 22$

$a_8 = a + 7d = a - 21 > 0 \Rightarrow a > 21$
이므로 $a = 22$ 이다.

따라서 $a_2 = a + d = 22 - 3 = 19$ 이다.

답 ③

039

$a = 7,$

$$\dfrac{S_9 - S_5}{S_6 - S_2} = \dfrac{a_6 + a_7 + a_8 + a_9}{a_3 + a_4 + a_5 + a_6} = \dfrac{ar^5 + ar^6 + ar^7 + ar^8}{ar^2 + ar^3 + ar^4 + ar^5}$$
$$= r^3 = 3$$

따라서 $a_7 = ar^6 = 7 \times 3^2 = 63$ 이다.

답 63

040

$\dfrac{a_{16}}{a_{14}} + \dfrac{a_8}{a_7} = \dfrac{ar^{15}}{ar^{13}} + \dfrac{ar^7}{ar^6} = r^2 + r = 12 \Rightarrow r^2 + r - 12 = 0$

$r^2 + r - 12 = (r+4)(r-3) = 0 \Rightarrow r = 3 \ \ (r > 0)$

따라서 $\dfrac{a_3}{a_1} + \dfrac{a_6}{a_3} = \dfrac{ar^2}{a} + \dfrac{ar^5}{ar^2} = r^2 + r^3 = 9 + 27 = 36$ 이다.

답 36

041

$r > 0$

$a_3 = 12 \Rightarrow ar^2 = 12$

$4(S_4 - S_2) = S_6 - S_4 \Rightarrow 4(a_4 + a_3) = a_6 + a_5$

$\Rightarrow 4\left(ar^3 + ar^2\right) = ar^5 + ar^4$

$\Rightarrow 4(12r + 12) = 12\left(r^3 + r^2\right)$

$\Rightarrow 4r + 4 = r^3 + r^2 \Rightarrow 4(r+1) = r^2(r+1)$

$\Rightarrow (r-2)(r+2)(r+1) = 0 \Rightarrow r = 2 \ \ (\because \ r > 0)$

$ar^2 = 12 \Rightarrow 4a = 12 \Rightarrow a = 3$

따라서 $S_3 = \dfrac{3\left(2^3 - 1\right)}{2 - 1} = 21$ 이다.

답 ②

042

$a_n > 0$

$a_2 = 36 \Rightarrow ar = 36$

$a_7 = \dfrac{1}{3} a_5 \Rightarrow ar^6 = \dfrac{1}{3} ar^4 \Rightarrow r^2 = \dfrac{1}{3}$

따라서 $a_6 = ar^5 = ar \times r^4 = 36 \times \dfrac{1}{9} = 4$ 이다.

답 4

043

$a = b = 3$

$b_3 = -a_2 \Rightarrow br^2 = -a - d$

$\Rightarrow 3r^2 = -3 - d \Rightarrow d = -3 - 3r^2 \cdots \bigcirc$

$a_2 + b_2 = a_3 + b_3 \Rightarrow a + d + br = a + 2d + br^2$

$\Rightarrow 3r - 3r^2 = d \cdots \bigcirc$

$\bigcirc$, $\bigcirc$을 연립하면 $3r = -3 \Rightarrow r = -1$
$d = -6$

따라서 $a_3 = a + 2d = 3 - 12 = -9$ 이다.

답 ①

044

$a_1 = a_3 + 8 \Rightarrow a = a + 2d + 8 \Rightarrow d = -4$

$2a_4 - 3a_6 = 3 \Rightarrow 2(a + 3d) - 3(a + 5d) = 3 \Rightarrow -a - 9d = 3$

$a = 33, \ d = -4 \Rightarrow a_k = 33 + (k-1)(-4) = -4k + 37$

$a_k < 0 \Rightarrow -4k + 37 < 0 \Rightarrow 37 < 4k$

따라서 자연수 k의 최솟값은 10 이다.

답 ②

045

$a = -15, \ |a + 2d| = a + 3d$

만약 $a + 2d > 0$ 이면 $a + 2d = a + 3d \Rightarrow d = 0$
$a + 2d = -15 < 0$ 이므로 모순이다.

만약 $a + 2d = 0$ 이면 $d = \dfrac{15}{2}$ 이고 $0 = a + 3d$를

만족하지 않으므로 모순이다.

즉, $a + 2d < 0$ 이어야 한다. $-(a + 2d) = a + 3d$

$-a - 2d = a + 3d \Rightarrow 2a = -5d \Rightarrow a = -15, \ d = 6$

따라서 $a_7 = a + 6d = -15 + 36 = 21$ 이다.

답 ①

046

$f(2) = (1 + 2^4 + 2^8 + 2^{12})(1 + 2 + 2^2 + 2^3)$

$$= \left(\frac{(2^4)^4 - 1}{2^4 - 1} \right) \left(\frac{2^4 - 1}{2 - 1} \right) = 2^{16} - 1 = (2^8 - 1)(2^8 + 1)$$

$f(1) = 16$
이므로

$$\frac{f(2)}{\{f(1) - 1\}\{f(1) + 1\}} = \frac{(2^8 - 1)(2^8 + 1)}{(16 - 1)(16 + 1)}$$

$$= \frac{(2^8 - 1)(2^8 + 1)}{(2^4 - 1)(2^4 + 1)}$$

$$= 2^8 + 1 = 257$$

답 257

047

$$S_6 = \frac{a(r^6 - 1)}{r - 1} = \frac{r^6 - 1}{r - 1}$$

$$S_3 = \frac{a(r^3 - 1)}{r - 1} = \frac{r^3 - 1}{r - 1}$$

이므로

$$\frac{S_6}{S_3} = 2a_4 - 7 \Rightarrow \frac{r^6 - 1}{r^3 - 1} = 2r^3 - 7$$

$$\Rightarrow r^3 + 1 = 2r^3 - 7$$

$$\Rightarrow r^3 = 8 \Rightarrow r = 2$$

따라서 $a_7 = ar^6 = 2^6 = 64$ 이다.

답 64

048

$\dfrac{a_3 a_8}{a_6} = 12 \Rightarrow \dfrac{ar^2 \times ar^7}{ar^5} = 12 \Rightarrow ar^4 = 12$

$a_5 + a_7 = 36 \Rightarrow ar^4 + ar^6 = 36$

$\Rightarrow ar^4(1 + r^2) = 36 \Rightarrow 12(1 + r^2) = 36$

$\Rightarrow 1 + r^2 = 3 \Rightarrow r^2 = 2$

따라서 $a_{11} = ar^{10} = ar^4 \times r^6 = 12 \times 8 = 96$ 이다.

답 ⑤

049

$$S_4 - S_2 = 3a_4 \Rightarrow a_3 + a_4 = 3a_4$$

$$\Rightarrow a_3 = 2a_4 \Rightarrow ar^2 = 2ar^3$$

$$\Rightarrow r = \frac{1}{2} \ (\because a_5 \neq 0\text{이므로 } a \neq 0, \ r \neq 0)$$

$$a_5 = \frac{3}{4} \Rightarrow ar^4 = \frac{3}{4} \Rightarrow a = \frac{3}{4} \times 16 = 12$$

따라서 $a_1 + a_2 = a + ar = 12 + 6 = 18$ 이다.

답 ④

$x^2 - nx + 4(n-4) = 0 \Rightarrow \{x - (n-4)\}(x-4) = 0$
$x = n-4$ or $x = 4$ 이다.
만약 $\alpha = n-4$, $\beta = 4$ 이면 $\alpha < \beta$ 이므로
$n - 4 < 4 \Rightarrow 0 < n < 8$ 이 되어야 한다. (n 은 자연수)
1, α, β 가 순서대로 등차수열을 이루니 등차중항을 쓰면
$1 + \beta = 2\alpha \Rightarrow 1 + 4 = 2(n-4) \Rightarrow 5 = 2n - 8 \Rightarrow n = \frac{13}{2}$
이므로 n 은 자연수가 아니므로 조건을 만족하지 않는다.

즉, $\alpha = 4$, $\beta = n-4$ 이고
$\alpha < \beta$ 이므로 $4 < n-4 \Rightarrow 8 < n$ 이 되어야 한다.
1, α, β 가 순서대로 등차수열을 이루니 등차중항을 쓰면
$1 + \beta = 2\alpha \Rightarrow 1 + n - 4 = 8 \Rightarrow n = 11$

따라서 n 은 11 이다.

답 ③

$a_3 = a + 2d = 40$, $a_8 = a + 7d = 30 \Rightarrow a = 44$, $d = -2$
$a_n = 44 + (n-1)(-2) = -2n + 46$ 이므로
$a_2 = 42$, $a_{2n} = -4n + 46$
$$\left| a_2 + a_4 + \cdots + a_{2n} \right| = \left| \frac{n(a_2 + a_{2n})}{2} \right| = \left| \frac{n(-4n + 88)}{2} \right|$$
절댓값을 씌운 값이 최소인 경우에는 0 이거나 0 에
가장 가까운 값일 때이다.

따라서 최소가 되려면 $n = 22$ 이어야 한다.

답 22

052

(가) 조건에서 $ar^2 \times ar^4 \times ar^6 = 125$

$$\Rightarrow (ar^4)^3 = 5^3 \Rightarrow ar^4 = 5$$

(나) 조건에서 $\dfrac{ar^3 + ar^7}{ar^5} = \dfrac{13}{6}$

$$\Rightarrow \frac{1}{r^2} + r^2 = \frac{13}{6}$$

$r^2 = X$ 라 하면
$X + \dfrac{1}{X} = \dfrac{13}{6}$
$\Rightarrow 6X^2 - 13X + 6 = 0$
$\Rightarrow (2X - 3)(3X - 2) = 0$
$\Rightarrow X = \dfrac{3}{2}$ or $X = \dfrac{2}{3}$
$\Rightarrow r^2 = \dfrac{3}{2} \ (\because r > 1)$
따라서 $a_9 = ar^8 = ar^4 \times r^4 = 5 \times \left(\dfrac{3}{2}\right)^2 = \dfrac{45}{4}$

답 ②

$a = 2$
$a_6 = 2(S_3 - S_2) \Rightarrow a_6 = 2a_3 \Rightarrow a + 5d = 2(a + 2d)$
$\Rightarrow a = d$
$a = 2$, $d = 2$ 이므로 $a_{10} = a + 9d = 2 + 18 = 20$
따라서 $S_{10} = \dfrac{10(a_1 + a_{10})}{2} = \dfrac{10(2 + 20)}{2} = 110$ 이다.

답 ②

054

$2a = S_2 + S_3 \Rightarrow 2a = a + ar + a + ar + ar^2$

$\Rightarrow 2ar + ar^2 = 0 \Rightarrow ar(2 + r) = 0 \Rightarrow r = -2 \ (\because a > 0)$
($r = 0$ 이면 $r^2 = 64a^2$ 에서 $a = 0$ 이므로 모순이다.)
$r^2 = 64a^2 \Rightarrow 4 = 64a^2 \Rightarrow a = \dfrac{1}{4} \ (\because a > 0)$

따라서 $a_5 = ar^4 = \dfrac{1}{4} \times 16 = 4$ 이다.

답 ②

$a = \dfrac{1}{4}, \; r > 0$

$a_3 + a_5 = \dfrac{1}{a_3} + \dfrac{1}{a_5} \;\Rightarrow\; a_3 + a_5 = \dfrac{a_3 + a_5}{a_3 a_5}$

$\Rightarrow (a_3 + a_5)(a_3 a_5 - 1) = 0 \;\Rightarrow\; a_3 a_5 = 1 \;(\because\; a_3 + a_5 > 0)$

$a_3 a_5 = 1 \;\Rightarrow\; ar^2 \times ar^4 = 1 \;\Rightarrow\; a^2 r^6 = 1 \;\Rightarrow\; r^6 = 16$

$\Rightarrow r^3 = 4 \;(\because\; r > 0)$

따라서 $a_{10} = ar^9 = a \times (r^3)^3 = \dfrac{1}{4} \times 64 = 16$ 이다.

답 16

056

$y = a(x-1)$ 와 $y = x$ 의 함숫값의 차는
$a(x-1) - x = ax - a - x = (a-1)x - a$ 이다.
첫 번째 선분을 연장하여 직선으로 표현해서 $x = k$ 라 하자.
마찬가지로 두 번째 선분을 연장하여 직선으로 표현하면
등간격이므로 $x = k + d$ 라 나타낼 수 있다.
즉, 첫 번째 선분의 길이는 $(a-1)k - a$ 이고
두 번째 선분의 길이는 $(a-1)(k+d) - a$ 이다.
세 번째 선분의 길이는 $(a-1)(k+2d) - a$ 이다.
결국 선분의 길이는 공차가 $(a-1)d$ 인 등차수열과 같다.

따라서 등차수열의 합을 이용하면
$\dfrac{14(3+42)}{2} = 7 \times 45 = 315$

답 315

057

$\overline{BC} = \sqrt{k}, \; \overline{OC} = k, \; \overline{AC} = 3\sqrt{k}$ 이므로
등비중항을 쓰면 $3k = k^2$ 이다.

따라서 $k = 3 \;(k > 0)$ 이다.

답 ③

058

등차수열 a_n 의 공차를 d_1, 첫째항을 a
등차수열 b_n 의 공차를 d_2, 첫째항을 b
라 하면 $a, \; b, \; d_1, \; d_2$ 는 모두 자연수이다.

$a_5 - b_5 = a_6 - b_7 = 0$ 에서

① $a_5 - b_5 = 0 \;\Rightarrow\; a_5 = b_5$
  $a + 4d_1 = b + 4d_2 \;\Rightarrow\; b - a = 4(d_1 - d_2)$

② $a_5 - b_5 = a_6 - b_7$
  $a + 4d_1 - b - 4d_2 = a + 5d_1 - b - 6d_2$
  $\Rightarrow d_1 - 2d_2 = 0 \;\Rightarrow\; d_1 = 2d_2$

$b_7 \leq 24 \;\Rightarrow\; b + 6d_2 \leq 24$
$b - a = 4(d_1 - d_2) \;\Rightarrow\; b = a + 4(d_1 - d_2)$ 이고,
$2d_2 = d_1$ 이므로
$b + 6d_2 = a + 4d_1 + 2d_2 = a + 5d_1$

즉, $a + 5d_1 \leq 24$

$a_7 = 27 \;\Rightarrow\; a + 6d_1 = 27$ 이므로
$a + 5d_1 + d_1 \leq 24 + d_1 \;\Rightarrow\; 27 \leq 24 + d_1$

$$\Rightarrow 3 \leq d_1$$

$d_1 = 2d_2$ 에서 d_2 는 자연수이므로 d_1 은 짝수이다.

a 는 자연수이고, d_1 은 3보다 큰 짝수이므로
$a + 6d_1 = 27$ 를 만족시키는 경우는 $d_1 = 4, \; a = 3$ 뿐이다.

따라서 $b - a = 4(d_1 - d_2) = 2d_1 = 8$ 이다.

답 ③

059

$a > 0, \; r < 0$
$a_2 a_6 = ar \times ar^5 = a^2 r^6 = 1,$

$S_3 = 3a_3 \;\Rightarrow\; \dfrac{a(r^3 - 1)}{r - 1} = 3ar^2 \;\Rightarrow\; a(r^2 + r + 1) = 3ar^2$

$r^2 + r + 1 = 3r^2 \;(\because\; a > 0) \;\Rightarrow\; 2r^2 - r - 1 = 0$

$$\Rightarrow (2r+1)(r-1) = 0$$

이므로 $r=-\dfrac{1}{2}$ $(\because\ r<0)$ 이다.

$a^2 r^6=1 \Rightarrow a^2\times\dfrac{1}{64}=1 \Rightarrow a=8\ (\because\ a>0)$

따라서 $a_7=ar^6=8\times\dfrac{1}{64}=\dfrac{1}{8}$ 이다.

답 ③

$d=6$

$a_2+a_8=2a_k \Rightarrow a+d+a+7d=2\{a+(k-1)d\}$

$2a+8d=2a+2(k-1)d \Rightarrow k=5$

$a_1a_k=(a_2)^2 \Rightarrow a\{a+(k-1)d\}=(a+d)^2$

$a^2+(k-1)ad=a^2+2ad+d^2$

$k=5$ 이므로 $a^2+4ad=a^2+2ad+d^2 \Rightarrow d(d-2a)=0$

$d=6$ 이므로 $a=3$ 이다.

따라서 $k+a_1=5+3=8$ 이다.

답 ②

$d>0$

$a_6+a_8=0 \Rightarrow a+5d+a+7d=0 \Rightarrow a+6d=0$

$|a_6|=|a_7|+3 \Rightarrow |a+5d|=|a+6d|+3$

$a=-6d$ 이므로

$|a+5d|=|a+6d|+3 \Rightarrow |-d|=3 \Rightarrow d=3\,(d>0)$

$a=-18,\ d=3$ 이다.

따라서 $a_2=a+d=-18+3=-15$ 이다.

답 ①

$S_4-S_3=a_4=ar^3=2,\ S_6-S_5=a_6=ar^5=50$

$\dfrac{a_6}{a_4}=\dfrac{ar^5}{ar^3}=r^2=25 \Rightarrow r=5\,(r>0)$

따라서 $a_5=a_4\times r=2\times 5=10$ 이다.

답 10

$S_8=\dfrac{8(2a+7d)}{2}=\dfrac{68}{3} \Rightarrow 2a+7d=\dfrac{17}{3}$

$a_5=a+4d$ 는 자연수이므로 $2a+8d$ 도 자연수

$2a+8d$ 는 자연수이고, $0<d<1$ 이므로

$2a+7d=2a+8d-d=\dfrac{17}{3}=6-\dfrac{1}{3}$

$\therefore\ d=\dfrac{1}{3}$

$2a+7d=\dfrac{17}{3} \Rightarrow a=\dfrac{5}{3}$

따라서 $a_{16}=a+15d=\dfrac{5}{3}+5=\dfrac{20}{3}$ 이다.

답 ⑤

수열 $\{S_{2n-1}\}$ 은 공차가 -3 인 등차수열이므로

$S_{2n-1}=S_1+(n-1)(-3)=-3n+3+S_1$ 이고

수열 $\{S_{2n}\}$ 은 공차가 2 인 등차수열이므로

$S_{2n}=S_2+(n-1)2=2n-2+S_2$ 이다.

$S_8-S_7=a_8$ 이므로

$S_8-S_7=(6+S_2)-(-9+S_1)=15+S_2-S_1$

$\qquad\quad =15+a_2=a_8$

$a_2=1$ 이므로 $a_8=16$ 이다.

답 16

$a_{k-3},\ a_{k-2},\ a_{k-1}$ 이 순서대로 등차수열을 이루므로

a_{k-2} 는 a_{k-3} 과 a_{k-1} 의 등차중항이다.

$a_{k-2}=\dfrac{a_{k-3}+a_{k-1}}{2}=\dfrac{-24}{2}=-12$

$S_k=\dfrac{k(a_1+a_k)}{2}=\dfrac{k(a_3+a_{k-2})}{2}$

$\qquad =\dfrac{k\{42+(-12)\}}{2}=15k$

따라서 $k^2=15k \Rightarrow k=15\,(\because\ k\neq 0)$ 이다.

답 ③

다르게 풀어보자.

$a_3 = a + 2d = 42 \cdots ㉠$

$a_{k-2} = \dfrac{a_{k-3} + a_{k-1}}{2} = -12$

$\Rightarrow a + (k-3)d = -12 \cdots ㉡$

$S_k = \dfrac{k\{2a + (k-1)d\}}{2} = k^2$ 이고 $k \neq 0$ 이므로

$2a + (k-1)d = 2k \cdots ㉢$

㉢에서 ㉠을 빼면 $a + (k-3)d = 2k - 42 \cdots ㉣$

㉡, ㉣를 연립하면 $-12 = 2k - 42 \Rightarrow k = 15$

066

$d =$ 자연수, $r =$ 자연수, $a_6 = b_6 = 9$

$a_7 = b_7 \Rightarrow a_6 + d = rb_6 \Rightarrow 9 + d = 9r \Rightarrow 1 + \dfrac{d}{9} = r$

r 과 d 가 자연수이므로 d 는 9 의 배수이다.

$94 < a_{11} < 109 \Rightarrow 94 < a_6 + 5d < 109$

$\Rightarrow 94 < 9 + 5d < 109 \Rightarrow 17 < d < 20$

$\therefore d = 18 \Rightarrow r = 3$

따라서 $a_7 + b_8 = a_6 + d + r^2 b_6 = 9 + 18 + 81 = 108$ 이다.

답 ⑤

067

a_1, a_2, a_3, a_4 가 이 순서대로 등차수열을 이루므로

$a - 3d, a - d, a + d, a + 3d$ 라 하면

대칭성(y 축에 대하여 대칭)에 의해서

$a - d + a + d = 2 \times 0 \Rightarrow a = 0$ 이므로

$a_3 = d, a_4 = 3d$ 라 할 수 있다.

$y = -x^2 + 9$ 에 $x = a_3 = d$ 를 대입하면

$-d^2 + 9 = k$ 이고

$y = x^2 - 9$ 에 $x = a_4 = 3d$ 를 대입하면

$9d^2 - 9 = k$ 이다.

이를 연립하면

$-d^2 + 9 = 9d^2 - 9 \Rightarrow 10d^2 = 18 \Rightarrow d^2 = \dfrac{9}{5}$ 이다.

따라서 $k = -d^2 + 9 = -\dfrac{9}{5} + 9 = \dfrac{45 - 9}{5} = \dfrac{36}{5}$ 이다.

답 ③

068

$a + b = 1$

(가) 조건에서 $(m+2)$ 개의 수가

순서대로 등차수열을 이루므로

등차수열의 합공식에 의해서

$a + \log_2 c_1 + \log_2 c_2 + \cdots + \log_2 c_m + b$

$= \dfrac{(m+2)(a+b)}{2} = \dfrac{m+2}{2}$

(나) 조건에서 $c_1 c_2 c_3 \cdots c_m = 32$ 이므로

$a + \log_2 c_1 + \log_2 c_2 + \cdots + \log_2 c_m + b$

$= a + b + (\log_2 c_1 + \log_2 c_2 + \cdots + \log_2 c_m)$

$= a + b + \log_2 c_1 c_2 \cdots c_m$

$= 1 + \log_2 32 = 1 + 5 = 6$

따라서 $\dfrac{m+2}{2} = 6 \Rightarrow m = 10$ 이다.

답 ③

069

$b_1 = \left(\dfrac{1}{2}\right)^{a_1}, \quad b_3 = \left(\dfrac{1}{2}\right)^{a_1 + a_3}, \quad b_5 = \left(\dfrac{1}{2}\right)^{a_1 + a_3 + a_5}, \quad \cdots$

$b_9 = \left(\dfrac{1}{2}\right)^{a_1 + a_3 + a_5 + a_7 + a_9}$

$b_2 = 2^{a_2}, \quad b_4 = 2^{a_2 + a_4}, \quad b_6 = 2^{a_2 + a_4 + a_6}, \quad \cdots$

$b_{10} = 2^{a_2 + a_4 + a_6 + a_8 + a_{10}}$

$b_1 \times b_2 = \left(\dfrac{1}{2}\right)^{a_1} \times 2^{a_2} = 2^{a_2 - a_1} = 2^d$

$b_3 \times b_4 = \left(\dfrac{1}{2}\right)^{a_1 + a_3} \times 2^{a_2 + a_4} = 2^{a_4 - a_3 + a_2 - a_1} = 2^{2d}$

$\vdots$

$b_9 \times b_{10} = \left(\dfrac{1}{2}\right)^{a_1 + a_3 + a_5 + a_7 + a_9} \times 2^{a_2 + a_4 + a_6 + a_8 + a_{10}}$

$= 2^{a_{10} - a_9 + a_8 - a_7 + a_6 - a_5 + a_4 - a_3 + a_2 - a_1} = 2^{5d}$

$b_1 \times b_2 \times b_3 \times \cdots \times b_{10} = 2^{d + 2d + 3d + 4d + 5d} = 2^{15d} = 8 = 2^3$

따라서 $d = \dfrac{1}{5}$ 이다.

답 ③

070

$$S_k = \frac{k\{2a+(k-1)2\}}{2} = -16$$

$$\Rightarrow k\{a+(k-1)\} = -16$$

$$\Rightarrow a+k-1 = -\frac{16}{k}$$

$$\Rightarrow a = -k+1-\frac{16}{k} \quad \cdots \ \bigcirc$$

$$S_{k+2} = \frac{(k+2)\{2a+(k+1)2\}}{2} = -12$$

$$\Rightarrow (k+2)\{a+(k+1)\} = -12$$

$$\Rightarrow a+k+1 = -\frac{12}{k+2}$$

$$\Rightarrow a = -k-1-\frac{12}{k+2} \quad \cdots \ \bigcirc\!\bigcirc$$

$\bigcirc$, $\bigcirc\!\bigcirc$을 연립하면

$$-k+1-\frac{16}{k} = -k-1-\frac{12}{k+2}$$

$$\Rightarrow 1-\frac{8}{k}+\frac{6}{k+2} = 0$$

$$\Rightarrow k(k+2)-8(k+2)+6k = 0$$

$$\Rightarrow k^2 = 16$$

$$\Rightarrow k = 4 \ (\because k > 0)$$

$k=4$, $d=2$, $a=-7$이므로
$a_{2k} = a_8 = a+7d = -7+14 = 7$ 이다.

답   7

071

$$S_{n+3}-S_n = a_{n+1}+a_{n+2}+a_{n+3}$$

$$= ar^n + ar^{n+1} + ar^{n+2}$$

$$= (ar+ar^2+ar^3)r^{n-1} = 13 \times 3^{n-1}$$

이므로 $r=3$, $ar+ar^2+ar^3 = 13 \Rightarrow 3a+9a+27a = 13$

$$\Rightarrow 39a = 13 \Rightarrow a = \frac{1}{3}$$

따라서 $a_4 = ar^3 = \frac{1}{3}\times 3^3 = 9$ 이다.

답   9

$$a_1+a_8 = a+a+7d = 2a+7d = 8$$
$$b_2 b_7 = br \times br^6 = b^2 r^7 = 12$$

$$a_4 = b_4 \Rightarrow a+3d = br^3$$
$$a_5 = b_5 \Rightarrow a+4d = br^4$$

$a+3d = x$, $a+4d = y$라 하면 $xy = b^2 r^7 = 12$
$x+y = 2a+7d = 8$이다.

연립하면
$$(8-x)x = 12 \Rightarrow x^2-8x+12 = 0 \Rightarrow (x-2)(x-6) = 0$$
$x=2$, $y=6$ or $x=6$, $y=2$이다.

만약 $x=2$, $y=6$ 이면 $2=br^3$, $6=br^4 \Rightarrow r=3$이므로
$r<1$ 조건을 만족하지 않는다.

$x=6$, $y=2$ 이면 $6=br^3$, $2=br^4 \Rightarrow r=\frac{1}{3}$ 이므로

조건을 만족한다.
$$a+3d = 6, \ a+4d = 2 \Rightarrow a = 18, \ d = -4$$

따라서 $a_1 = 18$이다.

답   18

중항적 관점에서 풀이를 해보자면
$a_1 + a_8 = a_4 + a_5 = 8$이고
$b_2 b_7 = b_4 b_5 = 12$이므로 $a_4 a_5 = 12$ 이다.
공비가 1 보다 작으므로 $a_4 = 6$, $a_5 = 2$ 이다.

073

$$S_n T_n = n^2(n^2-1)$$

ㄱ. $a_n = n \Rightarrow S_n = \frac{n(n+1)}{2}$ 이므로

$\quad T_n = 2n(n-1) = 2n^2-2n \Rightarrow b_n = 4n-2-2 = 4n-4$
따라서 ㄱ은 참이다.

ㄴ. 등차수열의 합은 An^2+Bn 꼴 이므로
$\quad S_n = An^2+Bn$, $T_n = Cn^2+Dn$ 이라 하면
$\quad S_n T_n = n^2(n^2-1)$ 의 최고차항의 계수가 1 이므로
$\quad AC = 1$ 이다.

$\quad S_n = An^2+Bn \Rightarrow a_n = 2An+B-A$
$\quad T_n = Cn^2+Dn \Rightarrow b_n = 2Cn+D-C$
이므로 $d_1 = 2A$, $d_2 = 2C$ 이다.
따라서 $d_1 d_2 = 4AC = 4$이므로 ㄴ은 참이다.

ㄷ. $S_n = An^2 + Bn$, $T_n = Cn^2 + Dn$ 이므로

S_n 과 T_n 은 반드시 n 이라는 인수를 가지고 있어야 한다.

$S_n T_n = n^2(n^2-1) = n \times n \times (n+1) \times (n-1)$ 이므로

S_n 은 $n(n+1)$ or $n(n-1)$ 을 인수로 가져야 한다.

그런데 $a_1 \neq 0 \Rightarrow S_1 \neq 0$ 이므로 S_n 은 n 과 $n+1$ 을 인수로 가져야 한다.

여기서 조심해야 할 것은 $S_n = n(n+1)$ 이라고 보장할 수 없다는 것이다. 상수 k 를 도입하면

$$S_n = kn(n+1), \quad T_n = \frac{n(n-1)}{k} \text{ 로 나타낼 수 있다.}$$

따라서 $a_n = 2kn + k - k = 2kn$ 이므로

ㄷ은 거짓이다. (a_n 은 상수 k 의 값에 따라 달라진다.)

답 ③

a_n 이 등차수열이므로 $S_n = An^2 + Bn$ 이라 볼 수 있다.

S_n 을 함수로 보면 $S_n = f(n) = An^2 + Bn$ 와 같다.

즉, $f(n)$ 은 이차함수이다.

$A < 0$ 라고 생각하고 그래프를 그려보자.

($A > 0$ 일 때라고 가정해도 풀이과정은 동일하다.)

$S_9 = S_{18}$

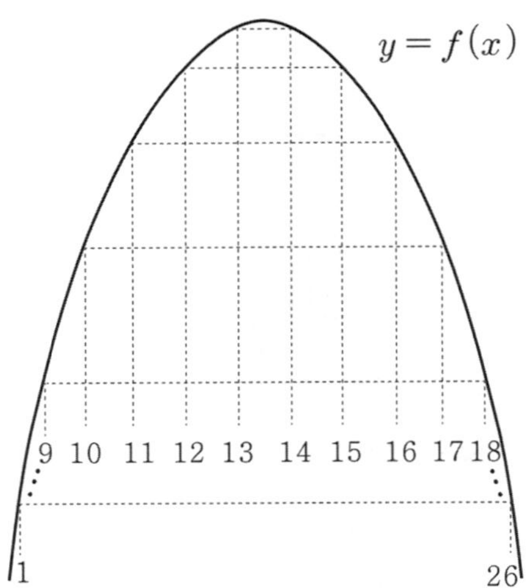

대칭성을 활용하면 $m + n = 27 \Rightarrow f(m) = f(n)$

예를 들어 $n = 14$ 라면 집합 T_n 의 원소는

$S_1, S_2, S_3, \cdots, S_{13}, S_{14}$ 이지만 $S_{13} = S_{14}$ 이므로

$T_n = \{S_1, S_2, S_3, \cdots, S_{13}\} \Rightarrow n(T_n) = 13$

(집합은 원소가 중복되면 하나로 취급한다.)

중복되는 것을 고려해서

집합 T_n 의 원소의 개수가 13 이 되도록 하려면

$n = 13, 14, 15, \cdots, 26$ 이다.

$$\frac{14(13+26)}{2} = 7 \times 39 = 273$$

따라서 조건을 만족하는 모든 n 의 값의 합은 273 이다.

답 273

a_n 이 등차수열이므로 $S_n = An^2 + Bn$ 이라 볼 수 있다.

$$\left(\frac{n\{2a+(n-1)d\}}{2} = \frac{d}{2}n^2 + \left(\frac{2a-d}{2}\right)n = An^2 + Bn \right)$$

S_n 을 함수로 보면 $S_n = f(n) = An^2 + Bn$ 와 같다.

즉, $f(n)$ 은 이차함수이다.

(가) 조건에 의하여 $A > 0$ 이고,

$f(x)$ 의 대칭축은 $x = \dfrac{15}{2}$ 이므로

$$f'\left(\frac{15}{2}\right) = 0 \Rightarrow 2A \times \frac{15}{2} + B = 0 \Rightarrow 15A + B = 0$$

$$\Rightarrow B = -15A$$

즉, $f(n) = An^2 - 15An = An(n-15)$

$|S_n| = |f(n)|$ 과 같으므로

$|S_m| = |S_{2m}| = 162 \Rightarrow |f(m)| = |f(2m)| = 162 \quad (m > 8)$

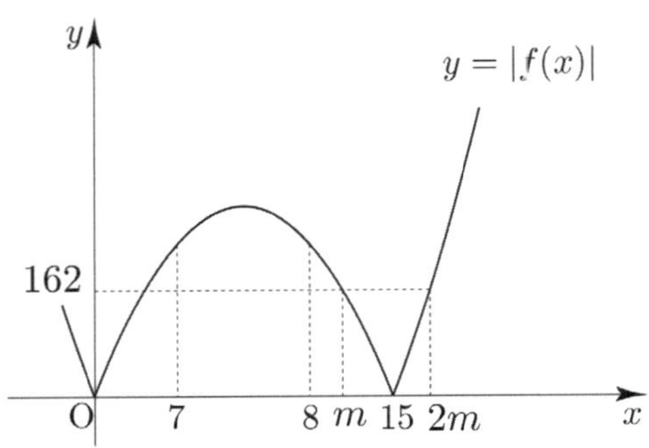

$|f(m)| = -f(m) = -Am(m-15)$

$|f(2m)| = f(2m) = 2Am(2m-15)$

$$|f(m)| = |f(2m)|$$

$$\Rightarrow -Am(m-15) = 2Am(2m-15)$$

$$\Rightarrow -m+15 = 4m-30$$

$$\Rightarrow 5m = 45 \Rightarrow m = 9$$

$$|f(m)| = 162 \Rightarrow 54A = 162 \Rightarrow A = 3$$

$f(n) = 3n^2 - 45n$ 이므로 $S_n = 3n^2 - 45n = 3n(n-15)$

즉, $a_n = 6n - 45 - 3 = 6n - 48$

(가이드스텝에서 $S_n = An^2 + Bn$ 꼴에서 a_n 을 빨리 구하는
방법에 대해 학습한 바 있었다.)

따라서 $a_{13} = 78 - 48 = 30$ 이다.

답   30

76	117	79	①
77	390	80	35
78	⑤	81	①

076

$a_1 = a$, 공차 $= d$, 모든 항이 자연수인 등차수열 $\{a_n\}$

(가) $a_1 \leq d \Rightarrow a \leq d$

　　모든 항이 자연수이므로 a, d 도 자연수이어야 한다.

　　즉, $0 < a \leq d$

(나) 어떤 자연수 $k\,(k \geq 3)$ 에 대하여 세 항 a_2, a_k, a_{3k-1} 이
　　이 순서대로 등비수열

등비중항에 의해서
$$\left(a_k\right)^2 = a_2 a_{3k-1}$$

$$\Rightarrow \{a+(k-1)d\}^2 = (a+d)\{a+(3k-2)d\}$$

$$\Rightarrow d(k^2-5k+3) = a(k+1) \quad \cdots \ \bigcirc$$

$a \leq d \Rightarrow a(k+1) \leq d(k+1)$

$\bigcirc$ 에 의해서
$$d(k^2-5k+3) \leq d(k+1)$$

$$\Rightarrow k^2-5k+3 \leq k+1 \ (\because \ 0 < a \leq d)$$

$$\Rightarrow k^2-6k+2 \leq 0$$

$$\Rightarrow 3-\sqrt{7} \leq k \leq 3+\sqrt{7}$$

$k \geq 3$ 이므로 $k = 3,\ 4,\ 5$

$\bigcirc$ 에서 $a(k+1) > 0$, $d > 0$ 이므로
$k^2-5k+3 > 0$ 이 성립해야 한다.

즉, $k = 5$, $d = 2a$

$$90 \leq a_{16} \leq 100 \Rightarrow 90 \leq a+15d \leq 100$$

$$\Rightarrow 90 \leq 31a \leq 100 \Rightarrow a = 3,\ d = 6$$

따라서 $a_{20} = a + 19d = 3 + 114 = 117$ 이다.

답   117

$a_n = a + (n-1)d$ 인 등차수열을 생각하면

$$S_n = \frac{n\{2a + (n-1)d\}}{2} = \frac{dn^2 - dn + 2an}{2} = \frac{d}{2}n^2 + \left(a - \frac{d}{2}\right)n$$

이므로 크게보면 $S_n = An^2 + Bn$ 라 할 수 있다.

공차가 음수라고 했으니 $A = \dfrac{d}{2} < 0$

S_n 을 최고차항의 계수가 음수이고 정의역이 자연수인
이차함수 $g(x)$ 로 해석해보자.

$S_m = 0 \Rightarrow g(m) = 0$ 이므로 $g(x) = Ax(x - m)$ 라 하자.

m 이 짝수일 때와 홀수일 때에 따라 case분류하면

① m 이 짝수일 때 $\Rightarrow m = 2M$ (M은 자연수)

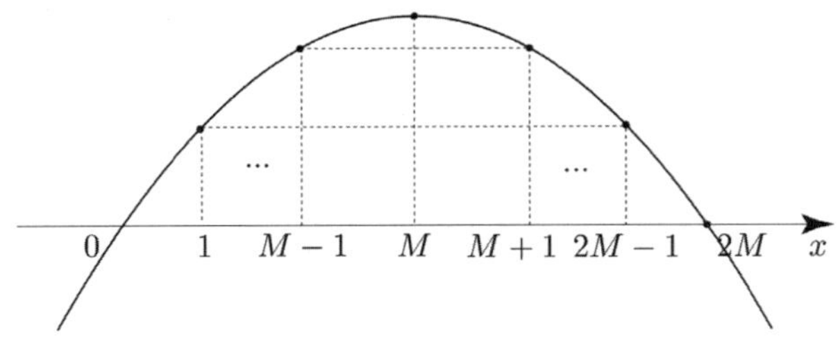

$k \neq l$ 일 때 순서쌍 $(k,\ l)$ 의 개수는
$(M-1) \times 2 = 2M - 2$ 이고,
$k = l$ 일 때 순서쌍 $(k,\ l)$ 의 개수는
$2M$ 이므로 m 이 짝수일 때 순서쌍 $(k,\ l)$ 의 개수는
$4M - 2$ 이다.

② m 이 홀수일 때 $\Rightarrow m = 2M - 1$ (M은 자연수)

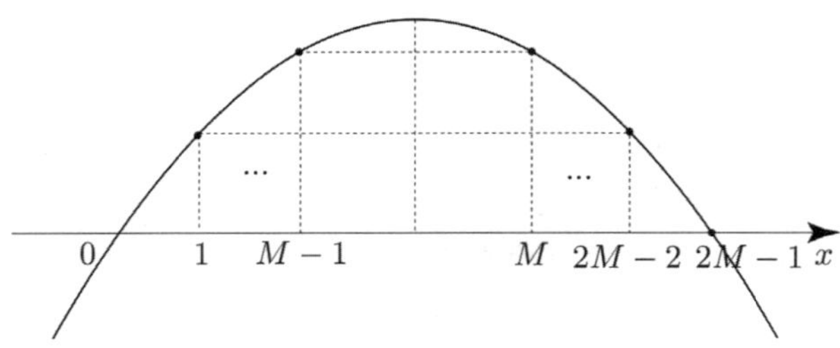

$k \neq l$ 일 때 순서쌍 $(k,\ l)$ 의 개수는
$(M-1) \times 2 = 2M - 2$ 이고,
$k = l$ 일 때 순서쌍 $(k,\ l)$ 의 개수는
$2M - 1$ 이므로 m 이 홀수일 때 순서쌍 $(k,\ l)$ 의 개수는
$4M - 3$ 이다.

$m = 1$ 일 때, 조건을 만족하는 순서쌍은 오직 $(1,\ 1)$
하나뿐이다.

$f(2M - 1) = 4M - 3$ 에서 $M = 1$ 을 넣으면
$f(1) = 4 \times 1 - 3 = 1$

따라서
$$\sum_{m=1}^{20} f(m) = \sum_{M=1}^{10} f(2M) + \sum_{M=1}^{10} f(2M-1)$$
$$= \sum_{M=1}^{10} (4M - 2) + \sum_{M=1}^{10} (4M - 3)$$
$$= \frac{10(2+38)}{2} + \frac{10(1+37)}{2} = 200 + 190 = 390$$

이다.

답 390

078

등차수열 $\{a_n\}$ 의 공차를 d 라 하면
$b_n = a_n + a_{n+1} = a + (n-1)d + a + nd = 2dn - d + 2a$
이므로 수열 $\{b_n\}$ 은 공차가 $2d$ 인 등차수열이다.
($\because$ n 의 계수가 공차)

a_1		a_2		a_3		a_4		a_5
	d		d		d		d	
b_1		b_2		b_3		b_4		b_5
	$2d$		$2d$		$2d$		$2d$	

d 의 부호에 따라 case분류하면

① $d > 0$ 일 때
$a_1 = a_2 - d = -4 - d < 0$
$a_2 = -4 < 0$
이므로
$b_1 = a_1 + a_2 = -8 - d < a_1$
$n(A \cap B) = 3$ 이려면
$b_2 = a_1$ or $b_3 = a_1$ 이어야 한다.
(수열 $\{b_n\}$ 의 공차가 수열 $\{a_n\}$ 의 공차의 2배인 상황에서
$n(A \cap B) = 3$ 인 상황은 집합 B 의 3개의 원소가 a_1, a_3, a_5
와 같은 값을 가지는 상황밖에 없으며, 이를 위해서는
$b_2 = a_1$ or $b_3 = a_1$ 이어야 한다.)

ⅰ) $b_2 = a_1$ 인 경우

b_1		b_2		b_3		b_4		b_5
	$2d$		$2d$		$2d$		$2d$	
		a_1		a_3		a_5		

$b_3 = a_3 \Rightarrow 5d + 2a = a + 2d \Rightarrow a = -3d$

$a_2 = -4 \Rightarrow a + d = -4$

$\Rightarrow -3d + d = -4 \Rightarrow d = 2$

즉, $a_{20} = a + 19d = -3d + 19d = 16d = 32$

ⅱ) $b_3 = a_1$ 인 경우

b_1		b_2		b_3		b_4		b_5
	$2d$		$2d$		$2d$		$2d$	
				a_1		a_3		a_5

$b_3 = a_1 \Rightarrow 5d + 2a = a \Rightarrow a = -5d$

$a_2 = -4 \Rightarrow a + d = -4$

$\Rightarrow -5d + d = -4 \Rightarrow d = 1$

즉, $a_{20} = a + 19d = -5d + 19d = 14d = 14$

② $d < 0$ 일 때

ⅰ) $a_1 > 0$ 인 경우

$a_1 = -4 - d > 0 \Rightarrow b_1 = -8 - d > -4 = a_2$ 이므로

$a_2 < b_1 < a_1$ 이다.

$a_2 + 2d < b_1 + 2d < a_1 + 2d$

$\Rightarrow a_4 < b_2 < a_3$

a_5		a_4		a_3		a_2		a_1
	d		d		d		d	
		b_2						b_1

즉, $n(A \cap B) = 0$ 이므로 모순이다.

ⅱ) $a_1 = 0$ 인 경우

$a_1 = -4 - d = 0 \Rightarrow d = -4$

$b_1 = -8 - d = -4$

a_5		a_4		a_3		a_2		a_1
-16		-12		-8		-4		0
	-4		-4		-4		-4	
		b_2						b_1

즉, $n(A \cap B) = 2$ 이므로 모순이다.

ⅲ) $a_1 < 0$ 인 경우

$a_1 = -4 - d < 0 \Rightarrow b_1 = -8 - d < -4 = a_2$ 이므로

$b_1 < a_2$ 이다.

a_5		a_4		a_3		a_2		a_1
	d		d		d		d	

$n(A \cap B)$ 의 최댓값은 $b_1 = a_3$ 이고, $a_5 = b_2$ 인 경우이다.

즉, $n(A \cap B) \leq 2$ 이므로 모순이다.

결국 주어진 조건을 만족시키는

a_{20} 의 값은 ① $d > 0$ 일 때

$a_{20} = 32$ or $a_{20} = 14$ 이다.

따라서 a_{20} 의 값의 합은 $32 + 14 = 46$ 이다.

 ⑤

079

첫째항이 양수이므로 만약 공차 d 가 양수이면

$|S_3| = |S_6|$ 을 만족시킬 수 없고 공차 d 가 0이면

$|S_3| = |S_6| = |S_{11}| - 3$ 을 만족시킬 수 없다.

즉, 공차 d 는 음수이다.

a_n 이 등차수열이므로 $S_n = An^2 + Bn$ 이라 볼 수 있다.

$\left(\dfrac{n\{2a + (n-1)d\}}{2} = \dfrac{d}{2}n^2 + \left(\dfrac{2a-d}{2} \right)n = An^2 + Bn \right)$

S_n 을 함수로 보면 $S_n = f(n) = An^2 + Bn$ 와 같다.

즉, $f(n)$ 은 이차함수이다.

$f(n) = An^2 + Bn = An\left(n + \dfrac{B}{A} \right)$

$d < 0$ 이므로 $A < 0$ 이다.

$|S_n| = |f(n)|$ 과 같으므로

$|S_3| = |S_6| = |S_{11}| - 3$

$\Rightarrow |f(3)| = |f(6)| = |f(11)| - 3$

를 만족시키는 함수를 찾으면 된다.

$|f(n)| = \left| An\left(n + \dfrac{B}{A} \right) \right|$ 에서

$-\dfrac{B}{A}$ 의 범위에 따라

case분류하면 다음과 같다.

① $-\dfrac{B}{A}=0$

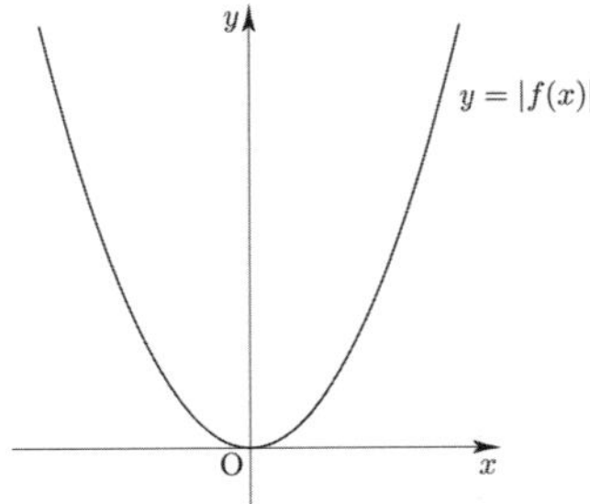

$|f(3)|=|f(6)|$ 을 만족시키지 않으므로 모순이다.

② $-\dfrac{B}{A}<0$

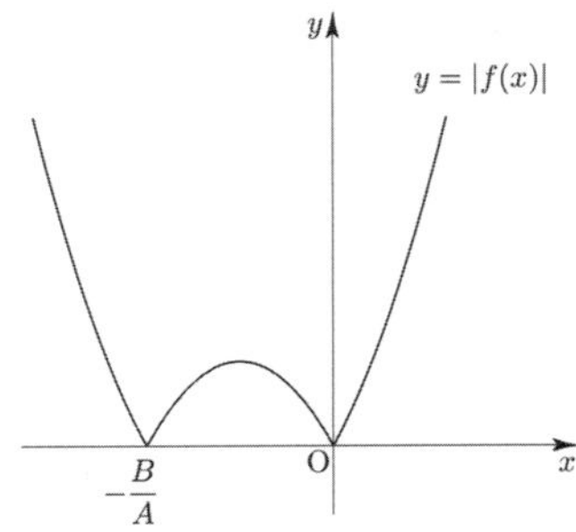

$|f(3)|=|f(6)|$ 을 만족시키지 않으므로 모순이다.

③-ⅰ) $6<-\dfrac{B}{A}$ 인 경우

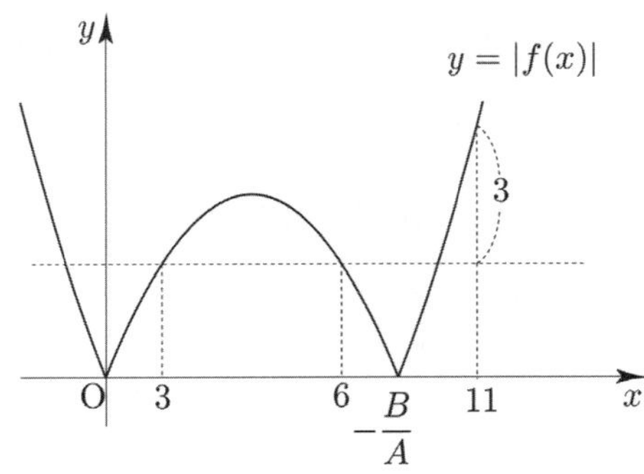

$|f(3)|=|f(6)|$ 이므로 이차함수의 대칭성에 의해서

$$0+\left(-\dfrac{B}{A}\right)=3+6 \;\Rightarrow\; -\dfrac{B}{A}=9 \;\Rightarrow\; B=-9A$$

$$|f(11)|-3=|f(3)| \;\Rightarrow\; -(121A+11B)-3=9A+3B$$

$$\Rightarrow\; 130A+14B=-3 \;\Rightarrow\; 130A-126A=-3$$

$$\Rightarrow\; A=-\dfrac{3}{4},\; B=\dfrac{27}{4}$$

이때 $-\dfrac{B}{A}=9$ 이므로 $-\dfrac{B}{A}>0$, $6<-\dfrac{B}{A}$ 을 만족시킨다.

$S_n=-\dfrac{3}{4}n^2+\dfrac{27}{4}n$ 이므로 $S_1=\dfrac{24}{4}=6$ 이다.

③-ⅱ) $3<-\dfrac{B}{2A}<-\dfrac{B}{A}<6$ 인 경우

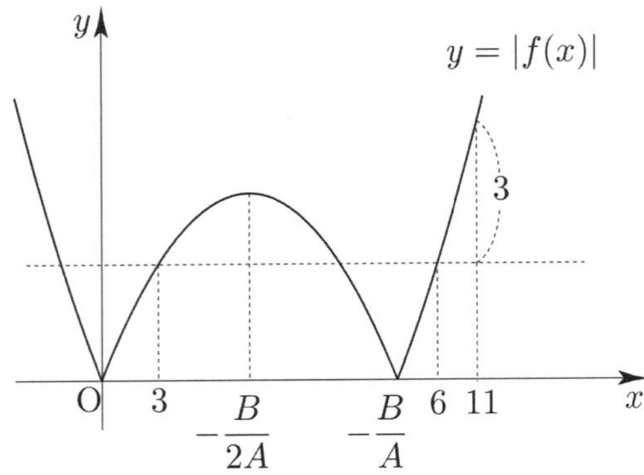

$$|f(3)|=|f(6)| \;\Rightarrow\; 9A+3B=-(36A+6B)$$

$$\Rightarrow\; 45A=-9B \;\Rightarrow\; B=-5A$$

$$|f(3)|=|f(11)|-3 \;\Rightarrow\; 9A+3B=-(121A+11B)-3$$

$$\Rightarrow\; 130A+14B=-3 \;\Rightarrow\; 130A-70A=-3$$

$$\Rightarrow\; A=-\dfrac{1}{20},\; B=\dfrac{1}{4}$$

이때 $-\dfrac{B}{A}=5$ 이므로 $3<-\dfrac{B}{2A}<-\dfrac{B}{A}<6$ 를 만족시키지 않아 모순이다.

③-ⅲ) $-\dfrac{B}{2A}<3<-\dfrac{B}{A}<6$ 인 경우

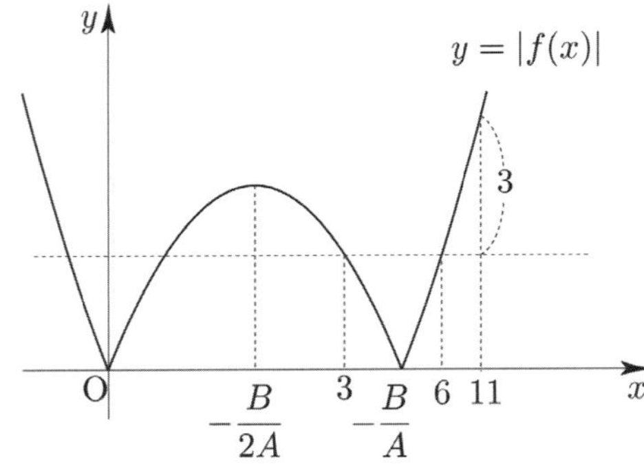

(③-ⅱ)인 경우와 계산과정이 동일하다.)

$$|f(3)|=|f(6)| \;\Rightarrow\; 9A+3B=-(36A+6B)$$

$$\Rightarrow\; 45A=-9B \;\Rightarrow\; B=-5A$$

$$|f(3)|=|f(11)|-3 \;\Rightarrow\; 9A+3B=-(121A+11B)-3$$

$$\Rightarrow\; 130A+14B=-3 \;\Rightarrow\; 130A-70A=-3$$

$$\Rightarrow\; A=-\dfrac{1}{20},\; B=\dfrac{1}{4}$$

이때 $-\dfrac{B}{A}=5$ 이므로. $-\dfrac{B}{2A}<3<-\dfrac{B}{A}<6$ 를 만족시킨다.

$S_n = -\dfrac{1}{20}n^2 + \dfrac{1}{4}n$ 이므로 $S_1 = \dfrac{4}{20} = \dfrac{1}{5}$ 이다.

따라서 조건을 만족시키는 모든 수열 $\{a_n\}$ 의 첫째항의 합은 $6 + \dfrac{1}{5} = \dfrac{31}{5}$ 이다.

답 ①

080

(가) $a_6 + a_7 = -\dfrac{1}{2} \ \Rightarrow\ 2a + 11d = -\dfrac{1}{2} \ \cdots\ \bigcirc$

(나) $a_l + a_m = 1 \ \Rightarrow\ 2a + (l+m-2)d = 1 \ \cdots\ \bigcirc\!\!\!\!\bigcirc$

$\bigcirc$, $\bigcirc\!\!\!\!\bigcirc$에 의해 $(l+m-13)d = \dfrac{3}{2}$ 이다.

l, m $(l < m)$ 은 자연수이므로 모든 순서쌍 $(l,\ m)$ 의 개수가 6이려면 $l + m = 14$ 이어야 한다.

$(l,\ m) = (1,\ 13),\ (2,\ 12),\ (3,\ 11),\ \cdots\ (6,\ 8)$

즉, $(l+m-13)d = \dfrac{3}{2} \ \Rightarrow\ d = \dfrac{3}{2}$ 이므로

$\bigcirc$에서 $2a + \dfrac{33}{2} = -\dfrac{1}{2} \ \Rightarrow\ 2a = -\dfrac{34}{2} \ \Rightarrow\ a = -\dfrac{17}{2}$ 이다.

$$S = \dfrac{14(a_1 + a_{14})}{2} = \dfrac{14(2a + 13d)}{2} = \dfrac{14\left(-17 + \dfrac{39}{2}\right)}{2} = \dfrac{35}{2}$$

따라서 $2S = 2 \times \dfrac{35}{2} = 35$ 이다.

답 35

081

임의의 두 자연수 i, j에 대하여 $S_i \neq S_j \ \Rightarrow\ S_i - S_j \neq 0$

$$
\begin{aligned}
S_i - S_j &= (p\,i^2 - 36i + q) - (p\,j^2 - 36j + q) \\
&= p(i^2 - j^2) - 36(i - j) \\
&= (i - j)(p\,i + p\,j - 36) \neq 0
\end{aligned}
$$

이므로 $i + j \neq \dfrac{36}{p}$ 이다.

$p \leq 4$이면 $i + j = \dfrac{36}{p}$ 인 서로 다른 두 자연수 i, j가 존재하므로 조건을 만족시키지 않는다.

$p = 5$이면 $i + j = \dfrac{36}{p}$ 인 서로 다른 두 자연수 i, j가 존재하지 않으므로 조건을 만족시킨다.

즉, p 의 최솟값은 5이므로 $p_1 = 5$ 이다.

$p = 5$이면 $S_n = 5n^2 - 36n + q$이므로

$a_1 = S_1 = q - 31$ 이고,

$a_n = 10n - 36 - 5 = 10n - 41 \ (n \geq 2)$ 이다.

(위 식이 이해가 잘되지 않는다면 가이드 스텝을 참고하도록 하자.)

$a_2 = -21,\ a_3 = -11,\ a_4 = -1,\ a_5 = 9,$

$a_6 = 19,\ a_7 = 29,\ \cdots$

$|a_k| < a_1$ 을 만족시키는 자연수 k의 개수가 3이므로 $k = 3,\ 4,\ 5$ 이다.

이를 만족시키는 a_1 의 값의 범위는 다음과 같다.

$11 < a_1 \leq 19 \ \Rightarrow\ 11 < q - 31 \leq 19 \ \Rightarrow\ 42 < q \leq 50$

따라서 모든 q 의 값의 합은 $\dfrac{8(43 + 50)}{2} = 372$ 이다.

답 ①

수열의 합 | Guide step

1	(1) $\displaystyle\sum_{k=1}^{10} 2k$ (2) $\displaystyle\sum_{k=1}^{n+1} 2^{k-1}$
2	(1) $6+11+16+21+26$ (2) $1+\dfrac{1}{2}+\dfrac{1}{2^2}+\dfrac{1}{2^3}$
3	(1) 23 (2) 61
4	(1) 204 (2) 1296
5	(1) $(n-1)n(2n+5)$ (2) $n(n+1)(n+2)$
6	(1) $\dfrac{8}{17}$ (2) $\dfrac{n}{n+2}$

개념 확인문제   1

답   (1) $\displaystyle\sum_{k=1}^{10} 2k$ (2) $\displaystyle\sum_{k=1}^{n+1} 2^{k-1}$

개념 확인문제   2

답   (1) $6+11+16+21+26$

(2) $1+\dfrac{1}{2}+\dfrac{1}{2^2}+\dfrac{1}{2^3}$

개념 확인문제   3

$$\sum_{k=1}^{10} a_k = 2, \quad \sum_{k=1}^{10} b_k = 3$$

(1) $\displaystyle\sum_{k=1}^{10}(a_k+7b_k)=\sum_{k=1}^{10}a_k+7\sum_{k=1}^{10}b_k=2+21=23$

(2) $\displaystyle\sum_{k=1}^{10}(10a_k-3b_k+5)=10\sum_{k=1}^{10}a_k-3\sum_{k=1}^{10}b_k+50$

$$=20-9+50=61$$

답   (1) 23   (2) 61

개념 확인문제   4

(1) $1^2+2^2+3^2+\cdots+8^2=\displaystyle\sum_{k=1}^{8}k^2=\dfrac{8\times 9\times 17}{6}=204$

(2) $1^3+2^3+3^3+\cdots+8^3=\displaystyle\sum_{k=1}^{8}k^3=\left(\dfrac{8\times 9}{2}\right)^2=1296$

답   (1) 204   (2) 1296

개념 확인문제   5

(1) $\displaystyle\sum_{k=1}^{n}6(k+1)(k-1)=6\sum_{k=1}^{n}(k^2-1)$

$$=6\left(\dfrac{n(n+1)(2n+1)}{6}-n\right)$$

$$=n(n+1)(2n+1)-6n$$

$$=(n-1)n(2n+5)$$

(2) $\displaystyle\sum_{k=1}^{n}3(k^2+k)=3\sum_{k=1}^{n}k(k+1)=3\times\dfrac{n(n+1)(n+2)}{3}$

$$=n(n+1)(n+2)$$

답   (1) $(n-1)n(2n+5)$ (2) $n(n+1)(n+2)$

개념 확인문제   6

(1) $\dfrac{1}{1\times 3}+\dfrac{1}{3\times 5}+\dfrac{1}{5\times 7}+\cdots+\dfrac{1}{15\times 17}$

분모를 살펴보면 $1\times 3,\ 3\times 5,\ 5\times 7\ \cdots$ 이므로
k번째 항의 분모는 $(2k-1)(2k+1)$ 이다. (초말유형)

$$\sum_{k=1}^{8}\dfrac{1}{(2k-1)(2k+1)}=\sum_{k=1}^{8}\dfrac{1}{2}\left(\dfrac{1}{2k-1}-\dfrac{1}{2k+1}\right)$$

$$=\dfrac{1}{2}\left(1-\dfrac{1}{17}\right)=\dfrac{8}{17}$$

(2) $\displaystyle\sum_{k=1}^{n}\dfrac{2}{k^2+3k+2}=\sum_{k=1}^{n}\dfrac{2}{(k+1)(k+2)}$

$\dfrac{2}{(k+1)(k+2)}=2\left(\dfrac{1}{k+1}-\dfrac{1}{k+2}\right)$ 이므로 초말유형이다.

$$\sum_{k=1}^{n}\dfrac{2}{(k+1)(k+2)}=2\left(\dfrac{1}{2}-\dfrac{1}{n+2}\right)=\dfrac{n}{n+2}$$

답   (1) $\dfrac{8}{17}$ (2) $\dfrac{n}{n+2}$

1	②	21	124
2	20	22	220
3	9	23	10
4	30	24	7
5	ㄱ, ㅂ	25	100
6	130	26	①
7	33	27	200
8	8	28	1771
9	45	29	690
10	130	30	15
11	57	31	20
12	10	32	18
13	243	33	79
14	340	34	256
15	6	35	50
16	25	36	11
17	441	37	6
18	95	38	115
19	10	39	5
20	28		

001

$$\sum_{k=1}^{15} a_k = \alpha, \quad \sum_{k=1}^{15} b_k = \beta$$

ㄱ. $\displaystyle\sum_{k=1}^{15}(2a_k - 5b_k + 1) = 2\sum_{k=1}^{15} a_k - 5\sum_{k=1}^{15} b_k + 15$

$= 2\alpha - 5\beta + 15$

따라서 ㄱ은 거짓이다.

ㄴ. $\displaystyle\sum_{k=1}^{15} 3(a_k + b_k) = 3\sum_{k=1}^{15} a_k + 3\sum_{k=1}^{15} b_k = 3\alpha + 3\beta$

따라서 ㄴ은 참이다.

ㄷ. $\left(\displaystyle\sum_{k=1}^{15} b_k\right)^2 = \beta^2$ 이지 $\displaystyle\sum_{k=1}^{15}(b_k)^2 = \beta^2$ 라는 보장은 없다.

따라서 ㄷ은 거짓이다.

답 ②

002

$$\sum_{k=1}^{10} \frac{2k}{k+1} + \sum_{k=1}^{10} \frac{2}{k+1} = \sum_{k=1}^{10} \frac{2k+2}{k+1} = \sum_{k=1}^{10} 2 = 20$$

답 20

003

$$\sum_{k=1}^{n} (a_{2k-1} + a_{2k}) = 2n - 1$$

$$\sum_{k=1}^{5} (a_{2k-1} + a_{2k}) = \sum_{k=1}^{10} a_k = 10 - 1 = 9$$

답 9

004

$$\sum_{n=1}^{10} (a_n + 1)^2 = 100, \quad \sum_{n=1}^{10} a_n(2a_n + 1) = 60$$

$$\sum_{n=1}^{10} (a_n^2 + 2a_n + 1) = \sum_{n=1}^{10}(a_n)^2 + 2\sum_{n=1}^{10} a_n + 10 = 100$$

$$\sum_{n=1}^{10} a_n(2a_n + 1) = 2\sum_{n=1}^{10}(a_n)^2 + \sum_{n=1}^{10} a_n = 60$$

$$\sum_{n=1}^{10} (a_n)^2 = a, \quad \sum_{n=1}^{10} a_n = b \text{ 라 하면}$$

$a + 2b = 90$, $2a + b = 60$ 이고 연립하면 $a = 10$, $b = 40$ 이다.

$$\sum_{n=1}^{10} (a_n - 1)(a_n + 2) = \sum_{n=1}^{10} \{(a_n)^2 + a_n - 2\}$$

$$= \sum_{n=1}^{10} (a_n)^2 + \sum_{n=1}^{10} a_n - 20 = a + b - 20 = 30$$

따라서 $\displaystyle\sum_{n=1}^{10}(a_n - 1)(a_n + 2) = 30$ 이다.

답 30

005

ㄱ. $\displaystyle\sum_{k=1}^{10}(3k - 1) = 2 + 5 + 8 + \cdots + 29$

$$\sum_{i=2}^{11}(3i - 4) = 2 + 5 + 8 + \cdots + 29$$

이므로 $\displaystyle\sum_{k=1}^{10}(3k-1) = \sum_{i=2}^{11}(3i-4)$ 이다.

따라서 ㄱ은 참이다.

ㄴ. $\displaystyle\sum_{k=1}^{n}(a_k)^2 \neq \left(\sum_{k=1}^{n}a_k\right)^2$

반드시 $\displaystyle\sum_{k=1}^{n}(a_k)^2 = \left(\sum_{k=1}^{n}a_k\right)^2$ 라는 보장이 없다.

따라서 ㄴ은 거짓이다.

ㄷ. $\displaystyle\sum_{k=1}^{n}a_{2k} = a_2 + a_4 + a_6 + \cdots + a_{2n}$

$\displaystyle\sum_{k=1}^{2n}a_k = a_1 + a_2 + a_3 + \cdots + a_{2n}$

$\displaystyle\sum_{k=1}^{n}a_{2k} \neq \sum_{k=1}^{2n}a_k$

따라서 ㄷ은 거짓이다.

ㄹ. $\displaystyle\sum_{k=1}^{n}a_k - \sum_{k=n-10}^{n}a_k = a_1 + a_2 + a_3 + \cdots + a_{n-11}$

$\displaystyle\sum_{k=1}^{n-10}a_k = a_1 + a_2 + a_3 + \cdots + a_{n-10}$

$\left(\displaystyle\sum_{k=1}^{n}a_k - \sum_{k=n-10}^{n}a_k \neq a_1 + a_2 + a_3 + \cdots + a_{n-9}\ \text{조심}\right)$

$\displaystyle\sum_{k=1}^{n}a_k - \sum_{k=n-10}^{n}a_k \neq \sum_{k=1}^{n-10}a_k$

따라서 ㄹ은 거짓이다.

ㅁ. $\displaystyle\sum_{k=1}^{n}ka_n = \sum_{k=1}^{n}na_k$

$(1 + 2 + \cdots + n)a_n \neq n(a_1 + a_2 + \cdots + a_n)$

따라서 ㅁ은 거짓이다.

ㅂ. $\displaystyle\sum_{k=1}^{n}3^{-k} = 3^{-1} + 3^{-2} + \cdots + 3^{-n}$

$\displaystyle\sum_{k=0}^{n-1}3^{-k-1} = 3^{-1} + 3^{-2} + \cdots + 3^{-n}$

$\displaystyle\sum_{k=1}^{n}3^{-k} = \sum_{k=0}^{n-1}3^{-k-1}$

따라서 ㅂ은 참이다.

답 ㄱ, ㅂ

006

$\displaystyle\sum_{k=1}^{n}a_k = 2n^2, \quad \sum_{k=1}^{n}b_k = n$

$\displaystyle\sum_{k=6}^{10}a_k = \sum_{k=1}^{10}a_k - \sum_{k=1}^{5}a_k = 200 - 50 = 150$

$\displaystyle 4\sum_{k=6}^{10}b_k = 4\left(\sum_{k=1}^{10}b_k - \sum_{k=1}^{5}b_k\right) = 4(10 - 5) = 20$

따라서

$\displaystyle\sum_{k=6}^{10}(a_k - 4b_k) = \sum_{k=6}^{10}a_k - 4\sum_{k=6}^{10}b_k = 150 - 20 = 130$ 이다.

답 130

007

$(\text{좌변}) = \displaystyle\sum_{k=1}^{33}(a_k - k) = \sum_{k=1}^{33}a_k - \sum_{k=1}^{33}k$

$(\text{우변}) = \displaystyle\sum_{k=1}^{32}(a_k + k - 33) = \sum_{k=1}^{32}a_k + \sum_{k=1}^{32}k - 33 \times 32$ 이고,

$\displaystyle\sum_{k=1}^{33}(a_k - k) = \sum_{k=1}^{32}(a_k + k - 33)$ 이므로

$\displaystyle\sum_{k=1}^{33}a_k - \sum_{k=1}^{33}k = \sum_{k=1}^{32}a_k + \sum_{k=1}^{32}k - 33 \times 32$

$a_{33} = \displaystyle\sum_{k=1}^{33}k + \sum_{k=1}^{32}k - 33 \times 32$

$\displaystyle = \frac{33 \times 34}{2} + \frac{32 \times 33}{2} - 33 \times 32 = 33(17 + 16 - 32) = 33$

따라서 $a_{33} = 33$ 이다.

답 33

008

$f(20) = 10, \quad f(2) = 2$

$\displaystyle\sum_{k=0}^{17}f(k+3) = f(3) + f(4) + \cdots + f(20)$

$\displaystyle\sum_{k=4}^{21}f(k-2) = f(2) + f(3) + \cdots + f(19)$

따라서

$\displaystyle\sum_{k=0}^{17}f(k+3) - \sum_{k=4}^{21}f(k-2) = f(20) - f(2) = 10 - 2 = 8$ 이다.

답 8

009

$$\sum_{k=1}^{15} f\left(\frac{k}{4}\right)=f\left(\frac{1}{4}\right)+f\left(\frac{2}{4}\right)+f\left(\frac{3}{4}\right)+\cdots+f\left(\frac{15}{4}\right)$$

$f(x)+f(4-x)=6$ 이므로

$$f\left(\frac{1}{4}\right)+f\left(\frac{15}{4}\right)=6$$

$$f\left(\frac{2}{4}\right)+f\left(\frac{14}{4}\right)=6$$

$$\vdots$$

$$f\left(\frac{7}{4}\right)+f\left(\frac{9}{4}\right)=6$$

$$f\left(\frac{8}{4}\right)+f\left(\frac{8}{4}\right)=6 \Rightarrow f\left(\frac{8}{4}\right)=3$$

따라서 $\displaystyle\sum_{k=1}^{15} f\left(\frac{k}{4}\right)=7\times 6+3=45$ 이다.

답 45

010

$$\sum_{k=1}^{n}(2kn)=2n\sum_{k=1}^{n}k=2n\times\frac{n(n+1)}{2}=n^3+n^2$$

따라서

$$\sum_{n=1}^{4}\left\{\sum_{k=1}^{n}(2kn)\right\}=\sum_{n=1}^{4}(n^3+n^2)=\left(\frac{4\times5}{2}\right)^2+\frac{4\times5\times9}{6}$$

$$=100+30=130$$

이다.

답 130

011

$$\sum_{k=1}^{n}2^{n-k}=2^n\sum_{k=1}^{n}2^{-k}=2^n\times\frac{\frac{1}{2}\left(1-\left(\frac{1}{2}\right)^n\right)}{1-\frac{1}{2}}=2^n-1$$

따라서

$$\sum_{n=1}^{5}\left\{\sum_{k=1}^{n}2^{n-k}\right\}=\sum_{n=1}^{5}(2^n-1)=\sum_{n=1}^{5}2^n-5=\frac{2(2^5-1)}{2-1}-5$$

$$=62-5=57$$

이다.

답 57

012

$$\sum_{i=1}^{n}\frac{i\cdot 2^n}{n(n+1)}=\frac{2^n}{n(n+1)}\sum_{i=1}^{n}i=\frac{2^n}{n(n+1)}\times\frac{n(n+1)}{2}=2^{n-1}$$

$$\sum_{n=1}^{m+20}\left\{\sum_{i=1}^{n}\frac{i\cdot 2^n}{n(n+1)}\right\}=\sum_{n=1}^{m+20}2^{n-1}=\frac{1\times(2^{m+20}-1)}{2-1}$$

$$=2^{m+20}-1=4^{m+5}-1=2^{2m+10}-1$$

$$2^{m+20}=2^{2m+10}\Rightarrow m+20=2m+10\Rightarrow m=10$$

따라서 자연수 m 은 10 이다.

답 10

013

$$\log_3 a_n=\frac{1}{\sqrt{n}+\sqrt{n+1}}=\sqrt{n+1}-\sqrt{n}$$

$$a_n=3^{\sqrt{n+1}-\sqrt{n}}$$

$$\sum_{k=1}^{35}\log_2 a_k=\log_2 a_1+\log_2 a_2+\cdots+\log_2 a_{35}$$

$$=\log_2 a_1 a_2\cdots a_{35}=\log_2 3^{(\sqrt{2}-\sqrt{1})+(\sqrt{3}-\sqrt{2})+\cdots+(\sqrt{36}-\sqrt{35})}$$

$$=\log_2 3^{\sqrt{36}-\sqrt{1}}=\log_2 3^5=\log_2 243$$

따라서 $2^{\sum_{k=1}^{35}\log_2 a_k}=2^{\log_2 243}=243$ 이다.

답 243

014

$$\sum_{k=1}^{10}\frac{k^3}{k+1}+\sum_{k=1}^{10}\frac{1}{k+1}$$

$$=\sum_{k=1}^{10}\frac{k^3+1}{k+1}=\sum_{k=1}^{10}(k^2-k+1)$$

$$=\sum_{k=1}^{10}k^2-\sum_{k=1}^{10}k+10$$

$$=\frac{10\times11\times21}{6}-\frac{10\times11}{2}+10$$

$$=385-55+10=340$$

답 340

015

$$\sum_{k=1}^{n}\left(k^2+k+2\right)=\sum_{k=1}^{n-1}\left(k^2+k+2\right)+\left(n^2+n+2\right)$$

$$\sum_{k=1}^{n-1}\left(k^2+k+2\right)-\sum_{k=1}^{n-1}\left(k^2+k-3\right)$$

$$=\sum_{k=1}^{n-1}\left\{k^2+k+2-\left(k^2+k-3\right)\right\}=\sum_{k=1}^{n-1}5=5(n-1)$$

$$\therefore \ \sum_{k=1}^{n}\left(k^2+k+2\right)-\sum_{k=1}^{n-1}\left(k^2+k-3\right)=n^2+n+2+5(n-1)$$

$$=n^2+6n-3=69$$

$$n^2+6n-72=0 \ \Rightarrow \ (n+12)(n-6)=0 \ \Rightarrow \ n=6$$

따라서 n은 6이다.

답 6

016

$$\sum_{k=1}^{4}(k+p)^2$$

$$=\sum_{k=1}^{4}\left(k^2+2kp+p^2\right)=\sum_{k=1}^{4}k^2+2p\sum_{k=1}^{4}k+4p^2$$

$$=\frac{4\times5\times9}{6}+2p\times\frac{4\times5}{2}+4p^2=30+20p+4p^2$$

$$=4\left(p+\frac{5}{2}\right)^2+5 \ \text{이므로}$$

$p=-\dfrac{5}{2}$ 일 때, 최솟값 5를 갖는다.

$$a=-\frac{5}{2}, \ b=5$$

따라서 $10(b+a)=10\left(5-\dfrac{5}{2}\right)=25$ 이다.

답 25

017

$$\sum_{k=1}^{6}k^2=1^2+2^2+3^2+4^2+5^2+6^2$$

$$\sum_{k=2}^{6}k^2=\qquad 2^2+3^2+4^2+5^2+6^2$$

$$\sum_{k=3}^{6}k^2=\qquad\qquad 3^2+4^2+5^2+6^2$$

$$\sum_{k=4}^{6}k^2=\qquad\qquad\qquad 4^2+5^2+6^2$$

$$\sum_{k=5}^{6}k^2=\qquad\qquad\qquad\qquad 5^2+6^2$$

$$\sum_{k=6}^{6}k^2=\qquad\qquad\qquad\qquad\qquad 6^2$$

$$\sum_{k=1}^{6}k^2+\sum_{k=2}^{6}k^2+\sum_{k=3}^{6}k^2+\cdots+\sum_{k=6}^{6}k^2$$

$$=1^2\times1+2^2\times2+3^2\times3+4^2\times4+5^2\times5+6^2\times6$$

$$=1^3+2^3+3^3+4^3+5^3+6^3=\sum_{k=1}^{6}k^3=\left(\frac{6\times7}{2}\right)^2=441$$

답 441

018

$x^2-3x-1=0$ 의 두 실근이 α, β이므로
근과 계수의 관계에 의해서 $\alpha+\beta=3$, $\alpha\beta=-1$ 이다.

$$\sum_{k=1}^{5}(k+\alpha)(k+\beta)=\sum_{k=1}^{5}\left(k^2+(\alpha+\beta)k+\alpha\beta\right)$$

$$=\sum_{k=1}^{5}k^2+3\sum_{k=1}^{5}k-5=\frac{5\times6\times11}{6}+3\times\frac{5\times6}{2}-5$$

$$=55+45-5=95$$

답 95

019

$3a_n+n^2=m$ 의 양변에 $\displaystyle\sum_{n=1}^{10}$ 를 걸면

$$(\text{좌변})=\sum_{n=1}^{10}\left(3a_n+n^2\right)=3\sum_{n=1}^{10}a_n+\frac{10\times11\times21}{6}=3m+385$$

$$(\text{우변})=\sum_{n=1}^{10}m=10m$$

$$\sum_{n=1}^{10}\left(3a_n+n^2\right)=\sum_{n=1}^{10}m \ \text{이므로}$$

$3m + 385 = 10m \;\Rightarrow\; 7m = 385 \;\Rightarrow\; m = 55$ 이다.

$3a_n + n^2 = m \;\Rightarrow\; 3a_5 + 25 = 55$

따라서 $a_5 = 10$ 이다.

답   10

020

$(좌변) = \displaystyle\sum_{k=1}^{10} a_k = \sum_{k=1}^{7} a_k + a_8 + a_9 + a_{10}$

$(우변) = \displaystyle\sum_{k=1}^{7} (a_k + 3k) = \sum_{k=1}^{7} a_k + 3 \times \frac{7 \times 8}{2}$

$\displaystyle\sum_{k=1}^{10} a_k = \sum_{k=1}^{7} (a_k + 3k) \;\Rightarrow\; a_8 + a_9 + a_{10} = 84$

$a_8 + a_{10} = 2a_9$ 이므로 $3a_9 = 84$ 이다.

따라서 $a_9 = 28$ 이다.

답   28

021

$a_1 + a_6 = 0, \; a_3 = 1$

$2a + 5d = 0, \; a + 2d = 1$ 를 연립하면

$a = 5, \; d = -2$ 이다.

$a_k = 5 + (k-1)(-2) = -2k + 7$

$a_{k+1} = -2(k+1) + 7 = -2k + 5$ 이므로

$\displaystyle\sum_{k=1}^{10} |a_k + a_{k+1}| = \sum_{k=1}^{10} |-4k + 12|$

$= |8| + |4| + |0| + |-4| + |-8| + \cdots + |-28|$

$= 12 + \dfrac{7(4+28)}{2} = 124$

따라서 $\displaystyle\sum_{k=1}^{10} |a_k + a_{k+1}| = 124$ 이다.

답   124

022

$a_1 + a_2 + a_3 = a + a + d + a + 2d = 3a + 3d = 3$

$\Rightarrow\; a = 1 - d$

$|a_1| + |a_2| + |a_3| = |a| + |a+d| + |a+2d|$

$= |1-d| + 1 + |1+d| = |1-d| + 2 + d = 5 \;\; (d > 0)$

$|1-d| = 3 - d$

①　$1 - d \geq 0 \;\Rightarrow\; 1 - d = 3 - d \;\Rightarrow\; 1 = 3$ 모순

②　$1 - d < 0 \;\Rightarrow\; 1 < d \;\Rightarrow\; -1 + d = 3 - d \;\Rightarrow\; d = 2$

$a = 1 - d$ 이므로 $a = -1$ 이다.

$a_n = 2n - 3 \;\Rightarrow\; a_{2k} = 4k - 3$

$\displaystyle\sum_{k=1}^{10} (a_{2k} + 3) = \sum_{k=1}^{10} a_{2k} + 30 = \sum_{k=1}^{10} (4k - 3) + 30$

$\qquad = \dfrac{10(1 + 37)}{2} + 30 = 190 + 30 = 220$

답   220

023

$2^{-k-1}(2^{2k-1} + 1) = 2^{k-2} + 2^{-k-1}$ 이므로

$\displaystyle\sum_{k=1}^{5} 2^{-k-1}(2^{2k-1} + 1) = \sum_{k=1}^{5} (2^{k-2} + 2^{-k-1})$

$= \displaystyle\sum_{k=1}^{5} 2^{k-2} + \sum_{k=1}^{5} 2^{-k-1} = \dfrac{\frac{1}{2}(2^5 - 1)}{2 - 1} + \dfrac{\frac{1}{4}\left(1 - \frac{1}{2^5}\right)}{1 - \frac{1}{2}}$

$= 2^4 - \dfrac{1}{2} + \dfrac{1}{2} - \dfrac{1}{2^6} = 2^4 - 2^{-6} = 2^p - 2^{-q}$

$p = 4, \; q = 6$

따라서 $p + q = 4 + 6 = 10$ 이다.

답   10

024

$a_2 = 10, \; a_8 = 8a_5$

$ar = 10, \; ar^7 = 8ar^4 \Rightarrow r^3 = 8 \Rightarrow r = 2, \; a = 5 \, (a \neq 0)$

$\displaystyle\sum_{k=1}^{n} a_k = \dfrac{5(2^n - 1)}{2 - 1} = 5 \times (2^n - 1) \geq 500$

따라서 n 의 최솟값은 7 이다.

답   7

$a = r = 4 \Rightarrow a_n = 4 \times 4^{n-1} = 4^n$

$$\sum_{n=1}^{24} \log_{64} a_n = \sum_{n=1}^{24} \log_{4^3} 4^n = \sum_{n=1}^{24} \frac{n}{3} = \frac{1}{3} \times \frac{24 \times 25}{2} = 100$$

답 100

$$\sum_{k=1}^{30} \frac{4^{k+1} + 8}{2^{k-1}} = \sum_{k=1}^{30} \frac{4^{k+1}}{2^{k-1}} + \sum_{k=1}^{30} \left\{ 8 \times \left(\frac{1}{2} \right)^{k-1} \right\}$$

$$= \sum_{k=1}^{30} 2^{2k+2-(k-1)} + \sum_{k=1}^{30} \left\{ 8 \times \left(\frac{1}{2} \right)^{k-1} \right\}$$

$$= \sum_{k=1}^{30} 2^{k+3} + \sum_{k=1}^{30} \left\{ 8 \times \left(\frac{1}{2} \right)^{k-1} \right\} = \frac{16(2^{30} - 1)}{2 - 1} + \frac{8\left(1 - \frac{1}{2^{30}} \right)}{1 - \frac{1}{2}}$$

$$= 2^{34} - 16 + 16 - 2^{-26} = 2^{34} - 2^{-26} = 2^a - 2^{-b}$$

$a = 34, \ b = 26$

따라서 $2a + b = 68 + 26 = 94$ 이다.

답 ①

$$\sum_{k=1}^{n} a_k = 2n^2 - n \Rightarrow a_n = 4n - 1 - 2 = 4n - 3$$

(등차수열의 합 꼴이므로 빠르게 계산할 수 있다.
물론 $S_n - S_{n-1}$ 로 처리해도 된다.)

$$\sum_{n=1}^{100} (-1)^n (4n - 3) = -1 + 5 - 9 + 13 \cdots -393 + 397$$

두 개씩 묶어보면
$(-1 + 5) = 4, \ (-9 + 13) = 4, \ \cdots, \ (-393 + 397) = 4$
이다.

총 50묶음이므로
$$\sum_{n=1}^{100} (-1)^n a_n = 50 \times 4 = 200$$ 이다.

답 200

$$\sum_{k=1}^{n} a_k = n^2 + 1 \Rightarrow a_n = 2n - 1 \ (n \geq 2), \ a_1 = 2$$

$a_k = 2k - 1 \Rightarrow a_{2k-1} = 2(2k-1) - 1 = 4k - 3$ 라고 생각
하고 합을 계산한 뒤 잘못된 것($a_1 = 1$)을 빼주고
원래의 것 ($a_1 = 2$) 을 더해준다.

$$\sum_{k=1}^{30} a_{2k-1} = \sum_{k=1}^{30} (4k - 3) - 1 + 2 = \frac{30 \times (1 + 117)}{2} + 1$$

$$= 1771$$

답 1771

$$\sum_{k=1}^{n} k a_k = n(n+1)(n+2) = S_n$$

$$S_n - S_{n-1} = n(n+1)(n+2) - (n-1)n(n+1)$$

$$= n(n+1)(n+2-(n-1)) = 3n(n+1) = n a_n$$

$S_1 = 1 \times 2 \times 3 = 6$ 이고 $1 \times a_1 = 3 \times 1 \times 2 = 6$ 이므로
$n a_n = 3n(n+1) \ (n \geq 1)$ 이다.

Tip

Guide step에서 배운

$$\sum_{k=1}^{n} k(k+1) = \frac{n(n+1)(n+2)}{3}$$ 을 외웠다면 양변에

3 을 곱해 $\sum_{k=1}^{n} 3k(k+1) = n(n+1)(n+2)$ 을 얻을 수 있고
$k a_k = 3k(k+1)$ 임을 바로 알 수 있다.

$a_n = 3n + 3$ 이므로
$$\sum_{k=1}^{20} a_k = \sum_{k=1}^{20} (3k + 3) = \frac{20(6 + 63)}{2} = 690$$ 이다.

답 690

030

$\displaystyle\sum_{k=1}^{25} \frac{S_{k+1}}{S_k} = 40$ 일 때,

$$\sum_{k=1}^{25} \frac{a_{k+1}}{S_k} = \sum_{k=1}^{25} \frac{S_{k+1}-S_k}{S_k} = \sum_{k=1}^{25}\left(\frac{S_{k+1}}{S_k}-1\right)$$

$$=\left(\sum_{k=1}^{25}\frac{S_{k+1}}{S_k}\right)-25 = 40-25 = 15$$

따라서 $\displaystyle\sum_{k=1}^{25} \frac{a_{k+1}}{S_k} = 15$ 이다.

답 15

031

$\displaystyle\sum_{k=1}^{n} a_k = 3^{n+1}-3 = S_n$

$S_n - S_{n-1} = 3^{n+1}-3-\left(3^n-3\right) = 3^{n+1}-3^n = 3^n(3-1)$

$= 2\times 3^n = a_n$

$\displaystyle(\text{좌변}) = \sum_{k=1}^{m}\left(a_k\right)^2 = \sum_{k=1}^{m} 4\times 3^{2k} = \frac{36\left(9^m-1\right)}{9-1} = \frac{9\left(9^m-1\right)}{2}$

$$= \frac{9^{m+1}-9}{2} = \frac{3^{2m+2}-9}{2} = \frac{3^{42}-9}{2}$$

따라서 $m=20$ 이다.

답 20

032

$\displaystyle\sum_{k=1}^{n} a_k = \frac{3n^2+n}{2} \;\Rightarrow\; a_n = 3n+\frac{1}{2}-\frac{3}{2} = 3n-1$

$\displaystyle\sum_{k=1}^{n} a_k b_k = 2n^3-n^2-n = S_n$

$S_n - S_{n-1} = 2n^3-n^2-n-\left(2(n-1)^3-(n-1)^2-(n-1)\right)$

$= 2n^3-n^2-n-\left(2n^3-7n^2+7n-2\right) = 6n^2-8n+2$

$= 2(3n-1)(n-1) = a_n b_n$

$S_1 = 0 = 2(3-1)(1-1) = a_1 b_1$

이므로

$a_n b_n = 2(3n-1)(n-1) \;\Rightarrow\; (3n-1)b_n = 2(3n-1)(n-1)$

따라서 $b_n = 2(n-1) \;\Rightarrow\; b_{10} = 18$ 이다.

답 18

033

$\displaystyle\sum_{k=1}^{10} \frac{1}{(2k+1)(2k+3)} = \sum_{k=1}^{10} \frac{1}{2}\left(\frac{1}{2k+1}-\frac{1}{2k+3}\right)$

$a_k = 2k+1,\; a_{k+1} = 2k+3$ 이므로 초말유형이다.

따라서 $\dfrac{1}{2}\left(\dfrac{1}{3}-\dfrac{1}{23}\right) = \dfrac{10}{69}$ 이므로 $p+q = 79$ 이다.

답 79

034

$$\frac{1}{k^2+6k+8} = \frac{1}{(k+2)(k+4)}$$

$\displaystyle\sum_{k=4}^{18} \frac{1}{(k+2)(k+4)} = \sum_{k=4}^{18} \frac{1}{2}\left(\frac{1}{k+2}-\frac{1}{k+4}\right)$

$a_k = k+2,\; a_{k+2} = k+4$ 이므로 초초말말유형이다.

따라서 $\dfrac{1}{2}\left(\dfrac{1}{6}+\dfrac{1}{7}-\dfrac{1}{21}-\dfrac{1}{22}\right) = \dfrac{25}{231}$ 이므로

$p+q = 256$ 이다.

답 256

035

$\displaystyle\sum_{k=1}^{n} a_k = 3n^2+7n \;\Rightarrow\; a_n = 6n+7-3 = 6n+4$

$\displaystyle\sum_{k=1}^{15} \frac{12}{a_k a_{k+1}} = 12\sum_{k=1}^{15} \frac{1}{(6k+4)(6k+10)}$

$\displaystyle = 12\sum_{k=1}^{15} \frac{1}{6}\left(\frac{1}{6k+4}-\frac{1}{6k+10}\right)$

$= 2\left(\dfrac{1}{10}-\dfrac{1}{100}\right) = \dfrac{9}{50}$

$\dfrac{9}{50} = \dfrac{1}{m} \;\Rightarrow\; m = \dfrac{50}{9}$

따라서 $9m = 50$ 이다.

답 50

$$\sum_{k=1}^{n} \frac{a_k}{k+1} = n^2 + n$$

$$\Rightarrow \frac{a_n}{n+1} = 2n+1-1$$

$$\Rightarrow a_n = 2n(n+1)$$

$$\sum_{n=1}^{11} \frac{24}{a_n} = 12\sum_{n=1}^{11} \frac{1}{n(n+1)} = 12\sum_{n=1}^{11}\left(\frac{1}{n} - \frac{1}{n+1}\right)$$

$$= 12\left(\frac{1}{1} - \frac{1}{12}\right) = 12 - 1 = 11$$

답 11

$$a = 4, \ d = 1 \Rightarrow a_n = n+3$$

$$\sum_{k=1}^{60} \frac{1}{\sqrt{a_{k+1}} + \sqrt{a_k}} = \sum_{k=1}^{60} \frac{1}{\sqrt{k+4} + \sqrt{k+3}}$$

$$= \sum_{k=1}^{60} \left(\sqrt{k+4} - \sqrt{k+3}\right)$$

$$= \left(\sqrt{5} - \sqrt{4}\right) + \left(\sqrt{6} - \sqrt{5}\right) + \cdots + \left(\sqrt{64} - \sqrt{63}\right)$$

$$= \sqrt{64} - \sqrt{4} = 8 - 2 = 6$$

답 6

$$\sum_{k=1}^{11} \frac{a}{4k^2 - 1} = a\sum_{k=1}^{11} \frac{1}{(2k-1)(2k+1)}$$

$$= a\sum_{k=1}^{11} \frac{1}{2}\left(\frac{1}{2k-1} - \frac{1}{2k+1}\right) = \frac{a}{2}\left(\frac{1}{1} - \frac{1}{23}\right) = \frac{11}{23}a$$

$\displaystyle\sum_{k=1}^{11} \frac{a}{4k^2 - 1}$ 의 값이 자연수가 되려면 a는 23의 배수여야 한다.

따라서 100 이하의 자연수 a의 최솟값은 23,
최댓값은 92이므로 최댓값과 최솟값의 합은 115이다.

답 115

$$a_n = 2^{n+1}$$

$$\sum_{k=1}^{10} \frac{1}{\log_{16} a_k \times \log_8 a_{k+1}}$$

$$= \sum_{k=1}^{10} \frac{1}{\log_{2^4} 2^{k+1} \times \log_{2^3} 2^{k+2}}$$

$$= \sum_{k=1}^{10} \frac{1}{\frac{k+1}{4} \times \frac{k+2}{3}} = \sum_{k=1}^{10} \frac{12}{(k+1)(k+2)}$$

$$= 12\sum_{k=1}^{10} \left(\frac{1}{k+1} - \frac{1}{k+2}\right) = 12\left(\frac{1}{2} - \frac{1}{12}\right) = 6 - 1 = 5$$

답 5

40	⑤	67	34
41	9	68	201
42	8	69	200
43	113	70	58
44	9	71	25
45	12	72	②
46	⑤	73	①
47	④	74	③
48	②	75	③
49	13	76	9
50	22	77	④
51	29	78	①
52	②	79	⑤
53	①	80	③
54	160	81	①
55	④	82	①
56	④	83	⑤
57	91	84	③
58	④	85	④
59	4	86	②
60	502	87	19
61	③	88	③
62	7	89	①
63	②	90	②
64	③	91	①
65	③	92	②
66	②	93	①

040

$$\sum_{k=1}^{10} a_k = 4, \quad \sum_{k=1}^{10} (a_k + 2)^2 = 67$$

$$\sum_{k=1}^{10} (a_k + 2)^2 = \sum_{k=1}^{10} (a_k^{\ 2} + 4a_k + 4)$$

$$= \sum_{k=1}^{10} (a_k)^2 + 4\sum_{k=1}^{10} a_k + \sum_{k=1}^{10} 4$$

$$= \sum_{k=1}^{10} (a_k)^2 + 16 + 40 = 67$$

따라서 $\displaystyle\sum_{k=1}^{10} (a_k)^2 = 67 - 56 = 11$ 이다.

답 ⑤

041

$$\sum_{k=1}^{10} a_k = \sum_{k=1}^{10} (2b_k - 1) \ \Rightarrow\ \sum_{k=1}^{10} a_k = 2\sum_{k=1}^{10} b_k - 10$$

$$\sum_{k=1}^{10} (3a_k + b_k) = 33 \ \Rightarrow\ 3\sum_{k=1}^{10} a_k + \sum_{k=1}^{10} b_k = 33$$

$$\Rightarrow 3\left(2\sum_{k=1}^{10} b_k - 10\right) + \sum_{k=1}^{10} b_k = 33$$

$$\Rightarrow 7\sum_{k=1}^{10} b_k - 30 = 33 \ \Rightarrow\ 7\sum_{k=1}^{10} b_k = 63$$

따라서 $\displaystyle\sum_{k=1}^{10} b_k = 9$ 이다.

답 9

042

$$\sum_{k=1}^{10} (2k+1)^2 a_k = 100, \quad \sum_{k=1}^{10} k(k+1) a_k = 23$$

$$\sum_{k=1}^{10} a_k = \sum_{k=1}^{10} \{(2k+1)^2 - 4k(k+1)\} a_k$$

$$= \sum_{k=1}^{10} (2k+1)^2 a_k - 4\sum_{k=1}^{10} k(k+1) a_k$$

따라서 $\displaystyle\sum_{k=1}^{10} a_k = 100 - 4 \times 23 = 100 - 92 = 8$ 이다.

답 8

$$\sum_{k=1}^{10} a_k + \sum_{k=1}^{9} a_k = 137, \quad \sum_{k=1}^{10} a_k - \sum_{k=1}^{9} 2a_k = 101$$

$$\sum_{k=1}^{10} a_k = A, \quad \sum_{k=1}^{9} a_k = B \text{라 하자.}$$

$$A + B = 137, \quad A - 2B = 101 \;\Rightarrow\; A = 125, \; B = 12$$

따라서 $a_{10} = \sum_{k=1}^{10} a_k - \sum_{k=1}^{9} a_k = A - B = 125 - 12 = 113$ 이다.

답 113

$$\sum_{k=1}^{10} (a_k + 2b_k) = 45 \;\Rightarrow\; \sum_{k=1}^{10} a_k + 2\sum_{k=1}^{10} b_k = 45$$

$$\sum_{k=1}^{10} (a_k - b_k) = 3 \;\Rightarrow\; \sum_{k=1}^{10} a_k - \sum_{k=1}^{10} b_k = 3$$

두 식을 연립하면

$$3\sum_{k=1}^{10} b_k = 42 \;\Rightarrow\; \sum_{k=1}^{10} b_k = 14$$

따라서 $\sum_{k=1}^{10} \left(b_k - \dfrac{1}{2} \right) = \sum_{k=1}^{10} b_k - 5 = 14 - 5 = 9$

답 9

$$\sum_{k=1}^{10} a_k - \sum_{k=1}^{7} \frac{a_k}{2} = 56 \;\Rightarrow\; 2\sum_{k=1}^{10} a_k - \sum_{k=1}^{7} a_k = 112$$

$$\sum_{k=1}^{10} 2a_k - \sum_{k=1}^{8} a_k = 100 \;\Rightarrow\; 2\sum_{k=1}^{10} a_k - \sum_{k=1}^{8} a_k = 100$$

두 식을 연립하면

$$\sum_{k=1}^{8} a_k - \sum_{k=1}^{7} a_k = 12 \;\Rightarrow\; a_8 = 12$$

따라서 $a_8 = 12$ 이다.

답 12

046

$$S_n = \frac{1}{n(n+1)} = \frac{1}{n} - \frac{1}{n+1}$$

$$\sum_{k=1}^{10} (S_k - a_k) = \sum_{k=1}^{10} S_k - \sum_{k=1}^{10} a_k = \left(1 - \frac{1}{11} \right) - S_{10}$$

$$= 1 - \frac{1}{11} - \frac{1}{110} = \frac{99}{110} = \frac{9}{10}$$

따라서 $\sum_{k=1}^{10} (S_k - a_k) = \dfrac{9}{10}$ 이다.

답 ⑤

$$a_n = d + (n-1)d = dn$$

$$\sum_{k=1}^{15} \frac{1}{\sqrt{a_k} + \sqrt{a_{k+1}}} = \sum_{k=1}^{15} \frac{\sqrt{a_{k+1}} - \sqrt{a_k}}{a_{k+1} - a_k}$$

$$= \frac{1}{d} \sum_{k=1}^{15} \left(\sqrt{a_{k+1}} - \sqrt{a_k} \right)$$

$$= \frac{1}{d} \left(\sqrt{a_{16}} - \sqrt{a_1} \right)$$

$$= \frac{1}{d} \left(\sqrt{16d} - \sqrt{d} \right) = 2$$

$$\Rightarrow \sqrt{16d} - \sqrt{d} = 2d \;\Rightarrow\; 4\sqrt{d} - \sqrt{d} = 2d$$

$$\Rightarrow 3\sqrt{d} = 2d \;\Rightarrow\; 9d = 4d^2 \;\Rightarrow\; d = \frac{9}{4} \;\; (\because d > 0)$$

따라서 $a_4 = 4d = 4 \times \dfrac{9}{4} = 9$ 이다.

답 ④

048

등비수열 $\{a_n\}$ 의 공비가 $\sqrt{3}$ 이고, 등비수열 $\{b_n\}$ 의 공비가
$-\sqrt{3}$ 이고, $a_1 = b_1$ 이므로 $a_{2n} + b_{2n} = 0$ 이고,
$a_{2n+1} + b_{2n+1} = 3(a_{2n-1} + b_{2n-1})$ 이다.

$$\sum_{n=1}^{8} a_n + \sum_{n=1}^{8} b_n = \sum_{n=1}^{8}\left(a_n + b_n\right)$$

$$= \sum_{n=1}^{4}\left(a_{2n-1} + b_{2n-1}\right)$$

$$= \frac{(a_1 + b_1)(3^4 - 1)}{3 - 1} = 80a_1 = 160$$

$$\Rightarrow a_1 = 2$$

따라서 $a_3 + b_3 = 3(a_1 + b_1) = 3 \times 4 = 12$ 이다.

답 ②

049

$$\sum_{k=1}^{5} a_k = 10$$

$$\sum_{k=1}^{5} ca_k = 65 + \sum_{k=1}^{5} c \Rightarrow c\sum_{k=1}^{5} a_k = 65 + 5c$$

$$\Rightarrow 10c = 65 + 5c \Rightarrow c = 13$$

따라서 상수 $c = 13$ 이다.

답 13

050

$$\sum_{k=1}^{5}\left(3a_k + 5\right) = 55 \Rightarrow 3\sum_{k=1}^{5} a_k + 25 = 55 \Rightarrow \sum_{k=1}^{5} a_k = 10$$

$$\sum_{k=1}^{5}\left(a_k + b_k\right) = 32 \Rightarrow \sum_{k=1}^{5} a_k + \sum_{k=1}^{5} b_k = 32 \Rightarrow \sum_{k=1}^{5} b_k = 22$$

따라서 $\sum_{k=1}^{5} b_k = 22$ 이다.

답 22

051

$$\sum_{k=1}^{10} ka_k = 36 \Rightarrow a_1 + 2a_2 + 3a_3 + \cdots + 10a_{10} = 36 \cdots \; ㉠$$

$$\sum_{k=1}^{9} ka_{k+1} = 7 \Rightarrow a_2 + 2a_3 + 3a_4 + \cdots + 9a_{10} = 7 \cdots \; ㉡$$

㉠에서 ㉡을 빼면
$$a_1 + a_2 + a_3 + \cdots + a_{10} = 29$$

따라서 $\sum_{k=1}^{10} a_k = 29$ 이다.

답 29

052

주어진 식 $\sum_{n=1}^{12} \dfrac{1}{a_n a_{n+1}}$ 은
한 끗차이므로 초말유형이다.

$$\sum_{n=1}^{12} \frac{1}{a_n a_{n+1}} = \sum_{n=1}^{12} \frac{1}{(2n+1)(2n+3)}$$

$$= \sum_{n=1}^{12} \frac{1}{2}\left(\frac{1}{2n+1} - \frac{1}{2n+3}\right)$$

$$= \frac{1}{2}\left(\frac{1}{3} - \frac{1}{27}\right) = \frac{4}{27}$$

답 ②

053

$$\left(n^2 + 6n + 5\right)x^2 - (n+5)x - 1 = 0$$

근과 계수의 관계에 의해서
$$a_n = \frac{n+5}{n^2 + 6n + 5} = \frac{n+5}{(n+5)(n+1)} = \frac{1}{n+1}$$ 이다.

따라서 $\sum_{k=1}^{10} \dfrac{1}{a_k} = \sum_{k=1}^{10}(k+1) = \dfrac{10(2+11)}{2} = 65$ 이다.

답 ①

$a = 3$ 이고 $\displaystyle\sum_{k=1}^{5} a_k = 55$ 이므로

$$\sum_{k=1}^{5} a_k = \frac{5(2a+4d)}{2} = \frac{5(6+4d)}{2} = 15 + 10d = 55$$

$$\Rightarrow d = 4$$

$a_n = 4n - 1$ 이므로

$$\sum_{k=1}^{5} k(a_k - 3) = \sum_{k=1}^{5} k(4k - 4)$$

$$= 4\sum_{k=1}^{5} (k^2 - k)$$

$$= 4\left(\sum_{k=1}^{5} k^2 - \sum_{k=1}^{5} k\right)$$

$$= 4\left(\frac{5 \times 6 \times 11}{6} - \frac{5(1+5)}{2}\right)$$

$$= 4(55 - 15) = 160$$

답 160

$a_1 = -4$

$$\sum_{k=1}^{n} \frac{a_{k+1} - a_k}{a_k a_{k+1}} = \sum_{k=1}^{n} \left(\frac{1}{a_k} - \frac{1}{a_{k+1}}\right) = \frac{1}{a_1} - \frac{1}{a_{n+1}} = \frac{1}{n}$$

$$\Rightarrow -\frac{1}{4} - \frac{1}{n} = \frac{1}{a_{n+1}} \Rightarrow -\frac{n+4}{4n} = \frac{1}{a_{n+1}}$$

$$\Rightarrow a_{n+1} = -\frac{4n}{n+4}$$

따라서 $a_{13} = -\dfrac{48}{16} = -3$ 이다.

답 ④

$$\sum_{n=1}^{20} (-1)^n n^2 = -1^2 + 2^2 - 3^2 + 4^2 - \cdots - 19^2 + 20^2$$

$$= \sum_{n=1}^{10} (2n)^2 - \sum_{n=1}^{10} (2n-1)^2$$

$$= \sum_{n=1}^{10} (4n - 1) = \frac{10(3+39)}{2} = 210$$

답 ④

057

$$2x^2 - 3x + 1 = (x - n)Q(x) + a_n$$

$x = n$ 을 대입하면 $2n^2 - 3n + 1 = a_n$ 이다.

$$\sum_{n=1}^{7} (a_n - n^2 + n) = \sum_{n=1}^{7} (n^2 - 2n + 1) = \sum_{n=1}^{7} n^2 - 2\sum_{n=1}^{7} n + 7$$

$$= \frac{7 \times 8 \times 15}{6} - 2 \times \frac{7 \times 8}{2} + 7 = 91$$

답 91

$$\sum_{k=1}^{n} a_k = n^2 - n \Rightarrow a_n = 2n - 1 - 1 = 2n - 2$$

$$a_{4k+1} = 2(4k+1) - 2 = 8k$$

$$\sum_{k=1}^{10} k a_{4k+1} = 8\sum_{k=1}^{10} k^2 = 8 \times \frac{10 \times 11 \times 21}{6} = 3080$$

답 ④

$$\sum_{k=1}^{n} a_k = \log_2(n^2 + n) = S_n$$

$$S_n - S_{n-1} = \log_2 n(n+1) - \log_2 (n-1)n$$

$$= \log_2 \frac{n+1}{n-1} = a_n \ (n \geq 2)$$

수열 $\{a_{2n+1}\}$ $(n = 1, 2, 3, \cdots)$ 은 $a_3, a_5, a_7, \cdots$ 이므로

a_{2n+1} 은 $a_n = \log_2 \dfrac{n+1}{n-1} \ (n \geq 2)$ 에서 n 에 $2n+1$ 을

대입해서 구할 수 있다.

$$a_{2n+1} = \log_2 \frac{2n+1+1}{2n+1-1} = \log_2 \frac{2n+2}{2n} = \log_2 \frac{n+1}{n}$$

$$\sum_{n=1}^{15} a_{2n+1} = \sum_{n=1}^{15} \log_2 \frac{n+1}{n}$$

$$= \log_2 \frac{2}{1} + \log_2 \frac{3}{2} + \cdots + \log_2 \frac{16}{15}$$

$$= \log_2 \left(\frac{2}{1} \times \frac{3}{2} \times \cdots \times \frac{16}{15}\right) = \log_2 16 = 4$$

답 4

060

2^2 의 양의 약수는 $1,\ 2,\ 2^2$ 이고

2^3 의 양의 약수는 $1,\ 2,\ 2^2,\ 2^3$ 이고

2^4 의 양의 약수는 $1,\ 2,\ 2^2,\ 2^3,\ 2^4$ 이다.

이를 바탕으로 2^{n-1} 의 양의 약수를 구하면 다음과 같다.

$$1,\ 2,\ 2^2,\ \cdots,\ 2^{n-1}$$

$$a_n = 1 + 2 + 2^2 + \cdots + 2^{n-1} = \frac{1 \times (2^n - 1)}{2 - 1} = 2^n - 1$$

$$\sum_{n=1}^{8} a_n = \sum_{n=1}^{8} (2^n - 1) = \sum_{n=1}^{8} 2^n - 8 = \frac{2(2^8 - 1)}{2 - 1} - 8 = 502$$

📖 502

$\mathrm{A}_k = (k,\ 2^k + 4),\ \mathrm{B}_{k+1} = (k+1,\ k+1)$

직사각형의 높이는 $2^k + 4 - (k+1)$ 이고

직사각형의 밑변의 길이가 1 이므로

$S_k = 2^k + 4 - (k+1)$ 이다.

$$\sum_{k=1}^{8} S_k = \sum_{k=1}^{8} \{2^k + 4 - (k+1)\} = \sum_{k=1}^{8} 2^k + 32 - \sum_{k=1}^{8} (k+1)$$

$$= \frac{2(2^8 - 1)}{2 - 1} + 32 - \frac{8(2+9)}{2} = 498$$

📖 ③

(가) $a_{n+2} = \begin{cases} a_n - 3 & (n = 1,\ 3) \\ a_n + 3 & (n = 2,\ 4) \end{cases}$

$a_3 = a_1 - 3,\ a_4 = a_2 + 3,$

$a_5 = a_3 - 3 = a_1 - 6,\ a_6 = a_4 + 3 = a_2 + 6$

이므로

$$\sum_{k=1}^{6} a_k = a_1 + a_2 + (a_1 - 3) + (a_2 + 3) + (a_1 - 6) + (a_2 + 6)$$

$$= 3(a_1 + a_2)$$

(나) 모든 자연수 n 에 대하여 $a_n = a_{n+6}$ 이 성립

$$\sum_{k=1}^{32} a_k = 5 \sum_{k=1}^{6} a_k + a_{31} + a_{32} = 5 \sum_{k=1}^{6} a_k + a_1 + a_2$$

$$= 16(a_1 + a_2) = 112$$

$$\Rightarrow a_1 + a_2 = 7$$

따라서 $a_1 + a_2 = 7$ 이다.

📖 7

방정식 $x^2 - 14x + 24 = 0$ 의 두 근이 $a_3,\ a_8$ 이므로

근과 계수의 관계에 의해서 $a_3 + a_8 = 14$ 이다.

$$\sum_{n=3}^{8} a_n = \frac{6(a_3 + a_8)}{2} = 3 \times 14 = 42$$

📖 ②

$a_3 = 4(a_2 - a_1) \Rightarrow ar^2 = 4(ar - a) \Rightarrow ar^2 - 4ar + 4a = 0$

$$\Rightarrow a(r^2 - 4r + 4) = a(r-2)^2 = 0 \Rightarrow r = 2$$

$$\left(\sum_{k=1}^{6} a_k = 15 \text{이므로 } a \neq 0 \right)$$

$$\sum_{k=1}^{6} a_k = 15 \Rightarrow \frac{a(r^6 - 1)}{r - 1} = 15 \Rightarrow \frac{a(64 - 1)}{2 - 1} = 15$$

$a = \dfrac{5}{21},\ r = 2$ 이므로

$$a_1 + a_3 + a_5 = a + ar^2 + ar^4 = a(1 + r^2 + r^4)$$

$$= \frac{5}{21}(1 + 4 + 16) = 5$$

📖 ③

065

$a = 1$

$$S_n = \sum_{k=1}^{n} a_k, \quad T_n = \sum_{k=1}^{n} (-1)^k a_k$$

$$S_{10} = \frac{10 \times (2a + 9d)}{2} = 5(2 + 9d) = 10 + 45d$$

$$T_{10} = (-a_1 + a_2) + (-a_3 + a_4) + \cdots + (-a_9 + a_{10}) = 5d$$

이므로

$$\frac{S_{10}}{T_{10}} = 6 \implies \frac{10 + 45d}{5d} = 6 \implies d = -\frac{2}{3}$$

따라서

$$T_{37} = (-a_1 + a_2) + (-a_3 + a_4) + \cdots + (-a_{35} + a_{36}) - a_{37}$$

$$= 18d - a_{37} = 18d - (a + 36d) = -a - 18d$$

$$= -1 + 12 = 11$$

이다.

 답 ③

066

$a_5 = 5$ 이므로 $a_3 = 5 - 2d$, $a_4 = 5 - d$, $a_6 = 5 + d$, $a_7 = 5 + 2d$

$$\sum_{k=3}^{7} |2a_k - 10| = |2a_3 - 10| + |2a_4 - 10| + |2a_5 - 10|$$

$$+ |2a_6 - 10| + |2a_7 - 10|$$

$$= |-4d| + |-2d| + 0 + |2d| + |4d|$$

$$= 12d = 20 \implies d = \frac{5}{3}$$

따라서 $a_6 = a_5 + d = \dfrac{20}{3}$ 이다.

답 ②

067

$a_1 = 15$

$$\sum_{k=1}^{n} (a_{k+1} - a_k) = 2n + 1 = S_n$$

$$S_n - S_{n-1} = 2n + 1 - \{2(n-1) + 1\} = 2 = a_{n+1} - a_n \,(n \geq 2)$$

$$S_1 = 2 \times 1 + 1 = 3 \neq 2 = a_2 - a_1 \text{ 이므로}$$

$$a_{n+1} - a_n = 2 \,(n \geq 2), \quad a_2 - a_1 = 3 \text{ 이다.}$$

$a_1 = 15$ 이므로 $a_2 = 18$ 이고

제 2 항부터 공차가 2 인 등차수열을 이루므로

$$a_n = 2n + 14 \ (n \geq 2) \text{ 이다.}$$

따라서 $a_{10} = 34$ 이다.

답 34

068

$$f(n) < k < f(n) + 1$$

$$n^2 + n - \frac{1}{3} < k < n^2 + n + \frac{2}{3}$$

n 은 자연수이므로 $n^2 + n$ 도 자연수이다.

따라서 $a_n = n^2 + n$ 이다.

$$\sum_{n=1}^{100} \frac{1}{a_n} = \sum_{n=1}^{100} \frac{1}{n(n+1)} = \sum_{n=1}^{100} \left(\frac{1}{n} - \frac{1}{n+1} \right)$$

$$= \left(\frac{1}{1} - \frac{1}{101} \right) = \frac{100}{101}$$

따라서 $p + q = 201$ 이다.

 답 201

069

직선 l 을 $y = Ax + B$ 라 두면

$$a_n = An + B \text{ 이다.}$$

$$a_4 = \frac{7}{2}, \ a_7 = 5$$

$$4A + B = \frac{7}{2}, \ 7A + B = 5 \implies A = \frac{1}{2}, \ B = \frac{3}{2}$$

$$a_n = \frac{1}{2}n + \frac{3}{2}$$

따라서 $\displaystyle\sum_{k=1}^{25} a_k = \frac{25(2 + 14)}{2} = 200$ 이다.

답 200

070

$$\sum_{k=1}^{n} \frac{4k-3}{a_k} = 2n^2 + 7n$$

$\dfrac{4n-3}{a_n} = b_n$ 이라 하면 $b_n = 4n + 7 - 2 = 4n + 5$ 이다.

(등차수열 가이드스텝에서 S_n 을 바탕으로

a_n 을 빨리 구하는 방법에 대해 학습한 바 있다.)

$\dfrac{4n-3}{a_n} = 4n + 5 \ \Rightarrow \ a_n = \dfrac{4n-3}{4n+5}$ 이므로

$a_5 \times a_7 \times a_9 = \dfrac{17}{25} \times \dfrac{25}{33} \times \dfrac{33}{41} = \dfrac{17}{41}$ 이다.

따라서 $p + q = 58$ 이다.

답 58

071

$d =$ 정수

$a_3 + a_5 = 0 \ \Rightarrow \ a + 2d + a + 4d = 0 \ \Rightarrow \ a + 3d = 0$

즉, $a_4 = 0$ 이다.

$a_1 = a_4 - 3d = -3d$

$a_2 = a_4 - 2d = -2d$

$a_3 = a_4 - d = -d$

$a_4 = 0$

$a_5 = a_4 + d = d$

$a_6 = a_4 + 2d = 2d$

d 의 부호에 따라 case분류하면

① $d > 0$ 일 때

$|a_1| = |-3d| = 3d$

$|a_2| = |-2d| = 2d$

$|a_3| = |-d| = d$

$|a_4| = 0$

$|a_5| = d$

$|a_6| = 2d$

$\displaystyle\sum_{k=1}^{6} (|a_k| + a_k) = 6d = 30 \ \Rightarrow \ d = 5$

d 는 양의 정수이므로 조건을 만족시킨다.

② $d = 0$ 일 때

$d = 0$ 이면 모든 항이 0 이므로 $\displaystyle\sum_{k=1}^{6} (|a_k| + a_k) = 30$ 을

만족시키지 않는다.

③ $d < 0$ 일 때

$|a_1| = |-3d| = -3d$

$|a_2| = |-2d| = -2d$

$|a_3| = |-d| = -d$

$|a_4| = 0$

$|a_5| = |d| = -d$

$|a_6| = |2d| = -2d$

$\displaystyle\sum_{k=1}^{6} (|a_k| + a_k) = -12d = 30 \ \Rightarrow \ d = -\dfrac{5}{2}$

d 는 정수가 아니므로 조건을 만족시키지 않는다.

$d = 5$ 이므로 $a_9 = a_4 + 5d = 0 + 25 = 25$ 이다.

답 25

072

$$\left| \left(n + \frac{1}{2}\right)^2 - m \right| < \frac{1}{2}$$

$\Rightarrow \ -\dfrac{1}{2} < \left(n + \dfrac{1}{2}\right)^2 - m < \dfrac{1}{2}$

$\Rightarrow \ -\left(n + \dfrac{1}{2}\right)^2 - \dfrac{1}{2} < -m < -\left(n + \dfrac{1}{2}\right)^2 + \dfrac{1}{2}$

$\Rightarrow \ \left(n + \dfrac{1}{2}\right)^2 - \dfrac{1}{2} < m < \left(n + \dfrac{1}{2}\right)^2 + \dfrac{1}{2}$

$\Rightarrow \ n^2 + n - \dfrac{1}{4} < m < n^2 + n + \dfrac{3}{4}$

n 은 자연수이므로 $n^2 + n$ 도 자연수이다.

따라서 $a_n = n^2 + n$ 이다.

$\displaystyle\sum_{k=1}^{5} a_k = \sum_{k=1}^{5}(k^2 + k) = \sum_{k=1}^{5} k^2 + \sum_{k=1}^{5} k$

$\qquad = \dfrac{5 \times 6 \times 11}{6} + \dfrac{5 \times 6}{2} = 70$

답 ②

Guide step에서 배운

$$\sum_{k=1}^{n} k(k+1) = \frac{n(n+1)(n+2)}{3}$$ 을 외웠다면

바로 $\displaystyle\sum_{k=1}^{5}\left(k^2+k\right) = \frac{5\times6\times7}{3} = 70$ 임을 알 수 있다.

073

$a > 0,\ r = -2$

$a_k > 0$ 이면 $|a_k| + a_k = 2a_k$ 이고

$a_k < 0$ 이면 $|a_k| + a_k = -a_k + a_k = 0$ 이다.

$a_1,\ a_3,\ a_5,\ \cdots > 0$ 이고 $a_2,\ a_4,\ a_6,\ \cdots < 0$ 이므로

$$\sum_{k=1}^{9}\left(|a_k| + a_k\right) = 2a_1 + 2a_3 + 2a_5 + 2a_7 + 2a_9$$

$$= 2\left(a_1 + a_3 + a_5 + a_7 + a_9\right) = 2 \times \frac{a\left(4^5 - 1\right)}{4 - 1}$$

$$= \frac{2a\left(4^5 - 1\right)}{3} = 66$$

따라서 $a = \dfrac{33}{341} = \dfrac{3}{31}$ 이다.

답 ①

074

첫째항이 1, 공차가 3 이므로 $a_n = 3n - 2$

$|x - a_n| \geq |x - a_{n+1}|$

좌변, 우변 모두 양수이므로 양변에 제곱을 해도 부등호의
방향은 변하지 않는다.

$$\left(x - a_n\right)^2 \geq \left(x - a_{n+1}\right)^2$$

$$\Rightarrow x^2 - 2a_n x + \left(a_n\right)^2 \geq x^2 - 2a_{n+1}x + \left(a_{n+1}\right)^2$$

$$\Rightarrow 2\left(a_{n+1} - a_n\right)x \geq \left(a_{n+1}\right)^2 - \left(a_n\right)^2$$

공차가 3 이므로 $a_{n+1} - a_n = 3$ 이다.

따라서 양변을 $a_{n+1} - a_n = 3 > 0$ 으로 나누어도 부등호의
방향은 변하지 않는다.

$$2x \geq a_{n+1} + a_n \Rightarrow x \geq \frac{a_{n+1} + a_n}{2}$$

$$\Rightarrow x \geq 3n - \frac{1}{2}$$

따라서 $b_n = 3n - \dfrac{1}{2}$ 이다.

부등식 $|x - a_n| \geq |x - a_{n+1}|$ 을 풀 때,

두 함수 $y = |x - a_n| = |x - (3n - 2)|$

$$y = |x - a_{n+1}| = |x - (3n + 1)|$$

의 그래프를 이용하여 접근해도 된다.

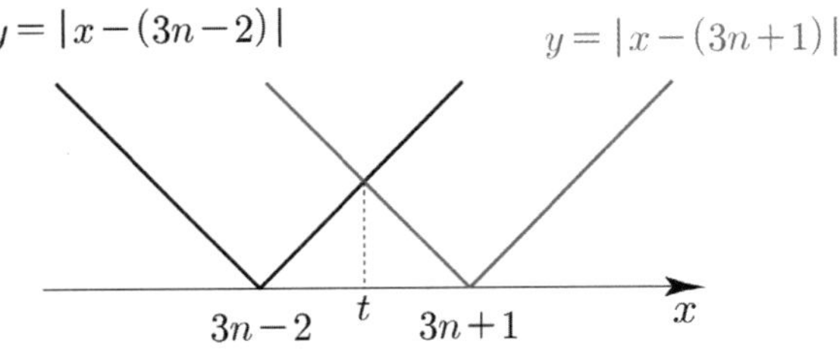

두 함수의 교점의 x좌표를 t 라 하면
$|x - a_n| \geq |x - a_{n+1}|$ 의 해는
$x \geq t$ 이다.

두 함수 $y = x - (3n - 2)$,
$y = -x + (3n + 1)$ 의 교점의
x좌표가 t 이므로

$$t - (3n - 2) = -t + 3n + 1 \Rightarrow t = \frac{6n - 1}{2} = 3n - \frac{1}{2}$$

$x \geq 3n - \dfrac{1}{2}$ 이므로 $b_n = 3n - \dfrac{1}{2}$ 이다.

ㄱ. $b_n = \dfrac{a_{n+1} + a_n}{2}$ 이므로 $b_1 = \dfrac{a_1 + a_2}{2}$ 이다.

따라서 ㄱ은 참이다.

ㄴ. 수열 $\{b_n\}$ 은 공차가 3 인 등차수열이다.

따라서 ㄴ은 거짓이다.

ㄷ. $\displaystyle\sum_{n=1}^{10} b_n = \sum_{n=1}^{10}\left(3n - \frac{1}{2}\right) = \frac{10\left(\dfrac{5}{2} + \dfrac{59}{2}\right)}{2} = 160$

따라서 ㄷ은 참이다.

답 ③

$$\sqrt{n}\,x = x^2 \Rightarrow x = \sqrt{n}$$

(P_n 은 제 1 사분면 위의 점이므로 $x \neq 0$)

$$P_n = (\sqrt{n},\ n)$$

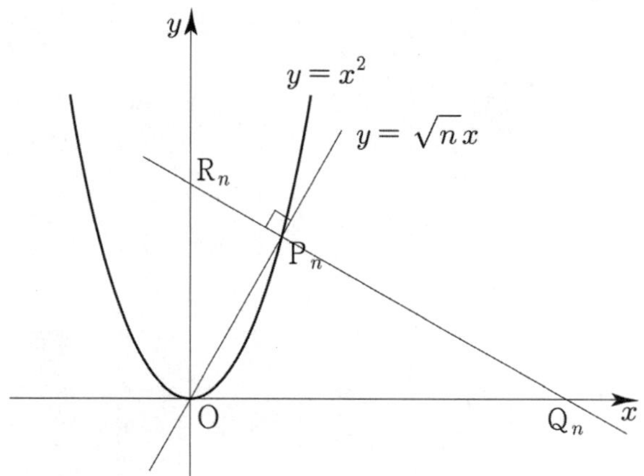

점 P_n 을 지나고 직선 $y = \sqrt{n}\,x$ 와 수직인 직선의 식은

$$y = -\frac{1}{\sqrt{n}}(x - \sqrt{n}) + n \Rightarrow y = -\frac{1}{\sqrt{n}}x + n + 1 \text{ 이다.}$$

$Q_n = (\sqrt{n}\,(n+1),\ 0)$, $R_n = (0,\ n+1)$ 이므로

$$S_n = \frac{1}{2} \times (n+1) \times \sqrt{n}\,(n+1) = \frac{1}{2}(n+1)^2 \sqrt{n} \text{ 이다.}$$

$$\sum_{n=1}^{5} \frac{2S_n}{\sqrt{n}} = \sum_{n=1}^{5} \frac{(n+1)^2 \sqrt{n}}{\sqrt{n}} = \sum_{n=1}^{5} (n^2 + 2n + 1)$$

$$= \sum_{n=1}^{5} n^2 + 2\sum_{n=1}^{5} n + 5 = \frac{5 \times 6 \times 11}{6} + 2 \times \frac{5 \times 6}{2} + 5 = 90$$

답 ③

$$x^2 - (2n-1)x + n(n-1) = (x-n)\{x-(n-1)\} = 0$$

방정식 $x^2 - (2n-1)x + n(n-1) = 0$ 의 두 근이 α_n, β_n 이므로 $\alpha_n = n$, $\beta_n = n-1$ or $\alpha_n = n-1$, $\beta_n = n$ 이다.

$$\sum_{n=1}^{81} \frac{1}{\sqrt{\alpha_n} + \sqrt{\beta_n}} = \sum_{n=1}^{81} \frac{1}{\sqrt{n} + \sqrt{n-1}}$$

$$= \sum_{n=1}^{81} (\sqrt{n} - \sqrt{n-1})$$

$$= (\sqrt{1} - \sqrt{0}) + (\sqrt{2} - \sqrt{1}) + \cdots + (\sqrt{81} - \sqrt{80})$$

$$= \sqrt{81} - \sqrt{0} = 9$$

답 9

$$a = 50, \quad d = -4$$

$$S_n = \frac{n\{100 + (n-1)(-4)\}}{2} = n(-2n + 52)$$

$S_n = f(n)$ 으로 보면 $f(n)$ 는 이차함수로 볼 수 있다.

$$f(n) = -2n^2 + 52n$$

$$\sum_{k=m}^{m+4} S_k = \sum_{k=m}^{m+4} f(k)$$

$$= f(m) + f(m+1) + f(m+2) + f(m+3) + f(m+4)$$

가 최대가 되려면 이차함수의 꼭짓점의 x 좌표가 $m+2$ 이면 된다. 이차함수의 꼭짓점의 x 좌표는 13 이므로 $m = 11$ 이다.

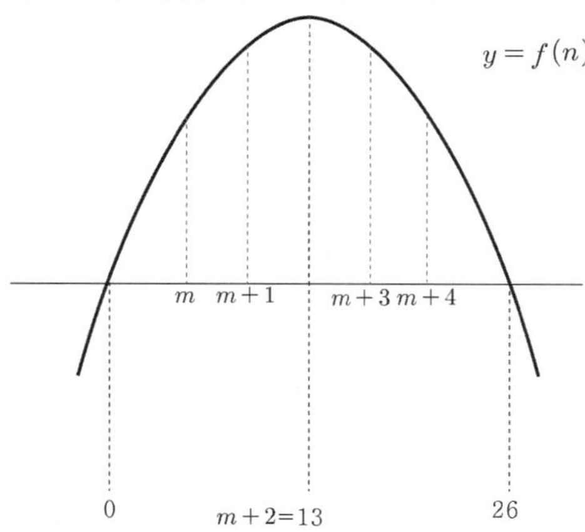

답 ④

$r = 1$ 이면 (가) 조건에서 $a = \dfrac{45}{4}$ 이고

(나) 조건에서 $a = \dfrac{63}{2}$ 이므로 모순이다.

따라서 $r \neq 1$ 이다.

$$\sum_{k=1}^{4} a_k = \frac{a(r^4 - 1)}{r - 1} = 45$$

$$\sum_{k=1}^{6} \frac{a_2 \times a_5}{a_k} = (a_2 \times a_5) \times \sum_{k=1}^{6} \frac{1}{a_k}$$

$$= ar \times ar^4 \times \frac{\frac{1}{a}\left\{1 - \left(\frac{1}{r}\right)^6\right\}}{1 - \frac{1}{r}}$$

$$= a^2 r^5 \times \frac{r^6 - 1}{a(r^6 - r^5)}$$

$$= \frac{a(r^6 - 1)}{r - 1} = 189$$

$$\dfrac{\dfrac{a(r^6-1)}{r-1}}{\dfrac{a(r^4-1)}{r-1}}=\dfrac{r^6-1}{r^4-1}=\dfrac{(r^2-1)(r^4+r^2+1)}{(r^2-1)(r^2+1)}$$

$$=\dfrac{r^4+r^2+1}{r^2+1}=\dfrac{189}{45}=\dfrac{21}{5}$$

이므로

$$5r^4+5r^2+5=21r^2+21$$

$$\Rightarrow\ 5r^4-16r^2-16=0$$

$$\Rightarrow\ (5r^2+4)(r^2-4)=0$$

$$\Rightarrow\ r=2\ (\because r>0)$$

$$\dfrac{a(2^4-1)}{2-1}=15a=45\ \text{이므로}\ a=3$$

따라서 $a_3=3\times 2^2=12$ 이다.

답 ①

079

$$\overline{P_nQ_n}=n-\dfrac{1}{20}n\left(n+\dfrac{1}{3}\right)=-\dfrac{1}{20}n^2+\dfrac{59}{60}n$$

$$\overline{Q_nR_n}=\dfrac{1}{20}n\left(n+\dfrac{1}{3}\right)$$

$\overline{P_nQ_n}\le\overline{Q_nR_n}$ 를 만족시키는 n 의 값의 범위는

$$\overline{P_nQ_n}\le\overline{Q_nR_n}\Rightarrow n-\dfrac{1}{20}n\left(n+\dfrac{1}{3}\right)\le\dfrac{1}{20}n\left(n+\dfrac{1}{3}\right)$$

$$\Rightarrow n\le\dfrac{1}{10}n\left(n+\dfrac{1}{3}\right)\Rightarrow 10n-n\left(n+\dfrac{1}{3}\right)\le 0$$

$$\Rightarrow n\left(10-n-\dfrac{1}{3}\right)\le 0\Rightarrow n\left(n-\dfrac{29}{3}\right)\ge 0$$

$$\Rightarrow n\ge\dfrac{29}{3}\ (\because\ n>0)$$

이므로 $\overline{P_nQ_n}\ge\overline{Q_nR_n}$ 를 만족시키는 n 의 값의 범위는

$$n\le\dfrac{29}{3}\ \text{이다.}$$

즉, $a_n=\begin{cases}\dfrac{1}{20}n\left(n+\dfrac{1}{3}\right) & (1\le n\le 9)\\[2mm] -\dfrac{1}{20}n^2+\dfrac{59}{60}n & (n\ge 10)\end{cases}$

따라서 $\displaystyle\sum_{n=1}^{10}a_n=\sum_{n=1}^{9}a_n+a_{10}$

$$=\sum_{n=1}^{9}\dfrac{1}{20}n\left(n+\dfrac{1}{3}\right)+\dfrac{29}{6}$$

$$=\dfrac{1}{20}\left(\sum_{n=1}^{9}n^2+\dfrac{1}{3}\sum_{n=1}^{9}n\right)+\dfrac{29}{6}$$

$$=\dfrac{1}{20}\left(\dfrac{9\times 10\times 19}{6}+\dfrac{1}{3}\times 45\right)+\dfrac{29}{6}$$

$$=\dfrac{1}{20}(285+15)+\dfrac{29}{6}=\dfrac{119}{6}$$

이다.

답 ⑤

080

(가) $a_5\times a_7<0$

수열 $\{a_n\}$ 은 공차가 3 인 등차수열이므로 $a_5<a_7$ 이다.

즉, $a_5<0,\ a_7>0$ 이다.

(나) $\displaystyle\sum_{k=1}^{6}|a_{k+6}|=6+\sum_{k=1}^{6}|a_{2k}|$

$$|a_7|+|a_8|+|a_9|+|a_{10}|+|a_{11}|+|a_{12}|$$

$$=6+|a_2|+|a_4|+|a_6|+|a_8|+|a_{10}|+|a_{12}|$$

$$\Rightarrow |a_7|+|a_9|+|a_{11}|=6+|a_2|+|a_4|+|a_6|$$

$$\Rightarrow a_7+a_9+a_{11}=6-a_2-a_4+|a_6|$$

$$\Rightarrow a+18+a+24+a+30=6-a-3-a-9+|a+15|$$

$$\Rightarrow 5a+78=|a+15|$$

a 의 범위에 따라 case분류하면

① $a\ge -15$

$$5a+78=a+15\Rightarrow 4a=-63\Rightarrow a=-\dfrac{63}{4}$$

$$-\dfrac{63}{4}<-15\ \text{이므로 모순이다.}$$

② $a<-15$

$$5a+78=-a-15\Rightarrow 6a=-93\Rightarrow a=-\dfrac{31}{2}$$

$$-\dfrac{31}{2}<-15\ \text{이므로 조건을 만족시킨다.}$$

따라서 $a_{10}=a+27=-\dfrac{31}{2}+27=\dfrac{23}{2}$ 이다.

답 ③

081

$$\sum_{k=1}^{n}\frac{1}{(2k-1)a_k}=n^2+2n$$

$\dfrac{1}{(2n-1)a_n}=b_n$ 이라 하면

$b_n=2n+2-1=2n+1$ 이다.

$\dfrac{1}{(2n-1)a_n}=2n+1 \ \Rightarrow\ a_n=\dfrac{1}{(2n-1)(2n+1)}$ 이므로

$$\sum_{n=1}^{10}a_n=\frac{1}{2}\sum_{n=1}^{10}\left(\frac{1}{2n-1}-\frac{1}{2n+1}\right)=\frac{1}{2}\left(1-\frac{1}{21}\right)=\frac{10}{21}$$ 이다.

따라서 $\displaystyle\sum_{n=1}^{10}a_n=\dfrac{10}{21}$ 이다.

답 ①

082

$|a_6|=a_8 \ \Rightarrow\ |a+5d|=a+7d$

$\Rightarrow\ a+5d=a+7d \ \text{or}\ a+5d=-a-7d$

$\Rightarrow\ a+5d=-a-7d \ (\because\ d\neq 0)$

$\Rightarrow\ a=-6d$

$$\sum_{k=1}^{5}\frac{1}{a_k a_{k+1}}=\frac{5}{96} \ \Rightarrow\ \sum_{k=1}^{5}\frac{1}{d}\left(\frac{1}{a_k}-\frac{1}{a_{k+1}}\right)=\frac{5}{96}$$

$$\Rightarrow\ \frac{1}{d}\left(\frac{1}{a_1}-\frac{1}{a_6}\right)=\frac{5}{96} \ \Rightarrow\ \frac{1}{d}\left(\frac{1}{a}-\frac{1}{a+5d}\right)=\frac{5}{96}$$

$$\Rightarrow\ \frac{1}{d}\left(\frac{1}{-6d}-\frac{1}{-d}\right)=\frac{5}{96} \ \Rightarrow\ \frac{5}{6d^2}=\frac{5}{96} \ \Rightarrow\ d^2=16$$

$a_8>0$ 이어야 하므로

$a_8=a+7d=d>0$

즉, $d=4$

따라서 $\displaystyle\sum_{k=1}^{15}a_k=\dfrac{15(2a+14d)}{2}=15(a+7d)=15d=60$ 이다.

답 ①

083

실수 전체의 집합에서 정의된 함수 $f(x)$ 가 구간 $(0,\ 1]$ 에서

$$f(x)=\begin{cases} 3 & (0<x<1) \\ 1 & (x=1) \end{cases}$$

모든 실수 x 에 대하여 $f(x+1)=f(x) \ \Rightarrow\ $ 주기 1

$f(x)$ 를 그리면 다음과 같다.

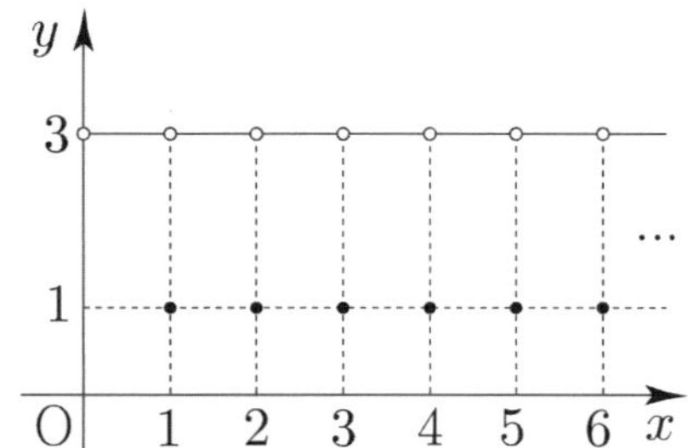

$\sqrt{k}$ 가 자연수일 때, $f(\sqrt{k})=1$ 이고,
$\sqrt{k}$ 가 자연수가 아닐 때, $f(\sqrt{k})=3$ 이다.

$\sqrt{k}$ 가 자연수일 때는 다음과 같다.

$k=1 \ \Rightarrow\ \dfrac{1\times f(1)}{3}=\dfrac{1}{3}$

$k=4 \ \Rightarrow\ \dfrac{4\times f(2)}{3}=\dfrac{4}{3}$

$k=9 \ \Rightarrow\ \dfrac{9\times f(3)}{3}=\dfrac{9}{3}$

$k=16 \ \Rightarrow\ \dfrac{16\times f(4)}{3}=\dfrac{16}{3}$

$\sqrt{k}$ 가 자연수가 아닐 때는 다음과 같다.

$\dfrac{k\times f(\sqrt{k})}{3}=\dfrac{k\times 3}{3}=k$

$\sqrt{k}$ 가 모두 자연수가 아니라고 가정하고 모두 더한 후

$\sqrt{k}$ 가 자연수일 때 $\dfrac{k\times f(\sqrt{k})}{3}=k$ 의 값을 빼주고,

원래 $\sqrt{k}$ 가 자연수일 때 $\dfrac{k\times f(\sqrt{k})}{3}=\dfrac{k}{3}$ 의 값을 더해줘서

$\displaystyle\sum_{k=1}^{20}\dfrac{k\times f(\sqrt{k})}{3}$ 를 구하면 된다.

따라서

$$\sum_{k=1}^{20} \frac{k \times f(\sqrt{k})}{3} = \sum_{k=1}^{20} k - (1+4+9+16) + \frac{1+4+9+16}{3}$$

$$= \frac{20 \times 21}{2} - 30 + 10 = 210 - 20 = 190$$

이다.

답 ⑤

084

m^{12} 의 n 제곱근 중에서 정수가 존재한다는 의미는
$x^n = m^{12} \ (m \geq 2)$ 를 만족시키는 정수 x 가 존재한다는
의미이다.

① $m = 2 \Rightarrow x^n = 2^{12}$

2 이상의 12 의 약수는 5 개이므로 $f(2) = 5$ 이다.

② $m = 3 \Rightarrow x^n = 3^{12}$

2 이상의 12 의 약수는 5 개이므로 $f(3) = 5$ 이다.

③ $m = 4 \Rightarrow x^n = 4^{12} = 2^{24}$

2 이상의 24 의 약수는 7 개이므로 $f(4) = 7$ 이다.

④ $m = 5 \Rightarrow x^n = 5^{12}$

2 이상의 12 의 약수는 5 개이므로 $f(5) = 5$ 이다.

⑤ $m = 6 \Rightarrow x^n = 6^{12}$

2 이상의 12 의 약수는 5 개이므로 $f(6) = 5$ 이다.

⑥ $m = 7 \Rightarrow x^n = 7^{12}$

2 이상의 12 의 약수는 5 개이므로 $f(7) = 5$ 이다.

⑦ $m = 8 \Rightarrow x^n = 8^{12} = 2^{36}$

2 이상의 36 의 약수는 8 개이므로 $f(8) = 8$ 이다.

⑧ $m = 9 \Rightarrow x^n = 9^{12} = 3^{24}$

2 이상의 24 의 약수는 7 개이므로 $f(9) = 7$ 이다.

따라서 $\sum_{m=2}^{9} f(m) = 5 \times 5 + 7 \times 2 + 8 = 25 + 14 + 8 = 47$ 이다.

답 ③

085

등차중항에 의해서 $a_6 + a_8 = 2a_7$
(가) 조건에서 $a_7 = 2a_7 \Rightarrow a_7 = 0$

d 의 범위에 따라 case분류 하면

① $d > 0$ 일 때
$n \geq 7$ 인 자연수 n 에 대하여
$S_n + T_n < S_{n+1} + T_{n+1}$ 이므로 (나) 조건을 만족시키지
않는다.

② $d = 0$ 일 때
모든 자연수 n 에 대하여 $a_n = 0$ 이므로
$S_n + T_n = 0$ 이므로 (나) 조건을 만족시키지 않는다.
즉, $d < 0$ 이어야 한다.

③ $d < 0$ 일 때
$a_7 = a + 6d = 0 \Rightarrow a = -6d > 0$ 이므로
7 이하의 자연수 n 에 대하여 $a_n \geq 0$, $S_7 = T_7$

(나) 조건에 의해서
$S_7 + T_7 = 84 \Rightarrow S_7 = T_7 = 42$

$$S_7 = \frac{7(2a+6d)}{2} = -21d = 42 \Rightarrow d = -2$$
$a = 12, \ d = -2$

$$S_{15} = \frac{15 \times (24 - 28)}{2} = -30$$
$$S_{15} + T_{15} = 84$$

따라서 $T_{15} = 84 - (-30) = 114$ 이다.

답 ④

086

첫째항이 $-45 \Rightarrow a = -45$
공차 d (d는 자연수)인 등차수열 $\{a_n\}$

(가) $|a_m| = |a_{m+3}|$ 인 자연수 m 이 존재
$|-45+(m-1)d| = |-45+(m+2)d|$

$\Rightarrow -45+(m-1)d = 45-(m+2)d$ ($\because$ d는 자연수)

$\Rightarrow d(2m+1) = 90$

d는 자연수이고, m은 자연수이므로 $2m+1$은 홀수이므로 가능한 **case**는 다음과 같다.

$(d,\ m)$

$= (2,\ 22)$ or $(6,\ 7)$ or $(10,\ 4)$ or $(18,\ 2)$ or $(30,\ 1)$

(나) 모든 자연수 n 에 대하여 $\displaystyle\sum_{k=1}^{n} a_k > -100$

(나) 조건이 성립하려면 합의 최솟값이 -100 보다 크면 된다.
첫째항이 -45 이고, 공차 d 가 자연수이므로 항이 점점 커진다. 합의 최솟값은 마지막 음수인 항까지의 합과 같다.

(가) 조건에 의해 a_m 과 a_{m+3} 은 부호가 서로 반대이고 절댓값이 같다. a_n 은 등차수열이므로 $a_{m+1}+a_{m+2}=0$ 이다.
$a_m < a_{m+1} < 0 < a_{m+2} < a_{m+3}$

즉, a_{m+1} 이 마지막 음수이므로 합의 최솟값은
$$\sum_{k=1}^{m+1} a_k = \frac{(m+1)(a_1+a_{m+1})}{2} = \frac{(m+1)(-90+md)}{2}$$ 이다.

$$\frac{(m+1)(-90+md)}{2} > -100$$

$\Rightarrow (m+1)(-90+md) > -200 \ \cdots \ \bigcirc$

$(d,\ m)$

$= (2,\ 22)$ or $(6,\ 7)$ or $(10,\ 4)$ or $(18,\ 2)$ or $(30,\ 1)$
에서 $\bigcirc$을 만족시키는 **case**는 다음과 같다.
$d = 18,\ m = 2$ or $d = 30,\ m = 1$

따라서 모든 자연수 d 의 값의 합은 $18+30 = 48$ 이다.

답 ②

$$S_n = \frac{n\{2a+(n-1)d\}}{2} = \frac{d}{2}n^2 + \left(a-\frac{d}{2}\right)n$$

$\dfrac{d}{2} = A,\ a-\dfrac{d}{2} = B$ 라 하면

$S_n = An^2 + Bn$ 이고, $a_n = 2An + B - A$

a_7 이 13 의 배수이므로
$a_7 = 13N$ (N은 자연수)

$\Rightarrow a+6d = 13N \ \cdots \ \bigcirc$

$$\sum_{k=1}^{7} S_k = 644 \Rightarrow \sum_{k=1}^{7} (Ak^2 + Bk) = 644$$

$$\Rightarrow A\sum_{k=1}^{7} k^2 + B\sum_{k=1}^{7} k = 644$$

$$\Rightarrow A \times \frac{7\times 8 \times 15}{6} + B \times \frac{7 \times 8}{2} = 644$$

$\Rightarrow 140A + 28B = 644$

$\Rightarrow 5A + B = 23$

$\Rightarrow \dfrac{5}{2}d + a - \dfrac{d}{2} = 23 \Rightarrow a + 2d = 23 \ \cdots \ \bigcirc\!\!\bigcirc$

$\bigcirc$, $\bigcirc\!\!\bigcirc$에 의해
$a + 6d = 13N$

$\Rightarrow a + 2d + 4d = 13N$

$\Rightarrow 4d + 23 = 13N$

모든 항이 자연수이므로 d와 a 모두 자연수이어야 한다.
$a+2d = 23$ 이므로 $d = 1,\ 2,\ \cdots,\ 11$ 이 가능하므로 이 중에서 $4d+23 = 13N$ (N은 자연수)를 만족시키는 $d = 4$ 이다.

따라서 $a_2 = a+2d-d = 23-4 = 19$ 이다.

답 19

$$\sum_{k=1}^{2m+1} a_k < 0$$

$$\Rightarrow \frac{(2m+1)(2a+2m\times 5)}{2} < 0$$

$$\Rightarrow (2m+1)(a+5m) < 0$$

$$\Rightarrow a+5m = a_{m+1} < 0 \ (\because\ 2m+1 > 0)$$

모든 항이 정수이므로 a_{m+1} 역시 정수이다.

① $a_{m+1} = -1$ 인 경우
$|a_m| + |a_{m+1}| + |a_{m+2}| = |-6| + |-1| + |4| = 11$
이므로 (나) 조건을 만족시킨다.

$a_{m+6} = 24$, $a_{m+7} = 29$ 이므로
$24 < a_{21} < 29$ 인 a_{21} 이 존재하지 않아 모순이다.

② $a_{m+1} = -2$ 인 경우
$|a_m| + |a_{m+1}| + |a_{m+2}| = |-7| + |-2| + |3| = 12$
이므로 (나) 조건을 만족시킨다.

$a_{m+6} = 23$, $a_{m+7} = 28$, $a_{m+8} = 33$ 이므로
$24 < a_{21} < 29$ 이려면 $m+7 = 21 \Rightarrow m = 14$

③ $a_{m+1} \leq -3$ 인 경우

$|a_m|$	$|a_{m+1}|$	$|a_{m+2}|$	총합
8	3	2	13
9	4	1	14
10	5	0	15
11	6	1	18
⋮	⋮	⋮	⋮

$|a_m| + |a_{m+1}| + |a_{m+2}| \geq 13$ 이므로
(나) 조건을 만족시키지 않아 모순이다.

따라서 $m = 14$ 이다.

답 ③

089

(가) $S_n = An^2 + Bn + C$ 는
a_n 이 등차수열임을 알려준다.
($C = 0$ 이면 a_1 부터 등차수열, $C \neq 0$ 이면 a_2 부터 등차수열)

(나) $S_{10} = S_{50} = 10$
$S_n = f(n)$ 으로 보면 (가) 조건에 의해서
$f(n)$ 는 이차함수로 볼 수 있고
$f(10) = f(50)$ 이므로 이차함수의 꼭짓점의 x 좌표가
$\dfrac{10+50}{2} = 30$ 인 것을 알 수 있다.
이를 바탕으로 식을 세우면
$f(n) = a(n-30)^2 + b$ 이다.

(다) S_n 은 $n = 30$ 에서 최댓값 410 을 가지므로
$a < 0$, $b = 410$ 이다.

$f(10) = 10$ 이므로 $a = -1$ 이다.
따라서 $f(n) = -(n-30)^2 + 410$ 이다.

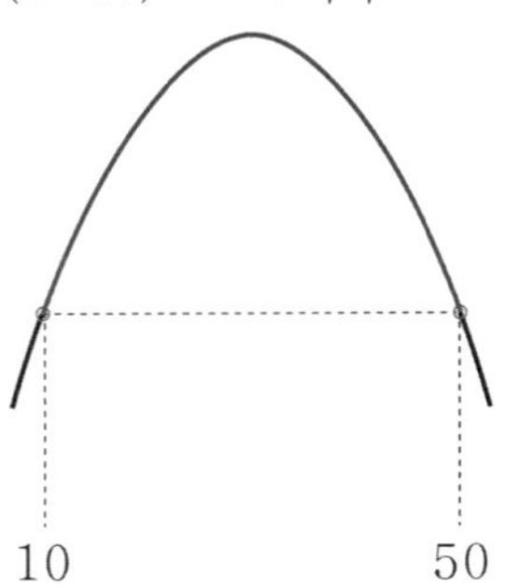

50 보다 작은 자연수 m 에 대하여 $S_m > S_{50}$ 을 만족시키는
m 의 최솟값은 11, 최댓값은 49 이다.

$S_n = -(n-30)^2 + 410$ 이므로
$$\sum_{k=p}^{q} a_k = \sum_{k=11}^{49} a_k = S_{49} - S_{10}$$
$$= (-19^2 + 410) - \{-(-20)^2 + 410\}$$
$$= 49 - 10 = 39$$
이다.

답 ①

090

$a_6 = -2$ 이고 d 가 음의 정수이므로 a_n 의 모든 항은 정수

$d = a_6 - a_5 = -2 - a_5$ 에서 $d < 0 \Rightarrow a_5 > -2$

$a_5 = -1$ or $a_5 =$ 음이 아닌 정수

① $a_5 = -1$
$d = -2 - a_5 = -1 \Rightarrow a_n = -n + 4$

$$\sum_{k=1}^{8} a_k = -4, \quad \sum_{k=1}^{8} |a_k| = 16$$

$$\Rightarrow \sum_{k=1}^{8} |a_k| \neq \sum_{k=1}^{8} a_k + 42$$

② $a_5 =$ 음이 아닌 정수

$n \leq 5 \Rightarrow a_n \geq 0 \Rightarrow |a_n| = a_n$
$n \geq 6 \Rightarrow a_n < 0 \Rightarrow |a_n| = -a_n$

$$\sum_{k=1}^{8} |a_k| = \sum_{k=1}^{8} a_k + 42$$

$$\Rightarrow -a_6 - a_7 - a_8 = a_6 + a_7 + a_8 + 42$$

$$\Rightarrow a_6 + a_7 + a_8 = -21$$

$$\Rightarrow 3a_7 = -21 \Rightarrow a_7 = -7$$

$$d = a_7 - a_6 = -7 - (-2) = -5$$
이므로 $a_n = -5n + 28$

따라서 $\displaystyle\sum_{k=1}^{8} a_k = \dfrac{8\{23 + (-12)\}}{2} = 44$ 이다.

답   ②

091

두 등차수열 $\{a_n\}$, $\{b_n\}$의 공차를 각각 d_1, d_2라 하고, 첫째항을 각각 a, b라 하자.

(나) 조건에서
$$a_{m+1} - b_{m+1} = (a_m + d_1) - (b_m + d_2) = d_1 - d_2 < 0$$

$$a_m - b_m = \{a + (m-1)d_1\} - \{b + (m-1)d_2\}$$
$$= (a-b) + (m-1)(d_1 - d_2) = 0$$

$$\Rightarrow a - b = (m-1)(d_2 - d_1)$$

$m - 1 > 0$, $d_2 - d_1 > 0$이므로 $a - b > 0$

(가) 조건에서 $a - b = 5$이므로
$$(m-1)(d_2 - d_1) = 5$$
이때 $m-1$, $d_2 - d_1$은 모두 자연수이고, $m \geq 3$이므로
$$m - 1 = 5, \ d_2 - d_1 = 1 \Rightarrow m = 6$$

$$\sum_{k=1}^{6} a_k = 9 \Rightarrow \frac{6(2a + 5d_1)}{2} = 9 \Rightarrow 2a + 5d_1 = 3$$

따라서 $\displaystyle\sum_{k=1}^{6} b_k = \dfrac{6(2b + 5d_2)}{2} = \dfrac{6\{2(a-5) + 5(d_1 + 1)\}}{2}$
$$= 3(2a + 5d_1 - 5) = 3(3 - 5) = -6$$
이다.

답   ①

092

a_n의 첫째항을 a, 공차를 d라 하자.

$$b_n = \sum_{k=1}^{n} (-1)^{k+1} a_k$$
$$b_1 = a$$
$$b_2 = a_1 - a_2 = -d$$
$$b_3 = a_1 - a_2 + a_3 = a + d$$
$$b_4 = a_1 - a_2 + a_3 - a_4 = -2d$$
$$b_5 = a_1 - a_2 + a_3 - a_4 + a_5 = a + 2d$$
$$b_6 = a_1 - a_2 + a_3 - a_4 + a_5 - a_6 = -3d$$
$$b_7 = a_1 - a_2 + a_3 - a_4 + a_5 - a_6 + a_7 = a + 3d$$
$$b_8 = a_1 - a_2 + a_3 - a_4 + a_5 - a_6 + a_7 - a_8 = -4d$$
$$b_9 = a_1 - a_2 + a_3 - a_4 + a_5 - a_6 + a_7 - a_8 + a_9 = a + 4d$$

$$b_2 = -2 \Rightarrow d = 2$$
$$b_3 + b_7 = 0 \Rightarrow a + d + a + 3d = 0$$
$$\Rightarrow a + 2d = 0 \Rightarrow a = -4$$

따라서 $\displaystyle\sum_{n=1}^{9} b_n = 5a = -20$ 이다.

답   ②

093

$\displaystyle\sum_{k=1}^{n} \dfrac{a_k}{b_{k+1}} = \dfrac{1}{2}n^2$ 의 양변에 $n = 1$을 대입하면

$$\frac{a_1}{b_2} = \frac{1}{2} \Rightarrow \frac{2}{b_2} = \frac{1}{2} \Rightarrow b_2 = 4$$

$$b_1 = 2, \ b_2 = 4 \Rightarrow b_n = 2n$$

$$\frac{a_n}{b_{n+1}} = n - \frac{1}{2}$$

$$\Rightarrow a_n = \left(n - \frac{1}{2}\right)(2n + 2) = 2n^2 + n - 1$$

(등차수열 가이드스텝에서 S_n 을 바탕으로
a_n 을 빨리 구하는 방법에 대해 학습한 바 있다.
이전의 수많은 문제들에서 이를 적용한 바 있다.)

따라서 $\displaystyle\sum_{k=1}^{5} a_k = \sum_{k=1}^{5}\left(2k^2+k-1\right)$

$$= 2 \times \frac{5\times 6\times 11}{6} + \frac{5\times 6}{2} - 5$$

$$= 110 + 10 = 120$$

이다.

답   ①

94	438	**102**	678
95	312	**103**	117
96	162	**104**	45
97	11	**105**	190
98	14	**106**	161
99	100	**107**	21
100	43	**108**	5
101	282	**109**	882

094

$S_n - S_{n-1}$ 을 하기 위해서 양변에 밑이 2인 로그를 취하면
$$S_n = \log_2\left(\frac{n+3}{2}\right), \quad S_{n-1} = \log_2\left(\frac{n+2}{2}\right) \text{ 이므로}$$
$$S_n - S_{n-1} = \log_2\left(\frac{n+3}{n+2}\right) = a_n \text{ 일까?}$$

$S_n - S_{n-1} = a_n \ (n \geq 2)$ 이므로 $S_1 = a_1$ 이 같은지 꼭
확인해줘야 한다.

$S_1 = 1$ 이 나오는데 $a_1 = \log_2\left(\frac{4}{3}\right)$ 이므로 다르다.

즉, 진짜 a_1 은 S_1 이니 답을 구할 때 조심해야 한다.

$$a_n = \log_2\left(\frac{n+3}{n+2}\right) \Rightarrow a_{2k-1} = \log_2\left(\frac{2k+2}{2k+1}\right)$$

나중에 잘못된 a_1 을 빼주고 원래 a_1 인 S_1 를 더해줘서
처리해주면 된다.

$$\sum_{k=1}^{20} \frac{1}{2^{a_{2k-1}} - 1} = \sum_{k=1}^{20} \frac{1}{\dfrac{2k+2}{2k+1} - 1} = \sum_{k=1}^{20} (2k+1)$$

$$= \frac{20(3+41)}{2} = 440$$

따라서 $\displaystyle\sum_{k=1}^{20} \frac{1}{2^{a_{2k-1}} - 1} = 440 - 3 + 1 = 438$ 이다.

(잘못된 $a_1 = \log_2\frac{4}{3}$, 참된 $a_1 = S_1 = 1$)

답   438

095

(가) 조건을 보니 $\displaystyle\sum_{k=1}^{5} a_k$ 가 반복된다.

$\displaystyle\sum_{k=1}^{5} a_k = x$ 라 하면 $|x| \leq x$ 와 같다.

즉, $x \geq 0$

$$x = \sum_{k=1}^{5} a_k = \frac{5(2a+4d)}{2} = 5(a+2d) \geq 0$$

$a_1 = a$, $a_{10} - a_8 = 2d$ 이므로 (나) 조건은 $a+2d \leq 0$ 와 같다.

(가) 조건도 만족하고 (나) 조건도 만족하려면
$a + 2d = 0$ 이다.

$a = -2d$ 이므로
$a_1 = a$, $a_2 = a+d$, $a_3 = a+2d$, $a_4 = a+3d$, $a_5 = a+4d$
에 대입해서 구해보면

$a_1 = -2d$, $a_2 = -d$, $a_3 = 0$, $a_4 = d$, $a_5 = 2d$

$\displaystyle\sum_{k=1}^{5} (a_k)^2 = 40$ 이므로
$4d^2 + d^2 + 0 + d^2 + 4d^2 = 10d^2 = 40 \ \Rightarrow \ d = 2, -2$

어차피 절댓값의 합을 물어봤으므로 2 또는 -2 아무거나
선택해도 된다.

2를 선택하면

$$\sum_{k=1}^{20} |a_k| = |-4| + |-2| + 0 + 2 + 4 + \cdots\cdots + a_{20}$$

$a_{20} = a + 19d = 17d = 34$ 이므로

$$\sum_{k=3}^{20} a_k = \frac{18(0+34)}{2} = 18 \times 17 = 306 \text{ 이다.}$$

따라서 $\displaystyle\sum_{k=1}^{20} |a_k| = 6 + 306 = 312$ 이다.

답 312

096

$a = 2$, $r = $ 정수
$a_2 + a_3 = 2r + 2r^2$
$4 < 2r + 2r^2 \leq 12 \ \Rightarrow \ 2 < r + r^2 \leq 6$
$\Rightarrow \ r^2 + r - 2 > 0, \ r^2 + r - 6 \leq 0$
$\Rightarrow \ (r+2)(r-1) > 0, \ (r+3)(r-2) \leq 0$
동시에 만족하는 범위는 $-3 \leq r < -2$ or $1 < r \leq 2$

r 은 정수이므로 $r = 2$ or $r = -3$

$$\sum_{k=1}^{m} a_k = \frac{2(r^m - 1)}{r - 1} = 122$$
만약 $r = 2$ 라면
$2(2^m - 1) = 122 \ \Rightarrow \ 2^m = 62$ 를 만족시키는
자연수 m 은 존재하지 않으므로 모순이다.

$r = -3$ 이면
$\dfrac{2\{(-3)^m - 1\}}{-4} = 122 \ \Rightarrow \ (-3)^m = -243 \ \Rightarrow \ m = 5$

따라서 $a_m = a_5 = 2 \times (-3)^4 = 162$ 이다.

답 162

097

자연수 n 으로 나누었을 때 몫과 나머지가 같아지는 자연수를
구하기 위해서 몫=나머지=m 이라 하면

자연수 n 으로 나누었을 때
몫과 나머지가 같아지는 자연수는 $n \times m + m$ 이다.
여기서 나머지는 n 보다 클 수 없고
몫은 0 보다 크므로 $0 < m < n$ 이다.
(나머지정리에서 배웠듯이 x 를 A 로 나누었을 때
몫이 Q 이고 나머지가 R 이면 $x = AQ + R$ 라는 식을
세울 수 있다.)

예를 들어 $n=4$ 이면

$4m+m=5m$ $(0<m<4)$ 이므로 5, 10, 15 이다.

따라서 $a_4=5+10+15=30$ 이다.

일반적으로 $n \times m + m = (n+1)m$ $(0<m<n)$ 이므로

$a_n = (n+1) + (n+1)2 + \cdots + (n+1)(n-1)$

$= (n+1)\{1+2+\cdots+(n-1)\} = \dfrac{(n-1)n(n+1)}{2}$

$a_n > 500 \Rightarrow (n-1)n(n+1) > 1000$

따라서 n 의 최솟값은 11 이다.

답   11

098

$b_n = a_n + a_3$ 의 양변에 $n=1$, $n=2$, $n=3$, $n=4$ 을 대입하면

$b_1 = a_1 + a_3$

$b_2 = a_2 + a_3$

$b_3 = a_3 + a_3$

$b_4 = a_4 + a_3$

a_n 의 첫째항을 a, 공차를 d 라 하자.

(가) 조건에 의해

$S_2 = S_3 \Rightarrow b_1 + b_2 = b_1 + b_2 + b_3 \Rightarrow b_3 = 0$

$\Rightarrow a_3 = 0 \Rightarrow a + 2d = 0$

$a_3 = 0$ 이므로 $b_n = a_n$

(나) 조건에 의해

$S_4 = 4 \Rightarrow b_1 + b_2 + b_3 + b_4 = 4$

$\Rightarrow a_1 + a_2 + a_3 + a_4 = 4$

$\Rightarrow \dfrac{4(2a+3d)}{2} = 4$

$\Rightarrow 2a + 3d = 2$

$a + 2d = 0$, $2a + 3d = 2 \Rightarrow a = 4$, $d = -2$

$a_n = -2n + 6$

따라서

$\displaystyle \sum_{n=4}^{17} \frac{60}{b_n a_{n+1}} = \sum_{n=4}^{17} \frac{60}{a_n a_{n+1}}$

$\displaystyle = \sum_{n=4}^{17} \frac{60}{d} \times \left(\frac{1}{a_n} - \frac{1}{a_{n+1}} \right)$

$\displaystyle = -30 \sum_{n=4}^{17} \left(\frac{1}{a_n} - \frac{1}{a_{n+1}} \right)$

$= -30 \times \left(\dfrac{1}{a_4} - \dfrac{1}{a_{18}} \right) = -30 \times \left(-\dfrac{1}{2} + \dfrac{1}{30} \right)$

$= 15 - 1 = 14$

이다.

답   14

099

$n=2$ 일 때,

$\{3^1, 3^3\}$ 의 서로 다른 두 원소를 곱하여 나올 수 있는 모든 값만을 원소로 하는 집합 S 는 $\{3^4\}$ 이다.

집합 $\{3^{2k-1} \mid k$ 는 자연수, $1 \le k \le n\}$ 의 원소는 모두 3^x 꼴이므로 원소의 곱들은 지수의 합으로 나타낼 수 있다.

① $n=2$ 일 때,

$\{1, 3\} \Rightarrow (1, 3) = 4 \Rightarrow f(2) = 1$

cf) $(1, 3) = 4$ 은 원소 중 1, 3를 뽑아 서로 더한 값이 4 이라는 뜻이다.

② $n=3$ 일 때,

$\{1, 3, 5\}$

$n=2$ 에서 원소 5 가 추가되었다.

따라서 $(5, 1) = 6$, $(5, 3) = 8$ 만 더해주면

$f(3) = f(2) + 2 = 3$ 이다.

③ $n=4$ 일 때,

$\{1, 3, 5, 7\}$

$n=3$ 에서 원소 7 이 추가되었다.

따라서 $(7, 1) = 8$, $(7, 3) = 10$, $(7, 5) = 12$ 만 더해주면 된다. $(5, 3) = (7, 1) = 8$ 이므로

$f(4) = f(3) + 2 = 5$ 이다.

④ $n = 5$ 일 때,

$\{1,\ 3,\ 5,\ 7,\ 9\}$

$n = 4$ 에서 원소 9 가 추가되었다.

따라서 $(9,\ 1) = 10$, $(9,\ 3) = 12$, $(9,\ 5) = 14$, $(9,\ 7) = 16$ 만
더해주면 된다.

$(7,\ 3) = (9,\ 1) = 10$, $(7,\ 5) = (9,\ 3) = 12$ 이므로
$f(5) = f(4) + 2 = 7$ 이다.

규칙을 파악해보면 $f(n)$ 은 공차가 2 인 등차수열과 같다.

따라서 $f(n) = 2n - 3 \ (n \geq 2)$ 이므로
$$\sum_{n=2}^{11} f(n) = \frac{10(1+19)}{2} = 100 \text{ 이다.}$$

답 100

100

n 에다 숫자를 넣어서 규칙을 파악해보자.

$|a_1| = 4$, $|a_2| = 7$, $|a_3| = 10$, $|a_4| = 13$ .. 이고 $a_n a_{n+1} < 0$
$a_1 = 4$ 인지 $a_1 = -4$ 에 따라 $+ \ -$ 를 반복된다.
자연스럽게 case분류해 보자.

① $a_1 = 4$ 일 때
$a_1 = 4$, $a_2 = -7$, $a_3 = 10$, $a_4 = -13$, $a_5 = 16$, $a_6 = -19$
..
$\sum_{k=1}^{2m+1} a_k < -130$ 을 만족해야 되니까 홀수까지 더한 합이

일단 음수가 되어야 한다.

$\sum_{k=1}^{n} a_k = S_n$ 이라고 두면
$S_1 = 4$, $S_2 = -3$, $S_3 = 7$, $S_4 = -6$, $S_5 = 10$, $S_6 = -9$

n 이 홀수일 때 양수가 나오니 ①case는 가능하지 않다.

② $a_1 = -4$ 일 때
$a_1 = -4$, $a_2 = 7$, $a_3 = -10$, $a_4 = 13$, $a_5 = -16$, $a_6 = 19$

$\sum_{k=1}^{n} a_k = S_n$ 이라고 두면
$S_1 = -4$, $S_2 = 3$, $S_3 = -7$, $S_4 = 6$,
$S_5 = -10$, $S_6 = 9$, $S_7 = -13$

우리는 n 이 홀수일 때가 궁금하니까 홀수에 집중해서
규칙을 파악해보자.

$S_1 = -4$, $S_3 = -7$, $S_5 = -10$, $S_7 = -13$
공차가 -3 인 등차수열이다.

바로 구할 수도 있지만 실수를 줄이기 위해서 b_n 을
도입해보자.

$S_1 = b_1 = -4$, $S_3 = b_2 = -7$,

$S_5 = b_3 = -10$, $S_7 = b_4 = -13$

$\therefore \ b_n = -3n - 1$

$-3n - 1 < -130 \ \Rightarrow \ n > 43$ 이므로
$b_n < -130$ 가 되도록 하는 n 의 최솟값은 44 이다.

우리는 m 을 구해야 하니까
$S_{2n-1} = b_n \ \Rightarrow \ S_{87} = b_{44} \ \Rightarrow \ S_{2m+1} = S_{87}$
따라서 조건을 만족시키는 자연수 m 의 최솟값은 43 이다.

답 43

다르게 풀어보자.

$a_1 = -4$ 인 것은 확정된 상태에서 시작해보자.

$a_1 + a_2 + \cdots + a_{2m+1} < -130$

여기서 합을 $(a_1 + a_2) + (a_3 + a_4) + (a_5 + a_6) + \cdots$ 로
묶어주면 합이 3 인 총 m 개의 덩어리 $+ \ a_{2m+1}$ 이 나온다.

이를 바탕으로 구해보자.

$a_1 = -4$, $a_3 = -10$, $a_5 = -16$

$\Rightarrow a_n = -3n - 1$
(n 이 홀수이면)

$a_{2m+1} = -3(2m+1) - 1$ 이므로

$3m - (3(2m+1) + 1) = -3m - 4$

$-3m - 4 < -130 \ \Rightarrow \ -3m < -126$
$m > 42$ 이므로 m 의 최솟값은 43 이다.

$$\sum_{k=1}^{n} a_k = n^2 + cn \;\Rightarrow\; a_n = 2n + c - 1$$

$a_1 = c+1$
$a_2 = c+3$
$a_3 = c+5$
$a_4 = c+7$
$a_5 = c+9$
$a_6 = c+11$
$a_7 = c+13$
$\vdots$

수열 $\{a_n\}$ 의 각 항중에서 3의 배수가 아닌 수를 찾는
것이므로 c 를 3으로 나눈 나머지로 case분류해 보자.

① c 를 3으로 나눈 나머지가 1일 때
$c = 3n + 1$ (n 은 음이 아닌 정수)으로 나타낼 수 있다.
($c = 1$ 이어도 3으로 나눈 나머지가 1이기 때문에
$n = 0$ 을 포함시킨 것이다.)
$a_1 = c+1 = 3n+2$
$a_2 = c+3 = 3n+4$
$a_3 = c+5 = 3n+6$
$a_4 = c+7 = 3n+8$
$a_5 = c+9 = 3n+10$
$a_6 = c+11 = 3n+12$
$a_7 = c+13 = 3n+14$
$\vdots$

3의 배수가 아닌 수를 작은 것부터 크기순으로 나열하면
$b_1 = 3n+2$
$b_2 = 3n+4$
$b_3 = 3n+8$
$b_4 = 3n+10$
$b_5 = 3n+14$
$b_6 = 3n+16$
$\vdots$

b_{20} 항을 구해야 하므로 짝수항들의 규칙을 살펴보면
다음과 같은 관계식이 성립한다.
$$3n + 6k - 2 = b_{2k}$$

$k = 10$ 을 대입하면
$$3n + 58 = b_{20} \;\Rightarrow\; 3n + 58 = 199 \;\Rightarrow\; n = 47$$
$c = 3n + 1$ 이므로 $c = 142$ 이다.

② c 를 3으로 나눈 나머지가 2일 때
$c = 3n + 2$ (n 은 음이 아닌 정수)으로 나타낼 수 있다.
($c = 2$ 이어도 3으로 나눈 나머지가 2이기 때문에
$n = 0$ 을 포함시킨 것이다.)

$a_1 = c+1 = 3n+3$
$a_2 = c+3 = 3n+5$
$a_3 = c+5 = 3n+7$
$a_4 = c+7 = 3n+9$
$a_5 = c+9 = 3n+11$
$a_6 = c+11 = 3n+13$
$a_7 = c+13 = 3n+15$
$a_8 = c+15 = 3n+17$
$a_9 = c+17 = 3n+19$
$\vdots$

3의 배수가 아닌 수를 작은 것부터 크기순으로 나열하면
$b_1 = 3n+5$
$b_2 = 3n+7$
$b_3 = 3n+11$
$b_4 = 3n+13$
$b_5 = 3n+17$
$b_6 = 3n+19$
$\vdots$

b_{20} 항을 구해야 하므로 짝수항들의 규칙을 살펴보면
다음과 같은 관계식이 성립한다.
$$3n + 6k + 1 = b_{2k}$$

$k = 10$ 을 대입하면
$$3n + 61 = b_{20} \;\Rightarrow\; 3n + 61 = 199 \;\Rightarrow\; n = 46$$
$c = 3n + 2$ 이므로 $c = 140$ 이다.

③ c 를 3으로 나눈 나머지가 0일 때
$c = 3n$ (n 은 자연수)으로 나타낼 수 있다.

$a_1 = c+1 = 3n+1$
$a_2 = c+3 = 3n+3$
$a_3 = c+5 = 3n+5$
$a_4 = c+7 = 3n+7$
$a_5 = c+9 = 3n+9$
$a_6 = c+11 = 3n+11$
$a_7 = c+13 = 3n+13$
$a_8 = c+15 = 3n+15$
$a_9 = c+17 = 3n+17$
$\vdots$

3의 배수가 아닌 수를 작은 것부터 크기순으로 나열하면

$$b_1 = 3n + 1$$
$$b_2 = 3n + 5$$
$$b_3 = 3n + 7$$
$$b_4 = 3n + 11$$
$$b_5 = 3n + 13$$
$$b_6 = 3n + 17$$
$$\vdots$$

b_{20} 항을 구해야 하므로 짝수항들의 규칙을 살펴보면
다음과 같은 관계식이 성립한다.
$$3n + 6k - 1 = b_{2k}$$

$k = 10$ 을 대입하면
$$3n + 59 = b_{20} \Rightarrow 3n + 59 = 199 \Rightarrow n = \frac{140}{3}$$
n 은 자연수가 아니므로 모순이다.

따라서 $b_{20} = 199$ 가 되도록 하는 모든 c 의 값의 합은
$142 + 140 = 282$ 이다.

 282

102

(가) $|a_1| = 2$
(나) 모든 자연수 n 에 대하여 $|a_{n+1}| = 2|a_n|$

$|a_1| = 2$, $|a_2| = 4$, $|a_3| = 8$, $|a_4| = 16$, $|a_5| = 32$, $|a_6| = 64$,
$|a_7| = 128$, $|a_8| = 256$, $|a_9| = 512$, $|a_{10}| = 1024$

(다) $\displaystyle\sum_{n=1}^{10} a_n = -14$
(다) 조건을 만족시키도록 $+ \ -$ 를 선택하는 것이 포인트인
문제이다.

이때 합이 -14 이므로 절댓값이 가장 큰 a_{10} 를 고정한 후
절댓값이 작은 초반 항들의 $+ \ -$ 를 조정하는 것이
바람직하다.

① $a_{10} = 1024$

$\displaystyle\sum_{n=1}^{10} a_n = -14$ 이므로 $\displaystyle\sum_{n=1}^{9} a_n = -1038$ 이어야 한다.

$2 + 2^2 + 2^3 + \ \cdots \ + 2^9 = \dfrac{2(2^9 - 1)}{2 - 1} = 1022$ 이므로

첫째항부터 아홉째항까지 모두 음수이더라도

$\displaystyle\sum_{n=1}^{9} a_n = -1022$ 이므로 조건을 만족시키지 않는다.

② $a_{10} = -1024$

$\displaystyle\sum_{n=1}^{10} a_n = -14$ 이므로 $\displaystyle\sum_{n=1}^{9} a_n = 1010$ 이어야 한다.

$2 + 2^2 + 2^3 + \ \cdots \ + 2^9 = \dfrac{2(2^9 - 1)}{2 - 1} = 1022$ 이므로

$a_1 = -2$, $a_2 = -4$ 이면

$\displaystyle\sum_{n=1}^{9} a_n = 1022 + 2(a_1 + a_2) = 1022 - 12 = 1010$ 이다.

(위 식에 쓰인 사고의 예를 들면 아래와 같다.
$a_1 = 2$ 라고 계산했는데 원래 $a_1 = -2$ 이므로
잘못된 2 를 제거해주기 위해서 -2 를 더해주고
원래의 -2 를 더해야 하니 $2 + 2a_1 = -2$ 이다.)

따라서 $a_1 + a_3 + a_5 + a_7 + a_9 = -2 + 8 + 32 + 128 + 512 = 678$
이다.

 678

103

등차수열 $\{a_n\}$
첫째항 a 는 자연수, 공차 $d < 0$ 인 정수
등비수열 $\{b_n\}$
첫째항 b 는 자연수, 공비 $r < 0$ 인 정수

(가) $\displaystyle\sum_{n=1}^{5} (a_n + b_n) = 27$

(나) $\displaystyle\sum_{n=1}^{5} (a_n + |b_n|) = 67$

(다) $\displaystyle\sum_{n=1}^{5} (|a_n| + |b_n|) = 81$

(나) $-$ (가)를 하면

$\displaystyle\sum_{n=1}^{5} (a_n + |b_n|) - \sum_{n=1}^{5} (a_n + b_n) = \sum_{n=1}^{5} (|b_n| - b_n) = 40$ 이다.

$b_n \geq 0 \Rightarrow |b_n| - b_n = 0$

$b_n < 0 \Rightarrow |b_n| - b_n = -2b_n$
$b > 0$, $r < 0$ 이므로
b_2, b_4 만 음수이다.

$\displaystyle\sum_{n=1}^{5} (|b_n| - b_n) = -2(br + br^3) = 40$

$$b(r+r^3) = -20$$

b 는 자연수이므로 가능한 case는 다음과 같다.

$b = 1, \ 2, \ 4, \ 5, \ 10, \ 20$

위의 case 중 r 이 음의 정수가 나올 수 있는 것은

$b = 2, \ r = -2 \ \ \text{or} \ \ b = 10, \ r = -1$ 이다.

① $b = 10, \ r = -1$ 일 때,

$$\sum_{n=1}^{5} b_n = 10 + (-10) + 10 + (-10) + 10 = 10$$

$$\sum_{n=1}^{5} (a_n + b_n) = 27 \ \Rightarrow \ \sum_{n=1}^{5} a_n = 17$$

a_n 은 등차수열이므로 등차중항에 의해

$a_1 + a_5 = 2a_3, \ a_2 + a_4 = 2a_3$ 이다.

$a_1 + a_2 + a_3 + a_4 + a_5 = (a_1 + a_5) + (a_2 + a_4) + a_3 = 5a_3$

따라서 $\displaystyle\sum_{n=1}^{5} a_n = 5a_3 = 17 \ \Rightarrow \ a_3 = \frac{17}{5}$ 이다.

그런데 a_n 의 첫째항이 자연수이고 공차가 음의 정수이므로

$a_3 = \dfrac{17}{5}$ 이 나올 수 없으니 모순이다.

② $b = 2, \ r = -2$

$$\sum_{n=1}^{5} b_n = \frac{2\{1 - (-2)^5\}}{1 - (-2)} = 22$$

$$\sum_{n=1}^{5} (a_n + b_n) = 27 \ \Rightarrow \ \sum_{n=1}^{5} a_n = 5$$

(다) $-$ (나)를 하면

$$\sum_{n=1}^{5} (|a_n| + |b_n|) - \sum_{n=1}^{5} (a_n + |b_n|) = \sum_{n=1}^{5} (|a_n| - a_n) = 14$$

$$\sum_{n=1}^{5} a_n = 5 \ \text{이므로} \ \sum_{n=1}^{5} |a_n| = 19 \ \text{이다.}$$

$a_1 + a_2 + a_3 + a_4 + a_5 = 5a_3 = 5$ 이므로 $a_3 = 1$ 이다.

공차 d 가 음의 정수이므로 다음과 같은 부등호가 성립한다.

$$\begin{array}{ccccccccc}
a_5 & < & a_4 & \le & 0 & < & a_3 & < & a_2 & < & a_1 \\
\| & & \| & & & & \| & & \| & & \| \\
1+2d & & 1+d & & & & 1 & & 1-d & & 1-2d
\end{array}$$

$$\sum_{n=1}^{5} |a_n| = -(1+2d) - (1+d) + 1 + (1-d) + (1-2d)$$

$$= 1 - 6d = 19 \ \Rightarrow \ d = -3$$

$a = 7, \ d = -3$ 이다.

따라서

$a_7 + b_7 = a + 6d + br^6 = 7 - 18 + 2(-2)^6 = 117$ 이다.

(만약 실전이었다면 $\displaystyle\sum_{n=1}^{5} |a_n| = 19$ 가 되도록 하는 음의

정수인 d 를 $d = -1, \ -2, \ -3, \ \cdots$ 차례로 대입해보는

것도 좋은 전략일 수 있다. 19 가 그렇게 큰 숫자는 아니니

말이다.)

답   117

104

$a_1 = a$, 공차$= d$ 라 하자.

$|a + 7d| = |a + 11d|$ 는 $a + 7d = a + 11d$ 일 때와

$a + 7d = -(a + 11d)$ 일 때가 있는데 전자의 경우는 d 가

양수라고 했기 때문에 가능하지 않다.

$\therefore a = -9d$

$|a_7| + |a_{11}| + |a_{15}| = |-3d| + |d| + |5d| = 9d = 45$

$\Rightarrow \ \therefore d = 5$

즉, $a_n = 5n - 50$

임의의 자연수 n 에 대하여 $\displaystyle\sum_{k=1}^{m} a_k \le \sum_{k=1}^{n} a_k$ 가 항상

성립한다는 말이 무슨 뜻일까?

어떤 n 의 값을 넣었을 때보다 더 작거나 같다는 의미니까

$\displaystyle\sum_{k=1}^{n} a_k$ 이 최소일 때, 저 부등식을 만족하는 m 을 구하라는

뜻이다.

$a_1 = -45$ 이고 공차가 5 이니까 마지막으로 음수가 나오는

항을 찾아보면 된다.

$a_9 = -5$ 이고, $a_{10} = 0$ 이니까 m 의 개수는 2 개다.

$p = 9 + 10 = 19$

따라서 $a_p = 5 \times 19 - 50 = 95 - 50 = 45$ 이다.

답   45

105

그냥 한번 대입해보자.

(가) 조건에서 $n=1$ 을 대입하면

$a_1 + 2a_2 = a_2 + a_2 + 1^2 + 3 \times 1$

$a_1 = 1^2 + 3 \times 1$

(가) 조건에서 $n=2$ 를 대입하면

$a_1 + 2a_2 + 3a_3 = a_2 + 2a_3 + a_3 + 2^2 + 3 \times 2$

$a_1 + a_2 = \displaystyle\sum_{k=1}^{2} a_k = 2^2 + 3 \times 2$

이제 일반화를 해보자.

$a_1 + 2a_2 + \cdots + (n+1)a_{n+1}$

$= a_2 + 2a_3 + \cdots + na_{n+1} + a_{n+1} + n^2 + 3n$

이므로 정리하면

$a_1 + a_2 + \cdots + a_n = \displaystyle\sum_{k=1}^{n} a_k = n^2 + 3n$

즉, $S_n = n^2 + 3n$

$a_n = 2n + 3 - 1 = 2n + 2$

이제 (나) 조건을 해석해보자.

$\displaystyle\sum_{k=1}^{n} (a_k b_k) = -4n^2 - 4n$

$a_n b_n = -8n - 4 - (-4) = -8n$

$a_n = 2n + 2 \Rightarrow b_n = \dfrac{-8n}{2n+2} = \dfrac{-4n}{n+1}$

구하고자 하는 것은 $\displaystyle\sum_{k=1}^{n} \left(\dfrac{16k}{b_k} + 45 \right)$ 의 최대이니까

$\dfrac{16k}{b_k}$ 를 구해보자.

$\dfrac{16k}{b_k} = \dfrac{(k+1)16k}{-4k} = -4(k+1) = -4k - 4$ 이므로

$\displaystyle\sum_{k=1}^{n} (-4k + 41)$.

최댓값이 되어야 하니까 어디까지 양수가 나오는지 check하면 된다.

$c_k = -4k + 41$ 로 보면 $c_1 = 37$, $\cdots$ $c_{10} = 1$

열 번째까지 더하면 된다.

즉, $\displaystyle\sum_{k=1}^{10} (-4k + 41) = \dfrac{10(37+1)}{2} = 190$

따라서 $\displaystyle\sum_{k=1}^{n} \left(\dfrac{16k}{b_k} + 45 \right)$ 의 최댓값은 190 이다.

답 190

다르게 풀어보자.

$$\sum_{k=1}^{n} (-4k + 41) = -4 \times \dfrac{n(n+1)}{2} + 41n$$

$$= -2n^2 - 2n + 41n = -2n^2 + 39n$$

라 보고 이차함수 $f(x) = -2x^2 + 39x$ 로 해석할 수 있다.
꼭짓점의 x 좌표와 가까운 자연수가 최대가 되는 n 이므로

$-4x + 39 = 0 \;\Rightarrow\; x = \dfrac{39}{4}$

즉, $n = 10$ 일 때 최대이다

106

$xg(x) = f(x)$ $[n, 10)$ 에서 $x \neq 0$ 이므로 x 를 넘겨주면

$g(x) = \dfrac{f(x)}{x} = \dfrac{n}{10x - x^2}$

구간 $[n, 10)$ 에서 $g(x) = \dfrac{f(x)}{x} = \dfrac{n}{10x - x^2}$ 의 최솟값을 구하면 된다.

근데 $g(x)$ 를 잘 살펴보니 분자는 상수이고 분모만 변하니까 분모가 어떻게 변화하는지 초점을 두면서 관찰해보자.

$n \leq x < 10$ 일 때 분모는 항상 양수이므로
분모가 최대가 될 때 $g(x)$ 가 최솟값을 갖는다.
n 에 상관없이 분모는 $x = 5$ 일 때 최댓값을 갖는다.
따라서 구간 $[n, 10)$ 안에 5 이 포함될 때와 포함되지 않을 때로 case분류하면

① $n = 1, \ 2, \ 3, \ 4, \ 5$
$x = 5$ 을 넣어야 분모가 최대이다.

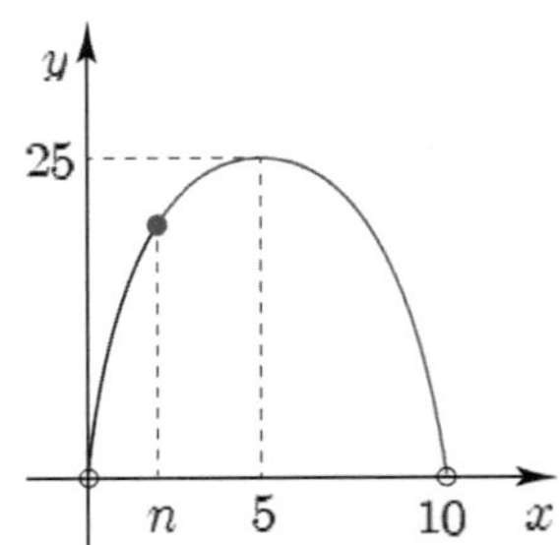

$a_n = \dfrac{n}{50-25} = \dfrac{n}{25}$ 이 되겠군요~

② $n = 6,\ 7,\ 8,\ 9$

$x = n$ 을 넣어야 분모가 최대이다.

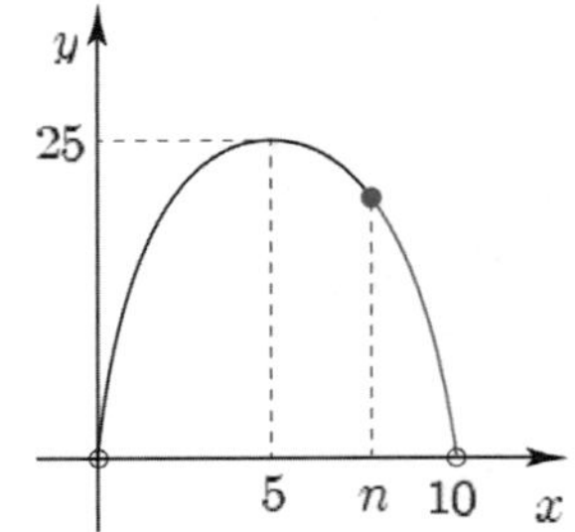

$a_n = \dfrac{n}{10n - n^2} = \dfrac{1}{10-n}$

따라서

$$\sum_{n=1}^{9} 60\,a_n = 60\left(\dfrac{1+2+3+4+5}{25} + \dfrac{1}{4} + \dfrac{1}{3} + \dfrac{1}{2} + \dfrac{1}{1}\right)$$

$$= 60 \times \dfrac{161}{60} = 161$$

이다.

답 161

다르게 풀어보자.

$g(x) = \dfrac{f(x)}{x}$ 를 점 $(0,\ 0)$ 과 점 $(x,\ f(x))$ 을 이은 직선의 기울기로 해석할 수 있다.

(예를 들어 $g(x) = \dfrac{f(x)}{x-1}$ 는 점 $(1,\ 0)$ 과 점 $(x,\ f(x))$ 를 이은 직선의 기울기로 해석이 가능하다.)

우선 $f(x)$ 를 그려보자.

x 값을 0보다 조금 클 때부터 천천히 증가시키면서 원점에서 $(x,\ f(x))$ 를 이은 직선을 표시해보자. 처음에는 점점 기울기가 감소하다가 딱 접하는 순간이 존재한다. 접하고 난 뒤 다시 기울기가 증가하므로 접할 때가 기울기 최소이다.

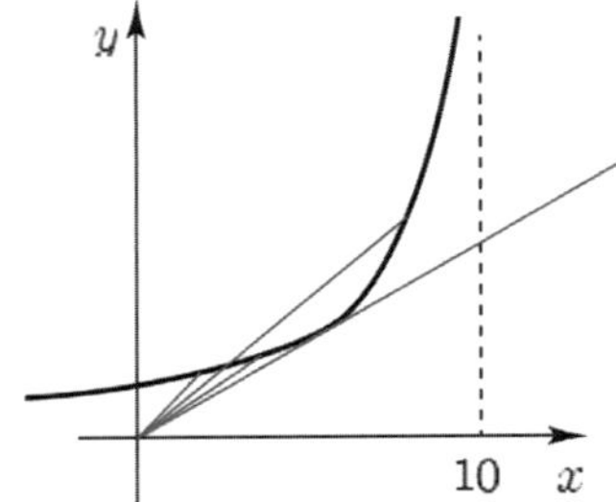

접하는 상황의 기울기를 m (최솟값)이라 하면 $y = mx$

m 을 찾기 위해서 방정식을 세우면

$$\dfrac{n}{10-x} = mx \Rightarrow 10mx - mx^2 = n \Rightarrow mx^2 - 10mx + n = 0$$

접하는 상황이니까 판별식을 쓰면

$$25m^2 - mn = 0 \Rightarrow m(25m - n) = 0 \Rightarrow m = \dfrac{n}{25} \ (\because m \neq 0)$$

접할 때의 x 값을 확인하기 위해서 중근이 무엇인지 파악해보자.

$$\dfrac{n}{25}x^2 - \dfrac{10n}{25}x + n = 0$$

$$\Rightarrow nx^2 - 10nx + 25n = 0 \Rightarrow n(x-5)^2 = 0$$

자연수 n 에 상관없이 무조건 접점의 x 값은 5 이다.

그런데 여기서 point!!
이때까지 정의역을 생각하지 않았다.

정의역을 고려하면 $1 \leq n \leq 5$ 일 때, 구간 $[n,\ 10)$ 이 5를 포함하니까

$g(x)$ 의 최솟값 $a_n = m = \dfrac{n}{25}$

그런데 만약 $n = 6,\ 7,\ 8,\ 9$ 이라면 구간 $[n,\ 10)$ 은 5를 포함하지 않는다. 그러면 언제가 기울기가 최소가 될까?

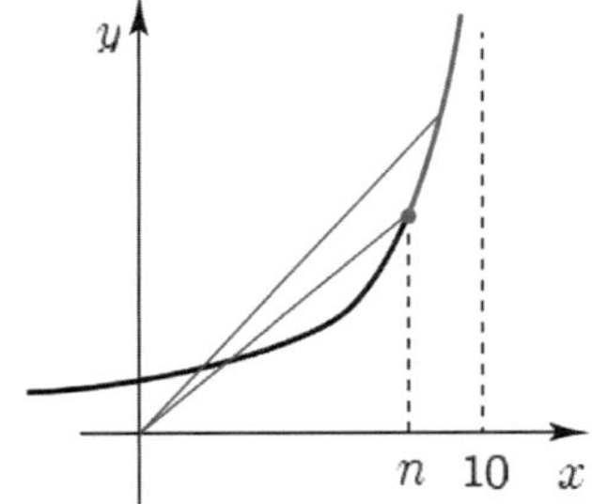

원점과 $(n,\ f(n))$ 을 지날 때 최소가 된다.

$g(x)$ 의 최솟값 $a_n = \dfrac{f(n)}{n} = \dfrac{1}{10-n}$

계산은 첫 번째 풀이와 동일하다.

107

(가) 조건의 식을 정리하면

$$\sum_{n=1}^{6} a_n = -\frac{m}{2}, \quad \sum_{n=1}^{6}\left(a_n + |a_n|\right) = m$$

그런데 오른쪽 식을 잘 살펴보면 $a_n + |a_n| \geq 0$ 이므로
$m > 0$ ($a_1 > 0$이기 때문에 절대로 $m = 0$이 될 수 없다.)

그러면 왼쪽 항인 $\sum_{n=1}^{6} a_n$ 은 0 보다 작아야 한다.

여기서 질문! 공비는 양수일까? 음수일까?

$a_1 > 0$이므로 공비는 반드시 음수가 나와야 한다.
즉, $a_2,\ a_4,\ a_6$ 이 음수가 되니까 $a_n + |a_n| = 0$ $(n = 2,\ 4,\ 6)$

$$\therefore \sum_{n=1}^{6}\left(a_n + |a_n|\right) = 2(a_1 + a_3 + a_5) = m$$

$\sum_{n=1}^{6} a_n = -\dfrac{m}{2}$ 에서 양변에 2를 곱해주면

$$\sum_{k=1}^{6} 2a_n = -m$$

$$2(a_1 + a_3 + a_5) = m \ \cdots \ \text{㉠}$$

$$\sum_{k=1}^{6} 2a_n = -m \ \cdots \ \text{㉡}$$

두 식을 **빼면**

$$\text{㉡} - \text{㉠} = 2(a_2 + a_4 + a_6) = -2m$$

그런데 $2(a_1 + a_3 + a_5) \times r = 2(a_2 + a_4 + a_6)$ 이므로
$r = -2$ $(\because m > 0)$

이제 (나) 조건을 해석해보자.

$$\sum_{n=4}^{5} \sqrt[n]{(a_n)^n} \leq 12 \ \Rightarrow \ |a_4| + a_5 \leq 12$$

$$\Rightarrow \ -a_1 r^3 + a_1 r^4 \leq 12 \ \ (\because a_4 < 0)$$

$r = -2$이므로 $8a_1 + 16a_1 = 24a_1 \leq 12 \ \Rightarrow \ a_1 \leq \dfrac{1}{2}$

$2(a_1 + a_3 + a_5) = m$ 이므로 $42a_1 = m$
즉, $0 < m \leq 21$

따라서 실수 m 의 최댓값은 21 이다.

답 21

a_n 의 공비를 r, 첫째항을 a라고 가정해보자.

(가) 조건에 의해서 $\left(ar^3\right)^2 = a^2 r^6 = 81$

(나) 조건을 통해 식을 세워보면

$$\left|\frac{a\left(r^6 - 1\right)}{r - 1}\right| = 2\left|\frac{a\left(r^3 - 1\right)}{r - 1}\right| \ \text{라고 쓸 수 있을까?}$$

문제에서 $r \neq 1$ 라는 보장이 없으므로 case분류하면

① $r = 1$

$$\left|\sum_{k=1}^{6} a_k\right| = 2\left|\sum_{k=1}^{3} a_k\right| \ \Rightarrow \ |6a| = 2|3a| \ \text{이므로 조건을}$$
만족시킨다.

(가) 조건과 연립하면 $a^2 = 81$

② $r \neq 1$

$$\left|\sum_{k=1}^{6} a_k\right| = 2\left|\sum_{k=1}^{3} a_k\right| \ \Rightarrow \ \left|\frac{a\left(r^6 - 1\right)}{r - 1}\right| = 2\left|\frac{a\left(r^3 - 1\right)}{r - 1}\right|$$

$r \neq 1$ 이기 때문에 약분하면

$$\left|\frac{a\left(r^6 - 1\right)}{r - 1}\right| = 2\left|\frac{a\left(r^3 - 1\right)}{r - 1}\right| \ \Rightarrow \ \left|a(r^3 + 1)\right| = 2|a|$$

(가) 조건 때문에 a는 절대 0이 될 수 없으니까
a 마저 약분하면

$\left|r^3 + 1\right| = 2$ 가 되겠군요~ 마찬가지로 $r \neq 1$ 이라고 했으니까
$r^3 + 1 = -2$ 이므로 $r^3 = -3$ 이다.

(가) 조건과 연립하면 $a^2 = 9$

① $r = 1,\ a^2 = 81$ ② $r^3 = -3,\ a^2 = 9$

이제 (다) 조건을 통해 만족하지 않는 case를 제거해보자.

$$\sum_{k=1}^{3}\left(a_{3k-2} - a_{3k-1}\right) \geq 0 \ \Rightarrow \ a_1 - a_2 + a_4 - a_5 + a_7 - a_8 \geq 0$$

만약 $r = 1$ 이면 모두 a가 나오기 때문에 좌변이 0 이므로
조건을 만족시킨다.

$r^3 = -3$ 인 경우를 따져보자.

좌변을 조금 변형하면 $a_1 + a_4 + a_7 \geq a_2 + a_5 + a_8$

$$\frac{a\left((r^3)^3 - 1\right)}{r^3 - 1} \geq \frac{ar\left((r^3)^3 - 1\right)}{r^3 - 1}$$

$$\Rightarrow \frac{a(-28)}{-4} \geq \frac{ar(-28)}{-4}$$

$$\Rightarrow a \geq ar$$

그런데 여기서 $r^3 = -3$ 이므로

$r < 0$ 이니까 만약 a 가 음수가 되면 부등식이 성립하지 않는다.

즉, a 는 양수이다.

$\therefore r^3 = -3,\ a = 3$

문제에서 $\left(a_1 - \dfrac{2a_4}{a_1}\right)$ 를 구하라고 했으니까

바꿔주면 $a - \dfrac{2ar^3}{a} = a - 2r^3$

즉, 조건을 만족시키는 $a - 2r^3$ 의 값을 구하면 된다.

가능한 경우는

① $r = 1,\ a = 9$ ② $r = 1,\ a = -9$ ③ $r^3 = -3,\ a = 3$

각각의 경우에 $a - 2r^3$ 의 값을 구하면

① 7 ② -11 ③ 9

따라서 모든 $\left(a_1 - \dfrac{2a_4}{a_1}\right)$ 의

값의 합은 $7 + (-11) + 9 = 5$ 이다.

답 5

등비수열의 합 공식을 증명할 때 $r = 1$, $r \neq 1$ 일 때로 나누어서 증명했었다.

이와 비슷한 예로 $y = ax^2 + 2x + 1$ 는 이차함수일까?

$a = 0$, $a \neq 0$ 일 때를 나누어서 접근해줘야 한다.

$a = 0$ 이면 일차함수이고, $a \neq 0$ 이면 이차함수이다.

109

우선 $f(x)$ 를 간단히 하면 $f(x) = 4 + \dfrac{4n - m}{x - n}$

그래프를 그리려고 봤더니 $4n - m$ 이 양수인지 음수인지 몰라서 선뜻 그릴 수가 없다.

조건 $f(0) < f(2n)$ 을 살펴보자.

$$f(0) < f(2n) \ \Rightarrow\ \frac{m}{n} < \frac{8n - m}{n} \ \Rightarrow\ 4n - m > 0$$

이제 $f(x)$ 의 그래프를 그려보자.

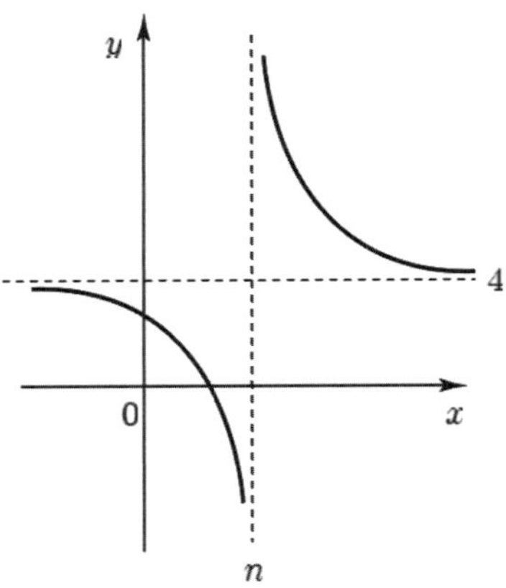

$$\sum_{k=1}^{n} |f(k-1)| + \sum_{k=1}^{n} |f(n+k)| = 8n$$

너무 복잡하게 생겼지만 쫄지말고 그냥 한번 대입해보자.

$$\sum_{k=1}^{n} |f(k-1)| + \sum_{k=1}^{n} |f(n+k)|$$

$$= |f(0)| + |f(1)| + |f(2)| + \cdots + |f(n-1)| +$$
$$\quad |f(n+1)| + |f(n+2)| + \cdots + |f(2n-1)| + |f(2n)|$$

$$= 8n$$

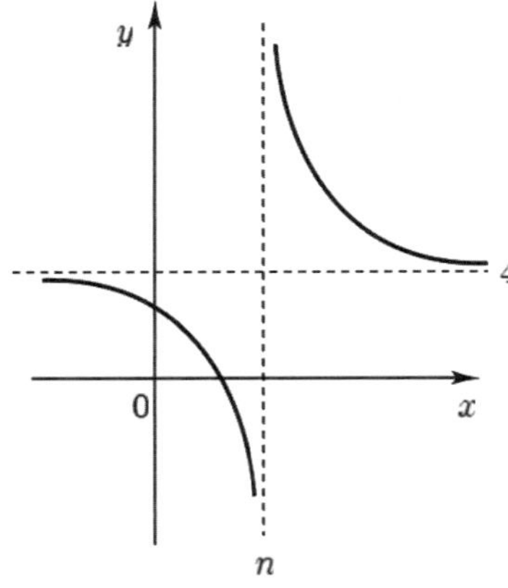

그래프를 보니 $x = n+1$ 부터 $x = 2n$ 까지는 무조건 $f(x)$ 값이 양수이다.

$x=0$ 일 때 $f(0)$ 은 양수가 확실하고
다른 것들은 양수인지 음수인지 불분명하다.

그런데 $\displaystyle\sum_{k=1}^{n}|f(k-1)|+\sum_{k=1}^{n}|f(n+k)| = 8n$

이 조건에서 $8n$ 에 주목해보자.
너무 숫자가 간편하다. 숫자 4,,,, n 개,,,, 설마 대칭성?

만약 위에서 나열한 모든 함숫값이 음수가 아니라면
즉, $f(n-1) \geq 0$ 라면 대칭성에 의해서
$f(0)+f(2n)=8,\ f(1)+f(2n-1)=8,$
$\cdots\ f(n-1)+f(n+1)=8$

이므로 $\displaystyle\sum_{k=1}^{n}|f(k-1)|+\sum_{k=1}^{n}|f(n+k)| = 8n$

만약 $f(n-1) < 0$ 이라면 절댓값 때문에 $|f(n-1)| > 0$ 이므로
$|f(n-1)|+|f(n+1)| > 8$

(점대칭 때문에 $f(n-1)+f(n+1)=8$ 이 성립하기 때문이다.
예를 들어 $f(n+1)=12,\ f(n-1)=-4$ 라면 마이너스 효과
때문에 합이 8 로 유지되었지만 $|f(n-1)|=4$ 로 바뀌는 순간
절댓값의 합은 16 이 되어버린다.)

따라서 $f(n-1) \geq 0$ 이므로
$f(n-1) = -4n+4+m \geq 0 \Rightarrow 4n-4 \leq m$

처음에 전제 조건이 $4n-m > 0$ 이므로 $m < 4n$

두 개의 범위의 공통된 부분을 구하면
$4n-4 \leq m < 4n$

문제에서 자연수 m 의 최댓값과 최솟값의 합을 구하라고
했으므로 m 의 최솟값은 $4n-4$, 최댓값은 $4n-1$
즉, $a_n = 8n-5$

여기서 조심해야 하는 포인트는 $a_1 = 3$ 이 아니라는 것이다.
m 은 자연수이므로 $n=1$ 일 때, 최솟값이 0 이 아니라 1 이다.
$\therefore a_1 = 4,\ a_n = 8n-5\ (n \geq 2)$

따라서 $\displaystyle\sum_{n=2}^{15} a_n = \sum_{n=2}^{15}(8n-5) = \frac{14(11+115)}{2} = 882$ 이다.

답 882

1	(1) 15 (2) 2
2	10
3	42

개념 확인문제 1

(1) $\begin{cases} a_1 = 1 \\ a_{n+1} = a_n + n^2 \quad (n=1,\ 2,\ 3,\ \cdots) \end{cases}$

$a_2 = a_1 + 1 \Rightarrow a_2 = 2$

$a_3 = a_2 + 4 \Rightarrow a_3 = 6$

$a_4 = a_3 + 9 \Rightarrow a_4 = 15$

(2) $\begin{cases} a_1 = 12 \\ a_{n+1} = \dfrac{a_n}{n} \quad (n=1,\ 2,\ 3,\ \cdots) \end{cases}$

$a_2 = \dfrac{a_1}{1} \Rightarrow a_2 = 12$

$a_3 = \dfrac{a_2}{2} \Rightarrow a_3 = 6$

$a_4 = \dfrac{a_3}{3} \Rightarrow a_4 = 2$

답 (1) 15 (2) 2

개념 확인문제 2

$a_{n+1} - a_n = 4n$

$a_n = a_1 + \displaystyle\sum_{k=1}^{n-1} 4k = a_1 + \frac{(n-1)(4+4(n-1))}{2}$

$= a_1 + 2n(n-1)$

$a_{10} = a_1 + 180 = 190$

따라서 $a_1 = 10$ 이다.

답 10

$a_{n+1} = 2a_n + n,\ a_1 = 1$

$a_2 = 2a_1 + 1 \Rightarrow a_2 = 3$

$a_3 = 2a_2 + 2 \Rightarrow a_3 = 8$

$a_4 = 2a_3 + 3 \Rightarrow a_4 = 19$

$a_5 = 2a_4 + 4 \Rightarrow a_5 = 42$

답 42

1	39	11	30
2	6	12	16
3	85	13	120
4	31	14	2
5	64	15	21
6	50	16	11
7	19	17	357
8	32	18	17
9	6	19	10
10	37		

00**1**

$a_1 = 1,\ a_{n+1} - a_n = 2\ (n = 1,\ 2,\ 3,\ \cdots)$

a_n 은 첫째항이 1이고 공차가 2인 등차수열이므로

$a_{20} = a + 19d = 1 + 38 = 39$

 39

00**2**

$a_1 = 8,\ \dfrac{a_{n+1}}{a_n} = \dfrac{1}{2}\ \ (n = 1,\ 2,\ 3,\ \cdots)$

a_n 은 첫째항이 8이고 공비가 $\dfrac{1}{2}$ 인 등비수열이므로

$a_{10} = ar^9 = 8\left(\dfrac{1}{2}\right)^9 = 2^3 \times 2^{-9} = 2^{-6}$

$\log_{\frac{1}{2}} a_{10} = \log_{2^{-1}} 2^{-6} = \dfrac{-6}{-1} \log_2 2 = 6$

 6

00**3**

$a_{n+2} + a_n = 2a_{n+1}\ (n = 1,\ 2,\ 3,\ \cdots)$

a_n 은 등차수열이고 (등차중항)

$a_4 = 5,\ a_7 = 20$ 이므로

$a + 3d = 5,\ a + 6d = 20 \Rightarrow a = -10,\ d = 5$

$a_{20} = a + 19d = -10 + 95 = 85$

 85

004

방정식 $4a_n x^2 - 2a_{n+1}x + a_n = 0$ 이 중근을 가지려면

판별식 $D = 0 \Rightarrow (a_{n+1})^2 - 4(a_n)^2 = 0$

$$\Rightarrow (a_{n+1} - 2a_n)(a_{n+1} + 2a_n) = 0$$

모든 항이 양수이므로 $a_{n+1} = 2a_n$ 이다.

$a = 1$, $r = 2$ 이므로 $\displaystyle\sum_{k=1}^{5} a_k = \dfrac{1 \times (2^5 - 1)}{2 - 1} = 31$

답 31

Tip

만약 모든 항이 양수라는 말이 없다면 조심해야 한다.

$(a_{n+1} - 2a_n)(a_{n+1} + 2a_n) = 0$ 이라는 말은

$a_{n+1} = 2a_n$ or $a_{n+1} = -2a_n$ 이다.

즉, 모든 자연수 n 에 대하여 $a_{n+1} = 2a_n$

(공비가 2 인 등비수열) 아니면

$a_{n+1} = -2a_n$ (공비가 -2 인 등비수열) 가 아니라,

$a_1 = 1$, $a_2 = 2$, $a_3 = -4$, $a_4 = -8$, $\cdots$ 와 같이

규칙적이지 않은 수열도 가능하다.

<흑색 or 백색이 아니라 회색 같은 느낌-_-;;>

$\dfrac{a_3}{a_6} = 8$, $(a_{n+1})^2 = a_n a_{n+2}$ $(n = 1, 2, 3, \cdots)$

a_n 은 등비수열이고 $\dfrac{a_3}{a_6} = \dfrac{ar^2}{ar^5} = \dfrac{1}{r^3} = 8 \Rightarrow r = \dfrac{1}{2}$

$$\dfrac{a_2 + a_3 + a_4 + a_5}{a_8 + a_9 + a_{10} + a_{11}} = \dfrac{ar + ar^2 + ar^3 + ar^4}{ar^7 + ar^8 + ar^9 + ar^{10}}$$

$$= \dfrac{ar + ar^2 + ar^3 + ar^4}{r^6(ar + ar^2 + ar^3 + ar^4)} = \dfrac{1}{r^6} = 64$$

답 64

$a_1 = 1$, $a_{n+1} - a_n = 2n - 1$ $(n = 1, 2, 3, \cdots)$

$a_8 = a_1 + \displaystyle\sum_{k=1}^{7} (2k - 1) = 1 + \dfrac{7(1 + 13)}{2} = 50$

답 50

$a_1 = \dfrac{1}{9}$, $a_{n+1} = 3^n a_n$ $(n = 1, 2, 3, \cdots)$

$a_2 = 3a_1$

$a_3 = 3^2 a_2 = 3^{2+1} a_1$

$a_4 = 3^3 a_3 = 3^{3+2+1} a_1$

$\vdots$

$a_7 = 3^6 a_6 = 3^{6+5+4+3+2+1} a_1 = 3^{21} a_1 = 3^{19}$

답 19

$\dfrac{a_{n+1}}{a_n} = 2$, $b_{n+1} - b_n = a_n$

a_n 은 공비가 2 인 등비수열이고 $a_3 = 8$ 이므로

$ar^2 = 8 \Rightarrow 4a = 8 \Rightarrow a = 2$, $r = 2$

$a_n = 2^n$

$b_{n+1} - b_n = 2^n$, $a_1 = b_1 = 2$

$b_n = b_1 + \displaystyle\sum_{k=1}^{n-1} 2^k = 2 + \dfrac{2(2^{n-1} - 1)}{2 - 1} = 2^n$

따라서 $\dfrac{b_{10}}{a_5} = \dfrac{2^{10}}{2^5} = 32$ 이다.

답 32

$a_n a_{n+1} = n^2$

$a_1 a_2 = 1$, $a_2 a_3 = 4$, $a_3 a_4 = 9$, $a_4 a_5 = 16$

$a_3 = x$ 라 하면

$a_2 = \dfrac{4}{x} \Rightarrow a_1 = \dfrac{x}{4}$

$a_4 = \dfrac{9}{x} \Rightarrow a_5 = \dfrac{16x}{9}$

$$\dfrac{a_1 a_5}{a_2} = \dfrac{\dfrac{x}{4} \times \dfrac{16x}{9}}{\dfrac{4}{x}} = \dfrac{x^3}{9} = 24 \Rightarrow x = 6$$

따라서 $a_3 = 6$ 이다.

답 6

$a_{n+2} - a_{n+1} = 2a_n$, $a_1 = 5$, $a_3 = 19$

$a_3 - a_2 = 2a_1 \Rightarrow 19 - a_2 = 10 \Rightarrow a_2 = 9$

$a_4 - a_3 = 2a_2 \Rightarrow a_4 - 19 = 18 \Rightarrow a_4 = 37$

답   37

$a_1 = 1$

$$a_{n+1} = \begin{cases} (a_n)^2 + a_n & (a_n \text{이 홀수인 경우}) \\ 2a_n + 1 & (a_n \text{이 짝수인 경우}) \end{cases}$$

$a_2 = 1^2 + 1 = 2$

$a_3 = 2^2 + 1 = 5$

$a_4 = 5^2 + 5 = 30$

답   30

$a_1 = \dfrac{1}{7}$

$$a_{n+1} = \begin{cases} 2a_n & (a_n \leq 1) \\ a_n - 1 & (a_n > 1) \end{cases}$$

$a_2 = 2a_1 = \dfrac{2}{7}$

$a_3 = 2a_2 = \dfrac{4}{7}$

$a_4 = 2a_3 = \dfrac{8}{7}$

$a_5 = a_4 - 1 = \dfrac{1}{7}$

4개의 묶음으로 $\dfrac{1}{7}$, $\dfrac{2}{7}$, $\dfrac{4}{7}$, $\dfrac{8}{7}$ 가 반복된다.

31 을 4 로 나누면 몫이 7 이고 나머지가 3 이므로

$$\sum_{n=1}^{31} a_n = 7\left(\dfrac{1}{7} + \dfrac{2}{7} + \dfrac{4}{7} + \dfrac{8}{7}\right) + \left(\dfrac{1}{7} + \dfrac{2}{7} + \dfrac{4}{7}\right) = 16$$

답   16

$a_1 = 3$, $a_{n+1} + a_n = 2n + 3$

$a_2 + a_1 = 5$
$a_3 + a_2 = 7$

$\Rightarrow (a_3 + a_2) - (a_2 + a_1) = 2 \Rightarrow a_3 - a_1 = 2$

$a_4 + a_3 = 9$
$a_5 + a_4 = 11$

$\Rightarrow (a_5 + a_4) - (a_4 + a_3) = 2 \Rightarrow a_5 - a_3 = 2$

일반적으로 모든 자연수 n 에 대하여

$a_{n+1} + a_n = 2n + 3$ $\cdots$ ㉠

$a_{n+2} + a_{n+1} = 2(n+1) + 3 = 2n + 5$ $\cdots$ ㉡ 이므로

㉡ $-$ ㉠ 을 하면 $a_{n+2} - a_n = 2$ 이므로

홀수항끼리는 공차가 2 인 등차수열을 이룬다.

$a_1 = 3$, $a_3 = 5$, $a_5 = 7$, $\cdots$

$a_{2k-1} = 2k + 1$ 이므로

$$\sum_{k=1}^{10} a_{2k-1} = \sum_{k=1}^{10} (2k+1) = \dfrac{10(3+21)}{2} = 120 \text{ 이다.}$$

답   120

$a_1 = 4$, $a_{n+1} = $ ($11a_n$ 을 9 로 나누었을 때의 나머지)

a_2 은 $11a_1 = 44$ 를 9 로 나누었을 때의 나머지이므로

$a_2 = 8$ 이다.

a_3 은 $11a_2 = 88$ 을 9 로 나누었을 때의 나머지이므로

$a_3 = 7$ 이다.

a_4 은 $11a_3 = 77$ 을 9 로 나누었을 때의 나머지이므로

$a_4 = 5$ 이다.

a_5 은 $11a_4 = 55$ 를 9 로 나누었을 때의 나머지이므로

$a_5 = 1$ 이다.

a_6 은 $11a_5 = 11$ 을 9 로 나누었을 때의 나머지이므로

$a_6 = 2$ 이다.

a_7 은 $11a_6 = 22$ 를 9 로 나누었을 때의 나머지이므로

$a_7 = 4$ 이다.

따라서 6 개의 묶음으로 4, 8, 7, 5, 1, 2 가 반복된다.

2022 은 6 으로 나누어 떨어지므로

$a_{2022} = 2$ 이다.

답   2

$a_1 = 8, \ a_2 = 16$

$a_{n+2} = |a_{n+1} - a_n|$

$a_3 = |a_2 - a_1| \implies a_3 = 8$

$a_4 = |a_3 - a_2| \implies a_4 = 8$

$a_5 = |a_4 - a_3| \implies a_5 = 0$

$a_6 = |a_5 - a_4| \implies a_6 = 8$

$a_7 = |a_6 - a_5| \implies a_7 = 8$

a_3 부터 $8, \ 8, \ 0$ 이 반복된다.

$a_3 + a_4 + a_5 = 16$

$a_6 + a_7 + a_8 = 16$

$a_9 + a_{10} + a_{11} = 16$

$a_1 + a_2 = 24$ 이므로 $a_3 + a_4 + \cdots + a_m = 48$ 이다.

$a_3 + a_4 + \cdots + a_{11} = 48$ 이므로 $m = 11$ 이다.

$a_{11} = 0$ 이므로 $a_3 + a_4 + \cdots + a_{10} = 48$ 이다.

즉, $m = 10$ 도 가능하다. 따라서 m 의 값의 합은 21 이다.

답   21

$a_1 = 8$

$$a_{n+1} = \begin{cases} 4 - \dfrac{8}{a_n} & (a_n \text{이 정수인 경우}) \\[2mm] -3a_n + 2 & (a_n \text{이 정수가 아닌 경우}) \end{cases}$$

$a_1 = 8, \ a_2 = 3, \ a_3 = \dfrac{4}{3}, \ a_4 = -2,$

$a_5 = 8, \ a_6 = 3, \ a_7 = \dfrac{4}{3}, \ a_8 = -2,$

$a_9 = 8, \ a_{10} = 3, \ \cdots$

따라서 $a_9 + a_{10} = 8 + 3 = 11$ 이다.

답   11

017

(나) 조건을 보면 모든 항이 양수인 것을 알 수 있다.

절댓값이라 당연히 양수인 것 같지만 0 일 수도 있다.

즉, 항 중에 0 이 나올 때를 찾으면 된다.

일단 낯선 형태이니 대입해보면서 감을 찾아보자.

$p = 1$ 이라고 가정하면 $a_2 = |a_1 - 1| = 59$

계속 1 을 빼다가 결국 0 이 나오는 항이 생긴다.

$p = 2$ 이라고 가정하면 60 에서 계속 2 를 제거하니까

결국 0 이 나오는 항이 생긴다.

$p = 3$ 일 때도 마찬가지다.

즉, $60 = Np \, (N$은 자연수$)$로 표현할 수 있으면 된다.

다시 말해서 p 가 30 이하인 60 의 약수이면 (나) 조건을

만족하지 않는다.

전체에서 p 가 30 이하인 60 의 약수인 경우를 제외해주면 된다.

$$\frac{30(1 + 30)}{2} \ (\text{전체})$$

$$- \ (1 + 2 + 3 + 4 + 5 + 6 + 10 + 12 + 15 + 20 + 30)$$

(30 이하인 60 의 약수)

따라서 모든 p 의 값의 합은 $465 - 108 = 357$ 이다.

답   357

$$\sum_{k=1}^{m+1} (2k-1)(2m+3-2k)^2$$

$$= \sum_{k=1}^{m} (2k-1)(2m+3-2k)^2 + \boxed{\text{(가)}}$$

$(2k-1)(2m+3-2k)^2 = a_k$ 라 하면

$$\sum_{k=1}^{m+1} a_k = \sum_{k=1}^{m} a_k + a_{m+1} \text{ 이므로}$$

(가) 에 들어갈 식은 a_{m+1} 이다.

$a_{m+1} = \{2(m+1)-1\}\{2m+3-2(m+1)\}^2 = 2m+1$

따라서 (가) $= 2m+1$ 이다.

$2m+1-2k = X, \ 2 = Y$ 라 보고

$(X+Y)^2 = X^2 + 2XY + Y^2$ 을 이용해서 전개하면

$$\sum_{k=1}^{m} (2k-1)(2m+3-2k)^2 = \sum_{k=1}^{m} (2k-1)(2m+1-2k+2)^2$$

$$= \sum_{k=1}^{m} (2k-1)\{(2m+1-2k)^2 + 4(2m+1-2k) + 4\}$$

$$= \sum_{k=1}^{m} (2k-1)(2m+1-2k)^2 + \sum_{k=1}^{m} (2k-1)\{8m+4-8k+4\}$$

$$= \sum_{k=1}^{m} (2k-1)(2m+1-2k)^2 + 8 \sum_{k=1}^{m} (2k-1)\{m+1-k\}$$

$$\sum_{k=1}^{m}(2k-1)(2m+3-2k)^2 + \boxed{(\text{가})}$$

$$= \sum_{k=1}^{m}(2k-1)(2m+1-2k)^2$$

$$+ \boxed{(\text{나})} \times \sum_{k=1}^{m}(2k-1)(m+1-k) + \boxed{(\text{가})}$$

따라서 (나) $=8$ 이다.

$$f(m)=2m+1, \quad p=8 \;\Rightarrow\; f(8)=17$$

답 17

019

$$1+\frac{1}{2}+\frac{1}{3}+\cdots+\frac{1}{k} > \frac{2k}{k+1}$$

양변에 $\dfrac{1}{k+1}$ 을 더하면

$$1+\frac{1}{2}+\frac{1}{3}+\cdots+\frac{1}{k}+\frac{1}{k+1} > \boxed{(\text{가})}$$

$(\text{가})=\dfrac{2k}{k+1}+\dfrac{1}{k+1}=\dfrac{2k+1}{k+1}$ 이다.

$$\frac{2k+1}{k+1} - \boxed{(\text{나})} > 0 \text{ 이므로}$$

$$1+\frac{1}{2}+\frac{1}{3}+\cdots+\frac{1}{k+1} > \frac{2(k+1)}{k+2} \text{ 이다.}$$

Guide step에서도 언급했듯이 나무를 보지 말고 숲을 봐야한다.

큰 틀은 $n=k$ 일 때 성립한다고 가정하고 $n=k+1$ 일 때 주어진 부등식이 성립함을 보이는 것이다.

결국은

$$1+\frac{1}{2}+\frac{1}{3}+\cdots+\frac{1}{k} > \frac{2k}{k+1} \quad (n=k) \text{ 을 변형해서}$$

$$1+\frac{1}{2}+\frac{1}{3}+\cdots+\frac{1}{k}+\frac{1}{k+1} > \frac{2k+1}{k+1} \text{ 을 얻었고}$$

$$1+\frac{1}{2}+\frac{1}{3}+\cdots+\frac{1}{k}+\frac{1}{k+1} > \frac{2k+1}{k+1} \text{ 임을 가지고}$$

$$1+\frac{1}{2}+\frac{1}{3}+\cdots+\frac{1}{k+1} > \frac{2(k+1)}{k+2} \quad (n=k+1)$$

을 보이는 것이다.

$$1+\frac{1}{2}+\frac{1}{3}+\cdots+\frac{1}{k}+\frac{1}{k+1} > \frac{2k+1}{k+1} > \frac{2(k+1)}{k+2}$$

임을 보이면 되므로

$$\frac{2k+1}{k+1} > \frac{2(k+1)}{k+2} \;\Rightarrow\; \frac{2k+1}{k+1} - \frac{2(k+1)}{k+2} > 0$$

따라서 (나) $=\dfrac{2(k+1)}{k+2}$ 이다.

$$f(k)=\frac{2k+1}{k+1}, \quad g(k)=\frac{2(k+1)}{k+2}$$

$$\Rightarrow f(5)=\frac{11}{6}, \quad g(9)=\frac{20}{11}$$

따라서 $3f(5)g(9)=10$ 이다.

답 10

20	96	**39**	13
21	④	**40**	⑤
22	②	**41**	⑤
23	②	**42**	70
24	256	**43**	③
25	8	**44**	①
26	①	**45**	180
27	33	**46**	⑤
28	④	**47**	④
29	②	**48**	⑤
30	③	**49**	①
31	②	**50**	⑤
32	①	**51**	②
33	④	**52**	①
34	②	**53**	⑤
35	64	**54**	①
36	③	**55**	③
37	③	**56**	②
38	④	**57**	④

020

$$\sum_{n=1}^{4}(a_n+a_{n+4})=\sum_{n=1}^{8}a_n=48,\quad \sum_{n=9}^{12}(a_n+a_{n+4})=\sum_{n=9}^{16}a_n=48$$

따라서 $\sum_{n=1}^{16}a_n=\sum_{n=1}^{8}a_n+\sum_{n=9}^{16}a_n=96$ 이다.

답 96

021

$a_1=1$, $a_{n+1}+(-1)^n\times a_n=2^n$

$a_2-a_1=2 \Rightarrow a_2=3$

$a_3+a_2=4 \Rightarrow a_3=1$

$a_4-a_3=8 \Rightarrow a_4=9$

$a_5+a_4=16 \Rightarrow a_5=7$

답 ④

022

$a_na_{n+1}=2n$, $a_3=1$

$a_1a_2=2$, $a_2a_3=4$, $a_3a_4=6$, $a_4a_5=8$

$a_2=4$

$a_4=6 \Rightarrow a_5=\dfrac{4}{3}$

따라서 $a_2+a_5=4+\dfrac{4}{3}=\dfrac{16}{3}$ 이다.

답 ②

023

$a_1=2$

$$a_{n+1}=\begin{cases} a_n-1 & (a_n\text{이 짝수인 경우}) \\ a_n+n & (a_n\text{이 홀수인 경우}) \end{cases}$$

$a_2=a_1-1=1$

$a_3=a_2+2=3$

$a_4=a_3+3=6$

$a_5=a_4-1=5$

$a_6=a_5+5=10$

$a_7=a_6-1=9$

답 ②

024

$a_1=a_2+3$

$a_{n+1}=-2a_n \ (n\geq 1)$

$a_2=-2a_1$ 이므로 $a_1=a_2+3$ 와 연립하면 $a_1=1$ 이다.

a_n 은 공비가 -2 인 등비수열이므로
$a_9=1\times(-2)^8=256$ 이다.

답 256

025

$a_{n+1} + a_n = 3n - 1$, $a_3 = 4$

$a_2 + a_1 = 2$, $a_3 + a_2 = 5$, $a_4 + a_3 = 8$, $a_5 + a_4 = 11$

$a_2 = 1 \Rightarrow a_1 = 1$

$a_4 = 4 \Rightarrow a_5 = 7$

따라서 $a_1 + a_5 = 8$이다.

 답 8

026

$a_1 = 1$, $a_2 = 2$, $a_3 = 4$, $a_4 = 8$,

$a_5 = 1$, $a_6 = 2$, $a_7 = 4$, $a_8 = 8$

이므로 $\displaystyle\sum_{k=1}^{8} a_k = 2 \times (1 + 2 + 4 + 8) = 30$이다.

 답 ①

027

$a_1 = 9$, $a_2 = 3$

$a_{n+2} = a_{n+1} - a_n$이므로

$a_3 = a_2 - a_1 = 3 - 9 = -6$

$a_4 = a_3 - a_2 = -6 - 3 = -9$

$a_5 = a_4 - a_3 = -9 + 6 = -3$

$a_6 = a_5 - a_4 = -3 + 9 = 6$

$a_7 = a_6 - a_5 = 6 + 3 = 9$

$a_8 = a_7 - a_6 = 9 - 6 = 3$

$a_9 = a_8 - a_7 = 3 - 9 = -6$

$a_{10} = a_9 - a_8 = -6 - 3 = -9$

$a_{11} = a_{10} - a_9 = -9 + 6 = -3$

9, 3, -6, -9, -3, 6이 반복된다.

100을 6으로 나누면 몫이 16 나머지가 4이므로

9, 3, -6, -9, -3, 6이 16번 반복되고

$a_{97} = 9$, $a_{98} = 3$, $a_{99} = -6$, $a_{100} = -9$이다.

따라서 $|a_k| = 3$을 만족시키는 100 이하의 자연수 k의 개수는

$16 \times 2 + 1 = 33$이다.

 답 33

028

$a_1 = 12$

$a_{n+1} + a_n = (-1)^{n+1} \times n$

$a_2 + a_1 = 1 \Rightarrow a_2 = -11$

$a_3 + a_2 = -2 \Rightarrow a_3 = 9$

$a_4 + a_3 = 3 \Rightarrow a_4 = -6$

$a_5 + a_4 = -4 \Rightarrow a_5 = 2$

$a_6 + a_5 = 5 \Rightarrow a_6 = 3$

$a_7 + a_6 = -6 \Rightarrow a_7 = -9$

$a_8 + a_7 = 7 \Rightarrow a_8 = 16$

따라서 $a_k > a_1$인 자연수 k의 최솟값은 8이다.

 답 ④

029

$a_1 = 1$

$\displaystyle\sum_{k=1}^{n} (a_k - a_{k+1}) = -n^2 + n$

$a_n - a_{n+1} = -2n + 1 + 1 = -2n + 2$

$\Rightarrow a_{n+1} - a_n = 2n - 2$

$a_n = a_1 + \displaystyle\sum_{k=1}^{n-1} (2k - 2)$이므로

$a_{11} = 1 + \displaystyle\sum_{k=1}^{10} (2k - 2) = 1 + \dfrac{10(0 + 18)}{2} = 91$

 답 ②

030

$$a_1 = 1$$

$$a_{n+1} = \begin{cases} 2^{a_n} & (a_n \leq 1) \\ \log_{a_n} \sqrt{2} & (a_n > 1) \end{cases}$$

$$a_2 = 2^{a_1} = 2$$

$$a_3 = \log_{a_2} \sqrt{2} = \frac{1}{2}$$

$$a_4 = 2^{a_3} = \sqrt{2}$$

$$a_5 = \log_{a_4} \sqrt{2} = 1$$

$$a_6 = 2^{a_5} = 2$$

$1,\ 2,\ \dfrac{1}{2},\ \sqrt{2}$ 가 반복되므로 $a_{12} = \sqrt{2}$, $a_{13} = 1$ 이다.

따라서 $a_{12} \times a_{13} = \sqrt{2}$ 이다.

답 ③

031

$$a_1 = \frac{3}{2}$$

$$a_{2n-1} + a_{2n} = 2a_n$$

$$a_1 + a_2 = 2a_1$$

$$a_3 + a_4 = 2a_2$$

$$a_5 + a_6 = 2a_3$$

$$a_7 + a_8 = 2a_4$$

$$\vdots$$

$$a_{15} + a_{16} = 2a_8$$

이므로

$$\sum_{n=1}^{16} a_n = 2\sum_{n=1}^{8} a_n = 2^2 \sum_{n=1}^{4} a_n = 2^3 \sum_{n=1}^{2} a_n$$
$$= 8(a_1 + a_2) = 16a_1 = 24$$

이다.

답 ②

032

$$a_1 = 2$$

$$a_{n+1} = \begin{cases} \dfrac{a_n}{2 - 3a_n} & (n \text{이 홀수인 경우}) \\ 1 + a_n & (n \text{이 짝수인 경우}) \end{cases}$$

$$a_2 = \frac{a_1}{2 - 3a_1} = -\frac{1}{2}$$

$$a_3 = 1 + a_2 = \frac{1}{2}$$

$$a_4 = \frac{a_3}{2 - 3a_3} = 1$$

$$a_5 = 1 + a_4 = 2$$

$$a_6 = \frac{a_5}{2 - 3a_5} = -\frac{1}{2}$$

$2,\ -\dfrac{1}{2},\ \dfrac{1}{2},\ 1$ 이 반복된다.

따라서 $\displaystyle\sum_{n=1}^{40} a_n = 10\left(2 - \frac{1}{2} + \frac{1}{2} + 1\right) = 30$ 이다.

답 ①

033

$$f(n) = \begin{cases} \log_3 n & (n \text{이 홀수}) \\ \log_2 n & (n \text{이 짝수}) \end{cases}$$

$$a_n = f(6^n) - f(3^n)$$

6^n 은 짝수이므로

$$f(6^n) = \log_2 6^n = n \log_2 6 = n(1 + \log_2 3)$$

3^n 은 홀수이므로

$$f(3^n) = \log_3 3^n = n$$

$$a_n = f(6^n) - f(3^n) = n \log_2 3$$

$$\sum_{n=1}^{15} a_n = \log_2 3 \times \sum_{n=1}^{15} n = \log_2 3 \times \frac{15 \times 16}{2} = 120 \log_2 3$$

답 ④

034

① $1 \leq n \leq 10$ 인 경우

$a_1 = 20$, $a_{n+1} = a_n - 2 \Rightarrow a_n = -2n + 22$

이므로 $\displaystyle\sum_{n=1}^{10} a_n = \sum_{n=1}^{10}(-2n+22) = 110$

② $11 \leq n \leq 30$ 인 경우

$a_{10} = 2 \Rightarrow a_n = \begin{cases} 0 & (n\text{이 홀수인 경우}) \\ -2 & (n\text{이 짝수인 경우}) \end{cases}$

이므로 $\displaystyle\sum_{n=11}^{30} a_n = (-2) \times 10 = -20$

따라서 $\displaystyle\sum_{n=1}^{30} a_n = 110 + (-20) = 90$ 이다.

답 ②

035

$a_{2n} = 2a_n$, $a_{2n+1} = 3a_n$

$a_1 = 1$

$a_2 = 2$

$a_3 = 3$

$a_4 = 4$

$a_5 = 6$

$a_6 = 6$

$a_7 = 9$

$a_8 = 8$

$a_{16} = 16$

$a_7 + a_k = 73 \Rightarrow a_k = 64$

k 가 홀수이면 a_k 는 3 의 배수이어야 하는데

$a_k = 64$ 이므로 모순이다.

즉, k 는 짝수이어야 한다.

$a_{32} = 32$, $a_{64} = 64$ 이므로 $k = 64$ 이다.

답 64

036

$a_1 = 4$

$a_{n+1} = \begin{cases} \dfrac{a_n}{2 - a_n} & (a_n > 2) \\ a_n + 2 & (a_n \leq 2) \end{cases}$

$a_2 = \dfrac{a_1}{2 - a_1} = -2$

$a_3 = a_2 + 2 = 0$

$a_4 = a_3 + 2 = 2$

$a_5 = a_4 + 2 = 4$

a_1 부터 4, -2, 0, 2 가 반복된다.

$4 - 2 + 0 + 2 = 4$ 이므로

$a_1 + a_2 + \cdots + a_8 = 4 \times 2 = 8$

따라서 $\displaystyle\sum_{n=1}^{m} a_n = 12$ 인 m 의 최솟값은 9 이다.

답 ③

037

$a_1 = 1$

$\begin{cases} a_{3n-1} = 2a_n + 1 \\ a_{3n} = -a_n + 2 \\ a_{3n+1} = a_n + 1 \end{cases}$

$a_2 = 2a_1 + 1 = 3$

$a_3 = -a_1 + 2 = 1$

$a_4 = a_1 + 1 = 2$

$a_{11} = 2a_4 + 1 = 5$

$a_{12} = -a_4 + 2 = 0$

$a_{13} = a_4 + 1 = 3$

이므로 $a_{11} + a_{12} + a_{13} = 8$ 이다.

답 ③

038

$a_{n+1} = \sum_{k=1}^{n} ka_k$

$a_{n+1} = a_1 + 2a_2 + 3a_3 + \cdots + na_n$

$a_n = a_1 + 2a_2 + 3a_3 + \cdots + (n-1)a_{n-1} \ (n \geq 2)$
이므로

$a_{n+1} - a_n = na_n \ (n \geq 2)$

$\Rightarrow a_{n+1} = (n+1)a_n \ (n \geq 2)$

$\Rightarrow \dfrac{a_{n+1}}{a_n} = n+1 \ (n \geq 2)$

$a_2 = a_1 = 2$

$\dfrac{a_{51}}{a_{50}} = 51$ 이므로 $a_2 + \dfrac{a_{51}}{a_{50}} = 2 + 51 = 53$ 이다.

답 ④

> **Tip**
>
> $\dfrac{a_{n+1}}{a_n} = n+1$ 은 $n \geq 2$ 일 때 성립하므로
>
> $\dfrac{a_2}{a_1} = 2$ 가 성립하지 않는다.
>
> $S_n - S_{n-1} = a_n \ (n \geq 2)$ 를 할 때에는
> $S_1 = a_1$ 를 항상 확인하도록 하자.

039

$S_n + S_{n+1} = (a_{n+1})^2 \ (n \geq 1)$ 이므로
$S_{n+1} + S_{n+2} = (a_{n+2})^2 \ (n \geq 1)$ 가 성립한다.

$S_{n+1} + S_{n+2} = (a_{n+2})^2$ 에서 $S_n + S_{n+1} = (a_{n+1})^2$ 를 빼면

$a_{n+1} + a_{n+2} = (a_{n+2})^2 - (a_{n+1})^2$ 이다.
$(a_{n+2} - a_{n+1})(a_{n+2} + a_{n+1}) - (a_{n+2} + a_{n+1}) = 0$
$(a_{n+2} + a_{n+1})(a_{n+2} - a_{n+1} - 1) = 0$

각 항이 양수이므로 $a_{n+2} + a_{n+1} = 0$ 일 수는 없다.
따라서 $a_{n+2} - a_{n+1} = 1 \ (n \geq 1)$ 이어야 한다.
a_2 부터 공차가 1 인 등차수열이다.

$S_n + S_{n+1} = (a_{n+1})^2$

$S_1 + S_2 = (a_2)^2 \Rightarrow a_1 + a_1 + a_2 = (a_2)^2$

$\Rightarrow (a_2)^2 - a_2 - 20 = 0 \Rightarrow (a_2 - 5)(a_2 + 4) = 0$

$\Rightarrow a_2 = 5 \ (\because a_n > 0)$

$a_n = n + 3 \ (n \geq 2)$ 이므로 $a_{10} = 13$ 이다.

답 13

040

$a_{12} = \dfrac{1}{2}$

$a_{n+1} = \begin{cases} \dfrac{1}{a_n} & (n \text{이 홀수인 경우}) \\ 8a_n & (n \text{이 짝수인 경우}) \end{cases}$

$a_{12} = \dfrac{1}{a_{11}} = \dfrac{1}{2} \Rightarrow a_{11} = 2$

$a_{11} = 8a_{10} \Rightarrow a_{10} = \dfrac{1}{4}$

$a_{10} = \dfrac{1}{a_9} = \dfrac{1}{4} \Rightarrow a_9 = 4$

$a_9 = 8a_8 = 4 \Rightarrow a_8 = \dfrac{1}{2}$

$a_8 = \dfrac{1}{a_7} = \dfrac{1}{2} \Rightarrow a_7 = 2$

$2, \ \dfrac{1}{4}, \ 4, \ \dfrac{1}{2}$ 가 반복되므로

$a_7 = 2, \ a_6 = \dfrac{1}{4}, \ a_5 = 4, \ a_4 = \dfrac{1}{2}, \ a_3 = 2, \ a_2 = \dfrac{1}{4}, \ a_1 = 4$
이다.

따라서 $a_1 + a_4 = 4 + \dfrac{1}{2} = \dfrac{9}{2}$ 이다.

답 ⑤

041

$a_1 = a$

$a_{n+1} = \begin{cases} a_n + (-1)^n \times 2 & (n \text{이 } 3 \text{의 배수가 아닌 경우}) \\ a_n + 1 & (n \text{이 } 3 \text{의 배수인 경우}) \end{cases}$

$a_2 = a_1 - 2 = a - 2$

$a_3 = a_2 + 2 = a$

$a_4 = a_3 + 1 = a + 1$

$a_5 = a_4 + 2 = a + 3$

$a_6 = a_5 - 2 = a + 1$

$a_7 = a_6 + 1 = a + 2$

$a_8 = a_7 - 2 = a$

$a_9 = a_8 + 2 = a + 2$

$a_{10} = a_9 + 1 = a + 3$

$a_{11} = a_{10} + 2 = a + 5$

$a_{12} = a_{11} - 2 = a + 3$

$a_{13} = a_{12} + 1 = a + 4$

$a_{14} = a_{13} - 2 = a + 2$

$a_{15} = a_{14} + 2 = a + 4$

$a + 4 = 43 \implies a = 39$

답 ⑤

042

$1 < a_1 < 2$ 이므로 $a_2 = a_1 - 2 < 0$

$a_3 = -2a_2 = -2(a_1 - 2) > 0$

$a_4 = a_3 - 2 = -2(a_1 - 2) - 2 = -2(a_1 - 1) < 0$

$a_5 = -2a_4 = 4(a_1 - 1) > 0$

$a_6 = a_5 - 2 = 4(a_1 - 1) - 2 = 4a_1 - 6$

만약 $a_6 < 0$ 이면 $a_7 = -2a_6 > 0$ 이므로 $a_7 = -1$ 에 모순이다. 즉, $a_6 \geq 0$ 이다.

$a_7 = a_6 - 2 = (4a_1 - 6) - 2 = 4a_1 - 8 = -1$

$\implies a_1 = \dfrac{7}{4}$

따라서 $40 \times a_1 = 40 \times \dfrac{7}{4} = 70$ 이다.

답 70

043

조건 (가)에 의해

$$\sum_{n=1}^{8} a_n = (a_1 + a_5) + (a_2 + a_6) + (a_3 + a_7) + (a_4 + a_8)$$
$$= 15 \times 4 = 60$$

$\displaystyle\sum_{n=1}^{4} a_n = 6$ 이므로 $\displaystyle\sum_{n=5}^{8} a_n = \sum_{n=1}^{8} a_n - \sum_{n=1}^{4} a_n = 60 - 6 = 54$ 이다.

조건 (나)에 의해

$a_6 = a_5 + 5$

$a_7 = a_6 + 6 = a_5 + 11$

$a_8 = a_7 + 7 = a_5 + 18$

이다.

$$\sum_{n=5}^{8} a_n = 54 \implies 4a_5 + 34 = 54 \implies a_5 = 5$$

따라서 $a_5 = 5$ 이다.

답 ③

044

$a_1 = a_2 = 1, \quad b_1 = k$

$a_{n+2} = (a_{n+1})^2 - (a_n)^2$

$a_3 = (a_2)^2 - (a_1)^2 = 0$

$a_4 = (a_3)^2 - (a_2)^2 = -1$

$a_5 = (a_4)^2 - (a_3)^2 = 1$

$a_6 = (a_5)^2 - (a_4)^2 = 0$

$a_7 = (a_6)^2 - (a_5)^2 = -1$

$a_1 = 1$ 을 제외하고 a_2 부터 $1, \ 0, \ -1$ 이 반복된다.

$b_{n+1} = a_n - b_n + n$

$b_2 = a_1 - b_1 + 1$

$b_3 = a_2 - b_2 + 2 = a_2 - a_1 + b_1 - 1 + 2$

$b_4 = a_3 - b_3 + 3 = a_3 - a_2 + a_1 - b_1 + 1 - 2 + 3$

$b_5 = a_4 - b_4 + 4 = a_4 - a_3 + a_2 - a_1 + b_1 - 1 + 2 - 3 + 4$

이를 바탕으로

b_{20} 을 추론하면 다음과 같다.

$$b_{20} = a_{19} - a_{18} + \cdots + - a_2 + a_1 - b_1 + 1 - 2 + \cdots + 19$$

$a_{19} - a_{18} + a_{17} - a_{16} + a_{15} - a_{14} + \cdots - a_2 + a_1$ 을
구하기 위해서 짝수와 홀수를 분리하면

$$a_1 + a_3 + a_5 + \cdots + a_{19}$$

$$= 1 + 0 + 1 - 1 + 0 + 1 - 1 + 0 + 1 - 1 = 1$$

$$a_2 + a_4 + \cdots + a_{18}$$

$$= 1 - 1 + 0 + 1 - 1 + 0 + 1 - 1 + 0 = 0$$

$$a_{19} - a_{18} + a_{17} - a_{16} + a_{15} - a_{14} + \cdots - a_2 + a_1 = 1$$

$$1 - 2 + 3 - 4 + \cdots - 18 + 19 = 10 \text{이므로}$$

$$b_{20} = a_{19} - a_{18} + \cdots + - a_2 + a_1 - b_1 + 1 - 2 + \cdots + 19$$

$$= 1 - b_1 + 10 = 11 - b_1 = 14$$

따라서 $b_1 = k = -3$ 이다.

답 ①

045

조건 (가)에 의해

$$a_{2n-1} + a_{2n} = \sum_{k=1}^{2n} a_k - \sum_{k=1}^{2(n-1)} a_k$$

$$= 17n - 17(n-1) = 17 \ (n \geq 2)$$

조건 (나)에 의해

$$|a_{2n} - a_{2n-1}| = 2(2n-1) - 1 = 4n - 3 \ (n \geq 1)$$

① $n = 2$ 인 경우
$a_3 + a_4 = 17$ 이고 $|a_4 - a_3| = 5$ 이므로
$(a_3, \ a_4) = (6, \ 11)$ or $(a_3, \ a_4) = (11, \ 6)$ 이다.

조건 (나)에 의해
$|a_3 - a_2| = |a_3 - 9| = 3$ 이므로
$a_3 = 6, \ a_4 = 11$ 이다.

② $n = 3$ 인 경우
$a_5 + a_6 = 17$ 이고 $|a_6 - a_5| = 9$ 이므로
$(a_5, \ a_6) = (4, \ 13)$ or $(a_5, \ a_6) = (13, \ 4)$ 이다.

조건 (나)에 의해
$|a_5 - a_4| = |a_5 - 11| = 7$ 이므로
$a_5 = 4, \ a_6 = 13$ 이다.

①, ②와 마찬가지로 방법을 반복하면
$a_8 = 15, \ a_{10} = 17, \ \cdots \ a_{20} = 27$ 이므로
$\sum_{n=1}^{10} a_{2n}$ 의 값은 첫째항이 9 이고 공차가 2 인
등차수열의 첫째항부터 제 10 항까지의 합과 같다.

따라서 $\sum_{n=1}^{10} a_{2n} = \dfrac{10(9+27)}{2} = 180$ 이다.

답 180

046

$$(m+2)S_{m+1} - \sum_{k=1}^{m+1} S_k$$

$$= \boxed{(\text{가})} S_{m+1} - \sum_{k=1}^{m} S_k$$

$$= \boxed{(\text{가})} S_m + \boxed{(\text{나})} - \sum_{k=1}^{m} S_k$$

$$(m+2)S_{m+1} - \sum_{k=1}^{m+1} S_k = (m+2)S_{m+1} - \left(\sum_{k=1}^{m} S_k + S_{m+1} \right)$$

$$= (m+1)S_{m+1} - \sum_{k=1}^{m} S_k$$

따라서 $(\text{가}) = m + 1$ 이다.

$$a_n = n^2 \Rightarrow S_n = \dfrac{n(n+1)(2n+1)}{6}$$

$$S_{m+1} = \dfrac{(m+1)(m+2)(2m+3)}{6}$$

$$(m+1)S_{m+1} = (m+1)S_m + (\text{나})$$

$$\dfrac{(m+1)^2(m+2)(2m+3)}{6} = \dfrac{m(m+1)^2(2m+1)}{6} + (\text{나})$$

$$\text{(나)} = \frac{(m+1)^2}{6}\{(m+2)(2m+3)-m(2m+1)\}$$

$$= \frac{(m+1)^2}{6}(6m+6)=(m+1)^3$$

또는 $S_{m+1}=S_m+a_{m+1}$ 이므로

$$(m+1)S_{m+1}=(m+1)S_m+(m+1)a_{m+1}$$

$$=(m+1)S_m+(m+1)^3$$

$$\therefore \ \text{(나)}=(m+1)^3$$

$f(m)=m+1, \ g(m)=(m+1)^3$ 이므로

$$f(2)+g(1)=3+8=11$$

답 ⑤

047

$$a_m=\left(2^{2m}-1\right)\times 2^{m(m-1)}+(m-1)\times 2^{-m}$$

$$\sum_{k=1}^{m}a_k=2^{m(m+1)}-(m+1)\times 2^{-m}$$

$$\sum_{k=1}^{m+1}a_k=2^{m(m+1)}-(m+1)\times 2^{-m}$$

$$+\left(2^{2m+2}-1\right)\times\boxed{\text{(가)}}+m\times 2^{-m-1}$$

$$=\boxed{\text{(가)}}\times\boxed{\text{(나)}}-\frac{m+2}{2}\times 2^{-m}$$

$$=2^{(m+1)(m+2)}-(m+2)\times 2^{-(m+1)}$$

$$\sum_{k=1}^{m+1}a_k=\sum_{k=1}^{m}a_k+a_{m+1}$$ 이므로

$$\text{(가)}=2^{(m+1)m}$$

$$\text{(가)}\times\text{(나)}=2^{(m+1)(m+2)}$$

$$2^{m^2+m}\times\text{(나)}=2^{m^2+3m+2}\ \Rightarrow\ \text{(나)}=2^{2m+2}$$

따라서 $\dfrac{g(7)}{f(3)}=\dfrac{2^{16}}{2^{12}}=2^4=16$ 이다.

답 ④

048

점 P_n 의 좌표를 $(a_n,\ 0)$

$$P_1=(1,\ 0)\ \Rightarrow\ a_1=1$$

$\overline{OP_n}=a_n,\ \overline{P_nQ_n}=\sqrt{3a_n},\ \overline{P_nP_{n+1}}=a_{n+1}-a_n$ 이므로

$$\overline{OP_n}:\overline{P_nQ_n}=\overline{P_nQ_n}:\overline{P_nP_{n+1}}$$

$$\Rightarrow\ a_n:\sqrt{3a_n}=\sqrt{3a_n}:a_{n+1}-a_n$$

$$\Rightarrow\ 3a_n=a_n(a_{n+1}-a_n)$$

$$\Rightarrow\ a_{n+1}-a_n=3\ (\because\ a_n>0)$$

$$\overline{P_nP_{n+1}}=\boxed{\text{(가)}}$$

$$\text{(가)}=3$$

$a_{n+1}-a_n=3$ 이고 $a_1=1$ 이므로 $a_n=3n-2$ 이다.

$$A_n=\frac{1}{2}\times\boxed{\text{(나)}}\times\sqrt{9n-6}$$

$$A_n=\frac{1}{2}\times\overline{OP_{n+1}}\times\overline{P_nQ_n}=\frac{1}{2}\times a_{n+1}\times\sqrt{3a_n}$$

$$=\frac{1}{2}\times(3n+1)\times\sqrt{9n-6}$$

$$\text{(나)}=\ 3n+1$$

따라서 $p+f(8)=3+25=28$ 이다.

답 ⑤

049

$$a_1=1,\ a_2=2$$

(가) $a_{2n+1}=-a_n+3a_{n+1}$

(나) $a_{2n+2}=a_n-a_{n+1}$

(가)+(나) 하면 $a_{2n+1}+a_{2n+2}=2a_{n+1}$

$$a_3 + a_4 = 2a_2$$

$$a_5 + a_6 = 2a_3$$

$$a_7 + a_8 = 2a_4$$

$$a_9 + a_{10} = 2a_5$$

$$\vdots$$

$$a_{15} + a_{16} = 2a_8$$

이므로

$$\sum_{n=1}^{16} a_n = a_1 + a_2 + 2\left(a_2 + a_3 + a_4 + a_5 + a_6 + a_7 + a_8\right)$$

$$= 3 + 2\left(a_2 + 2a_2 + 2a_3 + 2a_4\right)$$

$$= 3 + 2\left\{3a_2 + 2\left(2a_2\right)\right\}$$

$$= 3 + 2\left(7a_2\right) = 3 + 14a_2 = 31$$

이다.

답 ①

050

$$\sum_{k=1}^{n} \frac{S_k}{k!} = \frac{1}{(n+1)!}$$

$$\frac{S_n}{n!} = \sum_{k=1}^{n} \frac{S_k}{k!} - \sum_{k=1}^{n-1} \frac{S_k}{k!}$$

$$= \frac{1}{(n+1)!} - \frac{1}{n!} = \frac{1-(n+1)}{(n+1)!} = \frac{-n}{(n+1)!}$$

$$= -\frac{\boxed{(가)}}{(n+1)!}$$

$$(가) = n$$

$$S_n = -\frac{\boxed{(가)}}{n+1} = -\frac{n}{n+1} \text{ 이므로}$$

$$a_n = S_n - S_{n-1} = -\frac{n}{n+1} + \frac{n-1}{n}$$

$$= \frac{-n^2 + n^2 - 1}{n(n+1)} = \frac{-1}{n(n+1)} = -\boxed{(나)}$$

$$(나) = \frac{1}{n(n+1)}$$

$$\sum_{k=3}^{n} k(k+1) = -8 + \sum_{k=1}^{n} k(k+1)$$

$$\sum_{k=1}^{n} \frac{1}{a_k} = \frac{8}{7} - \sum_{k=3}^{n} k(k+1)$$

$$= \frac{8}{7} - \left(-8 + \sum_{k=1}^{n} k(k+1)\right)$$

$$= \frac{64}{7} - \sum_{k=1}^{n} \left(k^2 + k\right)$$

$$= \frac{64}{7} - \sum_{k=1}^{n} k - \sum_{k=1}^{n} k^2$$

$$= \frac{64}{7} - \frac{n(n+1)}{2} - \sum_{k=1}^{n} \boxed{(다)}$$

$$= -\frac{1}{3} n^3 - n^2 - \frac{2}{3} n + \frac{64}{7}$$

$$(다) = k^2$$

따라서 $f(5) \times g(3) \times h(6) = 5 \times \dfrac{1}{12} \times 36 = 15$ 이다.

답 ⑤

051

$$\sum_{k=1}^{n} \frac{{}_{2k}\mathrm{P}_k}{2^k} \leq \frac{(2n)!}{2^n}$$

$$(우변) = \frac{2!}{2^1} = 1 = \boxed{(가)}$$

$$(가) = 1$$

$$\sum_{k=1}^{m+1} \frac{{}_{2k}\mathrm{P}_k}{2^k} = \sum_{k=1}^{m} \frac{{}_{2k}\mathrm{P}_k}{2^k} + \frac{{}_{2m+2}\mathrm{P}_{m+1}}{2^{m+1}}$$

$$= \sum_{k=1}^{m} \frac{{}_{2k}\mathrm{P}_k}{2^k} + \frac{1}{2^{m+1}} \times \frac{(2m+2)!}{(2m+2-m-1)!}$$

$$= \sum_{k=1}^{m} \frac{{}_{2k}\mathrm{P}_k}{2^k} + \frac{1}{2^{m+1}} \times \frac{(2m+2)!}{(m+1)!}$$

$$= \sum_{k=1}^{m} \frac{{}_{2k}\mathrm{P}_k}{2^k} + \frac{\boxed{(나)}}{2^{m+1} \times (m+1)!}$$

$$(나) = (2m+2)!$$

$$\frac{(2m)!}{2^m}+\frac{(2m+2)!}{2^{m+1}\times(m+1)!}$$

$$=\frac{(2m+2)!}{2^{m+1}}\times\left\{\frac{2}{(2m+2)(2m+1)}+\frac{1}{(m+1)!}\right\}$$

$$=\frac{(2m+2)!}{2^{m+1}}\times\left\{\frac{1}{\boxed{\text{(다)}}}+\frac{1}{(m+1)!}\right\}$$

$$<\frac{(2m+2)!}{2^{m+1}}$$

(다) $=(m+1)(2m+1)$

따라서 $p+\dfrac{f(2)}{g(4)}=1+\dfrac{6!}{45}=1+16=17$ 이다.

답 ②

052

$$(n+1)S_{n+1}-nS_n$$

$$=\log_2(n+2)-\log_2(n+1)+\sum_{k=1}^{n}S_k-\sum_{k=1}^{n-1}S_k\,(n\ge 2)$$

$$\Rightarrow (n+1)S_{n+1}-nS_n=\log_2\frac{n+2}{n+1}+S_n\ \ (n\ge 2)$$

$$\Rightarrow (n+1)S_{n+1}-(n+1)S_n=\log_2\frac{n+2}{n+1}\ \ (n\ge 2)$$

$$\Rightarrow (n+1)(S_{n+1}-S_n)=\log_2\frac{n+2}{n+1}\ \ (n\ge 2)$$

$$\Rightarrow (n+1)\times a_{n+1}=\log_2\frac{n+2}{n+1}\ \ (n\ge 2)$$

이므로 (가) $=\ n+1$

$$2S_2=\log_2 3+a_1$$

$$\Rightarrow 2a_1+2a_2=\log_2 3+a_1$$

$$\Rightarrow 2a_2=\log_2 3-a_1=\log_2 3-\log_2 2$$

$$\Rightarrow 2a_2=\log_2\frac{3}{2}\ \ \cdots\ \ \bigcirc$$

$$(n+1)a_{n+1}=\log_2\frac{n+2}{n+1}\ \ (n\ge 2)$$

$\bigcirc$에 의해 $n=1$일 때도 성립하고,
$a_1=\log_2 2$이므로

모든 자연수 n에 대하여 $na_n=\log_2\dfrac{n+1}{n}$ 이다.

(나) $=\log_2\dfrac{n+1}{n}$

$$\sum_{k=1}^{n}ka_k=\sum_{k=1}^{n}\log_2\frac{k+1}{k}=\log_2\frac{2}{1}+\log_2\frac{3}{2}+\cdots+\log_2\frac{n+1}{n}$$

$$=\log_2\left(\frac{2}{1}\times\frac{3}{2}\times\cdots\times\frac{n+1}{n}\right)=\log_2(n+1)$$

(다) $=\log_2(n+1)$

$$f(n)=n+1,\ g(n)=\log_2\frac{n+1}{n},\ h(n)=\log_2(n+1)$$

따라서 $f(8)-g(8)+h(8)=9-\log_2\dfrac{9}{8}+\log_2 9=12$ 이다.

답 ①

053

$$a_{n+1}-a_n=d$$
$$d\ne 0\ (\because a_n<a_{n+1})$$

$$2^{a_{n+1}-a_n}=k(a_{n+1}-a_n)+1\ \Rightarrow\ 2^d=kd+1$$

$$A_n=\frac{1}{2}(a_{n+1}-a_n)\left(2^{a_{n+1}}-2^{a_n}\right)$$

$$\frac{A_3}{A_1}=\frac{\dfrac{1}{2}(a_4-a_3)\left(2^{a_4}-2^{a_3}\right)}{\dfrac{1}{2}(a_2-a_1)\left(2^{a_2}-2^{a_1}\right)}=\frac{2^{a_4}-2^{a_3}}{2^{a_2}-2^{a_1}}$$

$$=\frac{2^{1+3d}-2^{1+2d}}{2^{1+d}-2}=\frac{2^{3d}-2^{2d}}{2^d-1}$$

$$=\frac{2^{2d}(2^d-1)}{2^d-1}=2^{2d}\ (\because d\ne 0)$$

$$=16$$

이므로 $2^{2d}=16\ \Rightarrow\ d=2$

(가) $=2$

$a_1=1,\ a_{n+1}-a_n=d=2$ 이므로 $a_n=2n-1$

(나) $=2n-1$

$$A_n = \frac{1}{2}\left(a_{n+1} - a_n\right)\left(2^{a_{n+1}} - 2^{a_n}\right)$$

$$= \frac{1}{2} \times 2 \times \left(2^{2n+1} - 2^{2n-1}\right)$$

$$= 2^{2n-1}\left(2^2 - 1\right)$$

$$= 3 \times 2^{2n-1}$$

$(\text{다}) = 3 \times 2^{2n-1}$

따라서 $p + \dfrac{g(4)}{f(2)} = 2 + \dfrac{3 \times 2^7}{3} = 2 + 128 = 130$ 이다.

답 ⑤

054

$$a_4 = \begin{cases} a_3 + 1 & (a_3\text{이 홀수인 경우}) \\ \dfrac{1}{2}a_3 & (a_3\text{이 짝수인 경우}) \end{cases}$$

① a_3가 홀수인 경우

$a_2 + a_4 = 40 \Rightarrow a_2 + a_3 + 1 = 40 \Rightarrow a_2 + a_3 = 39$

$$a_3 = \begin{cases} a_2 + 1 & (a_2\text{이 홀수인 경우}) \\ \dfrac{1}{2}a_2 & (a_2\text{이 짝수인 경우}) \end{cases}$$

①- ⅰ) a_2가 홀수인 경우

$a_3 = a_2 + 1$ 이므로

$a_2 + a_2 + 1 = 39 \Rightarrow 2a_2 = 38 \Rightarrow a_2 = 19$

$a_2 + a_3 = 39 \Rightarrow a_3 = 20$

a_3이 짝수이므로 a_3가 홀수라는 가정에 모순이다.

①- ⅱ) a_2가 짝수인 경우

$a_3 = \dfrac{1}{2}a_2$ 이므로

$a_2 + \dfrac{1}{2}a_2 = 39 \Rightarrow a_2 = 26$

$$a_2 = \begin{cases} a_1 + 1 & (a_1\text{이 홀수인 경우}) \\ \dfrac{1}{2}a_1 & (a_1\text{이 짝수인 경우}) \end{cases}$$

$\therefore\ a_1 = 25\ \text{or}\ a_1 = 52$

② a_3가 짝수인 경우

$a_2 + a_4 = 40 \Rightarrow a_2 + \dfrac{1}{2}a_3 = 40$

$$a_3 = \begin{cases} a_2 + 1 & (a_2\text{이 홀수인 경우}) \\ \dfrac{1}{2}a_2 & (a_2\text{이 짝수인 경우}) \end{cases}$$

②- ⅰ) a_2가 홀수인 경우

$a_3 = a_2 + 1$ 이므로

$a_2 + \dfrac{1}{2}a_3 = 40 \Rightarrow \dfrac{3}{2}a_2 + \dfrac{1}{2} = 40 \Rightarrow a_2 = \dfrac{79}{3}$

a_1 이 자연수이고, a_1 가 홀수이든 짝수이든

a_2도 자연수이므로 모순이다.

②- ⅱ) a_2가 짝수인 경우

$a_3 = \dfrac{1}{2}a_2$ 이므로

$a_2 + \dfrac{1}{2}a_3 = 40 \Rightarrow a_2 + \dfrac{1}{4}a_2 = 40 \Rightarrow a_2 = 32$

$$a_2 = \begin{cases} a_1 + 1 & (a_1\text{이 홀수인 경우}) \\ \dfrac{1}{2}a_1 & (a_1\text{이 짝수인 경우}) \end{cases}$$

$\therefore\ a_1 = 31\ \text{or}\ a_1 = 64$

따라서 모든 a_1 의 값의 합은 $25 + 52 + 31 + 64 = 172$ 이다.

답 ①

055

$a_4 \leq 4$ 이면 $a_5 = 10 - a_4 = 5$ 에서 $a_4 = 5$ 이므로

$a_4 \leq 4$ 를 만족시키지 않는다.

즉, $a_4 > 4$ 이고, $a_4 = a_5 = 5$ 이다.

$a_3 > 3$ 이면 $a_3 = a_4 = 5$ 이다.

$a_3 \leq 3$ 이면 $a_4 = 7 - a_3 = 5$ 에서 $a_3 = 2$ 이다.

① $a_3 = 5$ 일 때

ⅰ) $a_2 > 2$ 이면 $a_2 = a_3$ 에서 $a_2 = 5$ 이다.

$a_1 > 1$ 일 때, $a_1 = a_2$ 에서 $a_1 = 5$ 이고

$a_1 \leq 1$ 일 때, $a_2 = 1 - a_1 = 5$ 에서 $a_1 = -4$ 이다.

ii) $a_2 \leq 2$ 이면 $a_3 = 4 - a_2 = 5$ 에서 $a_2 = -1$ 이다.

$a_1 > 1$ 일 때, $a_1 = a_2 = -1$ 이므로 $a_1 > 1$ 을 만족시키지 않는다.

$a_1 \leq 1$ 일 때, $a_2 = 1 - a_1 = -1$ 에서 $a_1 = 2$ 이므로 $a_1 \leq 1$ 을 만족시키지 않는다.

② $a_3 = 2$ 일 때

i) $a_2 > 2$ 이면 $a_2 = a_3$ 에서 $a_2 = 2$ 이므로 $a_2 > 2$ 를 만족시키지 않는다.

ii) $a_2 \leq 2$ 이면 $a_3 = 4 - a_2 = 2$ 에서 $a_2 = 2$ 이다.

$a_1 > 1$ 일 때, $a_1 = a_2$ 에서 $a_1 = 2$ 이고

$a_1 \leq 1$ 일 때, $a_2 = 1 - a_1 = 2$ 에서 $a_1 = -1$ 이다.

①, ②에서 $a_1 = 5$ or $a_1 = -4$ or $a_1 = 2$ or $a_1 = -1$

따라서 모든 a_1 의 값의 곱은 $5 \times (-4) \times 2 \times (-1) = 40$ 이다.

 ③

056

a_1 이 자연수이고 모든 자연수 n 에 대하여

$$a_{n+1} = \begin{cases} \dfrac{1}{2}a_n & \left(\dfrac{1}{2}a_n \text{이 자연수인 경우}\right) \\ (a_n - 1)^2 & \left(\dfrac{1}{2}a_n \text{이 자연수가 아닌 경우}\right) \end{cases}$$

이므로 수열 $\{a_n\}$ 의 모든 항은 음이 아닌 정수이다.

$a_7 = 1$ 이므로 $a_6 = 0$ or $a_6 = 2$ 이다.

① $a_6 = 0$ 일 때

a_5	a_4	a_3	a_2	a_1
1	0	1	0	1
			2	4
	2	4	3	6
			8	16

$\therefore a_1 = 1$ or $a_1 = 4$ or $a_1 = 6$ or $a_1 = 16$

② $a_6 = 2$ 일 때

a_5	a_4	a_3	a_2	a_1
4	3	6	12	24
	8	16	5	10
			32	64

$\therefore a_1 = 24$ or $a_1 = 10$ or $a_1 = 64$

따라서 모든 a_1 의 값의 합은
$1 + 4 + 6 + 16 + 24 + 10 + 64 = 125$ 이다.

 ②

057

모든 항이 자연수인 수열 $\{a_n\}$

$$a_{n+1} = \begin{cases} \dfrac{a_n}{n} & (n \text{이 } a_n \text{의 약수인 경우}) \\ 3a_n + 1 & (n \text{이 } a_n \text{의 약수가 아닌 경우}) \end{cases}$$

$a_6 = 2$ 이므로 $a_5 = 10$

a_5	a_4	a_3	a_2	a_1
10	3	9	18	18
	40	13	26	26
		120	240	240

따라서 모든 a_1 의 값의 합은 $18 + 26 + 240 = 284$ 이다.

 ④

58	142	**68**	①
59	5	**69**	②
60	13	**70**	③
61	③	**71**	⑤
62	②	**72**	②
63	④	**73**	③
64	③	**74**	231
65	59	**75**	8
66	④	**76**	64
67	①		

①- i) $a_2 = 40$ 일 때,

$$a_2 = \frac{a_1}{2} = 40 \quad (a_1\text{가 짝수}) \Rightarrow a_1 = 80$$

①- ii) $a_2 = 17$ 일 때,

$$a_2 = \frac{a_1}{2} = 17 \quad (a_1\text{가 짝수}) \Rightarrow a_1 = 34$$

② $a_2 = 14$

$$a_2 = \frac{a_1}{2} = 14 \quad (a_1\text{가 짝수}) \Rightarrow a_1 = 28$$

$a_1 = 80,\ 34,\ 28$ 이므로

수열 $\{a_n\}$ 의 첫째항이 될 수 있는 모든 수의 합은

$80 + 34 + 28 = 142$ 이다.

답 142

058

a_1 은 짝수

$$a_{n+1} = \begin{cases} a_n + 3 & (a_n\text{이 홀수인 경우}) \\[2mm] \dfrac{a_n}{2} & (a_n\text{이 짝수인 경우}) \end{cases}$$

$$a_5 = \frac{a_4}{2} = 5 \quad (a_4\text{가 짝수}) \Rightarrow a_4 = 10$$

$$a_5 = a_4 + 3 = 5 \quad (a_4\text{가 홀수}) \Rightarrow a_4 = 2$$

a_4 가 홀수인데 $a_4 = 2$ 이므로 모순이다.

따라서 $a_4 = 10$ 이다.

$$a_4 = \frac{a_3}{2} = 10 \quad (a_3\text{가 짝수}) \Rightarrow a_3 = 20$$

$$a_4 = a_3 + 3 = 10 \quad (a_3\text{가 홀수}) \Rightarrow a_3 = 7$$

① $a_3 = 20$ 일 때,

$$a_3 = \frac{a_2}{2} = 20 \quad (a_2\text{가 짝수}) \Rightarrow a_2 = 40$$

$$a_3 = a_2 + 3 = 20 \quad (a_2\text{가 홀수}) \Rightarrow a_2 = 17$$

② $a_3 = 7$ 일 때,

$$a_3 = \frac{a_2}{2} = 7 \quad (a_2\text{가 짝수}) \Rightarrow a_2 = 14$$

$$a_3 = a_2 + 3 = 7 \quad (a_2\text{가 홀수}) \Rightarrow a_2 = 4$$

a_2 가 홀수인데 $a_2 = 4$ 이므로 모순이다.

따라서 $a_2 = 14$ 이다.

059

a_1 이 자연수

$$a_{n+1} = \begin{cases} a_n - 2 & (a_n \geq 0) \\[2mm] a_n + 5 & (a_n < 0) \end{cases}$$

$a_{15} < 0$ 이 되도록 하는 a_1 의 최솟값을 구하는 것이므로

a_1 에 따라 case분류하여 구해보자.

① $a_1 = 1$ 일 때

$a_1 \geq 0 \Rightarrow a_2 = a_1 - 2 = -1$

$a_2 < 0 \Rightarrow a_3 = a_2 + 5 = 4$

$a_3 \geq 0 \Rightarrow a_4 = a_3 - 2 = 2$

$a_4 \geq 0 \Rightarrow a_5 = a_4 - 2 = 0$

$a_5 \geq 0 \Rightarrow a_6 = a_5 - 2 = -2$

$a_6 < 0 \Rightarrow a_7 = a_6 + 5 = 3$

$a_7 \geq 0 \Rightarrow a_8 = a_7 - 2 = 1 = a_1$

이므로 수열 $\{a_n\}$ 이 모든 자연수 n 에 대하여

$a_{n+7} = a_n$ 이다.

$a_{15} = a_8 = a_1 = 1 > 0$ 이므로 조건을 만족시키지 않는다.

② $a_1 = 2$ 일 때

같은 방법으로 구하면 수열 $\{a_n\}$ 이 모든 자연수 n 에 대하여

$a_{n+7} = a_n$ 이다.

$a_{15} = a_8 = a_1 = 2 > 0$ 이므로 조건을 만족시키지 않는다.

③ $a_1 = 3$ 일 때

같은 방법으로 구하면 수열 $\{a_n\}$ 이 모든 자연수 n 에 대하여

$a_{n+7} = a_n$ 이다.

$a_{15} = a_8 = a_1 = 3 > 0$ 이므로 조건을 만족시키지 않는다.

④ $a_1 = 4$ 일 때

같은 방법으로 구하면 수열 $\{a_n\}$ 이 모든 자연수 n 에 대하여

$a_{n+7} = a_n$ 이다.

$a_{15} = a_8 = a_1 = 4 > 0$ 이므로 조건을 만족시키지 않는다.

⑤ $a_1 = 5$ 일 때

$a_1 \geq 0 \Rightarrow a_2 = a_1 - 2 = 3$

$a_2 \geq 0 \Rightarrow a_3 = a_2 - 2 = 1$

$a_3 \geq 0 \Rightarrow a_4 = a_3 - 2 = -1$

$a_4 < 0 \Rightarrow a_5 = a_4 + 5 = 4$

$a_5 \geq 0 \Rightarrow a_6 = a_5 - 2 = 2$

$a_6 \geq 0 \Rightarrow a_7 = a_6 - 2 = 0$

$a_7 \geq 0 \Rightarrow a_8 = a_7 - 2 = -2$

$a_8 < 0 \Rightarrow a_9 = a_8 + 5 = 3 = a_2$

이므로 수열 $\{a_n\}$ 이 2 이상의 자연수 n 에 대하여

$a_{n+7} = a_n$ 이다.

$a_{15} = a_8 = -2 < 0$ 이므로 조건을 만족시킨다.

따라서 $a_{15} < 0$ 이 되도록 하는 a_1 의 최솟값은 5 이다.

답   5

060

$d \neq 0$ 인 등차수열 a_n

$b_1 = a_1$

$n \geq 2$ 에 대하여

$$b_n = \begin{cases} b_{n-1} + a_n & (n\text{이 }3\text{의 배수가 아닌 경우}) \\ b_{n-1} - a_n & (n\text{이 }3\text{의 배수인 경우}) \end{cases}$$

$b_2 = b_1 + a_2 = a_1 + a_2$

$b_3 = b_2 - a_3 = a_1 + a_2 - a_3$

$b_4 = b_3 + a_4 = a_1 + a_2 - a_3 + a_4$

$b_5 = b_4 + a_5 = a_1 + a_2 - a_3 + a_4 + a_5$

$b_6 = b_5 - a_6 = a_1 + a_2 - a_3 + a_4 + a_5 - a_6$

$b_7 = b_6 + a_7 = a_1 + a_2 - a_3 + a_4 + a_5 - a_6 + a_7$

$b_8 = b_7 + a_8 = a_1 + a_2 - a_3 + a_4 + a_5 - a_6 + a_7 + a_8$

$b_9 = b_8 - a_9 = a_1 + a_2 - a_3 + a_4 + a_5 - a_6 + a_7 + a_8 - a_9$

$b_{10} = b_9 + a_{10} = a_1 + a_2 - a_3 + a_4 + a_5 - a_6 + a_7 + a_8 - a_9 + a_{10}$

$b_{10} = a_{10}$ 이므로

$a_{10} = a_1 + a_2 - a_3 + a_4 + a_5 - a_6 + a_7 + a_8 - a_9 + a_{10}$

$\Rightarrow 3a + 6d = 0 \Rightarrow a = -2d$

$$\frac{b_8}{b_{10}} = \frac{a_1 + a_2 - a_3 + a_4 + a_5 - a_6 + a_7 + a_8}{a_1 + a_2 - a_3 + a_4 + a_5 - a_6 + a_7 + a_8 - a_9 + a_{10}}$$

$$= \frac{4a + 14d}{4a + 15d} = \frac{6d}{7d} = \frac{6}{7}$$

따라서 $p + q = 13$ 이다.

답   13

061

(가) $a_{2n} = a_2 \times a_n + 1$

(나) $a_{2n+1} = a_2 \times a_n - 2$

(나) $-$ (가)를 하면 $a_{2n+1} - a_{2n} = -3$

$a_7 = 2$

$a_7 - a_6 = -3 \Rightarrow a_6 = 5$

(가) 조건에 $n = 3$ 을 대입하면

$a_6 = a_2 \times a_3 + 1 \Rightarrow a_2 \times a_3 = 4 \cdots$ ㉠

$a_{2n+1} - a_{2n} = -3$ 에 $n = 1$ 을 대입하면

$a_3 - a_2 = -3 \cdots$ ㉡

㉠과 ㉡을 연립하면

$$a_2^2 - 3a_2 - 4 = 0 \Rightarrow (a_2 + 1)(a_2 - 4) = 0$$
$$\Rightarrow a_2 = -1 \ \text{or} \ a_2 = 4$$

① $a_2 = -1$ 일 때,
(가) 조건에 $n = 1$을 대입하면
$a_2 = a_2 a_1 + 1 \Rightarrow -1 = -a_1 + 1 \Rightarrow a_1 = 2$ 이므로
$0 < a_1 < 1$ 라는 조건에 모순이다.

② $a_2 = 4$
(가) 조건에 $n = 1$을 대입하면
$a_2 = a_2 a_1 + 1 \Rightarrow 4 = 4a_1 + 1 \Rightarrow a_1 = \dfrac{3}{4}$ 이므로
$0 < a_1 < 1$ 라는 조건을 만족시킨다.

즉, $a_1 = \dfrac{3}{4}$, $a_2 = 4$, $a_3 = 1$

$$a_{2n+1} - a_{2n} = -3$$
$$a_{25} - a_{24} = -3 \Rightarrow a_{25} = -3 + a_{24}$$

(가) 조건에서 $n = 12$를 대입하면
$$a_{24} = a_2 a_{12} + 1 = 4a_{12} + 1$$

(가) 조건에서 $n = 6$를 대입하면
$$a_{12} = a_2 a_6 + 1 = 4a_6 + 1$$

(가) 조건에서 $n = 3$를 대입하면
$a_6 = a_2 a_3 + 1 = 4a_3 + 1 = 5$ 이므로
$a_{12} = 21 \Rightarrow a_{24} = 85$

따라서 $a_{25} = -3 + a_{24} = -3 + 85 = 82$ 이다.

답 ③

062

$$a_{n+2} = \begin{cases} 2a_n + a_{n+1} & (a_n \leq a_{n+1}) \\ a_n + a_{n+1} & (a_n > a_{n+1}) \end{cases}$$
$$a_3 = 2, \ a_6 = 19$$

$$a_3 = 2 = \begin{cases} 2a_1 + a_2 & (a_1 \leq a_2) \\ a_1 + a_2 & (a_1 > a_2) \end{cases}$$

$$a_4 = \begin{cases} 2a_2 + 2 & (a_2 \leq 2) \\ a_2 + 2 & (a_2 > 2) \end{cases}$$

$$a_5 = \begin{cases} 4 + a_4 & (2 \leq a_4) \\ 2 + a_4 & (2 > a_4) \end{cases}$$

$$a_6 = 19 = \begin{cases} 2a_4 + a_5 & (a_4 \leq a_5) \\ a_4 + a_5 & (a_4 > a_5) \end{cases}$$

① $a_4 \leq a_5$ 일 때
$2a_4 + a_5 = 19 \Rightarrow a_5 = 19 - 2a_4$

①-(1) $a_5 = 4 + a_4 \ (2 \leq a_4)$ 이면
$19 - 2a_4 = 4 + a_4 \Rightarrow a_4 = 5, \ a_5 = 9$
$2 \leq a_4$ 이고 $a_4 \leq a_5$ 이므로 조건을 만족한다.

$$a_4 = \begin{cases} 2a_2 + 2 & (a_2 \leq 2) \\ a_2 + 2 & (a_2 > 2) \end{cases}$$

$a_2 = 3 \ \text{or} \ a_2 = \dfrac{3}{2}$

①-(1)-❶ $a_2 = 3$ 일 때
$$a_3 = 2 = \begin{cases} 2a_1 + 3 & (a_1 \leq 3) \\ a_1 + 3 & (a_1 > 3) \end{cases}$$
이므로 $a_1 = -\dfrac{1}{2}$ 이다.

①-(1)-❷ $a_2 = \dfrac{3}{2}$ 일 때
$$a_3 = 2 = \begin{cases} 2a_1 + \dfrac{3}{2} & \left(a_1 \leq \dfrac{3}{2}\right) \\ a_1 + \dfrac{3}{2} & \left(a_1 > \dfrac{3}{2}\right) \end{cases}$$
이므로 $a_1 = \dfrac{1}{4}$ 이다.

①-(2) $a_5 = 2 + a_4 \ (2 > a_4)$ 이면
$19 - 2a_4 = 2 + a_4 \Rightarrow a_4 = \dfrac{17}{3}$
$a_4 < 2$ 라는 조건을 만족시키지 않으므로 모순이다.

② $a_4 > a_5$ 일 때
$a_4 + a_5 = 19 \Rightarrow a_5 = 19 - a_4$

②-(1) $a_5 = 4 + a_4 \ (2 \leq a_4)$ 이면

$a_4 > a_5$ 라는 조건을 만족시키지 않으므로 모순이다.

②-(2) $a_5 = 2 + a_4 \ (2 > a_4)$ 이면

$a_4 > a_5$ 라는 조건을 만족시키지 않으므로 모순이다.

따라서 $a_3 = 2$, $a_6 = 19$ 가 되도록 하는 모든 a_1 의 값의

합은 $\left(-\dfrac{1}{2}\right) + \dfrac{1}{4} = -\dfrac{1}{4}$ 이다.

답 ②

063

$a > 0$, $d < -1$ 이므로

$n \leq k$ 일 때, $a_n \geq 0$, $n \geq k+1$ 일 때, $a_n < 0$ 인

자연수 k 가 유일하게 존재한다.

① $n \leq k$ 일 때,

$a_n \geq 0$, $b_n = a_{n+1} - \dfrac{n}{2}$ 이므로

$b_1 = a_2 - \dfrac{1}{2}$, $b_2 = a_3 - 1$, $\cdots$, $b_k = a_{k+1} - \dfrac{k}{2}$

따라서 수열 $\{b_n\}$ 은 $n = 1,\ 2,\ 3,\ \cdots,\ k-1$ 일 때,

$b_{n+1} - b_n = d - \dfrac{1}{2}$ 을 만족시킨다.

② $n \geq k+1$ 일 때,

$a_n < 0$, $b_n = a_n + \dfrac{n}{2}$ 이므로

$b_{k+1} = a_{k+1} + \dfrac{k+1}{2}$, $b_{k+2} = a_{k+2} + \dfrac{k+2}{2}$,

$b_{k+3} = a_{k+3} + \dfrac{k+3}{2}$, $\cdots$

따라서 수열 $\{b_n\}$ 은 $n = k+1,\ k+2,\ k+3,\ \cdots$ 일 때,

$b_{n+1} - b_n = d + \dfrac{1}{2}$ 을 만족시킨다.

즉, $n \leq k-1$ 일 때, $d - \dfrac{1}{2} < 0$ 이므로 $b_n > b_{n+1}$,

$n \geq k+1$ 일 때, $d + \dfrac{1}{2} < 0$ 이므로 $b_n > b_{n+1}$,

$n = k$ 일 때,

$b_{k+1} - b_k = \left(a_{k+1} + \dfrac{k+1}{2}\right) - \left(a_{k+1} - \dfrac{k}{2}\right)$

$\qquad\qquad = k + \dfrac{1}{2} > 0$

이므로 $b_n < b_{n+1}$

따라서 $n = k$ 일 때만 $b_n < b_{n+1}$ 이다.

(가) 조건에서 $b_5 < b_6$ 이므로 $k = 5$ 이다.

$$b_n = \begin{cases} a_{n+1} - \dfrac{n}{2} & (n \leq 5) \\[2mm] a_n + \dfrac{n}{2} & (n \geq 6) \end{cases}$$

(나) 조건에서

$S_5 = b_1 + b_2 + b_3 + b_4 + b_5$

$\qquad = \dfrac{5(b_1 + b_5)}{2} = \dfrac{5}{2} \times \left\{ \left(a_2 - \dfrac{1}{2}\right) + \left(a_6 - \dfrac{5}{2}\right) \right\}$

$\qquad = \dfrac{5}{2} \times (2a + 6d - 3) = 0$

$2a + 6d - 3 = 0 \ \cdots\ ㉠$

$S_9 - S_5 = 0$

$\Rightarrow b_6 + b_7 + b_8 + b_9 = 0$

$\Rightarrow \dfrac{4(b_6 + b_9)}{2} = 0$

$\Rightarrow \dfrac{4}{2} \times \left\{ (a_6 + 3) + \left(a_9 + \dfrac{9}{2}\right) \right\} = 0$

$\Rightarrow 2a + 13d + \dfrac{15}{2} = 0$

$2a + 13d + \dfrac{15}{2} = 0 \ \cdots\ ㉡$

㉠, ㉡을 연립하면

$a = 6$, $d = -\dfrac{3}{2}$ 이므로 $a_n = -\dfrac{3}{2}n + \dfrac{15}{2}$

$S_9 = 0$, $b_{10} = a_{10} + 5 = -\dfrac{15}{2} + 5 = -\dfrac{5}{2}$

$n \geq 6$ 일 때, 수열 $\{b_n\}$ 은

$b_{n+1} - b_n = d + \dfrac{1}{2} = -1$ 을 만족시키므로

$S_n = S_9 + (b_{10} + b_{11} + b_{12} + \cdots + b_n)$

$\qquad = 0 + \dfrac{(n-9)\{-5 + (n-10)(-1)\}}{2}$

$\qquad = -\dfrac{(n-5)(n-9)}{2} \ (n \geq 10)$

$S_n \leq -70$ 을 만족시키는 n 의 값의 범위는 $n \geq 19$ 이므로

자연수 n 의 최솟값은 19 이다.

답 ④

$$b_n = \begin{cases} -2n+6 & (n \leq 5) \\ -n+\dfrac{15}{2} & (n \geq 6) \end{cases}$$

$$S_n = \begin{cases} n(5-n) & (n \leq 5) \\ -\dfrac{1}{2}(n-5)(n-9) & (n \geq 6) \end{cases}$$

이므로 $n \leq 9$ 일 때, $S_n \geq 0$ 이다.

064

(가) $a_5 = 5$

(나) $a_{n+1} = \begin{cases} a_n - 6 & (a_n \geq 0) \\ -2a_n + 3 & (a_n < 0) \end{cases}$

$\displaystyle\sum_{k=1}^{100} a_k$ 의 최댓값과 최솟값을 각각 $M,\ m$ 이라 할 때,

$M-m$ 의 값을 구하는 문제이다.

$n \geq 5$ 이면 a_n 이 하나의 값으로 정해지므로

$\displaystyle\sum_{k=5}^{100} a_k = A$ 는 상수이다.

즉, $\displaystyle\sum_{k=1}^{100} a_k = \sum_{k=1}^{4} a_k + A$ 이므로 최댓값과 최솟값을 결정하는

것은 $\displaystyle\sum_{k=1}^{4} a_k$ 이다.

a_1 부터 미지수로 놓고 풀면 case가 굉장히 복잡하므로 역으로 a_5 부터 출발하는 방법을 택하는 게 유리하다.

$a_5 = 5 = \begin{cases} a_4 - 6 & (a_4 \geq 0) \\ -2a_4 + 3 & (a_4 < 0) \end{cases}$ 이므로

$a_4 = 11$ or $a_4 = -1$

① $a_4 = 11$ 일 때

$a_4 = 11 = \begin{cases} a_3 - 6 & (a_3 \geq 0) \\ -2a_3 + 3 & (a_3 < 0) \end{cases}$ 이므로

$a_3 = 17$ or $a_3 = -4$

①-(1) $a_3 = 17$ 일 때

$a_3 = 17 = \begin{cases} a_2 - 6 & (a_2 \geq 0) \\ -2a_2 + 3 & (a_2 < 0) \end{cases}$ 이므로

$a_2 = 23$ or $a_2 = -7$

①-(1)-❶ $a_2 = 23$ 일 때

$a_2 = 23 = \begin{cases} a_1 - 6 & (a_1 \geq 0) \\ -2a_1 + 3 & (a_1 < 0) \end{cases}$ 이므로

$a_1 = 29$ or $a_1 = -10$

①-(1)-❷ $a_2 = -7$

$a_2 = -7 = \begin{cases} a_1 - 6 & (a_1 \geq 0) \\ -2a_1 + 3 & (a_1 < 0) \end{cases}$ 를

만족시키는 a_1 는 존재하지 않는다.

①-(2) $a_3 = -4$ 일 때

$a_3 = -4 = \begin{cases} a_2 - 6 & (a_2 \geq 0) \\ -2a_2 + 3 & (a_2 < 0) \end{cases}$ 이므로

$a_2 = 2$

$a_2 = 2 = \begin{cases} a_1 - 6 & (a_1 \geq 0) \\ -2a_1 + 3 & (a_1 < 0) \end{cases}$ 이므로

$a_1 = 8$

② $a_4 = -1$ 일 때

$a_4 = -1 = \begin{cases} a_3 - 6 & (a_3 \geq 0) \\ -2a_3 + 3 & (a_3 < 0) \end{cases}$ 이므로

$a_3 = 5$

$a_3 = 5 = \begin{cases} a_2 - 6 & (a_2 \geq 0) \\ -2a_2 + 3 & (a_2 < 0) \end{cases}$ 이므로

$a_2 = 11$ or $a_2 = -1$

②-(1) $a_2 = 11$ 일 때

$a_2 = 11 = \begin{cases} a_1 - 6 & (a_1 \geq 0) \\ -2a_1 + 3 & (a_1 < 0) \end{cases}$ 이므로

$a_1 = 17$ or $a_1 = -4$

②-(2) $a_2 = -1$ 일 때

$a_2 = -1 = \begin{cases} a_1 - 6 & (a_1 \geq 0) \\ -2a_1 + 3 & (a_1 < 0) \end{cases}$ 이므로

$a_1 = 5$

따라서 서로 다른 $\displaystyle\sum_{k=1}^{4} a_k$ 의 값은 다음과 같다.

ⅰ) $a_4 + a_3 + a_2 + a_1 = 11 + 17 + 23 + 29 = 80$

ⅱ) $a_4 + a_3 + a_2 + a_1 = 11 + 17 + 23 + (-10) = 41$

ⅲ) $a_4 + a_3 + a_2 + a_1 = 11 + (-4) + 2 + 8 = 17$

ⅳ) $a_4 + a_3 + a_2 + a_1 = (-1) + 5 + 11 + 17 = 32$

ⅴ) $a_4 + a_3 + a_2 + a_1 = (-1) + 5 + 11 + (-4) = 11$

ⅵ) $a_4 + a_3 + a_2 + a_1 = (-1) + 5 + (-1) + 5 = 8$

$M = 80 + \displaystyle\sum_{k=5}^{100} a_k = 80 + A$, $m = 8 + \displaystyle\sum_{k=5}^{100} a_k = 8 + A$ 이므로

$M - m = 72$ 이다.

답 ③

065

(나) 조건에서 a_1 을 알아야 k 의 범위를 알 수 있으니
먼저 a_1 을 구해야 한다.

$a_3 = 7$ 를 바탕으로 역추적으로 구해보자.

$$a_3 = \begin{cases} a_2 - 2 & (a_2 > 2) \\ a_2 + k & (a_2 \leq 2) \end{cases}$$

이므로 $a_2 = 9 \ (a_2 > 2)$ or $a_2 = 7 - k \ (a_2 \leq 2)$

이때 $a_2 \leq 2 \Rightarrow 7 - k \leq 2 \Rightarrow 5 \leq k$ 이므로

$a_2 = 7 - k \ (5 \leq k)$

a_2 의 값에 따라 case분류하면

① $a_2 = 9$ 일 때

$a_1 = 10 \ (a_1 > 1)$ or $a_1 = 9 - k \ (a_1 \leq 1 \Rightarrow 8 \leq k)$

$a_1 = 9 - k$ 인 경우 $|k| \leq a_1$ 조건을 만족시키지 않아 모순이다.

($|k| \leq a_1$ 에서 $a_1 \geq 0$ 라는 전제조건도 함께 고려하면 쉽게

보일 수 있다.)

즉, $a_1 = 10$

② $a_2 = 7 - k \ (5 \leq k)$

$a_1 = 8 - k \ (a_1 > 1 \Rightarrow k < 7)$ or

$a_1 = 7 - 2k \ (a_1 \leq 1 \Rightarrow 3 \leq k)$

$a_1 = 8 - k \ (k < 7)$ 인 경우 $5 \leq k$ 가 전제조건이므로

공통된 k 의 범위는 $5 \leq k < 7$ 이고 이 또한 $|k| \leq a_1$ 조건을
만족시키지 않아 모순이다.

$a_1 = 7 - 2k \ (3 \leq k)$ 인 경우 $5 \leq k$ 가 전제조건이므로
공통된 k 의 범위는 $5 \leq k$ 이고 이 또한 $|k| \leq a_1$ 조건을
만족시키지 않아 모순이다.

①, ②에 의해서 $a_1 = 10$ 이다.

즉, $|k| \leq 10$

이제 조건에 따라 나열해보면서 a_9 의 최댓값과 최솟값을
찾아보자.

$a_3 = 7$ 이므로 $a_4 = 4$ 이고 $a_5 = 4 + k$

$a_6 = k - 1 \ (a_5 > 5 \Rightarrow k > 1)$ or 이므로

$a_6 = 4 + 2k \ (a_5 \leq 5 \Rightarrow k \leq 1)$

a_6 의 값에 따라 case분류하여 접근해봅시다~

❶ $a_6 = k - 1 \ (k > 1)$ 인 경우

a_7	a_8	a_9	가능한 정수 k
$k - 7$ $(k > 7)$	$k - 14$ $(k > 14)$		×
	$2k - 7$ $(k \leq 14)$	$2k - 15$ $\left(k > \dfrac{15}{2}\right)$	8, 9, 10
		$3k - 7$ $\left(k \leq \dfrac{15}{2}\right)$	×
$2k - 1$ $(k \leq 7)$	$2k - 8$ $(k > 4)$	$2k - 16$ $(k > 8)$	×
		$3k - 8$ $(k \leq 8)$	5, 6, 7
	$3k - 1$ $(k \leq 4)$	$3k - 9$ $(k > 3)$	4
		$4k - 1$ $(k \leq 3)$	2, 3

가능한 a_9 의 값을 모두 구하면

$a_9 = 2k - 15 \ (k = 8, \ 9, \ 10) \Rightarrow a_9 = 1, \ 3, \ 5$

$a_9 = 3k - 8 \ (k = 5, \ 6, \ 7) \Rightarrow a_9 = 7, \ 10, \ 13$

$a_9 = 3k - 9 \ (k = 4) \Rightarrow a_9 = 3$

$a_9 = 4k - 1 \ (k = 2, \ 3) \Rightarrow a_9 = 7, \ 11$

❷ $a_6 = 2k+4 \ (k \le 1)$ 인 경우

a_7	a_8	a_9	가능한 정수 k
$2k-2$ $(k>1)$			$\times$
$3k+4$ $(k \le 1)$	$3k-3$ $(k>1)$		$\times$
	$4k+4$ $(k \le 1)$	$4k-4$ $(k>1)$	$\times$
		$5k+4$ $(k \le 1)$	$-10, \ \cdots, \ 1$

가능한 a_9 의 값을 모두 구하면

$a_9 = 5k+4 \ (k=-10, \ \cdots, \ 1)$

$\Rightarrow a_9 = -46, \ -41, \ \cdots, \ 4, \ 9$

❶, ❷에 의해서 a_9 의 최댓값은 $M=13$ 이고,
최솟값은 $m=-46$ 이다.
따라서 $M-m = 13+46 = 59$ 이다.

 59

066

(가) $a_{2n} = a_n - 1$

(나) $a_{2n+1} = 2a_n + 1$

$a_2 = a_1 - 1$
$a_3 = 2a_1 + 1$
$a_4 = a_2 - 1$
$a_5 = 2a_2 + 1 = 2(a_1 - 1) + 1 = 2a_1 - 1$
$a_6 = a_3 - 1 = 2a_1$
$a_7 = 2a_3 + 1 = 2(2a_1 + 1) + 1 = 4a_1 + 3$
$\vdots$
$a_{10} = a_5 - 1 = 2a_1 - 2$
$\vdots$
$a_{20} = a_{10} - 1 = 2a_1 - 3$

$a_{20} = 1 \Rightarrow a_1 = 2$

(가)+(나) 하면 $a_{2n} + a_{2n+1} = 3a_n$

$a_2 + a_3 = 3a_1$
$a_4 + a_5 = 3a_2$
$\vdots$
$a_{62} + a_{63} = 3a_{31}$

위 식을 모두 더하면

$a_2 + a_3 + \cdots + a_{62} + a_{63} = 3(a_1 + a_2 + \cdots + a_{31})$

이므로

$\displaystyle\sum_{n=1}^{63} a_n = a_1 + 3(a_1 + \cdots a_{31})$ 이다.

마찬가지 방법으로 $a_1 + \cdots + a_{31}$ 을 구하면

$a_1 + \cdots + a_{31} = a_1 + 3(a_1 + \cdots + a_{15})$ 이고

$a_1 + \cdots + a_{15}$ 를 구하면

$a_1 + \cdots + a_{15} = a_1 + 3(a_1 + \cdots + a_7)$ 이다.

$a_1 = 2$ 이므로

$a_2 = a_1 - 1 = 1$
$a_3 = 2a_1 + 1 = 5$
$a_4 = a_2 - 1 = 0$
$a_5 = 2a_2 + 1 = 2(a_1 - 1) + 1 = 2a_1 - 1 = 3$
$a_6 = a_3 - 1 = 2a_1 = 4$
$a_7 = 2a_3 + 1 = 2(2a_1 + 1) + 1 = 4a_1 + 3 = 11$

$a_1 + a_2 + \cdots + a_7 = 2 + 1 + 5 + 0 + 3 + 4 + 11 = 26$

$a_1 + \cdots + a_{15} = a_1 + 3(a_1 + \cdots + a_7) = 2 + 78 = 80$
$a_1 + \cdots + a_{31} = a_1 + 3(a_1 + \cdots + a_{15}) = 2 + 240 = 242$

따라서 $\displaystyle\sum_{n=1}^{63} a_n = a_1 + 3(a_1 + \cdots a_{31}) = 2 + 726 = 728$ 이다.

 ④

067

(가) 수열 $\{a_n\}$ 의 모든 항은 정수

(나) 모든 자연수 n 에 대하여
$$a_{2n} = a_3 \times a_n + 1, \quad a_{2n+1} = 2a_n - a_2$$

$a_2 = a_3 a_1 + 1, \ a_3 = 2a_1 - a_2$

$\Rightarrow a_2 = (2a_1 - a_2)a_1 + 1$

$\Rightarrow a_2 = 2(a_1)^2 - a_2 a_1 + 1$

$\Rightarrow a_2 = \dfrac{2(a_1)^2 + 1}{a_1 + 1} = 2a_1 - 2 + \dfrac{3}{a_1 + 1}$

(가) 조건에 의해서 $a_1 + 1$ 은 3 의 약수이어야 한다.

$$a_1 + 1 = 1 \implies a_1 = 0$$

$$a_1 + 1 = 3 \implies a_1 = 2$$

$$a_1 + 1 = -1 \implies a_1 = -2$$

$$a_1 + 1 = -3 \implies a_1 = -4$$

이므로 a_1의 최솟값 $m = -4$ 이다.

$$a_1 = -4 \implies a_2 = \frac{33}{-3} = -11$$

따라서 $a_9 = 2a_4 - a_2 = 2(a_3 a_2 + 1) - a_2$

$$= 2(2a_1 - a_2)a_2 + 2 - a_2$$

$$= 2(-8 + 11) \times (-11) + 2 + 11$$

$$= -66 + 13 = -53$$

이다.

답 ①

068

$$-1 \leq a_1 \leq 1$$

$$a_{n+1} = \begin{cases} -2a_n - 2 & \left(-1 \leq a_n < -\frac{1}{2}\right) \\ 2a_n & \left(-\frac{1}{2} \leq a_n \leq \frac{1}{2}\right) \\ -2a_n + 2 & \left(\frac{1}{2} < a_n \leq 1\right) \end{cases}$$

$$a_5 + a_6 = 0 \implies a_6 = -a_5$$

a_6에 따라 case분류하면

① $a_6 = -2a_5 - 2 \left(-1 \leq a_5 < -\frac{1}{2}\right)$ 일 때

$-a_5 = -2a_5 - 2 \implies a_5 = -2$ 이므로 모순이다.

② $a_6 = 2a_5 \left(-\frac{1}{2} \leq a_5 \leq \frac{1}{2}\right)$ 일 때

$-a_5 = 2a_5 \implies a_5 = 0$ 이므로 조건을 만족시킨다.

③ $a_6 = -2a_5 + 2 \left(\frac{1}{2} < a_5 \leq 1\right)$ 일 때

$-a_5 = -2a_5 + 2 \implies a_5 = 2$ 이므로 모순이다.

함수의 관점에서 살펴보자.

$$f(x) = \begin{cases} -2x - 2 & \left(-1 \leq x < -\frac{1}{2}\right) \\ 2x & \left(-\frac{1}{2} \leq x \leq \frac{1}{2}\right) \\ -2x + 2 & \left(\frac{1}{2} < x \leq 1\right) \end{cases}$$

$$f(a_n) = a_{n+1}$$

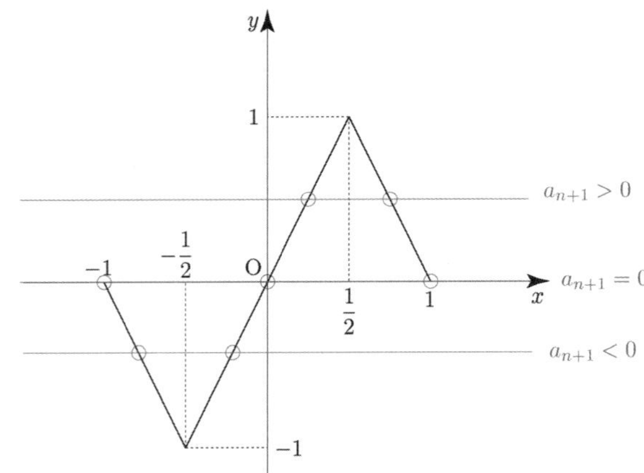

$$a_{n+1} > 0 \implies a_n > 0$$

$$a_{n+1} = 0 \implies a_n = -1 \text{ or } a = 0 \text{ or } a = 1$$

$$a_{n+1} < 0 \implies a_n < 0$$

$a_5 = 0$ 이므로 a_4를 구하면

$a_4 = -1$ or $a_4 = 0$ or $a_4 = 1$ 이다.

❶ $a_4 = -1$ 일 때

$$a_4 < 0 \implies a_3 < 0 \implies a_2 < 0 \implies a_1 < 0$$

이므로 $\displaystyle\sum_{k=1}^{5} a_k > 0$ 를 만족시키지 않는다.

❷ $a_4 = 0$ 일 때

$a_3 = -1$ or $a_3 = 0$ or $a_3 = 1$

❷-(ⅰ) $a_3 = -1$ 일 때

$a_2 < 0 \implies a_1 < 0$ 이므로 $\displaystyle\sum_{k=1}^{5} a_k > 0$ 를 만족시키지 않는다.

❷-(ⅱ) $a_3 = 0$ 일 때

㉠ $a_2 = -1$ 일 때

$a_1 < 0$ 이므로 $\displaystyle\sum_{k=1}^{5} a_k > 0$ 를 만족시키지 않는다.

ⓛ $a_2 = 0$일 때

$a_1 = -1$이면 $\sum\limits_{k=1}^{5} a_k > 0$를 만족시키지 않는다.

$a_1 = 0$이면 $\sum\limits_{k=1}^{5} a_k > 0$를 만족시키지 않는다.

$a_1 = 1$이면 $\sum\limits_{k=1}^{5} a_k > 0$을 만족시킨다.

ⓒ $a_2 = 1$일 때

$a_1 = \dfrac{1}{2}$이므로 $\sum\limits_{k=1}^{5} a_k > 0$을 만족시킨다.

❷-(iii) $a_3 = 1$일 때

$a_2 = \dfrac{1}{2} \implies a_1 = \dfrac{1}{4}$ or $a_1 = \dfrac{3}{4}$이므로

$\sum\limits_{k=1}^{5} a_k > 0$을 만족시킨다.

❸ $a_4 = 1$일 때

$a_3 = \dfrac{1}{2} \implies a_2 = \dfrac{1}{4}$ or $a_2 = \dfrac{3}{4}$

㉠ $a_2 = \dfrac{1}{4}$일 때

$a_1 = \dfrac{1}{8}$이면 $\sum\limits_{k=1}^{5} a_k > 0$을 만족시킨다.

$a_1 = \dfrac{7}{8}$이면 $\sum\limits_{k=1}^{5} a_k > 0$을 만족시킨다.

㉡ $a_2 = \dfrac{3}{4}$일 때

$a_1 = \dfrac{3}{8}$이면 $\sum\limits_{k=1}^{5} a_k > 0$을 만족시킨다.

$a_1 = \dfrac{5}{8}$이면 $\sum\limits_{k=1}^{5} a_k > 0$을 만족시킨다.

따라서 조건을 만족시키는 모든 a_1의 값의 합은

$1 + \dfrac{1}{2} + \dfrac{1}{4} + \dfrac{3}{4} + \dfrac{1}{8} + \dfrac{7}{8} + \dfrac{3}{8} + \dfrac{5}{8}$

$= \dfrac{8+4+2+6+1+7+3+5}{8}$

$= \dfrac{36}{8} = \dfrac{9}{2}$

이다.

답 ①

k는 자연수, $a_1 = 0$

$a_{n+1} = \begin{cases} a_n + \dfrac{1}{k+1} & (a_n \le 0) \\ a_n - \dfrac{1}{k} & (a_n > 0) \end{cases}$

$a_2 = \dfrac{1}{k+1}$

$a_3 = \dfrac{1}{k+1} - \dfrac{1}{k}$

$a_4 = \dfrac{2}{k+1} - \dfrac{1}{k}$

$\dfrac{2}{k+1} > \dfrac{1}{k} \implies 2k > k+1 \implies k > 1$

만약 $k = 1$이면 $a_1 = 0$, $a_4 = 0$, $\cdots$ $a_{3n-2} = 0$이다.

$a_{22} = 0$이므로 조건을 만족시킨다.

$k \ge 2$인 경우

$a_5 = \dfrac{2}{k+1} - \dfrac{2}{k}$

$a_6 = \dfrac{3}{k+1} - \dfrac{2}{k}$

$\dfrac{3}{k+1} > \dfrac{2}{k} \implies 3k > 2k+2 \implies k > 2$

만약 $k = 2$이면 $a_1 = 0$, $a_6 = 0$, $\cdots$ $a_{5n-4} = 0$이다.

$a_{22} \ne 0$이므로 조건을 만족시키지 않는다.

$k \ge 3$인 경우

$a_7 = \dfrac{3}{k+1} - \dfrac{3}{k}$

$a_8 = \dfrac{4}{k+1} - \dfrac{3}{k}$

$\dfrac{4}{k+1} > \dfrac{3}{k} \implies 4k > 3k+3 \implies k > 3$

만약 $k = 3$이면 $a_1 = 0$, $a_8 = 0$, $\cdots$ $a_{7n-6} = 0$이다.

$a_{22} = 0$이므로 조건을 만족시킨다.

같은 방법을 반복하면

$a_{12} = \dfrac{6}{k+1} - \dfrac{5}{k}$

$k=5$ 일 때 $a_{11n-10}=0$ 이다.

$a_{22} \neq 0$ 이므로 조건을 만족시키지 않는다.

$$a_{14} = \frac{7}{k+1} - \frac{6}{k}$$

$k=6$ 일 때 $a_{13n-12}=0$ 이다.

$a_{22} \neq 0$ 이므로 조건을 만족시키지 않는다.

$$a_{16} = \frac{8}{k+1} - \frac{7}{k}$$

$k=7$ 일 때 $a_{15n-14}=0$ 이다.

$a_{22} \neq 0$ 이므로 조건을 만족시키지 않는다.

$$a_{18} = \frac{9}{k+1} - \frac{8}{k}$$

$k=8$ 일 때 $a_{17n-16}=0$ 이다.

$a_{22} \neq 0$ 이므로 조건을 만족시키지 않는다.

$$a_{20} = \frac{10}{k+1} - \frac{9}{k}$$

$k=9$ 일 때 $a_{19n-18}=0$ 이다.

$a_{22} \neq 0$ 이므로 조건을 만족시키지 않는다.

$$a_{22} = \frac{11}{k+1} - \frac{10}{k}$$

$k=10$ 일 때 $a_{21n-20}=0$ 이다.

$a_{22} = 0$ 이므로 조건을 만족시킨다.

따라서 $a_{22}=0$ 이 되도록 하는 모든 k 의 값의 합은
$1+3+10=14$ 이다.

답 ②

070

조건 (가)에 의해
$$a_4 = r \quad (-1 < r < 1, \ r \neq 0)$$

조건 (나)에 의해
$$a_4 = a_3 + 3 \quad \text{or} \quad a_4 = -\frac{1}{2}a_3 \text{이다.}$$

만약 $a_4 = -\frac{1}{2}a_3 \Rightarrow r = -\frac{1}{2}a_3 \ (|a_3| \geq 5)$ 이면
$$-\frac{1}{2}a_3 \leq -\frac{5}{2} \quad \text{or} \quad -\frac{1}{2}a_3 \geq \frac{5}{2} \Rightarrow r \leq -\frac{5}{2} \quad \text{or} \quad r \geq \frac{5}{2}$$
이므로 $0 < |r| < 1$ 를 만족시키지 않아 모순이다.

즉, $a_4 = a_3 + 3 \Rightarrow a_3 = r - 3$ 이다.

$a_3 = r-3$ 이므로 $a_2 = r-6$ or $a_2 = -2r+6$ 이다.

만약 $a_2 = r-6 \ (|a_2| < 5)$ 이면 $1 < r < 11$ 이므로
$0 < |r| < 1$ 를 만족시키지 않아 모순이다.

즉, $a_2 = -2r+6$ 이다.

$a_2 = -2r+6$ 이므로 $a_1 = -2r+3$ or $a_1 = 4r-12$ 이다.

만약 $a_1 = -2r+3 \ (|a_1| < 5)$ 이면
$4 < -2r+6 < 8 \ (-2r+6 \neq 6) \Rightarrow 1 < a_1 < 5$ 이므로
$a_1 < 0$ 을 만족시키지 않아 모순이다.

즉, $a_1 = 4r-12$ 이다.

$a_n \ (n \leq 4)$ 를 구했으니 이번에는 $a_n (n \geq 5)$ 를 구해보자.

$a_5 = r+3$

$a_6 = r+6$

$a_7 = -\frac{1}{2}r-3 \left(-\frac{7}{2} < a_7 < -\frac{5}{2}, \ a_7 \neq -3 \right)$

$a_8 = -\frac{1}{2}r$

조건 (가)에 의해
$$a_8 = r^2 \Rightarrow -\frac{1}{2}r = r^2 \Rightarrow r = -\frac{1}{2} \quad (\because \ r \neq 0) \text{ 이다.}$$

$a_6 = -\frac{1}{2}+6, \ a_7 = \frac{1}{4}-3, \ a_8 = \frac{1}{4}, \ a_9 = \frac{1}{4}+3$

$a_{10} = \frac{1}{4}+6, \ a_{11} = -\frac{1}{8}-3, \ a_{12} = -\frac{1}{8}, \ a_{13} = -\frac{1}{8}+3$

$a_{14} = -\frac{1}{8}+6, \ a_{15} = \frac{1}{16}-3, \ a_{16} = \frac{1}{16}, \ a_{17} = \frac{1}{16}+3$

$a_{18} = \frac{1}{16}+6, \ \cdots$

$m \geq 6$ 일 때 $|a_m| \geq 5$ 를 만족시키는 100 이하의
자연수 m 은 6, 10, 14, 18, $\cdots$, $4k+2$, $\cdots$, 98 이므로
개수는 24 이다.

$m \leq 5$ 일 때, $|a_m| \geq 5$ 를 만족시키는 100 이하의
자연수 m 은 1, 2이므로 개수는 2 이다.

즉, $p = 24+2 = 26$ 이고,
$a_1 = 4r-12 = -2-12 = -14$ 이다.

따라서 $p+a_1 = 26-14 = 12$ 이다.

답 ③

$a_7 = 40$ 이고, 조건 (나)를 이용하여 a_6 를 구하기 위해
a_6 를 3 으로 나눈 나머지로 **case**분류하면 다음과 같다.

① $a_6 = 3k$

$a_6 = 3 \times 40 = 120$

$a_7 = 40$

$a_8 = 120 + 40 = 160$

$a_9 = 40 + 160 = 200$

② $a_6 = 3k + 1$

$a_5 = 40 - (3k+1) = 39 - 3k$

$a_6 = 3k + 1$

$a_7 = 40$

$a_8 = 3k + 1 + 40 = 3k + 41$

$a_9 = 40 + 3k + 41 = 3k + 81$

a_5 는 3 의 배수이므로

$a_6 = \dfrac{1}{3}a_5 \implies 3k + 1 = 13 - k \implies k = 3$ 이다.

즉, $a_9 = 3k + 81 = 9 + 81 = 90$ 이다.

③ $a_6 = 3k + 2$

$a_5 = 40 - (3k+2) = 38 - 3k$

$a_4 = 3k + 2 - (38 - 3k) = 6k - 36$

$a_6 = 3k + 2$

$a_7 = 40$

$a_8 = 3k + 42$

$a_9 = k + 14$

a_4 는 3 의 배수이므로

$a_5 = \dfrac{1}{3}a_4 \implies 38 - 3k = 2k - 12 \implies k = 10$ 이다.

즉, $a_9 = k + 14 = 24$ 이다.

따라서 $M + m = 200 + 24 = 224$ 이다.

답 ⑤

$a_1 = k$ (k 는 자연수)

$$a_{n+1} = \begin{cases} a_n + 2n - k & (a_n \leq 0) \\ a_n - 2n - k & (a_n > 0) \end{cases}$$

$a_3 \times a_4 \times a_5 \times a_6 < 0$ 이려면
$a_3 \neq 0, \; a_4 \neq 0, \; a_5 \neq 0, \; a_6 \neq 0$ 이어야 한다.

$a_2 = k - 2 - k = -2$

$a_3 = a_2 + 4 - k = 2 - k$

① $a_3 < 0 \implies 2 - k < 0 \implies k > 2$

$a_4 = a_3 + 6 - k = 2 - k + 6 - k = 8 - 2k$

①- ⅰ) $a_4 < 0 \implies 8 - 2k < 0 \implies k > 4$

$a_5 = a_4 + 8 - k = 8 - 2k + 8 - k = 16 - 3k$

①- ⅰ) - ❶ $a_5 = 16 - 3k < 0 \implies k > \dfrac{16}{3}$

$a_6 = a_5 + 10 - k = 16 - 3k + 10 - k = 26 - 4k$

$a_3 < 0, \; a_4 < 0, \; a_5 < 0$ 이므로
$a_3 \times a_4 \times a_5 \times a_6 < 0$ 이려면 $a_6 > 0$ 이어야 한다.

$26 - 4k > 0 \implies k < \dfrac{13}{2}$

즉, $\dfrac{16}{3} < k < \dfrac{13}{2}$

$\therefore \; k = 6$

①- ⅰ) - ❷ $a_5 = 16 - 3k > 0 \implies 4 < k < \dfrac{16}{3}$

(①- ⅰ)의 전제조건이 $k > 4$ 임을 잊어서는 안 된다.)

$k = 5$ 이므로

$a_6 = a_5 - 10 - k = 16 - 3k - 10 - k = -14$

$a_3 < 0, \; a_4 < 0, \; a_5 > 0, \; a_6 < 0$ 이므로
$a_3 \times a_4 \times a_5 \times a_6 < 0$ 를 만족한다.

$\therefore \; k = 5$

①- ⅱ) $a_4 > 0 \implies 8 - 2k > 0 \implies 2 < k < 4$

$k = 3$ 이므로

$a_5 = a_4 - 8 - k = 2 - 8 - 3 = -9$

$$a_6 = a_5 + 10 - k = -9 + 10 - 3 = -2$$

$a_3 < 0, \ a_4 > 0, \ a_5 < 0, \ a_6 < 0$이므로
$a_3 \times a_4 \times a_5 \times a_6 < 0$를 만족한다.

$$\therefore \ k = 3$$

② $a_3 > 0 \ \Rightarrow \ 2 - k > 0 \ \Rightarrow \ k < 2 \ \Rightarrow \ k = 1$
$a_3 = 2 - k = 1$
$a_4 = a_3 - 6 - k = 1 - 6 - 1 = -6$
$a_5 = a_4 + 8 - k = -6 + 8 - 1 = 1$
$a_6 = a_5 - 10 - k = 1 - 10 - 1 = -10$

$a_3 > 0, \ a_4 < 0, \ a_5 > 0, \ a_6 < 0$이므로
$a_3 \times a_4 \times a_5 \times a_6 < 0$를 만족시키지 않는다.

따라서 모든 k의 값의 합은 $6 + 5 + 3 = 14$이다.

답 ②

073

$$a_{n+1} = \begin{cases} 2^{a_n} & (a_n \text{이 홀수인 경우}) \\ \dfrac{1}{2} a_n & (a_n \text{이 짝수인 경우}) \end{cases}$$

a_1이 자연수이므로 나머지 모든 항도 자연수이다.
($\because \ a_n$이 홀수일 때 $a_{n+1} = 2^{a_n}$은 자연수이고,
a_n이 짝수일 때 $a_{n+1} = \dfrac{1}{2} a_n$은 자연수)

$$a_7 = \begin{cases} 2^{a_6} & (a_6 \text{이 홀수인 경우}) \\ \dfrac{1}{2} a_6 & (a_6 \text{이 짝수인 경우}) \end{cases}$$

① a_6가 홀수인 경우
$a_6 + a_7 = 3 \ \Rightarrow \ a_6 = 1, \ a_7 = 2$

$$a_6 = \begin{cases} 2^{a_5} & (a_5 \text{이 홀수인 경우}) \\ \dfrac{1}{2} a_5 & (a_5 \text{이 짝수인 경우}) \end{cases}$$

$a_5 = 2$

$$a_5 = \begin{cases} 2^{a_4} & (a_4 \text{이 홀수인 경우}) \\ \dfrac{1}{2} a_4 & (a_4 \text{이 짝수인 경우}) \end{cases}$$

$a_4 = 1 \text{ or } a_4 = 4$

$a_4 = 1$	$a_3 = 2$	$a_2 = 1$	$a_1 = 2$
		$a_2 = 4$	$a_1 = 8$
$a_4 = 4$	$a_3 = 8$	$a_2 = 3$	$a_1 = 6$
		$a_2 = 16$	$a_1 = 32$

② a_6가 짝수인 경우
$a_6 + a_7 = 3 \ \Rightarrow \ a_6 = 2, \ a_7 = 1$

$$a_6 = \begin{cases} 2^{a_5} & (a_5 \text{이 홀수인 경우}) \\ \dfrac{1}{2} a_5 & (a_5 \text{이 짝수인 경우}) \end{cases}$$

$a_5 = 1 \text{ or } a_5 = 4$

$a_5 = 1$	$a_4 = 2$	$a_3 = 1$	$a_2 = 2$	$a_1 = 1$
				$a_1 = 4$
		$a_3 = 4$	$a_2 = 8$	$a_1 = 3$
				$a_1 = 16$
$a_5 = 4$	$a_4 = 8$	$a_3 = 3$	$a_2 = 6$	$a_1 = 12$
				$a_1 = 5$
		$a_3 = 16$	$a_2 = 32$	$a_1 = 64$

따라서 모든 a_1의 값의 합은
$(2 + 8 + 6 + 32) + (1 + 4 + 3 + 16 + 12 + 5 + 64)$
$= 48 + 105 = 153$
이다.

답 ③

074

$n \le 15$인 자연수 n에 대하여
$n \neq 4, \ n \neq 9$이면 $a_{n+1} = a_n + 1 \ \Rightarrow \ a_n = a_{n+1} - 1$
$a_{15} = 1, \ a_{14} = 0, \ a_{13} = -1, \ a_{12} = -2,$
$a_{11} = -3, \ a_{10} = -4$

① $a_9 > 0$일 때
$$a_{10} = a_9 - \sqrt{9} \times a_{\sqrt{9}} \ \Rightarrow \ a_9 = 3a_3 - 4 \ \Rightarrow \ a_5 = 3a_3 - 8$$

i) $a_4 > 0$일 때

$$a_5 = a_4 - \sqrt{4} \times a_{\sqrt{4}} \Rightarrow 3a_3 - 8 = a_4 - 2a_2$$

즉, $a_4 = 3a_3 + 2a_2 - 8$

$a_4 = a_3 + 1$이므로 $a_3 = 3a_3 + 2a_2 - 9 \Rightarrow a_3 + a_2 = \frac{9}{2}$

$a_3 = a_2 + 1$이므로 $a_2 = \frac{7}{4}$, $a_3 = \frac{11}{4}$

$a_9 = \frac{33}{4} - 4 > 0$, $a_4 = \frac{33}{4} + \frac{14}{4} - 8 > 0$

이므로 전제조건을 만족한다.

$$\therefore a_1 = -a_2 = -\frac{7}{4}$$

ii) $a_4 \leq 0$일 때

$a_4 + 1 = a_5 = 3a_3 - 8$이므로 $a_4 = 3a_3 - 9$

$a_3 = a_4 - 1 = 3a_3 - 9 - 1 \Rightarrow a_3 = 5$

$a_3 = 5$이면 $a_4 = 6 > 0$이므로 전제조건에 모순이다.

② $a_9 \leq 0$일 때

$$a_9 = a_{10} - 1 = -5 \Rightarrow a_5 = -9$$

i) $a_4 > 0$일 때

$$a_5 = a_4 - \sqrt{4} \times a_{\sqrt{4}} \Rightarrow -9 = a_4 - 2a_2$$

즉, $a_4 = 2a_2 - 9$

$a_3 = a_4 - 1 = 2a_2 - 9 - 1 = 2a_2 - 10$

이때 $a_3 = a_2 + 1$이므로

$a_2 + 1 = 2a_2 - 10 \Rightarrow a_2 = 11$

$a_4 = 2 \times 11 - 9 > 0$이므로 전제조건을 만족한다.

$$\therefore a_1 = -a_2 = -11$$

ii) $a_4 \leq 0$일 때

$$a_5 = a_4 + 1 = -9 \Rightarrow a_4 = -10$$

$a_3 = -11$, $a_2 = -12$

$$\therefore a_1 = -a_2 = 12$$

따라서 모든 a_1의 곱은 $-\frac{7}{4} \times (-11) \times 12 = 231$이다.

답 231

<hr>

075

$$\left(a_{n+1} - a_n + \frac{2}{3}k\right)\left(a_{n+1} + ka_n\right) = 0$$

$$a_{n+1} = a_n - \frac{2}{3}k \ \text{ or } \ a_{n+1} = -ka_n$$

$$a_1 = k$$

$$\Rightarrow a_2 = k - \frac{2}{3}k = \frac{k}{3} \ \text{ or } \ a_2 = -k \times k = -k^2$$

① $a_2 = \frac{k}{3}$일 때

$$a_3 = \frac{k}{3} - \frac{2}{3}k = -\frac{k}{3} \ \text{ or } \ a_3 = -k \times \frac{k}{3} = -\frac{k^2}{3}$$

i) $a_3 = -\frac{k}{3}$일 때

$$a_2 \times a_3 = -\frac{k^2}{9} < 0$$이므로 (가) 조건을 만족시킨다.

$$a_4 = a_3 - \frac{2}{3}k = -\frac{k}{3} - \frac{2}{3}k = -k \ \text{ or }$$

$$a_4 = -ka_3 = -k \times \left(-\frac{k}{3}\right) = \frac{k^2}{3}$$

a_4	a_5	$a_5 = 0$
$-k$	$-\frac{5}{3}k$	$-\frac{5}{3}k \neq 0$ ($\because k > 0$)
	k^2	$k^2 \neq 0$ ($\because k > 0$)
$\frac{k^2}{3}$	$\frac{k^2}{3} - \frac{2}{3}k$	$k = 2$ ($\because k > 0$)
	$-\frac{k^3}{3}$	$-\frac{k^3}{3} \neq 0$ ($\because k > 0$)

ii) $a_3 = -\frac{k^2}{3}$

$$a_2 \times a_3 = -\frac{k^3}{9} < 0$$이므로 (가) 조건을 만족시킨다.

$$a_4 = a_3 - \frac{2}{3}k = -\frac{k^2}{3} - \frac{2}{3}k \ \text{ or }$$

$$a_4 = -ka_3 = -k \times \left(-\frac{k^2}{3}\right) = \frac{k^3}{3}$$

a_3	a_4	a_5
x	$x - 3$	$x - 6$
	$\frac{1}{2}x - \frac{3}{2}$	$-\frac{k^4}{3} \neq 0$ ($\because k > 0$)

② $a_2 = -k^2$ 일 때

$$a_3 = -k^2 - \frac{2}{3}k \ \text{or} \ a_3 = -k \times (-k^2) = k^3$$

ⅰ) $a_3 = -k^2 - \frac{2}{3}k$ 일 때

$$a_2 \times a_3 = -k^2 \times \left(-k^2 - \frac{2}{3}k\right) = k^2\left(k^2 + \frac{2}{3}k\right) > 0$$

이므로 (가) 조건을 만족시키지 않는다.

ⅱ) $a_3 = k^3$ 일 때

$$a_2 \times a_3 = -k^2 \times k^3 = -k^5 < 0 \text{이므로}$$

(가) 조건을 만족시킨다.

$$a_4 = a_3 - \frac{2}{3}k = k^3 - \frac{2}{3}k \ \text{or}$$

$$a_4 = -ka_3 = -k \times k^3 = -k^4$$

a_4	a_5	$a_5 = 0$
$k^3 - \frac{2}{3}k$	$k^3 - \frac{4}{3}k$	$k = \frac{2}{\sqrt{3}}$ $(\because k > 0)$
	$-k^4 + \frac{2}{3}k^2$	$k = \sqrt{\frac{2}{3}}$ $(\because k > 0)$
$-k^4$	$-k^4 - \frac{2}{3}k$	$-k^4 - \frac{2}{3}k \neq 0$ $(\because k > 0)$
	k^5	$k^5 \neq 0$ $(\because k > 0)$

①, ②에 의해

$$k = 2 \ \text{or} \ k = \sqrt{2} \ \text{or} \ k = \frac{2}{\sqrt{3}} \ \text{or} \ k = \sqrt{\frac{2}{3}}$$

따라서 서로 다른 모든 양수 k 에 대하여
k^2 의 값의 합은 $4 + 2 + \frac{4}{3} + \frac{2}{3} = 8$ 이다.

 **답** 8

076

(나) 조건에서 $|a_3| = |a_5|$, $|a_1| \neq |a_3|$, $|a_2| \neq |a_4|$
처음부터 case분류하면 복잡할 수 있으니
$|a_3| = |a_5|$ 를 만족시키는 a_3 의 값을 구한 후 조건을
만족시키는지 역으로 확인해보자.

$a_3 = x$ 라 하면

a_3	a_4	a_5
x	$x - 3$	$x - 6$
		$\frac{1}{2}x - \frac{3}{2}$
	$\frac{1}{2}x$	$\frac{1}{2}x - 3$
		$\frac{1}{4}x$

$|a_3| = |a_5|$ 이므로

$$|x| = |x - 6| \ \Rightarrow \ x = 3$$
$$|x| = \left|\frac{1}{2}x - \frac{3}{2}\right| \ \Rightarrow \ x = 1 \ \text{or} \ x = -3$$
$$|x| = \left|\frac{1}{2}x - 3\right| \ \Rightarrow \ x = -6 \ \text{or} \ x = 2$$
$$|x| = \left|\frac{1}{4}x\right| \ \Rightarrow \ x = 0$$

① $a_3 = 3$ 일 때
$a_4 = 0$, $a_5 = 0$
$|a_3| \neq |a_5|$ 이므로 모순이다.

② $a_3 = 1$ 일 때
$a_4 = -2$, $a_5 = -1$
$|a_3| = |a_5|$ 이므로 조건을 만족한다.

$a_2 = 2$
$|a_2| = |a_4|$ 이므로 모순이다.

③ $a_3 = -3$ 일 때
$a_4 = -6$, $a_5 = -3$
$|a_3| = |a_5|$ 이므로 조건을 만족한다.

$a_2 = -6$
$|a_2| = |a_4|$ 이므로 모순이다.

④ $a_3 = -6$ 일 때

$a_4 = -3,\ a_5 = -6$

$|a_3| = |a_5|$ 이므로 조건을 만족한다.

$a_2 = -3$ or $a_2 = -12$

  i) $a_2 = -3$ 일 때

    $|a_2| = |a_4|$ 이므로 모순이다.

  ii) $a_2 = -12$ 일 때

    $a_1 = -9$ or $a_1 = -24$

    $|a_1| \neq |a_3|,\ |a_2| \neq |a_4|$ 이므로 조건을 만족한다.

$\therefore\ |a_1| = 9$ or $|a_1| = 24$

⑤ $a_3 = 2$ 일 때

$a_4 = 1,\ a_5 = -2$

$|a_3| = |a_5|$ 이므로 조건을 만족한다.

$a_2 = 5$ or $a_2 = 4$

  i) $a_2 = 5$ 일 때

    $a_1 = 10$

    $|a_1| \neq |a_3|,\ |a_2| \neq |a_4|$ 이므로 조건을 만족한다.

  ii) $a_2 = 4$ 일 때

    $a_1 = 7$ or $a_1 = 8$

    $|a_1| \neq |a_3|,\ |a_2| \neq |a_4|$ 이므로 조건을 만족한다.

$\therefore\ |a_1| = 10$ or $|a_1| = 7$ or $|a_1| = 8$

⑥ $a_3 = 0$ 일 때

$a_4 = 0,\ a_5 = 0$

$|a_3| = |a_5|$ 이므로 조건을 만족한다.

$a_2 = 0$ or $a_2 = 3$

  i) $a_2 = 0$ 일 때

    $|a_2| = |a_4|$ 이므로 모순이다.

  ii) $a_2 = 3$ 일 때

    $a_1 = 6$

    $|a_1| \neq |a_3|,\ |a_2| \neq |a_4|$ 이므로 조건을 만족한다.

$\therefore\ |a_1| = 6$

①, ②, ③, ④, ⑤, ⑥에 의해

$|a_1| = 9$ or $|a_1| = 24$ or

$|a_1| = 10$ or $|a_1| = 7$ or $|a_1| = 8$ or

$|a_1| = 6$

따라서 모든 수열 $\{a_n\}$에 대하여 $|a_1|$ 의 값의 합은

$(9+24)+(10+7+8)+6 = 64$ 이다.

답 64